Gerd-Michael Hellstern / Hellmut Wollmann (Hrsg.)
Handbuch zur Evaluierungsforschung 1

Schriften des Zentralinstituts für sozialwissenschaftliche Forschung der Freien Universität Berlin

ehemals Schriften des Instituts für politische Wissenschaft

Band 35

Gerd-Michael Hellstern
Hellmut Wollmann (Hrsg.)

Handbuch zur Evaluierungsforschung

Band 1

Springer Fachmedien Wiesbaden GmbH

CIP-Kurztitelaufnahme der Deutschen Bibliothek

Handbuch zur Evaluierungsforschung / Gerd-Michael Hellstern; Hellmut Wollmann (Hrsg.). – Opladen: Westdeutscher Verlag

NE: Hellstern, Gerd-Michael [Hrsg.]

Bd. 1 (1984)
(Schriften des Zentralinstituts für Sozialwissenschaftliche Forschung der Freien Universität Berlin; Bd. 35)
ISBN 978-3-531-11523-8

NE: Zentralinstitut für Sozialwissenschaftliche Forschung (Berlin, West): Schriften des Zentralinstituts ...

Ursprünglich erschienen bei Westdeutscher Verlag GmbH, Opladen 1984

ISBN 978-3-531-11523-8 ISBN 978-3-663-14406-9 (eBook)
DOI 10.1007/978-3-663-14406-9

Inhalt

Teil IV: Professionalisierung der Evaluierung

Vorwort

Der hier vorgelegte erste Band eines *Handbuches zur Evaluierungsforschung* wendet sich vor allem an diejenigen, die sich mit Fragen der Entwicklung und Nutzung von Evaluierung und Evaluierungsforschung *professionell*, sei es in Politik, Verwaltung oder Forschung, befassen. Darüber hinaus soll es denjenigen, die häufig, wenn auch nur indirekt von Evaluierungen *betroffen* sind, ein Verständnis der Aufgaben und Methoden der Evaluierungsforschung vermitteln, nicht zuletzt um sie auch handlungsfähiger und bewußter in der Einschätzung der unterschiedlichen Möglichkeiten und Grenzen einer Evaluierung zu machen. Ferner ist es auch an all diejenigen gerichtet, die sich in *Fortbildung* und *Studium* mit Evaluierungsfragen befassen. Für diese ermöglicht dieses Handbuch, einen Überblick über Wachstum und Entwicklung der vielfältigen Ansätze von Evaluierung zu gewinnen. Dann aber und vor allem wendet es sich auch an all diejenigen, die sich intensiv mit Fragen der Rationalisierung staatlicher Aufgaben oder der Rolle des Staates in der marktwirtschaftlichen Ordnung befassen und zögern, für ihre Fragestellungen das technische Arsenal der Evaluierungsforschung, sei es in Politik, Verwaltungspraxis, Programmanagement und in der Forschung zu nutzen.

Das Handbuch selbst blickt auf eine wechselvolle Geschichte zurück. Ein dankenswerterweise von der VW-Stiftung geförderter, lebhafter und intensiver Gedankenaustausch zwischen in der Mehrzahl deutschen und amerikanischen Verwaltungspraktikern und Evaluierungsforschern im Juni 1979 in Berlin (s. Levine, Solomon, Hellstern, Wollmann, eds., *Evaluation Research in Theory and Practice*, Beverly Hills, London 1981) sowie ein von der Deutschen Forschungsgemeinschaft geförderter Forschungsaufenthalt am *Evaluation Summer Institute* der Universität von Massachussetts unter Leitung von Peter H. Rossi gaben den Anstoß. Die Realisierung des Vorhabens wäre jedoch kaum möglich gewesen ohne die Unterstützung der Freien Universität Berlin, die am Bereich Verwaltungsforschung am Zentralinstitut für Sozialwissenschaftliche Forschung den Aufbau eines *Forschungsprojektschwerpunktes Evaluierungsforschung und -transfer* förderte. Schließlich war die beständige Hilfestellung durch den Verlag bestimmend, der an dem Publikationsprojekt eines Handbuches zur Evaluierungsforschung auch festhielt, als durch eine Abfolge von Faktoren – zunächst ausstehende Autorenbeiträge und Übersetzungen, dann Verzögerungen in der Herausgeberarbeit – der Erscheinungstermin immer wieder hinausrückte.

Auch wenn nicht im ersten Anlauf eine Konsolidierung und vollkommene Transparenz der zahlreichen Ansätze und Evaluierungsforschungen der letzten Jahre möglich ist, so erschien eine Bestandsaufnahme nicht zuletzt auch deswegen notwendig, um die zahlreichen innovativen Ansätze nicht versickern zu lassen und die häufig fachspezifischen Forschungen in den Kontext einer breiteren interdisziplinären Diskussion zu stellen, waren doch die Evaluierungsforschungen – trotz einer stürmischen Entwicklung in einzelnen Politikfeldern wie Bildungs-, Arbeitsmarkt-, Städtebau-, Umwelt-, Technologiepolitik oder auch, bereits mit einer gewissen Tradition, Agrar- und Entwicklungspolitik – kaum über den grauen Markt fach- und politikbereichsspezifischer Forschungen hinausgelangt. Ein gegenseitiges Lernen aus den Mißerfolgen und partiellen Erfolgen unterblieb.

Zu Recht wurde auch immer wieder die Frage nach der *Wirksamkeit der Evaluierungsforschung* gestellt. Trotz einer verbal breiten Zustimmung blieb die faktische Wirksamkeit der Evaluierungsforschung meist hinter ihrem Anspruch zurück. Dem Wunsch nach mehr Effektivität, verbesserter Verantwortlichkeit und größerer Reflexivität stand eine Vielzahl gegenläufiger Interessen entgegen. Denn, wer wünscht sich schon eine Evaluierung? Der Verwaltungsfachmann und Politiker, der sich hierdurch möglicherweise zusätzlicher Kritik und Kontrolle gegenübersieht? Die Verbände und Organisationen, die nicht nur ihre Zielvorstellungen kritisch hinterfragt sehen, sondern auch den Einfluß nun mit den Forschern teilen müssen? Die Betroffenen, die eine Effizienzsteigerung und Effektivierung auf ihre Kosten befürchten? Oder der Forscher, der sich mögliche Einflußchancen u. U. mit dem Verlust von Kritikfähigkeit erkaufen muß?

Wenn Evaluierungsforschung sich dennoch in einem zähen und häufig verwirrenden Ringen um neue Forschungsmethoden, um Formen der Institutionalisierung und um Teilhabe am Entscheidungsprozeß durchzusetzen beginnt, so vor allem, weil der *Rationalisierungsdruck* und der *Legitimationsbedarf* angesichts der wachsenden Kosten und der häufig vielfach verschlungenen Wege von Steuerungswirkungen gestiegen sind.

Die massive Diskussion um Aufgabenabbau, Kostenreduzierung und die Folgewirkungen von bürokratischen Regelungen, von Gesetzen und Finanzierungsinstrumenten, die sich unter dem Druck technologischer Neuerungen und von Arbeitsmarktanpassungsproblemen verstärkte, unterstrich die Notwendigkeit der Nutzung von Evaluierungsinstrumenten. Implizit war zwar Evaluierung als eine eher unbewußte Form der Bewertung und Nutzung von Erfahrung aus vergangenen Entscheidungen bereits in der Vergangenheit genutzt worden, die jedoch meist wenig systematische Vorgehensweise ist angesichts der Vielfalt von überlappenden Programmen und miteinander verflochtenen Aufgabenbereichen an eine kritische Schwelle gestoßen. *Größere Transparenz* über Wirkungen, *verbesserte Informationen über den Wirkungsgrad* unterschiedlicher Regelungsformen, *größere Verantwortlichkeit* gegenüber dem Bürger und dem Parlament sind die Versprechen, die Evaluierungsforschung in ihrem Wachstum begünstigten. Eine systematische Evaluierungsforschung verspricht hierbei nicht nur eine verbesserte Informationsbasis und mehr Transparenz über mögliche negative Wirkungen, Folgen und Nebenwirkungen von Entscheidungen, sondern im Idealfall auch eine (*theoretisch*) fundierte Grundlage für Politik- und Verwaltungshandeln, zumindest jedoch ihre empirische Absicherung und Legitimierung.

In diesem dynamischen Prozeß des Sichfindens kann ein Handbuch nicht mehr sein als eine *Zeitaufnahme* in einem Entwicklungsprozeß. Indem hier versucht wird, den – trotz zahlreicher Ansätze und eines kaum noch überschaubaren grauen Forschungsmarktes immer noch eher lückenhaften – Zustand der Evaluierungsforschung aufzuzeigen, könnte ein wichtiger Schritt in Richtung auf eine selbstbewußtere und intensivere Nutzung der Evaluierungsforschung erreicht werden. Dabei wird der in zahlreichen Lehrbüchern eher Lippendienst findenden Forderung nach einer Berücksichtigung institutioneller, politischer und administrativer (*Kontext-*) Faktoren insofern Rechnung getragen, als in Abkehr von einer eher schematischen und normativen Aufbereitung dieses Handbuchs ein Ansatz gewählt wird, der bewußt an den vielfältigen und unterschiedlichen Formen interner und externer Evaluierung in *Regierung, Verwaltung, Parlament* und *Forschung* ansetzt, nicht zuletzt in Erkenntnis der Tatsache, daß die Planungsforschung mit dem Versuch einer eher technisch-methodischen Orientierung an den realen politischen und administrativen Strukturen scheiterte. Wenn hierbei auf amerikanische und europäische Erfahrungen zurückgegriffen wird, so in der Absicht zu lernen, einerseits Lücken und Defizite deutlicher zu erkennen, andererseits aber auch, um die politischen, verfassungsrechtlichen und kulturell bedingten Eigenheiten herauszustellen.

Im *ersten Band* werden vor allem institutionelle Erfahrungsberichte vorgelegt, Grunderfahrungen dokumentiert, die mit dem Aufbau und der Entwicklung von Evaluierung in der Bundesrepublik gesammelt wurden. Angestrebt wurde nicht, ein formales Rahmenkonzept zu entwickeln, sondern vielmehr wurde der Versuch unternommen, die *Evaluierungswirklichkeit* aus der Perspektive von Parlament und Verwaltung, Rechnungshof und Forschung widerzuspiegeln, um in der Auseinandersetzung mit den vielfältigen Ansätzen, den Schwierigkeiten bei der Verfolgung innovativer Strategien zu lernen, welche Veränderungsspielräume und *Institutionalisierungschancen* für eine Evaluierungsforschung und welche organisatorischen, politischen und institutionellen Hindernisse für die Institutionalisierung einer wirkungsvollen Evaluierung bestehen. Der Akzent liegt auf einer *Praxisanalyse* der Evaluierungstätigkeit in der Verwaltung. Demgegenüber zielt der *zweite Band* vor allem auf eine Verbesserung des Instrumentariums für Evaluierung, um Niveau und Qualität von Evaluierungsaktivitäten zu heben. Im Mittelpunkt steht die systematische Diskussion unterschiedlicher Ansätze, die Reflexion und Demonstration und Diskussion unterschiedlicher Methoden anhand beispielhafter Fallstudien aus der deutschen und amerikanischen Evaluierungspraxis.

Der *erste Band* möchte in einer Bestandsaufnahme:

- *historische Entwicklungslinien* der kurzen, jedoch reichhaltigen Geschichte der Evaluierungsforschung in der Bundesrepublik und einigen europäischen Ländern und den USA skizzieren, um *Aufgabenstellung* und *Funktion* der Evaluierungsforschung zu umreißen (Teil I);
- einen Überblick über den *Stand und die Erfahrungen* mit Evaluierungen anhand der Erfahrungen in Bundesministerien, Parlament und Rechnungshof ermöglichen, um Stand und Wirksamkeit der Evaluierung bekannt zu machen (Teil II);
- schließlich Probleme der *Umsetzung* und des Transfers von Evaluierungsforschung in die Verwaltungspraxis und den Politikalltag und die *Perspektiven diskutieren,* die sich aus einer professionellen Evaluierungstätigkeit ergeben (Teil III. u. IV).

Das *Sach-, Institutionen- und Autorenregister* zu diesem *ersten* Band wird im *zweiten* Band enthalten sein.

Inhalt und Gegenstand des ersten Bandes

Teil I gibt zum einen einen Überblick über die Entwicklung der Evaluierungsforschung und beschreibt Aufgaben und Elemente einer Evaluierung. In der Einleitung werden von den Herausgebern, ausgehend von der amerikanischen Evaluierungsdiskussion, unterschiedliche Ansatzpunkte für eine Evaluierung in der Bundesrepublik aufgegriffen und im Hinblick auf ihren Beitrag für ein politisches Lernen diskutiert. *Levine,* selbst maßgeblich in der amerikanischen Regierung für die Entwicklung der Evaluierungsforschung verantwortlich gewesen, vermittelt einen vergleichenden Überblick über die Evaluierungs- und Politikforschung in den USA, Kanada, Großbritannien, Frankreich, Schweden und den Niederlanden. *Solomon* und *Freeman* klassifizieren die Aufgaben der Evaluierungsforschung und spekulieren über Trends und Entwicklungen in der Zukunft. *Ferné* umreißt die Probleme und Schwierigkeiten der OECD, Evaluierungsforschung zu fördern. Schritte und Verfahren werden in den folgenden Beiträgen des Teils I diskutiert. *J. S. Wholey,* für Evaluierungsaufgaben am amerikanischen Wohlfahrtsministerium verantwortlich, beschreibt die Voraussetzungen für erfolgreiche administrative Evaluierungen. *M. Rein* gibt einen Überblick über das Spektrum von Evaluierungsaufgaben, wobei er besonders die vernachlässigten Schritte herausarbeitet. Schließlich diskutiert *Kiresuk* mit seinen Kollegen vom Program Evaluation Resource Center Ansätze, zu einer adressatenadäquateren Evaluierung zu gelangen.

Teil II, unter Mitwirkung zahlreicher Verwaltungspraktiker entstanden, zielt auf einen Überblick über die unterschiedlichen Ansätze in der deutschen Verwaltungspraxis, in *Regierung, Parlament* und *Rechnungshof* sowie auf der *kommunalen Ebene.*

Zu Beginn geben *Pflaumer/Tschirner, Hartkopf, Kempski, Scholz* und *Dietzel* eine Übersicht über das vielfältige Spektrum von Evaluierungstätigkeiten, wie sie sich fast naturwüchsig im *Presse- und Informationsamt der Bundesregierung* und in den *Bundesministerien des Innern, der Justiz, für Bildung und Wissenschaft* sowie *für Jugend, Familie und Gesundheit* in den letzten Jahren entwickelt haben. Während hierbei noch kaum institutionalisierte Verfahren zu benennen sind, können *Lotz, Bieler* und *Wohlfart* in ihren Beiträgen über die *Bundesministerien für wirtschaftliche Zusammenarbeit, für Ernährung, Landwirtschaft und Forsten* sowie *für das Post- und Fernmeldewesen* bereits auf institutionalisierte Ansätze, sei es durch ein *Inspektionsreferat,* sei es durch *interne Revision* und *Erfolgskontrolle,* verweisen.

Eher einzelne Programme und Verfahrensweisen stehen in den Beiträgen von *Kohn* (über das *Bundesministerium für Wirtschaft*), von *Moosmayer* (über *Bundesministerium für Verkehr*) und von *Széplábi* (über das *Bundesministerium für Forschung und Technologie*) im Vordergrund. Evaluierung wird dort eher adhoc bzw. gezielt für wenige Maßnahmenbereiche verwendet. In ihren Berichten befassen sich *Affeld* (über das *Bundesministerium für Arbeit und Sozialordnung*) und *Bölting* (über das *Bundesministerium für Raumordnung, Bauwesen und Städtebau*) kritisch mit dem Erfolg bisheriger Ansätze. Beide plädieren für ein pluralistisches und offenes Modell der Evaluierungsforschung.

Grenzen bisheriger Ansätze werden auch im Bericht von *Helm*, in seinem Bericht über den *Interministeriellen Arbeitskreis Nutzen-Kosten-Analyse* deutlich. Während er die interministerielle Beratung im Hinblick auf Evaluierungen beschreibt, behandelt *Kohn* den Beitrag von Regierungskommissionen.

Im Vergleich zu den vielfältigen Ansätzen innerministerieller Ansätze fehlt es, wie die Skizze von *Steinhausen* über das *Bundeskanzleramt* zeigt, an programmvergleichenden und übergreifenden Evaluierungsstudien. Wie für regierungsnahe Evaluierungstätigkeit gilt auch für die *parlamentarische* Evaluierung, daß zwar, wie *Kretschmer* aufzeigt, zahlreiche Anknüpfungspunkte wie Zeitgesetze etc. bestehen, daß jedoch, wie *Thieme* feststellt, insgesamt systematische Ansätze noch fehlen. So nehmen sich auch die Ansätze des Bundesrechnungshofs, die *Dorn* umreißt, eher bescheiden aus gegenüber den von *Marvin* und *Cohen* beschriebenen Ansätzen des amerikanischen Rechnungshofes. Vielleicht schreitet die Anwendung von Evaluierungsforschung auf der *lokalen Ebene* – auch wenn sie später einsetzte – schneller fort als im Bund, zumindest können die *Herausgeber* in ihrem Beitrag zur kommunalen Evaluierung bereits auf zahlreiche Anknüpfungspunkte in der Kommunalverwaltung hinweisen.

Den jeweiligen Bestandsaufnahmen in den einzelnen Kapiteln der vorliegenden Veröffentlichung werden Gespräche mit Forschern, Politikern und Praktikern gegenübergestellt. *Scharpf* diskutiert kritisch den möglichen Beitrag der Evaluierungsforschung für Politikformulierung und Verwaltungspraxis. *Stücklen*, Vizepräsident des *Bundestages*, *Gaa*, früherer Präsident des *Landtags von Baden-Württemberg*, sowie *Lenz*, langjähriger Vorsitzender des *Rechtsausschusses des Bundestages*, kommentieren die Möglichkeit einer erweiterten Evaluierungsfunktion vor allem aus *parlamentarischer* Sicht. *Wittrock*, Präsident des *Bundesrechnungshofs*, *Krumsiek*, früher Chef der *Staatskanzlei von Nordrhein-Westfalen* und jetzt Landesminister, sowie *Banner*, Vorstand der *Kommunalen Gemeinschaftsstelle für Verwaltungsvereinfachung*, beleuchten die Evaluierungsfragestellung und mögliche Ansätze aus der Sicht ihrer Institution und vor dem Hintergrunde ihrer beruflichen Erfahrungen.

Teil III umfaßt zum einen Beiträge zur Nutzung von Evaluierungsforschung, zum anderen skizziert er Perspektiven einer besseren Nutzung durch eine Professionalisierung der Evaluierungsforscher.

Weiss und *Rich* kritisieren das traditionelle Verständnis von Evaluierung. Evaluierung in ihrer Sicht hat neben einer instrumentellen Funktion die sehr viel wichtigere Aufgabe, Kritik, Aufklärung und Orientierung zu vermitteln. Die Wirkung von Evaluierungsforschung sollte daher nicht nur an ihrer unmittelbaren Nutzung gemessen werden. *Badura* verweist auf die Rezeptionsbarrieren, die einer intensiveren Nutzung in der Ministerialbürokratie gegenüberstehen, was auch *Fitzsimmons* in seinem Vergleich deutscher und amerikanischer Evaluierungsforschung feststellt. Um aus den engen Perspektiven einer verwaltungsinternen Evaluierung auszubrechen und die Qualität von Evaluierungen zu verbessern, fordern *Ganz* und *Weihe* unabhängige „Metaevaluierungen".

Schließlich werden im Teil IV Entwicklungsperspektiven für eine *professionalisierte Evaluierungsforschung* aufgezeigt. *Nacken* skizziert ein Trainingsprogramm, *Rossi* fordert eine Verknüpfung disziplinärer- mit der Evaluierungsforschung, *Voelkner* umreißt aus der Perspektive der *Bundesakademie für öffentliche Verwaltung* die Anforderungen, die an einen zukünftigen Evaluator in der Verwaltung zu stellen sind.

Die Vielfalt der Ansätze und ihre Heterogenität sollten jedoch nicht den Blick dafür verstellen, daß die Ansätze einer Institutionalisierung und der Aufbau den Aufgaben entsprechender Kapazitäten noch hinter den Anforderungen zurückgeblieben sind. Zwar beginnt sich durch den Ausbau regierungsnaher Forschungsanstalten, zahlreicher Forschungseinrichtungen der Länder und der Städte sowie durch das Engagement etablierter (INFAS, Infratest, Abt. Ass., Prognos) und zahlreicher jüngerer Forschungsunternehmen (Socialdata, Institut für Stadtforschung Berlin, INIFES) sowie universitärer Forschungseinrichtungen eine vielversprechende Evaluierungsinfrastruktur abzuzeichnen, der Einfluß und das Qualitätspotential der Evaluierungsforschung sind jedoch noch gering und bedürften zusätzlicher Trainingseinrichtungen und einer kritischen Grundlagenforschung, um Qualität und Einfluß der Evaluierungsforschung wirksamer zu gestalten. Der vorliegende Band sollte hierfür vor allem durch die Darstellung praktischer Erfahrungen und Ansätze Voraussetzungen schaffen, um über einen kritischen Vergleich der Ansätze zu einem Wettbewerb unterschiedlicher Evaluierungsformen anzuregen, die geeignet sind, die *Selbstreflexion* und *Selbstevaluierung* der Verwaltung anzustoßen. Dies kann nur ein erster Schritt sein.

Zu danken ist zum einen vor allem *Inge Siegel*, die unerschütterlich Übersetzungen und Manuskripte teilweise mehrfach um- und ins Reine geschrieben hat.

Dank ist zum anderen inbesondere *Frauke Burian* zu sagen, die uns bei der Redaktion des Bandes engagiert unterstützte, und dem *Zentralinstitut für Sozialwissenschaftliche Forschung*, das den Band in seine Schriftenreihe aufnahm und seine Drucklegung finanziell förderte.

Dank ist schließlich und vor allem aber den *Autoren* zu sagen, nicht zuletzt für die uns erwiesene große Geduld, die wir ihnen durch die mehrfache Verzögerung in der Herausgabe des Bandes abverlangten. Sollte der Zeitverlauf manche der Aussagen in den Aufsätzen und Berichten, die überwiegend 1979 und 1980 geschrieben und abgeschlossen wurden, überholt haben, ist dies nicht von den Autoren, sondern muß von den Herausgebern verantwortet werden.

Möge das hiermit in seinem ersten Band vorgelegte Handbuch zur Evaluierungsforschung für Politiker, Verwaltungsleute und Wissenschaftler bei ihren *analytischen* Anstrengungen um die Sicherung und Nutzung der politischen und administrativen Handlungsspielräume unter immer schwierigeren Rahmenbedingungen eine Hilfe sein, und dies ungeachtet der zeitlichen Verzögerung seines Erscheinens, die die (zu befürchtende) „Zeitlosigkeit" der anstehenden Handlungs- und Analyseprobleme relativieren dürfte.

Berlin, Frühjahr 1984

Gerd-Michael Hellstern
Hellmut Wollmann

Teil I:

Entwicklungslinien und Verfahren von Evaluierung und Evaluierungsforschung

Gerd-Michael Hellstern, Hellmut Wollmann
Zentralinstitur für sozialwissenschaftliche Forschung der Freien Universität Berlin

Evaluierung und Evaluierungsforschung – ein Entwicklungsbericht

1. Einleitung

Die Evaluierungsforschung ist eine noch junge Wissenschaftsdisziplin. Die Gründung ihrer wichtigsten Veröffentlichungsorgane, wie der methodologisch orientierten *Evaluation Review* (1977), der programmatischen *Evaluation and Program Planning* (1978) und der auf aktuelle Informationen spezialisierten *Evaluation News* (1980) liegen erst wenige Jahre zurück[1]. Auch die eher disziplinär ausgerichteten Zeitschriften wie *Educational Evaluation and Policy Analysis* (1978), *Evaluation and the Health Profession* (1977) oder die *Studies in Educational Evaluation* sind neueren Ursprungs. Lediglich das unregelmäßig erscheinende, einflußreiche *Evaluation and Change* des – vom *National Institute for Mental Health* (NIMH) geförderten – *Program Evaluation Resource Center* in Minneapolis sowie einige informelle Newsletter (z. B. das *CEDR* der *Phi Del Kappa* oder des *E-Net)* reichen bis in die frühen siebziger Jahre zurück.

Nachdem nunmehr nicht nur zahlreiche Text- und Lehrbücher in der Nachfolge der bahnbrechenden Arbeiten von *E. A. Suchman* (1967) und *C. H. Weiss* (1972, dt. 1975) sowie erste kritisch-systematisierende Bestandsaufnahmen durch die führenden Protagonisten dieser Forschungsrichtung erschienen sind, u. a. durch *P. H. Rossi, H. E. Freeman* (1979) und *L. J. Cronbach* und das *Evaluation Research Consortium* der Stanford University (1980), sondern auch die ersten, zum Teil spezialisierten Handbücher, u. a. von *Guttentag und Struening* (1975), von *S. B. Ander-*

1 Außer in diesen Zeitschriften sind zahlreiche Artikel vor allem auch in Policy Journals erschienen wie *Policy Sciences, Policy Studies Journal, Policy Studies Review, Policy Analysis and Management* (Nachfolge der Zeitschrift für *Public Policy and Policy Analysis), Policy and Politics* sowie in Zeitschriften mit stärker spezialisierter Ausrichtung wie *Social Indicators Research, Socio-Economic Planning Sciences, Long Range Planning, Journal of Urban Analysis* und eher halbprofessionellen Publikationsorganen wie *Social Policy, Policy Review, Society* usw. Kaum zu erfassen sind die unzähligen informellen *Newsletter* verschiedener öffentlicher Einrichtungen oder regionaler Organisationen sowie universitärer Zentren, wie z. B. die einflußreichen, von Nick Smith herausgegebenen *Paper and Report Series on Research on Evaluation Programs* des *Northwest Regional Educational Laboratory*, die *Discussion Papers* des *Stanford Evaluation Consortium* und der *John-F.-Kennedy-School for Government* oder die *World Bank Staff Papers.* In Deutschland verlieren sich die Arbeiten meist in den Schriftenreihen der Ministerien. Nur wenige – praxisnähere – Zeitschriften wie die *Soziale Welt,* das *Verwaltungsarchiv, Verwaltung und Fortbildung, Zeitschrift für Sozialreform* und Verlage wie der *Beltz-Verlag* (Psychologie und Pädagogik) und der *Westdeutsche Verlag* haben damit begonnen, die Veröffentlichungen der meist grauen Evaluierungsliteratur zu fördern. Einen Überblick gibt der Anhang in Band 2.

son et al, von *Th. Abromson* et al. (1979) und von *Millman* (1980) von einer Konsolidierung des Forschungsfeldes künden, widmen sich – nicht zuletzt mit tatkräftiger Unterstützung von Stiftungen und Verlagen – auch zahlreiche Buchreihen, wie die *Evaluation Studies Review Annuals*, die *New Directions for Program Evaluation Research*, die *Sage Research Progress Series in Evaluation* oder die *Social Experimentation Series* des *Brookings Institution* exklusiv Problemen der Evaluierungsforschung[2].

2 Für eine Auswahl an Textbüchern und Readern sei auf die Bibliographie in Band 2 verwiesen; hier seien nur einige Klassiker erwähnt: E. A. Suchman, *Evaluative Research*, Englewood Cliffs 1967; C. H. Weiss, *Evaluation Research*, Englewood Cliffs 1972 (dt. Opladen 1974); F. G. Caro (Hrsg.), *Readings in Evaluation Research*, New York, 2. Aufl. 1977, sowie die etwas umstrittenen, vor wenigen Jahren erschienenen Textbücher von P. H. Rossi, H. E. Freeman, S. R. Wright, *Evaluation: A Systematic Approach*, Beverly Hills/London 1979 sowie das *Programm Evaluation Kit*, hrsg. von L. L. Morris, Beverly Hills/London 1978; beide verfolgen einen stark vereinfachenden und systematisierenden Ansatz. Für eine gegenteilige Sicht siehe vor allem M. Q. Patton, *Utilization-Focused Evaluation*, Beverly Hills/London 1979. Von den wichtigen Praktikerhandbüchern zur Evaluierung sind leider nur wenige über den Buchmarkt erhältlich, wie das mit Unterstützung des US-Office of Education entwickelte California State Department Educational Testing Service (Hrsg.), *Program Evaluators Guide*, Princeton 1979 (Teil eines umfangreichen Programmpakets für die Durchführung lokaler Evaluierungen) oder die Handbücher der Public Work Authorities in Kanada. Eine Ausnahme stellt dar: C. C. Attkinson, W. A. Hargreaves et al. (Hrsg.), *Evaluation of Human Service Programs*, New York/San Francisco/London 1978. Zu verweisen ist auch auf die heftige Diskussion auslösenden Bestandsaufnahmen von Lee J. Cronbach et al., *Toward Reform of Program Evaluation*, San Francisco 1980, sowie E. G. Guba und Y. S. Lincoln, *Effective Evaluation*, San Francisco 1981, die beide das vorherrschende experimentelle Evaluierungsparadigma kritisch hinterfragten. Wichtige Impulse für eine Bestandsaufnahme und für die Fortentwicklung des Feldes zu Beginn der siebziger Jahre ging von einigen von staatlichen Behörden bzw. Stiftungen oder Forschungsunternehmen geförderten Konferenzen aus; zu verweisen ist vor allem auf M. E. Borus (Hrsg.), *Evaluating the Impact of Manpower Programs*, Lexington/Toronto/London 1972 *(Conference at the Center for Human Ressources)*; P. H. Rossi, W. Williams (Hrsg.), *Evaluating Social Programs*, New York 1972; J. Mullen, J. R. Dumpson and Ass. (Hrsg.), *Evaluation of Social Intervention*, San Francisco 1972 (*Fordham Conference*); C. A. Bennet, A. A. Lumsdaine (Hrsg.), *Evaluation and Experiment*, New York/San Francisco/London 1974 (*Battelle Symposium*); J. G. Abert, M. Kamrass (Hrsg.), *Social Experiments and Social Program Evaluation*, Cambridge 1974 (*Proceedings of the Washington Operations Research Council Symposium*); G. M. Lyons (Hrsg.), *Social Research and Public Policies*, Hannover, N. H. 1975 *(The Dartmouth/OECD Conference)*; C. C. Abt (Hrsg.), *The Evaluation of Social Programs*, Beverly Hills/London 1976 *(Abt Ass. Conference)*; E. Chelimsky (Hrsg.), *Proceedings of a Symposium on the Use of Evaluation by Federal Agencies*, 2 Bde., McLean 1976 *(Mitre Conference)*. Gesondert hinzuweisen ist auf die Konferenzreihe der Brookings Institutions, die als eigene Reihe, *Brookings Studies in Social Experimentation*, erschienen ist. Umfassende Bestandsaufnahmen wurden auch durch einige Committees erarbeitet, von denen vor allem auf das Committee des Social Science Research Council – H. W. Riecken, R. F. Boruch, *Social Experimentation. A Method for Planning and Evaluating Social Intervention*, New York/San Francisco/London 1974 – sowie neuerdings das Committee on Program Evaluation in Education des National Research Council – S. A. Raizen, P. H. Rossi, *Program Evaluation in Education*, Washington 1981 – hinzuweisen ist.
In der deutschen Literatur ist im Bildungswesen hinzuweisen auf das CERI-Seminar (in Dillingen 1977) des Ausschusses „Innovationen im Bildungswesen" der Bund-Länder-Kommission für Bildungsplanung und Forschungsförderung (Hrsg.), *Evaluation schulischer Neuerungen*, Stuttgart 1979, aber auch auf die verdienstvollen frühen gemeinsamen Symposien der KGSt und der KDZ: H. Bauer, F. Knöpfle, E. Mäding (Hrsg.), *Aufgabenplanund und Finanzplanung*, Wien 1974; E. Mäding, F. Knöpfle, *Organisation und Effizienz der öffentlichen Verwaltung*, Köln 1974; Piet Joosten, Karl-Heinz van Kaldenkerken (Hrsg.), *Organisation und Effizienz der öffentlichen Verwaltung*, II, Köln/Eindhoven

Im Vergleich zu dem Reichtum an Lehr-, Handbüchern und Bestandsaufnahmen in den USA überrascht, daß angesichts eines – trotz aller Unterschiede – durchaus vergleichbaren Wachstums der Evaluierungsforschung in der Bundesrepublik Bemühungen um eine Systematisierung fehlen. Der folgende Beitrag versteht sich als ein erster Versuch, die Erfahrungen mit den inzwischen zahlreichen Evaluierungen in der Bundesrepublik aufzuarbeiten. Auf dem Hintergrund der Entwicklung vor allem in den USA (Teil I) sollen Entwicklungslinien und unterschiedlichen Zwecksetzungen, die sich mit dem Aufbau einer Evaluierungsforschung verbanden, beschrieben werden (Teil II), um daran anschließend Institutionalisierungsformen sowie weitere Entwicklungsmöglichkeiten für eine verbesserte Evaluierungsnutzung aufzuzeigen (Teil III).

1.1 Konzeptionelle und entwicklungsgeschichtliche Vorbemerkungen

Die Analyse und Bewertung der Wirksamkeit von Interventionen ist keine neue Erscheinung in der Wissenschaft. Zum einen kann die Evaluierungsforschung *methodologisch* auf eine langjährige Tradition und Erfahrung in der Psychologie, in den Erziehungswissenschaften, in der Industriesoziologie und in den Arbeitswissenschaften zurückblicken, auch wenn sich diese Ansätze meist – häufig noch methodisch

Fortsetzung Fußnote 2

1976. Der Bestandsaufnahme diente auch das Arbeitstreffen der Abt Ass. 1977: St. J. Fitzsimmons, R. Wildenmann, K. J. Arrow (Hrsg.), *Zukunftsorientierte Planung und Forschung für die 80er Jahre*, Königstein/Ts. 1978, sowie das von den Verf. im Juni 1979 am Zentralinstitut für sozialwissenschaftliche Forschung (ZI 6) der FU Berlin organisierte *Amerikanisch-deutsche Symposium* zur Evaluierungsforschung, auf das die vorliegende Veröffentlichung zurückgeht und aus dem auch eine englischsprachige „Kurzfassung" (mit ausgewählten Beiträgen) entstanden ist, s. R. Levine, M. A. Solomon, G. M. Hellstern, H. Wollmann (Hrsg.), *Evaluation Research and Practice. Comparative and International Perspectives*, Beverly Hills/London 1981. In diesem Zusammenhang sind weiterhin eine adhoc-*Arbeitsgruppe „Experimentelle Politik"*, die die Verf. im Oktober 1979 innerhalb der Jahrestagung der Deutschen Vereinigung für Politische Wissenschaft in Augsburg organisierten und aus der der Sammelband G.-M. Hellstern, H. Wollmann (Hrsg.), *Experimentelle Politik – Reformstrohfeuer oder Lernstrategie*, Opladen 1983, hervorgegangen ist, und eine adhoc-*Arbeitsgruppe „Begleitforschung"* zu erwähnen, die die Verf. innerhalb des Soziologentages 1980 in Bremen organisierten (s. P. Schulte, Hrsg., *Soziologie in der Gesellschaft*, Bremen 1981 mit einer Kurzfassung der Beiträge). – Weiterhin sind die (von H.U. Derlien initiierte) Gründung und die Aktivitäten der *„Gesellschaft für Programmforschung in der öffentlichen Verwaltung"*, GfP, zu nennen, die seit 1980 jährlich themenzentrierte Workshops veranstaltet und diese in *„Werkstattberichten"* dokumentiert. – Schließlich ist auf mehrere Arbeitskreise zu verweisen, die darauf angelegt waren, den Diskussions- und Erfahrungsstand in der Evaluierungsforschung interdisziplinär und im Wissenschaft-Praxis-Austausch aufzuarbeiten. So der *Arbeitskreis Wirkungsanalysen in Raumordnung und Landesplanung*, den die Akademie für Raumforschung und Landesplanung, Hannover, zwischen 1979 und 1982 einrichtete und dessen Ergebnisse veröffentlicht wurden (s. *Wirkungsanalysen und Erfolgskontrolle in der Raumordnung*, Schriftenreihe der Akademie für Raumordnung und Landesplanung, Hannover 1984), sowie ein *Arbeitskreis Evaluierung auf der kommunalen Ebene*, der – auf Initiative der Verf. und mit Förderung der Werner-Reimers-Stiftung, Bad Homburg – zwischen 1979 und 1981 mehrmals zusammentrat und dessen Ergebnisse in einem Sammelband publiziert wurden (vgl. G.-M. Hellstern/H. Wollmann (Hrsg.), *Evaluierung in Kommunalpolitik und -verwaltung*, Basel 1984; s. aus diesem Kontext auch den Beitrag der Verf., *Evaluierung auf der kommunalen Ebene*, in diesem Band).

unausgereift – auf die Evaluierung kleiner Feld- und Laborexperimente beschränkten, deren Bezug zur Politik im Gegensatz zur neueren Evaluierungsforschung auch weniger explizit und anspruchsvoll formuliert worden ist. Zum anderen besitzt die Evaluierungsforschung eine sehr viel weiter zurückreichende Tradition in der staatsphilosophischen und politikwissenschaftlichen *Diskussion* über Wirkungsweise und Wirksamkeit des Staates, die immer dann sehr intensiv und fruchtbar war, wenn herkömmliche Wirkungsweisen des Staates in Frage gestellt und Reformen notwendig zu sein schienen[3].

Diese Anbindung an eine eher staatstheoretisch und verwaltungswissenschaftliche Diskussion ist mit der Entwicklung und Ausdifferenzierung einer empirischen Sozialforschung und ihrer zunehmenden Indienststellung und Nutzung für politische Programme und staatliche Aufgaben zugunsten einer pragmatischen und praktischen Nutzung der Evaluierung verloren gegangen, obgleich der Anspruch und die Bedeutung der Evaluierungsforschung in einem dem sprunghaften Wachstum staatlicher und gesellschaftlicher Dienstleistungen vergleichbaren Umfang gewachsen ist und einer grundlegenderen Diskussion bedürfte[4].

Trotz dieser instrumentellen Wendung der Evaluierungsforschung ist ihre kritisch-wissenschaftliche Funktion insofern noch erhalten geblieben, als aktive, empirisch orientierte Sozialforscher nicht nur die Chancen für den Ausbau der Sozialwissenschaften nutzten, die sich durch den gesteigerten Informationsbedarf über Wirkungen und Wirksamkeit des vielfältig verflochtenen und ausdifferenzierten Instrumentariums eröffneten, sondern auch, indem sie einerseits zur Rationalisierung, Transparenz und Effektivierung dieser Instrumente und Maßnahmen beitrugen, andererseits staatliches Handeln und politische Prozesse einer wissenschaftlich-systematischen Analyse nicht zuletzt im Hinblick auf *unerwünschte Neben-* und *Folgewirkungen* unterzogen und somit kritisch gegenüber der verlautbarten Praxis und deren Ergebnis wirkten.

3 Vgl. hierzu die immer noch instruktive Veröffentlichung von W. v. Humboldt, *Ideen zu einem Versuch, die Grenzen der Wirksamkeit des Staates zu bestimmen,* (1872), in: *Werke,* Bd. I, hrsg. v. A. Flitner, K. Giel, Darmstadt 1960 ff., S. 56–233 sowie die vernachlässigten Beiträge von J. Bentham; eine kritisch historische Aufarbeitung der Ursprünge und der geistigen Väter der Evaluierungsforschung steht bisher noch aus. Vgl. zur methodologischen Geschichte auch die Hinweise von Caro in seiner Einführung zu Caro (Hrsg.) (s. Anm. 1).

4 Zu dieser Entwicklung vgl. neuerdings J. S. Coleman, The Role of Policy Research in Social Decisions, in: *Angewandte Sozialforschung,* 2/1981, S. 169 ff. Eine Bestandsaufnahme mit weiterführender Literatur geben Ch. Lindblom, D. K. Cohen, *Usable Knowledge,* New Haven/London 1979. Die Geschichte der Entstehung der Zeitschrift *Knowledge, Creation, Diffusion and Utilization* spiegelt diese Entwicklung wider. Zur deutschen Entwicklung s. insbes. G. Lüschen (Hrsg.), *Deutsche Soziologie seit 1945, KZfSS,* 21/1979; M. R. Lepsius, *Die deutsche Soziologie zwischen 1918 und 1945, KZfSS* . . . 1981. Immer noch instruktiv: E. K. Scheuch, Sozialer Wandel und Sozialforschung. Über die Beziehungen zwischen Gesellschaft und empirischer Sozialforschung, in: *KZfSS,* 1/1972, S. 1 ff.; L. v. Wiese, Die deutsche Gesellschaft für Soziologie – Persönliche Eindrücke in den ersten 50 Jahren, in: *KZfSS,* 1/1959, S. 11 ff. Hierfür immer noch aufschlußreich: R. Mackensen, Die Sozialforschungsstelle an der Universität in Dortmund, in: *Soziale Welt,* 1/1960, S. 162 ff.; s. a. G.-M. Hellstern, H. Wollmann, Methoden- und Nutzungsprobleme von empirischer Sozialforschung im Interessenfeld von Auftragsforschung, in: G.-M. Hellstern, H. Wollmann (Hrsg.), *Evaluierung in Kommunalpolitik und -verwaltung,* Basel 1984, S. 482 ff.)

Ein frühes Beispiel der Institutionalisierung dieser kritisch-reformerischen und instrumentell-rationalisierenden Evaluierungsfunktion der Wissenschaft sind die durch die Land Grant Acts geschaffenen *Experimental Stations* und *Extension Programs* der Land Grant Colleges des späten 19. und frühen 20. Jahrhunderts. Zahlreiche Beispiele lassen sich auch in der Bildungsforschung finden[5]. Systematische Ansätze finden sich in der Folge der großen Depression in den dreißiger Jahren durch die *Hoover Commission*, die erstmals eine umfassende Sammlung statistischer Indikatoren unternommen hatte und deren Beitrag zur Entwicklung der Evaluierungsforschung im Vergleich zu den Evaluierungen im *New Deal*, als erstmalig großangelegte Reformprogramme initiiert wurden, meist unterschätzt wird[6]. Letztere erscheinen nicht zuletzt auch deswegen heute noch von Bedeutung, weil sie doch die einzigartige Möglichkeit eröffnen, Langzeitwirkungen von Reformprogrammen zu analysieren[7]. Von den hierfür geeigneten – nur bedingt als Wirkungsanalysen zu bezeichnenden – Forschungen sind vor allem die umfassenden Bestandsaufnahmen der Work Progress Administration zu nennen[8]. Diese meist noch sporadischen, eher empirisch deskriptiv verfahrenden Ansätze einer Evaluierungsforschung erfuhren mit dem II. Weltkrieg und nicht zuletzt der Einrichtung eines *Office of Scientific Research and Development (OSRD)* einen nachhaltigen Auftrieb. Führende amerikanische Evaluierungsinstitute wie die *Rand Corporation* und die *System Development Corporation* entstanden aufgrund des Bedarfs an einer interdisziplinär angelegten Großforschung. Zwar wurden diese vor allem an Kriegszielen, Propagandawirkungen und Effekten nicht mit demselben Nachdruck fortgesetzt, dennoch war ein

5 Siehe hierzu H. Sewell, Some Observations on Theory Testing, in: *Rural Sociology*, 1/1956, S. 1 ff.; insbesondere die in dieser Zeitschrift in den dreißiger Jahren veröffentlichten Beiträge ergeben ein lebhaftes Bild der Schwierigkeiten und Probleme angewandter experimenteller Forschung; s. auch Ch. P. Loomis, Z. K. Loomis, Rural Sociology, in: P. F. Lazarsfeld, W. H. Sewell, H. L. Wilensky (Hrsg.), *The Uses of Sociology*, New York 1967, S. 655 ff. Bereits 1862 wurden im *Morill Act* „Land-Grant"-Colleges geschaffen, die Innovation Erziehung auf das Land tragen sollten. Siehe für eine Bestandsaufnahme: US-Dept. of Agriculture, National Rural Center, *Rural Development and the Land Grant University – An Evaluation of Title V of the Rural Development Act of 1972*, Washington 1977. Allerdings haben die „etablierten" Sozialforscher die *rural sociology* lange Zeit nicht beachtet.

6 Vgl. z. B. R. S. Kirkendall, *Social Scientists and Farm Politics in the Age of Roosevelt*, Columbia/Mo. 1966. Die Literatur zum New Deal ist inzwischen fast unermeßlich; eine gute bibliographische Übersicht gibt *R. E. Burke, The New Era and the New Deal*, Arlington 1981.

7 Eine der interessantesten Studien in dieser Hinsicht ist die Studie von Solomon, der in einer Langzeitevaluierung von New-Deal-Programmen verdeckte Langzeiteffekte („sleeper") feststellte; s. hierzu L. M. Solomon, Follow-Ups, Let-Downs and Sleepers. The Time Dimension in Public Policy, in: Ch. O. Jones, R. D. Thomas (Hrsg.), *Public Policy Making in a Federal System*, Beverly Hills/London 1976; s. hierzu auch die neuerliche Diskussion um die Langzeiteffekte von Sommerprogrammen für gefährdete Jugendliche: E. Powers, H. Witner, *An Experiment in the Prevention of Juvenile Delinquency: The Cambridge-Somerville Youth Study*, New York 1951; s. ferner neuerdings J. McCord, W. A. McCord, *A Thirty Year Follow Up on the Cambridge-Somerville Youth Study*, Cambridge 1979; sowie die Arbeiten des Consortium for Longitudinal Studies, *Lastings Effects after Preschool*, Washington D. C. 1978, Dept. of HEW.

8 *Work Progress Administration*, 1932 ff. (12 Bde.).

Forschungspotential entstanden und waren Techniken entwickelt worden, die nach dem Krieg zwar vor allem die Entwicklung der Marketingforschung, Medien- und Wahlforschung begünstigten, jedoch, wenn auch noch vereinzelt, auch zur Evaluierung sozialer und politischer Programme eingesetzt wurden[9]. Der Schwerpunkt in der Entwicklung und Nutzung von Evaluierung verlagerte sich in den 50er Jahren jedoch – mit der Loslösung der jungen Nationen von ihren Kolonialherren – auf die Evaluierung von internationalen Hilfsprogrammen[10]. So forcierte vor allem die UNO die Evaluierung von *Entwicklungshilfeprojekten.* Es war die UNESCO, die Ende der 50er Jahre das erste Handbuch zur Evaluierungsforschung herausgab[11].

Erst mit dem sprunghaften Anstieg staatlicher Reformen, Aufgaben und Ausgaben in den sechziger Jahren beginnt der gezielte Einsatz der Evaluierungsforschung für staatliche Aufgaben und Programme. Es waren vor allem neue *Reformprogramme,* deren Promotoren die Effektivität ihrer Maßnahmen beweisen wollten, die oft nicht ganz freiwillig und meist in der Absicht, sich gegenüber Parlament und Öffentlichkeit besser rechtfertigen zu können und um die Durchsetzungschancen ihrer innovativen Reformmaßnahmen zu erleichtern, sich der Instrumente der Evaluierungsforschung bedienten[12]. Analytische Interessen und legitimatorische Absichten waren dabei häufig vermengt. Evaluierungen sollten die Leistungskraft von Programmen wissenschaftlich bezeugen, gleichzeitig sollten sie Korrektur, Steuerung ermöglichen und gegenüber Zweiflern Rückholbarkeit demonstrieren. Strategisch wurden Evaluierungen als eine Maßnahme begriffen, mit der einerseits die Auswirkungen und die Wirksamkeit von Programmen in einer immer komplexeren Umwelt abgesichert werden konnten und andererseits intern die weit verzweigten Entscheidungswege unter Kontrolle gehalten werden sollten, nachdem die Hoffnung auf ei-

9 Beispielhaft für Studien von Powers/Witner, *Experiment* (Anm. 7) und H. W. Riecken, *The Volunter Camp: A Psychological Evaluation,* Cambridge/Mass. 1952. Eine Bestandsaufnahme geben H. H. Hyman, Ch. R. Wright, Evaluating Social Action Programs, in: P. F. Lazarsfeld u.a., *Sociology* (Anm. 5), S. 741 ff.

10 Siehe hierzu O. Klineberg, The Problems of Evaluation Research, in: *International Social Science Bulletin,* 3/1955, S. 348 ff.; S. Hayes, *Measuring the Results of Development Projects,* Paris, UNESCO 1966; UNESCO (Hrsg.), Evaluation Techniques, in: *International Social Science Bulletin,* 7/1955, S. 345 ff.; UN-ECOSOC (Hrsg.), *Evaluation of Programs of Technical Co-Operation. Report of the Secretary General,* N. Y. 1966, UNDoc 4/4151; C. S. Belshaw, Evaluation of Technical Assistance as a Contribution to Development, in: *International Development Review,* 6/1966, S. 2 ff.; Agency for International Development Aid, *Evaluation Handbook,* (2. Aufl.), Washington D. C. 1972.

11 Siehe hierzu *UN-Project Formulation and Evaluation Series,* diverse Veröffentlichungen, Hayer 1959; Agency for International Development Aid, *Evaluation Handbook* (Anm. 10).

12 Dies gilt für die amerikanischen und deutschen Programme. Diese Tatsache spielte eine wichtige Rolle in den Diskussionen um ein umfassendes System der sunset-legislation sowie in den Beratungen um die Möglichkeiten einer grundsätzlichen Verbesserung der Parlamentskontrolle; s. hierzu GAO, *Observations on Oversight Reform, Summary and Consolidation of Statements to Congressional Committees,* PAD 81–17, Washington D. C. 1981. In einem eigenen Versuch, eine Liste der bundesstaatlichen Evaluierungen mit dem derzeitigen Haushalt zusammenzustellen, fiel ebenfalls die Diskrepanz zwischen Evaluierungsaktivitäten und Haushaltsvolumen auf. Erstmals hat die Transferkommission hier systematischere Versuche in umfassenden Evaluierungen unternommen, vgl. hierzu Transferkommission, *Das Transfersystem in der Bundesrepublik Deutschland,* Stuttgart 1981; *Subventionsbericht 1981,* BTDrs. 9/986 v. 6.11.1981.

nen Vollzugsautomatismus gesetzter Ziele sich als trügerisch erwiesen hatte. Mitte der siebziger Jahre verstärkte sich angesichts des erschwerten wirtschaftlichen Wachstums und akuter staatlicher Finanzengpässe das Interesse an einer Evaluierungsforschung als eine Entscheidungshilfe bei der Bestimmung der Wirksamkeit und der Wirkungen von Programmen und Maßnahmen, man erhoffte sich von ihr eine rationale Entscheidungs- und Argumentationshilfe, um über Prioritäten und Posterioritäten bei notwendigen Auswahlentscheidungen über Subventionen zu bestimmen.

In dem Maße schließlich, in dem sich als Ergebnis schritthafter (*„inkrementalistischer"*) Problemlösungsversuche die entstandene Vielfalt und Dichte einzelner Regelungen, Instrumente und Förderungen als Handlungshemmnis und -blockierung erwiesen und von einer „Entfeinerung" der Instrumente und einer *„Entbürokratisierung"* staatlicher Organisations- und Handlungsformen der Wiedergewinn von gesellschaftlichen, wenn nicht staatlichen Handlungsspielräumen erwartet wurde, gewann Evaluierung als Auskunftsmittel über Handlungshindernisse und Chancen sowie als Möglichkeit einer *dezentralen Steuerung* und *Selbstkontrolle* neue Bedeutung.

Diese unterschiedlichen Funktionen und Zielvorstellungen, die sich mit der Evaluierung verbanden, erklärten auch die Treibkraft, die sich mit dem Stichwort Evaluierung verband und zu einem Aufschwung der Evaluierungsforschung führte. Evaluierung erschien als Mehrzweckwaffe. *Öffentlichkeit* und *Parlament* versprachen sich eine verbesserte Kontrolle staatlicher Maßnahmen, die Berücksichtigung von Neben- und Folgewirkungen; der *Verwaltung* eröffnete Evaluierung Eingriffschancen, um eine verbesserte Zielgenauigkeit der Programme, verbesserte Wirtschaftlichkeit der Maßnahmen und Senkung der Kosten zu erreichen; der beteiligten *Wissenschaft* stellte sie nicht nur den Gewinn zusätzlicher Ressourcen, sondern auch die Möglichkeit eines experimentellen Tests ihrer Theorien in Aussicht.

Dem *Parlament* erschien die Wirksamkeit und die Wirkungen politisch-administrativer Programme und Maßnahmen empirisch zu erfassen nicht zuletzt als ein Ausweg, seine in der Dichte und Komplexität der Planung verlorengegangene Kontroll- und Definitionsmacht wieder zu stärken. Diese Tendenz läßt sich vor allem am Beispiel des amerikanischen Kongresses nachvollziehen, der nicht zuletzt über Evaluierungsklauseln den Informations- und Kompetenzvorsprung der Verwaltung wieder wettzumachen suchte[13].

Der *zentralstaatlichen Verwaltung* bot sich über die Evaluierung die Möglichkeit, die ihr aufgrund arbeitsteiliger Bearbeitungsprozesse fehlenden Informationen über Durchführung und Reaktion in den immer komplexer werdenden Handlungsfeldern

13 Eine Zusammenstellung der evaluierten und zu evaluierenden Gesetze gibt GAO, *Federal Evaluations*, Washington D. C. 1980; ders., *Federal Program Evaluations*, Washington D. C. 1978; ders., *Requirements for Recurring Reports to the Congress*, Washington D. C. 1980. Im Unterschied zu den meisten bundesdeutschen Evaluierungsklauseln spezifizieren die amerikanischen Klauseln häufig auch Umfang und Volumen der Evaluierungsforschung; s. zu den in Deutschland entstandenen Evaluierungsklauseln vor allem den Beitrag von G. Kretschmer in diesem Band.

durch empirische Wirkungsanalysen beschaffen zu lassen, die Möglichkeit also, Evaluierung als Rückkoppelungsschleife innerhalb eines Planungs- und Entscheidungszyklus zu nutzen; denn gerade in einem föderalen System mit einer Vielfalt von lokalen Handlungsträgern und potentiellen Akteuren mit eigenem Ermessens- und Kompetenzspielraum hatten sich die traditionellen Rückkoppelungsformen als unzureichend erwiesen. Lokalen Handlungsträgern eröffneten Evaluierungsformen neue Formen der Selbstkontrolle und die Überprüfung der Treffsicherheit ihrer Maßnahmen. Gegenüber einer aufmerksamen *Öffentlichkeit* signalisierten Evaluierungen schließlich die Ernsthaftigkeit und Nachhaltigkeit der Bemühungen um eine Effektivierung staatlicher Maßnahmen. Für die *Sozialwissenschaften* bot sich schließlich im Bündnis mit einer reformfreudigen Verwaltung die Chance, erstmals praktisch relevante Fragestellungen experimentell testen und empirisch begleiten zu können; damit wurden sie in die Lage versetzt, nicht nur Material für ihre Forschung zu gewinnen, sondern auch die häufig kritisierte Praxisferne zu überwinden und gleichzeitig für die wachsende Anzahl von Studienabgängern neue Aufgaben- und Forschungsfelder zu schaffen[14].

Vier Fragen sind es vor allem, denen sich die Evaluierungsforschung innerhalb eines modellhaften Planungs- und Programmzyklusses zuwandte[15]:

1. *Ex-ante-(Planungs-)Fragen*
   - Welche Zielgruppen und Bedürfnisse sollen erreicht und befriedigt werden? Welche Maßnahmen sind hierfür notwendig? Welche Alternativen bestehen?
   - Entsprechen Gesetze, Programme , Pläne und Maßnahmen den Intentionen und welche möglichen Wirkungen entstehen bei einer Implementation?
   - Welche Folgekosten und -wirkungen sind zu erwarten? Welche Durchführungsschwierigkeiten bestehen?
2. *Implementations- und Monitoring-Fragen*
   - Erreichen das Gesetz, die Maßnahmen und die Programme auch tatsächlich diejenigen, für die sie bestimmt sind?
   - Wohin fließen die Ressourcen? Werden die Ressourcen, Dienst- und Sachleistungen auch so eingesetzt wie geplant und vorgesehen?

14 Dies gilt allerdings sehr viel stärker für die amerikanischen Universitäten, deren Anziehungskraft und Reputation wesentlich von einem reibungslosen Berufsstart ihrer Absolventen abhängig ist. Daher reagierten amerikanische Universitäten sehr sensibel auf die Entstehung einer Evaluierungsforschung. Nicht nur haben einige Universitäten – so die University of Massachusetts, Boston University oder MIT teilweise mit staatlicher Unterstützung (s. hierzu auch S. R. Wright, The First two Years of the Evaluation Research Summer Institute, in: *Evaluation Quarterly*, 1/1977, S. 183 ff.) – Weiterbildungskurse eingerichtet, inzwischen bestehen auch etwa 80 Graduiertenprogramme für Evaluierungsforschung; eine umfassende Darstellung geben R. F. Connor et al., *Directory of Evaluation Training*, Washington D. C. 1981. In Deutschland ist diese Umorientierung eher implizit in der Wahl der Studienschwerpunkte durch die Studenten selbst festzustellen; vgl. hierzu instruktiv H. R. Schneider, *Bielefelder Diplom-Soziologen in Studium und Beruf – Eine empirische Analyse nach zehn Jahren praxisorientierter Soziologenausbildung*, Bd. 1 u. 2, Bielefeld 1980.

15 Für vergleichbare Systematiken vgl. G.-M. Hellstern, H. Wollmann, Evaluierung in der öffentlichen Verwaltung – Zwecke und Anwendungsfelder, in: *Verwaltung und Fortbildung*, 1980, S. 61 ff.; P. H. Rossi, H. E. Freeman, S. R. Wright, *Evaluation: A Systematic Approach*, Beverly Hills/London 1979; C. C. Attkinson, W. A. Hargreaves et al. (Hrsg.), *Evaluation of Human Service Programs*, New York/San Francisco/London 1978.

- Welche Zielabweichungen und Nebenwirkungen sind bei der Durchführung und Umsetzung des Programms entstanden?

3. *Wirkungsfragen*
   - Erreicht das Programm seine Ziele? Welche Wirkungen sind aufgrund des Programms entstanden?
   - Sind die Ergebnisse auf die geplanten Maßnahmen rückführbar oder auf andere Faktoren (Veränderung der Rahmenbedingungen, intervenierende Faktoren etc.)?
   - Welche unerwünschten Wirkungen sind aufgetreten? Sind diese Ergebnis der Maßnahmen oder anderer Faktoren?
4. *Kosten/Nutzen*
   - Welche Kosten sind für wen durch das Programm entstanden? Welche Vorteile sind wem zugeflossen?
   - Ist das Programm effizient oder bestehen andere Möglichkeiten eines wirksameren Mitteleinsatzes?

Während nur selten alle diese Fragen bei einer Evaluierung beantwortet werden – in der Regel finden sich je nach Informationsbedarf unterschiedliche Fragestellungen, die eine Evaluierung beantworten soll –, finden sich Elemente dieser Fragestellungen in allen Formen von Evaluierungen, seien es Gesetzes-, Programm-, Strategie- oder Projektevaluierungen, seien sie als ex-ante-Prüfungen und Tests, als Begleitforschung mitschreitend oder als abschließende Evaluierungen geplant.

Die Vielfalt der Fragestellungen einer Evaluierung im Zusammenhang mit den unterschiedlichen Zielsetzungen einer Evaluierung und dem unterschiedlichen Adressatenkreis bewirken auch, daß im Versuch einer methodischen und konzeptionellen Bewältigung der Mannigfaltigkeit der zum Teil heterogenen Evaluierungsansätze Klassifikations- und Systematisierungsansätze eher verwirrten als klärten, läßt sich doch die Vielzahl möglicher empirisch beobachtbarer Formen kaum so typisieren, daß eindeutige Zuordnungen der vielfältigen empirisch feststellbaren Evaluierungsansätze zu analytisch gewonnenen Typisierungen möglich erscheinen. Wichtiger erscheint es, Evaluierungen im Hinblick darauf zu prüfen, wie sie die zwei wichtigsten und zentralen Fragestellungen einer jeden Evaluierung beantworten:

- zum einen die Frage: Wie sind die beabsichtigten und nicht-beabsichtigten *Wirkungen* eines Gesetzes, einer Maßnahme und eines Programms zu erfassen? Dies ist vor allem ein Problem der Entdeckung, der Konzipierung und Messung von Wirkungen. Probleme der *Indikatorenbildung* stehen hierbei im Vordergrund.
- zum zweiten die Frage der Zurechnung von Wirkungen und Veränderungen zu *verursachenden Faktoren*, seien es Gesetze, Programme, Maßnahmen oder sonstige Einflußgrößen. Diese Beschäftigung mit der Feststellung von *kausalen Zuordnungen* führte in der Evaluierungsforschung zu einer intensiven Beschäftigung mit Programm- und Forschungsdesign und lange Zeit zu einem Plädoyer für experimentelle, kontrollierte Studien.

Im Sinne dieser Fragestellungen war es vielleicht das hervorstechendste Merkmal in der Entwicklung der Evaluierungsforschung, daß sie vor allem die steuerungstheoretisch bedingte verengte Konzentration in der Analyse des Wirkungsspektrums auf die Kontrolle einer formalen *Zielerreichung* und Zielformulierung insofern aufgab und begann, einen sehr viel weiteren und differenzierteren Evaluierungsbegriff zu entwickeln, der darauf abzielte, nicht mehr nur formulierte Steuerungsziele zu operationalisieren und geeignete Indikatoren für Zielabweichungen zu definieren, sondern versuchte, *Zielunklarheit* zu kontrollieren, indem erst mal die häufig unterschiedlichen Ziele und (unausgesprochenen, latenten) Zielsetzungen, die die unterschiedlichen handlungsrelevanten Akteure mit einem Programm verbinden, zu interpretieren gesucht wurden, um auch nicht steuerungsintendierte Wirkungen, Zielverschiebungen und Zielabweichungen im Zeitverlauf zu erfassen und erklären zu können[16]. Die Vorabprüfung der Evaluierbarkeit der Ziele, die Erfaßbarkeit des gesamten Wirkungsspektrums in Form eines *Evaluability Assessments* wurde von daher als ein wichtiger Schritt vor Beginn der eigentlichen Evaluierung betrachtet. Gleichzeitig wurde damit begonnen, den Programm- und Maßnahmenverlauf nicht nur zu unterstellen, sondern die *Wirkungssequenzen* institutionell und prozessual empirisch auszuleuchten, waren doch häufig Gesetze oder Programme, da nicht implementiert, auch kaum evaluierbar[17]. Die Beschäftigung mit Wirkungszusammenhängen und Implementationsdefiziten führte zu einer neuen Betonung organisatorischer, politischer und wirtschaftlicher Kontext- und intervenierender Faktoren, von Rahmenbedingungen, die beleuchten, in welch sensiblem Umfeld Programmevaluierungen sich bewegen. Insofern, als schließlich auch erkannt wurde, daß eine umfassende Gesamtevaluierung angesichts der Vielzahl von Akteuren mit unterschiedlichen Zielen, die an einem Programm beteiligt sind, kaum sinnvoll durchzuführen ist, gewannen kleinteilige, multiple Evaluierungsformen, die mosaikförmig unterschiedliche Fragestellungen eines Handlungskomplexes behandeln und die den *unterschiedlichen Informationsbedürfnissen* der Betroffenen und Auftraggeber besser entsprechen können, an Gewicht[18].

Mit der zunehmenden Nutzung *multipler Formen* von Evaluierungen und der Berücksichtigung *evolutionärer Zielentwicklung* wurde gleichzeitig nicht nur den politischen und administrativen Realitäten Rechnung getragen, sondern auch den wissenschaftstheoretischen Forderungen nach einer gegenseitigen Kontrolle von Evaluierungsforschungen. Begünstigt wurde diese Entwicklung nicht zuletzt durch die intensive Diskussion um eine stärkere Nutzung von Evaluierungsergebnissen in der Praxis, die mit der Entwicklung *adressatenorientierter Evaluierungstechniken* verbunden war[19]

Probleme der Evaluierung seien im folgenden beispielhaft an den Auseinandersetzungen über die Funktion und Ergebnisse von Evaluierungen im „Krieg gegen die

16 Siehe hierzu auch die klassische Kritik von R. S. Weiss/M. Rein (dt. Übersetzung im 2. Band); allerdings verzichtet die neuere Evaluierungsforschung zunehmend auf die Beurteilung vorgegebener Ziele und beschäftigt sich mit Problemen der Zielevaluation.

17 Evaluability Assessment, vom Evaluation Research Team am Urban Institute entwickelt, wird nunmehr in verschiedenen staatlichen Behörden angewandt. Eine ausführliche Dokumentation bieten J. S. Wholey, *Evaluation: Promise and Performance*, Washington D. C. 1979; J. W. Scanlon; J. B. Bell, *Evaluability Assessment*, DHEW 05-76-730, 1979; L. Rutman, *Planning Useful Evaluations: Evaluability Assessment*, Beverly Hills/London 1980.

18 Vgl. u. a. P. H. Rossi, Issues in the Evaluation of Human Services Delivery, in: *Evaluation Quarterly*, 4/1978, S. 573 ff.

19 Siehe hierzu vor allem auch die Beiträge von Kiresuk, Weiss und Rich in diesem Band; aus der umfangreichen Literatur sei hingewiesen auf die letzthin erschienenen Studien von Alkin et al., *Using Evaluations*, Beverly Hills/London 1979; J. A. Ciarlo, *Utilizing Evaluation*, Beverly Hills/London 1981.

Armut" in den USA, die die Entwicklung der Evaluierungsforschung nachdrücklich beeinflußten, diskutiert (1.2). Sodann sollen in groben Zügen die *Entwicklungslinien der Evaluierungsforschung* in der Bundesrepublik beschrieben werden, die durch die Anlagerung wissenschaftlicher Evaluierungen an traditionelle Kontrollformen zu einem vielfältigen Spektrum unterschiedlicher Evaluierungsansätze führten, deren Beschreibung bisher noch aussteht (II); schließlich sollen Stand und Möglichkeiten eines Ausbaus der *Institutionalisierung* von Evaluierungsfunktionen in Politik und Verwaltung aufgezeigt werden (III).

1.2 Das Beispiel Amerika

Der Feldzug gegen die Armut

Dramatischer und eindringlicher als am Beispiel des „*war against poverty*" kann die Entwicklung der Evaluierungsforschung kaum beschrieben werden. Evaluierungsforschung sollte Zeuge, Rechtfertigungsinstrument und Stimulator für eine Politik werden, durch die erstmals ein gezielter Angriff auf die Ursachen der Armut unternommen werden sollte[20].

Das Programm selbst entstand eher als Schlußpunkt einer Kette von Ereignissen, die sich in den fünfziger Jahren aufstauten: Die Entscheidung des Supreme Court gegen eine Desintegrationspolitik 1954, der Sputnikschock 1957 und „The other America" von M. Harrington, wo die Schattenseite des amerikanischen Wachstums beschrieben wurde, hatten die Schwächen des Systems deutlich vor Augen und zu einer breiten Massenbewegung geführt. In demselben Jahr, in dem der Vorsitzende des Wirtschaftlichen Beirats – des *Council of Economic Advisors* – die Armut erstmals zum Thema seiner Berichterstattung machte[21], führte Martin Luther King 200.000 Bürgerrechtler nach Washington. In dieser spannungsreichen, aber auch reformbereiten Situation erklärte Präsident Johnson den Kampf gegen die Armut zu „seiner" Sache: „That's my affair, that's my kind of program"[22]. 1964 wurde im Weißen Haus ein zentrales Büro, das *Office for Economic Opportunity (OEO)*, eingerichtet, das ein umfassendes Programm gegen die Armut entwickeln sollte.

20 Um einen Überblick über Entstehung und Entwicklung zu geben, sind immer noch die Berichte und Kritiken unmittelbar Beteiligter, die in großer Zahl Ende der sechziger Jahre erschienen, am aufschlußreichsten; s. hierzu u. a. R. A. Levine, *The Poor Ye Need Not Have with You*; Cambridge/Mass. 1969; D. P. Moynihan, *On Understanding Poverty*, New York/London 1969; A. Yarmolinsky, The Beginning of OEO, in: James L. Sundquist (Hrsg.), *On Fighting Poverty. Perspectives from Experience*, New York/London 1969, S. 34 ff.; S. A. Levitan, *The Great Society's Poor Law*, Baltimore 1969; L. Sundquist, *Politics and Policy. The Eisenhower, Kennedy and Johnson Years*, Washington D. C. 1968; D. P. Moynihan, *Maximum Feasible Misunderstanding*, New York 1969 sowie J. A. Kershaw, P. N. Courant, *Government against Poverty*, Washington D. C. 1970 . . . .

21 *Annual Report of the Council of Economic Advisers*, Washington D. C. 1964.

22 L. B. Johnson, *Public Papers 1963–1964*, Washington D. C., US GPO 1966, Ansprache vom 26. Juni 1964; zur Entwicklung s. a. W. C. Selover, The View from Capitol Hill: Harassment and Survival, in: James L. Sundquist (Hrsg.), *On Fighting Poverty* (Anm. 20), S. 158 ff.

Durch umfassende Investitionen im Bildungsbereich und in den Gemeinden sollte ökonomische Chancengleichheit gleichsam erzwungen werden. Sowohl der *Economic Opportunity Act* 1964 als auch der *Elementary and Secondary Education Act* 1965 sollten an den traditionellen bürokratischen Kompetenzträgern vorbei organisiert werden[23]. Forschung und Entwicklung sollten dazu dienen, strukturelle Veränderungen einzuleiten und die effektivsten Maßnahmen auszuwählen. Ähnlich dem industriellen Modell von Forschung-Entwicklung-Diffusion, Implementation und Evaluation, sollten sozialtechnologische Innovationen in Gang gesetzt werden, um die Ziele des Programms, die Beseitigung der Armut, zu erfüllen.

Evaluierung, in ihrer eventuellen Bedeutung für die Programme noch kaum erkannt, sollte vor allem ein *Lerninstrument* in einem insgesamt als lernendes System verstandenen Reformprogramm werden. In Johnsons Worten:

„We can open the doors of learning". „This nation, this people, this generation, has man's first chance to create a Great Society: a society of success without squalor, beauty without bareness, works of genious without the wretchedness of poverty."[24]

Bereits in die ersten Programme zur Bekämpfung der Armut waren eher unbemerkt *Evaluierungsklauseln* eingefügt worden[25]. Diese sollten zum einen eine eventuell notwendige Korrektur zu einem späteren Zeitpunkt erleichtern – nur die wirksamsten Programmteile sollten durchgeführt werden –, zum anderen – da man vom Erfolg der Programme überzeugt war – erleichterten es Evaluierungszusagen, sich im Kampf um Zuständigkeit und Kompetenzen gegenüber den einzelnen Ressorts durchzusetzen. Dem Kongreß vermittelten Evaluierungen Sicherheit, erlaubten sie es doch, bei Fehlschlägen und Mißerfolgen der Programme diese später zu beschneiden und hierdurch die Risiken, die durch einen Mangel an Erfahrungen mit den neuen Programmen bestanden, gering zu halten. Selbst wenn die ersten Evaluierungen wissenschaftlichen Standards kaum genügen konnten und es auch eher vermessen erschien, unmittelbar nach Programmbeginn Wirkungen von – gemessen an den Zielen – doch wiederum sehr bescheidenen Programmaufwendungen zu erwarten, waren bereits 1967 mehr als 1.300 Forschungsaufträge (von denen etwa ein Drittel wissenschaftlichen Kriterien genügte) meist als Evaluierung vergeben worden, nicht zuletzt, um offen eine effiziente Mittelverwendung zu dokumentieren[26]. Diese Be-

23 So wurden beispielsweise in den Programmen wie *Head Start* oder *Model Cities* anfangs nicht einmal die Städte als Adressaten der Mittelvergabe gewählt, sondern Community Groups.

24 Johnson, *Public Papers* (Anm. 22).

25 Aufschlußreich sind die Evaluierungsklauseln; sie wurden meist getrennt aufgeführt und sollten nicht nur als Prüfung und Kontrolle der Programmwirkungen, sondern als Programm-„Motor" wirken; s. hierzu auch R. A. Levine, Evaluating the War on Poverty, in: James L. Sundquist (Hrsg.), *On Fighting Poverty* . . . a.a.O. (vgl. Anm. 20 und 22), S. 188 ff.; sowie die Bestandsaufnahme von H. J. Aaron, *Politics and the Professors: The Great Society in Perspective*, Washington D. C. 1978; vgl. auch W. Williams, *Social Policy Research and Analysis*, New York/London/Amsterdam 1975.

26 Zu dieser Entwicklung s. P. H. Rossi, Practice, Method and Theory in Evaluating Social Action Programs, in: James L. Sundquist (Hrsg.), *On Fighting Poverty* ..., a.a.O. (vgl. Anm. 20, 22 und 25), S. 217; zu dieser kritischen Bestandsaufnahme der frühen Jahre der Evaluierungsforschung s. I. N. Bernstein, H. E. Freeman, *Academic and Entrepreneurial Research*, New York 1975; S. A. Levitan, G. Wurzburg, *Evaluating Federal Social Programs – An Uncertain Act*, Kalamazoo 1979.

reitschaft zur Evaluierung unterschied die neuen Wohlfahrtsprogramme von traditionellen Programmen, machte sie jedoch auch verwundbarer gegen Kritik.

Vom Umfang meist überschätzt, entfielen von der für das erste Programmjahr vorgesehenen Summe von etwa 1 Milliarde Dollar ca. 190 Millionen auf *Job Corps*, ein Programm für arbeitslose Jugendliche, ein sehr strittiges Programm mit unterschiedlichen Evaluierungsergebnissen, 225 Millionen Dollar auf das *Work Training and Work Study Program* und 340 Millionen Dollar auf die im Mittelpunkt der Diskussionen stehenden *Community-Action-Programme*. Substantiell nicht das wichtigste, aber das weitaus populärste Programm der *Community Action Programs* war *Head Start* nur bedingt als ein Community Action Program anzusprechen, sondern eher ein kompensatorisches Vorschulerziehungsprogramm mit intensiver Elternbeteiligung. Dieses Programm sollte zum Mittelpunkt einer intensiven Evaluierungsdiskussion werden[27] (für eine Dokumentation s. a. Band 2).

Head Start – Evaluierung und Politik

Das 1964 vorbereitete Programm wurde 1965 vom Präsidenten angekündigt. 17 Millionen Dollar waren für 100.000 Kinder bereitgestellt worden, die in Sommerlagern und teilweise in Jahresprogrammen eine *Vorschulerziehung* unter Beteiligung der Eltern erhalten sollten. Das publikumswirksame Programm entfaltete eine überwältigende Resonanz – statt der vorgesehenen 100.000 Kinder kamen 560.000 Kinder –, so daß der Programmansatz bereits im ersten Jahr vervielfacht werden mußte. Es wuchs – auf Kosten anderer Programmteile – bereits im ersten Jahr auf fast ein Drittel des für die *Community Action Programs* zur Verfügung gestellten Volumens an. Nicht zuletzt dieser Erfolg veranlaßte *OEO*, Head Start zum Gegenstand einer ersten Evaluierung zu machen. Von einer Evaluierung des erfolgreichen Head Start versprach man sich nicht nur eine Verbesserung seiner Wirksamkeit, um die begrenzten Mittel möglichst effizient einzusetzen, sondern vor allem auch die Entstehung eines Erfolgsdrucks, um am Beispiel des Head-Start-Erfolges andere „schwierigere" Programme mitzureißen.

Die von Nixon (im Versuch, die Programme abzubauen) vorzeitig an die Öffentlichkeit gebrachten, eher negativen ersten Ergebnisse lösten eine intensive sozialwissenschaftliche Diskussion über Forschungsmethoden, Evaluierungskriterien und Forschungsstrategien zur Evaluierung von staatlichen Programmen aus. Mehr als 50 größere Evaluierungen zum Head-Start-Programm und etwa 800 Zeitschriftenartikel sind inzwischen zu diesem Programm erschienen, ganz abgesehen von zahlreichen Zeitungsartikeln und populärwissenschaftlichen Stellungnahmen.

Die von Nixon in einer Fernsehansprache bekanntgegebenen Ergebnisse erbrachten zunächst – wie auch später zahlreiche weitere Evaluierungen des *OEO* zu diesem und anderen Programmen – kaum feststellbare Effekte, von denen mit einiger Sicherheit gesagt werden könnte, daß sie auf staatliche Programme zurückzuführen seien:

- die Teilnehmer der Jahreskurse in *Head Start* machten keine affektiven und nur geringe kognitive Fortschritte, die wirksam blieben;
- die Sommerprogramme bewirkten keine anhaltenden kognitiven und affektiven Fortschritte;
- nur in den Großstädten mit einem hohen Prozentsatz an schwarzer Bevölkerung waren einige Effekte feststellbar;

27 US Office of Economic Opportunity, *Head Start: A Community Action Program*, Washington D. C. US GPO 1968; zur Dokumentation der methodischen Probleme s. Band 2; s. auch in der deutschen Literatur G. Iben, *Kompensatorische Erziehung*, München (3. Aufl.) 1974; I. Richter, *Die unorganisierbare Bildungsreform*, München 1975.

– die Testergebnisse von Head-Start-Kindern lagen bundesweit unter der Leistung vergleichbarer Gruppen.

Lediglich das positive Engagement der Eltern blieb auf der Habenseite der Evaluierung stehen[28].

Die Resultate führten zu einer stürmischen Kritik der betroffenen Eltern. Verbände und Interessenorganisationen begannen eigene Evaluierungen durchzuführen[29]. Eine große Anzahl von Wissenschaftlern reanalysierte die Evaluationsergebnisse und stellte kritische Fragen[30]:

– Wurden die richtigen Wirkungen gemessen?
– Sollte das Programm nicht andere Ziele erreichen?
– Eigneten sich die gewählten Indikatoren dafür, das zu messen, was zu messen sie vorgaben?
– Waren die Analysetechniken robust und empfindlich genug, um differenziert Unterschiede anzeigen zu können?

Der politische Protest und der Verdacht einer (politischen) Manipulation der Ergebnisse waren stark genug, das Programm zu erhalten, ja, es sogar finanziell gestärkt aus den parlamentarischen Beratungen zu entlassen und mit einem nun fast jährlichen Bonus zu versehen, eine Tendenz, die selbst nach 1971 (s. Tabelle 1) noch anhielt.

Dennoch blieben die Evaluierungsergebnisse nicht wirkungslos. Die besonders kritisierten Sommerprogramme wurden – trotz ihrer Popularität – langsam abgebaut. Gleichzeitig wurden Konsequenzen aus der Evaluierungsdiskussion insofern gezogen, als damit begonnen wurde, das Programm nicht mehr nur ex ante durch die Verwaltung gestalten und ex post durch die Wissenschaft bewerten zu lassen, sondern versucht wurde, gezielt im Hinblick auf die Evaluierung wissenschaftliche, *experimentell* angelegte Curricularprogramme zu fördern. Durch ein „*planned variation*" von Curricula sollten *Programmvarianten* erprobt und die wirksamsten Varianten identifiziert werden. Anschlußprogramme *(follow-ups)* – aus Finanzknappheit gleichfalls auf experimenteller Basis – sollten die kurzfristigen Effekte der Programme verstetigen helfen. Gleichzeitig wurden mit der Umwandlung des Programms von einem community action program zu einem *professionalisierten* Vorschulerziehungsprogramm und der Auslagerung des Programms aus dem Kompetenzbereich des OEO, des zentralen Büros für die Armutsbekämpfung, jedoch auch die Weichen gestellt für einen – politisch motivierten – Abbau des OEO durch eine langsame Entleerung der inhaltlich weiter gefaßten Programmziele und Vorstellungen des OEO[31].

Die Notwendigkeit, angesichts relativ knapper Mittel neue Wege zu beschreiten, wurde nicht zuletzt durch einen Bericht des Rechnungshofes verdeutlicht, der nachdrücklich auf die Diskrepanz zwischen Anspruch des Programms – alle Kinder zu erfassen – und tatsächlicher Realisation hinwies. So wurden zwar bis 1980 ca. 7,5 Millionen Kinder betreut, zuletzt jährlich fast 375.000, dies waren jedoch nur 18 % aller berechtigten Kinder, eine Tatsache, die in der Diskussion meist nur wenig beachtet wurde[32].

Im Abstand der Jahre und aufgrund der durchgeführten Diskussion ist es nunmehr auch möglich geworden, Wirkungen differenzierter zu evaluieren. So rückte eine der umfassendsten

28 Westinghouse Learning Corp., *The Impact of Head Start: An Evaluation of the Effect of Head Start on Children's Cognitive and Affective Development*, Juni 1969.

29 Eine ausgezeichnete Dokumentation der frühen Head-Start-Kontroversen enthält S. H. White, *Federal Programs for Young Children: Review and Recommendation*, Bd. I–III, 1973 (The Huron Institute); neuerdings s. E. Zigler, J. Valentine (Hrsg.), *Project Head Start: A Legacy of the War on Poverty*, New York 1978.

30 Vgl. hierzu auch die neuerliche Diskussion um frühkindliche Erziehung; s. U. Bronfenbrenner, Is Early Intervention Effective? in: M. Guttentag, E. Struening (Hrsg.), *Handbook on Evaluation Research*, Bd. 2, Beverly Hills/London 1975, S. 519 ff., s. zu Head Start die umfangreichen Hearings vor dem *Subcommittee on Human Ressources, 96th Congres, House of Representaves*, 20. Febr. 1980.

31 A. M. Rivlin, P. M. Timpane, *Planned Variation in Education: Should We Give Up or Try Harder?*, Washington D. C. 1975.

32 US General Accounting Office (GAO), *Early Childhood and Family Development Programs Improve the Quality of Life for Low-Income-Families*, HRD-79-40, Report to the Congress, Washington D.C. 1979.

Tabelle 1: Umfang und Verteilung der jährlichen Head-Start-Mittel*
(in Tsd. US-Dollar)

Haushalts-jahr	Head-Start-Projekte	Technische Hilfsmittel	Forschungs-/Demonstrations- und sonstige Projekte	Evaluation	Total
1971	328.000	18.000	5.000	2.500	353.500
	(92,8 %)	(5,1 %)	(1,4 %)	(0,7 %)	(100 %)
1972	342.708	18.000	5.792	3.000	369.500
	(92,7 %)	(4,9 %)	(1,6 %)	(0,8 %)	(100 %)
1973	363.792	19.150	6.258	3.000	392.000
	(92,8 %)	(4,9 %)	(1,6 %)	(0,7 %)	(100 %)
1974	363.792	19.150	6.258	3.000	392.200
	(92,8 %)	(4,9 %)	(1,6 %)	(0,7 %)	(100 %)
1975	412.500	19.500	6.000	3.000	441.000
	(92,5 %)	(4,4 %)	(1,4 %)	(0,7 %)	(100 %)
1976	423.382	19.150	8.235	3.373	454.500
	(93,3 %)	(4,3 %)	(1,8 %)	(0,7 %)	(100 %)
1977	443.882	19.150	8.595	3.373	475.000
	(93,5 %)	(4,0 %)	(1,8 %)	(0,7 %)	(100 %)
1978	587.049	26.160	8.417	3.374	625.000
	(93,9 %)	(4,2 %)	(1,4 %)	(0,5 %)	(100 %)
1979	640.969	22.740	12.417	4.874	680.000
	(94,3 %)	(3,3 %)	(1,8 %)	(0,6 %)	(100 %)
1980	693.000	25.000	12.600	4.400	735.000
	(94,3 %)	(3,4 %)	(1,7 %)	(0,6 %)	(100 %)

* Quelle: Administration for Children, Youth, and Family, Washington D. C.

Langzeitstudien, die bisher durchgeführt wurde, auch die Beurteilungen der Effektivität des Vorschulerziehungsprogramms Head Start wieder zurecht. Zwar spricht das „*Consortium for Longitudinal Studies*" davon, daß nicht alle an das Programm gestellten Erwartungen über die Möglichkeiten einer kompensatorischen Erziehung erfüllt wurden, dennoch wurden gleichzeitig die Langzeiteffekte des Programms hervorgehoben, die lange übersehen worden waren:

„The Consortium for Longitudinal Studies has collaborated in searching for longterm effects of early intervention programs. The data analyzed this far and reported here show that early education programs for low-income children apparently had lasting effects in the following areas:

– Early education programs significantly reduced the number of children assigned to special education classes.
– Early education significantly increased children's scores on fourth grade mathematic achievements test.
– Low-income children who attented preschool surpassed their controls on the Stanfort-Binet IQ test for up to three years after the preschool programs ended."[33]

33 Siehe hierzu die Arbeiten des Consortium for Longitudinal Studies und US Dept. of HSS, *Lasting Effects after Preschool,* Washington D. C. 1979; s. a. Dept. of US HSS, *Head Start in the 1980's: Review and Recommendations,* Washington D. C. US GPO 1981.

Eine umfassende Bewertung der Erfolge des *„war on poverty"* scheint selbst heute kaum möglich zu sein. Zu Beginn der siebziger Jahre gab es nur wenige Beteiligte, die es wagten, den „war against poverty" nicht als einen Fehlschlag zu bezeichnen[34]. Nixon sprach von Täuschung und Mißerfolg[35]:

„For the past five years we have been deluged by government programs for the unemployed, programs for cities, programs for the poor, and we have reaped from these programs an ugly harvest of frustration, violence and failure across the country."

Zwar führten die Verteidiger des Programms unzureichende Ressourcen, mangelnde Planung und Zeitdruck sowie die vom Vietnamkrieg ausgehenden politischen und finanziellen Zwänge als Ursachen für ein Scheitern an, Gegner der Programme sahen jedoch die eigentliche Ursache des zwangsläufig zu erwartenden Fehlschlages in einer falschen Konzeption und in fragwürdigen, ja geradezu waghalsigen Theorien über die Wirkungsmöglichkeiten staatlicher Programme begründet.

Im Hinblick auf die *methodologische* Kritik an den Ergebnissen der ersten Evaluierungen und angesichts der Notwendigkeit, gesichertes Wissen über die Wirksamkeit der Programme zu erhalten, nicht zuletzt auch unter dem Druck sinkender Mittel, hatte das OEO bereits Ende der sechziger Jahre damit begonnen, experimentelle, begrenzte Tests zu fördern. Programme sollten vor ihrer Implementation und vor einer potentiell „no-effect"-Beurteilung durch eine Evaluierung erst einmal getestet werden. Mit groß angelegten Experimenten in der Wohnungs-, Sozial- und Gesundheitspolitik sowie im Erziehungswesen sollten systematisch Erfahrungen gesammelt werden, um die Fehler einer kurzfristigen Programmentwicklung, wie sie in den ersten Reformphasen stattfand, zu überwinden. Die neuen Programme sollten den wissenschaftlichen Erfordernissen eines Experiments möglichst nahe kommen, gleichzeitig wurden sie finanziell so ausgestattet, daß eine Feldsimulation bereits möglich war[36]. *„Reforms as Experiments"* wurde zum Leitspruch dieser neuen Bewegung[37]. Die experimentelle Vorgehensweise sollte helfen, Risiken zu vermeiden, der wissenschaftliche Test von Politiken sollte kostspielige Irrtümer verhindern und die Gewähr für rationale und wirksame Programme erbringen. Während sich die wissenschaftliche Diskussion über die Ergebnisse dieser großangelegten Sozialexperimente erst abzuzeichnen beginnt, wurde jedoch schon bald deutlich, daß der ursprünglich fast naturwissenschaftlich zu nennende Denkansatz die Erkenntnismöglichkeiten in den Testprogrammen stark limitierte. Kreativere, qualitativere

34 In einer Befragung hatte die konservative Zeitschrift *Commentary* bei allen befragten liberalen und konservativen Politikern und Wissenschaftlern diese Ansicht festgestellt; s. auch Aaron, *Politics and the Professors* (Anm. 25).

35 Zit. nach S. A. Levitan/R. Taggart, *The Promise of Greatness*, Cambridge, Mass./London 1976, S. 4 f.

36 Eine Bestandsaufnahme gibt W. Z. Hirsch, *Social Experimentation* (im Erscheinen), eine Beschreibung dieser Programme erfolgt in Band 2.

37 Vgl. den programmatischen Aufsatz von D. T. Campbell, Reforms as Experiments, in: *American Psychologist*, 1969, S. 409 ff. (wiederabgedruckt in dt. Übersetzung in Band 2). Zu verweisen ist vor allem auch auf die Veröffentlichung des Committee for Social Science Research Council, insbes. H. W. Riecken/R. F. Boruch, *Social Experimentation* (Anm. 2).

Evaluierungsformen gewannen an Bedeutung, die weniger strenge Bedingungen an eine Konstanz der Umweltbedingungen und Programmvariablen erforderten. Auch erschien es wichtiger, mehrfache Evaluierungen durchzuführen, um unterschiedliche Aspekte eines Programms zu erfassen. Dieses pluralistische Evaluierungsmodell bedurfte dann seinerseits jedoch wieder einer *Metaevaluierung*, um Ergebnisse unterschiedlicher Evaluierungen auf ihre Konsistenz zu prüfen[38].

Dennoch erscheinen Gesamtbilanzen komplexer Programme wie derjenigen des „*war against poverty*" derzeit noch kaum möglich zu sein. Die Versuche, die etwa Anfang der 70er Jahre einsetzten, das Gesamtprogramm zu evaluieren, ließen zwar erkennen, daß die Pauschalkritik einer differenzierten Beurteilung zu weichen hat – so ist z. B. festzustellen, daß vieldiskutierte Programmziele, wie z. B. die Zahl der unter der Armutsgrenze lebenden Menschen, verringert wurden –, die entscheidende Frage jedoch, welcher Anteil durch staatliche Programme und welcher allein durch ökonomisches Wachstum zu erklären ist, blieb jedoch offen[39].

2. Zur Entwicklung der Evaluierungsforschung in der Bundesrepublik

Die Entwicklung der Evaluierungsforschung hat in den letzten zehn Jahren in der Bundesrepublik eine stürmische Entwicklung durchlaufen, die allerdings gegenüber

38 Siehe für solche Ansätze beispielsweise R. F. Boruch/P. M. Wortman, *Secondary Analysis in Applied Social Research* (im Erscheinen); T. D. Cook/C. L. Gruder, Metaevaluation Research, in: *Evaluation Querterly*, 2/1978, S. 5 ff;, sowie G. V. Glass/B. McGaw/M. L. Smith, *Meta-Analysis in Social Research*, Beverly Hills/London 1981.

39 Vgl. hierzu Institute for Poverty Research, *Policy Analysis Series*. Den Anfang der Bestandsaufnahme bildete die Diskussion, in: *Annals* 1969, und ein Ford Colloquium, in: *Public Interest*, Winter 1974 (hrsg. v. E. Ginzberg/R. M. Solow, *The Great Society – Lessons for the Future*, New York 1974). Besonders zu erwähnen sind Levitan/Taggart, *The Promise of Greatness* (Anm. 35); R. D. Plotnick/F. Skidmore, *Progress Against Poverty*, New York/San Francisco/London 1975; R. H. Haveman, *A Decade of Federal Antipoverty Programs*, New York/San Francisco/London 1977; Sh. Danziger/R. Plotnick, *Has the War on Income Poverty been Won?*, New York/San Francisco/London 1980; R. Hollister, *Poor People, Poor Theories, Poor Programs*, New York/San Francisco/London 1980. Vgl. auch zu den neuerlichen Thesen um eine Bewertung des war on poverty M. Anderson, *Welfare. The Political Economy of Welfare Reform in the United States*, Palo Alto, Cal. 1978 sowie des Committee on Evaluation of Poverty Research der National Adademy of Sciences, V. T. Covello (Hrsg.), *Poverty and Public Policy. An Evaluation of Social Science Research*, Cambridge, Mass. 1980, in denen Argumente für einen umfassenden Erfolg der Armutsbekämpfung vorgebracht werden. Wie unsicher und wie stark von Definitionen und Statistik abhängig die Messung der Erfolge des *war on poverty* ist, veranschaulicht die folgende Tabelle, die einem unv. Manuskript von T. M. Smeeding für die American Statistical Association entnommen wurde:

Tab.: Veränderung des Anteils von Personen unter der Armutsgrenze 1965–1980

Zeitraum	gemessen nach Markteinkommen	gemessen nach Einkünften (mit Transfer)	um nichtpekuniäre Transfers berichtigt
1965–1980	–6,1 %	–25,6 %	–69,1 %
1965–1972	–9,9 %	–23,7 %	–64,6 %
1972–1980	+4,1 %	– 2,5 %	–15,9 %

Dennoch scheint eine positive Bilanz – zumindest vor der politischen und ökonomischen Trendwende – zu konstatieren sein, die lange übersehen wurde.

der amerikanischen Evaluierungsforschung verzögert, auch sehr viel unstetiger verlief und sich in ihrer inhaltlichen Ausrichtung und kommerziellen Form unterscheidet. Es fehlt vor allem ein sektorale Politikfelder überschreitender und verschiedene Fachdisziplinen integrierender Fokus, wie er sich in den USA, aber auch in Kanada und anderen Ländern durch die Gründung eigener berufsständischer Organisationen auf der regionalen und nationalen Ebene manifestierte[40]. Auch fehlte in einer immer noch disziplinär und Grundlagenforschung-bezogenen universitären Forschungslandschaft die Förderung einer anwendungsorientierten Professionalisierung der Evaluierungsforschung durch Stiftungen und staatliche Forschungsorganisationen, wie sie in den USA für Training, Aus- und Weiterbildung selbstverständlich wurden; beispielsweise sei auf die Aus- und Weiterbildungsprogramme der Universitäten Harvard, MIT und beim Federal Executive Institute verwiesen[41]. Dennoch kann man zumindest disziplinär – legt man trotz aller möglichen methodischen Einwendungen die jährlichen Erhebungen des *Informationszentrums für Sozialwissenschaften*, Bonn, zugrunde – von einem kontinuierlichen, ja, in der zweiten Hälfte der 70er Jahre – sicherlich auch modisch bedingten – fast sprunghaften Wachstum der Evaluierungsforschung auch in der Bundesrepublik sprechen, die besonders deutlich (und um mögliche Erhebungsfehler bereinigt) dann wird, setzt man sie zu der Gesamtzahl der laufenden Forschungen in Beziehung[42].

Um eine „*Meta-Diskussion*" der Evaluierung haben sich in der Bundesrepublik vor allem die Verwaltungs- und Politikwissenschaften bemüht. Anstöße erfolgten vor allem auch aus der *Projektgruppe Regierungs- und Verwaltungsreform* – je-

40 Verwiesen sei hier auf die verdienstvolle Arbeit der *Evaluation Research Society* des *Evaluation Network (ENet)*, Herausgeber der *Evaluation News*. Zu erwähnen sind aber auch eine Reihe eher regionaler Organisationen sowie Untergruppen in der *American Educational Research Association*, in der *American Psychological Association*, in der *American Sociological Association* sowie die verdienstvollen Bemühungen von *Freeman* und *Rossi* um eine anwendungsorientierte Sozialforschung innerhalb der *National Academy of Sciences*. Selbstverständlich gehen auch wichtige Anregungen von der *Policy Studies Organization* und der *Association for Public Policy Analysis and Management*, nicht zu vergessen der *American Society for Public Administration* aus. Auch einige regionale und von Stiftungen und regierungsnahen Forschungseinrichtungen gestützte Zentren, wie das von dem *National Institute for Mental Health (NIMH)* unterstützte *Program Evaluation Resource Center* in Minneapolis (Evaluation Magazine), das von *Nick Smith* geleitete *Northwest Regional Education Laboratory*, das *Evaluation Consortium* an der *Stanford University* mit *L. J. Cronbach* an der Spitze, haben sich um die Entwicklung der Evaluierungsforschung verdient gemacht.

41 Siehe für eine Zusammenstellung Connor et al., *Directory of Evaluation Training* (Anm. 14).

42 Die Angaben beruhen auf Auswertungen, die das *Informationszentrum Sozialwissenschaften* IZ) in Bonn im Auftrag des *Zentralinstituts für sozialwissenschaftliche Forschung der FU Berlin* vornahm. Für die Verläßlichkeit der Aussagen ist u. a. zu beachten, daß hierbei Forschungsarbeiten (Evaluierungsuntersuchungen) von längerer Laufzeit nicht im Anfangsjahr, sondern im letzten Jahr vor Abschluß gezählt wurden, so daß nur sehr vorsichtige Tendenzaussagen möglich sind. Für fallberichthafte Vertiefungen einiger der im folgenden angesprochenen Entwicklungslinien vgl. G.-M. Hellstern/H. Wollmann, Reformexperimente, wissenschaftliche Begleitung und politische Realität, in: dies. (Hrsg.), *Experimentelle Politik – Reformstrohfeuer oder Lernstrategie*, Opladen 1983, S. 2 ff.

Tabelle 2: Anzahl der Evaluierungsuntersuchungen im IZ-Pool (ohne Einzel- und Auslandsforschung)

Evaluierungsuntersuchungen	1971	1973	1974	1975	1976	1977	1978	1979	1980
Anzahl	118	231	221	377	614	765	733	912	1303
Prozentueller Anteil an allen Forschungsvorhaben	8	11	10	13	14	17	27	31	30

Quelle: IZ Sozialwissenschaften, Titel- und String Recherche, im Auftrag des ZI6, FU Berlin.

doch eher als Bei- und Folgeprodukt und ohne unmittelbare Resonanz in der Praxis oder auch nur in der umfangreichen Planungsliteratur[43]. Auch war das vielversprechende Engagement der *Enquête-Kommission Verfassungsreform* im Hinblick auf den Aufbau einer Erfolgskontrolle, wie es sich noch im Zwischenbericht findet, bis zum Schlußbericht weitgehend verflogen; diesbezügliche Forderungen nehmen zwar im Schlußbericht der *Kommission für wirtschaftlichen und sozialen Wandel* eine zentrale Stellung ein, sie sind jedoch bisher gleichfalls folgenlos geblieben[44]. Am erfolgreichsten scheint sich die Evaluierungsforschung dort festzusetzen – allerdings mit methodisch häufig unzulänglichen Verfahren –, wo sie nur wenig von der Öffentlichkeit bemerkt wird: Verwiesen sei hier auf die Vorschriften der Gemeinsamen Geschäftsordnung der Bundesministerien, die Wirkungs- und Wirksamkeitsprüfungen zur Gesetzgebung fordern, aber auch auf die durch die „Entbürokratisierung" und „Effektivierung" eingeleiteten Bemühungen in verschiedenen Ministerien, die meist eher informell oder über Auftragsforschung versuchen, Evaluierungsansätze zu nutzen[45].

Die reichhaltigsten, vielleicht auch umfassendsten Diskussionen zur Evaluierungsforschung erfolgten jedoch eher *sektoral* und *disziplinär,* ohne auch nur den Versuch einer sektorale Politikfelder und Einzeldisziplinen überschreitenden Kommunikation. Hier ist vor allem auf die vielfältige und gehaltreiche Diskussion im Bildungs-

43 Vgl. hierzu u. a. B. Dobiey, *Die politische Planung als verfassungsrechtliches Problem zwischen Bundesregierung und Bundestag,* Berlin 1975; F. Grube/G. Richter/U. Thaysen, *Politische Planung in Parteien und Parlamentsfraktionen,* Göttingen 1976; G. Brünner, *Politische Planung im parlamentarischen Regierungssystem,* Wien/New York 1978; T. Würtenberger, *Staatsrechtliche Probleme politischer Planung,* Berlin 1979; Graf Vitzthum, *Parlament und Planung.* Zur verfassungsrechtlichen Zuordnung der Fraktionen von Bundesregierund und Bundestag bei der politischen Planung, Baden-Baden 1978; S. Magiera, *Parlament und Staatsleitung in der Verfassungsordnung des Grundgesetzes,* Berlin 1979; s. a. R. Steinberg, *Politik und Verwaltungsorganisation,* Baden-Baden 1979 sowie H. Trossmann, Der Bundestag. Verfassungsrecht und Verfassungswirklichkeit, in: *JöR,* Bd. 28, 1979, S. 1 ff.

44 Siehe hierzu den Schlußbericht der Enquête-Kommission Verfassungsreform (Zur Sache 3/76 (Teil I) und 2/77 (Teil II), Bonn 1976 und 1977, BTDrs. 7/5924.) sowie den Schlußbericht der Kommission für wirtschaftlichen und sozialen Wandel, Göttingen 1978.

45 GGO II, insbes. § 40; vgl. hierzu G.-M. Hellstern, H. Wollmann, Wirksamere Gesetzesevaluierung, in: *Zeitschrift für Parlamentsfragen,* 1980, S. 559 f.; J. Hucke, H. Wollmann, *Kriterien zur Bestimmung der Wirkungen von Gesetzen,* Bonn (BMI-Studie) 1982; J. Hucke, H. Wollmann, Wirkungsforschung und Folgenabschätzung – ein Weg zu besseren Gesetzen?, in: H. H. Hartwich (Hrsg.), *Gesellschaftliche Probleme als Anstoß und Folge von Politik,* Opladen 1983 (jeweils mit Nachweisen).

und Berufsbildungsbereich zu verweisen. Die *Bund-Länder-Kommission für Bildungsplanung und Forschungsförderung (BLK)* hat bisher ca. 800 Evaluierungsarbeiten und Begleitforschungsvorhaben unterstützt und damit begonnen, diese nunmehr auch vergleichend auszuwerten. Das *Bundesinstitut für Berufsbildungsforschung* besitzt einen Schwerpunkt Evaluierungsforschung. Mit dem *Deutschen Institut für Internationale Pädagogische Forschung*, dem *Institut für Pädagogik der Naturwissenschaften*, dem *UNESCO-Institut für Pädagogik* sowie den pädagogischen Forschungszentren und *Staatsinstituten* für Bildungsforschung und Bildungsplanung (u. a. in München, Berlin und Neuss) hat sich eine fast den amerikanischen regionalen Forschungszentren und Laboratorien im Bildungswesen vergleichbare Forschungslandschaft entwickelt, die eine meist verwaltungsnahe Evaluierungsforschung betreibt[46].

Ebenfalls stark disziplinär geprägt sind die bereits frühen und intensiven Diskussionen um eine Evaluierung in der Agrar- und Verkehrspolitik. Die *Forschungsgesellschaft für Agrarpolitik und Agrarsoziologie* in Bonn und die *Agrarsoziale Gesellschaft* in Göttingen (im Bereich des BMLandwirtschaft) und die *Bundesanstalt für Straßenwesen*, BASt, in Köln (für das BMVerkehr) haben schon frühzeitig methodisch reflektierte Wirkungsanalysen und Evaluierungen zu Agrarstrukturmaßnahmen (Flurbereinigung, betriebliches Beratungswesen usw.) bzw. zu Straßenplanungen und Verkehrsproblemen (Auswirkungen des Autobahnbaues, Einführung von Tempolimiten) durchgeführt[47].

Die am klarsten fokussierte Diskussion erfolgte im Rahmen der Suche nach Aufbau eines Erfolgskontrollsystems für die Gemeinschaftsaufgaben nach § 91a GG vor allem im Bereich der regionalen Wirtschaftsförderung[48]. Obgleich geradezu paradigmatisch für die Diskussion der Evaluierungsforschung, konzentrierten sich Analysen mit wenigen Ausnahmen auf eher finanzwissenschaftliche Inzidenzanalysen, wurden die Bildung von Indikatoren zur Erfolgsmessung und die Analyse der Wirkungsverläufe meist durch Ökonomen allein ausgeführt[49].

46 Zu den Forschungsarbeiten bei der BLK vgl. im Überblick C. Kerner, Zur Arbeit der Bund-Länder-Kommission, BLK, in: G.M. Hellstern, H. Wollmann (Hrsg.), (s. Anm. 42), S. 490 ff. Für eine vergleichende Auswertung der BLK vgl. P. Arlt u.a., *Modellversuche zur Lehrer- und Weiterbildung*, Stuttgart 1981; P. Strittmatter, *Modellversuche zum Schulfernsehen*, Stuttgart 1979; E. v. d. Lieth, D. Hannemann, *Modellversuche zur Weiterentwicklung der gymnasialen Oberstufe*, Stuttgart 1980. Für eine Entwicklungsskizze vgl. G.M. Hellstern, H. Wollmann (s. Anm. 42), S. 22 ff. (mit weiteren Nachweisen).

47 Zu den Evaluierungsanstößen und -arbeiten im Bereich von BMVerkehr und BASt vgl. G.M. Hellstern/H. Wollmann (s. Anm. 42), S. 60 ff. (mit weiteren Nachweisen).

48 Vgl. u. A. G. Zabel, U. Freund, *Regionale Wirkungen der Wirtschaftsstrukturförderung*. Schriftenreihe BMBau 06.023, Bonn/Bad Godesberg 1978 sowie H. Zimmermann, *Regionale Inzidenz öffentlicher Finanuströme*, Baden-Baden 1981 und H. Spehl, K. Hembach u. a., *Regionale Wirtschaftspolitik und regionale Entwicklungsplanung*, Bonn 1981. Für eine methodische Diskussion dieser Evaluierungsansätze vgl. zuletzt H. Bölting, Erfolgskontrolle in der regionalen Wirtschaftspolitik, in: *Wirkungsanalysen und Erfolgskontrolle in der Raumordnung* (Schriftenreihe der Akademie für Raumforschung und Landesplanung), Hannover 1984, S. 191 ff.).

49 Vgl. hierzu etwa K. Hembach, *Der Stellenwert von Wirkungsanalysen für die Regionalpolitik*, Frankfurt a. M. 1980 (mit Nachweisen).

Bescheiden sind auch bisher die Erfahrungen mit einem Lerntransfer aus dem Bereich der Sozial- und Jugendpolitik. Obgleich in diesem Bereich einige – meist soziologisch orientierte – methodisch durchaus anspruchsvolle Ansätze festzustellen sind (bereits 1974 hatte das BMJFG ein Förderungsprogramm „Wirkungsanalysen" in den Bundesjugendplan aufgenommen, zu verweisen ist insbesondere auf die Forschungen am *Deutschen Jugendinstitut*, DJI, in München und der *Projektgruppe Wirkungsanalysen der Sozialpolitik* um F.X. Kaufmann in Bielefeld)[50], verlief die Diskussion auch hier weitgehend fachspezifisch.

Im Ansatz und Anspruch interdisziplinär angelegt waren dagegen vor allem die Evaluierungen im Bereich der Kriminologie, wobei besonders an das neugegründete *Kriminologische Forschungsinstitut* in Hannover und das *Max-Planck-Institut für ausländisches und internationales Strafrecht* in Freiburg zu denken ist, die z.T. auch auf rechtssoziologische Traditionen zurückgreifen; allerdings bilden auch diese Forscher eine wiederum in sich geschlossene Gemeinde[51]. In einigen Politikfeldern – so z. B. in der Arbeitsmarkt- (mit Forschungen am *Wissenschaftszentrum Berlin*, WZB und des *Instituts für Arbeitsmarkt- und Berufsforschung*, IAB, in Nürnberg), in der Umwelt- (mit Forschungsimpulsen insbesondere durch das *Umweltbundesamt*, UBA, in Berlin), in der Gesundheits- (mit dem *Bundesgesundheitsamt* in Berlin und der *Bundeszentrale für gesundheitliche Aufklärung* mit Forschungsaktivitäten und -anstößen) und in der Städtebau- und Wohnungspolitik – zeichnen sich Entwicklungen ab, die verdeutlichen, daß nicht zuletzt durch die gezielte Forschungsförderung insbesondere des Bundes (z. B. Aktionsprogramm Gesundheitsforschung, Aktionsprogramm „Humanisierung der Arbeitswelt", aber auch Ressortforschungsprogramme, etwa das Mittelfristige Forschungsprogramm Raumordnung und Städtebau, MFPRS, des BMBau) Anschluß an die internationale Evaluierungsdiskussion gefunden wurde[52]. Demgegenüber tun sich die mit viel Engagement begonnenen Evaluierungen neuer Technologien und Medien eher schwer. An-

50 Vgl. hierzu die periodischen Forschungsberichte des BMJFG und dessen Schriftenreihe (hieraus z. B. auch methodisch besonders instruktiv F. X. Kaufmann, A. Herlth, K. P. Strohmeier, *Sozialpolitik und familiale Sozialisation. Zur Wirkungsweise öffentlicher Sozialleistungen*, BMJFG-Schriftenreihe, Bd. 76, Stuttgart usw. 1980) sowie die Jahresberichte des *Deutschen Jugendinstituts*. Für weitere Hinweise vgl. G.-M. Hellstern, H. Wollmann (s. Anm. 42), S. 18 ff.

51 Vgl. hierzu neuerdings E. Kury, *Perspektiven und Probleme kriminologischer Forschung*, Köln usw. 1981; s. auch W. Blass, Strafvollzugsevaluation – ein kritischer Überblick, in: G.-M. Hellstern, H. Wollmann, Hrsg. (s. Anm. 42), S. 297 ff. sowie ders. in BAnd II.

52 Zur Arbeitsmarktpolitikforschung s. etwa Evaluierungs-Sonderheft in: Mitteilungen aus Arbeitsmarkt- und Berufsforschung, 3/1981; s. ferner L. Reyher, Zur Evaluierungsforschung im IAB, in: G.-M. Hellstern, H. Wollmann, Hrsg., (s. Anm. 42), S. 478 ff. sowie G. Schmidt im Band II. – Zu „HdA" vgl. aus der inzwischen kaum übersehbaren Literatur etwa zuletzt die Beiträge von K. Furmaniak, J.H. von dem Knesebeck und V. Bahl in: G.M. Hellstern, H. Wollmann, Hrsg., (s. Anm. 42), S. 394 ff. – Zur Umweltpolitikevaluierung s. zuletzt K. H. Hübler, Wirkungsanalysen in der Umweltpolitik, in: *Wirkungsanalysen und Erfolgskontrolle in der Raumordnung* (s. Anm. 48), S. 207 ff. – Zu Evaluierungen im Bereich von Städtebau- und Wohnungspolitik vgl. etwa als Übersicht BMBau, *Mittelfristiges Forschungsprogramm RS*, Bonn 1979 sowie G. M. Hellstern, H. Wollmann, Evaluierung und Evaluierungsforschung im Bereich von Wohnungsbau- und Städtebaupolitik, in: *Wirkungsanalysen und Erfolgskontrolle in der Raumordnung* (s. Anm. 48), S. 153 ff.

sätze einer Institutionalisierung von Technologiefolgenabschätzung (TA), z.B. über ein TA-Büro beim Parlament, sind bislang, trotz neuerlich wieder wachsenden Interesses, gescheitert[53]. Allenfalls im Bereich der Innovationsforschung findet sich eine vor allem durch die Fraunhofer-Gesellschaft, insbesondere dessen *Institut für Systemtechnik und Innovationsforschung*, ISI, in Karlsruhe getragene Evaluierungsforschung[54].

Selbst für die Arbeiten der *Transferkommission* ist festzuhalten, daß die zahlreichen Teilstudien und Berichte überwiegend ökonomisch orientiert sind[55].

Weit weniger gilt diese Kritik für die Entwicklungsländerforschung; dort allerdings scheinen die Arbeiten, wie sie die *Kreditanstalt für Wiederaufbau (KfW)*, das *Deutsche Entwicklungsinstitut (DEI)*, die GTZ und andere Einrichtungen verfolgen, häufig wieder in sich abgeschotteten Leitbildern zu folgen[56].

Diese Skizze der sich teilweise fast explosionsartig vollziehenden Entfaltung einer überwiegend disziplinär und politikbereichsbezogenen Evaluierungsforschung illustriert bereits die Vielfalt und Heterogenität der derzeitigen Evaluierungslandschaft. Solange eine vertiefende Analyse dieser Entwicklungen selbst für einzelne Bereiche noch aussteht, kann im folgenden nur eine auf Vereinfachungen und Verkürzungen beruhende erste Annäherung versuchen, einige übergreifende Entwicklungslinien herauszuarbeiten. Diese können, in der Wirklichkeit sich vielfältig überlagernd und überlappend, vor allem in fünf Richtungen gesehen werden:

- In dem Maße, in dem – zumal in einer Phase der Reformpolitik – *innovative Politikansätze* verfolgt werden, zielt Evaluierungsforschung als ein Verfahren systematischer Erkenntnisgewinnung durch Evaluierung und Test neuer Handlungsformen und -inhalte auf einen Prozeß *kumulativen Lernens* und in ihrem Anspruch darauf, Verläufe und Ergebnisse solcher innovativen Politiken wissenschaftlich zu begleiten und wirkungsanalytisch zu erfassen.
- Das Vordringen und die vorübergehende Dominanz von Reformkonzepten, die sich eine vergrößerte Handlungs- und Problemlösungsfähigkeit des politisch-administrativen Systems vor allem von der Verbesserung dessen *Planungs- und Managementfähigkeiten* versprachen, waren mit einer Hochbewertung von *Informationsbeschaffung und -verarbeitung* und mit der Forderung nach *evaluativen „Rückmeldeschleifen" im Planungs- und Handlungszyklus* verbunden.

53 Vgl. hierzu zuletzt den Antrag der CDU/CSU-Fraktion BT-Drs. 9/701 sowie die vom BT-Ausschuß für Forschung und Technologie am 23.6.1982 durchgeführte *Anhörung*, s. *Woche im Bundestag*, 1982/12, S. 27; vgl. auch die umfassende Übersicht bei C. Böhret, P. Franz, *Technologiefolgenabschätzung. Institutionelle und verfahrensmäßige Lösungsansätze*, Frankfurt/New York 1982. Vgl. ferner das am 19./21.10.1982 in Bonn (von BMI und UBA) organisierte „Internationale Symposium über die Rolle der Technologiefolgenabschätzung im Entscheidungsprozeß".

54 Vgl. hierzu insbesondere die jährlichen Tätigkeitsberichte des Fraunhofer-Instituts für Systemtechnik und Innovationsforschung, ISI, s. ferner BT-Drs. 8/1241 v. 21.11.1977.

55 Siehe zuletzt Transfer-Enquête-Kommission, *Das Transfersystem in der Bundesrepublik Deutschland*, Stuttgart/Berlin/Köln/Mainz 1981, mit einem Verzeichnis der Einzelstudien.

56 Siehe für viele K. Bodemer, *Erfolgskontrolle in der deutschen Entwicklungshilfepolitik – improvisiert oder systematisch?*, Meisenheim 1979; hinzuweisen ist auch auf die Studie durch St. A. Musto, *Evaluierung sozialer Entwicklungsprojekte*, Berlin 1972.

– Unter *Kosten- und Effizienzgesichtspunkten* wird Evaluierung – vor allem, nachdem wirtschaftliche Wachstums- und staatliche Finanzengpässe auftraten – als ein Instrument betrachtet, mithilfe von Informationen über Wirksamkeit, Folgelasten und Nebenwirkungen die sich zwingend stellenden *Auswahlentscheidungen* über Kürzungen, Prioritäten und Posterioritäten öffentlicher Aufgaben und Ausgaben zu treffen.
– In dem Maße, wie sich die als Ergebnis schritthafter („inkrementalistischer") Problemlösungsversuche entstandene Vielfalt und Dichte einzelner Regelungen, Instrumente und Förderungen als Handlungshemmnisse und -blockierungen mit unerwünschten Folgewirkungen erweisen, deren Zusammenwirken und Folgen bei der Programmentwicklung kaum vorhersehbar waren, erscheinen Ansätze von Evaluierungsformen als Chancen, Verantwortlichkeit und Transparenz bei einer „*Entfeinerung*" und „*Entbürokratisierung*" staatlicher Organisations- und Handlungsformen wiederzugewinnen.
– Die empirische Erfassung von Wirksamkeit und Wirkungen politisch-administrativer Programme und Maßnahmen kann schließlich dem *Parlament* auch als ein Ausweg und ein Mittel erscheinen, seine – angesichts der Dichte und Komplexität von Planungen und Programmen, mit denen der Sozial- und Verwaltungsstaat den ihm zugewiesenen ökonomischen und gesellschaftlichen Problemen Herr zu werden sucht – in Frage gestellte Initiativ- und Kontrollfunktion gegenüber Regierung und Verwaltung und deren Informations- und Kompetenzvorsprung geltend zu machen und damit der schleichenden Aushöhlung der Gewaltenteilung gegenzuwirken.

Diesen fünf unterschiedlichen Perspektiven und Entwicklungslinien soll im folgenden zunächst kurz nachgegangen werden.

2.1 *Evaluierung als Verfahren systematischen Lernens im Rahmen von „Reformpolitik"*

Mit einer politischen Stoßrichtung und in einer sozialreformerischen Aufbruchstimmung, die der Reformrhetorik und -motorik des „Krieges gegen die Armut" mit seinen „*social action programs*" in den USA der frühen sechziger Jahre durchaus vergleichbar ist, nahm in der Bundesrepublik in den späten sechziger Jahren – vor allem mit der sozialliberalen Regierungsübernahme in Bonn 1969 – die Bereitschaft zu, sich zur Bewältigung der (nicht zuletzt in der ökonomischen Rezession von 1966/1967 sichtbar gewordenen) Strukturprobleme den Erfordernissen eines tiefgreifenden „wirtschaftlichen und gesellschaftlichen Wandels"[57] zu stellen, eine mit umfassendem Anspruch konzipierte *Politik der inneren Reformen* einzuleiten und hierbei nicht zuletzt auf Schritte einer ‚experimentellen' Politik als Verfahren

57 Die von der Bundesregierung 1971 eingesetzte Kommission trug denn auch diesen programmatischen Titel.

systematischen politischen und gesellschaftlichen Lernens zu setzen[58]. Mit dieser Bereitschaft und Absicht, „Sozialexperimente" als Mittel der Erkenntnisgewinnung und zur Rationalität der politischen Entscheidungsfindung zu nutzen, rückte vorübergehend ein Politikkonzept in den Vordergrund der politischen Diskussion und auch Praxis, in dem einerseits von der Herstellbarkeit und Ausschöpfbarkeit eines relevanten autonomen Handlungsspielraums der Politik als *aktiver Politik*[59] gegenüber den gesellschaftlichen und ökonomischen Restriktionen und andererseits von der Lernfähigkeit und -bereitschaft des politischen Prozesses und der politischen Akteure ausgegangen wurde, zu der die Veranstaltung von Sozialexperimenten und deren Anleitung, Begleitung und Evaluierung durch wissenschaftliche Forschung wesentlich beitragen sollte.

Ein besonders anschauliches Beispiel, einen Anstoß und Ansatz „experimenteller" Politik und einer aus ihm folgenden Begleit- und Evaluierungsfunktion von Wissenschaft liefert die Bildungspolitik, in der bereits in den frühen sechziger Jahren dramatische Analysen und Appelle[60] eine weithin geteilte Reformbereitschaft einleiteten, als deren weiterer Wegbereiter sich vor allem der 1965 durch Vereinbarung zwischen Bund und Ländern gebildeten *Deutsche Bildungsrat* mit der *Bildungskommission* und insbesondere deren Ausschuß *Experimentalprogramm* erwies. Schon im Februar 1968, also noch während der Großen Koalition in Bonn, verabschiedete die Bildungskommission Empfehlungen zur „Einrichtung von Schulversuchen mit Ganztagsschulen", durch die das Konzept von „Experimenten" und deren Tauglichkeit für systematisches politisches und gesellschaftliches Lernen erstmals Eingang in die politische Begriffswelt und Rhetorik der bundesrepublikanischen Politik fand[61]. J. Raschert, als Assistent des Ausschusses „Experimentalprogramm" der Bildungskommission selber maßgeblich an der Formulierung dieser Vorhaben beteiligt, kennzeichnete das ihnen zugrundeliegende Modell einer „rationalen Politik" so:

> „Es handelt sich bei diesem Schulexperimentalprogramm um den ersten systematisch unternommenen Versuch, eine grundsätzliche politische Entscheidungsfrage durch soziales Experimentieren mit institutionellen Alternativen zu klären. Die vergleichende Analyse experimenteller Alternativen durch eine als neutrale Autorität verstandene Wissenschaft soll die rationale Begründung einer politischen Problemlösung erbringen."[62]

58 Vgl. zu dieser Entwicklung näher G.-M. Hellstern/H. Wollmann, (s. Anm. 42), S. 2 ff.

59 Vgl. R. Mayntz/F. W. Scharpf (Hrsg.), *Planungsorganisation*, München 1973, S. 115 ff.

60 Besonderes Aufsehen erregte G. Picht 1964 mit seinem Alarmruf von der „Deutschen Bildungskatastrophe".

61 „Das Experiment als Erprobung und Kontrolle künftiger Möglichkeiten gewährt die Form der Sicherheit, die einer dynamischen Gesellschaft angemessen ist", zit. nach G. Knauss, Modellversuche im Bildungswesen – Ein Instrument einer gemeinsamen Bildungsplanung von Bund und Ländern, in: Bundesinstitut für Berufsbildung (Hrsg.), *Modellversuche – Ein Instrument zur Weiterentwicklung beruflicher Bildungspraxis*, Hannover 1978, S. 221 ff.

62 J. Raschert, *Gesamtschule – ein gesellschaftliches Experiment*, Stuttgart 1974, S. 13; s. a. Experimentalprogramm der Kultusministerkonferenz für Schulversuche mit Gesamtschulen, 3 Bde., Bonn 1975; für einen Überblick vgl. H. Haenisch, Gesamtschulevaluation – Kriterien, Ergebnisse, Problem, in: G.-M. Hellstern, H. Wollmann, Hrsg. (s. Anm. 42), S. 276 ff.

Schienen diese Ansätze einer „experimentellen" Politik und ihrer wissenschaftlichen Anleitung und Evaluierung, wie sie in den späten sechziger und frühen siebziger Jahren zu beobachten waren[63], von einem breiten, alle politischen Parteien einbeziehenden „Roformkonsens" getragen zu werden, so wurden in der Konkretisierung und Ausfüllung der zunächst abstrakten und in dieser Abstraktion gerade noch konsensfähigen Reformziele rasch die Unterschiede sichtbar, die zwischen den sozialliberalen und den christdemokratischen Positionen bestanden und die sich bis in die methodische Anlage der Modellvorhaben und die Stellung und Funktion der Begleitforschung maßgeblich auswirkten. Daß die wissenschaftliche Forschung eingeschaltet wurde, um die zahlreichen Modellversuche gerade auch im Bildungsbereich zu begleiten, förderte und vertiefte die teilweise dichotom geführte wissenschaftsinterne Diskussion, in der sich die Verfechter einer „distanzierten Kontrollforschung" und die Wortführer einer engagierten „Aktionsforschung" gegenüberstanden – wesentlich getrennt, ob es Aufgabe der Wissenschaft sei, ein Sozialexperiment konzeptionell und methodisch kompetent anzuleiten und nach den Standards „wissenschaftlicher Objektivität" zu evaluieren oder aber an der Entwicklung und dem Gelingen des Modellvorhabens engagiert mitzuwirken.

Dieses Spannungsverhältnis, teils „experimentell" auf systematisches Lernen, teils auf die Entwicklung und Durchsetzung von Innovationen in einem komplizierten Handlungsfeld angelegt, kennzeichnet auch die Modellversuche, wie sie etwa vom *BMJFG* finanziert werden[64]. Ihre Entwicklungslinie läßt sich bis in die sechziger Jahre zurückverfolgen, als einzelne Bundesressorts – vor dem Hintergrund der damals noch überlegenen Finanzkraft des Bundes dazu übergingen,durch die Bereitstellung von Bundesmitteln bestimmte Förderprogramme und Vorhaben zu initiieren und – vielfach über „freie Träger" auf der kommunalen Ebene – an der Durchführung unmittelbar beteiligt zu sein, wo dies nach der Kompetenzverteilung des Grundgesetzes an sich den Ländern zusteht. Dieser verfassungspolitische Wildwuchs einer „Fondsverwaltung"[65] oder „-politik" wurde zwar durch Rechtsprechung des Bundesverfassungsgerichts[66] und auch durch die Finanzreform von 1969 (über die Institutionalisierung von Gemeinschaftsaufgaben und die Regelung von Investitionshilfen nach Art. 104a, IV GG) teilweise zurückgeschnitten – woraus in der weiteren Entwicklung für die Modellförderung des Bundes die verfassungsrechtliche Konsequenz gezogen wurde, daß die Förderung von Modellen durch ein

63 Neben den Gesamtschulversuchen sind vor allem auch die Modellversuche mit der Einphasen-Juristenausbildung zu nennen, bei deren gesetzgeberischer Ermöglichung durch § 5 b des Deutschen Richtergesetzes erstmals der Begriff „Experimentierklausel" Eingang in das Vokabularium der Amtlichen Begründung einer Regierungsvorlage fand; vgl. *BTDrs.* IV/1380, S. 5. Vgl. hierzu näher auch G.-M. Hellstern, H. Wollmann (s. Anm. 42), S. 26 ff. sowie P. Enck, Die „Bundesevaluation" aller einphasigen Jura-Studiengänge, in: ebd., S. 358 ff. und W. D. Webler, Politikberatung durch Begleitforschung – Politische und forschungsmethodische Probleme am Beispiel der Juristenausbildung, in: ebd., S. 371 ff.

64 Vgl. F.-X. Kaufmann/S. Schneider, Modelleinrichtungen – ein Instrument für experimentelle Reformverfahren in der Sozialpolitik?, in: *Neue Praxis*, Heft 5/1975, S. 206 ff.

65 Vgl. A. Köttgen, *Fondsverwaltung in der Bundesrepublik Deutschland*, Stuttgart 1965.

66 Vgl. insbesondere die Entscheidung des Bundesverfassungsgerichts vom 18.7.1967, *BVerfGE* 22, S. 180 ff.

Bundesressort nur dann zulässig sei, wenn es auf Erkenntnisgewinnung für gesetzgeberische Aufgaben des Ressorts und wissenschaftliche Begleitung und Auswertung angelegt sei (so ausdrücklich die ressortinternen Vorschriften, die das *BMJFG* erstmals 1975 zur Förderung von Modellvorhaben erlassen hat). Jedoch macht sich in der Modellförderung des Bundes im Verhältnis zu den Ländern (aber auch der Länder im Verhältnis zu den Gemeinden) nach wie vor das Bestreben und die Absicht geltend, die Förderung von Modellvorhaben für die Entwicklung und Durchsetzung von Politikinitiativen und -innovationen zu nutzen.

Abb.: Modellvorhaben des BMJFG

Komplex/Themenbereich	Modell-projekte	Inv.-vol.1981 (in Tsd. DM)
Familienpolitik; verschiedene Projekte	6	3.894
Frauenpolitik; Bedeutung und Anerkennung der Arbeit von Frauen in der Familie	3	402
Beteiligung von Frauen am öffentlichen und sozialen Leben	1	277
Hilfen bei Gewalt gegen Frauen	2	238
Jugendarbeit für Mädchen	1	243
Jugendpolitik		
Junge Arbeitslose; Ausländerkinder	2	5.450
Erprobung neuer Konzeptionen und Methoden in der Jugendhilfe	10	925
Sozialpolitik; Soziale Randgruppen	2	200
Gesellschaftspolitische Maßnahmen für die ältere Generation	7	5.248
Gesundheitspolitik		
Gesundheitliche Modellaktionen	6	1.390
Maßnahmen der angewandten Psychohygiene – insbesondere gegen Suchtgefahren – („Drogenprogramm") – „Psychosoziales Abschlußprogramm"	6	7.547
Einzelmodelle auf dem Gebiet der ambulanten psychiatrischen und psychotherapeutisch/psychosomatischen Versorgung	9	1.852
Modellprogramm zur Reform der Versorgung im psychiatrischen und psychotherapeutisch/psychosomatischen Bereich („Modellprogramm Psychiatrie" mit dem Schwerpunkt der Erprobung von Versorgungsnetzen)	1	40.000
Zusammen	56	67.666

Quelle: Projektliste des BMJFG, 1982, eigene Auswertung.

Erläuterung:
Modellprojekte, die in verschiedenen Orten und Regionen des Bundesgebietes durchgeführt werden, sind als *ein* Modellprojekt geführt.
Modellprojekte, deren Gesamtkosten noch offen sind, sind nicht aufgenommen.
Modellprojekte mit mehrjähriger Laufzeit, deren Gesamtkosten nicht aufgeteilt sind, sind nur teilweise erfaßt.

2.2 *Evaluierung als „Rückmeldeschleife" in einem Planungs- und Managementsystem*

Folgt bei Ansätzen zu einer „experimentellen" oder Modellversuchspolitik die Evaluierung als Begleit- und Auswertungsforschung aus der methodischen Logik der entsprechenden Untersuchungsanordnung, so ging ein weiterer maßgeblicher Impuls zur Einführung des Evaluierungskonzepts als Auskunftsmittel über den Verlauf und die Ergebnisse politisch-administrativen Handelns davon aus[67], daß im Rahmen des Anspruchs und Versuchs der Bundesregierung, eine umfassende Reorganisation und „Modernisierung" des Regierungs- und Verwaltungsapparates als Teil einer „Politik der inneren Reformen" („Die Regierung muß bei sich selbst anfangen, wenn von Reformen die Rede ist", so Bundeskanzler Brandt in der ersten Regierungserklärung der sozialliberalen Koalition 1969) einzuleiten, die Bemühungen wesentlich auf die Rezeption und Implementierung moderner Planungs- und Managementtechniken gerichtet waren, wie sie in der Wirtschaft, aber auch im Regierungsapparat in den USA, vor allem im Zusammenhang mit der Erprobung von PPBS zunächst im US-Verteidigungsministerium, ab 1965 auch in „zivilen" US-Bundesministerien, angewandt wurden[68]. In dem Planungs- und Handlungszyklus, der diesen Reformüberlegungen und -bestrebungen konzeptionell zugrunde lag, bildet die „Evaluierung" eine notwendige „Rückmeldeschleife" zur Sicherung der laufenden Information über Verlaufs- und Ergebnisstand im Handlungssystem und ist gleichzeitig konzeptionelles Erfordernis für seine Lernfähigkeit.

67 Die bislang umfassendste (insbesondere institutionelle) Darstellung der Evaluierungsentwicklung im Bereich der Bundesregierung findet sich, freilich nur bis 1975 reichend, bei H.U. Derlien, *Erfolgskontrolle staatlicher Planung*, Baden-Baden 1976.

68 Vgl. H. Schatz, Auf der Suche nach neuen Problemlösungsstrategien: Die Entwicklung der politischen Planung auf der Bundesebene, in: Mayntz/Scharpf (Hrsg.), *Planungsorganisation* (Anm. 59), S. 9 ff.; zur anfänglichen Literatur s. u. a. D. Aderhold, *Hybernetische Regierungstechnik in der Demokratie. Planung und Erfolgskontrolle*, München 1973; H. Bebermeyer, *Regieren ohne Management?*, Stuttgart 1974; E. Becker, Regierungsprogramme und Ressourcenrahmen, in: *Regierungsprogramme und Regierungspläne*, Schriftenreihe der Hochschule Speyer, Bd. 51, Berlin 1972; Bundesakademie für öffentliche Verwaltung, Ziel- und ergebnisorientiertes Verwaltungshandeln – Entwicklung und Perspektiven in Regierung und Verwaltung, Sonderheft 4 der Zeitschrift *Verwaltung und Fortbildung*, Bonn 1979; E. Bohne/H. König, Probleme der politischen Erfolgskontrolle, in: *Die Verwaltung* 9/1976, S. 19 ff.; A. Hübner, R. Halberstadt, *Erfolgskontrolle politischer Planung – Probleme und Ansätze in der Bundesrepublik Deutschland*, Göttingen 1976; H. Kahrenke, Zur Ministerialorganisation nach Programmen, in: *DÖV* 1974, S. 43 ff.; H. König, *Dynamische Verwaltung – Bürokratie zwischen Politik und Kosten*, Stuttgart 1977; ders., *Kritische Analyse des Managements finanzieller, personeller und materieller Ressourcen in der öffentlichen Verwaltung, Deutsche Sektion des internationalen Instituts für Verwaltungswissenschaften*, Bonn 1977; K. König (Hrsg.), *Koordination und integrierte Planung in der Staatskanzlei*, Schriftenreihe der Hochschule Speyer, Bd. 60; A. Murswieck, *Regierungsreform durch Planungsorganisation*, Opladen 1975; H. J. v. Oertzen (Hrsg.), *Antworten der öffentlichen Verwaltung auf die Anforderungen der heutigen Gesellschaftssysteme*, Schriften der Deutschen Sektion des Internationalen Instituts für Verwaltungswissenschaften, Band 5, Bonn 1980; H.-Chr. Pfohl/B. Rürup (Hrsg.), *Anwendungsprobleme moderner Planungs- und Entscheidungstechniken*, Bd. 3, MBV, Bonn 1978; K. Seemann, *Abschied von der klassischen Ministerialverwaltung*, München 1978.

Diese Bemühungen, die in der 1968 gebildeten Projektgruppe *Regierungs- und Verwaltungsreform* (PRV) in den ersten Jahren dieses „Reformaufbruchs" einen maßgeblichen Motor hatte, zielten zunächst vor allem auf zwei Schritte:

1. ein ressortübergreifendes Informationssystem zu schaffen, das insbesondere über laufend fortzuschreibende „Datenblätter" die informationelle Voraussetzung für eine Frühkoordinierung der Regierungsressorts und die Vorbereitung der Aufgabenplanung bieten sollte;
2. ein mittelfristiges Aufgabenprogramm als Instrument einer ressortübergreifenden Koordinierung aufzustellen.

Neben der damit eröffneten „Informations-, Koordinierungs-, Integrations- und Anstoßfunktion" des angestrebten Systems einer politischen Gesamtplanung wurde ausdrücklich noch dessen „Kontrollfunktion"[69] hervorgehoben: „Die Überwachung der Ablaufplanung und die ständige Gegenüberstellung von Ankündigung und Ausführung ermöglichen eine Art Regierungsbuchhaltung mit Erfolgskontrolle, die zugleich Ausgang weiterer Planungen sein kann."[70]

Wenn auch aus taktischen Gründen heruntergespielt, liefen diese Überlegungen auf eine fühlbare Stärkung der Informations- und Koordinierungskompetenz des Bundeskanzleramts hinaus. Von seiner entschieden ausgebauten Planungsabteilung versprach man sich eine ressortübergreifende Prognose- und Evaluierungsfunktion im Hinblick auf die längerfristige Entwicklung. Sie bemüht sich einmal darum, solche Entwicklung frühzeitig zu erkennen, die ohne staatliches Handeln gesellschaftliche Konflikte auslösen könnten; zum andern analysiert sie laufende Maßnahmen mit erheblicher Mittelbeanspruchung, die seit Jahren fortgeschrieben werden, auf die Möglichkeit ihrer Einstellung, Einschränkung und Umsteuerung[71]. In den Auseinandersetzungen um die Einführung einer politischen Gesamtplanung, die Aufgaben- und Finanzplanung auf Regierungsebene verknüpfen sollte, erwies es sich denn auch, daß der Argwohn der Fachressorts, ein derartiges Planungssystem könnte zu einer Stärkung des Kanzlers und seines Amtes zu Lasten der Fachressorts, also zu einem Übergewicht des Kanzler- gegenüber dem Kabinetts- und Ressortprinzip ausschlagen, die Oberhand gewann und die Bestrebungen, vor allem die Planungsabteilung des Kanzleramts aufzuwerten, am Widerstand der Fachressorts scheiterten. Blieben somit die Anstöße, ein zentrales Planungssystem aufzubauen, das Aufgaben- und Finanzplanung auf Regierungsebene verknüpfen sollte und zumindest mittelbar dem Bundeskanzleramt eine beachtliche Analyse-, Koordinierungs- und Evaluierungskompetenz verschafft hätte, rasch stecken, so richtete die Projektgruppe Regierungs- und Verwaltungsreform (PRV) ihre Aktivitäten im weiteren Verlauf insbesondere darauf, die Einführung integrierter Planungssysteme auf Ressortebene zu stimulieren und in einzelnen Ressorts entsprechende Organisationsberatung zu leisten. Einen ersten (und, sieht man von der nachfolgenden Analysetätigkeit für das *BMVer-*

69 Vgl. H. Ehmke, *Bulletin der Bundesregierung*, 1969, S. 2031.
70 Unter den für die PRV erstatteten Gutachten der „ersten Runde" vgl. insbes. hierzu Th. Ellwein, System der Aufgabenplanung und Erfolgskontrolle, in: *Projektgruppe Regierungs- und Verwaltungsreform. Erster Bericht, Anlagenband*, Bonn 1969, vv. Ms., S. 537 ff.
71 Antwort der Bundesregierung vom 4.12.1974, *BTDrs.* 7/2887, S. 8.

kehr ab, praktisch auch den einzigen) Einstieg erhielt die *PRV* 1972 im *BML*, wo sie – zusammen mit einer Unternehmensberatungsfirma und in enger Kooperation mit dem *BML* – eine Reorganisation konzipierte und aktiv begleitete[72], die, grob gesprochen, in drei Verfahrensschritten verlief[73]:

- Aufbau einer Ziel- und Programmstruktur für das Ministerium;
- Umstrukturierung der Aufbauorganisation nach dem Prinzip der Übereinstimmung von Programmstruktur und Aufbauorganisation;
- Einführung eines damit verknüpften Planungsverfahrens.

Unter dem Blickwinkel der Einführung und Institutionalisierung einer Evaluierungsfunktion war hierbei von besonderem Interesse, daß innerhalb der neugeschaffenen Planungsabeilung ein Referat „*Kosten-Nutzen-Analysen*" eingerichtet wurde, das u. a. die Funktion hatte, den in § 7, II BHO formulierten Grundsatz der Durchführung von Nutzen-Kosten-Untersuchungen bei Maßnahmen „von erheblicher finanzieller Bedeutung" gegenüber den Fachabteilungen und Referaten geltend zu machen[74]. Während die Reorganisation, vor allem die Zwischenschaltung der Planungsgruppe im Planungs- und Budgetierungsprozeß, ab 1975 in zunehmende Durchführungsschwierigkeiten geriet (das Interesse der politischen Leitung des Ministeriums schwand, die Fachabteilungen und Fachreferate gingen wieder dazu über, den bilateralen Aushandlungsprozeß mit der Hausleitung – vorbei am zeitaufwendigen und konfliktträchtigen innerministeriellen Planungssystem – zu suchen)[75], ist eine gewisse Wirksamkeit des Referats „Kosten-Nutzen-Analysen" etwa darin ablesbar, daß aus den keineswegs zahlreichen Nutzen-Kosten-Untersuchungen, die auf Bundesebene unter Verweis auf § 7 BHO bislang durchgeführt worden sind, immerhin der überwiegende Teil vom *BML* veranlaßt worden ist.

Ein zentraler Bestandteil dieser Bestrebungen, den Informationsfluß über Ablauf und Ergebnis des Handlungszyklus' und -prozesses in den einzelnen politisch-administrativen Handlungsfeldern institutionell und prozedural zu sichern, war die Absicht, den Bestand verfügbarer Daten systematisch auszubauen und dessen Auswertungen zu sichern. Hierbei schien der Einsatz von EDV, der in diesen Jahren Einzug in die öffentliche Verwaltung hielt, die tragfähige Verfahrensbasis für eine EDV-gestützte Datenspeicherung und -auswertung zu bieten. In der in den frühen siebziger Jahren einsetzenden „Indikatorendiskussion" oder gar „Indikatorenbewegung"[76] stand die Aufgabe im Mittelpunkt, leistungsfähige „soziale Indikatoren" für die laufende Beobachtung der verschiedenen Politikfelder zu entwickeln. Welche strategische Relevanz diesen Verfahren systematischer Informationsgewinnung und Politikbeobachtung als Voraussetzung einer aktiven und rationalen Politik in dieser Phase

72 Vgl. H.-U. Derlien, Probleme des neuen Planungssystems im Bundesministerium für Ernährung, Landwirtschaft und Forsten, in: *Die Verwaltung*, 1975, S. 363 ff.

73 Vgl. E. Müller, 7 Jahre Regierungs- und Verwaltungsreform des Bundes. Unfähigkeit zur Reform?, in: *DÖV*, 1977, S. 15 ff.

74 Vgl. Derlien, Probleme (Anm. 72), S. 365; vgl. auch den Beitrag von H.-U. Bieler in diesem Band.

75 Vgl. Derlien, Probleme (Anm. 72), S. 368 ff.

76 Vgl. F.-X. Kaufmann, „Soziale Indikatoren" in der Bundesrepublik Deutschland?, in: *Zeitschrift für Soziologie*, 1974, S. 200 ff.

verbreiteter Planungseuphorie beigemessen wurde, formulierte W. Zapf 1973 geradezu programmatisch so: „Die Verbesserung der Information [erweise sich] als eine zentrale Variable der aktiven Gesellschaftsgestaltung . . . Gesellschaftliche Dauerbeobachtung ist ein Modell des Regierens, in dem deutlicher als in anderen Modellen nach den politischen Rückkopplungen und Erfolgskontrollen gefragt wird.“[77]

Von den Informationssystemen, die auf Bundes- und auf Landesebene inzwischen aufgebaut worden sind[78], sind vor allem die Informationssysteme zur Raumordnung und Landesplanung auf eine allgemeine Beobachtung angelegt. Auf der Bundesebene kamen die Arbeiten an einem Informationssystem Raumentwicklung vor allem dadurch voran, daß das Bundesministerium für Raumordnung, Städtebau und Bauwesen die ihm nachgeordnete Bundesforschungsanstalt für Landeskunde und Raumordnung (BfLR) 1973 damit beauftragte, ein Informationssystem zur Raumentwicklung aufzubauen und zu führen, das u. a. die laufende Erfolgskontrolle raumwirksamer Maßnahmen unterstützen soll[79]. Die ersten Ergebnisse des von der *BfLR* entwickelten Indikatorensystems zur „Laufenden Raumbeobachtung“ liegen dem *Raumordnungsbericht 1978,* insbesondere dessen Berichtsteil „Situation und Entwicklungstendenzen großräumiger Ungleichheiten“ zugrunde und werden im Materialienband zum *Raumordnungsbericht 1978* ausführlicher dokumentiert[80]. Ebenso wie in anderen Fachinformationssystemen zeigt sich jedoch auch bei der „Laufenden Raumbeobachtung“, daß ungeachtet der „Sophistizierung“, die diese Informationssysteme inzwischen in der Verfahrensbasis („soft ware“) erreicht haben, die verfügbaren Daten unzureichend sind (im Bereich der Raumordnung beruhen sie im wesentlichen auf den Großzählungen von 1968/1970 und deren mit zeitlichem Fortlauf immer unsichererer und sachlich nur partieller Fortschreibung). Als weiteres instruktives Beispiel ist etwa das beim *Bundesministerium für Arbeit und Sozialordnung (BMA)* aufgebaute *Sozialinformationssystem* zu nennen, mit Hilfe dessen nicht nur die verschiedenen, teilweise gesetzlich angeordneten Berichte der Bundesregierung (z. B. der Unfallverhütungsbericht) erstellt werden, sondern auch die Simulation komplexer Wirkungszusammenhänge zur Folgenvorabschätzung sozialpolitischer Alternativmaßnahmen vorgenommen wird[81].

77 Vgl. W. Zapf, Gesellschaftliche Dauerbeobachtung und aktive Politik, in: *Allgemeines Statistisches Archiv,* 1973, S. 145–146; vgl. insbes. auch das von der DFG ab 1971 geförderte SPES-Projekt „Sozialpolitisches Entscheidungs- und Indikatorensystem für die Bundesrepublik Deutschland“ an der Universität Frankfurt.

78 Vgl. die Zusammenstellung in: Arbeitsgruppe Planungsinformationssysteme des KoopA-ADV Bund/Länder/Kommunaler Bereich, AG PLIS, 1977, Auswertung der Umfrage 1977 zum Stand der wichtigsten ADV-gestützten Planungsinformationssysteme bei Bund, Ländern und im Kommunalen Bereich, vv. Ms., S. 21 ff.

79 Vgl. H. Schäfer, Grobkonzept für das „Informationssystem Raumentwicklung“, in: *Informationen zur Raumentwicklung,* 1974, S. 243 ff.

80 Vgl. *Materialien zum Raumordnungsbericht 1978* (*Schriftenreihe des BMBau,* Band 06. 040), S. 99 ff.

81 Vgl. H. Schmidt, Das Sozialinformationssystem der Bundesrepublik Deutschland, Eutin 1977; ders., Das Sozialinformationssystem der Bundesrepublik Deutschland, Aufbau und Perspektiven, in: M. Kaase (Hrsg.), *Datenbanken im Bereich von Statistik, Verwaltung und Wissenschaft,* Werkstattbericht 2, München 1980, S. 17 ff.

Das früheste Beispiel für eine Institutionalisierung der Evaluierungsfunktion unter den Bundesministerien liefert das *BMZ*, in dem bereits 1970 ein eigenes Referat „*Zentrale Evaluierung*; Inspektion" eingerichtet wurde, aufbauorganisatorisch außerhalb der „Linien"-Organisation des BMZ, der Leitungsebene unmittelbar unterstellt. Diese organisatorische Innovation ging weniger auf die anlaufenden Bemühungen um eine Regierungs- und Verwaltungsreform als vielmehr auf internationale Vorbilder und Anstöße (z. B. *World Bank*) und auch darauf zurück, daß der Bundestag gerade im Bereich der Entwicklungspolitik auf eine stärkere Kontrolle und Transparenz zu drängen begann[82]:

„Im Rahmen der Länder- und Fachbeobachtung werden die langfristigen Wirkungen der Entwicklungshilfe auf Wirtschaft und Gesellschaft der Entwicklungsländer überprüft (ex-post-Evaluierung). Die Ergebnisse dienen einer wirklichkeitsnahen Anpassung der Planung an geänderte Bedürfnisse und Erfolgsbedingungen in den Entwicklungsländern. Die Beobachtung erfolgt durch ständige Länderbeobachtung ... und durch Entsendung von unabhängigen Fachleuten aus Wissenschaft, Wirtschaft und nichstaatlichen Hilfsorganisationen."[83]

Der bislang entschiedenste Versuch, innerhalb eines einzelnen Politik- und Programmfeldes eine systematische Programmbeobachtung und Erfolgskontrolle zu etablieren, wurde innerhalb der *Gemeinschaftsaufgabe Verbesserung der regionalen Wirtschaftsstruktur (GRW)* unternommen[85]. Bereits mit dem ersten Rahmenplan (1972–75) beschloß der GRW, „daß die Fördergebiete einer Erfolgskontrolle unterworfen werden sollen ... Die Erfolgskontrolle wird sich auf die Frage erstrekken, ob und wann Gebietsteile aus der Förderung ... ganz herausgenommen werden können."[86] In den ersten Jahren stand die Frage einer Neuabgrenzung der Förderungsgebiete und der hierfür zu verwendenden Indikatoren im Vordergrund, die 1975 erfolgte. Danach wurde – zunächst durch die Vergabe von Gutachten im Jahr 1974 – die Einführung einer systematischen Erfolgskontrolle entschiedener verfolgt und, nach offensichtlichen Verzögerungen, erstmals im 8. Rahmenplan vom 20. Februar 1979[87] ausführlicher in drei Phasen und Fragestellungen beschrieben:

- „Administrative Nachprüfungen dienen der Feststellung, ob in den geförderten Betriebsstätten die im Antrag angegebenen Investitionen durchgeführt und die entsprechenden Arbeitsplätze der Quantität und Qualität nach geschaffen bzw. gesichert worden sind. Administrative Nachprüfungen werden vor allem von der Verwaltung, aber auch durch Stichproben der Rechnungshöfe durchgeführt."[88]
- „Wirkungsanalysen sollen vor allem Hinweise geben, ob das Förderungsinstrumentarium optimal ist ..."
- „Die Zielerreichungskontrolle steht derzeit im Mittelpunkt der Vorbereitungen für den Aufbau einer Erfolgskontrolle im Rahmen der regionalen Strukturpolitik."

Dadurch, daß für 1981 eine Neuabgrenzung der Förderungsgebiete vorgesehen war, bildeten denn auch die „Zielerreichungskontrolle" und die in ihr verwendeten

82 Vgl. den Beitrag von Lotz in diesem Band.
83 Antwort der Bundesregierung vom 31.3.1971, *BTDrs.* VI/2053, S. 2.
84 (entfällt).
85 Einen Überblick gibt H. Busch, *Erfolgskontrolle regionaler Wirtschaftsförderung*, verwaltungsw. Dipl.-Arbeit, Konstanz 1981.
86 *BTDrs.* IV/2451 v. 14.7.1971, S. 10.
87 *BTDrs.* 8/2590, S. 16 ff.

Zielindikatoren sowie ihre Gewichtung das Hauptthema der sich verschärfenden Auseinandersetzungen im Planungsausschuß; hierbei trat vor allem die Bundesregierung für eine stärkere Gewichtung des Arbeitsmarktfaktors in die Indikatorentrias (Arbeitsmarkt, Einkommen, Infrastruktur) ein und setzte sich damit – zusammen mit der Forderung, die Förderungsgebiete insgesamt auf unter 30 % der Gesamtbevölkerung zu reduzieren – für einen Neuzuschnitt ein, der einige bisherige Förderungsgebiete (insbesondere in Baden-Württemberg) aus der Förderung entläßt und andere, stärker industriestrukturierte (vor allem in Nordrhein-Westfalen), neu aufnimmt[89]. Auch wenn Verlauf und Ergebnis der im Juli 1981 beschlossenen Neuabgrenzung die „Politisierung" der Indikatorendiskussion vor allem in der Frage der Gewichtung der Indikatoren erneut verdeutlicht hat, veranschaulicht sie andererseits auch den informierenden und versachlichenden Beitrag, der inzwischen aus Verfahren und Daten der „Zielerreichungskontrolle" hervorgeht. Insgesamt werden von dem Beispiel der Erfolgskontrolle in der GRW darüber hinausgehende Folgerungen erwartet:

> „Die mit der Erfolgskontrolle verbundenen Möglichkeiten der Effizienzsteigerung rechtfertigen ... schon im Hinblick auf den Steuerzahler, zumal die Erfahrungen in der regionalen Wirtschaftsförderung auch von Nutzen für andere Subventionsbereiche sein dürften. Darüber hinaus ist auch an den europäischen Regionalfonds zu denken, bei dem die Bundesrepublik Deutschland mit Abstand größter Nettozahler ist ... Wir werden andere Mitgliedsstaaten zur Einführung von Erfolgskontrollen um so eher bewegen können, als wir zur Einführung entsprechender Verfahren im eigenen Lande in der Lage sind."[90]

2.3 Evaluierung als Mittel der Kostenreduzierung

Wurde in den frühen siebziger Jahren auf eine planungsorganisatorische und -instrumentelle Reform des Regierungs- und Verwaltungsapparates als eine wesentliche Voraussetzung für eine „aktive" Politik gesetzt und wurde eine verstetigte Wachstumspolitik auch als eine Voraussetzung stetiger und steigender Steuereinnahmen des Staates zur finanziellen Absicherung der Reformpolitik als möglich angenommen, brachen diese vor allem wirtschafts- und finanzpolitischen Voraussetzungen schon nach wenigen Jahren weitgehend in sich zusammen. Mit der Verteuerung der Erdölpreise seit 1973 rückten die Grenzen ökonomischen Wachstums schlagartig ins Blickfeld. Das Schlagwort von der „Trendwende" als der strukturellen Verknappung des ökonomischen, demographischen und finanziellen Entwicklungspotentials und der ökologischen Ressourcen machte die Runde. Hinzu kamen die Hemmnisse und Rückschläge, die die Reformprogramme und -initiativen im Dickicht des bun-

88 Für ein Beispiel aus der Prüfungspraxis des BRH vgl. Bemerkungen des BRH zum Haushaltsjahr 1974, *BTDrs.* 7/5849, S. 73 f.

89 Zur Ambivalenz von Länderministern, für die ein Fördererfolg zugleich ein „Verlust" von Fördergebieten bedeutet, vgl. W. Albert, Einführung einer Erfolgskontrolle in die regionale Wirtschaftspolitik, in: Akademie für Raumforschung und Landesplanung, *Arbeitsmaterial* Nr. 9/1978, S. 13.

90 Ebd., S. 14.

desstaatlichen Handlungssystems und seiner unterschiedlichen Handlungsinteressen erfuhren und die als Ausdrucksformen und Folgen eines „*politikverflochtenen*" Handlungssystems[91] kenntlich gemacht wurden. Das „Reformklima", das die frühen siebziger Jahre und vor allem das Wahlkampfjahr 1972 bestimmt hatte, wich rasch einer Reformernüchterung, wenn nicht gar eines Reformunwillens. Die sang- und klanglose Auflösung der Projektgruppe Regierungs- und Verwaltungsreform zum Jahresende 1975[92] versinnbildlicht Abschwung und Auslaufen eines politischen Handlungskonzepts und Handlungswillens, der bei der Verbesserung der politisch-administrativen Planungsinformations- und Koordinierungsfähigkeiten ansetzt.

Statt dessen rückt der Umgang mit den geschmälerten finanziellen Ressourcen – und damit Verfahren und Instrumente der Finanz- und Haushaltsplanung – stärker in den Vordergrund. Das Bemühen um eine verbesserte Finanz- und Haushaltsplanung war bereits im Rahmen der Finanz- und Haushaltsreform von 1969 sichtbar geworden und zwar im Vorlauf zur nachfolgenden Diskussion um eine politische „Aufgabenplanung" und ihre Verknüpfung mit der „Finanzplanung". So enthielt die Bundeshaushaltsordnung vom 19. August 1969[93] in Übereinstimmung mit einer entsprechenden Vorschrift (§ 6) des Haushaltsgrundsätzegesetzes vom gleichen Datum[94] erstmals die Bestimmung:

„§7 Wirtschaftlichkeit und Sparsamkeit
Nutzen-Kosten-Untersuchungen
I Bei Aufstellung und Ausführung des Haushaltsplans sind die Grundsätze der Wirtschaftlichkeit und Sparsamkeit zu beachten.
II Für geeignete Maßnahmen von erheblicher finanzieller Bedeutung sind Nutzen-Kosten-Untersuchungen anzustellen."

Zur Instrumentierung und Ausfüllung dieser zunächst weitgehend unbeachtet gebliebenen Bestimmung wurde 1971 eine *Interministerielle Arbeitsgruppe „Nutzen-Kosten-Untersuchungen"* unter Federführung des Bundesministeriums für Finanzen gebildet[95], die wesentlich an der Erarbeitung der „Vorläufigen Verwaltungsvorschriften zur BHO" und der „Erläuterungen zur Durchführung von Nutzen-Kosten-Untersuchungen" vom 21. Mai 1973[96] beteiligt war; in diesen wird für § 7 BHO ausdrücklich klargestellt, daß hiernach – neben vorausschauenden (ex ante) Kosten-Nutzen-Analysen usw. –

„im Wege der Erfolgskontrolle (Ergebnisprüfung) ... insbesondere untersucht werden [solle],
– während der Durchführung von mehrjährigen Maßnahmen mindestens jährlich, ob die Zwischenergebnisse im Rahmen der Planung liegen, die Planung anzupassen ist und die Maßnahmen weiterzuführen oder einzustellen sind,

91 Vgl. F. W. Scharpf/B. Reissert/F. Schnabel, *Politikverflechtung*, Kronberg/Ts. 1976.
92 Vgl. M. Lepper, Das Ende eines Experiments. Zur Auflösung der Projektgruppe Regierungs- und Verwaltungsreform, in: *Die Verwaltung*, 1976, S. 478 ff.
93 Siehe *BGBl. I*, S. 1284.
94 Siehe *BGBl. I*, S. 1273.
95 Vgl. H. Bebermeyer (Anm. 68), S. 80 f.
96 Siehe *Ministerialblatt des Bundesministers der Finanzen und des Bundesministers für Wirtschaft*, Nr. 13/1973 v. 11.7.1973, S. 190 ff., 293 ff.

– nach der Durchführung von Maßnahmen, ob das erreichte Ergebnis der ursprünglichen oder angepaßten Planung entspricht, die Maßnahmen zu revidieren sind und Erfahrungswerte gesichert werden können."

Für die Durchführung von Nutzen-Kosten-Untersuchungen wurde – wohl nicht zur Entlastung der Verwaltung, sondern zur Sicherung einer gewissen Unabhängigkeit – vorgesehen, daß „als Analytiker grundsätzlich verwaltungsinterne Arbeitsgruppen herangezogen werden" sollten. Damit war erstmals ein Evaluierungsgebot und -verfahren in das bundesdeutsche Verwaltungssystem eingeführt worden[97]. Zwar war eine Zuständigkeit des Bundeskanzleramts oder des Bundesfinanzministers, Evaluierungen nach § 7, II BHO anzufordern, nicht ausdrücklich im Verfahren festgelegt worden, es sei denn, man interpretierte § 27 BHO als einen mittelbaren Anknüpfungspunkt. Jedoch wurde zumindest in der Einführungsphase von § 7, II BHO von 1969 und der Vorläufigen Verwaltungsvorschriften von 1974 von einem dahingehenden regierungspolitischen Anspruch des Kanzleramts und einem finanzpolitischen des Finanzministers ausgegangen[98].

Insgesamt blieb indes die Anwendung von Nutzen-Kosten-Untersuchungen nach § 7, II BHO auf der Bundesebene bislang verhältnismäßig beschränkt. Die Interministerielle Arbeitsgruppe „Nutzen-Kosten-Untersuchungen", die an den „Erläuterungen" zu § 7 BHO unter Federführung des Bundesministeriums für Finanzen wesentlich beteiligt war, blieb im weiteren weitgehend damit befaßt, Evaluierungsmethoden zu entwickeln und den interministeriellen Erfahrungsaustausch zu verfolgen. Die unterschiedlichen partei-, koalitionspolitischen und ressortspezifischen Interessen der Mitglieder der Arbeitsgruppe haben offenkundig weitergehende Fortschritte verhindert. Dem Vernehmen nach ist der Arbeitskreis seit 1979 praktisch nicht mehr tätig.

Eine vom Arbeitskreis Nutzen-Kosten-Untersuchungen zusammengestellte „Liste der Nutzen-Kosten-Untersuchungen der Bundesministerien" (von 1969 bis Juli 1979) nennt 33 Untersuchungen, von denen

– 15 vom BMVerkehr,
– 14 vom BMLandwirtschaft,
– 3 vom BMZ und
– 1 vom BMFT

durchgeführt bzw. veranlaßt wurden. Davon werden in der Liste

– 17 als ex-ante-Analysen und
– 14 als ex-post-Analysen

bezeichnet. Die Angaben der Liste weisen auf eine deutliche Zunahme im Zeitverlauf hin. Während für den Zeitraum von 1969 bis 1976 insgesamt nur 13 Untersuchungen genannt werden, werden 14 Untersuchungen allein für das Jahr 1977 und acht für das Jahr 1978 (jeweils Abschlußdatum) aufgeführt. Im Verkehrsbereich überwogen zunächst die Straßeninvestitionsprojekte, ab 1976 treten Untersuchungen zur Straßenverkehrssicherheit in den Vordergrund (wobei auch die beiden Großversuche „Tempo 100" und „Tempo 130" aufgeführt werden).

97 Vgl. Antwort der Bundesregierung vom 4.12.1974, *BTDrs.* 7/2887, S. 10.
98 Vgl. H.-U. Derlien, (s. Anm. 67), S. 53 ff.

Die Themen des BM Landwirtschaft streuen. Daß in der Liste des Arbeitskreises bislang fast ausschließlich Untersuchungsthemen des Bundesministeriums für Verkehr und des Bundesministeriums für Landwirtschaft enthalten sind, dürfte maßgeblich mit den Selektionskriterien zusammenhängen, die den Zugang zu der Liste bestimmen. Zunächst dürfte die „Härte" eine Rolle spielen, mit der die Zielsetzungen des betreffenden Programms formuliert („operationalisiert") ist. Sie ist bei eher „technischen" Programmen und Maßnahmen (beispielsweise beim Testprogramm „Tempo 100" in der Frage nach dem Zusammenhang zwischen Höchstgeschwindigkeit und Unfallhäufigkeit) höher als bei sozial- und bildungspolitischen Programmen, die in ihren Zielsetzungen diffuser und insofern „weicher" sind[99]. Zum anderen wurde die Auswahl in die Liste des Arbeitskreises offensichtlich von dem Kriterium gesteuert, daß die gesamtgesellschaftlichen Auswirkungen in die Analyse einzubeziehen seien. Alles in allem erscheint die Auswahl in der Liste des Arbeitskreises vom Juli 1979 doch eher zufällig – weniger wohl für die Nutzen-Kosten-Untersuchungen (ex ante), die „klassisch" eher bei Investitionsvorhaben im Verkehrs- und Agrarsektor anwendbar zu sein scheinen, als vielmehr bei ex-post-Analysen, bei denen umfassende Auswirkungsanalysen etwa von Hochschulbau, Technologiepolitik usw. auf die Raumentwicklung, wie sie vom *BMBau* veranlaßt worden sind, mit gleicher inhaltlicher Triftigkeit in dieser Liste zu führen wären[100]. Innerhalb ihrer methodischen Grenzen, die durch die teilweise nur ungewiß, wenn überhaupt leistbare Operationalisierbarkeit und Monetarisierbarkeit der Kosten und Nutzen gezogen sind[101], scheint die Verwendung von Nutzen-Kosten-Untersuchungen immerhin im Vordringen zu sein. So heißt es hierzu im jüngsten „Leistungsplan" des Bundesministeriums für Verkehr:

99 Vgl. H.-U. Derlien, Die Effizienz von Entscheidungsinstrumenten für die staatliche Ressourcenallokation, in: H.-Chr. Pfohl/B. Rürup (Hrsg.), *Anwendungsprobleme moderner Planungs- und Entscheidungstechniken*, Königstein/Ts. 1978, S. 311 ff., mit einer Interpretation anhand einer Liste des BMFinanzen über Untersuchungen nach § 7, II BHO. Diese Liste umfaßte – per September 1973 – 70 Analysen und weist in der Zusammensetzung, vor allem auch in der Ressortherkunft von Untersuchungen, auffällige Unterschiede zu der vom Arbeitskreis Nutzen-Kosten-Untersuchungen zusammengestellten Liste auf. Von den 70 vom BMFinanzen in die Liste aufgenommenen Untersuchungen waren 15 dem BMVerkehr und 22 dem BMFT zuzurechnen.

100 Für weitere Listen vgl. die Zusammenstellung Nutzen-Kosten-Analysen im Auftrag des BML, in: *Materialienband zum Agrarbericht 1981 der Bundesregierung, BTDrs.* 9/141 v. 6.2.1981, S. 138 f.; es sind für den Zeitraum von 1974 bis 1981 insgesamt 46 Nutzen-Kosten-Untersuchungen aufgeführt, in auffallender und nicht eindeutig interpretierbarer Differenz zu den Nennungen in der Liste des Arbeitskreises; vgl. ferner die Liste von Projekten des BMVerkehr zu „Investitionen und Finanzierung", in: BMVerkehr (Hrsg.), *Forschung Straßenverkehr*, H. 26/1979, S. 81; dort werden für den Zeitraum von 1967 bis 1977 insgesamt 14 Nutzen-Kosten-analytische Projekte aufgeführt, die ebenfalls nur teilweise mit der Liste des Arbeitskreises übereinstimmen; vgl. auch die „Übersicht über veröffentlichte, vergebene und geplante Forschungsaufträge, in denen auch Finanzhilfen und Steuervergünstigungen im Zeitraum von 1977 bis 1980 Gegenstand der Untersuchungen sind", in: 7. *Subventionsbericht, BTDrs.* 8/3097, S. 305 f. (zum Teil sind dort ebenfalls ex-ante- wie ex-post-Kosten-Nutzen-Untersuchungen aufgeführt). Vgl. ferner *8. Suventionsbericht, BTDrs.* 9/986 v. 6.11.1981, S. 307 f.

101 Vgl. H. Meyer zu Drewer/E. Guth, Erfahrungen mit Nutzen-Kosten-Untersuchungen in der Verwaltungspraxis, in: *Die Öffentliche Verwaltung*, H. 12/1976, S. 405.

„Die knappen Investitionsmittel müssen so wirksam wie möglich eingesetzt werden. Dies gilt mit besonderem Gewicht für ein Ressort, das mit ca. 9 bis 10 Milliarden DM jährlich einen erheblichen Teil der Investitionsausgaben des Bundes steuert und verantwortet. Hierzu sind Kosten-Nutzen-Untersuchungen für alle geeigneten Verkehrsinvestitionen erforderlich."[102]

Im Hinblick auf die Subventionspolitik insgesamt führte die Haushaltskrise von 1974/75 dazu, daß eine stärkere Transparenz und eine informierte „Durchforstung" der vielfältigen staatlichen Aufgaben- und Subventionsprogramme im Parlament und in der Öffentlichkeit (Gewerkschaftsbund, Bund der Steuerzahler usw) gefordert wurde[103]. Vor diesem Hintergrund gewann der *Subventionsbericht* eine zunehmende Bedeutung, den die Bundesregierung gemäß § 12 Stabilitätsgesetz (1967) zusammen mit dem Bundeshaushaltsplan alle zwei Jahre vorzulegen und in dem sie u. a. „Vorschläge hinsichtlich der gesetzlichen oder sonstigen Voraussetzungen für eine frühere Beendigung oder einen stufenweisen Abbau der Verpflichtungen [zu machen hat]. Hierzu wird ein Zeitplan . . . aufgestellt."[104]

Im 6. Subventionsbericht[105] vom 17. November 1977 setzte sich die Bundesregierung in einem Subventionsbericht erstmals ausdrücklich und ausführlich mit der Notwendigkeit und – in einem gesonderten Kapitel – mit den *„Möglichkeiten der Erfolgskontrolle"* im Subventionsbereich auseinander. Hierbei nahm sie explizit auf die „laufende" und „abschließende Ergebnisprüfung" im Sinne der Vorläufigen Verwaltungsvorschriften zu § 7 BHO von 1973 Bezug. So wird im 6. Subventionsbericht zwischen einer „Zielerreichungskontrolle" (als Vergleich zwischen angestrebtem Subventionsziel und Zielerreichung) und einem „Alternativvergleich" unterschieden, in dem untersucht werden soll, „ob nicht durch eine Neustrukturierung oder Bündelung von Finanzhilfen und Steuervergünstigungen oder durch andere staatliche Maßnahmen die Ziele wirksamer erreicht werden können"[106]. Sind somit „Zielerreichungskontrollen" als empirische ex-post-Untersuchungen anzulegen, sind für die Durchführung der „Alternativvergleiche" in der Regel sogenannte Nutzen-Kosten-Untersuchungen nach § 7, II BGHO geeignet. Sie erfassen alle entscheidungsrelevanten gesamtwirtschaftlichen und gesamtgesellschaftlichen Vorteile (Nutzen) und Nachteile (Kosten) einer Maßnahme und versuchen diese soweit wie möglich zu quantifizieren und zu bewerten. Bei der Erörterung des 6. Subventionsberichts in den Bundestagsausschüssen wurde gefordert, „die Entscheidungsfindung durch eine verstärkte Erfolgskontrolle der Subventionen zu erleichtern"[107]. Allerdings klingen die Ausführungen der Bundesregierung im 7. Subventionsbericht vom 8. August

102 Vgl. Bundesminister für Verkehr, *Leistungsplan 1979 für Forschung im Geschäftsbereich des Bundesministers für Verkehr,* S. 19 ff.

103 Zu einem in ähnliche Richtung verlaufenden Vorstoß, den die Kommunale Gemeinschaftsstelle für Verwaltungsvereinfachung, KGSt – ebenfalls in Reaktion auf die Finanzkrise von 1974/1975 – im kommunalen Bereich unter dem Stichwort „Aufgabenkritik" in Gang setzte, vgl. G.-M. Hellstern/H. Wollmann, Evaluierung auf der kommunalen Ebene, in diesem Band.

104 Siehe § 12, IV Stabilitätsgesetz.

105 Zur Entwicklung der Subventionsberichterstattung vgl. D. Albrecht, *Subventionen. Problematik und Entwicklung (Schriftenreihe des BM der Finanzen),* Bonn 1978, S. 9 ff.

106 *6. Subventionsbericht* vom 17.11.1977, S. 32.

107 *7. Subventionsbericht* vom 8.8.1979, *BTDrs.* 8/3097, S. 39.

1979 deutlich zurückhaltender; bezeichnend dafür dürfte sein, daß das entsprechende methodische Kapitel nunmehr mit „Möglichkeiten und Grenzen [!] einer Erfolgskontrolle" überschrieben ist[108].

In Reaktion auf die sich öffnende Schere zwischen staatlichen Aufgaben und öffentlichen Mitteln nimmt der Druck auf die Entwicklung und Handhabung systematischer Evaluierungsverfahren vor allem im Bereich der staatlichen Subventionspolitik zu, zumal diese in die Kritik unterschiedlicher gesellschaftlicher und politischer Gruppierungen mit unterschiedlichen Zielsetzungen geraten ist. So drängte die CDU/CSU-Opposition im Bundestag unter Geltendmachung „ordnungspolitischer" Besorgnis einer „sich ausbreitenden Subventionsmentalität wie der Gefährdung der Ordnungsprinzipien der sozialen Marktwirtschaft" darauf, die Subventionsberichte stärker als „Instrument der Information in bezug auf den Nachweis der Berechtigung, der Wirksamkeit von Subventionen, der Transparenz und auch der Erfolgskontrolle eines beträchtlichen Teils der Staatsausgaben"[109] zu nutzen. Auf der anderen Seite forderte z. B. der Deutsche Gewerkschaftsbund eine „umfassende Subventionskontrolle" insbesondere aus „verteilungs- und beschäftigungspolitischer Sicht" vor dem Hintergrund dessen, daß „das Subventionswesen zu einem Mechanismus zur Sozialisierung von Verlusten und Privatisierung von Gewinnen [werde], ... sich in der Wirtschaft eine gefährliche Subventionsmentalität [entwickle und] ... aus manchen Subventionen neue Probleme [entständen], die ihrerseits neue Subventionen nach sich [zögen]"[110]. Um eine laufende Überprüfung durchzusetzen regt der DGB an, „Subventionsgesetze grundsätzlich zu befristen. Der Ablauf von Fristen ist mit der Vorlage von Berichten zu verknüpfen, die dem Parlament als Entscheidungshilfen für Beschlüsse über eine Novellierung oder ein Auslaufen der jeweiligen Subventionsgesetze dienen."

Der erreichte Grad der Staatsverschuldung und die Tatsache, daß eine wachsende Anzahl von Anforderungen und Aufgaben um einen enger werdenden staatlichen Finanzierungsspielraum konkurrieren, haben wesentlich dazu beigetragen, daß im Verlauf des Jahres 1981 erstmals ein „Subventionsabbaugesetz" eingebracht[111] und verabschiedet wurde (betreffend u. a. die Streichung des ermäßigten Steuersatzes für Nebeneinkünfte aus wissenschaftlicher, künstlerischer und schriftstellerischer Tätigkeit sowie die Beseitigung von Steuervergünstigungen für Sparkassen und Kreditgenossenschaften). Wegen der für 1982 absehbaren Deckungslücken im Haushalt und der politischen Notwendigkeit, die Nettoverschuldung zu reduzieren, wird das „Durchforsten" der Subventionen in der unmittelbaren Zukunft ein zentraler Konfliktbereich und die Entwicklung und Verwendung von Verfahren und Methoden zur analytischen „Durchleuchtung" von Subventionswegen und -feldern ein dringliches Bedürfnis sein.

108 Vgl. hierzu zuletzt J. Hucke/B. Heß-Ohnacker/H. Beuss, *Sekundäranalyse der Implementationsprobleme von Finanzhilfeprogrammen als politischen Handlungsinstrumenten. Endbericht, DFG-Projekt*, vv. Ms., Köln 1980, S. 300 ff.

109 So Große Anfrage der CDU/CSU-Fraktion vom 9.8.1979, *BTDrs.* 8/3102.

110 DFG, „Forderung und Vorschläge des Deutschen Gewerkschaftsbundes zur Subventionskontrolle", *Wirtschaftspolitische Informationen*, Nr. 2/1980.

111 Vgl. *BTDrs.* 9/92.

2.4 Evaluierung als Analysemittel zum Abbau von „Überregelung" und „Bürokratismus"

Ein kräftiger Impuls für die Durchführung empirischer Analysen über Wirksamkeit, Wirkungsweisen und Wirkungen gesetzlicher und anderer normativer Regelungen geht von der seit einigen Jahren mit zunehmender Schärfe geführten Diskussion um Tendenzen und Ursachen einer „Bürokratisierung" politisch-administrativen Handelns aus, in der – teilweise vor dem Hintergrund einer gesellschaftspolitisch-grundsätzlichen Kontroverse über die „Grenzen des Sozialstaates" – die zunehmende Unfähigkeit politisch-administrativer Handlungsträger zu innovativem, problemadäquatem Handeln behauptet wird und dieses in erster Linie auf die Regelungsdichte zurückgeführt wird, mit der der Staat immer weitere Bereiche gesellschaftlicher und ökonomischer Betätigungen überzogen habe und die eigeninitiatives und innovatives Verwaltungshandeln kaum mehr zulasse. In dieser Diskussion, die in den letzten Jahren von den großen politischen Parteien und einigen maßgeblichen Verbänden aufgegriffen wurde[112], stehen die Dichte („Normenflut") und der Detaillierungsgrad („Gängelung durch Detailregelungen") der das Verwaltungshandeln regelnden und steuernden Vorschriften sowohl in Diagnose als auch in Therapie im Mittelpunkt; die bürokratischen Handlungsmuster, die sich aus der Organisationsform und der Personalstruktur der öffentlichen Verwaltung ergeben können, werden noch immer eher am Rande behandelt. Um legislatorische „Über-" und Fehlregelungen zu vermeiden, wird neuerdings wieder vermehrt eine verbesserte „Gesetzgebungstechnik" gefordert[113], sei es durch stärkere Nutzung der traditionellen Formen parlamentarischer Informationsbeschaffung (parlamentarische Anhörungen, Einsetzung von Kommissionen usw.), sei es durch die Entwicklung anspruchsvoller und leistungsfähigerer ex-ante-Techniken (z. B. Kostenvorausschätzungen, Testrechnungen, vor allem mit Hilfe von Simulationsmodellen[114] oder „Praxistests", als Variante von „Realsimulationen"[115]), sei es durch eine Intensivierung und Systematisie-

112 Zur CDU-Tagung im April 1978 vgl. H. Geißler (Hrsg.), *Verwaltete Bürger-Gesellschaft in Fesseln*, Frankfurt a. M. usw. 1978, zur SPD-Tagung im Oktober 1979 vgl. Vorstand SPD (Hrsg.), *SPD-Forum Zukunft, Bürger und Verwaltung*, Bonn 1980. Zur Tagung des Deutschen Städte- und Gemeindebundes im Mai 1979 vgl. Deutsche Städte- und Gemeindebund (Hrsg.), *Erstickt der Bürokratismus unsere Demokratie?*, Göttingen 1979. Vgl. auch die Anhörung beim Bundesminister des Innern (Hrsg.), *Sachverständigenanhörung zu Ursachen einer Bürokratisierung in der öffentlichen Verwaltung*, 3 Teile A–C, Bonn 1980.

113 Vgl. etwa C. Böhret/W. Hugger, *Der Praxistest von Gesetzentwürfen*, Baden-Baden 1980, S. 13 ff., mit Nachweisen. Vgl. zuletzt H. Kindermann (Hrsg.), *Studien zu einer Theorie der Gesetzgebung*, Berlin usw. 1982.

114 Vgl. u. a. – am Beispiel der gesetzlichen Neuregelung der Rentenkrankenversicherung – U. Geissler, Computersimulationen zur Vorbereitung sozialpolitischer Entscheidungen in der BRD, in: J. Rödig (Hrsg.), *Studie zu einer Theorie der Gesetzgebung*, Berlin 1976, S. 514 ff.; vgl. auch P. Hoschka, Datenbanken und Simulationsmodelle, in: M. Kaase (Hrsg.), *Datenbanken im Bereich von Statistik, Verwaltung und Wissenschaft (Werkstattbericht 2)*, Bonn 1980, S. 37 ff.; s. auch Böhret/Hugger, *Praxistest* (Anm. 113), S. 17, FN 3 mit weiteren Nachweisen.

115 Vgl. hierzu zuletzt ebd., am Beispiel des Referentenentwurfs eines Jugendhilfegesetzes.

rung empirischer (ex-post-) Untersuchungen zur Wirksamkeit und Wirkungsweise gesetzlicher Regelungen[116].

Parlamentarische Initiativen zur Durchleuchtung und Musterung der vorhandenen gesetzlichen Regelungsbestände von Verhaltensanordnungen und Instrumenten gingen auf Bundesebene in der letzten Zeit vornehmlich von der CDU/CSU-Opposition im Bundestag aus. So brachte sie 1977 einen Antrag zur „Rechts- und Verwaltungsvereinfachung" ein[117], in dem einerseits für den Erlaß neuer Gesetze gefordert wurde, „strengste Maßstäbe an die Notwendigkeit einer bundesrechtlichen Regelung bei der Vorlage von Gesetzentwürfen und dem Erlaß von Rechtsverordnungen und Verwaltungsvorschriften anzulegen", und in dem andererseits die Bundesregierung aufgefordert wurde, für den Fall der Verabschiedung eines Gesetzes „grundsätzlich zwei Jahre nach Inkrafttreten ... dem Bundestag zu berichten, ob aus dem praktischen Gesetzvollzug wesentliche Abweichungen von den Vorausschätzungen bekanntgeworden sind", womit die Berichtspflicht der Bundesregierung gegenüber dem Bundestag, wie sie innerhalb einzelner Gesetze, z. B. § 61 BImSchG, § 35 BAFöG, periodisch vorgesehen ist oder immer häufiger vom Bundestag ad hoc beschlossen wird, als grundsätzliche Regelung aufgestellt werden würde; allerdings wurde ein solches Regelverfahren bislang nicht verabschiedet. In die Richtung empirischer Durchleuchtung zielen auch die Initiativen eines „Entwurfs eines Gesetzes über die Bereinigung des Bundesrechts"[118] und der Antrag zu einem „Dritten Wohnungsbaugesetz"[119], durch die eine Durchforstung des Wildwuchses eines in unterschiedlichen Phasen, Anstößen und Interessenberücksichtigungen entstandenen und längst unübersichtlich, wenn nicht gar in sich selbst widersprüchlichen und gegenwirksam gewordenen Regelwerks erreicht werden soll: „Dabei sollen zugleich alle direkten und indirekten öffentlichen Förderungsinstrumentarien mit dem Ziel überprüft werden, inwieweit ihre Wirksamkeit gesteigert werden kann"[119].

Mit dem Ziel, neu verabschiedete Gesetzesregelungen in ihrer Wirksamkeit und in ihren Wirkungen durchsichtiger und analysierbarer zu machen, wird hierbei auf Vorstellungen zurückgegriffen, die bereits in der Reformphase der frühen siebziger Jahre hoch im Kurs standen und die in den damaligen Ansätzen zu einer „experimentellen" Politik ihren Ausdruck fanden. An Konzepte und Erfahrungen anknüpfend, die in den USA mit dem „sunset legislation" als einem Verfahren, Institutionen und Regelungen nur befristete Geltung zu geben und ihre Fortgeltung von einer Evaluierung der bisherigen Laufzeit abhängig zu machen, vorliegen, ist die „Regelung auf Zeit" in die Diskussion eingebracht worden. So schlug der CDU-Bundesvorstand in seinem „Programm zur Entbürokratisierung von Staat und Gesellschaft" vom 3. Dezember 1979 vor, „Gesetze, deren Wirksamkeit auch nach inten-

116 Vgl. hierzu G.M. Hellstern, H. Wollmann und J. Hucke, H. Wollmann (s. Anm. 45).

117 *BTDrs.* 8/1206 vom 21.11.1977.

118 CDU/CSU-Antrag, *BTDrs.* 8/3802 v. 19.3.1980.

119 CDU/CSU-Antrag, *BTDrs.* 8/2902 v. 30.3.1979. Vgl. den nicht zuletzt auf diesen Anstoß zurückgehenden, außerordentlich instruktiven „*Bericht der Bundesregierung über das Zusammenwirken finanzwirksamer, wohnungspolitischer Instrumente*", *BTDrs.* 9/1708 v. 1.6.1982.

siver Prüfung nicht klar voraussagbar ist, die aber dennoch für notwendig erachtet werden, nur befristet in Kraft zu setzen"[120].

In dem Maße, in dem die „bürokratischen Kosten", die den gesetzlichen Regelungen „bei ihrem langen Marsch durch die Institutionen"[121] begegnen, als ein wesentlicher Faktor im „Vollzugsdefizit" und in der Verzerrung, wenn nicht Verkehrung der ursprünglichen Handlungsabsichten erkannt werden, werden sozialwissenschaftliche Fragestellungen relevant, die die Wirksamkeit und die Wirkungen von gesetzlichen Regelungen und politisch-administrativen Programmen sowie den Wirkungsprozeß, in dem über Verwirklichung oder Nichtverwirklichung entschieden wird, in den Mittelpunkt ihres analytischen und konzeptionellen Interesses rücken – sei es, wie dies bei Ansätzen der *„Rechtstatsachenforschung" geschieht*[122], sei es innerhalb der *„Implementationsforschung"*, deren Untersuchungsfokus auf den Prozeß der Verwirklichung („Implementation") von Gesetzen und Handlungsprogrammen gerichtet ist[123].

2.5 Evaluierung als Hilfsmittel des Parlaments zur Kräftigung seiner Kontrollfunktion

Der Machtverlust, den das Parlament gegenüber Regierung und Verwaltung erleidet und der sich vor allem auch im Leerlauf seiner Kontrollfunktion ausdrückt, hängt wesentlich mit der Entwicklung von politisch-administrativen Handlungsformen zusammen, die den Sozial- und Verwaltungsstaat, zumal unter bundesstaatlichen Rahmenbedingungen, in seinen Versuchen kennzeichnen, die ihm gestellten gesellschaftlichen und ökonomischen Probleme zu bewältigen.

– In dem Maße, in dem in der Einführung von Planungen und Planungssystemen ein politisch-administratives Heilmittel gegen gesellschaftliche und ökonomische

120 CDU-Bundesvorstand, *Das Programm der CDU zur Entbürokratisierung von Staat und Gesellschaft, Beschluß vom 3.12.1979*, Bonn 1979, S. 26.

121 Vgl. R. Wahl, Die bürokratischen Kosten des Rechtsstaats, in: *Der Staat*, 1980, S. 273 ff.

122 Vgl. M. Rehbinder/H. Schelsky (Hrsg.), *Zur Effektivität des Rechts (Jahrbuch für Rechtssoziologie und Rechtstheorie*, Bd. 3), Gütersloh 1972; vgl. ferner O. Hartwieg, Bundesministerium der Justiz (Hrsg.), *Rechtstatsachenforschung und Kriminologie*, 2. Aufl., Köln 1978; s. auch den 1975 für drei Jahre eingerichteten Schwerpunkt Rechtstatsachenforschung bei der Stiftung Volkswagenwerk 1979, vgl. hierzu Stiftung Volkswagenwerk, *Bericht 78/79*, Hannover 1979, S. 213 ff. Vgl. auch zuletzt Schwerpunktheft „Rechtstatsachenforschung im Städtebaurecht" in: *Informationen zur Raumentwicklung*, Heft 1, 1982, darin u. a. H. Wollmann, Untersuchungsansätze und Nutzungschancen einer Rechtstatsachenforschung im Städtebaurecht, in: ebd. S. 1 ff.

123 Vgl. R. Mayntz, Die Implementation politischer Programme: Theoretische Überlegungen zu einem neuen Forschungsgebiet, in: *Die Verwaltung*, 1977, S. 51 ff. Zur Entstehung vgl. H. Wollmann, Implementationsforschung – eine Chance für kritische Verwaltungsforschung?, in: ders. (Hrsg.), *Politik im Dickicht der Bürokratie, Leviathan*, Sonderheft 3/1979, Opladen 1980, S. 9 ff. Für Ergebnisse der Implementationsforschung, die zugleich unter dem Blickwinkel einer *prozeß*orientierten Evaluierungsforschung für diese relevant sind, vgl. den letztgenannten Sammelband *Politik im Dickicht der Bürokratie*, sowie R. Mayntz (Hrsg.), *Implementation politischer Programme*, Königstein/Ts. 1980 sowie dies. (Hrsg.), *Implementation politischer Programme (II)*, Opladen 1983.

Fehlentwicklungen gesehen wurde und deren Formulierung und Durchführung staatsrechtlich wie praktisch als eine Domäne von Regierung und Verwaltung betrachtet wurden, geriet das Parlament gegenüber dem Planungsvorsprung von Regierung und Verwaltung zunehmend ins Hintertreffen – vor allem dort, wo, wie in den Gemeinschaftsaufgaben, für ganze Politikfelder von den Regierungen besetzte und gesteuerte „Planungsausschüsse“ gebildet werden und wo sich sektorale Handlungssysteme als „Politik ohne Politiker“[124], jedenfalls als „Politik ohne parlamentvermittelte Politik“, erweisen.

- Um die politisch-administrative Handlungsfähigkeit zu sichern, vollzieht sich ein Übergang von „konditionalprogrammierten“ Handlungsformen, für die die Einsetzung bestimmter Mittel innerhalb von Zweck-Mittel-Relationen „tatbestandlich“ umschrieben wird, zu „finalprogrammierten“, in denen der Handlungszweck genannt, die Auswahl der geeigneten Mittel jedoch dem administrativen Vollzug überlassen bleibt – aus der Sicht des Parlaments ein Verlust nicht nur an legislativer Bestimmungsschärfe, sondern auch an Griffigkeit möglicher Meßgrößen parlamentarischer Kontrolle[125].
- Dieser Schwund parlamentarischer Bestimmungsschärfe wird vor allem dort deutlich, wo politische Handlungsziele durch den Einsatz finanzieller Mittel (Fördermittel, Subventionen usw.) verfolgt werden sollen und sich die parlamentarische Mitwirkung im wesentlichen darauf beschränkt, unter verhältnismäßig vager Zweckbestimmung die entsprechenden Haushaltsmittel zu bewilligen, deren konkrete Zielbestimmung und Verwendung jedoch dem administrativen Vergabeprozeß über Richtlinien und Aushandlungen zwischen Bund und Ländern überlassen bleiben. Im Bereich solcher administrativer „Fondspolitik“[126] geht das Modell legislativer Steuerung und Kontrolle zunehmend ins Leere.
- Darüber hinaus erweist sich im bundesstaatlichen System der Bundesrepublik, in dem der Bund verfassungsrechtlich im wesentlichen auf Gesetzgebung und Programmsetzung verwiesen wird, während der Vollzug den Ländern zugewiesen ist, die Verwirklichung jeder Zwecksetzung durch Gesetz oder Programm als „ein langer Marsch durch die Institutionen“ mit Vollzugsdefiziten und Wirkungsunsicherheiten, deren Umfang und Ursachen für das Parlament zumindest im Wege seiner überkommenen Informationsbeschaffung kaum einsichtig und durchsichtig sind.

Die Bestrebungen der Parlamente, diese Kontrolldefizite durch die gezielte Nachfrage von Informationen über die Wirksamkeit und Wirkungen von Regierungs- und Verwaltungshandeln zu vermindern und damit geeignete empirische Wirkungsuntersuchungen anzuregen, weisen denn auch unterschiedliche Anhalts- und Ausgangspunkte auf.

Am Informations- und Bestimmungsvorsprung von Regierung und Verwaltung im Bereich von Planungen und Planungssystemen, wie sie insbesondere seit den

124 F. Schnabel, Politik ohne Politiker, in: Wollmann (Hrsg.), (Anm. 123), S. 49 ff.

125 Vgl. R. Steinberg, Evaluation als neue Form der Kontrolle final programmierten Verwaltungshandelns, in: *Der Staat*, 1976, S. 185 ff.

126 Vgl. A. Köttgen, *Fondsverwaltung in der Bundesrepublik Deutschland*, Stuttgart 1965.

späten sechziger Jahren zunächst mit erheblichen Erwartungen verfolgt wurden, knüpften parlamentarische Initiativen an, die unter dem Stichwort „*Planungskontrollgesetze*" in erster Linie darauf gerichtet waren, die Mitwirkung und Kontrollfähigkeit des Parlaments bereits und vor allem in der Formulierungsphase von Planungen zu stärken (z. B. durch eine Verpflichtung der Landesregierung, u. a. „Alternativen der Plandurchführung und deren finanzielle Auswirkungen aufzuzeigen und durch eine Kosten-Nutzen-Analyse über die Wirtschaftlichkeit der Planverwirklichung aus[zu]sagen")[127]. Jedoch waren gleichzeitig Kontrollprobleme der Planverwirklichungsphase im Sinne einer Berichtspflicht der Regierung gegenüber dem Parlament angesprochen. („Die Planungsdurchführung, Fortschreibung und ständige Erfolgskontrolle im Hinblick auf das Planungsziel obliegt der Landesregierung. Sie berichtet dem Landtag hierüber im Rahmen ihrer Berichtspflicht . . . mindestens alle zwei Jahre")[128]. Allerdings ist keines dieser im Verlauf der siebziger Jahre in mehreren Bundesländern von der jeweiligen Landtagsopposition (Nordrhein-Westfalen 1972, Rheinland-Pfalz 1973, Berlin 1973, Bayern 1977) eingebrachten Gesetzesvorhaben[129] letztlich verabschiedet worden[130].

Wesentlich auf das Drängen des Bundestages und seiner Ausschüsse gehen die „Berichte" zurück, die die Bundesregierung seit den sechziger Jahren in zunehmender Anzahl erstattet und die das „*Berichtswesen*" zu einem zentralen Kommunikationsmittel zwischen Regierung und Parlament gemacht haben (s. Übersicht im Anhang 2)[131]. Hier ist in der gegenständlichen Reichweite vor allem zwischen „Politikbereichsberichten" (über ganze Politikfelder, in der Regel entsprechend dem Kompetenzzuschnitt der einzelnen Ministerien) und „Maßnahmenberichten" (über einzelne Felder gesetzlicher Regelung oder von Maßnahmen) zu unterscheiden. Von diesen Berichten sind insbesondere die Maßnahmenberichte geeignet, dem Parlament Informationen über die bisherigen Erfahrungen, die Wirksamkeit und über mögliche Wirkungen und Nebenwirkungen innerhalb umgrenzter Regelungen und Maßnahmenfelder zu verschaffen. Dabei mehren sich die Fälle, in denen das Parlament die Verabschiedung eines Gesetzes oder einer Gesetzesnovellierung mit dem Auftrag

127 So § 8 Planungskontrollgesetzentwurf Rheinland-Pfalz, Antrag der SPD-Fraktion, rheinl.-pf. *LTDrs.* 7/1542 v. 20.2.1973, S. 5.

128 Vgl. § 9 Planungskontrollgesetzentwurf Rheinland-Pfalz, ebd.

129 Eine Zusammenstellung gibt W. P. Becker, Synopse der bisherigen Planungskontrollgesetzentwürfe, in: *Zeitschrift für Parlamentsfragen*, 1974, S. 184 ff. Vgl. hierzu auch J. van Aerssen, *Dokumentation, Evaluierung und Kontrolle staatlicher Politik*, in: G.M. Hellstern, H. Wollmann (Hrsg.), (Anm. 42), S. 250 ff.

130 Auch in der vom Bundestag im Oktober 1970 eingesetzten Enquêtekommission Verfassungsreform spielte die Frage von Mitwirkungs- und Kontrollrechten des Parlaments, insbesondere der parlamentarischen Opposition, gegenüber Aufgabenplanung und anderen Planungen der Regierung zunächst eine wichtige Rolle, wie der *Zwischenbericht von 1973* verdeutlicht (vgl. Enquêtekommission 1973, S. 76 ff.). Hingegen enthält sich der *Schlußbericht von 1976* – wohl nicht zuletzt als Ausdruck des Bedeutungsverlustes, den die „Planungsdiskussion" inzwischen erlitten hatte – jeder weiteren Auseinandersetzung mit diesem parlamentarischen Kontrolldefizit und hierauf gemünzter Vorschläge.

131 Vgl. H.-U. Derlien, Das Berichtswesen der Bundesregierung – Ein Mittel der Kontrolle und Planung, in: *Zeitschrift für Parlamentsfragen*, 1975, S. 42 ff.; s. a. J. Linck, Berichte der Regierung an das Parlament, in: DÖV 1979, S. 116 ff.

an die Bundesregierung verbindet, die Wirksamkeit und die Wirkungen der beschlossenen gesetzlichen Regelungen zu beobachten und innerhalb einer bestimmten Frist zu berichten[132]. Ein instruktives Beispiel bietet das 2. Wohnraumkündigungsschutzgesetz von 1974, bei dessen Verabschiedung der Bundestag die Bundesregierung aufforderte, „nach Ablauf von vier Jahren ... über die Auswirkungen dieses Gesetzes zu berichten". Dieser parlamentarischen Berichtspflicht kam die Bundesregierung dadurch nach, daß sie 1979 einen detaillierten Bericht vorlegte[133], für dessen umfangreiche Primärerhebungen Forschungsaufträge aus Ressortforschungsmitteln vergeben und durchgeführt wurden. Insbesondere in der Sozial-, Arbeits- und Berufsausbildungsgesetzgebung hat der Bundestag inzwischen zahlreiche ad hoc-, aber auch periodische Berichtspflichten gesetzlich festgelegt; so ist beispielsweise für den Abschnitt „Sonderbestimmungen zur Sicherung der Eingliederung der Behinderten" im BSHG vorgeschrieben, „die Bundesregierung [lege] dem Bundestag in jeder Legislaturperiode, erstmals zum 1. Oktober 1972, einen Bericht über die Durchführung und den Erfolg von Maßnahmen auf Grund der Bestimmungen dieses Abschnitts vor"[134].

Inzwischen dringen Überlegungen und Forderungen vor, die darauf abzielen, eine allgemeine Berichts- und damit Evaluierungspflicht für Gesetze vorzuschreiben. Auf eine grundsätzliche Berichtspflicht nach der Einführungsphase war die Aufforderung der CDU/CSU-Opposition an die Bundesregierung gerichtet, „grundsätzlich zwei Jahre nach Inkrafttreten eines Gesetzes dem Bundestag zu berichten, ob aus dem praktischen Gesetzesvollzug wesentliche Abweichungen von den Vorausschätzungen bekannt geworden sind"[135]. Noch weiter gehen Überlegungen, Gesetze, insbesondere Leistungs- und Subventionsgesetze, nur noch „auf Zeit" in Geltung zu setzen und ihre Verlängerung von einer Evaluierung abhängig zu machen[136].

Eine über die empirische Berichterstattung im Verhältnis von Regierung und Parlament hinausgehende Funktion haben die „Politikbereichsberichte", die sich teils auf das Politikfeld eines Ministeriums beziehen (z. B. Agrarbericht, Städtebaubericht), die teils aber auch als „Querschnittsberichte" ressortübergreifend sind (z. B. Raumordnungs-, Subventionsbericht). Indem sie die unterschiedlichen Aktivitäten der verschiedenen Einheiten *eines* Ministeriums oder verschiedener Ressorts darstellen und damit unterschiedliche Grade der Koordinierung und der Wirksamkeit sichtbar machen können, wurde und wird in ihnen zugleich ein Einfluß- und Koordinierungsmittel gesehen, sei es innerhalb des einzelnen Ministeriums aus der Sicht der politischen Leitung oder des federführenden Querschnittsreferats, sei es interministeriell. Innerhalb der Bemühungen um eine Regierungs- und Verwaltungsreform, die ab 1968 vor allem mit der Projektgruppe Regierungs- und Verwaltungsre-

132 Vgl. hierzu W. Zeh, *Untersuchungen zur Gestaltungswirkung von Bundesgesetzen*, Bd. 1, vv. Ms., Speyer 1981, S. 72, der von derzeit 80 Berichtspflichten der Bundesregierung bzw. der Bundesministerien ausgeht (mit Nachweisen).

133 Vgl. *BTDrs.* 8/2610 v. 2.3.1979.

134 Siehe *Behindertenbericht, BTDrs.* 07/654 v. 1.6.1973.

135 s. o. Anm. 117.

136 s. oben Anm. 110, 120 sowie G.-M. Hellstern, H. Wollmann (Anm. 45), S. 557 f. (mit weiteren Nachweisen).

form verbunden wurden, wurde denn auch 1970 eine interministerielle Arbeitsgruppe „Berichte der Bundesregierung" gebildet; sie war damit beauftragt, die Konzipierung eines Berichtssystems sowohl als Informationsmittel im Verhältnis von Regierung und Parlament als auch als Koordinierungsmittel innerhalb des Planungssystems auf Regierungsebene zu beraten[137].

Wie die weitere Entwicklung verdeutlicht, hängen der Informationsgehalt und die „Konfliktbereitschaft", kontroverse Fragen anzusprechen anstatt sie als Ergebnis „harmonisierender Abstimmung" auf den kleinsten Nenner „herunterzukoordinieren", weitgehend von dem Stellenwert ab, den die betreffende Politik auf der politischen Tagesordnung hat, und von der Machtstellung des federführenden Ministeriums im Konzert der Ressorts und Interessen.

An den Raumordnungsberichten, deren erster 1963 erschien und die aufgrund von § 11 ROG (1965) zweijährig bzw. (ab 1976) vierjährig vorzulegen sind, läßt sich beispielsweise zeigen, daß diese vor allem in den frühen siebziger Jahren von dem für ihre Formulierung federführenden BMBau als Teil seines „Koordinierungsauftrags" nach § 4, I ROG (1965) verstanden wurden[138]. Programmatisch heißt es hierzu noch 1974: „Vollzugskontrolle, Erfolgskontrolle und Wirkungskontrolle zusammen stellen Grundlagen für die bessere Zielorientierung und die zielgerechtere Dosierung der raumwirksamen Maßnahmen bereit. Die Analyse der raumwirksamen Bundesmittel ist somit eine wesentliche Erkenntnisquelle für die Raumordnungspolitik, insbesondere für die Fortschreibung des Raumordnungsprogramms."[139] Der nachfolgende Raumordnungsbericht von 1978 verdeutlicht den Rückschlag und den Bedeutungsverlust, den die Raumordnungspolitik auf Bundesebene als zielsichere und durchsetzbare „Querschnittspolitik" erlitten hat.

Eine umgekehrte Entwicklung läßt sich an den Subventionsberichten verfolgen, die die Bundesregierung gemäß § 12, II StabG (von 1967) im zweijährigen Abstand zu erstatten hat[140]. Hierfür liegt die Federführung beim Bundesfinanzminister, der durch eine Reihe förmlich geregelter Vorrechte[141] bereits institutionell eine im Kabinett hervorgehobene und auch politisch starke Stellung hat. In Reaktion auf die Finanzkrise von 1975 wurde im 6. Subventionsbericht (1977) die Notwendigkeit von Erfolgskontrollen in der Subventionspolitik und die Frage geeigneter Methoden erstmals ausdrücklich hervorgehoben und im 7. Subventionsbericht (1979) mit der Absicht weiterverfolgt, „durch eine verstärkte Erfolgskontrolle die Entscheidungsgrundlagen künftiger Subventionspolitik zu verbessern. In diesem Zusammenhang werden künftig besonders auch Fragen der Wirkungsforschung zu untersuchen sein."[142] Der zunehmende Druck auf eine höhere Transparenz des Subventions-

137 Vgl. H. Bebermeyer (Anm. 68), S. 78 f.
138 Vgl. G.-M. Hellstern/H. Wollmann, Die Raumordnungsberichte der Bundesregierung, in: *Leviathan*, H. 2/1976, S. 247 ff.
139 *Raumordnungsbericht der Bundesregierung 1974, BTDrs.* 7/3582, S. 124.
140 Zur Entwicklung der Subventionsberichte vgl. Albrecht, *Subventionen* (Anm. 105), S. 9 f.
141 So Art. 112 GG, § 26 GO BReg.
142 Vgl. 7. *Subventionsbericht, BTDrs.* 8/3097, S. 40.

dickichts und die Machtstellung des Finanzministers machen es wahrscheinlich, daß das Gewicht der Subventionsberichte in Zukunft noch zunehmen wird.

Eine andere Strategie des Bundestages und seiner Ausschüsse zur Beschaffung empirischer Informationen und Einschätzungen über Wirkungen zielt seit mehreren Legislaturperioden darauf ab, die *„Anhörungen" (Hearings)* zu einem regelmäßigen Bestand des Gesetzgebungsverfahrens zu machen. Gemäß § 70 GO BT kann ein Ausschuß „zur Information über einen Gegenstand seiner Beratung öffentliche Anhörungen von Sachverständigen, Interessenvertretern und anderen Auskunftspersonen vornehmen. Bei überwiesenen Vorlagen ist der federführende Ausschuß auf Verlangen eines Viertels seiner Mitglieder dazu verpflichtet." Der Bundestag hat von dieser Verfahrensmöglichkeit zunehmend Gebrauch gemacht. Wurden in der ersten und zweiten Wahlperiode nur je eine Anhörung abgehalten, waren es in der 6. Wahlperiode (1969 bis 1972) bereits 80[143], und zwar ist ihre Hauptfunktion nicht mehr in der Offenlegung der Verbandseinflüsse, sondern in der Informationsbeschaffung des Ausschusses zu sehen[144]. In dem Maße, in dem es sich vielfach um Novellierungen bereits bestehender Gesetze handelt, bietet die Anhörung dem Parlamentsausschuß Gelegenheit, Erfahrungs- und Expertenwissen über Wirkungsweise und Auswirkungen der bisherigen Regelungen sowie informierte Einschätzungen über mögliche Auswirkungen der geplanten Regelungen einzuholen. In diesem Zusammenhang ist ferner an die Fortentwicklung und Ausfüllung des auch im deutschen Parlamentsrecht und -verfahren „klassischen" Interpellationsrecht des Parlaments zu erinnern. Mit fortschreitenden Wahlperioden hat der Bundestag die Große Anfrage (§§ 105 ff. GO BT) zu einem Informationsinstrument entwickelt, durch das umfassende, zunehmend empirisch abgestützte Darstellungen der Bundesregierung zu einzelnen Politikfeldern und -problemen herbeigeführt werden, sei es, daß die parlamentarische Opposition die Regierung kritisch zur Rede stellen oder die Regierungsmehrheit im Bundestag der Regierung Gelegenheit zur Selbstdarstellung verschaffen will[145]. In ihrer zunehmend empirischen Fundierung gewinnen die Antworten der Regierung vielfach den Charakter von Evaluierungsberichten.

Hat somit das Parlament verschiedene Instrumente und Verfahren (Große Anfrage, Berichtspflichten, Anhörungen) zur Wirkungserfassung und Folgenvorabschätzung entwickelt, sind die institutionellen Ansatzpunkte beim Bundestag selbst, zumal vor dem Hintergrund des deutschen Verfassungsverständnisses vom Parlament, aber auch des Selbstverständnisses des Parlamentariers in der deutschen Parlamentstradition, als verhältnismäßig ungriffig einzuschätzen[146]. Am ehesten ist hier an die

143 Nach K. von Beyme, Hearing, in: K. Sontheimer/H. H. Röhring (Hrsg.), *Handbuch des politischen Systems der Bundesrepublik Deutschland*, München 1977, S. 278 f.

144 So auch H. J. Schröder, *Gesetzgebung und Verbände*, Berlin 1976.

145 Vgl. H. Wollmann, *Die Stellung der Parlamentsminderheiten in England, der Bundesrepublik Deutschland und Italien*, Den Haag 1970, S. 156 ff.; s. auch H. Oberreuter, Anfrage, Große, Kleine, in: Sontheimer/Röhring (Hrsg.), *Handbuch* (Anm. 143), S. 33 f.

146 Vgl. hierzu auch den Beitrag von G. Kretschmer in diesem Band. Hierzu und zur wachsenden Bedeutung, die unter diesem Blickwinkel insbesondere den aus Angehörigen der Wissenschaftlichen Dienste des Bundestages rekrutierten Sekretariaten der Ausschüsse als Analyse- und Evaluierungskapazität zukäme, vgl. auch J. Hucke, H. Wollmann, *Wirkungsforschung* . . . (Anm. 45).

Ausschüsse und ihre Sekretariate und vor allem an die Fraktionen zu denken. Anstatt sich als alternativer Gesetzgeber zu begreifen und in Konkurrenz mit der wesentlich besser ausgerüsteten Ministerialbürokratie die verhältnismäßig schmalen Ressourcen der Oppositionsfraktion zu binden, wäre vor allem ihre Kritik- und Kontrollfunktion dadurch zu stärken, daß die empirischen Analysen und Berichte, mit denen die Regierung inzwischen das Parlament geradezu „überschwemmt", systematisch verarbeitet werden, um auf diesem Wege eine gezielte und informierte Kritik zu organisieren[147].

In jüngster Zeit zeichnet sich unter dem Druck der Haushaltskrise die Entwicklung ab, daß einige Ausschüsse zunehmend darauf drängen, die vom Bund finanzierten Forschungs- und Modellvorhaben zu überprüfen und zu evaluieren. So bildete der Haushaltsausschuß im Januar 1981 eine Unterkommission, die alle Forschungstitel in den Einzelplänen des Haushalts von 1981 überprüfte[148]; der Ausschuß für Jugend, Familie und Gesundheit beriet im April 1981 die Notwendigkeit und Möglichkeiten von Erfolgskontrollen bei Modellversuchen des *BMJFG*[149]; im Mai 1981 erörterte der Städteausschuß die Notwendigkeit, die Forschung zu konzentrieren und setzte eine Arbeitsgruppe ein, die in Abstimmung mit dem *BMBau* Empfehlungen für vorrangige Forschungsvorhaben erarbeiten soll[150]. Allerdings beschränkt sich dieser Vorstoß zu einer Evaluierung von Ressortforschung bislang auf die vertraglich vergebene Forschung; die zahlenmäßig in der Regel viel bedeutendere „institutionelle" Förderung (insbesondere der zahlreichen Bundesforschungsanstalten) ist davon ausgenommen.

Als Promotoren einer verstärkten analytischen Durchleuchtung und Evaluierung von haushaltswirksamen Gesetzen und Förderungsprogrammen spielen zudem die *Rechnungshöfe,* vor allem der Bundesrechnungshof auf Bundesebene, eine zunehmende Rolle. Nach dem deutschen Verfassungsrecht als unabhängiges Verfassungsorgan institutionalisiert, weder der Exekutive noch dem Parlament zugeordnet (seine Mitglieder besitzen „richterliche Unabhängigkeit", Art. 114, II, 1 GG), prüft der Rechnungshof traditionell die „Ordnungsmäßigkeit der Haushalts- und Wirtschaftsführung" und – seit der Haushaltsreform von 1969 – auch deren „Wirtschaftlichkeit"; das hat durch die BHO von 1969 eine detaillierte Regelung darin gefunden, daß sich die Prüfung insbesondere darauf zu erstrecken hat, ob „. . . wirtschaftlich und sparsam verfahren wird [und] die Aufgabe mit geringerem Personal- oder Sachaufwand oder auf andere Weise wirksamer erfüllt werden kann"[151]. Da-

147 Vgl. hierzu die Bemerkung K. O. Lenz in diesem Band. Vgl. hierzu kritisch auch W. Zeh (Anm. 132), S. 54.

148 Vgl. *Woche im Bundestag,* 1981, Ausgabe 1, S. 9.

149 Vgl. *Woche im Bundestag,* 1981, Ausgabe 7, S. 21.

150 Vgl. *Woche im Bundestag,* 1981, Ausgabe 9, S. 7. Für eine erste Evaluierungsuntersuchung zur Ressortforschung („Evaluierung der Evaluierung") vgl. J. Hucke, G. Seidel, *Untersuchung der Nutzung von Ergebnissen der Ressortforschung* (im Auftrag des BMBau), vv. Ms., Berlin 1982.

151 § 90 Ziff. 3 und 4 BHO. Zur inzwischen umfänglichen Literatur siehe G.-M. Hellstern/H. Wollmann (Anm. 45), S. 562 ff. sowie H. v. Arnim, *Wirksamere Finanzkontrolle bei Bund, Ländern und Gemeinden – Analysen und Reformvorschläge,* Wiesbaden 1978; Deutscher Bundestag, *Parlamentskontrolle der Finanzpolitik* (Bearbeiter E. Handschuh, G. Römer),

rüber hinaus ist der Bundesrechnungshof berechtigt, „bei Stellen außerhalb der Bundesverwaltungen zu prüfen, wenn sie ... Teile des Bundeshaushaltsplans ausführen oder vom Bund Ersatz von Aufwendungen erhalten [oder] ... vom Bund Zuwendungen erhalten ... Die Prüfung erstreckt sich auf die bestimmungsgemäße und wirtschaftliche Verwaltung und Verwendung."[152]

Aufgrund der letzteren Bestimmung ist dem Bundesrechnungshof die (aus arbeitsökonomischen Gründen auch hier nur stichprobenhaft wahrnehmbare) Möglichkeit gegeben, möglichen Subventionsmißbräuchen bei der Inanspruchnahme von staatlichen Fördermitteln durch private Haushalte und Unternehmen entgegenzuwirken; darauf ist insbesondere als ein Mittel der Erfolgskontrolle innerhalb der Gemeinschaftsaufgabe Verbesserung der regionalen Wirtschaftsstruktur verschiedentlich hingewiesen worden[153].

Bewegt sich diese Prüfungstätigkeit des Bundesrechnungshofs auf den eher traditionellen Bahnen der Kontrolle von „Ordnungsmäßigkeit", so ist ihm durch das neuerlich ausdrücklich eingeräumte Prüfungskriterium der „Wirtschaftlichkeit" in der Konkretisierung von § 90 BHO ein Prüfungsspielraum und -feld in eine Richtung eröffnet worden, in der die überkommene Doktrin, der Rechnungshof prüfe „rein sachlich" innerhalb ihm vorgegebener, seiner Prüfung entzogener „politischer" Zwecke, zunehmend künstlich und verfassungspolitisch überholt erscheint[154]. Hierfür liefert die Prüfungspraxis der letzten Jahre instruktive Beispiele[155]. So wurde vom Bundesrechnungshof beispielsweise geprüft, ob der (ursprüngliche) Gesetzeszweck (z. B. Förderung einer bestimmten Personengruppe unter bestimmten Vor-

Bonn 1981; A. Greifeld, *Der Bundesrechnungshof*, München 1981; Rürup, B., Perspektiven der Haushaltskontrolle, in: *Wirtschaftsdienst* 4, 1980, S. 299 ff.; Schäfer, H., Finanzkontrolle und parlamentarische Demokratie, in: *Bulletin, Presse- und Informationsamt der Bundesregierung*, Nr. 128, 1976, S. 1225; ders., *Wer kontrolliert unsere Steuergelder? Finanzprüfung durch den Bundesrechnungshof*, Stuttgart 1977; Tierman, S., *Die staatsrechtliche Stellung der Finanzkontrolle des Bundes*, Berlin 1974; Tomuschat, Chr., Die parlamentarische Haushalts- und Finanzkontrolle in der Bundesrepublik Deutschland, in: *Der Staat*, 1980, S. 1 ff.; H. Weber, Unerwünschte Finanzkontrolle?, in: *DöV*, 1981, S. 128 f.; H. Windelen, Der Haushaltsausschuß im politischen Prozeß, in: *Verwaltung und Fortbildung*, Schriftenreihe der Bundesakademie für öffentliche Verwaltung, 3/1978, S. 93 ff.; Wittrock, K., Zum Verhältnis von Parlament und Bundesrechnungshof, in: H. Klatt (Hrsg.), *Der Bundestag im Verfassungsgefüge der Bundesrepublik Deutschland*, Bonn 1980.

152 § 91 BHO.

153 Vgl. erstmals 8. Rahmenplan der GRW v. 20.2.1979, *BTDrs.* 8/2590, S. 16, unter dem Stichwort „Administrative Nachprüfung": „Administrative Nachprüfungen werden vor allem von der Verwaltung, aber auch durch Stichproben der Rechnungshöfe durchgeführt. Das neue Wirtschaftskriminalitätsgesetz ist dabei insofern nützlich, als es die Unternehmen verpflichtet, alle subventionserheblichen Tatsachen (z. B. Änderungen bei den angegebenen Investitionen und Arbeitsplätzen) den Förderungsstellen zu melden. Die derzeitige Überprüfungspraxis erscheint als angemessen und ausreichend." Zu einem Beispiel aus der Prüfungspraxis des BRG vgl. *Bemerkungen des BRH für das Haushaltsjahr 1974, BTDrs.* 7/5849, S. 73 f.

154 Vgl. hierzu H. Dorn, Finanzkontrolle der staatlichen FuE-Förderung durch Rechnungshöfe, in. *Wirtschaft und Wissenschaft*, 1979, H. 3, S. 10 ff.; vgl. auch den Beitrag von H. Dorn in diesem Band; s. ferner G.M. Hellstern/H. Wollmann, (Anm. 45), S. 562 ff., mit weiteren Hinweisen.

155 Vgl. ebd., S. 563, mit Nachweisen.

aussetzungen) überhaupt (noch) erreicht werden könne oder ob der betreffende Förderungstatbestand überhaupt geeignet sei, den angestrebten Politikzweck zu erreichen. In diesem Zusammenhang ist auch die Frage zu prüfen, ob Subventionsaufwand und -ziel überhaupt in einem wirtschaftlich vertretbaren Verhältnis zueinander stehen („nicht mit Kanonen auf Spatzen schießen") oder ob nicht alternativen Handlungsformen (z.B. direkte statt indirekte Subventionen oder umgekehrt) der Vorzug zu geben sei[156]. Eine neue Grenzziehung gegenüber diesen verfassungspolitisch gebotenen Zuständigkeitserweiterungen ist denn auch mit einer eher rechtsdogmatischen Dichotomie „sachlich/politisch" nicht zu leisten, sondern ist folgerichtig mit Hilfe von verfassungs*politischen* Kriterien, vor allem dem Grundsatz der verfassungspolitischen Zurückhaltung *(selfrestraint)*, zu treffen[157]. Das bislang wohl anschaulichste Beispiel für diese verfassungspolitische Grenzverschiebung, die freilich bereits als eine Überschreitung des „selfrestraint" zu bewerten sein dürfte, liefert eine Untersuchung des Bundesrechnungshofs, in der es um die kumulative Inanspruchnahme von Arbeitslosenunterstützung und Leistungen nach betrieblichen Sozialplänen ging und in der der Bundesrechnungshof einen Dissens in der *politischen* Zielsetzung und Beurteilung unverhüllt anspricht: „Der [Bundesarbeitsminister] ist der Auffassung, daß die derzeitige Regelung den sozial-, arbeitsmarkt- und wirtschaftspolitischen Erfordernissen ... noch am ehesten gerecht werde ... Der BRH ist dagegen der Ansicht, daß das Problem unabhängig von der Konjunktur zu beurteilen ist."[158] In Fortsetzung dieser Entwicklung könnte dem Bundesrechnungshof eine zentrale Rolle in der laufenden Überprüfung der Subventionsprogramme und Maßnahmen zukommen, sei es, daß er – infolge seiner beschränkten personellen Ausstattung in der Regel an der Durchführung eigener Untersuchungen gehindert – die Durchführung entsprechender Evaluierungen unter Berufung auf § 7, II BHO[159] anmahnt, sei es, daß er mit eigenen Finanzmitteln ausgestattet, entsprechende Untersuchungsaufträge vergibt. Allerdings hängen die Wirksamkeit des Bundesrechnungshofs und die Geltungskraft seiner Empfehlungen – sowohl die der in den jährlichen Bemerkungen parlamentsaktenkundig gemachten als auch die in den vielfältigen internen Beratungen mit den Adressaten seiner Kontrollen vorgetragen – wesentlich davon ab, wie und in welchem Umfang der Bundestag, vor allem der Haushaltsausschuß, aber auch die parlamentarische Opposition, die Prüfungstätigkeit des Bundesrechnungshofs als Ergänzung und Hilfestellung zur parlamentarischen Kontrollfunktion begreift und die Prüfungsergebnisse „politisiert". Bislang hat der Bundestag die nachträgliche Haushaltskontrolle „als eine wenig lohnende Pflichtübung ... vernachlässigt"[160].

156 Vgl. H. Dorn, Finanzkontrolle (Anm. 154), S. 10.

157 Ähnlich K. Vogel/P. Kirchhof, Kommentierung zu Art. 114, in: *Bonner Kommentar*, Zweitbearbeitung, 1973, Rdnr. 91 zu Art. 114.

158 *Bemerkungen des Bundesrechnungshofes zum Haushaltsjahr 1977, BTDrs.* 8/3238, S. 15 ff.

159 Vgl. hierzu auch H. Schäfer, Aktuelle Fragen einer modernen Finanzkontrolle, in: *Bulletin der Bundesregierung*, Nr. 103/1973 v. 6.9.1973, S. 1038.

160 A. Zunker, Bundesrechnungshof, in: Sontheimer/Röhring (Hrsg.), (Anm. 143), S. 110; so neuerdings auch wiederum H. Mandelartz, *Das Zusammenwirken von Parlament und Regierung beim Haushaltsvollzug*, Frankfurt, Berlin 1980 und E. Moeser, *Die Beteiligung des Bundes an der staatlichen Haushaltsgewalt*, Berlin 1978.

3. Institutionalisierung und Durchführung von Evaluierungen und Evaluierungsforschung in der Interaktion zwischen Politik, Verwaltung und Wissenschaft

Aus der vorstehenden Skizze unterschiedlicher Anstöße und Entwicklungslinien von Evaluierung als Analyse- und Kontrollverfahren politisch-administrativen Handelns wird das Geflecht unterschiedlicher Handlungsinteressen sichtbar, die die Entfaltung von Evaluierungsansätzen und -verfahren teils fördernd, teils hemmend, bestimmen. Dabei wird zunächst das Interesse des Parlaments – und insbesondere der parlamentarischen Opposition – im Verhältnis zu Regierung und Verwaltung deutlich, Verfahren der Evaluierung und Erfolgskontrolle als eine Systematisierung und Intensivierung traditioneller empirischer Auskunftsmittel über Wirklichkeit und Wirksamkeit staatlicher Politik auszubauen und zu nutzen. In ähnliche Richtung, nur unter stärker finanzwirtschaftlicher Fragestellung, zielen die Anstöße des Rechnungshofs. Innerhalb von Regierung und Verwaltung ist es vor allem die „Leitungsebene", die einerseits Evaluierungsverfahren für ein brauchbares Mittel hält, die Tätigkeit und Leistungsfähigkeit „nachgeordneter" Handlungs- und Verwaltungseinheiten zu beobachten und damit zu kontrollieren, während sie andererseits im Verhältnis zu Parlament und Öffentlichkeit darin durchaus eine unwillkommene „Abhakliste"politischer Kritik, zumal durch die parlamentarische Opposition, sehen kann. Ähnlich ambivalent ist die Einstellung der einzelnen Referate und Ämter als den untersten und vollzugsnächsten Verwaltungseinheiten. Während sie von Evaluierungsuntersuchungen durchaus handlungsrelevante Erkenntnisse für sich selber erwarten können, dürften diese als potentielles Kontrollinstrument der politischen und administrativen Führung eher ihrer Skepsis und Ablehnung begegnen[161].

Die Frage, wie Evaluierung zu institutionalisieren sei, ist insbesondere danach zu entscheiden, wer die Evaluierung im einzelnen anregt oder anmahnt (*„Advokatenfunktion"*) und wer die Evaluierungsuntersuchung durchführt. Wird die Evaluierung ganz oder überwiegend innerhalb der betreffenden Verwaltungseinheit durchgeführt, kann von „verwaltungsinterner Evaluierung" (*„in-house evaluation"*) gesprochen werden.

Aufschlußreich erscheint ein Vergleich mit den Institutionalisierungsbemühungen der *Vereinten Nationen* und ihrer Organisationen, die wesentliche Anstöße gaben, eine Evaluierungseinheit im Bundesministerium für Wirtschaftliche Zusammenarbeit (BMZ) einzurichten[162]. Erste Ansätze von Projektevaluierungen lassen sich hier bis in die fünfziger Jahre zurückverfolgen, ohne daß diese jedoch zu einer systematischen Institutionalisierung innerhalb der Organisationen selbst geführt hätten. Erst als sich herausstellte, daß es nicht ausreichte, Projektevaluierungen allein durchzuführen, verstärkten sich die Bemühungen, zentrale Evaluierungseinheiten einzurichten. Die Gründung einer *Joint Inspection Unit* (JIU) in Genf Ende der sechziger

161 Vgl. hierzu zuletzt u. a. R. Dieckmann, Schwierigkeiten mit der Erfolgskontrolle in der öffentlichen Verwaltung, in: *DöV* 1980, S. 737 ff.

162 Vgl. hierzu den Beitrag von Lotz in diesem Band und die dort angegebene Literatur.

Jahre markierte den Beginn einer stärkeren Hinwendung zu Evaluierungen. Inzwischen besitzt die Mehrzahl aller Organisationen eigene, wenn auch zum Teil sehr kleine Evaluierungsreferate. Insbesondere die größeren Organisationen, darunter die FAO, die UNDP, die WHO, die UNESCO, die ILO, die UN und die Weltbank, verfügen über „built-in"-Evaluierungsverfahren[163]. Aufgabe dieser Evaluierungseinheiten ist dabei weniger die Durchführung von Evaluierungen als vielmehr die Innovierung, Kontrolle und Auswertung von Evaluierungen und Evaluierungsverfahren. Die zentrale Evaluierung nimmt hierbei nur eien kleinen Raum ein, vielmehr liegt die Betonung auf *Selbstevaluierungssystemen* für die Programmeinheiten, auf *Peer-* und *Task-Force*-Evaluierungen und gelegentlichen *ad-hoc*-Evaluierungen durch Berater. Während diese Einheiten nur selten an die Finanzierungsabteilungen angebunden sind, sind diese in der Mehrzahl an die Planungsabteilungen angeschlossen, in einigen Fällen sind sie jedoch Teil der Zentralen Verwaltungs- und Finanzierungseinheiten. Die Selbstevaluierung wird auch als eine Möglichkeit betrachtet, kostspielige Evaluierungen zu vermeiden, das interne Engagement für Evaluierung in den Programmeinheiten zu heben und dadurch die Nutzung zu stärken. Hierfür haben die Evaluierungseinheiten meist interne Rückkoppelungssysteme entwickelt, deren unterschiedlicher Aufbau die unterschiedlcihe Aufgabenstellung und die verschiedenen Schwerpunkte widerspiegelt. So beruhen die Evaluierungen der Weltbank auf einem *Project Performance Audit,* die UN hat ein *Program Performance Reporting System,* die ILO *Projektevaluierungsberichte,* die UNESCO ein *Performance Monitoring System* und die WHO *auto-evaluation procedures,* während die FAO Programmprofile zur Evaluierung nutzt. Allerdings werden die Systeme erst allmählich genutzt. Da zudem keine Sanktionen mit den Evaluierungen verbunden sind, müssen, um Evaluierungen erfolgreich zu gestalten, partizipative Strategien genutzt werden, die eine Zusammenarbeit mit den jeweiligen Projektinteressenten betonen. Auch wird selbst von denjenigen Einheiten, die eine umfassende Evaluierung ausüben – nur ein verschwindend kleiner Teil systematisch evaluiert; so schätzt die FAO, daß lediglich ein Fünftel aller Projekte seit der Gründung ihrer Evaluierungseinheit mit Hilfe ihres Verfahrens evaluiert wurde. Institutionalisierte *in-house*-Evaluierungen finden sich vor allem in den Ministerialverwaltungen der USA und in Kanada. Während bisher erst wenige Erfahrungen mit dem kanadischen System, das erst in den späten siebziger Jahren implementiert wurde, vorliegen, scheitern Versuche, die Evaluierungssysteme der Ministerialverwaltung in den USA systematisch in ihrer Arbeit erfassen zu wollen, ganz einfach bereits am Umfang und am Volumen der erfolgten Evaluierungen. Auch wenn die Mehrzahl der Evaluatoren beispielsweise im amerikanischen Wohnungs- und Städtebauministerium, HUD, mit eher traditionellen Aufgaben der Ordnungsmäßigkeit und Wirtschaftlichkeit befaßt ist, so ist das Personal von ca. 200 Mannjahren allein in HUD im Vergleich zum Um-

163 S. hierzu u. a. UNIDO, *Guidelines for Project Evaluation,* Wien 1972; Band 2 der Project Formulation und Evaluation Series, *Social Action Projects,* Paris 1980; UN, *Systematic Monitoring and Evaluation of Integrated Development Programmes,* New York 1978; E. D. Sohm, *Status of Internal Evaluation in United Nations System Organizations,* Genf 1981,

fang bundesdeutscher Evaluierungen beachtlich. Auch im Haushaltsvolumen machen sich Evaluierungen bemerkbar. So verfügte das ehemalige Wohlfahrtsministerium 1980 über einen Evaluierungsetat von ca. 63 Millionen Dollar, auf die Ministerialebene entfallen davon 12,8 Millionen Dollar. Organisatorisch hat sich trotz aller historisch und sachlich zu erklärenden Unterschiede eine komplexe Struktur herausgebildet, die sich in der Mehrzahl aller Ministerien stark ähnelt. Meist bestehen mehrere unterschiedlcihe Evaluierungseinheiten mit unterschiedlichen Aufgaben innerhalb eines Ministeriums:

- ein *zentrales* Büro, das vor allem Evaluierungen koordiniert, Richtlinien erläßt und methodische Hilfestellung leistet; im Wohlfahrtsministerium ist dies das *Office of the Assistant Secretary for Planning and Evaluation* (ASPE), mit einem eigenen Referat für technische Hilfestellungen und Analysen *(Office of Evaluation and Technical Analysis* – E & TA –);
- *regionale* „vor Ort"-Büros, die regionale und lokale Evaluierungen durchführen;
- die *Programm*einheiten, die eigene Programmevaluierungen durchführen;
- ein internes Kontrollsystem *(Inspector General)*, das eher Aufgaben eines internen Revisionssystems erfüllt.

Die Schwerpunkte zwischen diesen einzelnen Aufgabenbereichen sind selbst innerhalb eines Ministeriums unterschiedlich verteilt. So besitzen z. B. die *Public Health Services* nur eine schwache Zentraleinheit, während die *Social Security Administration* kaum Feldevaluierungen durchführt, sondern alle Evaluierungen stark zentralisiert hat. Schwerpunkte und Aufgabenprofile spiegeln häufig auch einen internen Machtkampf wider. Obgleich z. B. das zentrale Evaluierungsbüro im Wohlfahrsministerium mit anerkannten Persönlichkeiten wie Gorham, Rivlin, Wholey u. a. besetzt war, zeigte es sich, daß trotz allen Einsatzes es den zentralen Evaluierungseinheiten schwerfällt, sich über Evaluierungsrichtlinien und inhaltliche Vorgaben selbst innerhalb des eigenen Hauses durchzusetzen[164].

3.1 Institutionalisierung innerhalb der Verwaltung in der Bundesrepublik

Wie bereits dargestellt, fiel die organisatorische Institutionalisierung am ausgeprägtesten im *BMZ* aus; dort wurde 1971 ein eigenes *Referat* „Evaluierung, Inspektion" gebildet, das nicht in die „Linie" eingeordnet, sondern unmittelbar dem Minister als Leistungsebene unterstellt ist. Eine eigenständige institutionelle Variante findet sich auch im *BML*, wo im Zuge der ab 1973 vorgenommenen Reorganisation ein Referat „Kosten-Nutzen-Analysen" geschaffen wurde, das in der Anregung („Advokatenfunktion") und Durchführung von ex-ante-, aber auch von ex-post-Untersuchungen eine maßgebliche Rolle spielt[165].

In den anderen Ressorts wurden überwiegend Planungsabteilungen oder -referate gebildet, die zwar nicht ausschließlich und auch nicht primär als „Advokaten"

164 S. hierzu u. a. Dep. of HEW, *Compendium of HEW Evaluation Studies*, Washington 1980; J. G. Abert, *Program Evaluation at HEW*, New York/Basel 1979 (3 Bde.).

165 Vgl. den Beitrag von U. Bieler in diesem Bande.

einer Evaluierungsfunktion vorgesehen sind, die aber eine „Querschnittsfunktion" wahrnehmen können. Sieht man vom *BMZ* und teilweise auch vom *BML* ab, sind mithin die Fachreferate die maßgeblichen Träger der Evaluierungsfunktion; zentralisierende Ansätze im BMPost (Revisionsabteilung), im BMVerteidigung (in der Form des „Controlling") oder im BMFT (als Programmbewertung) ließen sich zum gegenwärtigen Stand noch nicht durchsetzen.

Formen einer *prozeduralen Institutionalisierung* der Evaluierungsfunktion sind darin zu sehen, daß für bestimmte Politik- und Tätigkeitsfelder Voraussetzungen und Verfahren vorgeschrieben sind, wann und wie Evaluierungen durchzuführen seien. Hier sind, wie erwähnt, zunächst § 7, II BHO (von 1969) und die hierzu ergangenen Vorläufigen Verwaltungsvorschriften von 1973 zu nennen, durch die ein regelmäßiges Evaluierungsverfahren erstmals in die deutsche Verwaltungswelt eingeführt haben. Danach sind alle Ressorts und Referate verpflichtet, „für geeignete Maßnahmen von erheblicher finanzieller Bedeutung . . . Nutzen-Kosten-Untersuchungen anzustellen". Wie weiter oben näher belegt, liegen entsprechende, unter Berufung auf § 7, II BHO veranlaßte Untersuchungen vor allem beim BML und beim BMVerkehr vor und nehmen in jüngster Zeit an Zahl eher noch zu.

Ein weiteres generelles Evaluierungsverfahren wurde für die aus Bundesmitteln geförderten Forschungs- und Entwicklungsvorhaben *(FuE-Vorhaben)* vorgesehen. In einem Bericht aus dem Jahre 1975 forderte die Bundesregierung hierfür eine „Ergebnisbewertung/Erfolgskontrolle", die der Interministerielle Ausschuß (IMA) in den „Kriterien und Verfahren für die Ergebnisbewertung/Erfolgskontrolle von FuE-Vorhaben der Bundesregierung vom 15.11.1977" aufgriff. In ihnen wurde den Ressorts empfohlen, eine „Ergebnisbewertung/Erfolgskontrolle" einzuführen.

– „vor Beginn durch Erfolgsprognosen,
– während der Laufzeit durch laufende Kontrolle, nach Beendigung durch Erfolgsbewertung"[166].

Diese Regelung bezieht sich grundsätzlich auf alle aus Bundesmitteln geförderten FuE-Vorhaben, gleichgültig, ob kommerzielle oder universitäre Forschungseinrichtungen den Forschungsauftrag durchführten[167].

Auch wenn somit für einzelne Investitions- und Förderungsbereiche Evaluierungsaufträge ausdrücklich formuliert sind – sie wahrzunehmen hängt weitgehend von den einzelnen Fachreferaten ab, zumal eine ressortübergreifende oder externe „Advokatenfunktion" kaum gegeben oder zumindest kaum wahrgenommen wird, wenn man etwa an die mögliche Zuständigkeit des Finanzministers denkt, Analysen

166 Vgl. BMFT (Hrsg.), *Koordinierungstatsachenbuch für Forschungs- und Entwicklungsaktivitäten der Bundesregierung,* 2. Aufl., Bonn 1978, insbes. S. 102 ff. mit Verfahrensempfehlungen und Kriterien.

167 Diesen für von externen Forschungseinrichtungen durchgeführte Forschungsvorhaben geltenden Richtlinien ging die Initiative voraus, für die Großforschungseinrichtungen, die vom Bund und den Ländern getragen und finanziert werden (vgl. die Übersicht in: *Jahresbericht der Bundesregierung 1980,* S. 455), Erfolgskontrollverfahren einzuführen. So wurden vom BMFT 1972 ‚‚Grundsätze für die Erfolgskontrolle bei rechtlich selbständigen Forschungseinrichtungen' erarbeitet und 1974 durch „Verfahrensgrundsätze für das Berichts- und Informationssystem und für die Durchführung der Erfolgskontrolle" ergänzt.

nach § 7, II BHO zu fordern oder auch an die entsprechende Kompetenz des Bundesrechnungshofes. Wie die jüngste Diskussion im Bundestagsausschuß für Jugend, Gesundheit und Familie um die Modellförderung des *BMJFG* zeigt, wird gerade die Auswertung als vielfach noch unzureichend kritisiert. Insofern bedürfen die genannten Vorschriften durchaus der Aktivierung.

3.2 *Evaluierungsforschung durch ressortzugeordnete Forschungseinrichtungen*

Abgesehen von den Fällen, in denen die Fachressorts für ihre Evaluierungsaufgaben eigens Personal zugeteilt bekommen oder diese Aufgaben gewissermaßen „nebenbei" erledigt werden, wird die analytische Arbeit von Evaluierungen überwiegend teils in Ressortauftragsforschung an externe Forschungsgruppen vergeben, teils aber auch von ressortzugeordneten Forschungseinrichtungen und Dienststellen durchgeführt. In einer Reihe dieser ressortzugeordneten Forschungseinrichtungen treten Evaluierungsaufgaben – neben anderen Forschungstätigkeiten – in den Vordergrund. Für die unterschiedlichen organisatorischen Varianten dieser „ausgelagerten" Evaluierungstätigkeit seien hier nur wenige Beispiele genannt:

Die *Bundesanstalt für Straßenwesen* (BASt) in Köln, die 1951 vom Bundesminister für Verkehr gebildet und 1970 aufgrund eines Bundestagsbeschlusses darüber hinaus als zentrale Stelle für die Unfallforschung im Straßenverkehr bestimmt wurde[168], arbeitet – insbesondere ihre Abteilung „Unfallforschung" – an einigen Forschungsvorhaben, die zu den methodisch reflektiertesten und empirisch sorgfältigsten unter den bislang in der Bundesrepublik durchgeführten Evaluierungsvorhaben überhaupt zu rechnen sind. Hierunter fallen vor allem die beiden Großversuche „Tempo 100" und „Tempo 130", die durchzuführen das Bundesministerium für Verkehr die BASt 1972 bzw. 1974 beauftragte; die BASt wiederum schaltete jeweils eine multidisziplinär besetzte Projektgruppe aus Wissenschaftlern ein und formulierte und vergab eine größere Anzahl von Forschungsaufträgen[169].

Das 1952 gegründete *Bundesgesundheitsamt* ist als selbständige Bundesoberbehörde im Geschäftsbereich des BMJFG „mit seinen sieben Instituten die zentrale Forschungseinrichtung der Bundesrepublik Deutschland auf dem Gebiet der öffentlichen Gesundheitspflege"[170]. Unter den zahlreichen Forschungen der sieben Institute, die durch das Bundesgesundheitsamt im Forschungsverbund stehen[171], ist unter Evaluierungsaspekten vor allem ein am Institut für Sozialmedizin und Epidemio-

168 Vgl. BASt, *Bundesanstalt für Straßenwesen*, 1978, S. 6.

169 Vgl. K. H. Lenz, Versuche mit Geschwindigkeitsbeschränkungen in der Bundesrepublik Deutschland, in: *Straßenverkehrstechnik 1975*, S. 13–17; Bundesanstalt für Straßenwesen (BASt) (Hrsg.), *Projektgruppe ‚Tempo 100'. Auswirkungen von „Tempo 100" auf Verkehrsablauf und Unfallgeschehen*, Köln 1975; Bundesanstalt für Straßenwesen (BASt), 1978. Zur jüngsten Ausrichtung von Evaluierungsuntersuchungen im Forschungsfeld „Wirksamkeitsuntersuchungen und Maßnahmebewertung" der BASt vgl. BASt 1980, S. 109 ff. Vgl. hierzu auch G.M. Hellstern, H. Wollmann (Anm. 42), S. 59 ff.

170 *Jahresbericht der Bundesregierung 1980*, S. 355.

171 Vgl. zuletzt Bundesgesundheitsamt, *Tätigkeitsbericht 1979*, Berlin 1979.

logie verfolgter Untersuchungsansatz von „Interventionsstudien" (z. B. einer „multizentrischen Interventionsstudie zur Prävention von Herz- und Kreislaufkrankheiten")[172] von besonderem Interesse.

Ein Beispiel für die privatrechtliche Organisationsform einer Forschungstätigkeit, die überwiegend durch eine institutionelle Zuwendung unmittelbar aus dem Bundeshaushalt gefördert wird, bietet das *Deutsche Jugendinstitut* e. V. München, das eine maßgebliche Rolle bei der Konzipierung, Durchführung und Auswertung von Begleitforschungsvorhaben zu Modellprogrammen und -projekten im Geschäftsbereich des BMJFG spielt[173]; daneben wird es regelmäßig dann eingeschaltet (teilweise als Geschäftsstelle), wenn die Jugend- und Familienberichte erstellt werden.

In einer vollständigen Aufzählung wäre an dieser Stelle noch eine ganze Anzahl weiterer Bundesoberbehörden und Bundesforschungsanstalten zu nennen[174] wie das *Bundesinstitut für Berufsbildungsforschung* (BIBB) im Geschäftsbereich des BMBW, die *Bundesanstalt für Landeskunde und Raumordnung* (BfLR) des BMBau, das *Umweltbundesamt* und das *Bundesinstitut für Bevölkerungsforschung* des BMI, die *Bundesanstalt für Arbeitsschutz und Unfallforschung* des BMA, die zahlreichen Forschungsanstalten des BML, aber auch die Großforschungseinrichtungen – insbesondere die *GMD*, die *GSF*, aber auch das *WZB* und die *GID* sowie die Forschungseinrichtungen der *Blauen Liste* und die von den Ländern unterhaltenen Anstalten, die zunehmend an Bedeutung und Eigengewicht gewinnen und Evaluierungsforschung betreiben (z. B. das *ILS* in Nordrhein-Westfalen und das IWU in Hessen).

3.3 *Evaluierungsforschung als Ressortforschung: Impuls und Herausforderung für die Sozialwissenschaften*

Blieb die Nachfrage von Politik und Verwaltung nach dem Analyse- und Beratungspotential der Sozialwissenschaften bis in die sechziger Jahre hinein gering, so wurden in den späten sechziger Jahren, insbesondere nach dem sozialliberalen Regierungswechsel in Bonn, solche Ansprüche und Erwartungen ausdrücklich formuliert; vor dem Hintergrund der diese Phase bestimmenden Diskussion um Planungs- und Informationstechniken standen die analytisch-prognostischen Erwartungen im Vordergrund:

172 Bundesgesundheitsamt, *Tätigkeitsbericht 1978*, Berlin 1978, S. 60 f.

173 Vgl. Bundesministerium für Jugend, Familie und Gesundheit (BMJFG), *Forschung im Geschäftsbereich des BMJFG. Jahresbericht 1974/75*, Teil I und II (*Schriftenreihe des BMJFG*, Bd. 48/49), Stuttgart 1976, S. 1 ff.; dass., *Forschung im Geschäftsbereich des BMJFG. Jahresbericht 1976/77* (*Schriftenreihe des BMJFG*, Bd. 68), Stuttgart 1978, S. 1 ff.

174 Statt einer ausführlichen Übersicht siehe hierzu V. Hauff, H.-H. Haunschild (Hrsg.), *Forschung in der Bundesrepublik*, Stuttgart, Berlin, Köln, Mainz 1978 (2) sowie die reflektierte Darstellung bei H. v. Aleman, *Sozialwissenschaftliche Forschungsinstitute: Personalstruktur, Forschungsobjekte und Spezialisierung der Sozialforschung*, Opladen 1981; s. hierzu insbes. auch Bundesregierung, *Bundesbericht Forschung VI*, Bonn 1979, S. 130 ff.

„Sozialwissenschaften könnten gesellschaftliche Entwicklungen und Alternativen sowie die Notwendigkeit von Entscheidungen aufzeigen, bevor strukturelle Ungleichgewichte zu Schäden führen. Ein ‚soziales Frühwarnsystem' kann Informationen über künftige mögliche Veränderungen der Gesellschaft und der Umwelt liefern."[175]

In dem Maße, wie die ökonomischen und finanziellen Restriktionen einer „aktiven Reformpolitik" – zumal nach der Erdölkrise 1973 – und damit die Grenzen der Handlungsspielräume für Reformpolitik sichtbar wurden, erlangte die analytische Beschäftigung mit der Wirksamkeit der organisatorischen und instrumentellen Handlungsressourcen als Frage ihrer möglichen besseren Ausnutzung und Ausschöpfung innerhalb restriktiver Rahmenbedingungen eine neue handlungsstrategische Bedeutung. Wie sich z. B. an der Forschungsplanung des *BMBau* zeigen läßt, rücken Wirkungsanalysen seit den mittleren siebziger Jahren zu einem zentralen Thema auf der Agenda von dessen Ressortforschungsvorhaben auf[176]. So heißt es beispielsweise in der Fortschreibung der Mittelfristigen Forschungsplanung des BMBau zur Städtebauförderung:

„Dabei geht es sowohl darum, eine empirisch abgesicherte Erfolgskontrolle bei der Anwendung von Gesetzesvorschriften und staatlichen Förderungsprogrammen durchzuführen, als auch konkrete Handlungsspielräume in der Planungs- und Umsetzungsphase zu bestimmen. Durch Wirkungsanalysen sollen die Resultate und Folgen sowie ihre Ursachen aufgezeigt werden. Diese Ergebnisse und Erfahrungen, aber auch die dabei erfaßten typischen Probleme, sollen für künftige Vorhaben nutzbar gemacht werden."[177]

Indem die Ressortforschung im Laufe der siebziger Jahre stürmisch expandierte – für ihre Koordinierung wurde den einzelnen Ressorts 1975 vorgeschrieben, Forschungspläne, sogenannte Leistungspläne aufzustellen und ein Meldeverfahren für alle bewilligten FuE-Vorhaben der einzelnen Ressorts an eine EDV-gestützte Forschungsdokumentation *(DAKOR)*[178] einzuhalten – und Evaluierungsuntersuchungen daran einen beachtlichen Anteil gewonnen haben und halten, speisen die Ressortforschungsmittel einen „Forschungsmarkt", von dem beachtliche Anstoß- und Sogwirkungen auf die außeruniversitär-kommerzielle, aber auch auf die Hochschulforschung ausgingen.

In den fünfziger und sechziger Jahren waren die Sozialwissenschaften an den Hochschulen wesentlich damit beschäftigt, eine universitäre Sozialforschung aufzubauen, nachdem der Exodus und die Vernichtung der deutschen Sozialwissenschaften zwischen 1933 und 1945 den Aufstieg der Sozialwissenschaften in der Zwischenkriegs-

175 *Forschungsbericht IV*, 1972, S. 21; vgl. auch *Fünfter Forschungsbericht*, 1975, S. 37. Zu der unter diesen Vorzeichen in Gang gesetzten Diskussion um „soziale Indikatoren" vgl. F. X. Kaufmann 1972 und insbesondere den programmatischen Aufsatz von W. Zapf, Gesellschaftliche Dauerbeobachtung und aktive Politik, in: *Allgemeines Statistisches Archiv*, 1973, S. 143 ff.

176 Vgl. K. Ganser, Schwerpunkte und neue Akzente in der Ressortforschung für Raumordnung und Siedlungsentwicklung, in: *Informationen zur Raumentwicklung*, 1976, S. 509.

177 BMBau, *Mittelfristiges Forschungsprogramm, Raumordnung und Städtebau*, Bonn 1979, S. 24.

178 In der Datenbank DAKOR sind inzwischen auf der Ebene von Einzelvorhaben die Grunddaten von ca. 25.000 FuE-Vorhaben gespeichert; s. *Jahresbericht der Bundesregierung 1980*, S. 457.

zeit unterbrochen hatte. Institutionell und hochschulpolitisch ging es darum, den Aufbau von Lehrstühlen und Instituten schrittweise voranzutreiben und die durch die zeitweise stürmische personelle Expansion gestellten Probleme zu verarbeiten. Betrug 1962 die Anzahl der Sozialwissenschaftler an Hochschulen noch 100 (30 Professoren), so belief sie sich 15 Jahre später auf 1.200, wenn man die Sozialpsychologen mitrechnet[179]. Innerhalb der breiten, vielfach noch von den Forschungsinteressen der „Gründergeneration" bestimmten Themenpalette überwogen – von einer vor dem Hintergrund der Nachkriegszeit plausiblen, eher normativ demokratie-theoretisch inspirierten Ausgangsfrage – zunächst Untersuchungen über die „input-Seite" des politischen Systems (Wahlen, Parteien, Verbände, Parlament usw.)[180]. Im Laufe der sechziger Jahre geriet der „Praxisbezug" für die universitären Sozialwissenschaften vor allem dadurch in den Blick, daß die Notwendigkeit erkannt wurde, für die wachsende Studentenzahl auf aufnahmefähige Berufsfelder ausgelegte Curricula und Studiengänge zu entwickeln und eine hierfür dienliche „Professionalisierung" der Studierenden zu ermöglichen[181]. Für die Soziologie als Forschungsveranstaltung wurde darin teilweise die Gefahr gesehen, sie könne sich zu einem „Lehrfach ohne ‚Laboratorien'"[182] verengen. Der Ausbruch der Studentenrevolte im Jahre 1967 zog insbesondere die universitären Sozialwissenschaften in ihren Bann, wobei die Rezeption marxistischer und politökonomischer Theorieansätze mit einer fundamentalen Diskussion um Standort und Selbstverständnis der Sozialwissenschaften in der Gesellschaft einherging[183]. Im Verlauf und als Ergebnis dieser Auseinandersetzung ging ein erheblicher Teil der Sozialwissenschaftler an den Hochschulen auf sozial-, wenn nicht gar systemkritische Distanz zur herrschenden politisch-administrativen Praxis; eine mögliche Funktion von Wissenschaft als Beratungsforschung für *diese* Praxis wurde zurückgewiesen[184], die mögliche Definitionsmacht der herrschenden politisch-administrativen Problemsicht und Lösungsversuche wurden als Gefahr und als Quelle einer möglchen Funktionalisierung und „Finalisierung" der Wissenschaft im Dienste einer „Systemerhaltung" gesehen.

Blieben somit in den späten sechziger und den frühen siebziger Jahren einerseits wesentliche Teile der Sozialwissenschaften durch die eher wissenschaftsinterne Aus-

179 Vgl. R. Wildenmann, *Zur Situation der Sozialwissenschaften in der Bundesrepublik Deutschland*, in: St. F. Fitzsimmons u.a. (s. Anm. 2), S. 6.

180 Vgl. R. Mayntz, Staat und politische Organisation: Entwicklungslinien, in: M. Lepsius (Hrsg.), *Zwischenbilanz der Soziologie*, Stuttgart 1976, S. 328 f.

181 Vgl. F. Neidhardt, Über den Zustand der Soziologielehre an den Universitäten, in: Lepsius (Hrsg.), *Zwischenbilanz* (Anm. 180), S. 426 ff.; auch F. X. Kaufmann/R. Lohan 1977, S. 227; G.-M. Hellstern/H. Wollmann, Perspektiven einer praxisnahen Lokalen Politikforschung, in: U. Bermbach (Hrsg.), *Politische Wissenschaft und politische Praxis*, *PVS*-Sonderheft 9/1978, Opladen 1978, S. 327 ff.

182 M. R. Lepsius, Zur forschungspolitischen Situation der Soziologie, in: ders. (Hrsg.), *Zwischenbilanz* (Anm. 180), S. 409.

183 Vgl. hierzu vor allem die vom Frankfurter Soziologentag 1968 unter dem Leitthema „Spätkapitalismus und Industriegesellschaft" ausgehende Diskussion; s. hierzu auch M. Lepsius, *Zwischenbilanz* (Anm. 180), S. 8 ff.

184 Vgl. hierzu R.-R. Grauhan geradezu exemplarisch und programmatisch: „Keiner der hier versammelten Beiträge sucht den ‚Praxisbezug' . . . als ‚Politikberatung' für die amtierenden politischen und administrativen Häupter"; R.-R. Grauhan, Einleitung, in: ders. (Hrsg.), *Lokale Politikforschung*, Bd. 1, Frankfurt a.M./New York 1975, S. 36.

einandersetzung um wissenschafts- und materiell-theoretische Positionen und ihre Aufgabe in der Gesellschaft bestimmt und absorbiert, setzten sich doch andererseits in Teilen der Sozialwissenschaften Entwicklungslinien durch, entlang derer man daran ging, Konzepte und Ansätze einer anwendungsbezogenen Sozialforschung zu entwickeln. Ähnlich wie in den frühen sechziger Jahren in den USA, wo die sozialpolitischen Reformprogramme des „Krieges gegen die Armut" von einer Koalition aus reformbereiten Politikern und Administratoren einerseits und sozialreformerischen Wissenschaftlern als „professionalized reformers" (P. Moynihan) andererseits zunächst initiiert und getragen wurden, zeichnete sich auch in der Bundesrepublik vor allem ab 1969 ein Bündnis ab, in dem sich die sozialreformerisch motivierten Teile der Sozialwissenschaftler erkennbar und teilweise demonstrativ mit den Zielen der sozialliberalen „Politik der inneren Reformen" identifizierten.

Als ein Kristallisationskern für anwendungsbezogene Politik- und Verwaltungsforschung wirkte hier zunächst vor allem die *Projektgruppe Regierungs- und Verwaltungsreform* (PRV), die ab 1968 eine Reihe führender Sozialwissenschaftler in ihren Aktionsradius einbezog und ihnen in einer für die deutsche Politik- und Wissenschaftskultur bislang einmaligen Intensität analytischen und praktischen Zugang zum Regierungs- und Verwaltungsapparat verschaffte. Zwar blieb die kurzfristige Wirkung der erstellten Gutachten und Expertisen[185] ebenso wie die Wirksamkeit der PVR insgesamt[186] gering; dennoch war die langfristige Wirkung in der Ausformung einer anwendungsbezogenen Politik- und Verwaltungsforschung (teilweise wurde etwas spitz von einer deutschen Variante der „policy sciences" gesprochen) kaum zu überschätzen, nicht zuletzt dadurch, daß die im Bannkreis der PVR tätigen oder tätig gewesenen Wissenschaftler zum einen ihre Erfahrungen in zahlreichen Publikationen aufarbeiteten und verbreiteten und zum anderen eine große Anzahl von ihnen die in den siebziger Jahren neu eingerichteten verwaltungswissenschaftlichen Lehrstellen an den Hochschulen einnahm. Diese Diffusionswirkung, die auf die zeitweilige Mitwirkung im Umkreis der PRV zurückgeht, läßt sich an einer Reihe von Publikationen verfolgen.

Zwischen 1971 und 1974 reagierten Teile der Sozialwissenschaften an den Hochschulen zudem auf die Ausschreibung von Gutachten, die die 1971 eingesetzte „*Kommission für wirtschaftlichen und sozialen Wandel*"[187] vergab. Insgesamt wurden über 150 Gutachten erarbeitet und überwiegend veröffentlicht. Auch Erfolgskontrolle und Evaluierung war eines der ausdrücklichen Themen[188], sie wurden im Schlußgutachten der Kommission ausführlich behandelt[189].

In dem Maße, in dem das politisch-administrative Untersuchungsinteresse und die angeleitete Ressortforschung – die Suche nach „mikropositiven" Handlungs-

185 Vgl. die Zusammenstellung in *BTDrs.* 7/2887, S. 78 f.

186 Vgl. etwa E. Müller, 7 Jahre (Anm. 73).

187 Vgl. zum Verfahren auch H. Kohn, *Zur Vergabe wirtschafts- und sozialwissenschaftlicher Forschungsaufträge. Erfahrungen mit dem Forschungsprogramm der Kommission für wirtschaftlichen und sozialen Wandel*, Göttingen 1977; s. a. seinen Beitrag in diesem Band.

188 Siehe u. a. A. Hübener, R. Halberstadt, *Erfolgskontrolle politischer Planung*, Band 124 der Schriften der Kommission für wirtschaftlichen und sozialen Wandel, Göttingen 1976.

189 Siehe Kommission für wirtschaftlichen und sozialen Wandel, *Schlußbericht*, Göttingen 1978.

spielräumen innerhalb eher „makronegativen" Rahmenbedingungen widerspiegelnd – einen neuen Schwerpunkt darin fanden, statt nach umfassenden Bestandsaufnahmen und Prognosen nunmehr nach der Wirksamkeit einzelner Instrumente und Regelungen zur Auslotung von Handlungsspielräumen zu fragen, wurden Untersuchungsfragen und -felder angesprochen die zum eigenen Forschungsterrain und -gegenstand der Sozialwissenschaften gehören und für deren prozessorientierte Erforschung die sozialwissenschaftlichen Untersuchungsmethoden (Fallstudien) und ihre Bereitschaft zu empirischer Feldarbeit besonders geeignet erscheinen[190]. An den Karrieren einzelner Forschungsthemen und Untersuchungsansätze läßt sich dieser sich wechselseitig bedingende Zusammenfall und Zusammenhang von politisch-administrativer Forschungsnachfrage und sozialwissenschaftlichem Leistungsangebot anschaulich nachzeichnen. Ein Beispiel liefert ein 1974 vergebener Forschungsauftrag des Bundesministeriums für Jugend, Familie und Gesundheit an eine von F. X. *Kaufmann* geleitete Projektgruppe „Wirkungsanalysen der Sozialpolitik" an der Universität Bielefeld, durch den ein unverkennbarer Anstoß für weitere „Bielefelder" Arbeiten in diesem Zusammenhang gegeben wurde[191]. Eine ähnliche Entwicklung läßt sich für die Städtebauforschung zeigen. Hier brachte ein 1976 vom *BMBau* einem Berliner Team erteilter Forschungsauftrag eine methodische Vorstudie hervor[192], die wiederum zu empirischen Folgeforschungen[193] und zu einer umfassenden Auseinandersetzung mit Problemen der Evaluierungsforschung führte[194]. Ein eindrucksvolles Beispiel für die Anstoß- und Vernetzungseffekte, die die Bearbeitung von Ressortforschungsaufträgen in die wissenschaftsinterne Diskussion und Entwicklung bringen kann, liefert der Forschungsauftrag „Vollzugsprobleme der Umweltpolitik", den der Sachverständigenrat für Umweltfragen 1975 an ein von *Renate Mayntz* geleitetes Forschungsteam an der Universtität Köln vergab[195] und

190 F.-X. Kaufmann, R. Lohan, *Multidisziplinäre Verbundforschung in den Sozialwissenschaften.* Erste Erfahrungen mit einem neuen Typus der Forschungsförderung, in: F. X. Kaufmann (Hrsg.), *Bürgernahe Gestaltung der sozialen Umwelt*, Meisenheim 1977, S. 273 ff.

191 Für den Endbericht vgl. Franz Xaver Kaufmann u. a. 1980. Zu den Folgearbeiten vgl. z. B. die Bielefelder Arbeiten innerhalb des von F. X. Kaufmann koordinierten BMFT-Forschungsverbundes „Bürgernahe Gestaltung der sozialen Umwelt"; vgl. Franz Xaver Kaufmann (Hrsg.), *Bürgernahe Sozialpolitik*, Frankfurt a. M./New York 1979.

192 G.-M. Hellstern, H. Wollmann, *Sanierungsmaßnahmen, Städtebauliche und stadtstrukturelle Wirkungen* (Methodische Vorstudie), Schriftenreihe des BMBau, 02.012, Bad Godesberg 1978. (Neudruck als: *Evaluierungsforschung-Ansätze und Methoden*, Basel 1983).

193 Vgl. u. a. E. v. Einem, T. Birlem, E. Scharmer, H. Wollmann, *Sanierungsträger und Sanierungsmaßnahmen*, Schriftenreihe des BMBau, 02.017, Bonn-Bad Godesberg 1978.

194 Vgl. etwa G.M. Hellstern, H. Wollmann, *Sozialwissenschaftliche Untersuchungsregeln und Wirkungsforschung*, in: P. Haungs, Hrsg., S. 415 ff. Auch die Organisation des *Amerikanisch-deutschen Workshops zur Evaluierungsforschung* im Juni 1979 an der FU Berlin, aus dem sich die vorliegende Veröffentlichung herleitet, die Durchführung eines *Workshops zur Experimentellen Politik* im Oktober 1979 (und der hieraus entstandene „flankierende" Sammelband, s.o. Anm. 42) sowie die Initiierung eines *Forschungsprojektschwerpunktes, FPS, Evaluierungsforschung* am ZI 6 der FU Berlin gehen letztlich auf jenen „auftragsforschungsvermittelten" Impuls des BMBau-Projektes zurück.

195 Vgl. R. Mayntz, H.U. Derlien, J. Hucke u.a., *Vollzugsprobleme der Umweltpolitik*, Stuttgart 1978.

von dem erkennbar nachhaltige Impulse in die universitäre Forschungsszene ausgingen, bis hin zu dem von *Renate Mayntz* koordinierten DFG-Forschungsverbund „*Implementationsforschung*"[196].

Entsprechend den ambivalenten Erwartungen, die von politischen oder administrativen Akteuren in die Auftragsforschung gesetzt werden und die – wie sich beispielsweise im Bereich der Schulversuche, aber auch im Bereich des Programms „*Humanisierung der Arbeitswelt*" HdA) zeigte – von „distanzierter Kontrollforschung" (wo es um die „objektive" Evaluierung und Erfolgskontrolle eines politisch-administrativen Vorhabens geht) bis zur engagierten Begleitforschung reicht, war die Beteiligung und Mitwirkung von Wissenschaftlern als Begleitforscher zu derartigen Projekten von wissenschaftsinternen Kontroversen über den Stellenwert und die Methodik dieser Begleitforschung bestimmt. In Abgrenzung von einem eher an den Naturwissenschaften geschulten und orientierten Modell sozialwissenschaftlicher Forschung, in dem sich Forscher und Forscherfeld in einer Subjekt-Objekt-Beziehung gegenübertreten und die Erforschung des „objektivierten" Forschungsfelds den rigorosen Methodenstandards neopositivistischer Provenienz zu folgen hat, werden die Forschungsstrategien und Handlungsabsichten einer „Aktionsforschung" verfochten, die bewußt für die Entwicklung und Unterstützung des die Forscher beteiligenden Vorhabens Partei nimmt und für die die Relevanz wissenschaftlicher Forschung weniger in der Gewinnung von Aussagen gesehen wird – die zwar methodisch valide, jedoch, etwa weil nicht mit konkret beeinflußbaren Variablen befaßt oder weil zeitlich verspätet verfügbar, kaum praktikabel werden –, sondern vielmehr im unmittelbaren gemeinsamen Erkenntnisprozeß zwischen Forscher und „Beforschten" und in der unmittelbaren Lernumsetzung[197].

4. Perspektiven der Evaluierungsforschung

Wenngleich von einem stürmischen Anstieg der Evaluierungen und Evaluierungsforschungen im Verlauf der siebziger Jahre auszugehen ist, liegen doch genauere Aussagen über Zahl und Schwerpunktsetzungen innerhalb der Evaluierungsforschung noch immer nicht vor und sind aufgrund der Informationsgegebenheiten auch kaum rasch zu erwarten. Eine Auswertung des *Informationszentrums Sozialwissenschaften* (IZ) ergibt, daß von den rund 40.000 sozialwissenschaftlichen Forschungsprojekten, die zwischen 1971 und 1980 durchgeführt worden sind, rund 3.700 (oder ca. 10 %) der Evaluierungsforschung zugerechnet werden können. Der Anteil von Evaluierungsvorhaben an der Gesamtzahl der sozialwissenschaftlichen Projekte ist somit ständig angestiegen. Gegenwärtig (1980) ist dieser Anteil auf 15 % bis

196 Vgl. o. Anm. 123. Unter den „Folgepublikationen" aus diesem Projektzusammenhang vgl. insbesondere die Veröffentlichungen – neben R. Mayntz – von H.U. Derlien, J. Hucke und E. Bohne.

197 Zu dieser forschungsmethodischen und -strategischen Diskussion vgl. (aus der inzwischen umfangreichen Literatur) zuletzt etwa die Beiträge von B. Lutz, W. D. Webler und J. H. v.d. Knesebeck in: G.-M. Hellstern/H. Wollmann, Hrsg. (Anm. 42) sowie G.-M. Hellstern, H. Wollmann, ebd., S. 61 ff. (mit weiteren Nachweisen).

20 % zu veranschlagen. Der Anteil hat sich von 1971 bis 1980 in etwa vervierfacht. Allerdings sind diese Daten des IZ mit Vorsicht zu interpretieren. Zum einen ist der Kreis derer, denen das IZ Meldebögen schickt, auf sozialwissenschaftlich einzuordnende Institutionen bzw. Forschungseinrichtungen beschränkt; zum anderen ist die Rückmeldedisziplin sehr unterschiedlich und somit Verzerrungen Tür und Tor geöffnet. Daher sind die mitgeteilten Auswertungsergebnisse wohl am ehesten als Tendenzaussagen brauchbar. Verläßlichere Angaben über die von Bundesressorts initiierten und finanzierten Projekte können zukünftig über eine Auswertung des Informationssystems DAKOR erhältlich sein; bisher scheiterten detailliertere Auswertungen daran, daß die einzelnen Ressorts „Herren" ihrer Datenmeldungen an DAKOR bleiben und vor einer externen Auswetung erst die Einwilligung der einzelnen Ressorts vorliegen muß.

Die „Gesellschaft für Programmforschung" unternimmt seit 1980 den Versuch, eine „Transparenzliste" über Evaluierungs- und vergleichbare Untersuchungen aufzustellen und fortzuschreiben. Die bisher vorliegende Liste[198] beschränkt sich jedoch auf verhältnismäßig wenige und offenbar eher zufällig „abgefragte" Projektnennungen.

Eine anspruchsvollere Zusammenstellung käme zustande, würde man sich der Mühe unterziehen, die einschlägigen Projekte anhand der unterschiedlichen Verlautbarungsquellen der Ministerien usw. aufzulisten. Dem stehen jedoch beträchtliche Schwierigketien und Unsicherheiten entgegen.

In einem ersten Schritt wären die Schriftenreihen der Ministerien durchzusehen, die sich als eine teilweise höchst unübersichtliche Vielfalt von Publikationsreihen erweisen (vgl. nachstehende Zusammenstellung). Darüber hinaus wären Untersuchungen ausfindig zu machen, die nicht – weder in ministeriellen Schriftenreihen noch in verlagsgängigen Monographien noch in ad-hoc-Veröffentlichungen der Ministerien – publiziert worden sind. Schließlich wären die Tätigkeitsberichte der Bundesforschungsanstalten, der nachgeordneten Forschungseinrichtungen (Bundesgesundheitsamt, Bundesamt für Straßenwesen u. a.) auf Projekthinweise und -kurzberichte zu prüfen. Schließlich ist die Vielzahl spezialisierter Zeitschriften zu berücksichtigen (z. B. „Zeitschrift für Verkehrssicherheit" und „Straßenverkehrstechnik" für Projekte aus der Unfallforschung), in denen Ressortforschung gelegentlich angesprochen und dokumentiert wird[199].

Als Ergebnis und Perspektive dieser Entwicklung läßt sich abschließend festhalten:

Seit den späten sechziger Jahren haben sich sowohl in den Ministerien und Verwaltungen, aber auch in den Parlamenten auf allen Ebenen des politischen Systems, nicht zuletzt durch die Rekrutierung analysefähigen und -offenen Personals, als auch in der Forschung kommerzieller, Hochschul- und quasi-öffentlicher Provenienz

198 Vgl. H.U. Derlien (Hrsg.), *Programmforschung in der öffentlichen Verwaltung*, Werkstattbericht 1 der GfP, 1981, S. 47 ff.

199 Zur Verstreutheit der Informationen vgl. auch H. Meyer zu Drewer, Erfolgskontrollen, in: *Ziel- und ergebnisorientiertes Verwaltungshandeln. Entwicklung und Perspektiven in Regierung und Verwaltung, Sonderheft 4 von Verwaltung und Fortbildung*, Köln 1979, S. 228.

eine beachtliche „Evaluierungsorientierung“, Analysekapazität und ein beträchtlicher Fundus an methodischen Erfahrungen und an theoretischem und empirischem Wissen, freilich in einer noch immer durchschlagend politiksektoral und fachdisziplinärer Fragmentierung und Isolierung, gebildet und gesammelt. Diese Veränderungen werden vor allem dann greifbar, wenn man sie nicht an den hochfliegenden Zielmarken der frühen siebziger Jahre mißt, sondern den bis heute erreichten Stand mit jenem der frühen und mittleren sechziger Jahre vergleicht. Allerdings ist diese gewachsene Analysekapazität keineswegs gleichzusetzen mit der Fähigkeit und Bereitschaft von Politik und Verwaltung, jene und ihre verfügbaren Ergebnisse für eine aktive Politik zu nutzen[200], zumal der „reformpolitische Konsens“, der breite Teile der Politik und Verwaltung einerseits und der Wissenschaft andererseits zumindest in den frühen siebziger Jahren verband und verbündete, längst aufgelöst scheint.

Zudem drohen unter den gegenwärtigen finanziellen und politischen Rahmenbedingungen die aufgebaute Forschungsinfrastruktur und das entwickelte Analysepotential, insbesondere durch Mittelstreichungen im Hochschulbereich, aber auch in der Forschungsförderung, wieder abgeschnitten zu werden und zu verfallen. Diese Tendenz läßt sich daran veranschaulichen, daß etwa die Förderungspolitik des BMFT in den siebziger Jahren ausdrücklich darauf gerichtet war, durch gezielte Förderungsanreize „strukturelle Effekte“ in der Hochschulforschung im Sinne interdisziplinärer und interinstitutioneller Forschungsgruppierungen und einer Orientierung auf „anwendungsbezogene Grundlagenforschung“ zu erreichen, und nicht zuletzt diese Ansätze unter der Wucht der Personalstreichungen im Hochschulbereich wieder zu zerfallen und sich zu verlaufen drohen.

Der damit eingeleitete Abriß und Verlust gesellschaftlich relevanten Analyse- und Aufklärungspotentials wiegt gerade in der gegenwärtigen Situation um so schwerer, als Entscheidungen, insbesondere über Kürzungen und Umschichtungen öffentlicher Aufgaben und Ausgaben, anstehen, die sich als „Null-Summen“-Konflikte zwischen unterschiedlichen Bevölkerungs- und Interessengruppen erweisen. Just in einer solchen Situation aber sind Evaluierung und Evaluierungsforschung gefordert und sollten beweisen können, daß es sich bei ihnen nicht um einen Analyseluxus für politische und ökonomische „Schönwetterperioden“, sondern um Ansätze und Verfahren handelt, die gerade in „Schlechtwetterphasen“ geeignet sind, zur analytischen Aufklärung auch politisch-gesellschaftlich explosiver Wirkungs- und Entscheidungsfelder beizutragen, die Auswirkungen, Nutzen wie Kosten, für die verschiedenen Bevölkerungs- und Interessengruppen offen zu legen, brach liegendes Erfahrungs- und Forschungswissen gezielt zu aktivieren und in fundierte Folgeabschätzungen einzubringen. Vor allem der Hochschulforschung stellt sich hierbei die Aufgabe, die methodische und empirische Solidität der Analyse mit normativ-kritischer Prämisse und Distanz zu verknüpfen, was nicht nur ihrem traditionellen Selbstverständnis entspricht, sondern auch ihren wohl wichtigsten Beitrag zu einer gesamtgesellschaftlichen und langfristigen Innovations- und Lernfähigkeit ausmachen dürfte.

200 Vgl. hierzu die Beiträge im 3. Teil dieses Bandes, insbesondere die Aufsätze von B. Badura und R. Rich.

Bibliographie

Aaron, H. J., *Politics and the Professors: The Great Society in Perspective*, Washington D. C. 1978.

Abert, J. G., *Program Evaluation at HEW*, 3 Bde., New York/Basel 1979.

Abert, J. G./M. Kamrass (Hrsg.), *Social Experiments and Social Program Evaluation*, Cambridge 1974.

Abt, C. C. (Hrsg.), *The Evaluation of Social Programs*, Beverly Hills/London 1976.

Aderhold, D., *Kybernetische Regierungstechnik in der Demokratie. Planung und Erfolgskontrolle*, München/Wien 1973.

Aerssen, J. van, Dokumentation, Evaluierung und Kontrolle staatlicher Politik, in: G.-M. Hellstern/H. Wollmann (Hrsg.), *Experimentelle Politik – Reformstrohfeuer oder Lernstrategie*, Opladen 1983, S. 250 ff.

AG PLIS (Arbeitsgruppe Planungsinformationssysteme des Kooperationsausschusses ADV Bund/Länder/Kommunaler Bereich), Auswertung der Umfrage 1977 zum Stand der wichtigsten ADV-gestützten Planungsinformationssysteme bei Bund, Ländern und im Kommunalen Bereich, vv. Ms. 1978.

Agency for International Development, *Evaluation Handbook*, Washington D. C. 1972.

Albert, W., Einführung einer Erfolgskontrolle in die regionale Wirtschaftspolitik, in: *Akademie für Raumforschung und Landesplanung, Arbeitsmaterial* Nr. 9/1978, S. 7 ff.

Albrecht, D., *Subventionen. Problematik und Entwicklungen (Schriftenreihe des Bundesministeriums der Finanzen)*, Bonn 1978.

von Alemann, H., *Sozialwissenschaftliche Forschungsinstitute: Personalstruktur, Forschungsobjekte und Spezialisierung der Sozialforschung*, Opladen 1981.

Anderson, M., *Welfare. The Political Economy of Welfare Reform in the United States*, Palo Alto, Calif. 1978.

Alkin, M. C. et al., *Using Evaluations*, Beverly Hills/London 1979.

Arlt, P. et al., *Modellversuche zur Lehrer- und Weiterbildung*, Stuttgart 1981.

von Arnim, H., *Wirksamere Finanzkontrolle bei Bund, Ländern und Gemeinden – Analysen und Reformvorschläge*, Wiesbaden 1978.

Attkinson, D. D./W. A. Hargreaves et al. (Hrsg.), *Evaluation of Human Service Programs*, New York/San Francisco/London 1978.

Bahl, V., Gewerkschaftliche Interessen und staatliche Reformpolitik, in: G.-M. Hellstern/H. Wollmann (Hrsg.), *Experimentelle Politik – Reformstrohfeuer oder Lernstrategie*, Opladen 1983, S. 401 ff.

Banner, G., Planung und Implementierung komplexer Änderungen in der Kommunalverwaltung, in: P. Kevenhörster/H. Wollmann (Hrsg.), *Kommunale Praxis und lokale Politikforschung*, Berlin 1978, S. 197 ff.

BASt (Bundesanstalt für Straßenwesen) (Hrsg.), *Projektgruppe „Tempo 100". Auswirkungen von „Tempo 100' auf Verkehrsablauf und Unfallgeschehen*, Köln 1975.

Bauer, H./F. Knöpfle/E. Mäding (Hrsg.), *Aufgabenplanung und Finanzplanung*, Wien 1974.

Baum, E. et al., *Privatisierung – Gewinn für wen?*, Bad Godesberg 1980.

Bebermeyer, H., *Regieren ohne Management? Planung als Führungsinstrument moderner Regierungsarbeit*, Stuttgart 1974.

Becker, U., Regierungsprogramme und Ressourcenrahmen, in: *Regierungsprogramme und Regierungspläne*, Schriftenreihe der Hochschule Speyer, Bd. 51, Berlin 1972.

Becker, W. P., Synopse der bisherigen Plankontrollgesetzentwürfe, in: *Zeitschrift für Parlamentsfragen*, 1974, S. 194 ff.

Belshaw, C. S., Evaluation of Technical Assistance as a Contribution to Development, in: *International Development Review*, 6/1966, S. 2 ff.

Bennett, C. A./A. A. Lumsdaine (Hrsg.), *Evaluation and Experiment*, New York/San Francisco/London 1975.

Bernstein, I. N./H. E. Freeman, *Academic and Entrepreneurial Research*, New York 1975.

von Beyme, K., Hearing, in: K. Sontheimer/H. H. Röhring (Hrsg.), *Handbuch des politischen Systems der Bundesrepublik Deutschland*, München 1977, S. 278 f.

Bildungskommission des Deutschen Bildungsrats, Empfehlungen v. 23./24.2.1968: *Einrichtung von Schulversuchen mit Ganztagsschulen*, in: Anhang I zu: Bildungskommission des Deutschen Bildungsrats, Bonn 1968, S. 159 ff.

Bildungskommission des Deutschen Bildungsrats, Empfehlungen v. 30./31.1.1969: *Einrichtung von Schulversuchen mit Gesamtschulen*, Bonn 1969.

Blass, W., Strafvollzugsevaluation – ein kritischer Überblick, in: G.-M. Hellstern/H. Wollmann (Hrsg.), *Experimentelle Politik – Reformstrohfeuer oder Lernstrategie*, Opladen 1983, S. 297 ff.

Blecher, R./H. Naylor, Vergleich der planungspraktischen Verwendung von Indikatoren in Bund und Ländern, in: *Informationen zur Raumentwicklung*, H. 8/9, 1978, S. 727 ff.

BLK (Bund-Länder-Kommission für Bildungsplanung und Forschungsförderung), *Informationsschrift über Modellversuche im Bildungswesen (außer tertiärer Bereich)*, Bonn 1980.

BLK (Bund-Länder-Kommission für Bildungsplanung und Forschungsförderung), *Evaluation schulischer Neuerungen*, Stuttgart 1979.

BMBau (Bundesministerium für Raumordnung, Bauwesen und Städtebau), *Materialien zum Raumordnungsbericht 1978* (Schriftenreihe des BMBau, Band 06.040), S. 99 ff.

BMBau (Bundesministerium für Raumordnung, Bauwesen und Städtebau), *Mittelfristiges Forschungsprogramm, Raumordnung und Städtebau*, Bonn 1979.

BMFT (Bundesministerium für Forschung und Technologie), *Förderungskatalog 1979*, Bonn 1980.

BMFT (Bundesministerium für Forschung und Technologie), *Koordinierungshandbuch der Bundesregierung*, Bonn ²1978.

BMI (Bundesministerium des Innern) (Hrsg.), *Sachverständigenanhörung zu Ursachen einer Bürokratisierung in der öffentlichen Verwaltung*, 3 Teile, A–C, Bonn 1980.

BMJFG (Bundesministerium für Jugend, Familie und Gesundheit), *Forschung im Geschäftsbereich des BMJFG. Jahresbericht 1974/1975*, Teil I u. II (*Schriftenreihe des BMJFG*, Bd. 48/49), Stuttgart 1976.

BMJFG (Bundesministerium für Jugend, Familie und Gesundheit), *Forschung im Geschäftsbereich des BMJFG. Jahresbericht 1976/1977 (Schriftenreihe des BMJFG*, Bd. 68), Stuttgart 1978.

BML (Bundesministerium für Ernährung, Landwirtschaft und Forsten), Nutzen-Kosten-Analysen, in: *Materialienband zum Agrarbericht 1981 der Bundesregierung*, BTDrs. 9/141 v. 6.2. 1981, S. 138 f.

BMV (Bundesministerium für Verkehr), *Leistungsplan 1979 für Forschung im Geschäftsbereich des Bundesministers für Verkehr*, S. 19 ff.

Bodemer, K., *Erfolgskontrolle in der deutschen Entwicklungshilfepolitik – improvisiert oder systematisch?*, Meisenheim 1979.

Böhret, C./P. Franz, *Technologiefolgenabschätzung. Institutionelle und verfahrensmäßige Lösungsansätze*, Frankfurt a.M./New York 1982.

Bölting, H.M., Spieckermann, B., Erfolgskontrolle in der regionalen Wirtschaftspolitik, in: *Wirkungsanalysen und Erfolgskontrolle in der Raumordnung (Veröffentlichung der ARL)*, Hannover 1984, S. 191 ff.

Bohne, E./König, H., Probleme der politischen Erfolgskontrolle, in: *Die Verwaltung* 9/1976, S. 19 ff.

Boruch, R. F./Wortman, P. M., *Secondary Analysis in Applied Social Research* (im Erscheinen)

Borus, M. E. (Hrsg.), *Evaluating the Impact of Manpower Programs*, Lexington/Toronto/London 1972.

Bronfenbrenner, U., Is Early Intervention Effective?, in: M. Guttentag/E. Struening (Hrsg.), *Handbook on Evaluation Research*, Bd. 2, Beverly Hills/London 1975, S. 519 ff.

Brünner, G., *Politische Planung im parlamentarischen Regierungssystem*, Wien/New York 1978.

Büchi, R., *Erfolgsevaluierung von Entwicklungsprojekten*, Bern/Frankfurt a.M. 1976.

Bundesakademie für öffentliche Verwaltung, Ziel- und ergebnisorientiertes Verwaltungshandeln – Entwicklung und Perspektiven in Regierung und Verwaltung, Sonderheft 4 der Zeitschrift *Verwaltung und Fortbildung*, Bonn 1979.

Bundesanstalt für Straßenwesen (BASt) (Hrsg.), *Projektgruppe „Tempo 100". Auswirkungen von „Tempo 100" auf Verkehrsablauf und Unfallgeschehen*, Köln 1975.

Bundesbericht Forschung III v. 12.6.1969, BTDrs. V/4335.

Bundesgesundheitsamt, *Tätigkeitsbericht 1978*, Berlin 1978.

Bundesgesundheitsamt, *Tätigkeitsbericht 1979*, Berlin 1979.

Burke, R. E., *The New Era and the New Deal,* Arlington 1981.
Busch, H., *Erfolgskontrolle regionaler Wirtschaftsförderung,* verwaltungswissenschaftliche Diplomarbeit, Konstanz 1981.
Buse, M. J., *Integrierte Systeme staatlicher Planung (Planen. Studien und Materialien zur wirtschafts- und sozialwissenschaftlichen Beratung,* Bd. 8), Baden-Baden 1974.
California State Department Educational Testing Service (Hrsg.), *Program Evaluators Guide,* Princeton 1979.
Campbell, D. T., Reforms as Experiments, in: *American Psychologist,* 1969, S. 409 ff. (dt. in Band 2 dieses Handbuchs)
Caro, F. G. (Hrsg.), *Readings in Evaluation Research,* New York [2]1977.
CDU-Bundesvorstand, *Das Programm der CDU zur Entbürokratisierung von Staat und Gesellschaft, Beschluß vom 3.12.1979,* Bonn 1979.
Chelimsky, E., *Symposium on the Use of Evaluation by Federal Agencies,* 2 Bde., McLean Virginia 1976.
Ciarlo, J. A. (Hrsg.), *Utilizing Evaluation,* Beverly Hills/London 1981.
Coleman, J. S., The Role of Policy Research in Social Decisions, in: *Angewandte Sozialforschung,* 2/1981, S. 169 ff.
Committee on Evaluation of Poverty Research der National Academy of Sciences, in: V. T. Covello (Hrsg.), *Poverty and Public Policy,* An Evaluation of Social Science Research, Cambridge, Mass. 1980.
Connor, R. F. et al., *Directory of Evaluation Training,* Washington D. C. 1981.
Cook, T. D./C. K. Gruder, Metaevaluation Research, in: *Evaluation Quarterly,* 2/1978, S. 5 ff.
Council Economic Advisers, *Annual Report,* Washington D. C. 1964.
Covello, V. T. (Hrsg.), *Poverty and Public Policy. An Evaluation of Social Science Research,* Cambridge, Mass. 1980.
Cronbach, L. J. et al., *Toward Reform of Program Evaluation,* San Francisco 1980.
Danziger, Sh./R. Plotnick, *Has the War on Income Poverty been Won?,* New York/San Francisco/London 1980.
David, L. P. et al., Federal Department and Agency Experience Using Program Evaluation, in: N. Beckman/H. Handerson (Hrsg.), *New Directions in Public Administration,* Boston 1975.
Department of Housing and Urban Development, *OIG Manual,* Washington 1973.
Derlien, H.-U., *Die Erfolgskontrolle staatlicher Planung,* Baden-Baden 1976.
Derlien, H.-U., Probleme des neuen Planungssystems im Bundesministerium für Ernährung, Landwirtschaft und Forsten, in: *Die Verwaltung,* 1975, S. 363 ff.
Derlien, H.-U., Das Berichtswesen der Bundesregierung – Ein Mittel der Kontrolle und Planung, in: *Zeitschrift für Parlamentsfragen,* 1975, S. 42 ff.
Derlien, H.-U., Die Effizienz von Entscheidungsinstrumenten für die staatliche Ressourcenallokation, in: H.-Chr. Pfohl/B. Rürup (Hrsg.), *Anwendungsprobleme moderner Planungs- und Entscheidungstechniken,* Königstein/Ts. 1978, S. 311 ff.
Derlien, H.-U., Stand und Entwicklung der Programmforschung in der öffentlichen Verwaltung, in: ders. (Hrsg.), *Programmforschung in der öffentlichen Verwaltung, Werkstattbericht 1 der Gesellschaft für Programmforschung,* München 1981, S. 5 ff.
Derlien, H. U. (Hrsg.), *Probleme der Methodik und der Rezeption von Programmforschung, Werkstattbericht 3 der Gesellschaft für Programmforschung,* München 1981.
Deutscher Bildungsrat, *Empfehlungen der Bildungskommission v. 30./31.1.1969, Einrichtung von Schulversuchen mit Gesamtschulen,* Bonn 1969.
Deutscher Bundestag, *Parlamentskontrolle der Finanzpolitik* (Bearbeiter: E. Handschuh, G. Römer), Bonn 1981.
Deutscher Städte- und Gemeindebund (Hrsg.), *Erstickt der Bürokratismus unsere Demokratie?,* H. 35, Göttingen 1979.
DGB (Deutscher Gewerkschaftsbund), *Forderungen und Vorschläge des Deutschen Gewerkschaftsbundes zur Subventionskontrolle,* Düsseldorf 1980.
Dieckmann, R., Schwierigkeiten mit der Erfolgskontrolle in der öffentlichen Verwaltung, in: *DÖV* 1980, S. 737 ff.
Dobiey, B., *Die politische Planung als verfassungsrechtliches Problem zwischen Bundesregierung und Bundestag,* Berlin 1975.
Dorn, H., Finanzkontrolle der staatlichen FuE-Förderung durch Rechnungshöfe, in: *Wirtschaft und Wissenschaft,* H. 3, 1979, S. 10 ff.
Ehmke, H., *Bulletin der Bundesregierung,* 1969, S. 2031.

von Einem, E. et al., *Analyse und Einschätzung der Beauftragung/Nichtbeauftragung von Sanierungsträgern bei der Vorbereitung und Durchführung von Sanierungs- und Entwicklungsmaßnahmen nach dem Städtebauförderungsgesetz*, Schriftenreihe BMBau, Heft 02.017, Bonn 1978.

Ellwein, Th., System der Aufgabenplanung und Erfolgskontrolle, in: Der Bundesminister des Innern (Hrsg.), *Erster Bericht der Projektgruppe zur Reform der Struktur von Bundesregierung und Bundesverwaltung*, Bonn 1969.

Enck, P., Die „Bundesevaluation" aller einphasigen Jura-Studiengänge, in: G.-M. Hellstern/H. Wollmann (Hrsg.), *Experimentelle Politik – Reformstrohfeuer oder Lernstrategie*, Opladen 1983, S. 358 ff.

Enquête-Kommission, *Zwischenbericht*, *BTDrs.* VI/3829.

Enquête-Kommission, *Endbericht*, *BTDrs.* 7/5924.

Fitzsimmons, St. J./R. Wildenmann/K. J. Arrow (Hrsg.), *Zukunftsorientierte Planung und Forschung für die 80er Jahre*, Königstein/Ts. 1978.

Fleischmann, G. (Hrsg.), *Der kritische Verbraucher*, Frankfurt a.M. 1981.

Frotscher, W., Politische Planung zwischen Regierung und Parlament, in: *Die Verwaltung*, H. 3, 1979, S. 370 ff.

Ganser, K., Schwerpunkte und neue Akzente in der Ressortforschung für Raumordnung und Siedlungsentwicklung, in: *Informationen zur Raumentwicklung*, 1976, S. 509.

Ganser, K., Organisation anwendungsorientierter Forschung, in: P. Kevenhörster/H. Wollmann (Hrsg.), *Kommunalpolitische Praxis und lokale Politikforschung*, Berlin 1978, S. 183 ff.

Ganser, K., Raumordnung in den 80er Jahren, in: *Der Landkreis*, 1980, S. 9 ff.

Garlichs, D., *Grenzen staatlicher Infrastrukturpolitik*, Königstein/Ts. 1980.

Gehrlich, P., *Parlamentarische Kontrolle im politischen System*, Wien/New York 1973.

Geißler, H. (Hrsg.), *Verwaltete Bürger – Gesellschaft in Fesseln*, Frankfurt a.M. 1978.

Geissler, U., Computersimulationen zur Vorbereitung sozialpolitischer Entscheidungen in der BRD, in: J. Röding (Hrsg.), *Studien zu einer Theorie der Gesetzgebung*, Berlin 1976, S. 514 ff.

Gephart, W. J./R. B. Ingle/W. J. Potter, *The Evaluation of Administrative Performance: Parameters, Problems and Practices*, Billington 1975.

Gilbert, G. R./P. J. Conklin (Hrsg.), *Evaluation Management: A Selection of Readings*, U.S. Federel Executive Institute, Charlottesville/Virginia (FEI B–12), Januar 1979.

Ginzberg, E./R. M. Solow (Hrsg.), *The Great Society – Lessons for the Future*, New York 1974.

Glass, G. V./McGaw, B./Smith, M. L., *Meta-Analysis in Social Research*, Beverly Hills/London 1981.

Grauhan, R.-R., Einleitung, in: ders. (Hrsg.), *Lokale Politikforschung*, Bd. 1, Frankfurt a.M./New York 1975, S. 11 ff.

Greifeld, A., *Der Bundesrechnungshof*, München 1981.

Grube, F./G. Richter/U. Thaysen, *Politische Planung in Parteien und Parlamentsfraktionen*, Göttingen 1976.

Guba E. G./Y. S. Lincoln, *Effective Evaluation*, San Francisco 1981.

Guttentag, M./E. Struening (Hrsg.), *Handbook on Evaluation Research*, 2 Bände, Beverly Hills/London 1975.

Haenisch, H., Gesamtschulevaluation – Kriterien, Ergebnisse, Probleme, in: G.-M. Hellstern/H. Wollmann (Hrsg.), *Experimentelle Politik – Reformstrohfeuer oder Lernstrategie*, Opladen 1983, S. 275 ff.

Hahn, O., ADV unterstützt Landesplanung. Investitionsdatei macht staatliche Investitionstätigkeit transparenter, in: HDZ (Hrsg.), *inform*, 5/1978, S. 14 ff.

Halbach, A. J., *Evaluierung von Entwicklungsprojekten*, München 1970.

Halbach, A. J., *Theorie und Praxis der Evaluierung von Projekten in Entwicklungsländern*, München 1972.

Harff, H./A. Zahrnt, Die Vollzugskontrolle raumwirksamer Mittel in Hessen, in: *Informationen zur Raumentwicklung*, H. 6/1977, S. 445 ff.

Hartwieg, O. und Bundesministerium der Justiz (Hrsg.), *Rechtstatsachenforschung und Kriminologie*, Köln [2]1978.

Hauff, V./H.-H. Haunschild (Hrsg.), *Forschung in der Bundesrepublik*, Stuttgart/Berlin/Köln/Mainz [2]1978.

Haveman, R. H., *A Decade of Federal Antipoverty Programs*, New York/San Francisco/London 1977.

Hayes, S., *Measuring the Results of Development Projects*, Paris (UNESCO) 1966.

Hayes, S., *Evaluating Development Projects. A Manual for Fieldworkers*, Paris [2]1967.

Hegelau, H., Die Arbeit der Projektgruppe „Regierungs- und Verwaltungsreform" als Beispiel einer Kooperation zwischen Verwaltung und Verwaltungswissenschaft, in: Wissenschaftszentrum Berlin (Hrsg.), *Interaktion von Wissenschaft und Politik*, Frankfurt a.M./New York 1977, S. 166 ff.

Hellstern, G.-M/H. Wollmann, Die Raumordnungsberichte der Bundesregierung, in: *Leviathan*, H. 2/1976, S. 231 ff.

Hellstern, G.-M./H. Wollmann, Sozialwissenschaftliche Untersuchungsregeln und Wirkungsforschung, in: P. Haungs (Hrsg.), *Res Publica. Dolf Sternberger zum 70. Geburtstag*, München 1977, S. 415 ff.

Hellstern, G.-M./H. Wollmann, Perspektiven einer praxisnahen Lokalen Politikforschung, in: U. Bermbach (Hrsg.), *Politische Wissenschaft und politische Praxis, PVS*, Sonderheft 9/1978, Opladen 1978, S. 316 ff.

Hellstern, G.-M./H. Wollmann, *Sanierungsmaßnahmen, Städtebauliche und stadtstrukturelle Wirkungen (Methodische Vorstudie), Schriftenreihe des BMBau, 02.012*, Bonn-Bad Godesberg 1978 (Neudruck als: *Evaluierungsforschung – Ansätze und Methoden*, Basel 1983).

Hellstern, G.-M./H. Wollmann, Wirksamere Gesetzesevaluierung. Wo könnten praktikable Kontrollverfahren und Wirkungsanalysen bei Parlament und Rechnungshof ansetzen?, in: *Zeitschrift für Parlamentsfragen*, 1980, S. 549 ff.

Hellstern, G.-M./H. Wollmann, Evaluierung in der öffentlichen Verwaltung – Zwecke und Anwendungsfelder, in: *Verwaltung und Fortbildung*, 1980, S. 61 ff.

Hellstern, G.-M./H. Wollmann, The Contribution of Evaluation to Administration, in: R. A. Levine, M. A. Solomon, G.-M. Hellstern, H. Wollmann (Hrsg.), *Evaluation Research and Practice*, Beverly Hills/London 1981, S. 68 ff.

Hellstern, G.-M./H. Wollmann (Hrsg.), *Experimentelle Politik – Reformstrohfeuer oder Lernstrategie*, Opladen 1983.

Hellstern, G.-M./H. Wollmann, Bilanz – Reformexperimente, wissenschaftliche Begleitung und politische Realität, in: dies. (Hrsg.), *Experimentelle Politik – Reformstrohfeuer oder Lernstrategie*, Opladen 1983, S. 2 ff.

Hellstern, G.-M., Wollmann, H., Methoden- und Nutzungsprobleme von Evaluierungsuntersuchungen, in: dies. (Hrsg.), *Evaluierung und Erfolgskontrolle in Kommunalpolitik und -verwaltung*, Basel 1984, S. 481 ff.

Hellstern, G.-M./H. Wollmann, Evaluierung und Evaluierungsforschung im Bereich von Wohnungsbau- und Städtebaupolitik – Ansätze und Beispiele, in: *Wirkungsanalysen und Erfolgskontrolle in der Raumordnung (Veröffentlichungen der ARL)*, Hannover 1984, S. 153 ff.

Hembach, K., *Der Stellenwert von Wirkungsanalysen für die Regionalpolitik*, Frankfurt a.M. 1980.

HEW (Department of Health, Education and Welfare), *Consortium for Longitudinal Studies. Lasting Effects after Preschool*, Washington D. C. 1978.

HEW (Department of Health, Education and Welfare), *Evaluation Documentation Center, Compendium of HEW Evaluation Studies*, Washington [2]1980.

Hirsch, W. Z., *Social Experimentation*, im Erscheinen.

Hoffmann-Riem, W., Modellversuch als Scheintest. Zur geplanten Einführung der Kabelkommunikation in Ludwigshafen, in: *Zeitschrift für Rechtspolitik*, H. 2/1980, S. 38 ff.

Hollister, R., *Poor People, Poor Theories, Poor Programs*, New York/San Francisco/London 1980.

Horst, P. et al., Program Management and the Federal Evaluator, in: *Public Administration Review*, 1974, S. 300 ff.

Hoschka, P., Datenbanken und Simulationsmodelle, in: M. Kaase (Hrsg.), *Datenbanken im Bereich von Statistik, Verwaltung und Wissenschaft, Werkstattbericht 2 der Gesellschaft für Programmforschung*, München 1981, S. 37 ff.

Hosse, H., Die Datei der Zweckzuwendungen in Nordrhein-Westfalen, in: *Informationen zur Raumentwicklung*, H. 6/1977, S. 433 ff.

Hucke, J./B. Heß-Ohnacker/H. Beuss, *Sekundäranalyse der Implementationsprobleme von Finanzhilfeprogrammen als politische Handlungsinstrumente. Endbericht*, DFG-Projekt, vv. Ms., Köln 1980.

Hucke, J./H. Wollmann, Methodenprobleme der Implementationsforschung, in: R. Mayntz (Hrsg.), *Implementation politischer Programme. Empirische Forschungsberichte*, Königstein/Ts. 1980, S. 216 ff.

Hucke, J./H. Wollmann, *Kriterien zur Bestimmung der Wirkungen von Gesetzen*, Studie für das BMI, Bonn (BMI-Veröffentlichung) 1982.

Hucke, J./H. Wollmann, Wirkungsforschung und Folgenabschätzung – ein Weg zu besseren Gesetzen?, in: H.-H. Hartwich (Hrsg.), *Gesellschaftliche Probleme als Anstoß und Folge von Politik*, Opladen 1983, S. 247 ff.

Hucke, J./G. Seidel, *Untersuchung der Nutzung von Ergebnissen der Ressortforschung* (Institut für Stadtforschung Berlin im Auftrag des BMBau), vv. Ms., Berlin 1982.

Hübner, A./R. Halberstadt, *Erfolgskontrolle politischer Planung – Probleme und Ansätze in der Bundesrepublik Deutschland*, Göttingen 1976.

Hüfner, K., Bildungspolitik in der Bundesrepublik Deutschland vor dem Hintergrund angewandter Sozialforschung, in: St. F. Fitzsimmons et al. (Hrsg.), *Zukunftsorientierte Planung und Forschung für die 80er Jahre*, Königstein/Ts. 1978, S. 20 ff.

Humboldt, W. v., *Ideen zu einem Versuch, die Grenzen der Wirksamkeit des Staates zu bestimmen*, Breslau 1851, Stuttgart 1967.

Hyman, H. H./Ch. R. Wright, Evaluating Social Action Programs, in: P. F. Lazarsfeld/W. H. Sewell/H. L. Wilensky (Hrsg.), *The Use of Sociology*, New York 1967, S. 741 ff.

Iben, G., *Kompensatorische Erziehung*, München [3]1974.

Institute for Poverty Research, *Policy Analysis Series*.

Institut Wohnen und Umwelt GmbH (IWU), Infratest GmbH, *Empirische Erforschung der Auswirkungen des Zweiten Wohnraumkündigungsschutzgesetzes (Schriftenreihe BMBau*, H. 07.008), Bonn 1979.

International Labour Organisation (ILO), *Procedures for the Design and Evaluation of ILO Projects*, Bd. 1–3, Genf 1979, 1981.

Jann, W., *Der Policy-Ansatz*. Ein Überblick über Entwicklungen in der Bundesrepublik Deutschland und in den USA, Speyerer Arbeitshefte, Heft 55, Speyer 1983.

Johnson, L. B., *Public Papers 1963–1964* (Ansprache vom 26. Juni 1964).

Joint Inspection Unit (JIU)/E. D. Sohm, *Status of Internal Evaluation in United Nation System Organization*, JIU/REP/81/5, Genf 1981.

Jones, Ch. O./R. D. Thomas (Hrsg.), *Public Policy Making in a Federal System*, Beverly Hills/London 1976.

Jooesten, P./K.-H. van Kaldenkerken (Hrsg.), *Organisation und Effizienz der öffentlichen Verwaltung*, Bd. 2, Köln/Eindhoven 1976.

Kaase, M. (Hrsg.), *Datenbanken im Bereich von Statistik, Verwaltung und Wissenschaft, Werkstattbericht 2 der Gesellschaft für Programmforschung*, München 1980.

Kahrenke, H., Zur Ministerialorganisation nach Programmen, in: *DÖV* 1974, S. 43 ff.

Kantowsky, D. (Hrsg.), *Evaluierungsforschung und -praxis in der Entwicklungshilfe*, Zürich 1977.

Kaufmann, F.-X., „Soziale Indikatoren" in der Bundesrepublik Deutschland?, in: *Zeitschrift für Soziologie*, 1974, S. 200 ff.

Kaufmann, F.-X./S. Schneider, Modelleinrichtungen – ein Instrument für experimentelle Reformverfahren in der Sozialpolitik?, in: *Neue Praxis*, H. 5/1975, S. 206 ff.

Kaufmann, F.-X./R. Lohan, Multidisziplinäre Verbundforschung in den Sozialwissenschaften. Erste Erfahrungen mit einem neuen Typus der Forschungsförderung, in: F.-X. Kaufmann (Hrsg.), *Bürgernahe Gestaltung der sozialen Umwelt*, Meisenheim 1977, S. 273 ff.

Kaufmann, F.-X. (Hrsg.), *Bürgernahe Sozialpolitik*, Frankfurt/New York 1979.

Kaufmann, F.-X./A. Herlth/K. P. Strohmeier, *Sozialpolitik und familiale Sozilisation. Zur Wirkungsweise öffentlicher Sozialleistungen*, Band 76 der Schriftenreihe des BMJFG, Stuttgart usw. 1980.

Keil, A., *Jugendpolitik und Bundesjugendplan. Analyse und Kritik der staatlichen Jugendförderung*, München 1969.

Kerner, C., Zur Arbeit der Bund-Länder-Kommission für Bildungsplanung und Forschungsförderung, BLK, in: G.-M. Hellstern/H. Wollmann (Hrsg.), *Experimentelle Politik – Reformstrohfeuer oder Lernstrategie*, Opladen 1983, S. 496 ff.

Kershaw, J. A./P. N. Courant, *Government against Poverty*, Washington D. C. 1970.

Kindermann, H. (Hrsg.), *Studien zu einer Theorie der Gesetzgebung 1982*, Berlin usw. 1982.

Kirkendall, R. S., *Social Scientists and Farm Politics in the Age of Roosevelt*, Columbia, Mo. 1966.

Kiock, H./Weihe, U. (Hrsg.), *Forschung in Krisenfeldern der Politik – Gesundheit und Wohnungsmarkt, Werkstattbericht 4 der Gesellschaft für Programmforschung*, München 1982.
Klineberg, E., The Problem of Evaluation Research, in: *International Social Science Bulletin*, 3/1955, S. 348 ff.
Knauss, G., Modellversuche im Bildungswesen – Ein Instrument einer gemeinsamen Bildungsplanung von Bund und Ländern, in: Bundesinstitut für Berufsbildung (Hrsg.), *Modellversuche – Ein Instrument zur Weiterentwicklung beruflicher Bildungspraxis*, Hannover 1978, S. 221 ff.
Knezo, G. J., *Programm Evaluation: Emerging Issues of Possible Legislative Concern Relating to Conduct and Use Evaluation in Congress and the Executive Branch, Congressional Research Service*, Washington 1974.
Koch, H., Wirkungsforschung. Eine Bibliographie, in: *Mitteilungen aus Arbeitsmarkt- und Berufsforschung*, 3/1981 (Sonderheft: *Wirkungsanalysen im Dienste der Arbeitsmarktforschung)*, S. 321 ff.
König, H., *Kritische Analyse des Managements finanzieller und materieller Ressourcen in der öffentlichen Verwaltung*, Deutsche Sektion des internationalen Instituts für Verwaltungswissenschaften, Bonn 1977.
König, H., *Dynamische Verwaltung – Bürokratie zwischen Politik und Kosten*, Stuttgart 1977.
König, H., *Von der politischen Erfolgskontrolle zum politischen Programmentwurf*, unveröff. Ms. 1981.
König, K. (Hrsg.), *Koordination und integrierte Planung in der Staatskanzlei*, Schriftenreihe der Hochschule Speyer, Bd. 60.
Köttgen, A., *Fondverwaltung in der Bundesrepublik Deutschland*, Stuttgart 1965.
Kohn, H., *Zur Vergabe wirtschafts- und sozialwissenschaftlicher Forschungsaufträge. Erfahrungen mit dem Forschungsprogramm der Kommission für wirtschaftlichen und sozialen Wandel*, Göttingen 1977.
Kommission für wirtschaftlichen und sozialen Wandel, *Schlußbericht*, Göttingen 1978.
Kretschmer, G., Parlamentarische Ansätze einer Gesetzgebungslehre, in: H. Kindermann (Hrsg.), *Studien zu einer Theorie der Gesetzgebung 1982*, Berlin usw. 1982.
Kury, E., *Perspektiven und Probleme kriminologischer Forschung*, Köln/Berlin/Bonn/München 1981.
Lehmann-Grube, H., Informationshilfen durch Datenverarbeitung – eine Bilanz nach vier Jahrren Praxis, in: *Öffentliche Verwaltung und Datenverarbeitung*, Heft 7/8, 1978, S. 3 ff.
Lenz, K. H., Versuche mit Geschwindigkeitsbeschränkungen in der Bundesrepublik Deutschland, in: *Straßenverkehrstechnik*, 1975, S. 13–17.
Lepper, M., Das Ende eines Experiments. Zur Auflösung der Projektgruppe Regierungs- und Verwaltungsreform, in: *Die Verwaltung*, 4/1976, S. 478 ff.
Lepsius, M. R., Ansprache zur Eröffnung des 17. Deutschen Soziologentags, in: ders. (Hrsg.), *Zwischenbilanz der Soziologie*, Stuttgart 1976, S. 1 ff.
Lepsius, M. R., Zur forschungspolitischen Situation der Soziologie, in: ders. (Hrsg.), *Zwischenbilanz der Soziologie*, Stuttgart 1976, S. 407 ff.
Lepsius, M. Rainer, *Die deutsche Soziologie zwischen 1918 und 1945, KZfSS*, 1981.
Levine, R. A., *The Poor Ye Need Not Have with You*, Cambridge, Mass. 1969.
Levine, R. A., Evaluating the War on Poverty, in: J. L. Sundquist (Hrsg.), *On Fighting Poverty. Perspectives from Experience*, New York/London 1969, S. 188 ff.
Levine, R. A./M. A. Solomon/G.-M. Hellstern/H. Wollmann (Hrsg.), *Evaluation Research and Practice*, Beverly Hills/London 1981.
Levine, R. A., Program Evaluation and Policy Analysis in Western Nations: An Overview, in: R. A. Levine et al. (Hrsg.), *Evaluation Research and Practice*, Beverly Hills/London 1981, S. 12 ff.
Levitan, S. A., *The Great Society's Poor Law*, Baltimore 1969.
Levitan, S. A./R. Taggart, *The Promise of Greatness*, Cambridge, Mass./London 1976, S. 4 f.
Levitan, S, A./G. Wurzburg, *Evaluating Federal Social Programs – An Uncertain Act*, Kalamazoo 1979.
von der Lieth, E./D. Hannemann, *Modellversuche zur Weiterentwicklung der gymnasialen Oberstufe*, Stuttgart 1980.
Linck, S., Berichte der Regierung an das Parlament, in: *DÖV* 1979, S. 116 ff.
Lindblom, Ch./D. K. Cohen, *Usable Knowledge*, New Haven/London 1979.
Loomis, Ch. P./Z. K. Loomis, Rural Sociology, in: P. F. Lazarsfeld/W. H. Sewell/H. L. Wilensky (Hrsg.), *The Uses of Sociology*, New York 1968, S. 655 ff.

Lüder, J., Erfolgskontrolle staatlicher Aktivitäten, in: *Sozialwissenschaftliche Annalen,* 1978, S. 43 ff.

Lüschen, G. (Hrsg.), Deutsche Soziologie seit 1945, *KZfSS* 21/1979.

Lutz, B., Zur Lage der soziologischen Forschung, in: M. R. Lepsius (Hrsg.), *Zwischenbilanz der Soziologie,* S. 418 ff.

Lutz, B., Zur Problematik programmbegleitender Sozialforschung, in: G.-M. Hellstern/H. Wollmann (Hrsg.), *Experimentelle Politik – Reformstrohfeuer oder Lernstrategie?,* Opladen 1983, S. 258 ff.

Lynch, Th. (Hrsg.), *Program Evaluation: A Cautious Perspective, The Bureaucrat* 1/1976.

Lyons, G. M. (Hrsg.), *Social Research and Public Policies,* Hannover, N. H. 1975.

Mackensen, R., Die Sozialforschungsstelle an der Universität in Dortmund, in: *Soziale Welt,* 1/1960, S. 162 ff.

Mäding, E./F. Knöpfle (Hrsg.), *Organisation und Effizienz der öffentlichen Verwaltung,* Köln 1974.

Magiera, S., *Parlament und Staatsleitung in der Verfassungsordnung des Grundgesetzes,* Berlin 1979.

Mandelartz, H., *Das Zusammenwirken von Parlament und Regierung beim Haushaltsvollzug,* Frankfurt/Bern/Cirencester 1980.

Mattern, K.-H., Ziel- und ergebnisorientiertes Verwaltungshandeln (ZEV), in: *Verwaltung und Fortbildung,* 1977, S. 3 ff.

Mayntz, R./F. W. Scharpf, Kriterien, Voraussetzungen und Einschränkungen aktiver Politik, in: dies. (Hrsg.), *Planungsorganisation,* München 1973, S. 115 ff.

Mayntz, R./F. W. Scharpf (Hrsg.), *Planungsorganisation,* München 1973.

Mayntz, R., Staat und politische Organisation: Entwicklungslinien, in: M. R. Lepsius (Hrsg.), *Zwischenbilanz der Soziologie,* Stuttgart 1976, S. 327 ff.

Mayntz, R., Die Implementation politischer Programme: Theoretische Überlegungen zu einem neuen Forschungsgebiet, in: *Die Verwaltung,* 1977, S. 51 ff.

Mayntz, R., Folgerungen für die Forschung auf dem Gebiet der Gesellschaftspolitik, in: St. J. Fitzsimmons et al. (Hrsg.), *Zukunftsorientierte Planung und Forschung für die 80er Jahre,* Königstein/Ts. 1978, S. 260 f.

Mayntz, R./E. Bohne/H.-U. Derlien/J. Hucke/J. Müller, *Vollzugsprobleme der Umweltpolitik. Empirische Untersuchung der Implementation von Gesetzen im Bereich der Luftreinhaltung und des Gewässerschutzes,* Stuttgart 1978.

Mayntz, R. (Hrsg.), *Implementation politischer Programme. Empirische Forschungsberichte,* Königstein/Ts. 1980.

Mayntz, R., *Gesetzgebung und Bürokratisierung. Wissenschaftliche Auswertung der Anhörung zu Ursachen einer Bürokratisierung in der öffentlichen Verwaltung,* Bundesminister des Innern, Bonn 1980.

Mayntz, R. (Hrsg.), *Implementation politischer Programme* (II), Opladen 1983.

McCord, J./W. A. McCord, *A Thirty Year Follow Up on the Cambridge-Somerville Youth Study,* Cambridge, Mass. 1979.

McKean, R. N., *Efficiency in Government through Systems Analysis,* New York 1964.

Mertens, D./L. Reyher/J. Kühl, Ziele und Möglichkeiten von Wirkungsanalysen, in: *Mitteilungen aus der Arbeitsmarkt- und Berufsforschung,* 3/1981 (Sonderheft: *Wirkungsanalysen im Dienste der Arbeitsmarktforschung),* S. 209 ff.

Meyer zu Drewer, H./E. Guth, Erfahrungen mit Nutzen-Kosten-Untersuchungen in der Verwaltungspraxis, in: *DÖV,* H. 12, 1976, S. 404 ff.

Meyer zu Drewer, H., Erfolgskontrollen, in: *Ziel- und ergebnisorientiertes Verwaltungshandeln, Entwicklung und Perspektiven in Regierung und Verwaltung,* Sonderheft 4/1979, *Verwaltung und Fortbildung,* Köln, S. 215 ff.

Meyers, W., *The Evaluation Enterprise,* San Francisco 1981.

Moeser, E., *Die Beteiligung des Bundes an der staatlichen Haushaltsgewalt,* Berlin 1978.

Morrill, W. A./W. J. Francis, Evaluation from the HEW Perspective, in: G. R. Gilbert/P. J. Conklin (Hrsg.), *Evaluation Management: A Selection of Readings* (FEI B–12), o. O. 1979.

Morris, L. L. (Hrsg.), *Program Evaluation Kit,* Beverly Hills/London 1978.

Moynihan, D. P., *On Understanding Poverty,* New York/London 1969.

Moynihan, D. P., *Maximum Feasible Misunderstanding,* New York 1969.

Müller, E./H. Schatz, *Die Organisation im BML (1971–1973),* unveröff. Ms. 1974.

Müller, E., 7 Jahre Regierungs- und Verwaltungsreform des Bundes. Unfähigkeit zur Reform?, in: *DÖV* 1977, S. 15 ff.

Mullen, J./J. R. Dumpson and Ass. (Hrsg.), *Evaluation of Social Intervention*, San Francisco 1972.

Murswieck, A., *Regierungsreform durch Planungsorganisation*, Opladen 1975.

Musto, St. A., *Evaluierung sozialer Entwicklungsprojekte*, Berlin 1972.

Nay, J. N./J. W. Scanlon/R. E. Schmidt/J. S. Wholey, If you don't care where you get to, then it doesn't matter which way you go, in: C. C. Abt, *The Evaluation of Social Programs*, Beverly Hills/London 1976, S. 97 ff.; zuerst unter J. S. Wholey, in: G. M. Lyons, *Social Research and Public Policies*, Hannover 1975; J. D. Waller/D. McNeil Kemp/J. Scanlon/F. Tolson/J. S. Wholey, *Monitoring for Government Agencies*, Washington 1976.

Neidhardt, F., Über den Zustand der Soziologielehre an den Universitäten, in: Lepsius, M. R. (Hrsg.), *Zwischenbilanz der Soziologie*, Stuttgart 1976, S. 426 ff.

Oberreuter, H., Anfrage, Große, Kleine, in: K. Sontheimer/H. H. Röhring (Hrsg.), *Handbuch des politischen Systems der Bundesrepublik Deutschland*, München 1977, S. 33 ff.

OECD (Organization for Economic Co-Operation and Development), *The Evaluation of Technical Assistance*, Paris 1969.

Oehring, E., *Ex-ante-Evaluierung sozio-ökonomischer Wirkungen von industriellen Entwicklungsprojekten*, Baden-Baden 1980.

van Oertzen, H. J. (Hrsg.), *Antworten der öffentlichen Verwaltung auf die Anforderungen der heutigen Gesellschaftssysteme*, Schriften der Deutschen Sektion des Internationalen Instituts für Verwaltungswissenschaften, Band 5, Bonn 1980.

OMB, *Evaluation Management. A Background Paper*, Washington D. C. 1975.

OMB, *Survey of Federal Evaluation Practices*, Washington D. C. 1975.

Ordemann, H.-J., Verbesserung der Verwaltungsorganisation – Anmerkungen zu einem Arbeitsprogramm des Bundesministers des Innern, in: *DÖV*, 1978, S. 792 ff.

Patton, M. Q., *Utilization-Focused Evaluation*, Beverly Hills/London 1978.

Pfohl, H.-Chr./B. Rürup (Hrsg.), *Anwendungsprobleme moderner Planungs- und Entscheidungstechniken*, Bonn 1978.

Plotnick, R. D./F. Skidmore, *Progress Against Poverty*, New York/San Francisco/London 1975.

Poland, Orville F. (Hrsg.), Symposium on Program Evaluation, in: *Public Administration Review*, 4/1974.

The Policy Analysis Source Pool for Social Programs 4000, Washington 1976.

Powers, E./H. Witner, *An Experiment in the Prevention of Juvenile Delinquency: The Cambridge-Somerville Youth Study*, New York 1951.

Raizen, S. A./P. H. Rossi, *Program Evaluation in Education: When? How? To What Ends?*, Washington 1981.

Raschert, J., *Gesamtschule – ein gesellschaftliches Experiment*, Stuttgart 1974.

Raumordnungsbericht der Bundesregierung 1974, BTDrs. 7/3582.

Rehbinder, M./H. Schelsky (Hrsg.), *Zur Effektivität des Rechts (Jahrbuch für Rechtssoziologie und Rechtstheorie*, Bd. 3), Gütersloh 1972.

Rein, M., Umfassende Programmevaluierungen, in diesem Band.

Reyher, L., Zur Evaluierungsforschung im Institut für Arbeitsmarkt- und Berufsforschung, IAB, in: G.-M. Hellstern/H. Wollmann (Hrsg.), *Experimentelle Politik – Reformstrohfeuer oder Lernstrategie?*, Opladen 1983, S. 478 ff.

Rich, R. F., *The Use of Social Science Information and Public Policy Making*, San Francisco 1979.

Richter, I., *Die unorganisierbare Bildungsreform*, München 1975.

Riecken, H. W., *The Volunteer Camp: A Psychological Evaluation*, Cambridge, Mass. 1952.

Riecken, H. W./R. F. Boruch, *Social Experimentation. A Method for Planning and Evaluating Social Intervention*, New York/San Francisco/London 1974.

Rivlin, A. M./Timpane, P. M., *Planned Variation in Education: Should We Give Up or Try Harder?*, Washington D. C. 1975.

Rossi, P. H./W. Williams (Hrsg.), *Evaluating Social Programs*, New York 1972.

Rossi, P. H., Issues in the Evaluation of Human Services Delivery, in: *Evaluation Quarterly*, 4/1978, S. 573 ff.

Rossi, P. H./H. E. Freeman/S. R. Wright, *Evaluation: A Systematic Approach*, Beverly Hills/London 1979.

Rossi, P. H., Practice, Method, and Theory in Evaluating Social Action Programs, in: J. L. Sundquist, (Hrsg.), *On Fighting Poverty. Perspectives from Experience*, New York/London 1969, S. 217.

Rürup, B., Perspektiven der Haushaltskontrolle, in: *Wirtschaftsdienst* 4, 1980, S. 299 ff.

Rutman, L., *Planning Useful Evaluations: Evaluability Assessment*, Beverly Hills/London 1980.

Salfer, P./K. Furmaniak, Das Programm „Humanisierung des Arbeitslebens", Stand und Möglichkeiten der Evaluierung eines staatlichen Forschungsprogramms, in: *Mitteilungen aus Arbeitsmarkt und Berufsforschung*, 3/1981, S. 237 ff.

Scanlon, J./J. Waller, Program Evaluation and Better Federal Programs, in: *Journal of Health and Human Resources Administration*, 3/1979, S. 278 ff.

Scanlon, J. W./J. B. Bell, *Evaluability Assessment*, DHEW 05-76-730, 1979.

Schäfer, H., Aktuelle Fragen einer modernen Finanzkontrolle, in: *Bulletin der Bundesregierung*, Nr. 103/1973 v. 6.9.1973, S. 1030 ff.

Schäfer, H., Grobkonzept für das „Informationssystem Raumentwicklung", in: *Informationen zur Raumentwicklung*, 1974, S. 243 ff.

Schäfer, H., Finanzkontrolle und parlamentarische Demokratie, in: *Bulletin, Presse- und Informationsamt der Bundesregierung* Nr. 128, 1976, S. 1225.

Schäfer. H., *Wer kontrolliert unsere Steuergelder? Finanzprüfung durch den Bundesrechnungshof*, Stuttgart 1977.

Scharpf, F. W./B. Reissert/F. Schnabel, *Politikverflechtung*, Kronberg/Ts. 1976.

Schatz, Heribert, Auf der Suche nach neuen Problemlösungsstrategien: Die Entwicklung der politischen Planung auf der Bundesebene, in: R. Mayntz/F. W. Scharpf (Hrsg.), *Planungsorganisation*, München 1973, S. 9 ff.

Scheuch, E. K., Sozialer Wandel und Sozialforschung. Über die Beziehungen zwischen Gesellschaft und empirischer Sozialforschung, in: *KZfSS*, 1/1972, S. 1 ff.

Schmid, G./H. Treiber, *Bürokratie und Politik*, München 1975.

Schmidt, H., *Das Sozialinformationssystem der Bundesrepublik Deutschland*, Eutin 1977.

Schmidt, H., Das Sozialinformationssystem der Bundesrepublik Deutschland, Aufbau und Perspektiven, in: M. Kaase (Hrsg.), *Datenbanken im Bereich von Statistik, Verwaltung und Wissenschaft, Werkstattbericht 2*, München 1980, S. 17 ff.

Schmidt, R. E./P. Horst/J. W. Scanlon/J. S. Wholey, *Serving the Federal Evaluation Market*, Washington 1977.

Schnabel, F., Politik ohne Politiker, in: H. Wollmann (Hrsg.), *Politik im Dickicht der Bürokratie, Leviathan*, Sonderband 3/1979, Opladen 1980, S. 49 ff.

Schneider, H. R., *Bielefelder Diplom-Soziologen in Studium und Beruf – Eine empirische Analyse nach zehn Jahren praxisorientierter Soziologenausbildung*, Bd. 1 u. 2, Bielefeld 1980.

Schröder, H. J., *Gesetzgebung und Verbände*, Berlin 1976.

Seemann, Kl., *Abschied von der klassischen Ministerialverwaltung*, München 1978.

Seemann, Kl., Zur politischen Planung im Demokratischen Rechtsstaat, in: *Die Verwaltung*, 4/1980, S. 405 ff.

Selover, W. C., The View from Capitol Hill: Harassment and Survival, in: J. L. Sundquist (Hrsg.), *On Fighting Poverty. Perspectives from Experience*, New York/London 1969, S. 158 ff.

Sewell, H., Some Observations on Theory Testing, in: *Rural Sociology*, 1/1956, S. 1 ff.

Sohm, E. D., *Status of Internal Evaluation in United Nations System Organizations*, Genf 1981.

Solomon, L. M., Follow-Ups, Let-Downs and Sleepers. The Time Dimension in Public Policy, in: Ch. O. Jones/R. D. Thomas (Hrsg.), *Public Policy Making in a Federal System*, Beverly Hills/London 1976.

SPD-Vorstand (Hrsg.), *Bürger und Verwaltung. Forum Zukunft SPD* (zur SPD-Tagung im Oktober 1979), 1980.

Spehl, H./K. Hembach et al., *Regionale Wirtschaftspolitik und regionale Entwicklungsplanung*, Bonn 1981.

Steinberg, R., Evaluation als neue Form der Kontrolle final programmierten Verwaltungshandelns, in: *Der Staat*, 1976, S. 185 ff.

Steinberg, R., *Politik und Verwaltungsorganisation*, Baden-Baden 1979.

Steiniger, Chr., Zur Nützlichkeit von Vorabkontrollen am Beispiel des JHG-RE, in: C. Böhret (Hrsg.), *Gesetzgebungspraxis und Gesetzgebungslehre. Ein Erfahrungsaustausch (Speyerer Forschungsberichte*, Nr. 13), Speyer 1980, S. 32 ff.

Stiftung Volkswagenwerk, *Bericht 78/79*, Hannover 1979.

Strittmatter, *Modellversuche zum Schulfernsehen*, Stuttgart 1979.

Subventionsbericht 1981, BTDrs. 9/986 v. 6.11.1981.

Suchman, E. A., *Evaluative Research*, New York 1967.

Sundquist, J. L., *Politics and Policy. The Eisenhower, Kennedy, and Johnson Years*, Washington D. C. 1968.

Sundquist, J. L. (Hrsg.), *On Fighting Poverty. Perspectives from Experience,* New York/London 1969.

Tiemann, S., *Die staatsrechtliche Stellung der Finanzkontrolle des Bundes,* Berlin 1974.

Tomuschat, Ch., Die parlamentarische Haushalts- und Finanzkontrolle in der Bundesrepublik Deutschland, in: *Der Staat,* 1980, S. 1 ff.

Transfer-Enquête-Kommission, *Das Transfersystem in der Bundesrepublik Deutschland,* Stuttgart/Berlin/Köln/Mainz 1981.

Treasury Board, Comptroller General of Canada, *Guide on the Program Evaluation Function,* Ottawa 1981.

Treasury Board, Comptroller General of Canada, *Principles for the Evaluation of Programs,* Ottawa 1981.

Trossmann, H., Der Bundestag, Verfassungsrecht und Verfassungswirklichkeit, in: *JöR,* Bd. 28, 1979, S. 1 ff.

UN, *Systematic Monitoring and Evaluation of Integrated Development Programmes: A Source Book,* New York ST/ESA/1978.

UNDP, *Project Evaluation, Policies and Procedures, Manual,* Dezember 1975.

UN, Economic and Social Council (ECOSOC), *Criteria for Programme Appraisal, Monitoring and Evaluation,* E/ICEF/P/L. 1628, Genf 1976.

UN-ECOSOC, *Evaluation of Programs of Technical Co-Operation, Report of the Secretary General,* New York 1966, UN Doc. 4/4151.

UNESCO, Evaluation Techniques, in: *International Social Science Bulletin,* 7/1955, S. 345 ff.

UNESCO, *Evaluating Social Action Projects,* Paris 1980.

UNESCO/Weilenmann, Alexander, *Evaluation Research and Social Change,* Paris 1981.

UNIDO (United Nations Industrial Development Organization), *Guidelines for Project Evaluation,* Wien 1972 (*Project Formulation and Evaluation Series* Nr. 1); *Practical Appraisal of Industrial Projects,* Wien 1980 (*Project Formulation and Evaluation Series* Nr. 4).

United Nations Food and Agricultural Organization (FAO), Auto Evaluation of the Regular Programme, in: *Director General's Bulletin,* Nr. 78/23 vom 5.5.1978.

United Nations Institute for Training and Research (UNITAR), *Criteria for Training and Methods of Evaluation, Problems and Approaches,* New York 1969 (*UNITAR Serie* 1).

US-AID (Hrsg.), *Evaluation Handbook,* 2. Ausg., Washington D. C. 1972.

United States Department of Agriculture, National Rural Center, *Rural Development and the Land Grant University – An Evaluation of Title V of the Rural Development Act of 1972,* Washington 1977.

United States Department of HEW, *Compendium of HEW Evaluation Studies,* Washington 1980 (2nd issue).

United States Department of HSS, *Head Start in the 1980's: Review and Recommendations,* Washington D.C., US GPO 1981.

United States Department of HSS, *Lasting Effects after Preschool,* Washington D. C. 1979.

United States General Accounting Office, *HUD's Evaluation System – An Assessment,* PAD 78–44, Washington D. C. 1978.

United States General Accounting Office, *Federal Program Evaluations,* PAD 78–27, Washington D. C. 1978.

United States General Accounting Office, *Internal Audit of Financial Operations in the Department of Housing and Urban Development,* FGMSD-78-25, Washington D. C. 1978.

United States General Accounting Office, *Improving Financial Management in the United Nations by Stranghening Audit and Evaluations,* ID-79-56, Washington D.C. 1979.

United States General Accounting Office, *Early Childhood and Family Development Programs Improve the Quality of Life for Low-Income-Families,* HRD-79-40, Report to the Congress, Washington D. C. 1979.

United States General Accounting Office, *Improving the Management and Coordination of Reviews, Inspections and Evaluations in the UN System,* Washington D. C. XXXX.

United States General Accounting Office, *Federal Evaluations,* Washington D. C. 1980.

United States General Accounting Office, *Requirements for Recurring Reports to the Congress,* Washington D. C. 1980.

United States General Accounting Office, *Observations on Oversight Reform, Summary and Consolidation of Statement to Congressional Committees,* PAD 81–17, Washington D. C. 1981.

United States Office of Economic Opportunity, *Head-Start: A Community Action Program,* Washington D. C., US GPO 1968.

United Stated Office of Education, California State Department Educational Testing Service (Hrsg.), *Program Evaluators Guide,* Princeton 1979.

Vitzthum, Graf W., *Parlament und Planung,* Baden-Baden 1978.

Vogel, K./P. Kirchhof, Kommentierung zu Art 114, in: *Bonner Kommentar,* 1973 (Zweitbearbeitung).

Volz, J., *Erfolgskontrolle kommunaler Planung,* Köln 1980.

Wahl, R., Die bürokratischen Kosten des Rechtsstaats, in: *Der Staat,* 1980, S. 273 ff.

Waller, J. D./D. McNeil Kemp/J. W. Scanlon/F. Tolson/J. S. Wholey, *Monitoring for Government Agencies,* Washington D. C. 1976.

Waller, J. D. et al., *Developing Useful Evaluation Capability: Lessons from the Model Evaluation Program,* Washington D. C. 1978.

Weber, H., Unerwünschte Finanzkontrolle?, in: *DÖV,* 1981, S. 128 ff.

Webler, W.-D., Politikberatung durch Begleitforschung – Politische und forschungsmethodische Probleme am Beispiel der Juristenausbildung, in: G.-M. Hellstern/H. Wollmann (Hrsg.), *Experimentelle Politik – Reformstrohfeuer oder Lernstrategie,* Opladen 1983, S. 371 ff.

Webler, W.-D., Forschungsansätze in der offenen Entwicklung und Evaluation sozialer Experimentalprogramme, in: G.-M. Hellstern/H. Wollmann (Hrsg.), *Experimentelle Politik – Reformstrohfeuer oder Lernstrategie,* Opladen 1983, S. 432 ff.

Wegener, M., Die Anwendung von Computern für die Stadt- und Regionalplanung, in: *Öffentliche Verwaltung und Datenverarbeitung,* H. 9, 1979, S. 3 ff.

Weiss, C. H., *Evaluation Research,* Englewood Cliffs 1972 (dt. Opladen 1974).

Weiss, D., *Evaluierung von Entwicklungsprojekten, DIE,* Berlin 1976.

Weiss, R. S./M. Rein, The Evaluation of Broad-Aim Programs. A Cautionary Case and a Moral, in: *The Annals of the American Academy of Political and Social Sciences,* 1969, S. 133 ff. (dt. in Band 2 dieses Handbuchs).

Westinghouse Learning Corp., *The Impact of Head Start: An Evaluation of the Effects of Head Start on Children's Cognitive and Affective Development,* Juni 1969.

White, S. H., *Federal Programs for Young Children: Review and Recommendation,* Bd. I–III, 1973 (The Huron Institute).

WHO (World Health Organization), *Statistical Indicators for the Planning and Evaluation of Public Health Programmes,* Genf 1970 (*Technical Report,* Nr. 472).

WHO (World Health Organization), *Applying Health Programme Evaluation: Assessment and Recommendations,* WHO Document DPE/80/1.

Wholey, J. S./J. W. Scanlon/H. G. Duffy/J. S. Fukumoto/L. M. Vogt, *Federal Evaluation Policy, Analyzing the Effects of Public Programs,* Washington D. C. 1970.

Wholey, J. S., *Evaluation: Promise and Performance,* Washington D. C. 1979.

von Wiese, L., Die Deutsche Gesellschaft für Soziologie – Persönliche Eindrücke in den ersten 50 Jahren, in: *KZFSS,* 1/1959, S. 11 ff.

Wildenmann, R., Zur Situation der Sozialwissenschaften in der Bundesrepublik Deutschland, in: St. F. Fitzsimmons/R. Wildenmann/K. J. Arrow (Hrsg.), *Zukunftsorientierte Planung und Forschung für die 80er Jahre,* Königstein/Ts. 1978, S. 6 ff.

Williams, W., *Social Policy Research and Analysis,* New York/London/Amsterdam 1975.

Willke, H., Bereitstellung und Auswertung statistischer Daten für die Landesplanung, in: Institut für Landes- und Stadtentwicklungsforschung/ILS (Hrsg.), *Tätigkeitsbericht des ILS 1977,* Dortmund 1978, S. 33 ff.

Windelen, H., Der Haushaltsausschuß im politischen Prozeß, in: *Verwaltung und Fortbildung, Schriftenreihe der Bundesakademie für öffentliche Verwaltung,* 3/1978, S. 93 ff.

Wirkungsanalysen in Raumordnungspolitik und Landesplanung (Veröffentlichungen der Akademie für Raumforschung und Landesplanung, Forschungs- und Sitzungsberichte), Hannover 1983.

Wittrock, K., Zum Verhältnis von Parlament und Bundesrechnungshof, in: H. Klatt (Hrsg.), *Der Bundestag im Verfassungsgefüge der Bundesrepublik Deutschland,* Bonn 1980.

Wollmann, H., *Die Stellung der Parlamentsminderheiten in England, der Bundesrepublik Deutschland und Italien,* Den Haag 1970.

Wollmann, H., Implementationsforschung – eine Chance für kritische Verwaltungsforschung?, in: ders. (Hrsg.), *Politik im Dickicht der Bürokratie, Leviathan,* Sonderheft 3/1979, Opladen 1980, S. 9 ff.

Wollmann, H., Untersuchungsansätze und Nutzungschancen einer Rechtstatsachenforschung im Städtebaurecht, in: *Informationen zur Raumentwicklung*, 1982, Heft 1, S. 1 ff.

Wollmann, H., *Urban Impacts of the Traffic Noise Bill in Germany and the Need for Urban Impact Assessments*, OECD Working Paper, Mai 1981.

Wollmann, H., Policy Analysis: Some Observations on the West-German Development, in: *Policy Sciences*, 1984.

Work Progress Administration 1932 (12 Bde.).

World Bank, *Operational Evaluation: World Bank Standard and Procedures*, 1979 (2); *Annual Review of Project Performance Audit Results* (jährl.); *Annual Reports on Operations Evaluation*, 1980.

World Food Programme (WFP), *Evaluation Field Manual*, 1980.

Wright, S. R., The First Two Years of the Evaluation Research Summer Institute, in: *Evaluation Quarterly*, 1/1977, S. 183 ff.

Würtenberger, Th., *Staatsrechtliche Probleme politische Planung*, Berlin 1979 (*Schriften zum Öffentlichen Recht*, Bd. 360).

Wulf, Chr. (Hrsg.), *Evaluation*, München 1972.

Yarmolinsky, A., The Beginning of OEO, in: J. L. Sundquist (Hrsg.), *On Fighting Poverty. Perspectives from Experience*, New York/London 1969, S. 34 ff.

Zabel, G./U. Freund, *Regionale Wirkungen der Wirtschaftsstrukturförderung*, Bonn 1978 (Schriftenreihe „Raumordnung" des BMBau, Heft 06.023).

Zapf, W., Gesellschaftliche Dauerbeobachtung und aktive Politik, in: *Allgemeines Statistisches Archiv*, 1973, S. 143 ff.

Zeh, W., *Untersuchungen zur Gestaltungswirkung von Bundesgesetzen*, 2 Bände, vv. Ms., Speyer 1981.

Zeh, W., Thesen zu einer Evaluierung staatlicher Politik, in: G.-M. Hellstern/H. Wollmann (Hrsg.), *Experimentelle Politik – Reformstrohfeuer oder Lernstrategie*, Opladen 1983.

ZFG (Zentrale Forschungsgruppe zur Juristenausbildung), *2. Tätigkeitsbericht 1978/1979*, vv. Ms., 1979.

ZFG (Zentrale Forschungsgruppe zur Juristenausbildung), *3. Tätigkeitsbericht 1979/1980*, vv. Ms., 1980.

ZFG (Zentrale Forschungsgruppe zur Juristenausbildung), *Abschlußbericht*, vv. Ms. 1981.

Zigler, E./J. Valentine (Hrsg.), *Project Head Start: A Legacy of the War on Poverty*, New York 1978.

Zimmermann, H., *Regionale Inzidenz öffentlicher Finanzströme*, Baden-Baden 1981.

Zunker, A., Bundesrechnungshof, in: K. Sontheimer/H. H. Föhring (Hrsg.), *Handbuch des politischen Systems der Bundesrepublik Deutschland*, München 1977, S. 108 ff.

Anhang: Veröffentlichungen und Schriftenreihen von Bundesministerien und ihnen nachgeordneter Einrichtungen und Institute (Auswahl)

Bundesministerium des Innern
- Schriftenreihe (bei W. Kohlhammer-Verlag, Stuttgart)
- Umweltbrief
- Fachdienst „Umwelt"
- Fachdienst „Innere Sicherheit"
- Informationsdienst „BMI-Mitteilungen"

Zu verweisen ist ferner auf Schriften von nachgeordneten Einrichtungen des BMI, insbesondere
- der *Bundesakademie für öffentliche Verwaltung* (BAköV) mit der Zeitschrift „Verwaltung und Fortbildung" sowie u. a. „BAköV-Werkpapiere",
- des *Umweltbundesamtes*, u.a. mit dem „Umweltforschungskatalog" („UFOKAT") und dem „Umweltforschungsreport", die sich auf das „Informations- und Dokumentationssystem Umwelt' („UMPLIS") stützen,
- des *Bundesverwaltungsamts – Bundesstelle für Büroorganisation und Bürotechnik* – (BBB) mit den „BBB-Informationen"
- *des Bundesinstituts für Bevölkerungsforschung* (BiB) mit Jahresberichten

Bundesministerium der Justiz
- Zur empirischen Forschung im Zivil- und Strafrecht, auch insoweit sie vom BMJ initiiert und gefördert wurde, vgl. O. Hartwieg/BMJ (Hrsg.), Rechtstatsachenforschung und Kriminologie, 2. Aufl., Köln (Bundesanzeiger Verlagsges.) 1978

Bundesministerium der Finanzen
- BMF-Pressemitteilungen
- BMF-Dokumentation
- BMF-Finanznachrichten
- Schriftenreihe
  (zu beziehen durch: Wilhelm Stollfuß Verlag, Postfach, 5300 Bonn)

Bundesministerium für Wirtschaft
- Schriften und Referatsdienste

Bundesministerium für Verteidigung
- Aktueller Pressebericht

Hinzuweisen ist vor allem auf die Veröffentlichungen des *Dokumentationszentrums der Bundeswehr* (Dok-Info, Erprobungsberichte, DokZentrBw-Studien, Forschungsberichte zur Wehrmedizin und Wehrtechnik)

Bundesministerium für Jugend, Familie und Gesundheit
- Sozialpolitische Informationen
- Schriftenreihe (zu beziehen über: Verlag W. Kohlhammer, Stuttgart) darunter als Einzelbände Jahresberichte (mit Kurzfassung der laufenden bzw. abgeschlossenen Projekte), zuletzt:
- Jahresbericht 1974/1975, Teil I, Band 48
- Jahresbericht 1974/1975, Teil II, Band 48
- Jahresbericht 1976/1977, Band 68

Zu verweisen ist ferner auf Jahres- und Forschungsberichte dem BMJFG nachgeordneter Einrichtungen und zugeordneter Forschungsinstitute, insbesondere
- der *Bundeszentrale für gesundheitliche Aufklärung* (BzgA)
- des *Bundesgesundheitsamts* (BGA)
- des *Deutschen Jugendinstituts* (DJI)

Bundesministerium für Ernährung, Landwirtschaft und Forsten
- Jahresberichte „Forschung im Geschäftsbereich des Bundesministers für Ernährung, Landwirtschaft und Forsten"
  (zu beziehen durch: BML, Pressereferat, Postfach, 5300 Bonn 1)
- Schriftenreihe „Landwirtschaft, Angewandte Wissenschaft"
  (zu beziehen durch: Landwirtschaftsverlag GmbH, 4400 Münster-Hiltrup)

Bundesminister für Arbeit und Sozialordnung
- Sonderveröffentlichungen
  (zu beziehen durch: BMA, Pressereferat, Postfach 140280, 5300 Bonn 1)
- Schriftenreihe „Forschungsberichte"
  (zu beziehen durch: ebd.)
  (Bände jeweils aus: Humanisierung des Arbeitslebens, Gesundheitsforschung, Sozialforschung)

Aus dem Bereich des BMA vgl. ferner insbesondere
- das *Forschungszentrum der Bundesanstalt für Arbeit* mit umfangreichen Dokumentationen zur Evaluierung von Arbeitsmarktprogrammen
- die *Bundesanstalt für Arbeitsschutz und Unfallforschung* (BAU) mit umfassendem Arbeitsschutzinformationssystem

Bundesministerium für Verkehr
Schriftenreihen
- (Allgemeine) Schriftenreihe (zu beziehen durch: Kirschbaumverlag, Rüdigerstraße 34, 5300 Bonn 2)
- Forschung Straßenverkehr („blaue Reihe")
  (zu beziehen durch: ebd.)
- Forschung Straßenverkehr („grüne Reihe")
  (zu beziehen durch: ebd.)
- Straßenbau und Straßenverkehrstechnik
  (zu beziehen durch: Bundesanstalt für Straßenwesen, Brüderstr. 53, 5060 Bergisch-Gladbach 1
- Unfall- und Sicherheitsforschung Straßenverkehr,
  (herausgegeben von Bundesanstalt für Straßenwesen, dort auch erhältlich)

Aus dem Bereich des BMV vgl. ferner
- die *Bundesanstalt für Straßenwesen* (BASt) mit Forschungs- und Tätigkeitsberichten
- des *Kraftfahrt-Bundesamts* und der *Bundesanstalt für den Güterfernverkehr* mit regelmäßigen Auswertungen des Verkehrszentralregisters als ein Mittel des Effizienzkontrolle.

Bundesministerium für Raumordnung, Bauwesen
7 Schriftenreihen (zu beziehen durch: BMBau, Referat Öffentlichkeitsarbeit, Postfach, 5300 Bonn 2):

–	Schriftenreihe 01,	Modellvorhaben, Versuchs- und Vergleichsbau	(ab 1962)
–	Schriftenreihe 02	Stadtentwicklung	(ab 1974)
–	Schriftenreihe 03	Städtebauliche Forschung	(ab 1972)
–	Schriftenreihe 04	Bau- und Wohnforschung	(ab 1973)

– Schriftenreihe 05 Bundeswettbewerbe (ab 1972)
– Schriftenreihe 06 Raumordnung (ab 1974)
– Schriftenreihe 07 Wohnungsmarkt und Wohnungspolitik (ab 1976)

Zu den Forschungen an der dem BMBau nachgeordneten *Bundesforschungsanstalt für Landeskunde und Raumordnung*, BfLR, s. insbesondere deren Schriftenreihe „Arbeitspapiere, Seminare, Symposien" sowie „Informationen zur Raumentwicklung"

Bundesministerium für Forschung und Technologie

– BMFT-Mitteilungen

Forschungsberichte in „Berichtsreihen"

(zu beziehen über: Fachinformationszentrum Energie, Physik, Mathematik GmbH, Kernforschungszentrum, 7514 Eggenstein-Leopoldshafen 2)

– Berichtsreihe: Datenverarbeitung
– Berichtsreihe: Humanisierung des Arbeitslebens
– Berichtsreihe: Information und Dokumentation
– Berichtsreihe: Kernforschung
– Berichtsreihe: Meeresforschung
– Berichtsreihe: Technologische Forschung und Entwicklung

BMFT-Veröffentlichungen (zu beziehen über BMFT, Postfach, 5300 Bonn 1)

Schriftenreihe „Humanisierung des Arbeitslebens"

(Campus Verlag, Frankfurt/Main-New York)

– Im Bereich des BMFT ist insbesondere auf die beiden Forschungsdatenbanken DAKOR (für FuE-Vorhaben aller Bundesministerien) und DAVOR (für vom BMFT geförderte Vorhaben) zu verweisen; auf der Grundlage der letzteren wird der jährliche „BMFT-Förderungskatalog" fortgeschrieben.

Bundesministerium für Bildung und Wissenschaft

Sonderreihen (zu beziehen durch: BMBW, Pressereferat, Postfach, 5300 Bonn 1)

– Sonderreihe: Berufliche Bildung
– Sonderreihe: Hochschulrahmengesetz
– Sonderreihe: Bildungswesen im Vergleich
– Sonderreihe: Werkstattberichte

Schriftenreihe des BMBW

(zu beziehen durch: Gersbach & Sohn Verlag, Isoldenstraße 38, 8000 München 40)

– Serie: Bildung und Wissenschaft
– Serie: Berufliche Bildung
– Serie: Bildungsplanung
– Serie: Hochschule
– Serie: Hochschulabsolventen im Beruf
– Serie: Bildungs- und Beschäftigungssystem

Robert A. Levine
Systems Development Corporation, Santa Monica, Ca.

Programmevaluierung und Politikanalyse in Europa, USA und Kanada – Ein Überblick

Dieser Bericht ist das Ergebnis eines Pilotprojektes, gefördert von der „German Marshall Fund Foundation"*. Er hatte zur Aufgabe, eine erste Bestandsaufnahme des *state of art* im Bereich der Evaluierung staatlicher Programme in westlichen Nationen durchzuführen. Analytisch sollte ein Bezugsrahmen entwickelt werden, der es erlaubt, die unterschiedlichen Formen der Politikanalyse und Evaluierung in diesen Ländern zu analysieren. Als normatives Ziel stand hinter diesem Unterfangen, die *Erfahrungen* in den verschiedenen Ländern *innovativ* zu nutzen, um Instrumente und Vorgehensweisen der Evaluierung vorzuschlagen, die zu einer Verbesserung von Politik und Programmen führen. Das Ziel des Forschungsauftrags bestand weniger darin, die Analyseverfahren der Evaluierung zu verbessern als vielmehr in der Vorstellung, einen Beitrag zu einer Verbesserung der Evaluierung von politischen Entscheidungen und Maßnahmen zu leisten.

Eine wissenschaftlichen Kriterien nicht vollkommen genügende Analyse, die tatsächlich genutzt würde, mag in diesem Sinne einer umfassenderen „wissenschaftlicheren" Analyse vorzuziehen sein. Das gilt vor allem dann, wenn diese „wissenschaftliche Analyse" zu spät abgeliefert wird, sprachlich nur schwer zu verstehen ist oder sich auf Probleme konzentriert, die für die unmittelbaren Bedürfnisse der Politikmacher ohne Bedeutung sind. Im folgenden steht daher mehr die *Nutzung der Evaluierung* und weniger der Gebrauch ihrer Methoden im Vordergrund.

Im vorliegenden Bericht wird zuerst ein Bezugsrahmen für die Analyse wichtiger Probleme im Prozeß der politischen Nutzung der Evaluierung entwickelt, sodann die Rolle diskutiert, die Evaluierung und Politikanalyse in jedem der neun besuchten Länder (den USA, Kanada, Frankreich, Großbritannien, der Bundesrepublik, Belgien, Schweden, Norwegen und den Niederlanden sowie der EWG) zukommt, und es wird versucht, erste Schlußfolgerungen über Aufgabe und Rolle der Evaluierung und ihre weitere Entwicklung in diesen Ländern zu ziehen.

Aufgrund des Pilotcharakters der Untersuchung sind weder der Bezugsrahmen noch die Schlußfolgerungen endgültig, vielmehr sollten sie als Hypothesen für die weitere Arbeit dienen.

* Der Bericht beruht auf zahlreichen Interviews, Gesprächen, Dokumentenanalysen und informellen Berichten, so daß im folgenden auf eine Quellendokumentation, die nur selektiv sein könnte, verzichtet wird.

Die Materialgrundlage für diesen Bericht bilden zahlreiche Gespräche mit mittleren und höheren Ministerialbeamten in den einzelnen Ländern sowie eine Analyse vorliegender Dokumente.

I. Einleitung

Ursprünglich lag der Schwerpunkt des Projektunternehmens auf der Frage nach dem Stand der Evaluierung, Evaluierung definiert als die *ex-post*-Analyse von Wirkungen und Ergebnissen eines staatlichen Programms und dem Vergleich dieser Wirkungen mit den beabsichtigten, explizierten oder implizierten Zielsetzungen des Programms, unter Umständen auch in Bezug auf andere staatliche Zielsetzungen. Im Verlauf der Untersuchung erweiterte sich diese Fragestellung, um nunmehr auch das allgemeine Feld der Planung staatlicher Politiken und Programme miteinzuschließen. Obgleich eine umfassende Analyse und Dokumentation des politischen Planungsprozesses nicht beabsichtigt war, enthält dieser Bericht einige Hinweise über die systematische Nutzung von Analysen, Studien und Daten in Planung und Politikentscheidungsprozeß der besuchten Länder. Die Analyse konzentriert sich auf Probleme der Evaluierung, ist jedoch nicht auf diese beschränkt. Erfaßt wurden z. B. auch quantitative und qualitative Forschungen zu speziellen Bedürfnissen von nationalen Zielgruppen, auch wenn diese Bedürfnisse noch nicht durch ein nationales Programm erfüllt werden. Ganz bewußt wurde dafür in Kauf genommen, daß die Grenze zwischen Evaluierung und Politikanalyse unscharf wurde; dies mag zwar einige Programmevaluierer irritieren, aber diese weite Interpretation der Evaluierung entspricht viel eher dem Verständnis und der Problemsicht von Politikern und Programmanagern. Es entspricht auch eher einer Studie, die stärker die Relevanz und die Nutzung von Politikanalysen im politischen Entscheidungsprozeß betont als die Probleme, die sich aus dem Analyseprozeß selbst ergeben. Man könnte sogar nachweisen, daß sich eine Trennung von Evaluierung und Politikanalyse, wie sie beispielsweise in Schweden mit der Gründung spezieller Evaluierungsbehörden versucht wurde, als nur wenig erfolgreich erweist.

Der Bericht konzentriert sich auf innenpolitische Entscheidungsprozesse und Politikanalysen, lediglich für historische oder vergleichende Zwecke wurden die Außen- oder Verteidigungspolitik mit in die Analyse einbezogen. Behandelt werden innenpolitische Probleme, d. h. Aufgaben der Sozialpolitik, wie die Verwendung und Nutzung des Nationaleinkommens und anderer Ressourcen und ihre Umverteilung aus sozialpolitischen Überlegungen, ferner staatliche Politiken, wie die Energie- und Wirtschaftspolitik usw. Nicht einbezogen wurden zwei Politikbereiche, die zumindest in der Vergangenheit nur selten unter dem terminus technicus einer allgemeinen Politikanalyse subsumiert wurden, obgleich sie zukünftig vielleicht auch dazuzuzählen sind: zum einen makroökonomische Politikanalysen, die seit Keynes und den Geldtheoretikern vor ihm sich als ein eigenes esoterisches Forschungsfeld entwickelt haben, deren Vertreter zwar gesamtökonomische Analysen vorlegten, aber sich nur begrenzt an der Analyse von Politikfeldern wie Gesundheitswesen, Erziehungswesen, Sozialpolitik oder Energiepolitik beteiligten. Zum anderen wurde nicht aufgenommen das Feld der Wissenschafts- und Technologiepolitik, d. h. staatliche Programme und Maßnahmen und Wirkungsanalysen wissenschaftlicher und technologischer Veränderungen. Zwar verschmelzen die Aufgaben einer „allgemeinen" und einer technisch-wissenschaftlichen Politikanalyse immer mehr miteinander – die Energiepolitik mag als ein derartiges Beispiel dienen –, dennoch unterscheiden sich die dahinterstehenden wissenschaftlichen Ansätze und Überlegungen grundlegend voneinander. Die wissenschaftlichen Ansätze, die diesem Bericht zugrunde liegen, sind vor allem Analysestrategien, die von Finanzwissenschaftlern, Ökonomen (makroökonomisch orientierte Wissenschaftler ausgenommen), Politikwissenschaftlern, Verwaltungswissenschaftlern sowie anderen Wissenschaftlern vertreten werden, die am besten unter dem Begriff „Politikanalytiker" zusammengefaßt werden. Die Trennungslinien zu anderen Disziplinen sind vor allem historisch bedingt, sehr viel weniger logisch oder wissenschaftlich begründbar.

Im Kern suchte das Projekt nach *Gemeinsamkeiten* auf dem Felde der Politikanalyse in den verschiedenen Ländern Ausschau zu halten, durchaus mit Blickrichtung und auf der Suche nach möglichen transnationalen Transfermöglichkeiten. Ein Ergebnis der Analyse dürfte sein, daß derartige *Transfermöglichkeiten* bestehen, sie allerdings nur dann Erfolg versprechen, wenn der Transfer sorgfältig geplant und die unterschiedlichen Voraussetzungen, die in den nationalen Ländern bestehen, berücksichtigt werden. Falls die nationalen Unterschiede und Eigenheiten nicht ausreichend beachtet werden und etwa nicht reflektierte Transferversuche unternommen werden – Beispiele finden sich hier in großer Zahl –, so besteht, wie Erfahrungen aus den letzten Jahren zeigten, die Gefahr eines Fehlschlags. Wenn eine Erfahrung allen demokratischen Staaten gemeinsam ist, dann ist es die, daß politische Institutionen und politische Entscheidungsprozesse Art und Weise der Politikentwicklung grundlegend bestimmen (und dies sicherlich zu Recht). Für die Evaluierung ergibt sich hieraus, daß eine Übertragung von Evaluierungssystemen, die diese jeweils nationalen Besonderheiten nicht berücksichtigt, mit relativ hoher Wahrscheinlichkeit fehlschlagen muß.

Regieren ist vor allem ein *politischer Prozeß*; dies ist die grundlegende Prämisse und Erkenntnis auch dieses Berichts. Die grundlegende Form, in denen staatliche Entscheidungsprozesse in komplexen Demokratien verlaufen, ist und bleibt der politische Handlungs- und Verhandlungsprozeß, ein Prozeß der Aushandlung und des gegenseitigen Vergleichs von Interessen. Daraus folgt nicht zwangsläufig, daß „rationalen" Entscheidungsprozessen und Analysen, wie sie die Evaluierungsforschung und materielle Politikanalysen darstellen, im politischen Entscheidungsprozeß keine Bedeutung zukommt, sondern vielmehr, daß der Politikprozeß einen Prozeß der Anpassung von Eigeninteressen beinhaltet, daß Politik sich auf verschiedene Perspektiven über die Definition des Gemeinwohls bezieht und daß Politikanalysen und Evaluierungen lediglich dazu beitragen können, die Bedeutung dieser Gemeinwohldefinitionen und Eigeninteressen etwas zu beleuchten. Eine kleine Geschichte, die man sich auf den Korridoren des US-Kongresses über das Verhalten eines Abgeordneten erzählt, mag dies illustrieren: Dieser Abgeordnete stimmte regelmäßig für hohe Zolltarife, um einen kleinen Fabrikanten in seinem Wahldistrikt hohe Schutzmauern für dessen Erzeugnisse zu sichern. Dies tat er solange, bis ihm erklärt wurde, daß sein Wahlbezirk im Einzugsgebiet eines Hafens läge und wirtschaftlich vor allem vom internationalen Handel abhänge, woraufhin er sein Abstimmungsverhalten änderte. *Politikanalysen* vermögen daher zu Veränderungen von Einsichten und Einstellungen beitragen. Was sie allerdings *nicht* können, ist – obgleich dieses manchmal versucht wird –, grundlegende politische Machtstrukturen zu verändern.

Die Zustimmung und Ablehnung gewisser Schlußfolgerungen dieses Berichts hängt vor allem von der Werteinschätzung ab, die einem rationalen Diskurs innerhalb des politischen Prozesses beigemessen wird.

Die relativ neue Institution des *Central Policy Review Staff* (CPRS) in England, einer Gruppe von Politikanalytikern, unmittelbar dem Kabinett verantwortlich, mag für zahlreiche Länder, wenn sie sorgfältig den unterschiedlichen politischen und organisatorischen Umwelten angepaßt wird, ein wichtiges Modell für eine Rationalisierung und Verbesserung von *Top-Politikentscheidungen* sein. Dies gilt sicherlich auch für die USA. Die Betonung liegt hierbei jedoch auf Anpassung und nicht auf Übernahme des Modells.

Weit geringere Probleme der Anpassung, Übernahme und Nutzung von Modellen und Erfahrungen stellen sich für nachgeordnete Entscheidungsebenen, d. h. *Evaluationen in den Ministerien und Verwaltungsvollzugsbehörden*. Hier sind die materiellen Problemstellungen einer demokratischen Industriegesellschaft zu ähnlich, als daß direkte Übertragungen nicht möglich wären. So sind zwar die Gesundheitssysteme z. B. in Europa sehr unterschiedlich ausgestaltet, die Probleme der Gesundheitsversorgung, der Krankenhauskostenentwicklung usw. ähneln einander jedoch sehr, und bereits heute finden sich in allen wichtigen Ländern vergleichbare Wirkungsanalysen und Evaluationsverfahren im Gesundheitswesen und es erscheint sehr wahrscheinlich, daß hier viele Dinge transferierbar sind. Dennoch bleibt eine Warnung: Eine unreflektierte transnationale Übernahme von Modellen und Verfahren kann eher schaden als nützen. Nachdrücklich sei auf einen sicherlich sehr wichtigen Transferversuch verwiesen, der in allen von mir besuchten Ländern fehlgeschlagen ist. Jede besuchte Nation hatte in den letzten Jahren mit mißlungenen Experimenten beim Transfer von PPBS Erfahrungen gesammelt. PPBS, ein weitgehend in den USA entwickeltes System, 1961 durch den damaligen Verteidigungsminister R. McNamara erstmals im Verteidigungsministerium mit großem Erfolg angewandt (und dort noch immer erfolgreich), wurde durch Präsident Johnson 1965 allen Bundesbehörden zur Anwendung vorgeschrieben. Es zeigte sich jedoch, daß es – mit einigen allerdings wichtigen Ausnahmen – unter anderen verwaltungskulturellen und politischen Voraussetzungen kaum nutzbringend ist. Grenzen und Fehlschläge des PPBS waren allerdings zur Zeit der Übernahme durch die europäischen Länder noch nicht so offensichtlich wie die Probleme, die es zu lösen versprach, Probleme, die gleichermaßen in allen westlichen Ländern bestanden. Weitgehend auf der Grundlage des amerikanischen Modells unternahmen daher zahlreiche Länder Versuche mit PPBS. Aus jeweils sehr unterschiedlichen, in den nationalen Eigenheiten begründbaren Ursachen schlug jedoch jeder dieser Versuche fehl. Die gemeinsame (leidvolle) Erfahrung dieser Transferversuche zeigt die Bedeutung, die den *nationalen politischen Institutionen* und dem *jeweils eigenen politischen Entscheidungsprozeß* zukommt, sie zeigt, daß diese die Grundlage der jeweiligen Politikentscheidungen bilden und daß einfache Übertragungen von Systemen selbst innerhalb einer Nation (wie beispielsweise vom Verteidigungsministerium auf die innenpolitischen Ressorts) kaum erfolgreich sein können.

II. Grundlegende Probleme der Evaluierung und Politikanalyse

II.1. Unterschiedliche Konzepte der Evaluierung und Politikanalyse

Das einfachste Modell der Anwendung einer Evaluierung oder einer Politikanalyse im staatlichen Entscheidungsprozeß besteht darin, daß der Wissenschaftler gewisse Zielvorgaben von den Entscheidungsträgern erhält, seine Analyse durchführt und den Entscheidungsträger über die kostengünstigste und wirksamste Maßnahme, diese Ziele zu erreichen, informiert. In einem etwas komplexeren Analysemodell erhält der Analytiker weniger klare Zielvorgaben, gleichzeitig verwendet er in seinem Modell unterschiedliche Prämissen, die zu unterschiedlichen Handlungsalternativen führen, unter denen der Entscheidungsträger dann wählen kann. Auch in diesen Modellen bildet die Evaluierung einen unerläßlichen Schritt, da nur durch eine Evaluierung die Daten für eine Schätzung der Kosten und Wirksamkeiten unter realen Bedingungen bereitgestellt werden können. Manchmal ermöglichen diese Evaluierungen sogar die Verwendung von Kosten-Nutzen-Analysen, idealiter ausgedrückt in monetären Bewertungsmaßstäben, so daß vom Verhältnis zwischen Kosten und Nutzen unmittelbar auf Wert und Nutzen eines Projekts geschlossen werden kann.

Keines dieser Modelle hat etwas mit der *tatsächlichen* Realität des Entscheidungsprozesses zu tun, obgleich derartige Modelle in der Tat implizit hinter der Einführung der Mehrzahl aller Politikanalysensysteme (einschließlich des PPBS) stehen. Eher zutreffend ist das Modell, in dem der Analytiker (vorausgesetzt, er hat überhaupt Einfluß) mit dem Entscheidungsträger zusammenarbeitet und ihm Informationen – Analysebruchstücke – zur Verfügung stellt, die es ihm erlauben, unter verschiedenen möglichen Maßnahmen zu wählen, denen meist einige unzureichend formulierte Vorstellungen über personelle, politische und nationale Voraussetzungen (nicht notwendigerweise in dieser Reihenfolge) zugrunde liegen. Der Nutzen, der aus derartigen Politikanalysen und Evaluierungen gewonnen wird, ist unterschiedlich je nach Nation, aber auch innerhalb eines Landes je nach Materie und Institution, wobei die Nutzung weitgehend von der Art und Weise abhängt, wie der Politikprozeß wichtige konzeptionelle und operative Probleme angeht:

– *(Überparteiliche, objektive) neutrale Evaluierungen versus einer (parteilichen) Advokatenevaluierung.* Inwiefern kann durch Politikanalyse und Evaluierung objektive und wertfreie Information vermittelt werden? Wie groß soll der Anteil einer neutralen (objektiven) Evaluierung sein angesichts persönlicher Meinungen und Interessen des Analytikers oder der konkreten Interessen derjenigen Organisation, die die Daten zur Verfügung stellt? In den USA – mit einem politischen System, das weitgehend auf politischer Interessenvertretung und politischer Auseinandersetzung beruht – wird von jeglicher Evaluierung, die von einer Behörde durchgeführt wird, angenommen, daß sie vor allem dem Interesse dieser Organisation dient. In Skandinavien wird – im Gegensatz hierzu – Evaluierung als etwas verstanden, das relativ neutral und frei von Interessen Programme und Maßnahmen analysiert.

- *Externe versus interne Evaluierung.* Analysen können in den politischen Prozeß durch zwei sehr unterschiedliche Kanäle gelangen. Analytische Informationen können den Entscheidungsträgern über Personen und Organisationen vermittelt werden, die in unmittelbarer Verantwortung und Abhängigkeit zu diesen stehen, die Analyse wird hierbei direkt durch den Entscheidungsträger genutzt. Zum anderen können analytische Informationen vor allem denjenigen dienen, denen die Entscheidungsträger verantwortlich sind, d. h. Parlament oder Wähler. Im zweiten Fall ist es sehr wahrscheinlich, daß die Analyse Entscheidungen durch politischen Druck beeinflußt. Innerhalb des politisch administrativen Systems herrscht die Überzeugung vor, daß die effektivste Art der Analyse eine interne ist, die im System bleibt und daher sehr offen sein kann. Aber in zahlreichen Ländern, vor allem in Schweden und neuerdings auch in den USA, machen „Freedom-of-Information"-Gesetze eine derartige Vorgehensweise praktisch unmöglich.
- *Offene versus geschlossene Evaluierungen.* Ähnlich wie die vorhergehende Frage bezieht sich diese Alternative darauf, inwieweit die Ergebnisse innerhalb der Verwaltung aufbewahrt werden oder inwieweit sie veröffentlicht und allgemein zugänglich gemacht werden sollen.
- *Analysen versus Analytiker.* Ein Weg, materielle Politikanalysen im politischen Prozeß zu nutzen, ist der, Politikanalysen anzufordern und sie zu lesen; ein alternativer Weg ist es, Politikanalytiker und politische Entscheidungsträger gemeinsam *miteinander* arbeiten zu lassen. In der Tat, der Alltagsdruck auf die Entscheidungsträger ist dermaßen, daß nur wenige genügend Zeit haben, mehr zu lesen als die Zusammenfassung und daß die Analytiker darauf verwiesen sind, Zusammenfassungen herzustellen oder vorzutragen und Vorschläge zu erstellen, konzentriert auf die Fragen, die für den Entscheidungsträger besonders wichtig sind. Jedoch bleibt die grundlegende Frage bestehen, inwieweit der Politikanalytiker Berichte erstellen sollte, ob er nicht besser Analysen direkt in den politischen Prozeß einbringen sollte oder ob er letztendlich nicht sogar als ein weiterer Entscheidungsträger in den politischen Entscheidungsprozeß einzubinden ist, als ein weiterer Entscheidungsträger mit etwas anderen Vorgehensweisen und Kriterien als der Politiker oder der Bürokrat sie besitzen und mit etwas intimerer Kenntnis bisher durchgeführter wichtiger wissenschaftlicher Analysen, die bisher zu dem jeweiligen Problemfeld durchgeführt wurden.

Es gibt einige, die die Auffassung vertreten, daß die wichtigste Aufgabe eines Politikanalytikers darin bestehe, einen Beitrag zur Rationalisierung der Entscheidungsfindung zu leisten und daß die Analyse selbst viel weniger wichtig sei als dieser Beitrag. Allerdings kann nicht mit Sicherheit behauptet werden, daß Politikanalytiker außerhalb ihrer analytischen Rolle gleichfalls effizient sind. Präsident Carter hatte in seinem Kabinett zu Beginn vier Ökonomen, von denen man annehmen kann, daß sie eine sorgfältige Ausbildung in einer speziellen Form wissenschaftlicher Politikanalyse erhalten haben. Nach einem Jahr zählten sie – zumindest in der Skala eines bedeutenden Nachrichtenmagazins – zu den ineffektivsten Kabinettsmitgliedern (an der Spitze standen die Juristen). Drei dieser vier wurden in der Folge denn auch durch Unternehmer ersetzt.

- *Unterstützung versus Leistungsmessung.* Eine weitere Unterscheidung zwischen Evaluierungen ist darin zu sehen, inwieweit Evaluierungen beabsichtigen, den Erfolg oder die Ergebnisse eines Programms einer Organisation oder einer Person zu messen oder inwieweit sie sich darauf richten, durch eine Evaluierung die Evaluierten zu unterstützen. Beide Zielvorstellungen mögen sich häufig überschneiden, aber in der Praxis zeigte sich, daß Evaluierungen sehr unterschiedlich verlaufen, je nachdem, ob eine Organisation oder eine Person das Gefühl gewinnt, daß die Evaluierung zu einer „Belohnung oder Bestrafung" führen wird oder ob die Überzeugung besteht, daß der Evaluator herangezogen wurde, um sie bei der Arbeit zu unterstützen. Eine Evaluierung hat sehr unterschiedlich auszusehen, je nachdem, welches Ziel sie verfolgt.
- *Programme versus Staatsaufgaben.* Schließlich ist bei einer Evaluierung eine weitere Dimension zu berücksichtigen, die vor allem in einigen europäischen Ländern beim Vergleich von Evaluierungen zwischen den USA und Europa immer wieder diskutiert wird. Die USA hat Programme, wie sie vor allem z. B. die Bundesrepublik Deutschland in dieser Form nicht besitzt. Diese Programme können auch auf eine Weise evaluiert werden, die gewöhnlich für eine Evaluierung von Regierungsaufgaben nicht angebracht ist. Für die Durchführung von Bundesaufgaben ist in den USA der typische Verlauf, daß der Kongreß ein Programm in Gesetzesform verabschiedet und Geld hierfür zur Verfügung stellt. Selbst wenn dieses Programm weitgehend dezentralisiert durchzuführen ist, z. B. durch die Länder (Staaten) oder die Gemeinden, gründet die Bundesbehörde neue Organisationen (meist in bereits vorhandenen Verwaltungen und Behörden), um das Programm durchzuführen und das Bundesgeld an die Staaten und Gemeinden zu verteilen. In der Bundesrepublik als dem anderen Extrem verändern sich bestehende Organisationsformen durch neue Maßnahmen und Programme kaum; so existieren zahlreiche Behörden und Organisationen in ihrer gegenwärtigen Form bereits seit der Gründung der Bundesrepublik oder gar seit Bismarcks Zeiten. Eine Ursache für diesen Unterschied mag darin liegen, daß in den USA (aus gutem Grund) die Tendenz besteht, Programme für spezielle Zielgruppen zu entwickeln (für die Armen, für ethnische Minderheiten, für die Bewohner von Problemgebieten) und Programme auf diese Zielgruppen auszurichten, während sich in Europa und in der Bundesrepublik Regierungsaufgaben und Programme in der Regel auf die gesamte Bevölkerung beziehen.

II.2. Unterschiede in der sozialen und politischen Struktur

II.2.1. Sozialstruktur

Konsensorientierte versus konfliktorientierte Nationen. Die wahrscheinlich wichtigste Unterscheidung für eine Analyse der Nutzung und Verwendung von Politikanalysen im politischen Entscheidungsprozeß in verschiedenen Ländern begründet sich aus der Tatsache, daß in einigen Ländern mit einer relativ homogenen Gesellschaft ein breiter Konsens bezüglich der Regierungsaufgaben besteht, in einigen Ländern dieser Konsens jedoch fehlt. Unter „Konsens" wird hier verstanden, daß eine allgemeine Übereinstimmung über die Aufgaben der Regierung besteht, vor allem über die Rolle des Staates in der Umverteilung von Einkommen und in der Ausbalancierung unterschiedlicher Interessen. Das heißt nicht, daß Einigkeit über den Umfang und die Anteile einer Einkommensumverteilung herrscht, vielmehr besteht die Einigkeit vor allem in der Auffassung, *welche* Aufgaben und Funktionen der Staat hierbei zu übernehmen hat. Dieser Konsens besteht vor allem in Schweden, Norwegen und den Niederlanden; er findet sich kaum in den größeren Staaten, bei denen allein deren Größe zu einer zusätzlichen Komplexität bei der Bewältigung von anstehenden Problemen führt und in denen Wahlentscheidungen zu entscheidenden Veränderungen führen können.

In *Konsens-Staaten* führt die gemeinsame Grundhaltung bezüglich der Aufgaben und Funktionen des Staates zu Formen der Evaluierung und zu materiellen Politikanalysen, in deren Mittelpunkt Fragen der Effizienz in der Aufgabenerfüllung stehen (in den USA gelegentlich mit dem Terminus „good government focus" umschrieben), und zu einem Evaluierungsmodell, das sich an das Neutralitäts- und weniger an das Advokatenmodell einer Evaluierung annähert. Diese Nationen orientieren sich an einem *Modell einer objektiven Evaluierung.* Staaten, in denen nur ein geringer Konsens über die Rolle des Staates besteht, haben größere Schwierigkeiten, objektive Evaluierungen durchzuführen.

Hauptstadtzentralisierung. Ein britischer Abgeordneter führte aus, daß London ein Dorf sei, in dem praktisch alle die Personen wohnen, die in irgendeiner Weise eine Bedeutung im politischen Entscheidungsprozeß haben, seien es Regierungsbeamte oder andere. Das erklärt sich daraus, daß London nicht nur Regierungssitz, sondern gleichzeitig Geschäfts- und kulturelles Herz der Nation ist. Ähnliches trifft für Paris und Frankreich zu. Aus unterschiedlichen Gründen gilt diese Aussage einer Zentralisierung der politischen und ökonomischen Macht auch für die Niederlande mit ihrem „Randstadt"-(Amsterdam/Rotterdam/Den Haag umfassenden) Komplex. Sie trifft viel weniger die Situation in anderen Staaten. Die wichtigste Folge dieses durch die räumliche Nähe bedingten „Dorfmilieus" ist die: jeder kennt jeden. Wenn dies für die gesamte Elite einer Nation gilt, sowohl für die öffentlichen Interessengruppen als auch für die leitenden Regierungsbeamten, stimuliert es eine Regierung durch „Insider", mit einem dichten informellen Informationsnetz, einer vor allem internen Nutzung von Politikanalysen, die ganz im Gegensatz steht zu dem offenen Gebrauch von Analysen durch Wähler, Parlament und die öffentliche Meinung. Das „Dorfmilieu" verhindert jede Infragestellung von Annahmen, eine Tatsache, die nur durch wagemutige Politikanalysen durchbrochen werden kann.

II.2.2. Politische Struktur

Föderalismus. Die Vereinigten Staaten, Kanada und Deutschland sind Länder mit föderalen Strukturen. Ein Großteil der politischen Macht residiert in getrennt gewählten Regierungen der Staaten/Provinzen oder Länder. Obgleich auch in allen anderen Staaten eine Tendenz in Richtung Dezentralisierung von politischen Entscheidungsbefugnissen vorhanden ist, findet sich nur in diesen Staaten eine so weitgehende Dezentralisierung der Entscheidungsgewalt. Diese Machtverteilung, die durch das föderalistische System bedingt ist, erschwert eine „insider"-Regierung und führt zu Formen von Evaluierungen und Politikanalysen, die mittels der öffentlichen Meinung den politischen Entscheidungsprozeß tangieren. Diese strukturellen Bedingungen führen zu Analysemodellen, die eine *Advokatenorientierung bei der Evaluierung* betonen, die auf Bargaining und Tauschprozessen basieren, im Gegensatz zu Modellen, die nach größtmöglicher Objektivität streben und sich an Neutralitätsvorstellungen orientieren.

Verfassungsstruktur. Wahrscheinlich die wichtigste Unterscheidung in den politischen Strukturen zwischen den einzelnen Staaten begründet sich durch Unterschiede in der Verfassung. Da verfassungsrechtliche Vorgaben so selbstverständlich erscheinen, werden diese häufig vergessen. Nur in den Vereinigten Staaten sind die ausführende und die gesetzgebende Gewalt voneinander getrennt und weitgehend gleich stark ausgebildet; daher stehen sie sich – dies ist fast unumgänglich – in einem starken Gegensatz gegenüber. Dies ist die zentrale Ursache für den in den Vereinigten Staaten festzustellenden scharfen Gegensatz zwischen Kongreß und Präsident, welcher häufig über den Gegensatz hinausgeht, der beispielsweise zwischen den politischen Parteien in anderen Staaten und in den USA besteht. Die Gewaltenteilung bedeutet, daß Evaluierungen und jede andere Form der Analyse beinahe immer die Form einer Advokatenevaluierung annehmen. Sie führt auch dazu, daß Evaluierungen häufig zweimal durchgeführt werden, zum einen als regierungsamtliche Evaluierung und zum anderen als Evaluierungen für den Kongreß. Da hierbei die Evaluierten immer das Gefühl haben, kontrollierend beurteilt zu werden, sind zumindest in den USA Zweifel angebracht, inwieweit ein Modell einer „helping evaluation" gangbar ist. Da keine andere Verfassung dem Parlament eine vergleichbare Machtposition einräumt wie sie der Kongreß in den Vereinigten Staaten besitzt, mag dies auch die Ursache dafür sein, daß die Forderung einiger Parlamente nach einer analytischen Kapazität, die der des Kongresses entspricht, weitgehend fehlschlagen muß. Dies gilt, obwohl einige europäische Parlamente eine gewisse unabhängige Macht besitzen, die sich aus politischen Konstellationen oder aus verfassungsrechtlichen Grundlagen herleitet und die daher Evaluierungen und materielle Politikanalysen auch als ein Mittel einsetzen können, um die parlamentarischen Entscheidungen, eher jedoch die öffentliche Meinung zu beeinflussen.

Parlamentsstruktur. In der Tat unterscheiden sich die Parlamente selbst. In Deutschland, Norwegen und Belgien ist das Parlament ein Faktor, dem selbst nach der Wahl der Regierung eine gewisse Eigenbedeutung zukommt. Die Regierung muß notwendigerweise mit der parlamentarischen Führung über spezielle Punkte ihres Programms verhandeln. In der Bundesrepublik ist dies der Fall, nicht zuletzt aufgrund der Tatsache, daß die Regierung durch eine Koalition gebildet wird. Andererseits zeigen das schwedische und das holländische Beispiel, daß diese Tatsache trotz einer Regierungskoalition nicht unbedingt zu einer Stärkung des Parlaments führen muß. Dennoch kann, soweit das Parlament einen gewissen Machteinfluß besitzt, dieser Einfluß durch den Zugang zur Evaluierung und zu wissenschaftlicher Analyse verstärkt werden.

Parteistruktur. Eine Regierung, die aus einer einzigen großen Mehrheitspartei besteht, ist häufig weniger hart gefordert, in einen Verhandlungsprozeß über ihr Programm einzutreten, als eine weniger gefestigte. Sie kann Evaluierungen und materielle Politikanalysen eher als objektive Informationsgrundlage nutzen und bedarf weniger einer sie unterstützenden Advokatenevaluierung. Sie wird gleichzeitig versuchen, Evaluierungen eher innerhalb des Apparates durchführen zu lassen als sie öffentlich zu machen. Eine solche starke Einparteienregierung ist traditionell und gegenwärtig in Großbritannien vorhanden (allerdings findet sich in Gestalt der letzten Labour-Regierung eine Ausnahme zu dieser Regel). Auch Frankreich wurde in den letzten 15 Jahren auf diese Weise regiert. Jedes andere europäische Land dagegen wird derzeit von einer Koalition oder einer Minderheitenregierung geführt, während sich in den Vereinigten Staaten die Partei, die sowohl Regierung als auch Gesetzgebung beherrscht, als so heterogen erweist, daß sich die Vorstellung von einer Partei kaum als eine nützliche Definition erweist, um ablaufende Macht- und Entscheidungsprozesse zu beschreiben.

Kabinettstruktur. Obgleich sich die Regierungskabinette in allen Ländern – abgesehen von den USA – weitgehend ähneln, sind die Beziehungen unter den Ministern sehr unterschiedlich. In Großbritannien ist der Premierminister der Primus, mit der de-facto-Macht ausgestattet, Minister nach seinem Willen zu entlassen. Zusammen mit der machtvollen Stellung des Kabinetts gegenüber dem Parlament und gekoppelt mit einer starken Stellung der Mehrheitspartei bedeutet dies, daß in Großbritannien in der Tat eine weitgehende Zentralisierung der Macht in den Händen der Regierung stattfindet. Dieser Machtfülle entspricht auch die Möglichkeit und Tendenz, Evaluierungen und materielle Politikanalysen weitgehend innerhalb des Regierungsapparates zu halten. Der deutsche Kanzler dagegen hat nur sehr begrenzte Möglichkeiten, Minister nach seinem Willen zu entlassen. In der Folge können diese relativ unabhängig walten. Dementsprechend war ein Versuch des Kanzlers in den frühen siebziger Jahren, seine analytischen Kapazitäten zu erhöhen, weitgehend am Widerstand der Ressortminister gescheitert. In Belgien ist die Stellung des Premierministers gegenüber seinen Ministern gleichfalls relativ schwach.

Verwaltungsstruktur. Auch wenn die deutschen Minister gegenüber ihrem Kanzler als stark erscheinen, so sind sie doch verhältnismäßig schwach, was die Durchführung und Umsetzung alltäglicher Verwaltungsaufgaben und Regierungsprogramme betrifft. Die deutschen Länder sind faktisch für die Durchführung fast aller Regierungsprogramme verantwortlich. Darüber hinaus werden selbst ureigene Bundesaufgaben von gegenüber den Bundesressorts relativ autonomen Verwaltungseinheiten durchgeführt. Aufgabe des Ministers ist es daher eher, Gesetzgebung zu betreiben als eigene Programme umzusetzen oder Gesetze durchzuführen. Das heißt, um eine effektive Verwaltungssteuerung und -kontrolle durchführen zu können, muß die Evaluierung von staatlichen Aufgaben weitgehend dezentralisiert erfolgen. Auch in Schweden werden die staatlichen Aktivitäten weitgehend von autonomen Verwaltungsbehörden ausgeführt. In den meisten anderen Staaten sind diese Aufgaben viel stärker in den Ministerialbürokratien zentralisiert, so daß auch die Aufgaben einer Evaluierung und Politikanalyse viel stärker zentralisiert sind.

Öffentlicher Dienst und Verwaltung. In den Vereinigten Staaten und in Belgien werden mit einem Wechsel der Regierungsmacht zahlreiche *politische* Posten ausgewechselt. In Großbritannien dagegen finden faktisch keine Personalveränderungen statt, der fast schon legendäre, alle politische Wechsel überdauernde „Civil Service" beherrscht die Szene. Auch in Frankreich erscheint es sehr wahrscheinlich, daß der Civil Service und seine Eliten, die Finanzinspektoren und der Rechnungshof, die in der Tradition bis auf Napoleon zurückgehen, unter jeder nur denkbaren Veränderung in der Regierungsgewalt ihre Macht beibehalten werden. Durch die Stabilität auch der politischen Macht über die letzten Jahre hinweg entstand ein politischer „Beamtenkomplex", der festgefügt die Macht dauerhaft in Händen hält. In der Bundesrepublik können immer nur wenige Beamte ihren Posten durch einen Regierungswechsel verlieren, aber es ist zu erwarten, daß sich mit einem Regierungsumschwung die Machtposition innerhalb des Ministerialapparates verschieben dürfte. Zwischen diesen Modellen befinden sich die Positionen der anderen Länder, wobei in der Mehrzahl aller Länder die Betonung sicherlich auf einem politisch neutralen und permanenten Beamtentum liegt. Mit einer eher auf Fortdauer gerichteten und politisch neutralen Stellung der Beamten wachsen auch die Chancen einer relativ objektiven, nicht parteilichen Evaluierung und Politikanalyse, zumindest in einigen Ländern.

III. Länderfallstudien

III.1. Die vier großen Nationen

III.1.1. Die Vereinigten Staaten

Die Vereinigten Staaten unterscheiden sich grundlegend von allen anderen Ländern nicht nur bezüglich ihrer Größe, sondern einfach auch aufgrund ihrer Komplexität. Der wichtigste Faktor, der die USA von anderen Ländern abgrenzt und der für eine Analyse der Nutzung von Evaluierung und materieller Politikanalyse zu beachten ist, begründet sich zweifellos aus den Besonderheiten der amerikanischen Verfassungsstruktur. Der Präsident und der Kongreß werden in getrennten Wahlgängen gewählt, sie sind vollkommen unabhängig voneinander; das *Gemeinsame* in ihrer Machtstellung ist vor allem darin zu sehen, daß jeder die Macht und den Einfluß besitzt, beinahe alles zu negieren, was der andere beschließt. Einige Ergebnisse dieser einzigartigen Machtkonstellation sind:

- Maßnahmen und Programme beruhen in den meisten Fällen auf Kompromissen, und Kompromisse entsprechen kaum den „Rationalitätsvorstellungen", wie sie in materiellen Politikanalysen und Evaluierungen vertreten werden.
- Keine Seite vertraut der anderen. Daher werden Analysen als auch analytische Kapazitäten verdoppelt. Dies mag zu einer gewissen Verschwendung führen, aber in der Regel gelangt diese fruchtbare Konkurrenz auch zu einer besseren Analyse.
- Das gesamte System ist gleichermaßen durchdrungen von Parteinahme und politischem Engagement. Analysen werden häufig gebraucht und genutzt als Teil dieses politischen Kampfes und Auseinandersetzungsprozesses.
- Der Kongreß macht die Regierung für die Durchführung und Umsetzung der Politiken und Programme verantwortlich, selbst in denjenigen Politikbereichen und für die Programme, deren Ausführung bei den Staaten und den Gemeinden liegt. Dies ist die wichtigste Ursache dafür, weshalb der Kongreß dazu tendiert, eindeutig identifizierbare Programme zu schaffen, und andererseits die Regierung nach Möglichkeit klare Kompetenzzuweisungen anstrebt, d. h. eindeutig identifizierbare Behörden (neu-)gründet und mit der Durchführung beauftragt und daß sich die Evaluierung auf klar identifizierbare Programme beziehen.

Obgleich staatliche Politik in den USA niemals ohne Planung auskam, kann das Jahr 1961 als der Beginn einer Periode bewußter politischer Planung und als Geburtsjahr der staatlichen Evaluierung betrachtet werden. Es war das Jahr, in dem der damalige Verteidigungsminister McNamara das neue *PPBS-System* in das Verteidigungsministerium einführte. PPBS war eine neue Kunstschöpfung; die Idee brachte McNamara von Ford mit, von der Konzeption der Verteidigungsplanung her wurde sie weitgehend von der Rand Corporation entwickelt. Die Grundlage des Systems war die Aufteilung des Verteidigungshaushalts in Programmpakete, die sich durch die Notwendigkeiten, militärische Ziele zu erreichen, bestimmten. Die Ressourcenzuteilungen erfolgten nunmehr entsprechend den Zielen der Strategischen Streitkräfte oder denen der Allgemeinen Streitkräfte und nicht mehr, wie traditionell, durch getrennte Haushalte für Armee, Marine und Luftstreitkräfte, die jeweils mehrere Zwecke gleichzeitig zu erfüllen hatten. Neue Entscheidungen hatten sich durch ihren Beitrag zum gesamten Programmpaket zu rechtfertigen, und bis zu einem gewissen Umfang wurden auf dieser Grundlage auch Evaluierungen der bestehenden Streitkräfte durchgeführt.

Im Rückblick muß die Einführung des PPBS in das Verteidigungsministerium, obgleich sicherlich nicht perfekt gelungen, als ein großer Erfolg betrachtet werden. Innerhalb kurzer Frist vermochte das System, unterstützt durch das entschlossene und zielbewußte Handeln McNamaras und seiner Mitarbeiter, Entscheidungen auf eine rationalere Basis zu stellen als das jemals zuvor der Fall war. Zwar wurden Fehler gemacht, der Bau eines TFX-Kampfbombers mag als beides, sowohl als ein Zeichen des Erfolges als auch als ein Zeichen des Mißerfolges des Systems, gelten. Aber insgesamt wurden die Streitkräfte der USA, besonders die strategischen Streitkräfte, durch die Verwaltung McNamaras weit kosteneffektiver geführt als je. Darüber hinaus übte PPBS einen anhaltenden Effekt auf das Militärpersonal aus, indem (zum Schutz ihrer Interessen) mehr analytisch denkende Offiziere herangebildet wurden als jemals zuvor.

Was sich jedoch als eine erfolgreiche Maßnahme für das Verteidigungsministerium erwiesen hatte, arbeitete weit weniger erfolgreich in anderen Behörden. Wie bereits erwähnt, beschloß Präsident Johnson im Jahre 1965, daß sich die Vorzüge des PPBS nicht nur auf den Bereich der Verteidigung beschränken, sondern künftig auch in allen anderen Bereichen genutzt werden sollten. Das System sollte – gemanagt vom Bureau of the Budget (BoB), dem Vorläufer des gegenwärtigen Office of Management and Budget (OMB) – in allen Ressorts eingeführt werden. Sonderbar erschien dabei, daß BoB zwar die Aufgabe hatte, PPBS in alle Ressorts einführen zu müssen, selbst aber keine weitreichenden Kompetenzen über seine eigenen Finanzentscheidungen besaß. Die Form, in der PPBS in die meisten Ressorts eingeführt wurde, sah eine mehrjährige Planung mit Programmpaketen vor, diese hatte jedoch wenig mit der Welt der realen Entscheidungen zu tun und ebensowenig mit der Art, wie Entscheidungen gefällt wurden.

Der wirkliche Erfolg, der mit der Einführung von PPBS verbunden war, liegt jedoch (wie auch im Falle des Verteidigungsministeriums) darin, daß gewissermaßen als Nebenprodukt bei seiner Einführung einige gute Politikanalysen und analytisch denkende Arbeitsgruppen zurückblieben, die nunmehr die Regierungspolitik beeinflußen. Derartige Arbeitsgruppen – meist unter der Leitung eines „Assistant Secretary" für Planung stehend, der direkt den Kabinettsmitgliedern berichtet – bestehen nunmehr im *Wohlfahrtsministerium* (HEW, Department of Health, Education and Welfare), im *Arbeitsministerium* (DOL, Department of Labour), im *Agrarministerium* (USDA, Department of Agriculture), und im *Innenministerium* (Department of the Interior) sowie in einer Reihe von unabhängigen und nachgeordneten *Behörden.* Diese Arbeitsgruppen sorgen innerhalb ihrer Ministerien oder Behörden für objektive und klare Politikanalysen; sie verschaffen der Leitung ausgezeichnete Informationen und vermitteln die besten Expertisen, die auf dem Markt erhältlich sind. Außerhalb des Ministeriums vertreten sie die Interessen des Hauses, sei es innerhalb des Regierungsapparates selbst oder im Kongreß. Sie sind die prototypischen Analytiker innerhalb der Regierung, die nicht zuletzt deshalb von so großem Nutzen sind, als sie Analysen in Unterstützung für die politischen Bedürfnisse ihrer Vorgesetzten und die notwendigen Politiken umzusetzen vermögen. Diese Politikanalyse-, Planungs- und Evaluierungseinheiten bilden und fühlen sich gleichzeitig auch als Teil einer regierungsweiten „analytischen Gemeinschaft".

Was in einem beträchtlichen Umfang an analytischen Kapazitäten innerhalb einzelner Ministerien besteht, fehlt jedoch im Zentrum der Macht und für den Bereich der *Innenpolitik* (die Wirtschaftspolitik ist dabei ein Sonderfall). Analytische Kapazitäten bestehen vor allem im Bereich der *Verteidigungs-* und *Außenpolitik* (insbesondere durch den National Security Council [NSC]). Administrative und politische Kultur in der Verteidigungspolitik sowie in anderen Politikbereichen sind jedoch sehr unterschiedlich. Die Existenz analytischer Kapazitäten im Bereich der *Technologie- und Wissenschaftspolitik* wurde bereits erwähnt, aber auch dort muß man von einem Sonderfall mit einer speziellen kulturellen Umgebung sprechen. Das Unvermögen, im BoB ein Zentrum einer sinnvollen analytischen Kapazität auszubilden, wurde auch unter der Nixon-Verwaltung nicht gelöst, als das BoB zum OMB umgewandelt wurde. Diese Umwandlung war von einer Veränderung in der Schwerpunktsetzung der Aufgaben des BoB begleitet, das nunmehr Managementaufgaben betonte und seine frühere Beraterrolle für den Präsidenten in Fragen der budgetären Prioritätensetzung aufgab. Gegen Ende der Ford-Verwaltung waren die Macht und die Ausstattung des OMB um vieles schwächer als acht Jahre zuvor, und Präsident Carters Interesse für Managementaufgaben, mit denen er bereits als Präsident in Georgia zu tun hatte, unter Vernachlässigung von Problemen der Prioritäten- und Entscheidungsetzung, die den Kern der Bundesaufgaben ausmachen, führte zu einer weiteren Schwächung dieser zentralen Analyseeinheit. Eine mögliche Alternative, eine derartige analytische Kapazität in der Bundesregierung einzurichten, wurde 1969 unter der Leitung von Nixons erstem innenpolitischen Berater, D.P. Moynihan, geschaffen. Moynihan schuf einen innenpolitischen Beirat, „Domestic Council“, innerhalb des Weißen Hauses. Er entwickelte jedoch keine analytischen Kapazitäten, auch wenn anfangs die Tendenz bestand, den innenpolitischen Beirat für derartige Zwecke zu nutzen. In dem Augenblick, als John Ehrlichman Moynihan nachfolgte, war auch diese Möglichkeit vertan. Zwar wurde der Domestic Council 1977 durch Carter wieder eingerichtet, nunmehr unter der Leitung von Stuart Eizenstat, aber es zeigte sich, daß dieser vor allem die Funktion hatte, Aufgaben zu koordinieren und bestehende Probleme und Angriffe auf den Präsidenten abzuwehren (die *trouble-shooting-function*), mit nur einer geringen Möglichkeit, entweder analytische Fähigkeiten zu entwickeln oder Analytiker in seinen Kreis aufzunehmen.

Da einige Ministerien in einer Nach-PPBS-Tradition fortfahren, die Möglichkeiten einer wirksamen Politikanalyse zu nutzen, führt das Fehlen einer derartigen analytischen Kapazität im Zentrum der Macht zu einem *Ungleichgewicht* mit durchaus unerwünschten Resultaten. Solange eine *zentrale Analyseeinheit fehlt*, die konfligierende Analysen entsprechend den präsidialen Richtlinien und Kriterien miteinander abwägt, kann ein Ministerium dank seiner überlegenen Analysekapazität manchen Strauß gewinnen. Beispiele dieser Art finden sich derzeit durchaus.

Selbst in den Bereichen, in denen eine effektive Politikanalyse durchgeführt wurde, handelt es sich vor allem um *ex-ante-Analysen* von Handlungsalternativen, weniger um *ex-post-Evaluierungen* von Programmen. Dies gilt trotz der Tatsache, daß in den USA mehr Evaluierungen durchgeführt werden als in irgendeiner vergleichbaren Nation. Diese Evaluierungen werden in der Regel innerhalb der Regierungsverwaltung durchgeführt, wobei die Regierung Evaluierungsaufträge häufig an Universitäten, Forschungsunternehmen und gemeinnützige Gesellschaften vergibt. Aber im Gegensatz zu den ex-ante-Analysen von Handlungsalternativen innerhalb der Ministerien fehlt bisher eine klare Verbindung zwischen den Evaluierungsstudien und dem politischen Entscheidungsprozeß. Zwar können durchaus Beispiele wirksamer Evaluierungen gefunden werden – z. B. die Effekte, die die ersten Evaluierungen von *Head Start* auf die weitere Entwicklung dieses Programms hatten –, aber derartige Beispiele sind nicht sehr zahlreich.

Als ein Ergebnis dieser etwas zähflüssigen Verbindung zwischen Evaluierungsstudien und dem politischen Entscheidungsprozeß entwickelt sich neuerdings eine Tendenz – dies gilt insbesondere für HEW – von großangelegten Wirkungsanalysen, die die Grundlage für mögliche Ressourcenentscheidungen und -verteilungen ergeben sollen, hin zu Evaluierungsstudien, die sich bemühen, in Zusammenarbeit mit den Programmverantwortlichen notwendige Engpässe (Schlüsselprobleme) zu identifizieren, um dann *kleinteilige Evaluierungen* durchzuführen, die auf die Verbesserung und wirksamere Gestaltung des Programms zielen. Dies ist eine Bewegung weg von der Leistungsmessung und Effizienzbeurteilung und hin zu einer stärker formativen oder „unterstützenden" Evaluierung.

Eine Schwierigkeit, auf die eine derartige „unterstützende" Evaluierung jedoch trifft, ist, daß der Kongreß immer stärker seine Möglichkeiten zu nutzen sucht, umfassende Evaluierungen in Auftrag zu geben, in der Absicht, sie als Beurteilungsgrundlage für seine Entscheidungen über Programmverlängerungen, Programmveränderungen oder Programmbeendigungen zu nutzen. Die Überlegungen innerhalb des Kongresses, eine „Sunset"-Gesetzgebung einzuführen, ist gegenwärtig in ein Stadium ernsthafter Erwägungen eingetreten. Allerdings kann von der Nachfrage nach einer Evaluierung noch nicht notwendigerweise auch auf deren Nutzung geschlossen werden. Ein Grund dafür wurde bereits genannt: Der oppositionelle Charakter zwischen Kongreß und Verwaltung macht es sehr unwahrscheinlich, daß der Kongreß den Informationen der Verwaltung, selbst wenn der Evaluierungsauftrag durch den Kongreß erfolgte, auch tatsächlich Glauben schenkt. Man mag sich nun fragen, weshalb der Kongreß selbst noch keine eigene Evaluierungsorganisation besitzt, die derartige Aufgaben durchführt, und damit sehr klar die Trennung zwischen Legislative und Exekutive deutlich macht. Der Kongreß besitzt bereits mit dem *Rechnungshof* (General Accounting Office, GAO) ein Instrument, auch wenn dieser sich erst noch in diese Rolle einzuarbeiten hat. Auf Verlangen des Kongresses hat sich der GAO in den vergangenen Jahren von einer strikt finanziellen Evaluierung weg auf eine *ex-post-Programmevaluierung* hinbewegt. Allerdings haben sich bisher die *ex-ante-Analysen*, die das *Congressional Budget Office* (CBO) vorgelegt hat, als erfolgreicher und wirksamer erwiesen, verschiedene Gesetzgebungen zu beeinflussen (nicht zuletzt auch deshalb, weil *ex-ante-Analysen* leichter als *ex-post-Analysen* durchzuführen sind). Dennoch ist die Nachfrage nach Analysen des CBO in den nunmehr vier Jahren seiner Existenz sprunghaft angestiegen und dies entgegen den Vorhersagen zahlreicher sachkundiger Personen, die meinten, daß derartige Analysen den komplizierten Ver- und Aushandlungsprozeß im Kongreß erschweren würden. Ein Grund für den Erfolg des CBO ist sicherlich, daß der Kongreß seit Beginn des PPBS (1965) von zahlreichen Studien der Regierung überschwemmt wurde, diese auch häufig von durchaus hoher Qualität waren, deren Ergebnissen jedoch kaum ein Abgeordneter jemals wirklich traute. Als nun der Kongreß und seine Ausschüsse entdeckten, daß sie hochwertige Politikanalysen durch eine eigene, nur ihnen verantwortliche Organisation erhalten konnten, ergriffen sie diese Gelegenheit.

Faßt man den gegenwärtigen Stand der Evaluierung und Politikanalyse auf der Bundesebene in den Vereinigten Staaten zusammen, so ergibt sich folgendes:

1. Es besteht eine gewisse *Diskrepanz* zwischen den zahlreichen Evaluierungsaktivitäten und ihrer tatsächlichen Nutzung auf der Regierungsebene. Der Fokus der Evaluierung wird sich in Zukunft wahrscheinlich in Richtung auf eine stärkere Nutzung von Evaluierung als „unterstützende" *(assistance)* Evaluierung verschieben, d. h. auf Evaluierungen, wie sie gegenwärtig vor allem im HEW praktiziert werden.
2. Vor allem der Kongreß bedarf und fordert gute *ex-post-Evaluierungen* als ein Hilfsmittel, um Gesetze und Programme zu prüfen und Entscheidungen zu fällen.
3. Das Fehlen einer *analytischen Kapazität* im zentralen Entscheidungsapparat – dem Weißen Haus und seiner Umgebung – sollte behoben werden.

III.1.2. Großbritannien

Trotz der gemeinsamen Sprache unterscheidet sich die Situation im Vereinigten Königreich vollständig von der in den USA. Sie ist gleichzeitig grundlegend verschieden von anderen europäischen Ländern mit durchaus ähnlichen Verfassungsstrukturen. Wie in allen europäischen Ländern und in Kanada, ist die britische Regierungsform sehr „uniform". Sie besitzt nicht die strikte Gewaltentrennung zwischen Regierung und Parlament, wie sie das amerikanische System auszeichnet. Aber auch das englische Regierungssystem insgesamt ist einheitlicher als das anderer Länder. Obgleich (wie in allen industrialisierten demokratischen Ländern) die Politik zahlreichen Interessen ausgesetzt und anderem Druck unterworfen ist und im Entscheidungsprozeß diese Interessen durchaus auch berücksichtigt werden, ist der Entscheidungsprozeß in Großbritannien dennoch stringenter und monolithischer, viel weniger zersplittert als in den Vereinigten Staaten, geschweige denn als in zahlreichen anderen europäischen Ländern:

– Das Parlament wählt den Premierminister, der wiederum das Kabinett wählt. Das *Kabinett* – die Regierung – entscheidet über die Politik, und das Parlament beschließt. Sobald dieser Regelfall nicht mehr funktioniert – z. B. das Parlament die Ratifizierung von Gesetzesvorhaben verweigert –, bedeutet dies in der Regel den Sturz der Regierung. Allerdings ist diese Gefahr nicht sehr groß, da aufgrund der bestehenden Parteidisziplin die Mehrheitspartei in der Regel ihre Regierung unterstützen wird. Eine kluge Regierung wird zwar die wichtigsten Mitglieder des Parlaments jeweils vor Politikentscheidungen konsultieren, dies ist jedoch nicht unbedingt erforderlich. Das Unterhaus mag in der Tat als der Welt führender Debattierclub bezeichnet werden, und als solcher hat es über den öffentlichen Meinungsbildungsprozeß auch Einfluß auf die öffentliche Meinung; dies ist auch in der Tat sein wichtigster Weg, Politik zu beeinflussen. Das unterscheidet das britische System grundlegend von dem anderer europäischer Staaten, in denen die Regierung dem Parlament über wichtige Problembereiche Bericht erstatten muß.

– Der Premierminister kontrolliert das Kabinett und hat die Macht, jeden Minister nach seinem Willen zu ersetzen. Der Premierminister ist tatsächlich der *Primus*. Dies unterscheidet ihn von anderen europäischen Staaten, in denen die Minister eine von ihm unabhängige Machtbasis besitzen.

– Traditionell ist *Diskretion* das Markenzeichen und die innere Einstellung innerhalb der englischen Regierungsverwaltung und dies sehr viel mehr als in jeder anderen westlichen Nation. So werden z. B. die Arbeitspapiere der vergangenen Regierungen durch den Civil Service versiegelt, bevor die neue Regierung ihr Amt antritt. Obgleich das System sicherlich Lücken hat, die grundlegende Haltung der Diskretion in Regierungsangelegenheiten, die den gesamten öffentlichen Dienst auszeichnet, führt zu einer „unauffälligen" und „leisen" Regierung durch Insider und einer starken Einheitlichkeit bei der Gewaltenausübung. Das Kabinett wird nicht nur strikt durch den Premierminister geführt, die Kabinettsminister werden gleichsam mit Aufgaben überladen. Ein Minister muß die Kabinettssitzungen besuchen und an den Entscheidungen des Kabinetts Anteil nehmen, er muß seine Politik vor dem Parlament verteidigen ebenso wie er die Regierung vor dem Parlament verteidigen muß, er muß weiterhin Reden halten, wie dies Spitzenpolitiker aller Demokratien tun müssen, er muß sich auch die Nöte seines Wahlkreises anhören und er muß gleichzeitig die Durchführung und Umsetzung von Politik in seinem Ministerium leiten. Dem Minister steht hierfür fast kein Personal zur Verfügung – außer seinen Beamten im Ministerium –, so daß er sein Ministerium kaum tatsächlich führt. Der traditionell sehr starke und politisch neutrale britische Civil Service, der faktisch alle wichtigen Positionen im Ministerium besetzt, führt auch tatsächlich die Ministerien.

Hinzu tritt, wie bereits ausgeführt, der „Village-Charakter" Londons. Eine kleine Gruppe führender Politiker, höherer Beamter und einflußreicher Außenseiter übt die Macht in diesem „Dorf" und dem es „umgebenden Königreich" tatsächlich aus. Das heißt nicht, daß Großbritannien nicht demokratisch geführt wird: Die Spitzenpolitiker sind demokratisch gewählt, und die Stärke des öffentlichen Dienstes begründet sich nicht zuletzt in dem zähen Festhalten an einer bewährten Tradition, nämlich die Politik der demokratisch gewählten Regierung auch tatsächlich auszuführen. Aber das heißt auch, daß alltägliche Routinefragen und viele wichtige Entscheidungen über Staatsangelegenheiten meist sehr verschlossen durch höhere Ministerialbeamte durchgeführt und entschieden werden.

Beispiele für Evaluierungen finden sich vor allem in denjenigen Ministerien, die auch tatsächlich Evaluierungen bei der Führung ihrer Häuser nutzen können. Sie werden meist durch Beamte selbst durchgeführt. Ausgezeichnete und zum Teil sehr wirksame Evaluierungen werden vor allem verwirklicht im Gesundheitsministerium, im Wohnungsbauministerium (das Teil des Umweltministeriums ist), im Innenministerium, aber auch in anderen Ministerien. Sicherlich werden derartige Evaluierungen nicht überall und immer durchgeführt, denn sie setzen voraus, daß die führenden Beamten des Hauses auch Interesse an derartigen Analysen besitzen, und nicht alle leitenden Beamte sind für Evaluierungen und Politikanalysen aufgeschlossen; aber wenn sie es sind, dann werden die Ergebnisse auch tatsächlich genutzt. Im Gegensatz zu den parteilichen Evaluierungen in den USA werden derartige Analysen und Evaluierungen meist sehr objektiv durchgeführt. Dies gilt selbst dann, wenn sie als Kabinettsvorlage erstellt werden und dort auch unter ideologischen und politischen Gesichtspunkten analysiert werden. So wird von einer Wohnungsstudie berichtet, die den Nachweis führte, daß die Wohnungssituation in Großbritannien weit besser sei als in anderen europäischen Ländern. Zwar wurde die Studie von der Labour-Regierung unterdrückt, um die umfangreichen staatlichen Wohnungsbauförderungsprogramme nicht zu gefährden, sie wurde jedoch kurz darauf von der neuen konservativen Regierung auf der Suche nach möglichen Haushaltskürzungen wieder aufgegriffen.

Auch die Briten haben ihre Erfahrungen mit der Einführung von PPBS gesammelt. In den sechziger Jahren wurde ein *Public Expenditure Survey* (PES) begonnen. Dies war jedoch eher ein Versuch, Informationsgrundlagen und Daten zu erhalten, um mittelfristige Ausgabenvorhersagen durchzuführen, als ein Versuch, Ausgaben zu evaluieren, sei es *ex post* oder *ex ante*. Der Nachfolger von PES in den siebziger Jahren, die *Program Analyses Review (PAR)*, war ein Versuch, eine Reihe von ex-post-Evaluierungen von Programmen unter der Führung des Schatzministeriums durchzuführen, das für die Haushaltsführung der Regierung verantwortlich zeichnet. Da die Mehrzahl aller führenden Beamten in den Ministerien die Mitarbeit verweigerte oder sich nur sehr zögernd beteiligte, gelang es nicht, PAR erfolgreich durchzuführen. Allerdings haben die Forderungen des Schatzministeriums nach Alternativen zu den Ausgabensätzen die Herausbildung eines internen Planungs und Analysestabes in den einzelnen Ministerien zur Folge gehabt. Wie in den Vereinigten Staaten das OMB, besitzt jedoch das Schatzministerium keine eigenen analytischen Kapazitäten, die es ihm ermöglichten, die ministeriellen Vorschläge und Alternativen gegeneinander abzuwägen. Neuerdings haben auch Versuche eingesetzt, einige wichtigere und größere Ausschüsse zu stärken und neu zu ordnen, darunter vor allem den Haushaltsausschuß. Dieser Versuch beinhaltet auch zukünftig die Möglichkeit, verstärkt Prüfungen der Regierungsaktivitäten durchzuführen; im Rahmen dieser Prüfungen sind Evaluierungen durchaus vorstellbar. Nur wenige politisch denkende Führungskräfte halten jedoch diese Annahme für realistisch, das Parlament hat bisher vor allem den öffentlichen Meinungsbildungsprozeß durch parlamentarische Anfragen beeinflußt, eine parlamentarische Prüfung und Kontrolle von öffentlichen Programmen scheint bedeutend schwieriger zu sein. Hinzu kommt, daß die britische Tradition der Trennung von politischen Problemen und Alltagsaufgaben des öffentlichen Dienstes eine parlamentarische Evaluierung von Programmaßnahmen sehr unwahrscheinlich erscheinen läßt. Der öffentliche Dienst lehnt auch eine Einmischung des Parlaments in die Führung der Ministerien ab,

Fragen der Wirksamkeit und Effizienz werden als interne Angelegenheiten des jeweiligen Hauses betrachtet, wobei der Terminus *Effizienz* sehr weit interpretiert wird. Andererseits enthält sich der öffentliche Dienst in der Regel jeglicher öffentlichen oder gar politischen Stellungnahme.

Eine typische britische Vorgehensweise, die manchmal für Evaluierungszwecke genutzt wird, ist die Einrichtung von *Kommissionen;* das können ministeriale, externe und für wichtige Angelegenheiten auch königliche (Royal-)Kommissionen sein. Die Kommissionen führen in der Tat, soweit es notwendig ist, Evaluierungen durch, und sie üben auch einen nachhaltigen Einfluß auf politische Entscheidungen aus. Sie sind jedoch keine Dauereinrichtung wie etwa die Schwedischen Königlichen Kommissionen.

Größere Bedeutung innerhalb der Regierungsmaschinerie kommt einer Einrichtung zu, die 1970 im *White Paper* zur Reorganisation der Zentralregierung erstmals erwähnt wird. Dies ist der *Central Policy Review Staff (CPRS).* CPRS besteht aus einer Gruppe von 15 bis 20 Spezialisten aus dem öffentlichen Dienst, aber auch von außerhalb der Verwaltung, die für die Dauer von zwei Jahren als Team zusammenarbeiten. CPRS ist sowohl vom Konzept als auch tatsächlich eine „überparteiliche" Einrichtung, die tief in der Tradition des britischen öffentlichen Dienstes wurzelt. CPRS berichtet dem Kabinett als Gesamtheit. Allerdings besaßen sowohl Callaghan als auch zuvor Wilson einen kleinen eigenen „Policy"-Stab, der insbesondere für Wirtschaftsanalysen zuständig war. Diese Form politischer Beratung war jedoch nicht institutionalisiert und wurde von Frau Thatcher nach der Übernahme der Regierung nicht wieder aufgegriffen. Die Spannweite der Aufgaben des CPRS liegt zwischen dem Aufgabenfeld des Eizenstat Domestic Council in den USA, der koordiniert, aber nicht analysiert, und den Aufgaben der Assistant Secretaries for Planning in den US-Ministerien, die analysieren und Analysen für die Entscheidungsträger umsetzen, sich aber gleichzeitig aus der Alltagsroutine der Verwaltung, aber auch vom Reiten politischer Steckenpferde fernhalten. CPRS hat sicherlich auch die Aufgabe, zu koordinieren, Probleme aufzuspüren und zu beseitigen, gleichzeitig aber ist er ein analytisch orientiertes Aufgaben- und Analyseteam. Einige seiner Analysen (z. B. über den Auswärtigen Dienst oder zur Lage der britischen Autoindustrie) sind auch tatsächlich publiziert worden, ein angesichts der Diskretion, mit der interne Analysen des öffentlichen Dienstes ansonsten gehandhabt werden, außergewöhnliches Ereignis. Die wirksamere Arbeit des CPRS allerdings liegt innerhalb der Regierung in seiner Funktion, Analysebruchstücke bereitzustellen und die vorhandenen Analysen oder Analyseergebnisse so aufzubereiten, daß sie präzise und bündig genug sind, um von Top-Beamten und Ministern gelesen zu werden.

CPRS ist sicherlich nicht ohne Makel und Gefährdungen. Eine Befürchtung, die von einigen Beobachtern der Szene geäußert wird, ist die, daß der Anteil der Beamten im Verhältnis zu „Außenseitern" innerhalb des Teams im Ansteigen begriffen ist, so daß der Stab möglicherweise über kurz oder lang vom traditionellen öffentlichen Dienst aufgesogen werden wird. Eine noch grundsätzlichere Kritik findet sich in einem nichtsignierten Artikel einer bedeutenden britischen Wochenzeitschrift[1]:

„Der Vater des CPRS, Lord Rothschild, hat dem CPRS sieben grundlegende Ziele gestellt. Keines dieser Ziele wurde erreicht . . . Es fehlte dem CPRS nicht an Verstand, sondern an der Fähigkeit und dem Nachdenken, seine glänzenden Ideen in die Praxis umzusetzen . . . Sollte nun dieser halbe Hahn, CPRS . . . liquidiert werden? Das wäre schade. Wie kann man seine Arbeit verbessern? Eine Maßnahme vor allem könnte dieses Ziel erreichen. Der Mythos, daß CPRS allen Ministerien gemeinsam dient, sollte aufgegeben werden, und der CPRS sollte umgewandelt werden in ein Ministerium für den Premierminister – es sollte sein (ihr) Ohr und Arm werden im Whitehall-Dschungel."

Diese Sichtweise und Kritik wird zwar von einigen Beobachtern geteilt, aber von anderen durchaus sehr gut informierten Beobachtern nicht, bei denen die positive Einschätzung der bisherigen Leistungen des CPRS überwiegt. Die unterschiedliche Interpretation mag auf die Definition dessen zurückzuführen sein, „was halbvoll oder halbleer heißt", konkret gesprochen, von den unterschiedlichen Erwartungen abhängen, die der Beobachter an dieses Analyseinstrumentarium stellt. Aus amerikanischer Sicht, geprägt von eigenen Erfahrungen mit materiellen Politikanalysen, vielleicht auch geprägt von den leidvollen Erfahrungen mit PPBS und den nachfolgenden Ereignissen, erscheint CPRS, selbst in seiner gegenwärtigen Form, als wünschenswert gemessen an den bestehenden Möglichkeiten, vielleicht gemessen sogar an Idealvorstellungen. Wichtiger jedoch als die Einschätzung der Qualität der Arbeit des CPRS ist eine Prüfung des Vorschlags, den CPRS zu einem Ministerium für den Premierminister umzuorganisieren. Wenn die kollektive Verantwortlichkeit des CPRS der wichtigste Nachteil war, so würde durch die Einrichtung eines Ministeriums für den Präsidenten, wie sie eine verfassungsmäßig parallele Organisation des CPRS in den USA darstellen würde, diesen Nachteil automatisch vermeiden. Allerdings könnte ein wichtiges Merkmal des CPRS wohl kaum auf die USA und andere westliche Länder übertragen werden. CPRS wurde ursprünglich unter Premierminister Heath eingerichtet, es überstand den Wechsel von der konservativen Regierung Heath zu Labour ohne größere personelle Veränderungen und hat nunmehr auch den Übergang zur konservativen Regierung Thatcher weitgehend ohne Schaden und personelle Veränderungen überstanden. Das liegt in der traditionell „überparteilichen" Haltung des öffentlichen Dienstes in Großbritannien begründet. In anderen Ländern mit einer schwächeren Tradition im öffentlichen Dienst werden derartige Wechsel ohne größere personelle Revirements kaum erfolgreich verlaufen. Dennoch erscheint CPRS gegenwärtig zumindest als eine reale Möglichkeit und das beste und wichtigste Modell für eine effiziente Nutzung von Evaluierung und Politikanalysen in westlichen Regierungen zu sein. Andererseits bedarf Großbritannien in Zukunft selbst einer größeren Offenheit, auch wenn dies mit einer stärkeren parteilichen Politikanalyse und größerer Flexibilität in und um den öffentlichen Dienst verbunden sein wird. Schließlich bleibt noch anzumerken, daß die Minister selbst mehr Zeit und mehr analytische Stabsstellen benötigen, um ihre Ministerien effektiver zu ver-

1 Thoughts on a Think Tank, in: *New Society*, 1. Nov. 1979, S. 239 ff.

walten. Sollten diese Voraussetzungen gegeben sein, könnten Evaluierungen und Politikanalysen in Großbritannien durchaus wirksamer werden.

III.1.3. Frankreich

Großbritannien hat eine Tradition im öffentlichen Dienst, die bis auf die Zeit Königin Victorias zurückgeht, eine Tradition, die es ermöglichte, nicht nur sich selbst solange zu erhalten, sondern auch gleichzeitig die notwendigen wichtigsten Veränderungen in einer konfliktreichen Gesellschaft mit einigen bis heute noch bestehenden wirklichen Klassengegensätzen einzuleiten. Frankreichs öffentlicher Dienst besitzt, obgleich er sich in wichtigen Details unterscheidet, eine vergleichbare Machtposition und kann gleichfalls zumindest bis Napoleon, auf die eine oder andere Weise aber noch länger zurückverfolgt werden. Darüber hinaus hat der öffentliche Dienst seit nunmehr fast zwei Jahrzehnten mit der politischen Führungsspitze „in einem Tandem" zusammengearbeitet, das sich in dieser Zeit kaum verändert hat. Diese stillschweigende Ausrichtung des Handelns an Stabilitäts- und Ordnungsvorstellungen liegt allen staatlichen Maßnahmen und Analysen, die diese Maßnahmen begleiten, zugrunde. Nicht immer ist diese Stabilität sichtbar, macht sich in den alltäglichen Verwaltungsroutinen aber durchaus bemerkbar. Zwar ist es richtig, daß die französische Regierung viel häufiger wechselte als die in den Vereinigten Staaten oder in Großbritannien, aber es ist genauso richtig, daß die grundlegenden Einrichtungen der Regierung mindestens acht erfolgreiche Revolutionen seit 1789 erfolgreich überstanden haben, ohne einige erfolglose Aufstände wie die in Algerien oder die der Studenten in den letzten 25 Jahren mitzuzählen. Wie französische Beamte mitteilen, ist die französische Gesellschaft viel weniger konfliktträchtig, als es nach außen erscheinen mag, die Konflikte sind meist sehr abstrakt, philosophisch und ideologisch, während die wirkliche Regierungsgewalt sich nahezu nicht veränderte.

Zwar haben mehrere Reformwellen (einschließlich einer französischen Version von PPBS) an dieser Stabilität genagt, sie jedoch im Grunde kaum verändert. Allerdings besitzt die Regierung selbst traditionell Instrumente, die in einem gewissen Ausmaß als Evaluierungsinstrumente zu begreifen sind: Das sind der „Court des Comptes" (Rechnungshof) und das „Inspection Générale des Finances". Der Rechnungshof ist eher ein Rechtsprechungskörper (oder besser eine Körperschaft mit quasi-richterlichen Befugnissen). Seine wichtigste Aufgabe ist immer noch eine finanziell orientierte Rechnungsprüfung, allerdings hat sich seine Aufgabe immer stärker in Richtung auf eine Analyse des Verwaltungsmanagements verschoben. Er veröffentlicht einen jährlichen Rückblick seiner Prüfungen und führt zahlreiche informelle Gespräche und Aktivitäten durch, um das Verwaltungsmanagement zu verbessern. Allerdings werden bisher noch keine wissenschaftlichen Wirkungsanalysen durchgeführt. Die „Inspection des Finances" ist traditionell die Elite des öffentlichen Dienstes. Sie besteht aus den besten Absolventen der *Ecole Nationale d' Administration.* Das Finanzkorps teilt sich wiederum in zwei Stränge, zum einen in das Inspektorat als zentrale Prüfungsinstanz, zum anderen in die einzelnen Inspektoren innerhalb der Verwaltungsbehörden, die ad-hoc-Prüfungen größerer Ausgaben durchführen sowie auf Verlangen des Haushaltsministeriums auch Rat erteilen. Zwar ist nicht sehr deutlich, inwieweit die Inspektoren inzwischen auch analytische und evaluative Funktionen wahrnehmen, eine Grenzziehung der Aufgaben fällt schwer, jedoch ist es sehr unwahrscheinlich, daß systematische Evaluierungen durchgeführt werden. Allerdings ließe sich – sollte sich beim „Establishment" ein Bedarf an Evaluierungen entwickeln – die „Inspection" für diese Aufgaben durchaus nutzen.

Etwas weniger traditionsverbunden, jedoch immer noch innerhalb des traditionellen Systems, arbeitet das „Commissariat du Plan", bekannt unter der Abkürzung „Le Plan". Es ist für die fünfjährige ökonomische Planung der Regierung verantwortlich. Allerdings wird die Effektivität dieser Einrichtung, sein Ziel zu erreichen und längerfristige Entwicklungen zu beeinflussen, nicht sehr hoch eingeschätzt. So wurde der Plan für die Jahre 1976–80 als eine Wunschliste betrachtet, die weder im Detail noch in ihren groben Zügen befolgt wurde. Vielleicht erweist sich der derzeit debattierte Plan für die Jahre 1981–86, der Prioritäten setzt, als wirkungsvoller. Jedenfalls führte Le Plan materielle Politikanalysen durch, die allerdings sehr traditionell ausfallen. Es sind meist ökonomische Analysen, die sich nur selten auf konkrete Programme, Richtlinien und Maßnahmen beziehen. Gelegentlich wird ein Programm-Memo geschrieben – für den und auch genutzt durch den Premierminister oder den Ministerrat –, so daß zumindest von einer gewissen Form einer Politikanalyse auf zentraler Regierungsebene gesprochen werden kann.

Außerhalb dieser traditionellen Strukturen von politischer Analyse und Planung hat auch Frankreich seine Erfahrungen mit der Einführung einer modifizierten Form von PPBS, bekannt unter dem Namen „Rationalisation des Choix Budgetaires (RCB)". RCB ist längst dahingewelkt, nicht ohne zwei wichtige Instrumente zurückzulassen. Im Haushaltsministerium, welches traditionell eine zentrale Funktion innerhalb der Regierung ausübt, wird RCB von einer Arbeitsgruppe weitergeführt, die vor allem mit der Erstellung kurzfristiger Prognosen betraut ist. Außer im Rahmen kurzfristiger Vorhersagen wird ihr aber kaum ein Einfluß auf politische Entscheidungen zugebilligt. Die RCB-Abteilung im Budgetministerium ist somit sicherlich nicht die entscheidende politikanalytische Kapazität, die sie ursprünglich sein sollte. Das Fehlen von Wurzeln im Bürokratieestablishment und die Nichtberücksichtigung traditioneller Machtkanäle werden als wichtigste Ursache ihres Scheiterns genannt.

RCB-Arbeitsgruppen finden sich allerdings immer noch auch in mehreren anderen Ministerien; ihr Einfluß auf die politischen Entscheidungen ist umstritten, für den externen Beobachter scheinen sie eher isolierte Arbeitsgruppen innerhalb der Ministerialbürokratie zu sein. Symptomatisch ist die Reaktion eines hohen Ministerialbeamten, dessen Stellung der eines amerikanischen Assistant Secretary for Planning vergleichbar ist und der sehr scharf die Vermutung zurückwies, er habe etwas mit RCB zu tun. Er vermutete zwar, daß eine solche Gruppe auch weiterhin in seinem Ministerium existiere, war sich dessen jedoch nicht sicher.

Auf der zentralstaatlichen Ebene in Frankreich findet sich bisher jedenfalls, wie dieser Überblick zeigt, im Unterschied zu den USA (mit dem Domestic Council) und Großbritannien (durch den CPRS) keine evaluierende oder analytische Institution, die einen regelmäßigen und signifikanten Einfluß auf Regierungsentscheidungen nimmt. Auch ist es unwahrscheinlich – zumindest für die nähere Zukunft –, daß eine solche eingerichtet wird, obgleich es Anzeichen gibt, daß sowohl Le Plan als auch die Inspection des Finances sich in diese Richtung weiterentwickeln werden. Allerdings könnte, bedingt durch den hohen Grad der Zentralisation und durch die räumliche Nähe der Eliten (auch Paris entspricht in dieser Hinsicht einem „Dorf", in dem jeder jeden kennt), ein derartiger Analysestab wahrscheinlich sehr wirkungsvoll arbeiten, sobald das Regierungsestablishment eine solche Einrichtung zu seiner Unterstützung tatsächlich benötigt und wünscht. Allerdings sollte nicht vergessen werden, daß auch in Frankreich bereits zahlreiche sehr wirksame Evaluierungen und materielle Politikanalysen durchgeführt worden sind, die vor allem innerhalb der einzelnen Ministerien Einfluß auf den politischen Entscheidungsprozeß gehabt haben. Hierzu zählen u. a. Studien im Gesundheitsministerium, im Arbeitsministerium, im Wirtschaftsministerium, im Agrarministerium, im Erziehungsministerium und im Energieministerium. Zu erwähnen ist auch, daß spezielle Ausschüsse, meist unter der Führung eines Conseil d'Etat, materielle Politikanalysen durchgeführt haben.

So zahlreich diese Evaluierungen und Politikanalysen auch sind (und sie sind in der Tat sehr zahlreich vor allem auf der funktionalen und Durchführungsebene einzelner Ministerien), so berühren sie doch die interne Machtverteilung und Entscheidungsprozesse kaum. Zwar ist die Schaffung von Technischen Hochschulen durch den Erziehungsminister auf derartige Analysen zurückzuführen, wie jedoch ein trockener französischer Beobachter bemerkte, hat sich die traditionelle Universitätsstruktur weder durch diese neuen Institute noch durch ministeriale Maßnahmen noch durch Evaluierungen verändert.

Man mag fast philosophisch fragen: Wie beeinflußt man Veränderungen wirksamer, durch die Veränderung von Institutionen oder durch das Hinzufügen und die Schaffung neuer Institutionen? Setzt man die Stabilität aller französischen Institutionen voraus, so erscheint es sehr wahrscheinlich, daß materielle Politikanalysen und Evaluierungen sowohl auf der ministeriellen als auch auf der funktionalen Ebene als etwas *„additives"* begriffen werden, das die grundlegenden Strukturen nicht verändert. Von daher ermöglicht es auch eher die Schaffung zusätzlicher neuer Einrichtungen im Gesundheitswesen, in der Industrie usw., die Frankreich im Wettlauf der Industrienationen mithalten lassen. Diese neuen Einrichtungen ersetzen die alten jedoch nicht, vielmehr bleiben diese auch weiterhin bestehen und machtvoll. Die Einrichtung einer Evaluations- oder politikanalytischen Einheit im Zentrum der Regierung wird nur dann wirksam und erfolgreich sein, wenn – wie das Schicksal des RCB zeigte – die Durchführung von Analyse- und Evaluationsverfahren auch von den zentralen Institutionen sowie dem Establishment der Regierungselite mitgetragen wird.

III.1.4. Bundesrepublik Deutschland

Die Bundesrepublik Deutschland ist in demselben Umfang *dezentralisiert* wie Frankreich und Großbritannien zentralisiert sind.
– In gewisser Hinsicht ist das *föderale* Element in der Bundesrepublik sogar noch etwas stärker ausgeprägt als in den Vereinigten Staaten. Die elf Länder unterscheiden sich bedeutend weniger in ihren Politiken als die fünfzig amerikanischen Staaten. Obgleich faktisch die gesamte Steuerpolitik in Bonn entschieden wird, geht – verglichen mit den Vereinigten Staaten – ein wesentlich größerer Anteil der gemeinsamen Steuern an die Länder. Die Länder sind für die Durchführung faktisch aller Regierungsaufgaben verantwortlich, häufig mit finanzieller Unterstützung und mit Auflagen und Richtlinien durch den Bund. Diese Aufgabenverteilung gewinnt derzeit vor allem dadurch an Bedeutung, daß die Mehrzahl aller Länder durch die CDU/CSU regiert wird, die im Bundestag die Opposition bildet.
– Der *Bundestag* ist machtvoller als das britische Unterhaus oder die französische Nationalversammlung. Das formale System der Parlamentsregierung ähnelt zwar dem Großbritanniens, jedoch sind das Parlament ebenso wie die Bundesländer vor wichtigen Angelegenheiten zu konsultieren. Dies gilt zumindest unter der gegenwärtigen Koalition, die nunmehr seit über zehn Jahren die Geschicke des Landes leitet. (Für die Adenauer-Ära traf dies wahrscheinlich weniger zu, jedoch kann die gegenwärtige Situation eher als die Regel betrachtet werden.) Vor wichtigen Entscheidungen sind zusätzlich die Koalitionsparteien zu konsultieren.
– Im Unterschied zu den britischen und den französischen Ministerien sind die deutschen Minister selbst sehr stark und unabhängig, was zu einem Teil auf die Regierung in Koalitionen zurückzuführen ist. Daran ändert nicht, daß der gegenwärtige Kanzler als ein starker Kanzler betrachtet wird und ähnlich wie der britische Premierminister auch *de jure* Minister entlassen kann. Politisch ist es jedoch für den Kanzler sehr viel schwieriger, diese Macht auszuüben als für den britischen Premierminister. Zwar können Minister zum Rücktritt gezwungen werden oder würden, wenn sie die Politik der Regierung nicht mehr vertreten wollen, die Regierung auch freiwillig verlassen, aber die relative Schwäche im Zentrum bedeutet, daß dies nur selten geschieht, da die Minister ihren Geschäften weitgehend unabhängig nachgehen können.
– Andererseits können die Minister ihre Politik kaum umsetzen; selbst diejenigen Aufgaben, die nicht den Ländern zustehen, können sie nicht selbst durchführen. Zahlreiche Aufgabenbereiche werden in *selbständigen (nachgeordneten) Bundesbehörden* bearbeitet, die nicht voll dem Bundesminister verantwortlich sind. Zum Beispiel werden die Arbeitsmarktprogramme nicht durch das Arbeitsministerium, sondern durch eine unabhängige Bundesbehörde ausgeführt, die sich auch räumlich getrennt ca. 400 km entfernt von Bonn, in Nürnberg, befindet. Diese Nürnberger „Bundesanstalt für Arbeit" hat ihre eigenen Forschungs- und Analysekapazitäten. Vergleichbare autonome Forschungseinrichtungen des Bundes finden sich in der Bundesrepublik, verglichen mit anderen Ländern, in großer Anzahl. Obgleich diese häufig nur sehr wenig mit tatsächlichen Programmaßnahmen in Berührung kommen,

auch viele sich sehr einseitig auf ökonomische Probleme und spezialisierte Fragestellungen beschränken, schafft allein die Existenz derartiger Forschungseinrichtungen ein sehr unterschiedliches politisches Klima, verglichen beispielsweise mit der Situation in Frankreich.

Der Grad politischer und administrativer Dezentralisierung in der Bundesrepublik bewirkt auch, daß die Möglichkeiten für die Durchführung von Politikanalysen und Evaluierungen kaum zentralisiert, sondern eher verstreut sind und sich eher diffus im System verteilen. Diese Aussage wird eher noch bestätigt, wenn man den Versuch, ein zentrales Planungs- und Aufgabensystem aufzubauen, mit in die Analyse einbezieht. Obgleich in der Bundesrepublik die Ursachen für das Versagen bei der Entwicklung eines zentralen PPBS-Systems eher etwas komplexer liegen als in anderen Ländern, mag auch hier das Scheitern von PPBS durch das Versagen erklärt werden, die politischen Realitäten richtig einzuschätzen.

In Deutschland wurde 1970 der Versuch unternommen, einen *zentralen Planungsstab* im Bundeskanzleramt einzurichten. Dies war Teil einer zielbewußten Strategie, die Macht des Bundeskanzlers gegenüber seinen anderen Ministerien zu stärken. Dieser Versuch wurde jedoch durch die Minister und die Ministerienverwaltung weitgehend blockiert. Zwar besteht noch immer eine Planungsabteilung, die etwas Analyse – vor allem politische Analyse – betreibt, aber sie ist weit weniger wirksam als ursprünglich erhofft. Die Schwierigkeiten, eine zentrale Planungseinheit aufzubauen, sind auf mehrere Ursachen zurückzuführen.

Einige dieser Ursachen sind sehr persönlicher Art: So stimmt selbst der ehemalige Leiter dieser Abteilung externen Beobachtern darin zu, bei diesem Versuch sehr ungeschickt vorgegangen zu sein. Zum zweiten schätzte der damalige Kanzler den Wert der analytischen Instrumente kaum richtig ein und zog es in der Regel vor, ad hoc zu reagieren, im Gegensatz zum derzeitigen Kanzler, der – damals als Finanzminister für die Zerschlagung dieser Einrichtung mit (und haupt-)verantwortlich war und nunmehr wünschte, er hätte sie noch. Eine Lehre aus diesem Versuch scheint auch hier zu sein, daß ein Versuch, die politische Machtstruktur zu verändern, *ohne* bestehende Institutionen zu berücksichtigen, scheitern *muß*. Wie bereits vermerkt, galt diese Erkenntnis auch für Frankreich. Lediglich dort, wo bereits eine starke Zentralisierung der Macht bestand, war auch eine zentrale Politikanalyseeinheit erfolgreich, nämlich in Großbritannien.

Wie mit anderen *PPBS*-Fehlschlägen, so sind die *Nebenwirkungen*, die durch den Versuch ihrer Einführung entstanden, langfristig wichtiger als das System selbst. Zahlreiche Analytiker (und ehemalige Anhänger des PPBS) arbeiten nunmehr in verschiedenen Ministerien und bilden so etwas wie eine kleine analytische „politische Planungs-Gemeinschaft". Wie in den USA haben sie einen gewissen politischen Einfluß in zahlreichen Politikbereichen. Die ministerialen Planungsabteilungen und Analysereferate in beiden Ländern erwiesen sich als effektive Arbeitsorganisationen insofern, als sie versuchten, Analyseergebnisse für den erkannten Bedarf der Minister und anderer wichtiger Entscheidungsträger bereitzustellen. Sowohl in den USA als auch in der Bundesrepublik sind diese Abteilungen sehr viel politischer als in Großbritannien. Zumindest in einer Hinsicht sind die Planungs- und Analysererate in der Bundesrepublik stärker ***politisiert*** als die amerikanischen Evaluierungs- und Planungsreferate. Eine überdurchschnittliche Anzahl von Planungsreferenten ist gegenwärtig Mitglied in der SPD, wohingegen die anderen Beamten durchaus auch zu anderen Parteien tendieren oder auf ein Parteibuch verzichten. In einigen Fällen sind die Planungsreferenten SPD-Mitglieder, obgleich die Minister von der FDP gestellt werden. Die Planungs- und Analysereferenten können so ***informell*** sicherstellen, daß die Regierungspolitik auch tatsächlich im Ministerium ankommt.

In der Regel erstellen die Referenten auch Politikanalysen, was auch gewisse ex-post-Evaluierungen mit einschließt – z. B. in der Außenpolitik, der regionalen Wirtschaftspolitik, im Gesundheitswesen und im Arbeitsmarktbereich –, jedoch ist ihre Schlagkraft vor allem durch die dezentralisierte Verwaltungsstruktur und durch die geringe Wertschätzung, die materielle Politikanalysen und Evaluierungen in der Bundesrepublik derzeit noch erfahren, stark eingeschränkt. Sie sind gleichfalls eingeschränkt durch den Wunsch nach Konsens und den politischen Bedarf. In der Formulierung eines höheren Ministerialbeamten: „Die deutsche Regierung baut auf Konsens auf, eine Evaluierung hat nur dann Sinn, wenn sie hilft, diesen Konsens zu stärken", verbirgt sich – ähnlich wie in den USA – die Befürchtung, daß eine Politikanalyse die sorgfältig aufgebauten Handlungsstrukturen und Positionen, die in einem langen politischen Bargaining-Prozeß gewonnen wurden, wieder zerbricht.

In der Tat spiegelt die Bundesrepublik sehr viel von der *Homogenität* und dem *Konsens* kleinerer Länder wie Schweden wider. Die Grundlagen dieses Konsenses sind für das Verständnis der bundesrepublikanischen Situation höchst interessant: Wie es ein Ministerialbeamter darstellte, besteht über folgende politische und wirtschaftliche Dinge eine grundlegende Übereinstimmung: „Unabhängige Ministerien", „Freie Marktwirtschaft" (obgleich diese Regel in der Praxis häufig verletzt wird), „Soziale Sicherheit" (durch ein System, wie es ehedem von Bismarck entworfen wurde), „Verwaltung durch die Länder", wozu vielleicht – wie ein anderer Ministerialbeamter ergänzte – die Auffassung vom „perfekten deutschen Beamtentum" hinzuzufügen ist, eine Einstellung, die jede Evaluierung erschwert.

Berücksichtigt man diese Einstellung, ist man dennoch überrascht über die inzwischen große Anzahl an Evaluierungsstudien, die in Deutschland durchgeführt wurden, und zwar häufig in einem Kontext, der eine Wirkung dieser Studien auf politische Entscheidungen nicht ausschließt. Die ***diffuse Macht- und Handlungsstruktur*** in der bundesdeutschen staatlichen Verwaltung bewirkt allerdings auch, daß Evaluierung zu einem Spiel wird, das faktisch jedem in (und außerhalb) der Verwaltung zur Verfügung steht. Vielleicht die interessanteste Variante derartiger dann doch parteilicher Evaluierungen, die im Auftrag bestimmter Interessengruppen durchgeführt wurden, entstanden im Bereich des Gesundheitswesens. Das Gesundheitssystem ist wie andere vergleichbare Politikfelder ebenfalls weitgehend dezentralisiert. Die nationale Gesundheitsversorgung wird durch unabhängige Organisationen auf Länderebene verwaltet. In den vergangenen Jahren haben verschiedene Interessengruppen aus dem Gesundheitsbereich – die Krankenversorgungsorganisationen der Länder, die Krankenhäuser, die Ärzteorganisationen, die Arbeitsmediziner usw. – ihre eigenen Forschungseinrichtungen aufgebaut, die durchaus ernsthafte Evaluierungen durchführen, die als input für den politischen Bargaining-Prozeß des Verbandes mit anderen Trägern und Vertretern genutzt wird.

Das Beispiel zeigt, daß *Evaluierungsforschung* in der Bundesrepublik weitgehend als ein Instrument zur *Legitimation* von Maßnahmen und Programmen oder zum Angriff auf bestimmte Positionen genutzt wird. Allerdings sind nicht alle bundesdeutschen Evaluierungen derart eindeutig „parteiische" Advokatenevaluierungen; es ist auch anzumerken, daß diese Form der Evaluierung hier sinnvoll angewandt wird und wirksam den politischen Entscheidungsprozeß beeinflußt oder zumindest doch stärker genutzt wird als vergleichbare „objektive" und „neutrale" Evaluierungen in anderen Nationen.

Insgesamt zeigt sich, daß die Bundesrepublik eine zwar sehr *heterogene* und in sich zersplitterte *Evaluierungsforschung* besitzt und daneben auch zahlreiche weitere materielle Politikanalysen durchführt, daß diese Forschungen auch aktiv im politischen Prozeß und in der Verwaltung genutzt werden, sich aber gleichzeitig innerhalb eines *politisch atomisierten Systems* verteilen. Die Aussichten für ein zentrales politikanalytisches Instrumentarium zur Unterstützung von Entscheidungsprozessen in der Bundesrepublik sind sehr gering, geringer als in den USA oder in Frankreich. Selbst Frankreich könnte eine zentrale Evaluierungs- und Politikberatungsinstitution aufbauen, sofern es wollte; demgegenüber müßte in der Bundesrepublik zuvor erst eine politische und verwaltungsmäßige Zentralisationsbewegung einsetzen, ein sehr unwahrscheinlicher Vorgang. Gegenwärtig würde wahrscheinlich wie schon in der Vergangenheit jeder Versuch einer zentralen Planung und Steuerung fehlschlagen.

III.2. Evaluierung in kleinen Ländern mit einem auf Konsens aufgebauten Gesellschaftssystem

Die kleineren Nationen – Schweden mit acht Millionen Einwohnern, Norwegen mit etwa 4 Millionen und die Niederlande mit knapp über 10 Millionen Einwohnern – werden durch Koalitionen verschiedener Parteien regiert. Wichtiger jedoch für eine Analyse ist, daß alle drei Nationen weitgehend auf Konsens aufbauen. Die Spannweite von links nach rechts zwischen den größeren Parteien ist nicht sehr groß, und obgleich sicherlich die Ansichten über die Verteilung von Einkommen und Macht im Lande auseinandergehen, besteht ein grundlegender Konsens über die Rolle und Aufgaben des Staates.

So wird auch als die wichtigste Aufgabe der staatlichen Verwaltung betrachtet, die Produktivität im Staatsapparat zu verbessern, „Ausschau zu halten", wie die Effizienz „good government" zu verbessern ist. Die Funktion von Evaluierung in einem solchen Kontext ist daher auch nicht „Parteinahme" oder die Unterstützung von Positionen, sondern vielmehr objektive Suche nach Programmablauf, -wirkungen und -verbesserungen. Die Analysen haben die Aufgabe, neutralen Sachverstand auf der Suche nach einer Verbesserung der Regierungsprogramme hinzuzuziehen, vergleichbar mit dem Unterfangen um die Jahrhundertwende, als in den Städten und Gemeinden des amerikanischen Westens eine breite Bewegung zur Verbesserung des „good government" entstand.

III.2.1. Schweden

Schweden kann fast als ein überparteilicher Staat erscheinen. Nach Jahren einer sozialdemokratischen Mehrheit verloren die Sozialdemokraten diese Anfang der siebziger Jahre, regierten einige Jahre zwar noch mit einer Minderheitsregierung, wurden dann jedoch durch eine bürgerliche Koalition abgelöst. Für den ausländischen Beobachter erscheint Schweden bürgerlich, erscheinen alle Parteien, ob links oder rechts, bürgerlich. Der Konflikt, an dem sich der Machtwechsel entzündete, war denn auch weniger ein sozialbedingter, sondern eher die symbolische Auseinandersetzung um die Notwendigkeit der Nutzung von Atomkraft für die Energieproduktion. Die bürgerlichen Parteien selbst waren in dieser Frage gespalten; für einige Zeit wurde Schweden durch eine liberale Minderheitsregierung (mit etwa 10 % aller Sitze im Reichstag) regiert. Erst die Wahlen im September 1979 führten zur Wiederherstellung der bürgerlichen Koalition unter der Führung der Zentrumspartei.

Da sich die Politiken nur wenig voneinander unterscheiden, erscheint es zumindest für den ausländischen Beobachter nicht von entscheidender Bedeutung zu sein, welche Partei regiert. Hauptcharakteristikum der schwedischen öffentlichen Verwaltung ist, daß die meisten Aktivitäten und Maßnahmen durch *unabhängige Behörden*, die nicht in direkter Verantwortung zu den Ministern stehen, geführt werden. Die Struktur entspricht in gewisser Hinsicht der der Bundesrepublik Deutschland. Veränderungen entstehen eher durch kleine Schritte innerhalb des Verwaltungsapparats, im Gegensatz zu den Vereinigten Staaten, wo sich Veränderungen durch Programme ankündigen. Verglichen mit der Bundesrepublik ist die Unabhängigkeit der Verwaltung von der Politik noch stärker ausgeprägt. So haben die schwedischen staatlichen Behörden (ebenso jeder betroffene Schwede) ein Anrecht darauf gehört zu werden, bevor eine neue Gesetzgebung erfolgt. (Wie ein schwedischer Beobachter jedoch feststellte, war, da die meisten Beamten und Politiker sich sehr nahestanden, die Unabhängigkeit der Behörden unter der sozialdemokratischen Regierung eher formal.)

Evaluierungen durchziehen das schwedische System fast schon endemisch. Die unabhängigen Verwaltungsvollzugsbehörden führen selbst zahlreich *Eigen-* und *Selbstevaluierung* durch, vor allem, um eine effizientere Aufgabenerfüllung zu gewährleisten. Hinzu treten *Königliche Kommissionen*, die vor jeder größeren staatlichen Maßnahme – zumindest nach einem ungeschriebenen Gesetz – zu hören sind. Diese Kommissionen führen auch Evaluierungen durch. Alle Evaluierungen sind öffentlich, auch die Berichte sind öffentlich zugänglich. Als Problem hat sich jedoch gezeigt, wie ein hoher politischer Beamter meinte, daß bisherige Evaluierungen vor allem Problemfeldanalysen waren, die in der Regel zu Forderungen und Ausgabenerhöhungen führten, um die aufgezeigten Probleme und negativen Effekte wirksamer zu lösen. Gegenwärtig, in einer Zeit sinkender Ressourcen, sind – zumindest auf dem staatlichen Sektor – Evaluierungen, die auf ein Mehr an staatlicher Leistung und ein Mehr an Geldleistungen hinauslaufen, nicht sehr nützlich. Zumindest auf der politischen Ebene besteht das Bedürfnis, eine der britischen CPRS-Gruppe vergleichbare Institution einzurichten, die dem Premierminister oder dem Kabinett unmittelbar verantwortlich ist und die Analysen und Evaluierungen durchführt, die der derzeitigen Problemlage entsprechen, d. h. die auch die engeren finanziellen Handlungsspielräume in ihren Evaluierungen berücksichtigt.

So ergibt sich zusammenfassend in Schweden das folgende Bild: Einerseits evaluieren zahlreiche unabhängige (autonome) Behörden sich selbst, andererseits besteht innerhalb der Regierung die Ansicht, daß in Zukunft etwas mehr *Querschnittsevaluierung* erforderlich sein wird. Nicht behandelt wurden in diesem Überblick diejenigen Organisationen innerhalb des schwedischen Evaluierungssystems, die bereits sehr bekannt sind, deren Bedeutung jedoch in der Regel von Ausländern überschätzt wird. Das sind:

– der *Nationale Rechnungshof* (Riksrevisionverket), eine in ihrer unabhängigen Stellung anderen Verwaltungsvollzugsbehörden durchaus vergleichbare Kommission. Hier findet sich ein weiteres Beispiel für einen fehlgeschlagenen PPBS-Versuch. Vor etwa zwölf Jahren begann der Rechnungshof in großangelegten Studien mit periodischen Wirksamkeitsprüfungen, die nach einer Anzahl von Jahren alle staatlichen Aktivitäten erfaßt haben sollten. Eine gewisse Zeit wurden diese Prüfungen, sogar mit einem gewissen Erfolg, durchgeführt. Schwierigkeiten entstanden jedoch, als neben dem Flair, den diese Prüfungen mit sich brachten, auch politische Verbindlichkeiten erwuchsen. Hinzu kam, daß die Durchführung echter Wirksamkeitsprüfungen sehr schwierig ist und häufig in Gefahr gerät, allgemeine Weisheiten festzustellen, die sich in der Durchführung von Aufgaben als wenig hilfreich erweisen. Dies trifft vor allem dann zu, wenn Evaluierung von der Politikanalyse und -planung abgekoppelt betrieben wird. Schließlich wurden die Bemühungen, möglichst *alle* staatlichen Aktivitäten zu erfassen, zu einem Fetisch, dem alle anderen Notwendigkeiten untergeordnet wurden. Diese Erfahrungen könnten vor allem als Warnung gegenüber einer übersteigerten Sunset-Gesetzgebung dienen, die zu einem Teil ebenfalls versucht, periodisch alle Aufgaben und Gesetze zu evaluieren. Der Rechnungshof ist jedenfalls gegenwärtig dabei, seine Rolle neu zu definieren, in der Zwischenzeit die Anzahl der Wirksamkeitsprüfungen einzuschränken und vor allem Management-Prüfungen durchzuführen, die sich sicherlich nicht mehr an einem rein fiskalisch orientierten Prüfungssystem allein orientieren.

– Das *Managementbüro* (Statskontoret) – eine mehr als 300 Jahre alte Behörde, eine in sich bemerkenswerte Institution – hat die Aufgabe, Management und Rationalisierungsprojekte allgemeiner Art durchzuführen. Es führt jedoch keine materiellen Politikanalysen durch, sondern hat heute vor allem die Aufgabe, die Datenverarbeitungseinrichtungen der schwedischen Verwaltung zu beaufsichtigen.

– Das *Sekretariat für Zukunftsstudien* begann unter dem sozialdemokratischen Premierminister mit Aufgaben, die denen des britischen CRPS sehr ähnelten. Es entfernte sich jedoch von materiellen Politikfragestellungen von dem Augenblick an, als es sich stärker wissenschaftsanalytischen (oder, wie es ein ehemaliges Mitglied dieser Arbeitsgruppe formulierte: akademischen) Aufgaben zuwandte. Dies betraf sowohl die inhaltlichen Fragestellungen als auch seine organisatorische Verankerung innerhalb der Regierung. Es wird nunmehr als eine politisch unbedeutende Einrichtung betrachtet. Ohne daß diese Behauptung stärker zu substantiieren wäre, drängt sich der Eindruck auf, daß das Team unfähig, zu spröde oder nicht bereit war, seine Analysen in politikrelevante Aussagen zu kleiden, die den Entscheidungsmachern auch nutzen.

Obgleich alle drei zuletzt genannten Organisationen mit Evaluierungsaufgaben betraut sind, erscheinen sie insgesamt gegenüber der allgemeinen Evaluierung im Verwaltungsapparat eher unbedeutend. Vor allem auf der Durchführungsebene finden sich, wie in jedem anderen Land auch, zahlreiche Evaluierungen. Die gegenwärtige finanzielle Situation führt dazu, daß die Nachfrage nach Evaluierungen in Schweden sogar noch ansteigt; der bestehende Konsens macht es auch sehr wahrscheinlich, daß diese Nachfrage auch befriedigt werden wird.

III.2.2. Norwegen

In Norwegen sind – im Unterschied zu Schweden – die Minister für die Durchführung und Umsetzung der Regierungsmaßnahmen verantwortlich. Davon abgesehen, finden sich zahlreiche Ähnlichkeiten. Norwegen wird von einer stabilen Minderheitsregierung geführt, die knapp die absolute Mehrheit verfehlte, jedoch ausreichend Unterstützung außerhalb ihres Lagers findet. Ebenso wie andere westeuropäische Länder spürt Norwegen – wenn auch mit einer etwa zweijährigen Verspätung, aber trotz des Nordseeöls – die ökonomischen Restriktionen, mit denen derzeit fast alle Industrienationen zu kämpfen haben. Vielleicht, weil Norwegen ein sehr kleines Land ist, bekommen in Norwegen viele Dinge – so auch die Evaluierung – ein kleineres Gewicht als in anderen Ländern.

Dennoch zeigt sich in Norwegen ein ähnliches Muster unterschiedlicher Formen von vor allem managementorientierten Evaluierungen, das sich wie in anderen Ländern innerhalb der Ministerialbürokratie konzentriert. Da diese Evaluierungen Programme betreffen, für die die Ministerien tatsächlich Verantwortung tragen, kommt diesen auch eine besondere Bedeutung zu. Als Querschnittsreferate besitzt Norwegen zwei im Finanzministerium beheimatete zentrale Organisationen, die für Analyse und Evaluierung verantwortlich zeichnen.

Unabhängig von der Haushaltsabteilung besteht im Finanzministerium eine Abteilung für *langfristige* Planungen. Wie Le Plan in Frankreich, erstellt diese einen allgemeinen Aufgabenplan, im Gegensatz zu Le Plan orientiert sich dieser am vierjährigen Wahlzyklus. Der Plan wird im Wahljahr aufgestellt, die durch die Planungsgruppe durchgeführte Analyse dient der Regierung als Plattform. Wie alle mehrjährigen Planungen, besitzt der Plan auch einen gewissen Abstraktionsgrad, aber im Verlauf der Arbeiten an diesem Plan fertigt die Planungsgruppe einige Studien an, die unmittelbar die Haushaltsaufstellung beeinflussen. Innerhalb der Haushaltsabteilung des Finanzministeriums gibt es schließlich noch eine Planungsgruppe für die *kurzfristige* Planung. Diese Gruppe führt keinerlei Planungen aus, sondern unterstützt und fördert Studien und Analysen innerhalb verschiedener Fachministerien. Dennoch hat sie einige beispielhafte Arbeiten durchgeführt; im allgemeinen zieht die Arbeitsgruppe es jedoch vor, mit den Ministerien selbst unmittelbar beim Entwurf und bei der Durchführung von Analysen zusammenzuarbeiten.

Schließlich besitzt Norwegen neben diesen in den Regierungsapparaten eingebauten Analyseeinheiten etwa 400 bis 500 *ad-hoc-Kommissionen* für sehr unterschiedliche Aufgaben, vergleichbar mit den Königlichen Kommissionen in Schweden und Großbritannien. Diese haben häufig auch Aufgaben der Politikanalysen zu erfüllen. Obgleich die Mehrzahl aller Experten in Norwegen vor einer Überschätzung des Beitrags von Politikanalysen und Evaluierungen bei politischen Entscheidungen warnt, da alle Entscheidungen letztendlich immer politisch gefällt werden, ist jedoch, wie am Beispiel des Vierjahresplans deutlich wird, eine Nutzung der Inhalte politischer Analysen, Planung und Evaluierung auch in Norwegen deutlich erkennbar. Angesichts des geringen Einflusses, den Politikanalysen und Evaluierungen in anderen Ländern auf die politischen Entscheidungen ausüben, erscheint der Beitrag politischer Analysen zum politischen Entscheidungsprozeß in Norwegen zumindest genauso hoch zu sein wie in anderen Ländern.

III.2.3. Die Niederlande

Die Niederlande sind eine Konsensus-Nation, deren Situation auf vielfältige Weise mit der Situation in skandinavischen Ländern vergleichbar ist. Regiert werden die Niederlande durch eine Koalition, gegenwärtig eine Mitte-Rechts-Koalition; häufiger waren bisher Mitte-Links-Koalitionen. Dem Minister fehlt das (politische) Personal, um tatsächlich Planung, Leitung und Durchführung von Maßnahmen übernehmen zu können, und daher tendieren die Behörden dazu – wie in Norwegen und Schweden – sie auf ihre Weise durchzuführen und auch Evaluierungen selbst durchzuführen. Wie ein Niederländer in einer hohen (nichtbeamteten) Position formulierte: „Demokratie in Holland heißt, daß Regierungsbeamte das Land führen, daß sie durch von ihnen ernannte Kommissionen beraten werden und daß sie den Ministern erlauben, ihnen vorgelegte Dokumente zu unterzeichnen."

Weder besitzen die Niederlande eine starke Zentralregierung noch eine wirksame zentrale Evaluierungseinheit; sie verfügen aber über drei Organisationen, die auf einer Querschnitts- oder mehr generellen Ebene, als sie in den Analysen einzelner Fachminister möglich ist, Politikanalysen und Evaluierungen durchführen. Zwei von diesen arbeiten innerhalb der öffentlichen Verwaltung.

– Der *Niederländische Wissenschaftsrat* ist eine mit langfristiger Planung beauftragte Einrichtung. Ursprünglich versuchte er lediglich, vorliegende Analysen zu koordinieren, inzwischen führt er auch selbst Perspektivstudien durch. Dies erfolgt entweder aufgrund eigener Initiativen oder auf Verlangen der Regierung. Die Ergebnisse finden sich automatisch als Tagungspunkte auf dem Kabinettstisch wieder. Zu diesen Vorlagen muß das Kabinett innerhalb von drei Monaten Stellung nehmen. Da die Berichte veröffentlicht werden, nehmen sie über die öffentliche Meinungsbildung zusätzlichen Einfluß auf staatliche Entscheidungen. In einer größeren konfliktreicheren Nation würde diese Offenheit ernsthafte Zweifel an der Zusammensetzung, der Kompetenz und den Fähigkeiten einer derartigen Einrichtung aufwerfen, die durch ihre veröffentlichten Berichte zu sehr direkt und unmittelbar in die internen Angelegenheiten der Regierung eingreifen kann, der Wissenschaftsrat verneint hingegen ein derartiges Problem in den Niederlanden.

– Die *Kommission zur Entwicklung von politischer Analyse (COBA)* ist eine Arbeitsgruppe im Finanzministerium mit einem relativ engen Planungshorizont. Sie sieht, ähnlich wie die Planungsgruppe für kurzfristige Analysen in Norwegen, ihre Hauptaufgabe darin, in den verschiedenen Fachministerien Analysen anzuregen und die Methoden zu verbessern, weniger darin, selbst Analysen durchzuführen. COBA arbeitet auch innerhalb der Fachministerien. Bei verschiedenen gemeinsamen Analysen verzichtet sie auf eigene Veröffentlichungsrechte. Sie wurde verschiedentlich aufgefordert, selbst stärker die Funktion einer zentralen Analyseeinheit einzunehmen, widerstand aber bisher dieser Versuchung.

– Die *niederländische Organisation für angewandte Wissenschaftlich-technische Forschung (TNO)* ist eine quasi staatliche gemeinnützige Organisation. Sie beschäftigt 4.500 Angestellte; gemessen an der Bevölkerung würde dies in den USA 90.000, in Großbritannien, Frankreich oder Deutschland ca. 20.000 bis 25.000 Beschäftigte bedeuten. Obgleich ein derartiger Vergleich sicherlich verzerrt, da die Regierungskomplexität nicht proportional zur Größe ansteigt, verdeutlichen die Zahlen dennoch die Bedeutung dieser Einrichtung für die Niederlande. Allerdings sind zahlreiche Studien der TNO keineswegs Politikanalysen, sondern sind häufig rein technischer Art. Aber TNO führt auch Politikanalysen durch, die trotz ihres geringen Anteils am Gesamtprogramm der TNO, erstellt in einer derartig großen Organisation, in einem Land wie Holland eine gewisse Bedeutung gewinnen.

Trotz dieser bestehenden Einrichtungen wird die Mehrzahl aller analytischen Studien innerhalb der Fachministerien durchgeführt. Allerdings wird bereits seit einiger Zeit – und dies politisch kontrovers – die Möglichkeit einer zentralen Politikanalyse-Einheit, eines *Think Tank*, diskutiert. Eine amerikanische Organisation wurde bereits gefragt, eine derartige Einrichtung ins Leben zu rufen; sie lehnte jedoch ab. Man mag sich fragen, inwieweit die Niederlande tatsächlich eine zusätzliche Organisation mit derartigen Aufgaben benötigen, dennoch mehren sich die Anzeichen, daß das Land über kurz oder lang eine zentrale Politikanalyse-Einheit erhält.

III.2.4. Kanada: Ein Land zwischen allen Optionen

Kanada liegt zwischen allen analytischen Dimensionen. Seine Bevölkerung ist nur halb so groß wie in Frankreich und etwa doppelt so groß wie in den Niederlanden.

Es ist in seiner Regierungsweise traditionell sehr britisch, aber sehr amerikanisch in seinen Gewohnheiten und seinen räumlichen Ausmaßen. Sein Föderalismus ist ausgeprägter als in den Vereinigten Staaten, aber geringer als in der Bundesrepublik. Es ähnelt Skandinavien in Lage und Klima, hingegen Belgien im Hinblick auf seine ethnische Vielfalt.

All dies scheint in Widerspruch dazu zu stehen, Kanada als ein Land zu behandeln, das vom Konsens getragen wird, zumal die Regierung großen Zerreißproben zwischen Englisch-Kanada und Französisch-Kanada, zwischen West versus Ost, ausgesetzt ist. All dies verhindert, daß Kanada zu einer „Konsensnation" wird und mag unter Umständen sogar zur Auflösung des Landes führen. Dennoch, im Hinblick auf Regierung und Verwaltung und die Ansichten zu administrativen Verfahren und Notwendigkeiten, die Effizienz und die Wirksamkeit laufender Programme zu verbessern, ähnelt die Situation in Kanada derjenigen in anderen Konsensus-Staaten. Dem entspricht auch, daß die bisherigen Politikanalysen und Evaluierungen vor allem auf eine „objektive" und „neutrale" Evaluierung zur Verbesserung der Programme zielen, wie sie für Konsensstaaten chrakteristisch ist, verglichen mit Evaluierungen und Analysen zur Unterstützung und Legitimation parteipolitischer Positionen im politischen Bargaining-Prozeß.

Kanada scheint Großbritannien in zahlreicher Hinsicht sehr ähnlich zu sein. Obgleich das Land in den vergangenen Jahren durch Minderheitenregierungen geführt wurde – eine Tatsache, die neben Verhandlungs- und Aushandlungsgeschick einen hohen Bedarf an parlamentarischer Zustimmung erforderlich macht –, ist doch offenkundig, daß die Stellung des kanadischen Parlaments sehr schwach ist. Während einerseits die britische Regierungsform übernommen wurde (in der dem Parlament ohnehin nur eine schwache Rolle bei der Erledigung der Politik zugestanden wird), tritt in Kanada erschwerend hinzu, daß die Parlamentarier nicht nur aus drei unterschiedlichen Parteien stammen, sondern daß auch die Unterschiede mindestens der vier wichtigsten Regionen zu berücksichtigen sind. Das bedeutet, daß sich wichtige Ausschüsse und andere Arbeitsgruppen aus mindestens zwölf bzw. einem Vielfachen von zwölf zusammensetzen müssen. Dies führt wiederum dazu, daß jegliche politische Stabilität fehlt, daß Versuche von Abgeordneten fehlschlagen müssen, sich individuelle persönliche Sachkenntnisse anzueignen, eine Grundlage, auf der parlamentarische Debatten nach dem britischen System (auch weiterhin) sinnvoll erscheinen. Schließlich ist Ottawa auch viel weniger ein „village" wie London; außer der Regierung befinden sich alle anderen wichtigen (wirtschaftlichen und kulturellen) Aktivitäten in anderen, zum Teil weit entfernten Städten. Dies schwächt die Bedeutung des Parlaments zusätzlich, da sich hierdurch kaum mächtige „ingroups" wie in anderen Regierungsstädten bilden können.

Ebenso wie in Großbritannien besitzt jedoch der kanadische Premierminister die Macht, Minister zu ernennen bzw. zu entlassen und führen die Minister ihr Ministerium eher *de jure*, wobei die höheren Ministerialbeamten faktisch alle wichtigen Positionen besetzen, so daß die ministerielle *de-facto*-Stellung eher schwach erscheint. Der kanadische öffentliche Dienst regiert jedoch viel sensibler auf politischen Druck, nicht zuletzt aufgrund der Tatsache, auch ehemalige Politiker, z. B. nach einer Wahlniederlage, in seine Dienste aufnehmen zu müssen.

Insgesamt besitzt Kanada jedoch eine starke Zentralregierung, die eine Vielzahl verschiedener Programme geschaffen hat und sie auch konsequent umsetzt. Die wichtigste Restriktion ist der föderale Konflikt, wobei sich im politischen Konflikt (um die föderale Struktur des Landes) die sozialen Konflikte, die das Land teilen, widerspiegeln. Allerdings haben diese Spannungen und Konflikte bisher kaum die Verwaltung und die Durchführung der Wohlfahrtsprogramme tangiert noch die zentrale Ressourcenverteilung wesentlich beeinflußt.

Wie alle anderen Staaten hat auch Kanada seine *negativen Erfahrungen* mit PPBS, wie Deutschland hat es negative Erfahrungen mit der Schaffung einer zentralen Analyseeinheit, vergleichbar dem CRPS in Großbritannien, gemacht. In Kanada sind die Ursachen für die Fehlschläge aber eher in zufälligen Umständen zu suchen und in der Tat mehren sich die Anzeichen dafür, es nochmals zu versuchen. Intensive und zum Teil sehr sorgfältige politische Planung und Analyse sowie Evaluierungsbemühungen finden sich derzeit jedoch vor allem in den einzelnen Fachministerien und hier auf so unterschiedlichen Gebieten wie sie der Arbeitsmarkt oder die geologischen Mineralexplorationen darstellen.

Die Versuche mit *PPBS* und *CRPS* fanden in den späten sechziger Jahren im Schatzamt statt, das für die zentralen Haushaltsfragen verantwortlich zeichnet. Von 1969/70 bis 1976/77 begann eine Planungsabteilung im Schatzamt damit, eine steigende Anzahl von offenkundig politikrelevanten Studien zu erstellen; dabei waren ex-ante-Analysen von Handlungsalternativen mit ex-post-Wirkungsanalysen von Programmen verbunden. Von 1976 bis 1978 wurden diese Aktivitäten auf Sparflamme geschaltet und Management-Analysen stärker betont. Als Ursachen, weshalb diese Studien aufgegeben wurden, werden unterschiedliche Gründe genannt. Zum einen wird gesagt, die Studien waren irrelevant für den Politiker, zum anderen, sie waren zu bedeutsam und berührten offene Wunden. Diese Widersprüche mögen sich eventuell dadurch erklären, daß zwar relevante Politikfelder aufgegriffen wurden, daß aber relativ wenig Beachtung denjenigen (macht-)politischen Faktoren geschenkt wurde, die tatsächliche Veränderungen in Politikfeldern einleiten. In gewisser Hinsicht waren die Analysen zu politisch, um echte objektive Analysen zu sein, in anderer Hinsicht, vom Standpunkt einer Advokatenevaluierung, waren sie zu wenig politisch und parteiisch. Jedenfalls werden derartige Analysen nicht weitergeführt.

1977 veröffentlichte jedoch der *Präsident des Rechnungshofs*, ein unabhängiger Wächter in der Regierung, einen Bericht über den beklagenswerten Zustand wirksamer Evaluierungen von staatlichen Programmen. Dies bewirkte die Einrichtung einer neuen Stelle (wiederum im Schatzministerium). Der Rechnungshof berichtet dem Schatzamt unabhängig von seiner übrigen Haushaltsfunktion. Obgleich sein gegenwärtiger Schwerpunkt weniger die Politikanalyse und politische Planung, sondern explizit die ex-post-Evaluierung innerhalb der Ministerien ist, übernahm der Rechnungshof einen Teil des Personals der alten Planungsabteilung im Schatzamt.

Nach der Wahl im Mai 1979 unternahm die neue progressiv-konservative Regierung erste Schritte, die Regierungsstruktur zu verändern. Dabei wurden vor allem die Voraussetzungen geschaffen, um politische und Evaluationsfunktionen auszubauen. Die kurze Amtsdauer der Regierung Clarks und die Rückkehr einer kanadischen Regierung, die seit Jahren erstmals wieder eine volle parlamentarische Mehrheit besitzt, lassen es jedoch offen, ob diese Ansätze fortgeführt werden. Zumindest erscheint gegenwärtig unsicher, ob die Liberalen diese Politik bezüglich der Politikanalyse und Evaluierung fortsetzen werden.

III.2.5. Belgien: Ein Sonderfall

Belgien ist – nach Meinung einiger seiner Beamten – ein künstlich geschaffenes Land, geschaffen vor etwa 150 Jahren und immer noch auf dem Weg, sich selbst zu finden. Der alles beherrschende Faktor ist die Existenz zweier Kulturen, die Aufteilung des Landes in einen französisch sprechenden Teil im Süden (Wallonien) und einen größeren Teil (mit holländisch sprechenden Flamen) im Norden. Abgesehen hiervon, bildet Brüssel eine Einheit für sich. Die Mehrheit der französisch sprechenden Wallonen sind Sozialisten, die Mehrheit der Flamen sind Christ-Demokraten. Einschließlich einiger weiterer Spaltungen wird Belgien von einem Acht-Parteien-System regiert (hinzu kommen noch einige kleinere linguistische Parteien u. a.). Jede Regierungsbildung wird zu einem schwierigen Balanceakt. Berücksichtigt man noch die Spannungen zwischen Klerikern und Antiklerikern und die Existenz sehr starker Interessengruppen von Gewerkschaften und anderen Verbänden, so wird Regierungsfähigkeit und Gesellschaftspolitik in Belgien zu einer *Übung in Strategien politischen Verhandelns.*

Selbstverständlich besteht auch in Kanada das Problem der Existenz zweier gegensätzlicher Kulturen, allerdings bewirken einige andere Verschiedenheiten zwischen den beiden Ländern sehr unterschiedliche Regierungsstile. In Belgien ist die Gefahr eines tatsächlichen Auseinanderfallens des Landes sehr viel geringer als in Kanada, aber der Kampf, die Einheit des Landes zu erhalten, bestimmt jede politische und soziale Frage, während in Kanada zahlreiche staatliche Aufgaben nur sehr wenig mit der Spaltung des Landes in einen englisch- und einen französischsprachigen Landesteil zu tun haben. Daher besitzt Kanada auch ein beträchtliches Potential, Evaluierung und Politikanalyse zur Verbesserung staatlicher Programme und Maßnahmen zu nutzen; in Belgien dagegen fehlt dieses Potential weitgehend.

Das belgische *System der Kompromisse* führte zu einer Regierungsstruktur:
– mit relativ unabhängigen Ministern, mit Ministern, die weitgehend ausgewählt wurden, um die politische Gewichtung in der Regierungskoalition auszubalancieren;
– mit Ministerkabinetten, d. h. in jedem Ministerium werden etwa 25 Posten politisch besetzt, deren Besetzung mit jedem Minister wechselt. Diese Posten werden in hohem Ausmaß von Vertretern der Interessengruppen hingenommen, sie dienen mehr als verlängerte politische Arme der Interessengruppen als zur Durchführung von Politikanalysen;
– mit einem gering eingeschätzten öffentlichen Dienst, dem nur wenige Entscheidungsbefugnisse zustehen;

– mit einer amtlichen Statistik, der u. a. die Voraussetzungen fehlen, regionale Daten zu analysieren, um beispielsweise erarbeitete Kompromisse auch inhaltlich abzustützen. Einer der Gründe für diesen Zustand sind die Befürchtungen, daß die statistische Analyse den sorgsam erarbeiteten Kompromiß möglicherweise wieder unterminiert.

Belgien hat ebenfalls einen Versuch unternommen, PPBS einzuführen und hat ihn aus Furcht, das Machtgleichgewicht zu verletzen, wieder aufgegeben. Es hat auch versucht, das französische System „Le Plan" zu nutzen, und dieser übt tatsächlich einen gewissen Einfluß auf den Haushalt aus. Damit war aber auch schon die obere Grenze möglicher politischer Analyse und Planung erreicht. Im Unterschied zu zahlreichen anderen Staaten werden in den belgischen Fachministerien nur wenige wirksame Analysen und Evaluierungen angefertigt.

Würde man Schweden, Norwegen und die Niederlande mit einigen amerikanischen Bundesstaaten vergleichen, so müßte man Belgien New York gegenüberstellen:

– In Belgien und in New York stehen *Finanzprüfungen* im Vordergrund und lenken alle Impulse und Aufmerksamkeit von einer Evaluierung ab. Belgien hat einen Rechnungshof, der ähnlich dem französischen Cour des Comptes aufgebaut ist, außer daß der belgische Rechnungshof keine Aussichten hat, Evaluierungen durchzuführen. New York hat ebenfalls lange Zeit ein besonderes Gewicht auf die Rechnungsprüfung gelegt und seit der Finanzkrise noch zusätzlich auf eine ganze Reihe anderer vergleichbarer finanzieller Prüfungen und Analysen.

– Beide Regierungen, in New York und in Belgien, trennen ihren laufenden Haushalt vom Vermögenshaushalt; der letztere wird weitgehend über Kredite finanziert. Für einen Ökonomen hat das Sinn in einer Stadt, die nicht wie eine Nation Geld drucken kann, um Anleihen zurückzuzahlen und die daher ihre Kreditmöglichkeiten begrenzen muß. In einem großen Land wäre eine solche Vorgehensweise wenig sinnvoll, für ein kleines Land wie Belgien, das sehr stark vom internationalen Handel abhängig ist, mag es dagegen durchaus zweckmäßig sein

Der Vermögenshaushalt als ein nationaler Haushalt ist jedoch nur dann praktikabel, wenn er tatsächlich als solcher genutzt wird. New York beispielsweise überführte immer mehr seiner laufenden Ausgaben in seinen Vermögenshaushalt, so daß er seine laufenden Ausgaben über Kredite finanzieren konnte. Ähnliches zeichnet sich in Belgien ab. Sowohl Belgien als auch New York haben das ungute Gefühl, sich auf eine Finanzkatastrophe hin zu bewegen, mit Verbindlichkeiten, die bald jede Deckungsmöglichkeit überschreiten, aber für beide macht es der notwendige, sorgfältig ausbalancierte Kompromiß unmöglich, politisch zu handeln, bevor die Katastrophe eintritt. New York baute auf die Hilfe der Bundesregierung: „The federal government won't let us go down the drain", und sah sich später darin bestätigt. Die optimistische Stellungnahme in Belgien ist: „Die Dinge werden sich schon noch verändern, da es so nicht weitergehen kann." Die Möglichkeiten der Politikanalyse und Evaluierung werden bis zum gegenwärtigen Zeitpunkt in Belgien kaum genutzt. Das Paradoxe daran ist, daß gerade in diesen Situationen – wäre es politisch möglich – derartige Analysen sehr nützlich sein könnten; dies gilt derzeit für Belgien und galt für New York. Politikanalysen und Evaluierungen erweisen sich am hilfreichsten, wenn sie in einer Notsituation angefertigt werden, offensichtliche und nicht so offensichtliche Fehler und Unterlassungen und noch bestehende Handlungsmöglichkeiten aufzeigen. Politische Analysen und Evaluierungen sind weniger hilfreich, wenn sie sehr stark von Details abhängen, die letztlich wieder von den Annahmen beeinflußt werden und die meist den notwendigen analytischen Verkürzungen und Vereinfachungen zum Opfer fallen. Obgleich die Probleme in Belgien derzeit für eine wirkungsvolle Analyse groß genug sind, sind sie doch wieder nicht wichtig genug, den politischen Kompromiß dafür aufs Spiel zu setzen.

IV. Die Europäische Gemeinschaft: Ein Sonderfall

Die Europäische Gemeinschaft (EG) ist ein Gebilde, bestehend aus drei Köpfen und einem dünnen – jedoch nicht nur illusorischen – Körper. Die EG besitzt einen *Verwaltungsapparat* in Brüssel, ein *Parlament* in Straßburg und ein *Gericht* – einschließlich eines Rechnungshofes – in Luxemburg. Blickt man auf die politischen Realitäten, so beinhaltet die Tätigkeit der Gemeinschaft vor allem ein größeres Programm: die Koordinierung der Landwirtschaftspolitik. Dies stellt in der Tat ein multinationales Unterfangen dar. Es wird kontrolliert durch die von den Regierungen ernannte Kommission und nicht vom allgemein gewählten Parlament der Gemeinschaft. Es ist einzigartig. In Bonn geht das Sprichwort um, daß die meisten Regierungsprogramme durch die Länder ausgeführt werden, daß einzig die Verteidigung ein nationales Anliegen ist, aber sollte man die Absicht haben, etwas über die deutsche Agrarpolitik zu erfahren, sei es notwendig, nach Brüssel zu gehen.

Die EG führt neben diesem Programm noch weitere entwicklungsfähige Maßnahmen durch, u. a. ein Programm zur regionalen Wirtschaftsentwicklung und eine Reihe verwandter Maßnahmen. Zumindest auf diesen Gebieten besteht eine nominelle Verantwortlichkeit gegenüber dem gewählten Parlament.

Sowohl der Verwaltungsapparat als auch der Rechnungshof gewannen unabhängig voneinander ein gewisses Interesse an Evaluierung, das sich ursprünglich vor allem auf die Programme in eigener Kompetenz konzentrierte. Allerdings ist dieses Interesse erst neueren Ursprungs, so daß Aussagen über die möglichen Auswirkungen laufender Evaluierungen kaum möglich sind. Es ist aber anzunehmen, daß sich zukünftige Evaluierungen nicht nur auf die Programme in eigener Kompetenz beschränken werden, sondern auch die wichtigsten anderen Aufgaben evaluiert werden können. Allerdings werden Evaluierung und Politikanalyse dem notwendigen politischen Machtzuwachs der Kommission für ein derartiges Unternehmen eher folgen als vorausgehen. Zwar mag das neu gewählte Parlament seine Macht, unterstützt durch einen fähigen Stab, langsam vergrößern können, ein stürmisches Wachstum auf dem Feld der Evaluierung wird es mit Sicherheit nicht bewirken. Jedoch könnte von einigen sorgfältig durchgeführten Evaluierungen von EG-Programmen durchaus ein Anstoßeffekt auf die Mitgliedsstaaten ausgehen.

V. Vorläufige Schlußfolgerungen

Der Bericht behandelt sehr unterschiedliche Länder – jedes ein demokratisches Land mit einer individuellen politischen Kultur und eigener politischer Regierungsform. Die jeweiligen Unterschiede sind bedeutsam für die Durchführung und den Stand der Evaluierung sowie die Nutzung politischer Planung: Weder kann eine Analyse aus Belgien einen Konsensus-Staat formen noch Frankreich die Tradition von Großbritannien vermitteln noch können, selbst durch beste Analysen, einer parlamentarischen Regierungsform diejenigen Einrichtungen und Erfahrungen vermittelt werden, die sich aus dem System des *checks and balances* in den USA entwickelt haben. In den vergangenen Jahren haben zahlreiche Delegationen verschiedener Parlamente Washington und das Congressional Budget Office (CBO) besucht. CBO hat eine Reputation für wirksame Politikanalysen gewonnen und zahlreiche Parlamentarier bekundeten Interesse am *know how*, ein dieser Institution vergleichbares Instrumentarium aufzubauen. Die Antwort mußte in der Regel lauten, daß in einem anderen Land eine derartige Einrichtung kaum aufgebaut werden kann. Der Kongreß kann sich CBO (und gute Analysen) leisten, da er auch tatsächliche Macht besitzt. Wie der Vergleich zeigte, besitzen die stärksten europäischen Parlamente allenfalls die Macht, zu beschließen oder angehört zu werden. Diese Situation kann die beste Analyse nicht verändern, ganz abgesehen davon, daß diese Struktur der Macht- und Aufgabenverteilung kaum die Voraussetzungen mit sich bringt, die für eine gute Analyse und Evaluierung nötig sind, um erfolgreich zu sein. Trotz aller grundsätzlichen Unterschiede sind einige vorläufige Schlußfolgerungen allgemeiner Art über die zukünftige Entwicklung von Evaluierung und Politikanalyse möglich:

– Innerhalb der *Ministerialbürokratie* und in den funktionalen *Politikfeldern* scheint sich eine Ausgleichung zwischen den Kapazitäten und dem Bedarf in allen Ländern abzuzeichnen. Das Gesundheitswesen mag hier als Beispiel dienen. Alle Länder (mit Ausnahme der USA) haben ein nationales Gesundheitssystem. Die Systeme selbst sind sehr unterschiedlich aufgebaut: Das britische System beispielsweise ist sehr stark zentralisiert, das deutsche stark dezentralisiert; daher benötigen *alle sehr unterschiedliche institutionelle Formen für die Durchführung von Evaluierungen.* Alle Systeme aber erfordern bestimmte Evaluierungsschritte wie Indikatoren zur Messung ihrer Wirksamkeit wie Mortalität, Morbiditätsstatistiken und Abrechnungssysteme für ärztliche Leistungen. Auch die Probleme ähneln sich. Alle Länder einschließlich den USA haben Probleme in der Auslastung der Krankenhausbetten und in der Verteilung dieser Betten entsprechend dem Bedarf; auch Kostenexplosion und Kostendämpfungsmaßnahmen sind ein allen Ländern gemeinsames Problemfeld.

Allerdings erstreckt sich die Gemeinsamkeit nicht auf alle sozialen Programme, Maßnahmen und Probleme. Das Erziehungswesen beispielsweise ist so eng mit der nationalen Kultur verknüpft, daß sich die Probleme von Nation zu Nation sehr unterschiedlich darstellen, selbst dort, wo sie den Anschein erwecken, daß sie ähnliche sind; in einigen Ländern ist gegenwärtig vor allem die Auseinandersetzung um die Einführung von Gesamtschulen (vs. sogenannten Eliteschulen) ein *gemeinsames* hochpolitisches Feld. Wesentliche politische Inputs sind auf diesem Feld durch transnationale Evaluierungen kaum zu gewinnen, obgleich dies noch nichts gegen die Durchführung systematischer vergleichender Evaluierungen und materieller Politikanalysen aussagt.

– Auf der Ebene *zentraler politischer Planung und Analyse* ist die überraschendste Gemeinsamkeit in allen Ländern das weitgehende Fehlschlagen von PPBS. In gewisser Hinsicht war das Ausmaß dieses Fehlschlags der Tatsache zu verdanken, daß es ursprünglich als ein technisches Instrumentarium angepriesen wurde, das international übertragbar zu sein schien. Die Anwendung von PPBS basierte in den meisten Ländern auf dem frühen Modell von PPBS in den USA, seine Verbreitung hing eng zusammen mit der amerikanischen Führungsrolle, die die USA kulturell und politisch in den frühen sechziger Jahren noch ausübte. Diese Aussage gilt auch für Frankreich, das bereits damals eine derartige US-Führungsrolle ausdrücklich ablehnte. Aber vielleicht entscheidender noch war für die Einführung von PPBS die Neigung der öffentlichen Verwaltung zu formalen Strukturen, Strukturen, wie sie die Programmkategorien des PPBS idealiter verkörpern, unter Verkennung der Tatsache, daß das Entscheidungssystem in jedem Fall politisch bleibt. *Eine* Erfahrung aus diesem Fehlschlag mag zumindest für die USA sein, daß jede starre Evaluierungsregelung, wie sie nunmehr durch die Sunset-Gesetzgebung möglicherweise bevorsteht, aus ähnlichen Gründen fehlschlagen wird wie das formale Engagement des Riksrevisionverket in Schweden, alle Programme periodisch zu evaluieren.

– Das wichtigste Resultat des Berichts betrifft jedoch die positiven Erfahrungen, die mit dem *CPRS* gemacht wurden. Zwar ist das Modell kaum auf alle Länder übertragbar, aber dort, wo es möglich sein wird, kann es sich als sehr nützlich erweisen. Allerdings gehen in die Gewißheit von der Nützlichkeit einer Institution wie CPRS persönliche Überzeugungen und Erfahrungen mit ein. Die USA benötigt einen *zentralen Stab für materielle Politikanalysen,* der zumindest sehr nahe am Executive Office des Präsidenten eingerichtet werden sollte. Für die Notwendigkeit einer derartigen Einrichtung lassen sich zahlreiche Hinweise finden. Auf die amerikanische Entwicklung wurde bereits eingegangen: die abnehmende Bedeutung des BoB und OMB, Politikanalysen durchzuführen; das Versagen des Domestic Council, Politikanalysen als sein Aufgabenfeld wahrzunehmen; das Heranwachsen eines analytischen Planungs- und Evaluierungsstabes in den einzelnen Fachministerien und Bundesbehörden. Die letztere Entwicklung verweist auch auf ein Paradoxon. Ohne die Leistungen der analytischen Stäbe in den Ministerien schmälern zu wollen – den meisten ihrer Analysen und Evaluierungen kann man durchaus zustimmen –, fehlen bisher Schritte für eine entsprechende zentrale politikanalytische Kapazität. Präsident Carter trat sein Regierungsamt sichtlich in der Überzeugung an, daß er Politikentscheidungen in enger Abstimmung mit seinem Kabinett im Team treffe (dementsprechend konzentriert sich der Eizenstat-Stab auch auf die Koordinationsprobleme). Die Auffassung, daß eine derartige Kabinettsregierung im amerikanischen Regierungssystem möglich ist, schwindet immer mehr, nur wurde dies durch entsprechende Maßnahmen im Weißen Haus noch nicht registriert.

Einer der Gründe für das Versagen der Verwaltung, entschlossene und konsistente Politikentscheidungen zu treffen, mag darin liegen, daß es an einem Stab fehlt, der die möglichen Wirkungen unterschiedlicher Politikentscheidungen analysiert. Sicherlich würde sich ein amerikanischer CPRS vom britischen Modell unterscheiden. Zumindest erscheint es kaum möglich, daß eine derartige Einrichtung einen Regierungswechsel unverändert überstände, dafür ist die amerikanische Verwaltungstradition – verglichen mit der des britischen öffentlichen Dienstes – zu politisch. Diese Aussage berührt jedoch nicht den Kern der britischen Erfahrungen mit CPRS, daß nämlich eine Einrichtung wie das CPRS in einer starken, zentralisierten Regierung ein wichtiges Instrument sein kann. Und trotz der bedeutsamen Unterschiede zwischen der britischen und der amerikanischen Regierungsform ist in der Praxis die Macht des britischen Premierministers, seine Regierung zu kontrollieren, der Rolle des amerikanischen Präsidenten sehr ähnlich. Diese zentrale Macht des Präsidenten ist – da verfassungsrechtlich abgesichert – in den USA faktisch nicht veränderbar. Diese Machtfülle auszufüllen, bedarf jedoch der Unterstützung, und CPRS ist eine Möglichkeit.

Abgesehen von der Bundesrepublik und Belgien mag ähnliches auch für die anderen europäischen Länder gelten:

- trotz seines Föderalismus hat *Kanada* starke zentrale Institutionen, in denen eine zentrale mit politikanalytischen Aufgaben betraute Einheit eine wichtige Rolle spielen könnte;
- *Frankreich* besitzt ebenfalls eine sehr starke zentralisierte Regierungsform. Sollte einmal die Entscheidung für die Einrichtung einer derartigen politikanalytischen Einheit fallen, könnte diese relativ unkompliziert eingerichtet werden. Allerdings müßte sie sich im Unterschied zu RCB sicherlich in das bestehende Institutionengefüge einpassen;
- *Schweden* ist offenkundig auf der Suche nach einer geeigneten Möglichkeit, sich zentrale Analysekapazitäten zuzulegen;
- in den *Niederlanden* besteht noch immer der Wunsch, eine Art „Think Tank" für die Regierung zu schaffen, der ähnliche Aufgaben übernehmen sollte;
- auch in *Norwegen* scheinen, selbst wenn vorliegende Informationen kaum ausreichen, allgemeingültige Aussagen zu treffen, ähnliche Tendenzen zu bestehen.

Sicherlich sind diese Aussagen ungleichgewichtig. Für die USA sind sie, vor dem Hintergrund der eigenen Erfahrungen, eher zu belegen und damit auch ausführlicher begründet worden. In dem Versuch, die amerikanische Perspektive nicht dominieren zu lassen und die jeweilige Landesperspektive auch korrekt zu erfassen sowie in dem Wissen um mögliche Informationsdefizite sind die Aussagen über mögliche Perspektiven für die Evaluierungsforschung in den anderen Ländern auch etwas weniger eindeutig ausgefallen.

Bibliographie

Thoughts on a Think Tank, in: *New Society*, 1. Nov. 1979, S. 239 ff.

Howard E. Freeman
Institute for Social Science Research, University of California, Los Angeles, Ca.

Marian A. Solomon
Systems Development Corporation, Santa Monica, Ca.

Das nächste Jahrzehnt in der Evaluierungsforschung

Einer der wesentlichsten Beiträge der USA zur weltweiten kulturellen Entwicklung in den siebziger Jahren war der Boom einer Forschungsrichtung, die – ähnlich wie der ebenso spektakuläre Trend in der Filmindustrie, die Produktion des Science-Fiction-Films „Krieg der Sterne" – in einem vorausschauenden Szenarium empirische Realität mit möglichen Entwicklungstrends verbindet. Trotz aller Kritik haben sich beide Konzepte, die Evaluierungsforschung und der Trend zur Science-Fiction-Produktion in der Filmindustrie, als erfolgreiche Protagonisten einer Richtung erwiesen, die für die Weiterentwicklung von Forschung bzw. von Filmproduktion in den nächsten Jahren wegweisend sein wird, deren Grundlagen in den achtziger Jahren zunehmend verfeinert und erweitert werden. Dabei ist weder die Evaluierungsforschung noch die Entwicklung von Science-Fiction-Filmen etwa eine neue Erfindung. Der Science-Fiction-Gegenpart zu Luke Skywalker in „Star Wars" war in den dreißiger Jahren Buck Rodgers. Und der Protagonist und Vorkämpfer für die Durchführung „sozialer Experimente", Don Campbell, hatte in Kurt Lewin in der Depression der dreißiger Jahre seinen Wegbereiter[1]. Die Parallelen haben ihre Grenzen. Es steht aber fest, daß die siebziger Jahre politisch, sozial und ökonomisch eine Zeit besonderer Entwicklungen und Entwicklungsbrüche darstellen, nicht nur in den USA. In diesen strukturellen Umbrüchen und Veränderungen mag – wie das Merton formuliert[2] – die Wurzel liegen, aus der neue Erfindungen erwachsen und neue Techniken und Veränderungen umgesetzt und akzeptiert werden.

Die Parallellität von gesellschaftlichen und sozialen Strömungen und dem Konzept der Programmevaluierung ist an anderer Stelle abgehandelt worden[3]. Es ist also nicht notwendig, die Diskussion hier erneut aufzunehmen. Würde die Entwicklung der Evaluierungsforschung selbst in Begriffen von Lebensabschnitten beschrieben, dann hätte sich das Forschungsfeld nach einer langen und ärmlichen Kindheit

1 Vgl. Freeman, Present Status, in: *Evaluation Studies Annual Review*, Beverly Hills 1977; Rossi/Freeman/Wright, *Evaluation*, Beverly Hills 1979.
2 Vgl. Merton, *On the Shoulders of Giants*, New York 1965.
3 Vgl. Freeman, Present Status (Anm. 1).

von vielleicht einem halben Jahrhundert[4] während der siebziger Jahre einer verhältnismäßig kurzen Jugend erfreut. Wie die meisten jugendlichen Entwicklungsphasen war diese Zeit charakterisiert von Konflikten, Unwertgefühlen, Angst und Zurückweisung sowie von Ausflügen in vorher fremde Zusammenhänge und Umgebungen. Daraus ist ein noch linkischer und ungehobelter Erwachsener hervorgegangen, einer, der für ein langes, erfolg- und einflußreiches Leben bestimmt ist, wenn nicht die Versuchung von Macht und Geld zu überwältigend wird oder die vereinte Regierungs- und Stiftungsunterstützung schwindet.

Die neuere Entwicklung der Evaluierungsforschung als eine Phase jugendlichen Heranwachsens zu beschreiben, ist ziemlich zutreffend. Das Forschungsfeld erlebte im letzten Jahrzehnt in den Vereinigten Staaten einen bemerkenswerten Wachstums- und Entwicklungsschub. Davon zeugen:

- die Entwicklung einer neuen „Forschungsindustrie" von beträchtlichem Umfang. Die Bundesausgaben für Evaluierungstätigkeit überstiegen 1977 in den USA 243 Mill. Dollar[5] und sind vermutlich für das Jahr 1979 auf 300 Mill. Dollar gestiegen[6]. Dies ist um so bemerkenswerter, als es bis in die frühen siebziger Jahre hinein *überhaupt keine Auftragsmittel* der Bundesregierung für formale Evaluierungen gab[7];
- die Entstehung einer neuen Profession – des „Evaluators", der „Evaluatorin" –, bezeugt durch die Gründung mehrerer Fachzeitschriften und zweier Berufsverbände, die Veröffentlichung von Schriften, Handbüchern und Sammelbänden sowie das Angebot von Universitätsvorlesungen und Graduiertenstipendien[8];
- die inzwischen allgemeine Bereitschaft auf Bundesebene, Evaluierung als wichtiges Hilfsmittel bei der Entscheidungsfindung zu nutzen. Wesentlich war dafür die Einrichtung *exekutiver Schlüsselpositionen* für die Durchführung von Evaluierungen auf der Leitungsebene großer Ministerien wie denen für Health, Education and Welfare (HEW – Gesundheit, Erziehung und Sozialhilfe) sowie Housing and Urban Development (Wohnungsbau und Städtische Entwicklung);
- die Bemühungen um Qualitätskontrolle und Verbesserung von Verfahrensabläufen auf allen Ebenen durch amtliche oder halbamtliche „watchdogs". Hierzu zählen die Evaluierungen des General Accounting Office (Amt für Rechnungsprüfung) (1979) ebenso wie die Evaluierungen, die von Regierungs- und Stiftungsbehörden, Industrieunternehmen und in Universitäten durchgeführt werden;
- die Anerkennung der Notwendigkeit, in die Forschungsplanung auch den politischen und administrativen Kontext einzubeziehen, um den Nutzen von Studien maximal zu erhöhen. Inzwischen sind bereits erste Verfahren und Instrumente

4 Siehe z. B. Stephan, Prospects and Possibilities, in: *Social Forces*, 13/1935.
5 Vgl. Scanlon/Waller, Program Evaluation, in: *GAO Review*, 1979.
6 Vgl. Shapley/Phillips, *Research and Development*, Washington D.C. 1978.
7 Vgl. Evans, Summaries of Testimony, in: *Evaluation*, 1978.
8 Vgl. Morell/Flaherty, Development of Evaluation as a Profession, in: *The Journal of Evaluation and Program Planning*, 1978.

entwickelt, die gezielt die Hindernisse für eine Nutzung und Umsetzung der Evaluierung anpacken[9].

Diese Liste von Erfolgsindikatoren könnte noch erweitert werden. Was diese Feststellungen im Kern signalisieren ist – um im Soziologenjargon zu bleiben – die „Institutionalisierung der Evaluierungsforschung", *ihre Etablierung als Teil des politischen und administrativen Entscheidungsprozesses*[10]. Eine neue Situation ist im politischen Raum entstanden, in der die Macht nunmehr zwischen leitenden Regierungsbeamten, zwischen Führungskräften in profitorientierten Unternehmen, zwischen Stiftungen und einzelnen Personen aus den akademischen und gemeinnützigen Forschungszentren geteilt wird. Neben gelegentlich glitzernden, wichtigen „Politik"-Evaluierungen stehen die zahlreichen alltäglichen Routineevaluierungen, die organisatorischen Verwaltungs- und Managementaufgaben. Einige der Evaluierungen sind sehr kostenintensiv und erstrecken sich über längere Zeiträume, die meisten verursachen jedoch eher geringe Kosten und beanspruchen nur relativ kurze Zeit. Einige der in der Evaluierungsforschung angewendeten Verfahren entsprechen sozialwissenschaftlichen Spitzenleistungen, andere werden zum Teil völlig inkompetent und laienhaft durchgeführt. Soviel als Prolegomena zur Diskussion der Entwicklung des Forschungsgebiets während der nächsten zehn Jahre.

I. Veränderung der Rahmenbedingungen für zukünftige Evaluierungen

Ebensowenig wie man die Entwicklung von Kindern zu Erwachsenen genau vorhersagen kann, sind auch exakte Voraussagen darüber, welchen Weg die Evaluierung in den achtziger Jahren gehen wird, kaum möglich. Das Forschungsfeld wird in dieser Zeit eine Blüte erleben, aber weder die Bäume, die jetzt wachsen, noch die Früchte die sie tragen werden, werden dieselben sein, die in den siebziger Jahren gepflanzt worden sind. Das Zusammenwirken von drei wesentlichen Entwicklungen könnte zu Verschiebungen in Umfang und Inhalt der Evaluierungsforschung führen.

I.1. Rückgang innovativer Programme

Die siebziger Jahre begannen mit einem ungeheuren Reformeuphorismus oder zumindest doch einem ziemlichen „Schuß Optimismus" hinsichtlich der Möglichkeiten, durch soziale Programme die Lebenschancen und menschlichen Bedingungen für die Armen, Enterbten und die physisch und emotional Schwachen einschneidend zu verändern. Die Evaluierung innovativer Programme war der Ruf des Tages; damit sollte deutlich gemacht werden, daß kreative Ideen, Ressourcen und Enthusiasmus das Gesicht des Landes verändern könnten.

Was ist nun dabei herausgekommen?

9 Vgl. Wholey, *Evaluation: Promise and Performance*, Washington D.C. 1979.

10 Morell/Flaherty, Development (Anm. 8).

– Arbeitsmarktprogramme zeigten wenig Wirkung, gemessen an den Kosten fast gar keine[11];
– Bemühungen, die Kriminalität zu kontrollieren, haben in gewisser Weise die Verbrechensrate begrenzt; insgesamt aber ist die Anzahl der Verbrechen seit den sechziger Jahren so stark gestiegen, daß eine Wirkung von Programmen nicht spürbar geworden ist;
– „Head Start" scheint die Lernerfolge nicht verbessert zu haben, oder wenn, so ist die Wirksamkeit kaum meßbar[12];
– „Medicare" und „Medicaid" haben vielen Menschen in den USA den Zugang zu medizinischer Versorgung ermöglicht. Sie sind jedoch auch wesentliche Stimuli für die Inflation gewesen, haben die Krankenhausausgaben enorm ansteigen lassen und zu unvernünftig hohen Arztrechnungen geführt[13];
– „Sesame Street" mag Erfolg haben. Aber die Wirkung auf den Lernerfolg macht nur einen Unterschied von einem halben Buchstaben im Alphabet aus. Auch sehen Kinder der Mittelschicht das Programm weit häufiger als arme Kinder und profitieren somit am meisten davon.

Heute gibt es nur noch wenige kühne neue Unternehmungen der Art, wie sie am umfassendsten etwa das Office for Economic Opportunity (OEO – Amt zur Schaffung Wirtschaftlicher Chancengleichheit) oder – weniger hochfliegend und programmatisch – das Model Cities Program, die Nachbarschafts-Gesundheits-Zentren oder die Nachbarschaftsschulen verkörperten. Ein Zyniker mag sagen, daß während der fünfziger und sechziger Jahre auch nicht so viel passiert sei, man habe es nur besser verpackt. Dennoch, es gibt heute weniger zu evaluieren, was sich durch kühne Konzepte auszeichnete, und eine Änderung zeichnet sich für die unmittelbare Zukunft kaum ab.

I.2. Ausgaben für soziale Dienstleistungen

Neben der allgemeinen Enttäuschung über Innovationen gibt es starke Kräfte, die auf eine Kostenbeschränkung im Bereich der sozialen Dienstleistungen zielen. Diesen Druck setzt zu einem Teil die Regierung als Mittel ein, die Inflation zu begrenzen; teilweise ist er auch ein Ausdruck der „Proposition-13"-Mentalität, der Steuerrevolte des Mittelstandes[14]. Diese Tendenz der Ausgabenverringerung ist gleichzeitig Ausdruck der Verweigerung des Mittelstandes, weiter die Verantwortung für die weniger gut gestellten Mitglieder der Gemeinschaft zu übernehmen und einen stetig wachsenden Regierungsapparat weiter zu unterstützen. Der Slogan der Zeit ist „zero-based budgeting"[15].

11 Vgl. Nay/Scanlon/Wholey, *Benefits and Costs*, Washington D.C. 1971.
12 Vgl. Barnow/Cain, Re-analysis, in: *The Journal of Human Resources*, XII (2) 1977.
13 Vgl. Aiken/Freeman, An Essay and Selective Literature Review, in: *Health and Medical Care Services Review*, 1979.
14 Vgl. Muskin et al., The Taxpayer Revolt, in: ders. (Hrsg.), *Proposition 13*, Cambridge/Mass. 1979.
15 Salasin, Technology Transfer, in: *Evaluation*, 4/1977.

„Rechenschaftslegung", „Leistungskontrolle" und „Programmeffizienz" (accountability, performance monitoring and program efficiency) sind Thema von Auftragsevaluierungen und Partygespräche von Planern und Evaluatoren. Evaluierungsforschung wird zum unentbehrlichen Managementinstrument der Verwaltung. Im Bereich der sozialen Dienstleistungen enthält inzwischen fast die gesamte Bundesgesetzgebung Vorschriften für eine Programmevaluierung. Sogenannte Sunset laws bilden den Höhepunkt dieser Entwicklung in der Gesetzgebung. Die Programme sind zeitlich befristet und werden automatisch beendet, wenn ihe Effizienz nicht demonstriert werden kann.

Selbstverständlich unterliegen die Programme auch weiterhin ständigen Änderungen. So fördert zum Beispiel das Wohlfahrtsministerium (HEW) in Zusammenarbeit mit der Robert Wood Johnson Foundation eine Untersuchung darüber, ob sich Nachbarschafts-Gesundheits-Zentren in Verbindung mit Universitätskliniken als erfolgreicher erweisen als „unabhängige" Zentren. Die Law Enforcement Assistance Administration im Justizministerium (LEAA) vergleicht Kosten und Wirkungen unterschiedlicher lokaler Selbsthilfealternativen, die sich mit jugendlichen Straftätern befassen. Eine Reihe weiterer Beispiele könnte hier noch genannt werden, in denen oft nicht sehr deutlich wird, wo die Grenze zwischen innovativen Politikmaßnahmen und routinemäßigen Verwaltungs- und Verfahrensentscheidungen liegt. Dennoch sind viele dieser Maßnahmen eher Korrekturen, „fine tuning", als kühne Innovationen, liegt die Betonung eher auf Rechenschaftslegung und Evaluierung im Management laufender Programme als im wirklichen Experiment, das neue Ansätze erprobt.

I.3. Die Durchführung von Evaluierung

Vom Standpunkt der Durchführung von Evaluierungsstudien betrachtet, dominieren profitorientierte Firmen und einige aggressive gemeinnützige Gruppen; universitäre Evaluierungen sind relativ stark zurückgegangen. Dies beruht teilweise auf den Verfahren der Auftragsvergabe, den kurzen Fristen zwischen der Aufforderung zu Projektvorschlägen und dem Abgabetermin. Der knapp bemessene Zeitraum, der für die Auftragsdurchführung zur Verfügung steht, erschwert es akademischen Gruppen zu konkurrieren. Organisationen aus dem kommerziellen Sektor und die gemeinnützigen Gruppen können überdies zahlreiche Arbeiten zum Teil mit geringerem Kostenaufwand durchführen, einmal, weil sie bewußt Verkürzungen in Kauf nehmen, zum anderen aber auch deshalb, weil ihre Bürokratien kleiner und der Anreiz zur Effizienz größer ist als bei den Universitäten.

Die Verlagerung der Evaluierungsforschung vom akademischen zum unternehmerischen Forschungsmarkt beeinflußt Art und Qualität der durchgeführten Arbeiten. In einer inzwischen überholten Studie[16] deuteten die Untersuchungser-

16 Vgl. Freeman/Bernstein, Evaluation Research and Public Policies, in: Nagel (Hrsg.), *Policy Studies*, Lexington/Mass. 1975.

gebnisse darauf hin, daß die Forschungsqualität der von profitorientierten Forschungsunternehmen durchgeführten Studien *niedriger* sei als die in den Universitäten entstandenen. Ob das immer noch so ist, muß im Moment offen bleiben. Es gibt inzwischen sicherlich einzelne Forschungsunternehmen, deren Mitarbeiter aufgrund ihrer Referenzen und Leistungen forschungstechnisch auf dem neuesten Stand und weiter entwickelt sind als ihre akademischen Vorbilder.

Die Verlagerung der Evaluierungsforschung auf Forschungsunternehmen wird sicherlich die methodologische Entwicklung des Feldes beeinflussen. Methodische Neuentwicklungen werden eher praktischer denn grundlegender oder theoretischer Natur sein. Das Endprodukt als Auftragsarbeit des Forschungsunternehmens und nicht die Anerkennung für individuelle Leistung eines Wissenschaftlers wird in Zukunft an Bedeutung zunehmen. Sicherlich war bisher auch eher ein Umsetzungsmangel zu verzeichnen, ein Defizit an Wissen darüber, wie Evaluierungen erfolgreich durchgeführt werden können, als daß mangelhafte technische Verfahren die Arbeit auf diesem Feld behindert hätten.

Zumindest für die amerikanische Forschungslandschaft dürften unsere Ausführungen Gültigkeit besitzen. Es ist offensichtlich, daß die politische Struktur, der Grad der technologischen Entwicklung und die Ansichten der Bevölkerung eines Landes die Richtigkeit dieser Annahmen für andere Nationen beeinflussen. Dies gilt vorzugsweise auch für die besonderen Richtungen, die die Evaluierungsforschung entwickeln und einschlagen wird und die im folgenden untersucht werden sollen. Dennoch lassen sich aus der Analyse des vorangegangenen Stadiums der Evaluierungsforschung und der Vorhersage ihrer weiteren Entwicklung in den USA auch Folgerungen und Schlüsse für andere Länder ableiten.

II. Richtungen des Wandels in der Evaluierungsforschung

Es ist sicherlich leichter, einzelne Veränderungslinien innerhalb der Evaluierungsforschung zu diskutieren, als ein Gesamtbild des Wandels zu vermitteln, welches derzeit im Entstehen begriffen ist. Die Perspektiven und Anforderungen der Geldgeber der öffentlichen Hand und der Stiftungen für und an die Sozialforschung haben sich verschoben, die Bereitstellung von Mitteln für Evaluierung ist ein Teil dieser neuen Programmatik.

Finanzielle Unterstützung für Forschungsvorhaben in den ersten Jahrzehnten nach dem Zweiten Weltkrieg, dem goldenen Zeitalter für Sozialforscher[17], erfolgte so, daß deren Initiatoren Projektvorschläge vorlegten, die dann von anerkannten Wissenschaftlern auf ihre wissenschaftliche Bedeutung und methodologische Reflexion hin beurteilt wurden. Waren die Mittel einmal zur Verfügung gestellt, wurde der Forscher faktisch nicht mehr behelligt. In den letzten drei bis fünf Jahren ist jedoch der Aufwand für forscherinitiierte Programme – in der Regel grants –, gemessen in realer Kaufkraft, zurückgegangen.

17 Vgl. Freeman/Borgotta/Siegel, Remarks, in: *Social Policy and Sociology*, New York 1975.

An verschiedenen Ausgangspunkten anknüpfend, wird immer wieder dieselbe Frage an die Sozialforschung gestellt: Wie nützlich sind die Ergebnisse ihrer Arbeit, und wie steht es mit der Praxisrelevanz ihrer Ergebnisse? Senator Proxmire hat durch seine wortgewandten und energischen Angriffe auf die Nationale Wissenschaftsstiftung (National Science Foundation) die Entwicklung der Grundlagenforschung wesentlich beeinflußt. Um der ihre Existenz bedrohenden Kritik entgegenzutreten, haben sich die traditionellen Forschungsförderorganisationen einem Vergabeverfahren zugewandt, das man als *gezielte Forschungsförderung* bezeichnen kann – ein Euphemismus für die Anweisung an den Untersuchungsleiter: „Tu, was wir Dir sagen und nicht, was Du willst!".

Viele Sozialforscher sind über diese Entwicklung ernsthaft besorgt, selbst diejenigen, die aufgrund ihres Interesses an angewandter Forschung von den veränderten Forschungskonditionen profitieren. Es ist zu befürchten, daß die gegenwärtige Entwicklung zum Verlust einer Generation von Forschern und Studenten führen könnte, dies um so mehr, als angewandte Forschung sich weitgehend immer mehr außerhalb des akademischen Bereichs abspielt. Unabhängig von der persönlichen Einschätzung steht fest, daß heute alle großen und die meisten der kleineren Evaluierungsstudien, zumindest auf nationaler Ebene, von Regierungsbehörden und Stiftungsmitarbeitern vorgeschlagen werden. Dies geschieht entweder auf Weisung der gesetzgebenden Körperschaften oder der politischen Entscheidungsträger oder zur Erfüllung eigener Verwaltungs- oder Managementzwecke. Immer weniger Untersuchungen werden von Forschern selbst angeregt.

Die Konsequenz dieses Auftragsverhaltens liegt nun nicht allein darin, *wie* das Geld verteilt wird, obgleich die Art der Verteilung auch mitbestimmt, *wer* die Mittel bekommt, vielmehr hat sie einen einschneidenden Wandel in der Kontrolle von Forschungsaktivitäten nervorgerufen – von der Planung von Projekten bis zur Berichterstattung und der Verbreitung der Ergebnisse. Es resultierten daraus eine engere Überwachung und stärker bindende Auftragsbedingungen als Antwort auf den Vorwurf verschwendeter Forschungsgelder. Überdies wurde der interne Mitarbeiterstab der Auftraggeber sowie deren Beteiligung bei der Gestaltung und der Durchführung der Forschungsaufträge verstärkt. Aus dieser Veränderung hat sich eine größere Anzahl interner Evaluierungen entwickelt mit der Aufgabe, die Planung und Ausführung von Evaluierungsforschung selbst zu etablieren.

Frühere Diskussionen zur Durchführung von Evaluierungen befaßten sich vor allem mit der Unabhängigkeit der Evaluierungsforscher von den Mitarbeitern des Programmes, d. h. ob die Evaluierung z. B. eigenfinanziert und unabhängig organisiert durchgeführt werden sollte. Die heutige und wohl auch zukünftige Diskussion hat vor allem die Beteiligung der politischen Entscheidungsträger, Planer und Programm-Manager bei der Durchführung von Evaluierungen zum Gegenstand, sie fragt, wie diese am effektivsten zu beteiligen seien. Die Vertreter dieser Ansicht gehen von der Annahme aus, daß ein Höchstmaß an Beteiligung („maximum feasible participation") die besten Evaluierungen, d. h. politisch und administrativ relevante Evaluierungen, ergeben würde.

In den achtziger Jahren wird der Evaluator nicht mehr die Forschungsmittel erhalten und dann nach eigenem Tempo und Rhythmus arbeiten können. Vielmehr wird die Datensammlung nach einem PERT-Netzplan erfolgen, die den Anforderungen des General Accounting Office (Rechnungshofes) (GAO, 1979) zu genügen hat. Eine Evaluierungsbibliothek (HEW, 1978) und ein bibliographischer Dienst (Soziale Dienstleistungen, Monatshefte) für die Katalogisierung und Verbreitung von Ergebnissen werden den Zugang zu den Berichten ermöglichen, und aufgrund des Freedom of Information Act (Gesetz über die Informationsfreiheit) werden Kritiker auf Daten und Berichte zurückgreifen können, wenn sie einer öffentlichen Organisation drohen wollen[18].

Eines sollte aus den bisherigen Ausführungen deutlich geworden sein: Evaluierungsforschung kann zukünftig nicht mehr innerhalb des Universitätsalltags von einem Professor mit einem Assistenten zwischen den Vorlesungen betrieben werden. Sie wird sich im Gegenteil zu einer unter Hochdruck stattfindenden, oft wirtschaftlich lohnenden und politisch anfälligen Aktivität, zu einem Spiel mit hohem Einsatz, entwickeln. Ein Überblick über die qualitative Entwicklung der Evaluierungsforschung mag die Bedeutung, die Evaluierungsforschung inzwischen gewonnen hat, verdeutlichen:

Im Rechnungsjhr 1977 haben 39 Ministerien und Behörden sowie unabhängige Institutionen 243 Mill. Dollar für die Evaluierung von Sozialprogrammen ausgegeben. Ein Viertel davon – 61 Mill. Dollar – wurde zur Bezahlung von nahezu 2.200 vollberuflichen Mitarbeitern bei den Bundesbehörden verwendet, deren wesentliche Aufgabe es war, Evaluierungen zu entwickeln, zu koordinieren, zu überwachen und allgemein den Einsatz von Evaluierung anzuregen sowie eigene, hausinterne Evaluierungen durchzuführen[19]. Insgesamt wurden aus diesen Mitteln die hausinternen Mitarbeiter, die allgemeine Forschung sowie über 1.300 Auftragsarbeiten finanziert (s. Tab.).

Der amerikanische Kongreß hat den Rechnungshof (General Accounting Office), die Forschungsabteilung des Kongresses (Congressional Research Service), das Haushaltsbüro des Kongresses (Congressional Budget Office), das Amt für die Bewertung von Technologie (Office of Technology Assessment) und die Ausschußmitarbeiter des Kongresses verstärkt, um für relevant gehaltene Evaluierungen anzuregen und die Durchführung von externen und internen Untersuchungen der Bundesregierung zu überwachen[20]. Über das, was auf Landes- und Lokalebene geschieht, ist weniger bekannt, doch die Variationsbreite der Kontroll- und Evaluierungsaktivitäten ist dort vermutlich noch größer. Die allgemeinen Auswirkungen der von den Vergabe- und Förderinstitutionen für Evaluierungen ausgeübten Kontrolle ist jedoch auf allen Regierungs- und Verwaltungsebenen sowie im Stiftungsbereich deutlich zu erkennen.

18 Vgl. Chelimsky, Differing Perspectives of Evaluation, in: *New Directions for Program Evaluation*, 2/1978.

19 Vgl. Abramson, *The Funding of Social Knowledge Production and Application*, Washington D.C. 1978.

20 Vgl. Rivlin, Congress, the Budget, and Policy Analysis, in: Abt (Hrsg.), *Perspectives*, Cambridge/Mass. 1979.

Vergebene Aufträge 1977

Ministerium oder Behörde	Gesamtanzahl der Forschungsausschreibungen (RFP)
Arbeitsministerium	72
Außenministerium	22
Handelsministerium	28
Justizministerium	41
Landwirtschaftsministerium	21
Ministerium für Gesundheit, Erziehungswesen u. Wohlfahrt	22
Ministerium des Inneren	28
Ministerium für Wohnungsbau und Stadtentwicklung	499
Transportministerium	144
Verteidigungsministerium	105
ACTION (Behörde für Freiwilligen-Aktionen)	16
Bundesverwaltung für Energiefragen	48
Bundesverwaltungsamt (General Services Administration)/ Rechnungshof (GAO)	63
Kernkraftüberwachungskommission	19
Kommission für die Sicherheit von Verbraucherprodukten	14
N.A.S.A.	10
Nationale Wissenschaftsstiftung (NSF)	16
Umweltschutzbehörde (EPA)	60
Verschiedenes	64
Summe	1 315

Quelle: *The Washington Researchers Information Report*, September/Oktober 1978, S. 4.

In den Vereinigten Staaten wird der Anteil der Gesetze zunehmen, in denen die Gesetzgebung einen festen Prozentsatz der Mittel speziell für die Evaluierung bereitstellen wird, in denen Anforderungen für die Überwachung von Programmabläufen (program monitoring) eingeführt werden und in denen die Wirkung eines Programms und seine Effizienz (d. h. Kosten – Nutzen) bewertet werden müssen. Im Idealfall wird die Gesetzgebung den Umfang der Evaluierung präzise festlegen, ebenso die anzusprechenden Fragen, das Berichterstattungsverfahren an den Kongreß und an die verantwortlichen Programm- und Aufsichtsgruppen. Schon heute gibt es zahlreiche solcher Gesetze, ein relativ frühes Beispiel ist Abschnitt III des Gesetzes über „Entlaufene Jugendliche" aus dem Gesetz über Jugendgerichtsbarkeit und Jugendkriminalität von 1974 (Runaway Youth Act of the Juvenile Justice and Delinquency Act of 1974 [P. L. 93–415]). Dort wird ein jährlicher Bericht zur Evaluierung der „Häuser für entlaufene Jugendliche" gefordert, die nach diesem Gesetz finanziert werden. Die Effektivitätskriterien werden festgestellt und die zukünftige Mittelvergabe ist an die Erfolge der bisherigen Bemühungen gebunden. In nahezu der gesamten neuen Gesetzgebung über soziale Dienstleistungen sind gegenwärtig *Leistungskriterien* enthalten, und die Spezifizierung der Leistungskriterien und ihre Durchsetzungsbestimmungen werden noch verstärkt.

Für bestimmte Programme verantwortliche Ministerien und Behörden haben als Antwort auf diese strengeren Anforderungen ihren mit Evaluierung befaßten Mitarbeiterstab vergrößert und den Status der Beschäftigten erhöht. Im Ministerium HEW hatte es auf Ämter- und Behördenebene schon früher Evaluierungseinheiten gegeben. Jedoch erst im Herbst 1978 wurde dort auf der politischen Ebene (d. h. im Amt des Ministers) ein eigenes, starkes Amt eingerichtet, dessen Aufgabe in erster Linie die Evaluierung ist. Zuvor war die Evaluierung fast völlig dezentralisiert. Inzwischen beschäftigt sich ein *zentraler Mitarbeiterstab* mit der Qualitätskontrolle der im Ministerium geleisteten Arbeit, mit der Koordination der Evaluierungen, der Kompetenz und der Fähigkeit der Programmverantwortlichen für Evaluierungsmonitoring, dem Prozeß der Auftragserteilung usw. Selbst wenn die eigentlichen Beiträge des Amtes minimal sind, kommt ihm eine ähnliche Signalfunktion bei, wie wenn beim Militär ein Oberst durch einen General ersetzt wird: Die Untergebenen registrieren dies und erkennen die Wichtigkeit der Aufgabe.

II.1. Auswahl der Methoden zur Messung von Wirkungen

Die methodische Diskussion der letzten Jahre konzentrierte sich auf die Nachteile von *Quasi-Experimenten* und betonte die Implementationsprobleme bei der Durchführung eines „wirklichen Experimentes". Es wäre wenig gewonnen, würde diese Diskussion hier fortgesetzt werden. Wie Boruchs Bibliographie nachweist[21], werden zum einen sehr viel mehr wirkliche Experimente unternommen werden, als man sich bisher vorstellte. Andererseits gibt es viele Situationen, in denen die einzige Alternative für ein Forschungsdesign eine quasi-experimentelle Vorgehensweise sein wird. Schließlich müssen bei auftretenden Implementationsproblemen eines experimentellen Forschungsdesigns, z. B. bei der Teilnahmeverweigerung oder beim Verlassen des Experimentes durch die Betroffenen während des Experimentes, oft wirkliche zu Quasi-Experimenten umgewandelt werden. Während die Diskussion über die Qualität der Schlußfolgerungen aus Quasi-Experimenten weitergehen wird, wird sich die Hitze der Diskussion abkühlen. Diese Diskussion, obgleich oftmals hochinteressant, hat sich genauso oft als zu akademisch erwiesen. Kleine Unterschiede, wenn auch statistisch bedeutsam, kann man schwerlich als Grundlage für die Unterstützung bestimmter Programme verkaufen, wenn das Geld knapp ist. Zwar ist es denkbar, daß die Anwendung nur statistischer Kontrollen Effekte entweder verdecken oder auch herstellen kann, aber wahrscheinlich nur dann, wenn die Studie schon in anderen Punkten fehlerhaft ist (z. B. bei der Meßgenauigkeit).

Der zweite und viel wesentlichere Grund ist der, daß sich in vielen Fällen weder echte noch Quasi-Experimente zur Evaluierung laufender Programme eignen. Der Charakter vieler nationaler Programme umfaßt häufig die gesamte Zielgruppe, so daß jede gewählte „Quasi-Kontrollgruppe" sich in jeder Weise eindeutig von der durch das Programm erfaßten Bevölkerung unterscheiden muß. Es ist daher zu-

21 Boruch et al., Randomized Field Experiments, in: *Evaluation Quarterly*, 2/1978.

nehmend erforderlich, bei aller Vorsicht in der Anwendung von Indikatoren bei der Analyse von Wirkungen, sich für die Durchführung von Programmevaluierungen Zeitreihenanalysen (mit einer entsprechenden Disaggregation) zuzuwenden. Die trifft sicherlich für alle Programme zu, die große Ausgaben aus dem Bundeshaushalt erfordern. Hierfür ist sowohl eine verstärkte methodologische Entwicklung notwendig, einschließlich der Entwicklung entsprechender Computer Software, als auch verstärkt die Ausbildung von Wissenschaftlern in Zeitreihenverfahren. Experimente und Quasi-Experimente werden weiterhin die *alternativen Methoden* zur Evaluierung von Innovationen, Neuerungen und verfahrens- und verwaltungsmäßigen Programmvariationen sein. Aber die *eigentliche Nachfrage* nach Evaluierungen wird sich auf Evaluierungen zur Bewertung der Wirkungen laufender Programme erstrecken[22], nicht zuletzt aufgrund der „Sunset"-Gesetzgebungspraxis und der neuen „Proposition-13"-Mentalität, die Informationen über die Wirkungen laufender Programme verlangen.

II.2. Evaluierung von Effizienz

Die Schwierigkeiten beim Entwurf „erfolgreicher" sozialer Dienstleistungsprogramme und der moralische Imperativ, helfen zu müssen, haben in der Vergangenheit zu einer Betonung von Wirkungen oder der Wirksamkeit bei Evaluierungen geführt, demgegenüber nur selten die Frage von Effizienz oder die Gegenüberstellung von Kosten zu Nutzen und Brauchbarkeit untersucht wurden. Dies ist jedoch heute, wie am Beispiel des Gesundheitswesens veranschaulicht werden kann, nicht mehr der Fall. Die sechziger und siebziger Jahre sahen eine starke Bewegung, die verbesserten Zugang zur medizinischen Versorgung und die Gleichheit der angebotenen Dienstleistungen forderte. Nicht zuletzt aufgrund dieser Programme gibt es wahrscheinlich nur noch wenige weiße Flecken in der ärztlichen Versorgung in den USA. Die Unterschiede zwischen Weiß und Farbig, zwischen mittlerer und unterer Einkommensschicht in der Nutzung medizinischer Dienstleistungen sind nahezu verschwunden.

Aber mit welchen Kosten und zu welchem Ziel? Verfahren, wie z. B. jährliche Untersuchungen für gesunde Erwachsene im mittleren Alter, die jeweils zwischen 100 und 500 Dollar kosten, sind im Sinne von Kosteneffektivität nur schwer zu rechtfertigen; der verbesserte Zugang für Frauen zu Fachärzten für Frauenkrankheiten hat – gemessen an den Kosten – wenig Nutzen erbracht, ein wesentlicher Teil ihrer Praxis besteht in der Behandlung allgemeiner akuter Krankheiten[23]. Die Kosten präventiver Programme für die medizinische und zahnmedizinische Versorgung von Kindern dürften den Nutzen weit übersteigen (d. h. es kostet mehr, die Löcher in den Zähnen zu verhindern als sie später zu füllen). Aufgrund der hohen Kosten wird bereits die „Rationierung von medizinischer Versorgung" als äußerste

22 Vgl. Kirlin, Proposition 13, in: Mushkin (Hrsg.), *Proposition 13*, Cambridge/Mass. 1979.
23 Vgl. Aiken et al., Contribution, in: *New England Journal of Medicine*, 1979.

Maßnahme erwogen. Eine derartige Position wird politisch wahrscheinlich nie völlig durchgesetzt werden, aber sie reflektiert die ernsthafte Besorgnis über die Effizienz von Programmen im Bereich des Gesundheitswesens und, allgemeiner gesprochen, im Bereich anderer Programme. Adäquate Analysen benötigen gerade auf diesem Gebiet weitere methodologische Entwicklungen von Evaluationsverfahren. Bisherige Kosten-Nutzen- und Kosten-Wirksamkeitsanalysen haben ihre Wurzeln in den Bemühungen der Ökonomen, die nationalen und internationalen Effekte von Maßnahmen aufzuzeigen[24]; konzeptionelle und technische Weiterentwicklungen sind notwendig, um den Ansatz und die Methode für den Bereich der sozialen Dienstleistung anwendbar zu machen[25].

II.3. Evaluierung zur Verbesserung der Wirksamkeit des Management

Je stärker die Forderung nach mehr Effizienz erhoben wird, desto stärker wird auch der Druck auf Programm-Manager, Rechenschaft über die von ihnen geleiteten Programme zu geben. Daher gewinnen *Evaluierungsverfahren auf periodischer Grundlage* an Bedeutung, die Zielerreichung und das Erreichen von Leistungsvorgaben messen. Diese periodischen Bewertungen stellen den Programm-Managern Informationen zur Verfügung, um interne Anpassungen und Maßnahmekorrekturen durchführen zu können. Sie erlauben es den Vorgesetzten gleichzeitig, gegebenenfalls zu intervenieren, oder, um die höfliche Umschreibung zu benutzen: „technische Unterstützung zu leisten". Bei zahlreichen laufenden Programm-Maßnahmen größeren Umfangs erfordern solche Evaluierungen, gemessen an den Kosten des gesamten Programms, nur verschwindend geringe Mittel. Man erwartet, daß eine Würdigung des Potentials dieser Bemühungen, nämlich fristgerechte Inputs zur Entscheidungsfindung zu erbringen, den Enthusiasmus und die weitere Unterstützung dafür weiter verstärken wird[26]. Die Befürworter dieser Evaluierungen sehen in „Management-Evaluierungen" sogar ein unersetzliches Instrument der Verwaltung, dessen Bedeutung auf allen Ebenen der Programmabwicklung zunehmen werde[27].

Die Vorstellung, Leistungsevaluierungen zum Zwecke der *Rechenschaftslegung* durchzuführen, setzt keine neuen Methoden voraus; neu ist lediglich die Art, wie die Verfahren konzeptionalisiert und durchgeführt werden. Während der Planungsphase von Programmen liegt die Betonung einer Management-Evaluierung auf der Operationalisierung und der Verfeinerung von Indikatoren (Zielvorgaben), anhand derer die Manager bereit sind, sich für die Erreichung bestimmter Ziele verantwortlich machen zu lassen. In dieser Phase sollen der Wille und die Dynamik geschaffen werden, präzise Zielvorgaben zu entwickeln, um die Ergebnisse später messen zu können. Dies steht im Gegensatz zur traditionellen Praxis vager Ziele und schlampiger

24 Vgl. Rossi/Freeman/Wright, *Evaluation* (Anm. 1).
25 Vgl. Abt, *Perspectives* (Anm. 20).
26 Vgl. Windle/Woy, When to Apply Various Program Evaluation Approaches, in: *Evaluation*, 4/1977.
27 Vgl. Atkinson et al., *Evaluation of Human Service Programs*, New York 1978.

Ergebniskriterien. Die Betonung liegt auf objektiven, nicht subjektiven, „Erfolgsindikatoren", und diese Kriterien sollen die Grundlage schaffen, auf der die Programm-Manager mit ihren Direktoren verhandeln können.

Diese neue Perspektive einer Verknüpfung von Management- und Rechenschaftslegungsfunktion in der Evaluierung macht gegenwärtig im Wohlfahrtsministerium (HEW) vor allem die Einführung des MITS (Management Initiative Tracking System) deutlich. Jedes HEW-Programm muß gewisse Leistungsindikatoren sowie auch die Größenordnung des durch das Programm zu erwartenden Gewinns selbst spezifizieren. Sowohl über die Indikatoren als auch über die Größenordnung der angestrebten Veränderungen wird in periodischen Abständen verhandelt, und Vereinbarungen mit den oberen Rängen der Ministerialbürokratie werden getroffen. Zum Beispiel wird von allen kommunalen Gesundheitszentren, die von der Bundesregierung finanziert werden, erwartet, daß sie zwei Jahre nach Programmbeginn bestimmte Dienstleistungen für eine bestimmte Anzahl von Personen in einem bestimmten Einzugsbereich erbringen. Programme, die das Ziel erreichen, erhalten zusätzliche Ressourcen; diejenigen, die das spezifizierte Leistungsniveau verfehlt haben, werden genötigt, „technischen Beistand" zu akzeptieren bzw. werden mit umfangreicheren Sanktionen belegt.

Informationen über die Programmleistung können Managern und Headquarters auch dabei helfen, sich mit dem steigenden Informationsbedarf verschiedener Gruppen zu befassen, gegenüber denen eine Rechenschaftspflicht besteht[28]. Fehlt ein Bilanzierungs- und Rechenschaftssystem, unterbrechen Anfragen nach Wirkungen und Wirksamkeit eines Programms oft spezialisierte Evaluierungsforschungen oder die allgemeinen Management-Aufgaben. Dies erklärt auch das verstärkte Interesse der Verwaltung an der Bereitstellung von Leistungs- und Rechenschaftsdaten.

Evaluierungen zur Rechenschaftslegung als ein integraler Teil der Arbeit des Management sind eine Antwort auf die Zunahme der Rechte auf interne und externe Informationen[29].

II.4. „Vorab-Evaluierungen"

Die Betonung der Evaluierung eingeführter Programme, die Forderung nach management-relevanten Evaluierungen und die anerkanntermaßen geringe Nutzung externer Evaluierungen haben zur Entwicklung von Verfahren einer „Vor-Evaluierung", oder – wie sie auch genannt wird – „Schnell-Evaluierung" (snapshot-evaluation) geführt. Sie sind von der Zielsetzung her, wenn auch nicht immer in der Praxis, nicht nur „schnelle und ungenaue Evaluierungen" oder reine Verfahrensevaluierungen, sondern in diesen Vorab-Einschätzungen der Evaluierbarkeit (evaluability assessment) oder „Sondierungsevaluierungen" (exploratory evaluations) wird viel-

28 Vgl. Barnes/Nay/Wholey, Purchasing Evaluation and Research, in: *Evaluation*, 4/1977.
29 Vgl. Anderson, Expanding Role of Program Evaluation, in: *New Directions*, 2/1978.

mehr der Beginn fortlaufender Überwachungsmaßnahmen (Monitoring) und Wirkungsbeobachtungen (impact analysis) gesehen[30].

Den Vorab-Evaluierungen („Evaluability Assessments") liegt dabei die Annahme zugrunde, daß, sollen die Ergebnisse der Evaluierungen nützlich sein, die politischen Entscheidungsträger und Programm-Manager beteiligt sein müssen und daß umfassende Evaluierungen nur dann stattfinden sollten, wenn diese für das jeweilige Programm „bereit" sind. Dieses Verfahren erfordert, daß die Interessen und Erwartungen der Schlüsselpersonen, einschließlich der Entscheidungsträger auf der politischen Ebene, der Programm-Manager und der Mitarbeiter und Praktiker auf der direkten Dienstleistungsebene herausgearbeitet werden. Diese werden dann in Leistungsindikatoren umgesetzt und mit ihrer Zustimmung als Grundlage für die Ergebnisbewertung und Rechenschaftslegung genutzt. Der Versuch, die „Vorab-Evaluierung" („Evaluability Assessment") zu kodifizieren, umfaßt eine Untersuchung der folgenden Punkte:

1. die Beschreibung der Programmziele des Management in meßbaren Begriffen;
2. das Ausmaß, in dem das konzeptionalisierte Programm tatsächlich implementiert wird;
3. das Ausmaß, in dem die entsprechenden Evaluierungskriterien formuliert und festgelegt worden sind;
4. die Möglichkeiten, die notwendigen Datengrundlagen zu sammeln;
5. der beabsichtigte und wahrscheinliche Nutzen, der sich aus der Evaluierung ergibt;
6. die Festlegung der Zuständigkeiten des Management für die Implementation von Evaluierungstätigkeit;
7. das Ausmaß, in dem Veränderungen bei den Maßnahmen des Programms, bei den Programmzielen und der vorhandenen Information den Programmablauf verbessern könnten.

Das „Evaluability Assessment" umfaßt ausführliche Interviews mit Managern und Mitarbeitern sowie Feedback- und Verhandlungssitzungen, in denen die gewonnenen Informationen mitgeteilt, Zielsetzungen verfeinert und Verfahrensweisen und Perspektiven der Evaluierung ausgetauscht werden sollen. Evaluability Assessments können auf keinen Fall nur von externen Evaluatoren durchgeführt werden. Sie setzen vielmehr ein Engagement von Personen voraus, die einen hohen Grad der Verflechtung mit der Organisation besitzen, die das Programm kennen und fähig sind, in einen politischen Verhandlungsprozeß mit den jeweiligen Managern einzutreten, denen häufig weitgehende Kontrolle über die Ressourcen und damit große Macht zukommt. Vorab-Evaluierungen bedeuten, die Voraussetzungen und ein Klima zu schaffen, das sowohl eine erfolgreiche Implementation von Überwachungs- und Wirksamkeitsstudien sichert als auch eine maximale Anwendung der Ergebnisse fördert. Vergleichbare Bemühungen konzentrieren sich vor allem auf die Einrichtung fortlaufender Beobachtungs- und Informationssysteme zum Programmverlauf.

30 Vgl. Nay/Schmidt/Waller, Summaries of Testimony, in: *Evaluation*, 12/1978.

Im Mittelpunkt der Diskussionen um Aufgabe und Funktion der Evaluierung steht somit nicht mehr die Frage der internen oder externen Evaluierung, sondern viel eher die Frage, *welche Rolle und Funktion* den Evaluatoren, den Programm-Managern usw. im Rahmen des Evaluability Assessment zukommt, *wie* sie im Evaluationsverfahren zusammenarbeiten. Evaluatoren wird wahrscheinlich in Zukunft, ähnlich wie Wirtschaftsprüfern, die einerseits Aktienbesitzer zu schützen, andererseits die Interessen des Management ihrer Organisation zu vertreten haben, eine *doppelte* Funktion zukommen.

II.5. Verstärkte Betonung von Monitoring

Die oben beschriebenen Veränderungen in der Evaluierungsforschung werden das Interesse an den kritischen Fragestellungen eines Monitoring verstärken: Trifft das Programm die Zielgruppen? Und werden die Programme entsprechend ihrer Planung durchgeführt? Monitoring- und Prozeßevaluierungen wurden früher als wesentliche Teile einer umfassenden Evaluierung innovativer Programme angesehen. Von allen Evaluierungsaufgaben erfordern das Programm-Monitoring und die Prozeßevaluierung das höchste Maß an methodologischer Entwicklung und Kodifikation[31]. Erfassungssysteme, Klienteninterviews, Praktikerberichte usw. sind, wie in der Regel beobachtet wird, von wechselnder Qualität, Zuverlässigkeit und Brauchbarkeit[32].

Wenn es für das kommende Jahrzehnt einen Bereich gibt, in dem die Forschung dringend vorangetrieben werden sollte, dann ist es beim Design, dem Test und der Implementation von einheitlichen Verfahren, mit denen in verschiedenen Forschungsfeldern Prozeßdaten zu gewinnen sind. Gleichzeitig müssen die Voraussetzungen einer schnellen Analyse dieser Daten entwickelt werden, so daß das „feedback" an die Programm-Manager zu einem Zeitpunkt erfolgen kann, zu dem die Informationen relevant sind und noch genutzt werden können. Gleichzeitig hat es wenig Sinn, über die Implikationen von verstärkter Aufsicht und Kontrolle der Evaluierung durch die Auftraggeber und über die Verbesserung der Nutzung von Evaluierungen durch „Vorab-Evaluierungen" nachzudenken, wenn es nicht gelingt, *strenge Kriterien und geeignete Verfahren für eine Evaluierung und Kontrolle der Evaluierung* zu entwickeln, die allgemein akzeptiert werden.

II.6. Der Ausbau der Institutionalisierung der Evaluierungsforschung

Die Institutionalisierung der Evaluierung, mit ihren Begleiterscheinungen wie der verstärkten Professionalisierung von Evaluierung, dem Aufkommen von wissenschaftlichen Referenzsystemen, von wissenschaftlichen oder Berufsverbänden usw.

31 Vgl. Fincher, Program Monitoring on Higher Education, in: *New Directions*, 3/1978.

32 Vgl. Windle/Sharfstein, Three Approaches to Monitoring Mental Health Services, in: *New Directions*, 3/1978.

ist ein Thema dieses Papiers gewesen. Auch erhalten heute Evaluierungen von Seiten der Auftraggeber oder sonstigen Adressaten von Evaluierungsforschung (Parlament usw.) und innerhalb der Universitäten eine erhöhte Aufmerksamkeit. Alle diese Bemühungen erscheinen letztlich unausweichlich und werden sich weiter verstärken, z. T. sind sie für die weitere Entwicklung der Evaluierung sogar nützlich.

Gleichzeitig weckte die stürmische Entwicklung, die die Evaluierungsforschung genommen hat, aber auch Befürchtungen über die Richtung, die diese Forschungsrichtung einschlagen wird. Die Identifikation mit der sozialwissenschaftlichen Forschergemeinde hat sich verringert, und die weitere Professionalisierung von „Evaluierungspezialisten" könnte diese Kluft zu „echten" Sozialwissenschaftlern erweitern, eine Entwicklung, die nicht zuletzt aus der Haltung der akademischen Forschergemeinde resultiert. Nichtsdestoweniger sind die Konsequenzen dieser Entwicklung ernsthaft zu überdenken. Das Thema hat Konsequenzen für die zukünftige universitäre Ausbildung, die weitere Ausrichtung der empirischen Sozialforschung und vielleicht auch für die zukünftige Gestalt der universitären sozialwissenschaftlichen Forschung.

III. Schlußbemerkungen

Es ist immer schwierig, die Zukunft vorherzusagen; auch mit unserer Analyse der Vergangenheit und Gegenwart wird nicht jedermann übereinstimmen. Wir haben am Anfang das Filmspektakel „Star Wars" mit der Evaluierungsforschung verglichen. Auch dort ist nicht völlig klar, wer die Helden und wer die Widersacher sind, ob zukünftige Erzeugnisse besser sein werden, wie lange das Interesse an derartigen Unternehmungen andauern wird, ob und wie möglicherweise ein wirklicher sozialer Fortschritt zu erzielen ist und wieviel Erfolg Export und Transfer dieser Produkte aus den USA haben werden. Nur die sorgfältige Beobachtung der Zukunft wird diese Fragen beantworten. In der Zwischenzeit erscheint es attraktiv und erfolgversprechend, sich an der Gestaltung dieser Aktivitäten zu beteiligen.

Bibliographie

Abramson, M. A., *The Funding of Social Knowledge Production and Application: A Survey of Federal Agencies*, Washington D.C. 1978.

Abt, C. C. (Hrsg.), *Perspectives on the Costs and Benefits of Applied Social Research*, Cambridge/Mass. 1979.

Aiken, L. H. and associates, „Contribution of Specialists to the Delivery of Primary Care: A New Perspective", in: *New England Journal of Medicine*, 300,24 (1979): 1363–1387.

Aiken, L. H./H. E. Freeman, „An Essay and Selective Literature Review on Technology and Contemporary Medical Care", in: *Health and Medical Care Services Review*, 1979.

Anderson, S. B., „Editors Notes: The Expanding Role of Program Evaluation", in: *New Directions for Program Evaluation: Exploring Purposes and Dimensions*, 2 (Spring) 1978: vii–xii.

Attkinson, C. C. et al. (Hrsg.), *Evaluation of Human Service Programs*, New York 1978.

Barnes, R. T./J. N. Nay/J. S. Wholey, „Purchasing Evaluation and Research in a Federal Block Grant Program: LEAA's National Evaluation Program", in: *Evaluation*, 4/1977: 197–200.

Barnow, B. S./G. G. Cain, „A Re-analysis of the Effect of Headstart on Cognitive Development: Methodology and Empirical Findings", in: *The Journal of Human Resources*, XII (2) 1977: 177–197.

Boruch, R. E./A. J. McSweeney/E. J. Soderstrom, „Randomized Field Experiments for Program Planning Development and Evaluation", in: *Evaluation Quarterly*, 2 (November) 1978: 655–696.

Chelimsky, E., „Differing Perspectives of Evaluation", *New Directions for Program Evaluation: Monitoring On-going Programs*, 2 (Summer) 1978: 1–18.

Evans, J., „Summaries of Testimony", in: *Evaluation* (Special Issue), 17/1978.

Fincher, C., „Program Monitoring on Higher Education", in: *New Directions for Program Evaluation: Monitoring On-going Programs*, 3 (Fall) 1978: 63–74.

Freeman, H. E., „The Present Status of Evaluation Research", in: M. Guttentag (Hrsg.), *Evaluation Studies Annual Review*, 2: 17–51, Beverly Hills 1977.

Freeman, H. E./I. Bernstein, „Evaluation Research and Public Policies", in: S. S. Nagel (Hrsg.), *Policy Studies and the Social Sciences*, Lexington/Mass. 1975.

Freeman, H. E./E. F. Borgatta/N. H. Siegel, „Remarks on the Changing Relationship between Government Support and Graduate Training", in: *Social Policy and Sociology*, New York 1975.

„A Historical Perspective: In Brief", in: *Evaluation* (Special Issue), (1978), 24–27.

Kirlin, J. J., „Proposition 13 and the Financing of Public Services", in: S. J. Mushkin (Hrsg.), *Proposition 13 and Its Consequences For Public Management*, Cambridge/Mass. 1979.

Merton, R. K., *On the Shoulders of Giants*, New York 1965.

Morell, J. A./E. W. Flaherty, „The Development of Evaluation as a Profession: Current Status and Some Predictions", in: *The Journal of Evaluation and Program Planning*, 1/1978: 11–17.

Mushkin, S. J. et al., „The Taxpayer Revolt: An Opportunity to Make Positive Changes in Local Government", in: S. J. Mushkin (Hrsg.), *Proposition 13 and Its Consequences for Public Management*, Cambridge/Mass. 1979.

Myers, J./L. Bean, *A Decade Later*, New York 1968.

Nay, J. N./R. E. Schmidt/J. D. Waller, „Summaries of Testimony", in: *Evaluation* (Special Issue), 12/1978.

Nay, J. N./J. W. Scanlon/J. S. Wholey, *Benefits and Costs of Manpower Training Programs: A Synthesis of Previous Studies With Reservations and Recommendations*, Washington D.C. 1971.

Rivlin, A., „Congress, the Budget, and Policy Analysis", in: C. C. Abt (Hrsg.), *Perspectives on the Costs and Benefits of the Applied Social Research*, Cambridge/Mass. 1979.

Rossi, P. H./H. E. Freeman/S. R. Wright, *Evaluation: A Systematic Approach*, Beverly Hills 1979.

Salasin, S., „Technology Transfer – From the Private to the Public Good? An Interview with Peter A. Pyhrr", in: *Evaluation*, 4/1977: 42–52.

Scanlon, J./J. Waller, „Program Evaluation and Federal Programs", in: *GAO Review*, (Winter) 1979: 32–35.

Schmidt, R. et al., *Evaluation Assessment: Making Public Programs Work Better*, Washington D.C. 1978.

Shapley, W. H./D. I. Phillips, *Research and Development in Federal Budget: FY 1979, R & D, Industry, and the Economy*, Washington D.C. 1978.

Stephan, A. S., „Prospects and Possibilities: The New Deal and the New Social Research", in: *Social Forces*, 13/1935: 515–521.

The Washington Research, *The Information Report*, 4: 4 (September/Oktober 1978).

United States Department of Health, Education, and Welfare, *Compendium of HEW*, Evaluation Studies, Office of Assistant Secretary for Planning and Evaluation, Washington D.C. 1977.

United States General Accounting Office, *A Framework for Balancing Privacy and Accountability Needs in Evaluations of Social Research*, Washington D.C. 1979.

United States General Accounting Office, *Exposure Draft: Guidelines for Model Evaluation*, Washington D.C. 1979.

Wholey, J. S., *Evaluation: Promise and Performance*, Washington D.C. 1979.

Windle, C./S. S. Sharfstein, „Three Approaches to Monitoring Mental Health Services", in: *New Directions for Program Evaluation: Monitoring On-going Programs*, 3 (Fall) 1978: 63–74.

Windle, C./J. R. Woy, „When to Apply Various Program Evaluation Approaches", in: *Evaluation*, 4/1977: 35–37.

Georges Ferné
OECD, Paris

Die Grenzen und die Chancen einer Programmevaluierung. Erfahrungen aus OECD-Ländern

I. Einleitung: Politik und Wissenschaft

Politik und *Sozialwissenschaften* scheinen auf den ersten Blick zwei entgegengesetzten Handlungssystemen anzugehören, die durch unterschiedliche Rationalitäten bestimmt werden. Während die Sozialwissenschaften darauf drängen, einerseits die Legitimität ihrer selbstaufgegebenen Fragestellungen nach Aufklärung über soziale Realitäten und die Wissenschaftlichkeit ihrer Forschungen anerkannt zu erhalten, besteht andererseits bei ihnen die Tendenz, ihre wissenschaftliche Integrität vor allem daran zu messen, inwieweit es einer sozialwissenschaftlichen Forschung gelingt, die Anforderungen der Herrschenden zu ignorieren oder zu kritisieren. Im Unterschied hierzu besitzt die Welt der Politik für ihre Entscheidungen eine durchaus eigene, von der wissenschaftlichen Rationalität abzugrenzende Handlungsrationalität. Daher beteiligt sie sich nur zögernd am Unterfangen, ihre eigenen Maßnahmen zu prüfen oder ihr Handeln evaluieren zu lassen. In der Regel zieht die Politik unscharfe, *flexible* Aussagen klaren Bewertungen vor; gegenüber längerfristigen Überlegungen und theoretischen Konstrukten, die weder unmittelbare Problemlösungen erbringen noch einfache Maßnahmenrezepte ermöglichen, verhält sie sich eher kritisch. Wie können zwei so *gegensätzliche Welten* sich jemals treffen? Sie befassen sich mit unterschiedlichen Aufgaben, und es steht zu erwarten, daß Interventionen in die „andere Welt" nicht ohne negative Auswirkungen bleiben oder eigenen Schaden bewirken. Politische Interventionen in der Wissenschaft entarten schnell in eine Manipulation der Wissenschaft und unterlaufen dadurch die Prämissen wissenschaftlicher Vorgehensweisen; übertriebene Beschäftigung der Wissenschaftler mit Wünschen der Regierung würde die Wissenschaft von ihrem längerfristigen Zeithorizont ablenken. *Dennoch, die zwei Welten haben sich getroffen.*

Die Industrialisierung weckte bereits im letzten Jahrhundert die Aufmerksamkeit und das Interesse am Einsatz wissenschaftlicher Methoden und der Nutzung wissenschaftlicher Erkenntnisse, wobei deren Nutzer diese sowohl als Instrumente für Reformen als auch für Revolutionen betrachteten. Viel später erst, in der zweiten Hälfte des 20. Jahrhunderts, verstärkte sich unter dem Einfluß amerikanischer empirischer Forschungsansätze die Überzeugung, daß wissenschaftliche Erkenntnis eine Voraussetzung für rationales Handeln darstellt. Neuerdings ist der Bedarf nach umfassenden Informationen und nach analytischem Sachverstand in zahlreichen öffentlichen Aufgabenbereichen angestiegen. Gleichzeitig betrachtet eine wachsende Anzahl von Sozialwissenschaftlern die neu auftauchenden gesellschaftlichen Probleme als Herausforderung, Theorien und Ideen anhand praktischer Alltagsprobleme zu testen. Gerade pluralistische Gesellschaften, die bestehende Wertvorstellungen und dominierende Interessen als solche anerkennen, erkennen die Legitimität einer längerfristig orientierten theoretischen Forschung an und ermutigen die Entwicklung einer *angewandten Sozialforschung*, von der erwartet wird, daß sie sehr viel direkter zur Formulierung und Implementierung von Politik beiträgt. Das Konzept einer *anwendungsorientierten Wissenschaftspolitik* ist eine Konsequenz aus dieser Entwicklung.

II. Trends anwendungsorientierter Forschung

Zwei sich ergänzende Interessen haben in den letzten Jahrzehnten die Anzahl staatlicher Interventionen in die sozialwissenschaftliche Forschung vervielfacht. Ein Ziel dieser Politik war es, die Sozialwissenschaften zu befähigen, in allen Disziplinen diejenige kritische Masse zu erreichen, die notwendig ist, um Forschung zu betreiben, und die ausreichend ist, um die Ausbildung künftiger Sozialwissenschaftler sicherzustellen. Ein zweites Ziel war es, die Voraussetzungen für eine Nutzung von sozialwissenschaftlichem Forschungspotential für die Politikformulierung zu verbessern.

Die sechziger Jahre waren in der Tat eine Periode wachsender Erwartungen an die Sozialwissenschaften. Man erhoffte sich von den Sozialwissenschaftlern, der Soziologie, Psychologie, Politologie usw., daß sie diejenigen Instrumente – „Sozialtechnologien" – bereitstellten, die die modernen Industriegesellschaften benötigen, um die zerstörerischen Aspekte des wirtschaftlichen Wachstums zu bewältigen.

Den weitgespannten Erwartungen folgte eine ebenso weitgehende Ernüchterung. Die praktischen Ergebnisse der Forschung erwiesen sich als enttäuschend, sowohl hinsichtlich der tatsächlichen Implementations- und Realisationsmöglichkeiten der politischen Vorschläge als auch im Hinblick auf die Wirkungen, die von den Politiken und Reformen ausgingen, die zumindest in Teilen durch sozialwissenschaftliche Forschungsergebnisse angeregt und beeinflußt wurden. Die Schwierigkeiten, denen eine große Anzahl von jungen Sozialwissenschaftlern auf dem Arbeitsmarkt begegnete, unterstrichen die Diskrepanz zwischen dem tatsächlichen Bedarf an sozialwissenschaftlich ausgebildeten Arbeitskräften in modernen Industriegesellschaften sowie der Anzahl und den Qualifikationsmustern von (sozialwissenschaftlichen) Spezialisten, die das Bildungssystem produzierte. Welcher Typ von Sozialwissenschaftlern und wieviele in einer modernen Industriegesellschaft unter welchen Umständen benötigt werden – das sind noch immer ungelöste Fragen, die die Notwendigkeit unterstreichen, für eine verstärkte und mehr systematische Beachtung von wissenschaftspolitischen Fragen durch die Regierung einzutreten[1].

In ähnlicher Weise begann das Interesse an einer verbesserten Nutzung sozialwissenschaftlicher Forschungsergebnisse damit, daß einige vereinfachende Vorstellungen über die Nutzung sozialwissenschaftlicher Forschung aufgegeben werden mußten. Es wurde beispielsweise offensichtlich, daß es nicht ausreicht, große Forschungsprogramme auf scheinbar bedeutsamen Gebieten zu beginnen. Denn weder stellt eine Forschungsförderung sicher, daß auch ein zusammenhängendes Forschungsdesign ausgearbeitet und implementiert wird noch besteht ein Automatismus, der bewirkt, daß Forschungsergebnisse auch tatsächlich zu Maßnahmen führen. Zahlreiche einer wirksamen Nutzung entgegenstehende Hindernisse sind allerdings – im Gegensatz zu einigen Annahmen, die in manchen Zirkeln der Politik und Verwaltung vorherrschen – nicht allein sozialwissenschaftlichen Forschungsstrukturen und -ergebnissen zuzuschreiben, sondern sind auch bedingt durch das Verhalten öffentlicher Gruppen und Ergebnis bürokratischer Strukturen innerhalb der Regierung. Wie *Nutzungsforschungen* aufzeigten, bestehen in Regierungsbehörden jeweils eigene etablierte Praktiken der Informationssammlung und -verteilung, die weitgehend bestimmen, welche Art von Informationen durch wen und für welchen Zweck und wo tatsächlich genutzt werden. Angesichts der Tatsache, daß sozialwissenschaftliche Forschungsergebnisse in der Regel viel eher durch politische Kräfte geformt und geprägt werden, um sie deren Bedürfnissen anzupassen als umgekehrt, ist der Begriff und sind die Vorstellungen zur „Nutzung" von Forschungsergebnissen neu zu interpretieren. Politische Konflikte und Differenzen innerhalb der Verwaltung spielen eine wichtige Rolle in diesem Prozeß. In einer sinnvollen Diskussion über die Qualität und den Nutzen sozialwissenschaftlicher Forschungsergebnisse sind sie daher mit zu berücksichtigen.

Diese Realitäten anzuerkennen, ist eine Vorbedingung für die Formulierung realistischer wissenschaftspolitischer Ziele für die Sozialwissenschaften:

1. Um das Gleichgewicht und den Bestand sozialwissenschaftlicher Forschung zu sichern, ist es notwendig, sowohl eine starke *disziplinäre Grundlage* als auch Möglichkeiten für unabhängige Forschung zu entwickeln.
2. Durch die Entwicklung von *Transformationsmechanismen* ist sicherzustellen, daß Forschungsergebnisse auch zur rechten Zeit und auf der richtigen Ebene in das Aufmerksamkeitsfeld der Entscheidungsträger gelangen.
3. Es sind solche *Forschungsmethoden* und *-designs* zu entwickeln und zu fördern, die eine Brücke zwischen wissenschaftlicher Theoriebildung und dem gesellschaftlichen Bedarf an sozialwissenschaftlichem Wissen schlagen, die gleichzeitig interdisziplinäre Forschung ermöglichen, damit auch Probleme in Angriff genommen werden können, die die Analysekraft einer einzelnen Disziplin übersteigen. Hierzu entstanden in den vergangenen zwei Jahrzehn-

1 Vgl. hierzu vor allem OECD, *Social Sciences in Policy Making*, Paris 1979; s.a. OECD, *Reviews of Social Science Policy: France*, Paris 1975; OECD, *Reviews of Social Science Policy: Norway*, Paris 1976; OECD, *Reviews of Social Science Policy: Japan*, Paris 1977.

ten sehr ehrgeizige Versuche, gekennzeichnet durch das Wachstum von *sozialen Experimenten*, von *Aktionsforschung* und – nicht zuletzt – von *Programmevaluierung*.

Diese drei Ansätze versuchten Forschungsdesigns zu entwickeln, mit denen Sozialwissenschaftler politische Probleme und gesellschaftliche Fragen unmittelbar behandeln können, ohne daß aufgrund der Anwendungsorientierung analytische Einschränkungen notwendig werden. Offen bleibt jedoch auch hier, inwieweit das hohe Ausmaß der Beteiligung am gesellschaftlichen Prozeß nicht doch zu einer „Politisierung" der Sozialwissenschaftler führt, die zu Lasten der wissenschaftlichen Aspekte des jeweiligen Projekts geht. Es überrascht deshalb nicht, daß insbesondere einige der ehrgeizigeren Forschungsansätze von zahlreichen Wissenschaftlern als methodologisch unzureichend betrachtet werden und dies um so mehr, als es gewöhnlich schwerfällt, herkömmliche wissenschaftliche Qualitätskontrollen auf diese Arbeiten und ihre Ergebnisse anzuwenden.

Jedoch steht außer Frage, daß trotz dieser Einschränkung die Entwicklung sozialer Experimente, von Handlungsforschung und Programmevaluierung von zahlreichen Sozialwissenschaftlern und Politikern mit großem Interesse verfolgt wird. So wurden Aktionsforschungsprojekte in zahlreichen Ländern, in Nordamerika ebenso wie in Europa – besonders in Skandinavien – unternommen. Die Anzahl sozialer Experimente – vor allem in den USA sehr häufig auch in großen Dimensionen – hat sich vervielfacht, auch andere Länder haben eigene Forschungsanstrengungen auf diesem Gebiet unternommen, wenn auch in sehr viel bescheidenerem Umfang. Es überrascht auch kaum, daß die Regierungen Methoden und Ansätze einer Programmevaluierung zu nutzen versuchen, die mit schwierigen Haushaltsproblemen zu kämpfen haben und die intensiv nach Wegen suchen, um öffentlichen Ausgaben einzuschränken.

III. Programmevaluierung: Grenzen und Möglichkeiten

Mit großer Aufmerksamkeit verfolgten die europäischen Länder die Entwicklung der Programmevaluierung in den Vereinigten Staaten. Es scheint, daß in der Tat Programmevaluierungen *neue Wege* aufzeigen, staatliche Probleme mit Hilfe sozialwissenschaftlicher Forschung zu bearbeiten, Wirksamkeit und Sparsamkeit im Umgang mit öffentlichen Ressourcen gleichzeitig fördern. Mit dem Bekanntwerden amerikanischer Evaluierungserfahrungen stellen sich jedoch zahlreiche Fragen: Welche Wirkungen gehen von diesen Projekten auf die Politik aus? Welche Ergebnisse erbringen sie? Welches ist ihr wissenschaftlicher Wert, von einem methodologischen Standpunkt aus betrachtet? Auf welchen Gebieten könnten sie am erfolgversprechendsten angewandt werden? Und schließlich, warum, wenn diese Form der Forschung sowohl den Bedürfnissen und Interessen der Sozialwissenschaft als auch der Behörden derart entgegenkommt, blieb sie so relativ selten in Europa?

Der Ausschuß für Wissenschafts- und Technologiepolitik in der OECD ließ im Jahre 1979 eine Pilotstudie durchführen, um erste Antworten auf diese Fragen zu erhalten. In einem ersten Schritt wurde versucht, die wichtigsten Evaluierungsstudien, die bisher in Europa durchgeführt wurden, zu identifizieren. Schon sehr bald wurde offenkundig, daß Erfahrungen bisher noch fehlen, da die wichtigsten Anstrengungen auf diesem Gebiet noch nicht abgeschlossen sind und somit eine Bewertung des Nutzens der Evaluierungsforschung zum derzeitigen Zeitpunkt zu früh kommt. Allerdings zeigt sich bei einer Analyse der Intentionen, die sich mit diesen Ansätzen verbinden, bereits die komplexe Rolle, die der Evaluierung in den verschiedenen Ländern nicht zuletzt aufgrund unterschiedlicher politischer und administrativer Traditionen zugewiesen wird[2].

Eine erste Evaluierung der Evaluierungspraxis in mehreren westeuropäischen Ländern zeigt die geringe Verbreitung systematischer Programmevaluierungen[3], die wenigen vorhandenen Projekte sind überdies meist noch nicht abgeschlossen. Allerdings werden mit dem Begriff „Evaluierung" meist auch zahlreiche andere und zum Teil sehr verschiedene Forschungsansätze bezeichnet, die den Ansprüchen einer strikt wissenschaftlich operierenden Evaluierungsforschung kaum gerecht werden. Diese weite Fassung des Begriffs in der Praxis erwies sich jedoch weniger als Indikator einer modischen (catch all-) Tendenz als ein Hinweis darauf, daß ein umfassender Bedarf für Evaluierungen besteht und daß inzwischen eine breite Nachfrage nach einer wissenschaftlichen Legitimierung staatlicher Maßnahmen durch eine Analyse ihrer Auswirkungen entstanden ist.

Allerdings besitzen auch diejenigen Aktivitäten, die unter dem Terminus technicus Evaluierungen derzeit durchgeführt werden oder die durch amerikanische Formen von Evaluierung inspiriert wurden, meist keinen unmittelbaren Einfluß auf die politischen und administrativen Strukturen. Der Beitrag der Evaluierungsforschung besteht auch weniger darin, Ergebnisse zu produzieren, die Politikformulierung oder -implementation unmittelbar beeinflussen, sondern eher darin, daß sie ein weiteres neues Instrument für die Politikmacher bereitstellt, das diese gemäß der ihnen eigenen Handlungslogik nutzen können. Die Ergebnisse der Evaluierungsforschung unterscheiden sich in ihrer Funktion daher nicht von den Ergebnissen anderer sozialwissenschaftlicher Forschungen, die im politischen Prozeß eine Rolle spielen. Der Einfluß des (staatlichen) Auftraggebers, Umfang und Design dieser Forschungen beeinflussen zu können, scheint jedoch größer zu sein, gleichzeitig können auch die Ergebnisse eines Evaluierungsprojekts, einmal gestartet, kaum noch ignoriert werden; schließlich kann ein Auftraggeber auch sehr viel gezielter spezielle Aufgaben denjenigen Aktivitäten zuweisen, die als Evaluierung bezeichnet werden.

2 Die Arbeit von Dr. Jamous, eines französischen Politikwissenschaftlers, der die Evaluierungspraxis in verschiedenen Ländern untersuchte, erbrachte erste Aufschlüsse für eine – noch immer ausstehende – Evaluierung der Evaluierung (unveröff. Ms.).

3 Vgl. den Bericht von Dr. Jamous. Er analysierte vor allem die Evaluierungspraxis in Deutschland, Frankreich, Großbritannien, den Niederlanden und Schweden sowie in Kanada.

Zahlreiche Aufgabenstellungen eines Evaluierungsprojekts werden allerdings kaum expliziert und bestimmen die Forschung eher implizit. Häufig sind Form und Inhalt dieser Aufgaben durch die jeweilige politisch-administrative Kultur und Struktur gefärbt. Sie entstammen unter Umständen *Kontrollabsichten* der Verwaltungsspitze, die über bestimmte Formen eines „*Monitoring*" eine „laufende Kontrolle" der Implementation von Politik durchführen will. Sie reflektieren möglicherweise einen politischen Wunsch, auf bestimmten wichtigen Gebieten die *Leistungen der Verwaltung* zu kontrollieren. Sie können auch ein Instrument sein, um das *Management* von Regierungsprogrammen zu rationalisieren. Schließlich können sie die *Legitimationsgrundlage* für politische Debatten und Auseinandersetzungen zwischen Interessengruppen und politischen Kräften bilden, um eine Konsensbildung zu ermöglichen.

Diese unterschiedlichen Motive sollten jedoch nicht als Aufforderung verstanden werden, nun großangelegte Evaluierungen durchzuführen und umfassende Evaluierungssysteme zu entwickeln, wie sie in den USA in den sechziger Jahren oft von denen gefordert wurden, die beides wollten, nämlich sowohl sicherstellen, daß wissenschaftliche Standards eingehalten, als auch, daß Forschungsergebnisse produziert werden, die für alle Beteiligten von Nutzen sind. Demgegenüber entwickelten sich in Europa unter der Bezeichnung „Evaluierung" – nicht zuletzt bedingt durch das breite Aufgabenspektrum, das eine Evaluierung umfassen kann – sehr unterschiedliche Evaluierungszielsetzungen: Sie dienen zur Informations- und Wissensproduktion; zur Legitimierung und Überzeugung von Reformvorstellungen gegenüber Politikern; zur Bürokratiekontrolle, aber auch zur zentralstaatlichen Kontrolle lokaler Behörden; zur Erzielung eines Kompromisses oder eines Konsenses; zur Rationalisierung der öffentlichen Verwaltung; als Instrument in Krisensituationen, einmal, um sie zu lösen, aber auch, um die Krise strategisch zu nutzen; zur Veränderung von Kompetenzen und Aufgabenabgrenzungen zwischen Behörden, die gemeinsam für ein nur sehr unscharf definiertes oder neues Aufgabenfeld verantwortlich zeichnen, sowie zur Definition oder Neudefinition eines neuen staatlichen Aufgabenfeldes. Evaluierungen können entweder die Verwirklichung dieser Ziele begleiten in der Form der Begleitforschung oder als Voraussetzung für die Umsetzung eines oder mehrerer dieser Ziele dienen.

IV. Die zukünftige Entwicklung

Das Konzept der „Evaluierungsforschung" besitzt trotz seiner vielfältigen Ausprägungen, die sich in seinen unterschiedlichen Aufgabenstellungen und Aktivitäten widerspiegeln, auch in Europa eine überraschende integrierende Spannkraft. Es besteht ein weitgehender Konsens, daß Evaluierungen grundsätzlich erforderlich sind und daß sie möglicherweise immer dringlicher werden. Für diese offensichtliche und allgemein verbreitete Überzeugung gibt es viele mögliche Erklärungen, die einander nicht notwendigerweise ausschließen:

- das allgemeine ökonomische Klima, das zu einer *Neubewertung öffentlicher Ausgaben* im allgemeinen und von einzelnen Sozialprogrammen und Politiken im besonderen führte;
- das in der sozialwissenschaftlichen Forschergemeinde neu erwachte *Problembewußtsein*, die Einsicht in die Notwendigkeit, zur Lösung wichtiger Probleme in unseren Gesellschaften beitragen zu müssen;
- die traditionell systeminhärenten, quasi natürlichen und derzeit schnell wachsenden Wunschvorstellungen, die auf umfassende *Rationalisierung des politisch-administrativen Systems* drängen.

Die mit der Evaluierungsforschung gemachten Erfahrungen und die gegenwärtigen Entwicklungen auf diesem Felde in den Vereinigten Staaten rechtfertigen jedoch eine gewisse Vorsicht. Sie werfen die Frage nach einem möglichen neuen Ausgangspunkt für die Evaluierungsforschung auf. Ganz offensichtlich konnten einige der ehrgeizigen Evaluierungen, die von der amerikanischen Bundesregierung unternommen wurden, nicht im erwarteten Umfang die Politik beeinflussen; einige wissenschaftliche Kreise begannen daher, Vorgehensweise und Methoden bisheriger Evaluierungen zu hinterfragen und alternative Ansätze zu entwickeln. Gleichzeitig ist der überschäumende Enthusiasmus der sechziger Jahre verblaßt. Die eingetretene Desillusionierung hinterläßt eine eher nüchterne Einschätzung der Grenzen der Evaluierungsforschung: Die Unvollkommenheiten bisheriger wissenschaftlicher Ansätze und die besonderen Eigenschaften des politischen Prozesses erlauben kein großes Design, gleichzeitig scheinen sich aber, stärker als jemals zuvor, die Vorstellungen der politischen Entscheidungsträger und der Sozialwissenschaftler einander anzunähern. Es besteht Konsens, daß Forschungsansätze notwendig sind, um die Auswirkungen von Regierungsentscheidungen und -programmen auf wissenschaftlicher Basis zu evaluieren. Angesichts der gestellten Aufgaben befriedigen die bisherigen Ansätze zwar kaum, aber gerade deswegen sollen, können und müssen die gegenwärtigen „Experimente" fortgesetzt werden. Dies wird dadurch erleichtert, daß die Grenzen gegenwärtiger Evaluierungsansätze nunmehr genauer bekannt sind. Ihre Ergiebigkeit kann jetzt sorgfältiger gemessen werden. So bleibt trotz all dieser Einschränkungen festzuhalten, daß Evaluierungen immer noch eine einzigartige Form der Interaktion zwischen den Welten der sozialwissenschaftlichen Forschung und der Welt der politischen Entscheidung und Handlung darstellen. Die Suche nach neuen Methoden und Instrumenten der Evaluierungsforschung muß und soll weitergehen, sie dokumentiert einen neuen Aspekt in den seit langen Zeiten bestehenden und vieldeutigen Beziehungen zwischen wissenschaftlicher Erkenntnis und Macht.

Bibliographie

OECD, *Reviews of Social Science Policy: France*, Paris 1975.
OECD, *Reviews of Social Science Policy: Norway*, Paris 1976.
OECD, *Reviews of Social Science Policy: Japan*, Paris 1977.
OECD, *Social Sciences in Policy Making*, Paris 1979.

Joseph S. Wholey
U.S. Department of Health and Social Services, Washington, D.C.

Evaluierung – Grundlage und Voraussetzung für leistungsfähigere Programme[1]

I. Einführung: Perspektiven und Zielsetzung einer Evaluierung in der Verwaltung

Evaluierung zielt auf eine Verbesserung der Gestaltung und der Leistung von Regierungsprogrammen; ihre eigentliche Zielsetzung ist es, *nachweisbar effektivere Programme* zu erreichen. In diesem Bericht werden die Implikationen von erfolgreichen und weniger erfolgreichen Evaluierungen behandelt; sodann werden zwei Wege vorgeschlagen, auf denen Evaluatoren zu besseren Programmen beitragen können. Diese Vorschläge basieren sowohl auf den Erfahrungen des Verfassers in der Evaluierungsforschung als auch auf den im politischen Bereich auf nationaler und lokaler Ebene gewonnenen Einsichten. Die dargestellten Ansichten entsprechen nicht notwendigerweise der Politik der Regierung der Vereinigten Staaten.

Zur Definition der in diesem Beitrag benutzten Begriffe:

- Ein *Regierungsprogramm* ist eine „systematische Zusammenstellung" („*organised set*") von Ressourcen und Maßnahmen, die auf eine Reihe gemeinsamer Ziele ausgerichtet sind.
- Das Spektrum von *Programmleistungen* („*program performance*") umfaßt die eingesetzten („*invested*") *Ressourcen*, die durchgeführten *Programm-Maßnahmen* („*program activities*") und die *Ergebnisse* und *Wirkungen* („*outcome and impact*") dieser Programm-Maßnahmen. Es erstreckt sich sowohl auf die Messung der Veränderung der Programmziele als auch auf die Erfassung von *Nebeneffekten*, die durch das Programm entstehen.
- *Evaluierung* mißt Programmleistung (*efficiency*, *effectiveness*, *responsiveness*), führt Vergleiche aufgrund dieser Messungen durch und nutzt die entstandene Information für die politische Entscheidungsfindung und für das Management von Programmen. Evaluierungen sollen besonders den Managern helfen, Entscheidungen über Programmvorschriften, Richtlinien und technische Hilfsmaßnahmen zu treffen – gleichzeitig sollen sie die politischen Entscheidungsträger bei Haushaltsentscheidungen und in Gesetzgebungsverfahren unterstützen.

1 Eine frühere Fassung dieses Beitrags wurde auf der Konferenz über die Zukunft der öffentlichen Verwaltung vorgelegt, Quebec, Mai 1979.

Von Regierungsbeamten, aber auch von Evaluatoren, wurde die Nützlichkeit von Evaluierungen schon häufig in Frage gestellt. Auch *ohne* formale Evaluierung – sei es durch Telefonate und Briefe, auf Zusammenkünften und Arbeitstreffen oder durch Sachverständigenmeinungen, Stellungnahmen von Interessengruppen und durch Beamte anderer Regierungs- und Verwaltungsebenen – erhalten Politiker und Manager einen – allerdings unsystematischen – Feedback über den Programmverlauf, so daß Aussagen über den Informationswert systematischer Programmevaluierung kaum getroffen werden können. Politiker und Manager sind daher nach Abschluß der Evaluierungen oft der Meinung, daß diese Evaluierungen für ihren Informationsbedarf irrelevant sind. Gewöhnlich klagen sie darüber, daß Evaluierungen zu langsam sind, zu wenig aufschlußreich und die falschen Fragen beantworten.

Erfahrungsgemäß sind Programmevaluierungen wahrscheinlich nur dann für die Verbesserung von Programmen nützlich, wenn der Informationsbedarf der Entscheidungsträger und die beabsichtigte Anwendung der Information klar definiert sind. Zwei Maßnahmen sollen helfen, diejenigen Bedingungen herzustellen, unter denen Evaluierungen zu einem besseren Programmablauf beitragen können:

1. *Taktisch* besteht die Lösung darin, mit Programm-Managern und politischen Entscheidungsträgern gemeinsam sicherzustellen, daß Programmziele, Programmleistungsindikatoren und die geplante Nutzung der Evaluierungsinformationen *vor* einer Evaluierung klar definiert werden.
2. *Strategisch* sieht die vorgeschlagene Lösung vor, Anreize („*incentives*“) für die Programm-Manager zur Verfügung zu stellen, um zu erreichen, daß a) ein Abkommen über die anzustrebenden Ziele und die Nutzung adäquater Leistungsindikatoren geschlossen wird, das als Bewertungsgrundlage dienen kann, und daß b) Programm-Maßnahmen auch tatsächlich durchgeführt werden, um verbesserte oder zufriedenstellende Programmergebnisse zu erreichen.

II. Evaluierung führt selten zu einer besseren Programmleistung

Programm-Manager neigen dazu, Informationen zur Verbesserung der Programmleistung nur dann zu verwenden, wenn zuvor ein Konsens darüber gefunden wurde, *worin* die „verbesserte Programmleistung“ liegen und *wie* die Informationen benutzt würden, um die Programmleistung zu verbessern. Zwei eigene Evaluierungsstudien – die eine erfolgreich, die andere nicht – sollen als Einstieg dienen:

Fallstudie 1: Das Programm für Rechtsberatungsleistungen („Legal-Service-Program")[2]: Ein Erfolg

In dem „Legal-Service-Program" wurde als Grundlage für Entscheidungen über eine Weiterfinanzierung von Projekten ein subjektives Prüfungssystem in Gestalt von „*peer reviews*" benutzt (z.B. um über die Notwendigkeit der Auferlegung bestimmter Auftragskonditionen zu beraten). Hierbei interviewten Feldteams vor Ort die Projektmitarbeiter und andere Personen in der Gemeinde. Sie bewerteten zunächst die Arbeit der angestellten Anwälte und dann die Qualität und Effektivität der lokalen Rechtsdienste-Projekte, inwieweit sie nationale Programmziele erreichten[3].

Ein Zweierteam besuchte etwa zwei Tage lang in einem typischen Projekt den Projektort. Bei größeren Projekten wurde ein größeres Evaluierungsteam entsandt oder eine längere Vor-Ort-Analyse vorgesehen. Bei jeder Programmvisite nahmen die Evaluatoren Kontakt mit einer breit gefächerten Gruppe von Personen in der Gemeinde auf, die von Richtern auf der einen Seite bis zu den Schwarzen Panthern oder anderen militanten Gruppen auf der anderen Seite reichte. Sie interviewten Mitarbeiter der örtlichen Sozialämter, der Wohnungsämter und andere Gruppen, die die Rechtsprobleme der Armen kennen. Die Evaluatoren versuchten, eine breite Spanne von subjektiven Einschätzungen über den Wert der vom Projekt erbrachten Dienstleistungen zu erhalten. Zusätzlich ließen sich die Evaluatoren von den angestellten Anwälten jeden fünften Fall aus jeweils den letzten 100 Fällen zur Durchsicht und Überprüfung vorlegen. Sie suchten davon dann drei oder vier Fälle aus, die sie mit dem Anwalt diskutierten; ferner wurde der Anwalt gebeten, selbst noch drei oder vier weitere Fälle auszuwählen, die ebenfalls diskutiert wurden.

Die Evaluatoren bewerteten dann die Leistung der einzelnen angestellten Anwälte aufgrund der folgenden Faktoren: Einfühlung in die Gemeinde, Interaktion mit der Gemeinde, Kompetenz in Routinefällen und Kompetenz in schwierigen Fällen. Schließlich erhielt jeder Anwalt eine zusammenfassende Wertung. Jedes Mitglied des Evaluierungsteams setzte diese Bewertungen unabhängig fest, obwohl die Evaluatoren einen Teil der Datensammlung gemeinsam durchführten.

Am Ende der Projektvisite bewertete jedes Mitglied des Evaluierungsteams das Projekt insgesamt. Dann wurden die Einzelbewertungen zusammengefügt, und der Leiter des Teams verfaßte daraufhin den Bericht über den Projektbesuch nach einem vorgegebenen Standardmuster. Dieser Bericht enthält eine Zusammenfassung von etwa einer Seite, die vorbereitet war, bevor die Evaluatoren den Projektort verließen und die unmittelbar dem zentralen Amt in Washington zugeleitet wurde. Das Amt für Rechtsberatungsdienste benutzte die daraus hervorgegangenen Informationen dazu, um Entscheidungen über die Weiterfinanzierung von Projekten zu treffen.

Fallstudie 2: Öffentliche Schulen in Atlanta: Ein Mißerfolg

Eines der lehrreichsten Beispiele aus meinen bisherigen Evaluierungserfahrungen ist ein Evaluierungssystem, das *nicht* eingesetzt wurde, um die Programmleistung im öffentlichen Schulsystem von Atlanta zu verbessern. In Atlanta arbeiteten mehrere Evaluatoren einige Jahre lang an der Entwicklung und Überprüfung eines Systems, mit dem die relative Leistung verschiedener Schulen verglichen werden kann, die von ähnlichen Bevölkerungsgruppen besucht werden. Die Evaluatoren erstellten eine Reihe von Berichten, in denen die relative Leistung

2 Die Beschreibung dieser und anderer Evaluierungen sind aus J. S. Wholey, *Evaluation: Promise and Performance*, Washington: The Urban Institute, 1979.

3 Siehe auch H. G. Duffy et al., *Design of an On-Site Evaluation System for the Office of Legal Services*, The Urban Institute, Juni 1971.

Zu unserer eigenen Kritik ist hier anzumerken:

Bei dieser Evaluierung verfolgten wir eine „Hände-Weg"- („Hands-off"-)Politik. Die auftraggebende Bundesbehörde hatte bestimmt, daß wir dem Empfänger unserer Evaluierungsinformationen nicht „beibringen" dürften, wie dieser die Information im Schulmanagement zu nutzen habe. Sie war vor allem daran interessiert, inwieweit bereits das „einfache" Bereitstellen von Informationen Unterschiede im Management eines Schulsystems hervorrufen würde. *Diese Nutzung trat nicht ein.* Wir fühlten später, daß wir einen strategischen Fehler gemacht hatten. Wir hätten sicherstellen müssen, daß wir dem Schulmanagement bei der Anwendung der Evaluierungsdaten auch würden helfen dürfen.

Lektionen, die wir gelernt haben

Was können wir von diesen Evaluierungsunternehmen lernen – und von den vielen anderen, die wir hätten untersuchen können?

Die Forschung über Programmevaluierung zeigt, daß Evaluierung vermutlich nur dann zu einer besseren Programmleistung führt, wenn die Gestaltung des Programmes drei Bedingungen erfüllt:

Bedingung 1: Die Programmziele sind präzise definiert, d.h. die für die Leitung des Programms Verantwortlichen[9] haben sich auf eine Anzahl realistischer, meßbarer Ziele und Leistungsindikatoren geeinigt, anhand derer über das Programm Rechenschaft abgelegt werden muß.

Bedingung 2: Die Programmziele sind plausibel/realistisch, d.h. es gibt Beweise dafür, daß die Maßnahmen des Programms mit einer gewissen Wahrscheinlichkeit zu Fortschritten bei der Erreichung der Ziele führen.

Bedingung 3: Die beabsichtigte Nutzung der Evaluierungsinformation ist eindeutig bestimmt worden, d.h. die Leiter des Programms haben sich darüber geeinigt, wie die Information über die Programmleistung genutzt werden soll, um eine verbesserte Programmleistung zu erreichen und zu demonstrieren[10].

Diese Bedingungen zeigen zugleich auf, ob die Programm-Manager in der Lage sind, ihre Programme auf die Erreichung und Darstellung einer besseren Programmleistung hin zu managen, d.h. *ergebnisorientiertes Management* zu praktizieren.

In dem Rechtsberatungsprogramm erbrachte die Evaluierung wichtige Informationen, die für bestimmte Entscheidungen nützlich waren. Die vorangegangene Zusammenarbeit zwischen Evaluatoren und Programm-Managern hatte Einvernehmen hergestellt über die Zielsetzungen des Managements, über die dem Programm angemessenen Leistungsindikatoren, über die beabsichtigte Verwendung der Information *und* über die (Umwelt-)Voraussetzungen, die vorhanden sein

9 Für zahlreiche Spezialprogramme beschränken sich „die für die Leitung des Programms Verantwortlichen" gewöhnlich auf sechs bis zwölf Schlüsselpersonen. In einigen Fällen schließt diese Gruppe Prüfer des Amts für Management und Haushaltsfragen sowie Mitglieder der wichtigsten Fach- und Haushaltsausschüsse ein.

10 Siehe auch P. Horst et al., Program Management and the Federal Evaluator, in: *Public Administrator Review*, Juli/August 1974, S. 300–308; J. S. Wholey et al., Evaluation: When Is It Really Needed?, in: *Evaluation*, Bd. 2, Nr. 2, 1975, S. 89–93; Wholey, *Evaluation: Promise and Performance*; L. Rutman, *Planning Useful Evaluations, Evaluability Assessment*, Beverly Hills/London 1980.

von Grundschulen im Lese- und Rechenunterricht dokumentiert wurde; jedoch wurden die Ergebnisse und bereitgestellten Informationen von der Schulleitung nicht genutzt[4].

Dieses System wurde in den Jahren 1971–1973 von Bayla White, Sara Kelly, Dona Kemp, Joe Nay, John Waller und mir entwickelt und eingeführt, um ein Monitorsystem für die laufende Überprüfung der relativen Leistung der Grundschulen im Schulsystem von Atlanta zu schaffen. Für jede Klasse in jeder Schule wurde der durch standardisierte Leistungstests ermittelte Notendurchschnitt der Schüler dem Anteil derjenigen Schüler gegenübergestellt, die an dem Programm für ein freies (oder verbilligtes) Mittagessen teilnahmen[5]. Diese Ergebnisse wurden mit Hilfe von Kurvendarstellungen visualisiert, so daß die Position jeder Klasse in jeder Schule im Verhältnis zu den durchschnittlichen oder annähernd durchschnittlichen Leistungen für alle Schulen in Atlanta abzulesen war. Als nächster Schritt wurde ein Warnsystem („*Signalsystem*") entwickelt, um schnell, quasi automatisch, die Schulen herauszufinden, deren Ergebnisse – verglichen mit den Erwartungen – hervorragten oder besonders schlecht waren. Ausgangspunkt und Maßstab war immer der Anteil der Kinder, die in der Schule freies Essen erhielten:

Das eigentliche Ziel dieses Projektes war es, Planung und Management innerhalb eines großen Schulsystems so zu verbessern, daß die vorhandenen begrenzten Ressourcen besser genutzt werden könnten... Weil die „Signale" als Managementinstrument geplant waren, sollte die gelieferte Information in erster Linie von den Verwaltungsbeamten des Schulsystems genutzt werden, vom Schuldirektor an aufwärts im gesamten Verwaltungsapparat des Schulsystems[6].

Obwohl die Schulbeamten das Überwachungssystem als ein einleuchtendes diagnostisches Instrument anerkannten, mit dem Schulen oder Klassen mit jeweils besonders hohem oder besonders niedrigem Leistungsstand identifiziert werden könnten, haben dieselben Beamten diese relative Leistungsinformation nur in wenigen Fällen bei der Entscheidung wichtiger Managementfragen angewandt:

Wir haben drei Kategorien von Maßnahmen isoliert, bei denen eine Nutzung der Informationen des Frühwarnsystems am ehesten zu erwarten ist:

a) bei der Rekrutierung, dem Einsatz und der Umsetzung von Lehrern;
b) bei der Gestaltung der Lehrprogramme und der Auswahl der Lehrmittel;
c) bei Bemühungen, die Fähigkeiten der Lehrer im Unterricht zu verbessern.

Wir zielten darauf ab, festzustellen, ob den Klassen, bei denen das Monitorsystem relativ hohe oder relativ niedrige Leistungen signalisierte, von den Schulbeamten außergewöhnlich hohe Aufmerksamkeit gewidmet wurde...[7]

Obwohl sie das grundlegende Prinzip eines Leistungsvergleichs ähnlicher Schulen akzeptierten, fanden es die Mitarbeiter in Atlanta schwierig, die Signalinformation bei der operationellen Entscheidungsfindung auch anzuwenden. Wir haben nur wenige Fälle gefunden, in denen die Information über die relative Leistung dazu benutzt wurde, eine Leistungsdiagnose oder eine Umformung von Maßnahmen in einem Programm zu veranlassen[8].

4 Vgl. B. F. White et al., *The Atlanta Project: How One Large School System responded to Performance Information*, The Urban Institute, März 1974; B. F. White, The Atlanta Project: How One Large School System responded to Performance Information, in: *Policy Analysis*, Bd. 1, Nr. 4, Herbst 1975, S. 659–691.

5 Die Leistung der Schüler in Atlanta korrelierte in den standardisierten Tests stark mit dem Anteil der Schüler, die freie (oder verbilligte) Mittagessen erhielten, d.h. mit dem Anteil der aus Familien der unteren Einkommensklasse stammenden Schülern. Andere Faktoren wie Rasse, Mobilität und Unterrichtsteilnahme der Schüler korrelierten nicht durchgehend oder signifikant mit der Leistung; s. hierzu B. F. White/D. M. Kemp, *The Urban Institute, Performance Information: Does It Make a Difference?*, Arbeitspapier, vorgelegt der American Educational Research Association Convention, April 1976.

6 Vgl. ebd., S. 19–22.

7 Vgl. ebd., S. 12–15.

8 Vgl. ebd., S. 15.

müssen, damit Evaluierungsergebnisse zur Verbesserung der Programmleistung auch genutzt würden.

Im öffentlichen Schulsystem von Atlanta dagegen wurden die Evaluatoren auf eigene Faust tätig und produzierten ein Informationssystem, das sich später als überwiegend irrelevant und nahezu unbrauchbar erwies. Die politischen Entscheidungsträger und Manager des Schulsystems hatten es versäumt, sich zuvor über die zu erreichenden Programmziele und die zugrunde zu legenden Leistungsindikatoren zu einigen. Die Evaluatoren wußten selbst nicht genau, für welche Managemententscheidungen die Information angewandt werden würde. In Atlanta, wie auch in vielen anderen Fällen, hatten die Evaluatoren ein nahezu unabhängiges Evaluierungssystem entwickelt, dessen realer Bezug auf den tatsächlichen Informationsbedarf der Programm-Manager gering war.

III. Die Nutzung von Evaluierung zur Verbesserung der Programmgestaltung (die taktische Lösung)

Evaluierung wird häufig zur Verbesserung der Programmleistung deshalb *nicht* eingesetzt, weil die Programmziele oder die beabsichtigte Nutzung von Informationen über die Programmleistung ungenügend definiert sind. Warum sollen wir diese Probleme nicht direkt angehen und Evaluatoren mit Programm-Managern und politischen Entscheidungsträgern zusammenarbeiten lassen? Damit könnte sichergestellt werden, daß, bevor eine Evaluierung unternommen wird, die drei oben genannten Bedingungen erfüllt werden. Evaluatoren wissen, wie man Programmleistung mißt, und können den ursächlichen Zusammenhang zwischen Programm-Maßnahmen und erwünschten Ergebnissen prüfen; Programm-Manager und Politiker wissen, welche Probleme sie haben und welchen Arten von Politik- und Managemententscheidungen sie gegenüberstehen. Wenn man ihnen eine „Menü"-Karte möglicher Managementmaßnahmen zusammen mit den dafür benötigten Informationskosten vorlegt, sind sie mit großer Wahrscheinlichkeit auch in der Lage, Managementmaßnahmen und Evaluierungsansätze auszusuchen, die zu besseren Programmen führen.

Während der letzten fünf Jahre haben die Regierungen Kanadas und der USA steigendes Interesse an einem prozessualen Evaluierungsdesign gezeigt, der die unterschiedlichen Fähigkeiten und Kenntnisse von Evaluatoren, Programm-Managern und politischen Entscheidungsträgern nutzt, um

a) die Programmziele und die Erwartungen der Programm-Manager, der politischen Entscheidungsträger, denen die Manager verantwortlich sind, und derjenigen, die Dienstleistungen auf der lokalen Ebene erbringen, zu dokumentieren;
b) die Wahrscheinlichkeit eines meßbaren Fortschritts in Richtung auf die Programmziele richtig einzuschätzen;
c) die beabsichtigte Verwendung von Evaluierungs-Informationen über die Programmleistung schriftlich festzuhalten;

d) die Veränderungsnotwendigkeiten von Programm-Maßnahmen oder in der Verwendung von Informationen aufzuzeigen, die es den Programm-Managern und politischen Entscheidungsträgern erlaubt, ein besser gestaltetes, effektiveres Programm zu erstellen.

Dieser Evaluierungsprozeß, bezeichnet als „Evaluierbarkeitsabschätzung" („evaluability assessment"), als „explorative Evaluierung" („exploratory evaluation") oder als „Bilanzierbarkeitsabschätzung" („accountability assessment") und im folgenden „Evaluierbarkeitsprüfung" genannt, wurde bereits eingesetzt, um die Gestaltung einer Reihe von U.S.-amerikanischen und kanadischen Regierungsprogrammen zu dokumentieren und zu verbessern. In relativ großem Maßstab wird er vom amerikanischen Wohlfahrtsministerium (HEW), dem kanadischen Rechnungshof (Canadian Auditor General's Office) und einer Anzahl anderer Behörden in beiden Ländern weiterentwickelt und getestet[11]. Die Evaluierbarkeitsprüfung wird dabei genutzt, um einen bindenden Konsens über realistische, meßbare Programmziele, die entsprechenden Indikatoren für die Programmleistung und über die beabsichtigte Verwendung der Evaluierungsinformation über die erbrachte Programmleistung zu erreichen, bevor großangelegte Evaluierungen begonnen werden. Drei Beispiele sollen die Vorgehensweise illustrieren. Sie entstanden aus der Arbeit der Regionalkommission für die Appalachen („Appalachian Regional Commission, ARC") und der Abteilung für Gesundheitsplanung im HEW. In beiden haben Evaluatoren mit Programm-Managern und politischen Beamten zusammengearbeitet, um einen Konsens über neue Programmgestaltungen herzustellen, die mit größerer Wahrscheinlichkeit zu einem nachweisbar effektiveren Programmablauf führen sollen.

Fall 1: Die Regionalkommission für die Appalachen (The Appalachian Regional Commission)

Die Vorabschätzung der Evaluierbarkeit für das *Programm Gesundheit und Kindesentwicklung* der Regionalkommission für die Appalachen (ARC) begann mit der Erhebung und Zusammenstellung von Daten über die Zielvorstellungen des Managements einerseits und über die Programmrealität andererseits. In diesem Zusammenhang führten die Evaluatoren die folgenden Tätigkeiten aus:

- Sie überprüften *Verwaltungsvollzugsdaten* für jedes der 13 staatlichen, von der ARC finanzierten Programme für Gesundheit und kindliche Entwicklung;
- sie führten eintägige *Vor-Ort-Besuche* in fünf Staaten durch, um die Auswahl von zwei Staaten zu erleichtern, die an der Gestaltung und Implementation des Evaluierungssystems beteiligt werden sollten;
- sie überprüften ungefähr *40 Dokumente*, die für das Verständnis der Ziele des Kongresses, der Kommission, des Bundes und der Einzelstaaten sowie der Projektziele und -maßnahmen erforderlich waren (einschließlich der genehmigenden Gesetzgebung, Anhörungen vor dem Kongreß, Kommissionsberichte, staatlicher Planungsunterlagen und Projektanträge);

11 Vgl. ebd.; s. auch Auditor General of Canada, *Study of Procedures in Cost Effectiveness: Extracts from the 100th Annual Report on the Auditor General of Canada to the House of Commons*, November 1978.

- sie überprüften *50 bis 60 weitere Dokumente* einschließlich der Vertragsberichte der ARC, örtlicher Planungsunterlagen, Projektmaterialien, staatlicher Dokumentationen und Forschungsprojekte;
- sie *interviewten* ungefähr 75 Personen unter den Mitarbeitern des Kongresses und in den Hauptsitzen der Kommissionen, der staatlichen ARC und anderer Programme für Gesundheit und Kindesentwicklung, der örtlichen Planungseinheiten und der örtlichen Projekte;
- sie nahmen an *Workshops* mit ungefähr 60 weiteren Praktikern aus dem Feld der Gesundheit und kindlichen Entwicklung, staatlichen ARC-Mitarbeitern und externen Beratern teil.

Die Analyse und Synthese der resultierenden Daten ergab ein *logisches Modell*, das Programm-Maßnahmen, Ziele und vermutete Kausalbeziehungen zwischen den Programm-Maßnahmen und Zielen des Programms für Gesundheit und Kindesentwicklung darstellte; es ermöglichte eine Analyse der Meßbarkeit und eine Prüfung der Plausibilität von Programmzielen und regte gleichzeitig neue Regelungen für die Programmgestaltung an, die eher die Programmziele des Gesetzgebers, aber auch die des Managements traf. Hierbei verließen die Evaluatoren die Ebene formaler Kritik an der Programmgestaltung und erarbeiteten Vorschläge, wie Programm-Manager und politische Beamte realistische und meßbare Zielsetzungen festlegen und wie sie die (Evaluierungs-)Daten über die Programmleistung für Programmverbesserungen nutzen könnten.

Der Bericht des Urban Institute über die Phase I legte der ARC ein allgemeines Programm-Modell sowie eine Reihe von Teilmodellen vor, die sich mit jeweils einem bestimmten Programmziel befaßten. Der Bericht skizzierte eine Reihe modellhaft formulierter Informationsoptionen, von denen jede zu einer bestimmten Studie oder einem Evaluierungssystem entwickelt werden konnte. Bei der Durchsicht des Berichtes mußte der ARC-Mitarbeiterstab dann ausdrücklich zwischen alternativen Handlungswegen wählen. Der dabei benutzte Überprüfungsprozeß bestand in einer Reihe intensiver Diskussionen zwischen den Mitarbeitern des ARC und des Urban Institute. Dabei konzentrierten wir uns auf eine Zielvorstellung und ein Programm-Modell pro Durchgang. In jeder Sitzung versuchten wir, Übereinstimmung herzustellen über die Validität der in dem Bericht vorgestellten Flußmodelle, die Wichtigkeit der Zielvorstellung und das Ausmaß, mit dem die einzelnen Informationsoptionen verfolgt werden sollten[12].

Diese Evaluierbarkeitsprüfung wurde in annähernd sechs Monaten mit einem Kostenaufwand von ungefähr 50.000 Dollar abgeschlossen. Zwei weitere Arbeitsmonate mit der ARC sowie staatlichen und örtlichen Gruppen erbrachten als Resultat die Entscheidung der ARC, systematisch (über ein Monitorsystem) den Ablauf aller ARC-Projekte für Gesundheit und Kindesentwicklung zu überwachen und insbesondere die Effektivität innovativer Projekte in diesem Bereich zu identifizieren und evaluieren.

Zwölf der dreizehn ARC-Staaten haben dieses „Monitorsystem" inzwischen freiwillig übernommen. Vertreter dieser Staaten berichten, daß die Programmgestaltung jetzt viel klarer sei und die Projekte selbst verbessert worden seien[13].

12 Siehe R. E. Schmidt/J. W. Scanlon, *Appalachian Regional Commission Health and Child Development Program: Interim Evaluation System Design* (*Urban Institute Contract Report*), Juli 1976, S. 10 f.

13 Siehe R. E. Schmidt im Gespräch mit dem Verf.

Fall 2: Das Amt für Gesundheitsplanung („Bureau of Health Planning and Resources Development")[14]

Auch für das Amt für Gesundheitsplanung im HEW wurde ein „Evaluability Assessment" erstellt, in dem alle Schlüsselelemente einer derartigen *Vorab-Evaluierung* enthalten waren: Die Evaluatoren erforschten die Zielvorstellungen und Erwartungen der Manager und der leitenden Beamten, untersuchten die Realität der Programm-Maßnahmen und identifizierten alternative Möglichkeiten von Evaluierung/Management für einen effektiveren Programmablauf.

Im Rahmen dieser Evaluierbarkeitsprüfung des Gesundheitsplanungsprogramms und drei seiner Unterprogramme überprüften die Evaluatoren die Programmdokumente in der federführenden Behörde selbst sowie Unterlagen der örtlichen Gesundheitsämter, der staatlichen Ämter für Gesundheitsplanung und -entwicklung sowie frühere Forschungs- und Evaluierungsarbeiten. Im Laufe der Untersuchung des geplanten Programms beschäftigten sich die Evaluatoren mit ca. 113 sachdienlichen Unterlagen:

7 *Dokumente*, die Hinweise auf Zielvorstellungen und Absichten des Kongresses (das Gesetz, Kommissionsberichte, Debatten im Kongreß) enthielten;
26 vorläufige oder endgültige *Programmvorschriften* und *Richtlinien*;
30 *Berichte, Monographien, Zeitschriftenartikel* und *Reden*;
25 *Memoranden* von Ämtern, Behörden oder Ministerien;
10 *Programmrundbriefe*, die Informationen an örtliche und staatliche Gesundheitsplanungsbehörden vermittelten;
7 *Organisationsschemata* und *Personalpläne*, die den Mitarbeiterstab des leitenden Amtes beschrieben;
8 *Projektanträge* („request for contracts", „RFCs").

Weiterhin interviewten die Evaluatoren die (neun) Schlüsselmanager im Amt für Gesundheitsplanung: Jeder Manager wurde einmal zu Beginn der Evaluierbarkeitsprüfung (für eine Stunde) und ein zweites Mal (zwei Stunden) nach Vorlage erster vorläufiger Ergebnisse interviewt (dieselben Manager wurden nach Abschluß der Evaluierbarkeitsprüfung über die Ergebnisse informiert und nochmals interviewt, und zwar sowohl einzeln als auch in der Gruppe). Die Evaluatoren interviewten einen Mitarbeiter im Ministerbüro, zwei Haushaltsprüfer im Amt für Management und Haushaltsfragen (Office of Management and Budget) und fünf Mitglieder der gesetzgebenden sowie der für Haushaltsfragen zuständigen Ausschüsse des Repräsentantenhauses und des Senats. Weiterhin besuchten sie ein regionales HEW-Amt, ein regionales Zentrum für Gesundheitsplanung, zwei der einzelstaatlichen Behörden für Gesundheitsplanung und Entwicklung sowie drei lokale Gesundheitsämter.

Um die Evaluierbarkeitsprüfungen auf solche Evaluationen zu konzentrieren, die den Managern und Mitarbeitern der betreffenden Behörde auch nützlich sind, referierten die Evaluatoren die Ergebnisse in Gestalt dreier interner Programme, die der direkten Managementkontrolle der Behörde unterliegen: „Erstellen von Vorschriften" (Ausarbeitung und Verbreitung von Vorschriften und Leitlinien zum Programm der Gesundheitsplanung); „Nationale Programmverwaltung" und „Entwicklung und Verbreitung von technischen Hilfsmaßnahmen"[15].

14 Vgl. J. S. Wholey et al., *Evaluability Assessment for the Bureau of Health Planning and Resources Development*, 5 Bde. (*Urban Institute Contract Report*), November u. Dezember 1977; J. S. Wholey et al., *Evaluation Planning for the Bureau of Health Planning and Resources Development: Draft Case Study* (*Urban Institute, Arbeitspapier*), Mai 1978.

15 Die internen Amtsprogramme sind typisch für eine große Anzahl von Bundesprogrammen, s. Wholey et al., *Evaluation Planning..., Draft Case Study*, S. 34 f.

Die Prüfung der Evaluierbarkeit konzentrierte sich dabei auf eine Einschätzung, inwieweit

1. *realistische Zielsetzungen* für diese amtsinternen Programme vorhanden waren;
2. *angemessene Meßwerte* für den Ablauf dieser Programme bestanden, und ob
3. *Evaluierungs-/Managementoptionen* zur Verbesserung des Programmablaufs berücksichtigt wurden.

Die Evaluierbarkeitsprüfung zeigte auf, daß alle größeren Programme dieser Behörde zwar auf bestimmte erwünschte, bundes- und einzelstaatliche wie auch lokale Wirkungen zielten und entsprechend umgesetzt wurden, daß sich jedoch die Manager nicht auf eine ergebnisorientierte Leistungsmessung auch nur für irgendeines dieser Programme geeinigt hatten. Ferner stellte sich heraus, daß ein erkennbarer Fortschritt in Richtung auf die von der Behörde angestrebten Ziele durch auch nur eines dieser großen Programme kaum zu erwarten stand. Daher wurden als nächstes mit Hilfe der Evaluierbarkeitsprüfung vierzehn Evaluierungs-/Managementoptionen identifiziert, die potentiell den Ablauf der drei bezeichneten Programme verbessern könnten. Um den Managern bei der Reaktion auf die Evaluierungs-/Managementoptionen zu helfen, erstellten die Evaluatoren ein Entscheidungspapier, in dem die Erkenntnisse und Schlußfolgerungen der drei Evaluierbarkeitsberichte zusammengefaßt wurden. Sie beschrieben im einzelnen die vierzehn Optionen, die den Managern und Mitarbeitern der Behörde eröffnet wurden; ferner faßten sie die nächsten Schritte zusammen, die für die Auswahl der Optionen zur weiteren Entwicklung und Prüfung erforderlich sein würden[16]. Danach trafen sich die Evaluatoren einzeln mit den neun Managern des Büros (jeweils eineinhalb Stunden lang), um sie über die Erkenntnisse der Evaluierbarkeitsprüfung zu unterrichten und um ihre Reaktionen in Bezug auf die Validität dieser Ergebnisse zu erhalten. Weiterhin sollte jede der Evaluierungs-/Managementoptionen nach ihrer Priorität eingestuft werden. Auf der Grundlage dieser Treffen verfaßten die Evaluatoren dann drei weitere Berichte, die vom Direktor des Amtes an die Manager verteilt wurden[17]:

a) Ein Bericht faßte die Reaktionen der Manager auf die Ergebnisse der Evaluierbarkeitsprüfung und die vierzehn Evaluierungs-/Managementoptionen für die internen Programme des Amtes zusammen;
b) ein erläuternder Management- und Evaluierungsbericht, in dem die internen Programme, die Erwartungen und die Meßwerte für die Programmleistung definiert und hypothetische Daten vorgetragen wurden, sollte zeigen, welche Ergebnisse bis dahin erzielt worden waren und welche Ergebnisse nach den neuen Leistungswerten zu erwarten seien[18];
c) ein vorläufiger Evaluierungsplan für die Haushaltsjahre 1978 und 1979[19].

Schließlich trafen sich die Evaluatoren mit den Managern zu einem Gruppengespräch, um versuchsweise einen ersten Konsensvorschlag für Evaluierungs-/Managementprioritäten vorzustellen und zu testen.

Die Manager untersuchten die vierzehn vorgeschlagenen Optionen; die höchste Priorität erhielt eine Kombination verschiedener Optionen, die es ermöglichten, die Leistung der einzelnen Gesundheitsämter sowie der einzelstaatlichen Behörden in einem Monitorsystem laufend daraufhin zu kontrollieren,

16 J. S. Wholey et al., *Evaluation Planning for the Bureau of Health Planning and Resources Development: Decision Paper* (*Urban Institute Contract Report*), Dezember 1977.

17 *Evaluability Assessment for the Bureau of Health Planning and Resources Development: Bureau Managers' Reaction to Findings and Evaluation/Management Options* (*Urban Institute, Arbeitspapier*), Februar 1978.

18 Bureau of Health Planning and Resources Development, *Bureau Program Performance: Activities, Objectives and Results (Preliminary Draft for Bureau Consideration)* (*Urban Institute, Arbeitspapier*), Februar 1978.

19 Bureau of Health Planning and Resources Development, *Preliminary Evaluation Plan: Fiscal Years 1978 and 1979 (Preliminary Draft for Bureau Consideration), (Urban Institute, Arbeitspapier)*, Februar 1978.

a) inwieweit sie eine realistische Planung betrieben;
b) inwieweit sie sich den bundeseinheitlichen Reformzielsetzungen im Gesundheitssystem annäherten und
c) ob und inwieweit sie die einzelstaatlichen und lokalen Reformzielvorstellungen erreichten.

Auch der Einführung eines Monitorsystems, das die Leistung der Programme zur Erarbeitung von Vorschriften und von technischen Hilfsmaßnahmen überwachen sollte, wurde eine hohe Priorität zuerkannt.

Als Ergebnis der Evaluierbarkeitsprüfungen und mehrerer Folgetreffen mit den Evaluatoren einigten sich die Manager der Behörde auf neue Erfolgsmaße für jedes ihrer großen internen Programme:

– Für das Programm zur Ausarbeitung von Vorschriften entschieden die Behördenvertreter, daß sie nicht mehr lediglich den *geplanten mit dem tatsächlich realisierten zeitlichen Arbeitsplan überprüfen wollten; in Zukunft sollten auch die Ansichten der Mitarbeiter in den örtlichen Gesundheitsämtern und in den übergeordneten Ämtern der Einzelstaaten in Bezug auf Rechtzeitigkeit, Verständlichkeit, Brauchbarkeit und Praktikabilität bestimmter Vorschriften und Richtlinien zur Gesundheitsplanung im Monitorsystem berücksichtigt werden.*
– Im Rahmen der „Nationalen Programmverwaltung" entschieden sie, zukünftig mit Hilfe eines Monitorsystems zu kontrollieren,
  a) *inwieweit die örtlichen Gesundheitsämter und die einzelstaatlichen Behörden eine realistische Planung betreiben, mit der meßbare Veränderungen im System der Gesundheitsversorgung erreicht werden können;*
  b) *inwieweit sich die Gesundheitsbehörden auf örtlicher und staatlicher Ebene den meßbaren staatlichen/örtlichen Zielsetzungen für die Gesundheitsversorgung nähern;*
  c) *inwieweit sich die einzelstaatlichen/lokalen Gesundheitsbehörden den spezifischen, bundeseinheitlich definierten Zielen für das lokale/einzelstaatliche System der Gesundheitsversorgung annähern.*

Bei Abschluß der Evaluierbarkeitsprüfung hatte es den Anschein, daß dieses Evaluierungsunternehmen den Managern sehr geholfen hatte, realistische, meßbare Zielsetzungen für ihre großen Programme festzulegen. Es war jedoch noch nicht klar, ob die Evaluierbarkeitsprüfung dazu beitragen würde, Programm-Maßnahmen neu auszurichten und Programmabläufe zu verbessern.

Die drei Evaluierbarkeitsprüfungen, die für das Amt für Gesundheitsplanung durchgeführt wurden, dauerten ungefähr fünfeinhalb Monate und nahmen zwölf Mann-monate der professionellen Mitarbeiter in Anspruch, das sind ca. vier Mann-monate pro Evaluierbarkeitsprüfung. Weitere drei Monate und 1,5 Mann-monate wurden benötigt, um die Rückkoppelung des Managements auf die drei Evaluierbarkeitsprüfungen zu erhalten. Die Behörde hat nunmehr ein *Monitorsystem* entwickelt und getestet, mit dem die Leistung der örtlichen und einzelstaatlichen Gesundheitsämter überwacht werden kann, und ist im Begriff, dieses System zu implementieren. Das geplante Monitorsystem umfaßt die folgenden Elemente:

– *Telefonumfragen* bei einem Sample von Gesundheitsämtern auf örtlicher und einzelstaatlicher Ebene, um ihre Fortschritte bei der Annäherung an bestimmte Zielsetzungen zu erfassen;
– *Folgebesuche* vor Ort bei einem Sub-Sample dieser Ämter, wodurch zum einen die durch die Telefonumfrage gesammelten Informationen bestätigt und zum anderen zusätzliche Informationen über tatsächliche oder erwartete Wirkungen bestimmter Maßnahmen bei den betreffenden Ämtern gesammelt werden sollen;
– die Entwicklung von *Fallstudien* über erfolgreiche Strategien oder Methoden, die – wiederum ausgehend von einem Sample der örtlichen/einzelstaatlichen Gesundheitsämter – angewandt worden waren, um geplante Zielsetzungen zu erreichen[20].

20 Bureau of Health Planning and Resources Development, *Development and Implementation of HSA/SHPDA Performance Monitoring Systems*, unveröff. Ms., März 1979.

Fall 3: Vereinfachtes Beispiel technischer Hilfe[21]

Im Amt für Gesundheitsplanung sollen, wie auch in vielen anderen Programmen für technische Hilfeleistung, durch die Tätigkeit der Mitarbeiter des Bundes und der Auftragnehmer Maßnahmen entwickelt werden, die als ***technische Hilfsmaßnahmen von den örtlichen/einzelstaatlichen Ämtern nach Ermessen angewandt werden und gezielte Veränderungen auf der jeweiligen Ebene der Gesundheitsversorgung hervorrufen sollen.***

Eine Analyse des technischen Hilfsprogramms der untersuchten Behörde zeigt die Logik dieses Programms, das in vereinfachter Form hier (Abb. 1) dargestellt ist:

Abb. 1: Programmgestaltung für technische Hilfe

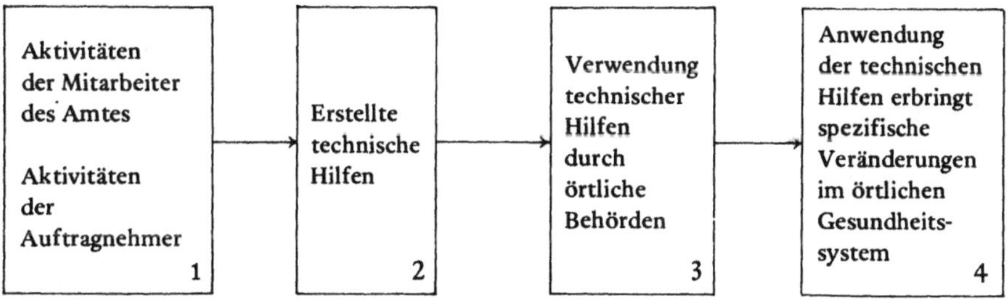

1, 2, 3, 4 Ereignisfelder

Eine Analyse der Programmgestaltung zeigte, daß das Management Leistungsindikatoren für seine Mitarbeiter, für die Tätigkeit von Auftragnehmern und für die Erstellung von technischen Hilfsmaßnahmen (Ereignisfelder 1 und 2 in der Abb. 1) entwickelt hatte, daß aber keine Leistungsindikatoren dafür bestanden, inwieweit die örtlichen Ämter technische Hilfsmaßnahmen auch tatsächlich benutzten und inwieweit sich daraus Veränderungen in der örtlichen Gesundheitsversorgung ergaben (Ereignisfelder 3 und 4 der Abb. 1). Die Evaluatoren entwickelten daraufhin Evaluierungsoptionen und veranschlagten deren Kosten. Es sollte gemessen werden, inwieweit a) bestimmte technische Hilfsmaßnahmen auf der örtlichen Ebene angewandt wurden, b) aus dieser Anwendung Veränderungen im System der örtlichen Gesundheitsversorgung entstanden; schließlich wurde dem Management vorgeschlagen, wie die sich hieraus ergebenden Informationen anzuwenden waren.

Die Analyse der Durchführung der technischen Hilfsprogramme zeigte, daß die Tätigkeit der Mitarbeiter auf Bundesebene und der Auftragnehmer mit hoher Wahrscheinlichkeit technische Hilfsmaßnahmen hervorbringt (Ereignisfeld 2 der Abb. 1), daß aber (auf der Grundlage des in dieser Behörde existenten Programms zur Auswahl und Entwicklung technischer Hilfsmaßnahmen) die Anwendung dieser Maßnahmen auf der örtlichen Ebene (Ereignisfeld 3 der Abb. 1) unsicher ist, es sogar unwahrscheinlich erscheint, daß sie Veränderungen im örtlichen System der Gesundheitsversorgung zur Folge haben (Ereignisfeld 4 der Abb. 1). Die Evaluatoren entwickelten daraufhin erneut Politik- und Managementalternativen und veranschlagten die entstehenden Kosten; dies beinhaltete auch die Entwicklung neuer Maßnahmen (z.B. Fallstudien erfolgreicher Programme auf der lokalen Ebene), die eine bessere Chance versprächen, von den örtlichen Ämtern auch angewandt zu werden und die Veränderungen im lokalen System der Gesundheitsversorgung bewirken könnten.

Die vorgestellten Evaluierungsalternativen erlaubten es dem Management, Fortschritte im Hinblick auf die Zielerreichung des technischen Hilfsprogramms festzustellen, gleichzeitig wurde die Möglichkeit zur tatsächlichen Zielerreichung verstärkt. Ein Vergleich der Abbildungen 2 und 3 weist auf das Potential hin, Gestaltung und Leistung der technischen Hilfsprogramme der betreffenden Behörde zu verbessern.

21 Diese Darstellung basiert auf derjenigen John Scanlons vor dem U.S. General Accounting Office (Rechnungshof) im Jahre 1978.

Abb. 2: Bewertung der Gestaltung der technischen Hilfsprogramme: Plausibilität und Meßbarkeit von Programmzielen

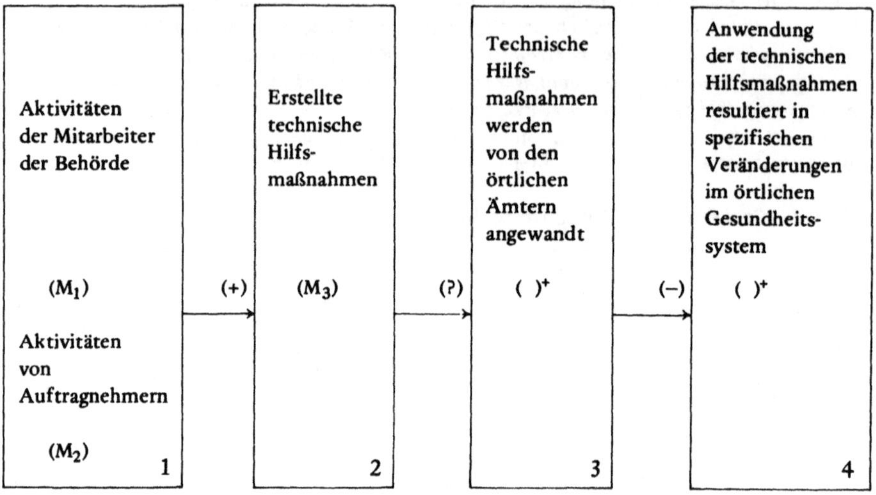

Schlüssel:

(M_1) = vereinbarte Maßnahmen

$( )^+$ = das Fehlen vereinbarter Maßnahmen

(+) A → B = A verursacht wahrscheinlich B

(?) A → B = es ist unsicher, ob A → B hervorruft

(–) A → B = es ist unwahrscheinlich, daß A → B verursachen wird

Abb. 3: Technische Hilfsprogramme: Möglichkeiten zur Verbesserung der Plausibilität und der Meßbarkeit der Programmziele

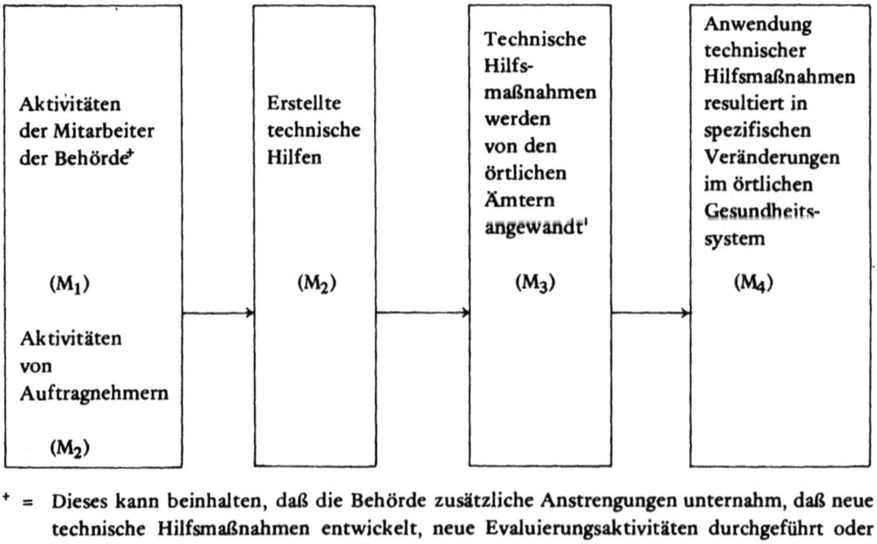

+ = Dieses kann beinhalten, daß die Behörde zusätzliche Anstrengungen unternahm, daß neue technische Hilfsmaßnahmen entwickelt, neue Evaluierungsaktivitäten durchgeführt oder neue Informationen erbracht wurden.

Fall 4: Gegenwärtige Maßnahmen im Ministerium für Gesundheit, Erziehung und Sozialhilfe

Innerhalb von HEW haben wir Evaluierbarkeitsprüfungen auf höchster Ebene für zehn Programme angeregt. Dabei handelt es sich um gemeinsame Bemühungen der Fachreferate und des speziellen Evaluierungsstabes im Ministerbüro. Es wird angestrebt, eine Reihe abgestimmter Programmziele und Leistungsindikatoren zu entwickeln, anhand derer die Programme zur Rechenschaft gezogen werden können; hierdurch sollen Leistungsveränderungen im Programm bewirkt werden, die dann zu nachweisbar effektiveren Programmen führen.

Ziel für das Haushaltsjahr 1980 ist es, den Programm-Managern dabei zu helfen, realistisch meßbare Ziele zu identifizieren und angemessene Leistungsindikatoren für zwanzig HEW-Programme zu bestimmen sowie die Zustimmung der politischen Ebene dafür zu erreichen. Außerdem soll gezeigt werden, welcher Wert einem Evaluierbarkeitsprüfungsprozeß bei der Erzielung eines Konsenses zwischen Programm-Managern und politischen Entscheidungsträgern über Programmziele und Leistungsindikatoren zukommt, anhand dessen schließlich bestimmte HEW-Programme beurteilt werden können. Des weiteren fordert der „Leitfaden für Evaluierung für das Haushaltsjahr 1980" des HEW Manager und Beamte dazu auf, „... diejenigen Maßnahmen vorrangig zu behandeln, die zur Klärung von Programmzielen und zur Identifizierung angemessener Programmleistungsindikatoren dienen und anhand derer festgestellt werden kann, was man über die Programmleistung mit Hinsicht auf diese Indikatoren weiß...". Außerdem wird jede Behörde aufgefordert, einen Zeitplan aufzustellen, wann für jedes ihrer Programme „... eine schriftliche Feststellung der vereinbarten meßbaren Zielsetzungen, wichtiger Nebenwirkungen und derjenigen Leistungsindikatoren vorliegen wird, anhand derer das Programm bilanziert werden soll"[22].

Bedeutung

Die Evaluierbarkeitsprüfung beschreibt den *Entwurf* und die *Gestalt* eines Regierungsprogramms (beabsichtigte Maßnahmen, Zielsetzungen und kausale Verbindungen zwischen Maßnahmen und Zielen), und sie identifiziert Möglichkeiten, um die Programmleistung zu verbessern. Die Fragestellungen erstrecken sich darauf, inwieweit

- die Programmleiter Programmziele und wichtige Nebenwirkungen in meßbarer Form identifiziert haben;
- die Programmziele plausibel sind (d.h. die Programm-Maßnahmen mit einer gewissen Wahrscheinlichkeit zur Erreichung der Programmziele führen können);
- die Programmleiter den beabsichtigten Nutzen der Informationen über die Programmleistung definiert haben.

Die Ergebnisse einer Evaluierbarkeitsprüfung sind:

1. eine Analyse der *Logik* des Programms, um aufzuzeigen, inwieweit Übereinstimmung besteht über:
   - Erwartungen (Ereignisabläufe und kausale Verbindungen);
   - Meßwerte für die erwarteten Ereignisabläufe;
   - die beabsichtigte Nutzung der Informationen über die Programmleistung;

22 Under Secretary of HEW, *FY 1980 Guidance for Evaluation, Research and Statistical Activities. Memorandum*, April 1979; „vereinbarte meßbare Zielsetzungen" bedeutet hier, daß der Abteilungs-/Referatsleiter bzw. Programmdirektor zustimmte, daß seine Programmziele und Leistungsindikatoren mit den Interessen der Gesetzgebung und der Regierung übereinstimmen und daß die Leitung der Behörde die Programmziele und die Leistungsindikatoren ausdrücklich billigt.

2. eine Analyse der *Programmdurchführung*, um zu zeigen, in welchem Maße die erwarteten Programmabläufe und -ereignisse
   – plausibel sind (d.h. daß sie wahrscheinlich so verlaufen werden);
   – meßbar sind;
3. eine Identifizierung *möglicher Alternativen* in der Programmgestaltung:
   – der Politik- und Managementoptionen (neue Maßnahmen oder Produkte, durch die die beabsichtigten Ereignisse ermöglicht werden können);
   – der Evaluierungsoptionen (machbare Messungen, Vergleiche sowie das Aufzeigen von Verwendungsmöglichkeiten der Evaluierungsinformationen über die Programmleistung).

Die Evaluierbarkeitsprüfung macht deutlich, welche Voraussetzungen für die Gestaltung eines Programms erforderlich sind, welche nachweisbar wirksam sein würden, um bei der Erreichung bestimmter Zielsetzungen einen meßbaren Fortschritt zu erzielen. Manager und Politiker können dann entscheiden, ob sie die zur Erreichung der Zielsetzungen nötigen Mittel investieren, ob sie ihre Erwartungen reduzieren (bzw. die Zielsetzungen aufgeben) oder ob sie sich um weitere Informationen bemühen wollen, bevor sie entscheiden, ob sie ihr Programm an den betreffenden Zielsetzungen orientieren und messen wollen.

IV. Der Einsatz von Anreizen („Incentives") für ein ergebnisorientiertes Management und eine verbesserte Programmleistung (die strategische Lösung)

Weder die Evaluierbarkeitsprüfung noch andere Evaluierungs-/Managementprozesse werden zu einem besseren Programmablauf führen, wenn nicht zuvor eine Bedingung erfüllt wird:

Bedingung 0: Die Manager des Programms sind entschlossen, eine bessere Programmleistung zu erreichen.

Die Evaluierbarkeitsprüfung und andere Evaluierungsprozesse könnten dazu benutzt werden, um jenen seltenen Programm-Managern zu helfen, die auf die Programmziele ausgerichtete Ergebnisse auch tatsächlich erreichen wollen; die Evaluatoren können aber auch noch weiter gehen und dabei helfen, diejenigen Voraussetzungen zu schaffen, die die *Nachfrage nach einem ergebnisorientierten Management und einer verbesserten Programmleistung stimulieren*[23].

Auf allen Regierungsebenen herrscht gegenwärtig eine starke politische Besorgnis über die Leistungen und Ergebnisse (staatlicher) Programme, dennoch ist nur ein geringer Fortschritt in Richtung auf bessere Programmleistungen zu verzeichnen. Um ein besseres Management und eine bessere Programmleistung zu erreichen, sind vier Schritte erforderlich:

1. Es ist zu bestimmen, was eine „gute Leistung" innerhalb des jeweiligen Programms im Hinblick auf *realistische, ergebnisorientierte* Programmziele und Leistungsindikatoren als Grundlage für eine Messung des Programmfortschritts in Richtung auf Erreichung der gesetzgeberischen Ziele bedeutet;

23 J. W. Scanlon/The Urban Institute, *The Management Incentive Program: A Proposal to Make One of the Nation's Most Significant Resources, the Federal Workforce, More Efficient and Productive*, unveröff. Arbeitspapier, November 1977.

2. es sind *Systeme zur Messung der Programmleistung* (und möglicher Variationen innerhalb des Programms während des Ablaufs) einzuführen;
3. es sind *Programmleistungziele* festzulegen, die realistisch sind in Bezug auf die verfügbaren Mittel und die frühere Leistungsfähigkeit dieses oder vergleichbarer Programme;
4. die *Programmressourcen* sind so zu managen, daß eine verbesserte Programmleistung erzielt werden kann.

In vielen Programmen ergeben sich schon beim ersten Schritt Unsicherheiten: nämlich festzustellen, was heißt „bessere Programmleistung" und welche Hinweise gibt es dafür? Zwar sind in der Regierung der USA vereinzelt Bemühungen festzustellen, die Programmleistungen zu verbessern (z.B. die gegenwärtigen Versuche, Korruption und Amtsmißbrauch zu verringern), aber auf der Politikebene wurde der grundlegenden Ursache für schlechte Programmleistungen bisher wenig Beachtung geschenkt: nämlich der, daß die politischen Entscheidungsträger und die Programm-Manager keine realistischen, ergebnisorientierten Ziele festsetzen, anhand derer der Fortschritt in Richtung auf die gesetzgeberischen Ziele eines Programms angemessen wiedergegeben werden könnte. Es besteht auch wenig – nur in seltenen Fällen – Nachfrage nach einem ergebnisorientierten Management oder einer Verbesserung der Programmleistung. Weder die Exekutive noch der Kongreß machen Programm-Manager dafür verantwortlich, ergebnisorientierte Programmziele festzulegen und diese auch zu erreichen. Es bahnt sich jedoch eine vielversprechende neue Entwicklung an. Das Gesetz über die Reform des öffentlichen Dienstes von 1978 („Civil Service Reform Act") soll einen Rahmen herstellen, in dem die Bezahlung und einige andere Anreize für Manager in Regierungsämtern darauf hinwirken sollen:

– „einen kompetenten, ehrlichen und produktiven Mitarbeiterstab sicherzustellen";
– „die Qualität öffentlicher Dienstleistungen zu erhöhen";
– „die Effizienz, Produktivität, Qualität der Arbeit oder Dienstleistung, Kosteneffizienz, Effektivität und Anpassungsfähigkeit der Regierung in Bezug auf die Bedürfnisse des Landes zu verbessern".

Einige der Mittel zu diesem Zweck sind: die Einrichtung eines „Senior Executive Service", die Einrichtung eines Systems mit leistungsgerechter Bezahlung und Geldprämien, die Einführung neuer Systeme zur Leistungsbewertung sowie Dienstrechtsforschungs- und Demonstrationsprogramme. Die Reform des öffentlichen Dienstes ist auf besseres Management gerichtet und strebt letztlich Verbesserungen der Programmeffizienz, der Effektivität und der Anpassungsbereitschaft an. Nach dem Gesetz über die Reform des öffentlichen Dienstes werden zunächst auf Bundesebene Programm-Manager und ihre Mitarbeiter für die erzielten Ergebnisse verantwortlich gemacht, d.h. sie sind verantwortlich für die Produktion effizienter, kosteneffektiver Programme, die dem amerikanischen Bürger bessere Dienstleistungen erbringen.

Die Implementation des Gesetzes über die Reform des öffentlichen Dienstes verschafft der Regierung der Vereinigten Staaten eine ungewöhnliche Möglichkeit, vorzeigbare Verbesserungen im Management und der Leistung von Regierungsprogrammen zu erzielen. Die Regierungsbehörden könnten dazu bereits vorhandene Anreize nutzen (z. B. öffentliche Belobigungen und Geldprämien), aber auch neuere Anreize, die nach dem Gesetz über die Reform des öffentlichen Dienstes verfügbar sind, einsetzen, um Programm-Manager und deren Mitarbeiter zu „belohnen":

a) für die Klärung und politische Abstimmung von realistischen Programmzielen, von wichtigen Nebenwirkungen, Programmleistungsindikatoren und Leistungszielen, die den Fortschritt in Richtung auf die gesetzgeberischen Ziele des Programms und die Prioritäten der Behörde angemessen reflektieren;
b) für den Nachweis einer annehmbaren oder verbesserten Programmleistung im Hinblick auf die vereinbarten Programmziele, Leistungsindikatoren und Leistungsziele.

Die Evaluatoren sollten auf die Entscheidungsträger der Regierung einwirken, um sicherzustellen, daß die Bedingungen 0, 1, 2 und 3 erfüllt werden[24]. Ein solcher hier vorgeschlagener Ansatz würde die folgenden Elemente enthalten müssen:

a) Die Bundesbehörden müßten eine offizielle *Liste ihrer Programme* aufstellen;
b) die Bundesbehörden müßten *Zeitpläne* zur Identifizierung und Abstimmung der Programmziele und Leistungsindikatoren aufstellen, anhand derer die Programme bilanziert werden sollten;
c) durch die Implementation des Gesetzes über die *Reform des öffentlichen Dienstes* könnten die Regierungsbehörden von den Programm-Managern innerhalb eines angemessenen Zeitraums verlangen, eine Reihe realistischer, ergebnisorientierter Programmziele und Leistungsindikatoren zu identifizieren und politisch abzustimmen, anhand derer die Programmbilanzen erstellt werden sollten („program accountability");
d) ebenso hätte jeder Programm-Manager innerhalb eines angemessenen Zeitraums den Nachweis anzutreten, inwieweit sein Programm zufriedenstellend implementiert worden ist und inwieweit es die beabsichtigten Ergebnisse hervorbringt;
e) sind die erwarteten Programmleistungen in realistische, meßbare Ziele und Leistungsindikatoren übertragen, die die Fortschritte in Richtung auf Programmziele des Gesetzgebers angemessen widerspiegeln, könnten die Bundesbehörden Geldprämien oder andere verfügbare *Anreize* benutzen[25], um die Programm-Manager und ihre Mitarbeiter für die Erfüllung der oben bezeichneten Auflagen zu belohnen.

Evaluatoren sollten die Implementation des Gesetzes zur Reform des öffentlichen Dienstes sowohl im HEW als auch in anderen Bundesbehörden unterstützen.

24 Vgl. hierzu oben S. 14 und S. 15.

25 Anreize, die genutzt werden könnten, erfassen das Aussprechen persönlicher und öffentlicher Anerkennung, das Verleihen von Ehrenbezeichnungen, die Vergabe von finanziellen Zuwendungen (einschließlich von Zulagen für Senior-executives nach dem „Civil-Service-Reform"-Gesetz), aber auch Maßnahmen wie die Erweiterung von Kompetenzbereichen, Beseitigung von Auflagen, Delegierung von Verantwortung, Zuordnung von Personal, Unterstützung der Haushaltsvorschläge, Unterstützung von Gesetzgebungsanträgen, die sich auch auf die Programmleistungen günstig auswirken würden.

V. Schlußfolgerung

Angesichts der steigenden Komplexität der Probleme, denen unsere Regierung gegenübersteht, ist es wichtiger denn je:

- zu verstehen, was von Regierungsprogrammen tatsächlich erwartet werden kann;
- Regierungsmaßnahmen so zu lenken, daß in effizienter Weise realistische, abgestimmte, ergebnisorientierte Programmziele erreicht werden;
- diejenigen Programm-Manager und Mitarbeiter anzuerkennen und zu belohnen, die bei der Abstimmung über konkrete Zielsetzungen, die sich aus den Programmzielen ableiten, Fortschritte erreichen.

In diesem Beitrag wurden zwei Wege vorgeschlagen, die Evaluatoren einschlagen könnten, um die Probleme von Verwaltungs-Managern und politischen Entscheidungsträgern mit lösen zu helfen:

1. Sie könnten *Programm-Managern* und Politikern helfen bei der Klärung der Programmziele, bei der Konkretisierung von Programmzielen und der Identifizierung von Leistungsindikatoren, anhand derer realistische Programme bilanziert werden könnten sowie bei der Entwicklung von Evaluierungs-/Managementoptionen, die zu leistungsfördernden Veränderungen in Programm-Maßnahmen führen könnten;
2. sie könnten die *politischen Entscheidungsträger* in den Bundesbehörden darin unterstützen, Systeme zu entwickeln und zu implementieren, die die Programm-Manager und ihre Mitarbeiter dazu anregen, a) geeignete, politisch konsensfähige Programmziele und Leistungsindikatoren zu identifizieren sowie b) die Programme so zu managen, daß eine annehmbare/verbesserte Programmleistung erreicht wird.

Ich bin optimistisch, und ich glaube, daß Evaluatoren mit Programm-Managern und Politikern zusammenarbeiten können, um die Leistung und die Gestaltung von Programmen zu verbessern. Die Zukunft wird besser sein – sowohl für Evaluatoren und Manager in der Regierung als auch für die Bürger, denen beide dienen.

Bibliographie

Auditor General of Canada, *Study of Procedures in Cost Effectiveness: Extracts from the 100th Annual Report on the Auditor General of Canada to the House of Commons*, November 1978.

Bureau of Health Planning and Resources Development, *Bureau Program Performance: Activities, Objectives and Results (Preliminary Draft for Bureau Consideration)*, Urban Institute, Arbeitspapier, Februar 1978.

Bureau of Health Planning and Resources Development, *Preliminary Evaluation Plan: Fiscal Years 1978 and 1979 (Preliminary Draft for Bureau Consideration)*, Urban Institute, Arbeitspapier, Februar 1978.

Bureau of Health Planning and Resources Development, *Development and Implementation of HSA/SHPDA Performance Monitoring Systems*, unveröff. Ms., März 1979.

Duffy, H. G. et al., *Design of an On-Site Evaluation System for the Office of Legal Services*, Urban Institute, Juni 1971.

Horst, P. et al., Program Management and the Federal Evaluator, in: *Public Administrator Review*, Juli/August 1974, S. 300–308.

Rutman, L., *Planning Useful Evaluations, Evaluability Assessment*, Beverly Hills/London 1980.
Scanlon, J. W./The Urban Institute, *The Management Incentive Program: A Proposal to Make One of the Nation's Most Significant Resources, the Federal Workforce, More Efficient and Productive*, unveröff. Arbeitspapier, November 1977.
Schmidt, R. E./J. W. Scanlon, *Appalachian Regional Commission Health and Child Development Program: Interim Evaluation System Design*, Urban Institute, Contract Report, Juli 1976, S. 10–11.
Under Secretary of HEW, *FY 1980 Guidance for Evaluation, Research and Statistical Activities, Memorandum*, April 1979.
Urban Institute, *Evaluability Assessment for the Bureau of Health Planning and Resources Development: Bureau Managers' Reaction to Findings and Evaluation/Management Options*, Arbeitspapier, Februar 1978.
White, B. F., The Atlanta Project: How One Large School System responded to Performance Information, in: *Policy Analysis*, Bd. 1, Nr. 4 (Herbst 1975), S. 659–691.
White, B. F. et al., *The Atlanta Project: How One Large School System responded to Performance Information*, The Urban Institute, März 1974.
White, B. F./D. Kemp, *The Urban Institute: Performance Information: Does It Make a Difference?*, Papier zur Vorlage bei der American Educational Research Association Convention, April 1976.
Wholey, J. S., *Evaluation: Promise and Performance*, Washington: The Urban Institute, 1979.
Wholey, J. S. et al., Evaluation: When Is It Really Needed?, in: *Evaluation*, Bd. 2, Nr. 2 (1975), S. 89–93.
Wholey, J. S. et al., *Evaluability Assessment for the Bureau of Health Planning and Resources Development*, 5 Bde., Urban Institute Contract Report, November und Dezember 1977.
Wholey J. S. et al., *Evaluation Planning for the Bureau of Health Planning and Resources Development: Decision Paper*, Urban Institute, Contract Report, Dezember 1977.
Wholey, J. S. et al., *Evaluation Planning for the Bureau of Health Planning and Resources Development: Draft Case Study*, Urban Institute, Arbeitspapier, Mai 1978.

Martin Rein
Massachusetts Institute of Technology, Cambridge, Mass.

Umfassende Programmevaluierungen

1. Der Kontext der Programmevaluierung

Die Mehrzahl aller Evaluierungen betrachtet als ihre Hauptaufgabe eine Evaluierung der Programmergebnisse. Demnach ist es das kritische Ziel einer Evaluierungsstudie festzustellen, ob das Programm tatsächlich arbeitet, d. h. ob die ursprünglichen Absichten und Zielstellungen erfüllt wurden.

Ist diese „Leseart" richtig? Ich glaube nicht. Evaluierung sollte mehr sein als das Studium der Endresultate, d. h. die Analyse des Ausmaßes, in dem die Zielvorstellungen verwirklicht werden. Die Eindeutigkeit von Zielvorstellungen erscheint fraglich. Ein Jahrzehnt an Erfahrung mit Evaluierungen zeigte, daß Programme sich in ihrem Vollzug verändern. Aber selbst wenn sich die Programme während des Programmvollzugs den Veränderungen ihrer Umwelt nicht anpaßten, wenn sie sich also streng an den gegebenen gesetzgeberischen Zielsetzungen und Richtlinien ausrichteten, stünde doch zu erwarten, daß die Benutzer selbst ihre Ansichten über die von ihnen erwünschten Ergebnisse ändern.

Die Erfahrungen beim Vollzug eines Programms führen häufig zu einem Meinungswandel bezüglich dessen, was das Programm leisten kann oder soll; außerdem läßt sich der Sinngehalt der jeweiligen Erfahrung oft erst am Ende erfassen. Eine Überprüfung der Ergebnisse ist hilfreich, um Programmabsichten zu verdeutlichen. In diesem Sinne sind Programmbeginn und abschließende Evaluierung Teile eines zusammengehörenden Vorgangs. Dabei liegt es nahe, daß die Bedeutung des Ergebnisses, nach der Anstrengung dorthin zu gelangen, nicht mehr dieselbe ist, weil früher oder später ein neuer Kontext von Ereignissen entstanden ist. Hat man entdeckt, wie das Ergebnis aussieht, kann man erneut einschätzen, ob dieses erreichte Ziel wichtiger oder weniger wichtig als bei Programmbeginn erscheint.

Ein Bericht des amerikanischen Rechnungshofes (*General Accounting Office*, im folgenden *GAO*) jüngeren Datums – „Wie erfolgreich sind Programme: Vorschläge für eine parlamentarische Kontrolle" – führt einige Schwierigkeiten an, die bei dem Versuch einer aktuellen, ad-hoc oder einer zusammenfassenden, abschließenden Evaluierung der erbrachten Leistung eines Programms entstehen. Der Bericht bemerkt, daß

„das, was wünschenswert ist, häufig im Laufe der Zeit durch die Umstände oder die Verfügbarkeit zusätzlicher Informationen verändert wird (. . .) Die vorzeitige Überspezifikation der Programmziele oder -maßnahmen für die Kontrollfragen kann zu Fragen führen, die durch die Untersuchung des tatsächlichen Programmablaufs einfach nicht zu beantworten sind. . . ."

Die Ziele kristallisieren sich im Gang der Handlung heraus. Wir befinden uns sozusagen immer im Verlauf eines Handlungsablaufs, die Handlung formt unsere Ziele also genauso wie die Absichten, die wir vor dem jeweiligen Handlungsbeginn hatten. Diese Beobachtungen lassen Zweifel an einem Studium der Zielwirkungen aufkommen, deren Analyse auf klaren und stabilen Zielvorgaben aufbaut, die den Hintergrund bilden, vor dem die gewonnene Erfahrung beurteilt werden kann.

Aber die Vorstellung, daß wir nicht im voraus den Bestimmungsort der Reise, zu der wir aufbrechen, genau angeben können, widerspricht ebenfalls unseren Erfahrungen. Wie Wholey im Titel eines Vortrags bemerkt: „Wer nicht weiß, wohin er will, oder wem es gleichgültig ist, wohin er gelangt, der braucht sich auch um den einzuschlagenden Weg nicht zu kümmern."[1] Diese Einsichten drängen uns natürlich zu einer konkreteren Spezifizierung unserer Ziele.

Der amerikanische Senat hat begonnen, sich mit der Zielsetzungsproblematik zu beschäftigen. In einer Senatsresolution werden Beschlüsse verlangt, die eine Präzisierung der gesetzgeberischen Absichten fordern, so daß der Kongreß ein Kriterium besitzt, um die Effektivität eines Programmes beurteilen zu können, wenn es in Gesetzesform zur Zustimmung anstehen oder zur Wiederverabschiedung vorgelegt würde. Der Rechnungshof wurde um methodische Unterstützung gebeten. In einer eingehenden Untersuchung zweier Fälle testete er die Möglichkeit einer präzisen Zielfestlegung. Er gelangte jedoch zu der Feststellung, daß sich aus den Ergebnissen des simulierten Versuchslaufs keine Gewähr herleiten lasse, daß die Senatsresolution die beabsichtigten Ziele auch erreichen kann. Weshalb kann die Regierung keine Klarheit über ihre eigenen Handlungsabsichten schaffen? Hierzu heißt es im Bericht des Rechnungshofes: „Bestimmte Personen und Verbände besitzen häufig eigene Interessen an den Ergebnissen, sie akzeptieren daher die Ergebnisse nur bis zu einem gewissen Grade. Diese sind nun vielleicht für andere Personen und Gruppen wiederum uninteressant und/oder völlig unakzeptabel. . . . Zahlreiche Evaluierungsfragestellungen scheinen daher möglich zu sein", je nachdem, welche Interessen von den Analytikern akzeptiert werden[2].

Faßt man die Ergebnisse des Berichtes zusammen, so zeigte der Rechnungshof auf, daß die persönlichen Ansichten sich im Zeitablauf ändern. Verschiedene Gruppen wollen verschiedene Dinge, und vieles hängt nicht von der Absicht, sondern von der Art und Weise ab, in der das Programm tatsächlich durchgeführt wird. Aufgrund dieser Betrachtungen können Programme aus einer Vielzahl von Perspektiven evaluiert werden.

1 J.S. Wholey et al., If you don't know or care where you get to, then it doesn't matter which way you go, in: C.C. Abt (Hrsg.), *The Evaluation of Social Programs*, Beverly Hills 1976.

2 US Comptroller General, *Finding out how Programs are Working: Suggestions for Congressional Oversight*, Washington 1977.

2. Was sollte also in eine Bewertung von Wirkungen eingehen?

Diese Frage ist besonders dringend, da die Bestimmung der Ziele von zahlreichen Faktoren abhängt, die von der Herkunft der Informationen über einen Gegenstand oder Sachverhalt bis zur Mikropolitik in den gesetzgebenden Ausschüssen reichen. Der konstruktive Beitrag des *GAO*-Berichts liegt vor allem in der Erkenntnis, daß nützliche Evaluierungen im wesentlichen das Kennenlernen der Programmerfahrung als zwei Perspektiven erforderlich macht:

– Warum verlief das Programm so, wie es ablief?
– Welche Ergebnisse hat es erbracht, angesichts der zahlreichen Maßnahmen, die aus den unterschiedlichen Interessen resultieren?

Etwas optimistisch behauptet der Bericht, daß ein effektiver Lernprozeß stattfinden könne, sofern die Kommunikation zwischen den verantwortlichen gesetzgebenden Ausschüssen und den ausführenden Behörden verbessert würde. Der Rechnungshof glaubt an die Lernfähigkeit des Kongresses, indem er das Schwergewicht seiner Argumentation auf drei „K“ legt: *Kommunikation, Klärung* und *Konsens.*

Er nimmt an, daß sich in einer Atmosphäre offener und vertrauensvoller Kommunikation die Vorhaben der rivalisierenden Gruppen vermutlich zunehmend klärten und diese Klärung schließlich zu einem Übereinkommen hinsichtlich der zu verfolgenden Ziele führen würde. „Mehr Kommunikation wird nicht nur mit größerer Sicherheit dafür sorgen, daß man sich über die Ziele und Effektivitätsmaßnahmen einigt, sondern auch dafür, daß die politisch Verantwortlichen realistische Erwartungen hinsichtlich der Informationen haben, die sie aus den Evaluierungen erhalten werden.“

Die Erkenntnisse der *GAO* Beurteilung des Problems halte ich für richtig, dennoch bezweifle ich, daß sich die „Drei-K-Strategie“ in der Praxis bewährt, mit Ausnahme von Sondersituationen, in denen das Engagement, bestimmte Dinge durchzusetzen, die parteilichen Interessen überspielt. Was aber hat die *GAO*-Diagnose – wenn die Therapie unzureichend ist – für Implikationen für diejenigen, die die Evaluierungen ausführen? Um aus den Erfahrungen lernen zu können, muß man sie in ihrer Gesamtheit betrachten. Die Analyse der Absichten, ihrer Implementation und die Messung der Wirkungen sind Teile dieser Erfahrung. Folglich ist es wesentlich, eine Perspektive zu besitzen, die mehr umfaßt als nur die Ergebnisse, die diese jedoch einschließen sollte.

Inzwischen wird allgemein anerkannt, wie schwierig es ist, sich über detaillierte Ziele zu einigen, die bereits im Gesetzgebungsverfahren operationalisiert werden können und nicht erst in einem späteren Stadium von Evaluierungsforschern herausgearbeitet werden. Diese Schwierigkeit rührt teilweise von Interessenkonflikten her und aus dem Erfordernis, diese Konflikte bei der Konsensbildung zu glätten. Man kann auch mit einer neuen, etwas ungewöhnlichen Frage beginnen: „*In wessen Interesse werden Evaluierungen ausgeführt?*“ Einmal gestellt, erscheint die Frage einleuchtend. Bisher wurde jedoch sehr selten die systematische Analyse der in die Evaluierungen eingehenden Interessen durchgeführt, obgleich, wie ich glaube, die Art und Weise, in der die Inputs, der Prozeß und die Ergebnisse evaluiert werden, davon abhängt, was wir mit ihnen an Interessen verbinden. Daß Interessen die Untersuchung beherrschen, ist nicht überraschend.

Die Interessen, die ich bei der Evaluierung für relevant halte, sind institutionelle Interessen im Prozeß der Politikentwicklung. Wir können sinnvollerweise vier Hauptinteressen unterscheiden, die sich auf die jeweils verschiedene Stellung der Beteiligten am Politikprozeß zurückführen lassen. Es sind: *Kontrolle, Verwaltung, Konsument* und *Evaluierung*. Diese Liste ist sicherlich nicht vollständig.

Anlaß für die meisten Evaluierungsstudien ist das Interesse an parlamentarischer Kontrolle. Der Kongreß und andere Gesetzgebungskörperschaften wollen wissen, ob die öffentlichen Gelder für das Programm ausgegeben werden, für das sie vorgesehen sind und nicht etwa als Ersatz für lokal finanzierte Programme dienen. Deshalb fordern sie Rechnungsprüfungen. Sie wollen außerdem wissen, welche Kosten die Finanzierung eines gegebenen Programms alternativ zu einem anderen verursacht. Diese Art von Studien werden vom Haushaltsamt des Kongresses, dem *Congressional Budget Office (CBO)* durchgeführt. Schließlich will man wissen, ob man den Gegenwert für sein Geld erhält, ob das Programm das leistet, was es leisten soll. Solche Studien sind die nach dem Gesetz geforderten Programmevaluierungen. Kontrollinteressen, die an der Rechenschaftspflicht ansetzen, sind den verschiedenen Arten der Evaluierung gemeinsam. Ist der Anspruch angesichts knapper Haushaltsmittel der Regierung berechtigt?

Um einzuschätzen, wie selektiv das parlamentarische Kontrollinteresse ist, reicht es aus, einen anderen Interessentypus herauszunehmen, den der *Verwaltungskontrolle* eines Programms oder das Interesse des Praktikers, daß etwas getan wird. Diese sind vor allem an der politischen und administrativen Machbarkeit von Programmen interessiert. Ein Administrator ist an Wegen interessiert, auf denen er Zustimmung erreichen kann, ohne die moralischen Normen verletzen zu müssen. Für einige Administratoren ist die entscheidende Frage, wie man Ressourcen erlangen kann, um das Wachstum und die Lebenskraft seiner Bürokratie zu erhalten. Die Interessen von Praktikern sind nicht dieselben wie die des Administrators; den Arten von Evaluierungen, die sie veranlassen würden, liegt eine Reihe ganz anderer Fragen zugrunde, einschließlich der Frage des Schutzes gegen übermäßige administrative Kontrolle, die ihren Handlungsspielraum im Hinblick auf ihre berufliche Entscheidungsfreiheit einengt.

Eine Evaluierung, die durchgeführt wird, um *Konsumenteninteressen* Rechnung zu tragen, würde sich wiederum von administrativen und parlamentarischen Kontrollinteressen unterscheiden. Die kritische Evaluierung einer auf Öffentlichkeit zielenden Politik für Interessengruppen der Konsumenten illustriert diesen Punkt. Kundenzufriedenheit, Sicherheit und Investmentbeteiligung beherrschen ihre Interessen.

Können wir eine Interessenharmonie konstruieren, in der alle Interessen mit dem öffentlichen Interesse übereinstimmen? Wahrscheinlich ist es so, daß jederman die Welt aus seiner Position heraus betrachtet. Der Platz, an dem man steht, determiniert oder beeinflußt wesentlich, was man sieht und was man wissen möchte, um seine Wirksamkeit zu steigern.

Auch die Evaluierenden haben Interessen. Grundsätzlich wollen sie Evaluierung mit ihren Instrumenten durchführen. Diese stammen aus den Disziplinen, in denen sie ausgebildet wurden. Jede Disziplin besitzt ein etwas anderes Paradigma des Verstehens. Der Evaluierende ordnet die Welt in den Kontext seines disziplinären Interesses ein, um sie mit seinen erworbenen Techniken und Konzepten zu untersuchen. Ein berühmtes Beispiel ist die Evaluierung des *Head Start Program*, eines Vorschulprogramms. Die Evaluierenden waren zwar mit der Messung kognitiver Kompetenz vertraut, jedoch wußten sie nur wenig darüber, wie man soziale Kompetenz mißt. Sie stülpten dem Programm das Ziel der Entwicklung der Intelligenz über, um es mit ihren Werkzeugen nach ihren Kenntnissen zu evaluieren. So kann sich natürlich herausstellen, daß die Interessen des Evaluierenden und Analytikers darin bestehen, zu kritisieren. Die Evaluierung, die ein Kritiker unternimmt, dient seinem Interesse, das theoretisch Interessante oder das aufgrund bisheriger Erfahrung Unerwartete zu entdecken. Sein Interesse beeinflußt daher auch den Typ von Evaluierung, den er durchführt.

Kurz, es gibt also keinen Weg, der Wissen produziert, ohne von den Interessen beeinflußt zu sein, die am Beginn einer Untersuchung stehen. Das bedeutet nicht, daß es keine objektive Realität gibt. Aber es bedeutet, daß die programmatische Einstellung und disziplinäre Interessen die gestellten Fragen formen und ebenso die Methoden, die zum Auffinden der Antworten eingesetzt werden.

Zusammenfassend läßt sich sagen: In einer Evaluierung können die programmatischen Interessen der Auftraggeber nicht von den disziplinären Interessen, die die Studie organisieren, getrennt werden. Um jedoch die Rolle der einzelnen Interessen einschätzen zu können genügt es, sich die jeweilige Institution, wie z. B. eine Universität, vorzunehmen und sich die Arten von Evaluierungsstudien vorzustellen, die für den Institutsrat, die Dekane, die Abteilungsleiter, die Fakultät und die Studenten nützlich wären. Während sich alle wohl noch auf einige Untersuchungsthemen einigen könnten, würde jeder der Beteiligten recht unterschiedliche Fragen an eine Evaluierung stellen wollen. Und jede Frage, die von diesen unterschiedlichen Interessen herrührt, würde verschieden beantwortet werden, je nach den disziplinären Interessen der Evaluierenden. Eine ökonomische, eine soziologische und eine psychologische Studie – jede würde unterschiedliche Einsichten bringen. In den folgenden Analysen werde ich versuchen Beispiele zu benennen, wie Interessen den Prozeß der Evaluierung beeinflussen. Mein Hauptziel ist es, die Notwendigkeit für eine *umfassende Evaluierung* aufzuzeigen. Im besonderen möchte ich näher auf etwas eingehen, das gewöhnlich in den meisten Evaluierungen als gegeben hingenommen wird, nämlich die Einheit und Geschlossenheit eines Programms, das evaluiert werden soll.

Was ist das genau: ein *Programm*? Ich gehe von vier Bausteinen aus, die bei einer Evaluierung notwendig sind. Wir müssen folgendes untersuchen:

„Was ist ein Programm?"
„Was ereignet sich?"
„Welche Ergebnisse werden durch seine Inputs hervorgebracht?"
„Durch welche Prozesse sind diese Ergebnisse herbeigeführt worden?"

Ich werde jedes dieser Elemente ausführlich darlegen sowie einige Beispiele anführen, um jeden Ansatz zu illustrieren und um zu dem für jedes Element angemessenen Forschungsplan einige vorläufige Vorschläge zu machen.

3. Bausteine einer umfassenden Evaluierung

3.1. Was ist ein Programm?

Wir geben den Aktivitäten, die wir evaluieren, Bezeichnungen. Diese Bezeichnungen helfen uns, genau zu spezifizieren, was wir evaluieren; sie umfassen die gesellschaftliche Definition für das, was die Evaluierenden „das Programm" nennen. Aber die gesellschaftliche Definition eines Programms ist nur der Ausgangspunkt einer Analyse. Wir können nicht annehmen, daß ein Programm das ist, was es nach seiner sozialen Definition sein soll. Ein Programm wie z. B. die Ausbildung von Arbeitskräften (*manpower training*) kann als eine Investition in Humankapital definiert werden; es kann aber in der Praxis genauso gut als ein Transferprogramm angesehen werden, das Einkommensverluste zu ersetzen sucht.

Ein wichtiger Aspekt der Evaluierung ist daher eine Untersuchung dessen, was das Programm tatsächlich ist. Um die Absicht eines Programms herauszufinden, muß man mit den programmatischen Verlautbarungen eines Programms beginnen. Eine andere Frage aber ist es, über die Programm-Rhetorik hinaus zur realen Absicht zu gelangen.

Ein Programm zu definieren ist schwierig, da es kaum gelingt, sich über die Maßnahmen und Aktivitäten, die zu einem Programm gehören sollen, zu einigen – genauso wenig, wie man sich nicht über die Absichten, die mit diesen Aktivitäten verbunden sind, einigen kann.

Die „Einheit" oder „Maßnahme", die evaluiert werden soll, erschließt sich nicht eindeutig aus dem Gesetz. Meist sind sie nur vage definiert und deshalb problematisch.

Zunächst müssen wir damit beginnen festzustellen, wie die beteiligten Interessen dazu beitragen, Aktivitäten in Haushaltskategorien einzubinden. Hierfür ist es notwendig, kurz die unterschiedlichen Ansätze für das Problem der Haushaltsklassifizierung, die vom Rechnungshof (*GAO*), der das legislative Interesse der Rechnungsprüfung repräsentiert, und vom Amt für Management und Budget (*Office of Management and Budget – OMB*), das die Interessen der Exekutive bei der Vorbereitung des Bundesbudgets repräsentiert, vorgeschlagen wurden, zu resümieren.

Die Haushaltsklassifizierung ist im wesentlichen ein Bewertungsverfahren, in dem Regierungsaktivitäten in eine Reihe von Kategorien einsortiert werden. Dieser Prozedur liegt die Logik zugrunde, ähnliche Aktivitäten in einer Gruppe zusammenzufassen, wobei institutionelle Interessen und Positionen die Selektion leiten. Dieser Punkt verdient es, durch einige ausgewählte Beispiele illustriert zu werden.

Einen der ersten Einblicke in Probleme der Haushaltsklassifizierung vermittelte Murray Widenbaum, als er im Handelsministerium arbeitete.[3] Er stellte fest, daß ein

3 M. Widenbaum, *The Modern Public Sector*, New York 1969.

und dieselben Aktivitäten quer über verschiedene Verwaltungsbehörden verstreut waren. So ist die Antwort auf die Frage, wieviel Geld zur Studienunterstützung von Universitätsstudenten ausgegeben wurde, nicht im Haushalt des Ministeriums für Gesundheit, Erziehung und Wohlfahrt (*Department of Health, Education and Welfare – HEW*; dem heutigen *Department of Health and Human Service – HHS*) allein zu finden, das für die Verwaltung der Bildungs- und Erziehungsprogramme verantwortlich ist. In der Tat wird der Großteil des Geldes für Studienbeihilfe vom Amt für Soziale Sicherheit (*Social Security Administration*) als Teil der Sozialunterstützung für Bedürftige verteilt, einem Programm für Kinder von Senioren, Körperbehinderten und Waisen. Widenbaums Entdeckung verallgemeinert, führte zur Entwicklung einer Matrix, in der die funktionalen Bereiche (Gesundheit, Erziehung, Einkommensunterstützung, Ausbildung und Beschäftigung usw.) den Ministerien (HEW, Veteranen, Arbeit, Militär, Landwirtschaft, Wohnen und Stadtentwicklung) gegenübergestellt wurden. Durch Widenbaums Arbeit angeregt, übernahm das OMB diese Art der Analyse in der „*Speziellen Analyse des Budgets*". Dabei stellte sich heraus, als es die Einkommensunterstützung nach dieser funktionalen Analyse aufgliederte, daß 1976 65 % der Einkommensunterstützung vom HEW kamen und 35 % von anderen Behörden (d. h. fast 60 Billionen)[4].

Der Rechnungshof (*GAO*) verwendet bei der Budgetklassifizierung einen Netzansatz (*Grid*). Im obigen Beispiel wurde ein *Netz* aus verschiedenen administrativen Gruppen gebildet, die durch dieselbe Aktivität klassifiziert wurden. Dieser Ansatz findet seine allgemeinere Verwendung darin, daß dieselbe Aktivität vielfältigen Zwecken dienen kann und dementsprechend auch häufiger sich überlappende als sich gegenseitig ausschließende Kategorien benutzt werden. Ein Ausbildungsqualifizierungsprogramm für Arbeitskräfte kann z. B. sowohl als Einkommensunterstützung als auch als Investition klassifiziert werden. Andere funktionale Ziele wie Gesundheit (d. h. psychologisches Wohlergehen) können hinzugefügt werden. Aus diesen Funktionen und Absichten könnte man ein sozialpolitisches Netz knüpfen, das die Funktion den Zielen gegenüberstellt. Hierbei liegt die Annahme zugrunde, daß dieselbe Funktion mehreren Zielen dient. Sicherlich führt eine sorglose Addition der Summen zu Doppelzählungen, aber wenn Reihen und Spalten einzeln addiert werden, könnte das aufschlußreiche, neue Einsichten gewähren.[5]

Der Ansatz des *OMB* entspringt einem anderen Interesse und beinhaltet daher ein ganz anderes analytisches Schema. Das *OMB* bewältigt die Aufgabe der Budgetklassifikation, indem es sich gegenseitig ausschließende Kategorien entwickelt. Hat ein Programm mehrere Ziele, so wird nur das Hauptziel für die Klassifikation benutzt, die weniger wichtigen fallen weg. Hat ein Programm mehrdeutige oder kon-

4 OMB, *Special Analysis Budget of the U.S. Government Fiscal Year 1978*, Washington D.C. 1978.

5 Harry Havens, dem Direktor der Abteilung für Programmanalyse des GAO, bin ich für diese Beobachtungen zu Dank verpflichtet. Ein anderer Lösungsvorschlag des *GAO* ist es, Programme als Einheiten zu betrachten, über die es zu entscheiden gilt. Aus Programmen werden dann Aktivitäten, die Entscheidungen erfordern. Aber diese Definition schafft selbst neue Probleme. Sie könnte Komponenten von Aktivitäten ausschließen, die bei der Anwendung einer breiten Definition des *fit* dazugehören.

fliktuöse Ziele, so muß bei der Einordnung eine Entscheidung aufgrund eines eigenen Urteils oder einer eigenen Schlußfolgerung über die Absicht gefällt werden. Das *OMB* beschreibt die Logik dieser Prozedur wie folgt:

Die funktionale Klassifizierung konzentriert sich auf das Ziel der letztendlichen Absichten der Regierungsaktivitäten. Die Betonung liegt also eher auf dem, was die Bundesregierung zu erreichen sucht, als auf den Mitteln zur Durchführung, den Zahlungsvorgängen, den Betroffenen oder dem einbezogenen geographischen Gebiet[6].

Der skelettartige Rahmen, auf den sich das System der Budgetklassifizierung bezieht, besteht aus einer Reihe von Bereitstellungskonten und den Aktivitäten, die diesen Konten zugeordnet sind. Diese Konten sind unter einer Reihe von Funktionen und Subfunktionen angeordnet.[7]

Wenn wir uns der Budgetklassifizierung fachlich zuwenden, dann zeigt sich überraschenderweise, daß das Konzept des „Programms" kein analytisches Schlüsselkonzept ist, tatsächlich wird es im Budget nie definiert. Die Konten unterscheiden jedoch zwischen *direkten* und *rückzahlbaren* Programmen. Dies ist jedoch eine ganz spezielle Verwendung des Programmbegriffs. Seine Bedeutung erhält er aus dem budgetären Kontext seines Gebrauchs. Das Konzept der „Aktivität" kommt der gebräuchlichen Bedeutung des Begriffs „Programm" näher, aber Aktivität sollte nicht mit dem Konzept eines Programms verwechselt werden, weil eine einzelne Aktivität mehrere Programme enthalten kann. Zum Beispiel findet sich unter dem Bereitstellungskonto „Elementares und Sekundäres Erziehungswesen" eine Aktivität, die sowohl „Unterstützung für Behinderte, Zugewanderte, bildungsmäßig Benachteiligte" als auch „Länderzuweisungen für Verwaltungszwecke" beinhaltet.

Aber welche Methode ist denn geeignet, die wirkliche Intention einer Aktivität zu erfassen, die sich einem auch durch einen Blick auf die legislative Geschichte nicht selbstverständlich oder offensichtlich erschließt? Der Rechnungshof (*GAO*) empfiehlt in seinem Bericht „*Finding Out How Programs are Working*": „Die Evaluierenden sollen der Programmrhetorik entnehmen, welches die Ziele sind." Bei ei-

6 OMB, *The Functional Classification of the Budget*, Technical Staff Paper, 1975.

7 Um als Funktion klassifiziert zu werden, muß eine Aktivität einen öffentlichen Endzweck von nationalem Interesse und eine genügende Größe besitzen (wenigstens 25 % der Budgetmittel über mehrere Jahre hinweg). Damit es analytisch brauchbar ist, wurde das Bundesbudget ab 1974 in Funktionen und Subfunktionen eingeteilt. So ist z. B. Einkommenssicherung eine Funktion (mit der Nummer 600) mit vier Subfunktionen: allgemeine Renten- und Invaliditätsversicherung (601), Öffentlicher Dienst und Invaliditätsrenten (602), Arbeitslosenunterstützung (603) und öffentliche Unterstützung und andere Einkommenszuschüsse (604) (*The Functional Classification of the Budget* [Überarb. 1979], Executive Office of the President, OMB, Febr. 1979, *Technical Paper Series*, BRD/FAB 79–1, S. A–3). Es gibt nur 17 funktionale Kategorien und ungefähr 80 bis 90 Subfunktionen. Im Kern ist es das Bereitstellungskonto, welches das Baugerüst für das Bundesbudget darstellt. Es beruht auf „der *einzelnen* am besten geeigneten oder dominanten Zweckbestimmung". Es ist das niedrigste Aggregationsniveau, für das Ausgaben der Bundesregierung vollständig aufgeführt sind. Aber trotz größter Bemühungen um Kohärenz können die Konten recht verschiedene Aktivitäten umfassen. Der Titel „Human Development Service" z. B. beinhaltet: Zuschüsse für die Grundausstattung von Dienstleistungen und Einrichtungen zur Rehabilitation, Starthilfe und Ernährungsprogramme für alte Menschen.

ner solchen Empfehlung können die Evaluierenden unter großem Aufwand an Zeit und Messungen wohl nur zeigen, daß die Welt ganz anders ist, als man sie sich vorstellt. Wenn Evaluatoren naiv genug sind, die legislative Rhetorik als die wirklichen Ziele des Programms zu akzeptieren, würden sie jedoch in der öffentlichen Arena unter großen Druck geraten, eine Unterscheidung zwischen dem Fehlschlag eines Programms und einer falsch angelegten Evaluierung vorzunehmen, wobei die letztere durchaus genauestens programmatische Wirkungen mißt.

Dieselben Probleme tauchen bei der Budgetklassifikation auf, wo die Bemühungen, die „letztendlichen Absichten der Regierungsaktivität" aufzudecken, auf die schwierige Frage stoßen, wie von der rhetorischen auf die „wirkliche Absicht" zu schließen sei. Ein Beispiel kann vielleicht zur Klärung dieses Punktes beitragen. Die Aktivität *Basic Educational Opportunity Grant* wird unter der Subfunktion „Höhere Bildung", die Aktivität „umfassende Bildung und Ausbildung" (*Comprehensive Education and Training – CETA*) unter der Subfunktion „Ausbildung und Beschäftigung" klassifiziert.

Die Logik dieser Klassifizierung beruht auf der Annahme, daß diese Aktivitäten nach ihren Endzielen, Erziehung und Beschäftigung, sortiert werden. Wir könnten jedoch genauso gut behaupten, daß es zweckmäßig sei, nach Nah- und Fernzielen zu unterscheiden. Der unmittelbare Zweck der Studien- und Ausbildungshilfe ist es, Individuen mit Geldeinkommen zu versorgen. Schulgeld und Ausbildungskosten sollten unter die Funktion „Einkommenssicherheit" reklassifiziert werden.[8] Eine tiefgehende Reklassifizierung der Aktivitäten würde zu einer ganz anders gearteten Verteilung der Ausgaben unter den Funktionen und Konten führen und deshalb auch zu einem anders gearteten Verständnis der Allokation von öffentlichen Prioritäten.

Wenn wir aber unser fachliches Interesse nicht nur auf das Verständnis der Aktivitäten des eigentlichen Bundeshaushalts, sondern auch auf das der Allokation von Ressourcen ausdehnen, wo werden wir ein anderes System der Klassifikation anwenden müssen. Das vielleicht beste Beispiel für einen solchen Versuch ist die Arbeit des verstorbenen Richard Titmuss, des geistigen Vaters der britischen kritischen Sozialpolitik. Der zukunftweisende Essay von Titmuss über die Klassifikation von Aktivitäten basiert auf dem Argument, daß Aktivitäten, die ähnliche Wirkungen zeitigen, unabhängig von ihren formellen Zielsetzungen gemeinsam in einer Gruppe zusammengefaßt werden sollten. So schlägt er vor, berufliche, fiskalische und soziale Wohlfahrtsmaßnahmen in einer Gruppe zusammenzufassen[9]. Seine Absicht bei dieser Rekategorisierung der Aktivitäten des Wohlfahrtsstaates war es zu zeigen, daß die Gesellschaft bei einer breiteren Definition von Wohlfahrt erkennen würde, daß eine Einkommensverteilung noch nicht erreicht war und daß sich in einem beträchtlichen Umfang eine umgekehrte Umverteilung entwickelt hat, d. h. den mittleren

8 Eine Aktivität in ein anderes Titelkonto einzustellen, ist äußerst schwierig, weil es eine ministerielle Reorganisation erfordert. Das Klassifizierungssystem ist an die Organisationsstruktur gebunden.

9 R. Titmuss, *The Social Division of Welfare in Essays on the Welfare State*, New Haven 1954.

und hohen Einkommensgruppen fließen größere Wohlfahrtsausgaben zu als den armen Einkommensgruppen.

Die budgetäre Klassifizierung ist eine sinnvolle Vorgehensweise, um eine Untersuchung darüber einzuleiten, was den Gehalt eines Programms ausmacht. Dies ist ein außerordentlich wichtiger Teilschritt in einer Evaluierung, der bisher noch nicht die ihm gebührende Aufmerksamkeit erhalten hat. Ein erster Schritt, unser Verständnis auf diesem Gebiet vorwärts zu bringen, wäre ein systematischer Versuch, die Kosten aus verschiedenen intellektuellen Perspektiven neu zu klassifizieren. So erklärt das *OMB*: „Es gibt nicht einen besten Weg, um die Bundesaktivitäten zu klassifizieren. Die funktionale Struktur, die für das Budget gewählt wurde, ist die Klassifikation, die für den spezifischen Zweck der Budgeterstellung als die sinnvollste angesehen wurde.“[10]

3.2. Was ereignet sich in einem Programmverlauf?

Wir wollen jetzt von der Diskussion über den Charakter der Zielsetzungen, d. h. wie sie verstanden und klassifiziert werden können, zur Diskussion der Evaluierung von Aktivitäten, wie sie ausgeführt oder implementiert werden, übergehen. Ich versuche hier zwischen dem Programm, wie es beabsichtigt ist, und dem Programm, wie es ausgeführt wird, zu unterscheiden. Beide Male ist eine andere Vorgehensweise der Evaluierung erforderlich.

Eine wichtige Fragestellung in einer Diskussion des programmatischen Inputs ist die, wie ein Programm in Maßnahmen im Feld umgesetzt wird. Inputstudien werden von Evaluierenden unternommen, wenn sie sich nicht sicher sind, daß eine Programmkonzeption einigermaßen in der Praxis verwirklicht wurde. Es existiert offensichtlich ein Kontinuum zwischen einer vollständigen Realisation und einem völligen Fehlschlag eines Programms bei seiner Verwirklichung. Die Notwendigkeit, Inputstudien durchzuführen, fußt auf der Annahme, daß die meisten Programme nur selten, falls überhaupt, vollständig so verwirklicht werden, wie zu Beginn erwartet wurde.

Dieses Problem der „Nicht-Ereignisse“, also von niemals in die Praxis umgesetzten Programmen, wurde Mitte der sechziger Jahre von Herbert Hyman und Charles Wright aufgedeckt. Aus Beispielen von Programmen, die in Entwicklungsländern und im Zweiten Weltkrieg durchgeführt wurden, zogen die Autoren folgende scharfsinnige Beobachtung:

> All zu oft steht ein Programm nur auf dem Papier, ist es einfach nur eine Absichtserklärung dessen, was die Planer einer Behörde zu tun hoffen, wurde jedoch niemals vollständig in eine Maßnahme durch das Feldpersonal überführt. Wenn der Evaluierende das Wort mit der Tat verwechselt, versucht er möglicherweise, die Wirkungen einer nicht-existenten Maßnahme zu beobachten. Im Gegensatz dazu könnte kein Experimentator sich je soweit selbst täuschen, daß er Beob-

10 OMB, *The Functional Classification of the Budget, Technical Paper Series*, BRD/FAB 79–1, GPO, Washington D.C. 1979, S. A–4.

achtungen über die Wirkung eines nicht-existenten Stimulus anstellen würde, da er ja wüßte, daß er die Prozedur noch nicht eingeleitet hat[11].

Als Beispiel eines niemals verwirklichten Programms führen Hyman/Wright eine Studie über die Beziehung zwischen motivationalen Appellen und Massenaktionen während des Zweiten Weltkrieges an. Der Appell sollte durch eine Plakatserie, die eine nationale Freiwilligenorganisation verteilen sollte, seine Wirkung erzielen. In der Tat wurden auch Tausende von Plakaten gedruckt. Obwohl sie im ganzen Lande verteilt worden waren, blieben sie doch in den lokalen Depots liegen, weil es an freiwilligen Verteilern fehlte. In dem angeführten Beispiel gingen die Forscher nicht zu einer Evaluierung über, weil sie ein Versagen beim Input entdeckten.

Dieses Beispiel ist klar und einleuchtend. Aber die typische Situation ist nicht das „Nicht-Ereignis", sondern das *Teilereignis*. Es gibt Gründe für die Annahme, daß aufgrund unseres Systems von fragmentierten Regierungskompetenzen die Substitution von Ressourcen ermutigt wird. Ein Zuwachs an Bundesmitteln für eine neue programmatische Initiative kann so eine Einschränkung des Aufwandes lokaler Ressourcen bewirken, die bisher zur Verfügung standen. Das Ergebnis sind dann nicht zusätzliche Mittel und Ausgaben, sondern nur ein Ersatz lokaler Gelder durch Bundesgelder. Ein föderatives Regierungssystem, in dem viele soziale Programme von der Bundesregierung finanziert und auf lokaler Ebene ausgeführt werden, wirkt als großer Anreiz für eine solche Substitution. Weiß man, daß Substitution ein ernstes Problem ist, dann ist es notwendig, daß man eine angemessene Methode für die Analyse dieses Problems entwickelt oder die Methoden nutzt, die der Rechnungshof (*GAO*) traditionell für Revisionen anwendet. Allerdings müssen, wenn die Revisionen eine wichtige Technik für die Evaluierung werden sollen, die traditionellen Unterscheidungskriterien zwischen Revision, laufender Überwachung und Kontrolle sowie Evaluierung präzisiert bzw. neu definiert werden. Und insofern, als die gesellschaftliche Buchhaltung ein wesentliches Element der Programmevaluierung ist, ist es notwendig, sich intensiv mit Fragen des Rechnungswesens zu befassen, um einen methodologischen Leitfaden zu finden.

Außer der Kontrolle des Programmvollzuges müssen Inputstudien sich auch dem subtileren Problem der sukzessiven Umsetzung allgemein gehaltener Ziele in die konkrete Praxis widmen. Vier verschiedene Arten von Inputs lassen sich dabei unterscheiden: die Perzeption des Inputs, die Verteilung des Inputs, die tatsächliche Verwendung des Inputs und die erfahrenen Auswirkungen des Inputs[12].

Die Analyse der „Perzeption der Inputs" schätzt die Beziehungen zwischen der dem Programm zugrundeliegenden Theorie, dem programmatischen Entwurf und der Umsetzung dieses Entwurfs in programmatische Inputs ein, wie sie von den Planern aufgefaßt werden. Diese Formulierung impliziert eine Betrachtungsweise

11 H.H. Hyman/C.R. Wright, Evaluating Social Action Programs, in: P.F. Lazarsfeld/W.H. Sewell/H.L. Wilensky (Hrsg.), *The Uses of Sociology*, New York 1967.

12 Diese Fassung zum Problem der Inputstudien ist eine Erweiterung des Konzepts, das von R.S. Weiss in einem unveröffentlichten Essay entwickelt wurde: „Input studies and process studies as alternatives and complements throughout evaluation" (Boston: *The Laboratory for Community Psychiatry*, 1979), Mimeo.

von einem Programm als einer Intervention, die beabsichtigt, eine problematische Situation oder Zustand anzugehen. Beispielsweise ist „Kriminalität" ein solch problematischer Zustand. Die Theorie begreift als Ursache dieses Zustands Mißerfolge und Enttäuschungen in der Nutzung sozialer Chancen. Sie sieht in der Eröffnung neuer Chancen für die so Depravierten die Möglichkeit, diesen bestehenden Zustand abzubauen. Als nächster Schritt muß diese Theorie in konkrete Methoden, Maßnahmen zur Eröffnung neuer Chancen übergeführt werden. Das könnte die Planung eines Programms für die Ausbildung von Arbeitskräften oder für Gemeinschaftsprogramme sein. Budgetäre, politische, administrative und konzeptionelle Einschränkungen beeinflussen in der Praxis die Konzeption und Planung spezifischer Formen von Ausbildungs- und Bildungsprogrammen, die die Situationen beeinflussen könnten, die nach der Theorie kriminelles Verhalten hervorbringen. In der Analyse der ***Inputvorstellungen*** wird gefragt, ob die Theorie, der Plan und die vorgesehenen Ressourcen, die zur Verwirklichung des Vorhabens benötigt werden, der Problemstellung entsprechen. Auf der konzeptionellen Ebene behandeln wir die für nötig erachteten Inputs, um den Übergang von unserem Verständnis des Problems zu einer auf dieses Problem gerichteten Strategie zu erreichen.

Der Intervention liegt also eine Theorie über diejenigen Aktivitäten zugrunde, die am ehesten das Problem reduzieren oder lösen können. Ein Programm ist eine Theorie, und eine Evaluierung ist ein Test dieser Theorie. Auf der empirischen Ebene versucht der Evaluator herauszufinden, ob die Theorie, der Plan oder die Implementation die Ergebnisse bewirkt hat. Eine Inputstudie stellt nur eine dieser Fragen – die des Übergangs vom Plan zur Praxis. Sie versucht das Ausmaß nachzuvollziehen, in dem der aufgestellte Plan realisiert wurde oder – an den Schwierigkeiten der Implementation – scheiterte.

Das Studium der *Verteilung der Inputs* konzentriert sich auf die Verbreitung der Ressourcen in den aggregierten administrativen Einheiten. Brookings hat hierzu eine geradezu klassische Studie erstellt. In ihr wurden die Substitutions- und Verdrängungseffekte bei der Förderung von finanzierten Arbeitsplätzen geprüft. Verdrängung bedeutet hier den Einsatz von Bundesgeldern zur Zahlung der Gehälter der Angestellten im lokalen öffentlichen Dienst, die ohne das entsprechende Bundesprogramm die lokalen Staatsorgane hätten zahlen müssen. Diese Art Studie evaluiert insofern keine Endergebnisse als hier nicht gefragt wird, welche Wirkungen von der Beschäftigungssituation im öffentlichen Dienst ausgehen, sondern analysiert nur die Wirkungen einer Bundesförderung. Das Brookings-Projekt nutzte zwei Ansätze für die Inputstudie: eine auf veröffentlichten Daten basierende statistische Analyse und einen neuen Monitoransatz, den das Institut selbst durchführte. Für die statistische Analyse nutzte das Institut eine bereits veröffentlichte Regressionsanalyse, die den Verdrängungseffekt durch einen Vergleich des tatsächlichen mit dem prognostizierten Effekt schätzte. Diese Studien kamen zu dem Schluß, daß zwei Drittel der Arbeitsplätze verdrängt worden waren.

Die *Monitorstudie* schätzte den Umfang der Verdrängung aufgrund von Feldstudien. Sie verwandte hierfür Techniken wie die der direkten Beobachtung, Haushaltsanalysen, führte Arbeitsplatzstudien sowie Bedarfsschätzungen für öffentliche Dienstleistungen durch. Dabei gelangte die Monitorstudie zu einer anderen Schlußfolgerung als die statistische Analyse. Sie entdeckte, daß nur ein Fünftel der Arbeitsplätze verdrängt worden war. Daraus folgerte sie, daß das Beschäftigungsprogramm für den öffentlichen Dienst „eher stimulierend als substituierend wirkte. . . . die Gelder werden im Laufe der Zeit nicht voll durch den Gesamthaushalt der Staats- und Gemeindeverwaltungen aufgesogen"[13]. Allerdings können Inputs in verschiedenen Umgebungen unterschiedlich verteilt werden. Selbst innerhalb eines Kontextes kann der Fluß der Ressourcen im Zeitablauf variieren. Diese Schwankungen der Inputs über Zeit und Raum stellen eine wichtige Aufgabe für die Inputevaluierung dar.

Das Studium der Perzeption von Inputs konzentriert sich auf die Bedeutung des Programms für diejenigen, die es nutzen. Die meisten von uns, die an den Universitäten lehren, wissen, daß einige der hervorragendsten Professoren, obgleich im Vorlesungsverzeichnis aufgeführt, niemals Lehrveranstaltungen anbieten, sei es, daß sie von ihrer eigenen Forschung ganz in Anspruch genommen sind, sei es, daß sie mit Programmaufgaben überlastet sind und deshalb keine Zeit für die Lehre haben. Der Student kann eventuell diese Lücke zwischen möglicher und tatsächlicher Aktivität als Desinteresse interpretieren. Der Input wird so als eine verdeckte Botschaft der Gleichgültigkeit erfahren.

Es ist nicht immer notwendig zu studieren, wie die Inputs erfahren werden. Aber für gewisse Programme ist es wichtig. Es mag von Wichtigkeit sein zu begreifen, wie Betroffene den Tatbestand auffaßten, daß sie in einer experimentellen Gruppe waren und welche Bedeutung der Stimulus des Programms für die Teilnehmer hat. Haben z. B. in einem Experiment zur Erprobung einer negativen Einkommensteuer die Teilnehmer die praktischen Implikationen unterschiedlicher marginaler Steuersätze und Garantieniveaus auch tatsächlich verstanden? Das Experiment mag z. B. davon ausgegangen sein, daß die Subjekte rational auf verschiedene Inputs reagieren, diese aber mögen die Inputs gar nicht so aufgefaßt haben, wie es vom Programm her beabsichtigt war. In diesem Fall ist das subjektive Verständnis der Erfahrung seitens der Empfänger selbst ein wichtiger Input des Programms.

Die tatsächlich *empfangenen Inputs* sind eine logische Verlängerung der verteilten Inputs, aber das Interesse wendet sich von den aggregierten Inputs den individuellen Inputs zu. Eine im Rahmen eines nationalen Programms für Frauen, Jugendliche und Kinder (*Women, Infants and Children: WIC*) durchgeführte Evaluierung des Urban Institute ist ein gutes Beispiel dafür. Dabei stand zur Debatte, ob direkte Nahrungsmittelverteilungsprogramme durch die Verteilung von Essensmarken ersetzt werden sollten. Wirkungsanalysen hatten zwar festgestellt, daß von dem Programm erfaßte Minderjährige eine Zunahme des Gewichts, der Größe, der Hämoglobinkonzentration und einen Rückgang der Anämie aufwiesen. Die Evaluierungsstudie des Urban Institute ließ aber Zweifel an der Richtigkeit der Ergebnisse dieser Output-orientierten Studien aufkommen. Sie stellte fest, daß die Nahrungsmittel von allen Familienmitgliedern verzehrt wurden – 80 % der Haushalte ernährten mit

13 R.P. Nathan et al., *Monitoring the Public Service Employment. The Second Round*, Washington D.C. 1979.

den WIC-Nahrungsmitteln die ganze Familie. Die Studie deckte ferner auf, daß, obwohl zwei Drittel der erfaßten Gesundheitskliniken Ernährungsberatungsstellen besaßen, nur 12 % der Teilnehmer angaben, irgendetwas über gesündere Ernährungsweise gelernt zu haben[14]. Diese Studie trug dazu bei, daß die Output-orientierte medizinische Evaluierung als unzureichend abgelehnt wurde. Die Feststellung des Urban Institute, daß eine Zielgruppen-orientierte Nahrungsmittelabgabe unwirksam sei, da Familien ihre Lebensmittel gemeinsam verbrauchten und daß auch Aufklärungsprogramme für gesunde Ernährung ohne Einfluß auf die Zusammensetzung des Nahrungsmittelverbrauchs der Familien blieben, zeigte, daß die „verteilten" und die „empfangenen" Inputs nicht die gleichen waren. Outputstudien, die auf derart problematischen Inputs beruhen, sind daher in Frage zu stellen.

Wie die Beispiele zeigen, verlangt also jeder Typ von Inputstudie eine etwas andere Methode. Die Vorstellungen von Inputs müssen einer konzeptionellen Analyse unterworfen werden. Im Studium der Verteilung von Inputs bedarf es einer institutionellen Analyse des Ressourcenflusses zwischen der Förderinstitution und dem Empfänger. Die tatsächliche Annahme von Inputs wird durch das Monitoring der Ressourcen erfaßt, um festzustellen, was die einzelnen Individuen tatsächlich erhalten haben. Die Untersuchung der Perzeption von Inputleistungen erfordert eine Analyse der Einstellungen der Nutzer, um Wirkungen der subjektiven Einschätzung auf das Verhalten abschätzen zu können.

3.3. Wie können Inputstudien mit Ergebnis-(Output-)Studien verbunden werden?

Um zu zeigen, wie Input- und Ergebnisstudien miteinander verbunden werden, greife ich auf eine Evaluierung zurück, die es versäumte, die Inputs zu berücksichtigen[15]. Die Studie versuchte, die Wirkungen zweier verschiedener Theorien, die der Auswahl innerhalb eines Einkommensunterstützungsprogramms zugrunde gelegt worden waren, zu evaluieren: ein neues System der Bedürftigkeitserklärung und die traditionelle umfassende Überprüfung. Das „Deklarierungssystem" war nach dem System der Einkommensteuererklärung entworfen worden, es bestand aus einfachen Formularen, die von den Anspruchsberechtigten auszufüllen waren. Es wurden keine Routineüberprüfungen vorgenommen, um festzustellen, ob die von den Antragstellern gemachten Angaben auch stimmten. Ähnlich wie das Finanzamt (*Internal Revenue Service*) die Steuererklärungen nachprüft, wurde jedoch ein gewisser Prozentsatz nach falschen und in betrügerischer Absicht gemachten Angaben überprüft. Im Gegensatz hierzu erfordert eine vollständige Überprüfung extensive Interviews mit den Anwärtern, Hausbesuche und hinreichende Belege über die Situation der Anwärter. Geburtsurkunden wurden herangezogen, um das Alter und die Zahl der Kinder festzustellen; Auskünfte von der Verwaltung der Sozialversicherung (*Social Security Administration*) und dem Finanzamt wurden benutzt, um festzustellen, ob

14 J. Nelson, *The Special Supplemental Food Program for Women, Infants, and Children (WIC): A Case Study of Policy Making*, Washington D.C. 1979, Mimeo.
15 M. Cunningham, Eligibility Procedures for AFDC, in: *Social Work*, 1977, S. 21 ff.

ein Antragsteller über ein Arbeitseinkommen verfügt. In der Annahme, daß beide unterschiedlichen Modellprogramme in die Praxis umgesetzt würden, begann die Autorin, Cunningham, zu untersuchen, wie die verschiedenen Auswahlverfahren Ergebnisse wie Fehler, Betrug und die Akzeptanzrate beeinflußten. Sie entdeckte eine signifikante Korrelation zwischen Auswahlverfahren und Fehlern.

Cunningham nahm an, daß durch die Auswahlverfahren in der Verwaltungspraxis zwei verschiedene Inputs entstünden. Eine Inputstudie des Rechnungshofes (*GAO*) deckte jedoch auf, daß es in Wirklichkeit nur einen geringen Unterschied zwischen beiden Auswahlverfahren gab. Da das Verfahren des vollständigen Nachweises sehr zeitraubend war, wählten die Bearbeiter bestimmte Abkürzungsverfahren und entwickelten vereinfachte Methoden, um mit der großen Arbeitsbelastung fertig zu werden. In dem anderen Fall dagegen zögerten die Bearbeiter, das vereinfachte Auswahlverfahren zu akzeptieren, weil sie den Antragstellern mißtrauten. In vielen Fällen nahmen sie periodisch eine umfassende Nachprüfung vor. Nettoergebnis dieser beiden verschiedenen Vorgehensweisen war es, daß sich die beiden Programmtypen praktisch nicht voneinander unterschieden. Die Programme, die im Prinzip ganz verschieden waren, bewirkten in der Praxis die gleichen Resultate[16].

Rückblickend läßt sich sagen, daß die Cunningham-Studie, indem sie die Behörden nach ihren Auswahlverfahren einstufte, einen unzureichenden Beurteilungs-Maßstab anlegte. Außerdem folgerte sie, obgleich nur eine sehr schwache Korrelation zwischen Auswahlfehlern und Auswahlverfahren vorhanden war, daß beide voneinander abhängen würden. Eine sorgfältige Inputanalyse hätte den Forscher vorgewarnt, hätte ihm die unzureichende Validität der Skala für eine Einordnung der Staaten nach „strikten" und „weichen" mittels der Analyse des Antragsverfahrens deutlich gemacht.

4. Prozeßstudien

Prozeßstudien werden dann durchgeführt, wenn Zweifel entstehen, inwieweit die Theorie einer Intervention noch mit dem Ablauf der Ereignisse in einem Programm übereinstimmt. Eine Prozeßstudie versucht, den Prozeß, so wie er sich entfaltet, darzulegen. Eine *Ergebnisstudie* weist eine starke Korrelation zwischen Einkommensgarantien und Partizipationsquote der Arbeitskräfte auf, eine Prozeßstudie dokumentiert den Prozeß der Ereignisse und Motive, dokumentiert, wie ein Ereignis andere nach sich zieht.

Prozeßstudien, die diese wechselseitigen Bedingtheiten in einem Programm aufzudecken versuchen, tragen zu einer notwendigen Theorie der „Entsprechung" (*fit*) bei. Das Vokabular des Abgestimmtseins und der Kongruenz ist jedoch nicht sehr ausgereift. Aber die Schlußfolgerung aus einer Prozeßstudie verhilft zu einem Sprung

16 GAO-US Comptroller General 1971, *The Comparison of the Simplified and Traditional Methods of Determining Eligibility for and to Families with Dependant Children, Report to the Committee on Finance*, US Senate.

von empirischen Beobachtungen hin zu einem Verständnis bezüglich der Kongruenz von Ereignissen und Programmteilen.

Lassen Sie mich zur Illustration ein Beispiel anführen. Viele Beobachter haben festgestellt, daß in verschiedenen sozialen Schichten Schulklassen unterschiedlich funktionieren. In einer von jungen Schwarzen aus der unteren sozialen Schicht besuchten Klasse gibt es häufig eine große Anzahl von „Herumtreibern". In einer aus Schwarzen der Mittelschicht zusammengesetzten Klasse sind die Kinder stark leistungs- und autoritätsfixiert. Eine weiße Klasse ist eher korporativ organisiert, mit Komiteearbeit und Berichten. Man könnte aus diesem Ergebnis schließen, daß die Schulklassen ihrer jeweiligen sozialen Schicht in der Gesellschaft entsprechen. Man könnte sogar behaupten, die Klassenaktivitäten seien auf die jeweilige schichtenspezifische Gruppe „abgestimmt", für die sie entworfen wurden.

Warum, so könnte man fragen, entsprechen (*fit*) Schulen den Gegebenheiten der gesellschaftlichen Klassenstruktur? Welche Prozesse lösen diese Anpassung aus? Möglicherweise versuchen die Schulleiter, den Ansprüchen der Eltern zu entsprechen. Oder die Lehrer suchen sich von vornherein bestimmte Schulen aus, an denen sie unterrichten wollen. Einige Lehrer können nicht so arbeiten, wie sie es für die Ghettoschulen für angemessen erachten. Sie wollen die Jugendlichen zur Selbständigkeit erziehen und sind nicht in der Lage, sich einer Umgebung anzupassen, in der diese Art zu lehren unangemessen ist.

Eine Prozeßstudie verpflichtet den Forscher, sich über die wirkliche Absicht der Handelnden zu informieren. Die Analyse der Disparität zwischen dem, was beabsichtigt und dem, was verwirklicht wurde, ist eine Kernfrage soziologischen Denkens. Es gibt viele Möglichkeiten, dies zu tun. So könnte z. B. eine Studie zeigen, daß eine für neue Zuwanderer geplante Empfangsstelle ihnen gar nicht dient; statt dessen dient sie den Ortsansässigen. Ein Wohnungsprogramm, für die Selbsthilfe der Armen entworfen, wurde dem eigentlich zweckentfremdet, indem es von anderen benutzt wird, die eine Mietwohnung suchen. Ein institutionalisiertes Programm, das eine Einrichtung für psychisch Kranke auf halbem Wege zu einer Gemeinde geplant hatte, dient tatsächlich den Bewohnern der Gemeinde, die in der lokalen Gemeinde nicht zurechtkommen. Diese Beispiele könnten fortgeführt werden; ihnen allen ist gemeinsam, daß sie den Analytikern die Aufgabe stellen, solche Nicht-Übereinstimmungen aufzudecken. Ich möchte die empirische Prozeßstudie von der theoretischen Interpretation der Funktion unterscheiden, die bestätigt, daß Schulen in die Klassenstruktur „passen", d. h. für das vorherrschende Stratifikationssystem funktional sind.

5. Wie verbindet man Ergebnisstudien mit Prozeßstudien?

Die siebziger Jahre waren ein Jahrzehnt groß angelegter sozialer Experimentalprogramme. Die vielleicht umfassendsten und die wohl methodisch anspruchvollsten waren die vier *Income-Maintenance-Experimente*. Die Ergebnisse des *Seattle-Denver-Experiments*, des letzten der vier Feldexperimente, verursachten einen Sturm der Entrüstung – wegen seiner provozierenden Aussage, daß Einkommensgarantien sich negativ auf die Stabilität ehelicher Beziehungen auswirkten und die Arbeitsleistung verminderten. Das letztere Ergebnis war erwartet worden und deshalb auch weniger kontrovers.

Hauptziel der *Income-Maintenance-Programme* war es, Informationen über die Kosten alternativer Pläne für Einkommensunterstützungsprogramme zu gewinnen. Man ging davon aus, daß kontrollierte Feldexperimente die verläßlichsten Informationen hinsichtlich der Kosten liefern würden. Daß die Finanzierung eine verringerte Arbeitsleistung zur Folge hatte, war wichtig, weil das die Kosten des Experiments signifikant beeinflussen konnte. Es ist z. B. nicht so beeindruckend, daß männliche Oberhäupter zweiköpfiger Familien die Arbeitszeit zwischen 1 % und 11 % verringerten und weibliche Familienoberhäupter um 15 %, und daß Frauen in Familien mit zwei Elternteilen ihre Arbeitszeit zwischen 0 % und 31 % senkten. Sobald aber diese Ergebnisse mit den Programmkosten in Verbindung gebracht werden, wird die verminderte Arbeitsleistung dramatisch: Wenn die Programmunterstützung bei drei Viertel der Armutsgrenze angesetzt wird und es zu einer 70 %igen Reduktionsrate bei Unterstützung kommt, macht die verlorene Arbeitszeit 58 % der Gesamtkosten des Programms aus. Dagegen entfallen bei einem experimentellen Programm, das mit Unterstützung bei der Armutsgrenze ansetzt, bei einer 70 %igen Reduktionsrate auf die verlorene Arbeitszeit nur 17 % der Kosten.

Inzwischen ist die Frage der komparativen Kosten einer Einkommenssicherungspolitik aus der Tagespolitik verschwunden. Die politischen Chancen, eine negative Einkommensteuer zu implementieren, die an arbeitsfähige Männer in Armut Zuschüsse ohne Auflagen vergibt, sind angesichts der Widerstände im Kongreß nur sehr gering. Wenn auch die in dem Experiment vorgeschlagene Reform der Wohlfahrtspolitik zumindest augenblicklich aus dem Mittelpunkt des politischen Interesses gerückt ist, sind doch die Erkenntnisse dieser Studie von großem Interesse.

In einem Kommentar zu den Ergebnissen bemerkt Henry Aaron, daß „das weniger freigiebige Programm im allgemeinen niedrigere Einkommensbezieher betrifft, die von Anfang an weniger arbeiten. Eine Verringerung ihrer Arbeitszeit wäre proportional größer als eine entsprechende Verringerung der Arbeitszeit bei einer Gruppe, die zu Beginn mehr arbeitet"[17]. Aber Aarons Bemerkungen helfen uns nicht weiter, Arbeitszeitverkürzungen zu erklären. Denn vielen Arbeitern ist es an ihrem Arbeitsplatz nicht möglich, einfach vier oder fünf Stunden pro Woche weniger als die volle Arbeitszeit zu arbeiten. Genauso wenig erkärt dieser Kommentar Aarons, warum die Teilnehmer des Experiments beschlossen, weniger zu arbeiten. Um das zu verstehen, müssen wir die Ansichten der betroffenen Subjekte und diejenigen der Kontrollgruppe kennen. Wie interpretierten die Betroffenen die Gelder, die sie erhielten? Inwieweit verstanden sie die Experimente, welche Schlußfolgerungen zogen sie daraus und inwiefern beeinflußten diese Schlußfolgerungen ihre Arbeitsbereitschaft? Eine kombinierte Input-Prozeßstudie könnte diese Fragen beantworten. Es ist äußerst nützlich, aufgrund der Experimente Wirkungen festgestellt zu haben,

17 H. Aaron, *Welfare Research and Experimentation*, Hearing before the Subcommittee on Public Assistance of the Committee on Finance, US Senate, 95th Congress, Nov. 1978.

weil erst dies eine feste Grundlage ergibt für die Frage, welche Arten von Prozessen erklärt werden müssen.

Eine Prozeßstudie durchzuführen, erscheint noch dringlicher, wenn überraschende Ergebnisse gefunden wurden. Das experimentelle Ergebnis, daß Einkommensgarantien zur Instabilität ehelicher Beziehungen beitragen, ist besonders verwirrend. Das Experiment zeigte, daß „die Quoten der Familieninstabilität bei Schwarzen und Weißen, die Hilfe erhielten, um circa 60 % höher lagen als bei denen, die keine erhielten. ... Aber nach dem dritten Jahr des Experiments sank die Instabilität bei weißen Familien, die in der experimentellen Gruppe in der Tat eine höhere Stabilität aufwiesen als die entsprechenden Familien in der Kontrollgruppe, wenn auch das Ausmaß statistisch nicht signifikant ist."[18] Außerdem stieg die Rate der Ehescheidungen offensichtlich bei Programmen mit niedriger Unterstützung stärker an als bei solchen mit höheren Leistungen. Die Ergebnisse widersprechen der unmittelbaren Anschauung so sehr, daß sie dringend nach Prozeßstudien verlangen.

Es gibt zwar einige Theorien, aber nur sehr wenig Datenmaterial, um diese Ergebnisse der *Income-Maintenance-Experimente* interpretieren zu können. Die Forscher haben zwischen einem „Einkommens-" und einem „Unabhängigkeitseffekt" zu unterscheiden. Sie glauben, daß ein größeres Einkommen den Familien hilft, ihre Wünsche eher zu erreichen; der Unabhängigkeitseffekt arbeitet in umgekehrter Richtung. Die Einkommensgarantie eröffnet dem einen oder anderen Elternteil eher die Möglichkeit, sich zu trennen. Der Unabhängigkeitseffekt betrifft allerdings nur die Handlungen einiger Gruppen und nur während bestimmter Zeitpunkte im Experiment. Gleichwohl wissen wir aber kaum etwas darüber, wie der Unabhängigkeitseffekt entsteht und wirkt. Reduziert er Verantwortlichkeitsgefühle seitens des Vaters, der sich entschließt, seine Familie zu verlassen und der es der Regierung überläßt, für sie zu sorgen? Oder ist es vielleicht die Ehefrau, die in der Einkommensunterstützung eine gangbare Alternative für eine enttäuschende und unbefriedigende Ehe sieht?

Im Kontext der *Income-Maintenance-Experimente* entwickelten sich auch noch einige andere Theorien. Um zu erklären, weshalb eine geringe Unterstützungsleistung mehr Ehekrisen hervorruft, schlägt Henry Aaron den Wohlfahrtsdiscounteffekt vor. Er behauptet, „daß Familien einen Dollar Einkommen aus Wohlfahrtsunterstützung nicht so hoch einschätzen wie einen Dollar Einkommen aus irgendeiner anderen Quelle ... wegen des mit regelmäßigen Wohlfahrtsprogrammen verbundenen Stigmas bzw. der dazugehörigen Verwaltung".

Rainwater vergrößert die Bandbreite möglicher Erklärungen. Er nennt zwei andere mögliche Effekte: einen *Anomieeffekt* – die Destabilisierung ist hier Folge von Problemen, die auftreten, weil die Familienmitglieder nicht wissen, wie sie das ihnen zusätzlich zur Verfügung gestellte Geld einsetzen sollen – und einen *Rolleneffekt*, bei dem die Destabilisierung daher rührt, daß die Rolle des Ehemannes als Hauptverdiener des Lebensunterhalts eine Neudefinition erfährt. Diese eher spekulativen Interpretationen sind natürlich nur Vermutungen. Es gibt keine Möglichkeit, diese Fragen ohne eine Prozeßstudie zu beantworten. Rainwater plädiert einleuchtend dafür, Prozeß- und Ergebnisstudien miteinander zu verbinden:

18 Ebd., S. 38.

„Den Prozeß zu verstehen, durch den die experimentelle Wirkung herbeigeführt wird, ist entscheidend für jede vernünftige Interpretation oder Debatte darüber, was diese Wirkung für die einzuschlagende Politik zu bedeuten hat. Selbst ein klares Verständnis der Prozesse wird jedoch bei Personen mit unterschiedlichen Wertvorstellungen sicherlich zu unterschiedlichen Bewertungen von gleichen Wirkungen führen. So argumentieren einige, daß der Unabhängigkeitseffekt ein durchaus wünschenswertes politisches Ziel darstellt. Aber dann ist zumindest das Problem als ein Problem unterschiedlicher Wertvorstellungen klar präzisiert, während wahrscheinlich, solange es keine Klarheit über den Prozeß gibt, das Problem durch unterschiedliche Interpretationen dessen verwischt wird, was wirklich in den Versuchs-Familien vorging."[19]

Bibliographie

Aaron, H., *Welfare Research and Experimentation*, Hearing before the Subcommittee on Public Assistance of the Committee on Finance, United States Senate, 95th Congress, 2nd. Sess., 15.–17. Nov. 1978, S. 315.

Cunningham, M., Eligibility Procedures for AFDC, in: *Social Work*, 1977, S. 21 ff.

Havens, H., *Program Evaluation in Support of Public Policy*, Arbeitspapier, International Conference on the Future of Public Administration, Quebec/Kanada, Mai 1979, Mimeo.

Hyman, H.H./Wright, C.R., Evaluating Social Action Programs, in: P.F. Lazarsfeld/W.H. Sewell/ H.L. Wilensky (Hrsg.), *The Uses of Sociology*, New York 1967, S. 744 ff.

Nathan, R.P. et al., *Monitoring the Public Service Employment: The Second Round*, Washington D.C. 1979.

Nelson, J., *The Special Supplemental Food Program for Women, Infants, and Children (WIC): A Case Study of Policy Making*, Washington D.C. 1979, National Academy of Science, Mimeo.

OMB, *The Functional Classification of the Budget. Technical Staff Paper*, 1975.

OMB, *The Special Analysis Budget of the U.S. Government Fiscal Year 1978*, Washington, D.C. 1978, GPO, S. 238–240.

Rainwater, L., *Observations of Marital Instability in Seattle and Denver Income-Maintenance Experiment*, Mimeo, S. 8.

Titmuss, R., *The Social Division of Welfare in Essays on the Welfare State*, New Haven 1954.

19 L. Rainwater, *Observations of Marital Instability in Seattle and Denver Income-Maintenance Experiment*, Mimeo.

Thomas J. Kiresuk, Nancy E. Larsen, Sander H. Lund
Program Evaluation Resource Center, Minneapolis

Wissenstransfer als Strategie in Programm-Management und Evaluierung

I. Einleitung

Evaluierung wird häufig als ein weitgehend technisches Instrument verstanden, obgleich die bisherigen Erfahrungen mit diesem Instrument zeigen, daß ihr Erfolg in hohem Maße von Faktoren abhängt, die als *Kontextfaktoren* zu bezeichnen sind. Denn im Unterschied zu den meisten anderen Formen wissenschaftlicher Analyse stehen Evaluierungen bereits von ihrem Ansatz her innerhalb eines komplexen und häufig auch sehr turbulenten politischen und sozialen Geflechts und dienen gleichzeitig auch sehr oft mit dazu, Reformen und Veränderungen einzuleiten.

Dieser besondere Kontext von Evaluierung bestimmt die Rolle von Evaluierungen, er unterscheidet die Evaluierung von anderen Formen wissenschaftlicher Untersuchungen. Was in anderen Formen einer sozialen und wissenschaftlichen Untersuchung als Randerscheinung betrachtet wird, z. B. die Frage der *Praxisrelevanz* der Ergebnisse für den politischen und administrativen Prozeß, bestimmt in der Evaluierungsforschung den Erfolg oder das Fehlschlagen von Forschungsprojekten.

Absicht hier ist es, die für den Evaluierungsprozeß typischen sozialen, politischen und anderen Kontextfaktoren zu identifizieren und an praktischen Beispielen aufzuzeigen, inwiefern spezielle Techniken aus Forschungen zum Thema Reformplanung („planned change") und des Wissenstransfers („knowledge transfer") sich eignen, Evaluierungen zu verbessern und den Nutzen von Evaluierungsforschung für die Politik, die Programmgestaltung und -durchführung sowie bei Vor-Ort-Entscheidungen zu erhöhen. Als Material dienen vor allem Beispiele und Untersuchungen aus dem Gesundheitsbereich.

II. Evaluierungsforschung

Von einer rein wissenschaftlichen Forschung unterscheidet sich Evaluierungsforschung also dadurch, daß sie vor allem auf die Nutzung ihrer Ergebnisse zielt. Während Forschung allgemein eher die Verbreitung von Wissen unabhängig von dessen unmittelbarem Nutzen anstrebt, besteht der Hauptzweck der Evaluierungsforschung gerade in ihrem unmittelbaren Gebrauch und ihrer nutzbringenden Anwendung. Diese unterschiedliche Zwecksetzung von Forschung im allgemeinen und Evaluierungsforschung im besonderen ist – vielleicht gemeinsam mit häufig eher gegenüber anwendungsorientierter Forschung gleichgültigen Gutachtern (als den Schiedsrichtern über Forschungsqualität) – in vieler Hinsicht verantwortlich für die beträchtlichen Spannungen in der Evaluierungsforschung sowie im Bereich der angewandten Forschung überhaupt. Während diejenigen, die in „Akademien" arbeiten, häufig Zeit und Muße besitzen, die Entwicklung von Wissen gewissermaßen abzuwarten, müssen diejenigen, die unter Zeitdruck arbeiten und Informationen unter den Zwängen des Politikalltags beschaffen, meist Strategien entwickeln, um die Untiefen zwischen den Welten, der Welt der Forschung und dem Feld der Praxis, zu überwinden[1].

Ein Paradigma für die Evaluierungsforschung. Die Spannung zwischen beiden Formen der Forschung manifestiert sich auf unterschiedliche Weise. In der Diskussion um das adäquate methodologische Paradigma für eine Evaluierungsforschung wird diese Spannung besonders deutlich. Diejenigen, die das *Experiment* als das grundlegende wissenschaftliche Modell betrachten, betonen die Notwendigkeit strikter Kontrolle aller Variablen, um auch präzise Ergebnisse zu sichern. Sie sind dabei weniger an der Nutzung der Resultate der Forschung interessiert, sondern fürchten viel eher, daß sich die Nutzung unvollständigen oder nicht sehr präzisen Wissens als destruktiv erweisen könnte. Demgegenüber betonen diejenigen, die für ein *offeneres* Paradigma plädieren, die Notwendigkeit der unmittelbaren Anwendbarkeit von Evaluierungsergebnissen. Die Vertreter dieser Ansicht betrachten das Experiment als eine Handlungsorientierung, die – angesichts der dynamischen Natur des Forschungsfeldes – zu inflexibel, zu teuer und zu umständlich zu handhaben ist, als daß es sehr viel weiterhülfe. Hinzu kommt, daß sich die Ergebnisse der Experimente nur selten als für Entscheidungsprozesse nützlich erwiesen haben.

Viele, die sich gegen das Experiment als Paradigma einer Evaluierungsforschung wenden, fordern die vermehrte Nutzung *qualitativer Methoden* wie der „teilnehmenden Beobachtung" und von „Tiefeninterviews". In dem Maße, wie sich Evaluierungsforschung entfaltet und zunehmend eine unabhängige Identität entwickelt, die sich von traditionell wissenschaftlicher Forschung unterscheidet, wächst die Einsicht, daß die besondere Aufgabe der Evaluierungsforschung auch ein spezielles Methodeninstrumentarium erfordert, das qualitative Einschätzungsverfahren – *judgement-* und *assessment procedures* – mit einschließt.

Hinweise auf die Notwendigkeit und Forderungen nach einem „weiten" methodologischen Paradigma für die Evaluierungs- und die angewandte Sozialforschung kommen aus verschiedenen Richtungen:

Zwei führende Vertreter der Evaluierungsforschung, *Campbell*[2] und *Cronbach*[3], beide traditionell dem „wissenschaftlichen" Ansatz einer Evaluierungsforschung verpflichtet, betonen neuer-

1 Vgl. J. M. Joly, Research and Innovation: Two Solitudes, in: *Canadian Education and Research Digest*, 2 (1969), S. 184–194.

2 D. T. Campbell, *Qualitative Knowing in Action Research*, Beitrag (1974) für Annual Meeting of the American Psychology Association, New Orleans 1974.

3 L. J. Cronbach, Beyond the Two Disciplines of Scientific Psychology, in: *American Psychologist*, 30 (1975), S. 116–127.

dings die Notwendigkeit, das Potential, das in der *Nutzung von qualitativen Methoden* für die Evaluierungsforschung und die angewandte Forschung liegt, besser zu nutzen.

Suchman[4] unterscheidet – um auf die Tatsache aufmerksam zu machen, daß Evaluierung mehr umfaßt als nur die Anwendung wissenschaftlicher Prinzipien auf praktische Probleme – zwischen Evaluierung und Evaluierungsforschung. In diesem Sinne möchte Suchman experimentelle Vorgehensweisen auf sogenannte *kritische Forschungsstudien* beschränken, die sich aufgrund weniger stringenter, stärker deskriptiver und explorativer Forschungen ergeben.

Scriven's[5] bekannte Unterscheidung zwischen einer summativen (abschließenden) und einer formativen (begleitenden) Evaluierung zielt auf eine ähnliche Unterscheidung. *Formative Evaluierungen* als Teil des Planungs-, Entwicklungs- und Implementationsprozesses werden vor allem als input in laufende Programme genutzt. *Summative Evaluierungen* werden dagegen zur Beurteilung des Programms oder von Teilen eines Programms verwandt. Sie werden auch häufig eingesetzt, um zu beurteilen, ob ein Programm weiter fortgesetzt werden sollte. Für weitreichende Entscheidungen, wie sie bei summativen Evaluierungen anstehen, mag ein Experiment sich als nützlich und angemessen erweisen, für formative Situationen trifft dies sehr viel weniger zu.

In einem neueren Textbuch zur Evaluierungsforschung betonen *Rossi, Freeman* und *Wright*[6] die Notwendigkeit, vor einer Evaluierung erst die *Anwendbarkeit* des experimentellen Paradigmas zu *prüfen*. In gewisser Hinsicht ist dies eine Fortsetzung der von Campbell und Stanley[7] begonnenen Arbeiten hinsichtlich der Nutzung quasi-experimenteller Designs in einem Forschungsfeld, in dem „echte Experimente" nicht möglich sind. Über die systematische Prüfung und den Vergleich der Designs wird es zumindest erleichtert, mögliche Quellen der Verzerrung in den Ergebnissen zu erkennen.

Angesichts des komplexen und amorphen Charakters zahlreicher Programme, der unterschiedlichen und vielfältigen Perspektiven, die in das Programm eingehen und der relativ einfachen, „primitiven" Qualität von möglichen verfügbaren Techniken und Untersuchungsverfahren sollte *die Evaluierungsforschung am ehesten als etwas sehr Offenes begriffen werden, als eine sehr heterogene Familie technologischer Instrumente, die aus sehr unterschiedlichen Gründen zu sehr unterschiedlichen Fragestellungen in sehr unterschiedlichen Kontexten angewandt werden können.* Die wichtigste Aufgabe eines Evaluators besteht darin, reflektiert, kreativ und geistreich ein Evaluierungsdesign zu entwerfen, das den Bedürfnissen und den Restriktionen der jeweiligen und stets neuen Situation am besten entspricht.

Zum Nutzungsproblem. Die Ansicht, Zweck einer Evaluierung sei die Nutzung von Wissen für konstruktives Handeln, führte bei den Vertretern dieser Auffassung alsbald zu der Einsicht, daß eine derartige intendierte Nutzung nur sehr selten erfolgt. Diese Erkenntnis führte für viele, die sich mit der Produktion von Wissen befassen – und dies schließt Evaluatoren und Forscher mit ein –, dazu, sich stärker den Fragen und der Erforschung von *Wissenstransfer und der Planbarkeit von Reformen* zu-

4 E. A. Suchman, *Evaluative Research*, New York 1967.

5 M. Scriven, The Methodology of Evaluation, in: C. Weiss (Hrsg.), *Evaluating Social Action Programs: Readings in Social Action and Education*, Boston 1972.

6 P. H. Rossi/H. E. Freeman/S. R. Wright, *Evaluation – A Systematic Approach*, Beverly Hills 1979.

7 D. T. Campbell/J. C. Stanley, *Experimental and Quasi-Experimental Designs for Research*, Chicago 1966.

zuwenden, um Erfahrungen und Forschungsergebnisse aufzuarbeiten sowie Wege und Mittel zu finden, die die Ursachen dieser Nichtnutzung beseitigen.

Auf zahlreichen Forschungsfeldern, einschließlich der Naturwissenschaften, gibt es Beispiele für *timelags* zwischen Entdeckung und Nutzung; derartige Beispiele sind zu finden in der industriellen Forschung, in den Erziehungswissenschaften und in der sozialwissenschaftlichen Forschung. Die vielleicht beste Dokumentation und Analyse der „Umsetzungsdauer" von Forschung wurde 1973 auf Veranlassung der *National Science Foundation* (NSF) durchgeführt. Diese Studie untersuchte die Zeitspanne, die für zehn sehr bekannte Produkte bzw. Technologien benötigt wurde, um sich auf dem Markt zu etablieren. Erfaßt wurden sehr unterschiedliche Innovationen, wie beispielsweise die Einführung des Herzschrittmachers, des Videokassettenrekorders oder die Entwicklung einer neuen (Misch-)Weizensorte. Die durchschnittliche Inkubationszeit der Innovationen lag – wie die Studie nachwies – zwischen sechs und zweiunddreißig Jahren, d. h. Innovationen benötigen ca. 20 Jahre, um sich durchzusetzen. Sozialwissenschaftler betrachten die Latenzzeit für neue Entwicklungen in Forschungsfeldern außerhalb der Naturwissenschaften für noch langwieriger, da, wie Carol Weiss beobachtete, „sozialwissenschaftliche Erkenntnisse nicht dieselbe zwingende Überzeugungskraft besitzen noch dieses Wissen ohne weiteres in technische oder soziale Technologien umgesetzt werden kann"[8].

Eine Reaktion auf das Problem „Nutzung von Wissenschaft" ist die Hinterfragung dessen, *was eigentlich Nutzung in den Sozialwissenschaften bedeutet* und wie der Vorgang der Nutzung einzuschätzen ist. In einer Studie von Patton über die Nutzung von Evaluierungen im Gesundheitsbereich berichten die Programmverantwortlichen und Evaluatoren, daß in der Mehrzahl aller Fälle die Ergebnisse eine gewisse Wirkung besäßen[9]. Vergleichbare Ergebnisse erhielt Alkin bei einer Umfrage über die Nutzung von 45 ESEA Title VII Programmen im Erziehungswesen[10]. Aus beiden Studien ist jedoch zu ersehen, daß die Nutzung der Ergebnisse nur sehr weich und indirekt erfolgt. Einige neuere Analysen des Entscheidungsprozesses erklären möglicherweise dieses Fehlen einer sichtbaren und unmittelbaren Wirkung. Diese Studien zeigen, daß der Entscheidungsträger in den meisten Fällen eine so große Anzahl unterschiedlicher Faktoren bei seiner Entscheidung zu berücksichtigen hat, daß eine Beschränkung auf nur *eine* Informationsquelle, und sei es auch eine durch wissenschaftliche Forschung und Evaluierung begründete, unmöglich ist. Evaluatoren und Forscher werden daher in der politischen Arena, wie Brandl beobachtete, lediglich als eine weitere Interessengruppe betrachtet, deren Auffassungen bei der Entscheidungsfindung zu berücksichtigen sind[11].

8 C. Weiss, Introduction, in: C. Weiss (Hrsg.), *Using Social Research in Public Policy Making*, Lexington/Mass. 1977.

9 Vgl. M. Q. Patton, *Alternative Evaluation Research Paradigm*, Grand Forks, Univ. of North Dakota 1975.

10 Vgl. M. C. Alkin et al., *Evaluation and Decision Making: The Title VII Experience (CSE Monograph Series in Evaluation*, Nr. 4), 1974.

11 Vgl. J. E. Brandl, Evaluation and Politics, in: *Evaluation and Change*, (Sonderheft), 6–7 (1978).

Es mag darüber hinaus zutreffen, daß, wie einige innerhalb der Evaluierungsgemeinde argumentieren, die gegenwärtige Evaluierungstechnologie nicht ausreicht, um eine direkte Nutzung erwarten zu lassen[12]. Allerdings entspringen, wie Weiss ausführte, zahlreiche Entscheidungen nicht-rationalen Überlegungen, die nur wenig durch einfache Evaluierungsinformationen zu beeinflussen sind[13].

III. Wissenstransfer und Reformplanung

Innerhalb der Sozialwissenschaften hat sich eine neue, gelegentlich als *knowledge utilization* bezeichnete Forschungsdisziplin entwickelt[14], die das Problem der Nichtnutzung angehen will. Ziel dieser Forschungsrichtung, die sich vor allem auf zahlreiche sehr unterschiedliche Disziplinen wie die Soziologie, die Managementlehre, die Kommunikationsforschung, die Anthropologie, die Psychologie, die Pädagogik sowie auf Erfahrungen aus dem Gesundheitswesen und der Sozialarbeit stützt, ist das Studium und die Schaffung von Voraussetzungen für eine effektivere Nutzung von Wissen, um diejenigen Probleme anzugehen, die Rose als *undisciplined problems* bezeichnete[15], d. h. perzipierte Aufgabenfelder, für die allerdings gegenwärtig noch keine adäquaten technologischen Lösungen existieren. „Knowledge utilization" umfaßt drei aufeinander bezogene Schwerpunktbereiche:

1. *Forschungs-Evaluierung*, d. h. die Produktion von Wissen, das sich möglicherweise für die Lösung von Problemen als nützlich erweisen könnte;
2. *den Transfer von Wissen*, d. h. die Einrichtung von Kommunikationsschienen zwischen den Produzenten und den möglichen Nutzern von Wissen, und
3. *Schritte geplanter Reform*, d. h. die Entwicklung von Maßnahmen und Instrumenten, die die Nutzung von wissenschaftlichen Erkenntnissen für Politik, Programm und Maßnahmeentscheidungen vor Ort ermöglichen.

Implementation und Evaluierung. Häufig dienen Evaluierungen dazu, Reformen und Veränderungen einzuleiten, so daß eine Evaluierung sogar mit dem Ergreifen von Reformmaßnahmen gleichgesetzt werden kann. So kann eine Evaluierung ungewollt reformerisch wirken, indem sie den Erwerb neuen Wissens und neuer Fähigkeiten erforderlich macht, die Implementation neuer Praktiken und Verfahren im Verwaltungsalltag bewirkt, dadurch bestehende Verwaltungsstrukturen verändert, überkommene Wertvorstellungen und Gepflogenheiten in Frage stellt und in bestehende zwischenmenschliche Beziehungen und Routineabläufe am Arbeitsplatz ein-

12 Vgl. z. B. S. J. Mushkin, Evaluations: Use with Caution, in: *Evaluation*, 1 (2) (1973), S. 30–35.

13 Vgl. C. Weiss, *Analytic Typologies for Planned Change*, Arbeitspapier, vorgelegt beim Meeting of Network of Consultants on Knowledge Transfer, New Orleans 1976.

14 Vgl. hierzu T. J. Kiresuk/S. H. Lund, Program Evaluation and Utilization Analysis, in: R. Perloff (Hrsg.), *Evaluator Interventions: Pros and Cons*, Beverly Hills 1979.

15 R. Rose, Disciplined Research and Undisciplined Problems, in: C. Weiss (Hrsg.), *Using Social Research in Public Policy Making*, Lexington/Mass. 1977.

greift. Aus diesen, aber auch aus manchen anderen Gründen schlagen viele Evaluierungen fehl, ehe sie überhaupt begonnen wurden. Es entwickelt sich Widerstand sowohl als eine spezielle Form der Abneigung gegen jegliche Form evaluierender Tätigkeit, aber auch als das Ergebnis inhaltlicher Schwierigkeiten und Probleme, wie sie sich bei jeder organisatorischen Veränderung feststellen lassen. Alle diese Probleme werden in der Evaluierungsliteratur häufig diskutiert. Aufbauend auf den Ergebnissen von Forschungen zur Organisationsentwicklung und zur Reformplanung, haben zahlreiche Evaluatoren Implementationsstrategien entwickelt, die darauf abzielen, die Widerstände auszuräumen bzw. zu verringern. Gemeinsam ist diesen Strategien die systematische Beteiligung aller von der Evaluierung und ihren Ergebnissen Betroffenen bei der Planung und Durchführung von Evaluierungen oder auch bei der Interpretation der Ergebnisse.

Nutzung der Evaluierungsergebnisse. Die Überzeugung, daß das Ziel aller Evaluierungsforschung bessere Entscheidungen sind, führte dazu, als Erfolgskriterium die *Nutzung* der Ergebnisse von Evaluierungsforschung zu betrachten. Von hier war der Weg dann nicht weit zu der Feststellung, daß zahlreiche Evaluierungen dieses Kriterium nicht erfüllen. Die Evaluierungsliteratur ist voll von Beispielen, die aufzeigen, daß wichtige Forschungsergebnisse im Entscheidungsprozeß offensichtlich *nicht* genutzt wurden. Und obgleich zunehmend erkannt wird, daß die Nutzung nur sehr weich und indirekt erfolgt, zeigt die kumulative Erfahrung der letzten zwei Jahrzehnte, daß eine *passive* Erwartungshaltung, die auf den technischen Nutzwert der Information setzt, kaum eine *konstruktive* Nutzung von Evaluierungsergebnissen zu sichern vermag.

Aufgrund dieser zunehmenden Einsicht wird gegenwärtig solchen Ansätzen eine beträchtliche Aufmerksamkeit gewidmet, die Instrumente und Mittel aufzeigen, um eine adäquate Nutzung von Resultaten von Evaluierungsuntersuchungen zu ermöglichen. Zwei Aufgabenschwerpunkte haben sich hier inzwischen herausgebildet: Forschungen zum *Wissenstransfer* und zur *Reformplanung*. Die Implementation von Evaluierungen und die Nutzung von Evaluierungen soll im Hinblick auf diese zwei Aufgaben in den folgenden Abschnitten diskutiert werden.

IV. Wissenstransfer

Sowohl die Implementation von Evaluierungsforschung als auch die Nutzung von Evaluierungsergebnissen erfordern die Kommunikation, den Transfer eines Forschungswissens von einer Gruppe von Individuen auf eine andere. Für den Fall der Implementation einer Evaluierung bedeutet dies, daß jedermann, der am Implementationsvorgang beteiligt ist, die benutzte Methode auch versteht; für den Fall der Nutzung muß sichergestellt werden, daß die Ergebnisse den Informationsbedürfnissen des Zielpublikums einer Evaluierung angepaßt werden, so daß die Ergebnisse die Adressaten erreichen und diese sie auch verstehen können. Die Instrumente, die sowohl hinsichtlich der Implementation der Evaluierung als auch der Nutzung der Evaluierungsergebnisse vorgeschlagen werden, um einen Wissenstransfer auch sicherzustellen, konzentrieren sich vor allem auf Verfahren einer systematischen Beteiligung der Adressaten, sei es bei der Planung, der Implementation oder bei der Analyse selber. Auf diese Weise kann mit relativ hoher Wahrscheinlichkeit davon ausgegangen werden, daß sowohl das Design als auch die Fragestellungen dem Kontext der Evaluierung entsprechen.

Hindernisse im Wissenstransfer. Um den Prozeß eines Transfers von Wissen in Gang zu setzen, sind zahlreiche Hindernisse zu überwinden. Einige der wichtigsten Probleme, die von potentiellen Nutzern genannt wurden, sind:

1. die Information, die bereitgestellt wurde, hat sich für den Entscheidungsprozeß als nicht sehr nützlich erwiesen;
2. die bereitgestellte Information war unverständlich;
3. die Information kam zu spät;
4. die Information und die Vorschläge entsprachen nicht den Erwartungen und der Philosophie der Organisation;
5. die Information überzeugte nicht.

Alle diese Probleme weisen auf die Bedeutung hin, die Information entsprechend den Bedürfnissen des möglichen Adressaten aufzubereiten, d. h. die Information, die weitergegeben werden soll, in einen brauchbaren Kontext zu setzen. Im folgenden sollen spezielle Strategien aufgezeigt werden, die von Forschern und Evaluatoren dazu genutzt werden können, diesen Hindernissen beizukommen und die Nutzung von Wissen sicherzustellen.

Kontextanalyse. Eine grundlegende Aufgabe innerhalb des Evaluierungsvorgangs ist es, den relevanten Kontext zu bestimmen. Dies umfaßt die Identifizierung des potentiellen Adressaten einer Evaluierung (d. h. derjenigen Individuen oder Gruppen, die ein Interesse an dem zu evaluierenden Programm besitzen), die Bestimmung ihres Informationsbedarfs und die Ausrichtung der Evaluierung auf diesen Bedarf.

Für jede Evaluierung gibt es eine große Anzahl möglicher Adressaten. Hierzu zählen das Programmpersonal, die Verwaltung, die Aufsichtsbehörden, die Leistungsempfänger und deren Familien, die Geldgeber, gemeinnützige Organisationen und andere Interessengruppen, Politiker, Entscheidungsträger, andere Programme, berufsständische Organisationen usw. Der Informationsbedarf dieser Gruppen ist in der Regel denn auch sehr unterschiedlich. Das Interesse der Programmverwaltung, der Aufsichtsbehörden und der Geldgeber besteht zum Beispiel vor allem darin, Aufschluß über die finanzielle Situation eines Programms (Mittelabfluß, Verwendung usw.) zu erhalten, oder, wenn sich ein Programm aus unterschiedlichen Elementen zusammensetzt, Informationen darüber zu bekommen, welches Element eines Programms sich als besonders kosteneffektiv erwiesen hat. Die mit der Durchführung und Erstellung von Programmleistungen Beauftragten wünschen sich meist näheren Aufschluß über die Auswirkungen ihrer Tätigkeit auf die Adressaten (die Klientel), aber sie könnten auch daran interessiert sein, wie erfolgreich sie – verglichen mit anderen – das Programm abwickeln. Die Betroffenen, die Klientel und deren Familienangehörige, sind dagegen meist daran interessiert: Was bringt die Maßnahme? Politiker, Interessengruppen, gemeinnützige Träger sowie Bürgervereine und -initiativen sind daran interessiert, welche Vor- oder Nachteile das Pogramm für ihre jeweilige Gruppe bzw. Wählerschaft mit sich bringt. Demgegenüber könnte eine berufsständische Organisation stärker daran interessiert sein zu fragen, welche möglichen Auswirkungen das Programm auf ihren Berufsstand oder ihre Disziplin als Ganzes haben mag. Obgleich zweifellos bedeutende Überlappungen von Interessensphären und Informationsbedarf bestehen, ist es dennoch für den Evaluierungsforscher wichtig, seine Berichte auf die Informationsbedürfnisse der jeweiligen Gruppen und Individuen auszurichten, so daß diese die korrekten Informationen, d. h. genau die Informationen erhalten, die sie für ihren Entscheidungsprozeß benötigen.

Die „Feedback-Generator"-Matrix. Ein einfacher Weg, der dazu beiträgt sicherzustellen, daß die Information auch den richtigen Adressatenkreis trifft, ist die Konstruktion einer Rückkoppelungsmatrix. Dieses einfache Hilfsmittel entsteht durch die vertikale Listung aller bekannten und möglichen Formen der durch die Evaluierung generierten Informationen sowie – horizontal hierzu – durch eine Auflistung der potentiellen Nutzer. In die entstehenden Matrixfelder werden dann die konkreten Informationsbedürfnisse eingetragen. Die Nutzung dieser „Evaluation feedback generator matrix" wird wesentlich erhöht, wenn es dem Evaluator gelingt, den möglichen Adressatenkreis selbst an diesem Prozeß zu beteiligen, vor allem um Prioritäten des Informationsbedarfs und einen speziellen Zeitplan für ihre Produktion festzulegen. Abbildung 1 zeigt ein Beispiel einer derartigen Matrix.

Der Rückkoppelungseffekt. Die Einrichtung einer Rückkoppelungsschleife für Programmpersonal und Leistungsempfänger, Verwaltung und Klientel hat, wie sich zeigte, eine positive Wirkung auf Leistung und Ergebnisse. Die Rückkoppelungseffekte zu nutzen, um Verbesserungen zu erreichen, ist besonders wichtig, wenn eine formative Evaluierung beabsichtigt ist. Die folgenden zwei Beispiele demonstrieren die Wirkungen des Feedbacks innerhalb von Evaluierungen:

In einer von Robert Walker durchgeführten *Erfolgsbilanzierung* wurden drei Arbeitsteams aus dem Dienstleistungsbereich zu vier verschiedenen Zeitpunkten verglichen, einmal vor der Einrichtung eines Feedbackprogramms, sodann während seiner Institutionalisierung und danach und schließlich nach Abbruch des Feedbacks und seiner Wiederaufnahme[16]. Die Rückkoppelung bestand in einem monatlichen Berichtsystem, das über die Gesamtleistungen der Behörde im jeweiligen Monat informierte, aber auch einen individuellen Vergleich erlaubte. Abbildung 2 zeigt den Erfolg für jedes Team. Interessant (und für das Programm von Bedeutung) ist, daß die individuellen Leistungsunterschiede verschwanden, sobald sich die gesamte Produktionsleistung erhöhte.

16 Vgl. R. A. Walker, The Ninth Panacea: Program Evaluation, in: *Evaluation*, 1 (1) 1972, S. 45–53.

Abb. 1: Beispiele einer „Rückkoppelungsmatrix" („Feedback-Generator Matrix")

BENÖTIGTE SPEZIELLE ZIELGRUPPENBERICHTE / ZIELGRUPPEN	Dienstleistungsträger	Programmverwaltung	Klientel (und ihre Angehörigen)	Programmfinanzierer	Aufsichtsrat	Entscheidungsträger	Professionelle Gruppen	Nachbarschaftsgruppen	Spezielle Interessengruppen	Politiker	Andere Organisationen
Wirkungen Programm Gemeinde								X		X	
Wirkungen spezieller Berufsgruppen	X						X				
Behandlungseffekte spezieller Zielgruppen					X			X	X	X	
Kostenwirksamkeit Programmkomponenten		X		X	X						X
Kosten Programm Maßnahmen		X		X	X	X					
Dienstleistungsträger Wirkungen	X	X									
Gesamtbericht Programm Effektivität	X	X	X	X	X	X	X				X

Abb. 2: Unterschiedliche Rückkoppelungseffekte bei drei Behandlungsgruppen

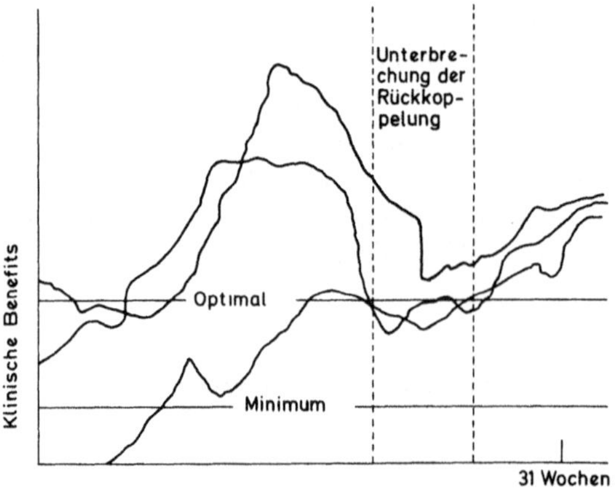

Das folgende Beispiel informiert über den Effekt einer direkten Rückkoppelung zur Klientel. In einer Analyse der Zielformulierung und des Zielplanungsverfahrens durch Klienten in einem kleinen psychiatrischen Zentrum wurden 92 erwachsene externe Patienten zufällig einem von vier Zielsetzungsverfahren zugeteilt[17]. In der ersten Gruppe, die an einem sogenannten *naiven Zielerreichungsverfahren* teilnahm, stellte der Therapeut für die Teilnehmer persönliche Behandlungsziele auf (unter Benutzung des Zielerreichungs-Skalierungsverfahrens, das weiter unten beschrieben wird), der Therapeut beurteilte auch die Zielerreichung der Klienten zu einem späteren Zeitpunkt persönlich. In dieser Gruppe nahm der Patient weder an dem Verfahren teil noch wurde ihm darüber eine Mitteilung gemacht. Die zweite Gruppe umfaßte Patienten, die über die Ziele informiert wurden (*Goal-Aware-Group*). Der Therapeut war wiederum für die Konstruktion und die Einschätzung der individuellen Behandlungsziele verantwortlich, doch erhielt der Klient Einsicht in den für ihn aufgestellten Zielplan. Die dritte Gruppe umfaßte Patienten, die am Zielsetzungsprozeß beteiligt wurden (*Goal-Setting-Group*). Diese Gruppe unterschied sich von der letzteren dadurch, daß Patient und Therapeut gemeinsam die Ziele für die Behandlung aufstellten, allerdings erhielt der Patient lediglich während des Aufstellungsprozesses Einsicht in den vollständigen Zielplan. Die letzte Gruppe dagegen nahm sowohl am Aufstellungsprozeß als auch an der Zielplanung und -durchführung teil, diese wurde daher *Goal-Planning-Group* genannt. Diese Gruppe arbeitete nicht nur gemeinsam mit dem Therapeuten die Ziele aus, sondern die Patienten nahmen auch am zweimonatlichen Zielplanungsprozeß teil, d. h. sie entwickelten inkrementalistisch die Schritte gemeinsam mit dem Therapeuten, um die erwünschten Ziele zu erreichen. Diese gemeinsame Planung erfolgte jeweils auf der Grundlage der Zielerreichungsdaten der jeweils vorangegangenen Teilschritte. Die durchschnittlich erreichten Zielerreichungsgrade und die Standardabweichungen sind für jede der beabsichtigten Zielmodelle und Gruppen in Abbildung 3 wiedergegeben.

Wie die Abbildung zeigt, kann durch die Verbesserung der Rückkoppelung ein wesentlich besseres Ergebnis erzielt werden. Dieses als *Zieltropismus*[18] bezeichnete Phänomen beinhaltet, daß Patienten (Klienten) Ziele, die mit ihnen zusammen erarbeitet wurden, tendenziell eher anstreben als fremdgesetzte Ziele. Andere Studien erbrachten vergleichbare Ergebnisse[19]. Auch die Ergebnisse von Managementuntersuchungen weisen darauf hin, daß durch die Teilnahme am Zielsetzungs- und -pla-

17 Vgl. J. Galano, Treatment Effectiveness as a Function of Client Involvement in Goal-Setting and Goal-Planning, in: *Goal Attainment Review*, 3 (1977), S. 17–32.

18 H. R. Davis, Four Ways to Goal Attainment, in: *Evaluation*, 1 (1973), S. 43–48.

19 So u. a. D. Smith, Goal Attainment Scaling as an Adjunct to Counseling, in: *Journal of Counseling Psychology*, 28 (1) 1976; S. Jones/G. Garwick, Guide to Goals Study: Goal Attainment Scaling as Therapy Adjunct, in: *P. E. P. Newsletter*, 4 (6) 1973; P. E. Houts/R. A. Scott, Goal Planning in Mental Health Rehabilitation, in: *Goal Attainment Review*, 2 (1975/76); R. J. Calsyn/L. LaFerrière, A Study of the Therapeutic Effects of Goal Attainment Scaling, in: *PERC Newsletter*, 1–2 (1976); J. D. Still, *Goal Attainment Scaling as a Method of Treatment for Offenders Placed on Probation*, Ph. D. Diss., Univ. of Mississippi, 1977.

Abb. 3: Arithmetisches Mittel und Streuung in der Zielerreichung für unterschiedliche Versuchsgruppen

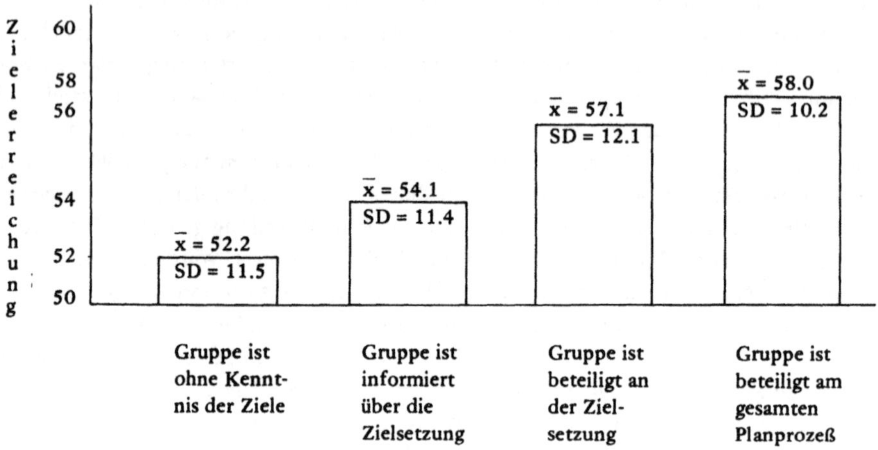

nungsprozeß die Effizienz des Managementprozesses erhöht wird[20]. Diese Studien haben eindeutige Konsequenzen für die Evaluatoren und Forscher. Ihre Arbeit kann durchaus Programme und Entscheidungen beeinflussen, vorausgesetzt, daß die Information die Zielgruppe auch in einer Form erreicht, die sie versteht und die von ihr benutzt werden kann.

Benutzung einer Evaluierungsprojektgruppe. Eine von Patton u. a. neuerdings favorisierte Vorstellung ist die einer Evaluierungsprojektgruppe, die den Evaluierungsprozeß vorantreiben sollte[21]. Der Input, der von einer derartigen Projektgruppe auf die Evaluation ausgeht, sollte sicherstellen, daß die Informationen, die durch eine Evaluierung produziert werden, auch tatsächlich genutzt werden (*utilization focused evaluations*). Patton identifiziert verschiedene Kriterien, um eine derartige Projektgruppe zu bilden: Sie sollte aus Personen bestehen, die diese Informationen auch tatsächlich benutzen, aus Personen, für die die Informationen auch eine gewisse Bedeutung besitzen, Personen, die auch Fragen haben, die sie beantwortet haben wollen, die sich für die Evaluierung interessieren und auch bereit sind, Verantwortung für die Evaluierung und ihre Nutzung zu übernehmen. Patton empfahl auch, daß Vorkehrungen für einen fortlaufenden, direkten Kontakt zwischen den Evaluatoren und den Entscheidungsträgern oder den Informationsnutzern unternommen werden sollten, daß diese Gruppe auch verhältnismäßig klein sein sollte (optimal et-

20 Siehe hierzu D. C. McClelland/D. G. Winter, *Motivating Economic Achievement*, New York 1969; E. A. Locke, Toward a Theory of Task Performance and Incentives, in: *Organizational Behavior and Human Performance*, 3 (1968); G. P. Latham/G. A. Yukl, A Review of Research on the Applications of Goal-Setting in Organizations, in: *Academy of Management Journal*, 18 (4) 1975.

21 Vgl. M. Q. Patton, *Utilization-Focused Evaluation*, Beverly Hills 1978.

wa fünf bis zehn Personen) und daß in ihr die Bereitschaft vorhanden sein sollte, sich für die Evaluierung zu engagieren. Die Gruppe sollte, sofern sie einmal zusammengestellt war, an allen Phasen der Evaluierung beteiligt werden.

Die Evaluierungsprojektgruppe kann vor allem bei der Erstellung einer „Rückkoppelungsmatrix" Unterstützung gewähren, sie kann auch als Vermittler zwischen den Evaluatoren und einem erweiterten Adressatenkreis der Evaluation wirken und sie kann dazu beitragen, die entscheidenden Parameter einer Evaluierung zu bestimmen und den Transfer und die Nutzung von Evaluierungsinformationen zu verbessern.

Eine derartige Projektgruppe kann die Evaluierung sehr fördern, indem sie dem Evaluator hilft, unmittelbar am Alltagsgeschehen zu bleiben und den Kontakt zu verschiedenen Gruppen der Evaluierungsadressaten aufrechtzuerhalten, sie kann gleichzeitig auch als „Frühwarnsystem" dienen, um irgendwelche Veränderungen, sei es in der zeitlichen Ablaufplanung oder inhaltlich, anzuzeigen.

Definition der Parameter einer Evaluierung. Die Definition der Parameter einer geplanten Evaluierung dient dem Evaluator dazu, erstens wichtige Informationen über die Funktionsweise des Programms zu erhalten und zweitens die Kommunikationskanäle zwischen den Evaluatoren und den wichtigsten Personen, die ein Evaluierungsdesign beeinflussen, aufzubauen. Der Aufbau eines gegenseitigen Informationssystems zu Beginn einer Evaluierung hat eine wichtige Funktion für ihren letztendlichen Erfolg.

Eine sehr erfolgreiche Technik, eine Evaluierung zusammenzuhalten, ist das „Evaluability-Assessment-Verfahren"[22], das sicherstellt, daß sowohl den Ansichten des Evaluators als auch den Auffassungen möglicher Nutzer Rechnung getragen wird. Diese Aufgabe ist sehr wichtig zur Bestimmung des Evaluierungsdesigns, weil es die Kriterien listet, die darüber bestimmen, wieviel und welche Informationen durch eine Evaluierung beschafft werden sollen. Das Evaluability-Assessment-Verfahren erlaubt dem Evaluator, mit den Entscheidungsträgern und möglichen weiteren Informationsnutzern darüber zu diskutieren, was Aufgabe einer Evaluierung sein soll. Den Zweck der Evaluierung möglichst früh zu klären, ist vor allem deshalb wichtig, weil die Nutzung zahlreicher Evaluierungsergebnisse derzeit mit dem Argument verhindert wird, die richtigen Fragen seien in der Evaluierung nicht beantwortet worden. Sowohl Patton als auch Wholey betonen daher, daß Evaluatoren und Entscheidungsträger gemeinsam am Entwurf eines *Evaluierungsprotokolls* als einer gemeinsamen Arbeitsgrundlage zusammenarbeiten sollten. Dies ist notwendig, da, wie Patton feststellte, der Evaluator zwar in der Regel nicht versucht, den Entscheidungsträger und den potentiellen Informationsnutzer zu manipulieren, so daß dieser die vorgefaßte Meinung des Evaluators darüber, was nützliche und was qualitativ gute Evaluierung darstellt, übernimmt, andererseits kann ein Evaluator jedoch auch nicht als ein reiner *Techniker* betrachtet werden, der immer gerade das durchführt, was der Entscheidungsträger möchte. Alle Beteiligten an einem Evaluierungsprozeß teilen

22 J. S. Wholey, Evaluability Assessment, in: L. Putnam (Hrsg.), *Evaluation Research Methods: A Basic Guide*, Beverly Hills 1977.

sich gleichermaßen die Verantwortung für die kreative Gestaltung und die konsequente Implementation einer Evaluierung, die beides sein sollte, sowohl nützlich als auch von hoher Qualität[23].

Die Schritte für die Durchführung eines Evaluability Assessment bestehen aus:

1. *Problem/Programmstrukturierung:* Die Bestimmung dessen, welche Ziele das Programm enthält, welche Aufgaben nationale, staatliche oder kommunale Tätigkeiten darstellen und welche Einheiten untersucht werden sollen.
2. *Erhebung der Programminformation:* Zusammenstellen der Informationen, die das Programm ausmachen – die Definition seiner Ziele, seiner Maßnahmen und Instrumente sowie die Analyse der ihnen zugrundeliegenden Annahmen.
3. *Modellphase:* Entwicklung eines Modells, das das Programm und die Zweck-Mittel-Beziehungen zwischen Instrumenten/Tätigkeiten und Zielen vom Standpunkt des Nutzers der Evaluierung beschreibt.
4. *Analysephase:* Die Prüfung (im Rahmen eines Evaluability Assessment), in welchem Umfang die modellhafte Programmbeschreibung so eindeutig durchgeführt wurde, daß eine Evaluierung von Nutzen erscheint. Dieser Schritt umfaßt auch die Identifizierung möglicher (alternativer) Evaluierungsstudien.
5. *Präsentation der Einschätzungen:* Rückkoppelung der Ergebnisse des Evaluability Assessment zum Programm-Management und den zukünftigen Adressaten und Nutzern der Evaluierung. Gleichzeitig werden die weiteren Vorgehensweisen festgelegt.

Es erweist sich von großem Nutzen, wenn mit dem Evaluability Assessment die möglichen Restriktionen für eine Evaluierung erhoben werden. Diese Restriktionen sind in der Regel finanzieller Art, sie können aber auch durch Form und Verfahren der praktizierten Aktenführung und Programmberichterstattung bedingt sein bzw. durch den unterschiedlichen Wissensstand derjenigen, die an der Evaluierung teilnehmen. Sind diese Restriktionen klar herausgearbeitet, sollten sie sowohl Eingang in das aufzustellende Evaluierungsprotokoll als auch in die Präsentation der Ergebnisse des Evaluability Assessment zu den Nutzern und den Programmverantwortlichen finden.

Spezielle Hinweise, um Wissenstransferbarrieren zu überwinden

„CORRECT“: Einige Faktoren können die Wahrscheinlichkeit eines erfolgreichen Ergebnistransfers wesentlich beeinflussen. Glaser hat versucht, unter der Bezeichnung CORRECT sieben Eigenschaften zusammenzufassen, die möglicherweise den Transfer von Wissen und die Einführungen von Reformen beeinflussen[24]. Diese sind:

1. *„Credibility“* (Glaubwürdigkeit). Das Ausmaß, in dem mögliche Nutzer an die Erreichung erwünschter Wirkungen durch eine Innovation glauben, hängt von zwei Überlegungen ab: erstens von der Stärke und der wissenschaftlichen Fun-

23 Vgl. M. Q. Patton, *Utilization-Focused Evaluation*, Beverly Hills 1978.

24 E. M. Glaser, Knowledge Transfer and Institutional Change, in: *Professional Psychology*, 4 (1973).

dierung der Idee, zweitens vom Prestige und dem Status desjenigen, der die Idee vertritt. Die Existenz und die Qualität eines Advokaten (eines „internen Champion") oder Promotoren innerhalb eines Programms war, wie eine Studie der National Science Foundation ergab, der entscheidende Faktor für die Annahme einer neuen Idee[25]. Auch, so fanden Zaltman, Duncan und Holbek, erweisen sich Ideen, sobald sie sich, zumindest dem Anschein nach, aus einer Verwaltung oder Organisation heraus entwickelten als erfolgreicher, leistet das Personal weniger Widerstand und ist eher bereit, sie auch anzunehmen[26].

2. *„Observability"* (Beobachtbarkeit): Großer Widerstand gegenüber Innovationen entsteht aus Unsicherheit oder Unklarheit bezüglich späterer tatsächlicher Praxis. Kann ein potentieller Nutzer die erfolgreiche Umsetzung einer Innovation beobachten, schwindet auch die Unsicherheit, die Überzeugung von dem möglichen Nutzen der Idee hingegen wächst.
3. *„Relevance"* (Bedeutung): Die Annahme einer Innovation ist in vieler Hinsicht eine Funktion des erwarteten Nutzens bei der Lösung bestehender und drängender Probleme. Innovationen sollten daher – im Gegensatz zur Präsentation eines vagen hypothetischen Modells – auf eine solche Weise präsentiert werden, daß mögliche Nutzer sehr leicht den Nutzen der Idee einsehen können.
4. *„Relative advantage"* (relativer Vorteil): Die Nutzung oder die Umsetzung einer Idee kann dadurch sehr gefördert werden, daß der mögliche Nutzer die Überzeugung gewinnt, daß die vorgeschlagene Lösung klare Vorteile gegenüber der bestehenden Praxis besitzt.
5. *„Ease in Understanding"* (Verständlichkeit): Die Machbarkeit der Umsetzung einer Innovation innerhalb einer neuen Umgebung wird vor allem dann schwierig, wenn die Idee, die vorgestellt werden soll, sehr komplex ist. Davis, der diesen Punkt besonders ausführt, bemerkt hierzu, daß es insbesondere in Situationen, in denen die Fähigkeiten und das Wissen des Personals zur Implementation einer Innovation nicht ausreichen, notwendig sein wird, auch die *Lern-* und *Lehrfähigkeit* mit zu evaluieren[27].
6. *„Compatibility"* (Verträglichkeit): Ein wichtiger Faktor für Erfolg oder Mißerfolg einer Innovation ist die Verträglichkeit mit den Werten, Normen, Politiken und Praktiken möglicher Nutzer. Stimmen Teile einer Innovation nicht mit der grundlegenden Programmphilosophie überein, wird die Akzeptanzwahrscheinlichkeit wesentlich beeinträchtigt.
7. *„Triability", „Reversibility" und „Divisibility"* (Testbarkeit, Reversibilität und kleine Schritte): Der Widerstand gegen Innovationen schwächt sich ab, wenn sichergestellt wird, daß die neue Idee ohne weiteres aufgegeben werden kann, sollte sie ihre Ziele nicht erreichen. *Triability* ist die Fähigkeit, eine Innovation auf einer Versuchsbasis implementieren zu können, ohne nichtrückgängige Verpflich-

25 National Science Foundation, *Science, Technology, and Innovation*, Columbus/Ohio 1973.
26 Vgl. G. Zaltman/R. Duncan/J. Holbek, *Innovations and Organizations*, New York 1973.
27 H. R. Davis, Change and Innovation, in: S. Feldman (Hrsg.), *Administration and Mental Health*, Springfield 1973.

tungen und Risiken auf Seiten des möglichen Anwenders entstehen zu lassen. *Reversibility* beschreibt den Umfang, bis zu dem Auswirkungen einer Innovation wieder rückgängig gemacht werden können und damit die ursprüngliche Situation wiederherstellbar ist. *Divisibility* beinhaltet die Möglichkeit, die Innovation in kleinen – der Situation adäquaten –, in sich geschlossenen Schritten durchführen zu können. Flexibilität bei der Implementation wird damit zu einer kritischen Variablen in der Annahme einer Innovation.

Die Berücksichtigung der „CORRECT"-Faktoren kann dem Evaluator helfen, seine Aufgabe besser durchzuführen und ein entsprechendes Disseminations-Modell zu planen. Indem er diese Informationen benutzt, kann der Evaluator nunmehr gezielt einen speziellen Handlungsplan entwerfen.

Wissenstransferstrategien. Mehrere Techniken des Wissenstransfers wurden bereits diskutiert, so beispielsweise

1. die Nutzung einer *Evaluationsprojektgruppe*;
2. die Ausrichtung der Evaluationsinformation an den *Bedürfnisstrukturen* seiner möglichen Nutzer;
3. die *Vorklärung* der Programme und Ziele der Evaluationsstudien, die unternommen werden sollen;
4. die *Konzentration* und *Fokussierung* der Nutzung der Evaluationsergebnisse durch Mitglieder der Evaluationsgruppe bzw. den Evaluator;
5. die Nutzung eines *verwaltungsinternen Champion* oder Promotoren.

Einige weitere Techniken sind noch zu erwähnen:

1. *Auftragsvergabe:* In den Vertragsverhandlungen zwischen dem Evaluator und dem Auftraggeber sollte auch formell ein Abschnitt in den Kontrakt eingefügt werden, der Einzelheiten darüber enthält, wie die Information, die sich aus der Evaluierung ergibt, genutzt werden soll. Der Auftrag muß eindeutig sowohl die Rolle des Programmpersonals als auch die des Evaluators beschreiben, die diesen bei der Nutzung der Ergebnisse zukommt.
2. *Interpersonelle Kommunikation:* In mehreren Studien ist die Bedeutung informeller, beständiger interpersoneller Kontakte beispielhaft dargestellt worden. Es ist wichtig, Kommunikationsstrukturen zu schaffen, die einen zweiseitigen und beständigen Gedankenaustausch sicherstellen. Instrumente hierfür sind u. a. informelle Brainstormingtreffen.
3. *Geschriebene Kommunikation:* Obwohl geschriebene Kommunikation sich als eine unzureichende Kommunikationstechnik für den Transport von Ideen und Innovationen erwiesen hat, kann der Verfasser dennoch einiges dazu tun, um die Qualität der geschriebenen Dokumente und Berichte zu erhöhen. Einige Richtlinien mögen dazu dienen, die Anwendbarkeit dieser Dokumente zu erleichtern:
   - *Kürze:* Ein kurzer Bericht wird eher gelesen und sorgfältiger reflektiert als langatmige Ausführungen;
   - *zielgerichtete Kommunikation:* Dokumente sollten sich darauf konzentrieren, nur diejenigen Informationen zur Verfügung zu stellen, die für spezielle Entscheidungen auch benötigt werden;

- *Reihenfolge der Informationsdarstellung:* Die wichtigsten Punkte sollten an den Beginn eines Berichts gestellt werden, dort sind sie der größten Aufmerksamkeit sicher;
- *Zusammenfassungen/Kurzfassungen:* Eine ein- bis zweiseitige Zusammenfassung erhöht die Wirksamkeit gegenseitiger Kommunikation;
- *Sprache:* Das Vermeiden einer technischen oder jargonbehafteten Sprache erleichtert die Kommunikation und sichert das Verständnis bei den Zieladressaten;
- *Zeitpunkt:* Es sollte sichergestellt werden, daß die möglichen Nutzer den Bericht zu einem Zeitpunkt erhalten, zu dem sie diese Information auch nutzen können. „Evaluierungszeittafeln" sind besonders hilfreich, die entsprechende zeitliche Ablaufplanung sicherzustellen.

4. *Demonstrationen und Vor-Ort-Besichtigungen:* Häufig erweisen sich Besichtigungen bzw. die Demonstration einer Idee als sehr viel erfolgreicher als ausführliche Schilderungen oder Dokumentationen. Daher sollten vor allem Besichtigungen und Demonstrationen in die Wissenstransferplanung einbezogen werden.
5. *Konferenzen und Seminare:* Diese Technik kann vor allem dann genutzt werden, wenn ein formeller Wissensstand einer größeren Anzahl von Personen mitgeteilt werden muß; sie ist am effektivsten in Verbindung mit anderen Kommunikationsstrategien.
6. *Methodenkombination:* Die wohl effektivste Strategie ist die, unterschiedliche Methoden miteinander zu kombinieren. Auf diese Weise kann die Information strukturiert werden, so daß jeweils auf vorhergehenden Erfahrungen aufgebaut und vorheriges Wissen verstärkt wird.

V. Geplante Reform

Sowohl die Implementation als auch die Nutzung von Evaluierung kann als eine besondere Form geplanten Wandels begriffen werden. Eine der häufigsten Formen von Wandel und Veränderungen, die durch die Implementation einer Evaluierung verursacht werden, entsteht durch Eingriffe in die administrative Buchführung, in Aufzeichnungen und in Verfahren durch die Notwendigkeit, die Erfordernisse von Evaluierungsvereinbarungen zu beachten und durch Veränderungen, die die Alltagsroutine beeinflussen. Da Evaluierungen häufig umfassenderen Programmveränderungen vorausgehen, besitzen Evaluierungen meist noch weitergehende Auswirkungen auf die Tätigkeit einer Behörde. „*Planned change*"-Techniken helfen die Nutzung von Evaluierungsergebnissen sowohl für den Programmalltag (die Programm-Maßnahmen) als auch für Entscheidungen über das Programm zu verbessern.

Hindernisse für Veränderungen. Die tiefsitzende Furcht vor Veränderungen und Reformen, der Wunsch, bestehende Zustände aufrechtzuerhalten, ist eines der größten Hindernisse, das Veränderungen im Wege steht. Die Literatur zum Thema „geplanter Wandel" (*planned change*) hat einige Komponenten dieses Widerstandes aufgezeigt sowie die für eine Gegenstrategie erforderlichen unterschiedlichen Instrumente. Ein besonders wichtiges Instrument ist das unter dem Begriff *Organizational Assessment* zusammengefaßte Instrumentarium. Organizational Assessment heißt vor allem, das organisatorische Klima für geplante Veränderungen zu einem Zeitpunkt zu untersuchen, zu dem noch keinerlei Reformmaßnahmen – nicht einmal annäherungsweise – versucht wurden. Organizational-Assessment-Techniken helfen dem Evaluator, Widerstandsquellen zu isolieren und spezielle Implementations- und Nutzungsstrategien, die auf die jeweilige Situation abheben, zu entwickeln.

Geplanter Wandel und Evaluierung. Unsere Erfahrungen mit der Nutzung von Wissenstransfer und Modellen von geplantem Wandel entsprangen unserem Versuch, das *Goal-Attainment-Scaling-Verfahren (GAS)* zu verbreiten[28]. Zum Teil waren wir in unserer Beratertätigkeit sehr erfolgreich, zum Teil hatten wir auch durchaus als katastrophal zu bezeichnende Mißerfolge. Daher interessierte es uns, die Ursachen unseres Erfolges (und Mißerfolges) näher kennenzulernen.

Ein Rahmen für das Organizational Assessment: „AVICTORY". Mitarbeiter des Program Evaluation Research Center untersuchten die Literatur zum Thema „Geplanter Wandel", um ein brauchbares konzeptuelles Modell zu finden, das eine Einschätzung „organisatorischer Bereitschaft", Evaluierungen durchzuführen, ermöglichte. Das von Howard Davis entwickelte *A-Victory-Modell* schien ein gangbarer Weg zu sein[29]. AVICTORY ist die Abkürzung für acht die Einführung von Wandel in eine Organisation beeinflussenden Determinanten: A = Ability, V = Values, I = Information, C = Circumstances, T = Timing, O = Obligation, R = Resistance, Y = Yield. Ausgehend von diesen acht Faktoren wurde ein 85 Punkte umfassender Fragebogen entwickelt, der dazu diente, die Bereitschaft für eine Programmevaluierung einzuschätzen[30]. Hierzu wurden 14 Teilskalen entwickelt und entsprechend dem AVICTORY-Paradigma dargestellt (s. Abb. 4). Diese Unterteilung erlaubte es dann, auf jeder Skala Eintragungen vorzunehmen, die die Summe aller wichtigen Teilwerte beinhaltet.

AVICTORY Analysis. Obgleich die Fähigkeit des AVICTORY-Verfahrens, präzise Prognosen über die Akzeptanz einer Evaluierung zu erhalten, kaum bestimmbar ist[31], bestätigt doch die Rückkoppelung mit Nutzern dieses Verfahrens, daß dieser Ansatz zumindest auf der deskriptiven Ebene eine brauchbare und stimulierende Information erbringt. Die Information sollte vor allem helfen, Lösungsvorschläge zu

28 Vgl. hierzu T. J. Kiresuk/R. E. Sherman, Goal Attainment Scaling, in: *Community Mental Health Journal*, 4 (1968), S. 443–453.

29 H. R. Davis, Change and Innovation, in: S. Feldman (Hrsg.), *Administration and Mental Health*, Springfield 1973.

30 Vgl. St. E. Mayer, The „Organizational Readiness to Accept Program Evaluation Questionnaire": Scoring and Interpretation, in: *PERC Newsletter*, 6 (6) 1974.

31 Vgl. S. L. Studer, *A Validity Study of a Measure of „Readiness for Evaluation"*, Ph. D. Diss., Univ. of Minnesota 1978.

Abb. 4: AVICTORY Skalen und Teilskalen

Ability:	***Erreichbarkeit oder Zugang zu materiellen, personellen oder finanziellen Ressourcen, die für eine Veränderung benötigt werden.***	
	Kategorie 1:	Bereitschaft und Möglichkeit, Ressourcen für eine Programmevaluierung einzusetzen.
	Kategorie 2:	Kapazität und Fähigkeit des Personals, Programmevaluierungen zu planen und zu implementieren. Wissenslevel bezüglich der Programmevaluierung der Betroffenen.
Values:	***Die Fähigkeit, vorherrschende Normen in einer Organisation zu innovieren.***	
	Kategorie 3:	Einstellungen und Überzeugungen der Beteiligten zur Evaluierung.
	Kategorie 4:	Vergangene Unterstützung von Veränderungsmaßnahmen.
	Kategorie 5:	Einstellung und Verhaltensweise des Personals und der Verwaltung, die für die Durchführung einer Evaluierung wichtig sind.
	Kategorie 6:	Arbeitsbeziehungen, Vorgesetztenverhältnis, persönliche Beziehungen.
	Kategorie 7:	Beschäftigungs- oder Personalpolitik der Unternehmer bzw. der betreffenden Behörde.
Information:	***Qualität und Glaubwürdigkeit der Innovation, Zugang zu für eine Evaluierung ausreichenden Informationsquellen.***	
	Kategorie 8:	Zugang zu Informationen über das laufende Programm. Erreichbarkeit und Nutzungsmöglichkeit der Verfahrens- und Programmaufzeichnungen.
Circumstances:	***Stabilität von Umwelt- und Organisationseigenschaften, die Veränderungen beeinflussen.***	
	Kategorie 9:	Aspekte des Programms, die sich auf Verfahren, Arbeitsaufgaben, Arbeitserfordernisse und Joberwartungen richten.
	Kategorie 10:	Qualität der Beziehungen zwischen Personal, Klientel und anderen Organisationen.
Timing:	***Dynamik von Umwelt- und organisatorischen Faktoren, die Veränderungen beeinflussen.***	
	Kategorie 11:	Zeitliche Steuerung der Programmevaluierung, so daß sie mit anderen Programmen und Tätigkeiten zusammenfällt.
Obligation:	***Umfang des Drucks oder des Wunsches, neue Maßnahmen zu ergreifen.***	
	Kategorie 12:	Messung des Bedarfs und des Wunsches, neue Maßnahmen zu unternehmen. Druck für Evaluierung. Bewußtsein des gegenwärtigen Zustands der Organisation.
Resistance:	***Umfang des Widerstands gegenüber Veränderungen, Anzahl und Stärke von Opponenten.***	
	Kategorie 13:	Erwartete oder befürchtete negative Folgen der Programmevaluierung. Verlusterwartungen und Ängste an der Spitze und am Ende der Hierarchien aufgrund der Durchführung von Programmevaluierungen.
Yield:	***Die voraussichtlichen Folgen einer Innovation. Die beabsichtigten oder nichtbeabsichtigten Gewinne und Verluste.***	
	Kategorie 14:	Erwartete oder erhoffte positive Folgen aus der Evaluierung. „Pay-offs" oder Belohnungen, die aus einer Programmevaluierung resultieren können.

Abb. 5: Beispiel eines AVICTORY-Profils (N = 45)

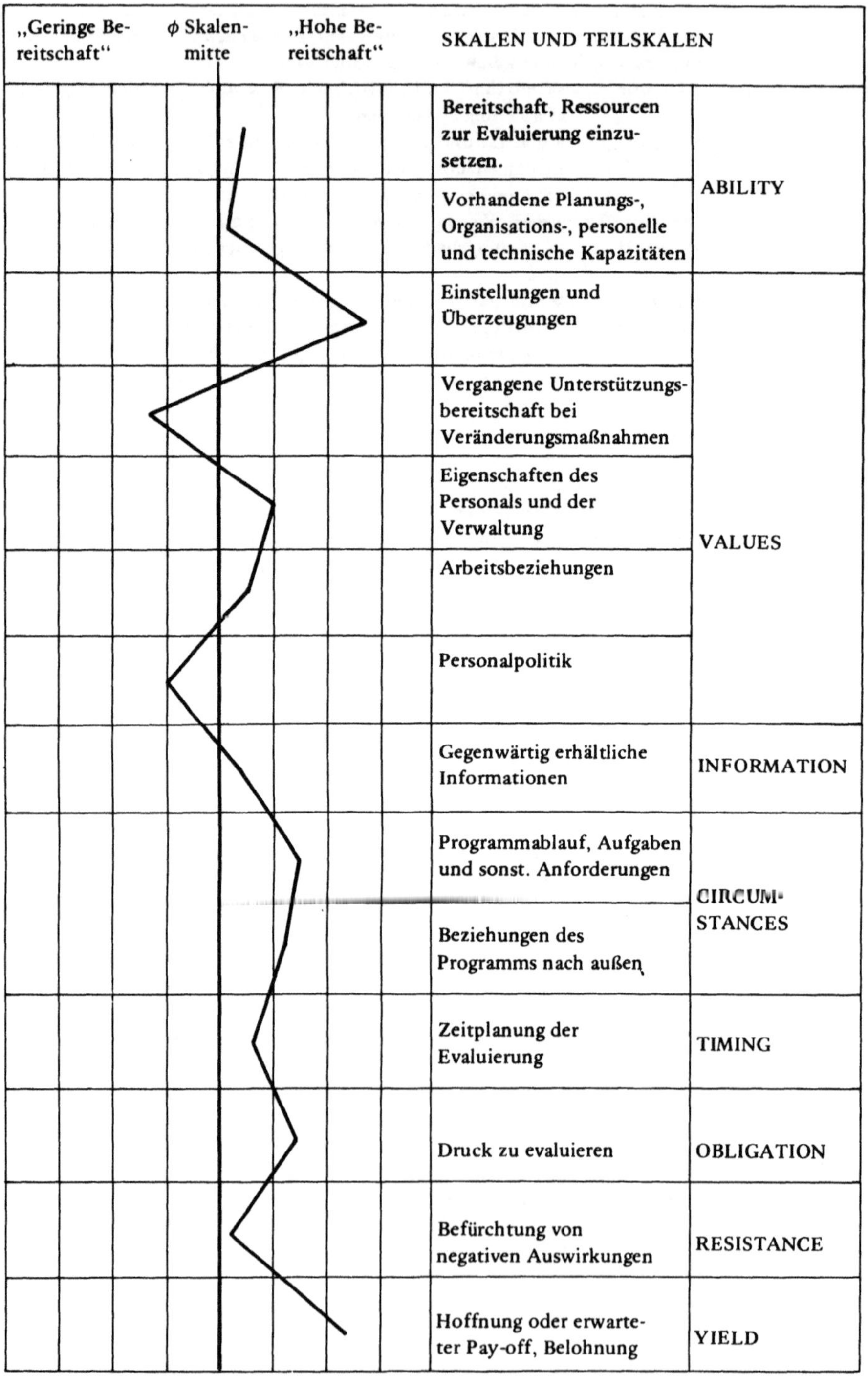

erarbeiten, um offensichtlichem Widerstand zu begegnen, um positive organisatorische Rahmenbedingungen für Reformmaßnahmen zu schaffen sowie die Vorteile und Nutzen von Maßnahmen zu identifizieren, soweit sie sich bereits aus dieser Analyse aufzeigen lassen. Abbildung 5 zeigt beispielhaft das Ergebnis einer Analyse. Der Gesamteindruck, der sich bei Betrachtung des Profils ergibt, zeigt, daß für die Einführung und Implementation des GAS günstige Bedingungen vorhanden sind. Die einzige Ausnahme bezieht sich auf die gegenwärtige Beschäftigungssituation und auf Unterstützungsbereitschaft für Innovationen in der Vergangenheit. Die Computerauswertung dieser Daten erbrachte die folgenden Ergebnisse[32]:

Es bestehen ungenutzte Ressourcen und die Organisation ist bereit, diese zu nutzen. Die Einstellungen und Überzeugungen in der Organisation hierzu sind günstig, das Personal ist davon überzeugt, daß die Einführung von Programmevaluierung positive Wirkungen zeitigen wird, daß sie notwendig und erwünscht ist, auch wenn zunächst Widerstand dagegen bestehen sollte. Reformmaßnahmen wurden in der Vergangenheit nicht sehr sorgfältig durchgeführt, die Führung des Hauses hat sich nicht intensiv um die Probleme und Interessen des Personals gekümmert. Das Personal ist der Auffassung, daß es hart und engagiert arbeitet, daß es sich um eine erfolgreiche Verwirklichung des Programms bemüht und daß die Verwaltung auch stark genug ist, negative Ergebnisse akzeptieren zu können. Das Personal glaubt, daß es gut zusammenarbeitet, die Überwachung und Ablaufsplanung den Aufgaben entspricht und ausreichend Vertrauen zueinander besteht. In allen Angelegenheiten, die die Mitarbeiter betreffen, werden diese auch gehört. Jedoch sind die Gehälter, die Arbeitsbedingungen und Sonderleistungen, die sie erhalten, nicht ausreichend. Das Belohnungssystem hängt nicht von der erbrachten Leistung ab. Die Aktenführung und der Kommunikationsablauf sind zufriedenstellend. Klientenprofile und Programmergebnisse, die durch die Maßnahme (und in der Zwischenzeit) entstehen, sind bekannt. Das Ansehen der Organisation unter der Klientel, bei den kooperierenden Behörden, den Förderern und in der Gemeinde ist gut. Die Dienstleistungen, die die Behörde erbringt, werden hoch eingeschätzt. Der Zeitpunkt für eine Evaluierung ist günstig. Die Evaluierung könnte in den gegenwärtigen Arbeitsprozeß eingegliedert werden. Es besteht die Ansicht, daß eine Evaluierung notwendig ist, um das Programm zu verbessern oder um Gefahren vom Programm abzuwenden. Es wird kaum befürchtet, daß die Evaluierung zu Arbeitsplatzverlusten, zu zusätzlichen Arbeitsplatzbelastungen führen oder gar das Programm gefährden wird. Insgesamt besteht die Auffassung, daß die Evaluierung zu einer Verbesserung der gegenwärtigen Situation beitragen könnte: zu einer größeren Anerkennung derjenigen, die diese auch verdienen, zu besseren Dienstleistungen für die Klientel, zu besseren Argumenten, um die Verwaltung von notwendigen Reformen und zusätzlichen Finanzierungen zu überzeugen.

Implementationsstrategie. Die Profile und deren Interpretation erbringen zwar eine nützliche Situationsbeschreibung, offen aber bleibt die Frage: Wie können diese Daten in eine nützliche Implementationsstrategie umgesetzt werden? Diese Fragestellung führt auf ein für traditionell ausgebildete Berufe neues Gebiet. Howard Davis, Direktor am National Institute of Mental Health, gab zu dem gewählten Beispiel folgende Empfehlungen[33]:

32 Vgl. St. E. Mayer, in: *PERC Newsletter*, 6 (6) 1974.

33 Vgl. C. Roy/T. J. Kiresuk, *Goal Attainment Scaling: A Medical-Correctional Application*, Arbeitspapier, vorgelegt auf dem VI. World Congress of Psychiatry, Honolulu 1977.

1. Arbeite zuerst mit der Quelle des größten Widerstandes. Besprich die Probleme und Aufgaben mit ihr, gib Möglichkeiten und Spielraum für Stellungnahmen und Klärungen. Durch technische Veränderungen am Innovationsprozeß können Widerstände an diesem Punkt reduziert werden.
2. Identifiziere verwaltungsinterne „Macher", die sich an der Durchführung der Evaluierung beteiligen. Nutze die Möglichkeit von möglichen Promotoren: In der Regel sind diese jünger oder älter als der Durchschnitt, sehr intelligent, nicht Mitglied der organisatorischen Elite und sozial isoliert.
3. Versuche, die Innovation auf einer Versuchsbasis durchzuführen, wo die Erfolgswahrscheinlichkeit am größten ist. Der Erfolg sollte sehr deutlich belohnt werden.
4. Benutze die Ausstrahlung, Bestätigung und den Druck durch Leitpersonen zur Unterstützung von Veränderungsmaßnahmen: Beeinflusse die verwaltungsinternen Meinungsführer, Innovationen zu akzeptieren.
5. „Re-invest": Verändere die Innovation so, daß sie als das Ergebnis eines internen Zielfindungsprozesses erscheint; häufig ist dies eine sehr erfolgreiche Strategie, organisatorische Reformen durchzusetzen.
6. Betrachte das Programm in seiner Gesamtheit. Konzentriere die Anstrengungen und Ressourcen auf Veränderungen und Reformen, die am ehesten durchsetzbar sind, „Trödlereinheiten" sollten bis zuletzt aufgehoben werden.
7. Untersuche die Motivation und Verpflichtung für Reformen. Einige Personen und Programmelemente sind für Reformen und Veränderungen gewissermaßen prädestiniert.
8. Wenn der Erfolg von Veränderungsmaßnahmen sehr unwahrscheinlich ist, sollten diese gar nicht erst versucht werden, um einen Fehlschlag zu vermeiden. Fehlschläge können Widerstände beleben. Sie belasten die nachfolgenden Innovationsversuche. Wenn Veränderungen nicht sehr wahrscheinlich sind, sollte der Reformpromotor dies auch gegenüber seiner Klientelorganisation anzeigen.
9. Falls GAS zur Steuerung und Evaluierung einer Innovation genutzt wird, sollte das Verfahren auch als Belohnungsstrategie eingesetzt werden: Das Erreichen von „besser als erwarteten" oder von „am besten vorher geplanten" Wirkungen sollte großzügig belohnt werden.
10. Besteht nur ein geringes Interesse an Reformmaßnahmen, sollten gezielte Interviews durchgeführt werden, um die Gründe hierfür herauszufinden.
11. In der Wahl partizipativer Strategien ist Vorsicht geboten. Beteiligungsstrategien können oft Widerstände reduzieren, aber in straff geführten hierarchisch (autoritären) Organisationen kann dies auch als Entscheidungsschwäche ausgelegt werden. Häufig ist es besser, Dinge einfach durchzuführen.
12. Bilde spezifische Gruppen aus der Gesamtheit aller, die an der Innovation teilnehmen; identifiziere deren jeweilige gruppenspezifische Bedürfnisse und Probleme.

Die Liste dieser Empfehlungen dient vor allem dazu, einen Überblick über mögliche Wege für Reformstrategien zu gewinnen. Auch hier erweist es sich als sinnvoll, komplementär die bereits diskutierten Kommunikations- und Demonstrationsstrategien zu nutzen.

Zumindest eine weitere Strategie ist noch zu nennen; sie betrifft die Nutzung von „*change agents*" oder *Reformpromotoren*[34]. Ein Reformpromotor ist eine Person oder eine Gruppe, die zwischen den Wissensproduzenten und den möglichen Nutzern zwischengeschaltet wird. Abhängig vom jeweiligen individuellen Kontext, dient der Reformpromotor als ein Übersetzer von Informationen, als ein Berater für die Verwaltung, als ein Trainer, Führer, Innovator oder Verteidiger von vorgeschla-

34 Vgl. R. G. Havelock/M. C. Havelock, *Training for Change Agents*, Ann Arbor 1973.

genen Innovationen, letztendlich mit dem Ziel, alles zu tun, um die Verwirklichung der geplanten Reformmaßnahmen zu ermöglichen.

Evaluierung ist der letzte Schritt in einem Zyklus. Evaluierung ist Teil eines Kreislaufs von Evaluierung, Wissenstransfer und Durchführung von Reformplanungen. Evaluierung kommt am Ende dieses zyklischen Kreislaufs *wiederum* zum Tragen, um festzustellen, inwieweit die vorgeschlagene Information auch tatsächlich die Zieladressaten wieder erreicht und in welcher Form diese Information zu nutzen ist.

VI. Schlußfolgerung

In diesem Beitrag wurde versucht, ein *organisches, interdisziplinäres, multiperspektivisches, multimethodales Konzept* von Evaluierung zu entwickeln. Evaluierung wird hierbei als eine Aktivität verstanden, die sich in einen lernenden, wissenden, kommunizierenden, handelnden, testenden und anpassenden Programmorganismus einpaßt. Entsprechend dieser Konzeption ist Evaluierung untrennbar mit dem Problem und dem Thema des Wissenstransfers und dem Problem seiner adäquaten Nutzung verbunden. In einem solchen Konzept werden zahlreiche inner- und außerprogrammatische Faktoren des Programms und der Programmumwelt, die häufig als „Störgrößen" einer wissenschaftlichen Evaluierung begriffen werden, zu tragenden und wichtigen Teilen eines Evaluierungsdesigns – Faktoren, die die Bedeutung der durch das Evaluationssystem generierten Information wesentlich beeinflussen. Ohne eine vollständige Integration dieser Faktoren – des Programms, seines Kontexts, der Evaluierung, der Wissensnutzung – ähnelt das Evaluierungssystem eher Phantasievorstellungen pseudowissenschaftlicher Modelle, die, komplex und teuer, von den Motoren der gesellschaftlichen und wirtschaftlichen Entwicklung nicht genutzt werden.

Bibliographie

Alkin, M. C./J. Kosecoff/C. Fitz-Gibbon/R. Seligman, *Evaluation and Decision Making: The Title VII Experience (CSE Monograph Series in Evaluation*, Nr. 4), 1974.

Brandl, J. E., Evaluation and Politics, in: *Evaluation and Change* (Sonderheft), 6–7 (1978).

Calsyn, R. J./L. LaFerrière, A Study of the Therapeutic Effects of Goal Attainment Scaling, in: *PERC Newsletter*, 1–2 (1976).

Campbell, D. T./J. C. Stanley, *Experimental and Quasi-Experimental Designs for Research*, Chicago 1966.

Cronbach, J. L., Beyond the Two Disciplines of Scientific Psychology, in: *American Psychologist*, 30 (1975), S. 116–127.

Davis, H. R., Change and Innovation, in: S. Feldman (Hrsg.), *Administration and Mental Health*, Springfield 1973.

Davis, H. R., Four Ways to Goal Attainment, in: *Evaluation*, 1 (1973), S. 43–48.

Galano, J., Treatment Effectiveness as a Function of Client Involvement in Goal-Setting and Goal-Planning, in: *Goal Attainment Review*, 3 (1977), S. 17–32.

Glaser, E. M., Knowledge Transfer and Institutional Change, in: *Professional Psychology*, 4 (1973), S. 434–444.

Havelock, R. G./M. C. Havelock, *Training for Change Agents*, Ann Arbor 1973 (Institute for Social Research, University of Michigan).

Houts, P. E./R. A. Scott, Goal Planning in Mental Health Rehabilitation: An Evaluation of the Effectiveness of Achievement Motivation Training for Mental Patients Being Rehabilitated to the Community, in: *Goal Attainment Review*, 2 (1975/76), S. 33–51.

Joly, J. M., Research and Innovation: Two Solitudes?, in: *Canadian Education and Research Digest*, 2 (1967), S. 184–194.

Jones, S./G. Garwick, Guide to Goals Study: Goal Attainment Scaling as Therapy Adjunct?, in: *P. E. P. Newsletter*, 4 (6) (1973), S. 1–3.

Kiresuk, T. J./S. H. Lund, Program Evaluation and Utilization Analysis, in: R. Perloff (Hrsg.), *Evaluator Interventions: Pros and Cons*, Beverly Hills 1979.

Kiresuk, T. J./R. E. Sherman, Goal Attainment Scaling: A General Method for Evaluating Comprehensive Community Mental Health Programs, in: *Community Mental Health Journal*, 4 (1968), S. 443–453.

Latham, G. P./G. A. Yukl, A Review of Research on the Applications of Goal-Setting in Organizations, in: *Academy of Management Journal*, 18 (4) (1975), S. 824–845.

Locke, E. A., Toward a Theory of Task Performance and Incentives, in: *Organizational Behavior and Human Performance*, 3 (1968), S. 324–329.

Lund, S. H./T. J. Kiresuk/S. K. Schultz, Individualized Goal Attainment Measurement, in: E. J. Posavac (Hrsg.), *The Impact of Program Evaluation on Mental Health Care*, Boulder/Ca. 1980.

Mayer, St. E., The „Organizational Readiness to Accept Program Evaluation Questionnaire": Scoring and Interpretation, in: *PERC Newsletter*, 6 (6) 1974.

McClelland, D. C./D. G. Winter, *Motivating Economic Achievement*, New York 1969.

Mushkin, S. J., Evaluations: Use with Caution, in: *Evaluation*, 1 (2) (1973), S. 30–35.

National Science Foundation, *Science, Technology, and Innovation (Report on Contract*, Nr. NSF-C 667), Columbus/Ohio 1973.

Patton, M. Q., *Alternative Evaluation Research Paradigm (North Dakota Study Group on Evaluation Monograph Series)*, Grand Forks, University of North Dakota, 1975.

Patton, M. Q., *Utilization-Focused Evaluation*, Beverly Hills 1978.

Rose, R., Disciplined Research and Undisciplined Problems, in: C. Weiss (Hrsg.), *Using Social Research in Public Policy Making*, Lexington/Mass. 1977.

Rossi, P. H./H. E. Freeman/S. R. Wright, *Evaluation – A Systematic Approach*, Beverly Hills 1979.

Roy, C./T. J. Kiresuk, *Goal Attainment Scaling: A Medical-Correctional Application*, Arbeitspapier, vorgelegt auf dem VI. World Congress of Psychiatry, Honolulu 1977.

Scriven, M., The Methodology of Evaluation, in: C. Weiss (Hrsg.), *Evaluating Social Action Programs: Readings in Social Action and Education*, Boston 1972.

Smith, D., Goal Attainment Scaling as an Adjunct to Counseling, in: *Journal of Counseling Psychology*, 28 (1) (1976), S. 22–27.

Still, J. D., *Goal Attainment Scaling as a Method of Treatment for Offenders Placed on Probation*, Ph. D. Diss., University of Mississippi, 1977.

Studer, S. L., *A Validity Study of a Measure of „Readiness for Evaluation"*, Ph. D. Diss., University of Minnesota, 1978.

Suchman, E. A., *Evaluative Research*, New York 1967.

Walker, R. A., The Ninth Panacea: Program Evaluation, in: *Evaluation*, 1 (1) (1972), S. 45–53.

Weiss, C., *Analytic Typologies for Planned Change*, Arbeitspapier, vorgelegt auf dem Meeting of Network of Consultants on Knowledge Transfer, New Orleans 1976.

Weiss, C., Introduction, in: C. Weiss (Hrsg.), *Using Social Research in Public Policy Making*, Lexington/Mass. 1977.

Wholey, J. S., Evaluability Assessment, in: L. Putnam (Hrsg.), *Evaluation Research Methods: A Basic Guide*, Beverly Hills 1977.

Zaltman, G./R. Duncan/J. Holbek, *Innovations and Organizations*, New York 1973.

Teil II:

Institutionalisierung von Evaluierung und Evaluierungsforschung in der Bundesrepublik Deutschland

II.1 Ansätze und Erfahrungen in Bundesministerien und Bundeskanzleramt

Gerd Pflaumer, Wolfgang Tschirner
Presse- und Informationsamt der Bundesregierung, Bonn

Erfolgskontrolle im Presse- und Informationsamt der Bundesregierung

I. Aufgaben des BPA

Das Presse- und Informationsamt der Bundesregierung (BPA) mit seinen rund 700 Mitarbeitern und einem jährlichen Budget von gegenwärtig 185 Mill. DM ist eine oberste Bundesbehörde, die unter Leitung eines Staatssekretärs unmittelbar dem Bundeskanzler untersteht. Die wesentlichen Aufgaben des BPA sind in der Gemeinsamen Geschäftsordnung der Bundesministerien (GGO I), im Vorwort zum Einzelplan 04 und in mehreren Organisationserlassen des Bundeskanzlers festgelegt[1]. Neben der laufenden Unterrichtung des Bundespräsidenten und der Bundesregierung über die weltweite Nachrichtenlage und der laufenden Erforschung und Darstellung der öffentlichen Meinung als Entscheidungshilfe für die politische Arbeit der Bundesregierung steht die Unterrichtung der Bürger und der Medien über politische Ziele und konkrete Maßnahmen der Bundesregierung sowie über die Rechte der Bürger mittels der gängigen Instrumente der Öffentlichkeitsarbeit wie Broschüren, Faltblätter, Anzeigen, Filme, Besucherprogramme, Informationsstände bzw. Pressemitteilungen, Auskünfte an Journalisten usw. im Mittelpunkt der Arbeit des BPA. Einen zweiten Schwerpunkt bildet die Information des Auslandes über das politische und wirtschaftliche Geschehen in der Bundesrepublik *(Deutschlandbild)* unter Einsatz im wesentlichen derselben Instrumente wie in der Inlandsarbeit. Schließlich ist das BPA für die Koordinierung der Öffentlichkeitsarbeit innerhalb der Bundesregierung verantwortlich[2].

II. Organisation und Aufgabe der Erfolgskontrolle

Die Aufgabe der Erfolgskontrolle wird von einem eigens dafür eingerichteten Referat wahrgenommen, das organisatorisch als Stabsfunktion in der Verwaltungsabteilung angesiedelt ist. Durch diese organisatorische Konstruktion soll eine Trennung

1 Vgl. § 81 GGO I; *Bundeshaushaltsplan für das Haushaltsjahr 1980*, S. 113; Organisationserlaß des Bundeskanzlers vom 18.1.1977, veröffentlicht im *Bulletin* vom 22.1.1977, S. 63.
2 Zu den Aufgaben des BPA im einzelnen: R. Hofsähs/H. Pollmann, *Das Presse- und Informationsamt der Bundesregierung*, 5. Aufl., Düsseldorf 1979.

der Erfolgskontrollverantwortung von der Projektverantwortung der Fachabteilungen erreicht werden, um auf diese Weise eine möglichst unabhängige und unvoreingenommene Bewertung von Maßnahmen zu erzielen.

Nach der geltenden Geschäftsverteilung ist das Referat Erfolgskontrolle zuständig:

- für die Entwicklung von Konzeptionen der Erfolgskontrolle;
- für die kontinuierliche Durchführung von Erfolgskontrollen bei Maßnahmen der Öffentlichkeitsarbeit im In- und Ausland;
- für die Beobachtung der wissenschaftlichen Entwicklung der Wirkungsforschung und die Umsetzung neuer Methoden und Erkenntnisse für die Bedürfnisse des BPA.

Die Fachreferate sind demgegenüber verantwortlich für Planung und Durchführung der Maßnahmen der Öffentlichkeitsarbeit.

Die Erfolgskontrolle im BPA zielt darauf ab, die Wirkung einzelner Maßnahmen der Öffentlichkeitsarbeit, verstanden im Sinne von *Impact*, durch *ex-post*-Analysen in der jeweils angesprochenen Zielgruppe zu messen und zu bewerten. Dabei geht es nicht etwa darum, Mängel nachzuweisen und persönliche Schuldzuweisungen bei Fachverantwortlichen vorzunehmen, sondern um das Aufzeigen von Optimierungsmöglichkeiten.

III. Historischer Rückblick

Diese Aufgabe mit dem emotional aufgeladenen und schnell zu Mißverständnissen führenden Begriff Erfolgskontrolle zu umschreiben, ist im BPA historisch bedingt. Die Anfänge der Erfolgskontrolle gehen bis in das Jahr 1968 zurück[3]. Nachdem aus der Mitte des Parlaments mehrfach die Forderung nach einer Erfolgskontrolle der Öffentlichkeitsarbeit erhoben worden war, wurde unter dem damaligen Amtschef Diehl ab 1. Mai 1968 der Aufgabenbereich des bereits bestehenden und der Amtsleitung unmittelbar zugeordneten Planungsbüros um die Erfolgskontrolle der politischen Öffentlichkeitsarbeit mit wissenschaftlichen Methoden erweitert. Im Zuge der Neuorganisation des BPA im November 1969 wurde die Erfolgskontrolle als eigenständiges Referat der Verwaltungsabteilung zugeordnet, wo sie sich heute noch befindet. Die personelle Kapazität des Referats war bisher immer gering (zwei Mitarbeiter); zeitweilig war es sogar völlig verwaist. In den Anfangsjahren der Erfolgskontrolle im BPA lag ihr Schwerpunkt eindeutig in der Auslandsarbeit (Untersuchungen über das Deutschlandbild im Ausland, Ausstellungen, Besucherprogramme)[4]. Später wurden in sehr begrenztem Umfang auch Vorhaben der Inlandsarbeit (Dienste, Anzeigenaktionen) in die Arbeit des Referats einbezogen.

3 Vgl. *Organisationsplan des BPA*, Stand 1.6.1968.

4 Vgl. z. B. die Zusammenfassung einer Vielzahl von Einzelstudien zum Deutschlandbild im Ausland von M. Koch-Hillebrecht, *Das Deutschlandbild. Gegenwart-Geschichte-Psychologie*, München 1977.

Nach dem Weggang des für Erfolgskontrolle zuständigen Referenten im Frühjahr 1976 war die Aktivität des Referats praktisch zu Ende. Erst Mitte 1977 lebte sie, nicht zuletzt infolge Drängens des Bundesrechnungshofes, wieder auf. Dem Referat, dessen Leitung ein neu ins BPA gekommener Unterabteilungsleiter in Personalunion übernahm, wurde ein bis dahin im Bereich Meinungsforschung des BPA tätig gewesener Sozialwissenschaftler zugewiesen.

IV. Schwerpunkte der vergangenen Jahre

In den vergangenen drei Jahren konzentrierte sich die Arbeit der Erfolgskontrolle fast ausschließlich auf Maßnahmen der Öffentlichkeitsarbeit im Inland[5]. Je nach der Bedeutung der Maßnahme, der Verfügbarkeit finanzieller Mittel und der eingesetzten Methoden der Erfolgskontrolle wurden die Untersuchungen entweder unter Hinzuziehung von Meinungsforschungsinstituten oder in Eigenarbeit durchgeführt. 1978 wurden für Erfolgskontrollen rund 240.000 DM ausgegeben, was etwa 1,7 % des Titelansatzes für Öffentlichkeitsarbeit im Inland entspricht. 1979 schrumpften die Aufwendungen auf 127.000 DM zusammen (0,8 % des Titelansatzes), weil sich der Anteil an Eigenarbeit erhöht hatte.

Im einzelnen sind folgende wichtige Untersuchungen zu nennen:

1. Anzeigenaktionen[6]

Das BPA führte in früheren Jahren in größerem Umfang Anzeigenkampagnen über politische Inhalte in regionalen und überregionalen Tageszeitungen, Wochenzeitungen und Illustrierten durch, zuletzt zu Problemen der Weltwirtschaft und des Umweltschutzes. 1976 und 1977 belief sich der finanzielle Aufwand dafür auf jeweils rund 7 Mill. DM, das sind immerhin 50 % der für Inlandsarbeit verfügbaren Mittel. Reichweiten und Wirkung einzelner Anzeigenserien wurden im Rahmen mehrerer Erfolgskontrollen untersucht. Ablauf, Methodik und Ergebnisse werden als Fallbeispiel im Detail dargelegt.

2. Wanderausstellung „Lebendiger Staat"[7]

Das BPA führte über mehrere Jahre hinweg in Zusammenarbeit mit einer Reihe von Bundesministerien eine Wanderausstellung „Lebendiger Staat" durch. Diese Ausstellung durchlief in Verbindung mit einem auf Dialog mit dem Bürger ausgerichteten

5 Die verschiedenen Maßnahmen werden im Rahmen dieses Beitrages an späterer Stelle beschrieben.

6 *Erfolgskontrolluntersuchung zur Anzeigenkampagne der Bundesregierung zum Thema „Weltwirtschaftsgipfel"*, durchgeführt vom SAMPLE-Institut, Hamburg, unveröffentlichte Berichtsbände August–Dezember 1978; *Erfolgskontrolluntersuchung zur Anzeigenkampagne der Bundesregierung zum Thema „Natur- und Umweltschutz"*, durchgeführt vom EMNID-Institut, Bielefeld, unveröffentlichte Berichtsbände, Februar 1979.

7 *Erfolgskontrolluntersuchungen zur Wanderausstellung „Lebendiger Staat"*, durchgeführt vom EMNID-Institut, Bielefeld, unveröffentlichte Berichtsbände, Dezember 1977 bis Dezember 1978.

Begleitprogramm (Podiumsdiskussionen, Beratungen durch Fachleute, Vorträge usw.) zahlreiche Groß- und Mittelstädte der Bundesrepublik. Sie diente gleichzeitig als Vertriebsinstrument für Regierungspublikationen. Der Kostenaufwand für diese Ausstellung betrug 1978 einschließlich der Ressortbeiträge 1,4 Mill. DM. Mehrstufige Erfolgskontrolluntersuchungen hatten zum Ziel, Reichweite, Akzeptanz und Nutzung des Mediums durch die Bevölkerung festzustellen.

3. Informationsstände auf Verbrauchermessen[8]

Auf der Suche nach neuen Vertriebsformen und -wegen für die Regierungspublikationen beteiligt sich das BPA seit etwa zwei Jahren mit Informationsständen auf Verbrauchermessen; 1979 wurden dafür 1,2 Mill. DM ausgegeben. Die dazu entwikkelten Modelle sowie die Nutzung der verteilten Broschüren wurden über einen längeren Zeitraum hinweg unter Einsatz einer breiten Palette von Untersuchungsmethoden erfolgskontrolliert. Ablauf, Methoden und Ergebnisse dieser Erfolgskontrolle werden als Fallbeispiel näher erläutert.

4. Publikationenvertrieb in kommunalen Einrichtungen[9]

Die Modellversuche des BPA für neue Vertriebsformen und -wege erstrecken sich auch auf die Aufstellung und Broschürenbesorgung kleiner kostengünstiger Verteilungsständer *(Displays)* in Rathäusern und anderen Dienststellen der Kommunalverwaltung mit Publikumsverkehr. In einem ersten Test wurden durch teilnehmende Beobachtung und mündliche Interviews Reichweite und Nutzung solcher *Displays* festgestellt.

5. Dienste[10]

Das BPA gibt seit vielen Jahren eine Reihe von Informationsdiensten heraus bzw. fördert derartige Dienste. Mit dem Ziel einer Bereinigung des Verteilers und der Bewertung von Akzeptanz und Nutzung wurden einige dieser Dienste untersucht. Methodisch standen dabei schriftliche Interviews, Gruppendiskussionen und Inhaltsanalysen im Vordergrund.

V. Gegenwärtig laufende Untersuchungen

Von den gegenwärtig noch laufenden Erfolgskontrollen sind die folgenden zu nennen:

8 *Erfolgskontrolluntersuchung zum Publikationenvertrieb durch „Informationsstände auf Verbrauchermessen"*, durchgeführt vom Institut Marplan, Offenbach, unveröffentlichte Berichtsbände, Dezember 1978 bis Dezember 1979.

9 *Erfolgskontrolluntersuchung des Modellversuchs zum Publikationenvertrieb in kommunalen Einrichtungen*, durchgeführt vom BPA, unveröffentlichter Bericht, April 1979.

10 Vgl. u. a. *Erfolgskontrolluntersuchung des Dienstes „aus Bonn – Tips für Arbeitnehmer"*, durchgeführt von Infas, Bonn, unveröffentlichter Berichtsband, April 1978.

1. Broschüren[11]

Broschüren sind in den vergangenen zwei Jahren zum größten und wichtigsten Instrument der politischen Öffentlichkeitsarbeit im Inland geworden. Gegenwärtig gibt das BPA jährlich fast 13 Mill. DM, das sind immerhin rund 80 % seiner für die Inlandsarbeit bestimmten Mittel, für die Herstellung und den Vertrieb von Broschüren aus. Hinzu kommen Broschüren der anderen Bundesministerien in vergleichbarer Größenordnung.

Trotz dieses beachtlichen Mittelaufwandes liegen bisher erstaunlicherweise kaum empirisch gesicherte Erkenntnisse über Reichweite, Nutzung und Akzeptanz von Regierungsbroschüren vor. Das Referat Erfolgskontrolle hat daher Ende 1979 ein mehrstufiges Untersuchungsdesign erarbeitet, dessen erste Stufe eine mittlerweile vorliegende Sekundäranalyse umfaßt. Auf der Grundlage dieser Analyse werden zur Zeit konkrete Untersuchungsmaßnahmen über Zielgruppenstrukturen, Informationsbedürfnisse, quantitative und qualitative Streuverluste sowie längsschnittorientierte Fallanalysen vorbereitet. Parallel dazu werden die verschiedenen bestehenden Vertriebshilfen untersucht.

2. Besucherprogramm

Auf Einladung von Bundestagsabgeordneten kommen gegenwärtig etwa 75.000 politisch interessierte Bürger pro Jahr zu in der Regel dreitägigen Informationsbesuchen nach Bonn.

Das Besucherprogramm wird vom BPA finanziert, organisiert und betreut. Der Mittelaufwand liegt bei 12 Mill. DM. Das BPA hat in diesem Jahr eine Erfolgskontrolle des Besucherprogramms mit dem Ziel begonnen, seine Resonanz bei den Besuchern zu messen und Optimierungsmöglichkeiten der Programmgestaltung zu ermitteln. Zu diesem Zweck werden teilnehmende Beobachtungen, Gruppendiskussionen, Befragungen mit Besuchern, Abgeordneten und Assistenten sowie Programmbetreuern durchgeführt.

VI. Schwierigkeiten und Grenzen der Erfolgskontrolle

Die Erfolgskontrolle im BPA hat mit einer Reihe von Schwierigkeiten zu kämpfen, von denen einige typisch für die Erfolgskontrolle überhaupt sind, andere mit dem BPA und seiner spezifischen Aufgabenstellung zu tun haben.

1. Zu Mißverständnissen und Fehldeutungen verleitet bereits der Begriff „Erfolgskontrolle“. Er löst bei den Fachverantwortlichen, sofern sie nicht intensiv über Arbeitsverständnis und Vorgehensweise der Erfolgskontrolle unterrichtet sind, zunächst eine emotionale Abwehrhaltung aus. Hat sich erst einmal der Eindruck festgesetzt, es gehe der Erfolgskontrolle um Fehlernachweis und persönliche Schuldzuwei-

11 Als Beispiele seien die Broschüren mit den höchsten Auflagenzahlen genannt: *Tips für Arbeitnehmer, Frag mal* (Jugendbroschüre), *Handbuch für Frauen, Heizenergiesparen, Mietfibel, Wohngeld.*

sung, bedarf es erheblicher Überzeugungsarbeit und Vertrauensbildung, um eine Kooperationsbasis herzustellen.

2. Trotz aller Anstrengungen gibt es immer wieder Fachverantwortliche, die es an der nötigen Kooperationsbereitschaft fehlen lassen. Man kontrolliert sich lieber selbst, als daß man sich von Außenstehenden, deren Aktivität eher als Bedrohung denn als Kooperation empfunden wird, in die Karten schauen läßt. Dies gilt um so mehr, wenn seit vielen Jahren als bewährt geltende Maßnahmen erfolgskontrolliert werden sollen. Hier versprechen sich Fachverantwortliche von Erfolgskontrollen schon deshalb keine neuen Erkenntnisse, weil sie glauben, selbst am besten Bescheid zu wissen. Auch Hinweise auf die spezifische Methodik der Erfolgskontrolle sowie die dafür erforderliche Fachkompetenz fruchten in der Regel wenig.

3. Zu den Schwierigkeiten der Erfolgskontrolle im BPA gehört auch die Zielproblematik. Die Ziele der einzelnen Maßnahmen der Öffentlichkeitsarbeit sind häufig nicht konkret genug formuliert, um den Bedürfnissen der auf die Messung von Zielerreichungsgraden ausgerichteten Erfolgskontrolle zu entsprechen. In diesen Fällen bleibt nichts anderes übrig, als im Nachhinein operationale Ziele zu rekonstruieren. Da dies schon im Hinblick auf die Unangreifbarkeit der späteren Ergebnisse nur im Einvernehmen mit den Fachverwantwortlichen geschehen kann, ergeben sich hier Reibungspunkte, zumal sich gerade im politischen Bereich normative Prämissen nicht ausklammern lassen.

4. Maßnahmen der Öffentlichkeitsarbeit finden in einem überaus komplexen Umfeld statt, das durch Medienvielfalt und ständige Zunahme an Information gekennzeichnet ist. Die eindeutige Zurechnung der durch Erfolgskontrollen festgestellten Wirkung zu der jeweiligen Maßnahme der Öffentlichkeitsarbeit ist in vielen Fällen mit großen Schwierigkeiten verbunden. Einschlägige Erfahrungen liegen im BPA vor allem mit Anzeigen in Tages- und Wochenzeitungen vor, die stets in Konkurrenz zur politischen Berichterstattung desselben Mediums treten und bei denen die Erinnerungstäuschung in Bezug auf die Wahrnehmung besonders hoch ist. Eine wichtige Rolle spielt in diesem Zusammenhang vor allem der Zeitpunkt der Durchführung einer Maßnahme der Öffentlichkeitsarbeit. Methodisch lassen sich die Probleme der Zurechnung allenfalls durch die Einrichtung von Kontrollgruppen eingrenzen.

5. Eine BPA-spezifische Barriere für die Durchführung von Erfolgskontrollen stellt sich im Bereich der Öffenlichkeitsarbeit im Ausland, obwohl der hohe Kostenaufwand von rd. 100 Mill. DM pro Jahr gerade dort intensive Erfolgskontrollen besonders angezeigt erscheinen läßt. Diese sind jedoch in weiten Teilen der Welt erheblich schwieriger durchzuführen als in der Bundesrepublik. Das gilt zunächst für die osteuropäischen Länder, wo Öffentlichkeitsarbeit infolge der politischen Gegebenheiten ohnehin nicht unbeschränkt möglich ist. Methoden und Instrumente der Erfolgskontrolle können dort praktisch nicht eingesetzt werden. Aber auch in fast allen Ländern der Dritten Welt stoßen Erfolgskontrollen wegen der erheblichen sozio-kulturellen Andersartigkeiten auf kaum überwindbare Probleme. Bezugspunkte ergeben sich allenfalls bei den politischen Multiplikatoren, die infolge ihrer Ausbildung an

europäischen oder amerikanischen Universitäten über ein entsprechend ausgerichtetes kulturelles Vorverständnis verfügen. In den zum westlichen Kulturkreis zählenden Staaten, die den Schwerpunkt der politischen Öffentlichkeitsarbeit im Ausland bilden, fallen die genannten Barrieren allerdings kaum ins Gewicht.

6. In der bisherigen Arbeit der Erfolgkontrolle im BPA steht die eher quantitativ orientierte Messung von Reichweiten, Akzeptanz und Nutzung ganz bewußt im Vordergrund, da es hierfür ein bewährtes methodisches Instrumentarium gibt. Für die Wirkungsmessung im engeren Sinn, d. h. für den eher qualitativen Bereich des Einstellungs- und Verhaltenswandels der Empfänger von Informationen, ist dieses Instrumentarium weitaus geringer ausgebildet. Die Wirkungsforschung ist hier an Grenzen gestoßen, die zu überwinden es an verläßlichen Methoden zur Zeit noch fehlt[12].

7. Zu erwähnen bleiben schließlich die unzureichende Personalkapazität und der geringe finanzielle Spielraum der Erfolgskontrolle im BPA, die der intensiveren und systematischeren Durchdringung der Wirkung der einzelnen Instrumente der Öffentlichkeitsarbeit im Wege stehen.

VII. Planung für die Zukunft

Die künftigen Schwerpunkte der Erfolgskontrolle im BPA werden weiterhin bei den Maßnahmen der politischen Öffentlichkeitsarbeit im Inland liegen. Der Bereich der Publikationen einschließlich der Vertriebswege und -mittel wird dabei die wichtigste Rolle einnehmen.

Darüber hinaus werden die Ansatzpunkte in der Auslandsarbeit, vor allem in den westeuropäischen Ländern, systematisch auszubauen sein. Ausstellungen und Besucherprogramme eröffnen sinnvolle Einstiegsmöglichkeiten, zumal hier bereits Erkenntnisse aus der Anfangszeit der Erfolgskontrolle im BPA und bedingt vergleichbare Ergebnisse aus der Inlandsarbeit vorliegen.

In methodischer Hinsicht gilt das besondere Interesse der Planung von Maßnahmen der Öffentlichkeitsarbeit, die die spezifischen Bedürfnisse der Erfolgskontrolle wie z. B. Definition operationaler Ziele, Wirkungsindikatoren, Datenerhebung, Veränderung von Variablen von Anfang an mitberücksichtigt. Vor allem Modellversuche und Maßnahmen mit starker innovativer Ausprägung bieten sich für die experimentelle Anordnung an.

Höhere Aufmerksamkeit wird der *Evaluierbarkeit einzelner Maßnahmen* zu gelten haben. Die Bedeutung dieses Aspekts hat sich vor allem bei der Untersuchung des Besucherprogramms gezeigt, das durch eine Vielzahl von Komponenten geprägt ist, die auch durch die Ergebnisse einer Erfolgskontrolluntersuchung nicht beeinflußbar sind. Läßt sich im Einzelfall abschätzen, daß bei einer Maßnahme aus internen oder externen Gründen weder eine Optimierungs- noch eine Einstellungschance besteht, sollte eine Erfolgskontrolle unterbleiben.

12 Vgl. u. a. zum aktuellen wissenschaftlichen Stand der Wirkungsforschung J. Hackforth, *Massenmedien und ihre Wirkungen*, Göttingen 1976, S. 19 ff.

Grundsätzlich werden Vergleichs- und Längsschnittuntersuchungen von Interesse sein, die Effizienzvergleiche verschiedener Maßnahmen und verläßliche Trendaussagen ermöglichen.

Einen weiteren, bisher vor allem wegen der beschränkten Personalkapazität völlig vernachlässigten Ansatzpunkt stellt die stärkere Einbeziehung *administrativer* Abläufe und Entscheidungsprozesse in Erfolgskontrolluntersuchungen dar. Aus der bisherigen Arbeit haben sich immer wieder Hinweise darauf ergeben, daß sich durch Optimierung von Planung und Überwachung der Durchführung einzelner Maßnahmen der Öffentlichkeitsarbeit auf der Wirkungsseite beträchtliche positive Effekte erzielen lassen. Es wird daher darauf ankommen, neben *Impact*-Fragestellungen auch das *verwaltungsinterne* Management der Maßnahmen systematisch zu untersuchen und beide Aspekte miteinander zu verknüpfen. Dabei müssen auch Kosten-Wirksamkeits-Aspekte stärker als bisher beachtet werden.

Schließlich ist geplant, die gewonnenen Erkenntnisse der Erfolgskontrollen – soweit sie von grundsätzlicher Bedeutung sind – auch den anderen Bundesministerien zugänglich zu machen, die im Rahmen ihrer ressortbezogenen Öffentlichkeitsarbeit (von ganz wenigen Ausnahmen abgesehen) schon mangels fachlicher Kapazität bislang keine Erfolgskontrollen durchführen können. Ein erster Versuch dieser Art war die Übermittlung eines die bisherigen Erkenntnisse im Ausstellungsbereich zusammenfassenden Arbeitspapiers. Das BPA nimmt insoweit eine *ressortübergreifende* Grundsatzkompetenz wahr.

VIII. Planung und Durchführung der Erfolgskontrollmaßnahmen im BPA

Das Referat Erfolgskontrolle im BPA wird nur auf Kooperationsbasis tätig. Gegen den Widerstand der Fachabteilungen werden Erfolgskontrollen nicht durchgeführt. Das heißt nicht, daß die politische Leitung nicht hin und wieder die Erfolgskontrollarbeit deutlich unterstützen sollte. Ausschlaggebend für dieses kooperationsorientierte Arbeitsverständnis ist nicht so sehr die Tatsache, daß die Erfolgskontrolle über keinen eigenen Titel im Haushalt des BPA verfügt und das Geld dafür aus dem jeweiligen Projekttitel entnommen wird. Es hat sich vielmehr immer wieder herausgestellt, daß die vertrauensvolle Zusammenarbeit mit den Fachverantwortlichen unumgängliche Voraussetzung sinnvoller Planung, Durchführung und Umsetzung von Erfolgskontrollen ist. Mit konfliktträchtigen Bedrohungs- bzw. Projektkillerattitüden, die bei den Fachreferaten im Falle negativer Untersuchungsergebnisse Furcht vor eventuellen persönlichen Schuldzuweisungen auslöst, kommt die Erfolgskontrolle nicht voran. Als Handlungsmaxime gilt statt dessen eine mit vertrauenstiftenden Maßnahmen verbundene Selbstbescheidungsstrategie. Dies rechtfertigt auch die Erfolgskontrolle von Maßnahmen der Öffentlichkeitsarbeit, deren Erfolg deutlich abschätzbar ist. Bei weniger erfolgreichen Maßnahmen steht deshalb der Optimierungsaspekt ganz im Vordergrund.

Von diesem Rollenverständnis ausgehend, kommen Erfolgskontrolluntersuchungen im BPA generell auf zwei Arten zustande: entweder auf der Grundlage eines Jahresarbeitsprogramms oder durch ad-hoc-Aufträge der Fachabteilungen.

Zu Beginn eines jeden Jahres erörtert das Referat Erfolgskontrolle mit einzelnen Referaten der Fachabteilung die dort geplanten Aktivitäten der Öffentlichkeitsarbeit unter dem Aspekt *möglicher* Erfolgskontrollen. Als Auswahlkriterien spielen dabei Mittelaufwand für Erfolgskontrollen, Innovationsgehalt der geplanten Maßnahmen der Öffentlichkeitsarbeit, Unsicherheit hinsichtlich deren Wirkung sowie gelegentlich – meist eher unausgesprochen – Legitimationsbedürfnisse eine Rolle. Das auf diese Weise zustandegekommene *Arbeitsprogramm* wird in inhaltlicher, finanzieller, zeitlicher Hinsicht mit dem Fachabteilungsleiter abschließend besprochen und einvernehmlich beschlossen. Es bildet die Grundlage für die interne monatliche Arbeitsplanung des Referats Erfolgskontrolle. In Durchführung des Jahresarbeitsprogramms wird für jede einzelne Erfolgskontrolluntersuchung nach Aktenstudium und Besprechung mit dem Fachreferat ein konkretes *Untersuchungsdesign* entwickelt, das erneut mit der Fachabteilung abgestimmt wird, ehe auf dieser Basis entweder der Durchführungsauftrag nach vorheriger, meist beschränkter, Ausschreibung an ein Meinungsforschungsinstitut vergeben oder die Erfolgskontrolluntersuchung mit eigener personeller Kapazität begonnen wird. Eingesetzte Instrumente (z. B. Fragebögen) werden inhaltlich mit dem Fachreferat erörtert. Zwischenergebnisse vor allem mehrstufig angelegter Untersuchungen werden der Fachabteilung mitgeteilt, abschließende Ergebnisse werden nach Abstimmung mit der Fachabteilung der Amtsleitung vorgelegt.

Unabhängig vom vereinbarten Jahresarbeitsprogramm führt das Referat Erfolgskontrolle unter Setzung von zeitlichen Prioritäten auch ad-hoc-Aufträge der Fachabteilung durch. Der Verfahrensablauf im Einzelfall ist derselbe wie oben beschrieben.

IX. Untersuchungsmethoden und Untersuchungsstrategien

Die Anlage jeder Untersuchung zur Erfolgskontrolle einer bestimmten Maßnahme der Öffentlichkeitsarbeit folgt, soweit es die Gegebenheiten zulassen, einem bestimmten Muster. Die Studie wird in drei Phasen – Nullmessung, Hauptmessung und Nachmessung – eingeteilt.

Die *Nullmessung* dient der Ermittlung des Informationsstandes und der Einstellung der angesprochenen Zielgruppe zu bestimmten Themenbereichen vor Einsatz der Maßnahme, d. h. unbeeinflußt von den möglichen Effekten der Aktion. In der *Hauptmessung*, die generell während oder unmittelbar nach Einsatz der Maßnahme erfolgt, werden zum einen – und in der Regel mit gleichem Fragenset wie bei der Nullmessung – Veränderungen des Informations- und Einstellungsstandes, zum anderen darüber hinausgehend und weiterführend die Reichweite der eingesetzten Maßnahme und ihrer einzelnen Elemente sowie die Resonanz und Akzeptanz bestimmter Präsentationsformen und -inhalte der Maßnahme ermittelt. In der *Nachmessung* als der für die Wirkungsmessung wichtigsten aller drei Stufen werden die beiden vorangegangenen Untersuchungsphasen konsequent fortgesetzt: Kenntnis- und Einstellungsstand werden erneut überprüft, die direkte Bewertung einer Maßnahme in der

Rückschau wiederholt erkundet und der bleibende Nutzen einer Maßnahme – ihre Wirksamkeit – eruiert. In dieser Stufe wird also gemessen, was im Langzeitspeicher, dem Dauergedächtnis, haften geblieben ist.

Als Zeitmaß für die Nachmessungen wurde zu Beginn der Arbeit des Referats ein letzlich willkürlicher, aber unter bestimmten Annahmen plausibler Zeitraum von vier Wochen nach Einsatz der Maßnahme festgelegt. Diese Vier-Wochen-Frist erscheint als ausreichendes Zeitmaß, da der Abstand vom unmittelbaren Erleben der Maßnahme hinlänglich groß ist und markante Eindrücke fest gespeichert sind. Deshalb wird man zu diesem Zeitpunkt mit relativer Sicherheit messen können, welche definitiven Wirkungen im weitesten Sinne die Maßnahme bei der Zielgruppe zu verzeichnen hat.

Zur Durchführung der verschiedenen Erfolgskontrollen wird das gängige Instrumentarium der empirischen Sozialforschung eingesetzt, meist mehrere Methoden in einer Studie. Herausragend ist die Befragung (schriftlich, mündlich, Intensivgespräche). Aber auch Gruppendiskussionen, teilnehmende Beobachtungen und Inhaltsanalysen werden genutzt. Anhand zweier ausgewählter Erfolgskontrolluntersuchungen soll der Einsatz der verschiedenen Methoden beschrieben werden:

1. Wanderausstellung „Lebendiger Staat“: Mündliche Kurzinterviews von Besuchern vor Betreten der Ausstellung, Befragung von Besuchern unmittlbar nach Verlassen der Ausstellung, gekoppelt mit Adressensammlung für eine schriftliche oder mündliche Nachbefragung. Ein Teil der nach ihrem Rundgang durch die Ausstellung Befragten wurde bereits während des Durchlaufs durch eine teilnehmende Beobachtung erfaßt. Ihr Verhalten vor einzelnen Exponaten und die jeweilige Verweildauer wurden mit Angaben zu Reichweiten und Urteil über die Ausstellung verknüpft. Kontrollbefragungen von Nichtbesuchergruppen dienten dazu, die Struktur der Besuchergruppe näher bestimmen und mögliche Effekte des Ausstellungsbesuchs ableiten zu können.
2. Dienst für Betriebs- und Personalräte „aus bonn“: Schriftliche Befragung einer Stichprobe von Beziehern zur Erkundung der allgemeinen Akzeptanz des Mediums, Ermittlung von spezifischen Bedürfnissen und Verbesserungsvorschlägen, anschließende Gruppendiskussionen zur Vertiefung der Erkenntnisse über die Handhabung des Mediums in der Gewerkschaftsarbeit, zur Ermittlung schwer artikulierbarer Wünsche und Bedürfnisse an das Medium und Erkundung des Zufriedenheitsmaßes mit dem benutzten Layout.

Weitere Muster des Einsatzes und der Kombination der verschiedenen Methoden werden in den noch folgenden Fallbeispielen beschrieben.

Die Untersuchungen sind generell so angelegt, daß keine *Gesamtbefragungen*, sondern nur *Stichprobenerhebungen* vorgenommen werden. Die Stichprobe ist gemeinhin hinlänglich groß genug, um Aussagen für die Gesamtheit der mit einer Maßnahme angesprochenen Bevölkerungsgruppe zuzulassen. Bei Repräsentativbefragungen werden 800 Fälle, zur Ermittlung von Tendenzen 400 Fälle nie unterschritten. In der Regel liegt der Umfang – vor allem bei bundesweiten Umfragen – bei 2.000 Fällen.

Wichtig erscheint der Hinweis, daß nicht in jedem Fall ein von den eingesetzten Methoden oder Fallzahlen her optimales Untersuchungsdesign realisiert werden kann, da die für Erfolgskontrollen bereitgestellten Mittel oft sehr begrenzt sind. So mußten beispielsweise bei Nachbefragungen von Besuchern der Informationsstände des BPA auf Verbrauchermessen statt mündlicher Interviews Gruppendiskussionen durchgeführt werden, die zwar interessante Detailergebnisse erbrachten, aber keine Schlüsse über deren quantitative Verteilung zuließen.

Die breiter angelegten Erfolgskontrolluntersuchungen erfolgen in Zusammenarbeit mit *Meinungsforschungsinstituten*[13]. Die Konzeption legt das Referat Erfolgskontrolle selbst fest. In der Diskussion mit den Instituten wird im allgemeinen unter Berücksichtigung des zur Verfügung stehenden Budgets der Einsatz bestimmter Methoden und Forschungsstrategien erörtert und gegebenenfalls geringfügig variiert. Aufgrund der größeren Nähe des Referats zu den Untersuchungszielen und der insgesamt begrenzten Erfahrung von Meinungsforschungsinstituten mit der Wirkungsforschung im Bereich der politischen Öffentlichkeitsarbeit hat es in der bisherigen Praxis noch keinen Fall gegeben, in dem ein besonders interessanter und völlig neuer Untersuchungsvorschlag eines Instituts verwirklicht worden ist. Neben der Festlegung des Untersuchungsdesigns und der Auftragsvergabe beschränkt sich das Referat auf Überwachung der Durchführung und Auswertung der Untersuchungsergebnisse, liefert dann aber parallel zu den Institutsberichten eine eigene Interpretation der Ergebnisse.

Die Zusammenarbeit mit größeren Meinungsforschungsinstituten garantiert im allgemeinen auch die häufige Nutzung der kostengünstigen Mehrthemenfragen der Institute, die den Bedürfnissen des Referats Erfolgskontrolle meist deswegen entgegenkommen, weil die Mehrzahl der Maßnahmen der Öffentlichkeitsarbeit bundesweit erfolgt und deshalb auch die Wirkungsmessungen bundesweit angesetzt werden.

Kleinere Studien führt das Referat Erfolgskontrolle selbst durch. Dies betrifft vor allem von Größe und Bedeutung her begrenzte Maßnahmen der Öffentlichkeitsarbeit und impliziert selbstverständlich nur den beschränkten Einsatz sozialwissenschaftlicher Methoden wie schriftliche Befragung, Gruppendiskussionen, im Einzelfall auch Intensivbefragungen und teilnehmende Beobachtung. Ausgenommen sind dabei vor allem mündliche Repräsentativbefragungen. Beispiele hierfür sind die schriftliche Befragung von 1.200 Lesern des Dienstes „aus bonn", Gruppendiskussionen mit Jugendlichen über Fernsehspots für Jugendliche; Gruppendiskussionen und Intensivgespräche mit Bundestagsabgeordneten, deren Assistenten und mit Betreuern von Besuchergruppen.

Die meisten Erfolgskontrolluntersuchungen sind infolge ihrer Bindung an konkrete Maßnahmen der Öffentlichkeitsarbeit als Einzelstudien angelegt. Vor allem bei der Erprobung neuer Medien der Öffentlichkeitsarbeit wie z. B. bei Informationsständen auf Verbrauchermessen oder Vertriebshilfen für Publikationen in verschiedenen kommunalen Einrichtungen, aber auch bei Aktionen mit bereits langgenutzten Medien, wie z. B. Anzeigen oder Diensten für bestimmte Zielgruppen, werden die Untersuchungsziele weitgehend durch die Fachreferate vorgegeben. Dem Referat Erfolgskontrolle ist es somit nur sehr beschränkt möglich, von sich aus die

13 Vgl. oben die in den Fußnoten 6–8 aufgeführten Beispiele.

einzelnen im Rahmen der Öffentlichkeitsarbeit zum Einsatz kommenden Medien systematisch – sowohl im Längsschnitt als auch im Vergleich zueinander – zu untersuchen.

Trotz oder gerade wegen dieser geringen Möglichkeiten, bestimmte Medienbereiche systematisch auf ihre Wirksamkeit hin zu überprüfen, wird langfristig angestrebt, in der Summe nicht nur über Einzelergebnisse zu verschiedenen Maßnahmen der Öffentlichkeitsarbeit zu verfügen, sondern der Planung verläßliche, verallgemeinerungsfähige Daten zur Wirksamkeit einzelner eingesetzter Medien zu liefern. Dies geschieht durch die Wiederholung von Untersuchungen oder Untersuchungsteilen (z. B. Untersuchung über die Wanderausstellung „Lebendiger Staat 1977" und – nach konzeptionellen und gestalterischen Veränderungen aufgrund der Untersuchungsergebnisse – Folgeuntersuchungen 1978), durch Anschlußstudien (beispielsweise durch verschiedene Formen von Nachbefragungen bei dem Medium Informationsstände auf Verbrauchermessen) und durch systematische Konzeption, Auswertung und Ergebniszusammenfassung von vergleichbaren Einzelstudien zu Trendreihen. Jede Untersuchung ist also darauf angelegt, spezielle Erkenntnisse über eine Einzelmaßnahme, gleichzeitig aber allgemeine Erkenntnisse für den Einsatz eines bestimmten Mediums schlechthin zu liefern. Derartige Erkenntnisse liegen zwischenzeitlich für Ausstellungen und Anzeigen vor.

Mit der Auswertung von veröffentlichten Forschungsergebnissen über Wirkungsuntersuchungen aus dem Werbebereich – besonders häufig aus dem Anzeigenbereich[14] – und deren Überprüfung der Übertragbarkeit auf den öffentlichen Sektor wird darüber hinaus versucht, die eigenen Befunde anzureichern, sie zu verdichten und abzusichern.

X. Zwei Fallbeispiele

X. 1. Informationsstände auf Verbraucherausstellungen

X. 1. 1. Ziele der Maßnahme, Untersuchungsansätze und -durchführung

Der Einsatz des Mediums „Informationsstände auf Verbraucherausstellungen"[15] begann 1978, als – ausgelöst durch ein Urteil des Bundesverfassungsgerichts zur Öffentlichkeitsarbeit der Bundesregierung[16] – mehrere Modellversuche zur Optimierung des Publikationenvertriebs durchgeführt wurden. Mit Hilfe solcher Informa-

14 Beispiele: die von *Hör zu* herausgegebenen Studien *Experimente zum Lernen von Anzeigen – Die Messung von Wirkungsverläufen im Labortext*, Hamburg 1977; *Lesequalität – Der Einfluß von Lesestudien und Lesezeit auf die Kommunikationswirkung von Zeitschriften*, Hamburg 1978.

15 Vgl. oben Fußnote 8.

16 BVerfGE 44/120 ff; vgl. ferner die Dokumentation *Das Urteil des Bundesverfassungsgerichts vom 2. März 1977 zur Öffentlichkeitsarbeit von Staatsorganen in Bund und Ländern*, Karlsruhe 1978.

tionsstände wird versucht, einem aufgeschlossenen Publikum Informationsschriften der Bundesregierung anzubieten, Möglichkeiten zur Beschaffung von Informationen aufzuzeigen und die Bundesregierung und ihre Arbeit bürgernah zu präsentieren.

Der Einsatz dieses Mediums wurde zunächst als Modellversuch gestartet und gleich bei den ersten drei Verbraucherausstellungen durch Erfolgskontrolluntersuchungen begleitet. Diese hatten zum Ziel, die Akzeptanz des neuen Mediums bei der Bevölkerung zu erkunden und die Wirksamkeit der Vertriebsfunktion zu überprüfen. Der zuvor beschriebene dreistufige Untersuchungsansatz – Nullmessung, Hauptmessung, Nachmessung – wurde hier nicht angewendet. Die Untersuchung begann mit der Befragung der Besucher zum Zeitpunkt des Messebesuchs. Bei Befragungen am Informationsstand (Stichprobe ca. 1.400 Besucher) wurde vorrangig die Akzeptanz des Standes bei den Besuchern ermittelt. Systematische Beobachtungen des Verhaltens der Besucher am Stand vertieften diesen Untersuchungsteil. Befragungen am Messeausgang (Stichprobe ca. 2.000 Besucher) dienten vor allem der Reichweitenmessung des Informationsstandes – auch in Gegenüberstellung zu vergleichbaren Messeständen anderer Institutionen. Alle Befragungen vor Ort waren gekoppelt mit Adressensammlung für sowohl schriftliche (Stichprobe ca. 700 Besucher) als auch mündliche (Stichprobe ca. 160 Besucher) Nachbefragungen zur Gewinnung von Daten über die Nutzung des mitgenommenen Broschürenmaterials und einer rückblikkenden Bewertung des Informationsstandes und seiner Funktionen. Diese Nachbefragungen fanden jeweils ziemlich genau vier Wochen nach dem Messebesuch statt.

Im zweiten Untersuchungsjahr wurden statt der – kostenintensiven – mündlichen Nachbefragungen vier Gruppendiskussionen mit Besuchern verschiedener Messestädte durchgeführt. Auf diese Weise wurden zwar keine repräsentativen Ergebnisse ermittelt, dafür aber vergleichsweise intensiver als das großangelegte mündliche oder schriftliche Befragungen leisten können, Aufschlüsse über die Einschätzung der und den Umgang mit den Publikationen erbracht.

X. 1. 2. Ausgewählte Untersuchungsergebnisse

Mit den Informationsständen werden auch Bürger erreicht, die auf andere Weise an das Informationsmaterial der Bundesregierung nicht gelangen. Informationsstände sind geeignet, auch Menschen ohne ausgeprägtes politisches Interesse anzusprechen, wenngleich die stark Interessierten erwartungsgemäß die Mehrheit bilden. Im Durchschnitt aller untersuchten Ausstellungen läßt sich als Richtwert sagen, daß etwa jeder zweite Besucher den Stand des BPA bemerkt und jeder vierte ihm nähere Aufmerksamkeit widmet, ein überdurchschnittlicher Anteil im Vergleich zu Informationsständen anderer Institutionen. Die Aufmerksamkeit für die verschiedenen Themen, zu denen Broschüren ausgelegt werden, ist sehr stabil. Themen, die sich auf die persönliche Lebenslage beziehen und von daher auf besondere Betroffenheit stoßen, stehen im Vordergrund.

Die Funktion des Informationsstandes als Vertriebselement wird klar erkannt und akzeptiert. Positiv bewertet werden:

- die Offenheit und Übersichtlichkeit des Standes;
- die Aufmachung und Gestaltung;
- die Tatsache, daß man sich ungestört umsehen könne.

Herausgestellt wird von den Besuchern neben dem leicht zugänglichen Broschürenangebot die Tatsache, daß man sie kostenlos mitnehmen könne. Kritik gibt es kaum, allenfalls in einigen Fällen zur Lage des Standes. Ab und zu wird Beratung vermißt oder von einigen Besuchern ein noch detaillierteres Broschürenangebot erwartet.

80 % bis 90 % der Standbesucher nehmen Informationsmaterial mit und nutzen es zu überraschend großen Anteilen: Vier Wochen nach dem Ausstellungsbesuch haben etwa vier von fünf Besuchern die mitgenommenen Broschüren in die Hand genommen und mehr oder weniger intensiv gelesen. Etwa jeder zweite Besucher kann vier Wochen nach dem Ausstellungsbesuch noch genaue Titel nennen, weitere 30 % legen freiwillig Broschüren vor. In vielen Fällen werden sie als Nachschlagemöglichkeit gesehen und verwendet.

X. 2. *Anzeigen*

X. 2. 1. Ziele der Maßnahme, Untersuchungsansatz und -durchführung

Ende 1979 wurden bundesweit in vier Illustrierten fünf Anzeigen zum Thema „Natur- und Umweltschutz"[17] geschaltet. Ziele dieser Anzeigenkampagne waren:

- maximale Reichweite, d. h. breitestmögliche Ansprache der Bevölkerung;
- Erzeugung von Problembewußtsein zu den Anzeigeninhalten;
- Steigerung des Informationsstandes im Bereich Umweltschutz;
- Verteilerhilfe für Umwelt- und Naturschutzpublikationen.

Durch die Erfolgskontrolluntersuchung sollte festgestellt werden, inwieweit die einzelnen Kampagnenziele erreicht wurden. Dazu wurden folgende Erfolgskontrollmaßnahmen durchgeführt:

- Nullmessung: Befragung von 2.000 Personen unmittelbar vor Beginn der Anzeigenschaltung zur Ermittlung des allgemeinen Kenntnis- und Einstellungsbildes im Bereich Umweltschutz;
- Hauptmessung: Befragung von 2.000 Personen unmittelbar nach Schaltung der letzten Anzeige zur Messung der Reaktion auf die Anzeigenserie (Reichweite, Akzeptanz usw.), Vergleich mit der ersten Befragung zur Messung der Anzeigenwirkung;
- Nachmessung: Auswertung von Strukturdaten der Broschürenbesteller anhand von ca. 7.000 Bestellpostkarten und -briefen, schriftliche Befragung bei ca. 300 Broschürenbestellern über Akzeptanz und Nutzung der bestellten Informationsschrift.

17 Vgl. oben Fußnote 6.

X. 2. 2. Ausgewählte Untersuchungsergebnisse

Infolge einer günstigen Medienauswahl wurden durch die Anzeigenkampagne *alle* Gruppen der Bevölkerung angesprochen. Es wurde ein großer Bevölkerungsanteil von mindestens 6 Mill. erreicht (Reichweite liegt je nach Erhebungsmethode zwischen 13 % und 46 % mit unterschiedlichen Werten für Bildelement, Inhalte, Headlines usw.). Da die Kampagne in nur wenigen Medien und damit relativ kostengünstig geschaltet wurde, ist dies insoweit ein überdurchschnittlich günstiges Ergebnis.

Über Anzeigen vermittelte Detailinhalte verändern den Informationsstand von großen Bevölkerungsgruppen nicht meßbar, zumal dann nicht, wenn die Anzahl der in der Kampagne geschalteten Anzeigen relativ klein, andererseits mehrere Inhalte in einer Anzeige behandelt werden. Regierungsanzeigen können nur dann als geeignetes Medium zur Informationsvermittlung angesehen werden, wenn nicht über Einzelheiten, sondern über zentrale Aussagen zur Regierungspolitik unterrichtet oder auf Einzelmaßnahmen nur hingewiesen werden soll. Dennoch darf nicht übersehen werden, daß eine sehr kleine Bevölkerungsgruppe sich mit den Anzeigeninhalten stärker auseinandersetzt. Gerade in der Gruppe der späteren Broschürenbesteller läßt sich das besondere Interesse nachweisen. Von der Quantität her liegt diese Gruppe allerdings unterhalb des im Rahmen von Umfrageaktionen meßbaren Bereichs. Auch in einer unerwarteten Langzeitwirkung der Kampagne in Form von Hinweisen auf die Kampagne in Presse und Fernsehen bestätigt sich zumindest das Interesse von Fachkreisen an der Aktion.

Als problematisch erweist sich die Zuordnung von gemessenen Veränderungen zum Inhalt der Maßnahme. Infolge einer starken Medienberichterstattung im Vorfeld der Anzeigenkampagne wurden in Bezug auf Informationsniveau und Problembewußtsein zum Teil günstigere Werte gemessen als zum Zeitpunkt der Anzeigenschaltung, wo die Aktualität des Themas als deutlich rückläufig gemessen wurde.

Eine Broschürenanforderung von ca. 15.000 Personen und Institutionen signalisierte einen Bedarf an weitergehenden Informationen zum Thema Umweltschutz. Dieser Bedarf beschränkte sich allerdings – was nicht überraschend ist – auf die bereits am Thema interessierte Gruppe. Wahrscheinlich wäre durch eine attraktivere Herausstellung des Informationsangebotes die Zahl der Bestellungen noch deutlich zu erhöhen gewesen. Eine erheblich größere Anzahl hat die Anzeigen zwar gesehen, sie jedoch nicht vollständig, d. h. bis zum Ende gelesen und ein dort diskret unterbreitetes Angebot zur Broschürenbestellung wahrgenommen.

XI. Verarbeitung der Ergebnisse von Erfolgskontrollen

Die Aufgabe der Erfolgskontrolle im BPA endet mit der Übermittlung eines eigenen Abschlußberichts an die Fachabteilung. Alle Erhebungsdaten und Tabellenbände bleiben im Referat Erfolgskontrolle, wo sie auf Wunsch eingesehen werden können. Die in der Regel nach Übermittlung des Berichts stattfindende Schlußbesprechung mit der Fachabteilung bezieht sich vorrangig auf Methoden- und Interpretationsfragen sowie auf zusätzlichen Untersuchungsbedarf im konkreten Fall. Obwohl die Darstellung und Interpretation von Untersuchungsergebnissen im Mittelpunkt des Schlußberichts stehen, werden dort gelegentlich auch konkrete Handlungsempfehlungen für den Fall der Weiterführung der Maßnahme ausgesprochen. Sie umzusetzen bleibt jedoch bewußt der Fachabteilung überlassen.

Das Referat Erfolgskontrolle wird künftig derartige Empfehlungen noch systematischer ausarbeiten. Dieses Verfahren empfiehlt sich vor allem im Hinblick auf Optimierungsmöglichkeiten, die sich bei jeder Erfolgskontrolluntersuchung ergeben. Die konstruktive Funktion der Erfolgskontrolle könnte damit vor allem für die Fachabteilung noch sichtbarer gemacht werden. Dies bedingt selbstverständlich, daß die Verbesserungsvorschläge im Rahmen des politisch und finanziell Durchsetzbaren bleiben. Da das Testen von Maßnahmenvariablen konstruktive Verbesserungsvorschläge erleichtert, wird diese Möglichkeit der Optimierung künftig stärker in Anspruch genommen werden.

Je negativer sich die Ergebnisse von Erfolgskontrolluntersuchungen darstellen, desto schwieriger hat sich allerdings ihre Handhabung erwiesen. Ausgenommen davon bleiben die seltenen Fälle, in denen die Fachverantwortlichen oder die politische Leitung negative Ergebnisse nicht nur erwartet hatten, sondern sogar daran interessiert waren. Hier bietet die Erfolgskontrolle eine willkommene Legitimation dafür, bestimmte Maßnahmen der Öffentlichkeitsarbeit einzustellen, von deren Wirkung man bisher ohnehin nicht recht überzeugt war, die man aber auf externen Druck hin oder aus langjähriger Gewohnheit durchgeführt hatte. Im BPA gilt dies zum Beispiel für die aufwendigen politischen Anzeigenkampagnen.

Von diesen Ausnahmefällen abgesehen, ist es, gegebenenfalls durch selektive Verwendung, schon aus taktischen Gründen das Bestreben der Erfolgskontrolle, aus negativen Untersuchungsergebnissen noch das Beste zu machen. Haben sich die Fronten zwischen dem Referat Erfolgskontrolle und der Fachabteilung durch das Beziehen interner Verteidigungsstellen erst einmal verhärtet, werden Erfolgskontrollen für die Zukunft erheblich erschwert. Dies gilt hauptsächlich bei negativen Erfolgskontrollergebnissen schon lange laufender, bisher nicht kritisierter Maßnahmen. Je nach Bedeutung der Maßnahmen sieht das dafür verantwortliche Fachreferat rasch sein Prestige in Frage gestellt und wird im Zweifel auf Konfliktkurs in Richtung Methodik oder Interpretation der Ergebnisse gehen. Kommt noch ein Überraschungseffekt infolge unzureichender oder verspäteter Kommunikation zwischen dem Referat Erfolgskontrolle und der Fachabteilung hinzu, ist die Basis für künftige Kooperation zerstört. So gesehen, sollte die undifferenzierte Empfehlung der Einstellung erfolgskontrollierter Maßnahmen möglichst unterbleiben.

Auf jeden Fall wird bei von vornherein eher als negativ eingeschätzten Maßnahmen der Öffentlichkeitsarbeit besonderer Wert auf stringente Untersuchungsmethoden und sichere Daten gelegt. Stehen solche nicht zur Verfügung, wird von Erfolgskontrolluntersuchungen abgesehen.

Eine völlig andere Art, auf Erfolgskontrolluntersuchungsergebnisse zu reagieren, ist die „Das haben wir alles schon gewußt"-Reaktion. Hier kommt es darauf an, durch frühzeitige Klarstellung von Erwartungen entsprechende Angriffsflächen zu vermeiden. Erfolgskontrolluntersuchungen können nicht ständig neue Erkenntnisse erbringen. Sie finden ihre Rechtfertigung häufig auch in der Objektivierung subjektiver Einschätzungen durch systematisches Zusammentragen von Daten und in der empirischen Absicherung bisher vermuteter Wirkungen.

Obwohl bisher im BPA nicht eingetreten, bringen negative Ergebnisse von Erfolgskontrolluntersuchungen schließlich dadurch die Gefahr der Politisierung mit sich, daß sie entweder vom Bundesrechnungshof, vom Parlament – meist von der Opposition – oder von den Medien in kritischer Weise aufgegriffen werden. Die politische Leitung gerät dann erfahrungsgemäß schnell in eine Defensivhaltung und verliert das Interesse an weiteren Erfolgskontrollen. Dem kann nur dadurch vorgebeugt werden, daß bei den genannten Institutionen frühzeitig und losgelöst vom Einzelfall für Sinn und Zweck der Durchführung von Erfolgskontrollen geworben wird. Es wäre bedauerlich, wenn um den Preis kurzfristigen politischen Kleingelds selbstkritische Bemühungen der Verwaltung torpediert würden.

Bibliographie

Hackforth, J., *Massenmedien und ihre Wirkungen*, Göttingen 1976.

Hofsähs, R./H. Pollmann, *Das Presse- und Informationsamt der Bundesregierung*, 5. Aufl., Düsseldorf 1979.

Koch-Hillebrecht, M., *Das Deutschlandbild. Gegenwart-Geschichte-Psychologie*. München 1977.

Das Urteil des Bundesverfassungsgerichts vom 2. März 1977 zur Öffentlichkeitsarbeit von Staatsorganen in Bund und Ländern, Karlsruhe 1978.

Günter Hartkopf
Bundesministerium des Innern, Bonn (bis 1983)

Evaluierungen im Bundesministerium des Innern – Viele Wege führen zum Ziel

I. Ziele und Formen der Evaluierung im Bundesministerium des Innern

Die Durchführung einer Bewertung staatlicher Maßnahmen und Programme und eine Prüfung auf ihren Erfolg scheint eine selbstverständliche Aufgabe zu sein. Angesichts der Breite des Spektrums an Aufgaben, die dem *Bundesministerium des Innern* obliegen – von traditionellen Ordnungs- und Schutzaufgaben über Maßnahmen der Verwaltungsorganisation bis hin zu vorbeugenden Technologiefolgenabschätzungen, Risiko- und Qualitätskontrollen im Datenschutz und Umweltschutz –, der großen Anzahl von Beteiligten und deren unterschiedlichen Interessen, scheinen jedoch Kriterien dessen, was als Erfolg zu bezeichnen ist, kaum auffindbar zu sein. Angesichts der Vielzahl möglicher Einflußfaktoren und der unterschiedlichen Gewichtung dessen, was Erfolg ist, wird der Versuch einer Evaluierung zur Sisyphusarbeit.[1]

Dennoch hat die Forderung nach einer Evaluierung und einer sorgfältigen Prüfung staatlicher Aufgaben auch im BMI nicht nur aufgrund der angespannten Haushaltslage eine neue Bedeutung erhalten. *Entbürokratisierung* und *Entstaatlichung* markieren hierbei häufig ideologisch genutzte Reizworte, hinter denen sich eine Fülle unterschiedlicher Anforderungen und Vollzugsprobleme im Hinblick auf eine qualitative Leistungssteigerung der Verwaltung verbergen.[2] Evaluierungen, die zu einem effizienteren und effektiveren Vollzug, aber auch zu einer sparsameren Aufgabenerfüllung führen, könnte dabei eine wichtige Aufgabe zukommen, zumal neue Probleme sich nicht mehr durch eine Ausweitung staatlicher Aufgaben (und Ausgaben) lösen lassen. Defizite des Vollzugs sind jedoch häufig auch Defizite der Gesetzgebung. Evaluierung kann sich daher nicht nur mit einer Evaluierung der internen Effektivität im Verwaltungsvollzug begnügen, sondern sie hat bereits ex ante die Folgen und Wirkungen von Gesetzen, Programmen und Projekten, auch die Risiken, Wirkungen, Folgewirkungen und Folgelasten für die Betroffenen zu erfassen und zu bewerten (BMI 1981). Um die Leistungsfähigkeit der Verwaltung und den Ertrag einer Politik zu beurteilen, bedarf es der Nutzung unterschiedlicher Evaluierungsverfahren, um wirksame Maßnahmen und Programme durchzusetzen. Die Grundsätze der Wirt-

1 Siehe auch die Übersicht *Evaluierungsaktivitäten und Aufgaben im BMI*.
2 Siehe auch R. Mayntz u. a., *Vollzugsprobleme in der Umweltpolitik*, Wiesbaden 1978.

schaftlichkeit und Sparsamkeit reichen hier nicht aus. Eine verbesserte Institutionalisierung von geeigneten Verfahren, die Entwicklung und Verbreitung geeigneter Methoden der Evaluierung sind hierbei notwendige Voraussetzungen. Je nach Zwecksetzung ergibt sich hierbei ein breites Spektrum von Methoden: von einer einfachen Kostenkontrolle bis zum umfassenden wissenschaftlichen Test.

Zwei unterschiedliche Zielsetzungen sollten bei Evaluierungen bedacht werden:
1 *Prozeßinterne verwaltungsvollzugsbezogene Evaluierungen*, wie sie z. B. im Arbeitsprogramm zur Verbesserung der Verwaltungsorganisation oder in der Evaluierung von Personalbeurteilungssystemen durchgeführt werden, zielen vor allem darauf, effektivere und flexiblere Verwaltungsleistungen sicherzustellen; Bürgernähe und ergebnisorientiertes Verwaltungshandeln sind hierbei die Ziele der Evaluierung.
2 Weiterhin sind die Evaluierungen zu nennen, die auf die *Prüfung bestimmter externer Ziele und Wirkungen* gerichtet sind. Hierzu zählen beispielsweise die Kontrollen und Evaluierungen von Maßnahmen der Umweltpolitik, die ex-ante-Evaluierung durch Vergleichsverfahren bei Standortrisiken oder die Prüfung von Folgewirkungen von Gesetzen und Maßnahmen nach der GGO oder auch der Test neuer Techniken wie die Kabelfernsehpilotprogramme.
Voraussetzung für Evaluierungen und Wirkungsanalysen sind – neben einer Präzisierung von politischen Zielen – verbesserte *Informationserfassungssysteme*. Dies gilt nicht nur im Hinblick auf verwaltungsinterne Informationssysteme, sondern bezieht, soweit es sich um Wirkungsbeobachtungen im Aufgabenfeld des BMI handelt, auch nachgeordnete Behörden mit ein, wie z. B. die Informations- (und Wirkungsfeld-) Beobachtungsaufgaben des *Umweltbundesamtes* (UMPLIS), aber auch Forschungseinrichtungen wie das Bundesinstitut für Bevölkerungsforschung oder das statistische Bundesamt (Statis Bund). Allerdings ist bei diesen Beobachtungssystemen die Verbindung zu tatsächlichen Maßnahmen und Programmen häufig noch sehr gering, dennoch sind deren Informationssysteme wichtige Grundlage für mögliche Erfolgsbeurteilungen, z. B. der Umweltpolitik, und sollten stärker maßnahmenspezifisch aufgebaut werden.[3]

Beispiel aus dem Aufgabenprogramm des BMI

Die folgende Übersicht soll über die vielfältigen Ansatzpunkte, Bereiche und Notwendigkeiten für Wirkungsanalysen informieren.

Wichtige Gesetze mit Prüf- und Kontrollpflichten

Wasserhaushaltsgesetz (§ 7 a Abs. 2)
Bundesimmissionsschutzgesetz (BImSchG)
Chemikaliengesetz (Anmeldeverfahren)
Störfallverordnung
Atomgesetz (Handbuch)
Strahlenschutzverordnung
Melderechtsrahmengesetz
Richtlinie zur Emissions- und Immissionsüberwachung (GMBl. 371, 1979)
Richtlinie Strahlenschutz in der Medizin (GMBl. 1979, Nr. 31)

3 Siehe auch UMPLIS-Forschungskataloge UBA.

Aktionsprogramme und Arbeitsprogramme

Aktionsprogramm Ökologie 1979
Aktionsprogramm Lärmbekämpfung Okt. 1978
Umweltprogramm 1971 (Fortschreibung im Umweltbericht 76, 78)
Arbeitsprogramm Verbesserung der Verwaltungsorganisation
Arbeitsprogramm zur Verbesserung des Informationswesens
Aktionsprogramm zur Dienstrechtsreform Mai 1976

Arbeitsgruppen und Projektgruppen

Projektgruppe Bürgernahe Verwaltung
Projektgruppe Ökologie
Kerntechnischer Ausschuß
Interministerielle Arbeitsgruppe „Einführung von Organisationsänderungen"
Interministerielle Arbeitsgruppe „Bevölkerungsfragen"
Interministerielle Arbeitsgruppe „Bildschirmgebundene Textinformation"
Interministerielle Arbeitsgruppe „Verbesserung der Vorausschätzung der Durchführungskosten von Gesetzen"
Interministerieller Ausschuß zur Koordinierung der Datenverarbeitung in der Bundesverwaltung (IMKA)
Interministerielle Arbeitsgruppe „Verbesserung des Gesetzgebungsprozesses"
Projektgruppe Fortentwicklung des öffentlichen Dienstes

Berichte

Medienbericht 1978	BTDrs. 8/2264	
Sportbericht	BTDrs. 8/2033	
Verfassungsschutzbericht		jährlich
Tätigkeitsbericht des Bundesbeauftragten für Datenschutz		jährlich
Bericht zum Verkehrslärmschutzgesetz		jährlich

Umweltschutzbericht 1976, 1978
Entsorgungsbericht
Immissionsschutzbericht 1978 BTDrs. 8/2006
Tätigkeitsbericht des Bundesgrenzschutzes jährlich

Beispiele für Modellprogramme und Erprobungen

- Elektronische Textkommunikationsformen (Bildschirmtext, Videotext und Kabeltext) (Eingliederung neuer Medien in bestehende Mediensysteme)
- Erprobung neuer Anwendungsformen der Personalsteuerung (Systematische Formen der Arbeitsplatzbewertung)
- Modellseminare Erfolgskontrolle und Wirksamkeitsprüfungen der Bundesakademie

Wichtige nachgeordnete Einrichtungen mit Aufgaben der Wirkungsforschung

Statistisches Bundesamt (Informationssystem Bund)
Umweltbundesamt (Umweltverträglichkeitsprüfung, Modellerprobungen, Wirkungsanalysen)
Bundesinstitut für Bevölkerungsforschung (Auswirkungen des generativen Verhaltens)
Bundeszentrale für Politische Bildung (Wirksamkeitsanalyse von Öffentlichkeitsarbeit)
Bundesakademie für öffentliche Verwaltung (Wirksamkeit der Weiterbildung)
Bundesverwaltungsamt – Bundesstelle für Büroorganisation und Bürotechnik (BBB) (Prüflisten, z. B. Vordrucke, Bürgernahes Verhalten)

Dennoch dürfen die Möglichkeiten einer Evaluierung nicht überschätzt werden. Zwar sind – nicht zuletzt durch die Anstöße in der Folge der Projektgruppe Regierungs- und Verwaltungsreform – zahlreiche Verfahren und Methoden der Entscheidungsfindung, Planung und Bewertung inzwischen Alltagspraxis.[4] In der aktu-

4 Vgl. die Arbeiten der Projektgruppe Regierungs- und Verwaltungsreform; s. auch die Veröffentlichungen der Bundesakademie für öffentliche Verwaltung.

ellen tagespolitischen Diskussion, bei Entscheidungen über eine Reduzierung von Aufgaben und Ausgaben, bei der Setzung neuer Prioritäten besitzen sie jedoch nur häufig eine geringe Durchschlagskraft. Dies mag nicht zuletzt darauf zurückzuführen sein, daß es bisher noch nicht gelungen ist, die Vielfalt unterschiedlicher Programme, Aufgaben und Maßnahmen mit ihren daran angebundenen unterschiedlichen Interessen, den an diese gebundenen unterschiedlichen Folgewirkungen und -lasten, systematisch vergleichbar zu machen. Ein Versuch, der sicherlich beim derzeitigen Stand der Methodenentwicklung auch kaum durchführbar ist.

Dennoch ermöglichen die inzwischen geschaffenen Informationsgrundlagen, z. B. die internen Arbeitsprogramme, die verbesserten verwaltungsinternen Entscheidungsverfahren und die Entwicklung von Kriterien und Grundsätzen für die Aufgabenplanung, die in den letzten Jahren entwickelt wurden, Wege und Verfahrensweisen aufzuzeigen, um zumindest in Teilbereichen für einzelne Aufgabenfelder Bestandsaufnahmen über Implementationshindernisse, Vollzugsdefizite und Folgewirkungen durchzuführen und Arbeitsergebnisse zu bilanzieren.[5] Neben der Kontrolle der Rechtsförmigkeit von Gesetzen finden zunehmend wirkungsanalytische Aspekte bei der Vorbereitung von Gesetzen Beachtung, so z. B. die Kontrolle der Kostenwirkungen und Umweltwirkungen nach § 22 GGO. Auch werden beim Versuch, die Folgen eines Gesetzes zu prüfen oder bei der Erprobung neuer Programme und Techniken, zunehmend *Planspiele, Tests und Pilotstudien* genutzt, um vorab deren Durchführbarkeit zu erproben und negative Folgewirkungen zu vermeiden.[6] Nicht zuletzt die Dynamik der technologischen und wirtschaftlichen Entwicklungen erfordert, um die traditionelle Schutz- und Ordnungsfunktion des Innenministeriums aufrechtzuerhalten, Vorabkontrollen, zukunftsorientierte Vorabprüfungen der Auswirkungen von Gesetzen und technischen Entwicklungen, um kostspielige Folgewirkungen zu vermeiden. Risikoprüfungen, Qualitätskontrollen und Pilottests markieren die Notwendigkeit, traditionelle Gestaltungs- und Ordnungsaufgaben den neuen Anforderungen anzupassen, auch verwaltungsintern bedarf es vermehrt der Versuche und ihrer Evaluierung, z. B. um neue Formen der Personal- und Organisationssteuerung zu erproben, um die Verwaltung für diese Aufgaben zu wappnen.[7]

Die folgenden drei Beispiele sollen unterschiedliche Zwecksetzungen und Nutzungen von Evaluierungsformen veranschaulichen; sie verdeutlichen gleichzeitig das breite Spektrum der Erfahrungen mit Evaluierungen im BMI:

a) Vor allem auf eine *verwaltungsinterne Verbesserung der Effektivität* und Wirksamkeit von Maßnahmen zielen Formen, wie sie im Rahmen der Programm- und Aufgabensteuerung für eine ergebnisorientierte Zielprüfung im BMI verwirklicht werden.

5 Hierzu zählen insbesondere die *Richtlinien für die Zusammenarbeit und den Personaleinsatz im Bundesministerium des Innern vom 12. September 1975 (GMBl.*, 1975, 717) sowie die *Richtlinien zur Organisation, Zusammenarbeit und den Personaleinsatz im Bundesministerium des Innern vom 14. Juli 1978*, Der Bundesminister des Innern (Hrsg.), Bonn 1978.

6 C. Böhret/W. Hugger, *Test und Prüfung von Gesetzesentwürfen, Schriftenreihe der Bundesakademie für öffentliche Verwaltung*, Sonderheft 5, 1980.

7 Vgl. hierzu auch G.-M. Hellstern/H. Wollmann, Wirksamere Gesetzesevaluierung, in: *Zeitschrift für Parlamentsfragen*, 4/1980, S. 547.

b) Der institutionalisierten Prüfung möglicher *Maßnahmewirkungen* dienen Verfahren, wie sie hier beispielhaft am Verfahren der Umweltverträglichkeitsprüfung vorgestellt werden.

c) Der *Evaluierung begrenzter Tests* von Modellen und Experimenten dienen wissenschaftliche Evaluierungen, wie sie am Beispiel der Evaluierung von Beurteilungsverfahren aufgezeigt werden sollten.

2. Fallbeispiele aus der Evaluierungspraxis

1. Zur Institutionalisierung von Ziel- und Ergebnisprüfungen im BMI: Fallbeispiel: Aufgabenplanung und Erfolgskontrolle[8]

Mit den Verfahren zur Verbesserung der eigenen *internen Leistungskontrolle* wurde im BMI bereits im Jahre 1975 begonnen. In den Richtlinien für die Zusammenarbeit und den Personaleinsatz im Bundesministerium des Innern heißt es, daß die Referate und – soweit möglich – die Abteilungen Arbeitsprogramme aufstellen, die nach einheitlichen Grundsätzen gestaltet sind und die neben der Fortschreibung gleichzeitig auch *Erfolgskontrollen* ermöglichen sollen. So heißt es in den 1978 erlassenen Richtlinien zur Organisation, Zusammenarbeit und den Personaleinsatz im Bundesministerium des Innern vom 14. Juli 1978 in Ziff. 23:

> „Die Referate, Arbeitsgruppen und Projektgruppen stellen unter Berücksichtigung vorgegebener Ziele und Aufgaben Arbeitsprogramme auf, soweit die Aufgabenstellung dies zuläßt. Bei der Aufstellung der daraus gebildeten Arbeitsprogramme der Abteilungen sind die zur Verfügung stehenden und im Finanzplan vorgesehenen Haushaltsmittel, der Grundsatz der Wirtschaftlichkeit sowie der den Abteilungen zur Verfügung stehende Personalbestand zu berücksichtigen.
> Die Arbeitsprogramme werden so gestaltet, daß sie Fortschreibungen und Ergebniskontrollen ermöglichen. Die Abteilungsleiter prüfen in regelmäßigen Abständen, inwieweit die in den Arbeitsprogrammen der Abteilungen festgelegten Arbeitsziele erreicht sind.
> Die Abteilung Z faßt die nach einheitlichen Grundsätzen gestalteten Arbeitsprogramme der Abteilungen sowie Hinweise auf den Stand der Arbeiten für das Ministerium zusammen.
> Bei Organisations- und Geschäftsprüfungen ist anzustreben, auch Feststellungen über Notwendigkeit, Wirksamkeit und Wirtschaftlichkeit der zur Erfüllung der Arbeitsprogramme durchgeführten Maßnahmen zu treffen."[9]

Bei der Aufstellung der Arbeitsprogramme durch die jeweils fachlich zuständigen Referate oder Projektgruppen finden dabei einheitliche Verfahrensgrundsätze Anwendung, die sich vor allem auf folgende Punkte erstrecken:
- Bezeichnung des Vorhabens;
- Ziel und wesentlicher Inhalt des Vorhabens;

8 Diese Fallstudie nimmt als Grundlage D. Seiler, Die Entwicklung von Planungsmethoden und -techniken auf Regierungs- und Ressortebene, in: H.J. von Oertzen, *Antworten der öffentlichen Verwaltung auf die Anforderungen der heutigen Gesellschaftssysteme (Schriften der Deutschen Sektion des Internationalen Instituts für Verwaltungswissenschaften)*, Bonn 1980, Bd. 5.

9 *Richtlinien für die Organisation, Zusammenarbeit und den Personaleinsatz im Bundesministerium des Innern vom 14. Juli 1978*, Ziff. 2.3.

- Darstellung des Zusammenhangs mit anderen Vorhaben sowie von bestehenden Problemen und zu erwartenden Schwierigkeiten;
- Berücksichtigung der Finanzplanung, soweit Haushaltsmittel erforderlich sind;
- Ablaufplanung (Plan-Termine für die wesentlichen Schritte zur Realisierung des Vorhabens);
- Verwirklichung (Ist-Termine der wesentlichen Schritte zur Realisierung des Vorhabens).

Für die einzelnen Vorhaben werden die zeitlichen Planziele, beginnend mit der Fertigstellung des ersten Referentenentwurfs und endend mit dem Inkrafttreten, festgelegt und fortgeschrieben.

Aus den Arbeitsprogrammen der Referate, Arbeitsgruppen und Projektgruppen werden die Arbeitsprogramme der Abteilungen aufgestellt, und zwar gegliedert nach Unterabteilungen. Hierfür ist der Abteilungsleiter verantwortlich. Er achtet insbesondere darauf, daß die zur Verfügung stehenden und im Finanzplan vorgesehenen Haushaltsmittel, der Grundsatz der Wirtschaftlichkeit und der der Abteilung zur Verfügung stehende Personalbedarf berücksichtigt werden.

In einem nächsten Schritt erstellt das Planungsreferat im Zusammenwirken mit den Abteilungen und unter Hervorhebung zusammenhängender fachlich verwandter Aufgabenbereiche eine Übersicht der politisch bedeutsamen Vorhaben des Hauses. Die Übersicht wird unregelmäßig, etwa drei- bis viermal im Jahr, fortgeschrieben. Als politisch bedeutsame Vorhaben kommen in der Regel in Betracht Gesetze, Rechtsverordnungen und Allgemeine Verwaltungsvorschriften, soweit sie von wesentlicher Bedeutung sind, internationale Übereinkünfte und Bund-Länder-Abkommen/Verträge sowie Berichte, Konzeptionen und dergleichen, die wesentliche Aufgabenbereiche des Hauses betreffen oder durch die neue Grundlagen für die Wahrnehmung politisch wesentlicher Aufgaben geschaffen werden. In jedem Fall ist Voraussetzung, daß eine Verwirklichung der Vorhaben innerhalb des Planungszeitraums einer Legislaturperiode zumindest wahrscheinlich ist. – Andere Vorhaben werden in die Übersicht aufgenommen, sofern wegen der sachlichen oder politischen Bedeutung des Vorhabens oder wegen bestehender gegensätzlicher politischer Auffassungen damit zu rechnen ist, daß ein persönliches Engagement der Hausleitung in der Angelegenheit notwendig werden wird.

Um die angekündigten Leistungen tatsächlich zu erbringen, wird eine Kontrolle darüber für unverzichtbar gehalten, ob und inwieweit die in den Arbeitsprogrammen dargestellten Planziele und Vorhaben inhaltlich und zeitlich erreicht worden sind. Hierfür ist in erster Linie wieder der Abteilungsleiter unter maßgeblicher Mitwirkung der Unterabteilungsleiter hinsichtlich der Arbeitsprogramme sowohl der Referate als auch der Abteilung verantwortlich. Diese kontinuierlich erfolgende Ergebniskontrolle wird als Teil seiner Leitungsaufgaben aufgefaßt. Es ist vorgesehen, die Feststellungen der Ergebniskontrolle zumindest einmal jährlich nach einheitlichem Muster darzustellen. Im übrigen sollen die Arbeitsprogramme der Abteilungen und etwaige Berichte der Abteilungsleiter über durchgeführte Ergebniskontrollen bei Organisations- und Geschäftsprüfungen mit dem Ziel berücksichtigt werden, Feststellungen über Wirksamkeit und Wirtschaftlichkeit der im Vollzug der Arbeitsprogramme durchgeführten Maßnahmen zu treffen.

Durch die Erfassung der Vorhaben des Hauses nach einheitlichen Kriterien und auf einheitlich gestalteten Karteiblättern (s. Abb. unten) wird erreicht, daß die einzelnen Vorhaben und ihre zeitliche Abwicklung für die Leitung (sowohl der Abteilung als auch des Hauses insgesamt) erkennbar, Querschnittsbezüge durchsichtig und sachliche und zeitliche Engpässe feststellbar werden. Beachtlich ist, daß bereits bei der Entwicklung der Verfahrensgrundsätze für die Aufstellung der Programme Kontrollmechanismen vorgesehen wurden, die über die reine Fortschreibung hinaus laufende Bewertungen der erreichten Arbeitsergebnisse ermöglichen.

Dazu gehört, daß neben reinen Soll-Ist-Vergleichen aufgrund der durch die Karteiblätter erfaßten Informationen sowohl inhaltliche als auch zeitliche Soll-Soll-Vergleiche durchgeführt werden können.

Bei der Entwicklung der Verfahrensgrundsätze für die Aufstellung von Arbeitsprogrammen ist von vornherein darauf geachtet worden, daß – soweit möglich – die bereits im Hause entwickelten Hilfsinstrumente und -verfahren weiterhin eingesetzt werden konnten, um den zusätzlichen Arbeitsaufwand, den die Zusammenfassung der Abteilungsprogramme zu einem Arbeitsprogramm des Hauses verursacht, möglichst gering zu halten.

Um den Informationsfluß zwischen den einzelnen Organisationseinheiten des Hauses und dem Leitungsbereich zu verbessern und zu vereinfachen, führt das Planungsreferat auf der Grundlage der Arbeitsprogramme der Abteilungen eine Arbeitskartei. In diese Kartei werden alle für die Beurteilung eines Vorhabens und seines Sachstandes relevanten Informationen – einschließlich der Ablaufplanung – nach einem einheitlichen Raster eingearbeitet. Für jedes Vorhaben wird eine besondere Karteikarte – farbig unterschieden nach Gesetzen, Verordnungen und sonstigen Vorhaben – angelegt. Zur Arbeitserleichterung und zum Zweck der Kommunikation werden Ablichtungen der Arbeitskartei den bereits erwähnten Verbindungsstellen der Abteilungen zur Verfügung gestellt.

Die Aufnahme neuer Vorhaben in die bei dem Planungsreferat geführte Arbeitskartei erfolgt entweder durch Neuanmeldung zum *Datenblattinformationssystem* der Bundesregierung oder durch Aufnahme neuer Vorhaben in das jeweilige Abteilungs-Arbeitsprogramm. Die Fortschreibung der Zeitplanung der Arbeitskartei geschieht gleichzeitig mit der ohnehin monatlich notwendigen Aktualisierung der Ablaufplanung des Datenblattinformationssystems der Bundesregierung. Hinzu kommt die mit dem Datenblattverfahren verknüpfte Kabinettzeitplanung. Hier werden nach Absprache mit den Fachreferaten durch das Kabinettreferat des Hauses präzisierte Kabinettermine oder Kabinettplantermine mittels Änderungsdatenblatt fortgeschrieben und im selben Arbeitsgang ebenfalls in die BMI-Arbeitskartei eingearbeitet.

Neben wesentlichen Arbeitserleichterungen besteht der Vorzug dieses Verfahrens darin, zwei zumindest teilweise/zeitweise parallel verlaufende Informationssysteme in einem Arbeitsgang fortzuschreiben und damit die Notwendigkeit der Umfragen zur Aktualisierung wiederkehrender Daten erheblich zu verringern. Gleichzeitig wird die Durchführung einer Ergebniskontrolle erleichtert.

Dennoch ist wohl zu sagen, daß sich das beschriebene Verfahren zunächst noch innerhalb der Grenzen dessen hält, worauf eine moderne Verwaltung heute als absolutes Minimum nicht mehr verzichten kann.

Mit der teilweise in anderen Bundesministerien bereits modellhaft erprobten Aufstellung einer Ziel-/Programmstruktur hat das beschriebene Verfahren noch wenig gemeinsam. Angesichts der Größe und der Heterogenität der im Bundesministerium des Innern wahrgenommenen Aufgaben wäre die Erstellung einer Ziel-/Programmstruktur auch nur mit einem unverhältnismäßig großen Aufwand zu erreichen. Für die Zwecke dieses Ministeriums kommt es letztlich entscheidend darauf an, daß die Ergebnisse der Planungsarbeiten als Führungsinformation für die Hausleitung kontinuierlich genutzt werden können, da erst dadurch – zumindest unter Kosten-/Nutzen-/Aspekten – der volle Ertrag erbracht wird.

II. Zur Institutionalisierung von Wirkungsprüfungen im Verwaltungsablauf

II.1. Fallbeispiel II: Umweltverträglichkeitsprüfung[10]

1. Entstehung und Hintergrund zur Umweltverträglichkeitsprüfung

Ein weiteres und sehr viel bekannteres Beispiel einer ex-ante-Evaluierung mit dem Ziel, sämtliche Auswirkungen von Programmen, Vorhaben und sonstigen Maßnahmen vor deren Inangriffnahme systematisch zu identifizieren, zu bewerten und in den Entscheidungsprozeß mit einzubeziehen, ist das Beispiel der Umweltverträglichkeitsprüfung, systematisch ein Unterfall der projektbezogenen *Technologiefolgenabschätzung*.

Mit dem Umweltprogramm vom 29. September 1971[11] wurde die *Prüfung* der *Umweltverträglichkeit* öffentlicher Maßnahmen des Bundes, wie sie vergleichbar in zahlreichen Ländern[12] bereits bestehen, zu einem wichtigen Leitgedanken für die Realisierung ökologischer Grundgedanken im Rahmen staatlicher Maßnahmen. Mit der Neufassung der gemeinsamen Geschäftsordnung der Bundesministerien (GGO II) im Jahre 1972 wurde die Prüfung der Umweltauswirkungen auch auf die Vorbereitung von Gesetzen ausgedehnt.[13] Mit dem Kabinettsbeschluß der Bundesregierung vom 22. August 1975 über die „Grundsätze für die Prüfung der Umweltverträglichkeit öffentlicher Maßnahmen des Bundes"[14] wurden auch Verfahrenshinweise und Angebote für einheitliche Regelungen darüber geschaffen, wie eine Umweltverträglichkeitsprüfung (UVP) durchzuführen ist.[15]

10 Diese Fallstudie beruht auf dem Bericht von Herrn Hassemer.
11 *BTDrs.* 6/2710.
12 Beispielsweise für die USA im National Environmental Policy Act 1969 i.d.F. 42 USC §§ 4321–4361.
13 Vgl. insbesondere GGO II, § 23 Abs. 2 Ziff. 4.
14 i.d.F. der Bekanntmachung des Bundesministers des Innern vom 12. September 1975, *GMBl.* 1975, S. 717.
15 Vgl. dazu auch den Umweltbrief des Umweltbundesamtes, Nr. 11 vom 20. Dezember 1974, Berlin 1974.

Im Umweltbericht der Bundesregierung aus dem Jahre 1976 (Tz.069), aber auch in der Antwort der Bundesregierung vom 27. Februar 1980[16] werden nochmals die Bedeutung, aber auch die Schwierigkeiten der Umsetzung von Umweltverträglichkeitsprüfungen angesprochen. Nicht zuletzt auch in den Gutachten des Rates der Sachverständigen für Umweltfragen[17] werden diese Probleme der Umweltverträglichkeitsprüfung deutlich.[18] Denn die von der Bundesregierung im Jahre 1975 beschlossenen Grundsätze stellen lediglich einen – durchaus nicht alle berührten Stellen befriedigenden – Kompromiß dar, nachdem eine weitergehende Gesetzesinitiative des Bundesministers des Innern bereits im Vorfeld der Ressortabstimmung am massiven Widerstand der meisten, aber auch der Länder, gescheitert war.

Vollzugsschwierigkeiten bei der Realisierung gesetzlicher Regelungen, wie sie beispielsweise im Raumordnungsgesetz (§ 2), im Bundesfernstraßengesetz (§§ 16,17) oder im Bundes-Immissionsschutzgesetz (§ 37 Satz 2), aber auch in einschlägigen Verwaltungsvorschriften bestehen, verschärfen das Problem der Umweltverträglichkeitsprüfung zusätzlich. Dies betrifft auch – aber nicht nur – die Länder, die letztendlich in der Regel für den Vollzug verantwortlich zeichnen. Das Saarland, Hamburg, Berlin und auch Bayern haben im Anschluß an die Bundesgrundsätze eigene Regelungen für die Umweltverträglichkeitsprüfung öffentlicher Maßnahmen ihres Landes erlassen.

Die Durchführung und Umsetzung der Umweltverträglichkeitsprüfung stößt jedoch auf zahlreiche Schwierigkeiten. Dies gilt für die gesetzliche und für die Planungs- und Maßnahmenebene, zeigte sich mithin sowohl bei den Beteiligungsverfahren nach der GGO II als auch bei der Verwirklichung der Grundsätze der Bundesregierung durch die Ministerien sowie tendenziell bei der Verwirklichung der Landesgrundsätze durch die jeweiligen Landesverwaltungen.[19] Diese Umsetzungs- und Verwirklichungsprobleme werden deutlich, wenn man sich vor Augen führt, daß bisher einige Bundesministerien[20] den Kabinettsbeschluß aus dem Jahre 1975 noch nicht einmal formal umgesetzt, d. h. bis heute noch nicht in „geeigneter Weise eingeführt“ haben.

Zu den Hauptproblemen der Umweltverträglichkeitsprüfung gehören u. a.:

- *Wahrnehmungsgrenzen der Fachbehörden*, die verständlicherweise primär an der Durchführung ihrer Projekte interessiert sind und im Rahmen gebotener Abwägungen den Stellenwert des Umweltschutzes nicht immer gebührend ansetzen;
- zu späte bzw. unterlassene oder *mangelhafte Beteiligung* von Umweltbehörden;

16 Vgl. *BTDrs.* 8/3713.

17 Siehe den Erlaß über die Einrichtung eines Rates von Sachverständigen für Umweltfragen bei dem Bundesminister des Innern vom 28. Dezember 1971, *BAnz.* 1972, Nr. 8.

18 Vgl. das erste Gutachten aus dem Jahre 1974 und das zweite von 1978, *BTDrs.* 8/1978.

19 Verwiesen sei hierzu auch auf das Projekt: *Umweltverträglichkeitsprüfung in den Vereinigten Staaten und der Bundesrepublik Deutschland am Beispiel der Fernstraßenplanung*, durchgeführt von W.V. Kennedy und R. Lummert am Internationalen Institut für Umwelt und Gesellschaft des Wissenschaftszentrums Berlin. Ein erster Bericht erscheint voraussichtlich im März 1981 in der Zeitschrift *Umweltpolitik*, Berlin.

20 Vgl. dazu das Gutachten von Prof. Stich zum Thema *Vorschriften zur Umweltverträglichkeitsprüfung in den Fachplanungen*, April 1981.

– die *Dominanz monetärer Kenngrößen* für Umweltbelastungen gegenüber den schwieriger zu erfassenden qualitativen, ökologischen Wirkungen.

Es gibt aber auch Beispiele erfolgreicher Umweltverträglichkeitsprüfungen.

II.2. Fallbeispiel aus der Verkehrsplanung

Zwischen mehreren Bundesministerien, aber auch zwischen der Bundesregierung und dem Land Schleswig-Holstein bestand in der Frage der Linienführung der B 202 von Rendsburg nach Kiel keine Einigung darüber, welcher Trasse der Vorzug zu geben sei. Daher wurde ein Untersuchungsteam aus verschiedenen Bundesanstalten der betreffenden Ministerien gebildet, das vor allem die Aufgabe hatte, beispielhaft die gesamtökologischen Auswirkungen zu berücksichtigen. Beteiligt wurden:

– Bundesforschungsanstalt für Naturschutz und Landschaftsökologie;
– Bundesforschungsanstalt für Landeskunde und Raumordnung;
– Institut für Wasser, Boden und Lufthygiene;
– Bundesgesundheitsamt;
– Umweltbundesamt.

Ausgehend von einem Leitziel, wurden 41 Indikatoren entwickelt und für einen Wirkungsbereich von insgesamt 61 qkm quantitativ erfaßt. Es zeigte sich, daß bei der Wahl einer Südtrasse sehr viel schwerwiegendere Auswirkungen auf die Umwelt zu erwarten waren als bei einer – allerdings teureren – Nordtrasse. Diese Ergebnisse bewirkten eine Entscheidung zugunsten der Nordtrasse.

Sicherlich sind nicht immer diese günstigen Voraussetzungen für die Durchführung einer umfassenden Umweltverträglichkeitsprüfung vorhanden (wie z. B. Bereitschaft zur Durchführung, Personal, Zeit und sonstige Ressourcen), dennoch zeigt sich, daß durchaus Möglichkeiten bestehen, UVP-Modelle in der Praxis mit Erfolg und Nutzen anzuwenden.[21]

II.3. Realisierungschancen einer UVP

Trotz aller dieser Schwierigkeiten wachsen die Durchsetzungschancen – wenngleich nur in ärgerlichem Zeitlupentempo –, da z. B. der Aufbau von *Wirkungskatastern* und überhaupt die Verbesserung der notwendigen Informationsgrundlagen in zahlreichen Ländern Fortschritte macht. Darüber hinaus sind auch wissenschaftliche Fortschritte bei dem Problem der Verarbeitung komplexer Informationen zu verzeichnen, so daß methodisch die Beachtung interdependenter Effekte und verschlungener Wirkungsketten zunehmend möglich wird und dies als Entschuldigung für die Nichtdurchführung einer Umweltverträglichkeitsprüfung langsam an Bedeutung

21 Einige Beispiele liefert die Untersuchung von W. Bückmann (Institut für Zukunftsforschung GmbH Berlin), J. Hennerkes und R. Zieschank (Umweltbundesamt): *Umweltverträglichkeitsprüfung: Fallstudien in der Bundesrepublik Deutschland*, Berlin 1980. Die Studie wurde im Auftrag der EG-Kommission erstellt und ist bisher nicht veröffentlicht.

verlieren wird. Vor allem sind es jedoch zwei Faktoren, die eine Durchsetzung von Umweltverträglichkeitsprüfungen – zumindest tendenziell – begünstigen:

- *Großvorhaben* lassen sich zunehmend ohne eine stärkere Berücksichtigung von Umweltbelangen kaum noch durchsetzen; eine nachvollziehbare Abwägung der unterschiedlichen öffentlichen Belange wird angesichts zunehmenden Drucks von Bürgerinitiativen immer dringlicher;
- die zunehmende *Verknappung öffentlicher Mittel* macht – zumindest theoretisch – Prioritätensetzung, gezielten Mitteleinsatz, Streichungskriterien usw. notwendig. UVP kann hier (z. B. in der Bundesverkehrswegeplanung) wichtige Entscheidungshilfe liefern.

Schließlich entsteht durch die Einschaltung der europäischen Ebene – vgl. den Vorschlag der *Europäischen Gemeinschaften* für eine Richtlinie über die Umweltverträglichkeitsprüfung bei bestimmten öffentlichen und privaten Vorhaben[22] – ein wichtiger zusätzlicher Impuls. Dies gilt um so mehr, als in der vorgeschlagenen Richtlinie folgende neuartigen Elemente enthalten sind:

- die Verpflichtung des Projektträgers zur Vorlage einer umfassenden eigenen Umweltverträglichkeitsanalyse des von ihm zur Genehmigung eingereichten Vorhabens;
- die Veröffentlichung dieser Analyse und, soweit das Vorhaben möglicherweise erhebliche Auswirkungen auf die Umwelt in einem anderen Mitgliedstaat hat, die Information der zuständigen Behörden dieses Mitgliedstaates zur Einholung ihrer Stellungnahme;
- die obligatorische Beteiligung der Öffentlichkeit sowie der betroffenen Verwaltungsbehörden und der für Umweltfragen zuständigen offiziellen Stellen und Organisationen;
- die Erstellung einer inhaltlich näher umschriebenen Umweltverträglichkeitsbeurteilung durch die zuständige Behörde;
- die Veröffentlichung der Umweltverträglichkeitsbeurteilung durch die zuständige Behörde.

Damit ist zu erwarten, daß u. a. zwei Haupthindernisse in der Nutzung der Umweltverträglichkeitsprüfung (methodische Schwierigkeiten sowie ihre Alibifunktion) abgebaut werden. Was die methodischen Schwierigkeiten anbetrifft, so ist auf die inzwischen teilweise fertiggestellten, jedoch noch nicht veröffentlichten Planungshandbücher des UBA zu verweisen als Strategien, die vor allem informelle Grundlagen verbessern (z. B. Handbuch Autobahnplanung, Handbuch Umweltschutz in der Bauteilplanung, Ökologisches Handbuch, Arbeitshilfe für verkehrsgerechte Stadtverkehrsplanung, Muster zur Aufstellung von Umweltberichten in den Kommunen).

22 EG-Dokument 7972/80 – ENV 106.

III. Evaluierung als wissenschaftliche Begleitung
Fallbeispiel III: Die Erprobung und Evaluierung von Beurteilungsverfahren

Die bisherigen Beispiele veranschaulichten institutionalisierte Formen einer Wirkungsanalyse. Hiervon sind Evaluierungen als Entscheidungshilfe bei Programmentwicklung und -erprobung zu unterscheiden, die – im Unterschied zu den vorhergehenden Beispielen – nicht in den Verwaltungsvollzug integriert sind. Das folgende Beispiel erstreckt sich auf eines der wichtigsten Beispiele bisher durchgeführter wissenschaftlicher Evaluierungen.

Die Studienkommission für die Reform des öffentlichen Dienstes hatte in einem besonderen Arbeitskreis eine Reihe von Vorschlägen zur Verbesserung des Beurteilungswesens in der öffentlichen Verwaltung erarbeitet, mit denen Neuland betreten wurde. Bei der Realisierung der eher abstrakten Grundprinzipien tauchten zahlreiche Probleme auf, die aufgrund mangelnder Erfahrungen mit den Neuerungen nicht zu einer Entscheidung gebracht werden konnten. Dem Innenministerium erschien daher der Versuch einer praktischen Erprobung neuer Beurteilungsformen wichtig, um zu einer gesicherten Aussage über das tatsächliche Erreichen beabsichtigter Wirkungen, den Aufwand und die Praktikabilität der Verfahren Aufschluß zu erhalten. Die Erprobung sollte vor allem zur Klärung der folgenden Fragen beitragen:

- Erfüllen die einzelnen Neuerungen im Beurteilungssystem den mit ihnen verfolgten Zweck, und werden sie von den Betroffenen akzeptiert?
  (Zielerreichung.)
- Verstehen die Betroffenen die neuen Beurteilungsformen, und wenden sie diese richtig wo an?
  (Implementationsfragestellung I.)
- Wo liegen die besonderen Schwierigkeiten bei der praktischen Handhabung, und welche Verbesserungsmöglichkeiten sehen die Betroffenen?
  (Implementationsfragestellung II.)
- Wie groß ist der Aufwand der neuen Beurteilungsformen?
  (Kosten-Nutzen-Bilanz.)

III. 1. Ziele der Erprobung und ihrer Evaluierung

Die zur Erprobung gestellten Beurteilungsmodelle bestanden aus einzelnen Elementen, die innerhalb des Beurteilungsvorgangs ihre spezifische Funktion weitgehend unabhängig von den übrigen Elementen erfüllten.[23] In besonders strittigen Punkten wiesen die Modelle Varianten auf, u. a. mit oder ohne Quotierung, Beurteilung der Leistung anhand abstrakter Merkmale oder konkreter Arbeitsziele, Vorsortierung der Befähigungsmerkmale nach Stärken und Schwächen oder ausschließliche Bewertung nach absoluten Skalen. Es handelt sich also nicht um ein geschlossenes System, das man nur als Ganzes ablehnen oder billigen kann. Vielmehr kam es bei

23 Siehe den Bericht zur Evaluierung der Beurteilungsverfahren, Grundlage Zusammenstellung des Referats, Herrn Dr. Geyer und Dr. Schäfer.

der Erprobung darauf an, die Bewährung oder Nichtbewährung ***einzelner Systemelemente*** festzustellen.

Das Verfahren der Evaluierung war so angelegt, daß es sowohl objektive Daten (z. B. Differenziertheit und Aussagefähigkeit der Probebeurteilungen) als auch subjektive Einstellungen (z. B. Akzeptanz der Elemente des erprobten Systems) erbringen sollte.

III. 2. Ablauf der Evaluierung

Die Evaluierung wurde wie folgt schrittweise durchgeführt:

1. Am Anfang stand neben der *Dokumentenanalyse* eine grundlegende Befragung der in den Probelauf einbezogenen Beurteiler und zu Beurteilenden. Diese sollte die Ausgangslage erfassen und bezog sich auf die Themen
   - bisherige Erfahrungen mit dienstlichen Beurteilungen;
   - Einstellungen zu Reformen im Beurteilungswesen;
   - die Situation am Arbeitsplatz der Betroffenen.
2. Der ersten Stufe der Erprobung der neuen Systeme, nämlich den Vorgaben der Leistungsbeurteilung und in einigen Fällen auch die Abgabe von Befähigungsbeurteilungen, folgte eine weitere *Befragung der Betroffenen*. Sie sollte Aufschluß darüber geben, wie diese den bisherigen Ablauf erlebt hatten und wie groß der Arbeitsaufwand gewesen war. Es ging also um Akzeptanz und Effektivität dieser Elemente des neuen Beurteilungssystems aus der Sicht der Beteiligten.
3. Eine ähnliche Befragung, die sich auch auf den Probelauf im ganzen bezog, folgte *nach der Abschlußphase* des Probelaufs, die in der Erstellung von Leistungsbeurteilungen, in den meisten Fällen auch von Befähigungsbeurteilungen, bestand.
4. Daneben wurden sämtliche Probebeurteilungen statistisch ausgewertet.
5. Abgerundet wurde die Evaluierung durch Interviews mit den jeweiligen Personalverwaltungen und Personalvertretungen.

III. 3. Ergebnisse

Die Evaluierung der Leistungsbeurteilungen ergab Hinweise zur Verteilung der Gesamtnoten, zu bestimmten Beurteilungstendenzen, zur Trennschärfe der Beurteilungsmerkmale, zur Bewährung und Akzeptanz der Leistungsvorgaben und der quantitativen Orientierungshilfen in der Form, wie sie in einigen Erprobungsbereichen vorgesehen und eingeführt wurden. Bei der Befähigungsbeurteilung konnten Erkenntnisse zur Möglichkeit der Erfassung von Fachkenntnissen, zum Katalog der allgemeinen (nicht fachbezogenen) Befähigungsmerkmale und schließlich zur Bewertung der beiden wesentlichen erprobten Varianten dieser Art von Beurteilung gewonnen werden.

Auch zur Bewährung einzelner Verfahrenselemente (Erst- und Zweitbeurteiler, Mitwirkungsmöglichkeiten des Betroffenen, Art der Eröffnung) ließ die Evaluierung Schlüsse zu. Schließlich ergab sie genaue Angaben zum Aufwand der neuen Verfahren, aber auch zur Akzeptanz dieses Aufwandes.

III. 4. Durchführungsschwierigkeiten

Die Probleme einer Evaluierung von Erprobungen sollten jedoch nicht unterschätzt werden: So gilt, daß die Erprobung häufig nur sehr unvollkommen dem Ernstfall angeglichen werden kann. Im Interesse möglichst zuverlässiger Angaben wären folgende Erprobungsbedingungen ideal gewesen:

- Die Probebeurteilungen wären als Grundlage verbindlicher Personalentscheidungen herangezogen worden.
- In der Erprobung wären alle Laufbahnen und Arbeitsfelder der öffentlichen Verwaltung statistisch repräsentativ vertreten gewesen.
- Der Versuch hätte sich über mehrere Beurteilungsperioden erstreckt, um Anlauf- und Lernschwierigkeiten zu eliminieren.

Eine solche Art der Erprobung war aus verständlichen Gründen nicht möglich:

1. Es wäre wohl kaum einem Bediensteten zuzumuten gewesen, daß in solcher Weise mit seinem beruflichen Fortkommen herumexperimentiert worden wäre. Keine Personalvertretung hätte einen Versuch unter solchen Vorzeichen zugelassen: Die im Probelauf erstellten Beurteilungen wurden daher ausdrücklich als Problemmaterial bezeichnet, das nicht (auch nicht in der Form von Abdrucken) bei den Dienststellen bleibt, sondern allein von der externen, evaluierenden Stelle ausgewertet werden sollte. Außerdem mußte sich der Aufwand an Zeit und Finanzen in bestimmten vorgegebenen Grenzen halten. Schließlich konnten Verwaltungen nur auf der Grundlage uneingeschränkter Freiwilligkeit zu einer Teilnahme bewegt werden.

2. Bei der Feststellung des Umfangs der Erprobung mußte ein Rahmen gefunden werden, der die einzelnen Verwaltungen nicht zu stark belastete und auch noch die zentrale Betreuung des Versuchs zuließ. Eine statistische Repräsentanz schied daher als Ziel von vornherein aus. In dem so abgesteckten Rahmen beschränkte man sich daher darauf, ein vielfältiges Spektrum der charakteristischen Bereiche der öffentlichen Verwaltung einzubeziehen. Dies ist im wesentlichen gelungen. An der Erprobung nahmen Verwaltungen des Bundes teil (vor allem auch die beiden Betriebsverwaltungen Bahn und Post), aber auch der Länder Niedersachsen und Nordrhein-Westfalen sowie eine Reihe von Kommunen. Die Ministerialverwaltung war ebenso vertreten wie Mittel- und Ortsinstanzen, die allgemeine Verwaltung ebenso wie ausgesprochene Fachverwaltungen (z. B. Gewerbeaufsicht, Straßenbau, Agrarordnung).
   Was die teilnehmenden Bediensteten angeht, so waren unter ihnen alle Laufbahngruppen der Beamten vertreten. Aber auch Arbeitnehmer waren in mehreren Er-

probungsbereichen, vor allem in den Kommunalverwaltungen, beteiligt. Nicht beteiligt an der Erprobung waren allerdings der pädagogische Bereich und die wissenschaftliche Forschung, da in diesen Bereichen ohnehin Sonderregelungen ins Auge zu fassen wären.

Indem andererseits auch Landes- und Kommunalverwaltungen an der Erprobung teilnahmen, ging diese über den Bereich hinaus, für welche bundeseinheitliche Regelungen mit rechtlicher Verbindlichkeit getroffen werden können. Dies beruhte auf der Erwägung, daß Gestaltungsgrundsätze für das Beurteilungswesen der Bundesverwaltung inhaltlich auch auf andere Verwaltungen übertragbar sein sollten. Diese Gesichtspunkte der Chancengleichheit im gesamten öffentlichen Dienst und der internen Durchlässigkeit ließen es angebracht erscheinen, einem Auseinanderlaufen der Entwicklung im Beurteilungswesen – jedenfalls im Grundsätzlichen – entgegenzuwirken. Dies ist auch ein wesentliches Anliegen der Verbände. Durch unterschiedliche, einen Vergleich wesentlich erschwerende Beurteilungskriterien und -kategorien sollten nicht noch zusätzliche Schranken zwischen den einzelnen Verwaltungen aufgerichtet werden.

3. Ergaben sich bereits Schwierigkeiten beim Verständnis für einen Probelauf, so stieß das Vorhaben seiner Evaluierung bei den betroffenen Behörden auf ganz erhebliche Reserve bei den Betroffenen. In den Einweisungs- und Informationsveranstaltungen des Bundesministeriums des Innern wurde zwar immer wieder mit Nachdruck betont, daß gerade die Evaluierung den Betroffenen eine Möglichkeit des Einflusses einräume, doch muß bezweifelt werden, ob diese Gedanken von den so Angesprochenen auch nachvollzogen wurden. In vielen Fällen scheint man vor allem den zusätzlichen Arbeitsaufwand gesehen zu haben, den das erprobende Ministerium den Betroffenen „auch noch" aufbürdete.

Die Gründe dafür dürften vor allem in der Ungewohntheit eines solchen Vorgehens zu suchen sein (Hinweis: Ängste lassen sich nur durch konkrete Erfahrung, nicht durch abstrakte Belehrung abbauen), daß sich der ganze Probelauf an einem engen zeitlichen und finanziellen Rahmen orientieren mußte und daß auch die personelle Kapazität für eine Betreuung durch das Ministerium begrenzt war. Die Ungewohntheit scheint in vielen Beteiligten eine Reihe von Befürchtungen ausgelöst zu haben: Angst, sich zu offenbaren, ohne durch Erfahrung gesichert zu sein, daß die Äußerungen nicht auch für andere als die vorgesehenen Zwecke verwendet werden; Vorbehalte gegen externe Stellen, die sozialwissenschaftliche Methoden verwenden; nicht zuletzt aber auch die Furcht, sich selbst, seine Berufsgruppe oder seine Behörde durch unbedachte Äußerungen zu blamieren oder bloßzustellen.

Die Angst vor einem Vergleich mit anderen Verwaltungen hat einen nicht unwichtigen Verwaltungszweig übrigens veranlaßt, alle Fragen nach dem Arbeitsklima in den Dienststellen, die an der Erprobung teilnahmen, rundweg abzulehnen. Dies war um so ärgerlicher, als auf diese Weise ungeklärt bleiben mußte, ob sich gewisse Eigentümlichkeiten dieser Dienststellen in den übrigen Ergebnissen des Probelaufs widerspiegeln.

III. 5. Bewertung der Evaluierung

Insgesamt gesehen kann man wohl sagen, daß der Probelauf und seine Evaluierung die Entscheidungsgrundlage wesentlich verbessert haben. Sicherlich hätte ein methodisch noch differenzierteres Vorgehen noch mehr wertvolle Aufschlüsse gebracht. Bei methodischer Kritik sind aber auch die großen Schwierigkeiten zu berücksichtigen, denen sich die Erprobung und ihre Evaluierung gegenüber sahen. Speziell für die Evaluierung empfiehlt es sich, erkennbare Problemstellungen frühzeitig in Fragen zu kleiden, auf die die Evaluierung aufgrund des Probelaufs möglichst konkrete Antworten zu geben hat. Nicht die Fülle der Evaluierungsergebnisse stellt den Vorteil solcher Verfahren dar, sondern die Beantwortung der Fragen, die durch theoretische Überlegungen nicht ausreichend geklärt werden können. Wird so verfahren, liefern Probelauf und Evaluierung gesicherte und die theoretische Problemlösung ergänzende Entscheidungsgrundlagen. Je eindeutiger solche Entscheidungsgrundlagen ohne weitere bedenkliche Operationen aus der Evaluierung gewonnen werden können, um so höher ist ihr Wert.

IV. Zur zukünftigen Rolle der Evaluierung im BMI

Waren die ersten Ansätze einer politischen Planung im wesentlichen von Versuchen bestimmt, übergreifende Systeme der Steuerung und Aufgabenplanung zu entwikkeln, so entstanden demgegenüber die ersten Ansätze einer Evaluierung eher „naturwüchsig“ in zum Teil sehr unterschiedlichen Aufgabenfeldern und -bereichen und unter zum Teil sehr unterschiedlichen Bezeichnungen wie Wirkungsanalysen, Kostenkontrollen, Qualitätskontrollen, Vergleichsrechnungen usw., deren Gemeinsamkeit häufig erst bei genaueren methodischen Analysen zu erkennen ist. Zwei große Felder lassen sich hierbei unterscheiden, in denen sich Ansätze von Evaluierungen entwickelt haben:

a) Ansätze zur *Evaluierung von Technologieauswirkungen*, die vor allem auf eine vorausschauende Berücksichtigung von Auswirkungen auf Umwelt und Gesellschaft dienen. Hierzu zählen Analysen zur Wirksamkeit sicherheitstechnischer Einrichtungen, Vergleichsrechnungen für Standortprobleme, Analysen wie sie den Arbeiten des Kerntechnischen Ausschusses oder auch den Rahmenempfehlungen für Fernüberwachungen zugrunde liegen. Ihre Ergebnisse sind z. T. in kodifizierter Form vorhanden etwa im Handbuch für Reaktorsicherheit und Strahlenschutz oder im Handbuch für Umweltpolitik (geplant), institutionaliserte Formen finden sich unter dem Stichwort Qualitätskontrolle oder Umweltverträglichkeitsprüfung.
b) Ansätze zur *Bürokratiekontrolle und Eigensteuerung der Verwaltung.* Hierzu zählen die Entwicklung verwaltungsorganisatorischer Grundsätze, Vorschläge und Erprobungen neuer Modelle und Verfahrensweisen. Beispiele sind die Erprobung und Neugestaltung von arbeitsgerechten Vordrucken, Modellversuche zur Personalsteuerung, Erfolgskontrollen zur Weiterbildung, aber auch Wirkungsanalysen zur Umsetzbarkeit und Durchführbarkeit von Gesetzesvorhaben.

Je nach Problemstellung sind zwei Vorgehensweisen bei einer Evaluierung zu unterscheiden. Zum einen *institutionalisierte* Evaluierungen: Hier sind Evaluierungsverfahren als Bestandteil in den Verwaltungsablauf integriert. Instrumente hierfür sind Grundsätze, Regeln und Richtlinien. Demgegenüber dienen strenger wissenschaftlichen Kriterien genügende Vorgehensweisen der Evaluierungen vor allem zur *Begleitforschung* bei Erprobungen, Tests und Experimenten. In diesen stehen die Erfassung möglicher Wirkungen im Vordergrund. Aufbauend auf ihnen sollten dann institutionalisierte Verfahren möglich werden.

Die Vielfalt dieser unterschiedlichen Ansatzpunkte, aber auch die mit den einzelnen inhaltlichen Problemstellungen verbundenen Schwierigkeiten lassen es nicht als sehr wahrscheinlich erscheinen, daß Evaluierungen sich als ein zentrales Instrument der Steuerung erweisen könnten, vielmehr könnte der Wert einer Evaluierung gerade in seiner vielfältigen Nutzung *vor Ort* – im Referat – liegen. Vielversprechend erscheint es dezentrale Formen zu stärken, zu vergleichen und methodisch Anregungen zu vermitteln. In dieser Funktion könnte auch der größten Gefahr einer Evaluierung begegnet werden, nämlich vor allem als Alibi dienen zu müssen.

Bibliographie

Beschluß der Regierungschefs von Bund und Ländern vom 16.2.1979, *Einführung von Organisationsänderungen.*

Böhret, C./W. Hugger, *Test und Prüfung von Gesetzesentwürfen (Schriftenreihe der Bundesakademie für öffentliche Verwaltung*, Sonderheft 5), 1980.

Bückmann, W./J. Hennerkes/R. Zieschank, *Umweltverträglichkeitsprüfung: Fallstudien in der Bundesrepublik Deutschland*, Berlin 1980 (bisher unveröffentlicht).

Bundesakademie für öffentliche Verwaltung (Hrsg.), *Ziel- und ergebnisorientiertes Verwaltungshandeln (Schriften der Bundesakademie für öffentliche Verwaltung*, Sonderheft 4), 1979.

Bundesministerium des Innern, 100 Jahre Innenministerium, in: *betrifft* (Schriftenreihe des BMI, 4), Bonn 1979.

Bundesministerium des Innern, Bekanntmachung vom 12. September 1975, *GMBl.* 1975, S. 717.

Bundesstelle für Büroorganisation und Bürotechnik, *Vorläufige Empfehlungen für arbeitsgerechte und bürgernahe Vordrucke*, Köln 1979.

Falk, A. u. a., *Gesamtökologischer Bewertungsansatz für einen Vergleich von zwei Autobahntrassen*, Bonn-Bad Godesberg 1977 .

G.-M. Hellstern/H. Wollmann, Wirksamere Gesetzesevaluierung, in: *Zeitschrift für Parlamentsfragen* 4/1980, S. 547.

Kennedy W V , *Die Umweltverträglichkeitsprüfung in der Bundesrepublik*, IIUG preprint III/78–16, Berlin 1978.

Mayntz, R. u. a., *Vollzugsprobleme in der Umweltpolitik*, Wiesbaden 1978.

Projektgruppe Regierungs- und Verwaltungsreform, *Berichte 1–3*, Bonn 1969 ff.

Seiler, D., Die Entwicklung von Planungsmethoden und -techniken auf Regierungs- und Ressortebene, in: H. J. von Oertzen, *Antworten der öffentlichen Verwaltung auf die Anforderungen der heutigen Gesellschaftssysteme (Schriftenreihe der Deutschen Sektion des Internationalen Instituts für Verwaltungswissenschaften*, Bd. 5), Bonn 1980.

Umweltbundesamt, *Umweltforschungsplan 1980.*

Umweltbundesamt, *Jahresberichte*, Berlin 1977 ff.

Umweltbundesamt, *Umweltforschungsreport.*

Umweltbundesamt, *UMPLIS-Forschungskatalog.*

Wandesworth-Smith, G., Environmental Impact Assessment in the European Community, in: *ZFU*, 1/1979, S. 35 ff.

Harald von Kempski
Bundesministerium der Justiz, Bonn

Bemerkungen zur Entwicklung, zum Stand und zu Schwierigkeiten bei der Evaluierung im Bundesministerium der Justiz

I. Evaluierung in der Justiz

Evaluierung im Bereich der Justiz umfaßt – kurz gesagt – häufig das, was in der einschlägigen Terminologie als *Rechtstatsachenforschung* oder *empirische Rechtssoziologie* bezeichnet wird. Für den justizkundigen Leser ist mit dieser Konkretisierung bereits einiges über Gegenstand, Schwerpunkte, Rolle und Stellenwert von Evaluierung im Justizbereich gesagt, den Begriff Evaluierung selbst wird man im Justizbereich vergebens suchen. Diese Definition macht aber auch deutlich, daß Evaluierung nur solche Untersuchungen erfaßt, die sich der Methoden der empirischen Sozialforschung, in welcher Form auch immer, bedienen, ihre Ergebnisse also in irgendeiner Form aus empirisch gewonnenen Daten ableiten. Nicht dazu gehören demnach die sogenannten Gutachten, die in der Justiz traditionell eine bedeutende Rolle spielen, soweit sie nicht auch als Rechtstatsachenforschung bezeichnet werden könnten[1]. In diesem Sinne spielt Evaluierung in der Gesetzgebungsarbeit (Novellierung, Gesetzesvorbereitung) eine zunehmende Rolle. Ihre Aufgabe ist es, Folgen und Wirkungen gesetzlicher Regelungen festzustellen, zu analysieren oder zu prognostizieren. Dabei hat es sich für den Gesetzgeber und im Entscheidungsprozeß als nützlich erwiesen, auf Tatsachenfeststellungen, die aus rechtstatsächlichen Untersuchungen mit verläßlichen und anerkannten Methoden der empirischen Sozialforschung gewonnen wurden, zurückgreifen zu können.

II. Zur Institutionalisierung der Evaluierungsforschung

Evaluierung in der hier beschriebenen Form, als Rechtstatsachenforschung (RTF) also, gehört nicht gerade zu den etablierten Zweigen der Justiz. Um ihre Rolle zu skizzieren, sei zunächst kurz auf ihre Entwicklung und Organisation im Bereich des Bundesgesetzgebers eingegangen.

Im Bundesministerium der Justiz (BMJ) sind es im wesentlichen zwei Arbeitseinheiten (Referate), die sich ausschließlich mit Evaluierung beschäftigen. Es sind

1 Ebenfalls außer Betracht gelassen werden soll im folgenden die zur Ressortaufgabe zählende Prüfung der Rechtsförmlichkeit von Gesetzen.

dies die seit Anfang der siebziger Jahre bestehenden Referate *Rechtstatsachenforschung* und *Kriminologie.* Die Aufgabenteilung ist im wesentlichen aus den Bezeichnungen zu ersehen, sie ist im übrigen durch den organisatorischen Aufbau des Hauses bedingt. Zur Einrichtung dieser speziellen Arbeitseinheiten dürfte der mit der Aufbruchstimmung der frühen siebziger Jahre *(Justizreform)*[2] entstandene, erhebliche Informations- und Erkenntnisbedarf wesentlich beigetragen haben. Die Justiz erkannte damals, daß auch außerhalb liegende Disziplinen und Techniken, vor allem die empirische Sozialforschung und die Datenverarbeitung[3] ihr von Nutzen sein könnten. Es existiert aus dieser Zeit vieles von dem fort, was heute nur geringe Chancen hätte, ins Leben gerufen zu werden. Wenn sie die neuen Ansätze auch häufig für sich reklamieren, so fällt es den Juristen doch bis heute außerordentlich schwer, damit umzugehen.

Definition und Selbstverständnis dieser Einheiten ergaben sich im Laufe der Zeit aus den Aufgaben, die ihnen zuwuchsen: sowohl besondere *hauseigene* Forschungskapazität zu sein als auch Anlaufstelle für *auswärtige* Forschung. Beide Referate sind heute mit je einem Juristen und einem Sozialwissenschaftler besetzt, die Einheit Rechtstatsachenforschung zusätzlich mit Programmierern (und Datensichtgeräten), beide verfügen über Mittel für eigene und auswärtige Forschungsvorhaben. Der Vergleich mit Nachbarländern macht allerdings nur zu deutlich, daß man in der Bundesrepublik Deutschland der justizbegleitenden sozialwissenschaftlichen Forschung noch immer einen ziemlich geringen Stellenwert einräumt. Die Etathöhe bestätigt diesen Eindruck noch; auf der anderen Seite läßt die Haushaltsentwicklung aber auch das – wenn auch langsam – wachsende Interesse an dem Gegenstand erkennen:

Jahr	1972	1973	1974	1975	1976
Kosten der Reformausgaben im Justizbereich (in DM)	1327000,–	1417000,–	1600000,–	1600000,–	1525000,–
davon Rechtstatsachenforschung	435000,–	485000,–	570000,–	700000,–	650000,–

Jahr	1977	1978	1979	1980
Kosten der Reformausgaben im Justizbereich (in DM)	1400000,–	1400000,–	1300000,–	1500000,–
davon Rechtstatsachenforschung	725000,–	800000,–	790000,–	765000,–

2 Reformschwerpunkte des BMJ sind u. a. die Reform des Ehe- und Familienrechts, die Reform des Verbraucherschutzes (Gesetz über finanzierte Rechtsgeschäfte, Maklerverträge usw.), die Überarbeitung des Schuldrechts, die Reform des Strafrechts, die Vollzugsreform

In diesen Angaben sind neben den Ansätzen für Rechtstatsachenforschung die Gesamtmittel für Reformausgaben ausgewiesen. Sie enthalten außer den Kosten der Rechtstatsachenforschung den mehr allgemeinen Ansatz für kriminologische Forschungen sowie eine Reihe einzelner Ansätze für besondere Zwecke (z. B. Kosten der Vorbereitung von Reformen des bürgerlichen Rechts im Haushalt 1980). Die Ausgaben sind gegenseitig deckungsfähig, so daß eine Verschiebung von Mitteln innerhalb des Gesamtetats für Reformaufgaben praktisch möglich ist.

Über die Bildung der beiden Referate im Bundesministerium der Justiz hinaus hat es in der Folgezeit nicht an Bemühungen gefehlt, die in der Bundesrepublik nur spärlich entwickelte einschlägige Forschungskapazität zu erhöhen. Es ging vornehmlich darum, Forschungen auf rechtstatsächlichem Gebiet anzukurbeln; auch der Wunsch, im Bedarfsfall Partner vorzufinden, die in der Lage wären, bestimmte Aufgaben zu übernehmen und weiterzuführen, hat eine Rolle gespielt. Ein Ergebnis dieser Bemühungen ist der *Forschungsschwerpunkt Rechtstatsachenforschung,* den die *Stiftung Volkswagenwerk* eingerichtet hat. Die Projekte sind inzwischen abgeschlossen und liegen als Veröffentlichung vor[4].

Folge und herausragendes Ergebnis dieser Arbeit war im Jahre 1975 aber die Einrichtung einer sozialwissenschaftlichen Forschungsgruppe beim *Max-Planck-Institut für ausländisches und internationales Privatrecht in Hamburg (MPI),* die – interdisziplinär besetzt – als unabhängige Institution ein Forschungskonzept verfolgt, das u. a. auch Auftragsforschung umfaßt. Zusammensetzung und Konstruktion sowie Arbeitskonzept der Gruppe haben sie zu einem überaus wertvollen Partner werden lassen. Da die vorgesehene endgültige Integration in das MPI entgegen allen Erwartungen nicht realisiert werden wird, ist ihr Fortbestand allerdings nicht gesichert. Insgesamt gesehen aber war die Resonanz und Initialwirkung, die vom Forschungsschwerpunkt Rechtstatsachenforschung ausgingen, verglichen mit den Erwartungen, geringer als erhofft.

Empirische Forschung, wie sie für Evaluierungszwecke benötigt wird, unterscheidet sich in der Arbeitsweise deutlich von dem traditionellen Arbeitsstil herkömmlichen Forschens, etwa des Juristen, der – mehr oder weniger – autonom sein Forschungsfeld bestellt und pflegt. Die relative Unabhängigkeit des Forschers und des Forschens wird lediglich durch (existentielle) Bindungen an die Hochschule geschmälert. Empirische Forschung, wie sie der Gesetzgeber benötigt, ist im Gegensatz dazu meist interdisziplinär, ist angewiesen auf Außenbeziehungen und nur in

Fortsetzung Fußnote 2

(insbesondere der Jugendstrafvollzug), die Reform der Rechtspflege (z. B. Beschleunigung des Zivilprozeßrechts, die Vereinheitlichung der Verfahrensordnungen) sowie die Reform im Strafverfahrensrecht. Hinzuzuzählen sind auch die Reformmaßnahmen im Gesellschafts- und Wirtschaftsrecht sowie der Aufbau der Datenverarbeitung im Rechtswesen.

3 Simulationstechniken z. B. werden angewandt, um die Ursachen für Hemmnisse und Schwierigkeiten in Geschäftsabläufen bei den Gerichten zu erkennen. Vgl. dazu Projekt SIMAG (Simulation am Amtsgericht) der Gesellschaft für Mathematik und Datenverarbeitung. Vgl. auch die Schriftenreihe *Datenverarbeitung und Recht.*

4 Vgl. Stiftung Volkswagenwerk, *Bericht 78/79,* Göttingen 1979, S. 213 ff. (mit einer Übersicht der Projekte, S. 217). Zum Förderkonzept vgl. auch O. Hartwig, *Rechtstatsachenforschung im Übergang (Schriftenreihe der Stiftung Volkswagenwerk,* Bd. 14), Göttingen 1975.

Forschungsteams zu bewältigen. Der Aufbau effektiver Forschungsteams und damit die Durchführung empirischer Forschung ist wiederum davon abhängig, ob Fragen der Institutionalisierung zufriedenstellend gelöst werden können. Wenn die erforderlichen Rahmenbedingungen nicht geschaffen werden, fallen die Gruppen auseinander, sind umfangreiche empirische Erhebungen nicht durchzuführen.

Selbst Gruppen, die sich etablieren konnten, sind – wie die Erfahrung zeigt – in Gefahr, sich in unkoordinierte Einzelaktivitäten ihrer Mitglieder zu atomisieren und als Team zu zerfallen. Auftragsforschung, wie sie das Bundesministerium der Justiz im Rahmen der Evaluierung initiiert, kann sich unter diesen Gesichtspunkten schon wegen der hohen Erfolgserwartung als stabilisierender Faktor auswirken. Darauf wird später in anderem Zusammenhang noch zurückzukommen sein. Entscheidend für den gegenwärtigen Stand der Evaluierungsforschung ist, daß es an der zur Evaluierung benötigten Forschungskapazität *im Grunde mangelt* und daß sie dort, wo es sie gibt, offenbar sehr zerbrechlich ist. Viele Initiativen kommen aus diesen Gründen über Ideen und Ansätze nicht hinaus. In diesem Zusammenhang sei an das Stuttgarter Institut für Rechtstatsachenforschung e. V. erinnert, dem es trotz vielfältiger Bemühungen seines Leiters nicht gelungen ist, eine feste Anbindung zu finden. Gerade an diesem Beispiel zeigt sich deutlich, wie notwendig eine institutionelle Absicherung und ein sichernder Rahmen für interdisziplinäre Forschung sind[5].

III. Ansatzpunkte und Beispiele

Trotz der Probleme auf der „Angebotsseite", wie ich es nennen will, wird sich der Bereich der Evaluierungsforschung in der Justiz in Zukunft weiterentwickeln, da vor allem die „Nachfrage" und der Bedarf an Evaluierungen – das Problembewußtsein hierfür – gestiegen ist. Ich will mich jetzt dem Aspekt der Entwicklung der „Nachfrage" zuwenden, d. h. der Frage, welche Faktoren im Justizbereich nachfolgend Evaluierungsaktivitäten auslösen.

Den Anlaß bildet zunächst ganz allgemein eine Fülle spezieller und allgemeiner Sachverhalte, die zu dem Bewußtsein beitragen, daß Regelungen nicht in Kraft gesetzt werden können, ohne daß ihre Realitätsbezogenheit festgestellt, ihre Wirkungen und Folgen abgeschätzt und bewertet werden, und daß bereits geltende Regelungen auf die Wirkungen, die sie entfalten, empirisch zu überprüfen sind. Als Stichworte dieser Entwicklung können die Diskussion über die Begrenzung der Gesetzesflut und – damit verbunden – die drängende Frage nach der Notwendigkeit einer gesetzlichen Regelung dieser Entwicklung, die Existenz knapper Mittel und damit die verstärkte Frage nach den finanziellen Auswirkungen gesetzlicher Regelungen genannt werden, ferner die wachsende Erkenntnis, daß eine zutreffende Feststellung, Deutung und Bewertung sozio-ökonomischer Zusammenhänge, in die

5 Vgl. R. Bender (Hrsg.), *Tatsachen in der Justiz*, Tübingen 1972; vgl. insbesondere auch W. Maihofer/H. Schelsky (Hrsg.), *Jahrbuch für Rechtssoziologie und Rechtstheorie*, bes. Bd. III: *Zur Effektivität des Rechts*, Düsseldorf 1972.

der Gesetzgeber gezielt hineinwirkt und auch wirken will, vom grünen Tisch juristischer Allkompetenz nicht (mehr?) verläßlich möglich ist, daß andererseits eine mehr dogmatisch inspirierte Gesetzgebung, für die die Realität nicht Gegenstand eines Erkenntnisinteresses, sondern lediglich Objekt der Gestaltung ist, in der sich wandelnden, pluralistischen Gesellschaft ihr Ziel nur mehr oder weniger zufällig erreicht. Die Vorstellung, gesetzgeberische Maßnahmen durch empirische Untersuchungen (u. a. Rechtstatsachenforschung) abzusichern, ist deshalb zunehmend verbreitet.

Diese Überlegungen führen auf unterschiedlichen Ebenen zu dem Wunsch nach Untersuchungen, die Aufschluß über die Wirkungen und Auswirkungen von Gesetzen und Gesetzesmaßnahmen geben. Die Initiative, derartige Evaluierungen durchzuführen, geht entweder von der ministerialen Arbeitseinheit – dem Fachreferat – aus, das für den zu untersuchenden Gegenstand zuständig ist, aber auch von der ministerialen Spitze, der Hausleitung selbst, oder von der Wissenschaft, die sich mit einer Projektbeschreibung und einem Antrag auf Förderung an das Bundesministerium der Justiz wendet. Auch das Parlament gewinnt als Initiator für Evaluierungsvorhaben an Bedeutung insofern, als es die Regierung verpflichten kann, eine Überprüfung des zu verabschiedenden Gesetzes nach Ablauf einer bestimmten Frist vorzunehmen. Das geschah z. B. beim *Zweiten Wohnraumkündigungsschutzgesetz (WKSchG)*, bei dessen Verabschiedung am 17. Oktober 1974 der Deutsche Bundestag die Bundesregierung ersuchte, „nach Ablauf von vier Jahren seit dem Inkrafttreten des Zweiten Gesetzes über den Kündigungsschutz für Mietverhältnisse über Wohnraum über die Auswirkungen dieses Gesetzes zu berichten. Der Bericht soll sich auch mit den Auswirkungen der Neuregelungen auf die Wohnheime befassen." Aufgrund dieser Sachlage leitete das Bundesministerium der Justiz Untersuchungen ein. Sie wurden federführend von dem für Rechtstatsachenforschung zuständigen Referat in Zusammenarbeit mit dem Mietrechtsreferat vorbereitet und – nach Freigabe der Mittel durch die Hausleitung – durchgeführt. Die geplanten Untersuchungen wurden in Übereinstimmung mit den Aktivitäten der beteiligten Ministerien für Wirtschaft sowie für Raumordnung, Städtebau und Bauwesen gebracht, die ihrerseits Untersuchungen zu den sie betreffenden Fragen übernommen hatten. Im Ergebnis hat das Bundesministerium der Justiz vor allem eine repräsentative Gerichtsaktenauswertung, unterstützt durch die Landesjustizverwaltungen und durch Mietrichter, durchgeführt[6]. Dabei ging es in getrennten Erhebungsbögen im wesentlichen um Räumungsklagen sowie um Klagen auf Erteilung der Zustimmung zu einer Erhöhung der Miete gemäß § 2 MHG[7]. Die anderen beteiligten Ministerien beauftragten Institute – darunter Wohnen und Umwelt, Darmstadt; Infratest-Wirtschaftsforschung, München –, eine Umfrage über Erfahrungen und Einstellungen zum Zweiten WKSchG vorzunehmen; ferner veranlaßten sie eine Befragung einiger Sondergruppen von Mietern[8].

6 Vgl. hierzu auch den Wohngeld- und Mietenbericht 1979, *BTDrs.* 8/3528.
7 Siehe Gesetz zur Regelung der Miethöhe (MHG).
8 Eine vollständige Liste der Untersuchungen enthält der offizielle Bericht der Bundesregierung zu den Auswirkungen des Wohnungsschutzkündigungsgesetzes, *BTDrs.* 8/2610. Weitere Hinweise auf die zum Teil umfangreichen Fragebögen sind dem Bericht selbst zu entnehmen.

Um die Verschiedenartigkeit der Anlässe und Ansatzpunkte zu verdeutlichen, sei ein weiteres Beispiel einer Evaluierung angeführt: Die zunehmende Unzufriedenheit aller von dem geltenden *Konkursrecht* Betroffenen (Slogan: „Konkurs des Konkursrechts" u. ä.) hat die Frage nach einer umfassenden Untersuchung der Praxis des Insolvenzrechts dringlich gemacht. Aufgrund der Initiative der fachlich beteiligten Referate und des Referats Rechtstatsachenforschung wurde der sozialwissenschaftlichen Forschungsgruppe des Max-Planck-Instituts, Hamburg, der Auftrag erteilt, eine Untersuchung durchzuführen. Der vorgelegte Bericht dient als Arbeitsunterlage und Quelle der inzwischen eingesetzten Insolvenzrechtskommission[9].

Der Vergleich dieser beiden rechtstatsächlichen Untersuchungen gibt bereits eine Vorstellung von der beträchtlichen Spannweite der Themen, die hier Gegenstand von Evaluierungen sein können. In diesem Zusammenhang sei noch auf Untersuchungen zur Zivilgerichtsbarkeit, zu den Ursachen und ihren Auswirkungen auf den Geschäftsanfall im Bereich der *Zivilgerichtsbarkeit,* zur Analyse der Auswirkungen der Regelungen zum *Verbraucherschutz* sowie zu Evaluationen von Rechtsänderungen im *Strafrechtsverfahren* (§§ 153, 153a StPO) hingewiesen. Nicht zu vernachlässigen ist auch die *Begleitforschung zur Reform der Juristenausbildung,* in der experimentell die unterschiedlichen Auswirkungen von Reformmodellen an zehn Universitäten verglichen werden sollen. Für die Abwicklung ist eine eigene Kommission eingesetzt worden[10]. Statt die Liste fortzusetzen, sei auf die vom Bundesjustizministerium mitherausgegebene Dokumentation hingewiesen, in der die empirischen Forschungen in Zivil- und Strafrecht nicht nur des Bundesjustizministeriums „biografisch" zusammengestellt sind[11]. Die wichtigsten vom Ministerium veranlaßten Untersuchungen sind außerdem im Jahresbericht der Bundesregierung aufgeführt.

Was die *Methoden* der Untersuchungen angeht, so sind insbesondere die „Aktenanalysen" zu erwähnen, die neben anderen in den empirischen Sozialwissenschaften üblichen Methoden im Justizbereich eine besondere Rolle spielen. Ihre Anwendung liegt oft schon aus praktischen Gründen nahe. Dabei werden die nach einem Erhebungsplan gezogenen abgeschlossenen Akten mit Hilfe eines Fragebogens ausgewertet. Man hofft, dadurch Aufschlüsse über die untersuchungsrelevante Realität zu erhalten[12].

9 Der Bericht über die durchgeführten Untersuchungen ist inzwischen veröffentlicht worden unter dem Titel: *Die Praxis der Konkursabwicklung in der Bundesrepublik Deutschland* (Autoren Dr. Gessner, Rhode u. a.), Bundesanzeiger-Verlagsges., 1978.

10 Vgl. hierzu auch P. Enck, Zum Verhältnis von Evaluation und Politik am Beispiel der Geschichte der „Bundesevaluation" aller einphasigen Jura-Studiengänge, in: G.M. Hellstern/ H. Wollmann, *Experimente in der Politik*, Opladen 1982.

11 Vgl. O. Hartwig und Bundesjustizministerium (Hrsg.), *Rechtstatsachenforschung und Kriminologie – Empirische Forschung in Zivil- und Strafrecht,* 2. Aufl., Bundesanzeiger-Verlagsges., 1978.

12 Hierzu wäre noch viel zu sagen. Die Kritik an der Methode wird im wesentlichen in den Zweifeln deutlich, ob diese Methode in der Lage sei, die eigentlichen wesentlichen Aspekte der Realität zu erfassen bzw. überhaupt die Lebenswirklichkeit abzubilden (Dunkelfeldproblematik). Zweifel sind sicherlich berechtigt. Es hat sich dennoch gezeigt, daß Aktenuntersuchungen zu bestimmten Fragen verläßlich Auskunft geben können und daß ihnen dort, wo sie neben anderen Methoden (Interviews o. ä.) angewendet werden, wegen ihres hohen Objektivitätsgrades oft ein relativ hohes Gewicht beizumessen ist – auch bezüglich einer Einschätzung und Gewichtung der mit anderen Methoden gewonnenen Ergebnisse.

deshalb oft später ein; die Ergebnisse der Untersuchungen werden also nicht so sehr das *Reformkonzept* bestimmen als die *Ausgestaltung* seiner Einzelteile *(formative Evaluierung).*

Kritik an der Umsetzung der Evaluierungen in die Gesetzentwürfe wurde bereits angedeutet. Es besteht aber auch die Gefahr, daß die Ergebnisse möglicherweise nur selektiv bzw. unvollständig verwendet werden. Jedenfalls ist zu beobachten, daß die Untersuchungen häufig als „kalkuliertes Risiko" angesehen werden, so daß bei der Aufbereitung der oft umfangreichen Datenbasis von der Nachfrage her in der Regel nicht das Optimum der in den Daten vorhandenen Information ausgeschöpft wird. Ein Grund dafür mag die mangelnde Vertrautheit mit quantitativen Verfahren und Betrachtungsweisen sein.

Eine grundsätzliche Schwierigkeit liegt also zunächst darin, bei der Organisation eines Reform-/Gesetzgebungskonzeptes die Evaluierungsphase *zeitlich* zu berücksichtigen. Der Zeitfaktor spielt aber eine wesentliche Rolle, wenn es darum geht, ein vernünftiges Forschungskonzept aufzustellen und durchzuführen. Dieses Problem stellt sich vornehmlich bei Forschungsvorhaben, die im Hause durchgeführt werden. Zu Schwierigkeiten, zeitlichen Verzögerungen vor allem, kann auch die Tatsache führen, daß sich im föderalistischen System der Bundesrepublik Deutschland die Ausgangsdaten in der Regel in der Verfügungsgewalt der Bundesländer befinden und deshalb nicht ohne weiteres für das Bundesministerium der Justiz zugänglich sind. Wenn die Kooperationsbereitschaft der Länder auch nicht in Frage gestellt werden kann, so hängt die erforderliche Zustimmung doch immer stark von der Frage ab, in welchem Umfang eine Untersuchung z. B. die Gerichte belastet und für wie dringlich das Unternehmen auf der Länderseite selbst eingeschätzt wird. Hieraus ergibt sich häufig die Notwendigkeit, forschungsökonomischen Randbedingungen bei der Konzipierung eines Vorhabens einen hohen Rang einzuräumen, so daß methodische Unzulänglichkeiten und andere Abstriche im wissenschaftlichen Konzept in Kauf genommen werden.

Eine weitere Schwierigkeit ergibt sich aus Wesen und Anspruch von Recht und Rechtswissenschaft. Das spiegelt sich auch in der Juristenausbildung wider: Recht wird in der Regel als ein auf die Realität ausstrahlendes, aber von der Wirklichkeit abgehobenes, nach ethischen Prinzipien bestimmtes System begriffen, zu dessen Funktionieren die Kenntnis der Realität bei der Gestaltung neuerdings als notwendig angesehen wird. Bei dieser Sachlage wird die Verknüpfung und Umsetzung realer Daten und Fakten in ein Normenkonzept problematisch. Es fehlt an einer Theorie der Anwendung und Umsetzung rechtstatsächlicher/rechtssoziologischer Erkenntnisse. Röhl[14] stellt zu Recht fest: „Man redet viel über sie und weiß doch wenig mit ihr anzufangen. Das ist das Dilemma der Rechtstatsachenforschung." Und etwas später: „Das Dilemma der RTF ist das Dilemma aller soziologischen Jurisprudenz. Entweder sie liefert sich unkritisch den Tatsachen aus und macht sich damit zum Fürsprecher des Geschehenden. Oder sie weiß mit den Fakten nichts anzufangen."

14 K. F. Röhl, *Das Dilemma der Rechtstatsachenforschung*, Tübingen 1974, S. 1, 25.

Die Probleme sind noch nicht gelöst, sie spiegeln sich deutlich in dem Schattendasein wider, das die (empirische) Rechtssoziologie innerhalb der Juristenausbildung führt. Es muß noch viel getan werden, bis die Notwendigkeit der sozialwissenschaftlichen Einbettung der Rechtswissenschaft von ihr selbst anerkannt wird und die empirische Rechtssoziologie folglich als Instrument seine *Außenseiterrolle* verliert – auch in der Ausbildung.

Allerdings sind auch die Möglichkeiten der empirischen Sozialforschung häufig sehr begrenzt, wenn es um konkrete Erkenntniswünsche geht. Es ist daher nicht unproblematisch, das Konzept für eine Gesetzgebung auf eine Evaluierungsphase aufzubauen. Voraussetzung für einen Erfolg ist jedoch eine intensive Kooperation der Beteiligten, was im konkreten Fall sehr schwierig sein kann.

Eine zusätzliche Schwierigkeit besteht darin, daß in verschiedenen Rechtspflegezweigen zwar enorme Datenmengen erhoben werden, jedoch in einer Weise, die die Daten ihrem Inhalt nach für die Zwecke der Forschung und Gesetzgebung wenig ergiebig macht. Darüber hinaus verfügt der Bundesgesetzgeber noch nicht über ein System, das einen praktikablen Zugriff auf diese Daten gestattet. Für jede bei Gericht eingehende Klage wird z. B. ein *Datenblatt*, die sogenannte Zählkarte, angelegt, in die bei Abschluß des Falles die nach Justizverwaltungsgesichtspunkten wesentlichsten Verfahrensmerkmale (aber auch z. B. Gegenstand des Verfahrens, Art der Erledigung u. ä.) eingetragen werden[15]. In diesem Instrument steckt – zumal, wenn es nach Gesetzgebungsbedürfnissen verfeinert wird – ein enormer, bisher jedoch ungenutzter und mit den gegebenen Mitteln nicht nutzbarer Informationswert. Gerade hier sind aber auch Fortschritte zu verzeichnen, sowohl, was den Inhalt der Zählkarten angeht, als auch für die Lösung der technischen Probleme[16]. Mit einem *Justiz-Statistik-Informationssystem* dürften sich die Möglichkeiten für eine Evaluierung jedoch sprunghaft verbessern[17], auch das im Ausbau befindliche *Juristische Informationssystem* könnte dazu beitragen.

Besondere Probleme treten darüber hinaus bei der *externen* Forschung auf, d. h. dort, wo der Gesetzgeber durch Auftragsvergabe auf externe Forscher oder Einrichtungen zurückgreift. Zunächst: Zu einer vertraglich abgesicherten Auftragsvergabe kommt es nur dann, wenn in den Untersuchungszielen, zumindest aber in den Schwerpunkten, eine hinreichende Übereinstimmung erreicht wird. Diese muß mit Fortschreiten der Arbeiten stets erneut hergestellt werden. Es geht hier eben nicht

15 Auf Bundesebene werden zur Zeit jährlich aus diesen Zählkartenerhebungen Standardaufbereitungen ausgedruckt, die aber entweder nur eine Aggregierung der für Verwaltungszwecke durchgeführten Aufbereitungen der Bundesländer sind oder ein eigenes Standardprogramm beinhalten. Die Aufbereitungen sind sehr unflexibel und genügen den Bedürfnissen des Gesetzgebers schon deshalb nicht. Vgl. Statistisches Bundesamt (Hrsg.), *Fachserie 10, Rechtspflege*, Stuttgart/Mainz.

16 Vgl. dazu E. Blankenburg/H. v. Kempski u. a., *Die Rechtspflegestatistiken – Analyse der Benutzerinteressen und Vorschläge für eine neue Konzeption*, Berlin 1978. Darauf aufbauend wird zur Zeit im Auftrag des Bundesjustizministeriums an einem Justiz-Statistik-Informationssystem gearbeitet.

17 Vgl. hierzu BMJ (Hrsg.), *Das juristische Informationssystem. Analyse, Planung, Vorschläge*, Bericht der Projektgruppe BMJ/GMD/C-E-I-R, Bonn 1972.

Noch mit anderem Ziel wird aber auf Gerichtsakten zurückgegriffen: Zu sogenannten *Praxistests* werden der Entwurf oder Teile eines im Entwurfstadium befindlichen Gesetzesvorhabens durch nachvollziehende Bearbeitung der abgeschlossenen Fälle getestet, um die Wirkungen der beabsichtigten Regelung *ex ante* kennenzulernen. Zu diesem Verfahren liegen bisher nur spärliche Erkenntnisse aus einer noch laufenden Untersuchung vor, deren Ziel auch in der Evaluierung dieser Methode liegt[13].

IV. Schwierigkeiten bei der Durchführung der Evaluationen

Die bisherige, im wesentlichen beschreibende, Darstellung hat bereits einige Probleme anklingen lassen, die die Evaluierung mit sich bringt. Eine wichtige Frage für die mit Evaluierung befaßten Referate ist es, in welchem Stadium der Gesetzgebungsarbeit die Evaluierungsphase einsetzen sollte. Dabei muß insbesondere berücksichtigt werden, daß die Untersuchungen meist erhebliche *Zeit* beanspruchen. Gerade die Zeit aber ist häufig angesichts der Termine und des Vierjahresrhythmus der Legislaturperiode knapp. Es ist deshalb zunächst wichtig zu erreichen, daß die Frage nach einer Evaluierung in den Arbeitsplänen überhaupt vorhanden ist. Je besser es gelingt, die empirische Phase organisatorisch, zeitlich und sachlich mit dem Gesetzgebungsprojekt zu verbinden, desto größer wird ihr Gewicht und Nutzen im Rahmen der Arbeit an den Gesetzentwürfen sein.

Gelegentlich wird die Kritik geäußert, daß den Tatsachenuntersuchungen häufig nur eine *Alibifunktion* zukäme. Diese Kritik scheint – nicht nur wegen der oft unbefriedigenden Koordination – meist nicht unberechtigt zu sein. Gerade bei skeptischer Betrachtung darf nicht vergessen werden, daß den empirischen Untersuchungen lediglich eine Hilfsfunktion zukommt. Es kann nicht Aufgabe derartiger empirischer Phasen sein, Konzepte zu entwickeln. Die Funktion von Evaluierungen ist eher darin zu sehen, die Ausgestaltung politisch inspirierter Konzepte zu unterstützen, um die notwendige Realitätsbezogenheit sicherzustellen. Natürlich liegt der Gedanke nahe, eine empirische Untersuchung an den Beginn von Reformüberlegungen zu stellen, um, auf den gewonnenen Fakten aufbauend, ein an der Realität entwickeltes Reformkonzept aufzustellen. In einer weiteren, spezielleren Untersuchung könnten zu gegebener Zeit die klärungsbedürftigen Fragen evaluiert werden, die sich aus den besonderen Zusammenhängen eines fortgeschrittenen Konzeptes im einzelnen ergeben. Unter ökonomischen, auch forschungsökonomischen, Gesichtspunkten ist das oft nicht möglich. So muß eine Untersuchung in der Regel sowohl dem Zweck eines allgemeinen Kennenlernens der Realität dienen als auch der Klärung spezieller Fragen, die sich erst aus einem Konzept ergeben, das sich bereits in einem fortgeschrittenen Stadium der Detaillierung befindet. Die Evaluierungsphase tritt

13 Untersuchung der Fachhochschule für Verwaltung und Rechtspflege Berlin zum „Praxistest einer Verfahrensanordnung für die freiwillige Gerichtsbarkeit", 1983.

in erster Linie um Forschungsförderung, sondern darum, Erkenntnisse für einen konkreten Zweck zu gewinnen. Dieser Umstand erzeugt zweifellos einen Erfolgszwang. Die Leistung wird vor allem daran gemessen, inwieweit die vorgegebenen Fragen beantwortet werden. Die Zugeständnisse, die der Forscher machen muß, halte ich dennoch nicht für unzumutbar, da sie neben der erwähnten Übereinstimmung im wesentlichen in der Transparenz des Forschungskonzepts sowie in den ökonomischen und anderen Randbedingungen bestehen, die empirische Forschung nun einmal mit sich bringt. Die Hauptschwierigkeit besteht vor diesem Hintergrund somit in erster Linie darin, daß die intensive Abstimmung durchgehalten wird, um eine hinreichende Orientierung an vorgegebenen Erkenntniszielen zu erreichen. Ich habe zum anderen bisweilen erfahren, daß Auftragsforschung häufig als wissenschaftlich nicht attraktiv angesehen und zum Teil deswegen abgelehnt wird. Empirische Forschung, die vom Bedarf, von der Nachfrage her, notwendigerweise zum großen Teil Auftragsforschung sein wird, ist sicherlich mühsam. Aber gerade Evaluierungen bedürfen institutionalisierter wissenschaftlicher Begleitung und Kontrolle, um dem Untersuchungsgegenstand, wie er sich praktisch darbietet, in der Anwendung von Verfahren und Methoden wissenschaftlich gerecht zu werden. Die Auffassung, solche Forschung sei für die Wissenschaft nicht attraktiv, ist unverständlich, vor allem dann, wenn sie von Sozialwissenschaftlern geäußert wird, die sonst nicht müde werden, eine stärkere Berücksichtigung sozialwissenschaftlicher/soziologischer Erkenntnisse in der Gesetzgebung zu fordern.

Außerordentlich wichtig – wenn auch problematisch – erscheinen schließlich Versuche, durch die Entwicklung von Indikatoren Justizsysteme *international* zu vergleichen. Es ist ohne Zweifel angebracht, Reformen auch anhand der Modelle und Systeme vergleichbarer Staaten zu evaluieren[18]. Der Aufwand ist immens und es bleibt die Frage, wie hoch die Umsetzungsrate für die konkrete Arbeit am Ende sein kann. Es handelt sich wohl um ein Feld, dem sich die Forschung noch intensiv annehmen muß, ehe es unter Evaluierungsgesichtspunkten für den Gesetzgeber nutzbar ist, abgesehen sicherlich von empirisch-rechtsvergleichenden Untersuchungen zu genau eingegrenzten Fragestellungen.

Die justizspezifische Evaluierung hat ihre optimale Organisationsform noch nicht gefunden, weder im Bereich von Wissenschaft und Forschung, wo Konzepte der Durchführung und Theorien der Anwendung zu entwickeln sind, noch beim Gesetzgeber, wo es darum geht, eine vorausschauende Planung zu entwickeln und die Frage nach Evaluierung im Gesetzgebungsverfahren besser zu verankern. Ungeachtet dieser und anderer Probleme, die sich ja auch erst in der Anwendung ergeben, hat sich Evaluierung vor allem in der Form der Rechtstatsachenforschung grundsätzlich als ein im Gesetzgebungsverfahren handhabbares und hilfreiches Instrument erwiesen, als ein zwar häufig unbequemes Instrument, aber gleichzeitig auch als eines, auf

18 Vgl. z.B. Johnson/Bloch u.a., *A Comparative Analysis of the Statistical Dimensions of the Justice System of Seven Industrial Democracies,* University of Southern California, Los Angeles 1977.

das man nicht verzichten kann. Es wird aber wohl noch einiger Zeit bedürfen, ehe sich die Beteiligten an den Umgang damit gewöhnt und es zum normalen Bestandteil ihrer Tätigkeit gemacht haben.

Bibliographie

Bender, R. (Hrsg.), *Tatsachen in der Justiz*, Tübingen 1972.

Blankenburg, E./H. v. Kempski u.a., *Die Rechtspflegestatistiken – Analyse der Benutzerinteressen und Vorschläge für eine neue Konzeption*, Berlin 1978.

Bundesministerium für Justiz (Hrsg.), *Das juristische Informationssystem. Analyse, Planung, Vorschläge*, Bericht der Projektgruppe BMJ/GMD/C-E-I-R, Bonn 1972.

Enck, P., Die „Bundesevaluation" aller einphasigen Jura-Studiengänge, in: G.-M. Hellstern, H. Wollmann (Hrsg.), *Experimentelle Politik. Reformstrohfeuer oder Lernstrategie*, Opladen 1983, S. 358 ff.

Fachhochschule für Verwaltung und Rechtspflege Berlin (Hrsg.), *Praxistest einer Verfahrensanordnung für die freiwillige Gerichtsbarkeit*, 1983.

Gessner/Rhode u. a., *Die Praxis der Konkursabwicklung in der Bundesrepublik Deutschland*, Bundesanzeiger-Verlagsges., 1978.

Hartwig, O., *Rechtstatsachenforschung im Übergang (Schriftenreihe der Stiftung Volkswagenwerk*, Bd. 14), Göttingen 1975.

Hartwig, O./Bundesjustizministerium (Hrsg.), *Rechtstatsachenforschung und Kriminologie – Empirische Forschung in Zivil- und Strafrecht*, 2. Aufl., Bundesanzeiger-Verlagsges., 1978.

Johnson/Bloch u. a., *A Comparative Analysis of the Statistical Dimensions of the Justice Systems of Seven Industrial Democracies*, University of Southern California, Los Angeles 1977.

Maihofer, W./H. Schelsky (Hrsg.), *Jahrbuch für Rechtssoziologie und Rechtstheorie*, bes. Bd. III: *Zur Effektivität des Rechts*, Düsseldorf 1972.

Röhl, K. F., *Das Dilemma der Rechtstatsachenforschung*, Tübingen 1974.

Statistisches Bundesamt (Hrsg.), *Fachserie 10, Rechtspflege*, Stuttgart/Mainz.

Stiftung Volkswagenwerk, *Bericht 78/79*, Göttingen 1979.

Gotthard Scholz
Bundesministerium für Bildung und Wissenschaft, Bonn

Entwicklung und Stand der Evaluierungstätigkeit im Bundesministerium für Bildung und Wissenschaft *

Bevor über die Evaluierungstätigkeit des Bundesministeriums für Bildung und Wissenschaft (BMBW) berichtet wird[1], sei zunächst kurz der Rahmen umrissen, innerhalb dessen sich seine Tätigkeit bewegt. Nach der bundesstaatlichen Zuständigkeitsverteilung ist das Schul- und Hochschulwesen weitgehend Angelegenheit der Länder; für den betrieblichen Teil der Berufsbildung hat der Bund eine konkurrierende Gesetzgebungsbefugnis, für die allgemeinen Grundsätze des Hochschulwesens eine Kompetenz, Rahmenvorschriften zu erlassen. Hinzu kommen weitere Aufgaben, wie z. B. die Bundesausbildungsförderung[2].

1969 wurden die Gemeinschaftsaufgaben (Art. 91 a und b) in das Grundgesetz eingefügt. Danach ist der Hochschulaus- und Hochschulneubau eine Gemeinschaftsaufgabe, an der der Bund planend und finanzierend mitwirkt, ebenso können Bund und Länder aufgrund von Vereinbarungen bei der Bildungsplanung und Forschungsförderung zusammenwirken. Evaluierung ist somit ebenso wie Planung häufig eine gemeinsame Angelegenheit von zwölf Partnern (Bund und elf Länder), in Fragen der beruflichen Bildung auch eine gemeinsame Aufgabe von Staat und Sozialpartnern. Der Prozeß der Konsensfindung bei der gemeinsamen politischen Planung im Rahmen der Gemeinschaftsaufgaben ist oft mehrstufig: Bund und Länder führen – jeweils unter den Schwerpunkten ihrer politischen Verantwortung – Forschungsprojekte und Modellversuche durch und evaluieren diese; die so gewonnenen Ergebnisse werden dann in den Prozeß der gemeinsamen Planung eingebracht. Dabei kommt es nicht selten vor, daß sich Evaluierung als empirisch orientierter Prozeß und politische Bewertung überschneiden und daß die allgemeinen Schwierigkeiten der Evaluierung von Problemen der politischen Konsensfindung überlagert werden[3].

* Stand: April 1980.

1 Für Anregungen, Hinweise und Beiträge danke ich den Kollegen Bode, Bremer, Fengler, Heimann, Luther, Maslankowski, Mönikes, Rommel, von Schenck, Schütz, Swatek, Tilgner und Wilhelmi.

2 Einen Überblick über die verfassungsrechtlichen Grundlagen des Bundes im Bereich von Bildung und Wissenschaft gibt BMBW (Hrsg.), *30 mal Bildung*, Bonn 1980, S. 121–126. Es enthält auch die für den Bildungsbereich geltenden Gesetze.

3 Dazu sowie zu früheren Evaluationsbemühungen des BMBW s. H.-U. Derlien, *Die Erfolgskontrolle staatlicher Planung*, Baden-Baden 1976, S. 75 f.

Im folgenden werden auch die gemeinsamen Evaluierungsbemühungen behandelt, da sie für den Bildungsbereich charakteristisch sind und die Berichte größtenteils im BMBW vorbereitet wurden. Außerdem ist Evaluierung Bestandteil fast jeder ministeriellen Facharbeit. Daher können im Rahmen dieser Darstellung nur die größeren Vorhaben unter diesem Aspekt behandelt werden.

I. Fortschreibung des Bildungsgesamtplans und Zwischenbilanzen

Der Bildungsgesamtplan wurde im Jahre 1973 von der 1970 durch Verwaltungsabkommen gegründeten *Bund-Länder-Kommission für Bildungsplanung* (seit 1976 *Bund-Länder-Kommission für Bildungsplanung und Forschungsförderung*/BLK) verabschiedet. Er gibt bis 1985 für jeden Bereich des Bildungswesens Ziele, Maßnahmen (z. T. Alternativen), Zeitplan, quantitative Auswirkungen und Kosten an, einschließlich der Aufwendungen, die für die notwendig gehaltene Entwicklung im Personal-, Investitions- und Sachmittelbereich anfallen werden. Ferner enthält er Ausführungen über den Bildungsbereich im gesamtwirtschaftlichen Rahmen und zur Finanzierung[4]. Der Bildungsgesamtplan wird gegenwärtig bis 1990 fortgeschrieben.

Am 28. November 1975 beauftragten die Regierungschefs von Bund und Ländern die BLK, Untersuchungen über die Verbesserung der Effizienz im Bildungswesen durchzuführen und eine bildungspolitische Bestandsaufnahme über die Entwicklung des Bildungswesens von 1970 bis 1975 vorzulegen. Die BLK hat ein dreidimensionales Bewertungsschema vorgeschlagen: wirtschaftliche, gesellschaftliche und pädagogische bzw. wissenschaftliche Effizienz. Bei der Untersuchung der Wirtschaftlichkeit des Mitteleinsatzes tauchte die – ungelöste – Frage auf, wie die im Bildungsbereich erbrachten Leistungen zu messen und zu bewerten seien. Betriebswirtschaftliche Produktivitätsmeßverfahren sind für pädagogische Prozesse und Einrichtungen kaum geeignet. Die ersten Untersuchungen beschäftigten sich mit Umfang und Ausnutzung der Personalkapazität und der Bemessung der Lehrverpflichtungen im Hochschulbereich sowie der Verweildauer der Studenten. Aus den Studien gewonnene Ergebnisse gingen u. a. in die Neuregelung und Vereinheitlichung der Lehrverpflichtungen und Deputatsermäßigungen sowie in Maßnahmen der Studien- und Berufsberatung ein. Bereits hier wie auch bei dem Entwurf für die Fortschreibung des Bildungsgesamtplans wird bilanziert, d. h. die für 1975 geplante Entwicklung wird mit dem erreichten Ist-Zustand verglichen. Bei der Fortschreibung wurde vorläufig das Jahr 1977 zugrunde gelegt.

1976 hat das BMBW in eigener Verantwortung eine bildungspolitische Zwischenbilanz mit deutlich evaluatorischem Charakter und aus der Bilanz resultierenden Vorschlägen veröffentlicht. Daraus ein Beispiel: Ein Viertel der Hauptschüler, die Hälfte der Realschüler und jeder Gymnasiast bleibt – statistisch gesehen – während der Schulzeit durchschnittlich einmal sitzen. Die dadurch entstehenden Kosten von jährlich rund einer Milliarde DM sollten wirkungsvoller für die rechtzeitige Förde-

4 Bund-Länder-Kommission für Bildungsplanung (Hrsg.), *Bildungsgesamtplan I und II*, Stuttgart 1973.

rung der Schüler eingesetzt werden[5]. Eine weitere umfassende Evaluierung der Bundesregierung zur Bildungspolitik, ausgelöst 1978 durch eine Große Anfrage der Koalitionsfraktionen, kommt zu der Erkenntnis, daß die inhaltlichen Reformen in Schule, Betrieb und Hochschule nicht wie gewünscht fortgeschritten seien; eine Veränderung der Lerninhalte sei zwar festzustellen, zu den Zielen der Wissenschafts- und Praxisorientierung bestehe jedoch nach wie vor ein erheblicher Abstand[6].

Im folgenden werden die hauptsächlichen Problempunkte und Schwierigkeiten zusammengestellt, die bei der Evaluierung im *gesamten* Bildungsbereich auftauchen:

- Die *Datenbasis* für einen umfassenden überregionalen Soll-Ist-Vergleich war bis 1975 ausgesprochen mangelhaft. Für Bereiche wie Ganztagsschulen, sonstige Ausbildungsstätten des tertiären Bereichs außerhalb der Hochschulen, Weiterbildung und außerschulische Jugendbildung lagen überhaupt keine Daten vor. Die Finanzdaten aus den Haushaltsplänen sind meist nicht genügend differenziert, und die Daten aus dem Schul- und Hochschulbereich waren z. T. nur mit erheblichen zeitlichen Verzögerungen zu erlangen. Die Situation hat sich bei der anstehenden Fortschreibung des Bildungsgesamtplans zwar gebessert, jedoch sind die Defizite noch keineswegs vollständig behoben.
- Das *Evaluierungsverfahren* bei der Fortschreibung des Bildungsgesamtplans ist stark administrativ geprägt, gesellschaftliche Gruppen oder unabhängige Wissenschaftler wurden bisher nicht herangezogen. Eine gewisse Beteiligung von Betroffenen soll in einem Hearing zu dem Entwurf erfolgen. Wünschenswert wäre es, ein kritisch begleitendes Gremium einzusetzen, in der Art etwa des Deutschen Bildungsrates, der 1975 wegen des Widerstandes einiger Länder gegen eine Verlängerung des entsprechenden Bund-Länder-Abkommens aufgelöst wurde.
- Die verwendeten *Erfolgsmessungskategorien* sind problematisch. So wird z. B. vom BMBW kritisch angemerkt, daß sich Bildung für die Betroffenen nicht in Milliarden DM, Jahrgangsquoten oder Qualifikationsebenen realisiere. Vielmehr könnten andere Kriterien z. B. von Sozialindikatoren oder vom einzelnen Menschen, seinen Bedürfnissen, Einstellungen und Erwartungen ausgehen[7].
- Neuere *Zielvorstellungen* fließen in den Prozeß der Evaluierung mit ein, wie z. B. Praxisorientierung oder verstärkte Förderung des musisch-kulturellen Bereichs.
- Die *demographische* Entwicklung hat bisher nicht gekannte Probleme für die Fortschreibung geschaffen; so stellt sich das Problem, zunächst das Bildungswesen auf die besonders geburtenstarken Jahrgänge auszurichten; danach wird es sich den veränderten Verhältnissen der geburtenschwachen Jahrgänge anpassen müssen.
- Die umstrittenen Aussagen zur *Gesamtschule* als einer neuen Schulform neben den herkömmlichen haben vorläufig noch zu keinem Konsens der Länder untereinander und mit dem Bund über die Fortschreibung des Bildungsgesamtplans geführt. Zu den Evaluierungsproblemen kommt also das Konsensproblem. Die Tendenz der Evaluierung mag in dem einen oder anderen Fall auch von Notwendigkeiten der Konsensfindung beeinflußt oder bestimmt werden.

5 BMBW, *Bildungspolitische Zwischenbilanz*, Bonn 1976, S. 36.
6 Vgl. *BTDrs.* 8/1703.
7 Vgl. BMBW, *Bildungspolitische Zwischenbilanz*, S. 47.

– Bei der *finanziellen* Bedeutung des Bildungsbereichs in den Haushalten von Bund, Ländern und Gemeinden und der Komplexität der Materie ist es gelungen, verhältnismäßig genaue Projektionen und Planungen vorzulegen. Eine fortlaufende Evaluierung ist im Gange. Daraus resultierende Anpassungen werden vorgenommen.

II. Der Bericht der Bundesregierung über die strukturellen Probleme des föderativen Bildungssystems

Eine besondere Form der Evaluierung stellt der *Strukturbericht* der Bundesregierung dar[8]. Sind in der Regel staatliche Handlungsprogramme Gegenstand einer Evaluierung, so werden hier im Grunde genommen einige politisch besonders bedeutsame Defizitbereiche aus den rund 1000 Beschlüssen der 1948 errichteten Kultusministerkonferenz dargestellt. In dem Bericht geht es darum, daß auch in einem Bundesstaat ein Mindestmaß an Einheitlichkeit in Bezug auf einige wenige Rahmenbedingungen im Bildungswesen gesichert werden muß, wenn die vielfältigen Gestaltungsmöglichkeiten der Länder nicht zu einer Beeinträchtigung von Chancengleichheit sowie der Voraussetzungen für Freizügigkeit und Mobilität und damit zu Nachteilen für die Bürger führen sollen. In der einstimmigen Stellungnahme der Kultusminister aller Bundesländer zeigte sich zwischen Bund und Ländern Übereinstimmung insoweit, als „in der Bundesrepublik Deutschland ein stärkeres Maß an Einheitlichkeit, insbesondere in den von der Bundesregierung angesprochenen Problembereichen angestrebt werden muß"[9]. Unterschiedliche Auffassungen gibt es lediglich über den *Weg*, auf dem dieses Ziel zu erreichen ist. Die Kultusminister der Länder haben anerkannt, daß „Änderungen und Verbesserungen in den (scil. von der Bundesregierung genannten) Bereichen notwendig und durch die Länder mit Vorrang zu realisieren sind"[10]. Ob das Ziel größerer Einheitlichkeit durch diese von den Ländern angekündigten – einstimmig zu beschließenden – Regierungsvereinbarungen der Länder zu verwirklichen ist, wird eine Bewertung der Vereinbarungspraxis der Kultusministerkonferenz seit ihrer Stellungnahme von April 1978 ergeben müssen. Dabei kommt es nicht nur auf den Abschluß von KMK-Vereinbarungen an, sondern auch darauf, ob diese Vereinbarungen in das Landesrecht umgesetzt werden und wie die Übereinstimmung von elf landesgesetzlichen Regelungen *auf Dauer* gesichert werden kann.

Bei dieser Evaluierung der KMK-Vereinbarungspraxis seit April 1978 können sich auch Kriterien für die verfassungspolitische Bewertung ergeben, ob das Instrumentarium einstimmiger Regierungsvereinbarungen überhaupt geeignet ist, das notwendige Mindestmaß an Einheitlichkeit zu sichern, oder ob eine beschränkte Erweiterung der Bundeszuständigkeiten, wie sie die Bundesregierung für die Regelung der

8 Vgl. *BTDrs.* 8/1551 (auch hrsg. v. BMBW, Schriftenreihe *Bildung und Wissenschaft*, 13).
9 Vgl. *BTDrs.* 8/1956 (auch hrsg. v. BMBW, Schriftenreihe *Bildung und Wissenschaft*, 14, S. 12 ff. (1.3.)).
10 Vgl. ebd.

Dauer der Bildungspflicht, die Abschlüsse im Bildungswesen und auf dem Gebiet der beruflichen Bildung vorgeschlagen hat, nicht besser geeignet ist, die Probleme zu lösen und die Funktionsfähigkeit des föderativen, demokratisch-parlamentarischen Entscheidungssystems zu stärken.

III. Evaluierung aufgrund gesetzlicher Vorschriften

III.1. Berufsbildungsbericht

Im Zuge der Evaluierung von Politikbereichen hat die *Berufsbildung* immer mehr an Gewicht gewonnen. Probleme ergaben sich vor allem aus dem akuten Mangel an Ausbildungsplätzen für die geburtenstarken Jahrgänge. Die Beteiligten, die für die Berufsbildung zuständig sind – der Bund, die elf Bundesländer, Gewerkschaften und Arbeitgeber –, gingen vor 1977 bei ihren Überlegungen von den unterschiedlichsten Daten und Informationen aus; verbindliche Zahlen über die Ausbildungsplatzsituation existieren nicht.

Nach § 5 des Ausbildungsplatzförderungsgesetzes (APlFG) von 1976 hat der zuständige Bundesminister jährlich zum 1. März einen Bericht über die regionale und sektorale Entwicklung des Angebots und der Nachfrage nach Ausbildungsplätzen vorzulegen (*Berufsbildungsbericht*). Ziel dieses Gesetzes ist es, ein quantitativ und qualitativ ausreichendes Angebot an Ausbildungsplätzen sichern zu helfen. Zu diesem Zweck mußten erst einmal die statistischen Grundlagen geschaffen werden, um die vorhandenen Ausbildungsplätze zu erfassen. Das APlFG begründete eine Informationspflicht der zuständigen Stellen. Über die künftige Entwicklung des Angebots an Ausbildungsplätzen beraten die an der Berufsbildung Beteiligten im Hauptausschuß des Bundesinstituts für Berufsbildung gemeinsam.

Nach den ersten vier Berufsbildungsberichten (1977, 1978, 1979 und 1980) können die Erfahrungen mit diesem Planungs- und Evaluierungsinstrument folgendermaßen zusammengefaßt werden[11]:

- Durch das APlFG sind die gesetzlichen Grundlagen für verbindliche Zahlen auf dem Ausbildungsplatzsektor geschaffen worden (§ 5 Abs. 5 und § 6 APlFG). Die inzwischen eingeführten Erhebungsverfahren liefern die statistischen Grundlagen für Planungen und Evaluierungen.
- Die gemeinsame Beratung aller Beteiligten im Hauptausschuß des Bundesinstituts für Berufsbildung (Bund, Länder, Gewerkschaften und Arbeitgeber) hat so etwas wie eine gemeinsame Adresse in der Berufsbildung entstehen lassen.
- Der Berufsbildungsbericht hat nicht nur eine globale, bundesweite Bilanz der Ausbildungsplatzsituation vorgelegt, vielmehr wird auch von Mal zu Mal intensiver die besondere Situation in den einzelnen Arbeitsamtsbezirken aufgearbeitet (Regionalisierung).

11 Der Bundesminister für Bildung und Wissenschaft (Hrsg.), *Berufsbildungsberichte 1977, 1978, 1979* und *1980* (Schriftenreihe *Berufliche Bildung* Nr. 4, 9, 10 u. 11).

- Erstmals ist die Situation großer Gruppen (z. B. Mädchen in der Berufsausbildung, ausländische Jugendliche, Behinderte) erfaßt und dargestellt worden. Zielvorstellungen für eine entsprechende Politik wurden formuliert. Teilweise mußten auch dazu erst die notwendigen statistischen Grundlagen geschaffen werden.
- Der bundesweite Berufsbildungsbericht hat einzelne Länder dazu angeregt, ihrerseits die Situation der Berufsbildung für ihr Land darzustellen (z.B. Hamburg und Bremen), ein bemerkenswerter Nebeneffekt des Berufsbildungsberichts der Bundesregierung.
- Bedenkt man, wie umstritten das Ausbildungsplatzförderungsgesetz, die Frage der Förderung von Ausbildungsplätzen und die damit verbundene Berufsbildungsabgabe war, so sind die Ergebnisse der gemeinsamen Evaluierung und Bemühungen aller Beteiligten beachtlich: Die Anzahl der bei den Arbeitsämtern gemeldeten Ausbildungsplätze ist derart erhöht worden, daß sie 1979 die gemeldete Nachfrage erstmals seit Inkrafttreten des APlFG überstieg, eine Mitte der siebziger Jahre noch von vielen kaum für möglich gehaltene Entwicklung.

III.2. Bundesausbildungsförderungsgesetz

Nach § 35 des Bundesausbildungsförderungsgesetzes (BAföG) sind „die Bedarfssätze, Freibeträge sowie die vom-Hundert-Sätze und Höchstbeträge nach § 21 Abs. 2 . . . alle zwei Jahre zu überprüfen und durch Gesetz gegebenenfalls neu festzusetzen. Dabei ist der Entwicklung der Einkommensverhältnisse und der Vermögensbildung, den Veränderungen der Lebenshaltungskosten sowie der finanzwirtschaftlichen Entwicklung Rechnung zu tragen. Die Bundesregierung hat hierüber dem Deutschen Bundestag zu berichten."

Solche Berichte sind von der Bundesregierung bisher dreimal vorgelegt worden, der erste im Jahre 1973, der zweite, im Herbst 1975 fällige, wurde aufgrund des Haushaltsstrukturgesetzes vom 18. Dezember 1975 auf das Jahr 1976 verschoben, der dritte 1978 erstattet[12]. Aufgrund dieser Berichte hat der Deutsche Bundestag durch das Zweite, Vierte und Sechste BAföGÄndG in den Jahren 1974, 1977 und 1979 die Bedarfssätze für Schüler und Studenten angehoben und die jeweils geltenden Freibeträge heraufgesetzt. In dem zuletzt (1978) vorgelegten Bericht der Bundesregierung verdient außer einer erweiterten statistischen Berichterstattung besondere Aufmerksamkeit eine Vorschau auf die (geschätzte) Entwicklung der Lebenshaltungskosten bis 1979 und auf die finanzwirtschaftliche Entwicklung bis 1982. Außerdem verdeutlicht der Bericht erstmals folgendes Problem: Das geltende Förderungsrecht sieht zwar die Überprüfung und gegebenenfalls Anpassung von Freibeträgen und Bedarfssätzen in zweijährigem Abstand vor, tatsächlich lagen die bisher vorgenommenen Anpassungen zeitlich jedoch weiter auseinander. Das hatte zur Folge, daß ein Auszubildender bei wachsendem Familieneinkommen zunächst höhere, dann niedrigere, dann wieder höhere Förderungsbeträge erhielt oder zunächst zu den Geförderten, dann zu den Nichtgeförderten und dann wieder zu den Geförder-

12 Vgl. *BTDrs.* 7/1440; 8/28; 8/2269.

ten zählte. In dem Bericht von 1978 wird erstmals vorgeschlagen, diesem für die Betroffenen ungünstigen Effekt durch eine „Verstetigung" der Leistungen, d. h. durch eine *Zwischenanpassung* der Freibeträge und der in § 21 Abs. 2 BAföG genannten Höchstbeträge zu begegnen. Sie ist erstmals für den Herbst 1980 vorgesehen. Diese Zwischenanpassung soll so bemessen werden, daß das Ziel des Gesetzgebers erreicht wird, die Höhe der Leistung für den Auszubildenden einerseits und die Belastung der Familie durch die Ausbildung (Teilförderung) andererseits über die Jahre ungefähr gleich zu halten.

Insgesamt hat sich die geschilderte Evaluationspraxis bewährt: Die sozialpolitischen Effekte der erfolgten Anpassung sind erkennbar, an der Verfeinerung des Instrumentariums zur Prognose der Auswirkungen empfohlener Anpassungen wird weiter gearbeitet; dies ist um so dringlicher, als im Zeichen der Verknappung der Finanzmittel eine noch genauere Ermittlung der finanzpolitischen Auswirkungen gesetzlicher Änderungsmaßnahmen gefordert werden dürfte. Alles in allem für alle Beteiligten ein Beitrag zur Verbesserung der Transparenz einer so umfassenden sozial- und bildungspolitischen Maßnahme.

IV. Modellversuche

Modellversuche dienen der Entwicklung und Erprobung neuer Ansätze im Bildungswesen. Sie sollen dazu beitragen, das bestehende Bildungswesen an notwendige Entwicklungen anzupassen und so angelegt sein, daß sie Entscheidungshilfen für die Entwicklung des Bildungswesens geben. Die Ergebnisse sollen innerhalb des Bildungswesens übertragbar sein. Grundlage für die von Bund und Ländern gemeinsam getragenen Modellversuche ist die *Rahmenvereinbarung zur koordinierten Vorbereitung, Durchführung und wissenschaftlichen Begleitung von Modellversuchen im Bildungswesen* vom 7. Mai 1971[13]. Daneben gibt es Modellversuche, die, außerhalb des Rahmens der Bund-Länder-Kommission (BLK), vom Bund bilateral mit einem Land oder einem Unternehmen finanziert werden („Wirtschaftsmodellversuche").

Der BMBW hat zwischen 1971 und 1978 für 1798 Vorhaben insgesamt 989 Mill. DM aufgewendet. Die Modellversuche waren auf alle Länder verteilt und erfaßten alle Bildungsbereiche. In der Regel werden sie zu 50 Prozent vom Bund finanziert, so daß insgesamt knapp 2 Mrd. DM für Modellversuche ausgegeben wurden. Standen in den ersten Jahren Probleme der Planung und Durchführung im Vordergrund der Untersuchungen, so sind es nunmehr in steigendem Maße Fragen der Auswertung und Umsetzung der Ergebnisse.

Inzwischen haben sich auch im Rahmen der Bund-Länder-Kommission *Auswertungsverfahren* herausgebildet. Das einfachste ist eine Zusammenstellung des Materials, die durch die Geschäftsstelle der BLK erfolgt. Wie die Ergebnisse umgesetzt werden, hängt vom Engagement der Entscheidungsträger ab, eine vorherige Einbindung der Bildungsverwaltung in das Auswertungsverfahren zur besseren Vorberei-

13 Einen Überblick gibt die „Informationsschrift 1978 über Modellversuche im Bildungswesen", hrsg. v. der Bund-Länder-Kommission für Bildungsplanung und Forschungsförderung.

tung der Umsetzung erfolgt nicht; dies ist – was die Umsetzung der Ergebnisse anbetrifft – das schnellste, nicht aber das wirksamste Evaluationsverfahren.

Darüber hinaus gibt es die *überregionale* Auswertung. Dieses Verfahren soll

– die Modellversuche in ihren Ergebnissen vergleichbar machen;
– nach vorgegebenen Kriterien eine Aussage darüber ermöglichen, ob und gegebenenfalls unter welchen Bedingungen die Ziele des Versuchs erreichbar und übertragbar sind;
– die Zusammenarbeit von Vertretern der Bildungsverwaltung und Wissenschaftlern bei der Auswertung verankern.

Ein Zeitplan für die Schwerpunktbereiche ist entwickelt worden. Die Ergebnisse sollen in die Empfehlungen und Programme des BLK einfließen. Die Vorschläge richten sich an Bund, Länder, Hochschulen und überregionale Studienreformkommissionen.

Der Auswertungsbericht kommt auf unterschiedliche Weise zustande:

1. Zusammenstellung und Analyse des Materials durch Sachverständige oder wissenschaftliche Einrichtungen;
2. Zusammenstellung und Analyse des Materials durch eine eigens dafür eingesetze Projektgruppe.

Zum zweiten Verfahren folgendes Beispiel: Die Modellversuche mit und an Gesamtschulen sind bildungspolitisch und pädagogisch-fachlich besonders bedeutsam. Daher ist die Auswertung in Form einer *Projektgruppe* organisiert worden. Sie ist eine selbständige Arbeitseinheit und setzt sich zusammen aus sechs Vertretern der Länder, einem Vertreter des Bundes und zwei Wissenschaftlern. Die Arbeitsergebnisse werden zunächst dem Innovationsausschuß der BLK vorgelegt, sodann mit dessen Stellungnahme der Kommission selbst. Diese entscheidet über Art und Umfang der Veröffentlichung.

Zunächst hatte die Projektgruppe Daten mit Hilfe umfangreicher Fragebögen an 78 Gesamtschulen erhoben. Danach wurden diese Daten durch Mitglieder der Projektgruppe nach Ländern aufgearbeitet und anschließend mit den zuständigen Vertretern der einzelnen Länder erörtert. Im zweiten Durchgang analysierte und bewertete die Projektgruppe die Daten nach Sachschwerpunkten, z. B. Schullaufbahnen, Leistungen, Kosten und regionalen Effekten. Im Abschlußbericht sollen die Ergebnisse aus den beiden Durchgängen zusammengefaßt und bewertet werden, gegebenenfalls ein Vergleich der Gesamtschule zum dreigliedrigen Schulsystem gezogen und Empfehlungen zur weiteren Planung gegeben werden.

Seit etwa Mitte 1977 fanden im Abstand von vier bis sechs Wochen zwei- bis dreitägige Sitzungen statt; gleichzeitig wurden Gesamtschulen fast aller Länder besucht. Aufgabenstellung, Organisation und Verfahren haben sich bisher im großen und ganzen bewährt. Da die Materie politisch umstritten ist, muß viel Zeit darauf verwendet werden, von unterschiedlichen Positionen her zu gemeinsam getragenen Aussagen zu kommen. Dieses sehr gründliche Vorgehen erfordert einen beachtlichen Zeitaufwand (Erhebung 1977, Abschluß 1981).

Über Konzeptionen und Durchführung der Modellversuche im Hochschulbereich liegt ein erster Gesamtüberblick in einem Erfahrungsbericht „5 Jahre Modellversuche im Hochschulbereich" vor. Er gibt eine Zwischenbilanz u. a. zu den Modellversuchen zur Gesamthochschule. Die Versuche sind inzwischen nach Auswertungsbereichen zusammengestellt, die Auswertungsverfahren sind festgelegt (Geschäftsstelle, Sachverständige oder Projektgruppe), der Zeitplan reicht bis 1983. Die Arbeiten zu den Auswertungsbereichen Berufsakademie Baden-Württemberg und Studienberatung sind nahezu abgeschlossen.

Bei den *Wirtschaftsmodellversuchen* außerhalb der BLK wird folgendes Evaluationsverfahren eingehalten: Nach Abschluß einer Maßnahme wertet das Bundesinstitut für Berufsbildung die Ergebnisse aus – falls erforderlich, zusammen mit den Ergebnissen aus anderen Modellversuchen desselben Themenbereichs – und leitet einen Bericht darüber an den BMBW zusammen mit Vorschlägen für ihre bildungspolitische und -planerische Umsetzung. Das Bundesinstitut setzt die Ergebnisse im Rahmen seiner Aufgaben um, z. B. bei der Vorbereitung von Ausbildungsordnungen. Der BMBW wertet die Ergebnisse auf der Basis des Institutsberichts aus und verwendet sie im Rahmen seiner Aufgaben. In diesem Zusammenhang ist beabsichtigt, künftig auch die BLK in die Ergebnisumsetzung mit einzubeziehen. Erkenntnisse und Ergebnisse von laufenden oder abgeschlossenen Modellversuchen beeinflussen wiederum die Fragestellungen künftiger Versuche.

Die aus der Arbeit mit Modellversuchen gewonnenen Erfahrungen haben gezeigt, daß für eine Ergebnissicherung unterschiedliche Zeiträume angesetzt werden müssen. Aus Einzelversuchen können nicht immer allgemeine Lösungen hergeleitet werden. Oft sind weitere Entwicklungsschritte zur Vervollständigung der großflächigen Erprobung erforderlich. Bei komplexen Fragestellungen und vielfältigen Zusammenhängen ist häufig nur eine langfristige, allmähliche Umsetzung sinnvoll. Die Implementation stellt sich insgesamt als schwierig dar. Fragen der Information, Dokumentation und Verbreitung der Ergebnisse, der Lehrerfortbildung, Kosten und Berichterstattung in den Medien, von Einstellungen der Lehrer, Schüler, Eltern und Kultusbeamten spielen dabei eine Rolle. Es wäre auch unrealistisch, an einer Schule z. B. die Umsetzung einer Reihe von Ergebnissen verschiedener Modellversuche zur gleichen Zeit zu erwarten. Dies übersteigt in der Regel die Kapazität von Organisationen, Änderungen vorzunehmen. Erfahrungen aus dem Bereich der Organisationsentwicklung könnten hier entsprechend herangezogen werden[14].

Insgesamt haben sich Modellversuche als ein durchaus wirkungsvolles Instrument erwiesen, Entscheidungshilfen für die Bildungsplanung und Bildungspolitik sowie für die Verbesserung der Bildungspraxis zu gewinnen.

14 Siehe hierzu auch mit Beispielen aus dem Schulbereich: F. Glasl/L. de la Houssaye, *Organisationsentwicklung*, Berlin 1975, insbes. S. 107 ff.; zur Implementationsproblematik s. Th. Kempf, Zur Einführung leistungsbezogener Veränderungen, in: H.-W. Hoefert/Ch. Reichard (Hrsg.), *Leistungsprinzip und Leistungsverhalten im öffentlichen Dienst*, Stuttgart 1979, S. 219 ff. (mit weiteren Literaturhinweisen).

V. Bildungsforschung

Der Bildungsforschung ist u. a. die Rolle der wissenschaftlichen Politikberatung zugewiesen. 1976 hat der BMBW erstmals einen *Leistungsplan* über seine Förderungsmaßnahmen in der Bildungsforschung (Ressortforschung und institutionelle Förderung) und über die Wissenschaftsförderung (Deutsche Forschungsgemeinschaft und Sonderforschungsbereiche) erstellt, die zweite Fortschreibung ist der Leistungsplan 1978[15]. In ihm sind alle Forschungsvorhaben des BMBW, gegliedert nach Programmen, Unterprogrammen und Aktivitäten, aufgeführt. Bei den einzelnen Aktivitäten werden Aufgabe und Begründung, Vorgehensweise und Finanzmittel jeweils gesondert beschrieben. Dies geschieht in Übereinstimmung mit den „Leitregeln für Leistungspläne und Programmbudgets" im Rahmen der Forschungs- und Entwicklungsaktivitäten der Bundesregierung[16]. Der zur Zeit in Arbeit befindliche Leistungsplan steht unter den Schwerpunkten: Berücksichtigung der Ergebnisse der bisherigen Forschung und ihr Bezug zu den Zielen bzw. Aufgaben des BMBW.

1979 ist damit begonnen worden, jedes einzelne Forschungsvorhaben mit einem *standardisierten Abschlußvermerk* zu versehen. Er gliedert sich in Sachstand, Bewertung (Vergleich der Ziele zu den Ergebnissen), Verwendungszweck (z. B. Untersuchungen zur Vorbereitung des BAföG-Berichts, s. Ziff. III.2), Information (z. B. Veröffentlichung) sowie Folgerungen für die weitere Forschung. Die Evaluierung ist Angelegenheit der Fachreferate und folgt in etwa den Kriterien und Verfahren für die Ergebnisbewertung/Erfolgskontrolle von Forschungs- und Entwicklungsvorhaben der Bundesregierung vom 15. November 1977[17].

Eine erhebliche, hier nicht behandelte Rolle spielt die Bildungsforschung in Forschungseinrichtungen, die vom Bund und den Ländern nach der Rahmenvereinbarung Forschungsförderung vom 25. November 1975 gemeinsam unterhalten werden sowie an den einzelnen Hochschulen.

Eine gewisse Evaluation der Bildungsforschung durch Wissenschaftler selbst stellen die Arbeiten einer „Projektgruppe zur Planung der Bildungsforschung" dar, die von der Bildungskommission des Deutschen Bildungsrats beauftragt wurde, ein Gutachten zur Lage, Leistungsfähigkeit und zum Ausbau der Bildungsforschung zu erarbeiten[18]. Darüber hinaus hat Bildungsforschung selbst in der Regel evaluatorischen Charakter hinsichtlich der von ihr untersuchten Gebiete und Maßnahmen des Bildungswesens.

Die Schwierigkeiten der Bildungsforschung hängen vor allem mit der Vielzahl der beteiligten Wissenschaftsdisziplinen und der Breite des Forschungsfeldes zusammen, Probleme, die sich auch für die Evaluation der Bildungsforschung stellen. Wichtige

15 BMBW, *Leistungsplan Bildungsforschung und Wissenschaftsförderung 1978* (nur beschränkt verfügbar).

16 Der Bundesminister für Forschung und Technologie (Hrsg.), *Koordinierungstaschenbuch für Forschungs- und Entwicklungsaktivitäten der Bundesregierung*, 2. Aufl., Bonn 1978, S. 40.

17 Vgl. ebd., S. 102 ff.

18 H. Roth/D. Friedrich (Hrsg.), *Bildungsforschung. Probleme – Perspektiven – Prioritäten*, Teil 1 u. 2 (*Deutscher Bildungsrat, Gutachten und Studien der Bildungskommission*, Bd. 50 u. 51), Stuttgart 1975.

Aufgaben der Bildungsforschung sind u. a. die Weiterentwicklung der Methoden zur Evaluation von Maßnahmen im Bildungswesen und zur Umsetzung von Versuchs- und Forschungsergebnissen in die Bildungspraxis sowie die Vorbereitung von Modellversuchen durch Forschungsvorhaben bzw. Vorstudien.

Punktuell ist durch eine wissenschaftliche Untersuchung schon versucht worden, wissenschaftliche Leistungen von Universitäten, außeruniversitären Forschungseinrichtungen und Einzelwissenschaftlern nach Quantität und Wirkung zu messen und zu vergleichen, ein Beitrag zur Evaluationsforschung bei diesem so komplexen Untersuchungsgegenstand[19].

VI. Rahmenplanung für den Hochschulbau

Nach § 5 Hochschulbauförderungsgesetz ist im Rahmen der Gemeinschaftsaufgaben nach Art. 91 a GG von Bund und Ländern ein *gemeinsamer Rahmenplan* aufzustellen und jährlich fortzuschreiben. Er wird vom BMBW vorbereitet. Zuständiges Gremium für den gemeinsamen Rahmenplan ist der Planungsausschuß (§ 7 Hochschulbauförderungsgesetz). Er hat in den Jahren von 1971 bis 1979 neun Rahmenpläne beschlossen, Grundlage für eine 50 %ige Beteiligung des Bundes an den Hochschulbaukosten[20]. Nach den Zielvorstellungen des 6. Rahmenplans sollen die baulichen Voraussetzungen für 850.000 flächenbezogene Studienplätze geschaffen werden, um die für die Mitte dieses Jahrzehnts erwarteten Studenten (über eine Million) – wenn auch unter Hinnahme gewisser Einschränkungen – aufnehmen zu können.

Zu Beginn der Gemeinschaftsaufgabe Hochschulbau lagen keine Daten über den Raumbestand der Hochschuleinrichtungen vor. Seit dem 2. Rahmenplan konnten auf der Grundlage eigener Erhebungen (später auch Erhebungen im Rahmen der Hochschulstatistik) fächergruppenbezogene Flächenbilanzen gezogen und der Hochschulbauplanung mit Hilfe von Flächenrichtwerten erste Studienplatzbilanzen zugrunde gelegt werden. Das System der Berechnung von flächenbezogenen Studienplätzen als Grundlage der Ausbauplanung wurde seitdem allmählich vervollständigt. Ergänzend wurden Verfahren der Länder zur Bewertung des Flächenbestandes unter dem Gesichtspunkt der Studienplatzrelevanz und Nutzungstauglichkeit durch Beschlüsse des Planungsausschusses vereinheitlicht[21].

Unter dem Gesichtspunkt der Evaluierung kann zusammenfassend gesagt werden:

- Im Laufe der ersten neun Rahmenpläne ist es gelungen, für planerische und evaluatorische Zwecke das Instrumentarium für die Erfassung und Bewertung des vorhandenen Bau- und Raumbestandes zu entwickeln und anzuwenden. So enthält seit dem 2. Rahmenplan jeder folgende eine Art Bilanz über den jeweils erreichten Ausbaustand.

19 Vgl. BMBW (Hrsg.), *Beiträge zur Messung von Forschungsleistung* (Schriftenreihe *Hochschule*, 16), Bonn 1975.

20 Vgl. *1. bis 9. Rahmenplan aus den Jahren 1971 bis 1979*, beschlossen jeweils vom Planungsausschuß für den Hochschulbau (beim BMBW erhältlich).

21 Vgl. „Verfahren der Baubestandsbewertung", abgedr. im *9. Rahmenplan für den Hochschulbau*, S. 72–77.

– Durch die Rahmenplanung ist es auch gelungen, die regionale und fachliche Hochschulstruktur zu erfassen.
– Die Hochschulrahmenplanung beschränkte sich im wesentlichen darauf, die baulichen Voraussetzungen der künftigen Hochschulstruktur zu schaffen. Obgleich die Neuordnung des Studiums in § 2 Hochschulbauförderungsgesetz enthalten ist und der 1. Rahmenplan davon sprach, daß die erforderlichen Maßnahmen zur Neuordnung von Studium und Prüfungen auch neue Anforderungen an die bauliche Gestaltung von Hochschulen stellten[22], ist die Verzahnung von Hochschulausbau und Studienreform nicht in allen Fällen ausreichend. Für den Hochschulbau wurde schnell deutlich, daß Hochschulgebäude schon wegen ihrer langen Nutzungszeit von mindestens 50 Jahren so geplant werden müssen, daß sie in der Nutzung flexibel auch sich ändernden Lehrformen, Forschungsgegenständen und -methoden dienen können. Der Standard des Hochschulbaus ist im internationalen Vergleich – was die Flächenausstattung und die technische Ausstattung angeht – so hoch, daß dies in jedem Fall gewährleistet erscheint.
– Die Abstimmung in der Bau- und Personalplanung ist schwierig. Während die Hochschulbaurahmenplanung gemeinsame Angelegenheit von Bund und Ländern ist, ist die entsprechende Personalplanung Sache des einzelnen Landes. Es kommt hinzu, daß eine mittelfristig verbindliche Personalplanung im öffentlichen Bereich bisher nicht üblich ist. Der Planungsausschuß hat daher von den Ländern die Erklärung gefordert, daß die personelle und sachliche Ausbildungskapazität mit Fertigstellung der Bauvorhaben zu gewährleisten ist.
– Die Rahmenplanung ist naturgemäß darauf abgestellt, ein für das gesamte Bundesgebiet ausreichendes, fachbezogen und regional ausgeglichenes Studienplatzangebot bereitzustellen. Fragen der Einzelplanung, insbesondere der baulichen Gestaltung unter städtebaulichen, sozialen und sonstigen Gesichtspunkten, ist ausschließlich Sache der Länder. Ob das Ergebnis des Hochschulausbaus unter diesen Gesichtspunkten überall voll befriedigend ist, darf bezweifelt werden. Bei der Bewertung ist zu berücksichtigen, daß der Hochschulbau unter starkem zeitlichen Druck große Baumassen erstellen mußte. Hierdurch entstandene Probleme der Grundstücks- und Standortfindung sowie der Bauplanung sind nicht immer voll bewältigt worden. Evaluierungsstudien dazu liegen nicht vor.

VII. Das Graduiertenförderungsgesetz

Das Graduiertenförderungsgesetz (GFG) vom 2. September 1971 wurde geschaffen, um den wissenschaftlichen, vornehmlich den Hochschullehrernachwuchs zu fördern. Die bis dahin übliche Praxis der Promotionsförderung, eine Assistentenstelle mit einem Doktoranden zu besetzen, hatte sich als der teuerste und oft ungeeignete Weg einer Promotionsförderung erwiesen und sollte durch die Vergabe von Stipendien abgelöst werden. Das GFG war ein praktischer Schritt auf dem Wege zur Neuordnung der Personalstruktur der Hochschulen, die eine Promotion als Bestandteil

22 Vgl. *Rahmenplan für den Hochschulbau*, S. 5.

der Dienstaufgaben nicht mehr kennt (vgl. § 53 HRG). Die Stipendienförderung wurde durch das Haushaltsstrukturgesetz zum 1. Januar 1976 auf Darlehen umgestellt, die jetzige Finanzierungsregelung lief am 31. Dezember 1981 aus.

Das GFG ist 1973/74 durch eine wissenschaftliche Studie auf seine Wirksamkeit untersucht worden[23]. Gleichzeitig sollten Ansatzpunkte für eine Weiterentwicklung der Graduiertenförderung geliefert werden. Nach der Darlehensumstellung erfolgten noch zwei weitere Evaluationsstudien über „Ziele, Mittel und Erfolge der Förderung des wissenschaftlichen Nachwuchses" und „Auswirkung der Darlehensumstellung auf die Wirksamkeit des Graduiertenförderungsgesetzes"[24], ehe 1978 die Bundesregierung dem Bundestag einen Bericht über die Erfahrungen der durch das Haushaltsstrukturgesetz veränderten Graduiertenförderung vorgelegt hat[25]. Für eine Nachfolgeregelung ab 1. Januar 1982 sind 1979 Leitvorstellungen des BMBW entwickelt worden[26].

Diese Art der Evaluierung läßt sich wie folgt zusammenfassen:

- Es handelt sich um den Fall einer wissenschaftlichen Evaluation und – darauf aufbauend – einer Evaluation der Exekutive.
- Die Zielvorstellungen haben sich in der Laufzeit des GFG verändert; GFG 1971: Gewährung von Stipendien für die Promotion ohne Verpflichtung zu Dienstleistungsaufgaben im Bereich der Hochschule; BMBW 1979: Anschlußstipendium an ein befristetes Beschäftigungsverhältnis als wissenschaftlicher Mitarbeiter, das bereits Gelegenheit gibt, die Promotion vorzubereiten.
- Die Mittel zur Erfüllung der Ziele sind in der Laufzeit verändert worden (Umstellung von Stipendien auf Darlehen). Dies machte wiederum eine neue Wirksamkeitsanalyse erforderlich.
- Die Rahmenbedingungen, insbesondere die Bedarfssituation, haben sich in der Laufzeit erheblich gewandelt.
  Das GFG und seine Evaluierung können als eine Art Modellfall für einen Planungs-Durchführungs-Evaluierungszyklus zeitlich begrenzter staatlicher Förderungsmaßnahmen angesehen werden, bei dem die Evaluierungsphase schon frühzeitig in der Durchführungsphase einsetzt und die erneute Planung auf den Ergebnissen der Evaluierung aufbaut.
- Die Evaluationsstudie vom August 1977 macht Elemente einer Evaluation der Evaluation sichtbar. Mit der vorgelegten Untersuchung sollte „die notwendigerweise begrenzte Sichtweise der ersten Untersuchung durch den Blick auf das Umfeld der Förderung des wissenschaftlichen Nachwuchses nach dem GFG erweitert werden"[27]. Die letzte Evaluationsstudie diente der Klärung definierter Sachfragen und der Vorbereitung eines Berichts an den Bundestag.

23 BMBW (Hrsg.), *Aus der Praxis der Graduiertenförderung* (Schriftenreihe *Hochschule*, 13), Bonn 1974.

24 BMBW (Hrsg.), *Auswirkung der Darlehensumstellung auf die Wirksamkeit des Graduiertenförderungsgesetzes* (Schriftenreihe *Hochschule*, 28), Bonn 1978; BMBW (Hrsg.), *Ziele, Mittel und Erfolge der Förderung des wissenschaftlichen Nachwuchses* (Schriftenreihe *Hochschule*, 29), Bonn 1978.

25 Vgl. *BTDrs.* 8/2149.

26 *Leitvorstellung für die künftige Förderung des wissenschaftlichen Nachwuchses*, Bonn 1979, abgedr. u. a. in: *Mitteilungen des Hochschulverbandes*, H. 5, Okt. 1979.

27 Schriftenreihe *Hochschule*, 29. S. II.

– Ein Problem des eingeschlagenen Evaluierungsverfahrens könnte darin liegen, daß die Wissenschaft selbst einen Teilbereich ihrer eigenen Förderung untersucht und damit leicht eine Interessenkollision gegeben sein kann. Ob allerdings die Beauftragung eines kommerziellen Instituts gegebenenfalls andere Nachteile – z. B. Informationsbeschaffungsprobleme, Akzeptanz durch die wissenschaftliche Welt – mit sich bringt, muß dahingestellt bleiben.

VIII. Exkurs: Evaluierung im internationalen Bereich

Der Vollständigkeit halber sei aus dem internationalen Bereich das *OECD-Länderexamen* 1971 über die Bildungspolitik und Bildungsplanung in der Bundesrepublik Deutschland erwähnt, auch wenn der Träger eine internationale Organisation ist[28]. Das Länderexamen trägt stark evaluatorische Züge. Ein solches Verfahren ist außerhalb des Bildungsbereichs kaum bekannt, verdient aber größere Aufmerksamkeit. Hildegard Hamm-Brücher bedauert im Vorwort zur deutschen Übersetzung des Berichts, daß das Länderexamen zwei Jahre nach seinem Abschluß noch nicht offiziell ausgewertet wurde und zu Konsequenzen geführt hat. Sie fordert eine Auswertung des Berichts, sozusagen eine Evaluation der Evaluation[29].

Außerdem hat das Zentrum für Bildungsforschung und Innovationen bei der OECD 1977 und 1978 für die Bundesrepublik, die Schweiz und Österreich *Seminare* zu Fragen der Evaluation schulischer Neuerungen durchgeführt, die fortgesetzt werden sollen. Dabei sollen die Probleme, die mit der Auswertung von Modellversuchen verbunden sind, analysiert werden. Von Interesse sind dabei Absprachen und Kooperationsverfahren zwischen Schulpraxis, Wissenschaft und Bildungsverwaltung.

IX. Bewertung der Evaluierungstätigkeit im Bildungswesen und Zusammenfassung

Aus der Beschreibung der einzelnen Evaluierungstätigkeiten ist bereits deutlich geworden, daß es ein einheitliches Evaluierungsverfahren nicht gibt. Die Vielfalt der Ansätze, Verfahren und Beteiligten ist das Charakteristikum. Dies kann am Beispiel der Ziele und Kriterien der Evaluierungstätigkeit gezeigt werden. Nach dem Beschluß der Regierungschefs vom 28. November 1975 sollten Untersuchungen über Effizienz im Bildungswesen durchgeführt werden; diese sollten zugleich als Grundlage für die Fortschreibung des Bildungsgesamtplans dienen (Soll-Ist-Vergleich). Schon die Unterteilung der Effizienz in wirtschaftliche, gesellschaftliche und pädagogische bzw. wissenschaftliche zeigt, daß es ein eindimensionales Bewertungsschema nicht gibt; das gilt auch für die Ziele staatlicher Maßnahmen im Bildungsbereich. Bei der Fortschreibung des Bildungsgesamtplans ist der Soll-Ist-Vergleich das häufigste Kriterium für die Evaluierung. Im Berufsbildungsbericht wird zunächst festgestellt, wie

28 K. Hüfner (Hrsg.), *Bildungswesen: mangelhaft. BRD-Bildungspolitik im OECD-Länderexamen*, Frankfurt a. M. 1973.

29 Vgl. ebd., S. 6.

sich die tatsächliche Entwicklung zur prognostizierten verhält (Soll-Ist-Vergleich); ähnlich ist der evaluatorische Teil des BAföG-Berichts und des Rahmenplans für den Hochschulbau aufgebaut. Beim Graduiertenförderungsgesetz zielte die Evaluierung darauf hin, Grundlagen für eine Neuregelung zu schaffen. In die Evaluierung wurden die Ziele der geltenden Graduiertenförderung mit einbezogen. Bei der überregionalen Auswertung der Modellversuche stellte sich das Problem, wie für unterschiedliche Ziele und Fragestellungen der verschiedenen Einzelversuche die „Meßlatte(n)" für den Gesamtbereich gefunden wird (werden); ein Soll-Ist-Vergleich ist deswegen nur für den Einzelversuch, nicht für den Bereich möglich.

Im Bildungsbereich ist oft die Vielzahl der Beteiligten bei Evaluierungen charakteristisch: z. B. Wissenschaftler (GFG und Modellversuche), Wissenschaftler und Kultusbeamte (Modellversuche), BMBW, Bundesinstitut für Berufsbildung und ein Beratungsgremium, der Hauptausschuß (Berufsbildungsbericht) oder Bund und Länderbildungsverwaltungen bzw. deren politische Spitzen im Rahmen der BLK (Bildungsgesamtplan, Rahmenplan für den Hochschulbau).

Die Schwierigkeiten der Evaluationsbemühungen im Bildungsbereich lagen bzw. liegen insbesondere in der großen Anzahl der Beteiligten und der Notwendigkeit der Konsensfindung, zu Beginn vor allem auch in der unzulänglichen Datenbasis, der Festlegung von Bewertungskriterien z. B. für pädagogische Prozesse und in der Umsetzung von Ergebnissen der Modellversuche. Es wäre falsch, Ergebnisse allein auf die Evaluierungsbemühungen zurückführen zu wollen. Sie haben aber mit dazu beigetragen, daß

- ein Ausgleich zwischen Angebot an und Nachfrage nach Ausbildungsplätzen für die geburtenstarken Jahrgänge in den letzten Jahren erreicht wurde;
- die Datenbasis für Planungen und Entscheidungen im Bildungswesen erheblich verbessert werden konnte;
- das Problem der „Verstetigung" in der Ausbildungsförderung aufgedeckt und gelöst wurde;
- die Studienplatzkapazitäten weitgehend optimal ausgelastet wurden.

Insgesamt hat die Evaluierungspraxis einen angemessenen Beitrag zur Vorbereitung bildungspolitischer Planungen und Entscheidungen geleistet. Die Rückkoppelung über die Evaluation mit der erneuten Planung und Entscheidung ist im wesentlichen gelungen. Eine Reihe von Evaluierungen ist derzeit noch nicht abgeschlossen; wie weit die Umsetzung von Evaluierungsergebnissen danach gelingen wird, ist noch offen.

Bibliographie

BMBW (Hrsg.), *30 mal Bildung*, Bonn 1980.

BMBW, *Bildungspolitische Zwischenbilanz*, Bonn 1976.

BMBW (Hrsg.), *Berufsbildungsbericht 1977; 1978; 1979; 1980* (Schriftenreihe *Berufliche Bildung*, Nr. 4, 9, 10 u. 11).

BMBW, *Leistungsplan Bildungsforschung und Wissenschaftsförderung 1978*, Bonn 1978.

BMBW (Hrsg.), *Beiträge zur Messung von Forschungsleistung* (Schriftenreihe *Hochschule*, Bd. 16), Bonn 1975.

BMBW (Hrsg.), *Aus der Praxis der Graduiertenförderung* (Schriftenreihe *Hochschule*, Bd. 13), Bonn 1974.

BMBW (Hrsg.), *Auswirkung der Darlehensumstellung auf die Wirksamkeit des Graduiertenförderungsgesetzes* (Schriftenreihe *Hochschule*, Bd. 28), Bonn 1978.

BMBW (Hrsg.), *Ziele, Mittel und Erfolge der Förderung des wissenschaftlichen Nachwuchses* (Schriftenreihe *Hochschule*, Bd. 29), Bonn 1978.

Bund-Länder-Kommission für Bildungsplanung (Hrsg.), *Bildungsgesamtplan I und II*, Stuttgart 1973.

Bund-Länder-Kommission für Bildungsplanung und Forschungsförderung (Hrsg.), *Informationsschrift 1978 über Modellversuche im Bildungswesen.*

Der Bundesminister für Forschung und Technologie (Hrsg.), *Koordinierungstaschenbuch für Forschungs- und Entwicklungsaktivitäten der Bundesregierung*, 2. Aufl., Bonn 1978.

Derlien, H.-U., *Die Erfolgskontrolle staatlicher Planung*, Baden-Baden 1976.

Glasl, F./L. de la Houssaye, *Organisationsentwicklung*, Berlin 1975.

Hüfner, K. (Hrsg.), *Bildungswesen: mangelhaft. BRD-Bildungspolitik im OECD-Länderexamen*, Frankfurt a. M. 1973.

Kempf, Th., Zur Einführung leistungsbezogener Veränderungen, in: Hoefert, H.-W./Ch. Reichard (Hrsg.), *Leistungsprinzip und Leistungsverhalten im öffentlichen Dienst*, Stuttgart 1979.

Roth, H./D. Friedrich (Hrsg.), *Bildungsforschung. Probleme – Perspektiven – Prioritäten*, Teil 1 u. 2 (*Deutscher Bildungsrat, Gutachten und Studien der Bildungskommission*, Bd. 50 u. 51), Stuttgart 1975.

Gottfried T. W. Dietzel
Bundesministerium für Jugend, Familie und Gesundheit, Bonn

Evaluierung von Ressortaktivitäten am Beispiel des Bundesministeriums für Jugend, Familie und Gesundheit

I. Die unterschiedlichen Formen der Evaluierung im BMJFG

Evaluierung dient der Rechenschaftslegung und kritischen Fortentwicklung von beabsichtigten und durchgeführten Leistungen. Dementsprechend bezieht sich Evaluierung in einem Bundesressort auf das gesamte Aufgabenspektrum von der Organisation nachgeordneter Forschungsbehörden (Organisationsüberprüfung) über Fördermaßnahmen (wissenschaftliche Begleitung bei Modellen) bis zur Überprüfung des Gesetzvollzugs (Durchführungskontrollen). Gerade ein Fachressort wie das BMJFG mit einem umfassenden Geschäftsbereich und vielfältigen Aufgaben – von der Jugendhilfe- und Arzneimittelgesetzgebung über die Konzeption psychiatrischer Großmodelle bis hin zur Überwachung der Belastung der Bevölkerung mit Umweltchemikalien, wobei vielfach Kooperationspartner herangezogen werden – zeichnet sich durch einen unterschiedlichen Einsatz des Instruments „Evaluierung" aus.

Evaluierung bedeutet dann nicht nur Programmevaluierung (*program evaluation*), sondern bezieht sich auf vielfältige Evaluierungsobjekte:
- Ressortziele;
- Modellvorhaben;
- Organisationsentscheidungen;
- Verfahrens-(Zusammenarbeits-)regeln (intern und mit nachgeordneten Behörden);
- Gesetze (Praxistests im Vorbereitungsstadium und Durchführungskontrollen zur Vorbereitung von Novellierungen);
- Forschungsvorhaben.

Evaluierung muß sich nicht nur auf einen einzelnen Evaluierungsgegenstand beziehen, sondern kann sich auf ein Bündel von Zielen, Gesetzen und sonstigen Maßnahmen erstrecken (z. B. wenn eine unabhängige Wissenschaftlerkommission in einem „Familienbericht" die Wirkungen der Familienpolitik der Bundesregierung analysiert, also deklamierte Absichten, Gesetzesfolgen, Schlußfolgerungen aus Modellvorhaben und die Relation von eingesetzten Mitteln zu erreichten Erfolgen mit einem normativen Zielsystem korreliert[1].

1 Vgl. den letzten Familienbericht, *BTDrs*. 8/3120.

Hier zeigt sich auch schon die Crux interner und externer Evaluierung: Woher bezieht sie ihre Maßstäbe? Gibt es objektive Kriterien erfolgreicher Familienpolitik? Besteht bei interner Evaluierung die Gefahr der Betriebsblindheit, so besteht bei externer Evaluierung umgekehrt die Gefahr einseitiger Maßstäbe, die zu geringes Verständnis für politisch administrative Zwänge und zu wenig Einfühlungsvermögen in die Komplexität von Ressortzielen offenbaren.

Es wiederholen sich also unter dem Stichwort „Evaluierungsproblematik" Teile der Diskussion um Sinn, Nutzen und Grenzen wissenschaftlicher Politikberatung[2]. Und vieles, was als Beispiel für Zusammenarbeitsfelder gebracht wurde, wird ebenfalls angeführt werden müssen. Eine solche Darstellung von unterschiedlichen Evaluierungsvorgängen soll zunächst im folgenden geschehen, um dann zusammenfassend Organisationsfragen und Schwierigkeiten zu diskutieren, also Evaluierung zu evaluieren.

I. 1 Zielprüfung

Ressortziele werden meistens überprüft, wenn eine neue Regierungsmannschaft unsicher gegenüber der Übernahme der vorgefundenen ist. So ist es bezeichnend, daß in den frühen siebziger Jahren Untersuchungen wie „Probleme der Familie und der Familienpolitik in der Bundesrepublik Deutschland" und „Problemanalysen und Reformschwerpunkte für das Gesundheitswesen in der Bundesrepublik Deutschland" in Auftrag gegeben worden sind[3]. Ansonsten werden so grundsätzlich orientierte Infragestellungen von politischen Zielen meistens von außen aufgegeben. So erscheinen aufgrund von Parlamentsinitiativen (teilweise sogar gesetzlich verlangt) in periodischen Abständen die Jugend- und Familienberichte, deren Darstellung nicht der Exekutive überlassen wird, sondern unabhängigen Wissenschaftlerkommissionen übertragen werden muß[4]. Hier also werden Berichte als Evaluierungs- und Kontrollinstrumente des Parlaments herangezogen, im Gegensatz z. B. zu den Bundesforschungsberichten, die intern erstellt werden und insofern mehr der Selbstdarstellung der Regierung dienen.

2 Vgl. hierzu auch G. T. W. Dietzel, *Wissenschaft und staatliche Entscheidungsplanung* (Schriftenreihe: *Beiträge zur Politischen Wissenschaft*, Bd. 30), Berlin 1978; zu den Forschungen des BMJFG im einzelnen s. die in zweijährlichem Turnus erscheinenden Forschungsberichtsbände und die Schriftenreihe des Ministeriums (verlegt bei Kohlhammer, Stuttgart). In ihr werden die Ergebnisse von Forschungsaufträgen, Untersuchungen oder Beiträge publiziert, die im Auftrag des Bundesministeriums für Jugend, Familie und Gesundheit erarbeitet werden. Zentrale Themen sind die Problem- und Reformschwerpunkte der Gesundheits-, Familien- und Jugendpolitik und des Lebensmittelwesens sowie der gesundheitlichen Aufklärung.

3 Schriftenreihe des BMJFG, Bd. 4 und 7.

4 Bisher sind drei Familienberichte und fünf Jugendberichte erschienen. Sie dienen alternierend der Evaluierung der Gesamtsituation und der Beschreibung von Einzelproblembereichen. So umfaßt der vierte Jugendbericht vor allem Sozialisationsprobleme der arbeitenden Jugend, der fünfte Jugendbericht vermittelt einen Überblick zur Situation der Jugend und zu Leistungen der Jugendhilfe: *BTDrs*. 8/3685.

I. 2. Modellvorhaben

Modellvorhaben werden im Bundesministerium für Jugend, Familie und Gesundheit stets wissenschaftlich begleitet und ausgewertet. Ziel ist die Überprüfung, ob die beabsichtigten (vorgegebenen) Förderungszwecke eingetreten sind, außerdem die Feststellung, in welchem Umfang sich ein Mitteleinsatz als notwendig erwiesen hat. Meist handelt es sich um interne Berichte mit Schlußfolgerungen für die Weiterarbeit und zur Vorbereitung einer Meinungsbildung zur umfassenden Einführung einer neuen Maßnahme (z. B. durch ein Leistungsgesetz). Beispiele für derartige Modellversuche – in Zusammenarbeit mit freien Trägern oder Ländern – sind der Modellversuch „Neue Berufswege für Frauen", der in Frankfurt a. M. durchgeführt wird, das Modellprojekt „Wiedereingliederung von Frauen in das Berufsleben nach der Phase der Kindererziehung", Erziehungskurse, in denen neue Hilfsarten im Rahmen der Reform des Jugendhilferechts erprobt wurden, das Modellprogramm „Beratungsstellen für Familienplanungs- und Schwangerschaftskonfliktberatung" sowie das Modellprojekt „Tagesmütter", das 1979 beendet wurde[5]. Ob die Maßnahme nach Abschluß des Modellversuchs dann auch generell eingeführt wird, ist nicht nur eine Frage des unter wissenschaftlichen Kriterien evaluierten Erfolges, sondern der Finanzierbarkeit und Durchsetzbarkeit einer Maßnahme im politischen Raum. Evaluierungsergebnisse können Argumentationshilfen geben, determinieren aber sicherlich nicht die späteren Entscheidungen im politisch-administrativen Bereich. Besteht ein Interesse des Ressorts an der Verbreitung der Erfahrungen mit den durchgeführten Modellen oder soll sogar ein Aufgreifen der Modellerfahrungen durch andere induziert werden, werden die Evaluierungsergebnisse veröffentlicht[6].

I. 3 Organisationsevaluierung

In Organisations- und Verfahrensentscheidungen müssen vielfach so viele Beurteilungsgesichtspunkte eingehen, daß sie nur in einem wissenschaftlichen Vorgehen erfaßt werden können. Aus dieser Erkenntnis sind fünfbändige Gutachten und Vorschläge der Wibera zur Organisationsstruktur des Bundesgesundheitsamts entstanden[7]. Manchmal aber entziehen sich auch die Entscheidungsgesichtspunkte dem Erfahrungshorizont eines einzelnen Referats; es müssen also verschiedenste Erfahrungen zusammengetragen werden, die z. B. Gegenstand einer Bestandsaufnahme der Projektgruppe Regierungs- und Verwaltungsreform beim BMI zur wissenschaftlichen Politikberatung im BMJFG wurden. Diese mündete dann in Zusammenarbeits-

5 Vgl. beispielsweise BMJFG-Schriftenreihe, Bd. 50: *Modellgesundheitsamt Marburg*; Bd. 59: *Der Elternführerschein*; Bd. 85: *Abschlußbericht über die wissenschaftliche Begleitung des Modellprojekts „Tagesmütter"*.

6 Siehe z. B. neben den in Fußnote 5 angeführten Bänden *Experimente zur Behandlung des Rauchens*, Schriftenreihe BMJFG, Bd. 35.

7 Vgl. Wibera, *Organisation und Wirtschaftlichkeit des Bundesgesundheitsamtes Berlin*, Düsseldorf 1976.

vorschläge ein, die letztlich zur Aufnahme von „Grundsätzen" für die Heranziehung von Sachverständigen und für wissenschaftliche Beiräte in die Geschäftsordnung des BMJFG führten[8].

I. 4 Gesetzgebung

Der Hauptbereich der Evaluierungsbemühungen bezieht sich auf die Gesetzgebungsarbeit. Hier ist es sinnvoll, Gesetze sowohl ex ante zu testen (durchgeführt wurde ein Praxistest von beabsichtigten JHG-Vorschriften)[9] als auch Durchführungskontrollen vorzunehmen, um Hinweise für solide Novellierungen zu erhalten. So wurden die Erfahrungen mit dem Praktischen Jahr bei der Ärzteausbildung erfaßt (eingeführt durch eine geänderte Approbationsordnung)[10] und es ist beabsichtigt, den Vollzug des Bundessozialhilfegesetzes mit einem Forschungsvorhaben näher zu durchleuchten. Teilweise werden solche Gesetzes- und Vollzugskontrollen von außen (Parlament) verlangt, was u. a. dazu geführt hat, daß die Kommission zur Auswertung der Erfahrungen mit dem reformierten § 218 StGB[10] eingesetzt und ein Bericht über Erfahrungen mit dem Krankenhausfinanzierungsgesetz[11] vorgelegt wurde.

Oft ist es schwer festzustellen, inwieweit bestimmt Sozialwirkungen einem isolierten Faktor (z. B. einem konkreten Gesetz) zuzuschreiben sind. In dem Fall ist es sinnvoller, bestimmte Politikbereiche, also Maßnahmenbündel zu evaluieren. Dies geschieht durch die erwähnten Jugend- und Familienberichte, die abwechselnd einem generellen Überblick und spezifischen Problemlagen gewidmet sind. Während diese Berichte periodisch erscheinen, erfolgte die in diesem Zusammenhang zu erwähnende „Enquête über die Lage der Psychiatrie in der BRD" (man bemerke, daß der Gebrauch der Abkürzung BRD bis dahin – regierungsintern – offenbar noch nicht evaluiert war) als einmalige Bestandsaufnahme[12].

Neben diesen Berichten von Kommissionen gibt es intern erarbeitete Bestandsaufnahmen und Vorschlagsbündel, z. B. auf dem Gebiet der wirtschaftlichen Lage von Familien und der Pflegekosten. Diese Berichte verarbeiten meistens wissenschaftliches Material, sind also Ergebnis einer extern-internen Zusammenarbeit[13].

8 Siehe Ziff. 2242–2259 der „Vorläufigen ergänzenden Geschäftsordnung des BMJFG" (GO-BMJFG).

9 Vgl. C. Böhret/W. Hugger (unter Mitarbeit von D. Grässle und St. Weimer), *Der Praxistest von Gesetzesentwürfen, am Beispiel des Referentenentwurfs eines Jugendhilfegesetzes (JHG)*, Baden-Baden 1980.

10 Vgl. *BTDrs.* 8/3630 vom 31.1.1980.

11 Vgl. auch *BTDrs.* 8/3567.

12 Siehe hierzu den Bericht der Enquête-Kommission, *BTDrs.* 7/4200, 4201 sowie die Stellungnahme der Bundesregierung, *BTDrs.* 8/2565, und die parlamentarische Diskussion *St.Ber.*, 177. Sitzg., 13931 vom 11.10.1979.

13 Z.B. Bericht der Bund-Länder-Arbeitsgruppe, *Aufbau und Finanzierung ambulanter und stationärer Pflegedienste*, Bonn (März) 1980.

I. 5 Forschungen

Forschungsvorhaben sind nicht nur *Evaluierungsinstrument*, sondern auch *Evaluierungsgegenstand* und dies in zweifacher Hinsicht: Ex ante findet eine Verwertung der voraussichtlichen Ergebniserreichung und der beabsichtigten Methodik statt, nämlich durch die Einholung von Gutachten. Nach Abschluß erfolgt dann eine Ergebnis- und Umsetzungskontrolle. Das Forschungsreferat prüft zentral routinemäßig, ob die Forschungsziele auch erreicht worden sind und wie groß der Nutzen für die Referatsarbeit einzuschätzen ist. Außerdem muß das betreuende Fachreferat Rechenschaft zur erfolgten Umsetzung und Verbreitung der Forschungsergebnisse ablegen.

Wichtige Forschungsarbeiten und Evaluierungen werden auch innerhalb des Geschäftsbereich des Ministeriums bei nachgeordneten Behörden durchgeführt. Zu nennen ist hier zunächst die Bundeszentrale für gesundheitliche Aufklärung (BZgA), die folgende Evaluierungsinstrumente benutzt:
- Erfolgsprognosen (Pre-Tests);
- begleitende Aktionskontrollen (Kampagnenkontrollen)[14];
- Effizienz-(Wirksamkeits-)analysen von durchgeführten Maßnahmen (Post-Tests) und eingesetzten Medien[15];
- „Jahreserfolgskontrollen", d. h. periodische Erfolgskontrollen des kompletten Arbeitsprogramms der BZgA[16].

Das Bundesgesundheitsamt widmet sich generell der Bewertung von Risiken für die Gesundheit[17]. Das Deutsche Jugendinstitut, das auch bei der Erstellung der Jugend- und Familienberichte mitwirkt, führt im Auftrag des Ministeriums oder anderer Stellen Wirksamkeitsforschung in verschiedenen Sozialbereichen durch[18].

II. Vom Nutzen der Evaluierung

Wie groß ist nun der Nutzen von Evaluierungsmaßnahmen? Die umfangreiche Heranziehung von Evaluierungstechniken im BMJFG zeigt schon, daß die Erfahrungen so schlecht nicht sind, daß die kürzliche Feststellung des Haushaltsausschusses des US-

14 Z. B. „Familie – jeder für jeden" – die Wahrnehmung der Kampagne in der Gesamtbevölkerung, 1979.

15 Vgl. hierzu die Berichte zur Erfolgskontrolle der BZgA in den Bereichen Frühkindliche Entwicklung; Drogen, Rauchen und Alkohol; s. auch die „Erfolgskontrolle des Arbeitsprogramms 1978 der BZgA" (s. BZgA, *Verzeichnis der abgeschlossenen Studien und Untersuchungen*, Stand: Dezember 1979).

16 Die Jahreserfolgskontrollen werden seit 1974 alle zwei Jahre durchgeführt. Ergebnisse von Repräsentativuntersuchungen (1000 Befragte und mehr) stehen wissenschaftlich Interessierten (z. B. im Zentralarchiv für empirische Sozialforschung der Universität Köln) zur Verfügung.

17 Siehe im einzelnen die periodisch erscheinenden Tätigkeitsberichte und Programmbudgets des Bundesgesundheitsamtes Berlin.

18 Siehe die Veröffentlichungen in der Reihe *DJI-Forschungsberichte*, mit Beispielen zur Evaluierungstätigkeit des Deutschen Jugendinstitutes.

Senats (Senate Appropriations Committee) unterschrieben werden könnte: „The Committee is unaware of any significant programm improvements that habe been brought about by the Department's large annual investment in evaluation contracts with consultant organizations. It seems as though, year after year, the same programs get re-evaluated yet never change."[19] Diese Feststellung dürfte auch mehr die Schwierigkeiten andeuten, in die Erwartungen münden müssen, die eine Evaluierungsmodewelle in den USA offenbar geweckt hat. Nüchtern sollte man feststellen, daß sich vieles, was jetzt unter dem Stichwort Evaluierung läuft, nicht systematisch entwickelt hat, sondern punktuell aus auftretenden Bedürfnissen:

- des Parlaments nach neutraler Kontrolle und nach Überblicken über bestimmte Politikbereiche;
- der Rechnungshöfe nach Beseitigung von Wildwuchs;
- einer neuen Regierungsmannschaft nach dem Überprüfen von Ressortzielen;
- einer Zentralabteilung des Ministeriums zur Kontrolle von Programmen der Fachreferate;
- des verantwortungsbewußten Ministerialbeamten nach einer Erweiterung seiner Erfahrung, seiner Sensibilität gegenüber Problemlagen und nach Überwindung selbstkritisch eingestandener Scheuklappen.

Damit sind auch schon die Nutznießer von Evaluierungsmaßnahmen genannt, unter denen letzten Endes auch der Steuerzahler nicht vergessen werden sollte, der davon profitiert, wenn Verfahrensaufwand gering gehalten wird, wenn überflüssige und aufwendige Gesetze vermieden und seine Bedürfnislagen erkannt werden. Gebräuchliche Instrumente und Ergebnisse von Evaluierungsmaßnahmen sind:

- Forschungsvorhaben;
- Kommissionsberichte;
- Arbeitspapiere interner Projektgruppen;
- Beiratsvoten (als Ergebnis permanenter kritischer Begleitung bestimmter Politikbereiche durch Beiräte, z. B. Wissenschaftlicher Beirat für Familienfragen, Bundesgesundheitsrat)[20].

Der Formalisierungsgrad der Evaluierungsvorgänge ist gewöhnlich gering. Selten ist Evaluierung grundsätzlich vorgeschrieben (bei den erwähnten Berichten). Einzigartig dürfte die gesetzliche Festlegung von Evaluierungsbereich, Evaluierungsperiode, Evaluierungskriterien und Evaluierungsinstrumentarium im Gesetz über die Bildung des Sachverständigenrats zur Begutachtung der gesamtwirtschaftlichen Entwicklung sein, der die Wirksamkeit staatlicher Konjunkturpolitik untersuchen soll[21].

Vielfach faßt der Bundestag einen einfachen Parlamentsbeschluß, der die Regierung rechtlich zwar nicht bindet, ihr aber doch regelmäßig die Durchführung der beantragten Evaluierungsmaßnahmen nahelegt[22]. Für die Vergabe von Forschungsvor-

19 Departments of Labor and Health, Education, and Welfare, and Related Agencies Appropriation Bill, 1980, *Senate Report* 96–247, S. 25, Washington, D.C. 6 PO.

20 Siehe z. B. Bildungsbeschluß und GO vom 15.3.1963, *GMBl.* 1963, 142.

21 Siehe § 18 Stabilitätsgesetz (*BGBl. I*, Nr. 32, 582 vom 8.6.1967).

22 Z. B. bat das Parlament die Bundesregierung, über die Erfahrungen mit dem reformierten § 218 zu berichten, über die Durchführung des Krankenhausfinanzierungsgesetzes, des Arzneimittelgesetzes.

haben und zur Durchführung von Modellen gibt es schließlich noch im BMJFG interne Verfahrensregelungen[23].

Aus der Vielfalt der geschilderten Evaluierungssituationen beantwortet sich schließlich auch die Frage nach einer geeigneten Institutionalisierung: kein generelles Evaluierungsreferat, sondern Anbindung an den Fachbereich, solange nicht befürchtet werden muß, daß durch die Angst, die eigenen Gewohnheiten möglicherweise ändern zu müssen, die Durchführung von Evaluierungsmaßnahmen unterbleibt. Deshalb sollten neben den Initiativen der Fachreferate Anregungen einer Zentralstelle möglich bleiben, allerdings nicht als Eigenaufgabe eines speziellen Referats, das dann Probleme hätte, relevante Evaluierungsgegenstände zu identifizieren (jedes Fachreferat sperrt sich dagegen, „evaluiert zu werden"). Dieser kritische Blick für evaluierungsbedürftige Bereiche scheint bei einer Anbindung an ein Programm- oder Planungsreferat am ehesten gewährleistet zu sein. Dieses wiederum sollte, damit Evaluierung auch ihrer Aufgabe als Erfolgskontrolle für die Leitung des Ressorts gerecht wird, in Leitungsnähe angesiedelt sein. Mit Evaluierung als Unteraufgabe in einem Querschnittsreferat sind schlechte Erfahrungen gemacht worden, da der *Durchführungsdruck* fehlt (ein u. a. für Kosten-Nutzen-Untersuchungen zuständiges Referat des BMJFG hat noch keine einzige derartige Untersuchung durchgeführt).

23 Ziff. 6402 GO – BMJFG.

Bibliographie

Bericht über Bestrebungen und Leistungen der Jugendhilfe. Fünfter Jugendbericht, BTDrs. 8/3685 vom 20.2.1980.

Bericht der „Kommission zur Auswertung der Erfahrungen mit dem reformierten § 218 des Strafgesetzbuches", BTDrs. 8/3630 vom 31.3.1980.

Bericht über die Lage der Psychiatrie in der Bundesrepublik Deutschland, BTDrs. 7/4200 u. *BTDrs.* 7/4201.

Bund-Länder-Arbeitsgruppe, *Aufbau und Finanzierung ambulanter und stationärer Pflegedienste*, Bonn (März) 1980.

Böhret, C./W. Hugger (unter Mitarbeit von D. Grässle und St. Weimer), *Der Praxistest von Gesetzesentwürfen, am Beispiel des Referentenentwurfs eines Jugendhilfegesetzes (JHG)*, Baden-Baden 1980.

G. T. W. Dietzel, *Wissenschaft und staatliche Entscheidungsplanung (Beiträge zur Politischen Wissenschaft*, Bd. 30), Berlin 1978.

Schriftenreihe des BMJFG, Bd. 4, 7, 35, 50, 59, 85.

Stellungnahme der Bundesregierung zum Bericht der Sachverständigen-Kommission über die Lage der Psychiatrie in der Bundesrepublik Deutschland, BTDrs. 8/2565 vom 13.2.1979.

Wibera, *Organisation und Wirtschaftlichkeit des Bundesgesundheitsamtes Berlin*, Düsseldorf 1976.

Rainer E. Lotz
Bundesministerium für wirtschaftliche Zusammenarbeit, Bonn

Das Inspektionsreferat des Bundesministeriums für wirtschaftliche Zusammenarbeit *

I. Der politische Kontext der Evaluierung

Jede Form von politischer Macht legalisiert sich entweder aus metaphysischer oder menschlicher Delegation. Erfolgt die menschliche Delegation auf demokratischem Wege, so müssen die politischen Entscheidungsträger grundsätzlich gegenüber der Öffentlichkeit der Wähler Rechenschaft ablegen. Eine solche Offenlegung kann auf objektive Weise durch Evaluierung erfolgen.

In Ländern wie Deutschland mit einer relativ kurzen demokratischen Vergangenheit ist die Durchführung von Evaluierungen von Politik noch keineswegs so selbstverständlich wie in den USA, sie stellt hier noch die Ausnahme dar. Dennoch ist auch in der Bundesrepublik die Evaluierung institutionalisiert worden. Dies geht zurück u. a. auf die Bundeshaushaltsordnung (BHO) von 1969 sowie auf das Gesetz über die Grundsätze des Haushaltsrechts des Bundes und der Länder, ebenfalls von 1969, wonach „Nutzen-Kosten-Untersuchungen" für Maßnahmen von „erheblicher finanzieller Bedeutung" vor ihrer Durchführung *(ex ante)* vorgesehen sind. Aus diesen gesetzlichen Grundlagen folgerte der Bundesrechnungshof 1971, daß Kriterien für die Zielsetzung aufzustellen und während der Durchführung sowie danach *(ex post)* Erfolgskontrollen durchzuführen seien.

Allerdings ist der Begriff „Evaluierung" oder Erfolgskontrolle nicht allgemein verbindlich definiert. Nach der wohl gebräuchlichsten Definition ist Evaluierung die systematische und objektive Bewertung von Handlungen, die der Verbesserung von laufenden und künftigen Aktivitäten in einem Management-Kreislauf dienen sollen: Planung – Durchführung – Evaluierung – Rückkoppelung (feed back) – (Neu-)Planung – Durchführung usw. Zwei Einwände werden häufig gegen Evaluierung erhoben: 1. Politik ist nicht evaluierbar; 2. Programme sind nicht evaluierbar.

* Die in diesem Beitrag geäußerten Meinungen stellen die persönliche Auffassung des Autors dar.

I.1. Evaluierbarkeit von Politik

Bisweilen wird behauptet, Politik sei deswegen nicht evaluierbar, weil die Ziel-Mittel-Zusammenhänge in der Politik vage, vieldeutig, widersprüchlich und gemeinhin unklar definiert seien. Zumindest sei Evaluierung von Politik nicht sinnvoll, da dadurch die wünschenswerte Atmosphäre der Unbestimmtheit und Auslegungsfähigkeit gestört würde, die ja gerade die Voraussetzung für politische Kompromisse sei.

Richtig daran ist, daß mangelnde Klarheit der Zielvorgaben durch eine systematische und objektive Evaluierung offengelegt werden kann und daß ein Betroffener – etwa ein Ressortminister – eine solche Offenlegung unter diesen Umständen kaum enthusiastisch begrüßen wird. Politik als das konsequente und zielbewußte Handeln, das auf die Überwindung von Interessengegensätzen innerhalb eines gesellschaftlichen Rahmens ausgerichtet ist, ist dagegen grundsätzlich evaluierbar im Sinne der Messung des Zielerreichungsgrades. Unter Zielvorgaben sind in diesem Zusammenhang eindeutige und objektiv nachprüfbare Aussagen über Art und Umfang von Ergebnissen, die zu einem festgelegten Zeitpunkt vorliegen sollen, zu verstehen.

I.2. Evaluierbarkeit von Programmen

Es wird bisweilen behauptet, daß im politischen Bereich allenfalls „Projekte" evaluierbar seien, da diese fachlich/technisch klar definiert sind als zeitlich, räumlich und funktional abgrenzbare und in ihren Auswirkungen überschaubare Einheiten, „Programme" hingegen seien zu komplex, seien Gegenstand von politischen Kompromissen und somit nicht evaluierbar.

Richtig daran ist, daß auch der Begriff „Programm" nicht allgemein verbindlich definiert ist. Ein „Projekt" ist jede zielorientierte Tätigkeit, die mit bestimmtem Aufwand (inputs) bestimmte Ergebnisse (outputs) bewirkt. Der Unterschied zwischen „Projekten" und „Programmen" besteht lediglich im *Abstraktionsgrad* der Zielhierarchien. Programme sind demnach Bündel von zeitlich und räumlich aufeinander abgestimmten und funktional voneinander abhängigen Einzelmaßnahmen (Projekten). Der *Output* ist hierbei die unterste Ebene. Mehrere Outputs werden benötigt, um ein *Projektziel* zu erreichen. Mehrere Projekte werden benötigt, um z. B. ein *Subsektor-Programmziel* zu erreichen. Mehrere Subsektor-Programme werden benötigt, um ein *Sektor-Programmziel* zu erreichen, für das beispielsweise ein Ressortminister zuständig ist; die Ressortpolitiken müssen sich in die Gesamtpolitik einfügen. In einer Broschüre der USAID wird dieser Zusammenhang an Beispielen verdeutlicht[1]:

Projekt Outputs: Die bei gutem Management des Aufwandes (Input/Kostenarten) ausdrücklich angestrebte Art von Leistungen (Kostenträgern).

1 USAID (Program Methods and Evaluation Division), *The Logical Framework-Modification Based on Experience*, Washington D.C., o.D.

Beispiel: Fachkräfte, Ausrüstungsgegenstände, Gebäude und Ausbildungsmaßnahmen (Inputs) können eingesetzt werden, um ein Bewässerungssystem, ausgebildetes Betriebspersonal, einen Wassernutzungsplan (Outputs) bereitzustellen.

Projektziel: Der ursprüngliche Grund, warum das Projekt begonnen wurde, also der Endzustand des zeitgerecht fertiggestellten Projektes in der Form einer Verbesserung oder Problemlösung.

Beispiel: Ein Bewässerungssystem mit Begleitmaßnahmen (Outputs) soll zur Steigerung der landwirtschaftlichen Hektar-Erträge führen (Projektziel).

Programmziel: Die nächst höhere Zielebene, zu deren Verwirklichung das Projekt beitragen soll.

Beispiel: Die Steigerung der Hektar-Erträge (Projektziel) soll zu einer Steigerung der landwirtschaftlichen Exporte beitragen (Sektor- oder Programmziel).

Diese Zielhierarchie kann durch weitere übergeordnete Zielvorstellungen erweitert werden. Die Steigerung der landwirtschaftlichen Exporte kann zum Beispiel deswegen angestrebt werden, um die Devisen für benötigte Kapitalgüter-Importe zu beschaffen usw.

Im Geschäftsbereich des Bundesministeriums für wirtschaftliche Zusammenarbeit (BMZ) hat der Begriff „Programm" eine praxisorientierte inoffizielle Definition bekommen:

Programm im engeren Sinne: Kombination von Einzelprojekten unter gemeinsamer Zielrichtung.

Beispiele: Sektorentwicklungspläne, Regionalentwicklungspläne, Entwicklungsbankenfinanzierung, programmbestimmte Warenhilfe.

Programm im weiteren Sinne: Vorhaben, bei denen die Verwendung der Mittel auf einer sektor- oder regionenübergreifenden Ebene stattfindet – meist in eigener Verantwortung des Empfängers.

Beispiele: Budgetfinanzierung, allgemeine Warenhilfe, Zahlungsbilanzhilfe, Umschuldung, Nahrungsmittelhilfe, humanitäre Katastrophenhilfe.

II. Zum Evaluierungssystem des BMZ : Aufgaben und Zuständigkeiten

Das Bundesministerium für wirtschaftliche Zusammenarbeit ist mit seinen rund 500 Mitarbeitern innerhalb der Bundesregierung für die deutsche Entwicklungspolitik zuständig. Grundlage dieser Politik ist eine laufend fortgeschriebene „Entwicklungspolitische Konzeption". Das Ministerium setzt die hierin festgelegten entwicklungspolitischen Ziele in praktische Politik um.

Entwicklungspolitische Vorhaben werden nicht vom BMZ selbst durchgeführt. Die Aufgaben des Ministeriums sind vielmehr: Planung, Abstimmung und Verhandlung mit den Entwicklungsländern, Finanzierung, Steuerung, Koordinierung mit nichtstaatlichen Organisationen, Abstimmung mit anderen Geberländern und multilateralen Organisationen, Kontrolle der Verwendung der Entwicklungsgelder.

Es wird unterschieden zwischen bilateraler und multilateraler Zusammenarbeit. *Bilaterale* Zusammenarbeit bedeutet, daß die Bundesregierung ihre Beiträge für Entwicklungsvorhaben unmittelbar leistet und darüber mit dem betreffenden Land Verträge abschließt. *Multilaterale* Zusammenarbeit heißt, daß die Mitgliedsländer einer internationalen Finanzierungsinstitution (z. B. Weltbank) oder einer internationalen Organisation (z. B. Vereinte Nationen) Beiträge an diese Organisationen zahlen, die damit dann Entwicklungsprojekte und -programme finanzieren.

Bilaterale Zusammenarbeit verwirklicht sich in gemeinsamen Projekten und Programmen. Das bedeutet, daß beide Seiten dafür finanzielle und/oder personelle Beiträge leisten. Bevor ein Projekt begonnen wird, sind einige technische und rechtliche Schritte nach einem festgelegten Verfahren unerläßlich:

In Regierungsverhandlungen wird verabredet, welche Projekte durchgeführt werden sollen. Die beiden Regierungen schließen daraufhin eine Vereinbarung, die den Rahmen der Zusammenarbeit bildet. Anschließend erfolgt eine umfangreiche und detaillierte Projektprüfung; hierbei werden u.a. technische, betriebswirtschaftliche, volkswirtschaftliche, sozio-ökonomische und andere Faktoren untersucht.

Auf der Grundlage des Regierungsabkommens werden sodann weitere detaillierte Vereinbarungen zwischen dem Projektträger im Entwicklungsland und den deutschen Durchführungsorganisationen getroffen. Unter anderem werden darin die Rechte und Pflichten beider Partner festgelegt, Zeitpläne aufgestellt sowie Abrechnungs- und Kontrollverfahren spezifiziert.

Die Vorhaben werden nicht von der Bundesregierung selbst abgewickelt. Damit werden Organisationen beauftragt, die auf Spezialgebieten der finanziellen Zusammenarbeit, der Entsendung von Experten, der Trainingsprogramme für Personal aus Entwicklungsländern, des Einsatzes von freiwilligen Entwicklungshelfern usw. über besondere Erfahrungen verfügen.

III. Zur Organisation der Evaluierung im BMZ: Das Inspektionsreferat

Im Gefolge der Erklärung der Vereinten Nationen zur Ersten Entwicklungsdekade hat das Bundesministerium für wirtschaftliche Zusammenarbeit zum ersten Mal eine umfassende „Entwicklungspolitische Konzeption" erarbeitet. Diese Konzeption sieht u. a. vor, daß die Bundesregierung laufend die Wirksamkeit ihrer entwicklungspolitischen Maßnahmen überprüft. In demselben Jahr, 1970, wurde hierzu ein „Zentrales Evaluierungs- und Inspektionsreferat" eingerichtet[2].

Das Referat hat die Funktion einer Stabsstelle außerhalb der normalen Hierarchie mit direktem Vortragsrecht bei der politischen Leitung des Ministeriums. Die ursprünglich geplante Personalausstattung – sie sah einen Referatsleiter, acht Hilfsreferenten und zwei Sachbearbeiter vor – konnte nicht erfüllt werden. Das Personal besteht gegenwärtig aus einem Referatsleiter, zwei Hilfsreferenten und zwei Sachbearbeitern. Die Mitarbeit in diesem Referat ist nicht an bestimmte Qualifikationen

2 Umfassende Literaturhinweise und Fallbeispiele gibt vor allem K. Bodemer, *Erfolgskontrolle der deutschen Entwicklungshilfe – improvisiert oder systematisch? (Transfines,* Bd. 3), Meisenheim/Glan 1979.

(Studienrichtungen) gebunden. Die durchschnittlichen jährlichen Ausgaben für Evaluierungen belaufen sich auf weniger als 0,1 % des Gesamtetats des Ministeriums.

Die Aufgabenbeschreibungen aller Arbeitseinheiten in den Ministerien sind in Geschäftsverteilungsplänen festgelegt. Als die wichtigsten Aufgaben des Inspektionsreferates lassen sich danach zusammenfassen:

- Abstimmung aller Evaluierungen und deren Durchführung im Ministerium;
- Erarbeitung von methodischen Vorgaben für Evaluierungen;
- Durchführung von stichprobenartigen, umfassenden Evaluierungen von Maßnahmen und Instrumenten der deutschen Entwicklungspolitik;
- Umsetzung der Evaluierungsergebnisse (Feedback, Fortbildung);
- Einsatz und Betreuung von Länderbeobachtern in ausgewählten Entwicklungsländern.

Die Arbeit des Inspektionsreferates soll insbesondere folgenden Zielen dienen:

- unvoreingenommene und vorbehaltlose Unterrichtung des Ministers (sowie der zuständigen Stellen im Partnerland) über die Projektwirklichkeit;
- Erarbeitung von Vorschlägen für die Fortführung laufender Projekte und Programme (Replanning) zur Unterstützung der Länderreferate;
- Erarbeitung von Vorschlägen für die Überprüfung und Bewertung von ähnlichen zukünftigen Vorhaben zur Unterstützung von Sektorreferaten und anderen Arbeitseinheiten;
- Erarbeitung von Vorschlägen zur Verbesserung der administrativen und organisatorischen Abwicklung der Vorhaben im Ministerium selbst sowie bei den mit der Durchführung beauftragten Trägerorganisationen.

III.1. Methoden und Verfahren

Grundsätzlich können alle Mitarbeiter des BMZ, die einen nachgewiesenen Evaluierungsbedarf haben, solche Evaluierungen selbst durchführen, in Auftrag geben oder vom Inspektionsreferat durchführen lassen. In der Terminologie des Ministeriums werden nur solche Evaluierungen als „Inspektionen" bezeichnet, die durch die besondere Arbeitseinheit, das Inspektionsreferat, geleistet werden[3].

Die Methoden und Verfahren des Inspektionsreferates sind ausdrücklich darauf angelegt, Unabhängigkeit, Objektivität und Systematik der Überprüfungen unter allen Umständen zu gewährleisten; in diesem Zusammenhang sind insbesondere zu nennen:

- Zentrale Koordination aller Evaluierungen des Ministeriums (Ermittlung des Bedarfs; Aufstellung von jährlichen Programmen; Abstimmung des Programms und seiner Durchführung; zentrale Sammlung, Auswertung und Umsetzung der Evaluierungsergebnisse).

3 BMZ, *Zielausrichtung und Ergebniskontrolle der Entwicklungshilfemaßnahmen, Entwicklungspolitik/BMZ-aktuell,* Bonn (Januar) 1976.

- Beteiligung des Partnerlandes (förmliche Einholung der Zustimmung vor Beginn eines Feldaufenthaltes; Angebot der vorbehaltlosen Integration von Vertretern des Partnerlandes in die Inspektionsgruppe).
- Leitung der Gutachtergruppe durch einen Mitarbeiter des Inspektionsreferates.
- Einschaltung von unabhängigen dritten Gutachtern (kein Mitglied der Inspektionsgruppe darf zu irgendeinem Zeitpunkt mit Planung, Durchführung, Bewertung des zu überprüfenden Vorhabens befaßt gewesen sein).
- Zielorientierung. Alle Inspektionen werden auf der Grundlage einer sorgfältigen Zielanalyse unter Verwendung der „Logical-Framework"-Methode durchgeführt.
- Systematische Durchführung. Alle Inspektionen werden auf der Basis einer einheitlichen Checkliste, eines „Rasters für Evaluierungen", durchgeführt. Der chronologische Ablauf ist ebenfalls in einem formalisierten Verfahren festgelegt.
- Vorbehaltlose Unterrichtung des Partnerlandes. Noch vor Beendigung des Feldaufenthaltes werden die zuständigen Stellen des Entwicklungslandes über die Feststellungen und Empfehlungen der Inspektionsgruppe im Rahmen eines Auswertungsgespräches informiert.
- Vertraulichkeit. Die Inspektionsberichte werden, von Ausnahmen abgesehen, nicht an dritte Stellen außerhalb der zuständigen Behörden weitergereicht.
- Evaluierung der Inspektion. Unabhängige dritte Consultants werden in Zweijahresabständen damit beauftragt, die Arbeit des Inspektionsreferates kritisch zu überprüfen.

III.2. Sonstige Überprüfungen

Die Managementbedürfnisse sind von Organisation zu Organisation verschieden, sie ändern sich auch im Zeitverlauf. Die Inspektionen des BMZ sind politische, d. h. entwicklungspolitische Evaluierungen. Daneben gibt es eine Reihe weiterer Aktivitäten, die ebenfalls zumeist auf systematischer und objektiver Bewertung beruhen, die jedoch in der Terminologie des BMZ nicht als „Evaluierungen" gelten. Hierunter fallen:

- *Wirtschaftlichkeit und Ordnungsmäßigkeit der Haushalts- und Wirtschaftsführung:* Die Überprüfung der Rechnung, insbesondere des Haushaltsgesetzes und Haushaltsplanes, sowie der wirtschaftlichen und sparsamen Mittelverwendung ist Aufgabe des Bundesrechnungshofes. Er unterhält mit der sogenannten Vorprüfungsstelle eine Art ständiges Verbindungsbüro im BMZ.
- *Verwaltungsmäßige Prüfung:* Ob Zuwendungen entsprechend den Bewilligungsbescheiden sachdienlich eingesetzt worden sind, kontrolliert eine besondere Arbeitseinheit, die „Prüfungsgruppe". Sie unterstützt die mittelbewirtschaftenden Referate bei der Prüfung aller Einnahmen und Ausgaben, Forderungen und Verbindlichkeiten.
- *Durchführbarkeitsstudien:* Projektführungsberichte (technische, soziale, betriebswirtschaftliche, volkswirtschaftliche Durchführbarkeit) werden gewöhnlich nicht im BMZ selbst erstellt, damit werden externe Stellen beauftragt. Diese Berichte

sollen das BMZ in die Lage versetzen, eine entwicklungspolitische Entscheidung zu treffen.

- *Kontrollberichte:* Die Überwachung der Durchführung von Einzelmaßnahmen wird routinemäßig an die durchführenden Stellen delegiert (Monitoring, Built-in evaluation). Die Berichterstattung ist auf der Basis von Mustergliederungen formalisiert und erfolgt in regelmäßigen Abständen (normalerweise halbjährlich). Die Überprüfung der Operationalisierung der Entwicklungspolitischen Konzeption erfolgt auf einer informellen Basis durch das sogenannte Planungsreferat des BMZ (Arbeitsplanung und Budgetplanung des BMZ).
- *Projektbesuche:* Kurzfristige Projektbesuche (Spot-checks), die der allgemeinen Information, der Kontaktpflege, der Betreuung oder der Lösung kleinerer Probleme dienen, gelten in der Terminologie des BMZ nicht als systematische Evaluierungen.
- *Entwicklungspolitische Forschung:* Die Grundlagenforschung und angewandte Forschung mit allgemeinem, wissenschaftlichem und entwicklungspolitischem Bezug gilt ebenfalls nicht als Evaluierung – auch dann nicht, wenn im Einzelfall systematische Untersuchungen von Projekten und Programmen erforderlich werden.

IV. Inspektionskriterien

Das Evaluierungsprogramm des BMZ umfaßt etwa 40 bis 50 Einzelvorhaben pro Jahr; etwa 10 davon führt das Inspektionsreferat selbst durch. Das Inspektionsreferat kann die Auswahl der Stichprobenuntersuchungen in eigener Verantwortung festlegen. Abgesehen von ad-hoc-Inspektionen aufgrund einer Weisung der Leitung oder in akuten Notfällen, werden bei der Auswahl der Inspektionen vor allem die folgenden Kriterien angelegt:

- *Großvorhaben:* Da der Evaluierungsaufwand bei Großvorhaben nicht wesentlich größer ist als bei kleinen Vorhaben, werden größere Vorhaben bevorzugt.
- *Komplexe Vorhaben:* Es werden nach Möglichkeit Vorhaben ausgewählt, bei denen das Zusammenspiel verschiedener Instrumente und Verfahren überprüft werden kann, insbesondere Verbundprojekte von technischer Zusammenarbeit, finanzieller Zusammenarbeit, privatwirtschaftlicher Zusammenarbeit, Stipendiatenprogramm usw.
- *Typische Vorhaben:* Es werden vornehmlich solche Vorhaben ausgesucht, die mit hoher Wahrscheinlichkeit in ähnlicher Form auch in Zukunft und in anderen Ländern durchgeführt werden.
- *Laufende Vorhaben:* Bevorzugt werden Vorhaben, die die Schwierigkeiten der Anlaufphase überwunden haben und bei denen eine Projektentscheidung ansteht (Verlängerung, Aufstockung, Konzeptionsänderung, Übergabe usw.).
- *Vergleichbare Vorhaben:* Es werden nach Möglichkeit vergleichbare Vorhaben im Rahmen einer Serienuntersuchung evaluiert. Die Gemeinsamkeiten und allgemeinen Schlußfolgerungen werden sodann in einer Querschnittsanalyse festgehalten.

V. Evaluierungsforschung

Das Inspektionsreferat des BMZ betreibt Evaluierung, aber keine Evaluierungsforschung. Es ist jedoch zuständig für die Methodik und Technik der Prüfung und Planung von Maßnahmen der Entwicklungspolitik sowie Anleitung zu ihrer Anwendung.

Obleich Kosten-Nutzen-Analysen grundsätzlich als methodisch empfehlenswert angesehen werden, werden sie vom Inspektionsreferat nur in seltenen Fällen angewandt, da ihre Erstellung zeit- und kostenaufwendig ist. Statt dessen wurde von USAID die „Logical-Framework"-Methodik übernommen. Sie hat sich in der Inspektionspraxis des BMZ als gleichermaßen einfach und wirkungsvoll bewährt. Diese Methode

(a) definiert Projekt-Inputs und -Outputs, Projektziele sowie übergeordnete Sektor- oder Programmziele auf der Grundlage von meßbaren und objektiv überprüfbaren Angaben;
(b) geht von Annahmen aus über den kausalen Zusammenhang zwischen Inputs, Outputs, Projektzielen, übergeordneten Zielen;
(c) beschreibt die stillschweigenden Annahmen (äußere, vom Projekt nicht beeinflußbare Einflußfaktoren), die auf den Kausalzusammenhang einwirken;
(d) legt die Indikatoren fest, mit denen das Erreichen der Zielvorgaben gemessen wird.

Das Logical Framework hat sich sowohl bei der Projektplanung bewährt als auch bei der Überprüfung der Konzeption laufender oder der Bewertung abgeschlossener Vorhaben. Das Inspektionsreferat des BMZ wendet diese Methode vorwiegend bei der Überprüfung laufender Projekte an. Hierbei werden grundsätzlich drei Hauptfragen gestellt (vgl. Anlage):

– *Effektivität:* Entsprachen die Methoden, Verfahren, Techniken aller Projektbeteiligten dem Stand der Wissenschaft und Praxis unter Berücksichtigung der örtlichen Gegebenheiten?
– *Effizienz:* War das Kosten-Nutzen-Verhältnis angemessen?
– *Signifikanz:* Hat das Vorhaben nachhaltige Auswirkungen auf die soziale und wirtschaftliche Entwicklung des Landes bzw. der Zielgruppen?

VI. Beispiele für Evaluierungen

Das Inspektionsreferat ist zuständig für den gesamten in der Verantwortlichkeit des Ministeriums liegenden Bereich. Nach dem Prinzip wandernder Schwerpunkte werden daher stichprobenartig alle wichtigen Projekttypen, Instrumente, Organisationen usw. im Verlaufe der Jahre überprüft. Das Programm für 1980 sieht beispielsweise vor, folgende Untersuchungen durchzuführen:

Länderbezogene Entwicklungspolitik:

– Inspektion aller abgeschlossenen, laufenden und geplanten bilateralen Maßnahmen seit Beginn der Zusammenarbeit in einem Land Afrikas; Vergleich mit einer

gleichzeitig laufenden Untersuchung aller multilateralen Vorhaben der Europäischen Gemeinschaft in diesem Land;
- Inspektion aller laufenden bilateralen Maßnahmen in drei ausgewählten Ländern Afrikas.

Sektorbezogene Entwicklungspolitik:
- Inspektion aller abgeschlossenen, laufenden und geplanten Maßnahmen seit Beginn der Zusammenarbeit im Bereich Elektroenergie in einem Land Asiens;
- Inspektion aller Maßnahmen auf dem Sektor Fernmeldewesen in drei ausgewählten Ländern Afrikas, Asiens und Lateinamerikas.

Instrumentenbezogene Entwicklungspolitik:
- Inspektion der Integration entsandter Fachkräfte in Projekten der technischen Zusammenarbeit in ausgewählten Ländern Afrikas, Asiens und Lateinamerikas;
- Inspektion der Entwicklungsbankenfinanzierung in ausgewählten Ländern Afrikas, Asiens und Lateinamerikas.

Projektbezogene Entwicklungspolitik:
- Inspektion einer Glasfabrik in einem Land Asiens;
- Inspektion eines Aufforstungsprojekts in einem Land Afrikas;
- Inspektion einer Universitätspartnerschaft in einem Land Lateinamerikas.

Darüber hinaus ist eine Evaluierung der Inspektionstätigkeit durch einen unabhängigen, externen Gutachter vorgesehen.

VII. Hindernisse und Schwierigkeiten

Die Auswertung der Evaluierungen der vergangenen Jahre hat ergeben, daß totale Projektfehlschläge zwar außerordentlich selten sind, daß Abweichungen vom Ziel- und Kostenplan hingegen bei etwa der Hälfte der Vorhaben im Rahmen der entwicklungspolitischen Zusammenarbeit vorkommen.

Als die häufigsten Engpässe im *Projektbereich*[4] haben sich herausgestellt:
- mangelhafte statistische Unterlagen zum Zeitpunkt der Projektplanung, so daß die ursprünglichen Pläne revidiert werden müssen;
- fachliche Inkompetenz bei der Erstellung der Projektprüfungsberichte;
- unzureichende Bereitstellung von Counterpartpersonal und sonstigen vertraglich vereinbarten Leistungen durch das Partnerland.

Die häufigsten Engpässe im *administrativen Bereich* sind:
- unpräzise Zielformulierungen zum Zeitpunkt der Projektplanung, so daß die Anhaltspunkte dafür, daß das Projektziel erreicht wurde, nach Menge, Qualität und Zeitpunkt nicht hinreichend bestimmbar sind;
- unzureichende Projektsteuerung, so daß auf Abweichungen von Konzeption und Ablaufplanung nicht rechtzeitig reagiert werden kann;
- unzulängliches Feedback aus Evaluierungen für ähnliche zukünftige Projekte.

4 Vgl. K. Bodemer, Schwachstellen bei GTZ-Projekten, in: *Entwicklung und Zusammenarbeit*, Nr. 4/1979, Bonn 1979, S. 18–20.

Die Evaluierungsergebnisse in politisches Handeln umzusetzen bzw. früher getroffene politische Entscheidungen zu revidieren, ist sicherlich der sensitivste Aspekt der Erfolgskontrolle. Hier hat in den zehn Jahren seit Bestehen des Inspektionsreferates in der Administration des BMZ ein deutliches Umdenken eingesetzt.

Vor wenigen Jahren noch konnte behauptet werden, die Geschichte der Evaluierung von staatlichen entwicklungspolitischen Maßnahmen sei „vor allem eine Geschichte der politischen Abwehrreaktionen . . . [ein] genereller Reflex der staatlichen Institutionen auf kritische Evaluierungsergebnisse" bzw. ein „restriktives Instrument zur Programmausdünnung bei fiskalischen Engpässen"[5]. Heute hat die Entwicklungshilfeadministration die Evaluierung als ein Managementinstrument akzeptiert. Sicherlich kann es nach wie vor passieren, daß Gesichtspunkten außerhalb der Entwicklungspolitik – etwa der (außen-)politischen Opportunität oder der (export-)wirtschaftlichen Interessen – im Konfliktfall gegenüber der objektiven, systematischen und zielorientierten Rationalität Vorrang eingeräumt wird. Dies kommt jedoch äußerst selten vor, und – was wichtiger ist – durch die Evaluierung werden auch solche Entscheidungen in ihren Auswirkungen kalkulierbar.

Anlage: Evaluierungsraster

Vorbemerkungen

(Warum und wie wurde die Evaluierung vorbereitet und durchgeführt?)

- Anlaß und Ziel der Untersuchung
- Zeitraum der Untersuchung
- Zusammensetzung der Sachverständigengruppe
- Methodik bei der Durchführung der Untersuchung
- Reise- und Arbeitsablauf
- Quellen
  (Gesprächspartner, Interviews, Dokumente, Primärerhebungen usw.)
- Beteiligung des Empfängerlandes an der Evaluierung
- besondere Vorkommnisse.

1. Hintergrundinformationen

1.1 Soziale und wirtschaftliche Indikatoren des Empfängerlandes und/oder der Projektregion
- tabellarische Übersicht
- Übersichtskarte
- Vergleiche zur Erleichterung des Verständnisses.

1.2 Kurzbeschreibung des Projektes
- Vorgeschichte
- Ablaufanalyse
- Laufzeit
- Personal und Finanzen
- administrative Verankerung einschließlich Rechtsgrundlagen
- vorangegangene Untersuchungen.

5 D. Kantowsky (Hrsg.), *Evaluierungsforschung und -praxis in der Entwicklungshilfe,* Zürich 1977, S. 20 f.

2. *Zusammenfassung der wesentlichen Feststellungen und Vorschläge*

3. *Einzelergebnisse der Evaluierung*

3.1 Zielanalyse

(Ursprüngliche Ziele/derzeitige Ziele; Hauptziele, Nebenziele; Fern-/Nahziele; Makro-, Sektor-, Projektziele einschließlich outputs und inputs)

3.1.1 Ziele des Empfängerlandes/Ziele der Geber

- Prinzipien der Entwicklungsplanung einschließlich Prioritäten, Finanzierung, Flexibilität, Administration etc.
- Analyse der Entwicklungspläne, Konzeption, Sektorpapiere, Länderhilfsprogramme, Unterlagen anderer Geber etc.
- Bedarfsanalyse, Kapazitätenanalyse, Institutionenanalyse, Analyse der begrenzenden Faktoren.

3.1.2 Überprüfung,

- ob die verschiedenen Ziele miteinander vereinbar sind (Kompatibilität)
- ob das Zielsystem in sich logisch ist (Konsistenz)
- ob das Zielsystem sinnvoll und realistisch war bzw. ist.

3.1.3 Grundlage der Erfolgskontrolle

- Ist das Zielsystem ausreichend für die Erfolgskontrolle?
- Wie haben sich Zielvorstellungen in den vertraglichen Vereinbarungen niedergeschlagen?

3.2 Analyse der Durchführung

3.2.1 Projektaktivitäten und Faktorausstattung durch alle Beteiligten

3.2.1.1 Beschreibung der Aktivitäten und der Faktorausstattung

3.2.1.2 Vergleich der Aktivitäten mit den „terms of reference" (Vergleich der potentiellen Aufgaben mit den tatsächlich wahrgenommenen Aktivitäten)

3.2.1.3 Entsprechen die erbrachten Leistungen dem Stand der Wirtschafts- und Ingenieurwissenschaften und den darin anerkannten Regeln unter Berücksichtigung der örtlichen Gegebenheiten?

- betriebswirtschaftliche Analyse
- volkswirtschaftliche Analyse
- fachlich-technische Analyse
- Analyse unter formalen Gesichtspunkten.

3.2.1.4 Methodik und Technik der Durchführung

- Vollständigkeit
- Widerspruchsfreiheit
- Zielwirksamkeit
- Durchführbarkeit
  (ökonomisch, zeitlich, finanziell, technisch, personell, administrativ, sozial, politisch)
- Alternativen
- Prioritäten
- Interdependenzen
- Abstimmung mit den örtlichen Stellen
- Quantifizierung der inputs und outputs
- Relevanz für Zielgruppen etc.

3.2.2 Projektsteuerung (Management)

Träger: BMZ, GTZ, KW, Consulting-Unternehmen, Projektleiter, andere Geber
Empfängerland (nationale, regionale, kommunale, parastaatliche und private Entscheidungsträger)

Bereiche: Organisation, Rechnungswesen, Beschaffung, Finanzierung, Personalwesen, Berichtswesen, Backstopping, Koordinierung, Public Relations

Kriterien: vgl. Kriterien unter 3.2.1.2 bis 3.2.1.4, z. B. inwieweit hat die GTZ die entwicklungspolitischen Vorgaben des BMZ bei der Sachmittelbeschaffung für das Projekt berücksichtigt?
(*Träger:* GTZ, *Bereich:* Beschaffung, *Kriterien:* 3.2.1.2)

3.2.3 Flankierende Maßnahmen

– Maßnahmen von Seiten des Empfängerlandes, die für den Projekterfolg wesentlich sind, ohne daß hierüber eine Projektvereinbarung getroffen wurde.

3.2.4 Gesamtbeurteilung

– Effektivität: Waren die Methoden und Arbeitsweisen wirksam?
– Effizienz: Ist das Verhältnis von Aufwand und Ertrag (Kosten/Nutzen) zu rechtfertigen?
– Signifikanz: Hat das Projekt einen nachhaltigen/bedeutenden Effekt für die wirtschaftliche und soziale Entwicklung des Landes/der Projektregion/der Zielgruppen?

3.3 Analyse der Ursachen für gute/schlechte Zielerreichung.

4. *Empfehlungen zum weiteren Vorgehen*

4.1 Noch erforderliche Maßnahmen aufgrund bisheriger Planung.

4.2 Ggfs. erforderliche Maßnahmen, die über die bisherige Planung hinausgehen:

– Erstellung einer Planungsübersicht (s. Anlage)
(die die Bereiche Operationsplanung, Personalplanung, Materialplanung und Finanzplanung abdeckt)
– ggfs. Nachweise für die Wirtschaftlichkeit und Kostenwirksamkeit
(evtl. auch für Einzelmaßnahmen im Rahmen des Gesamtprojekts).

5. *Prüfung des Modellcharakters*

– Können aus dem Einzelfall allgemeine Schlußfolgerungen für ähnliche bestehende oder künftige Projekte gezogen werden, und zwar unter den Aspekten der Konzeption, der Abwicklung und der Zielwirksamkeit?
– Beurteilung der entwicklungspolitischen Wirksamkeit des betreffenden Projekttyps.
– Ggfs. Anfertigung einer Planungsübersicht im Hinblick auf sektorale Grundsätze.

(BMZ, Referat 202, 1976)

Bibliographie

BMZ, *Zielausrichtung und Ergebniskontrolle der Entwicklungshilfemaßnahmen (Entwicklungspolitik/BMZ-aktuell)*, Bonn (Januar) 1976.

Bodemer, K., *Erfolgskontrolle der deutschen Entwicklungshilfe – improvisiert oder systematisch? (Transfines*, Bd. 3), Meisenheim/Glan 1979.

Bodemer, K., Schwachstellen bei GTZ-Projekten, in: *Entwicklung und Zusammenarbeit*, 4/1979, Bonn 1979.

Kantowsky, D. (Hrsg.), *Evaluierungsforschung und -praxis in der Entwicklungshilfe*, Zürich 1977.

USAID (Program Methods and Evaluation Division), *The Logical Framework-Modification Based on Experience*, Washington D.C., o.D.

Ulrich Bieler
Bundesministerium für Ernährung, Landwirtschaft und Forsten, Bonn

Die Institutionalisierung und Handhabung von Effizienzanalysen im Bundesministerium für Ernährung, Landwirtschaft und Forsten

I. Vorbemerkung

Im Jahr 1973 wurde das Bundesministerium für Ernährung, Landwirtschaft und Forsten (BML) neu organisiert[1]. Wichtige Änderungen waren dabei eine ziel- und programmorientierte Abteilungsgliederung als Voraussetzung für die inzwischen eingeführte integrierte Aufgaben- und Finanzplanung[2] sowie die Schaffung eines speziellen *Referats für Effizienzanalysen (Evaluation) und Nutzen-Kosten-Untersuchungen (NKU).* Damit war auch institutionell der Bestimmung der Bundeshaushaltsordnung (§ 7,2) Rechnung getragen, daß für geeignete Maßnahmen von erheblicher finanzieller Bedeutung Nutzen-Kosten-Untersuchungen anzustellen seien. Indem die Ergebnisse von NKU wichtiger ausgewählter Maßnahmen ausdrücklich innerhalb des jährlich zu erstellenden Aufgaben- und Finanzplans berücksichtigt werden, findet eine Koppelung von Aufgaben- und Finanzplanung mit Effizienzanalysen statt.

II. Institutionelle Einordnung des Referates für Effizienzanalysen

Das Referat NKU beschäftigt vier Mitarbeiter. Einen Teil der Effizienzanalysen wird im Referat selbst bearbeitet, die überwiegende Anzahl der Studien wird jedoch von Wissenschaftlern außerhalb des Ministeriums durchgeführt. Für diesen Zweck hat das Referat einen eigenständigen Haushaltstitel, dessen jährlicher Betrag etwa acht Mann-Jahren entspricht, legt man das Gehalt eines Wissenschaftlers an der Universität zugrunde.

1 Siehe hierzu Projektgruppe Regierungs- und Verwaltungsreform und McKinsey & Comp., *Management-System für ein Bundesministerium. Am Beispiel des Bundesministeriums für Ernährung, Landwirtschaft und Forsten,* Januar 1973; s. auch Projektgruppe Regierungs- und Verwaltungsreform, *Dritter Bericht und Materialien,* Bonn 1973.
2 Siehe zuletzt *Agrarbericht 1979, BTDrs.* 8/2530.

Im Zusammenhang mit der Institutionalisierung ist es interessant, wie das Referat für Effizienzanalysen im Bundesministerium eingeordnet ist und wie die *Auswahl* der Maßnahmen, die evaluiert werden sollen, erfahrungsgemäß abläuft[3]:

Das BML ist in sieben Abteilungen und jede Abteilung in zwei oder drei Unterabteilungen gegliedert (s. Abb.). In der Abteilung 2 sind dies die Unterabteilung 21 (Planungskoordination und -methoden), der auch das Referat für Effizienzanalysen (213) angehört, und die Unterabteilung 22 (Wirtschaftsbeobachtung und Statistik).

Jede Abteilung hat ein spezielles Referat, das für die Planung neuer Programme und Maßnahmen zuständig ist (211, 311, 411, 511, 621 und 711). Diese „Planungsreferate", zusammen mit dem Haushaltsreferat (113), dem Referat für langfristige EG-Angelegenheiten (123), dem Referat für Langfristanalysen (212) und dem Referat für Effizienzanalysen (213), sind Mitglieder der ***Planungsgruppe*** des BML, einem im Geschäftsverteilungsplan institutionell festgelegten Gremium. Diese Planungsgruppe beschäftigt sich – auf der Grundlage planerischer Vorarbeiten der Fachreferate oder ad-hoc-Arbeitsgruppen – mit der integrierten Aufgaben- und Finanzplanung, der periodischen Fortschreibung der Ziel- und Programmstruktur, der konzeptionellen Fortentwicklung der Agrar- und Ernährungspolitik und der aufgabenplanerischen Beurteilung bestimmter Haushaltsanmeldungen des BML.

III. Identifizierung des Analysebedarfs

Die Kenntnis, wie das Referat für Effizienzanalysen in die Organisationsstruktur des BML einbezogen ist, ist notwendig, um zu verstehen, wie der Evaluationsbedarf in dem komplexen Gefüge eines Bundesministeriums ermittelt und die Maßnahmen ausgewählt werden, die einer Effizienzanalyse unterzogen werden sollen. Dieses *Auswahlverfahren* ist institutionell nicht genau festgelegt, vielmehr kommen verschiedene Ansätze zum Tragen. Ein Beispiel:

Der Leiter eines Fachreferates mag den Eindruck haben, daß eine der Maßnahmen, für die er verantwortlich ist, nicht sehr effizient ist; er besäße daher gerne einige wissenschaftlich untermauerte Argumente, um diese Maßnahme einzustellen. Oder umgekehrt, er braucht Unterstützung von Seiten unabhängiger Wissenschaftler, um Kritik, die von außerhalb des Ministeriums an dieser Maßnahme geübt wird, zu widerlegen. Er würde dann das Referat für Effizienzanalysen bitten, eine entsprechende Studie durchzuführen. Normalerweise besteht jedoch auf Seiten der Fachreferate kein großes Interesse an der Evaluierung ihrer Maßnahmen.

Deshalb haben die folgenden *Auswahlmethoden* von Evaluierungsstudien größere praktische Bedeutung:

3 Vgl. hierzu vor allem H. Meyer zu Drewer, Erfolgskontrollen, in: Bundesakademie für öffentliche Verwaltung (Hrsg.), *Ziel- und ergebnisorientiertes Verwaltungshandeln*, Sonderheft 4: *Verwaltung und Fortbildung*, 1979, S. 215 ff.; ders./E. Guth, Erfahrungen mit Nutzen-Kosten-Untersuchungen in der Verwaltungspraxis, in: *Die öffentliche Verwaltung*, 1976, S. 404–407; vgl. auch E. Guth, Erfahrungsaustausch der OECD über Planung und Bewertung agrarpolitischer Maßnahmen, in: *Berichte über Landwirtschaft*, Bd. 54, 1976, S. 475 ff.

Vereinfachter Organisationsplan des Bundesministeriums für Ernährung, Landwirtschaft und Forsten

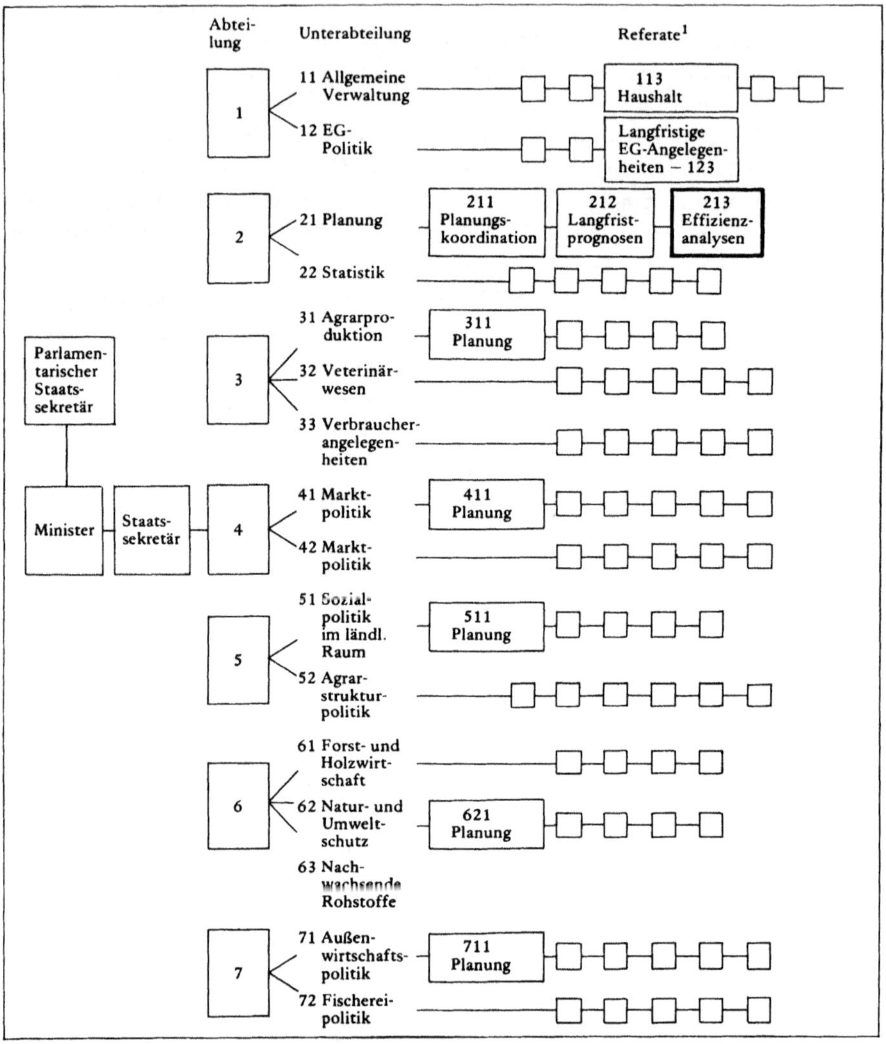

1 Die Fachreferate sind in dieser Abbildung als kleine Quadrate angedeutet; nur die Referate, die Mitglied der Planungsgruppe sind, wurden explizit dargestellt.

- Ein- bis zweimal im Jahr veranstaltet das Referat für Effizienzanalysen ein *Brainstorming*, wobei die Liste der Haushaltsanmeldungen für das folgende Jahr verwendet und die Kritik an der Agrarpolitik, wie sie z. B. in wissenschaftlichen Veröffentlichungen zum Ausdruck kommt, beachtet wird.
- Alle ein oder zwei Jahre bittet das Referat für Effizienzanalysen die *Planungsreferate* der sieben Abteilungen, diese Art *Brainstorming* auch für das Zuständigkeitsgebiet ihrer Abteilung durchzuführen, zusammen mit den jeweiligen Fachreferaten. Normalerweise ergibt sich hieraus eine Fülle von Vorschlägen, die dann gemeinsam mit den anderen Planungsreferaten und dem Haushaltsreferat diskutiert werden. Als Ergebnis erhält das Referat für Effizienzanalysen eine *Vorschlagsliste* von Nutzen-Kosten-Untersuchungen (Evaluationsprogramm) für die nächsten zwei Jahre.
- In Verbindung mit der jährlichen *Mittelfristigen Aufgaben- und Finanzplanung* werden einige der Maßnahmen, für die finanzielle Mittel beantragt werden, von *ad-hoc-Arbeitsgruppen* oder einzelnen Mitglieder der Planungsgruppe evaluiert. Sinn und Zweck dieser Evaluierung ist es, der Planungsgruppe Argumente zu liefern, um die Haushaltsanmeldungen für eine bestimmte Maßnahme besser beurteilen zu können. Zum Teil stehen hierfür die Ergebnisse von Kosten-Nutzen-Analysen zur Verfügung. Andernfalls versucht der mit der Evaluierung beauftragte Kollege, die methodischen Grundprinzipien der Kosten-Nutzen-Analyse oder Kosten-Wirksamkeits-Analyse anzuwenden, oder er argumentiert zumindest mit gesamtwirtschaftlichen Überlegungen.

Falls die Maßnahme zu komplex ist, um von einem internen Team bewertet zu werden, ersucht die Planungsgruppe das Referat für Effizienzanalysen, die Studie von einem externen Wissenschaftler anfertigen zu lassen.

Obwohl das Bundesfinanzministerium ermächtigt ist, eine *klassische* Kosten-Nutzenanalyse einer agrarpolitischen Maßnahme zu verlangen, falls die Belastungen öffentlicher Haushalte, die von dieser Maßnahme ausgehen, eine bestimmte Höhe übersteigen, hat dieses finanzielle Kriterium tatsächlich keine praktische Bedeutung. Der Haushaltsaspekt einer Maßnahme ist sogar von geringer Bedeutung, denn es werden auch Maßnahmen bewertet, die keine Mittel des Bundeshaushaltes beanspruchen, z. B. die Kosten-Nutzen-Analyse „Bekämpfung der Schweinepest"[4]. Die Maßstäbe, die im BML bei der Auswahl der zu bewertenden Maßnahmen angewendet werden, sind mehr politischer und praktischer Natur, d. h. es wird geprüft, ob die Maßnahme politisch bedeutsam ist – dieses Kriterium kann gegebenenfalls auch von einer „kleinen" Maßnahme erfüllt sein – und ob ein befriedigender methodischer Ansatz zur Verfügung steht.

Ein anderer Ansatz, eine Effizienzanalyse anzuregen, ist im Programm zur „Verbesserung der Agrarstruktur und des Küstenschutzes" festgelegt, einem Maßnahmebündel, das als Gemeinschaftsaufgabe von Bund und Ländern durchgeführt wird. Gemeinsame Bund-Länder-Arbeitsgruppen legen in einer „Programm- und Re-

4 Vgl. J. Kesten, Bekämpfung der Schweinepest, in: *Schriftenreihe des BMELF*, Reihe A: *Landwirtschaft – Angewandte Wissenschaft*, H. 225, Münster-Hiltrup 1979.

gionalanalyse" die Maßnahmen fest und bestimmen die Regionen, auf die die technischen und finanziellen Aufwendungen konzentriert werden sollen[5]. Diese Arbeitsgruppen können zunächst einmal die Ergebnisse von Nutzen-Kosten-Untersuchungen verwenden, die vom BML für einige Maßnahmen der Gemeinschaftsaufgabe schon durchgeführt wurden. Darüber hinaus hat diese Arbeitsgruppe auch selbst einige Effizienzanalysen veranlaßt.

Alle zwei Jahre gibt das BML den „Agrarstrukturbericht" heraus, einmal, um die im Berichtszeitraum durchgeführten Maßnahmen der Gemeinschaftsaufgabe darzustellen, zum anderen, um die Ergebnisse mit den gesteckten Zielen der Agrarstrukturpolitik zu vergleichen. Auf der Basis dieses Berichts entscheiden der Bundesminister und die Länderminister in einer jährlich stattfindenden Sitzung über die Aufteilung der finanziellen Mittel auf die einzelnen Maßnahmen und den Anteil der einzelnen Bundesländer hieran[6].

IV. Schwierigkeiten beim Transfer der Ergebnisse

Der Agrarstrukturbericht leitet zu einem weiteren Aspekt der Institutionalisierung über: Bislang wurden alle durchgeführten Effizienzanalysen – meistens in wissenschaftlichen Zeitschriften – veröffentlicht; die wichtigsten Ergebnisse werden gewöhnlich auch in der landwirtschaftlichen Fachpresse wiedergegeben. Damit ist anderen Verwaltungen in den Ländern und Gemeinden sowie dem Bauernverband und der Öffentlichkeit die Möglichkeit gegeben, sich ein eigenes Bild über die Effizienz agrarpolitischer Maßnahmen zu machen[7].

Die Veröffentlichung der Effizienzanalysen ist auch wichtig im Hinblick auf die erwünschten *Rückwirkungen* für die Politik des Ministeriums: Der Leiter eines Fachreferates, der für die untersuchte Maßnahme zuständig ist, wird hierdurch gezwungen, sich mit den Ergebnissen der Studie auseinanderzusetzen. Um die notwendige Diskussion der Analysen zu unterstützen, ist das Referat für Effizienzanalysen um engen Kontakt zwischen den Fachreferaten und den externen Wissenschaftlern bemüht (gemeinsame Diskussion des Arbeitsprogramms, des Zwischenberichts und des Entwurfs des Endberichts). Im Interesse der Sache ist hierbei mit viel Geschick vorzugehen, um einerseits eine aufgeschlossene Atmosphäre zu schaffen, andererseits ein gesundes Spannungsverhältnis zwischen Analytikern und Vertretern der Fachreferate zu erhalten[8].

5 Vgl. hierzu die seit 1963 erstellten Agrarstrukturberichte, zuletzt *Agrarstrukturbericht 1975/76*, hrsg. vom BMELF.

6 Siehe die Rahmenpläne der Gemeinschaftsaufgabe „Verbesserung der Agrarstruktur und des Küstenschutzes", zuletzt *8. Rahmenplan für den Zeitraum 1980–1983, BTDrs.* 8/3843.

7 Einen Einblick in wichtige Evaluierungsstudien und Effizienzanalysen ermöglicht die Schriftenreihe des BML, *Landwirtschaft – Angewandte Wissenschaft*. Hierzu ist besonders zu verweisen auf die Hefte 182, 193, 195, 200, 202, 211, 217, 224, 225, 226. Daneben sei vor allem auch auf die *Berichte über Landwirtschaft* sowie die Schriftenreihen der Agrarsozialen Gesellschaft und der Forschungsgesellschaft für Agrarpolitik und Agrarsoziologie hingewiesen.

8 Vgl. Meyer zu Drewer, Erfolgskontrollen (Anm. 3), S. 233 f.

Gewöhnlich werden die Resultate der Untersuchungen auch in der Planungsgruppe des Ministeriums oder in den Arbeitsgruppen der jährlichen *Mittelfristigen Aufgaben- und Finanzplanung* besprochen und in jedem Fall – in kurzgefaßter Form – der Leitungsebene des BML vorgelegt. Wenn dennoch bei den Analytikern der Eindruck entsteht, daß die Ergebnisse ihrer Untersuchung nicht gebührend beachtet werden, so lassen sich u. a. folgende Gründe hierfür anführen – wobei das Referat für Effizienzanalysen sich natürlich schon während der Anfertigung der NKU bemüht, diese „Implementationshindernisse" möglichst zu vermeiden[9]:

– Aufbau und Sprache der Untersuchungsberichte werden vom Entscheidungsträger häufig nicht verstanden, weil sie nicht plausibel genug und nicht nachvollziehbar sind.
– Es wird – z. B. durch komplizierte Modellrechnungen – oft eine Genauigkeit vorgetäuscht, die schon von der Datenbasis her nicht gegeben sein kann.
– Analyseergebnisse werden häufig nicht zum richtigen Zeitpunkt – meist sehr viel später – vorgelegt.
– Es werden oftmals Vorschläge in Analysen gemacht (Alternativen empfohlen), die die politischen Möglichkeiten des Auftraggebers übersteigen. Das politische Umfeld wird zu wenig berücksichtigt, insbesondere auch künftige Rahmenbedingungen.
– Manche Probleme, die Verwaltung und Entscheidungsträger haben, können Analytiker noch nicht lösen helfen. So ist das vorrangige – politisch brisante – Entscheidungsproblem nicht so sehr die Projektbewertung (Alternativenauswahl!) als vielmehr die Frage, ob ein bestimmtes Projekt überhaupt durchgeführt werden soll; weiter die Frage, in welchem Prioritätsrang beispielsweise wasserwirtschaftliche Projekte etwa zu Flurbereinigungsverfahren stehen oder noch weitergehend, ob Infrastrukturmaßnahmen z. B. mit sozialpolitischen Maßnahmen konkurrieren; letztlich wird ein Beitrag zur Gestaltung des Staatsbudgets erwartet.
– Entscheidungsträger sind häufig nicht bereit, sich von Analyseergebnissen einengen zu lassen; sie wollen und können ihre Präferenzen nicht völlig offenlegen.

Eingangs wurde schon erwähnt, daß die Mehrzahl der Effizienzanalysen von externen Wissenschaftlern durchgeführt wird. Diese Tatsache ist einmal darin begründet, daß das BML nicht über eine ausreichende Anzahl von Bediensteten verfügt, die für eine solche Aufgabe speziell ausgebildet sind. Vor allem aber spricht vieles dafür, daß eine unvoreingenommenere Betrachtungsweise am ehesten sichergestellt ist, wenn agrarpolitische Maßnahmen von Außenstehenden evaluiert werden. Deshalb, und um eine Aufblähung des Personalapparates zu verhindern, ist in den *Vorläufigen Verwaltungsvorschriften zur BHO* festgelegt, daß als Analytiker grundsätzlich *verwaltungsexterne Arbeitsgruppen* herangezogen werden sollen[10].

9 Vgl. H. Meyer zu Drewer, Anmerkungen aus Sicht der Verwaltungspraxis des Bundes, DFG-Rundgespräch, Projektbewertung in der Wasserwirtschaft, 19./20. Mai 1980 in Karlsruhe, Tagungsband im Druck.

10 Vgl. Vorläufige Verwaltungsvorschriften zu § 7 Abs. 2 BHO, Erläuterungen zur Durchführung von Nutzen-Kosten-Untersuchungen, in: *Ministerialblatt des Bundesministers der Finanzen und des Bundesministers für Wirtschaft*, 1973, Nr. 13, Ziff. 1.7, S. 294 f.

Andererseits ist es sicherlich nicht notwendig, eine spezielle Evaluationsbehörde zu schaffen, z. B. als Abteilung des Rechnungshofes[11]. Eine solche spezielle Behörde hätte vermutlich Schwierigkeiten, den engen Kontakt mit den Fachreferaten zu bilden, der notwendig ist, um sämtliche Informationen zu bekommen[12]. Hingegen sprechen die bisherigen Erfahrungen im BML dafür, daß in jeder größeren Verwaltung ein *spezielles Referat* geschaffen werden sollte, das nur für Evaluierung (Nutzen-Kosten-Untersuchungen, Effizienzanalysen) zuständig ist[13]. Bei regelmäßigen Kontakten dieser Evaluierungsreferate untereinander könnten praktische Erfahrungen und neue methodische Ansätze diskutiert werden.

V. Erfahrungen mit den Evaluationsmethoden

Nachdem seit 1973 rund 40 Effizienzanalysen agrar- und ernährungspolitischer Maßnahmen durchgeführt worden sind, können hinsichtlich der angewendeten Methoden folgende Erfahrungen geschildert werden: Selbstverständlich ist wohl, daß Untersuchungsgegenstand und Fragestellung die Analysemethode bestimmen und daß „die nach den Erfordernissen des Einzelfalls einfachste und am wenigsten aufwendige Methode anzuwenden ist“[14]. Die Einzelfälle sind allerdings im Geschäftsbereich des BML in der Mehrzahl überaus komplexe Maßnahmen mit vielfältigen Einzelwirkungen, nicht nur hinsichtlich der gesamtwirtschaftlichen Effizienz und der Haushaltsbelastungen (Bund und/oder Länder), sondern auch bezüglich inter- und intrasektoraler Verteilungswirkungen (bei agrarpolitischen Maßnahmen oftmals das Hauptziel), regionaler Beschäftigungseffekte und nicht zuletzt Auswirkungen auf Natur, Landschaft und Erholungswert.

Angesichts dieses komplexen Zielbündels wurden die meisten Analysen als Nutzen-Kosten-Untersuchungen durchgeführt, und zwar vorwiegend als „klassische“ Kosten-Nutzen-Analyse mit Erweiterung der Fragestellung auf Verteilungswirkungen (Frage nach dem Nutznießer einer Maßnahme). Wenn möglich wurde auch versucht, regionale Multiplikatoren und Beschäftigungseffekte zu erfassen. Als ein Beispiel für eine solche Kosten-Nutzen-Analyse ist im Anhang die Kurzfassung einer 1976 durchgeführten Studie zur Evaluierung von Meliorationen wiedergegeben.

Wenn die Effekte der Maßnahmen weniger im ökonomisch-quantifizierbaren Bereich lagen, wurden auch Nutzwert- und Kostenwirksamkeitsanalysen durchgeführt[15];

11 Diese Forderung wird u. a. von Rürup erhoben; vgl. B. Rürup, Perspektiven der Haushaltskontrolle , in: *Wirtschaftsdienst,* 1980, S. 305 f.

12 Vgl. Meyer zu Drewer, Erfolgskontrollen (Anm. 3), S. 233.

13 Im BML wird – nicht immer ohne Willkür – organisatorisch und haushaltsrechtlich zwischen Effizienzanalysen einerseits und Forschung andererseits unterschieden, wobei diese Differenzierung z. T. historisch gewachsen ist, sich aber auch mit dem großen Anteil naturwissenschaftlicher Forschung im Agrar- und Ernährungsbereich erklären läßt, die vom BML angeregt und finanziert wird. Für Forschungskoordination und -planung, auch im internationalen Bereich, und für Forschungsverwaltung ist je ein Referat zuständig.

14 Vorläufige Verwaltungsvorschriften (Anm. 10), Ziff. 1.4, S. 195.

15 Vgl. H. Löffler/J. Timinger, *Nutzen-Kosten-Untersuchung über den forstwirtschaftlichen Wirtschaftswegebau, LAW*-Heft 202, Münster-Hiltrup 1977; R. v. Bardeleben/L. Gekle, *Nut-*

in einem Fall wurde der Erfolg auch durch Befragungen der Betroffenen zu erfassen versucht[16]. Dogmatisch starre Schemata wären sicherlich fehl am Platze; vielmehr werden die zur Anwendung kommenden Methoden in jedem Einzelfall ausführlich mit den Analytikern diskutiert. Dabei sind in letzter Zeit auch methodische Fortentwicklungen zu beobachten, insbesondere zur gründlichen Erfassung der Auswirkungen auf Umwelt und Naturschutz[17] und zur Berücksichtigung der politischen Rahmendaten und Interdependenzen[18].

Fortsetzung Fußnote 15
zen- und Schadenskomponenten bei gepflegter und ungepflegter Brache unter Berücksichtigung verschiedener Flächenumfänge, Standorte und Vorrangfunktionen, *LAW*-Heft 211, Münster-Hiltrup 1978.

16 Vgl. U. Weiler, Beurteilung der überbetrieblichen Berufsausbildung im Agrarbereich – Fallstudie DEULA-Lehranstalten, in: BMELF (Hrsg.), *Berichte über Landwirtschaft*, N.F., Jg. 59 (1980), H. 1.

17 Vgl. G. Ruwenstroth/B. Schierenbeck, *Effizienz unterschiedlicher Maßnahmen und Maßnahmenbündel in der Flurbereinigung (Schriftenreihe des BMELF*, Reihe B: *Flurbereinigung*, H. 69), Münster-Hiltrup 1980.

18 Vgl. G. Schmitt, Zur Politischen Ökonomie kollektiver Landbewirtschaftung, in: *Agrarwirtschaft*, 1980, S. 172.

VI. Anhang: Fallbeispiel einer Erfolgskontrolle agrarstruktureller Maßnahmen in Form einer Kosten-Nutzen-Analyse*

Die im folgenden dargestellte Kosten-Nutzen-Analyse soll als Beispiel dafür dienen, wie mit Hilfe dieser Form der Erfolgskontrolle eine Entscheidungsgrundlage für die Frage gefunden werden kann, ob eine Subventionsmaßnahme einzuführen bzw. fortzusetzen ist. Hierzu wurde eine 1976 im Auftrag des Bundesministeriums für Ernährung, Landwirtschaft und Forsten durchgeführte *Kosten-Nutzen-Analyse über Meliorationsmaßnahmen*[1] ausgewählt, die als eine vorausschauende Effizienzrechnung angefertigt wurde. Sie eignet sich insofern als Beispiel, als die vielfältigen Zielbeziehungen der Maßnahme und die Ansätze zur Quantifizierung und monetären Bewertung nicht nur auf andere Meliorationsmaßnahmen übertragbar, sondern in gewisser Weise auch typisch für andere Instrumente der Struktur- und regionalen Wirtschaftspolitik sind.

Meliorationen sind ein Instrument der Landentwicklung im Sinne der Raumordnung und dienen der Verbesserung der ökonomischen, ökologischen und sozialen Lebensbedingungen der Bewohner in von der Natur benachteiligten meliorationsspezifischen Räumen.

Einzelmaßnahmen der Meliorationen sind:

– wasserwirtschaftliche Maßnahmen (Vorfluterausbau, Dränung, Beregnung),

* Entnommen aus dem 6. Subventionsbericht, BT-Drucksache 8/1195, S. 32–35.

1 P. Bokelmann, Schema zur Durchführung von Kosten-Nutzen-Analysen bei Meliorationen; Gutachten im Auftrag des Bundesministeriums für Ernährung, Landwirtschaft und Forsten, in: *Landwirtschaft – Angewandte Wissenschaft* (*Schriftenreihe des BMELF*, Heft 208), Münster-Hiltrup 1979.

– landw. Wegebau und
– landbautechnische und -pflegerische Maßnahmen (Bodenumbruch, Meliorationsdüngung und -kalkung, etc.).

Innerhalb der Gemeinschaftsaufgabe „Verbesserung der Agrarstruktur und des Küstenschutzes" sind Meliorationen den „wasserwirtschaftlichen und kulturbautechnischen Maßnahmen" zuzuordnen und hier wiederum ein Teil der Maßnahmen zur „Beseitigung naturgegebener Nachteile"[2]. Komplementär bzw. interdependent zu Meliorationen sind die Instrumente „Flurbereinigung", „Befestigung und Neubau von Wirtschaftswegen", „Ausgleich des Wasserabflusses", „Schutz gegen die zerstörende Wirkung von Wasser und Wind" u. a. zu sehen.

Der Subventionsaufwand für Meliorationen beträgt 45,5 Milllionen DM (Sollansatz 1977)[2]. Er wird im Rahmen der Gemeinschaftsaufgabe von Bund und Ländern aufgebracht. Darüber hinaus können Zuschüsse des EAGFL, Abt. Ausrichtung, beantragt werden.

Die Kosten-Nutzen-Analyse einer einzelnen Meliorationsmaßnahme beginnt zunächst mit einer Zielerreichungsprognose oder Wirkungsanalyse. Hierfür werden die relevanten Vorteile (Nutzen) und Nachteile (Kosten) der Maßnahme erfaßt und beschrieben. Insbesondere ist abzuschätzen bzw. zu prognostizieren, welche Auswirkungen der Maßnahme für den Fall ihrer Verwirklichung oder Nichtverwirklichung zu erwarten wären. Dazu bedarf es einer Konkretisierung der Zielfunktion und Festlegung der Zielkriterien in meßbaren Einheiten. Im Falle der untersuchten Melioration konnten folgende Zielwirkungen beobachtet bzw. geschätzt werden[3]:

– Einkommensverbesserung in der Landwirtschaft (DM/ha LF);
– Freizeitgewinn in der Landwirtschaft (h);
– Freisetzung landwirtschaftlicher Arbeitskräfte (AK);
– Verbesserung der Infrastruktur durch Wasser- u. Wegebau (km/ha LF);
– Steigerung der Zahl der Erwerbstätigen (St.);
– Multiplikatorwirkung der Mehreinkommen (DM);
– Verbesserungen der Arbeitsbedingungen im landwirtschaftlichen Bereich (nicht monetär bewertbar);
– Umweltgestaltung durch Erosionsschutz, Aufforstung, Verbesserung der Erholungsfunktion usw. (nicht monetär bewertbar);
– Wirkungen des landw. Wasserbaus auf Kleinklima und natürlichen Wasserhaushalt (nicht monetär bewertbar);
– Wirkung des landwirtschaftlichen Wegebaus auf soziale Kommunikation, Güterversorgung und Erschließung für Erholungsuchende (nicht monetär bewertbar).

Zugleich sind diese Zielwirkungen die Nutzenpositionen, die in einem nächsten Schritt in Geld zu bewerten sind, um sie auf eine vergleichbare Bezugsgröße mit den Kosten zu bringen.

Dabei ist darauf zu achten, daß

a) Doppelzählungen vermieden werden (Freizeitgewinn/Arbeitserleichterung/Freisetzung von Arbeitskräften),

2 Vgl. Rahmenplan der Gemeinschaftsaufgabe „Verbesserung der Agrarstruktur und des Küstenschutzes" für den Zeitraum 1977 bis 1980, BT-Drucksache 8/488, S. 148.

3 Abkürzungen: LF = Landw. genutzte Fläche, AK = Arbeitskraft im landw. Bereich.

b) nicht die möglichen optimalen, sondern die tatsächlich zu erwartenden Einkommensverbesserungen quantifiziert werden und
c) eine realistische Antizipation der Zeitdauer der erwarteten Nutzenströme erfolgt.

Die nicht-quantifizierbaren Nutzen-Positionen können zumindest qualitativ (mit den Abstufungen „negativ", „nicht berührt" oder „positiv") bewertet werden (vgl. auch die Übersicht).

Den so berechneten Nutzen der Maßnahme sind die Kosten der Melioration gegenüberzustellen. Hierzu zählen die gesamten Aufwendungen für die Durchführung der o.g. Einzelmaßnahmen (öffentliche Mittel und Aufwendungen der Grundeigentümer bzw. Pächter) sowie die notwendigen Anpassungsinvestitionen der landwirtschaftlichen Betriebe und kommunalen Gebietskörperschaften[4].

Zusätzlich können als Kosten sog. intangible, nicht-quantifizierbare Nachteile im Rahmen von Meliorationsvorhaben auftreten:
- Beeinträchtigung des Landschaftsbildes sowie Behinderung des Fremdenverkehrs während der Dauer der Bauarbeiten;
- Beeinträchtigung der Flora und Fauna.

Wie bei allen vorausschauenden Untersuchungen ist die Abschätzung der zukünftigen Auswirkungen mit Unsicherheitsfaktoren behaftet, was insbesondere bei der langen Lebensdauer von Meliorationen (50 Jahre) zu berücksichtigen ist.

In einem nächsten Schritt ist der Tatsache Rechnung zu tragen, daß die Kosten- und Nutzenströme in unterschiedlichen Zeiträumen anfallen (vgl. Übersicht).

Während die Baukosten und die Beschäftigung von Arbeitslosen bei den Bauarbeiten nur während der ersten fünf Jahre in Ansatz zu bringen sind (Spalte 1 und 7), beginnen die Nutzenströme „Einkommensverbesserung" und „Freizeitgewinn" erst nach Abschluß der Bauarbeiten (Spalte 4 und 5), desgl. die Freisetzung landwirtschaftlicher Arbeitskräfte (Spalte 6). Wegen ihres hohen Durchschnittsalters werden diese Arbeitskräfte nur noch für 20 Jahre im außerlandwirtschaftlichen Bereich tätig sein und dort Einkommen erzielen (Jahre 5 bis 25 nach Baubeginn, vgl. Spalte 6). Eine weitere Nutzenposition resultiert aus der Multiplikatorwirkung der Mehreinkommen, die über eine Nachfragesteigerung zu weiterem Einkommen in der untersuchten Region führen (vgl. Spalte 8 in der Übersicht). Durch Abzinsung mit der gesellschaftlichen Diskontrate (in diesem Beispiel 5 %) auf den Beginn der Maßnahme können die einzelnen Nutzenpositionen addiert und der so geteilte Gesamtnutzen von 22 Millionen DM den diskontierten Gesamtkosten von 16 Millionen DM gegenübergestellt werden (vgl. Übersicht).

Aus dem Quotienten der Nutzen-Kosten-Differenz und den Kosten läßt sich eine Rendite des Projekts als Effizienzkriterium ableiten. Sie beträgt im Fall dieses Meliorationsvorhabens 35 %. Damit erweist sich dieses Projekt als gesamtwirtschaftlich sinnvoll. Weitere Auswirkungen, die nicht quantitativ erfaßt werden konnten, sind ebenfalls zum größten Teil positiv zu beurteilen. Das zahlenmäßige Ergebnis

4 In der Übersicht sind in der Spalte der quantifizierbaren Kosten nur die öffentlichen Aufwendungen angeführt, während die zusätzlichen Aufwendungen der Betriebe bei der Berechnung der Einkommensverbesserungen (Spalte 4) berücksichtigt wurden.

Übersicht: Kosten, Nutzen und nicht quantifizierte Effekte eines Meliorationsvorhabens – in 1000 DM –

	Kosten			Nutzen							
Jahr nach Baubeginn	Baukosten (Gesamtkosten)	nicht quantifizierbare Kosten	diskontierte Gesamtkosten	Einkommensverbesserung in der Landwirtschaft	Freizeitgewinn im landwirtschaftlichen Bereich	Freisetzung landwirtschaftlicher Arbeitskräfte	Beschäftigung von sonst Arbeitslosen	Multiplikatorwirkung der Mehreinkommen	nicht quantifizierbarer Nutzen	Summe aller Nutzen	diskontierter Gesamtnutzen
	1	2	3	4	5	6	7	8	9	10	11
1	3 802	–	3 621				272	37		309	
2	3 802	–	3 449				272	37		309	
3	3 802	–	3 284				272	37		309	
4	3 802	–	3 128				272	37		309	
5	3 802	–	2 979				272	37		309	> 1 338
6		–		958	123	170		146	+	1 397	
7		–		958	123	170		146	+	1 397	
8		–		958	123	170		146	+	1 397	
9		–		958	123	170		146	+	1 397	
10		–		958	123	170		146	+	1 397	
11				958	123	170		146	+	1 397	
.				.	.	.		.	.	.	
.				.	.	.		.	.	.	
.				.	.	.		.	.	.	
.				.	.	.		.	.	.	
.				.	.	.		.	.	.	
25				958	123	170		146	+	1 397	> 13 642
26				1 437	123			196	+	1 756	
.				.	.			.	.	.	
.				.	.			.	.	.	
.				.	.			.	.	.	
.				.	.			.	.	.	
30				1 437	123			196	+	1 756	> 2 246
31				1 437	123			196	+	1 756	
				.	.			.	.	.	
.				.	.			.	.	.	
.				.	.			.	.	.	
.				.	.			.	.	.	
.				.	.			.	.	.	
50				1 437	123			196	+	1 756	> 5 065
	disk. Gesamtkosten ... 16 461			disk. Gesamtnutzen ... 22 291							

dieser Analyse muß, wie bei allen derartigen Untersuchungen, aufgrund verschiedener Unsicherheiten bei den Annahmen und Rechnungen unter Vorbehalt betrachtet werden. Daher wurde die Sensitivität des Ergebnisses mit alternativen Annahmen und Rechnungen überprüft.

Für eine abschließende Beurteilung bleibt noch eine Analyse der Verteilungswirkungen der untersuchten Maßnahme. Im dargestellten Beispiel ergeben sich für die landwirtschaftlichen Betriebe die größten Vorteile. Aber auch die anderen Bewohner der landwirtschaftlichen Region profitieren vom Beitrag der Melioration zur Stärkung der regionalen Wirtschaftskraft, der Erhaltung und dem Ausbau der Infrastruktur sowie den ökologischen Verbesserungen. Aus dem hier dargestellten Beispiel läßt sich der Schluß ziehen, daß mit Hilfe der Kosten-Nutzen-Analyse nicht nur eine rein ökonomische Erfolgskontrolle einer agrarstrukturpolitischen Maßnahme, sondern auch die Darstellung der sozialökonomischen Wechselbeziehungen dieser Maßnahme möglich ist.

Es wäre allerdings verfehlt, aus dieser einen Kosten-Nutzen-Analyse eines bestimmten Meliorationsvorhabens auf die gesamtwirtschaftliche Effizienz der anderen getätigten oder geplanten Meliorationen zu schließen, da die jeweiligen Gegebenheiten der einzelnen Meliorationen sehr unterschiedlich sein können. Um jedoch den Untersuchungsaufwand für Kosten-Nutzen-Analysen in Grenzen zu halten, wurde aus diesem Beispiel einer Kosten-Nutzen-Analyse ein „Schema zur Durchführung von Kosten-Nutzen-Analysen bei Meliorationen" entwickelt. Damit ist für die Verwaltung eine vereinfachte Umsetzung dieses Analyseinstruments zur effizienten Erfolgskontrolle geschaffen.

Bibliographie

Agrarbericht 1979, BTDrs. 8/2530.

Agrarstrukturbericht 1975/76, hrsg. vom BMELF.

Bardeleben, R. v./L. Gekle, *Nutzen und Schadenskomponenten bei gepflegter und ungepflegter Brache unter Berücksichtigung verschiedener Flächenumfänge, Standorte und Vorrangfunktionen, LAW*-Heft 211, Münster-Hiltrup 1978.

Guth, E., Erfahrungsaustausch der OECD über Planung und Bewertung agrarpolitischer Maßnahmen, in: *Berichte über Landwirtschaft,* Bd. 54, 1976, S. 475 ff.

Kesten, J., Bekämpfung der Schweinepest, in: *Schriftenreihe des BMELF,* Reihe A; *Landwirtschaft – Angewandte Wissenschaft,* H. 25, Münster-Hiltrup 1979.

Löffler, H./J. Timinger, *Nutzen-Kosten-Untersuchung über den forstwirtschaftlichen Wirtschaftswegebau, LAW* Heft 202, Münster-Hiltrup 1977.

Meyer zu Drewer, H., Erfolgskontrollen, in: Bundesakademie für öffentliche Verwaltung (Hrsg.), *Ziel- und ergebnisorientiertes Verwaltungshandeln,* Sonderheft 4: *Verwaltung und Fortbildung,* 1979, S. 215 ff.

Meyer zu Drewer, H./E. Guth, Erfahrungen mit Nutzen-Kosten-Untersuchungen in der Verwaltungspraxis, in: *Die öffentliche Verwaltung,* 1976, S. 404–407.

Projektgruppe Regierungs- und Verwaltungsreform, *Dritter Bericht und Materialien,* Bonn 1973.

Projektgruppe Regierungs- und Verwaltungsreform/McKinsey & Comp., *Management-System für ein Bundesministerium. Am Beispiel des Bundesministeriums für Ernährung, Landwirtschaft und Forsten,* Januar 1973.

Rürup, B., Perspektiven der Haushaltskontrolle, in: *Wirtschaftsdienst,* 1980, S. 305 ff.

Ruwenstroth, G./B. Schierenbeck, *Effizienz unterschiedlicher Maßnahmen und Maßnahmenbündel in der Flurbereinigung (Schriftenreihe des BMELF,* Reihe B: *Flurbereinigung,* H. 69), Münster-Hiltrup 1980.

Schmitt, G., Zur Politischen Ökonomie kollektiver Landbewirtschaftung, in: *Agrarwirtschaft,* 1980, S. 172 ff.

Vorläufige Verwaltungsvorschriften zu § 7 Abs. 2 BHO, Erläuterungen zur Durchführung von Nutzen-Kosten-Untersuchungen, in: *Ministerialblatt des Bundesministers der Finanzen und des Bundesministers für Wirtschaft,* 1973, Nr. 13, Ziff. 1.7, S. 294 f.

Weiler, U., Beurteilung der überbetrieblichen Berufsausbildung im Agrarbereich – Fallstudie DEULA-Lehranstalten, in: BMELF (Hrsg.), *Berichte über Landwirtschaft,* N. F., 59. Jg. (1980), H. 1.

Richard Wohlfart
Bundesministerium für das Post- und Fernmeldewesen, Bonn

Ziel und Methoden der Erfolgskontrolle und Revision im Bereich der Deutschen Bundespost

1. Die Kontrollfunktion des marktwirtschaftlichen Wettbewerbs

In der Wirtschaftsordnung der Bundesrepublik ist der Wettbewerb die entscheidende Antriebskraft, um die Ergiebigkeit des Produktionsprozesses zu steigern. Wettbewerb auf den Märkten und Gewinnstreben der Unternehmen motivieren die Führungsverantwortlichen, die Wirtschaftlichkeit des Produktionsprozesses laufend zu kontrollieren. Im Bereich der öffentlichen Leistungsverwaltung oder bei öffentlichen Unternehmen, die überwiegend in der Marktform des Monopols anbieten, funktionieren diese Antriebskräfte des Wettbewerbes und der damit verbundene Druck zur Kostensenkung und Rationalisierung nicht oder nur sehr begrenzt. Dieses Problem erlangt auch dadurch ein besonderes Gewicht, daß in fast allen hochindustrialisierten Volkswirtschaften der Umfang der im Rahmen der staatlichen Daseinsvorsorge erbrachten Leistungen, gemessen am Bruttosozialprodukt, absolut und relativ steigt.

Sicherlich gilt auch bei öffentlichen Unternehmen seit eh und je das gesetzliche Gebot, die Haushaltsmittel „sparsam und wirtschaftlich" zu verwenden. Aber dennoch ist es im Hinblick auf die wirtschaftliche Kombination der verwendeten Produktionsfaktoren ein nicht unerheblicher Nachteil, daß im Bereich der öffentlichen Leistungsverwaltung die wirksamen Regulierungsmechanismen des marktwirtschaftlichen Wettbewerbs fehlen. Um so mehr muß man dafür Sorge tragen, daß auch in diesen Bereichen das Streben nach Wirtschaftlichkeit des Aufgabenvollzugs erhalten bleibt. Aus diesem Grunde benötigen öffentliche Unternehmen aussagefähige, erfolgs- und kostenorientierte Informationssysteme, die den marktwirtschaftlichen Wettbewerb zumindest teilweise simulieren.

2. Das Wirtschaftspotential der Deutschen Bundespost

Auch im Bereich der Deutschen Bundespost ist das aufgezeigte Problem von großer Bedeutung. Bei einem Budgetvolumen von über 63 Mrd. DM im Jahre 1982 erzielte das Unternehmen Umsätze in der Höhe von rd. 41,6 Mrd. DM. Rd. 2/3 dieses Umsatzes werden im Fernmeldewesen erwirtschaftet. Die Investitionen der Deutschen

Bundespost erreichen im Jahre 1982 die Rekordhöhe von rd. 13,2 Mrd. DM, wovon allein 9,6 Mrd. für den weiteren Ausbau der Fernmeldeanlagen vorgesehen sind. Nach der Grundstoff- und Investitionsgüterindustrie ist die Deutsche Bundespost seit Jahren der größte Investor in der Bundesrepublik. Für die Personalausgaben der rd. 500 000 Beschäftigten im Post- und Fernmeldewesen sind im Jahre 1982 voraussichtlich rd. 23 Mrd. aufzuwenden. Der erwartete Jahresgewinn liegt in diesem Jahr voraussichtlich bei 1,5 Mrd. DM und dient in vollem Umfange der Finanzierung künftiger Investitionen im Bereich der kommunikationstechnischen Infrastruktur.

Dies sind einige Daten, die deutlich machen, daß die Deutsche Bundespost in eine gesamtwirtschaftlich bedeutsame Größenordnung hineingewachsen ist. Der wirtschaftliche Einsatz dieses Potentials muß durch wirksame interne Kontrollen und Steuerungsinstrumente sichergestellt sein. Neben diesen wirtschaftlichen Überlegungen haben jedoch auch wichtige organisatorische Gründe dazu geführt, daß bei der Deutschen Bundespost seit 1971 eine Erfolgskontrolle als Führungsinstrument der Unternehmensleitung besteht.

3. Die Erfolgskontrolle als Führungsinstrument

In dem Umfange, wie die Unternehmensleitung der Deutschen Bundespost, durch die dynamische Expansion des Unternehmens bedingt, Verantwortungs- und Entscheidungsbefugnisse auf nachgeordnete Organisationseinheiten delegieren muß, benötigt sie gleichzeitig ein zuverlässiges Kontrollinstrument, das sicherstellt, daß sich alle betrieblichen Aktivitäten der Fachabteilungen in der Unternehmenszentrale und die betrieblichen Maßnahmen der nachgeordneten Organisationseinheiten mit den gesamtunternehmerischen Zielsetzungen decken.

Die entscheidende Grundlage für die Erfolgskontrolle sind deshalb die von der Unternehmensleitung im Rahmen der operativen Planung beschlossenen Planziele. Diese Planziele, die im Unternehmensgesamtplan oder in besonderen Bereichsplänen enthalten sein können, müssen konkret definiert, für die Kontrolle hinreichend quantifiziert und meßbar sein, eine Herausforderung zur Leistung darstellen und in der festgesetzten Wirtschaftsperiode erreichbar sein.

Es ist das Ziel der Erfolgskontrolle,

- den Realisationsgrad von Unternehmenszielen, die im Rahmen der Delegation von Entscheidungsbefugnissen von nachgeordneten Aufgabenträgern erfüllt werden, festzustellen und die Folgen der Abweichung des Ist vom Soll aufzuzeigen;
- die Zweckmäßigkeit und Erfolgswirksamkeit von unternehmerischen Strategien und von organisatorischen, personellen und technischen Maßnahmen im Auftrag der Unternehmensleitung ergebnisorientiert zu prüfen.

Für das Unternehmen insgesamt und für die einzelnen Dienstzweige der Deutschen Bundespost sind die Voraussetzungen für eine Kontrolle des Realisierungsgrades von Unternehmenszielen durch die Haushaltsrechnung, die Finanzrechnungen (G und V, Bilanz, Kapitalrechnung) und die Leistungs- und Kostenrechnung bereits seit langem vorhanden. Für die Erfolgskontrolle regionaler Leistungsbereiche (Oberpostdirektionen, Post- und Fernmeldeämter, Dienststellen der Ämter) ist eine Regionalisierung dieser Rechnungssysteme z. Z. in der Entwicklung. In diesem Zusammenhang sind schwierige betriebswirtschaftliche Abgrenzungsprobleme zu lösen, da durch die Eigenart eines bundesweit organisierten Produktions- und Vertriebssystems die Erträge aus dem Gebührenaufkommen und die Kosten für die erbrachte Verkehrsleistung nicht immer an der gleichen Stelle entstehen. Das Kernstück der künftigen regionalisierten Erfolgskontrolle im Bereich der Deutschen Bundespost ist daher ein betriebswirtschaftliches Kennzahlensystem, das Informationen über Produktivität und Stückkosten im Bereich der einzelnen Organisationseinheiten liefert, die im Zeitvergleich und im Vergleich der einzelnen Dienststellen untereinander (zwischenbetrieblicher Vergleich) ausgewertet werden.

Angesichts dieser Entwicklungstendenzen im innerbetrieblichen Rechnungswesen der Deutschen Bundespost ist zuweilen der Einwand zu hören, daß die Deutsche Bundespost nach wie vor den Charakter einer öffentlichen Verwaltung habe, daß sie primär zur gemeinwirtschaftlichen Verkehrsbedienung verpflichtet sei und somit nur bedingt betriebswirtschaftlichen Überlegungen und kostenorientierten Entscheidungen zugänglich wäre.

Gewiß wird die Deutsche Bundespost hinsichtlich ihres staatsrechtlichen Standortes auch in Zukunft wesentlicher Bestandteil der staatlichen Leistungsverwaltung sein. Aber nach den Grundsätzen ihrer derzeitigen Unternehmensverfassung hat sie in erster Linie Dienstleistungsfunktion und nur in zweiter Linie staatliche Ordnungsfunktion zu erfüllen. Sicherlich wird bei dieser Aufgabenstellung auch in Zukunft nicht zu vermeiden sein, daß die Wirtschaftsführung der Deutschen Bundespost zuweilen in ein Spannungsfeld von unternehmensbezogenen betriebswirtschaftlichen und von gesamtwirtschaftlich, politisch orientierten Interessen geraten wird. Gleichwohl muß auch eine nach gemeinwirtschaftlichen Grundsätzen angebotene Leistung (z. B. gleiche Briefgebühr, unabhängig von den unterschiedlichen Kosten der Verkehrsrelationen) nach wirtschaftlichen Grundsätzen, d. h. mit minimalen Kosten, erstellt werden.

Vor diesem Spannungsfeld unternehmenspolitischer Entscheidungen ist auch die Stellung der Erfolgskontrolle im Betriebsgeschehen der Deutschen Bundespost zu sehen. Sie ist gewissermaßen der Motor und Navigator, der angewandte Betriebsverfahren und Organisationsgrundsätze im Sinne der Kostenminimierung und der Leistungssteigerung in Frage stellen muß und der durch seine Informationen und Anregungen an die Unternehmensleitung einen Beitrag zur wirtschaftlichen Unternehmensführung leistet.

4. Die Ziele der internen Revision im Bereich der Deutschen Bundespost

Die interne Revision ist seit Jahrzehnten – wenn auch in verschiedener Organisationsgestalt – ein fester Bestandteil der Unternehmensführung der Deutschen Bundespost. Die interne Revision prüft im Auftrag der Unternehmensleitung die

– Zweckmäßigkeit,
– Wirtschaftlichkeit und Sparsamkeit
– sowie die Ordnungsmäßigkeit

der Organisation, der Mittelverwendung und des Betriebsablaufes in allen Unternehmensbereichen. Die Prüfung der Wirtschaftlichkeit und Sparsamkeit und das Offenlegen von Rationalisierungsmöglichkeiten bilden den Schwerpunkt der Prüfungen. Die interne Revision prüft ferner stichprobenweise, ob die von der Unternehmenszentrale erlassenen Regelungen, z. B. Dienstanweisungen oder sonstige Verfahrensvorschriften, an sich zweckmäßig und ausreichend sind und ob zur Sicherung der Dienst- und Betriebsgüte die Fachaufsicht bei den Ämtern im gebotenen Umfange wahrgenommen wird. Da sich im Bereich der internen Revision der Schwerpunkt der Prüfungstätigkeit zunehmend von der Prüfung der Ordnungsmäßigkeit finanzieller Geschäftsvorfälle zur Prüfung der Wirtschaftlichkeit der Aufbau- und Ablauforganisation des Betriebsgeschehens verlagert und die interne Revision sich gelegentlich auch auf „ex-ante-Prüfungen" erstreckt, werden die Grenzen zur Erfolgskontrolle fließend.

Die Revisionsprüfungen, die vom Bundesministerium für das Post- und Fernmeldewesen gegenüber den Direktionen und Ämtern heute wahrgenommen werden, sind in ihrem methodischen Ansatz vorwiegend Schwerpunktprüfungen und sog. Systemprüfungen. Schwerpunktprüfungen sind Betriebs- und Wirtschaftlichkeitsprüfungen in mehreren Oberpostdirektionsbezirken nach zentral vorgegebenen Themen und Prüfungskriterien. Die schwierigeren Systemprüfungen befassen sich mit der Bewertung und Durchleuchtung komplizierter technisch/organisatorischer Zusammenhänge und Gesamtwirkungen durch eine aus mehreren Fachrichtungen zusammengesetzte Prüfgruppe.

4.1. Aufbau der internen Revision

Der Revisionsaufbau im Bereich der Deutschen Bundespost ist zweistufig. Die Aufgaben der zentralen Revision und die Lenkung der bezirklichen Revision bei den Oberpostdirektionen werden im Bundesministerium für das Post- und Fernmeldewesen von der zentralen Revisionsabteilung wahrgenommen. Ihre Prüfungstätigkeit erstreckt sich auf alle Unternehmensbereiche; es gibt keine revisionsfreien Räume.

Bei 12 Oberpostdirektionen (Berlin, Düsseldorf, Frankfurt am Main, Freiburg im Breisgau, Hamburg, Hannover/Braunschweig, Karlsruhe, Koblenz, Köln, München, Nürnberg und Stuttgart) bestehen sog. Revisionsstäbe, die dem Präsidenten unmittelbar unterstellt sind. Bei den übrigen Oberpostdirektionen stehen für Revisionsaufgaben besondere Prüfbeamte zur Verfügung. Insgesamt verfügt die interne Revision im Bereich der Deutschen Bundespost zur Zeit über rd. 175 Kräfte. Die Einrichtung weiterer Revisionsstäbe ist geplant.

In diesem Zusammenhang ist sicher die Frage von Interesse, ob die personelle Prüfungskapazität der internen Revision in einem richtigen Verhältnis zu der Zahl der in den einzelnen Unternehmensbereichen Beschäftigten steht. Eine Orientierungskennzahl hierfür ist die Zahl der Prüfer, bezogen auf die Zahl der Beschäftigten eines Unternehmensbereichs. Im Bereich der Deutschen Bundespost beträgt z. Z. diese Relation 0,37 Arbeitseinheiten für interne Revision auf je 1000 Beschäftigte.

Neben der internen Revision bestehen auch im Bereich der Deutschen Bundespost sog. Vorprüfungsstellen des Bundesrechnungshofs (§ 100 BHO). In diesen Vorprüfungsstellen sind derzeit 314 Kräfte eingesetzt (= 0,65 Prüfungsdienstposten auf 1000 Bedienstete der Deutschen Bundespost). Diese Dienstkräfte sind dem Bundesrechnungshof gegenüber weisungsgebunden, werden aber aus dem Haushalt der Deutschen Bundespost bezahlt. Die Zielrichtung und der Ablauf der Vorprüfung entsprechen weitgehend den Verfahren der internen Revision. Die Ergebnisse der Vorprüfung durch den BRH dienen der parlamentarischen Kontrolle des Unternehmens (§ 97 BHO) und der Entlastung des Bundesministers für das Post- und Fernmeldewesen durch den Verwaltungsrat (§ 19,5 PostVerwg). Faßt man die für Zwekke der internen Revision und der „externen Revision" des Bundesrechnungshofs tätigen Kräfte zusammen, so entfällt auf 1000 Beschäftigte eine Arbeitseinheit für Zwecke der internen und externen Kontrolle.

Nach den letzten Erhebungen des Instituts für interne Revision beträgt in der gewerblichen Wirtschaft das Verhältnis von Revisionskräften auf je 1000 Beschäftigte
- in Dienstleistungsunternehmen 1,05,
- in der Energiewirtschaft 1,06 und
- im Verkehr 0,82.

Wenn auch ein zwischenbetrieblicher Vergleich in diesem Zusammenhang nur mit Vorbehalten möglich ist, so ist sicherlich die Feststellung gerechtfertigt, daß hinsichtlich der Revisionskapazität im Bereich der Deutschen Bundespost im Vergleich mit der gewerblichen Wirtschaft kein offensichtliches Mißverhältnis besteht.

4.2. Zur Praxis der internen Revision

Der Ablauf des Revisionsverfahrens im Bereich der Deutschen Bundespost ist in besonderen Dienstvorschriften geregelt. Wichtig in diesem Zusammenhang ist der Hinweis, daß die interne Revision über die beabsichtigten Prüfungen zu Beginn jeden Jahres ein sog. Revisionsprogramm erstellt, das bei den Oberpostdirektionen vom Präsidenten und in der Unternehmenszentrale von der Unternehmensleitung zu genehmigen ist. Auch die Führungsverantwortlichen der Produktions- und Querschnittsabteilungen im Unternehmen haben Gelegenheit, Anregungen für spezielle Revisionsprüfungen zu geben, für die aus ihrer Sicht ein besonderes Interesse besteht. Für die Oberpostdirektionen gilt dieses Verfahren sinngemäß.

Aus dem Ablauf dieses Abstimmungsprozesses ist zu erkennen, daß die interne Revision auch als Berater und Gutachter für die Produktionsbereiche und deren Dienststellen tätig ist und daß sie nicht immer nur auf Versäumnisse und Mängel in ihren Revisionsprüfungen hinweist. Die Beraterfunktion in den Dienststellen des Post- und Fernmeldewesens, die die Revision aufgrund ihrer Erfahrung und ihres größeren zwischenbetrieblichen Überblicks für die einzelnen Verantwortungsträger wahrnimmt, ist nach dem Selbtverständnis der internen Revision ebenso wichtig wie die unvermuteten Kontrollen des Betriebsablaufes. Natürlich verfügt die interne Revision auch in diesen Fällen nicht über eine Vorgesetztenfunktion und Weisungsbefugnis gegenüber den zu beratenden oder geprüften Dienststellen. Die interne Revision muß vielmehr überzeugen durch ihre besseren Argumente, durch die umfassende Kenntnis betrieblicher Zusammenhänge und vor allem durch ihr ehrliches Bemühen um Objektivität. Sofern nach Abschluß der Erörterungen dennoch zwischen den Fachabteilungen und der internen Revision wichtige Auffassungsunterschiede bestehen, entscheidet im Bereich der Oberpostdirektionen der Präsident und im Bundesministerium für das Post- und Fernmeldewesen der Staatssekretär.

Es ist ein wesentliches Merkmal der internen Revision, daß sie aus gegebenem Anlaß (z. B. Auftrag der Unternehmensleitung) oder, dem Revisionsprogramm entsprechend, fallweise ex post einzelne Geschäftsvorfälle oder Betriebssysteme prüft. Kennzeichnend für den derzeitigen Verlauf der Prüfungen ist ein gegenüber früheren Jahren ständig zunehmender Untersuchungsaufwand im konkreten Projekt. Dies ist nicht nur ein Ergebnis zunehmender komplexer betrieblicher Zusammenhänge an sich, sondern in nicht minderem Maße auch das Ergebnis einer verbesserten Entscheidungsvorbereitung der Verantwortungsträger. Aus diesem Grunde sind die von der internen Revision aufgezeigten Fehlentscheidungen und Mängel im Einzelfall, auch in ihren Kostenauswirkungen, heute nicht mehr so gravierend wie Anfang der 70er Jahre. Insgesamt ist diese Entwicklung ein erfreuliches Indiz für die zunehmende Güte des betrieblichen Entscheidungsprozesses und des Betriebsablaufes bei den Ämtern.

Die künftigen Schwerpunkte zur Weiterentwicklung des internen Kontrollsystems im Bereich der Deutschen Bundespost liegt im Ausbau des innerbetrieblichen Rechnungswesens und der zugehörigen Informationssysteme. Sie schaffen nicht nur bessere Voraussetzungen für aktuelle ergebnisorientierte Kontrollen, sondern bieten auch den Führungskräften und Mitarbeitern regionaler Teilbereiche des Unternehmens die Möglichkeit der Selbstkontrolle im Rahmen vorgegebener Ziele.

Bibliographie

Grundlegene Darstellungen:

Böhmer/Hengst/Hofmann/Müller/Pucha, *Interne Revision*, Berlin 1981.

Frese, E., *Kontrolle und Unternehmensführung*, Wiesbaden 1968.

Haberland/Preisler/Meyer, *Handbuch Revision, Controlling, Consulting*, München 1978.

Hempel, W., *Das Finanzwesen der Deutschen Bundespost*, Teil I: *Haushalt und Finanzen*, Heidelberg/Hamburg 1980.

Beiträge:

Beigert, R., Interne Revision der DBP (Aufgabengliederung und Aufbau), in: *Zeitschrift für das Post- und Fernmeldewesen*, 6/1970.

Kaiser, O., Unternehmensplanung bei der Deutschen Bundespost, in: *Jahrbuch des Postwesens*, Bad Windsheim (Mittelfr.) 1978.

Wohlfart, R., Ziele und Methoden der Erfolgskontrolle und Revision im Bereich der DBP, in: *Zeitschrift für das Post- und Fernmeldewesen*, 10/1973.

Zurhorst/Wohlfart, Erfolgskontrolle und Revision als Instrumente moderner Unternehmensführung der Deutschen Bundespost, in: *Jahrbuch des Postwesens*, Bad Windsheim (Mittelfr.) 1972.

Helmut Kohn
Bundesministerium für Wirtschaft, Bonn

Der Einsatz von Wirkungsanalysen im Tätigkeitsfeld des Bundesministeriums für Wirtschaft

Wirkungsanalysen setzen operable Ziele voraus, d. h. Ausgangssituation und Zielsituation müssen aneinander meßbar sein. „Offensichtlich lassen sich Ziele um so leichter operational definieren, je spezieller sie sind oder anders ausgedrückt: je tiefer sie in der Hierarchie des Zielsystems stehen. Je höher sie hierarchisch stehen, um so komplexer sind sie und eine um so umfangreichere Beschreibung durch Zielkomponenten ist zu einer Operationalisierung erforderlich.“[1]

Die Wirtschaftspolitik ist in einer marktwirtschaftlichen Ordnung weitaus weniger darauf ausgerichtet, vorgegebene quantifizierte Ziele zu erreichen, als das in einem planwirtschaftlichen System der Fall ist. Marktprozesse sollen bevorzugt durch Veränderung der Rahmenbedingungen beeinflußt werden und nur in Ausnahmefällen durch Markteingriffe. Deshalb ist es im Bereich der Wirtschaftspolitik besonders schwierig, isolierte Ziele ausfindig zu machen und bestimmte Maßnahmen ihnen ausschließlich zuzuordnen. Die unterschiedlichen Schwierigkeiten in den drei großen Bereichen der Wirtschaftspolitik – Wettbewerbs- oder Ordnungspolitik, Globalsteuerung oder Konjunkturpolitik, Strukturpolitik – seien hier kurz skizziert.

I. Wettbewerbs- und Ordnungspolitik

Die Ziele der *Wettbewerbspolitik* lassen sich leichter negativ als positiv definieren: Verhinderung von Wettbewerbsbeschränkungen und wettbewerbserschwerenden Marktstrukturen. Darauf richtet sich auch das Hauptaugenmerk der *Monopolkommission*[2]. Das Resultat eines funktionsfähigen Wettbewerbsprozesses ist prinzipiell offen. Zu welchen konkreten Marktergebnissen Wettbewerb führt, läßt sich daher nicht vorhersagen und nicht an präzisen Zielvorgaben messen[3].

1 U. Brösse, *Raumordnungspolitik als integrierte Entwicklungspolitik (Schriften der Kommission für wirtschaftlichen und sozialen Wandel*, Bd. 97), Göttingen 1975, S. 69.

2 Vgl. Monopolkommission, *Hauptgutachten I – Mehr Wettbewerb ist möglich*, 2. Aufl., Baden-Baden 1977; dies., *Hauptgutachten II – Fortschreitende Konzentration bei Großunternehmen*, Baden-Baden 1978.

3 Siehe hierzu E. Hoppmann, *Preiskontrolle und Als-Ob-Konzept*, Tübingen 1974.

Das geltende wettbewerbspolitische Leitbild[4] des „Gesetzes gegen Wettbewerbsbeschränkungen" *(Kartellgesetz)*[5] orientiert sich am „weiten Oligopol"[6], das bedeutet vereinfacht ausgedrückt: Es sollten nicht zu viele und nicht zu wenige Wettbewerber vorhanden sein. Sind sehr viele Wettbewerber da *(Polypol)*, fehlt es an technischem Fortschritt; sind zu wenige da *(enges Oligopol)*, leidet der Preiswettbewerb. Das erstrebenswerte „weite Oligopol" kann auf jedem Markt anders aussehen. Es macht große Schwierigkeiten, einen bestimmten Markt, den „relevanten Markt", abzugrenzen[7]. Veränderungen der Marktanteile einzelner Unternehmen werden zu wenig bekannt, Veränderungen der Wettbewerbsintensität lassen sich nicht messen. Die Ermittlung des Konzentrationsgrades nach Branchen ist ein sehr grober, kaum brauchbarer Maßstab, um ein Urteil darüber abzugeben, inwieweit der Wettbewerb seine Funktionen erfüllt[8].

Im Bereich der Wettbewerbspolitik hat die Wirkungsanalyse keine große Entwicklungschance, da operable Zielkriterien kaum eingeführt werden können. Denkbar ist die Wirkungsanalyse allenfalls auf einem deutlich abgrenzbaren Einzelmarkt, dessen Strukturen bekannt sind und bei dem Substitutionsprozesse kurzfristig keine große Rolle spielen. Ein solcher Markt ist beispielsweise der für Elektrizität. Wenn der Staat auf diesem Markt durch Gesetzesänderung die bisher zulässige Wettbewerbsbeschränkung *(Demarkation)* abschaffen würde, wäre eine verläßliche Wirkungsanalyse möglich. Aber nur wenige Märkte erfüllen die genannten Vorbedingungen.

II. Globalsteuerung und Konjunkturpolitik

Für den zweiten Bereich der Wirtschaftspolitik, die staatliche *Globalsteuerung*[9], sind die Ziele zwar positiv definiert, jedoch mit einem hohen Abstraktionsgrad. Die vier Ziele:

- Stabilität des Preisniveaus,
- hoher Beschäftigungsstand,
- außenwirtschaftliches Gleichgewicht,
- stetiges und angemessenes Wirtschaftswachstum

4 Vgl. hierzu W. Kartte, *Ein neues Leitbild für die Wettbewerbspolitik*, Köln/Berlin/Bonn/München 1969.

5 Gesetz gegen Wettbewerbsbeschränkungen, in der Fassung der Bekanntmachung vom 4. April 1974 *(BGBl. I*, S. 869), zuletzt geändert durch Art. 59 des Gesetzes vom 14. Dezember 1976 *(BGBl. I*, S. 3341).

6 Vgl. dazu E. Kantzenbach, *Die Funktionsfähigkeit des Wettbewerbs*, 2. Aufl., Göttingen 1967.

7 Vgl. dazu E. Hoppmann, *Die Abgrenzung des relevanten Marktes im Rahmen der Mißbrauchsaufsicht über marktbeherrschende Unternehmen*, Baden-Baden 1974.

8 Monopolkommission, *Hauptgutachten II*, S. 345 ff.

9 Siehe H. J. Schmahl, *Globalsteuerung der Wirtschaft. Die neue Konjunkturpolitik in der Bundesrepublik Deutschland (Veröffentlichungen des HWA-Instituts für Wirtschaftsforschung)*, Kiel 1970.

sind nach § 1 des Stabilitäts- und Wachstumsgesetzes[10] „gleichzeitig" anzustreben und zwar so, daß den „Erfordernissen des gesamtwirtschaftlichen Gleichgewichts" Rechnung getragen wird. Diese Zielkombination ist so wenig transparent, daß man von einem „magischen Viereck" spricht. Hinzu kommt als fünftes Ziel die nicht genau definierbare „gerechte Einkommensverteilung". Dieser Faktor spielt bei den Verteilungskämpfen der Arbeitgeber und Gewerkschaften, in die der Staat sich nicht einmischt, eine entscheidende Rolle. Der Verteilungskampf der Tarifparteien wiederum beeinflußt stark die vier im Stabilitäts- und Wachstumsgesetz genannten Ziele. So nehmen sowohl auf die gesamtwirtschaftliche Entwicklung als auch auf Einzelentwicklungen derart viele Variablen Einfluß, daß eindeutige Zuordnungen bestimmter Maßnahmen in der Regel nicht möglich sind. Diese Problematik geht schon daraus hervor, daß das Jahresgutachten des Sachverständigenrates zur Beurteilung der gesamtwirtschaftlichen Entwicklung regelmäßig Minderheitsvoten enthält und die Gültigkeit der Annahmen und der Analysen sowie die Angemessenheit der Maßnahmenvorschläge von zahlreichen Wissenschaftlern in Frage gestellt werden. Dabei spielen persönliche Wertungen und die Zugehörigkeit zu bestimmten wissenschaftlichen Schulen eine große Rolle[11].

III. Strukturpolitik

Für den dritten Bereich der Wirtschaftspolitik, die *Strukturpolitik*, ist bisher noch keine geschlossene Konzeption entwickelt worden. Das ist äußerlich daran erkennbar, daß es eine dem Stabilitäts- und Wachstumsgesetz und dem Kartellgesetz vergleichbare gesetzliche Grundlage nicht gibt. Infolgedessen fehlt auch die Basis für den immer wieder geforderten „Sachverständigenrat für Strukturfragen"[12]. Gleichwohl wird Strukturpolitik betrieben. Anfangs ist häufig nicht einmal eine maßgebliche Zahlenbasis vorhanden, von der ausgehend sich strukturpolitisches Problembewußtsein und Vorstellungen über die Notwendigkeit des Handelns erst bilden können. Eine derartige Grundlage erfordert wiederholte Messungen und Zählungen, z. B. indem die regional sehr unterschiedlichen Arbeitslosenquoten festgestellt werden. Sofern Messungen oder klar definierbare Ausgangslagen am Beginn strukturpolitischer Handlungen stehen, sind die Voraussetzungen für den Einsatz von Wirkungsanalysen relativ günstig. Diese Voraussetzungen sind im Bundeswirtschaftsministerium in zwei Bereichen gegeben: bei der regionalen Wirtschaftsförderung und bei der Förderung von Forschung und Entwicklung in kleinen und mittleren Industrieunternehmen.

10 Siehe *Bundesgesetzblatt*, Jg. 1967, Teil I, S. 582.

11 Siehe C. Wegner, *Möglichkeiten und Grenzen wirtschaftswissenschaftlicher Politikberatung durch den Sachverständigenrat zur Begutachtung der gesamtwirtschaftlichen Entwicklung (1963–1975)*, Aachen, TH, Phil. Fak., Abt. Wirtschaftswiss., Diss. 1974.

12 Gefordert z. B. von den Gewerkschaften und von der Kommission für wirtschaftlichen und sozialen Wandel im Gutachten: *Wirtschaftlicher und sozialer Wandel in der Bundesrepublik Deutschland*, Göttingen 1977, S. 133.

a) Im Rahmen der Gemeinschaftsaufgabe „Verbesserung der regionalen Wirtschaftsstruktur“[13], die Investitionen in regionalen „Problemgebieten“ fördert, soll eine systematische Erfolgskontrolle mit Hilfe eines einfachen, überschaubaren Verfahrens eingeführt werden. Im Interesse einer möglichst wirkungsvollen Regionalpolitik wird nach Hinweisen dafür gesucht, ob das Förderinstrumentarium optimal ist, d. h. welche Fördermöglichkeiten und Methoden aus dem vielschichtigen Instrumentarium am besten geeignet sind, bestimmte Ziele zu erreichen: Investitionszuschüsse oder Kredite, Sonderabschreibungen oder Bürgschaften u. a.

Interessant ist vor allem die sogenannte Zielerreichungskontrolle. Sie besteht aus einer in mehrjährigem Turnus stattfindenden Endkontrolle, aufgrund deren Ergebnis jeweils entschieden wird, ob die Förderziele für ein bestimmtes Problemgebiet mittlerweile erreicht worden sind oder nicht. Eine jährliche Zwischenkontrolle soll durch einen Soll-Ist-Vergleich Auskunft darüber geben, inwieweit man sich auf die Förderziele hinbewegt hat. Als Maßstab für die Endkontrolle soll ein Katalog optimaler Zielvorgaben dienen, der Gegenstand politischer Entscheidung ist. Bei den auszuwählenden Kriterien denkt man an 1. Indikatoren zur Messung von Arbeitsplatzdefiziten, 2. Indikatoren zur Messung regionaler Arbeitslosenquoten, 3. Indikatoren zur Messung von Lohn- und Gehaltssummen sowie des Bruttoinlandsprodukts je Beschäftigten. Ein Indikator zur Messung der qualitativen Infrastruktur soll noch entwickelt werden. Inwieweit diese Kategorien einigermaßen valide im Hinblick auf die gesetzlich festgelegten Förderziele sind (Abbau des Arbeitsplatzdefizits und Verringerung des Einkommensrückstandes), muß noch näher geprüft werden.

Gerade die *Indikatorenproblematik*[14] macht bei diesem Programm deutlich, wie stark die politischen Implikationen selbst bei einer nur auf Teilaspekte abzielenden Erfolgskontrolle sind: Auswahl und Zusammensetzung der Indikatoren entscheiden darüber mit, ob und wie lange eine bestimmte Region noch als Fördergebiet ausgewiesen wird, oder ob sie als bereits erfolgreich saniert und damit als nicht mehr förderbedürftig anzusehen ist. Beides kann im politischen Raum ambivalente Folgen haben. Erweist sich eine Region nach den genannten Kriterien als noch nicht hinreichend saniert, so hat das zwar den Vorteil weiterer öffentlicher Mittelzuflüsse, führt gleichzeitig aber auch zur Kritik an der unmittelbar politisch verantwortlichen Instanz, sie habe nicht genügend für die strukturelle Entwicklung der betreffenden Region getan. Umgekehrt droht im Falle der politisch durchaus wertvollen Erfolgsfeststellung die Entlassung einer Region aus dem Fördersystem der Gemeinschaftsaufgabe. Entsprechend zwiegespalten sind die Interessen der Beteiligten an der Erfolgskontrolle. Somit ist abzusehen, daß die Definition von „Erfolg“ oder „Mißerfolg“ trotz aller Hilfestellung der Wirkungsforschung letztlich ein politischer Akt bleiben wird.

13 Vgl. Neunter Rahmenplan der Gemeinschaftsaufgabe „Verbesserung der regionalen Wirtschaftsstruktur“, *Bundestagsdrucksache 8/2590.*

14 Siehe D. Louda, Erfolgskontrolle in der Gemeinschaftsaufgabe „Verbesserung der regionalen Wirtschaftsstruktur“, in: H. H. Eberstein (Hrsg.), *Handbuch der regionalen Wirtschaftsförderung,* Köln 1980.

b) Das Problem der Indikatorenauswahl stellt sich für das Bundeswirtschaftsministerium auch bei der Wirkungsanalyse des zur Festigung und zum Ausbau des Innovationspotentials kleiner und mittlerer Unternehmen konzipierten „FuE-Personalkostenzuschußprogramms". Das Programm sieht vor, den hierfür in Betracht kommenden Unternehmen mindestens fünf Jahre lang Zuschüsse (1979: 300 Mill. DM; 1980: 390 Mill. DM) zu den Aufwendungen zu zahlen, die sie für Forschungs- und Entwicklungspersonal aufbringen[15]. Eine dieses Programm begleitende Forschung soll herausfinden, ob die Unternehmen die Fördermittel, die ihnen ohne besondere Auflagen gewährt werden, auch für den gedachten Zweck einsetzen. Eines der Hauptprobleme der Begleitforschung dürfte die Operationalisierung des Ziels „Ausbau des Innovationspotentials" sein.

c) Wesentlich vereinfacht wird die Wirkungskontrolle staatlicher Fördertätigkeit da, wo Marktprozesse und konkrete Marktergebnisse als Erfolgsmaßstab dienen können. Ansätze für eine solche Erfolgskontrolle staatlicher Programmtätigkeit sind im Bereich des Bundesministers für Wirtschaft beim „Programm zur Förderung technologischer Erstinnovationen"[16] und beim Programm „Technische Entwicklung in der Berliner Industrie"[17] vorhanden. Beide Programme sehen für die Entwicklung und den Einsatz neuer technologischer Produkte und Verfahren bedingt rückzahlbare Zuschüsse vor. Die staatlichen Zuwendungen sollen das Risiko, das mit jeder innovativen Tätigkeit verbunden ist, insbesondere für kleine und mittlere Unternehmen verringern; sie sind deshalb nur dann zurückzuzahlen, wenn und soweit die geförderte Innovation innerhalb einer bestimmten Zeit zu einem wirtschaftlichen Erfolg führt, d. h. wenn die entwickelten Produkte auch verkauft werden.

Zu 20 von insgesamt 50 bislang im Rahmen des „Erstinnovationsprogramms" abgeschlossenen Vorhaben werden Rückzahlungen aus der wirtschaftlichen Verwertung geleistet. Auch das Programm „Technische Entwicklung in der Berliner Industrie" kann bereits erhebliche Rückflüsse verzeichnen. Für ein abschließendes Urteil, inwieweit die Rückflüsse aus den beiden Programmen einen aussagekräftigen Indikator für den Erfolg der staatlichen Fördertätigkeit darstellen, ist es jedoch noch zu früh.

15 Siehe H Kohn, 390 Mio. DM für FuE-Personalkostenzuschüsse 1980, in: *Rationalisierung*, 1980.

16 Siehe Meinhard Freiherr Rüdt von Collenberg, *Das Erstinnovationsprogramm des Bundesministers für Wirtschaft (Veröffentlichungen des Forschungskuratoriums Maschinenbau e. V. [F. K. M.] im Verein Deutscher Maschinenbau-Anstalten e. V. [VDMA])*, 1978: Ifo-Institut für Wirtschaftsforschung, *Erfahrungen mit dem Programm zur Förderung von technologischen Erstinnovationen*, (unveröff. Ms.), München 1979.

17 Die Richtlinie dazu vom 1.7.1975 ist veröffentlicht im: *Bundesanzeiger*, Nr. 126 vom 15.7. 1975.

Bibliographie

Brösse, U., *Raumordnungspolitik als integrierte Entwicklungspolitik (Schriften der Kommission für wirtschaftlichen und sozialen Wandel,* Bd. 97), Göttingen 1975.

Hoppmann, E., *Die Abgrenzung des relevanten Marktes im Rahmen der Mißbrauchsaufsicht über marktbeherrschende Unternehmen,* Baden-Baden 1974.

Hoppmann, E., *Preiskontrolle und Als-Ob-Konzept,* Tübingen 1974.

Ifo-Institut für Wirtschaftsforschung, *Erfahrungen mit dem Programm zur Förderung von technologischen Erstinnovationen* (unveröff. Ms.), München 1979.

Kantzenbach, E., *Die Funktionsfähigkeit des Wettbewerbs,* 2. Aufl., Göttingen 1967.

Kartte, W., *Ein neues Leitbild für die Wettbewerbspolitik,* Köln usw. 1969.

Kohn, H., 390 Mio. DM für FuE-Personalkostenzuschüsse 1980, in: *Rationalisierung,* 1980.

Kommission für wirtschaftlichen und sozialen Wandel, *Wirtschaftlicher und sozialer Wandel in der Bundesrepublik Deutschland,* Göttingen 1977.

Louda, D., Erfolgskontrolle in der Gemeinschaftsaufgabe „Verbesserung der regionalen Wirtschaftsstruktur", in: H. H. Eberstein (Hrsg.), *Handbuch der regionalen Wirtschaftsförderung,* Köln 1980.

Monopolkommission, *Hauptgutachten I – Mehr Wettbewerb ist möglich,* 2. Aufl., Baden-Baden 1977.

Monopolkommission, *Hauptgutachten II – Fortschreitende Konzentration bei Großunternehmen,* Baden-Baden 1978.

Rüdt von Collenberg, Meinhard Freiherr, *Das Erstinnovationsprogramm des Bundesministers für Wirtschaft (Veröffentlichungen des Forschungskuratoriums Maschinenbau e. V. [F. K. M.] im Verein Deutscher Maschinenbau-Anstalten e. V. [VDMA]),* 1978.

Schmahl, H. J , *Globalsteuerung der Wirtschaft. Die neue Konjunkturpolitik in der Bundesrepublik Deutschland (Veröffentlichungen des HWA-Instituts für Wirtschaftsforschung),* Kiel 1970.

Wegner, C., *Möglichkeiten und Grenzen wirtschaftswissenschaftlicher Politikberatung durch den Sachverständigenrat zur Begutachtung der gesamtwirtschaftlichen Entwicklung (1963–1975),* Aachen, Diss. 1974.

Erhard Moosmayer
Bundesministerium für Verkehr, Bonn

Evaluationsverfahren im Bundesverkehrsministerium am Beispiel der Verkehrswegeplanung

I. Zum historischen Hintergrund

Die Verkehrswissenschaft im weiteren Sinne hatte schon in früheren Jahrhunderten die Gestalt der Wirkungsforschung angenommen als dieser Begriff noch so gut wie unbekannt war. Die ersten Versuche zur Quantifizierung von Vor- und Nachteilen der verkehrlichen Infrastruktur in unserem Jahrhundert erstreckten sich auf Kraftfahrzeugstraßen[1]. Neben der räumlichen Entwicklung galten die Überwindung von Engpässen[2], die Beseitigung von Unfallschwerpunkten[3] und die Verringerung der Umweltbelastung[4] als vorrangige Ziele. Allerdings mußte sich die Beurteilung von Projektfolgen lange Zeit mit nur teilweise ausreichend gesicherten Hypothesen über die jeweilige Art der Abhängigkeit zwischen Werten und Verkehrsstromänderungen begnügen.

Zu Beginn der siebziger Jahre setzte dann die Anwendung moderner Planungsmethoden auf alle Verkehrswege ein. Nunmehr kam es auf ein integriertes Entscheidungssystem an, das grundsätzlich keinen Bereich vernachlässigt, wenn es die positiven und negativen Projektwirkungen gegeneinander abwägt[5]. Diese Bestrebungen mündeten schließlich in das *Koordinierte Investitionsprogramm*[6].

1 Schriftenreihen *Forschungsarbeiten aus dem Straßenwesen, Straßenbau und Straßenverkehrstechnik* sowie die Schriftenreihe *Wissenschaftliche Berichte* der Bundesanstalt für Straßenwesen.

2 Vgl. z. B. die Veröffentlichungen in der Schriftenreihe des Bundesministers für Verkehr, Abt. Straßenbau, *Forschungsberichte, Straßenbau und Straßenverkehrstechnik*, 1959 ff.

3 R. Ernst/A.W. Gleue/D. Klebelsberg/K.-H. Lenz/W. Rothengatter/R. Wiedemann, *Auswirkungen einer Richtgeschwindigkeit im Vergleich zu einer Höchstgeschwindigkeit von 130 km/h auf Autobahnen*, Köln 1977.

4 Vgl. auch *Entwurf eines Gesetzes zum Schutz gegen Verkehrslärm an Straßen und Schienenwegen (Verkehrslärmschutzgesetz/VLärmSchG), BTDrs.* 8/1671 u. 8/3730.

5 Vgl. Projektgruppe „Korridoruntersuchungen" im Bundesverkehrsministerium, *Untersuchung über Verkehrswegeinvestitionen in ausgewählten Korridoren der Bundesrepublik Deutschland (Schriftenreihe des Bundesministers für Verkehr*, H. 47), Bonn 1974; s. Berichte der Untersuchungsgruppe „Gesamtwirtschaftliches Bewertungsverfahren" im Bundesverkehrsministerium über *Wirkungen aus der Einstellung von Güterverkehr auf der Schiene bzw. aus der Umstellung von Schienenpersonenverkehr auf Busverkehr*, Bonn 1977 (unveröffentlicht).

6 Vgl. *Verkehrspolitisches Programm der Bundesregierung 1980, 1968–1972*, s. a. *BTDrs.*, V/2494, Bonn 1968; *Verkehrsbericht 1970*; vgl. *Koordiniertes Investitionsprogramm für die*

Es fällt schwer, die Bedeutung der modernen Verkehrsplanung zu ermessen, solange ihr historischer Zusammenhang mit den jeweils vorherrschenden Auffassungen von der gebührenden Rolle der öffentlichen Hand in der Gesamtwirtschaft außer acht bleibt. Hier handelt es sich um die Wandlungen vom Merkantilismus über die Physiokratische Schule und den Liberalismus bis zum Kooperationalismus unserer Tage. Während traditionell interventionistische und allokative Tätigkeiten des Staates lange Zeit ohne empirische Analysen der Wirksamkeit – begründet mit der etwas verschwommenen Idee des Gemeinwohls – erfolgten, zielen nunmehr die Bemühungen darauf, die öffentliche Produktion von vordringlichen (fundamentalen), wünschenswerten (meritorischen) und verschiedenen Gruppen auch unbeabsichtigt Nutzen stiftenden oder Schaden zufügenden (kollektiven) Gütern grundsätzlich derselben Richtschnur der Rationalität gehorchen zu lassen wie die Produktion privater Güter.

Um dem Postulat nach wohlfahrtsökonomischer Rationalität[7] zu genügen, bedienen sich private Investoren der *Wirtschaftlichkeitsberechnungen*, während öffentliche Investoren *ökonomische (Wirkungs-)Systemanalysen* anwenden[8]. Beide Verfahren unterscheiden sich insbesondere dadurch voneinander, daß ökonomische Systemanalysen Erlöse als bloße Transferzahlungen durch reale Kostenersparnisse ersetzen, kalkulatorisch einander aufhebende oder sich ungerechtfertigterweise vervielfachende Kostenelemente wie Gewinne, Abgaben und Prämien ganz bzw. teilweise von vornherein ausklammern, von Verursachern auf Dritte abgewälzte Kosten der Leistungsherstellung einbeziehen (sekundäre und indirekte Effekte) sowie spätere Projektwirkungen gegenüber früheren weniger gemindert einschätzen (höhere Bewertung künftiger Generationen). Im übrigen drücken sie sowohl die Vor- als auch die Nachteile in (bei geschlossenen Skalen gewichteten) Zielerfüllungs- bzw. -verfehlungs-

Fortsetzung Fußnote 6

Bundesverkehrswegeplanung bis 1985 (KIP), Bonn 1977; s. dessen Fortschreibung: *Bundesverkehrswegeplan 80*; vgl. auch L. Fischer/E. Meyer/E. Moosmayer, Vergleichende Bewertung von Verkehrswegeinvestitionen des Bundes, in: *Internationales Verkehrswesen*, H. 1/1977, S. 25 ff.

7 Übergreifende Wichtigkeit kommt dabei der Regel zu, daß gesellschaftliche Zustände so lange als wohlfahrtsökonomisch nicht optimal gelten, wie es durch Leistungsaustausch, Faktorenwechsel und/oder Mehraufwand noch gelingen kann, die Lage einzelner Gruppen zu verbessern, ohne diejenige anderer unkompensierbar zu verschlechtern, weil private Haushalte voneinander abweichende Grenzraten der Substitution von bestimmten Waren durch andere Unternehmen voneinander abweichende Grenzraten der Transformation von Faktoren in Waren und/oder private Haushalte einerseits, Unternehmen andererseits voneinander abweichende Grenzraten der Leistung zur Vergütung aufweisen. Weil das wohlfahrtökonomische Optimum den höchsten Sozialprofit beschert, verhalten sich dann die Grenznutzen zueinander wie die entsprechenden Grenzkosten, so daß die Übereinstimmung von Quotienten zwischen Nutzen und Kosten die Grenze des bei knappen Ressourcen erwünschten Produktionsumfangs markiert.

8 Vgl. M. Tietzel, *Die Effizienz staatlicher Investitionsentscheidungen im Verkehrssektor*, Bern/Frankfurt a.M. 1972 (Bd. 57 in Reihe V der *Europäischen Hochschulschriften*); J. Frerich/J. Melcher/H. Steinheuer/W. Ruske/ G. Harloff, *Die Methoden des Operations Research und ihre Anwendungsmöglichkeiten auf die Investitionsplanung im Straßenbau*, Bonn 1974 (Heft 159 der vom BMV, Abteilung Straßenbau, herausgegebenen Schriftenreihe *Straßenbau und Straßenverkehrstechnik*).

graden (Nutzwertanalyse) oder Geldeinheiten (Kosten-Nutzen-Analyse) oder die Vorteile in Zielerfüllungs- bzw. -verfehlungsgraden, die Nachteile aber in Geldeinheiten (Kostenwirksamkeitsanalyse) aus. Für die Bundesverkehrsplanung hat sich die Kosten-Nutzen-Analyse durchgesetzt.

II. Das Beispiel der Bundesverkehrswegeplanung

II.1. Entwicklung

Die in mehrjährigen Abschnitten gleitende und je zehnjährige Bauprogramme abstufende *Planung der Bundesverkehrswege* befindet sich zur Zeit in ihrer dritten Phase. Hatte sie Ende der sechziger Jahre damit begonnen, die früher verkehrsmittelspezifischen Einzelprogramme zusammenzufassen und die in ihnen enthaltenen Projekte einer ersten überschlägigen Bewertung zu unterziehen, so kam es später vor allem darauf an, die systemanalytischen Verfahren zu vereinheitlichen. Die gegenwärtige Programmfortschreibung befaßt sich bereits mit methodischen Verbesserungen, um eine engere Wirklichkeitsnähe zu erreichen[9].

Mitte der fünfziger Jahre einsetzende Wandlungen in der Besiedlungs- und der Produktionsstruktur (Nutzung der Stadtkerne für Administration und Spezialhandel, der Stadtränder für gewerbliche Produktion, der stadtfernen Flächen für Wohnzwecke und kollektive Distribution; Verdrängung von Kohle durch Erdöl und Erdgas, von natürlichen Rohstoffen durch künstliche) hatten den Fernstraßenbau in den Brennpunkt des allgemeinen Interesses gerückt[10]. Die Überlastung urbaner Zentren während der Arbeits- und Besorgungszeiten, ihre Verödung in anderen Zeiten lenkten ein Jahrzehnt später die Aufmerksamkeit der Öffentlichkeit auf die Schwierigkeiten des innerstädtischen Verkehrs[11]. Anfang der siebziger Jahre gewannen öffentliche Leistungen einen immer höheren Anteil an der gesamtwirtschaftlichen Nachfrage. Außerdem bahnte sich eine Beschleunigung von strukturellen Wandlungen und eine auch konjunkturunabhängige Verlangsamung des längerfristigen Wirtschaftswachstums auf hohem Wohlstandsniveau an. Damit verschärfte sich die Gefahr von Fehlinvestitionen. Maßnahmen, die die Verkehrsinfrastruktur beträchtlich erweitern sollten, stießen zunehmend auf Widerstand einzelner Gruppen. So galt es, die Planung der verschiedenartigen Bundesverkehrswege an gemeinsamen Zielen, Nachfrageprognosen und Bewertungsmethoden auszurichten[12]. Erste Ansätze bedurften schon bald einer Überprüfung, weil sich überraschend ein sichtbarer Rückgang der

9 Vgl. Der Bundesminister für Verkehr, *Gesamtwirtschaftliche Bewertung von Investitionsvorhaben im Bereich der Bundesverkehrswege (Schriftenreihe des Bundesministers für Verkehr*, H. 59), Bonn 1980.

10 Siehe auch BMV, *Verkehrspolitik 1949–1965*, Hof 1965.

11 Vgl. auch Bundesministerium für Raumordnung, Bauwesen und Städtebau (Hrsg.), *Städtebaubericht 1969*, Bonn 1969.

12 Vgl. E. Moosmayer, Wolfahrtsökonomische Aspekte einer integrierten Planung von Verkehrswegen durch eine zentrale Instanz, in: *Zeitschrift für Verkehrswissenschaft*, H. 4/1972.

Bevölkerung und eine Verknappung bestimmter Energieformen abzeichneten. Als neue Aufgabe kommt hinzu, ökologische Projekteinflüsse verstärkt zu berücksichtigen. Finanzpolitische Sorgen bereiten die anschwellenden Bundesbahndefizite.

II.2. Organisation

Die Bundesverkehrswegeplanung umfaßt die Sammlung und Aufbereitung von Daten vor allem über die technische Beschaffenheit und die verkehrliche Leistungsfähigkeit von Wegen, über die Entwicklung von Fahrzeugtypen und -strömen sowie über Investitions- und Beförderungskosten, den Aufbau von Bewertungsverfahren und die Anwendung von Bewertungsmodellen, die Ermittlung künftiger Finanzierungsspielräume sowie Abstimmungsverhandlungen zwischen den verschiedenen Bundesressorts und Gebietskörperschaften. Deshalb erfordert sie eine komplexe und sorgfältige Organisation. Dabei dient das Bundesverkehrsministerium als Steuerungszentrale. Seine für die verkehrliche Infrastruktur wichtigsten Organisationseinheiten widmen sich der Haushaltsgestaltung, den Verkehrsprognosen, den Projektbewertungen, den Regelungen des Marktzugangs und den Beförderungsentgelten sowie den besonderen Anliegen der einzelnen Verkehrszweige. Es stützt sich auf eine Reihe von nachgeordneten Behörden, die teils zum eigenen Zuständigkeitsbereich gehören wie die *Hauptverwaltung der Deutschen Bundesbahn* (HVB), die *Bundesanstalt für Straßenwesen* (BAST), die *Wasser- und Schiffahrtsverwaltung* (WSV), die *Bundesanstalt für Wasserbau* (BfW), das *Luftfahrt-Bundesamt* (LBA) sowie die *Bundesanstalt für Flugsicherung* (BfS); teils, wie die *Deutsche Forschungs- und Versuchsanstalt für Luft- und Raumfahrt* (DFVLR), das *Umwelt-Bundesamt* (UBA), die *Bundesforschungsanstalt für Naturschutz und Landschaftsökologie* (BFANL) sowie die *Bundesforschungsanstalt für Landeskunde und Raumordnung* (BfLR), zu denjenigen anderer Bundesministerien. Das Bundesverkehrsministerium veranlaßt sowohl Grundlagenforschungen als auch zweckgerichtete Einzeluntersuchungen. Die methodischen Leitlinien für ökonomische Systemanalysen entwickelt es selber. Außerdem beteiligt es sich an der Konstruktion der benötigten Prognose- und Bewertungsmodelle. Schließlich führt es die notwendigen Verhandlungen mit Vertretern der anderen Bundesressorts und der Bundesländer (vgl. Abb. 1).

Abb. 1: Schematische Skizze der Planungsorganisation

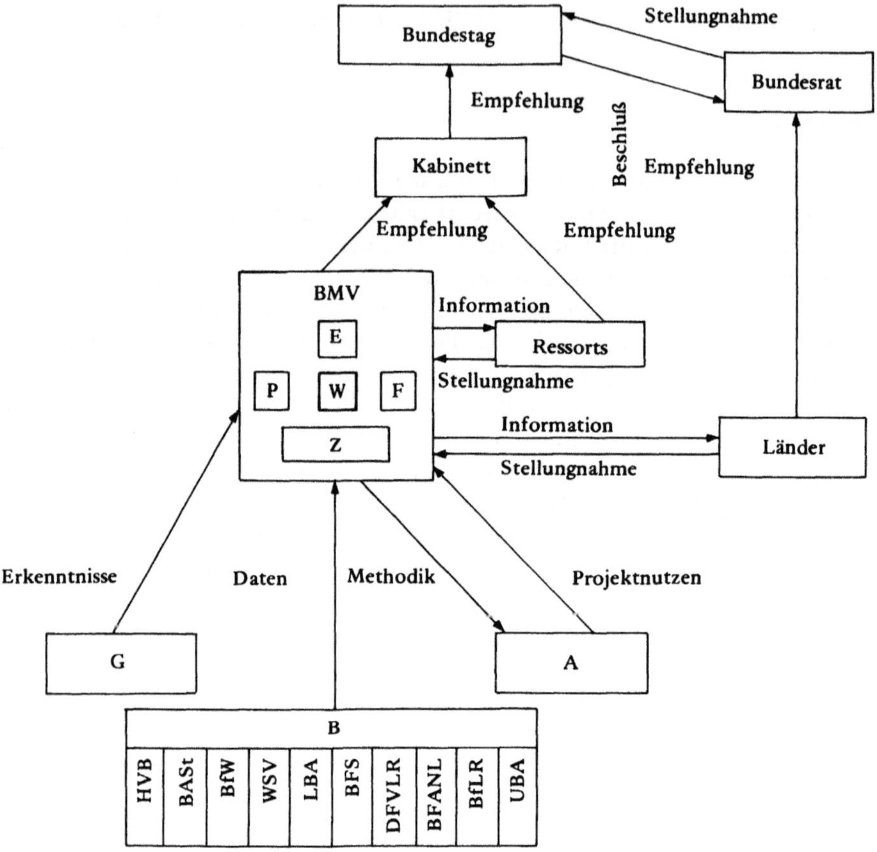

E	=	Entscheidungsvorbereitung und -findung
P	=	Prognosen
W	=	Bewertungen
F	=	Finanzierung
Z	=	verkehrszweigspezifische Belange
G	=	Grundlagenforschung *)
A	=	anwendungsorientierte Untersuchungen *)
B	=	nachgeordnete Behörden

*) durch private Institute.

HVB	=	Hauptverwaltung der Deutschen Bundesbahn
BASt	=	Bundesanstalt für Straßenwesen
BfW	=	Bundesanstalt für Wasserbau
WSV	=	Wasser- und Schiffahrtverwaltung
LBA	=	Luftfahrt-Bundesamt
BFS	=	Bundesanstalt für Flugsicherung
DFVLR	=	Deutsche Forschungs- und Versuchsanstalt für Luft- und Raumfahrt
BAVNL	=	Bundesanstalt für Vegetationskunde, Naturschutz und Landschaftspflege
BfLR	=	Bundesforschungsanstalt für Landeskunde und Raumordnung
UBA	=	Umwelt-Bundesamt

II.3. Projektbewertung

Seit jeher bemüht sich die Bundesverkehrswegeplanung darum, alle Bereiche von Projektwirkungen so vollständig wie möglich zu erfassen[13]. Dabei handelt es sich um den Betrieb der Fahrzeuge, den Aufwand an Fahrzeit, das Unfallgeschehen, die Belastung der Umwelt mit Lärm und Abgasen, die innerörtlichen Kommunikationsverhältnisse, die strukturelle Unterbeschäftigung in benachteiligten Gebieten sowie die räumliche Verteilung der Lebensbedingungen. In jüngster Zeit traten die wechselseitige Beeinflussung der verschiedenen Verkehrszweige („Interdependenzen") sowie die wasserwirtschaftliche Ver- und Entsorgung, der Zustand von Erholungszonen, die Tier- und Pflanzenwelt, die land-, forst-, wohn- und produktionswirtschaftliche Nutzung von Flächen sowie das jeweilige Landschaftsbild („Ökologie") hinzu.

Musterbeispiel für Bewertungen in einzelnen Wirkungsbereichen

Wirkungsbereich	Analytische Meßverfahren und -probleme	Literaturhinweise
Fahrzeugbetrieb	Die Beschleunigung von Fahrten senkt die Fahrzeit; die Vermeidung von Umwegen ebenso wie die Erhöhung der Fahrzeugbeladung führen außerdem zu einer Reduzierung der leistungsbedingten Beförderungskosten. In einigen Verkehrszweigen hängen darüber hinaus einzelne Arten der Beförderungskosten (wie etwa die Kosten des Treibstoffverbrauchs) parabolisch von der Fahrgeschwindigkeit ab.	W. Leutzbach, *Einführung in die Theorie des Verkehrsflusses*, Berlin/Heidelberg/New York 1972; G. Potthoff, *Verkehrsströmungslehre*, 5 Bde., Berlin(Ost), 1970–75; V. Meewes/U. Gerz, *Zur Beschreibung des Verkehrsablaufs auf Straßen mit und ohne Richtungstrennung*, Opladen 1975 (*Forschungsberichte des Landes Nordrhein-Westfalen*, Nr. 2529)
Zeitaufwand	Fahrten substituieren alternative Aktivitäten, Verzögerungen führen über psychologische Faktoren wie „Ärger" zumindest langfristig zu einer Einschränkung der individuellen Leistungsfähigkeit. Die Berücksichtigung von Zeitgewinnen beschränkt sich auf die Personenbeförderung, weil bei der Beförderung von Gütern Zinsersparnisse aus Beschleunigungen durch Mehrkosten der Lagerhaltung bzw. der Änderung von Produktionsrhythmen bei der verladenden Wirtschaft aufgewogen werden.	A. J. Harrison/D. A. Quarmby, *Theoretical and Practical Research in an Estimation of Time-Saving*, Paris 1969.

13 Vgl. B. Arnold/E. Gleissner/H.-J. Huber, Koordinierung der Verkehrswegeinvestitionen des Bundes in den Jahren 1976–1985, in: *Internationales Verkehrswesen*, H. IV/1976.

Musterbeispiel für Bewertungen in einzelnen Wirkungsbereichen		
Sicherheit	Wie oft sich Verkehrsunfälle ereignen und welche Folgen (Tötungen, schwere und leichte Verletzungen, Sachbeschädigungen) sie nach sich ziehen, bestimmt sich in erster Linie danach, ob sich Verkehr inner- oder außerorts abspielt und ob sich Wege planfrei oder plangleich kreuzen, in zweiter Linie nach der Breite, der Kurvigkeit, der Neigung und der Sichtweite sowie in dritter Linie nach der Belastung von Wegen.	H.-G. Krebs/J. H. Klöckner, *Untersuchungen über Unfallraten in Abhängigkeit von Straßen- und Verkehrsbedingungen außerhalb geschlossener Ortschaften*, Bonn 1977 (H. 223 der vom BMV, Abt. Straßenbau, herausgegebenen Schriftenreihe *Forschung Straßenbau und Straßenverkehrstechnik*); W. Jäger, *Verkehrssicherheitsplanung mit Hilfe von Nutzen-Kosten-Analysen*, Düsseldorf 1977.
Umweltschutz	Im Umweltschutz schwanken die juristisch und faktisch als zumutbar geltenden Belastungspegel mit der Art der Flächennutzung (Krankenhäuser, Wohngebäude, gewerbliche Betriebe, Mischgebiete, Freiräume). Ob und gegebenenfalls in welchem Maße Pegelüberschreitungen stattfinden, hängt dann außer von Wegebreiten, Geschoßhöhen und Witterungsverhältnissen von der Dichte der Fahrzeugströme und dem Anteil von schweren Nutzfahrzeugen an ihnen ab. Der Umfang der Schäden aus Umweltbelastungen bemißt sich letztlich nach einer multiplikativen Verknüpfung der Zahl von betroffenen Personen mit der Abweichung der tatsächlichen Belastungspegel von den zumutbaren. Deshalb rufen Umlenkungen von innerörtlichen Verkehrsströmen einerseits Vorteile in Ortskernen, andererseits Nachteile an Ortsrändern hervor.	W. Berr/K. Glück/U. Heuber, *Straßenverkehrslärm*, München 1978; W. Kentner/R. Willeke, *Die Kosten der Umweltbelastung durch den Verkehrslärm in Stadtgebieten*, Bentheim 1975; E.-A. Marburger, *Die ökonomische Beurteilung der städtischen Umweltbelastung durch Automobilabgase – Methoden und Quantifizierungsversuche*, Düsseldorf 1974; A. Lassière, *The Environmental Evaluation of Transport Plans*, London 1976; G. Reinhold, *Wirkungen von Abschirmeinrichtungen zur Lärmminderung an Straßen*, Bonn 1974; G. Reinhold, *Bau- und verkehrstechnische Maßnahmen zum Schutz gegen Straßenverkehrslärm*, Bonn 1971.

Musterbeispiel für Bewertungen in einzelnen Wirkungsbereichen		
Hebung des regionalen Beschäftigungsniveaus bei konjunkturellem Gleichgewicht	Selbst wenn in einem Gebiet konjunkturelles Gleichgewicht herrscht, weil die beabsichtigten Investitionen auf ausreichend hohem Niveau mit den freiwilligen Ersparnissen übereinstimmen, können einzelne Regionen unter regionaler Unterbeschäftigung leiden, weil dort ein Teil der Produktionsfaktoren der genügenden Mobilität ermangelt. In vollbeschäftigten Regionen gelangen dann Produktionsfaktoren gewinnbringend zum Einsatz, die sonst zu den marginalen gehören. Eine Umlenkung von entsprechenden Investitionen in die förderungsbedürftigen Regionen erhöht daher das Sozialprodukt. Dazu kann die Verbesserung von Wegenetzen insoweit beitragen, als die verkehrliche Infrastruktur die unternehmerische Standortwahl für Betriebe mitbeeinflußt.	L. Fischer, *Die Berücksichtigung raumordnungspolitischer Zielsetzungen in der Verkehrsplanung*, Bonn 1971; J. Frerich/E. Helms/H. Kreuter, *Die raumwirtschaftlichen Entwicklungseffekte von Autobahnen*, Bonn 1975; G.-D. Jansen/H. Platz, *Möglichkeiten zur regionalwirtschaftlichen Bewertung von Verkehrsinvestitionen*, Göttingen 1978.
Raumordnung	Ein und derselbe Nutzen wiegt um so schwerer (leichter), je weniger wohlhabend (wohlhabender) begünstigte Regionen sich erweisen. Deshalb drückt sich der Beitrag von Verkehrswegeinvestitionen zur gerechten Verteilung des gesellschaftlichen Wohlstandes im Raum in entsprechenden Nutzengewichtungen aus.	J. H. Müller, *Wirtschaftliche Grundprobleme der Raumordnungspolitik*, Berlin 1969.
Ökologie	Beachtung verdienen auch Nachteile für Erholungsgebiete, das Landschaftsbild sowie die Zoo-, Phyto- und Hydrosphäre.	

Wichtige Bausteine des Mengengerüsts von Projektwirkungen bilden die Einflüsse der Verkehrsstärke, der Fahrzeugmischung und der zeitlichen Häufigkeitsverteilung von Wegebelastungen auf die Fahrgeschwindigkeit im Bereich des Fahrzeugbetriebs und des Zeitaufwands, der Verkehrsstärke, der Fahrzeugmischung, des Baufluchtabstands und der Windstärke auf Lärmpegel und Verunreinigung im Bereich des Umweltschutzes, der Wegelage und -beschaffenheit auf Unfallhäufigkeit und -schwere im Bereich der Sicherheit, der Dichte und Länge von Wegenetzen auf die Standortgunst im Bereich der regionalen Wirtschaftsförderung, des Einkommensniveaus, der strukturellen Arbeitsmarktsituation, der Ausstattung mit Versorgungseinrichtungen und der Kommunikation zwischen zentralen Orten auf das topographische Gewicht von Vorteilen im Bereich der Raumordnung sowie der Länge der Flächendurchschneidung und des Grads an Umweltempfindlichkeit auf die Beeinträchtigung der Flächenverwendung im Bereich der Ökologie. Als verteilungspolitisch unerwünscht kann es erscheinen, wenn projektbedingte Betriebsverluste infolge von Preisangleichungen oder Aufkommenseinbußen kleine Personengruppen (Geschäftsreisende, Gesellschafter der verladenden Wirtschaft) zu Lasten von großen (abgabepflichtige Bürger) begünstigen.

Erwogene Maßnahmen an der verkehrlichen Infrastruktur können in den genannten Bereichen Veränderungen hervorrufen, indem sie die Gelegenheit bieten, Fahrstrecken zu verkürzen, Fahrgeschwindigkeiten zu steigern, die Auslastung von Fahrzeugen zu erhöhen, rentablere Fahrzeugtypen einzusetzen, unerwünschte Verlagerungen von einem Verkehrsträger auf andere zu vermeiden und sicherere, umweltschonendere oder ökologiefreundlichere Routen zu wählen. Die Bewertung der daraus entstehenden Vor- und Nachteile geschieht letztlich ausnahmslos mit Preisen[14]. Soweit sich nicht unmittelbar Marktpreise anbieten, gelingt dies mit sogenannten Schattenpreisen, zu denen Einbußen an Erlösen von benötigten Produktionsfaktoren in den nächstbesten Einsatzfeldern, die Kosten von alternativen Lösungen für die Bewältigung derselben Aufgaben sowie die beobachtete oder erfragte Bereitschaft von Betroffenen zur Entrichtung von Entgelten gehören, oder schließlich mit der Übertragung von Funktionen zwischen monetären Größen und Zielerfüllungs- bzw. -verfehlungsgraden aus mehrdimensional bewertbaren Bereichen auf jene, in denen sich indirekte Marktmechanismen noch ebenso verbergen wie direkte *(intangible Effekte)*. Alle Bewertungen stützen sich auf Vorausschätzungen der Entstehung, Verflechtung, Aufteilung und Umlegung von Nachfrage nach Beförderungsleistungen[15]. Die für eine zeitliche Kompatibilität aller Wirkungen verwendete Aktualisierungsrate lehnt sich zur langfristigen Optimierung des gesamtwirtschaftlichen Konsums an das periodische Tempo des realen Wirtschaftswachstums an, unterschreitet also die Höhe von Marktzinsen in dem Maße, in dem die Kalkulationen Inflationsbefürchtungen aussparen und durch vorsichtige Annahmen Risiken vermeiden. Aus dem Vergleich sämtlicher positiven und negativen Projektfolgen mit den investiven Projektkosten in entsprechenden Quotienten oder internen Zinsfüßen läßt sich endlich ein *Maßstab* gewinnen, der den politisch Verantwortlichen vor Augen führt, welcher Platz in einer Dringlichkeitsreihe jedem der zahlreichen Projekte aus einem Programm gebührt und inwieweit sich deren Verwirklichung angesichts eines knappen Finanzvolumens empfiehlt (vgl. Abb. 2).

14 Als geeignete Werte bieten sich im Bereich des Fahrzeugbetriebs Preise für Treibstoffe sowie Annuitäten von Preisen für Reifen und Fahrzeuge; im Bereich des Zeitaufwandes bei Gleichgewicht von Grenzleid aus Mußeverzicht und Grenzgenuß aus Arbeitsleistung Einkommen je periodischer Zeiteinheit; im Bereich der Sicherheit Erlöse aus Überschüssen der Produktion über persönlichen Konsum, aus medizinischen Behandlungen und technischen Reparaturen; im Bereich des Umweltschutzes Kosten von Filtern gegen Abgasemissionen sowie von dämmenden Fenstern, Wänden und Wällen gegen Lärmimmissionen; im Bereich der Überwindung von regionaler Unterbeschäftigung bei konjunkturellem Gleichgewicht alternative Aufwendungen der Gebietskörperschaften (Zuschüsse, Steuerermäßigungen) zur Erhaltung und Schaffung von produktiven Arbeitsplätzen; im Bereich der Ökologie Erlöse aus land-, forst-, gebäude- und fremdenverkehrswirtschaftlichen Flächennutzungen sowie Mehrkosten zur Umfahrung biotopisch empfindlicher Zonen an.

15 Als Prädikatoren der Prognose kommen vor allem die Bevölkerung und das Volkseinkommen für die Entstehung, die räumliche Verteilung dieser Potentiale als Attraktions- sowie die Entfernungen zwischen Quellen und Senken als Resistenzfaktoren für die Verflechtung, die Tarife im Güter- und die Reisezeiten sowie die Bedienungshäufigkeiten im Personenverkehr für die Aufteilung und die Verkehrsdichten für die Umlegung der Nachfrage nach Beförderungsleistungen in Betracht.

Abb. 2: Diagramm des Ablaufs von Projektbewertungen

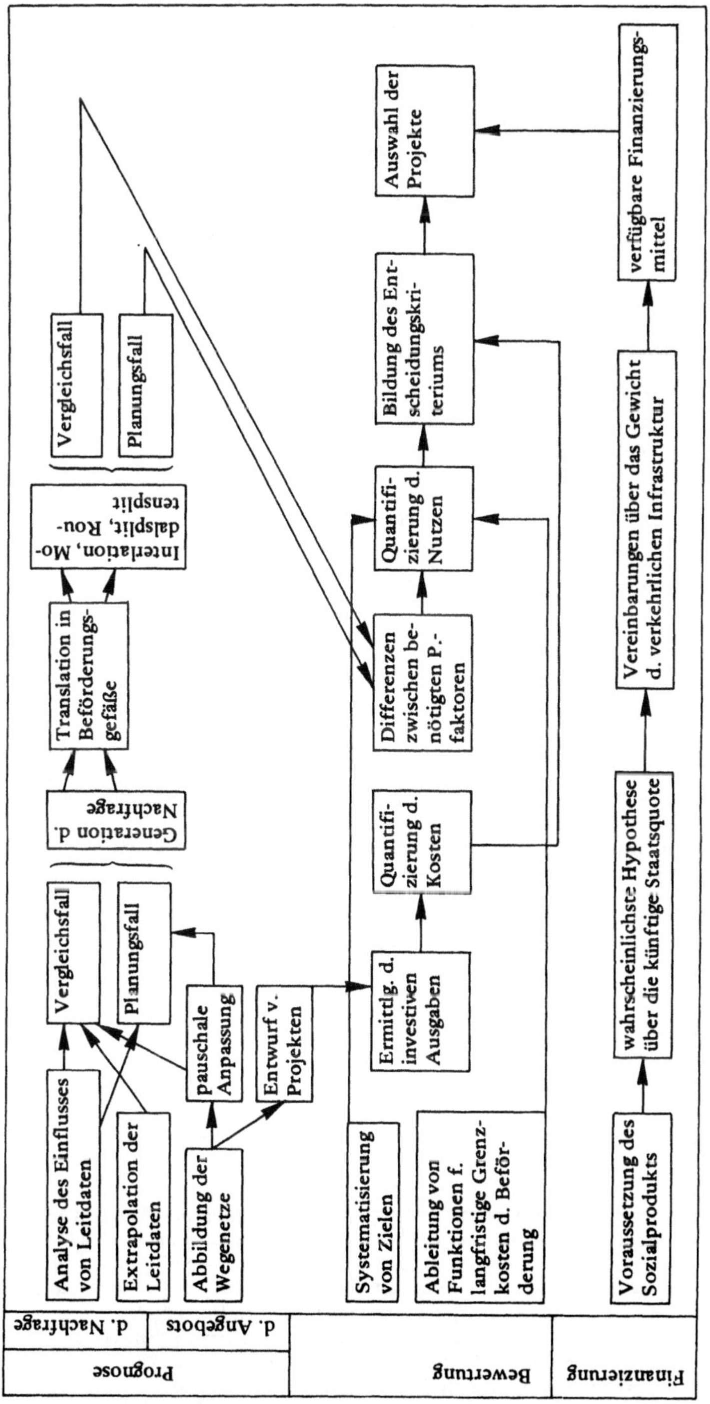

Auf diese Weise gelang es der Bundesverkehrswegeplanung, die Wirkungen ihrer Projekte in einem gesamtwirtschaftlichen Zusammenhang zu würdigen: Mit Ausgaben für rentable Investitionen stiften Gebietskörperschaften Gewinne, an denen sie dem Anteil der öffentlichen Abgaben gemäß partizipieren und deren Anlage freigesetzte Produktionsfaktoren wiederbeschäftigt, soweit sich die erzielte Rationalisierung als arbeitsparend, sowie darüber hinaus das Beschäftigungsniveau hebt, soweit sie sich auch als kapitalsparend erweist.

Gewiß muten auch künftig weitere Fortschritte der Prognose- und Bewertungsmethoden erwünscht an. Dies mag für eine Einbeziehung sämtlicher Bundesverkehrswege ebenso gelten wie für eine gesamtwirtschaftliche Umgestaltung des noch fiskalischen Entscheidungskriteriums, für eine verkehrszweigübergreifende Vergleichbarkeit einer den jeweiligen Nullfall optimierenden Bemessung von Verkehrswegekapazitäten oder die Ausdehnung der Bewertungsverfahren auf Erneuerungsinvestitionen. Solche Ausblicke verblassen jedoch im Lichte des marktwirtschaftskonformen Vorrangs für Projekteinschätzungen der Verkehrsteilnehmer- und kunden, der Vermeidung von einseitigen Urteilen, die nur einzelnen der wichtigen Wirkungsbereiche Beachtung schenken sowie des operationalisierten Postulats, Investitionen dann zu unterlassen, wenn sie per Saldo mehr Produktionsfaktoren beanspruchen als sie für die Erzeugung anderer Leistungen zur Verfügung stellen würden.

Bibliographie

Arnold, B./E. Gleissner/H.-J. Huber, Koordinierung der Verkehrswegeinvestitionen des Bundes in den Jahren 1976–1985, in: *Internationales Verkehrswesen*, H. IV/1976.

Der Bundesminister für Verkehr, *Gesamtwirtschaftliche Bewertung von Investitionsvorhaben im Bereich der Bundesverkehrswege (Schriftenreihe des Bundesministers für Verkehr*, H. 59), Bonn 1980.

Der Bundesminister für Verkehr, *Verkehrspolitik 1949–1965*, Hof 1965.

Bundesministerium für Raumordnung, Bauwesen und Städtebau (Hrsg.), *Städtebaubericht 1969*, Bonn 1969.

Entwurf eines Gesetzes zum Schutz gegen Verkehrslärm an Straßen und Schienenwegen (Verkehrslärmschutzgesetz/VLärmSchG), *BTDrs.* 8/1671 u. 8/3730.

Ernst, R./A.W. Gleue/D. Klebelsberg/K.-H. Lenz/W. Rothengatter/R. Wiedemann, *Auswirkungen einer Richtgeschwindigkeit im Vergleich zu einer Höchstgeschwindigkeit von 130 km/h auf Autobahnen*, Köln 1977.

Fischer, L./E. Meyer/E. Moosmayer, Vergleichende Bewertung von Verkehrswegeinvestitionen des Bundes, in: *Internationales Verkehrswesen*, H. 1/1977.

Frerich, J./J. Melcher/H. Steinheuer/W. Ruske/G. Harloff, *Die Methoden des Operations Research und ihre Anwendungsmöglichkeiten auf die Investitionsplanung im Straßenbau*, Bonn 1974 (H. 159 der Schriftenreihe *Straßenbau und Straßenverkehrstechnik*).

Koordiniertes Investitionsprogramm für die Bundesverkehrswegeplanung bis 1985 (KIP), Bonn 1977 (Fortschreibung: *Bundesverkehrswegeplan 80*).

Moosmayer, E., Wohlfahrtsökonomische Aspekte einer integrierten Planung von Verkehrswegen durch eine zentrale Instanz, in: *Zeitschrift für Verkehrswissenschaft*, H. 4/1972.

Projektgruppe „Korridoruntersuchungen" im Bundesverkehrsministerium, *Untersuchung über Verkehrswegeinvestitionen in ausgewählten Korridoren der Bundesrepublik Deutschland (Schriftenreihe des Bundesministers für Verkehr*, H. 47), Bonn 1974.

Tietzel, M., *Die Effizienz staatlicher Investitionsentscheidungen im Verkehrssektor*, Bern/Frankfurt a.M. 1972 (*Europäische Hochschulschriften*, Reihe V, Bd. 57).

Untersuchungsgruppe „Gesamtwirtschaftliches Bewertungsverfahren" im Bundesverkehrsministerium, *Wirkungen aus der Einstellung von Güterverkehr auf der Schiene bzw. aus der Umstellung von Schienenpersonenverkehr auf Busverkehr*, Bonn 1977 (unveröffentlicht).

Verkehrspolitisches Programm der Bundesregierung 1980, 1968–1972 (s. a. *BTDrs.* V/2494, Bonn 1968).

Detlef Affeld
Bundesministerium für Arbeit und Sozialordnung, Bonn

Bemerkungen zu den Grenzen einer Evaluierung im Bundesministerium für Arbeit und Sozialordnung

Vorbemerkung

Auch wenn sich institutionalisierte Evaluierungssysteme im Bundesministerium für Arbeit und Sozialordnung nicht finden, so werden doch bereits seit einigen Jahren Evaluierungen im Bereich der Arbeitsmarktpolitik durchgeführt. So ist zum Beispiel auf die zahlreichen Forschungsarbeiten des Instituts für Arbeitsmarkt- und Berufsforschung (IAB) in diesem Bereich oder auf die Evaluierung zum *Arbeitsmarktsonderprogramm* hinzuweisen; zunehmend finden sich auch Evaluierungen im Bereich der *Sozialversicherung* und der *Gesundheitspolitik*, auch die Begleitforschungen zum Programm *Humanisierung der Arbeitswelt* könnte man hier hinzuzählen. Neben diesen eher *wissenschaftlichen* Formen von Evaluierungen könnte man auch das *Berichtwesen* des BMA als eine wenn auch schwache Form *institutionalisierter Evaluierung* begreifen. Als einer besonderen Form, gleichsam die Gesamtbilanz der vielfältigen Aktivitäten darstellend, kommt hier dem jeweiligen *Sozialbericht* (mit seinem Materialienband) eine herausragende Stellung zu[1]. Aus dem breiten Spektrum der Aufgaben des Ministeriums – von der Arbeitsförderungs- und Beschäftigungspolitik bis zur internationalen Sozialpolitik – beschränken sich die folgenden Ausführungen exemplarisch auf das mir vertraute Feld der Gesundheitspolitik.

I. Die politischen Ursachen für Evaluierungen

Systematische und wissenschaftlich fundierte Evaluierungen der Gesundheitspolitik fehlen sowohl auf der Bundes- als auch auf der Länderebene. Weder werden *ex-ante-Evaluierungen* von Gesundheitsmaßnahmen noch werden *ex-post-Evaluierungen*

1 Vgl. auch BMA, *Sozialbericht 1980* (mit Materialienband), Bonn 1980; vgl. ferner zu anderen Bereichen den Unfallverhütungsbericht (*BTDrs.* 7/4668 sowie zuletzt 8/1128 und *62328), den Jahresbericht für die gesetzliche Unfallversicherung, zur Humanisierung der Arbeit und zuletzt Antwort der BReg auf die Kleine Anfrage der CDU/CSU, *BTDrs.* 8/4390 vom 11.7.1980; s. auch die Eröffnung des Bundeszentrums „Humanisierung des Arbeitslebens" in Dortmund; s. *Sozialpolitische Informationen* vom 26.8.1980, S. 1; zu den Forschungen des IAB s. Institut für Arbeitsmarkt- und Berufsforschung, *Literaturdokumentation* (*Veröffentlichungen des IAB*, Sonderheft 7), Nürnberg 1979.

durchgeführt. Stellt man weniger strikte Anforderungen an die Wissenschaftlichkeit von Evaluierungsforschung, so lassen sich zahlreiche Aktivitäten finden, die sich in einem weiteren Sinne als Evaluierungsforschung bezeichnen lassen. Vor allem *politische* Fragestellungen und Auseinandersetzungen führen zu Evaluierungen, wie die folgenden drei Beispiele illustrieren:

- Im Forschungsbereich, aber auch im Verwaltungsvollzug finden sich Ansätze, um die *ex-post-Evaluierung im medizinischen Versorgungsbereich* zu verbessern, und um die Kostenentwicklung im *Krankenversicherungssystem* in den Griff zu bekommen. Auch erste Ansätze einer *ex-ante-Evaluierung* konzentrieren sich auf den Versuch einer Kosteneindämmung. Erst aufgrund der sogenannten Kostenexplosion im Gesundheitswesen erlangte Evaluierung jedoch eine größere Bedeutung[2].
- Forschungsaktivitäten, welche die generelle Evaluierung der Wirksamkeit und Effizienz von *Massenvorsorgeuntersuchungen* im Bereich der Krebsvorsorge zum Thema haben, wurden erst entwickelt, als die öffentliche Diskussion bereits eskalierte[3].
- Im Bereich *Gesundheitserziehung* wurde seit 1976 ein allgemeines und institutionalisiertes Verfahren für die (ex-post-) Evaluierung aller Maßnahmen, die von der Bundesebene durchgeführt und gefördert werden, entwickelt und stetig verbessert. Die Bundeszentrale für gesundheitliche Aufklärung (BZgA) in Köln führt eine *laufende Selbstevaluierung* ihrer Maßnahmen und Programme durch[4]. Anlaß für die Durchführung derartiger institutionalisierter Evaluierungsverfahren sind vor allem die verhältnismäßig bescheidenen Mittel, die für die Gesundheitserziehung zur Verfügung stehen, verbunden mit wachsendem Zweifel an der Effektivität der Maßnahmen, die auf die Verbesserung des Gesundheitsbewußtseins zielen, während tatsächlich nur wenige Veränderungen im Gesundheitsverhalten beobachtet werden.

Institutionen, die – abgesehen von problemspezifischen, meist ad hoc orientierten Evaluierungen – systematisch Evaluierungen im Gesundheitswesen und in der Gesundheitspolitik durchführen, fehlen. Selbst innerhalb des Aufgabenbereichs des Bundesgesundheitsamtes fallen nur beschränkt Evaluationsfragestellungen an. Das wenige, was bisher tatsächlich an Evaluierungsforschung durchgeführt wurde, geschah überdies meist in Form einer *Eigen- oder Selbstevaluierung* durch die zuständige durchführende oder finanzierende Behörde.

II. Politische und technische Schranken einer Evaluierung im Gesundheitswesen

Die Voraussetzungen, systematisch Evaluierungsverfahren im Gesundheitswesen und in der Gesundheitspolitik einzuführen, sind unter den derzeitigen Bedingungen eher dürftig:

2 Siehe beispielsweise Antwort der BReg auf die Große Anfrage der CDU/CSU-Fraktion betr. Situation des Gesundheitswesens, *BTDrs.* 7/3322 vom 5.3.1975; vgl. auch den Ergebnisbericht des Projekts am Statistischen Bundesamt Wiesbaden; s. hierzu BMA (Hrsg.), *Die Struktur der Ausgaben im Gesundheitsbereich und ihre Entwicklung seit 1970 (Gesundheitsforschung*, Bd. 7), Bonn 1980.

3 Siehe zur Evaluierung der Früherkennung beispielsweise: Zentralinstitut für die kassenärztliche Versorgung in der Bundesrepublik (Hrsg.), *Früherkennung bösartiger Neubildungen bei der Frau*, Köln 1977.

4 Siehe auch die *Jahresberichte* der Bundesanstalt für gesundheitliche Aufklärung. Mehr als 150 Vereinigungen und Organisationen haben sich zu einem Verein für Gesundheitserziehung zusammengeschlossen.

- Die *Ziele* und Absichten der Gesundheitspolitik sind nicht nur in vielerlei Hinsicht vage, sondern gleichzeitig auch noch sehr viel umstrittener und zweifelhafter als in anderen Politikfeldern;
- die *Ziel-Mittel-Beziehungen* in der Gesundheitspolitik sind nur unzureichend spezifiziert;
- es gibt nur einen geringen Konsens über die unterschiedlichen *Wirkungsbereiche*, die für eine Evaluierung von Bedeutung sind und die untersucht werden sollen;
- im allgemeinen sind die unterschiedlichen Vorschläge oder *Alternativen*, deren Wirkungen beschrieben und evaluiert werden sollen, weit davon entfernt, klar definiert zu sein (dies gilt insbesondere für ex-ante-Evaluierungen);
- Verfahren, die derartige Wirkungen evaluieren sollen, müssen sich – vorausgesetzt, die Wirkungen können spezifiziert werden – mit außerordentlich gegensätzlichen und gleichzeitig gut organisierten *Interessengruppen* auseinandersetzen;
- die *Erwartungen* und Zielvorstellungen, die an die Ergebnisse einer „oktroyierten Evaluierung" anknüpfen und die sich für politisches und administratives Handeln ergeben, sind weit davon entfernt, realistisch zu sein; dies gilt vor allem bei einer kurzfristigen Betrachtungsweise; derartige Erwartungen können nur enttäuscht werden.

Dennoch, die Nachfrage nach mehr Evaluierungen, sowohl ex ante als auch ex post, ist weit verbreitet; die Forderungen nach stetigen, die Komplexität adäquat abbildenden Evaluierungsverfahren im Gesundheitswesen und in der Gesundheitspolitik finden sich immer wieder, z.B. ist diese Forderung Teil des offiziellen Parteiprogramms aller Parteien. Es fehlen jedoch wirksame und deutliche Maßnahmen, um diese Ansprüche in die Alltagsrealität oder wenigstens in die Prioritätensetzung der Forschungsplanung umzusetzen.

Besonders deutlich wird dieses Defizit, betrachtet man die für Evaluierungen notwendige *Datenbasis*[5]. Die amtliche Statistik des Statistischen Bundesamtes in Wiesbaden kann kaum als eine ausreichende Grundlage für die Durchführung systematischer Evaluierungen betrachtet werden. Die dringlichen und berechtigten Forderungen nach inhaltlichen Verbesserungen der Gesundheitsstatistik erscheinen kaum durchsetzbar, treffen sie doch mit einem Trend zusammen, der auf eine Bereinigung und Reduzierung der Bundesstatistiken zielt. Darüber hinaus haben auch die nationalen und internationalen Anstrengungen, im Bereich der Gesundheitsforschung aussagekräftige *Indikatoren* zu entwickeln, bisher noch keine praktische Relevanz für die Durchführung von Evaluierungen gehabt noch waren sie für Vergleichszwecke nützlich. Vielleicht gelingt es, durch umfangreichere Forschungen im universitären Bereich und auf der Bundesebene die Grundlagen für Verbesserungen zu schaffen. Die besten Datenquellen für die verschiedenen Evaluierungszwecke kommen gegenwärtig aus dem Krankenversicherungssystem selbst. Seit 1973 werden diese *Verwaltungsvollzugsdaten* – allerdings auf einem hochaggregierten Niveau – für einige ex-post-Evaluierungen genutzt, die der Kontrolle der Kostenentwicklung und der Eindämmung der Kostenexplosion dienen. Der wachsende Bedarf nach verfeinerten Evaluierungen führte und führt gegenwärtig zu immer weiteren Disaggregationen dieser Daten, um auch regionalspezifische und institutionelle Wirkungen messen zu können. Eine etwas kompliziertere und umfangreichere Analyse dieser Daten für Evaluierungszwecke hat gerade begonnen, sie

5 Vgl. beispielsweise M. Pflanz, Bundesdeutsche Gesundheitsstatistik: Ein schwerkranker Patient, in: *Medical Tribune* vom 20.2.1976, S. 12.

wurde vorerst beschränkt auf einige kurzfristige Forschungsprojekte mit eingeschränkter Fragestellung. Diese Forschungsprojekte besitzen einen durch die „Konzertierte Aktion im Gesundheitswesen" klar definierten politischen Hintergrund. Die Modellentwicklung eines allgemeinen und langfristig orientierten Evaluierungsinstrumentes im Hinblick auf die Kontrolle der Kostenentwicklung und Kosteneindämmung auf der Grundlage der Daten der Krankenversicherung ist erst im Entwurfsstadium[6].

III. Chancen für eine Evaluierungsforschung

Ein wichtiger Schritt, die Evaluierungsforschung auf eine breitere Grundlage zu stellen, die gleichzeitig die methodische Entwicklung und den umfassenderen praktischen Gebrauch von Evaluierungen fördert, ist das Bundesforschungsprogramm zur Verbesserung des Gesundheitswesens, das 1978 unter der Bezeichnung „Forschung und Entwicklung im Dienste der Gesundheit" veröffentlicht wurde[7]. Dieses Programm, das gemeinsam vom Bundesminister für Arbeit und Sozialordnung, dem Bundesminister für Jugend, Familie und Gesundheit und dem Bundesminister für Forschung und Technologie entwickelt wurde, soll dazu beitragen, die *Leistungsfähigkeit* und *Wirtschaftlichkeit* der gesundheitlichen Versorgung zu erhöhen. Es basiert auf einem bereits 1976 vorgelegten Diskussionsentwurf und sieht innerhalb des Programmrahmens (Gesundheitsforschung, Krankheitsforschung, Strukturforschung) ein Aktionsprogramm vor, dessen Schwerpunkte sich u.a. konzentrieren auf:

- *Wirksamkeit* der Gesundheitsvorsorge, *Früherkennung* von Krankheiten;
- *Sicherheit, Effektivität* und *Wirtschaftlichkeit* der Arzneimittelversorgung;
- *Leistungsfähigkeit* und *Wirtschaftlichkeit* der Gesundheitseinrichtungen;
- *Datenlage, Information* und *Dokumentation* im Gesundheitswesen.

In Zusammenarbeit mit den Ländern geht es im Rahmen der Krankenhausforschung vor allem um verbesserte wissenschaftliche Grundlagen für eine erhöhte Wirtschaftlichkeit im Krankenhaus und um eine wirkungsvollere Krankenhausbedarfsplanung. Allerdings sind die praktischen Umsetzungen dieses Forschungsprogramms, ganz zu schweigen von den Wirkungen der Evaluierungsforschung auf die Evaluierungspraxis im Bereich der Gesundheitspolitik, erst noch zu implementieren (s.a. Anhang).

Die bisherigen Ausführungen könnten als ein sehr kritischer Standpunkt im Hinblick auf den Nutzen und den Erfolg von Evaluierungen für die heutige Gesundheitspolitik verstanden werden – stillschweigend vorausgesetzt, daß systematische und wissenschaftliche Evaluierungsverfahren in der Regel aufgrund der hohen geforderten Qualitätskriterien im Politikalltag versagen. Allerdings sind, um die Wirkun-

6 Vgl. zur Konzertierten Aktion, zuletzt zur 5. Sitzung der Konzertierten Aktion im Gesundheitswesen, A. Holler, Anstöße geben, in: *Bundesarbeitsblatt*, 1/1980, S. 5–8.

7 Siehe auch Bundesminister für Forschung und Technologie (Hrsg.), *Programm der Bundesregierung zur Förderung von Forschung und Entwicklung im Dienste der Gesundheit 1978–1981*, Bonn 1978.

gen von Evaluierungsverfahren auf die Gesundheitspolitik wie auch auf andere Politikbereiche bewerten zu können, zumindest drei Wirkungsdimensionen zu unterscheiden:

- Der Gebrauch von Evaluierungsverfahren kann die Aufgabe haben, eine mehr oder weniger klar definierte einzelne Aufgabe präzise zu beschreiben *(problemorientierte Wirkungsanalyse)*;
- der Gebrauch von Evaluierungsverfahren kann eventuell die Möglichkeit bieten oder sogar die Notwendigkeit erzwingen, die Problemidentifizierung präziser vorzunehmen, die Problemlösungsverfahren zu überprüfen; dadurch können die allgemeine politische Diskussion und der Entscheidungsprozeß auf eine höhere Diskussionsebene gebracht werden *(didaktische Wirkung)*;
- die erfolgreiche Anwendung von Evaluierungsverfahren könnte schließlich helfen, mit rein technischen Aspekten der Gesundheitsversorgung besser fertig zu werden, so daß unter Umständen die politischen Dimensionen und Bewertungen von Maßnahmen und Problemen deutlicher hervortreten; der politische Disput wird somit von technischen Fragen entlastet, um so mehr Energie und Sorgfalt kann auf die Lösung technischer Fragen verwandt werden *(politische Wirkung)*.

Evaluierungsverfahren werden, soweit sie sich auf die *Identifizierung und Beschreibung bestimmter Aufgaben* beschränken, sicherlich an Bedeutung gewinnen, zumindest dann, wenn nachgewiesen werden kann, welcher Nutzen von ihnen ausgeht. Nicht so sicher ist, ob der Einsatz von Evaluierungsverfahren als *didaktisches Hilfsmittel* zu realisieren ist, vor allem, ob die notwendige Motivation und der notwendige Druck vorhanden sind, Evaluierungsergebnisse hier einzusetzen. Schließlich steht zu bezweifeln, daß die von Evaluierungsverfahren zu erwartenden *politischen Wirkungen* eintreten werden. Wahrscheinlich wird sich der Einsatz von Evaluierungsverfahren auf die Behandlung bestimmter Fragen und begrenzter Problemstellungen durchsetzen, um so mehr, als bisher völlig offen ist, inwieweit von mehr und besseren Evaluierungen, zum Beispiel in der Gesundheitspolitik, vorteilhafte *Auswirkungen auf den politischen Prozeß* ausgehen werden.

Evaluierungsverfahren mögen als ein nützliches *politisches Instrument* betrachtet werden in einem Kontext, in dem die Gefahr eines politischen Immobilismus nicht unmittelbar bevorsteht, wenn der politische Prozeß an Transparenz gewinnt, gleichzeitig die Probleme aber sehr kontrovers sind. Es muß jedoch bezweifelt werden, ob eine Vorabevaluierung z.B. des Kostendämpfungsgesetzes positive Wirkungen auf die Verabschiedung und den Inhalt des Gesetzes gehabt hätte, betrachtet man die Vorbedingungen und Ergebnisse des politischen Entscheidungsprozesses im Gesundheitswesen in der Bundesrepublik in den letzten drei Jahren. Ein Gesetzesakt wie dieser erscheint unter sehr speziellen Konstellationen und nur im Zusammenwirken der verschiedenen politischen und gesellschaftlichen Kräfte möglich. Die Erwartungen dieser Gruppen sind nur teilweise und nur für eine begrenzte Zeitperiode miteinander in Einklang zu bringen. Die unterschiedliche Interpretation der Ziele und Zielvorstellungen, des Inhalts und der Effekte einer Gesetzgebung ist eine strukturelle Vorbedingung, um überhaupt politisch handeln zu können – zumindest im Bereich der Gesundheitspolitik. Bessere Evaluierungsverfahren zerstören vielleicht gerade diese notwendige Unklarheit und Unsicherheit im politischen Prozeß, die Handeln noch ermöglicht.

Schließlich ist noch auf einige *institutionelle Unterschiede* hinzuweisen, die bei einer Anwendung des aus dem amerikanischen Kontext entwickelten Systems der Evaluierungsforschung auf die deutsche Verwaltungswirklichkeit zu berücksichtigen sind. Darüber, was ein Programm ist, bestehen häufig Unklarheiten, kann oft kaum definiert werden, so daß füglich bezweifelt werden muß, ob sich die tatsächliche inhaltliche Arbeit um eine Programmstruktur im amerikanischen Sinne abwickelt. Zumindest in der Gesundheitspolitik kann man kaum von einer durch hehre Ziele überwölbten, stringenteren Programmstruktur sprechen. Hier durch systematische und umfassende Evaluierungsverfahren eingreifen zu wollen, hieße den politischen Prozeß, die tagespolitischen Notwendigkeiten und die Vielzahl unterschiedlicher Interessen verkennen. Herkömmliche Evaluierungsverfahren sind daher in der Gesundheitspolitik nur dort von Interesse, wo es um klar definierte und begrenzte Aufgaben und Problemstellungen geht. Die Mehrzahl der Probleme aber bedarf einer anderen Form von Evaluierung, die auch *prozessuale Aspekte* berücksichtigt, d.h. eine Evaluierung, die den Diskussions- und Bargainingprozeß, die Auseinandersetzung um unterschiedliche Wertungen und Bewertungen, nutzt und im Evaluierungsdesign organisiert, mag sich unter Umständen als die beste Evaluierung erweisen.

Anhang

Auszug aus dem Programm der Bundesregierung zur Förderung von Forschung und Entwicklung im Dienste der Gesundheit 1978–1981

1. Programmrahmen

1.1 Forschung zum Schutz der Gesundheit (Gesundheitsforschung) Verstärkte Forschungsanstrengungen sind notwendig

In folgenden Bereichen erscheinen verstärkte Forschungs- und Entwicklungsanstrengungen notwendig:

Analyse und Entwicklungstendenzen

- epidemiologische Studien zur Aufdeckung von Risikofaktoren häufiger Krankheiten, besonders der Krebskrankheiten, der rheumatischen Krankheiten, der psychischen Krankheiten
- Analyse der Bedeutung einzelner Risikofaktoren für das Auftreten und die Häufigkeit der verschiedenen hiervon berührten Krankheiten
- Analyse des Zusammenhanges zwischen einzelnen Krankheiten und den verschiedenen für ihr Auftreten und ihre Häufigkeit bedeutsamen Risikofaktoren
- Analyse des Einflusses von Einwirkungen geringerer gesundheitlicher Gefahrenquellen über längere Zeit hinweg (Langzeitwirkungen)
- Analysen zum Zusammenwirken verschiedener Belastungsfaktoren, insbesondere ihrer kumulativen Effekte (Kombinationswirkungen)
- Untersuchungen über den Einfluß sozialer Umweltfaktoren wie z.B. risikoträchtige Wohnverhältnisse, Arbeitsbedingungen, Faktoren in Schule und Familie

- Untersuchungen über die Ursachen und den Einfluß von falschen Verhaltensweisen im Bereich von Ernährung, Freizeit sowie bei Genußmittel- und Arzneimittelkonsum
- Untersuchungen von Umweltchemikalien auf ihre schädigenden Wirkungen, das von ihnen ausgehende gesundheitliche Risiko und ihre genetischen Folgewirkungen

Entwicklung der methodischen Grundlagen

- Ermittlung von Indikatoren zur Bestimmung von Risikofaktoren und entsprechenden Meßinstrumenten
- Erarbeitung der zur Bestimmung von Risikofaktoren und Krankheitsursachen notwendigen Datengrundlagen
- Neu- und Weiterentwicklung von toxikologischen Testsystemen und Methoden, die eine Bewertung einer Vielzahl von Substanzen und ihres Zusammenwirkens erlauben und sichere Rückschlüsse auf den Menschen gestatten
- Weiterentwicklung der methodischen Grundlagen für epidemiologische Langzeit- und Feldstudien

Eindämmung von einzelnen Risikofaktoren und deren kumulierter Wirkung

- gezielte epidemiologische Interventionsstudien zur Prüfung des Einflusses präventiver Maßnahmen
- Forschung zur Beeinflussung des Verhaltens im Hinblick auf gesundheitsgerechte Lebensweise
  - Entwicklung von Lernstrategien zur Aneignung gesundheitsgerechter Verhaltensmuster
  - Effektivität der Gesundheitserziehung und -aufklärung
  - Entwicklung von zielgruppenspezifischen Maßnahmen der gesundheitlichen Beratung

2. Aktionsprogramm der Bundesregierung

Im „Aktionsprogramm" werden die wichtigsten Forschungs- und Entwicklungsbereiche zusammengefaßt, die in einem Zusammenhang mit den vorrangigen gesundheitspolitischen Aufgaben stehen und für die die Bundesregierung in den Jahren 1978–1981 Förderungsmaßnahmen einzuleiten oder fortzuführen beabsichtigt. Das Aktionsprogramm baut auf dem Programmrahmen auf. Die Schwerpunkte des Aktionsprogramms sind dabei nicht von wissenschaftlichen Disziplinen, sondern von zusammenhängenden Fragenbereichen des Gesundheitsschutzes, der Krankheitsbehandlung und der Struktur der Gesundheitsversorgung her entwickelt worden. Sozialmedizinische Fragen z.B. werden in verschiedenen Abschnitten behandelt; einen eigenen Schwerpunkt „sozialmedizinische Forschung" weist dieses Programm daher nicht aus.
Diese Aufgaben betreffen folgende Bereiche:

- Forschung zur Verbesserung der Prävention
- Entwicklung und Erprobung von Früherkennungsverfahren
- Entwicklung und Validierung von Konzepten für Diagnostik, Therapie und Rehabilitation
- Forschung und Entwicklung zur Verbesserung von Arzneimitteln, Arzneimittelsicherheit und -versorgung
- Entwicklung und Bewertung fachübergreifender Verfahren und Technologien
- Forschung zur Leistungsfähigkeit und Wirtschaftlichkeit der Gesundheitseinrichtungen
- Forschung zur Organisation und Funktionserfüllung der gesetzlichen Krankenversicherung
- Forschung zur Planung der Versorgungsstrukturen im Gesundheitswesen
- Forschung zur Verbesserung des gesundheitspolitischen Steuerungsinstrumentariums
- Forschung und Entwicklung zur Verbesserung der Datenlage, der Information und Dokumentation im Gesundheitswesen

Von der Forschung oder der Entwicklung neuer Technologien werden vielfach keine Sofortlösungen, wohl aber längerfristig Verbesserungen in der Medizin und im Gesundheitswesen zu erwarten sein.

Bibliographie

Bundesminister für Forschung und Technologie (Hrsg.), *Programm der Bundesregierung zur Förderung von Forschung und Entwicklung im Dienste der Gesundheit 1978–1981*, Bonn 1978.

BMA (Hrsg.), *Sozialbericht 1980 (mit Materialienband)*, Bonn 1980.

BMA (Hrsg.), *Die Struktur der Ausgaben im Gesundheitsbereich und ihre Entwicklung seit 1970* (*Gesundheitsforschung*, Bd. 7), Bonn 1980.

Holler, A., Anstöße geben, in: *Bundesarbeitsblatt*, 1 (1980).

Institut für Arbeitsmarkt- und Berufsforschung, *Literaturdokumentation* (*Veröffentlichungen des IAB*, Sonderheft 7), Nürnberg 1979.

Pflanz, M., Bundesdeutsche Gesundheitsstatistik: Ein schwerkranker Patient, in: *Medical Tribune* v. 20.2.1976.

Zentralinstitut für die kassenärztliche Versorgung in der Bundesrepublik (Hrsg.), *Früherkennung bösartiger Neubildungen bei der Frau*, Köln 1977.

Michael Széplábi
Bundesministerium für Forschung und Technologie, Bonn

Erfolgsbewertung in der Forschungsförderung

Probleme und Verfahren im Bundesministerium für Forschung und Technologie

I. Forschung und Evaluierung

Historisch gesehen, gehört die Forschungsförderung weder zu den frühen noch zu den ausgeprägten Anwendungsfeldern von Evaluation und Evaluationsforschung[1]. Dennoch gibt es mindestens drei gewichtige Gründe, die für die Notwendigkeit einer Erfolgsbewertung im Bereich öffentlich geförderter Forschung und Entwicklung sprechen:

1. die erheblichen Steigerungsraten dieses Bereichs im allgemeinen Rahmen öffentlicher Ausgaben im letzten Jahrzehnt[2];
2. der hohe Anteil von Finanzmitteln, deren Verwendung nicht langfristig durch gesetzliche Verpflichtungen festgelegt ist – im Gegensatz zur allgemeinen Haushaltssituation in modernen Industriestaaten;
3. das wachsende Interesse der Öffentlichkeit an den sozialen Auswirkungen von Forschung und Entwicklung und, speziell, von neuen Technologien.

Die Legitimierung für die öffentliche Förderung von Forschung und Entwicklung mit ihrem hohen Grad an freien Entscheidungen bedarf daher eines Kriterienkatalogs für diese Entscheidungen: Dazu kann und soll die Evaluierung von laufenden und beendeten Forschungsvorhaben beitragen.

Aber welche Art von Evaluierung? Eine einheitliche Definition ist angesichts des breiten Anwendungsfeldes für die Praxis wenig aussagekräftig. Andererseits kann sich Erfolgsbewertung nicht auf spontane Urteile von Sachverständigen beschränken, sondern muß Instrumente und Techniken entwickeln, die sich sowohl für die Einschätzung von Einzelfällen als auch besonders für die vergleichende Bewertung eignen.

1 Vgl. C. H. Weiss, *Evaluation Research. Methods of Assessing Program Effectiveness*, Englewood Cliffs 1972 (deutsch: Opladen 1974). Für die Bundesrepublik: H.-U. Derlien, *Die Erfolgskontrolle staatlicher Planung. Eine empirische Untersuchung über Organisation, Methode und Politik der Programmevaluation*, Baden-Baden 1976, S. 73.

2 Die Ausgaben des Staates für Forschung und Entwicklung stiegen von 5,7 Mrd. DM im Jahre 1969 auf 14,2 Mrd. im Jahre 1978 mit einer durchschnittlichen Zuwachsrate von 10,7 % (*Bundesbericht Forschung VI*, Bonn 1979, S. 75).

In der Förderung des BMFT sind im wesentlichen zwei Ansatzpunkte für Evaluierung zu unterscheiden:

– die Ebene von *einzelnen Forschungsvorhaben*;
– die Ebene von *Forschungsprogrammen*.

Eine dritte Ebene – die Evaluierung der Organisation und Leistung von *Forschungseinrichtungen* – kann hier im Hintergrund bleiben. Zwar hat das BMFT in diesem Bereich, insbesondere im Hinblick auf die Großforschungseinrichtungen, Maßstäbe entwickelt und größere Erfahrungen gesammelt. Aber es handelt sich dabei nicht um Evaluierungs*forschung*, sondern um eine Art gutachterliche Einschätzung durch Gruppen von Sachverständigen im Hinblick auf Weiterförderung. Insoweit ist sie vom Zweck her eher der Begutachtung von Anträgen in der Projektförderung vergleichbar.

Für die Erfolgsbewertung von einzelnen Forschungsvorhaben gibt es ein relativ einfaches und formalisierendes Instrument im administrativen Verfahren der Forschungsförderung: Die damit befaßten Fachreferate haben den Erfolg eines Projekts durch Vergleich der Erfolgserwartung (ex ante) mit den Ergebnissen am Ende der Laufzeit zu bewerten. Im einzelnen wird auf Handhabung und Kriterien dieses Instruments weiter unten noch einzugehen sein.

Die inhaltlichen Ziele der Forschungspolitik sind jedoch weniger aus Institutionen und Einzelprojekten ersichtlich als aus Forschungsprogrammen. Hier liegt daher grundsätzlich auch der Hauptansatzpunkt für eine wissenschaftliche Erfolgsbewertung. Allerdings liegen hier auch die größten Schwierigkeiten für die Durchführung von Erfolgsbewertungen. Vier Probleme und Hindernisse, die sich typischerweise bei Forschungs- und Entwicklungsprogrammen ergeben, sind zu nennen:

I. 1. Der Zeithorizont der Evaluierung

Technologieforschung bedingt den langfristigen Einsatz von Finanzmitteln. Zu welchem Zeitpunkt sind wir in der Lage, eine sinnvolle Ergebnisbilanz aufzustellen? Die meisten der FuE-Programme haben eine Laufzeit von drei bis fünf Jahren, während Technologieforschung, z. B. Energieforschung, auf Jahrzehnte hin angelegt ist[3].

Eine zu kurzfristige Bewertung kann leicht zu falschen Resultaten führen, eine langfristige Bewertung muß entweder künftige Entwicklungen mit allen Unwägbarkeiten vorwegnehmen – oder sie kommt zu spät für zwischenzeitlich anstehende Entscheidungen. Denn die wichtigste Phase für forschungspolitische Entscheidungen liegt lange vor der Beendigung eines Forschungsprogramms: Fragen der Verlängerung, Fortschreibung, Veränderung, Verflechtung mit anderen Programmen oder auch des endgültigen Abschlusses sind bereits in diesem frühen Stadium zu beantworten.

3 Vgl. ebd., S. 35.

I. 2. Der „Lebenszyklus" von Ergebnissen angewandter oder problemorientierter Forschung

Bis zu welchem Anwendungs- oder Implementationsstadium kann oder soll Evaluierung die Ergebnisse in Forschung und Entwicklung verfolgen? Das Problem ist ähnlich gelagert wie die Frage nach dem Zeithorizont, aber nicht damit identisch.

Es gibt eine Reihe von faktischen und methodischen Hindernissen für die Messung des Erfolgs von FuE-Ergebnissen in ökonomischen Größen. Aber selbst wenn dies ohne weiteres möglich wäre: Kann man Innovations- und Diffusionsprozesse als Indikatoren für die Qualität von Forschung und Entwicklung verwenden? Eine Reihe von anderen Einflußgrößen, z.B. Marketing, wirtschaftliche Rahmenbedingungen und -veränderungen, spielen in diese Prozesse mit herein und können leicht zu Bewertungsergebnissen führen, die wenig zu tun haben mit der Qualität von Forschung und Entwicklung im engeren Sinne. Andererseits müssen „Fehlschläge" bei Einzelprojekten nicht unbedingt den Erfolg eines Forschungsprogramms verringern: Sie können, im Gegenteil, gerade den Fortschritt der Forschung an Punkten anzeigen, an denen über verschiedene Entwicklungsalternativen zu entscheiden ist, z.B. über verschiedene Verkehrstechnologien in der Zukunft[4].

I. 3. Berücksichtigung und Beteiligung sozialer Interessen

FuE-Programme laufen heute, ähnlich wie Programme der Sozialpolitik oder der Bildungspolitik, nicht mehr „unter Ausschluß der Öffentlichkeit". Soziale Interessen und Interessengruppen sind wesentlich bereits an der Formulierung der politischen Ziele und sogar der daraus abgeleiteten Programme in allen wesentlichen Demokratien beteiligt. Kann und soll diese Beteiligung bis in die formellen Verfahren der Erfolgsbewertung hineinreichen? Und soll dies bereits in der empirisch-wissenschaftlichen Evaluierung der Programme oder in einem zusätzlichen Schritt geschehen?

Die Antwort auf diese Fragen berührt das Selbstverständnis und die Methodologie der Evaluierungsforschung. Aber die Fragen richten sich nicht nur an die Evaluierungsforscher, sie bedürfen auch einer politischen Antwort.

I. 4. Wirkungszusammenhänge

Evaluierung muß fiktive Bewertungsschritte in einem dynamischen System von Wirkungszusammenhängen und gegenseitigen Abhängigkeiten (Interdependenzen)

4 Vgl. ebd., S. 35 f.

vollziehen. Die Ergebnisse sind um so verläßlicher, je einfacher sich die Wirkungszusammenhänge darstellen, die zu analysieren sind.
Andererseits kann jedoch die isolierte Betrachtung in einem vereinfachten Zusammenhang zu völlig anderen Resultaten führen als ein umfassender Systemanalyse-Ansatz, der die Entwicklung in anderen politischen und sozialen Bereichen mit berücksichtigt.

II. Formen der Evaluierung

Die Beschreibung der Probleme, die sich bei der Evaluierung von Forschungseinrichtungen, -projekten und insbesondere -programmen stellen, soll die Erfolgsbewertung in diesem Bereich nicht verhindern. Im Gegenteil, sie soll zu einer realistischen Einschätzung und Bewältigung der damit verbundenen Schwierigkeiten führen. Dazu gehört vor allem die Einsicht, daß Evaluierung in eine Zweck-Mittel-Beziehung eingebunden ist. Die Entwicklung eines einheitlichen Instrumentariums anzustreben, hat wohl schon deshalb wenig Aussicht auf Erfolg, weil die verschiedenen Anwendungsbereiche und Zwecksetzungen auch das Vorgehen wesentlich bestimmen. Anhand von einigen Verfahrensregeln und ausgewählten Forschungsarbeiten soll im folgenden exemplarisch gezeigt werden, inwieweit und auf welche Weise Evaluierung im Bereich von Forschung und Technologie institutional ist und wohin die weitere Entwicklung gehen kann.

II. 1. Verwaltungsinterne Erfolgsbewertung

Für die Forschungsverwaltung ist die Erfolgsbewertung kein Erkenntnisziel an sich, sondern eine notwendige Entscheidungshilfe und Legitimierung. Es ist daher eine Frage der Entscheidungsökonomie, ob die eigenen analytischen Mittel der Verwaltung dafür ausreichen oder ob sie sich auf eigens dazu organisierte Forschung stützen muß. Insgesamt gesehen wird ein Zustand kaum wünschenswert sein, bei dem jegliche Forschung einen sie reflektierenden zweiten Forschungsprozeß nach sich zieht und sich damit vom Aufwand her quasi automatisch verdoppelt. Anders ausgedrückt: Auch die Evaluierungsforschung hat sich der Evaluierung zu unterwerfen. Für die Ebene der Einzelprojekte hat dies zur Folge, daß in der Regel die Bewertung nicht durch *zusätzliche* Forschung, sondern lediglich mit einer standardisierten Auswertung der Forschungsergebnisse von der Verwaltung selbst – wo nötig, gestützt auf wissenschaftliche Beratung und Begutachtung – vorgenommen wird[5].

5 Dieses Verfahren gilt auch für Forschungsvorhaben anderer Ressorts. Vgl. *Koordinierungstaschenbuch für Forschungs- und Entwicklungsaktivitäten der Bundesregierung*, 2. Aufl., Bonn 1978, S. 103 f. In die gleiche Richtung gehen die detaillierten Verfahrensgrundsätze des Wissenschaftsrates zur Forschungsbewertung aus dem Jahre 1973, Wissenschaftsrat, *Empfehlungen zu Organisation, Planung und Förderung der Forschung*, Bonn 1975, S. 159 ff.

„Diese besteht in einem Vergleich zwischen den erreichten Arbeitsergebnissen und den in der Erfolgsprognose angestrebten Zielen. Sie erstreckt sich auf die Bewertung der Ergebnisse in Bezug auf

- die förder- oder ressortpolitischen Ziele der Förderprogramme und Leistungspläne der Ressorts,
- die wissenschaftlichen oder technischen Ziele des Vorhabens und seine Durchführung,
- den Kosten- und Zeitrahmen,
- die Verwertbarkeit der Ergebnisse (Patente, Lizenzen o.o.a.) und die Verwertungsmöglichkeiten.

Die Bewertung durch die Ressorts erfolgt auf der Grundlage eines abschließenden Berichts (Sachbericht, Schlußbericht) oder eines diesen ergänzenden Erfolgskontrollberichts ...“. Dieses seit 1977 praktizierte Verfahren ist zwangsläufig sehr allgemein und auf wenige stichwortartige Ausführungen beschränkt. Es befindet sich noch in der Erprobungsphase und wird gegenwärtig selbst einer Evaluierung unterzogen.

II. 2. Begleitforschung

Bei komplexeren Vorhaben, für die ein solcher schematischer Vergleich zwischen Forschungsziel und Ergebnis nicht genügend Aussagekraft besitzt, kann die wissenschaftliche Evaluierung mit Hilfe eines parallelen oder verbundenen Forschungsprojekts vorgenommen werden. Diese – in der Regel sozialwissenschaftliche – Begleitforschung bietet sich bei praxisnahen Modellversuchen an. Sie wurde bisher vor allem im Programm „Humanisierung des Arbeitslebens“ (HdA), bei der Entwicklung und Erprobung neuer Verkehrsmittel sowie in einigen Anwendungsbereichen der Datenverarbeitung eingesetzt. Bei näherer Betrachtung zeigen sich im Vergleich einzelner Begleituntersuchungen deutliche Funktionsunterschiede, darüber hinaus aber auch Ähnlichkeiten bei Problemen der Durchführung und Umsetzung.

Ein Beispiel aus dem HdA-Programm: Im Volkswagenwerk Salzgitter wurde von 1975 bis 1977 ein Modellversuch zur Entwicklung und Erprobung neuer Arbeitsstrukturen in der Produktion durchgeführt[6]. Dabei ging es vorrangig um die Frage, ob und inwieweit bei der Motorenmontage die konventionelle Fließbandarbeit durch Gruppenarbeit abgelöst werden könnte und welche Effekte sich dabei unter den Gesichtspunkten der „Humanität und Wirtschaftlichkeit“[7] einstellen würden.

6 Vgl. dazu den Abschlußbericht: *Gruppenarbeit in der Motorenmontage. Ein Vergleich von Arbeitsstrukturen* (Schriftenreihe: *Humanisierung des Arbeitslebens*, Bd. 3), Frankfurt a. M./New York 1980. Der Bericht besteht, entsprechend der Projektkonstellation, aus drei separaten Teilen, die von der Volkswagenwerk AG (Projektleiter M. Granel), vom Institut für Arbeits- und Betriebspsychologie der ETH Zürich (E. Ulich) und vom Institut für Arbeitswissenschaft der TH Darmstadt (W. Rohmert) verfaßt wurden.

7 *Gruppenarbeit*, S. 18.

Charakteristisch für Modellversuche mit Begleitforschung ist die Verschachtelung der Evaluierungsziele. Im vorliegenden Fall soll das Gesamtprojekt der vergleichenden Bewertung bestehender und neuer Arbeitsstrukturen dienen. Die Begleitforschung erhält in diesem Rahmen spezielle wissenschaftliche Aufgaben. Zwischen den Beteiligten werden folgende Schwerpunkte vereinbart[8]:

- Das Institut für Arbeit und Betriebspsychologie Zürich „nimmt die ergonomischen Untersuchungen ... vor und mißt Beanspruchung und Belastung der dort eingesetzten Mitarbeiter".
- Der Lehrstuhl für Arbeitswissenschaft der TH Darmstadt „übernimmt die Beurteilung der subjektiv erlebten Arbeitssituation durch Erhebung bei den in den jeweiligen Arbeitsstrukturen eingesetzten Mitarbeiter".
- Die Volkswagen AG „stellt die technischen und personellen Voraussetzungen für die Durchführung des Forschungsprojekts und ist zuständig für die betriebswirtschaftliche Beurteilung der Arbeitsstrukturen".

Die so angelegte Arbeitsteiligkeit erscheint zunächst recht eindeutig; im Verlauf des Forschungsprozesses werden jedoch – auch dies ist charakteristisch – zunehmend Unterschiede im Rollenverständnis der Begleitforschung deutlich und wirksam, die man zugespitzt so formulieren kann: Die Organisatoren des Modellversuchs sehen die Begleitforschung in einer *dienenden Funktion*, die vor allem darin besteht, wissenschaftliche Meß- und Beratungsleistungen nach dem Bedarf des Hauptprojekts beizusteuern[9]. Die Begleitforscher dagegen suchen eine distanzierte Position, aus der heraus sie nicht das Hauptprojekt vorrangig *bedienen*, sondern dessen Ablauf *analysieren* und dessen Ergebnis *bewerten* können[10]. So entstand im zitierten Beispiel ein Konflikt für das Gesamtvorhaben aus der Tatsache, daß die Leitung des Hauptprojekts die Erkenntnisse der Begleitforschung bereits während der Laufzeit bekanntgeben und nutzen wollte, während die Begleitforscher darin die Gefahr einer Beeinflussung des Untersuchungsfeldes und damit einer Verzerrung der Vergleichsmessung sahen[11]. Die Begleitforscher geben allerdings selbst zu, daß ihre Rollenverschiebung von der begleitenden zur beratenden, bisweilen sogar zur intervenierenden Funktion der Begleitforschung nicht ohne eigenes Zutun geschah, sondern z.T. von ihnen selbst eingeleitet wurde[12].

Die Ergebnisse des Gesamtvorhabens – insgesamt steht eine Reihe positiver Feststellungen zu Ergonomie, Arbeitszufriedenheit und beruflicher Weiterqualifikation bei der Analyse der Gruppenmontage einer einschränkenden Aussage zur Umsetzbarkeit für größere Serien unter Wirtschaftlichkeitskriterien gegenüber – sind in ihrem Inhalt für unseren Zusammenhang weniger wichtig als die Art ihrer Darstellung und die daraus zu ziehenden Schlußfolgerungen: Die Einzelberichte innerhalb der Projektkonstellation werden wegen der Auffassungs-

8 *Gruppenarbeit*, S. 19 f.
9 Vgl. *Gruppenarbeit*, S. 37 f.
10 Vgl. *Gruppenarbeit*, S. 38.
11 Vgl. *Gruppenarbeit*, S. 108.
12 Vgl. *Gruppenarbeit*, S. 48, 95, 125.

unterschiede in der Veröffentlichung nicht integriert, sondern unverbunden hintereinander präsentiert. Damit wird letztlich – trotz oder wegen der bereits im Konzept angelegten „Schachtel-Evaluierung" – die geschlossene Bewertung an *dritte Evaluierungsinstanzen* verwiesen.

Zwar wird dies von den Beteiligten noch übereinstimmend als Schwäche interpretiert und mit der unzulänglichen konzeptionellen Abstimmung begründet; aber auch anders angelegte Begleituntersuchungen zu technischen Entwicklungsprojekten deuten darauf hin, daß es sich zumindest teilweise um ein grundsätzliches Problem handelt, das sowohl von Auftraggebern als auch im Anspruch der Forschung selbst unterschätzt wurde[13].

Bekräftigt wird diese Vermutung für das HdA-Programm insgesamt durch eine Untersuchung, die als Beispiel für interessenbezogene Begleitforschung zu einem ganzen Forschungsprogramm (vgl. dazu die grundsätzliche Feststellung oben unter I. 3.) gelten kann[14]. Zwar wird hier in einem vorsichtig formulierten „Zwischenergebnis" nach viereinhalb Jahren Laufzeit festgestellt, daß das „Ziel einer umfassenden HdA entsprechend den gewerkschaftlichen Forderungsschwerpunkten ... mit Betriebsprojekten bisher nicht erreicht worden" ist[15], aber es wird eingeräumt, daß eine „solche Aufgabe ... freilich auch nicht allein vom HdA-Programm gelöst werden kann, das als staatliches Forschungsprogramm ... strukturell begrenzt ist"[16].

Als Grenzen werden genannt: die fehlende Einbeziehung der Rahmenbedingungen für unternehmerische Gesamtplanung in die Analyse und die Freiwilligkeit der Umsetzung von Forschungsergebnissen durch die Unternehmungen. Damit ist auch für die Programm-Ebene auf „dritte" Evaluierungsinstanzen verwiesen, allerdings nicht mehr als Verlegenheitslösung, sondern als Konsequenz aus einer „strukturellen" Begrenzung der Forschung. Auch die Evaluierung durch Forschung bleibt letztlich beschränkt auf die Funktion, mehr oder weniger hilfreiches Angebot für eine mögliche Umsetzung in private Unternehmens- oder staatliche Regulierungsentscheidungen zu sein.

13 Ein sehr breit angelegtes Beispiel aus dem Bereich der Modellversuche der Datenverarbeitung ist die Sozialwissenschaftliche Begleituntersuchung zu „DOMINIG". Das Vorhaben, das von den Instituten INFAS (Bonn) und Medi-Plan (Hamburg) durchgeführt wird, ist zwar noch nicht abgeschlossen, läßt aber ähnliche Schwierigkeiten im Verhältnis zum Hauptprojekt erkennen wie die dargestellte Begleitforschung zum arbeitsorganisatorischen Modellversuch bei VW. Von vornherein als selbständige Untersuchung angelegt war dagegen ein weiteres im Rahmen des HdA-Programms beim Volkswagenwerk durchgeführtes Begleitforschungsprojekt des Soziologischen Forschungsinstituts Göttingen, *Ökonomische Bedingungen und soziale Folgen des Einsatzes von Industrierobotern. Forschungsberichte des Soziologischen Forschungsinstituts Göttingen (SOFI) 1980.*

14 Wirtschaftswissenschaftliches Institut des Deutschen Gewerkschaftsbundes (WSI), *Gewerkschaften und Humanisierung der Arbeit. Zur Bewertung des HdA-Programms*, Frankfurt a.M. / New York 1980. Deutlicher wird die Evaluierungsaufgabe im ursprünglichen Projekt-Thema: *Implikationen des Regierungsprogramms zur Humanisierung der Arbeit für die Arbeitnehmer und ihre Gewerkschaften.*

15 WSI, *Gewerkschaften*, S. 201.

16 Ebd., S. 205.

Allerdings stellt die Forschung nur *einen* Faktor im Rahmen der interessenbezogenen Begleitung des HdA-Programms dar, bei dem Gewerkschaften und Arbeitgeberverbände zusammen mit Fachwissenschaftlern ständig an einem Diskussionsprozeß über Konzeption, Durchführung und Ergebnisbewertung beteiligt sind.

II. 3. Akzeptanzforschung

Bei der Einführung neuer Technologien, die ein gewisses Maß an Gestaltungsfreiheit zulassen und andererseits schwer abschätzbare soziale Widerstände hervorrufen können, empfiehlt sich eine vorauslaufende Untersuchung über die soziale Verträglichkeit des technischen Entwicklungskonzepts.

Ein Beispiel aus der Verkehrsforschung: Für einen geplanten Modellversuch mit zwei Neuentwicklungen für den Personen-Nahverkehr wurden in den vorgesehenen Einsatzbereichen Untersuchungen zur „Mitwirkung der Bürger bei der Einsatzplanung von Kabinenbahnen" gemacht[17]. Um Begleitforschung handelt es sich dabei nur insofern, als die Untersuchungen jeweils parallel zu technisch-ökonomischen „Durchführbarkeitsstudien" liefen, allerdings ohne die feste funktionale Koppelung wie im vorher geschilderten Fall, da ja der eigentliche Modellversuch erst für die Zeit nach Vorliegen der Ergebnisse vorgesehen war. Die Forschung soll hier also das Pilotprojekt *nicht begleiten*, sondern als Akzeptanz- und Beteiligungsforschung *vorbereiten*.

Trotz der gemäßigt optimistischen Einschätzung der Autoren zu den „Realisierungschancen für Einführungs- und Durchführungsmodelle"[18] kam es in beiden Fällen gar nicht zum Modellversuch: Die letztlich bewertenden Instanzen befanden sich auch hier jenseits der Forschung, in diesem Falle in den kommunalen Parlamenten und Verwaltungen, und diese zogen andere Schlußfolgerungen aus den Forschungsergebnissen.

Weitaus größere Bedeutung hat die Akzeptanzforschung im Bereich der Kernenergiegewinnung erlangt, hier allerdings erst in der frühen Verbreitungsphase der neuen Technologie, als sich die Möglichkeit sozialer Konflikte als „Engpaß für die großtechnische Einführung der Kernenergie"[19] in der öffentlichen Diskussion abzeichnete. Seit Mitte der siebziger Jahre traten neben die Forschung zur Weiterentwicklung der Technologie verstärkt auch Untersuchungen über deren soziale Verträglichkeit.

17 Battelle-Institut, *Mitwirkung der Bürger bei der Einsatzplanung von Kabinenbahnen. Forschungsbericht*, Frankfurt a. M., o. J.

18 Ebd., Bd. 1, S. 139; Bd. 2, S. 125.

19 Arbeitsgemeinschaft der Großforschungseinrichtungen, *Konsequenzen des großtechnischen Einsatzes der Kernenergie der Bundesrepublik Deutschland*, Teil V: *Die Akzeptanzproblematik der Kernenergie*, Köln 1978, S. 0–1.

Im Vordergrund stand dabei zunächst die Einstellung der Bevölkerung[20] oder einzelner Gruppen[21] zum Betrieb von Kernkraftwerken, teilweise auch im Vergleich mit anderen Energiegewinnungsarten[22]. Später kamen sozialpsychologische[23] und organisationssoziologische[24] Erklärungsversuche hinzu.

Welchen Einfluß die Akzeptanzforschung auf den tatsächlichen Verlauf der Kernenergienutzung ausübt, wird sich angesichts der außerordentlich komplexen Entscheidungsfindung und Durchsetzungsweisen von getroffenen Entscheidungen wohl erst in der Zukunft durch rückblickende historische Analysen beurteilen lassen. Die Schwierigkeit für die Forschung wie für die an ihren Ergebnissen interessierte Praxis liegt vor allem darin, demoskopische Schwankungen vom grundsätzlichen Einstellungwandel zu unterscheiden und das relative Gewicht von eingetretenen oder erwarteten Folgen (Beschäftigung, Umwelt) und Ereignissen (Harrisbourg, Ölpreis-Krise) richtig einzuschätzen. Damit sind wir bei der Wirkungs- und Folgenforschung als weiterer Ausprägung der Forschungsevaluierung angelangt.

II. 4. Wirkungsforschung und Folgenabschätzung

Bei der Frage nach den Auswirkungen staatlich geförderter Forschung und Entwicklung nehmen seit einigen Jahren die Beschäftigungseffekte einen breiten Raum ein. Dabei stehen sich in der öffentlichen Diskussion nicht nur einander widersprechende Vermutungen über quantitative Arbeitsmarktveränderungen gegenüber (arbeitsschaffende oder arbeitssparende neue Technologien – „Jobkiller versus Jobknüller"), sondern auch gegensätzliche Hypothesen über die qualitativen Arbeitsplatzwirkungen des „technischen Fortschritts" (Höherqualifizierung bzw. Dequalifizierung).

Untersucht wurden hier in letzter Zeit die zuordnungsfähigen Einflüsse staatlicher Forschungs- und Technologiepolitik[25], die auf einzelne Technologiebereiche zurückzuführenden Anstöße[26] und in einem umfassenden Regierungsauftrag

20 Siehe Arbeitsgruppe Kernenergie, *Informationen der Kernforschungsanlage Jülich: Kernenergie aus der Sicht der Bevölkerung Analyse von Einstellungen und Motiven*, Jülich 1977.

21 Siehe Battelle-Institut, *Bürgerinitiativen im Bereich von Kernkraftwerken*, Frankfurt a.M. 1975.

22 Siehe Battelle-Institut, *Einstellung und Verhalten der Bevölkerung gegenüber verschiedenen Energiegewinnungsarten*, Frankfurt a.M. 1977.

23 Siehe Arbeitsgemeinschaft der Großforschungseinrichtungen, *Konsequenzen*, Teil V, S. 16 ff.

24 Siehe *Bürgerinitiativen in der Gesellschaft. Argumente in der Energiediskussion*, hrsg. v. V. Hauff, Bd. 9, Villingen 1980.

25 Vgl. K. Schlögl/H. Wolff, *Arbeitsplatzwirkungen der öffentlichen Förderung von Forschung und Entwicklung*, Basel (Prognos) 1978.

26 Vgl. *Informationstechnologie und Beschäftigung. Eine Übersicht über internationale Studien* (*Schriftenreihe Technologie und Beschäftigung*, Bd. 3), hrsg. vom Bundesminister für Forschung und Technologie, Düsseldorf 1980.

die akkumulierten Wirkungen der technischen Entwicklung[27]. Die wissenschaftlichen Meß- und Bewertungsversuche ergeben bislang kein einheitliches Bild[28]. Eindeutige Kausalitäten zu bestimmen, bringt angesichts des verzweigten Strukturgefüges von Wirtschaft und Arbeitswelt selbst bei einer scheinbar so einfachen Bezugsgröße wie Beschäftigung erhebliche Schwierigkeiten mit sich, zumal hier in der Regel zukunftsbezogene Aussagen (Prognosen) gefragt sind.

Noch erheblich schwieriger wird die vorausschauende Bewertung, wenn neben den ökonomisch quantifizierbaren Folgen im Arbeitsbereich auch noch die Auswirkungen auf die übrigen Lebensbedingungen erfaßt werden sollen. Die empirisch-analytisch vorgehende Wissenschaft wird hier lediglich Schätzergebnisse für die verschiedenen Einzelbereiche denkbarer Folgen vorlegen können, da es keine allgemein gültige gesellschaftliche Nutzen- oder Schadenskala gibt. Hier zeigt sich am deutlichsten, daß der oben erwähnte Verweis auf „dritte" Evaluierungsinstanzen keineswegs ein Konstruktionsmangel der Evaluierungsforschung ist, sondern ein fester Bestandteil des politischen und gesellschaftlichen Rahmens, in dem die Wissenschaft Entscheidungen vorbereiten und beeinflussen, aber nicht vorwegnehmen oder determinieren kann.

Zwei Beispiele für den Versuch umfassender Folgenabschätzung in kontrovers diskutierten Technologiebereichen: Notwendigkeit, Bedingungen und Folgen des großtechnischen Einsatzes der Kernenergie in der Bundesrepublik Deutschland wurden im Zeitraum von 1976 bis 1978 im Rahmen des gemeinsamen Programms „Angewandte Systemanalysen" (ASA) in der Arbeitsgemeinschaft der Großforschungseinrichtungen untersucht[29]. Die Ergebnisse liegen in sechs Teilstudien vor; sie beziehen sich jeweils auf die folgenden Themen:

- die zukünftigen Anforderungen an die Versorgung mit Kernbrennstoffen;
- Fragen der Entsorgung von Kernkraftwerken;
- wirtschaftliche Aspekte der Kernenergienutzung;
- die Umweltauswirkungen von Kernkraftwerken und Anlagen des nuklearen Brennstoffkreislaufs;
- die Problematik der Akzeptanz der Kernenergie;
- Fragen der Kernmaterialüberwachung.

In einer anderen mehrteiligen Studie wurden die komplexen Wirkungszusammenhänge neuer Informationstechnologien untersucht[30].

Die Gegenüberstellung dieser beiden Beispiele zeigt eine Reihe typischer Probleme, sowohl im Verhältnis von Technik und Gesellschaft als auch für die Vor-

27 Vgl. *Technischer Fortschritt. Auswirkungen auf Wirtschaft und Arbeitsmarkt.* Untersuchung der Prognos AG, Basel, und Mackintosh Consultants Company, Luton (*Schriftenreihe Technologie und Beschäftigung*, Bd. 2), hrsg. vom Bundesminister für Forschung und Technologie, Düsseldorf 1980.

28 Vgl. *Neue Technologien und Beschäftigung. Eine Einführung in die aktuelle Diskussion* (*Schriftenreihe Technologie und Beschäftigung*, Bd. 1), hrsg. vom Bundesminister für Forschung und Technologie, Düsseldorf 1980, S. 72.

29 Vgl. Arbeitsgemeinschaft der Großforschungseinrichtungen, *Konsequenzen*, Teil I bis VI und Kurzfassung, Köln 1978.

30 Vgl. J. Reese u.a., *Gefahren der informationstechnischen Entwicklung*, Frankfurt a.M. 1979.

aussetzungen und Möglichkeiten verläßlicher Technikfolgen-Abschätzung: Bei der Kernenergie liegt das Schwergewicht auf den Funktionsbedingungen der Technik selbst, während die darauf bezogenen sozialen Fragen vorwiegend auf gesellschaftliche Reaktionen beschränkt sind. Bei der Informationstechnologie mit ihren sehr breiten und differenzierten Anwendungsmöglichkeiten treten die sozialen Folgen zu einem großen Teil unmittelbar im jeweiligen Einsatzbereich auf. Beide Untersuchungsfelder sind für die Forschung nur mit einem Maß an interdisziplinärer Zusammenarbeit zu bewältigen, das bisher in der wissenschaftlichen Ausbildung erst in Ansätzen vorhanden ist. So wird die Aneignung von „Technologiekompetenz" für Sozialwissenschaftler zur unabdingbaren Voraussetzung für die Übernahme von technologiebezogenen Evaluierungsprojekten; hier besteht gegenwärtig ein Engpaß, der zugleich Chancen für die Spezialisierung in der anwendungsorientierten Sozialforschung bietet.

Zwei besondere Risiken für die Treffsicherheit der Evaluierung kommen bei der Technikfolgen-Abschätzung zusammen: Erstens hat die technische Entwicklung mit ihrer Variationsbreite und Innovationskraft, wie schon oben dargelegt, mehr Freiheitsgrade als etwa die Entwicklung im Bildungssektor oder in den sozialpolitisch relevanten Bereichen. Zweitens liegt die Bezugszeit der Aussagen in der Zukunft. Der Sprung von der empirischen Wirkungsanalyse, also einer ex-post-Evaluierung, zur Wirkungsprognose bedeutet sehr viel mehr als eine zeitliche Phasenverschiebung der Aussagen in die Zukunft hinein. Die Bezeichnung „ex-ante-Evaluierung"[31] täuscht daher m.E. mehr über Inhalte und Funktionen hinweg, als sie zur Klärung beizutragen vermag. Denn Prognosen unter solchen Rahmenbedingungen sind – im Gegensatz zur ex-post-Evaluierung – zum Zeitpunkt ihrer Veröffentlichung nur in Grenzen überprüfbar. Dennoch sind sie gerade zu dieser Zeit am wirksamsten und unterliegen damit auch den Spielregeln der sich selbst erfüllenden bzw. widerlegenden Vorhersagen.

Wie kommen wir aus diesem Dilemma heraus?

(1.) Beständige oder wiederkehrende Beziehungszusammenhänge zwischen Technik und Gesellschaft sind aufzuklären– nicht nur mit der fallweisen Betrachtung der sozialen Folgen technischer Entwicklung, sondern auch mit der empirischen Analyse der technischen Entwicklung aus ihren sozialen Rahmenbedingungen heraus. Nur über diese umfassenderen Fragestellungen werden die Probleme der sozialen Steuerbarkeit und politischen Verantwortbarkeit des technischen Fortschritts aufzuhellen sein. Einzelne Untersuchungen können dabei nur Zwischenstation einer ständigen Auseinandersetzung sein, die mit dem Prozeß der Forschung und Entwicklung einher geht.

31 Vgl. den ansonsten sehr instruktiven Beitrag von Robert F. Rich mit einem Beispiel aus der Technologiefolgenabschätzung in diesem Band.

Praktische Schlußfolgerungen wurden daraus erstmals im Forschungsprogramm „Technische Kommunikation“[32] gezogen: Hier gibt es erstmals neben der Förderung technischer Entwicklungen ein eigenes Teilprogramm „Soziale und Wirtschaftliche Grundlagen der Technologieförderung“. Diese Programmstruktur hat noch einmal ihre Entsprechung in der institutionellen Förderung, die im Rahmen des Heinrich-Hertz-Instituts für Nachrichtentechnik eine „Gruppe wirtschafts- und sozialwissenschaftliche Analysen“[33] unterhält. Solche Vorarbeiten dürften in Zukunft die Lösung einer naheliegenden, aber bisher noch nicht in Angriff genommenen Aufgabe erleichtern: die Evaluierung ganzer Forschungsprogramme, und zwar zu einem Zeitpunkt, an dem die notwendigen Folge-Entscheidungen noch offen sind.

(2.) Die Sozialforschung wird nicht nur zur Bewertung, sondern auch zur Ausgestaltung der neuen Technologien herangezogen. Mit einer solchen „technologieanstoßenden Sozialforschung“[34] wird zwar der engere Blickwinkel der Evaluation verlassen, aber angesichts des Gegenstandsbereichs erscheint dies konsequent, gerade wenn wir auf dem instrumentellen Charakter der Evaluierungsforschung beharren. Denn im Gegensatz zu anderen Politikbereichen ist es fraglich, ob die begleitende Analyse von technischen Entwicklungen an deren weiterem Verlauf noch etwas zu ändern vermag. Zumindest ist durch die bisherigen Evaluierungen die Hypothese keineswegs widerlegt, daß Wirkungs- und Folgenforschung eine „abhängige Variable“ der fortschreitenden technischen Entwicklungen und daher praktisch nur von geringem Einfluß bleibt, solange sie vom Ansatz her auf die Beeinflussung von politischen Entscheidungen über die Einführung und Nutzung dieser Technologien gerichtet ist[35] . Hinzu kommt, daß dieser Forschungsansatz sehr leicht in den Verdacht gerät, einer mit wissenschaftlicher Autorität gestützten Technologiefeindlichkeit Vorschub zu leisten.

III. Epilog

In dieser Darstellung wurde eine Palette recht unterschiedlicher Forschungsarbeiten zusammengefaßt. Zu erwähnen sind hier noch die einschlägigen Arbeiten

32 *Programm der Bundesregierung zur Förderung von Forschung und Entwicklung im Bereich der Technischen Kommunikation 1978 bis 1982*, hrsg. vom Bundesminister für Forschung und Technologie und vom Bundesminister für das Post- und Fernmeldewesen, Bonn 1979, S. 99 ff.

33 Ebd., S. 100.

34 *Bundesbericht Forschung VI*, S. 42.

35 Näher ausgeführt und begründet habe ich diese Behauptung in dem Referat „Sozialwissenschaftliche Technologieforschung – Aufgaben und Widerstände“ auf dem Berliner Soziologentag 1979 sowie in dem Aufsatz „Technologische Entwicklung und sozialwissenschaftliche Forschung“, in M. Schmutzer (Hrsg.), *Technische Innovation – Soziale Innovation*, Wien (Interdisziplinäres Forschungszentrum) 1979, S. 127 ff.

im Rahmen der Kommission für wirtschaftlichen und sozialen Wandel[36]. Sie alle dienen – neben anderen Forschungszielen – auch dem Zweck der Evaluierung von Forschung und Entwicklung.

Dennoch ist Evaluierung durch Forschung nur ein Teilaspekt in der öffentlichen Diskussion und Evaluierung der Forschungs- und Technologiepolitik. Daneben sind vor allem zwei Formen zu nennen: die in regelmäßigen Abständen erscheinenden *Forschungsberichte* der Bundesregierung und *Dialoge* sowie der im Jahre 1979 gegründete *Technologiepolitische Dialog*, der bereits seit mehreren Jahren durchgeführte *Bürgerdialog Kernenergie* und das eben begonnene Forum *Technologischer Wandel und Beschäftigung*. Hervorstechendes Merkmal dieser „offenen Evaluierungsformen" ist dabei, daß als Adressaten und Beteiligte diejenigen sozialen Interessen einbezogen worden sind, die letztlich über die Umsetzung der Forschungsergebnisse im einzelnen entscheiden, also die „dritten" Evaluatoren der politischen und gesellschaftlichen Praxis. Sie stützen sich zwar auch auf die Aussagen evaluierender Forschung, ihr Urteil muß jedoch letztlich keineswegs mit diesen Aussagen übereinstimmen.

36 Vgl. insbesondere den Abschlußbericht: *Wirtschaftlicher und sozialer Wandel in der Bundesrepublik Deutschland. Gutachten der Kommission für wirtschaftlichen und sozialen Wandel*, Göttingen 1977, S. 241 ff., sowie die Einzeluntersuchung von G. Bräunling/ D.-M. Harmsen, *Die Förderungsprinzipien und Instrumente der Forschungs- und Technologiepolitik* (*Schriften der Kommission für wirtschaftlichen und sozialen Wandel*, Bd. 85), Göttingen 1975.

Bibliographie

Arbeitsgemeinschaft der Großforschungseinrichtungen, *Konsequenzen des großtechnischen Einsatzes der Kernenergie der Bundesrepublik Deutschland*, Teile I bis V und Kurzfassung, Köln 1978.

Arbeitsgruppe Kernenergie, *Informationen der Kernforschungsanlage Jülich: Kernenergie aus der Sicht der Bevölkerung – Analyse von Einstellungen und Motiven*, Jülich 1977.

Battelle-Institut, *Mitwirkung der Bürger bei der Einsatzplanung von Kabinenbahnen. Forschungsbericht*, Frankfurt a. M. o. J.

dass., *Bürgerinitiativen im Bereich von Kernkraftwerken*, Frankfurt a.M. 1975.

dass., *Einstellung und Verhalten der Bevölkerung gegenüber verschiedenen Energiegewinnungsarten*, Frankfurt a.M. 1977.

Bräunling, G./D.-M. Harmsen, *Die Förderungsprinzipien und Instrumente der Forschungs- und Technologiepolitik* (*Schriften der Kommission für wirtschaftlichen und sozialen Wandel*, Bd. 85), Göttingen 1975.

Bundesminister für Forschung und Technologie, *Neue Technologien und Beschäftigung. Eine Einführung in die aktuelle Diskussion* (*Schriftenreihe Technologie und Beschäftigung*, Bd. 1), Düsseldorf 1980.

ders., *Technischer Fortschritt. Auswirkungen auf Wirtschaft und Arbeitsmarkt*. Untersuchung der Prognos AG, Basel, und Mackintosh Company, Luton (*Schriftenreihe Technologie und Beschäftigung*, Bd. 2, Düsseldorf 1980.

ders., *Informationstechnologie und Beschäftigung. Eine Übersicht über internationale Studien* (*Schriftenreihe Technologie und Beschäftigung*, Bd. 3), Düsseldorf 1980.

ders., *Bundesbericht Forschung VI*, Bonn 1979.

ders./Bundesminister für das Post- und Fernmeldewesen, *Programm der Bundesregierung zur Förderung von Forschung und Entwicklung im Bereich der Technischen Kommunikation 1978 bis 1982*, Bonn 1979.

ders., *Koordinierungstaschenbuch für Forschungs- und Entwicklungsaktivitäten der Bundesregierung*, 2. Aufl., Bonn 1978.

Derlien, H.-U., *Die Erfolgskontrolle staatlicher Planung. Eine empirische Untersuchung über Organisation, Methode und Politik der Programmevaluation*, Baden-Baden 1976.

Gruppenarbeit in der Motorenmontage. Ein Vergleich von Arbeitsstrukturen (Schriftenreihe Humanisierung des Arbeitslebens, Bd. 3), Frankfurt a.M./New York 1980.

Hauff, V. (Hrsg.), *Bürgerinitiativen in der Gesellschaft. Argumente in der Energiediskussion*, Villingen 1980.

Kommission für wirtschaftlichen und sozialen Wandel, *Abschlußbericht zum Gutachten: Wirtschaftlicher und sozialer Wandel in der Bundesrepublik Deutschland*, Göttingen 1977.

Prognos AG und Mackintosh Consultants Company, *Technischer Fortschritt. Auswirkungen auf Wirtschaft und Arbeitsmarkt. Untersuchung*, Basel/Luton o.J.

Reese, J. u.a., *Gefahren der informationstechnischen Entwicklung*, Frankfurt a.M. 1979.

Rich, F., *Ein Beitrag zur Technologiefolgenabschätzung*, American-German Evaluation Research Workshop, Berlin 1979.

Schlögl, K./H. Wolff, *Arbeitsplatzwirkungen der öffentlichen Förderung von Forschung und Entwicklung*, Basel (Prognos) 1978.

Soziologisches Forschungsinstitut Göttingen, *Ökonomische Bedingungen und soziale Folgen des Einsatzes von Industrierobotern. Forschungsberichte*, Göttingen 1980.

Széplábi, M., *Sozialwissenschaftliche Technologieforschung – Aufgaben und Widerstände*, Referat, gehalten auf dem Berliner Soziologentag 1979.

ders., Technologische Entwicklung und sozialwissenschaftliche Forschung, in: M. Schmutzer (Hrsg.), *Technische Innovation – Soziale Innovation*, Wien (Interdisziplinäres Forschungszentrum) 1979.

Weiss, C. H., *Evaluation Research. Methods of Assessing Program Effectiveness*, Englewood Cliffs 1972.

Wirtschaftswissenschaftliches Institut des Deutschen Gewerkschaftsbundes (WSI), *Gewerkschaften und Humanisierung der Arbeit. Zur Bewertung des HdA-Programms*, Frankfurt a.M./New York 1980.

Wissenschaftsrat, *Empfehlungen zu Organisation, Planung und Förderung der Forschung*, Bonn 1975.

Horst M. Bölting
Bundesministerium für Raumordnung, Bauwesen und Städtebau, Bonn

Probleme der Umsetzung von Wirkungsforschung im Bundesministerium für Raumordnung, Bauwesen und Städtebau

I. Bisheriger Stellenwert der Wirkungsforschung

Die raumordnerische und städtbauliche Ressortforschung des Bundesministers für Raumordnung, Bauwesen und Städtebau wird seit 1974 in dem *Mittelfristigen Forschungsprogramm Raumordnung und Städtebau* zusammengefaßt[1]. Ziel des Programms ist es, für die Arbeit des Ministeriums instrument- und entscheidungsorientierte Forschungsergebnisse zu erarbeiten und diese dann nach Möglichkeit in die Gesetzgebung einfließen zu lassen[2]. Die starke Instrument- und Entscheidungsorientierung des Forschungsprogramms ist eine wesentliche Ursache dafür, daß sich ein zunehmend größerer Teil der in den letzten Jahren vergebenen Forschungsarbeiten mit der Wirkungsweise und dem Erfolg einzelner Politiken und Maßnahmen befaßt hat[3]. Eine umfassende Beschreibung der schon abgeschlossenen und laufenden Projekte und der dabei erzielten Ergebnisse zu liefern, ist hier nicht möglich[4]. Der vorliegende Bericht beschränkt sich daher auf einige – nach Auffassung des Verfassers typische – Aspekte und Erfahrungen der Wirkungsforschung des Bundesministers für Raumordnung, Bauwesen und Städtebau. Zur besseren Einordnung sollen jedoch zuvor einige grundlegende Informationen gegeben werden:

1 Vgl. Der Bundesminister für Raumordnung, Bauwesen und Städtebau, *Mittelfristiges Forschungsprogramm „Raumentwicklung und Siedlungsentwicklung"*, o.O., 1974; inzwischen liegt eine inhaltliche Fortschreibung dieses Programms vor; vgl. ders., *Mittelfristiges Forschungsprogramm „Raumordnung und Städtebau"*, o.O., 1979. Neben der Auftragsvergabe an Außenstehende (Auftragsforschung) ist auch auf die Forschungsarbeiten hinzuweisen, die von der dem Ministerium nachgeordneten Bundesforschungsanstalt für Landeskunde und Raumordnung sowie von den Zuwendungsempfängern durchgeführt werden. Auf diese wird in diesem Beitrag jedoch nicht explizit eingegangen.

2 Vgl. H. Pflaumer, Zum Verhältnis von Grundlagenforschung und Ressortforschung im Bereich von Raumplanung und Städtebau, in: *Stadtbauwelt*, 57 (1978), S. 420.

3 Diese Tendenz zeichnete sich schon bei der Zwischenbilanz im Jahre 1976 ab, vgl. H. Pflaumer, Zwischenbilanz Forschungsprogramm Raumentwicklung und Siedlungsentwicklung. Einführung, in: *Informationen zur Raumentwicklung*, 1976, S. 499.

4 Einen Überblick über die Themenschwerpunkte im Zeitraum 1974–77 gibt K. Ganser, Übersicht über die anwendungsorientierte Ressortforschung des BMBau (Stand Dezember 1977), in: Bundesforschungsanstalt für Landeskunde und Raumordnung (Hrsg.), *Wer forscht was für die räumliche Planung. Sachstand und Perspektiven*, Bonn-Bad Godesberg 1978, S. 7 ff.

1. In den ersten vier Jahren wurden im Rahmen des Forschungsprogramms über 120 Projekte mit einem Mittelvolumen von über 20 Mill. DM vergeben. Mehr als 50 Projekte waren zu diesem Zeitpunkt bereits abgeschlossen[5]. Der größte Teil der Ergebnisberichte wurde in den Schriftenreihen des Ministeriums veröffentlicht[6].
2. Die bisherige Wirkungsforschung innerhalb dieses Programms hat fast das gesamte Spektrum staatlicher Instrumente zum Gegenstand gehabt. Gesetzliche Regelungen sind ebenso auf ihre Wirkung und Effektivität hin untersucht worden wie vorhandene Finanzhilfen und staatliche Infrastrukturmaßnahmen. Dabei wurden – da das Ministerium vor allem auch Koordinierungsfunktionen hinsichtlich des Einsatzes der raumwirksamen Mittel wahrzunehmen hat[7] – neben ressorteigenen auch Maßnahmen und Programme anderer Ressorts untersucht, die einen regionalen oder Umwelteinfluß ausüben.
3. Eine unmittelbar auf Politikberatung ausgerichtete Forschung bedingt ausreichende Grundlagenkenntnisse und Forschungskapazitäten. Diese Voraussetzungen sind im Bereich der Wirkungsforschung bisher nicht gegeben[8]. Daher mußten die sachlichen und methodischen Voraussetzungen für die Durchführung konkreter Wirkungsanalysen meistens erst selbst erarbeitet werden[9]. Aus diesem Grun-

5 Die Zahlenangaben sind entnommen der Zwischenbilanz von P. Runkel, Das Forschungsprogramm Raum- und Siedlungsentwicklung im BMBau, in: *Bundesbaublatt,* 1978, S. 476 ff.

6 Vgl. z. B. P. Runkel, Städtebauliche Forschungsberichte 1978 des Bundesministers für Raumordnung, Bauwesen und Städtebau, in: *Bundesbaublatt,* 1979, S. 292 ff.; ders., Raumordnerische Forschungsberichte 1978 des Bundesministers für Raumordnung, Bauwesen und Städtebau, in: *Bundesbaublatt,* 1979, S. 765 ff. Die Berichte werden, soweit die Auflage reicht, an Interessenten auf Anfrage abgegeben.

7 Nach § 4 Abs. 1 des Raumordnungsgesetzes hat der für die Raumordnung zuständige Bundesminister auf die Verwirklichung der Raumordnungsgrundsätze hinzuwirken, insbesondere durch Abstimmung der raumbedeutsamen Planungen und Maßnahmen einschließlich des Einsatzes raumwirksamer Investitionen.

8 Als Gründe für das relativ späte Einsetzen der Wirkungsforschung werden genannt „zum einen das Zurückbleiben der sozialwissenschaftlichen empirischen Forschung, die Schwierigkeiten, die bei einer Zurechnung von Ursachen zu Wirkungen auftreten, die unzureichenden Datengrundlagen . . . sowie die eher reaktiv orientierte Verhaltensweise der staatlichen Akteure", so G.M. Hellstern/H. Wollmann, *Arbeitspapier für den Arbeitskreis „Erfolgskontrolle und Wirkungsanalyse in der Raumordnung" der Akademie für Raumordnung und Landesplanung,* Dez. 1978, S. 31. Vor allem im Hochschulbereich, dem wichtigsten Träger der Grundlagenforschung, scheinen zur Zeit die notwendigen Voraussetzungen zu fehlen, um ein solches Forschungsfeld längere Zeit zu bearbeiten und dabei qualifizierte Forschungskapazitäten aufzubauen; vgl. dazu E. Kossak/T. Sieverts u. a., Hochschulforschung im Bereich Städtebau und Landesplanung heute, in: *Stadtbauwelt,* 55 (1978), S. 241. „Es wäre daher wünschenswert, wenn durch eine entsprechend ausgestaltete DFG-Förderung hier schnell Abhilfe geschaffen werden könnte": Pflaumer, Grundlagenforschung, in: *Stadtbauwelt,* 57 (1978), S. 420.

9 Beispiele für derartige Methodenstudien des Bundesministers für Raumordnung, Bauwesen und Städtbau sind: H. Zimmermann, *Zur Methodik einer Ermittlung der Raumwirksamkeit von Bundesausgaben,* Marburg (Juni) 1975; eine Zusammenfassung dieser Studie findet sich in: *Raumforschung und Raumordnung,* 1978, S. 95 ff.; J. Eekhoff u. a , *Methoden und Möglichkeiten der Erfolgskontrolle städtischer Entwicklungsmaßnahmen (Schriftenreihe des Bundesministers für Raumordnung, Bauwesen und Städtebau,* Heft 03.060), Bonn 1976; H. Wollmann/G.M. Hellstern, *Sanierungsmaßnahmen. Städtebauliche und stadtstrukturelle Wirkungen. Methodische Vorstudie (Schriftenreihe des Bundesministers für Raumordnung Bauwesen und Städtebau,* Heft 02.012), Bonn 1978.

de hat die Wirkungsforschung des BMBau – im Unterschied zu anderen Forschungsthemen – typischerweise drei Elemente:
- methodische Vorstudie,
- Durchführung der Hauptstudie(n),
- Umsetzung und Verwertung der Forschungsergebnisse.

II. Zur politischen Verwendung der Ergebnisse der Wirkungsforschung: Probleme und Konsequenzen

Erste Erfahrungen mit der anwendungsorientierten raumordnerischen und städtebaulichen Wirkungsforschung liegen inzwischen vor. Ohne Zweifel war es für alle Beteiligten ein Lernprozeß, der schon einige wichtige Fortschritte gebracht hat. Auf der anderen Seite sind in Wissenschaft, Verwaltung und Politik noch eine große Anzahl von praktischen und theoretischen Problemen zu lösen, sind Hindernisse und Widerstände zu überwinden[10]. Im folgenden geht es nicht um eine Darstellung der bisherigen Erfahrungen im methodischen Bereich, vielmehr sollen die Ausführungen auf die Probleme konzentriert werden, die sich bei der politischen Umsetzung der Forschungsergebnisse ergeben. Hauptzweck der anwendungsorientierten raumordnerischen und städtebaulichen Wirkungsforschung ist es, wissenschaftliche Erkenntnisse für die Arbeit des Ministeriums bereitzustellen und nutzbar zu machen[11]. Trotz dieser Zielsetzung kann natürlich der Grad der tatsächlichen Verwertung von Forschungsergebnissen nicht alleiniger Maßstab für den „Erfolg" der Wirkungsforschung sein. Es geht vielmehr darum, die Umsetzungshemmnisse möglichst klein zu halten.

Generelle Regeln dafür, wie die Ergebnisse der regionalen und städtebaulichen Wirkungsforschung umzusetzen sind, gibt es nicht. Dies hat eine Reihe von Gründen, wie z. B. Unterschiede in den politischen Ausgangsbedingungen, des vorgesehenen Verwendungszwecks oder auch der Qualität der Forschungsergebnisse selbst. Dennoch haben die bisherigen Erfahrungen gezeigt, daß es typische Schwierigkeiten bei der Umsetzung von Ergebnissen der Wirkungsforschung gibt, die sich jedoch – zumindest teilweise – beseitigen lassen. Zwei der Grundprobleme beeinträchtigen die Umsetzung der Wirkungsforschung des Bundesministers für Raumordnung, Bauwesen und Städtebau nicht unwesentlich[12].

10 In diesem Beitrag wird somit von der These ausgegangen, daß der für eine politische Durchsetzung der Ergebnisse sozialwissenschaftlicher Wirkungsforschung notwendige Konsensus in unserer Gesellschaft grundsätzlich erreichbar ist. Dies impliziert, daß letztlich alle Gruppen eine objektiv-rationale Entscheidungsfindung wünschen, selbst dann, wenn dadurch möglicherweise eigene Gruppeninteressen ungünstig tangiert würden. Es sei hier vermerkt, daß diese Annahme nicht unumstritten ist.

11 Siehe auch *Städtebaubericht 1975 der Bundesregierung,* S. 79 ff., sowie *Raumordnungsbericht 1978 der Bundesregierung, BTDrs.* 8/2378, S. 51.

12 Zu den grundsätzlichen Problemen s. K. Ganser, Probleme angewandter Forschung, in: *Informationen zur Raumentwicklung,* 1975, S. 287 ff.; I. Heiland, Verwertung von Forschungsergebnissen für die Praxis. Problemskizze, in: *Informationen zur Raumentwicklung,* 1976, S. 555 ff.

Das sind

1. Begrenzungen, die sich aus den unterschiedlichen Methoden ergeben (Fallstudien oder massenstatistische Untersuchungen);
2. Begrenzungen, die aus der unterschiedlichen Interessenlage des Ministeriums und der Betroffenen resultieren.

Zu 1): Die bisherigen raumordnerischen und städtebaulichen Wirkungsanalysen des Bundesministers für Raumordnung, Bauwesen und Städtebau lassen sich grob zwei Kategorien zuordnen: Zum einen sind es *Fallstudien*, zum anderen handelt es sich um *komplexe statistische Untersuchungen*. Schwierigkeiten bei der politischen Umsetzung der Ergebnisse haben sich bei beiden Methoden ergeben: Bei den Fallstudien ist ihr nicht-repräsentativer Charakter[13], bei den massenstatistischen Untersuchungen das abstrakte theoretische und empirische Vorgehen der problematische Angelpunkt[14]. Gegen jede der beiden Methoden wird somit eingewendet, daß sie nicht auch die positiven Eigenschaften der anderen hat[15].

Die anwendungsorientierte Wirkungsforschung steht also vor einem schwer lösbaren Dilemma: Das ihr zur Verfügung stehende methodische Instrumentarium erlaubt nur Ergebnisse, die große Angriffsflächen für Kritik bieten und mit einfachen Argumenten verworfen werden können. Welche Konsequenz ist daraus zu ziehen?

Die Fortentwicklung des methodischen Instrumentariums ist eine dringliche Aufgabe der Wirkungsforschung. Zielrichtung sollte dabei weniger die Verfeinerung *einer* Methode als vielmehr der Versuch sein, auf eine *Koppelung der verschiedenen Methoden* hinzuarbeiten[16]. Hier sind – insbesondere bei einem Teil der Hochschulinstitute – noch erhebliche Umdenkungsprozesse erforderlich. Im Interesse einer praxisnahen Wirkungsforschung ist es wenig hilfreich, wenn verschiedene wissenschaftliche „Schulen" (mit entsprechenden Zitierzirkeln) isoliert nebeneinander ar-

13 Vgl. G.M. Hellstern/H. Wollmann, Zur Leistungsfähigkeit von Fallstudien – am Beispiel einer Sanierungsuntersuchung, in: P. Kevenhörster/H. Wollmann (Hrsg.), *Kommunalpolitische Praxis und lokale Politikforschung*, Berlin 1978, S. 349 ff.

14 Derartige Probleme haben sich z. B. bei der Verwertung der im Auftrag des Bundesministers für Raumordnung, Bauwesen und Städtebau durchgeführten Studien über die Auswirkungen der wesentlichen raumwirksamen Maßnahmen des Bundes ergeben.

15 So heißt es in einem Bericht über den Schweizer Politologen-Kongreß 1980: „Dem politischen Alltag des . . . Bürgers nahe ist die . . . seit einigen Jahren vermehrt gepflegte Erforschung der kommunalen Politik. Dem Thema eignet ein unvermeidliches Dilemma: Fallstudien des politischen Lebens in einzelnen Gemeinden erfordern beträchtlichen Aufwand, ohne angesichts der vielfältigen politischen Kultur unseres Landes hohe Repräsentativität beanspruchen zu können; verallgemeinernde Querschnitts-Untersuchungen können aus dem gleichen Grund nur schwer für die Praxis fruchtbar gemacht werden. Welche Gemeinde würde nicht von sich behaupten, gerade sie sei eine interessante Ausnahme von der Regel? So führt es dazu, daß Studien über gar nicht so weit voneinander entfernt liegende Gemeinwesen zu für sich genommen faszinierenden, in der Zusammenschau aber verwirrend gegensätzlichen Resultaten führen", aus: *Neue Zürcher Zeitung* vom 10. Juni 1980, Artikel „Leistungsschau der Schweizer Politologen. Praxisbezogene Forschung im Aufwind".

16 Vgl. zur Forderung nach einem stärkeren „Methodenmix" Hellstern/Wollmann, Zur Leistungsfähigkeit von Fallstudien, in: Kevenhörster/Wollmann (Hrsg.), *Politikforschung*, S. 354, und die dort genannten weiteren Quellen.

beiten und sachliche Auseinandersetzungen möglichst umgangen werden[17]. Gleichzeitig zeichnet sich jedoch z. B. durch den Aufbau eines Raumbeobachtungssystems bei der Bundesforschungsanstalt für Landeskunde und Raumordnung[18] sowie durch die zunehmende Automatisierung zahlreicher Verwaltungsvollzugsdaten[19] die Möglichkeit einer besseren Nutzung unterschiedlicher Methoden für eine Wirkungsforschung im städtebaulichen und raumordnerischen Bereich ab. Besonders zu erwähnen sind auch die Nutzungsmöglichkeiten, die sich künftig über die amtliche Statistik oder die Regionalisierung des Mikrozensus ergeben werden[20].

Zu 2): Jede Wirkungsforschung berührt automatisch die *verschiedensten* Interessen und Gruppen innerhalb der Gesellschaft. Soweit es zu einer politischen Umsetzung der Ergebnisse von Wirkungsforschung kommt, bedeutet dies in der Regel auch eine Umstrukturierung von Besitzständen und Lasten. Es gibt fast immer „Gewinner" und „Verlierer" bei diesem Neuverteilungsprozeß. Wo Interessenkonstellationen angetastet werden, ist meist mit erbittertem Widerstand der Betroffenen zu rechnen. Dieses Faktum erklärt die erheblichen politischen Schwierigkeiten, die einer Umsetzung der Ergebnisse der Wirkungsforschung entgegenstehen. Die bisherigen Erfahrungen haben aber gezeigt, daß diese Widerstände teilweise abgebaut, zum Teil sogar beseitigt werden können. So kann beispielsweise durch eine frühzeitige Beteiligung und Mitwirkung der Betroffenen deren Bereitschaft, sich den Forschungsergebnissen anzuschließen, erheblich gesteigert werden. Aus diesem Grunde wurde z. B. bei den Untersuchungen über die Wirkung des städtebaulichen Instrumentariums von Anfang an auf eine *intensive Zusammenarbeit* der Forscher mit den untersuchten Gemeinden hingewirkt[21].

17 Dies führt nicht selten zu der Situation, daß andere einschlägige – jedoch mit anderen Methoden arbeitende bzw. zu anderen Ergebnissen kommende – Arbeiten schlichtweg ignoriert werden und letztlich die Auseinandersetzung über die „richtigen" Methoden in die Verwaltung verschoben wird. Ein derartiges Vorgehen ist z. B. aus der im Auftrag des Bundesministers für Raumordnung, Bauwesen und Städtebau unter Leitung von K.H. Hansmeyer von U. Freund und G. Zabel durchgeführten Untersuchung „Regionale Wirkungen der Wirtschaftsstrukturförderung" (Heft 06.023 der *Schriftenreihe* des Ministeriums) herauszulesen, wo die „Auseinandersetzung" mit einer Reihe einschlägiger Forschungsergebnisse auf die schlichte Feststellung reduziert wird, daß ein „hier nicht zu diskutierende[r] Ansatz in regressionsanalytischer Richtung von . . . vorgelegt wurde" (ebd., S. 30, Fußnote 5).

18 Vgl. Bundesforschungsanstalt für Landeskunde und Raumordnung, *Arbeitsprogramm 1974–1978 einschließlich Arbeitsprogramm 1974*, S. 110 ff.; dies., *Was messen Indikatoren? Aussagegehalt ausgewählter Indikatoren der laufenden Raumbeobachtung*, Bonn-Bad Godesberg, Mai 1978.

19 Als Beispiel sei das von der Arbeitsgemeinschaft der Vermessungsverwaltungen der Länder im Jahre 1973 beschlossene bundeseinheitliche Sollkonzept „Automatisiertes Liegenschaftskataster als Basis der Grundstücksdatenbank' genannt, mit dessen Realisierung bereits begonnen wurde und das die bisher fehlende Flächenstatistik liefern wird.

20 Vgl. u. a. Der Bundesminister für Raumordnung, Bauwesen und Städtebau, *Auswertung der 1 %-Wohnungsstichprobe 1972* (*Schriftenreihe*, H. 03.069, Bd. I und II), Bonn 1978; Bundesforschungsanstalt für Landeskunde und Raumordnung, *Gewinnung von Regionalergebnissen aus Stichproben. Erfahrungsbericht*, Bonn (Oktober) 1979.

21 Eine enge Kooperation besteht daneben mit der übrigen Ressortforschung der Ministerien des Bundes und der Länder sowie den kommunalen Spitzenverbänden; vgl. E. Hornig, Zur Organisation der Planung, Vergabe und Projektbetreuung beim Mittelfristigen Forschungsprogramm Raumentwicklung und Siedlungsentwicklung, in: *Informationen zur Raumentwicklung*, 1975, S. 271.

Die aktive Mitarbeit der Betroffenen bedeutet natürlich noch keine Garantie für eine erfolgreiche politische Umsetzung der Ergebnisse. Umgekehrt läßt sich jedoch feststellen, daß ohne eine frühzeitige Beteiligung die Widerstände sehr viel größer sind. In der raumordnerischen und städtebaulichen Wirkungsforschung ist man daher darum bemüht, geeignete Wege zu finden, um die Bereitschaft zur Mitarbeit unter den Betroffenen weiter zu wecken und zu fördern.

III. Künftige Bedeutung der raumordnerischen und städtebaulichen Wirkungsforschung

Die Wirkungsforschung nimmt heute einen bedeutenden Stellenwert in der Ressortforschung des Bundesministers für Raumordnung, Bauwesen und Städtebau ein. Ihre zukünftige Bedeutung wird von zwei gegensätzlichen Kräften bestimmt: Einerseits wird die „Nachfrage“ nach Wirkungsanalysen bestehen bleiben, weil für die *Koordinierungsaufgaben* des Ministeriums Wirkungsforschung eine grundlegende Informationsbasis darstellt, weil sich der erhebliche *Problemdruck* im Aufgabenbereich des Ministeriums wahrscheinlich nicht abschwächen wird und schließlich, weil sich wegen der *Knappheit der öffentlichen Mittel* der politische Rechtfertigungsdruck für die Programme und Maßnahmen des Ministeriums eher noch verstärken wird. Neueres Beispiel hierfür ist die Aufforderung des Bundestages an die Bundesregierung, eine zusammenfassende Wirkungsanalyse der direkten und indirekten öffentlichen Förderinstrumente für den Wohnungs- und Städtebau vorzulegen[22].

Auf der anderen Seite stehen der anhaltenden Nachfrage nach Wirkungsuntersuchungen jedoch erhebliche und vermutlich noch zunehmende Widerstände durch die Betroffenen gegenüber. Grund dafür ist zwar meist das Bestreben, gegebene Besitzstände zu wahren und Angst vor den Folgen einer Änderung. Gleichzeitig aber fällt es angesichts der bisherigen methodischen Schwächen in der Wirkungsforschung relativ leicht, auch objektiv berechtigte Kritik zu üben. Hinzu kommt eine *hohe politische Sensibilität* im Aufgabenbereich des Ministeriums, die es häufig unmöglich macht, die Ergebnisse gegen politische Widerstände durchzusetzen.

Für die künftige Bedeutung der regionalen und städtebaulichen Wirkungsforschung wird entscheidend sein, welche politische Kraft sich in diesem „Marktprozeß“ stärker durchsetzen kann: der durch die Probleme und Aufgaben bestimmte Nachfragedruck auf der einen oder die auf Besitzstandswahrung ausgerichteten Widerstände der tatsächlich oder potentiell Betroffenen auf der anderen Seite. Möglicherweise wird letztlich die Fähigkeit der Wissenschaft, die methodischen Schwächen abzubauen, darüber entscheiden, ob sich die in die Wirkungsforschung von vielen Seiten gesetzten Hoffnungen erfüllen oder ob sie eine theoretische Spielwiese für einzelne Forscher wird, ohne Anspruch auf politische Umsetzung zu erheben.

22 Vgl. den entsprechenden Antrag des Bundestagsausschusses für Raumordnung, Bauwesen und Städtebau vom 16.4.1980 zum Entschließungsantrag der CDU/CSU zur 3. Beratung des Haushaltsgesetzes 1980, Einzelplan 25, *BTDrs.* 8/3487.

Bibliographie

Der Bundesminister für Raumordnung, Bauwesen und Städtebau, *Mittelfristiges Forschungsprogramm „Raumentwicklung und Siedlungsentwicklung"*, Bonn 1974.

Der Bundesminister für Raumordnung, Bauwesen und Städtebau, *Mittelfristiges Forschungsprogramm „Raumordnung und Städtebau"*, Bonn 1979.

Der Bundesminister für Raumordnung, Bauwesen und Städtebau, *Auswertung der 1 %-Wohnungsstichprobe 1972 (Schriftenreihe*, H. 03.069, Bd. I und II), Bonn 1978.

Bundesforschungsanstalt für Landeskunde und Raumordnung, *Arbeitsprogramm 1974–1978 einschließlich Arbeitsprogramm 1974*, Bonn-Bad Godesberg 1978.

Bundesforschungsanstalt für Landeskunde und Raumordnung, *Was messen Indikatoren? Aussagegehalt ausgewählter Indikatoren der laufenden Raumbeobachtung*, Bonn-Bad Godesberg 1978.

Bundesforschungsanstalt für Landeskunde und Raumordnung, *Gewinnung von Regionalergebnissen aus Stichproben. Erfahrungsbericht*, Bonn 1979.

Eekhoff, J. u. a., *Methoden und Möglichkeiten der Erfolgskontrolle städtischer Entwicklungsmaßnahmen (Schriftenreihe des Bundesministers für Raumordnung, Bauwesen und Städtebau*, H. 03.060), Bonn 1976.

Ganser, K., Probleme angewandter Forschung, in: *Informationen zur Raumentwicklung*, 1975, S. 287 ff.

Ganser, K., Übersicht über die anwendungsorientierte Ressortforschung des BMBau – Stand Dezember 1977, in: Bundesforschungsanstalt für Landeskunde und Raumordnung (Hrsg.), *Wer forscht was für die räumliche Planung. Sachstand und Perspektiven*, Bonn-Bad Godesberg 1978.

Heiland, I., Verwertung von Forschungsergebnissen für die Praxis. Problemskizze, in: *Informationen zur Raumentwicklung*, 1976, S. 555 ff.

Hellstern, G.M./H. Wollmann, *Arbeitspapier für den Arbeitskreis „Erfolgskontrolle und Wirkungsanalyse in der Raumordnung" der Akademie für Raumordnung und Landesplanung*, Dezember 1978.

Hellstern, G.M./H. Wollmann, Zur Leistungsfähigkeit von Fallstudien – am Beispiel einer Sanierungsuntersuchung, in: P. Kevenhörster/H. Wollmann (Hrsg.), *Kommunalpolitische Praxis und lokale Politikforschung*, Berlin 1978.

Hornig, E., Zur Organisation der Planung, Vergabe und Projektbetreuung beim Mittelfristigen Forschungsprogramm Raumentwicklung und Siedlungsentwicklung, in: *Informationen zur Raumentwicklung*, 1975, S. 271.

Kossak, E./T. Sieverts u. a., Hochschulforschung im Bereich Städtebau und Landesplanung heute, in: *Stadtbauwelt*, 55 (1978), S. 241.

Pflaumer, H., Zum Verhältnis von Grundlagenforschung und Ressortforschung im Bereich von Raumplanung und Städtebau, in: *Stadtbauwelt*, 57 (1978), S. 420.

Pflaumer, H., Zwischenbilanz Forschungsprogramm Raumentwicklung und Siedlungsentwicklung. Einführung, in: *Informationen zur Raumentwicklung*, 1976, S. 499.

Runkel, P., Das Forschungsprogramm Raum- und Siedlungsentwicklung im BMBau, in: *Bundesbaublatt*, 27 (1978), S. 476 ff.

Runkel, P., Städtebauliche Forschungsberichte 1978 des Bundesministers für Raumordnung, Bauwesen und Städtebau, in: *Bundesbaublatt*, 28 (1979), S. 292 ff.

Runkel, P., Raumordnerische Forschungsberichte 1978 des Bundesministers für Raumordnung, Bauwesen und Städtebau, in: *Bundesbaublatt*, 28 (1979), S. 765 ff.

Raumordnungsbericht 1978 der Bundesregierung, *BTDrs.* 8/2378.

Städtebaubericht 1975 der Bundesregierung, Bonn.

Wollmann, H./G.M. Hellstern, *Sanierungsmaßnahmen. Städtebauliche und stadtstrukturelle Wirkungen: Methodische Vorstudie (Schriftenreihe des Bundesministers für Raumordnung, Bauwesen und Städtebau*, H. 02.012), Bonn 1978.

Zimmermann, H., *Zur Methodik und Ermittlung der Raumwirksamkeit von Bundesausgaben*, Marburg 1975.

Claus Helm
Bundesministerium der Finanzen, Bonn

Nutzen-Kosten-Untersuchungen im staatlichen Entscheidungsprozeß

Vorbemerkung

Dem Begriff Nutzen-Kosten-Untersuchungen (NKU) – seit 1969 im staatlichen Haushaltsrecht der Bundesrepublik Deutschland verankert – ist wie kaum einem anderen Fachwort aus diesem Bereich mit so viel Hoffnung und Skepsis zugleich begegnet worden. Beide Haltungen haben häufig zu Fehlinterpretationen geführt. Im Mittelpunkt des nachfolgenden Beitrags stehen daher die begrifflichen und verfahrensmäßigen Grundlagen der Nutzen-Kosten-Untersuchungen, wie sie Anfang der siebziger Jahre von der Arbeitsgruppe „Nutzen-Kosten-Untersuchungen" der Bundesministerien formuliert wurden. Zugleich werden aber auch die Grenzen dieser Entscheidungshilfen für den Planungs-, Budgetierungs- und Kontrollprozeß betont. Nutzen-Kosten-Untersuchungen werden in zunehmendem Maße bei der Bewertung staatlicher Projekte eingesetzt. Aus der Vielzahl durchgeführter Untersuchungen werden in einem Anhang einige grundlegende Arbeiten aufgeführt.

1. Der bisher unbestimmte Rechtsbegriff von Wirtschaftlichkeit und Sparsamkeit

Eine Vielzahl kritischer Anmerkungen zu den Verfahren der Nutzen-Kosten-Untersuchungen (NKU) läßt sich darauf zurückführen, daß der ihnen zugrunde liegende Begriff, insbesondere in seiner Abgrenzung zu anderen Verfahren der Wirtschaftlichkeitsermittlung bzw. zur haushaltsrechtlichen Formel der Grundsätze für Wirtschaftlichkeit und Sparsamkeit, unterschiedlich ausgelegt wird. Insoweit muß zunächst auf die terminologische Diskussion eingegangen werden, die Mitte der siebziger Jahre in der Bundesrepublik Deutschland einsetzte und die offensichtlich noch nicht abgeschlossen ist, obwohl auf diesem Gebiet staatliche Richtlinien begriffliche und verfahrensmäßige Konkretisierungen vorsehen.

Die Haushaltsgrundsätze der Wirtschaftlichkeit und Sparsamkeit waren haushaltsrechtlich bis 1973 nicht näher definiert und insoweit als „unbestimmte Rechtsbegriffe" einzustufen.[1] Dementsprechend unterschiedlich fielen die Interpretationen

1 E. A. Piduch, *Bundeshaushaltsrecht*, RN 2 zu § 7 BHO.

in der finanzwissenschaftlichen Literatur aus.[2] Die beabsichtigte Richtung der begrifflichen Konkretisierung für den staatlichen Bereich war allerdings bereits 1969 bei der Haushaltsrechtsreform erkennbar geworden, als in die neue Bundeshaushaltsordnung (BHO) eine Bestimmung über Nutzen-Kosten-Untersuchungen aufgenommen wurde.

Nach der bis dahin gültigen Reichshaushaltsordnung sollten die Grundsätze der Wirtschaftlichkeit und Sparsamkeit bei der Ausführung des Haushaltsplans beachtet werden.[3] Die BHO erweitert diese Forderung: Nicht erst in der Vollzugsphase, sondern schon bei der Aufstellung des Haushaltsplans ist das Gebot der Wirtschaftlichkeit und Sparsamkeit zu erfüllen, wobei bei geeigneten Maßnahmen von erheblicher finanzieller Bedeutung besondere Planungs- und Kontrollverfahren (NKU) durchzuführen sind.[4] Die eigentliche Konkretisierung des Wirtschaftlichkeitsbegriffes und die Einordnung des genannten Instruments der NKU in den staatlichen Entscheidungsprozeß erfolgte 1973 durch die sog. Vorläufigen Verwaltungsvorschriften zu § 7 BHO und die dazu vom Bundesfinanzministerium erlassenen „Erläuterungen zur Durchführung von Nutzen-Kosten-Untersuchungen"[5].

2 Einen ausführlichen Überblick zum Begriff der Grundsätze der Wirtschaftlichkeit und Sparsamkeit in der finanzwissenschaftlichen Literatur und seiner historischen Herkunft gibt M.P. Büch, *Zur Bestimmung der Grundsätze der Wirtschaftlichkeit und der Sparsamkeit im öffentlichen Haushalt der Bundesrepublik Deutschland*, Köln/Berlin/Bonn/München 1976, S. 11–26.

3 § 26 Abs. 1 Reichhaushaltsordnung: „Die Haushaltsmittel sind wirtschaftlich und sparsam zu verwalten; sie dürfen bei den einzelnen Zweckbestimmungen nur so weit und nicht eher in Anspruch genommen werden als es zur wirtschaftlichen und sparsamen Führung der Reichsverwaltung erforderlich ist." Das vorkonstitutionelle Haushaltsrecht galt entsprechend Art. 123 Abs. 1 und Art. 124 GG sowie durch das Haushaltsgesetz und die Vorläufige Haushaltsordnung von 1949/50 fort.

4 § 7 BHO: „Bei Aufstellung und Ausführung des Haushaltsplans sind die Grundsätze der Wirtschaftlichkeit und Sparsamkeit zu beachten" (Abs. 1). „Für geeignete Maßnahmen von erheblicher finanzieller Bedeutung sind Nutzen-Kosten-Untersuchungen anzustellen" (Abs. 2). Durch das Haushaltsgrundsätzegesetz (HGrG) von 1969 wurde sichergestellt, daß gleichlautende Formulierungen auch in die Haushaltsordnungen der Länder übernommen worden sind (vgl. § 6 HGrG). Die Grundsätze der Wirtschaftlichkeit und Sparsamkeit sind ebenso im Haushaltsrecht der Gemeinden angesprochen: „Die Haushaltwirtschaft ist sparsam und wirtschaftlich zu führen" (§ 1 Abs. 2 Gemeindeordnung). Diesen allgemeinen Hinweis auf die Haushaltsgrundsätze hat der sogenannte Scheel-Ausschuß, der Anfang der siebziger Jahre für die Neufassung des Gemeindehaushaltsrechts zuständig war, für ausreichend erachtet und auf eine ausdrückliche Forderung zur Durchführung von NKU verzichtet. Hieraus darf jedoch nicht gefolgert werden, daß NKU im gemeindlichen Bereich nicht anzuwenden oder ungeeignet sind. Vielmehr wurde die methodische Konkretisierung des Wirtschaftlichkeitsgrundsatzes in dazu ergangene Ausführungsbestimmungen verlagert. So findet sich z. B. in den Verwaltungsvorschriften zu § 10 der Gemeindehaushaltsverordnung von Nordrhein-Westfalen die Forderung nach NKU wieder: „Für geeignete Maßnahmen von erheblicher finanzieller Bedeutung sollen ..... Nutzen-Kosten-Untersuchungen angestellt werden. . ." Es besteht insoweit Einvernehmen, daß bei allen geeigneten Maßnahmen des Bundes, der Länder und der Gemeinden NKU anzuwenden sind.

5 Vorläufige Verwaltungsvorschriften zu § 7 BHO, in: *MinBlFin*, Nr. 13/1973, S. 191 ff. (im folgenden zitiert: „Verwaltungsvorschriften"); „Erläuterungen zur Durchführung von Nutzen-Kosten-Untersuchungen", in: *MinBlFin*, Nr. 13/1973, S. 292–308 (im folgenden zitiert: „Erläuterungen"). Die „Erläuterungen" wurden von einer interministeriellen Arbeitsgruppe „Nutzen-Kosten-Untersuchungen" des Bundes in den Jahren 1971–73 unter Federführung des Bundesfinanzministeriums erstellt. Die „Verwaltungsvorschriften" und die „Erläute-

Die „Verwaltungsvorschriften" definieren den Wirtschaftlichkeitsbegriff zunächst rein formal als ökonomisches Prinzip: Wirtschaftlichkeit ist die günstigste Zweck-Mittel-Relation, die dadurch gekennzeichnet ist, daß ein bestimmtes Ergebnis mit dem geringstmöglichen Einsatz an Mitteln bzw. mit einem bestimmten Einsatz an Mitteln das bestmögliche Ergebnis erreicht wird.[6] Diese Minimal- und Maximalformulierung des ökonomischen Prinzips verdeutlicht, daß Wirtschaftlichkeit immer ergebnisorientiert zu verstehen und damit letztlich auf die den staatlichen Maßnahmen zugrundeliegenden Zielsetzungen bezogen ist. Wirtschaftlichkeit ist demnach ein zielorientierter Begriff, d. h. er ist auf normative Entscheidungsgrößen ausgerichtet. Das Gebot der Wirtschaftlichkeit bezeichnet mithin eine Entscheidungsregel, die den Einsatz knapper Produktionsfaktoren zur Erreichung bestimmter Zielsetzungen optimiert.

Der Sparsamkeitsgrundsatz, der in den „Verwaltungsvorschriften" als eine Beschränkung der Mittel auf den zur Erfüllung der Aufgabe unbedingt notwendigen Umfang beschrieben wird, ist im Minimalprinzip ex definitione enthalten, beim Maximalprinzip nur insoweit, als die zur Verfügung stehenden Mittel entweder gerade eine Mindestzielerreichung garantieren, oder das bestmögliche Ergebnis gerade noch die Budgetbeschränkung erfüllt bzw. durch alternative Verwendung der Mittel kein besseres Ergebnis möglich gewesen wäre.[7]

Eine materielle Beschreibung des Wirtschaftlichkeitsbegriffs geben die „Verwaltungsvorschriften" nur indirekt, indem sie einzelne Verfahrensbereiche aufzählen[8]: „finanzwirtschaftliche oder betriebswirtschaftliche Kosten- oder Nutzenvergleiche" und darüber hinausgehende Nutzen-Kosten-Untersuchungen, die neben den betrieblichen/verwaltungsinternen Kosten und Nutzen auch gesellschaftliche/gesamtwirtschaftliche (gesamtgesellschaftliche, „social") Vor- und Nachteile der Maßnahmen in die Analyse einbeziehen. Diese grobe Unterscheidung zwischen finanz-, betriebs- oder volkswirtschaftlichen Wirtschaftlichkeitsuntersuchungen soll auf deren unterschiedliche Betrachtungsbreite (Budget, Institution öffentliche Verwaltung oder einer „betrieblichen" Teileinheit bzw. Gesamtwirtschaft, Gesellschaft) oder, im Sinne der formalen Definition, auf deren unterschiedlichen Zielrahmen hinweisen.

Fortsetzung Fußnote 5

rungen" wurden 1972/73 auch im Bund-Länder-Ausschuß „Haushaltsrecht und Haushaltssystematik" erörtert und von den Bundesländern – mit Ausnahme der Freien und Hansestadt Hamburg – großteils wörtlich als ergänzende Bestimmungen der Länder zu § 7 Abs. 2 der Landeshaushaltsordnung (LHO) übernommen. Die angedeuteten Abweichungen betreffen einzelne landesspezifische Besonderheiten, nicht jedoch die begrifflichen und verfahrensmäßigen Vorgaben.

6 Vgl. „Verwaltungsvorschriften", Nr. 1.1, S. 191 (die jeweiligen Nummern beziehen sich zwar auf die Regelungen des Bundes, stimmen jedoch großteils mit der entsprechenden Gliederung im Länderbereich überein, s. oben, Anm. 5).

7 Das Maximalprinzip setzt im Hinblick auf den Sparsamkeitsgrundsatz eine normative Entscheidung voraus (grobe Vorauswahl durch die sogenannte Simon-Regel, in der sich Zielkonkurrenzbeziehungen widerspiegeln).

8 „Verwaltungsvorschriften", Nr. 1.4 und 2.1.1, S. 195. Ergänzende Hinweise finden sich in den Verwaltungsvorschriften von Nordrhein-Westfalen, die zwischen „Einnahme-Ausgabe-Vergleichen", „Investitionsrechnungen" und „Nutzen-Kosten-Untersuchungen" unterscheiden. Zur Systematik der Wirtschaftlichkeitsuntersuchungen der Freien und Hansestadt Hamburg s. unten S. 371.

Hierbei ist anzumerken, daß eine isolierte finanzwirtschaftliche Beurteilung im Rahmen kurzfristiger (meist einjähriger) Haushaltsbetrachtung zwar üblich ist, letztlich aber nicht von einem eigenständigen Bewertungsverfahren gesprochen werden kann. In der Regel werden finanzwirtschaftliche Ziele[9] in Form von Nebenbedingungen bereits im Vorfeld[10] der betriebs- und volkswirtschaftlichen Verfahren berücksichtigt.

Üblicherweise werden Wirtschaftlichkeitsuntersuchungen nach sogenannten statischen und dynamischen Verfahren unterteilt, je nachdem, ob von einem zeitpunkt- bzw. zeitraumbezogenen Bewertungsansatz ausgegangen wird. Nimmt man dieses Gliederungsmerkmal zusammen mit der in den „Erläuterungen" gegebenen Differenzierung zwischen monetären und nicht-monetären Verfahren, so läßt sich daraus das in Abb. 1 dargestellte Grundschema der Wirtschaftlichkeitsuntersuchungen zur Bewertung staatlicher Maßnahmen ableiten.

Während die „Verwaltungsvorschriften" die betriebswirtschaftlichen Wirtschaftlichkeitsuntersuchungen im einzelnen nicht näher darstellen und dies aufgrund einer gängigen Praxis[11] auch nicht erforderlich war, mußte die Methode der NKU näher erläutert werden. Die Bezeichnung „Nutzen-Kosten-Untersuchung" ist im Rahmen der Haushaltsrechtsreform 1969 bewußt als Kunstwort geprägt worden und schließt als Oberbegriff sowohl monetäre als auch nicht-monetäre volkswirtschaftliche Bewertungsverfahren (Kosten-Nutzen-Analyse – KNA –, Kostenwirksamkeitsanalyse – KWA –) ein.[12] NKU sind demnach volkswirtschaftliche , d. h. alle einzel- und gesamtwirtschaftlich relevanten Ziele einbeziehende Wirtschaftlichkeitsuntersuchungen, die entweder den Grad der Zielerreichung staatlicher Maßnahmen möglichst in Geldeinheiten mit Hilfe tatsächlicher, berichtigter oder zu unterstellender Marktpreise bewerten (KNA) oder, wenn eine solche Quantifizierung nicht möglich bzw. nicht sinnvoll ist, ein Gesamturteil in nicht-monetären Einheiten (insbesondere in Punkten) auf der Basis eines mehrdimensionalen und gewichteten Zielsystems abgeben (KWA).[13]

Den bisher unbestimmten Rechtsbegriff „Grundsätze der Wirtschaftlichkeit und Sparsamkeit" auszufüllen, erfordert aber nicht nur eine hinreichende Definition der Wirtschaftlichkeitsverfahren, sondern zugleich deren verbindliche, ablauforganisatorische Eingliederung in den Planungs-, Budgetierungs- und Kontrollprozeß. In den „Verwaltungsvorschriften" wird dementsprechend die Forderung der BHO, die

9 Zum Beispiel generelle Ausgabenminimierung, speziell: Personalausgabenminimierung, Investitionsausgabenmaximierung.

10 Zum Begriff „Vorfeld" vgl. Abschnitt 2, Verfahrensmuster, Entscheidungsfeld (Stufe 3).

11 Hierbei ist auch zu berücksichtigen, daß im einzelnen die Generalklausel des § 7 BHO an anderen Stellen der BHO durch konkrete Forderungen im betriebswirtschaftlichen Sinne ergänzt wird, z. B. bei § 24 (Baumaßnahmen, größere Beschaffungen und Entwicklungsvorhaben), § 50 (Personalbedarf), § 55 (öffentliche Ausschreibung), § 64 (Grundstücke), und darüber hinaus fachbereichsspezifische Richtlinien vorliegen (z. B. für die Frage der Eigen- oder Fremdreinigung der Gebäude des Bundesgrenzschutzes; vgl. BMI-Erlaß vom 12.7.1977 (*MBlBGS*, Nr. 17/77, S. 382 ff.).

12 Vgl. „Erläuterungen", S. 294, Nr. 1.1.

13 Diese Definition der KWA geht über den traditionellen Begriff der KWA (eindimensionales Bewertungsverfahren) hinaus.

Abb. 1: Grundsatz der Wirtschaftlichkeit und Sparsamkeit

WIRTSCHAFTLICHKEITSUNTERSUCHUNGEN nach § 7 BHO

BETRIEBSWIRTSCHAFTLICHE WIRTSCHAFTLICHKEITS-UNTERSUCHUNG			VOLKSWIRTSCHAFTLICHE WIRTSCHAFTLICHKEITS-UNTERSUCHUNG (NUTZEN-KOSTEN-UNTERSUCHUNG)	
monetär		nicht-monetär	nicht-monetär	monetär
statisch	dynamisch	statisch	statisch	dynamisch
KOSTENVERGLEICH (GESAMTKOSTEN-, STÜCKKOSTEN-VERGLEICH)	z. B. KAPITALWERT-METHODE	BETRIEBSWIRTSCHAFTLICHE NUTZWERT-ANALYSE	KOSTENWIRKSAMKEITS-ANALYSE (VOLKSWIRTSCHAFTLICHE NUTZWERTANALYSE)	KOSTEN-NUTZEN-ANALYSE
INVESTITIONSRECHNUNG		NUTZWERTANALYSE		(volkswirtschaftliche Investitionsrechnung)

Grundsätze „bei Aufstellung und Ausführung des Haushaltsplans"[14] zu beachten, dahingehend konkretisiert, daß Wirtschaftlichkeitsuntersuchungen grundsätzlich *sowohl im Planungsfall, als auch während und nach der Durchführung der Maßnahme zu erstellen sind (Planungsrechnung, begleitende und abschließende Erfolgskontrolle).*[15] Dabei müssen die Untersuchungen, unabhängig von dem angewandten Verfahren, gewisse Mindestaussagen (insbesondere zugrundeliegende Ziele, alternative Lösungsmöglichkeiten, deren Nutzen und Kosten einschließlich Folgekosten, Auswirkungen auf den Haushalt des Bundes, Dringlichkeit der Maßnahmen im Rahmen des jeweiligen Aufgabenbereichs und Realisierungszeitplan) enthalten. Außerdem ist zu prüfen, ob die Maßnahme „wirksamer oder kostensparender" durch andere öffentliche Einrichtungen oder auch durch den privatwirtschaftlichen Bereich durchgeführt werden kann. Diese Forderungen sind letztlich ex definitione bei NKU erfüllt; das ihnen zugrundeliegende systemanalytische Raster soll nach den „Verwaltungsvorschriften" jedoch auch bei betriebswirtschaftlichen Wirtschaftlichkeitsuntersuchungen Anwendung finden. Auf diese Weise soll die historisch institutionelle Aufgabengliederung kritisch überprüft und zu einer optimalen Mittelverwendung/Aufgabenerfüllung beigetragen werden.

Im Hamburger „Leitfaden für Nutzen-Kosten-Untersuchungen"[16] wird der Begriff Nutzen-Kosten-Untersuchung – abweichend vom Bund und den anderen Bundesländern – als Oberbegriff für alle Wirtschaftlichkeitsuntersuchungen verstanden.[17] Für diese umfassendere Definition der NKU spricht, daß jede Wirtschaftlichkeitsuntersuchung auf die Bewertung der durch eine Maßnahme ermöglichten Zielerfüllung gerichtet ist (zielorientierter Wirtschaftlichkeitsbegriff) und ein positiver (negativer) Beitrag zur Zielerreichung als Nutzenzuwachs (Nutzenentgang = Kosten), den die Betroffenen einer Maßnahme aus der Zielerreichung ziehen (in Kauf nehmen müssen), bezeichnet werden kann. Dementsprechend können die einzelnen Nutzen-Kosten-Verfahren im wesentlichen danach unterschieden werden, wie sie die abstrakte Maßgröße „Nutzen" (Zuwachs/Entgang) ausdrücken: bei der Investitionsrechnung und der KNA in Geldeinheiten, bei der Nutzwertanalyse in Nutzenpunkten, in Rangziffern oder durch eine Klassifizierung der Zielerreichungsgrade.[18] Wie *Abb. 1* zeigt, ist diese terminologische Erweiterung durchaus mit den „Erläuterungen" vereinbar; sie hat zudem den Vorteil, daß die Bewertung der nicht-monetär quantifizierbaren Zielerreichungsgrade (Nutzwertanalyse) damit auch für den „betrieblichen Bereich" ausdrücklich vorgesehen ist.

Der Begriff der KNA, der sich beim Bund und den Ländern einheitlich auf volkswirtschaftlich monetäre Wirtschaftlichkeitsuntersuchungen bezieht, wird von einzelnen Autoren, insbesondere im Bereich der Datenverarbeitung, auch auf (be-

14 § 7 Abs. 1 BHO.
15 Vgl. „Verwaltungsvorschriften", Nr. 1.2 und 1.3, S. 194.
16 Freie und Hansestadt Hamburg (Hrsg.), Leitfaden für Nutzen-Kosten-Untersuchungen. Hinweise zur Anwendung von § 7 der Haushaltsordnung der Freien und Hansestadt Hamburg, Hamburg o. J.; im folgenden zitiert: „Leitfaden".
17 Der NKU-Begriff des Bundes und der anderen Bundesländer wird als „Nutzen-Kosten-Untersuchung im engeren Sinne" bezeichnet, vgl. „Leitfaden", S. 14 (Nr. 3.4).
18 Vgl. ebd., S. 49 f.

triebswirtschaftliche) Investitionsrechnungen übertragen. Zur Begründung könnte darauf verwiesen werden, daß beide Verfahren sich am Marktpreisprinzip orientieren und auch hinsichtlich des Entscheidungskriteriums (z. B. Kapitalwertmethode) übereinstimmen. Trotz dieser gemeinsamen theoretischen und rechentechnischen Basis erscheint es angesichts der unterschiedlichen Nutzenbewertungsmöglichkeiten sinnvoller, begrifflich zwischen den Bereichen betrieblicher und gesellschaftlicher Zielsetzungen zu trennen. Unabhängig davon, daß die KNA auch methodengeschichtlich in der anglo-amerikanischen Literatur volkswirtschaftlich belegt ist, sind für die Legaldefinition der BHO und der LHO zudem unterschiedliche Forderungen zur Durchführung solcher „volkswirtschaftlicher“ Investitionsrechnungen aufgestellt worden (z.B. beim Bund: abweichende Wertgrenzenregelung für ex-ante-Untersuchungen)[19].

Häufig wird der Begriff der KNA auch synonym für NKU benutzt, wobei teilweise die KWA als Vorstufe oder Unterfall verstanden wird. Gewiß gleichen sich KNA und KWA materiell weitestgehend an, wenn das Entscheidungskriterium der KNA über den traditionellen Ansatz der Maximierung des Volkseinkommens hinausgeht und andere gesellschaftliche Wohlfahrtsziele einbezieht, gleichwohl erscheint allein schon von der Ergebnisinterpretation her eine Unterscheidung zwischen monetären und nicht-monetären Bewertungsverfahren geboten.

In diesem Zusammenhang ist auch der Vermutung zu widersprechen, der Gesetzgeber habe bei der Haushaltsrechtsreform 1969 eigentlich nur an eine volkswirtschaftlich monetär bewertende NKU gedacht; gerade in Kenntnis der gegebenen Entscheidungssituation wurde seinerzeit das Kunstwort NKU geprägt, um auf breiter Basis eine verbesserte Entscheidungsgrundlage durch Wirtschaftlichkeitsuntersuchungen zu schaffen.

Allerdings sollte man die Terminologiediskussion nicht überwerten, zum einen, weil abweichende Bezeichnungen häufig nur in der Hervorhebung verschiedener Schwerpunkte bestehen, zum anderen, weil es letztlich darauf ankommt, die für den Einzelfall bestmögliche Entscheidungsgrundlage zu schaffen. In der Praxis verlaufen zudem die Wirtschaftlichkeitsuntersuchungen meist mehrphasig, d. h. es wird zunächst eine Investitionsrechnung durchgeführt, die in einem zweiten Schritt – soweit erforderlich – durch eine nicht-monetäre Bewertung oder durch eine KNA ergänzt wird.

2. Das Verfahrensmuster einer NKU

In den „Erläuterungen“ wird ein 11-stufiges Schema für NKU vorgeschlagen, das als Verfahrensmuster sowohl bei der Beurteilung einzelner Maßnahmen zugrunde gelegt als auch bei der methodischen Konkretisierung der NKU für einzelne Aufgaben- und Programmbereiche herangezogen werden soll.[20] Das Schema beschreibt den gesam-

19 Vgl. „Verwaltungsvorschriften“, Nr. 2.2.3, S. 195.
20 Vgl. „Erläuterungen“, S. 302, Nr. 3.

Abb. 2: Verfahrensmuster einer NKU (11-Stufen-Schema)

Vorfeld einer NKU

1. Stufe:	Problemdefinition	Anregungsphase
2. Stufe:	Konkretisierung eines Zielsystems	
3. Stufe:	Bestimmung des Entscheidungsfeldes	Suchphase
4. Stufe:	Vorauswahl der Maßnahmen	

(„Eigentliche") NKU

5. Stufe:	Erfassung der Maßnahmewirkungen	
6. Stufe:	Bestimmung der Meßskala	
7. Stufe:	Bewertung der Maßnahmewirkungen	
8. Stufe:	Empfindlichkeitsprüfung	Optimierungsphase
9. Stufe:	Zeitliche Bewertung der monetär quantifizierten Maßnahmewirkungen	
10. Stufe:	Beschreibung der nicht quantifizierten Maßnahmewirkungen	
11. Stufe:	Gesamtbeurteilung der Maßnahmen	
		Prozeß der politischen Willensdurchsetzung/Realisierungsphase

ten Ablauf eines Entscheidungsprozesses: von einer ersten Formulierung des Problems, der Aufstellung eines Zielkatalogs, der Ermittlung von Beschränkungen, der Erfassung und Bewertung der einzelnen Maßnahmewirkungen bis hin zur Gesamtbeurteilung der Maßnahmen (vgl. Abb. 2).[21] Der NKU-Begriff wird hierbei also nicht auf die Optimierungsphase beschränkt, sondern auch auf das „Vorfeld" der eigentlichen Analyse ausgedehnt: einmal, weil Wirtschaftlichkeit ex definitione eine explizite Zielformulierung voraussetzt, zum anderen, weil die Auswahl der relevanten Ziele und die Festlegung der Beschränkungen („Entscheidungsfeld") Vorentscheidungen beinhalten, deren Kenntnis eine kritische Beurteilung des Untersuchungsergebnisses erst ermöglichen. Damit ist zugleich das Gliederungsprinzip angesprochen, das dem 11-Stufen-Schema zugrunde liegt: Durch die stufenweise Zerlegung des Entscheidungsprozesses sollen dessen subjektive Teile kenntlich gemacht werden, so daß dadurch das Bewertungsergebnis nachvollzogen werden kann. Hinzu kommt, daß in komplexen Entscheidungsituationen, die gekennzeichnet sind „durch eine

21 Vgl. ebd., S. 294, Nr. 1.3. Die „Erläuterungen" beschreiben nur den Planungsfall; sie sind jedoch analog auch ex post anwendbar.

Vielzahl von unmittelbaren und mittelbaren Vor- und Nachteilen für einzelne oder mehrere Kosten- und Nutzenträger, wobei die Auswirkungen räumlich und zeitlich unterschiedlich anfallen können"[22], gar keine andere Wahl bleibt: Eine Bewertung der (möglicherweise noch unterschiedlich wahrscheinlichen) Maßnahmewirkungen kann nicht simultan, sondern nur schrittweise vollzogen werden.

Das Verfahren der NKU wird deswegen auch als ein iterativer Prozeß bezeichnet, bei dem die Ergebnisse der vorangegangenen Stufe jeweils als Grundlagedaten in die folgenden Stufen eingehen und somit von Stufe zu Stufe eine zunehmende Konkretisierung erreicht wird.[23] In der Regel wird das Stufenschema einer NKU erst nach mehreren Grobdurchläufen und Rückkoppelungsvorgängen vollständig ausgefüllt werden können. Das in den „Erläuterungen" vorgegebene Ablaufschema ist insoweit nicht im Sinne eines detaillierten Netzplans, sondern als Grundraster zu verstehen, das auf den jeweiligen Projektfall zu übertragen ist und von dem durchaus abgewichen werden kann, allerdings mit der Einschränkung, daß das Weglassen einzelner Stufenelemente und der damit verbundenen Informationen begründet werden muß.

Bei der Beschreibung der Stufeninhalte wurde in den „Erläuterungen" bewußt auf die Darstellung der eigentlichen Bewertungsmethoden (z. B. Konzepte der indirekten Nutzenbewertung bei der KNA, Entwicklung von Transformationskurven bei der KWA) verzichtet, weil sie in der Regel nur fach- und programmspezifisch festgelegt werden können. Insoweit können die „Erläuterungen" im Gegensatz zum Hamburger „Leitfaden" nicht den Anspruch eines Methodenhandbuchs erheben, vielmehr sollen sie die begriffliche und verfahrensmäßige Grundlagen für weitere ressortbezogene Konkretisierungen sein. Auf diese Weise soll trotz der notwendigen aufgabenbezogenen Unterschiede ein Mindestmaß an methodischer Vergleichbarkeit erreicht werden.

Letztlich ist das Verfahren der NKU erst dann in die „Praxis" umgesetzt, wenn für homogene Aufgaben- und Programmbereiche mehr oder weniger standardisierte Bewertungsraster entwickelt worden sind. Auf diesen notwendigen Konkretisierungsschritt wird in den „Erläuterungen" ausdrücklich hingewiesen.[24] Gleichwohl wird der damit verbundene methodische Aufwand nur in denjenigen Bereichen zu rechtfertigen sein, in denen mittel- bis langfristig gleiche Entscheidungssituationen mit finanziell bedeutsamen Folgewirkungen vorliegen. Verfahrenskonkretisierungen dieser Art bestehen, wenn auch z. T. nur im Ansatz, für die Bereiche Straßenbau, Wasserstraßen, Flurbereinigung, Industrieansiedlung/Umweltschutz und militärische Infrastruktur.[25]

Ein Vergleich des 11-Stufen-Schemas der „Erläuterungen" mit dem im Hamburger „Leitfaden"[26] vorgeschlagenen Verfahren (Abb. 3) verdeutlicht, daß beiden das gleiche systemanalytische Raster zugrunde liegt und daß zudem die Stufen 1–5

22 „Verwaltungsvorschriften", Nr. 2.2.2.1, S. 195.
23 Vgl. „Erläuterungen", S. 294, Nr. 1.6.
24 Vgl. ebd., S. 302, Nr. 3.2.
25 Siehe unten, Abschnitt 5.
26 Vgl. „Leitfaden", S. 23.

Abb. 3: Verfahrensstufen bei Nutzen-Kosten-Untersuchungen

1. Stufe: Aufstellen des Zielkatalogs.
2. Stufe: Ermittlung von Beschränkungen.
3. Stufe: Auswahl der zu untersuchenden Maßnahmen.
4. Stufe: Messung der Zielerreichungsgrade.
5. Stufe: Bewertung der Zielerreichungsgrade mit Geldeinheiten oder Nutzenpunkten.
6. Stufe: Auswahl der besten Alternative durch Zusammenfassung der Einzelbewertungen zu einer Gesamtbewertung (durch betriebswirtschaftliche Investitionsrechnung, durch Nutzwertanalysen, durch Kosten-Nutzen-Analysen).

auch auf betriebswirtschaftlichen Wirtschaftlichkeitsuntersuchungen übertragen werden können. Die eigentlichen methodisch unterschiedlichen Schritte ergeben sich aus dem Sachzusammenhang und den damit verbundenen Quantifizierungsmöglichkeiten.

3. NKU – eine Entscheidungshilfe?

Mit dem Instrument der NKU sollen bessere Entscheidungsgrundlagen für die Planung, Budgetierung und Kontrolle staatlicher Maßnahmen geschaffen werden. Insoweit sind NKU in erster Linie Entscheidungshilfen für die Verwaltung und die Regierungsebene. Darüber hinaus sollen die NKU jedoch auch einen Beitrag für eine sachgerechte Diskussion im parlamentarischen Raum und in der Öffentlichkeit leisten.

In welchem Rahmen NKU einen Beitrag zu einer verbesserten Entscheidungsfindung leisten können, soll im folgenden für den Verwaltungsbereich dargestellt werden, wobei zwischen dem Fachressort (Fachreferat), das für die Planung und Durchführung der Aufgaben (Programme, Projekte) zuständig ist, und den referatsexternen Bereichen des Haushalts (Haushaltsabteilung des Fachressorts, Finanzministerium) und der Kontrolle (referatsexterne Kontrolle des Fachressorts, Rechnungshof) zu unterscheiden ist.

Zunächst ist generell festzustellen, daß NKU für die interministerielle Verteilung der Plafondmittel keine Entscheidungshilfe bieten, da es an einer gemeinsamen Bewertungsbasis für alle staatlichen Maßnahmen fehlt. Der theoretisch mögliche, monetäre Maßstab der KNA, die Zahlungsbereitschaft der Konsumenten, kann nicht durchgängig angewandt werden, so daß eine Aussage über die entgangene (Netto-) Nutzendifferenz nicht mehr realisierbarer Maßnahmen der einzelnen Ausgabenblökke unmöglich ist. Auch auf der nicht-monetären Basis der KWA lassen sich konkrete Handlungsempfehlungen für die optimale Zuordnung der Budgetmittel nicht ableiten, da dies die Formulierung eines alle Maßnahmenbereiche umfassenden widerspruchsfreien Zielsystems voraussetzen würde. Die gleichen Grenzen der Anwendung von NKU können sich aber auch innerhalb der Ressortbereiche ergeben, wenn sehr heterogene Aufgabenbereiche institutionell zusammengefaßt sind. Wie das Beispiel der integrierten Bundesverkehrswegeplanung zeigt, treten ähnliche Probleme selbst in diesem klassischen Bereich der NKU auf, der doch von der Aufgabenstellung her klar und eng umrissen zu sein scheint.

Aber auch innerhalb gleich strukturierter Aufgaben- und Programmbereiche ergeben sich weitere Begrenzungen für die Anwendung der einzelnen Verfahren der NKU. Die Methodik der KNA läßt sich in der Regel innerhalb der Aufgabenbereiche nicht flächendeckend anwenden, denn das Analyseergebnis wird maßgeblich von der Art, dem Umfang und dem Bedeutungsanteil der *intangiblen Maßnahmewirkungen* beeinträchtigt. Einen Ausweg aus dieser Situation bietet insoweit die KWA, die alle entscheidungsrelevanten Ziele und Zielerreichungen im analytischen Gesamtergebnis (in der Regel Punktbewertung) einbezieht. Damit wird zwar die relative Vorteilhaftigkeit der Maßnahmen eines Programmbereiches darstellbar, die eigentliche Frage, ob der Mitteleinsatz für eine Maßnahme überhaupt zu rechtfertigen ist, bleibt unbeantwortet.

Entscheidungsbedarf besteht nicht nur auf der Ebene der Einzelpläne, sondern auch innerhalb der Aufgaben- und Programmbereiche. Nach dem im Grundgesetz festgelegten Ressortprinzip (Art. 65 GG) obliegt es dem Fachministerium, diesen Bewertungsspielraum im Sinne seiner Ressortpolitik auszufüllen, d. h. Maßnahmen mit einem negativen oder relativ geringen positiven Nutzen-Kosten-Verhältnis können aufgrund ihrer positiven intangiblen Nettoeffekte gleichwohl befürwortet werden. Insoweit richtet sich § 7 Abs. 2 BHO mit seiner Forderung nach NKU in erster Linie an die einzelnen Ressortminister. Demgegenüber verbleibt dem Finanzminister und auch dem Bundesrechnungshof nur die *formale Kontrolle*, ob im Einzelfall entsprechende Untersuchungen überhaupt und methodisch richtig durchgeführt werden. Eine Ausfüllung des Bewertungsspielraums steht beiden Institutionen nicht zu: Sie dürfen keine „Fachpolitik" betreiben. Gleichwohl wird der Finanzminister den Bewertungsspielraum der einzelnen Maßnahmen unter Hinweis auf die Zielsetzung der Ausgaben- bzw. Kostenminimierung (zwecks Einhaltung der Plafondgrenze) zu beeinflussen versuchen. Im übrigen dürfte für die Haushaltsplaner und für den Rechnungshof ein Nachweis fachlicher Fehlereingaben im Einzelfall nur schwer möglich sein. Das Verhältnis zwischen Fachminister/Fachreferat und Finanzminister/Haushaltsreferat wird in besonderer Weise bei den nicht-monetären Bewertungsverfahren berührt. Grundsätzlich können nach den „Erläuterungen" KWA nominal, ordinal oder in Form von Punktbewertungen (kardinal) durchgeführt werden. Bei den nominalen und ordinalen Bewertungsverfahren handelt es sich um grobe Verfahren der Vorauswahl, die nur in ganz bestimmten Entscheidungssituationen (z. B. bei einer Vielzahl von Maßnahmen, unter Zeitdruck, bei unvollkommener Information) als Erfüllung des haushaltsrechtlichen Wirtschaftlichkeitsgrundsatzes angesehen werden können.[27] Auf diesen Tatbestand wird in den „Verwaltungsvorschriften" und „Erläuterungen" nicht hingewiesen, was in der Praxis zu Mißverständnissen geführt hat. Im Normalfall sind diese Vorauswahlverfahren Bestandteil eines mehrphasigen Bewertungsablaufes, wobei die in die engere Auswahl gekommenen Maßnahmen durch eine KNA oder KWA ergänzt werden. Im Verfahrensmuster der

27 Dies gilt in gleicher Weise für den Bereich der betriebswirtschaftlich angewandten Nutzwertanalyse.

entsprechen. Worin liegt nun der spezifische Beitrag der NKU für den Entscheidungsträger? Dies läßt sich am besten im Vergleich zum Informationsstand ohne Analyse darstellen: Die Verwaltung würde sich auf eine monetäre Bewertung der verwaltungsinternen Maßnahmewirkungen (insbesondere Kosten, Kostenersparnisse) und eine Beschreibung der volkswirtschaftlichen Folgewirkungen beschränken.[28] Die KNA greift demgegenüber aus der Vielzahl der entscheidungsrelevanten Zielsetzungen diejenigen Teile der Maßnahmewirkungen heraus, die unmittelbar oder mittelbar zu Kosten- und Ertragsveränderungen in der Volkswirtschaft führen und bewertet sie entsprechend ihrem Beitrag zum Bruttosozialprodukt. Das Ergebnis der monetären volkswirtschaftlichen Analyse steht somit als Teilergebnis einem nicht-monetär quantifizierbaren Rest („intangibler Anhang") gegenüber. Aus der Gegenüberstellung der monetären und der intangiblen Differenzen alternativer Maßnahmen läßt sich *argumentativ* das Gesamtergebnis ableiten: Der Entscheidungsträger muß sich fragen, ob eine bestimmte positive intangible Differenz bei alternativen Maßnahmen die Aufgabe eines bestimmten Netto-(Mindest-)-Nutzens rechtfertigt (und umgekehrt). *Es bleibt also ein Entscheidungsbedarf zwischen einem monetären und einem nicht-monetären Teil.* Dies gilt gleichermaßen für die KWA: Aus der Gegenüberstellung der nicht-monetären Gesamtwerte und der Kosten alternativer Maßnahmen ist die relative Vorteilhaftigkeit nur argumentativ ableitbar. Der Vorteil der KWA, alle Zielerreichungen (mit Ausnahme der Kostenseite) in einem Gesamtwert zusammenzufassen, muß durch zusätzliche subjektive Bewertungen (z. B. Zielgewichtung, Festlegung des Bewertungsrasters für die jeweilige Zielerreichung) erkauft werden. Andererseits dokumentiert die KWA, welche subjektiven Bewertungen zu welchem Gesamtergebnis führen, d. h. aber auch, daß alternative Standpunkte deutlich gemacht werden können. Generell zeigen NKU dem Entscheidungsträger die Folgewirkungen und die impliziten Wertungen auf, die mit einer bestimmten Entscheidung verbunden sind. Ohne eine solche volkswirtschaftliche Bewertung bliebe es mithin bei einem punktuellen Argumentieren, der Bewertungszusammenhang wäre nicht darstellbar. NKU leisten insoweit durchaus einen Beitrag zur Versachlichung der Diskussion sowohl innerhalb der Verwaltung und der Regierung als auch im parlamentarischen Raum.

Wenn gleichwohl eine gewisse Skepsis gegenüber dem Instrument der NKU bei politischen Entscheidungsträgern und im parlamentarischen Raum festzustellen ist, so mag dies u. a. aus der Erfahrung herrühren, daß selbst der Soziotechniker, insbesondere im prognostischen Bereich, einen Bewertungsspielraum besitzt, den er ausschöpfen kann, ohne daß ihm ein methodischer Mangel nachgewiesen werden kann. Mit diesem Problem sind aber auch die Haushaltsplaner und der Rechnungshof konfrontiert. Von daher wird die Forderung, bei der Analyse die subjektiven Entscheidungselemente klar und deutlich zu formulieren, noch einmal unterstrichen.

28 Dies würde im übrigen dem Ergebnis der Stufe 5 des Verfahrensmusters der „Erläuterungen" entsprechen.

„Erläuterungen" ist im übrigen eine „Vorauswahl" stufenmäßig vorgesehen: In der weiteren Analyse sollen nur solche Maßnahmen untersucht werden, die die Entscheidungsfeldbedingungen (Muß-Ziele, Mindestzielerreichung) erfüllen. Diese Forderung entspricht in einfacher Form der nominalen Bewertung (sogenannte Simonregel).

Auch für die Punktbewertung ergeben sich seitens des Haushaltsplaners besondere Anforderungen. Die KWA kann in dieser Form für ihn nur dann eine verbesserte Entscheidungsgrundlage sein, wenn bei einer Skalierung von 0–10 Punkten hinter einem 10-Punkte- oder einem 0-Punkte-Wert ein einigermaßen abgesicherter Bewertungsstandard (Richtwerte für sehr gute bzw. sehr schlechte Zielerreichung) steht. Diese Bedingung ist in vielen Bereichen nicht erfüllt, so daß in der Praxis häufig eine Ausrichtung nach der schlechtesten und besten Alternative erfolgt. Ein Punktbewertungsverfahren, das insoweit nur situationsbezogen interpretiert werden kann, bietet für den Haushaltsplaner und in gleicher Weise auch für den Rechnungsprüfer kaum eine Gelegenheit zur kritischen Beurteilung. Es bleibt nur das Mißtrauen, daß als Analyseergebnis herauskommen muß, was der Fachbereich wünscht. Von daher kann der Grundsatz der Wirtschaftlichkeit nur in denjenigen Fällen als erfüllt angesehen werden, in denen die Punktbewertung von einem hinreichend *objektiven Zielrahmen* ausgeht. Mit der Forderung nach einem objektivierten Punktbewertungsrahmen eng verbunden ist auch die Wahl des Ausdrucks „Kostenwirksamkeitsanalyse" zu sehen. In der Praxis werden die betriebswirtschtlichen Kostengrößen häufig in Punktwerte übertragen, um auf diese Weise ein Gesamturteil einschließlich des Finanzierungsziels (Ausgaben-/Kostenminimierung) abzuleiten. Neben dem definitorischen Problem der Zielformulierung (Bestimmung der Minimal- und Maximalwerte) stellt sich hierbei noch die Frage der Zielgewichtung. Letztlich ist der Haushaltsplaner nicht daran interessiert, um wieviel Punkte eine Maßnahme besser ist, sondern wieviel Kosten zusätzlich in Kauf genommen werden müssen, um einen größeren Nutzen, ausgedrückt in einer Punktdifferenz, zu erzielen. Die Entscheidung hierüber kann *nur* argumentativ erfolgen. Der Entscheidungsbedarf nach Beendigung der Analyse sollte insoweit nicht durch eine rein rechnerische Einbeziehung des Finanzierungsziels verdeckt werden. Von daher ist in den „Erläuterungen" bewußt der traditionelle Begriff der (eindimensionalen) KWA als Terminus für nichtmonetäre volkswirtschaftliche Bewertungsverfahren übernommen worden. Streng methodisch gesehen, verbirgt sich hinter dem Begriff der KWA der „Erläuterungen" ein kombiniertes Verfahren: Die Ergebnisse einer Nutzwertanalyse (ohne Einbeziehung des Finanzierungsziels) und eines einfachen Kostenvergleichs bzw. einer dynamischen Investitionsrechnung werden einander gegenübergestellt. NKU sollen die Entscheidung durch den „politischen Entscheidungsträger" (Regierung, Parlament, politische Ebene der Verwaltung) nicht ersetzen, sondern sie sollen durch eine systematische Entscheidungsvorbereitung über Zielerreichung, unerwünschte Folgewirkungen und den Bewertungsspielraum bzw. Entscheidungsbedarf bei alternativer Aufgabenerfüllung informieren. Insoweit ist das Ergebnis einer NKU nur dann mit der tatsächlichen Entscheidung identisch, wenn die im Verfahrensablauf eingegangenen subjektiven Bewertungen den Wertvorstellungen des Entscheidungsträgers

4. Ausblick

Vergleicht man die Anwendungsbereiche der NKU Anfang der siebziger Jahre mit dem heutigen Stand der Arbeiten, so sind auf einzelnen Gebieten (insbesondere Verkehr, Städtebau, Landwirtschaft, Forschung, Entwicklungshilfe) beachtliche Fortschritte zu verzeichnen. Wenn demgegenüber in anderen Fachbereichen der Einsatz des Instrumentariums bisher nur auf Einzelfälle beschränkt blieb, so ist dies meist auf Schwierigkeiten bei der Ziel- und Programmstrukturierung des jeweiligen Aufgabenbereichs zurückzuführen. Durch eine verstärkte Ursachen- und Wirkungsforschung lassen sich diese fehlenden Voraussetzungen für NKU schaffen.

Entscheidender als eine etwaige Ausweitung der Anwendungsgebiete dürfte zukünftig allerdings die Entwicklung standardisierter Bewertungsverfahren sowohl für die Planung als auch für die Kontrolle bestimmter (finanziell bedeutsamer) Programmbereiche sein. Dabei müßten m. E. die Verfahrenskonkretisierungen schwerpunktmäßig bei der Methode der KWA ansetzen und ein hinreichend objektiviertes Punktbewertungsverfahren anstreben. Auf diese Weise würde generell das Instrument der NKU bei der Haushalts- und Finanzplanung, aber auch im politischen Raum mehr Gewicht erlangen.

5. Grundlegende Arbeiten auf dem Gebiet der Nutzen-Kosten-Untersuchungen

Aus der Vielzahl durchgeführter Grundlagen- und Projektuntersuchungen im staatlichen Bereich sei auf einige, aus methodischer Sicht erwähnenswerte Arbeiten hingewiesen:

Battelle-Institut, *Methoden der Prioritätsbestimmung I (Schriftenreihe des Bundesministers für Bildung und Wissenschaft, Serie Forschungsplanung*, Bd. 3), Bonn 1971.

Battelle-Institut, Treuarbeit; Dornier-System, *Die Beurteilung von Investitionen im Fernreiseverkehr der Deutschen Bundesbahn und im Luftverkehr der Bundesrepublik Deutschland bis 1980 auf der Grundlage der Kosten-Nutzen-Analyse (Schriftenreihe des Bundesministeriums für Verkehr*, H. 40), Bonn 1972.

Becker, H., *Aussetzung der Intervention bei Butter- und Magermilchpulver und Aufrechterhaltung der Produzenteneinkommen durch Einkommenstransfers (Schriftenreihe des Bundesministeriums für Ernährung, Landwirtschaft und Forsten „Landwirtschaft – Angewandte Wissenschaft"*, H. 195), Münster-Hiltrup 1977.

Bieler, H.–U., *Kosten-Nutzen-Analyse der Milchmarktpolitik der Europäischen Gemeinschaften (Schriftenreihe des Bundesministeriums für Ernährung, Landwirtschaft und Forsten „Landwirtschaft – Angewandte Wissenschaft"*, H. 195), Münster-Hiltrup 1977.

Böhret, C. u. a. (Zentrum für Zukunftsforschung Berlin), *Methoden der Prioritätsbestimmung III, Methoden zur Prioritätsbestimmung innerhalb der Staatsaufgaben, vor allem im Forschungs- und Entwicklungsbereich (Schriftenreihe des Bundesministers für Bildung und Wissenschaft, Serie Forschungsplanung*, Bd. 5), Bonn 1971.

Bokelmann, P., *Schema zur Durchführung von Kosten-Nutzen-Analysen bei Meliorationen (Schriftenreihe des Bundesministeriums für Ernährung, Landwirtschaft und Forsten, „Landwirtschaft – Angewandte Wissenschaft")*, Bonn 1979.

Bundesministerium für Verkehr, *Anleitung für die standardisierte Bewertung von Verkehrsinvestitionen des ÖPNV und Hinweise zum Rahmenvertrag (Schriftenreihe des Bundesministeriums für Verkehr*, H. 51), Bonn 1976.

Bundesministerium für Verkehr, *Gesamtwirtschaftliche Bewertung von Verkehrswegeinvestitionen. Bewertungsverfahren im Rahmen der Aufstellung des Bundesverkehrswegeplanes '80 (Schriftenreihe des Bundesministeriums für Verkehr*, H. 59), Bonn.

Forschungsgesellschaft für das Straßenwesen, Richtlinien für wirtschaftliche Vergleichsrechnungen im Straßenwesen (*Neufassung in Vorbereitung: Richtlinien für die Anlage von Straßen – Teil: Wirtschaftliche Vergleichsrechnungen*), Köln 1971.

Hessisches Landesamt für Straßenbau (Hrsg.), *Nutzwertanalyse. Ein Hilfsmittel für die Entscheidungsfindung bei der Straßenplanung*, Wiesbaden 1980.

Koelle, H.H. u. a., *Welchen Nutzen hat das deutsche Weltraumprogramm?*, Berlin 1970.

Kreditanstalt für Wiederaufbau, *Grundlagen der Cost-Benefit-Analyse bei Projekten in Entwicklungsländern (Schriftenreihe der Kreditanstalt für Wiederaufbau*, Nr. 4/1970), Frankfurt a. M. 1970.

Kreditanstalt für Wiederaufbau, *Praktischer Leitfaden zur volkswirtschaftlichen Bewertung von Inputs und Outputs im Rahmen der Cost-Benefit-Analyse (Schriftenreihe der Kreditanstalt für Wiederaufbau*, Nr. 10/1973), Frankfurt a. M. 1973.

Land Nordrhein-Westfalen (Hrsg.), *Kostenwirksamkeitsanalyse. Musterfall aus den Sektoren Umweltschutz/Stadtplanung. Anleitungsmaterial (zugleich Anlage zu Nr. 1.9 der Verwaltungsvorschriften zu § 7 LHO)*, Düsseldorf 1974.

Planco-Consulting, *Nutzen-Kosten-Untersuchung für die Verbesserung der seewärtigen Zufahrt und den Ausbau des Emdener Hafens unter besonderer Berücksichtigung der regionalen Wirtschaftsstruktur (Dollarthafen)*, Hamburg 1976.

Projektgruppe „Korridoruntersuchungen", *Untersuchungen über Verkehrswegeinvestitionen in ausgewählten Korridoren der BRD (Schriftenreihe des Bundesministeriums für Verkehr*, H. 47), Bonn 1972.

Schrader, J.V., *Nutzen-Kosten-Untersuchung der Rindfleischmarktpolitik der Europäischen Gemeinschaften (Schriftenreihe des Bundesministeriums für Ernährung, Landwirtschaft und Forsten „Landwirtschaft – Angewandte Wissenschaft"*, H. 195), Münster, Hiltrup 1977.

Schwefel, D. (Kreditanstalt für Wiederaufbau), *Beiträge zur sozioökonomischen Beurteilung von Investitionsvorhaben (Schriftenreihe der Kreditanstalt für Wiederaufbau*, Nr. 16/1975), Frankfurt a. M. 1975.

Studiengruppe für Systemforschung, *Methoden und Probleme der Forschungs- und Entwicklungsplanung unter besonderer Berücksichtigung der Problematik der Prioritätsbestimmung*, München/Wien 1972.

Wollmann, H./G.–M. Hellstern, *Sanierungsmaßnahmen: Städtebauliche und stadtstrukturelle Wirkungen (Schriftenreihe des Bundesministeriums für Raumordnung, Bauwesen und Städtebau*, H. 02.012/1978), Bonn 1978.

Zubeil, G./R. Engl u. a. (Prognos), *Methoden der Prioritätsbestimmung, II, Verfahren zur Planung von Staatsausgaben unter besonderer Berücksichtigung von Forschung und Entwicklung (Schriftenreihe des Bundesministers für Bildung und Wissenschaft, Serie Forschungsplanung*, Bd. 4), Bonn 1971.

Bibliographie

Büch, M.P., *Zur Bestimmung der Grundsätze der Wirtschaftlichkeit und der Sparsamkeit im öffentlichen Haushalt der Bundesrepublik Deutschland*, Köln/Berlin/Bonn/München 1976.

Erläuterungen zur Durchführung von Nutzen-Kosten-Untersuchungen, in: *MinBlFin.*, Nr. 13/1973.

Freie und Hansestadt Hamburg (Hrsg.), *Leitfaden für Nutzen-Kosten-Untersuchungen. Hinweise zur Anwendung von § 7 der Haushaltsordnung der Freien und Hansestadt Hamburg*, Hamburg o.J.

Piduch, E.A., *Bundeshaushaltsrecht*.

Helmut Kohn
Bundesministerium für Wirtschaft, Bonn

Zur Wirksamkeit von beratenden Regierungskommissionen

I. Rahmenbedingungen der Politikberatung

Zweifellos haben in den letzten Jahrzehnten Umfang und Bedeutung der wissenschaftlichen Politikberatung zugenommen. Der Staat hat im Laufe der Zeit immer neue Aufgaben übernommen, und die Komplexität der zu beurteilenden Sachverhalte ist in vielen Bereichen derart gestiegen, daß bestimmte Entscheidungen ohne die Vorarbeit und die Hilfe von Sachverständigen kaum noch getroffen werden können. Die zunehmende Nutzung wissenschaftlicher Erkenntnisse für die Politik bedeutet jedoch nicht zwangsläufig, daß der *direkte* Einfluß der einzelnen beratenden Wissenschaftler oder Wissenschaftlergremien ebenfalls zugenommen hat. Es spricht im Gegenteil vieles dafür, daß wegen der gestiegenen Zahl der Beratungsgremien der *unmittelbare* Einfluß einzelner Gremien im allgemeinen sogar abgenommen hat. Das ist immer wieder eine Quelle der Enttäuschung für die beteiligten Wissenschaftler. Eine andere Frage ist, ob die Politik deswegen wirklich Schaden nimmt.

Wissenschaftliche Politikberatung ist relativ unproblematisch, sofern sie dem Politiker zu einem besseren Informationsstand verhelfen will. Die Schwierigkeiten werden groß, wenn die Wissenschaftler – insbesondere Wirtschafts- und Sozialwissenschaftler* – den Anspruch erheben, der Politik jenen Grad von Rationalität zu verschaffen, der dem modernen Erkenntnisstand theoretischer Forschung entspricht. Einerseits können die Wissenschaftler selbst wegen ihrer eigenen Wertungen, Parteinahmen, Interessen und Ideologien selten diesem Anspruch genügen, andererseits dürften viele Politiker auch heute noch das *Bismarck*-Wort von 1892 als im Kern richtig ansehen:

> „Politik ist eben an sich keine Logik und keine exakte Wissenschaft, sondern es ist die Fähigkeit, in jedem wechselnden Moment der Situation das am wenigsten Schädliche oder das Zweckmäßigste zu wählen."

Wissenschaftler können nicht alle Ziele kennen, an denen die beratenen Politiker sich orientieren. In der Regel sind ihnen die Besonderheiten der Verwaltung nicht bekannt, der sie ihre Ratschläge anbieten. Über den Verlauf der Entscheidungsprozesse in Ministerien oder über die Mobilität der Beamten z. B. urteilen Wissenschaft-

* Die folgenden Ausführungen beziehen sich auf wirtschafts- und sozialwissenschaftliche Politikberatung.

ler häufig sehr wirklichkeitsfremd. Nicht selten verwechseln sie Modellvorstellungen mit den tatsächlichen Verhältnissen und verdrängen wichtige Aspekte. So konnte es in einem Fall geschehen, daß rund 20 Hochschulprofessoren eine ganze Woche lang über wirtschaftliche Strukturpolitik diskutierten, ohne daß auch nur einer die Gewerkschaften erwähnte.

Schließlich ist auch noch darauf hinzuweisen, daß wissenschaftliche Gutachten häufig in einer Art und Weise geschrieben sind, die erkennen läßt, daß die Verfasser als Adressaten weniger Politiker und Verwaltung als die Kollegen und Konkurrenten aus der eigenen wissenschaftlichen Disziplin ansehen.

Spielen nun in einem idealen Gutachten, das wissenschaftlich von hoher Qualität ist und das alle wichtigen politischen Aspekte berücksichtigt hat, die genannten Probleme keine große Rolle? Wird man die Empfehlungen dieses Gutachtens befolgen? Die Antwort lautet: Dies gilt nur dann, wenn ein gewisses „politisches Klima" vorhanden ist und wenn innerhalb dieses Klimas eine gewisse „kritische Masse" entstanden ist, die beide für die politische Durchsetzung günstig sind. Im Augenblick beispielsweise ist das Klima schlecht, *bildungspolitische* Empfehlungen durchzusetzen; *umweltpolitische* Empfehlungen dagegen finden große Resonanz. Da zur Zeit in der Öffentlichkeit viel über die hohe Belastung der privaten Unternehmen durch Anforderungen des Staates gesprochen wird, hätte das beste Gutachten über die Notwendigkeit irgendeiner weiteren Wirtschaftsstatistik vorerst keine Chance, ernsthaft diskutiert zu werden. Diese „Klimabedingungen" sind zu berücksichtigen, wenn man sich die Frage stellt, warum bestimmte Beratungsgremien wenig Erfolg hatten.

Des weiteren muß man sich die Frage stellen, ob überhaupt und inwieweit bestimmte politische Maßnahmen von bestimmten Gutachterempfehlungen ausgelöst worden sind. Selbst wenn Gutachtervorschläge und getroffene politische Maßnahmen identisch sind, braucht kein Zusammenhang im Sinne von Ursache und Wirkung zu bestehen. Weiterhin ist zu überlegen, innerhalb welchen Zeitraums politische Entscheidungen fallen müssen, damit man mit einer gewissen Berechtigung noch vermuten kann, es liege ein Ursache-Wirkung-Verhältnis vor.

II. Unterschiedliche Formen der Politikberatung

Die vorstehenden Bemerkungen sollten Verständnis dafür wecken, daß die schnelle Umsetzung von Gutachterempfehlungen ein kompliziertes, von den Gutachtern unabhängiges Bedingungsgefüge zur Voraussetzung hat. Es wurde bereits festgestellt, daß die hohe wissenschaftliche Qualität eines Gutachtens allein nichts bewirkt, wenn bestimmte „Klimafaktoren" fehlen. Dennoch läßt sich beim Vergleich verschiedener Typen von beratenden Kommissionen vermuten, daß Zusammensetzung, Arbeitsweise, Auftrag, Dauer des Untersuchungszeitraums und ähnliche Faktoren von Bedeutung für die Umsetzung von Gutachterempfehlungen sind. Um dies an Beispielen zu zeigen, wurden hier vier Kommissionen ausgewählt, die im Bereich der Wirtschaftspolitik beratend tätig waren und es zum Teil noch sind: der *Wissenschaftliche Beirat* (WB) des Bundeswirtschaftsministeriums (BMWi) und der *Sachverstän-*

digenrat zur Begutachtung der gesamtwirtschaftlichen Entwicklung (SVR) als kontinuierlich beratende Gremien, die *Konzentrations-Enquête-Kommission* (KEK) und die *Kommission für wirtschaftlichen und sozialen Wandel* (KWSW) als Gremien mit einem besonderen, einmaligen Untersuchungsauftrag. Wie die folgende Übersicht zeigt, unterscheiden sich diese Kommissionen sehr deutlich voneinander, so daß sich die Frage stellt, ob es überhaupt sinnvoll ist, sie aufgrund eines organisatorischen Kriteriums (sie stehen außerhalb der Institutionen, die sie beraten sollen und sind in ihrer Tätigkeit weitgehend autonom) unter einem Begriff zusammenzufassen. Dieser Frage soll hier aber nicht weiter nachgegangen werden.

Strukturvergleich von vier beratenden Regierungskommissionen (Ende 1979)

	Wissenschaftlicher Beirat	Sachverständigenrat	Konzentrations-Enquête-Kommission	Kommission für wirtschaftlichen und sozialen Wandel
Tätigkeitszeitraum	seit 1948	seit 1964	1961–1964	1971–1976
Anzahl der Gutachten bisher	87	16 Jahresgutachten und einige Sondergutachten	1	1
Anzahl der Kommissionsmitglieder insgesamt	z. Zt. 29 (in der Regel nicht mehr als 25)	5	12	17
Anzahl der Hochschullehrer (Wissenschaftler)	29	mindestens 3	6	7
Wahl neuer Mitglieder	Freie Zuwahl	Ernennung durch den Bundespräsidenten	Berufung durch den Bundeswirtschaftsminister	Berufung der Wissenschaftler durch die Bundesregierung; Gewerkschaften und Arbeitgeberverbände benannten ihre Vertreter selbst
Themenwahl	Freie Wahl	gesetzlich vorgeschrieben	gesetzlich vorgeschrieben	von der Bundesregierung vage umschrieben
Durchschnittliche Arbeitszeit für ein Gutachten	1/2 Jahr	1 Jahr	3 Jahre	5 1/2 Jahre
Adressat des Gutachtens	Bundeswirtschaftsministerium	Parlament	Parlament	Bundesregierung
öffentliche Diskussion	fast gar nicht	intensiv	nur kurz nach der Vorlage	nur kurz nach der Vorlage
Kritische Stellungnahme von Wissenschaftlern	wenig	häufig	wenig	häufig

II.1 Der Wissenschaftliche Beirat

Der seit 1948 bestehende *Wissenschaftliche Beirat* (WB) des BMWi setzt sich aus ehrenamtlich tätigen Hochschullehrern der Wirtschafts- und Rechtswissenschaften zusammen. In der Zuwahl neuer Mitglieder hat der Beirat völlig freie Hand. Auch die Beratungsthemen bestimmt er selbst; er soll lediglich – wie es in der Satzung heißt – „den Wünschen des Bundesministers für Wirtschaft auf Beratung bestimmter Themen Rechnung tragen". Kehrseite dieser Autonomie ist allerdings, daß auch der Bundeswirtschaftsminister dem Beirat gegenüber autonom ist. Er ist nicht verpflichtet, seinen Rat einzuholen oder zu Äußerungen und Gutachten des Beirats Stellung zu nehmen. Es fehlt auch der Kontakt zwischen dem Beirat und den Fachreferaten des Ministeriums.

Die Gutachten des Beirats[1] spielten in den ersten Jahren des Bestehens der Bundesrepublik, als um die Wirtschaftsordnung gekämpft wurde, eine ordnungspolitisch wichtige Rolle. Da die Grundsatzpositionen des Ministeriums und der meisten Beiratsmitglieder heute weitgehend identisch sind, fehlt ein Spannungsverhältnis, das zur Auseinandersetzung zwingt. Aufmerksamkeit erregte der Beirat vor rund 20 Jahren, als er den Bundeswirtschaftsminister drängte, sein Gutachten, das die Aufwertung der DM empfahl, zu veröffentlichen, dies zu einer Zeit, als die Bundesregierung diese Maßnahme noch nicht in Erwägung zog. Der Beirat ist heute weitgehend ein „Honoratiorengremium". Berufliche Überlastung und das Alter der Mitglieder engen seine Tätigkeit ein. Sechs der Mitglieder gehören dem Beirat schon seit 30 Jahren an.

II.2 Der Sachverständigenrat zur Begutachtung der gesamtwirtschaftlichen Entwicklung

Der *Sachverständigenrat* (SVR) ist seit 1964 tätig. Seit dieser Zeit schieden kontinuierlich Mitglieder aus und kamen neue hinzu. Er ist – laut Gesetz – nicht nur wirtschaftspolitischer Berater der Bundesregierung, sondern der gesamten Öffentlichkeit. Das von ihm erarbeitete Jahresgutachten wird von der Bundesregierung unverzüglich den gesetzgebenden Körperschaften zugeleitet und veröffentlicht[2]. Im Jahresgutachten analysiert der Sachverständigenrat die wirtschaftliche Lage, macht Prognosen für das kommende Jahr und zeigt Wege auf, wie die großen wirtschaftspolitischen Ziele – Geldwertstabilität, Wachstum, Vollbeschäftigung und außenwirtschaftliches Gleichgewicht – erreicht werden können, d. h. er macht allenfalls Vorschläge für die Lösung der aufgezeigten Probleme. Der Sachverständigenrat darf jedoch keine Empfehlungen für ganz bestimmte wirtschafts- und sozialpolitische Maßnahmen aussprechen, er darf der Bundesregierung ein bestimmtes politisches

1 Der Wissenschaftliche Beirat beim Bundesminister für Wirtschaft veröffentlicht seine Gutachten in (bisher neun) Sammelbänden beim Verlag Otto Schwartz & Co., Göttingen.

2 Die Zuleitung geschieht als Bundestagsdrucksache; die Veröffentlichung erfolgt durch den Kohlhammer-Verlag in Stuttgart.

Handeln nicht nahelegen. Die Wahl der Mittel durch die politisch Verantwortlichen soll nicht präjudiziert werden, sie liegt allein bei der Bundesregierung. Der SVR beschreibt deshalb alternative Möglichkeiten wirtschaftspolitischen Vorgehens. Hier offenbart sich sehr deutlich, daß der Gesetzgeber auf eine strenge Rollenverteilung zwischen den autonom politische Ziele setzenden Politikern und den bei der Wahl geeigneter Mittel tätig werdenden Wissenschaftlern bedacht war. Daß dies nicht ganz gelungen ist, zeigen immer wieder die Diskussionen über die Sachverständigenratsgutachten. Oft ist die „Lieblingsalternative" der Sachverständigen und damit die Empfehlung konkreter Maßnahmen klar erkennbar. Mit einer speziellen Mittelwahl wird aber auch eine spezielle Zielkombination angestrebt. Die Wahl der Zielkombination (ob z. B. mehr Wert auf Geldwertstabilität oder auf Wachstum zu legen ist) muß jedoch Aufgabe der Politik bleiben. Es ist nicht zuletzt diese Problematik, die den SVR wiederholt in eine künstliche Oppositionsrolle gegenüber der Bundesregierung geraten ließ[3].

Die Maßstäbe, nach denen der SVR die wirtschaftliche Entwicklung beurteilen soll, sind ihm weitgehend vorgegeben. Er hat keine Möglichkeit, die vorgegebenen Ziele prinzipiell in Frage zu stellen. Da aber die Ziele des Gesetzes zur Förderung der Stabilität und des Wachstums der Wirtschaft[4] nur in unterschiedlichem Maße erreichbar sind – und nie ideal – kommt es vor, daß er sich an eigenen Leitbildern orientiert. Dadurch fließen naturgemäß Wertungen ein, die häufig umstritten sind.

Die Bedeutung des SVR ist vor allem darin zu sehen, daß er durch seine jährliche Analyse und seine Empfehlungen eine gute Ausgangslage für politische Auseinandersetzungen schafft. Er stellt auch der Wissenschaft verläßliche Daten zur Verfügung. Der Einfluß des SVR hat in den letzten Jahren abgenommen, nachdem einige seiner Positionen als Parteinahme für bestimmte gesellschaftliche Gruppen gedeutet werden konnten. Auch hat die mangelnde Treffsicherheit mancher Prognosen zu einer reservierteren Beurteilung der Gutachten geführt.

II.3 Die Konzentrations-Enquête-Kommission

Die *Konzentrations-Enquête-Kommission* (KEK) hatte – ähnlich wie der SVR – einen gesetzlich festgelegten Auftrag von allerdings delikaterer Natur: Sie wurde damit betraut, die bestehenden Wettbewerbsverhältnisse zu untersuchen. Diesem Versuch setzten die Betroffenen, die Unternehmen, einen beachtlichen Widerstand entgegen. Die in der Kommission vertretenen Wissenschaftler konnten ihre „härtere Linie" nicht durchsetzen. Das Gutachten zeichnete zwar ein interessantes Bild des Konzentrationsstandes in einzelnen Wirtschaftszweigen, die zentralen Fragen nach den Ursachen und Auswirkungen der Konzentration blieben indessen weitgehend unbeantwortet[5].

3 Siehe C. Wegner, *Möglichkeiten und Grenzen wirtschaftswissenschaftlicher Politikberatung durch den Sachverständigenrat zur Begutachtung der gesamtwirtschaftlichen Entwicklung (1963–1974)*, Aachen, TH, Phil.-Fak., Abt. Wirtschaftswiss., Diss. 1974.

4 *Bundesgesetzblatt*, Jg. 1967, Teil I, S. 582.

5 Siehe Bericht über das Ergebnis der Konzentrations-Enquête, *BTDrs.* IV/2320 (1964).

Vergleicht man die Empfehlungen des Gutachtens mit den inzwischen eingeleiteten Maßnahmen, so gewinnt man einen guten Eindruck von den Schwierigkeiten einer Zurechnung. Zwei Maßnahmen sind zweifellos auf Vorschläge der Kommission zurückzuführen. Weitere Empfehlungen stützten Vorschläge, die in der Öffentlichkeit bereits diskutiert wurden (z. B. über die Notwendigkeit der Umsatzsteuerreform). Andere Empfehlungen und Analysen lösten zwar keine politischen Maßnahmen aus, bereiteten aber das Terrain für weitere Untersuchungen vor. So sind einige Patentuntersuchungen jüngeren Datums eindeutig auf Vorschläge der KEK zurückzuführen[6], deren Analyse dieses Gebietes unbefriedigende Ergebnisse erbracht hatte.

II.4 Die Kommission für wirtschaftlichen und sozialen Wandel

Wenn man es heute kritisch überdenkt, so waren die Voraussetzungen für eine schnelle Umsetzung der im Gutachten der *Kommission für wirtschaftlichen und sozialen Wandel* (KWSW)[7] enthaltenen Empfehlungen besonders ungünstig[8]:

– das zu behandelnde Thema war äußerst breit, es umfaßte mehrere Politikbereiche und Ressortzuständigkeiten;
– der Versuch einer „Zusammenschau" mußte bewirken, daß viele Spezialisten sich nicht direkt angesprochen fühlten;
– der Zeitraum zwischen Auftragserteilung und Fertigstellung des Gutachtens war zu groß; die bei Abgabe des Gutachtens bestehenden Präferenzen waren andere als die, von denen die Untersucher ausgegangen waren. So hatten sich im einzelnen u. a. verändert: die Wachstums- und Beschäftigungssituation, das Weltwährungssystem, das Denken in ökologischen Zusammenhängen, die Einschätzung der Bevölkerungsentwicklung, die Einstellung zur Notwendigkeit einer vermehrten staatlichen Planung, die Einstellung zur Ausdehnung der staatlichen Tätigkeit, die gesellschaftspolitische Rangordnung bildungspolitischer Fragen;
– die unterschiedlichen, nicht überbrückbaren Positionen von Arbeitgeber- und Gewerkschaftsvertretern mußten in vielen Bereichen einheitliche Analysen und Empfehlungen verhindern. Die zahlreichen Minderheitsvoten sind zwar für den problemorientierten Leser von hohem Wert, sie machen es aber demjenigen schwer, der nach unumstrittener Expertenmeinung sucht.

Die Funktion des Gutachtens der KWSW ist deshalb insbesondere darin zu sehen, daß auf breitem Feld eine Fülle von in einem engen Zusammenhang stehenden wirtschaftlichen und gesellschaftlichen Informationen gemeinsam mit einer mittelfristigen Zukunftsorientierung geboten werden. Es ließe sich zwar jetzt schon eine Reihe von Empfehlungen aufzählen, denen die Politik inzwischen, insbesondere im Bereich

6 Siehe z. B. K. Grefermann u. a. (Ifo-Institut für Wirtschaftsforschung), *Patentwesen und technischer Fortschritt (Schriften der Kommission für wirtschaftlichen und sozialen Wandel*, Bd. 10), Göttingen 1974.
7 *Wirtschaftlicher und sozialer Wandel in der Bundesrepublik Deutschland*, Göttingen 1977.
8 Vgl. H. Kohn, *Zur Vergabe wirtschafts- und sozialwissenschaftlicher Forschungsaufträge. Erfahrungen mit dem Forschungsprogramm der Kommission für wirtschaftlichen und sozialen Wandel*, Göttingen 1977, S. 110 ff.

der Forschungs- und Technologiepolitik, gefolgt ist. Das aber fällt angesichts der Ambition der KWSW, eine Konzeption zur Gestaltung des wirtschaftlichen Wachstums und der gesellschaftlichen Wohlfahrt vorzulegen, nicht sehr ins Gewicht.

Zahlreiche Wissenschaftler haben sich mit dem Gutachten und mit verschiedenen Expertisen der 140 Titel umfassenden Schriftenreihe auseinandergesetzt. Es ist deshalb zu erwarten, daß auf diesem indirekten Weg ein weiterer, heute noch nicht absehbarer Einfluß auf die Politik genommen wird. Die Umsetzung neuer Erkenntnisse in praktisches politisches Handeln braucht ihre Zeit. Der englische Nationalökonom J. M. Keynes hat diese Beobachtung dem Sinn nach so formuliert: Viele Politiker, die sich für völlig frei von irgendwelchen intellektuellen Einflüssen halten, wissen nicht, daß sie in Wahrheit die Sklaven irgendeines längst verblichenen Ökonomen sind.

III. Zusammenfassende Bemerkungen

Der Wert und die Wirksamkeit der Tätigkeit beratender Regierungskommissionen hängen weitgehend von externen und internen Bedingungen ab. Für die externen Bedingungen wurden aus der Literatur die Begriffe „politisches Klima" und „kritische Masse" übernommen[9]. Im einzelnen konnte darauf hier nicht näher eingegangen werden.

Daneben spielen zahlreiche interne Bedingungen, d. h. Faktoren, die die einzelne Kommission betreffen, eine wichtige Rolle. In der Verbindung zwischen externen und internen Faktoren ist die Dauer der Kommissionstätigkeit von Bedeutung. Je länger eine Kommission an einer Untersuchung arbeitet, desto größer ist die Gefahr, daß die externen Bedingungen sich bis zur Abgabe des Gutachtens gewandelt haben. In diesem Zusammenhang ist von Bedeutung, ob die Kommissionsmitglieder lediglich ehrenamtlich tätig sind und deshalb von vornherein ein längerer Zeitraum anzusetzen ist, oder ob sie sich konzentriert der Arbeit widmen können. Die Breite des Themas hat großen Einfluß auf die Aufnahmebereitschaft, bei einem umfassenderen werden viele Adressaten angesprochen. Je freier eine Kommission ihr Thema selbst gestalten kann, desto geringer ist die Erfolgschance. In diesem Fall besteht die Gefahr, daß das Wissen und die Problemanalyse der Experten dem Problemempfinden der Öffentlichkeit vorauseilen. Wird ein relativ eng gefaßtes Thema zur kurzfristigen Bearbeitung von der Regierung vorgegeben, kann man einigermaßen sicher sein, daß beim Auftraggeber eine Bereitschaft zur weiteren Diskussion vorhanden ist. Daneben ist von Bedeutung, ob vorgesehen ist, daß das Gutachten in bestimmten Gremien, z. B. im Parlament, behandelt wird. Die Diskussion über den Inhalt eines Gutachtens kann im öffentlichen und im wissenschaftlichen Bereich sehr unterschiedlich sein. Es ist deshalb denkbar, daß eine Kommissionsarbeit, die zunächst wenige direkte Effekte auslöst, auf indirektem Wege und auf längere Sicht doch erfolgreich

9 Vgl. u. a. F. Voigt/H. J. Budischin, *Grenzen der staatlichen Wirtschaftspolitik im gesellschaftlichen und sozialen Wandel, Einflüsse der Denk- und Reaktionsfähigkeit der menschlichen Persönlichkeit (Schriftenreihe zur Industrie- und Entwicklungspolitik*, Bd. 19), Berlin 1976.

sein kann. Eine große Rolle spielt dabei, daß an der politischen Willensbildung nicht nur Parlament und Regierung beteiligt sind. In der Bundesrepublik Deutschland wirkt eine große Anzahl von Personen, Gruppen und Institutionen auf den Entscheidungsprozeß ein. In einem solchen politischen System darf ein Kommissionsgutachten nicht nur als ein (wissenschaftlicher) Rat angesehen werden, dem die Regierung frei folgen kann oder nicht. Die Aufnahme des Gutachtens durch wichtige gesellschaftliche Gruppen und die durch diese Gruppen ausgelöste Diskussion können für die Durchsetzung von Empfehlungen mittelbar von größerer Bedeutung sein als die unmittelbare Aufnahmebereitschaft der Regierung.

Bibliographie

Bundesgesetzblatt, Jg. 1967, Teil I, S. 582.
Bundestagsdrucksache IV/2320 (1964).
Grefermann, K. u. a. (Ifo-Institut für Wirtschaftsforschung), *Patentwesen und technischer Fortschritt (Schriften der Kommission für wirtschaftlichen und sozialen Wandel*, Bd. 10), Göttingen 1974.
Kohn, H., *Zur Vergabe wirtschafts- und sozialwissenschaftlicher Forschungsaufträge. Erfahrungen mit dem Forschungsprogramm der Kommission für wirtschaftlichen und sozialen Wandel*, Göttingen 1977.
Voigt, F./H. J. Budischin, *Grenzen der staatlichen Wirtschaftspolitik im gesellschaftlichen und sozialen Wandel. Einflüsse der Denk- und Reaktionsfähigkeit der menschlichen Persönlichkeit (Schriftenreihe zur Industrie- und Entwicklungspolitik*, Bd. 19), Berlin 1976.
Wegner, C., *Möglichkeiten und Grenzen wirtschaftswissenschaftlicher Politikberatung durch den Sachverständigenrat zur Begutachtung der gesamtwirtschaftlichen Entwicklung (1963–1974)*, Aachen, TH, Phil.-Fak., Abt. Wirtschaftswiss., Diss. 1974.
Wirtschaftlicher und sozialer Wandel in der Bundesrepublik Deutschland, Göttingen 1977.

Jörg Steinhausen
Bundeskanzleramt, Bonn (bis 1981)*

Ansätze einer Evaluationsforschung im Bundeskanzleramt

I. Der politische Handlungsrahmen

Die tatsächlichen Handlungsbedingungen in der Verfassungswirklichkeit, geprägt durch eigenverantwortliche Ressorts, eine föderale Struktur und eine starke Position des Regierungsflügels im Parlament, schließen die Implementation eines integrierten Gesamtplanungssystems aus, das den Anforderungen einer am Reißbrett konzipierten Erfolgskontrolle entsprechen könnte[1]. Das Planungssystem der Bundesregierung fußt auf Art. 65 GG. Darin sind drei grundlegende Prinzipien festgelegt:

1. die Richtlinienkompetenz des Bundeskanzlers;
2. die selbständige und eigenverantwortliche Leitung der Geschäftsbereiche durch die Ressortminister innerhalb der Richtlinien;
3. das Prinzip der Kabinettsentscheidung bei Meinungsverschiedenheiten zwischen Mitgliedern der Bundesregierung.

Art. 30 GG weist den Ländern Planungskompetenz immer dann zu, wenn in der Finanzverfassung keine andere Regelung festgeschrieben ist. In der Bundesrepublik gibt es auch von daher *keine* gesetzliche Grundlage für ein übergreifendes, systematisches Planungssystem. Erst durch die Etablierung der Gemeinschaftsaufgaben nach Art. 91 a und 91 b GG im Zuge der Finanzverfassungsreform von 1969 hat der Bund in ausgewählten Bereichen ein Mitgestaltungsrecht erhalten.

Der Planungskompetenz des Bundes sind also in mehrfacher Hinsicht Grenzen gesetzt. Einer Zentralisierung der Planung stehen verfassungsmäßige Beschränkungen und ordnungspolitische Vorbehalte entgegen. Es ist deshalb nicht verwunderlich, wenn jede Art der Wirkungsforschung und -kontrolle auf große Skepsis trifft, besonders dann, wenn sie von einer zentralen Instanz wie dem Bundeskanzleramt oder dem Finanzministerium ausgeht. Die zentralen Institutionen mit Querschnittsaspekten haben nur begrenzte Möglichkeiten, die Einführung und Umsetzung einer standardisierten Wirkungsanalyse für die ganz unterschiedlichen Politikbereiche zu unter-

* Die in diesem Beitrag geäußerte Meinung stellt die persönliche Auffassung des Autors dar. Der Verfasser war freier Mitarbeiter im Bundeskanzleramt.

1 Vgl. hierzu F. W. Scharpf, Probleme der politischen Aufgabenplanung, in: *Handbuch der Verwaltung*, hrsg. von U. Becker und W. Thieme, H. 2.3, Köln/Berlin 1974; ders., Politische Planung zwischen Anspruch und Realität (*Discussion Papers, Wissenschaftszentrum Berlin*, Nr. 4), Berlin 1979, S. 1–20.

stützen oder zu fördern[2]: Der Finanzminister in seiner Rolle als Haushaltskontrolleur hat gemäß § 7,2 Bundeshaushaltsordnung das Recht, Kosten-Nutzen-Analysen anzufordern, wenn ein Projekt von erheblicher finanzieller Bedeutung ist[3]. Der Bundeskanzler kann seinerseits das aus der Richtlinienkompetenz ableitbare Recht auf detaillierte Informationen geltend machen. Die Legislative, insbesondere die Parlamentsausschüsse für Wirtschaft und Finanzen, kann aus eigenem Recht genaue Informationen anfordern, um die Kontrolle über die von der Regierung getroffenen Ausgaben auszuüben.

II. Der Entstehungsprozeß politischer Wirkungskontrollen

Es hat sich gezeigt, daß ein Zusammenwirken aller genannten Institutionen dazu geführt hat, daß ein Mindestmaß an Wirkungskontrolle in der staatlichen Administration tatsächlich akzeptiert und verwirklicht wurde. Die Aufnahme eines entsprechenden Paragraphen in die Bundeshaushaltsordnung, der für alle Ebenen staatlicher Politik gilt, kam in drei mittelbar verknüpften Initiativen zustande:

1. Zunächst wurde 1967 das System der *Mittelfristigen Finanzplanung* eingeführt. Dieses Haushaltsplanungssystem ist inputorientiert und weist nur eine kurze Planungsperiode auf. Es arbeitet mit einem Planungszyklus von fünf Jahren. Das erste Jahr umfaßt das *Haushaltsgesetz*, das zweite den *Budgetentwurf* und die drei folgenden Jahre sind *Vorausplanungen* mit möglichst genauen Näherungswerten für den geschätzten Bedarf und die voraussichtlichen Einnahmen. Die in das Planungssystem integrierte Kosten-Nutzen-Analyse hat die Aufgabe, im folgenden Entscheidungsprozeß Hilfestellung zu leisten. Über ein output-orientiertes Instrumentarium, das Entscheidungen bei unterschiedlichen Produktionsergebnissen und unerwarteten Wirkungen vorbereiten hilft, verfügt die Administration jedoch nicht[4].

2 Bereits zu Beginn des Ausbaus eines politischen Planungssystems im Regierungsbereich hatte der damals zuständige Minister im Bundeskanzleramt auf die Widerstände hingewiesen, die einem solchen Vorhaben entgegenstünden. Mißverständnisse in der Öffentlichkeit zwischen längerfristigen Bedarfsschätzungen und der Ankündigung kurzfristiger Planungsziele lösten überzogene Hoffnungen oder unrealistische Ängste aus, Aversionen in der Verwaltung gegen allzu ökonomisches Denken und genaue Vorgaben erzeugten passive Widerstände, und das Konkurrenzdenken der den verschiedenen Koalitionsparteien angehörigen Ressortminister brächte Reibungsverluste mit sich. H. Ehmke, Planung im Regierungsbereich – Aufgaben und Widerstände, in: *Bulletin der Bundesregierung*, Nr. 187, 1971, S. 2026–2056. Fünf Jahre später kommentiert Rolf Zundel die angeblich vorhandene Planungseuphorie, als Sprecher einer breiten Mehrheit, unter der Überschrift: Statt großer Rosinen wieder kleine Brötchen, in: *Die Zeit*, Nr. 19, 1976.

3 Im Siebten Subventionsbericht findet sich erstmalig eine Übersicht über veröffentlichte, vergebene und geplante Forschungsaufträge, die sich mit der Effizienzmessung und Effektivitätsprüfung von Finanzhilfen und Steuervergünstigungen im Auftrag einzelner Bundesministerien beschäftigen. Bundesministerium der Finanzen (Hrsg.), *Siebter Subventionsbericht*, Bonn 1979, S. 305.

4 Vgl. etwa B. Rürup, *Die Programmfunktion des Bundeshaushaltsplanes (Finanzwissenschaftliche Forschungsarbeiten*, N. F., H. 40), Berlin 1971; H. Reinermann, *Programmbudgets in Regierung und Verwaltung*, Baden-Baden 1975.

2. Als nächstes wurde die *Planungsabteilung* im Bundeskanzleramt eingerichtet. In Absprache mit dem Finanzministerium konstituierte sich für den Fragenkomplex der Evaluierung ein Unterausschuß des interministeriellen Gremiums der Planungsbeauftragten. Die Planungsabteilung hatte dabei die Funktion einer Geschäftsstelle. Die Behandlung des Problems, generelle Regeln für die Durchführung von Wirkungsanalysen einzuführen, brachte zwangsläufig eine Vielzahl von Kompromissen mit sich. 1973 gelang es dann endlich, Richtlinien als ersten Baustein für die zukünftige Entwicklung festzuschreiben. Wesentlich weitergehende und perfektioniertere Methoden der Wirkungsforschung unter Einschluß von Techniken politischer Programmkontrolle hatte 1969, noch vor Beginn der Arbeit, die Projektgruppe Regierungs- und Verwaltungsreform beim Bundesminister des Innern vorgeschlagen[5].
3. Ein wesentlicher Impuls für die *Implementation der Wirkungsforschung* ist vom *Parlament* ausgegangen. Anfragen an die Regierung, beispielsweise wegen stark steigender Kosten in bestimmten Politikbereichen, veranlaßten die Ministerien, Daten und Studien vorzulegen, die insbesondere die positiven Wirkungen der von ihnen entworfenen Programme unter Beweis stellten. Das gab den Anstoß, daß die Administration Wirkungsanalysen mehr und mehr als nützliche politische Instrumente erkannte und sich ihrer bediente.

Als Ergebnis der hier kurz skizzierten Entstehung regierungsamtlicher Wirkungsforschung in den gegebenen Handlungsbedingungen bleibt festzuhalten: Das Prinzip der ministeriellen Eigenverantwortlichkeit, verbunden mit einer starken Position der Referate in den Ministerien, begrenzt die Möglichkeiten, ein *echtes interministerielles System der Wirkungsforschung von politischen Programmen* zu etablieren. Um das Instrumentarium gemäß den Idealvorstellungen der Wissenschaft einsetzen zu können, wäre die Umstellung auf eine output-orientierte Programmatik, unabhängig von der gegebenen Arbeitsteiligkeit, erforderlich. Eine solche Annäherung an theoretisch entwickelte Vorgaben kann bisher nur als Ausnahme und nicht als Regel angesehen werden. Ungeachtet einer theoretischen Wünschbarkeit solcher Verfahren stellt sich die Frage nach ihrer Anwendbarkeit im politischen Planungsablauf und ihrer Zweckmäßigkeit für dieses Interaktionsfeld mit seiner ganz anders gearteten Rationalität und Handlungsgesetzlichkeit. Wirkungskontrollen sind nicht nur ein Instrument analytischer Überprüfung, sondern auch Instrumente politischer Strategie. Gelänge es der Regierung oder der Administration, dieses Instrument allein der eigenen Zielstruktur zu unterwerfen, bestünde die Gefahr, daß das Parlament stärker durch die Ergebnisse solcher Studien geleitet wird, als durch die eigene Einschätzung des eigentlichen politischen Programms. Darstellungsmethoden und die Eigenwirkung des wissenschaftlichen Instrumentariums mögen die Bürokratie dahingehend verführen, daß ex post Rationalisierungen für ex ante getroffene Regierungsentscheidungen angeboten werden, daß positive Wirkungen stark hervorgehoben, negative eher vernachlässigt werden.

5 Vgl. *Projektbericht der Projektgruppe Regierungs- und Verwaltungsreform, Erster Bericht und Anlagenband*, Bonn 1969; *Dritter Bericht und Anlagenband*, Bonn 1972.

Die Auswirkung der Wirkungsforschung auf den politischen Abstimmungsprozeß ist deshalb selbst zum Gegenstand der Analyse zu machen. Überspitzt läßt sich fragen, ob Evaluationsforschung mehr der Abwehr unerwünschter Kontrolle, der Legitimation politischen Handelns durch wissenschaftliche Apologetik dient, als daß sie für eine strategiefreie Überprüfung von staatlichen Programmen und ausgewählten Instrumenten genutzt wird[6].

III. Planungsablauf und politische Wirkungskontrolle im politischen Prozeß

Um seine Aufgaben wahrnehmen zu können, spiegelt das Kanzleramt in seinen Abteilungen, Gruppen und Referaten die Arbeitsbereiche der Ministerien wider. Diese Fachabteilungen leiten alle zur Kabinettsberatung anstehenden Vorlagen, versehen mit eigenen fachlichen und politisch-strategischen Bewertungen, weiter; die parallel dazu arbeitende Planungsabteilung konzentriert sich auf Querschnittsaspekte und längerfristige Vorhaben, außerdem betreut sie ein EDV-gestütztes Programm, das die Vorhaben der Regierung erfaßt. Beide Formationen verstehen sich als Katalysatoren der gesamten Regierungsarbeit und als eigenständige Informations-, Koordinations-, Integrations- und Beratungsinstanz. Das Kanzleramt hat demnach allgemeine Assistenzfunktionen gegenüber der gesamten Bundesregierung und spezielle Beratungsaufgaben für den Bundeskanzler. Dabei hat die Planungsabteilung im Rahmen der Koordination des Planungsablaufs die Tätigkeit der Ministerien und der ihnen zugeordneten vier Fachabteilungen des Bundeskanzleramts aus aufgabenübergreifender Sicht zu beobachten, damit die Regierungserklärung im Verlauf der Legislaturperiode in ein Arbeitsprogramm unter Berücksichtigung neuer Entwicklungen und Bedarfe möglichst vollständig umgesetzt wird und ein neues Regierungsprogramm vorbereitet werden kann. Den Aufgaben gemäß ergibt sich die Struktur der Abteilung: Eine Gruppe aus zwei Referaten begleitet die laufende Regierungsarbeit, drei weitere Einzelreferate analysieren unter unterschiedlichen Aspekten mittel- und längerfristige Aspekte, ein Servicereferat wartet das integrierte Informationssystem, nimmt statistische Auswertungen vor und stellt Dokumentationen zusammen. Durch allgemeine Lagebesprechungen, Projekt- und ad-hoc-Gruppen ist die Arbeit untereinander verzahnt.

In Anerkenntnis des abgesteckten politischen Handlungsrahmens, der nur bedingt abbaubaren Widerstände gegenüber einer zentralen politischen Planung und der Aufgabenstellung des Bundeskanzleramtes konzentriert sich die Arbeit auf drei Schwerpunkte:

1. den Planungsablauf einer laufenden Legislaturperiode zu koordinieren;
2. mittel- und langfristige Planungsschwerpunkte voranzutreiben und sich abzeichnende Zukunftsfragen aufzuwerfen;
3. begleitende Analysen zur Vertiefung von Grundsatzfragen selbst vorzunehmen oder an geeignete Wissenschaftler bzw. Institute zu vergeben, also auch Wirkungsforschung zu betreiben.

6 Vgl. M. Olson, Evaluating Performance in Public Sector, in: M. Moss (Hrsg.), *The Measurement of Economic and Social Performance*, New York 1973, S. 355 ff.

Im Rahmen des ersten Arbeitsschwerpunktes sind die vielschichtigen und zahlreichen Pläne, im Rahmen von Teilpolitiken z. B. Familienförderung, Reformen im Gesundheitswesen, Abbau von Engpässen auf den Arbeitsmärkten, sachlicher aufeinander abzustimmen, nach Prioritäten zu ordnen und auf ihren Entscheidungs- und Finanzbedarf hin zu prüfen. Die Hauptlast dieser Koordinations- und Integrationsarbeit wird zwar zweifellos von interministeriellen Arbeitsgruppen und in den routinemäßig stattfindenden Chefbesprechungen geleistet. Im Vorfeld der Koalitionsgespräche und der Kabinettsberatungen werden darüber hinaus die Staatssekretäre unter Einschluß der Abteilungsleiter des Bundeskanzleramtes tätig, um eine einvernehmliche Linie herzustellen oder die Alternativen für eine notwendig werdende Entscheidung herauszuarbeiten. Die Arbeit der Planungsabteilung besteht dabei vor allem in einer Initiativ- und Integrationsfunktion.

Das von der Planungsabteilung und den Planungsbeauftragten der Ministerien erstellte *Informationssystem* über die Vorhaben der Bundesregierung bietet darüber hinaus einen Überblick über den aktuellen Stand der Planung, so daß sich Verzögerungen, Friktionen und Doppelarbeit erkennen lassen. Zu jedem Vorhaben erfaßt das *Datenblatt* als Basiseinheit eine Kurzbeschreibung, Termine im notwendigen Ablauf, betroffene Bundestagsausschüsse, den Finanzbedarf, an Entscheidungen zu beteiligende Institutionen, die davon betroffenen Bevölkerungsgruppen oder Lebensbereiche. Allein aus der Anzahl – 2000 bis 3000 Vorhaben pro Legislaturperiode – läßt sich ablesen, daß es sich in den allermeisten Fällen nur um eine formale Erfassung handeln kann. Einer inhaltlich-materiellen Prüfung können sich die Fachabteilungen und die Planungsabteilung eines, gemessen an den Ministerien, eher kleineren Amtes nur unter Querschnittsaspekten und ausgewählten Fragestellungen widmen. Es ist deshalb zweckmäßig, bei Fragen von grundsätzlicher Bedeutung, besonders hohem Konfliktpotential oder mit weitreichenden finanziellen Konsequenzen die Arbeit des Amtes und damit auch der Planungsabteilung zu bündeln, um die Akzeptanz eines Vorhabens beim Koalitionspartner, der Opposition, den Bundesländern, bei einzelnen Interessenverbänden und vor allem bei den Bürgern zu erhöhen oder berechtigte Bedenken und Vorbehalte frühzeitig kennenzulernen und einzubringen. Nur so kann neben die reine Information über den zu erwartenden zeitlichen Ablauf durch die einzelnen Stationen der Beratung auch eine Steuerung des Ablaufs bei politisch wichtigen Vorhaben treten. Der *Ablaufplan* wird deshalb ständig fortgeschrieben, der notwendige Entscheidungsbedarf ermittelt und eine Abstimmung mit den gesetzgebenden Körperschaften hergestellt. Die zeitliche Anpassung, die rechtzeitige Herbeiführung von Entscheidungen und die Antizipation von Einwänden, Vorbehalten und Konflikten scheinen zwar eher formale Parameter politischer Planung zu sein, sie haben aber zuweilen durchaus erhebliche materielle Auswirkungen.

Neben die Beobachtung und begrenzte Gestaltung des Planungsablaufs tritt als zweiter Arbeitsschwerpunkt die *mittel- bis langfristige Planung*, die aber vor allem von den Grundsatz- und Planungsabteilungen der Ministerien geleistet wird. Die Aufgabe der Planungsabteilung des Bundeskanzleramtes besteht darin, ergänzende Aspekte zu sehen und auf übergeordnete Gesichtspunkte hinzuweisen. Sich abzeichnende Engpässe und Krisen sollen frühzeitig erkannt und Ressortegoismen und Partikularinteressen abgebaut werden. Zu Beginn der Legislaturperiode kommt der Planungsabteilung vornehmlich eine Initiativ- und Stützfunktion zugunsten solcher Vorhaben zu, die in den Ministerien noch keinen Anwalt haben oder die im politischen Ablauf zuvor blockiert worden sind. Im Laufe der Zeit geht es dann vor allem darum, Konfliktfelder auszuräumen und eine Umsetzung des Arbeitsprogramms zu sichern. Am Ende der Periode steht die Vorbereitung und Planung des nächsten Regierungsprogramms im Vordergrund. Den bisher vernachlässigten und durch den gesellschaftlichen oder technologischen Wandel geprägten Politikfeldern gilt dabei das besondere Augenmerk.

Um den verschiedenen Aufgaben gerecht werden zu können, bedarf es sowohl im Rahmen der Ablaufplanung als auch bei der Mittel- und Langfristplanung der politischen und wissenschaftlichen Analyse. Die *interne Erarbeitung von Papieren* und die *Auswertung* extern vorgegebener Untersuchungen bilden den dritten Arbeitsbereich. Sie dienen gleichzeitig der unmittelbaren Beratung des Bundeskanzlers. Gegenstände solcher Analysen sind u. a. neue gesellschaftliche Probleme und Lösungsansätze, Bewußtseinsänderungen der Bevölkerung, technologische Veränderungen, aber auch politische Hindernisse, Widerstände gegenüber den sich abzeichnenden Lösungen, Umschwünge in der öffentlichen Meinung und Fragen des politischen Procedere.

Vor dem Hintergrund der beschriebenen Arbeitsbereiche wird deutlich, daß die Wirkungsforschung nur punktuell und in einzelnen Zügen eingreifen kann. Einige praktische Beispiele, die vornehmlich die Wirtschafts- und Finanzpolitik betreffen, sollen abschließend zeigen, wie die von der Planungsabteilung beschriebene oder geförderte Wirkungsforschung im politischen Prozeß verarbeitet worden ist.

Als ein Beispiel wenig erfolgreicher Anwendung der Wirkungsforschung kann die *Kriegsfolgegesetzgebung* angesehen werden. 1973 stand im Parlament die Diskussion über die noch laufenden Projekte an. Das zuständige Referat in der Planungsabteilung erstellte eine Programmanalyse unter der Fragestellung: Sind die existierenden Maßnahmen und die damit befaßten Institutionen überhaupt noch notwendig? Obwohl leicht nachgewiesen werden konnte, daß sich die meisten Programme 30 Jahre nach Kriegsende überlebt hatten, wurde eine Umschichtung der Mittel zugunsten neuer Aufgaben nicht vorgenommen. Eine notwendige Kurskorrektur unterblieb: Die Finanzplanung wies weiterhin etliche solcher substanziell nicht mehr begründbarer Budgetpositionen auf. Die Umsetzung der auf Abbau abzielenden Empfehlungen scheiterte an den sogenannten Withinputs des administrativen Prozesses und am Widerstand der Interessengruppen[7]. Das beweist nur einmal mehr, daß analytische Rationalität und politische Rationalität doch ziemlich auseinanderfallen können. Es kann vielleicht als ein erster Erfolg verbucht werden, daß der Bundeskanzler 1974 diese Gesetze als auslaufende Maßnahmen bezeichnete.

Zwei weitere Elemente des Regierungsprogramms könnten aus übergreifender Sicht den Gegenstand für Erfolgskontrollen bilden. Als Ausfluß der Finanzkrise Mitte der siebziger Jahre wurde zweierlei angeregt:

7 Vgl. dazu exemplarisch für den Bereich der Bildungsfinanzierung H.-H. Wilhelmi, *Entscheidungsprozesse in der staatlichen Bildungsfinanzierung*, Berlin 1977.

1. Das *System der Transferleistungen* ist durch Kabinettsbeschluß der aus Wissenschaftlern gebildeten *Transfer-Enquêtekommission* mit der Aufgabe überantwortet worden, Inkonsistenzen, Kumulationseffekte und Lücken innerhalb dieses weit gestreuten Programms aus sozialer Sicherung, Renten, Wohngeld, Stipendien usw. aufzuspüren. Die Betreuung der Kommission und die Federführung liegen beim Bundesminister für Arbeit und Sozialordnung. Wie ein erster Bericht der Transfer-Enquête-Kommission gezeigt hat, präsentiert sich der Bereich der monetären Transfers im höchsten Maße ungeordnet. Widersprüchliche Einkommensbegriffe im Steuer- und Transferrecht, Überschneidungen der Ansprüche gegenüber einer Vielzahl von Institutionen und äußerst heterogene Anspruchsgrundlagen machen es fast unmöglich, die wirtschaftliche Lage einzelner Merkmalsgruppen zu analysieren und Evaluierungen durchzuführen[8].
2. Die vom Bundesminister der Finanzen betreuten *Subventionsprogramme* sollten verstärkt einer Erfolgskontrolle unterworfen werden. Auf Initiative der Planungsabteilung des Bundeskanzleramtes konzentrierte sich ein Unterausschuß der Planungsbeauftragten sämtlicher betroffener Ministerien darauf, probate Kriterien und Methoden zu entwickeln, um die Wirkungen der im Bundeshaushalt und in Subventionsberichten ausgewiesenen Leistungen an Unternehmen zu überprüfen. Die starke Ausweitung der Subventionsleistungen in den letzten Jahren ist sowohl quantitativ als auch qualitativ sehr beachtlich. Die Arbeit dieses Gremiums folgt den im Wirtschafts- und Finanzausschuß des Parlaments entwickelten Kriterien und dürfte sich über eine längere Zeit hinziehen. Die Rolle der Planungsabteilung bleibt darauf beschränkt, Anstöße für wissenschaftliche Untersuchungen zu geben und mit auf die Einhaltung der im Siebten Subventionsbericht aufgelisteten Kriterien zu achten. Entgegen den Absichten und Anstrengungen der Planungsstäbe auf dem Feld der Wirkungsforschung dürfte die Realisierung im wesentlichen von der Zustimmung der Ressorts abhängen, die über die verschiedenen Etats verfügen.

Als vorläufiges Ergebnis ist festzuhalten: Wünschenswerte Entwicklungen werden sich solange nicht abzeichnen, wie alle Beteiligten die „Trittbrettfahrerposition" einnehmen. Das gemeinsame Ziel sollte sein, durch Umschichtung und Einsparung der begrenzten Mittel die Effektivität der konkreten Programme zu erhöhen. Neue Aufgaben, die sich dem öffentlichen Sektor mit Sicherheit stellen, können nur durch das Freisetzen von Haushaltsmitteln aus überflüssig gewordenen Programmen oder im schlechteren Fall durch das Erschließen immer neuer Einnahmen in Angriff genommen werden. Die zunehmende und systematische Etablierung der Wirkungsforschung wird allerdings nur dann politische Programme verstärkt an die Bedürfnisse einer durch raschen sozialen Wandel und durch knapper werdende Finanzmittel gekennzeichneten Gesellschaft anpassen können, wenn verstärkt die Eigengesetzlichkeit des politischen Prozesses berücksichtigt wird. Solange es der Politik gelingt, Wirkungsforschung als strategisches Instrument in der Auseinandersetzung von Re-

8 Vgl. Bundesminister für Arbeit und Sozialordnung (Hrsg.), *Zur Einkommenslage der Rentner – Zwischenbericht der Sachverständigenkommission zur Ermittlung des Einflusses staatlicher Transfereinkommen auf das verfügbare Einkommen der Haushalte*, Bonn 1979.

gierung und Opposition oder von Administration und Parlament zu nutzen, ist keinesfalls sichergestellt, daß durch die Verwissenschaftlichung der Politik allein ein Mehr an Rationalität entsteht[9].

Bibliographie

Bundesminister für Arbeit und Sozialordnung (Hrsg.), *Zur Einkommenslage der Rentner – Zwischenbericht der Sachverständigenkommission zur Ermittlung des Einflusses staatlicher Transfereinkommen auf das verfügbare Einkommen der Haushalte*, Bonn 1979.

Bundesministerium der Finanzen (Hrsg.), *Siebter Subventionsbericht*, Bonn 1979.

Ehmke, H., Planung im Regierungsbereich – Aufgaben und Widerstände, in: *Bulletin der Bundesregierung*, Nr. 187, 1971.

Olson, M., Evaluating Performance in Public Sector, in: M. Moss (Hrsg.), *The Measurement of Economic and Social Performance*, New York 1973.

Projektbericht der Projektgruppe Regierungs- und Verwaltungsreform, Erster Bericht und Anlagenband, Bonn 1969; *Dritter Bericht und Anlagenband*, Bonn 1972.

Reinermann, H., *Programmbudgets in Regierung und Verwaltung*, Baden-Baden 1975.

Rürup, B., *Die Programmfunktion des Bundeshaushaltsplanes (Finanzwissenschaftliche Forschungsarbeiten*, N. F., H. 40), Berlin 1971.

Scharpf, F. W., Probleme der politischen Aufgabenplanung, in: *Handbuch der Verwaltung*, hrsg. von U. Becker/W. Thieme, H. 2.3, Köln/Berlin 1974.

Scharpf, F. W., Politische Planung zwischen Anspruch und Realität (*Discussion Papers, Wissenschaftszentrum Berlin*, Nr. 4), Berlin 1979.

Vitzthum, Graf W., *Parlament und Planung. Zur verfassungsgerechten Zuordnung der Funktionen von Bundesregierung und Bundestag bei der politischen Planung*, Baden-Baden 1978.

Wilhelmi, H.-H., *Entscheidungsprozesse in der staatlichen Bildungsfinanzierung*, Berlin 1977.

Zundel, R., Statt großer Rosinen wieder kleine Brötchen, in: *Die Zeit*, Nr. 19/1976.

9 Eine verfassungsjuristische und soziologische Analyse der Planung zwischen Exekutive, Legislative und Administration gibt W. Graf Vitzthum, *Parlament und Planung – Zur verfassungsgerechten Zuordnung der Funktionen von Bundesregierung und Bundestag bei der politischen Planung*, Baden-Baden 1978.

Fritz W. Scharpf im Gespräch

Können Politikanalysen etwas bewegen in der praktischen Politik?

Fritz W. Scharpf, Prof. Dr.; nach Studium der Rechtswissenschaft und Politischen Wissenschaft 1955/56 Fulbright Fellowship für Politische Wissenschaft an der Yale Univ., 1964 Promotion zum Dr. jur. (Univ. Freiburg), 1964–66 Ass.Prof. an der Yale Law School und an der Univ. of Chicago Law School, 1968–73 Prof. an der Univ. Konstanz (Politische Wissenschaft), seit 1973 Direktor am Internationalen Institut für Management und Verwaltung am WZB; Mitglied u.a. der Sachverständigenkommission für die Neugliederung des Bundesgebiets beim Bundesminister des Innern (1970–72), der Enquête-Kommission des Deutschen Bundestages für Fragen der Verfassungsreform (1973–76) und Mitglied beim Rat von Sachverständigen für Umweltfragen (seit 1978). *Veröffentlichungen: Planung als politischer Prozeß. Aufsätze zur Theorie der planenden Demokratie,* Frankfurt a.M. 1973; *Organisation der Planung* (zus. mit R. Mayntz), München 1973; *Modernisierung der Volkswirtschaft. Technologiepolitik als Strukturpolitik* (zus. mit V. Hauff), Frankfurt a.M. 1975; *Politikverflechtung: Theorie und Empirie des kooperativen Föderalismus in der Bundesrepublik* (zus. mit B. Reissert u. F. Schnabel), Kronberg 1976; *Politikverflechtung II: Kritik und Berichte aus der Praxis* (zus. mit B. Reissert und F. Schnabel), Kronberg 1977; *Interorganizational Policy Making. Limits to Coordination and Central Control* (hrsg. zus. mit K. Hanf), Bd. 1, London 1978 u.a.

Frage. *Herr Scharpf, lassen Sie uns mit einer persönlichen Bemerkung und Frage anfangen. Sie verkörpern wie kaum ein anderer Sozialwissenschaftler in der Bundesrepublik in Ihrer eigenen Vita die Veränderungen, die die empirische Sozial- und Politikforschung seit Ende der sechziger Jahre erfahren hat, sei es konzeptionell, von der Planungsdiskussion über die Thematisierung der Politikverflechtung bis hin zu Ihrem neuerlichen Untersuchungsschwerpunkt: Wirkungsforschung; sei es auch positionell, durch den Wechsel von einem verwaltungswissenschaftlichen Lehrstuhl in Konstanz zum Direktor des Internationalen Instituts für Management und Verwaltung am Wissenschaftszentrum Berlin (WZB), das wohl als bundesdeutsches Analogon zu „Brookings" als politiknaher „Denkfabrik" bezeichnet werden kann; außerdem wirkten oder wirken Sie in einer ganzen Reihe politikberatender Gremien mit, z.B. als Gutachter der Projektgruppe Regierungs- und Verwaltungsreform, als Mitglied der Enquête-Kommission Verfassungsreform, als Mitglied des Sachverständigenrats für Umweltfragen – insgesamt ja eine fast singuläre Verknüpfung unterschiedlicher Wachstumsringe dieser Wissenschaft und zugleich eines Grenzgängertums zwischen Wissenschaft und Praxis.*

Scharpf: In Ihrer Frage stecken eine Reihe von Annahmen, die ich zurechtrücken möchte. Das WZB legt besonderen Wert auf die Verbindung von Grundlagenforschung und anwendungsorientierter Forschung und ist deshalb nur begrenzt mit den stärker in der Auftragsforschung engagierten amerikanischen Denkfabriken zu vergleichen. Zweitens würde ich Ihre Deutung, daß sich Veränderungen der Fragestellungen der Politikforschung sozusagen biographisch abbilden lassen, so auch nicht teilen. Ich habe relativ früh, d.h. auf der Grundlage der ersten beiden Projekte, die ich in Konstanz gemacht habe (das eine war eine Untersuchung über das Führungsinstrumentarium der Staatskanzleien in den Ländern, das andere waren die Untersuchungen über den Politikformulierungsprozeß in der Ministerialorganisation, die ich 1970–72 zusammen mit Renate Mayntz im Auftrag der Projektgruppe Regierungs- und Verwaltungsreform durchgeführt habe), den Aufsatz „Planung als politischer Prozeß" geschrieben. Darin habe ich damals die Unterscheidung zwischen Informationsverarbeitungs-Prozessen und Konflikt-Konsens-Prozessen innerhalb des Policy Making eingeführt und habe die These entwickelt, daß Informationsverarbeitung (im Sinne von Analyse, Prognose, Planung und Evaluierung) vom politischen Prozeß nur in dem Maße genutzt werden könne, wie die Konflikt-Konsens-Prozesse das entweder fordern oder erlauben.

Das heißt, die Steuerungsgröße im politischen Prozeß sind die *Konflikt-Konsens-Prozesse* und nicht die Informationsverarbeitungsprozesse. Planung und Forschung können allenfalls unterstützend beitragen zum „Intelligentermachen" von politisch möglichen Entscheidungsprozessen, aber man kann nicht durch eine verbesserte Informationsverarbeitung die Leitgröße im Policy-Prozeß aus den Angeln heben. An dieser relativ skeptischen Einschätzung des praktischen Stellenwerts von politischer Planung einerseits und von politikbezogener sozialwissenschaftlicher Forschung andererseits habe ich seitdem durchaus festgehalten.

Frage: *Ist das von Ihnen skizzierte Praxis-Wissenschafts-Modell, indem es die politischen und gesellschaftlichen Konfliktfronten reproduziert, nicht zu starr und letztlich vielleicht sogar konservativ? Vernachlässigt es nicht die Chancen einer dialogorientierten Evaluierungsforschung als möglichem Promotor eines politischen und gesellschaftlichen Lernprozesses?*

Scharpf: Ich bestreite nicht, daß es Scheinkonflikte und deshalb Situationen gibt, in denen am Ende konsensfähige Lösungen entdeckt werden können durch wissenschaftliche Analysen und andere Informationsverarbeitungsprozesse. Wo das so ist, da können durch die Verbesserung der Leistungsfähigkeit von Informationssystemen auch tatsächlich die Politikerergebnisse verändert werden. Möglicherweise ist das die Haupthoffnung der Politikforschung, daß sie solche latenten Konsensmöglichkeiten findet. Nur, der größere Teil dessen, womit wir es in der realen Politik zu tun haben, sind Prozesse, bei denen die Interessenkonstellationen relativ klar und Interessenpositionen so hart sind, daß sie nicht durch gutes Zureden, verbesserte Statistik oder verbesserte multivariate Analysemethoden über den Haufen geworfen werden können.

Frage: *Stellt das aber nicht Ihre eigenen Forschungen selbst in Frage?*

Scharpf: Das ist komplizierter. Zum einen habe ich immer zwei Arten von Forschung betrieben. Das eine war, zum Teil im strikten technischen Sinne, zum Teil im übertragenen Sinne, *Auftragsforschung*. Ich hatte den Auftrag von der Projektgruppe Regierungs- und Verwaltungsreform, eine Reorganisationsuntersuchung für das Bundesverkehrsministerium zu machen, und ich habe jetzt den Auftrag, eine Evaluierungsstudie für das Bundesarbeitsministerium durchzuführen. In solchen Fällen hat man also einen Klienten, auf dessen Handlungsperspektive man sich per Auftrag im Prinzip einmal eingelassen hat. Die andere Art von Forschung, die ich im Prinzip immer gleichzeitig betrieben habe, hat das Ziel aufzuklären, unter welchen Bedingungen und unter welchen Restriktionen Politik bei uns gemacht wird. Und jener Aufsatz, „Planung als politischer Prozeß", war der Versuch, aus empirischen Untersuchungen, die im wesentlichen Auftragsforschung waren, nun das herauszuziehen, was sich darin systematisch erkennen ließ über die Art und Weise, wie Politik zustande kommt – wie Information und Konflikt-Konsens-Prozesse zusammenwirken.

Die Politikverflechtungs-Untersuchung war sogar ausschließlich darauf gerichtet herauszufinden, wie das bundesdeutsche föderalistische System tatsächlich funktioniert, welche Arten von Politik aus welchen Gründen darin möglich und nicht möglich sind. Und an diesem Aufklärungsinteresse, das heißt, an dem Interesse, unser System und seine Funktionsweise auch für die Akteure selber verstehbarer zu machen, habe ich durchweg festgehalten. Ich sehe außerdem eine entscheidende Voraussetzung auch für nützliche Auftragsforschung darin, daß die *Rahmenbedingungen* geklärt werden, unter denen bei uns Politik zustande kommen kann, so daß man mit einer gewissen Sicherheit vorhersagen kann, welche Vorschläge in der Politikformulierung und Implementierung von vornherein keine Chance haben – obwohl sie „an sich" oder unter anderen institutionellen Rahmenbedingungen im Ausland sehr erfolgreich sein könnten. Mich interessieren also vor allem die Bedingungen der *politischen Handlungsfähigkeit* in unserer Gesellschaft. Westliche politische Systeme sind von Problemen überladen. Sie sind darauf angewiesen, zu handeln, ihre Handlungsfähigkeit ist aber problematisch. Und deswegen ist es interessant und möglicherweise praktisch relevant herauszufinden: Was sind die Bedingungen ihrer Handlungsfähigkeit?

Frage: *Wir hatten bisher eher modellhaft über zwei Probleme gesprochen, einmal die Beziehungen zwischen Informationsverarbeitungs- und Konsensbildungssystemen, zum anderen über die zwei Arten erkenntnisleitenden*

Interesses – Aufklärungsinteresse und Handlungsinteresse. Wir haben noch nicht über die konkrete Tätigkeit in beratender Funktion gesprochen. Ist diese Trennung dort tatsächlich möglich gewesen? Und war die Führungsgröße „Konsensbildungssystem" tatsächlich so durchschlagend gegenüber der Wissenschaft, wie Sie es darstellen? Zumindest der Aufmerksamkeitspegel für einige Kommissionen war ja beachtlich.

Scharpf: Einige Gremien, denen ich angehörte, waren aus Wissenschaftlern, Interessenvertretern und Politikern zusammengesetzt und waren deshalb schon nach ihrer eigenen Konstitution Träger von Konsensbildungsfunktionen. Zum Beispiel waren in der *Enquête-Kommission Verfassungsreform* einige Wissenschaftler vertreten, aber im wesentlichen bestand sie aus Parlamentariern und aus Vertretern der Länder. Anderes gilt für den Sachverständigenrat Umwelt, der nach dem Einsetzungserlaß nur aus Wissenschaftlern besteht, allerdings bei seinen Beratungen dann den Ministerialvertretern aus Bund und Ländern als den Repräsentanten des politisch-administrativen Prozesses gegenübersitzt. Die Sachverständigenkommission für die Neugliederung des Bundesgebiets dagegen war als eine reine Expertenkommission konzipiert. Die Erfahrungen dieser Gremien bestätigen meine Grundthese. Die *Neugliederungs-Kommission* hat wunderschöne neue Bundesländer erfunden – mit der Folge, daß Bundestag und Bundesrat die Verfassung geändert und den Grundgesetzauftrag zur Neugliederung gestrichen haben, weil für unsere Vorschläge kein Konsens zu finden war. Hier hat also in einer eindeutigen Weise die Führungsgröße „Konflikt-Konsens-Prozeß" die Größe „Informationsverarbeitung" ausmanövriert. Bei der *Enquête-Kommission Verfassungsreform* war es anders. Das war eben nicht eine reine Sachverständigen-Kommission, so daß die Konsens-Restriktionen schon in den Beratungsprozeß der Kommission hineingenommen wurden und dort als Erkenntnisrestriktion gewirkt haben. Ihre Empfehlungen waren deshalb konsensfähig, weil alle kontroversen Vorschläge schon in der Kommission selbst auf den Status quo heruntergdiskutiert worden waren.

Schließlich der *Umweltsachverständigenrat*, der deswegen sehr interessant ist, weil er im naturwissenschaftlichen Bereich mit der Autorität der Wissenschaft auftreten kann, die dort viel besser etabliert ist als in den Wirtschafts- und Sozialwissenschaften. Die Gutachten des Rates treffen deshalb auf relativ starke Akzeptanzbereitschaft innerhalb der Umweltpolitik, die sich dann im Interessenkonflikt mit den Umweltverschmutzern und ihren politischen Hilfstruppen mit der Autorität des Sachverständigenrats im Rücken auch stärker engagieren kann. In den Naturwissenschaften hat eine wissenschaftlich einhellige Meinung durchaus auch ein eigenständiges politisches Gewicht – ähnlich wie in der Rechtswissenschaft.

Frage: *In welchem Bereich sehen Sie eher Ihre Möglichkeiten als Wissenschaftler, in der Auftragsforschung oder in der Grundlagenforschung?*

Scharpf: Beides läßt sich oft nicht voneinander trennen. Wenn man Auftragsforschung – etwa die Evaluierung eines arbeitsmarktpolitischen Programms oder der Fernstraßenplanung – macht, muß man sich im Prinzip entscheiden, wer der Klient sein soll, oder wessen Auftrag man bereit ist anzunehmen. Nun gibt es aber zwei Arten von Auftraggebern: einerseits diejenigen, die tatsächlich in einem bestimmten Bereich etwas bewegen können und wollen. Die haben dann sehr präzise Fragen an die Forschung. Da ist also der Definitionsspielraum für den Wissenschaftler allenfalls im Rahmen eines Dialog-Modells auszuweiten. Auf der anderen Seite gibt es verhältnismäßig viele Stellen, die selber kaum Handlungskompetenzen, wohl aber Forschungsgelder haben, und die versuchen, über die Verbreitung von Forschungsergebnissen den Gang der Politik zu beeinflussen. Da hat die Wissenschaft einen relativ breiten Einfluß auf die Definition der Fragestellungen, weil dort auf der anderen Seite kein Interessent mit ganz konkreten Problemen steht, die er gelöst haben will. Und diesen Spielraum haben alle von uns – Sie, ich und viele andere – durchaus genutzt, um die Fragen, die wir für relevant halten, untersuchen und hinterher die Ergebnisse publizieren zu können. Damit haben wir in einem breiteren Sinne zur Aufklärung beigetragen mit Publikationen, die dann beliebigen Interessenten zur Verfügung stehen einschließlich Parlament und Opposition.

Für den Wissenschaftler, der mehr will, der mit seinen Forschungsergebnissen unmittelbar etwas bewegen will, stellt sich jedoch die Frage nach dem Klienten mit viel größerer Schärfe. Er ist einerseits darauf angewiesen, Klienten mit konkretem Handlungsbedarf und tatsächlichen Handlungsmöglichkeiten zu finden, und er muß sich andererseits bei seinen Forschungsfragen auf deren Ziele und Handlungsrestriktionen einlassen. Auftragsforschung in diesem handlungsorientierten Sinn erfordert also die präzise Verständigung mit einem bestimmten Klienten. Das kann die Opposition sein, das kann ein einzelnes Referat in einem Ministerium sein, oder eine Gewerkschaft, aber in jedem Falle verlangt erfolgreiche Auftragsforschung auch das „Sicheinlassen" des Forschers auf die Handlungsrestriktionen des jeweiligen Partners. Dieser Verzicht auf die nötige Freiheit in der Wahl der Fragestellungen ist vom Selbstverständnis der Wissenschaft her schwer zu akzeptieren. Darin liegt einer der Gründe dafür, daß die Partnerschaft von Wissenschaft und Praxis so selten zustande kommt und daß die Politik trotz aller Bekenntnisse zur anwendungsorientierten Forschung tatsächlich so wenig brauchbare Unterstützung von der Wissenschaft erhält.

Frage: *Wenn man versuchte, eine Bilanz zu ziehen, was Forschung bislang vermochte und was sie künftig leisten könnte, würde diese nicht sehr negativ ausfallen? Etwas überspitzt formuliert: Politik im Sinne von „aktiver*

Politik", von „Regieren" und „Agieren" anstatt kurzfristigem Reagieren und Krisenmanagement findet kaum mehr statt. Was bleibt von den experimentierenden und reformierenden Ansätzen, unter denen Evaluierungsforschung angetreten ist, da noch übrig?

Scharpf: Auch wenn man Ihre Beschreibung akzeptiert, ist es nicht so, daß bei uns keine Politik mehr stattfände. Wir haben Hunderte von Programmen, die finanziert werden und in denen Tausende und Abertausende von Leuten am Arbeiten sind, um sie durchzuführen. Und natürlich bleibt es für diese laufenden Programme nützlich herauszufinden, was wirkt und was nicht wirkt. Ob eine bestimmte Lohnkosten-Subvention zu Beschäftigungseffekten führt oder nicht, ist erstens eine empirisch entscheidbare Frage, und zweitens ist die empirische Antwort für die beteiligten Akteure handlungsrelevant. Wenn man weiß, daß sie wirkt, kann man weitermachen. Wenn man weiß, daß sie nicht wirkt, dann gibt es relativ viele Kritiker, die ein Interesse daran haben, ein solches Programm zu streichen. In diesem Sinne der Kritik an der Wirksamkeit von vorhandenen Programmen ist Evaluierungsforschung selbstverständlich nützlich, wobei ihre Nützlichkeit – das würde ich gern zugeben – um so größer ist, je verwertbarer sie für die zuständige Verwaltung selbst ist. Das heißt, je mehr die Verwaltung die Möglichkeit behält, innerhalb ihres eigenen Ressourcenrahmens und ihres eigenen Kompetenzbereiches Programme umzubauen und ohne spektakuläres öffentliches Aufsehen zu verbessern, desto eher werden Sie als Evaluierungsforscher eine Klientel finden, die mit Ihren Befunden etwas anfängt.

Diese Voraussetzungen sind bei den Ressortforschungseinrichtungen des Bundes und der Länder in der Regel gegeben. Hier haben sich dauerhafte Beziehungen zu den zuständigen Ministerien herausgebildet, die durchaus nicht konfliktlos sind, wo aber beide Partner einander recht gut kennen und recht gut einschätzen können, was für ein Spielraum auf der anderen Seite besteht. Ähnliches gilt auch für eine Reihe von Drittmittel-Forschungsinstituten an den Universitäten und einige kommerzielle Forschungsinstitute, die auf einen bestimmten Bereich eingearbeitet sind und dort dann auch in enger und relativ dauerhafter Auftragsbeziehung einem oder mehreren kompetenten Adressaten unmittelbar zuarbeiten.

Ich halte derartige dauerhafte Kooperationsbeziehungen zwischen Forschung und Praxis für nützlich. Am Wissenschaftszentrum Berlin, das gerade nicht als eine Ressortforschungseinrichtung konzipiert wurde und finanziert wird, sehen wir allerdings unsere Aufgabe darin, eher störend einzuwirken auf die allzu komfortablen Symbiosen zwischen den Ressortforschungseinrichtungen und ihren Auftraggebern. Wir arbeiten zwar oft in den gleichen Forschungsfeldern, aber wir sehen unsere Funktion in erster Linie darin, daß – vor allem auch auf der Grundlage unserer international vergleichenden Untersuchungen – Fragen gestellt und Antworten publiziert werden, die quer liegen zu der dominierenden Sichtweise unserer etablierten Partnerschaften von Politik und angewandter Forschung. In diesem Zusammenhang halte ich das, was wir in Augsburg im Oktober 1979 im Rahmen Ihrer Arbeitsgruppe „Experimente in der Politik" diskutiert haben, für ungemein wichtig. Es muß eine Scientific Community geben in der Politikforschung, in der die professionellen Standards von den Fachkollegen gesetzt und kontrolliert werden mit Reputationszuschreibung und Drohung des Reputationsverlustes. Nur wenn die professionelle Kommunikation und die wechselseitige Kritik zwischen Ressortforschung und Nicht-Auftragsforschung in den einzelnen Feldern sichergestellt ist, kann sich ein Wissensbestand aufbauen, auf dessen Grundlage die Politik dann tatsächlich durch angewandte Forschung intelligenter gemacht werden kann.

Anhang

Kurzprofil: Wissenschaftszentrum Berlin (WZB)

Das Wissenschaftszentrum Berlin, eine vom Bund und vom Land Berlin gemeinsam getragene gemeinnützige GmbH, soll als Trägerorganisation für sozialwissenschaftliche Forschungsinstitute problembezogene Forschung in Themenbereichen betreiben, deren Bedeutung über die Grenzen eines einzelnen Landes hinausgeht. Es besteht gegenwärtig aus dem Präsidialamt (Präsident: Professor Dr. Meinolf Dierkes) und drei Forschungsinstituten. Forschungspolitisches Entscheidungsorgan ist ein Kuratorium (Vorsitzender: der Bundesminister für Forschung und Technologie; stellvertr. Vorsitzender: der Senator für Wissenschaft und Forschung), in dem neben Politikern und Ministerialbeamten aus Bund und Land die Präsidenten der beiden Berliner Universitäten, die gewählten Vertreter der wissenschaftlichen Mitarbeiter und weitere Vertreter von Wissenschaft und Praxis mitwirken.

Das Internationale Institut für Management und Verwaltung (IIMV) wurde als erstes WZB-Institut 1970 gegründet. Es arbeitete zunächst auf verschiedenen Gebieten der Managementforschung. Das 1973 entwickelte erste mittelfristige Arbeitsprogramm erweiterte das Untersuchungsfeld auf die Interaktion zwischen Staat und Wirtschaft in hochentwickelten Industriegesellschaften. Für die 1979 beginnende zweite Programmperiode wurde das Forschungsprogramm in die beiden Forschungseinheiten IIMV/Arbeitsmarktpolitik (Direktor: Professor Dr. Fritz W. Scharpf) und IIMV/Strukturpolitik (Direktor: Professor Dr. Bernhard Gahlen) gegliedert. Das Internationale Institut für vergleichende Gesellschaftsforschung (IIVG) hat seine Tätigkeit 1976 aufgenommen. Nach seinem mittelfristigen Forschungsprogramm von 1977 ist es in die beiden Forschungsschwerpunkte „Globale Entwicklungen" (Direktor: Professor Dr. Karl Deutsch) und „Arbeitsorientierte Belastungsstrukturen und sozio-politische Bewältigungsstrategien" (Direktor: Professor Dr. Frieder Naschold) gegliedert.

Als bisher letztes Institut des WZB hat das Internationale Institut für Umwelt und Gesellschaft (IIUG) 1977 seine Arbeit aufgenommen (Direktor: Professor Dr. Meinolf Dierkes). Entsprechend seinem mittelfristigen Forschungsprogramm von 1977 konzentrieren sich die Untersuchungen des Instituts auf die Einstellungen und Verhaltensweisen von Adressaten der Umweltpolitik, auf die Analyse von Zielen, Instrumenten und Wirkungen der Umweltpolitik und auf die internationalen Aspekte der Umweltpolitik. Nach dem Wechsel des Gründungsdirektors in das Präsidentenamt des WZB wurde im Frühjahr 1981 Professor Dr. Udo Simonis zu seinem Nachfolger berufen.

Hinweise auf Veröffentlichungen:
WZB-Kurzinformationen;
WZB-Mitteilungen;
Informationen für Parlament und Verwaltung;
Programmbudget 1980–1984;
IIMV Discussion Papers;
IIUG Preprints;
IIVG Preprints;
Buchreihe „Schriften des Wissenschaftszentrums Berlin".

Mit Ausnahme der Buchreihe können alle Veröffentlichungen angefordert werden bei: Wissenschaftszentrum Berlin, Griegstraße 5–7, 1000 Berlin 33.

II.2 Evaluierung – Verfahren parlamentarischer Kontrolle?

Gerald Kretschmer
Wisenschaftliche Dienste des Deutschen Bundestages, Bonn

Evaluierung – von Nutzen für das Parlament? Eine Bestandsaufnahme

I. Evaluierung und Parlamentsfunktionen: Grenzen und Chancen

Regierungsinterne Evaluierung. Für das Parlament kann Evaluierung bereits von Nutzen sein, wenn diese bei der Regierung betrieben wird. Sie kann dem Parlament dann als Grundlage für seine Gesetzgebungs- und Kontrolltätigkeit mittelbar zugute kommen.

Diese Aussage ist nicht nur unter dem praktischen Gesichtspunkt berechtigt, daß Evaluierung der besseren *Vorbereitung der Gesetzentwürfe* dienen kann. Auf den ersten Blick sind dann nur die rund 80 % der von der Bundesregierung initiierten Gesetze und die rund 5 % der Bundesratsvorlagen, denen die Evaluierung bei den Landesregierungen nützt, erfaßt[1]. Evaluatorische Erkenntnisse können aber auch in (die rund 20 %) Gesetzentwürfe aus der Mitte des Bundestages einfließen. Dies geschieht nicht nur über Formulierungshilfen durch die Regierung während der Ausschußberatungen, sondern auch über die enge Zusammenarbeit aller Parlamentsfraktionen mit den von ihren Parteien gestellten Regierungen in Bund oder Ländern. Wichtige Entscheidungen fällen die Fraktionen des Bundestages, gleichgültig, ob sie in der Regierungsverantwortung oder in der Opposition stehen, ohnehin in der Regel nach Absprache mit den befreundeten parlamentarischen und administrativen Instanzen in Bund und Ländern[2].

1 Diese Angaben beziehen sich auf die verabschiedeten Gesetzesvorlagen. In der 7. Wahlperiode brachten die Regierung 68,8 %, der Bundesrat 10,9 % und der Bundestag 20,3 % der Gesetzesvorlagen ein; verabschiedet wurden 82,2 % der Vorlagen der Bundesregierung, 3,3 % der Vorlagen des Bundesrates und 12,0 % der Vorlagen aus der Mitte des Bundestages. Vgl. dazu *30 Jahre Deutscher Bundestag. Dokumentation-Statistik-Daten*, bearb. von P. Schindler, Bonn 1979, S. 268–275 (270); ders., Parlamentsstatistik für die 1. bis 7. Wahlperiode, in: *ZParl.*, 1977, S. 143–158 (149).

2 Vgl. u. a. den Hinweis bei C. Ch. Schweitzer, *Der Abgeordnete im parlamentarischen Regierungssystem der Bundesrepublik*, Opladen 1979, S. 53–56 (54). Daß die Landesregierungen und ihre Ministerialbeamten möglichst frühzeitig Einfluß auf die inhaltliche Gestaltung von Rechtsvorschriften des Bundes zu nehmen suchen, ergibt sich beispielsweise aus den baden-württembergischen Leitsätzen zur Beschränkung von Rechts- und Verwaltungsvorschriften vom 20. Februar 1979, Teil V, 2. Abs., Satz 2, *bw GABl.* 1979, S. 323–324 (324). Vgl. aber zur Frage der verbleibenden Entscheidungsfähigkeit des Parlaments auch schon H. Oberreuter, Krise des Gesetzgebers?, in: *Politische Studien*, 1974, S. 5–18 (14 mit Anm. 28).

Aber auch aus theoretischen Überlegungen läßt sich ableiten, daß Evaluierungen auf Seiten der Regierung dem Parlament mittelbaren Nutzen bringen. Sowohl die gesetzgeberische Arbeit als auch die Kontrolltätigkeit des Parlaments ziehen aus der regierungsinternen Evaluierung systemnotwendig Vorteile. Die aktuelle Diskussion über die Eindämmung der Vorschriftenflut und die dadurch geförderte Gesetzgebungslehre lassen erkennen, daß Gesetzgebung nicht ein allein auf die parlamentarischen Beratungen zwischen Einbringung einer Gesetzesvorlage und dem Gesetzesbeschluß beschränkter Vorgang ist, wie es die Gewaltenteilungslehre und der Text des Grundgesetzes nahelegen mögen. Gesetzgebung stellt sich vielmehr als ein Prozeß dar, in den die vorbereitende Erörterung der Lösungsalternativen und die Auswahl des Lösungsweges ebenso eingehen wie die Ausformung des gesetzlichen Regelungsgehalts beim Gesetzesvollzug und durch die Rechtsprechung, gleichzeitig aber auch die wechselseitige Einflußnahme sowohl der formal an der Gesetzgebung und am Gesetzesvollzug beteiligten parlamentarischen Körperschaften, Verwaltungen und Gerichte als auch der informell auf die Gesetzgebung einwirkenden Bürger, Medien, Verbände und Parteien mit ihren Wünschen, Bedürfnissen und Anregungen an Normsetzung und Normvollzug[3].

Regierungseigene Evaluierung kann auch der *parlamentarischen Kontrolle* zugute kommen. Sowohl für die nachträgliche Kontrolle des Regierungshandelns als auch für die begleitende oder vorherrschende Kontrolle sind die Ergebnisse und Daten aus der regierungseigenen Evaluierung geeignet, den Informationsstand zu erweitern und damit die Entscheidungsfähigkeit des Parlaments zu verstärken. Gesetzesvorlagen und andere Handlungsprogramme der Regierung werden damit für das Parlament – sowohl auf Seiten der Regierungsfraktionen als auch der Opposition – in Zielsetzung, Erfolg oder sonstigen Kontrollkriterien besser überprüfbar.

Parlamentseigene Evaluierungen. Darüber hinaus stellt sich die Frage, ob *parlamentseigene Evaluierung* denkbar, durchführbar, zweckmäßig oder überhaupt zu wünschen ist.

3 Diese an der Gesetzgebung Beteiligten sind gleichzeitig die Verursacher und Opfer der Gesetzesflut; vgl. C. O. Lenz, „Gesetzesflut" und ihre Eindämmung, in: J. Jekewitz/M. Melzer/W. Zeh (Hrsg.), *Politik als gelebte Verfassung. Aktuelle Probleme des modernen Verfassungsstaates. Festschrift für Friedrich Schäfer*, Opladen 1980, S. 66–75 (66) Zum Prozeß der „vollständigen Rechtsetzung" durch alle drei Teilgewalten vgl. u. a. W. Schreckenberger, Die Gesetzgebung im demokratischen Rechtsstaat, in: ebd., S. 76–86 (83); ders., *Aspekte einer Gesetzgebungstheorie* (Vortrag vom 6.2.1980 in der Hochschule für Verwaltungswissenschaften Speyer beim Sonderseminar „Weiterentwicklung der Gesetzgebungslehre"; Bericht erscheint demnächst in der Schriftenreihe der Hochschule, vgl. *Speyerer Forschungsberichte* 13, S. 94); s. u. a. auch U. Scheuner, Die Aufgabe der Gesetzgebung in unserer Zeit, in: *DÖV* 1960, S. 601–611 (604 f.). Die Beteiligung von Parlament, Regierung, Rechtsprechung, Verbänden usw. an der Vorbereitung von Gesetzen zeigt sich beispielsweise beim Entwurf des Jugendhilfegesetzes (der sogenannte Diskussionsentwurf eines Jugendhilfegesetzes wurde unter Federführung des Bundesministers für Jugend, Familie und Gesundheit von einer 1970 berufenen Sachverständigenkommission ausgearbeitet) oder beim Entwurf eines Arbeitsgesetzbuches, der im September 1977 vom Bundesminister für Arbeit und Sozialordnung der Öffentlichkeit vorgestellt wurde (wenn es zutrifft, daß die Arbeit an diesem Entwurf zur Zeit wegen des Einspruchs eines Verbandes nicht weitergeführt wird, ist dies vermutlich durch verbandsinterne Gesetzesfolgenabschätzung verursacht).

Ein unmittelbarer Nutzen für das Parlament läßt sich aus der Evaluierung vermutlich nur ziehen, wenn diese als ein Handlungsgesichtspunkt in die Parlamentsfunktionen einbezogen ist. Der Zusammenhang von Evaluierung und Gesetzgebungs- sowie Kontrollfunktion ist bereits angedeutet worden. In der Literatur wird vielfach insbesondere der Evaluierungsaspekt der *Kontrollfunktion* hervorgehoben[4]. Die Beziehungen zwischen nachträglicher Kontrolle und Gesetzesfolgenbeobachtung, zwischen begleitender und vorhergehender Kontrolle und Gesetzesfolgenabschätzung sind offensichtlich. Verwundern kann daher auch nicht, daß eine Aufzählung der Instrumente parlamentarischer Kontrolle sich mit der Liste derjenigen parlamentarischen Instrumente weithin deckt, die für eine parlamentseigene Evaluierung einsetzbar erscheinen[5].

Ein Nutzen aus der Evaluierung läßt sich auch für andere Parlamentsfunktionen ableiten. Wenn die Artikulationsfunktion darin besteht, die Meinungen der Bevölkerung zum Ausdruck zu bringen, gehören dazu nicht zuletzt Meinungen über die *Auswirkungen* bestimmter Gesetze. Wenn die Initiativfunktion die Frage aufwirft, ob der Bundestag Beweger oder Bremser der Politik ist, wird damit nicht zuletzt *Leistung und Erfolg des Bundestages* bei der Steuerung des staatlichen Lebens durch Gesetze beurteilt. Wenn das Parlament auch eine erzieherische Aufgabe ausübt, liegt darin zwangsläufig die Aufforderung an das Parlament, die *Folgen seiner Gesetze abzuschätzen, um einen Vollzug und eine Anwendung dieser Gesetze zu erreichen, die mit dem* Willen des Gesetzgebers voll übereinstimmen[6].

Grundsätzlich ist aus dieser Sicht also gegen eine Evaluierung durch das Parlament selbst nichts einzuwenden. Verfassungsrechtliche Bedenken aus dem Gewaltenteilungsprinzip schlagen hier ebensowenig wie bei der öffentlichen Planung durch[7]. Auch der Bundestag wird somit verfassungsrechtlich nicht daran gehindert, seinen Anteil an der Evaluierung zu bestreiten.

4 Vgl. u.a. W. Schreckenberger, Sozialer Wandel als Problem der Gesetzgebung, in: *Verwaltungsarchiv 1977*, S. 28–44 (39); W. Zeh, Vom Willen der Gesetze und wie er verwirklicht wird. „Vollzugsdefizit" im modernen Staat: Die Vorschriften werden lückenloser – und wirkungsloser, in: *FAZ* vom 7.11.1979, S. 10.

5 Zur Auflistung parlamentarischer Kontrollmittel vgl. aus politikwissenschaftlicher Sicht: U. Thaysen, *Parlamentarisches Regierungssystem in der Bundesrepublik Deutschland. Daten – Fakten – Urteile im Grundriß*, 2. Aufl., Opladen 1976, S. 54–66 (54 f.); aus rechtswissenschaftlicher Sicht: G. Püttner/G. Kretschmer, *Die Staatsorganisation. Fälle und Erläuterungen zum Staatsrecht für Studienanfänger*, Bd. 1, München 1978, S. 84–86 (dort auch ein Hinweis auf die kontrollierende Wirkung der Gesetzgebung und auf vollzugsbedingte Gesetzesnovellierungen).

6 Zur Definition der parlamentarischen Artikulations- und Initiativfunktion vgl. Thaysen, *Parlamentarisches Regierungssystem*, S. 22, 36; zur parlamentarischen Erziehungsfunktion vgl. H. Oberreuter, *Kann der Parlamentarismus überleben? Bund – Länder – Europa*, Zürich 1977, S. 45.

7 Vgl. u. a. B. Dobiey, *Die politische Planung als verfassungsrechtliches Problem zwischen Bundesregierung und Bundestag*, Berlin 1975, S. 56–60; W. Graf Vitzthum, *Parlament und Planung. Zur verfassungsgerechten Zuordnung der Funktionen von Bundesregierung und Bundestag bei der politischen Planung*, Baden-Baden 1978, S. 386; Th. Würtenberger, *Staatsrechtliche Probleme politischer Planung*, Berlin 1979, S. 267 (jeweils mit näheren Nachweisen zur Planungsdiskussion).

Schranken einer parlamentarischen Evaluierung. Ob sich der Bundestag an der Evaluierung erfolgreich beteiligen kann, oder ob seine Bestrebungen dazu als Evaluierung anerkannt werden oder anerkannt werden können, ist jedoch nicht damit entschieden, daß die Kompetenz des Parlaments festgestellt wird. Wie nicht zuletzt das Beispiel der politischen Planung lehrt, kommt es auch auf die Maßstäbe an, die bei der Beurteilung evaluierender Ansätze oder Maßnahmen angelegt werden. Oft genug ist Parlamentskritik an idealtypischen Konstruktionen und damit an unrealistischen Leitlinien orientiert. Das zeigte sich beispielsweise auch bei der Bewertung der Chancen und Möglichkeiten des Parlaments für eine Beteiligung an der politischen Planung. Dabei wird die Kritik teils theoretisch begründet, teils durch eine Fehleinschätzung der parlamentarischen Handlungs- und Arbeitsweise motiviert.

Auf der theoretischen Ebene beispielsweise wird bisweilen eine Auslegung des Gewaltenteilungsgrundsatzes betrieben, die die rechtlichen und tatsächlichen Konsequenzen des parlamentarischen Regierungssystems zumindest teilweise ignoriert[8]. Der Hinweis auf den Kernbereich der Regierung, der vor dem Zugriff des Parlaments zu schützen sei, so daß etwa Informationen über bei der Regierung vorhandenen Daten nicht an das Parlament gegeben werden, kann zutreffend, aber auch überzogen sein. Oft genug drängt sich der Eindruck auf, daß das Gewaltenteilungsprinzip nicht mehr als Angriffsmittel des Parlaments gegen die (obrigkeitliche) Regierung mit dem Ziel der Teilhabe an der politischen Macht angesehen, sondern als Verteidigungsmittel der Regierung gegenüber den politischen Machtansprüchen des Parlaments mißverstanden wird. Bei einer solchen Denkweise kann es nicht verwundern, daß – zugespitzt ausgedrückt – eine Regierung ihr Parlament lediglich als Notar für regierungsintern vorbereitete Entscheidungen zu benutzen sucht; die jüngste Rüge des Haushaltsausschusses des Bundestages zur Praxis der Einbringung von Haushaltsvorlagen der Bundesregierung mag diese Tendenz belegen[9]. Gleichzeitig bringt es die parlamentarische Regierungsweise aber auch mit sich, daß – um es wiederum zugespitzt zu formulieren – sich Abgeordnete als von der Regierung abhängig fühlen können[10]. So beschäftigen sich beispielsweise viele Beratungsgegenstände auf der Konferenz der Landtagspräsidenten damit, das Selbstbewußtsein der Parlamente gegenüber ihren Regierungen zu stärken[11].

Besonderheiten parlamentarischer Arbeit. Ein für die Bewertung parlamentseigener Evaluierung erheblicher Gesichtspunkt deutet sich ferner in dem Schlagwort an, Ab-

8 Ein Beispiel für einen regierungsfreundlichen Diskussionsbeitrag bietet J. Linck, Berichte der Regierung an das Parlament, in: *DÖV* 1979, S. 116–124.

9 Zit. nach der Parlaments-Korrespondenz: *Heute im Bundestag,* 23. April 1980, 13.30 Uhr, (91), Nr. 1, S. 2.

10 Vgl. u. a. U. Lohmar, *Das Hohe Haus. Der Bundestag und die Verfassungswirklichkeit,* Stuttgart 1975, S. 170; s. auch den Hinweis bei P. Scholz, Zur Praxis der Parlamentsreform, in: *ZfP* 1970, S. 148–152 (150).

11 Vgl. dazu die Hinweise bei H. Dau, 30 Jahre Konferenz der Präsidenten der deutschen Länderparlamente, in: *Parlamentarismus und Föderalismus. Festschrift für Rudolf Hanauer aus Anlaß seines 70. Geburtstages,* hrsg. von H. Rosenbauer und V. Gabert, München 1978, S. 146–152.

geordnete seien keine Bürokraten. Die parlamentarische Arbeits- und Verhaltensweise ist tatsächlich von der in Behörden (einschließlich Ministerien), in Universitäten und in Wirtschaftsunternehmen praktizierten so verschieden, daß in diesen Bereichen geltende *Kriterien für den Erfolg oder Mißerfolg von Aktivitäten nicht ohne weiteres auch im parlamentarischen Leben zuzutreffen brauchen.* Diese Unterschiede können hier lediglich angerissen, nicht ausdiskutiert werden; sie, wenn auch nicht erschöpfend, zu nennen, erscheint dennoch angebracht, um nicht die Ansätze parlamentseigener Evaluierung von vornherein negativer Beurteilung anheim zu geben, obgleich Männer und Frauen in den Bundestag gewählt werden, die aufgrund ihrer wissenschaftlichen Vorbildung oder administrativen Vorkenntnisse in Verwaltungen und Verbänden evaluierende Methoden gelernt haben oder lernen können. Im folgenden seien daher die Besonderheiten parlamentarischer Arbeits- und Verhaltensweise skizziert:
Zur Tätigkeit des Abgeordneten gehört wesentlich das Gespräch und die Verhandlung. Gesprächs-, Verhandlungs- oder Ansprechpartner sind im Grundsatz als gleichrangig empfundene Personen: andere Abgeordnete, Minister, parlamentarische Staatssekretäre, beamtete Staatssekretäre, Abteilungsleiter der Ministerien oder Vorsitzende von Verbänden. Ihnen oder Mitarbeitern werden „Aufträge" oder „Weisungen" erteilt, um Ergebnisse festzuhalten oder Maßnahmen vorzubereiten. Für eigene methodisch angelegte Aufbereitung oder kontinuierliche Beobachtung des von ihnen zu behandelnden politischen Stoffes fehlt vielfach die Zeit, die folglich nur für die wesentlichsten Beratungsgegenstände aufgebracht werden kann. Ergebnisse parlamentarischen Handelns treten oft nicht sofort, sondern vielfach erst nach einiger Zeit ein. Kontrollen können oft nur stichprobenweise durchgeführt werden. Bei der Suche nach Lösungen kommt es nicht nur darauf an, Alternativen als weniger zweckdienlich oder ungeeignet auszuscheiden, sondern gleichzeitig auch die unterschiedlichen Interessen in die gefundene Lösung zu *integrieren.* Widersprüchlichen Erwartungen soll gleichermaßen genügt werden, beispielsweise einerseits der Fähigkeit planender und evaluierender Gesetzgebungstätigkeit, andererseits der Repräsentation aller Bevölkerungsgruppen, ohne daß etwa ein Übergewicht von Beamten und Verbandsfunktionären entsteht. Bei der Gesetzgebung sollen die Abgeordneten die Regierung kontrollieren und Alternativen vorlegen, um des Volkes Meinung zu artikulieren und zu repräsentieren, gleichzeitig sollen sie dem Interessendruck widerstehen und in sich folgerichtige und sachlich unanfechtbare Gesetze verabschieden, die den auslösenden Interessendruck soweit beseitigen, daß nur noch Auslegungsstreitigkeiten zum Gesetzestext übrig bleiben, ohne daß die Gerichte noch für Interessenausgleich zu sorgen brauchten. Es besteht der Eindruck, daß die Maßstäbe, die an parlamentarisches Handeln angelegt werden, zu sehr aus dem Erfahrungsschatz von Verwaltungen oder wissenschaftlichen Arbeiten genährt sind und daß sie manchmal auch zuwenig die Voraussetzungen und Bedingungen des in der Demokratie angelegten Pluralismus akzeptieren. Das drückt sich meist darin aus, daß abweichenden Interessen – und seien es die ausgeschiedenen Lösungsansätze eines Gesetzgebungsvorhabens – ein minderer Rang zugemessen wird.

Die angedeuteten Besonderheiten parlamentarischer Arbeits- und Verhaltensweise geben jedenfalls keinen Anlaß zu vermuten, es gäbe nicht genügend methodischen

Spielraum für eine Beteiligung des Parlaments an der Evaluierung, die „darauf gerichtet ist, die Wirksamkeit und Wirkungen von Politikprogrammen, Gesetzesregelungen, Förderinstrumenten, Einzelmaßnahmen, Modellvorhaben usw. methodisch stringent und empirisch präzise zu erfassen und in den Verwaltungs- und Politikprozeß zurückzumelden“[12].

II. Ansätze parlamentseigener Evaluierung

Die Abgeordneten mögen sich bei der Beratung von Gesetzesvorlagen zwar fragen, was die Gesetzesinitianten mit dem Gesetz überhaupt erreichen wollen, was nach der eigenen politischen Überzeugung durchgesetzt werden soll oder welche Probleme durch das Gesetz bei denen entstehen, die politische Unterstützung und Rückendeckung gewähren. Oft genug verlieren sie diese Gesetze jedoch schon dann aus dem Auge, nachdem sie im Bundestag verabschiedet worden sind. Dies darf man z.B. aus der Klage des Vorsitzenden des Rechtsausschusses über die mangelnde Kontrolle der Rechtsanwendung entnehmen[13]. Erst allmählich scheint sich ein Bewußtsein dafür herauszubilden, daß für den Gesetzesbeschluß auch bedeutsam ist, welche Folgen für die betroffenen Bürger eintreten, welche Rechtsstreitigkeiten das Gesetz provozieren oder welchen Aufwand und welche Kosten es bei der Verwaltung, insbesondere bei den Länderbehörden, verursachen kann. Wahrscheinlich wächst aber das Interesse des Parlaments an Evaluierungen auch erst, seitdem sich Wissenschaft und Verwaltung bewußt werden, daß Vorausschau und Kontrolle staatlichen Handelns verbesserten Methoden zugeführt werden müssen.

Ansätze parlamentseigener Evaluierung lassen sich nämlich in der Geschichte des Bundestages schon länger zurückverfolgen. Zu erinnern ist nicht nur daran, daß der Bundestag mehrfach in Gesetzen oder Beschlüssen *Berichte der Bundesregierung* angefordert hat[14].

Auch der *Wahlprüfungsausschuß* stellt seit mehreren Wahlperioden trotz mangelnder Erheblichkeit der vorgetragenen Einsprüche in Einzelfällen Nachprüfungen bei Wahlanfechtungen an, um aufgrund eventueller, bei der Vorbereitung oder Durchführung der Wahlen gemachter Fehler dafür zu sorgen, daß eine Wiederholung möglichst vermieden wird. Dieses Wahlprüfungsverfahren hat der Wahlprüfungsausschuß nunmehr auch auf Einsprüche gegen die Europawahlen ausgedehnt[15].

12 G.-M. Hellstern/H. Wollmann, Evaluierung in der öffentlichen Verwaltung – Zwecke und Anwendungsfelder, in: *Verwaltung und Fortbildung*, 1980, S. 61–79 (61).

13 BT-Rechtsausschuß, Protokoll vom 9.2.1977, S. 2–67, zit. nach. H. Maassen, Die Freiheit des Bürgers in einer Zeit ausufernder Gesetzgebung, in: *NJW* 1979, S. 1473–1478 (1477); vgl. u. a. auch: schriftliche Anfrage des Abgeordneten Carstens (Fehmarn) vom 16.6.1978 betreffend Angaben des für den einzelnen Bürger aufgrund neuer gesetzlicher Regelungen entstehenden Arbeitsaufwands, in: *BT-Drs.* 8/1931, B 14; vgl. auch Abg. Teufel, in: *bw LT-Drs.* 8/6, S. 108; s. auch F. Schäfer, Reformpläne für das Hohe Haus, in: *Vorwärts* v. 5. Juli 1979, S. 15–17.

14 Vgl. u.a. H.-U. Derlien, Das Berichtswesen der Bundesregierung – Ein Mittel der Kontrolle und Planung, in: *ZParl* 1975, S. 42–47.

15 Ein Hinweis auf diese Praxis findet sich in *BT-Drs.* 8/3579, Vorblatt, C. Alternativen.

Das Interesse des Bundestages an Evaluierung im Sinne einer *Gesetzesfolgenabschätzung* und *Gesetzesfolgenbeobachtung* hat nicht erst im Laufe der 8. Wahlperiode eingesetzt. Ohne hier eine Geschichte der Evaluierungsansätze im Bundestag vorlegen zu wollen, kann doch beispielsweise für die 6. Wahlperiode berichtet werden, daß bei den Beratungen zum *Lebensmittelgesetz* dem federführenden Ausschuß eine Stellungnahme vorlag, die unter anderem darauf hinwies, daß die in der Begründung zum Gesetzentwurf stehende Forderung nach einer wirksamen Überwachung der lebensmittelrechtlichen Regelungen von diesem Gesetz nicht gesichert wurde; die Frage nach der Überwachung warf dann auch in der öffentlichen Anhörung eine Abgeordnete auf[16].

In der 7. *Wahlperiode* wurde beispielsweise ein Antrag zu den Auswirkungen neuer Gesetze auf den Arbeits- und Personalaufwand im öffentlichen Dienst (BT-Drs. 7/2599, 7/5182) eingebracht. Ferner wurden Kleine Anfragen zur automationsgerechten Gesetzgebung (BT-Drs. 7/3416, 7/4406), zur Beschaffung von Datenverarbeitungssystemen und ihre Nutzung durch die Bundesverwaltung (BT-Drs. 7/4218, 7/4553) und zum Aufbau eines Juristen-Informationssystems (BT-Drs. 7/3513, 7/3594) an die Bundesregierung gerichtet.

In der *8. Wahlperiode* nahm das Interesse der Mitglieder des Bundestages an Erkenntnissen, die mit Hilfe von Evaluierungen gewonnen werden können, sichtbar zu. Eingebracht wurden eine Kleine Anfrage über Umfang und Folgen der Gesetze und Rechtsverordnungen des Bundes für Staat und Bürger (BT-Drs. 8/112, 8/212), eine Kleine Anfrage zu den Baugenehmigungsverfahren (BT-Drs. 8/903, 8/958), eine Kleine Anfrage zu den Erfahrungen mit dem Strafvollzugsgesetz (BT-Drs. 8/2666, 8/2713), eine Kleine Anfrage zu den Auswirkungen des § 26 des Urheberrechtsgesetzes (BT-Drs. 8/2932, 8/2981), eine Kleine Anfrage zu den Auswirkungen gesetzgeberischer Maßnahmen zur Bekämpfung des Terrorismus (BT-Drs. 8/3478, 8/3564), ferner ein Entwurf eines Strafrechtsänderungsgesetzes zu § 88 a StGB (BT-Drs. 8/3911), eine Große Anfrage zum reformierten § 218 des Strafgesetzbuches (BT-Drs. 8/3821, 8/3630, 8/3945, 8/4160) und eine Große Anfrage zur Schwangerschaftsberatung (BT-Drs. 8/3945, 8/4160)[17].

Diese Aufzählung belegt gleichzeitig, daß der Bundestag zu seiner Evaluierung verschiedene geschäftsordnungsrechtliche Mittel einsetzen kann. Diese parlamentarischen Instrumente vollzähliger und im einzelnen vorzustellen, soll anhand der Gesetzgebungsfunktion als Hauptgesichtspunkt geschehen. Die parlamentseigene Evaluierung findet in dieser Sicht Ansätze in der parlamentarischen Gesetzesfolgenabschätzung und Gesetzesfolgenbeobachtung.

16 So die Abgeordnete Frau Schanzenbach in der 70. Sitzung des Ausschusses für Jugend, Familie und Gesundheit, in: *Deutscher Bundestag 6. Wahlperiode, Stenographischer Bericht über die öffentliche Informationssitzung des Ausschusses für Jugend, Familie und Gesundheit, 28. Februar 1972,* Protokoll Nr. 70, S. 45.

17 Siehe darüber hinaus u. a. die *BT-Drs.* 8/244, 8/906; 8/346, 8/484, 8/1206, 8/1389, 8/1538, 8/1701, 8/1761, 8/2916, 8/3008, 8/1541, 8/2190, 8/2560, 8/3404, 8/3426, 8/3505, 8/3627, 8/3700, 8/3632, 8/3689, 8/3634, 8/3773, 8/3680, 8/3765, 8/3780, 8/3890, 8/3802, 8/3804, 8/3846, 8/3921, 8/3575, 8/3874, 8/3884, 8/3929, 8/3778, 8/3890, 8/3910, 8/3936, 8/3947, 8/4000, 8/4467, 8/4479, 8/4492.

II. 1. Parlamentarische Gesetzesfolgenabschätzung

Bedenkt man, daß Gesetzesfolgenabschätzung nicht nur der parlamentarischen Gesetzgebungs- und Kontrollfunktion dient, sondern auch der Integrationsfunktion nützt, geraten als Aufgaben der Gesetzgebung die Erhaltung des Verfassungskonsenses und die Notwendigkeit, die Annehmbarkeit gesetzten Rechts zu sichern, in den Blick.

Verfassungsmäßigkeitskontrolle. Zu den am meisten geübten Methoden, die Folgen bestimmter Gesetzesformulierungen abzuschätzen, gehört es festzustellen, ob sie verfassungskonform sind. Obgleich die Beobachtung nicht überbewertet werden soll, daß das Bundesverfassungsgericht bisher lediglich 126 Bundesgesetze ganz oder teilweise für nichtig oder verfassungswidrig erklärt hat[18], zeigt sie doch an, daß in der Vorbereitung und parlamentarischen Beratung der Gesetze auf ihre Vereinbarkeit mit dem Grundgesetz geachtet wird. Die regierungsinterne Verfassungsmäßigkeitsprüfung (§ 23 Abs. 2 Nr. 2 GGO II), ergänzt durch die Rechtsförmlichkeitsprüfung (§§ 23 Abs. 2 Nr. 3, 38, 54 GGO II) und die Verwaltungsförmlichkeitsprüfung (Hausanordnung BMI), wird im Laufe der parlamentarischen Beratung – spätestens in den Ausschüssen – durch eine parlamentseigene Kontrolle erweitert, falls von den Fraktionen konkrete verfassungsrechtliche Bedenken aufgegriffen werden. Zur Prüfung berufen ist in erster Linie der Rechtsausschuß; die anderen Fachausschüsse ersuchen ihn um ein Votum, wenn sie sich allein nicht in der Lage sehen zu entscheiden, ob sie dem Parlament empfehlen können, eine Gesetzesvorlage anzunehmen, gegen die verfassungsrechtliche Bedenken erhoben wurden.

Der Bundestag ist allein schon aus rechtsstaatlichen Gründen gehalten, genau zu prüfen, ob er ein verfassungsrechtlich angezweifeltes – aber auch eines, gegen das bisher keine derartigen Bedenken bestehen – Gesetz verabschieden kann. Nach der Rechtsprechung des Bundesverfassungsgerichts muß er abschätzen, ob das Gesetz Folgen nach sich ziehen wird, die zu verfassungswidrigen Rechtslagen führen[19]. Freilich gibt es keine genauen Kriterien, nach denen sich die gesetzgeberische Prognoseentscheidung richten kann. Auch kann der Bundestag die Folgen eines Gesetzes weit weniger übersehen als das über das Gesetz entscheidende Bundesverfassungsgericht[20]. Dennoch trägt der Bundestag für diese Prognose die Verantwortung. Seine

18 Diese Zahl betrifft allein die verfassungswidrigen Bundesgesetze, nicht auch Landesrecht. Vgl. auch E. Benda, *Grundrechtswidrige Gesetze. Ein Beitrag zu den Ursachen verfassungsgerichtlicher Beanstandung*, Baden-Baden 1979.

19 Zur Pflicht des Gesetzgebers zu Prognoseentscheidungen vgl. u. a. *BVerfGE* 50, 57 ff. (99 ff.); 50, 290 (332 ff.) (jeweils mit weiteren Nachweisen). Siehe auch die schriftliche Erklärung des Abgeordneten Luster zum Europawahlgesetz als Beispiel für eine verfassungsrechtlich orientierte Argumentation mit Gesichtspunkten der Folgenabschätzung, in: *BT-Drs.* 8/147, S. 11785 C; s. ferner F. Ossenbühl, Die Kontrolle von Tatsachenfeststellungen und Prognoseentscheidungen durch das Bundesverfassungsgericht, in: *Bundesverfassungsgericht und Grundgesetz*, 1. Bd., Tübingen 1976, S. 458–518; P. Fricke/W. Hugger, *Test von Gesetzentwürfen*, Teil 1: *Voraussetzungen einer testorientierten Rechtsetzungsmethodik (Speyerer Forschungsberichte*, Bd. 11), Speyer 1980, S. 75–78.

20 So: H. Quaritsch, in: *Verfassungsgerichtsbarkeit, Gesetzgebung und politische Führung (Cappenberger Gespräche*, Bd. 15), Köln 1980, S. 63–67 (66).

pflichtgemäße Folgenabschätzung kann indes dazu führen, daß aus verfassungsrechtlichen Zweifeln, ob eine bestimmte Gesetzeslösung vom Bundesverfassungsgericht noch als verfassungskonform angesehen werden könnte, eine Alternative gewählt wird, die voraussichtlich nicht zu Beanstandungen führen dürfte.

Ein Beispiel dafür ereignete sich bei der Beratung über das *Bundesdatenschutzgesetz.* Zunächst wurde im Innenausschuß erwogen, den Bundesdatenschutzbeauftragten dem Bundestag zuzuordnen. Als aber Zweifel angemeldet wurden, ob eine einfach gesetzliche Regelung dieser Art gegen den Gewaltenteilungsgrundsatz verstieße, wurde der Datenschutzbeauftragte dem Bundesminister des Innern unterstellt[21]. Auch treten nicht selten Fälle ein, in denen eine Gesetzesvorlage aus verfassungsrechtlichen Gründen während der Ausschußberatungen eine völlige Neugestaltung erfährt. Als beispielsweise im Hearing des Arbeits- und Sozialausschusses zur Regierungsvorlage des *Mitbestimmungsgesetzes* deutlich wurde, daß der bisherige Gesetzentwurf verfassungsrechtlich nicht haltbar sei, wurde ein neuer Gesetzestext erarbeitet, der dann auch vor dem Bundesverfassungsgericht bestehen konnte[22]. In anderen Fällen werden lediglich Bedenken erhoben, die aus dem *Verhältnismäßigkeitsgrundsatz* begründet sind. Danach ist abzuschätzen, ob ein geringerer Eingriff bereits zum erwünschten Erfolg führen könnte, wie das Bundesverfassungsgericht beispielsweise mit seiner Dreistufentheorie im Apothekenurteil zum Grundrecht der Berufsfreiheit ausgeführt hat[23].

Aus diesen Gründen mag es erstaunen, daß der Bundestag (bis auf wenige Ausnahmen) seine selbstbewußte Praxis beibehält, Verfahren vor dem Bundesverfassungsgericht nicht beizutreten. Obgleich gute Gründe für das bisherige Verhalten des Bundestages sprechen, sollte doch im federführenden Rechtsausschuß überlegt werden, ob es nicht von Vorteil wäre, wenn das Parlament dem Bundesverfassungsgericht seine Prognoseentscheidung selbst vorlegt. Auch wäre zu prüfen, ob der Rechtsausschuß des Bundestages die Prozeßakten – wenn das Parlament verfassungsgerichtlichen Verfahren schon nicht stärker beitreten will – nicht intensiv zu der Frage auswerten sollte, *welche Folgen die angegriffenen Gesetze in der Vollzugspraxis überhaupt nach sich zögen,* um bei *Anpassungsgesetzen* überblicken und entscheiden zu können, ob die vorgeschlagene Bereinigung von Mängeln erforderlich und notwendig ist. Eine parlamentseigene Evaluierung könnte somit auch dazu beitragen, die „Gesetzesflut" einzudämmen und einer Überforderung des Parlaments vorzubeugen, die zu Lasten seiner zentralen Aufgaben gehen würde.

Die Frage der Gesetzesfolgenbeobachtung ist im Zusammenhang mit der Verfassungsmäßigkeitsprüfung noch um einen weiteren Gesichtspunkt zu ergänzen. So besteht durchaus die Gefahr, daß nach einem Verfassungsgerichtsurteil eine Blickver-

21 Vgl. *Deutscher Bundestag, 7. Wahlperiode, Stenographisches Protokoll über die öffentliche Informationssitzung des Innenausschusses am 6. Mai 1974,* Protokoll Nr. 37, S. 202 f.; Bericht und Antrag des Innenausschusses zum Bundesdatenschutzgesetz, *BT-Drs.* 7/5277, S. 8 zu §§ 15 a – 15 e.

22 Vgl. *BT-Drs.* 7/2172; *Stenographisches Protokoll der öffentlichen Informationssitzung des Ausschusses für Arbeit und Sozialordnung am 19. Dezember 1974,* Protokoll Nr. 62; Antrag des Ausschusses für Arbeit und Sozialordnung, *BT-Drs.* 7/4787.

23 *BVerfGE* 7, S. 377 f.

engung eintritt. Bei der Diskussion über die Beseitigung der festgestellten Verfassungsmängel kann es leicht geschehen, daß die Überlegungen über *andere Folgeprobleme* des Gesetzes vernachlässigt oder vorzeitig beendet werden, ohne daß trotz der festgestellten Vollzugsschwierigkeiten eine politische Entscheidung für die geltende Fassung des Gesetzes in ihren verfassungskonformen Teilen – was legitim wäre – wirklich fiele. Eine solche Gefahr deutet sich beispielsweise nach der Entscheidung des Bundesverfassungsgerichts zum Versorgungsausgleich im neuen Eherecht an, wenn die öffentliche Erörterung sich zunächst lediglich auf die Frage beschränkt, wie und wann die vom Bundesverfassungsgericht geforderten Nachbesserungen erfolgen sollen; die aus dem Urteil herauslesbaren *sonstigen Gesetzesfolgen*, die in der Praxis Schwierigkeiten trotz ihrer verfassungsrechtlichen Zulässigkeit auslösen, dagegen werden leicht vernachlässigt[24].

Freilich muß unbestritten bleiben, daß die jeweilige Parlamentsmehrheit die Konzeption eines Gesetzes auch dann durchhalten können muß, wenn beim Vollzug praktische Schwierigkeiten auftreten. Das bedeutet nicht, daß eine Reflexion über die festgestellten Vollzugsprobleme nicht erwünscht wäre; ein (rechtlicher) Zwang zur Änderung jedoch darf daraus nicht erwachsen.

Vollzugswirkungen. Außerhalb der Verfassungsmäßigkeitskontrolle wird bei der Gesetzgebung in der Regel unterstellt, daß sich der politische Wille der beteiligten Abgeordneten, wie er sich ihrer Auffassung nach im (mehrheitlich) gebilligten Gesetzeswortlaut niederschlägt, beim Vollzug auch *tatsächlich* durchsetzen und verwirklichen wird[25]. Diese Einstellung schließt Erörterungen über die zu erwartenden Wirkungen einer Gesetzesbestimmung oder eines gesamten Gesetzes nicht aus. Grundlage dieser Debatten sind im allgemeinen nur zufällige und persönliche Erfahrungen der Ausschußmitglieder, die sie in ihrem Beruf, in ihrem Wahlkreis, in Gesprächen mit Experten oder bei sonstigen Anlässen erworben haben. Daneben stehen aber auch ausgesprochene Sachkenner mit großem Überblick. Am ehesten abgesichert ist der *Erfahrungsschatz* der Abgeordneten, wenn Gesetzesadressaten bestimmte eingrenzbare Personengruppen sind, deren Verhalten durch Verfahrensordnungen (Prozeßordnungen, Verwaltungsverfahrensgesetze) gesteuert wird. Rechtsausschuß, Innenausschuß und Finanzausschuß sind deshalb oft in einer günstigeren Ausgangslage, wenn es darum geht, abgesicherte Erkenntnisse über Bedingungen, Verfahren und Ergebnisse der Gesetzesevaluierung als Argumentationshilfen zu nutzen[26].

Jeder Bundestagsausschuß ist allerdings gehalten, *Gesetzentwürfe*, die nicht in bundeseigener Verwaltung zu vollziehen sind, aber *wesentliche Belange von Gemeinden und Gemeindeverbänden berühren, auf ihre Folgen abzuschätzen* (§ 73 Abs. 3 a [alt], § 69 Abs. 5 [neu] GO-BT). Diese Geschäftsordnungsregelung verpflichtet da-

24 Solche nicht verfassungsrechtlich bedingten Vollzugsschwierigkeiten sind z. B. angedeutet bei E. Noelle-Neumann, Das neue Ehescheidungsrecht befremdet die Bevölkerung, in: *FAZ* v. 26.2.1980, S. 11.

25 Vgl. Lenz, „Gesetzesflut" [Anm. 13], der u. a. darauf hinweist, daß Folgen für den Gesetzesvollzug in den Ländern nicht oder kaum beachtet werden.

26 Die sogenannten Justizgesetze sind deshalb einfacher abzuschätzen als Gesetze im Sozialbereich, insbesondere wenn sie Leistungsansprüche gewähren.

zu, die Vorstellungen der kommunalen Spitzenverbände über die Auswirkungen von Bundesgesetzen bei kommunalen Behörden in den Parlamentsberatungen zu berücksichtigen. Im Innenausschuß hat dies sogar dazu geführt, daß die kommunalen Spitzenverbände generell zu den Ausschußsitzungen eingeladen werden[27]. Die Folgewirkungen von Gesetzen auf den Umfang der gemeindlichen Aufgaben oder auf die kommunalen Personalhaushalte vorauszuberechnen, ist freilich ein bisher methodisch noch wenig abgesichertes Unterfangen[28].

Haushaltskontrolle. Der *Haushaltsausschuß* des Bundestages nimmt bei der Gesetzesfolgenabschätzung eine Sonderstellung ein. Er muß jede Finanzvorlage – dazu gehören die Gesetzentwürfe, *die Auswirkungen auf die öffentlichen Finanzen* des Bundes oder der Länder haben – auf ihre finanzielle Tragweite überprüfen, d. h. ob sie mit dem laufenden Haushalt und mit künftigen Haushalten vereinbar ist (§ 96 Abs. 5 [alt], § 96 Abs. 4 [neu] GO-BT). Bevor er Deckungsvorschläge vorlegen kann, hat er die Kosten und Folgekosten des Gesetzes zu erfassen. Indes stellt er eigene Berechnungen in der Praxis gewöhnlich nicht an. Er stützt sich vielmehr auf Angaben der Bundesregierung. Aus den Berichten des Haushaltsausschusses läßt sich aber nicht entnehmen, ob und inwieweit das Parlament diese Angaben aus dem Bundesfinanzministerium ungeprüft übernimmt, Kontrollrechnungen vom Bundesrechnungshof, der Zentralen Gemeinschaftsstelle der Länderfinanzminister oder den kommunalen Spitzenverbänden anfordert, eigene Erhebungen anstellt oder methodische Erläuterungen zur Berechnungsweise des Bundesfinanzministers, beispielsweise bei Kosten-Nutzen-Analysen (§ 7 Abs. 2 BHO), verlangt, um den Genauigkeitsgrad des ermittelten Ergebnisses abschätzen zu können. In den Berichten des Haushaltsausschusses werden teilweise nur die geschätzten Kosten, die auf den Bundeshaushalt entfallen, mitgeteilt, nicht aber die für die einzelnen Länder anfallenden Vollzugskosten, wie beispielsweise im Falle des Energieeinsparungsgesetzes (BT-Drs. 8/3937); teils werden aber auch sowohl die Kosten für den Bundeshaushalt als auch für die Länder und sogar für die Gemeinden insgesamt aufgeschlüsselt, so beispielsweise beim Verkehrslärmschutzgesetz (BT-Drs. 8/3731). Die Gründe für diese unterschiedliche Praxis scheinen insbesondere in der Verfassungsbestimmung zu liegen, daß Bund und Länder ihre Verwaltungsausgaben selbst zu tragen haben (Art. 104 a Abs. 5 GG); insofern erübrigt es sich aus Bundessicht auch, die auf die einzelnen Länder entfallenden Kosten aufzuschlüsseln. Freilich genügt der Bundestag seiner Selbstverpflichtung, die er sich zumindest bei Gesetzesvorlagen aus der Mitte des Hauses auferlegt hat (§ 96 Abs. 3 Satz 1, Abs. 4 [alt], 96 Abs. 3 [neu] GO-BT; Vorblätter zu

27 Beschluß des Innenausschusses vom 10.3.1979.

28 Vgl. u. a. die Kontroverse von H. C. Fickert und K. Kentmann zu den Kosten des Verkehrslärmschutzgesetzes, in: *DVBl.* 1979, S. 645–650 und *DVBl.* 1980, S. 35–37; s. auch P. Eichhorn, *Verwaltungshandeln und Verwaltungskosten. Möglichkeiten zur Verbesserung der Wirtschaftlichkeit in der Verwaltung*, Baden-Baden 1979, der mit Hilfe eines Wirtschaftlichkeitsgrundsätzegesetzes (S. 87–94) und Kosten- und Wirtschaftlichkeitsvermerken (S. 95–97) die Gesetzeskosten genauer in den Griff bekommen will; vgl. ferner z. B. *nw LT-Drs.* 8/3095.

Gesetzesvorlagen), lediglich dadurch, daß er pauschal Angaben über die aufgrund des Gesetzes zu erwartenden Kosten angibt.

Der Haushaltsausschuß kann seine Tätigkeit allerdings auch auf eine *Folgenbeobachtung* erstrecken. Durch Sperrvermerke (§ 22 BHO) kann er in den Haushaltsvollzug eingreifen[29]. Er verlangt sogar Bericht vor Erlaß kostenverursachender Rechtsverordnungen (vgl. BT-Drs. 8/3966).

Der Haushaltsausschuß braucht sich für seine Kostenschätzungen nicht allein auf die Angaben der Bundesregierung, insbesondere des Bundesministers der Finanzen, zu verlassen. Wie bereits angedeutet, kann er bei seinen Beratungen auf den Sachverstand des *Bundesrechnungshofes* zurückgreifen, dessen Präsident zugleich *Bundesbeauftragter für die Wirtschaftlichkeit in der Verwaltung* ist. Vertreter des Bundesrechnungshofes sind bei allen Sitzungen des Haushaltsausschusses anwesend, sie werden jederzeit gehört. Sie erhalten auch alle amtlichen Unterlagen des Bundestages und seiner Ausschüsse. Deshalb kann der Bundesrechnungshof auch die Arbeit der übrigen Fachausschüsse mitverfolgen und, soweit er es für nötig erachtet, seine Bedenken zu Gesetzgebungsvorhaben geltend machen. So kann der Bundesrechnungshof beispielsweise den Vorsitzenden eines Fachausschusses brieflich auf finanzielle oder sonstige prüfungsrelevante Auswirkungen von vorgesehenen Gesetzesformulierungen aufmerksam machen. Den Vertretern des Bundesrechnungshofes wird auch in den Sitzungen der Fachausschüsse das Wort erteilt.

Die Ausschüsse des Bundestages sind regelmäßig mit zu vielen Mitgliedern besetzt. Wegen des großen Umfangs und der Fülle der zu bewältigenden Aufgaben sind sie nicht in der Lage, sich in ihrer Vollversammlung mit den Folgen vorgeschlagener Gesetzesregelungen und Gesetzen im Detail zu befassen. Deshalb sind die den Ausschüssen zur Verfügung stehenden Instrumente und Methoden zur Gesetzesfolgenabschätzung von hohem Belang.

Anhörungen. Ein für die Gesetzesfolgenabschätzung geeignetes Instrument der Bundestagsgeschäftsordnung stellt die *öffentliche Anhörung* („Hearing") dar (§ 73 Abs. 3 [alt], § 70 [neu] GO-BT). In diesen Anhörungen werden mit einem Gesetzentwurf verknüpfte Fragen behandelt, darunter auch solche nach den Auswirkungen bestimmter Vorschriftenentwürfe. So kann es um die Verfassungsmäßigkeit eines Gesetzentwurfs gehen, wie z. B. beim bereits erwähnten Hearing zum Mitbestimmungsgesetz und zum Bundesbaugesetz in der 7. Wahlperiode. Die Anhörung kann sich aber auch ausdrücklich auf Gesetzesfolgen beziehen. Jüngste Beispiele dafür sind die Anhörung des Innenausschusses zum Bundesimmissionsschutzgesetz (BT-Drs. 8/2751) und die Anhörung des Arbeits- und Sozialausschusses zum Künstlersozialversicherungsgesetz (BT-Drs. 8/3172), bei denen u. a. nach den Folgen einer vor-

29 Zur Problematik der Sperrvermerke vgl. u. a. E. Fricke, Regierung und Parlament beim Haushaltsvollzug, in: *DÖV* 1980, S. 317–322 (321 f.); Ch. Tomuschat, Die parlamentarische Haushalts- und Finanzkontrolle in der Bundesrepublik Deutschland, in: *Der Staat*, 1980, S. 7–28 (13 ff.).

geschlagenen Regelung oder nach Alternativen gefragt wurde[30]. Solche Anhörungen werden von den Ausschüssen ausgewertet und verwertet, so daß sich nicht selten Korrekturen des Entwurfs ergeben. So wurden beispielsweise von den Koalitionsfraktionen im Arbeits- und Sozialausschuß Anträge zur Änderung des Entwurfs für das Künstlersozialversicherungsgesetz eingebracht, die den Bedenken, die von Sachverständigen gegen die Regierungsvorlage vorgebracht worden waren, gerecht werden sollten[31]. Freilich wird das Urteil über die Anhörungsergebnisse vornehmlich unter politischen Blickwinkeln gefällt, so daß nicht alle allein fachorientierten Wünsche erfüllt werden.

Anhörungen werden außer in den ständigen *Ausschüssen* des Bundestages und seinen *Unterausschüssen* auch in den *Fraktionen* durchgeführt. Die Folgen bestimmter gesetzlicher Regelungen abzuschätzen und zu erörtern dürfte dort mindestens ebenso deutlich und direkt vor sich gehen wie in den Hearings der Bundestagsausschüsse.

Die ständigen Ausschüsse des Bundestages können zur Vorbereitung umfangreicher Entscheidungskomplexe auch Unterausschüsse einsetzen (§ 55 [neu] GO-BT). Im Unterausschuß „Chemikaliengesetz" des Ausschusses für Jugend, Familie und Gesundheit wurde eine öffentliche Anhörung durchgeführt, in der u. a. gefragt wurde, ob Lücken in der geltenden gesetzlichen Regelung bestünden, ob die Ersetzung der bisherigen Ländergesetze durch eine bundeseinheitliche Regelung notwendig sei, ob und welche Bestimmungen des Gesetzentwurfs, die von der EG-Richtlinie abweichen, Handelshemmnisse mit sich brächten und ob das Chemikaliengesetz die Wettbewerbsfähigkeit der deutschen chemischen Industrie auf den EG-Märkten und auf den übrigen Exportmärkten beeinträchtigen werde[32]. In einer Anhörung des Unterausschusses „Rheumabekämpfung" des Ausschusses für Arbeit- und Sozialordnung wurden beispielsweise die Kosten erörtert, die die Behandlung von Rheumakranken verursachen; dabei wurde betont, daß diese Kosten auch nicht annähernd ermittelt werden könnten[33].

Praxistests. Die Ausschüsse können außer auf Anhörungen auch auf die Methode der *Praxistests* zurückgreifen. Für Gesetzestests, wie sie beispielsweise beim Jugendhilfegesetzentwurf durchgeführt wurden[34], wird in der Phase der Ausschußberatungen kaum noch Zeit sein. Planspiele aber können inszeniert werden. So hat beispiels-

30 Vgl. *Deutscher Bundestag, 8. Wahlperiode, Innenausschuß, Protokoll über die öffentliche Anhörung vom 21. Januar 1980*, Protokoll Nr. 89; *Deutscher Bundestag, 8. Wahlperiode, Ausschuß für Arbeit und Sozialordnung, Stenographisches Protokoll der öffentlichen Informationssitzung vom 28.11.1979*, Protokoll Nr. 76; eine Übersicht über öffentliche Anhörungen der Bundestagsausschüsse, die immer wieder Fragen der Gesetzesfolgen angesprochen haben (vgl. z. B.: *Zur Sache 2/73*), gibt die Zusammenstellung in: P. Schindler, *30 Jahre Deutscher Bundestag. Dokumentation – Statistik – Daten*, Bonn 1979, S. 250–252.

31 Vgl. *Heute im Bundestag*, 23.4.1980, 13.30 Uhr, (91), Nr. 1, S. 1.

32 *Unterausschuß-Drucksache* 8/4 (neu).

33 Vgl. stenographischer Bericht des Unterausschusses „Rheumabekämpfung" des Ausschusses für Arbeit und Sozialordnung vom 21.4.1980.

34 Vgl. C. Böhret/W. Hugger, Bessere Gesetze durch Test der Entwürfe?, in: *ZParl* 1979, S. 245–259.

weise der Bauausschuß in der 7. Wahlperiode Planspiele zur Bundesbaugesetznovelle in Wuppertal und Ingelheim organisiert[35]. An ihnen nahmen die Mitglieder des federführenden Ausschusses nahezu vollständig teil, aber auch Mitglieder mitberatender Ausschüsse waren anwesend. Die Ergebnisse der Planspiele flossen in die endgültige Gesetzesfassung ein. Allein dieser Erfolg ermutigt dazu, in geeigneten Fällen weitere Planspiele zu veranstalten. Selbst wenn Praxistests bereits innerhalb der Gesetzesvorbereitung von der Bundesregierung durchgeführt worden sind, können Planspiele im Parlament von Nutzen sein, einerseits um die parlamentarische Integrationsfunktion zu stärken, andererseits um durch Kontrolle die Abhängigkeit des Parlaments von Entscheidungsvorschlägen der Regierung zu vermindern.

Ein weiteres, noch in der Entwicklung begriffenes Instrument, das geschäftsordnungsrechtlich nicht verankert ist, sind die aus Parlamentariern zusammengesetzten *Arbeitsgruppen*[36]. Ihre Tätigkeit scheint sich bereits bei der Überprüfung der Gesetzesvorlagen auf deren Notwendigkeit und Erforderlichkeit bewährt zu haben. Arbeitsgruppen des Rechtsausschusses haben beispielsweise das Änderungsgesetz zum GmbH-Gesetz (BT-Drs. 8/1347, 8/3908, BGBl. 1980 I 836), die Gesetzentwürfe über die Prozeßkostenhilfe (BT-Drs. 8/3068, 8/3694, 8/3720, 8/3853, 8/3905, BGBl. 1980 I 677) und das Beratungshilfegesetz (BT-Drs. 8/3311, 8/3695, 8/3707, 8/3719, 8/3906, 8/1713, 8/3855, BGBl. 1980 I 689) erheblich gestrafft. Daraus läßt sich ersehen, daß das Parlament bei entsprechendem Problembewußtsein und geeignetem Instrumentarium durchaus imstande ist, seine Verfahrens- und Arbeitsweise zu verbessern[37].

Kommissionen. Neben den ständigen Ausschüssen kann der Bundestag auch *Enquete-Kommissionen* (§ 74 a [alt], § 56 [neu] GO-BT) einsetzen. Sie sollen nach Ansicht der ,,Enquete-Kommission Verfassungsreform" vornehmlich in der Planung und der Vorbereitung umfangreicher Gesetzgebungsvorhaben tätig werden[38]. In ihre Aufgabenstellung eingeschlossen ist es, auch die Folgewirkungen der von ihnen konzipierten Planungen oder Gesetzesvorschriften zu überdenken. Die Enquete-Kommission Verfassungsreform beispielsweise hat diesen Gesichtspunkt in ihre Arbeit einbezogen, indem sie bei der Erörterung verfassungspolitischer Modelle zugleich deren Durchsetzbarkeit erwogen und ihre Empfehlungen an dieser Leitlinie ausgerichtet hat. Gerade diese Vorgehensweise aber ist der Enquete-Kommission Verfassungsreform dann kritisch vorgehalten worden, insbesondere weil dadurch verfassungspolitische Innovationen verhindert worden seien[39]. Hier stellt sich nun die

35 *Deutscher Bundestag, 7. Wahlperiode, Ausschuß für Raumordnung, Bauwesen und Städtebau,* Protokoll Nr. 31 vom 5.11.1974; Protokoll Nr. 32 vom 6.11.1974; Protokoll Nr. 48 vom 21.4.1975; Protokoll Nr. 49 vom 22.4.1975.

36 Siehe dazu C. Sträter, Arbeitsgruppen des Innenausschusses des Deutschen Bundestages – ein Beitrag zur parlamentarischen Praxis, in: *ZParl* 1977, S. 27–36; vgl. auch *BT-Drs.* 8/3908, S. 66 (Hinweis auf eine Arbeitsgruppe des Rechtsausschusses).

37 Vgl. dazu Graf Vitzthum, *Parlament und Planung,* S. 386.

38 Schlußbericht der Enquete-Kommission Verfassungsreform, *BT-Drs.* 7/5924, Kap. 4, Tz. 2. 3., S. 58 (auch in: *Zur Sache* 3/76, S. 138).

39 Vgl. z.B. H. P. Ipsen, Zum Schlußbericht der Enquete-Kommission Verfassungsreform, in: *DÖV* 1977, S. 537–544 (543); G. Lembruch, Verfassungspolitische Alternativen der Politikverflechtung. Bemerkungen zur Strategie der Verfassungsreform, in: *ZParl* 1977, S. 461–474 (469–473).

Frage, ob parlamentseigene Gesetzesfolgenabschätzungen in der parlamentarischen Integrationsfunktion eine Grenzmarke finden müssen. Im übrigen kann die Frage nach der Durchsetzbarkeit vorgeschlagener Regelungen für die Folgenabschätzung nicht allein ausschlaggebend sein. Von den Empfehlungen der Enquete-Kommission Verfassungsreform ist nach Abgabe ihres Schlußberichts bisher noch keine verwirklicht worden. Dennoch ist es jetzt noch zu früh, ein endgültiges Urteil über die Wirklichkeitsnähe der Vorausschau der Enquete-Kommission Verfassungsreform auf die verfassungspolitische Zukunft zu fällen. Möglicherweise wird die Enquete-Kommission „Zukünftige Kernenergiepolitik“ die Folgen ihrer Kommissionsempfehlungen realistischer abschätzen. Sie hat für ihren am Ende der 8. Wahlperiode vorzulegenden Bericht angekündigt, daß sie dem Bundestag einen Katalog von erwägenswerten Maßnahmen an die Hand geben werde, der die arbeitsmarktpolitischen Probleme anschneiden, die Entwicklung und Einsatzmöglichkeit verschiedener Energieträger darstellen und die Problematik der Entsorgung und Wiederaufbereitung ansprechen würde; insbesondere würden Wege mit und ohne Kernenergieeinsatz unter verschiedenen Annahmen dargestellt und die jeweiligen Auswirkungen erläutert werden[40].

Beteiligung an der Planung. Die *parlamentarische Beteiligung* an der Planung ist trotz der Diskussion im letzten Jahrzehnt um neue parlamentarische Methoden nicht bereichert worden. Weder wurden eigene Planungsausschüsse eingesetzt noch Planungskontrollgesetze verabschiedet[41]. Parlamentarische Planung vollzieht sich weiterhin im Rahmen der Gesetzgebung (vor allem der Haushaltsgesetzgebung) und aufgrund von Gesetzen wie beispielsweise bei den Gemeinschaftsaufgaben, bei der Raumplanung oder beim Ausbau der Bundesfernstraßen. Es scheint sich auch die Erkenntnis durchzusetzen, daß es für die Beteiligung der Parlamente an der staatlichen Planung gar nicht so sehr auf neue Instrumentarien, sondern auf die größere Ausnutzung der bestehenden Parlamentsrechte ankomme[42]. Im Bundestag ist es offenbar nicht möglich, auch nur für einen Teilbereich politischer Planung eine Institution durchzusetzen, die die notwendigen Informationen beschafft. So werden bereits seit zwei Wahlperioden Anstrengungen unternommen, dem Bundestag eine Prognose- und Bewertungskapazität zur Begutachtung technologischer und forschungspolitischer Entwicklungen zuzuordnen[43]. Ihr Vorteil wird insbesondere darin gesehen, die parlamentarische Kontrollfähigkeit zu stärken und den Informa-

40 Vgl. *Heute im Bundestag,* 22.2.1980, 13.30 Uhr (40), Nr. 1, S. 1; *BT-Drs.* 8/4341; s. ferner *BT-Drs.* 8/4468, 8/4485, 8/4393, 8/4441.

41 Vgl. W. P. Becker, Möglichkeiten einer Beteiligung der Parlamente an der staatlichen Planung, in: *ZParl* 1974, S. 167–183 (Synopse der bisherigen Planungskontrollgesetzentwürfe, S. 184–199); J. Linck, Anspruch und Wirklichkeit parlamentarischer Planungskontrolle, in: *ZParl* 1975, S. 154–164. Bisher sind weder in Berlin noch in Nordrhein-Westfalen oder in Rheinland-Pfalz die eingebrachten Planungskontrollgesetze verabschiedet worden, zur Zeit ist damit auch nicht zu rechnen.

42 Vgl. Graf Vitzthum, *Parlament und Planung,* S. 354 f., 460 f.

43 Vgl. *BT-Drs.* 7/468, 7/3802, 8/1241, 8/2629 (neu); *BT-Prot.* 7/34, 7/197, 8/63, 8/145; s. auch M. Herttrich/P. Lichtenberg, Der Bundestag und die Gestaltung des technologischen Wandels, in: *Wirtschaft und Wissenschaft,* 1978, S. 8–14.

tionsstand auszubauen. Nachteile liegen aus der Sicht des Parlaments vornehmlich in der Gefahr der Mischverantwortung von Parlament einschließlich der Opposition und Regierung, in Koordinierungsschwierigkeiten sowie in den Mängeln neuer bürokratischer Apparate. Kurz bevor die Enquete-Kommission „Zukünftige Kernenergiepolitik" am 29. März 1979 berufen wurde, schien es noch so, als ob sich der Bundestag eine Institution einrichten würde, deren Aufgabe die *Technologiefolgenabschätzung* sein sollte. Seither sind diese Pläne augenscheinlich nicht weiter verfolgt worden. Allerdings empfiehlt ein Staatssekretär des Bundesinnenministeriums, ein von staatlichem Einfluß völlig unabhängiges Gremium zur Technologiefolgenabschätzung einzusetzen[44]. Ein solcher Plan wirft freilich einige verfassungsrechtliche Probleme auf, die die parlamentarische Verantwortlichkeit, den Gesetzesvorbehalt und die staatliche Organisationsgewalt betreffen.

Institutionen. In den letzten Jahren sind auch die *Wissenschaftlichen Dienste* des Deutschen Bundestages stark gefördert und ausgebaut worden. Ihrer bedienen sich die Abgeordneten u. a., wenn sie fachliche, konkrete Fragen zu den Folgen eines Gesetzentwurfs oder zu Problemen der Gesetzesfolgenabschätzung beantwortet haben wollen. So waren Ausarbeitungen über Planungsmethoden, über Kostenermittlungsmethoden, über den aus Bundesgesetzen bei den Ländern entstehenden Aufwand oder über Chancen und Möglichkeiten der Eindämmung der Vorschriftenflut zu erstellen[45]. Allerdings können die Wissenschaftlichen Dienste des Bundestages in ihrer jetzigen Form nur in einzelnen Ausnahmefällen eine Gesetzesfolgenabschätzung oder Gesetzesfolgenbeobachtung betreiben. Sie für parlamentseigene Evaluierung einzusetzen ließe sich aber ermöglichen, beispielsweise durch die Bildung von ad-hoc-Gruppen aus Mitgliedern verschiedener einschlägiger Fachrichtungen, die bei politisch gewichtigen Gesetzesvorlagen, die voraussichtlich längerer Beratungszeit bedürfen, die Gesetzesberatung im federführenden Ausschuß und in den mitberatenden Ausschüssen betreuten.

Die Aufgaben eines *Gesetzgebungsamtes* wahrzunehmen, wie es dem Parlament manchmal empfohlen wird, könnten die Wissenschaftlichen Dienste nicht erfüllen. Ein solches Amt müßte auch die Verantwortung für den Aufbau und den Inhalt der Gesetze übernehmen. Damit aber geriete es in ständige Kollision mit der Entscheidungsmacht der Volksvertreter. Faktisch würden die vom Parlament abhängigen Angehörigen des Gesetzgebungsamtes die Parlamentarier in ihrem Entscheidungsspielraum einengen. Parlamentarische Hilfsdienste sind aber strukturell auf Politikberatung begrenzt. Im übrigen würde durch ein Gesetzgebungsamt oder eine Gesetzgebungsabteilung der Wissenschaftlichen Dienste des Bundestages die Forderung nach

44 So: G. Hartkopf, Überlegungen zur Technologiefolgenabschätzung, in: *Bulletin des Presse- und Informationsamtes der Bundesregierung* v. 7. Mai 1980, S. 421–423.

45 Die Ausarbeitungen der Wissenschaftlichen Dienste des Deutschen Bundestages sind lediglich für den internen Gebrauch des Parlaments bestimmt; sie sind also nur Abgeordneten, meist allein den Auftraggebern, zugänglich. Allerdings finden sich manchmal in Literaturzusammenstellungen, z. B. in der Karlsruher Juristischen Bibliographie, Hinweise auf Ausarbeitungen der Wissenschaftlichen Dienste. Tatsächlich werden also allgemein interessierende Ausarbeitungen auch außerhalb des Bundestages bekannt.

„guter" Gesetzgebung, die neuerdings nicht zuletzt aufgrund der Diskussion über die Eindämmung der Vorschriftenflut und über Maßnahmen zur Entbürokratisierung erhoben wird, durch die Einrichtung einer neuen Bürokratie oder die Erweiterung einer besrehenden Behörde eingelöst werden[46].

II. 2. Parlamentarische Gesetzesfolgenbeobachtung

Der enge Zusammenhang von Gesetzesfolgenabschätzung und Gesetzesfolgenbeobachtung ist bereits angedeutet worden. Die Kontrolle der Gesetzeswirkungen gehört zu den herkömmlichen Aufgaben des Parlaments. In diesem Bereich parlamentseigener Evaluierung haben die Abgeordneten auch einige, teilweise abgesicherte Erfahrungen.

Änderungsgesetze. Die Beobachtung der Gesetzesfolgen, ihre Auswertung und die Rückmeldung an das Parlament finden ihren bekanntesten Ausdruck in *Änderungsgesetzen.* Sie entspringen nicht nur der Initiative der Regierungen, sondern oft genug auch der von Abgeordneten. Die Gründe für Änderungsgesetze aus der Mitte des Bundestages können in der *Bewertung des Erfolges* von Gesetzen liegen. Der Gesetzentwurf der Fraktionen der SPD und FDP zur Aufhebung des § 88 a des Strafgesetzbuches (BT-Drs. 8/3911, 8/4137, 8/4343, 8/4367), in den die FDP auch den § 130 a des Strafgesetzbuches und das Kontaktsperregesetz einbezogen wissen wollte, ist ein Beispiel dafür[47]. Anlaß kann auch eine *unterschiedliche Rechtsprechung* sein. In dieses Feld gehört der Entwurf eines Änderungsgesetzes zum Dritten Mietrechtsänderungsgesetz (BT-Drs. 8/3357, 8/3783, BGBl. 1980 I 657). Zu nennen ist hier auch der Entwurf eines Gesetzes zur Änderung und Ergänzung beurkundungsrechtlicher Vorschriften (BT-Drs. 8/3174, 8/3230, 8/3590, 8/3594, BGBl. 1980 I 157). Ferner lösen Probleme des *Verwaltungsvollzugs* oder die Beobachtung unterschiedlicher oder ungerechtfertigter *Auswirkungen auf die Betroffenen* Änderungsgesetzentwürfe aus. Dazu zählen beispielsweise die Vorlagen eines Gesetzes zur Vereinfachung des Steuerrechts (BT-Drs. 8/2726, 8/3964, 8/4014), eines Steuer- und Familienentlastungsgesetzes 1981 (BT-Drs. 8/3666, 8/4032, 8/4084; aber: 8/3701, 8/4021, 8/4031, 8/4083, BGBl. 1980 I 1381) und eines Gesetzes zur Beschleunigung des Asylverfahrens (BT-Drs. 8/3402, 8/4339, 8/4353; aber: 8/4227, BGBl. 1980 I 1437) und eines Gesetzes zur Änderung des Bundesdatenschutzgesetzes (BT-Drs. 8/3608, 8/3703). Ob solche Gesetzesinitiativen erfolgreich sind oder nicht, hängt dann von den Mehrheitsverhältnissen in den parlamentarischen Körperschaften ab.

46 Vgl. dazu u. a. F. Schäfer, *Der Bundestag*, 3. Aufl., Opladen 1977, S. 191 f. Auch in der Schweiz bestanden Bedenken gegen ein Gesetzgebungsamt: vgl. H. Kindermann, *Ministerielle Richtlinien der Gesetzestechnik. Vergleichende Untersuchung der Regelungen in der Bundesrepublik Deutschland, in Österreich und der Schweiz*, Berlin-Heidelberg-New York 1979, S. 90.

47 Interessant ist in diesem Zusammenhang beispielsweise die Einschätzung von A. Emmerlich, betr.: Gesetze zur Terrorismusbekämpfung, in: *Informationen der Sozialdemokratischen Bundestagsfraktion*, Ausgabe 12 v. 31. März 1980, S. 14.

Die Folgen eines Gesetzes betreffen aber selten dieses Gesetz allein. Seine Wirkungen können auf mehrere andere Gesetze ausstrahlen. Deshalb bringt die *Einordnung eines Gesetzes in den Vorschriftenzusammenhang* verschiedene Probleme für die Parlamentsausschüsse mit sich. Insbesondere die mitberatenden Ausschüsse zentraler oder koordinierender Politikbereiche – wie der Rechtsausschuß, der Innenausschuß, der Finanzausschuß oder der Haushaltsausschuß – müssen sich darüber Gedanken machen, wie schädliche *Rückwirkungen auf andere Regelungsbereiche vermieden werden können.* So muß beispielsweise der Rechtsausschuß auf die Verträglichkeit der Gesetzentwürfe nicht nur mit der Verfassung, sondern auch mit dem Bürgerlichen Gesetzbuch oder mit Prozeßordnungen achtgeben. Das ist auch ein wesentlicher Grund dafür, daß der Rechtsausschuß zum „Flaschenhals" der Gesetzgebung wurde, aber auch dafür, daß ihm die anderen Fachausschüsse wegen der zutage tretenden Reibungsflächen (zunehmend) zwiespältig gegenüberstehen.

Ob indes die Beobachtung, daß ein Gesetz in den Ländern oder von den Kommunen unterschiedlich vollzogen wird, Grund genug für ein Änderungsgesetz sein kann, bedarf im Einzelfall politischer Bewertung. Unterschiedlicher Vollzug kann nämlich auch den Wettbewerb der Vollzugsverantwortlichen fördern, insofern eine „dynamische" Auslegung der Gesetze garantieren und folglich den Freiheitsraum der Bürger zusätzlich sichern.

Ein besonderes Problem der Gesetzesfolgenbeobachtung stellt sich durch die europäische Rechtsentwicklung und durch die zunehmende internationale Rechtsverflechtung. Für den Bundestag bedeutet das, daß er sich bei völkerrechtlichen Verträgen, die durch nationale Gesetzgebung auszufüllen sind, verstärkt damit zu befassen hat, wie die Ausführungsgesetze und deren Vollzug in den anderen Vertragsstaaten ausgestaltet werden (vgl. z. B. BT-Drs. 8/3606, 8/3705).

Gesetze auf Zeit. In jüngster Zeit werden wiederholt Vorschläge laut, insbesondere im Zusammenhang mit den Überlegungen zur Eindämmung und zur Formulierung einer Gesetzgebungslehre, *Gesetze auf Zeit* zu erlassen[48]. Vertreter dieses Gedankens glauben, daß dadurch die Gesetzesfolgenbeobachtung institutionalisiert und intensiviert werden könnte. Die Erfahrungen mit den bisher erlassenen Gesetzen auf Zeit stimmen indes eher skeptisch. Die *Experimentierklausel zur Juristenausbildung*, die auf zehn Jahre begrenzt war, ist um fünf Jahre verlängert worden, ohne daß im Mittelpunkt der Begründung ein Bericht über die Gesetzesfolgen gestanden hätte (BT-Drs. 8/3301, 8/3312, 8/3972, 8/4004, 8/4219, 8/4361, BGBl. 1980 I 1451). Das Gesetz zur Entlastung des Bundesfinanzhofes von 1975, das Ende 1980 ausläuft, soll nach Vorschlag der Bundesregierung bis 1984 verlängert werden (BT-Drs. 8/3939, 8/4199, BGBl. 1980 I 1147); zur Begründung wird ausgeführt, daß eine andere Lösung eine Zunahme der immer noch hohen Rückstände und eine Verlänge-

48 Vgl. u.a. W. Hugger, Legislative Effektivitätssteigerung. Von den Grenzen der Gesetzesevaluierbarkeit zum Gesetz auf Zeit, in: *PVS* 1979, S. 202–220. Skeptisch z.B.: Antwort des Bay. Ministerpräsidenten auf eine schriftliche Anfrage, in: *bay LT-Drs.* 9/2535; vgl. auch *bay LT-Drs.* 8/6588. Zur „Rechtsverordnung auf Zeit" vgl. Nr. 6 der Verwaltungsanordnung zur Vereinfachung und Bereinigung der Verwaltungsvorschriften des Landes Rheinland-Pfalz vom 20.11.1979, in: *rhpf LT-Drs.* 9/447, Anlage 1.

rung der Verfahrensdauer zur Folge hätte. Es besteht die Befürchtung, daß Gesetze auf Zeit aus politischen Gründen verlängert werden oder nicht, nicht aber wesentlich aufgrund der festgestellten Gesetzesfolgen. Beim Wohnraumkündigungsschutz ereignete sich indes möglicherweise ein Gegenbeispiel (vgl. BT-Drs. 8/2610, A 1).

Zustimmungsverordnungen. In diesem Zusammenhang kann aber auch an ein anderes parlamentarisches Instrument erinnert werden, das der Bundestag bisher erst wenig genutzt hat, die *Zustimmungsverordnungen.* Sie räumen dem Bundestag ein Mitspracherecht beim Erlaß von Rechtsverordnungen ein. Damit können dem Parlament Eingriffsmöglichkeiten eröffnet werden, wenn die Verordnungsgeber (vgl. Art. 80 GG) aus einem Gesetz Folgerungen ziehen, die zwar im Rahmen der Ermächtigung liegen, vom Bundestag zum gegebenen Zeitpunkt aber nicht mitgetragen werden können. Aktuell wurde ein solcher Fall im Straßenverkehrsrecht. Die Einführung autofreier Sonntage 1973 und die Verordnung über *Richtgeschwindigkeiten auf Autobahnen* 1974 lösten im Bundestag einen Gesetzentwurf zur Änderung des Straßenverkehrsgesetzes aus, der einen Zustimmungsvorbehalt zugunsten des Bundestages beim Erlaß von Rechtsverordnungen vorsah. Dieser Gesetzentwurf wurde zwar in der 7. und 8. Wahlperiode vom Bundestag angenommen, scheiterte aber bisher stets am Bundesrat[49]. Könnten Zustimmungsverordnungen durchgesetzt werden, käme es letztlich nicht nur zu einer Entlastung des Parlaments, sondern auch zu einer Selbstverpflichtung des Bundestages, die Folgen der Gesetze mit Zustimmungsvorbehalt genau zu beobachten.

Informelle Wege der Rückkopplung. Gesetzesfolgen erfahren die Abgeordneten weitgehend in ihrer bisher noch wenig gewürdigten *Wahlkreisarbeit*, in ihrer Partei- und Verbandstätigkeit, teilweise auch – beispielsweise Hochschullehrer, Rechtsanwälte oder Gewerbetreibende – in ihrem Berufsleben. Die so gewonnenen Erkenntnisse lassen sie nicht nur in Gesetzesinitiativen aus der Mitte des Bundestages einfließen. Sie berichten darüber auch den zuständigen Ministerien, die dann ihrerseits die Notwendigkeit von Initiativen prüfen können. Diese Rückmeldung von Gesetzesfolgen an Dienststellen, die in die Gesetzesvorbereitung eingeschaltet sind, geschieht regelmäßig unter Ausschluß der Öffentlichkeit, ist aber dennoch aus verschiedenen Gründen, die die parlamentarische Regierungsweise mit sich bringt, einigermaßen erfolgreich[50].

Anfragen. Die Abgeordneten können ihre Kenntnisse über Gesetzesfolgen aber auch in Entschließungsanträgen, durch *Große Anfragen*, *Kleine Anfragen* und *mündliche Fragen* einbringen. Mit diesen Interpellationsmitteln können sie freilich die Beob-

49 Zur 7. Wahlperiode vgl. C. O. Lenz/G. Kretschmer, Ein exemplarischer Versuch, Verordnungen von der Zustimmung des Bundestages abhängig zu machen: Die Initiative im Bereich des Straßenverkehrsrechts, in: *ZParl* 1977, S. 20– 27. Zur 8. Wahlperiode vgl. *BT-Drs.* 8/744, 8/2266, 8/2432; *BT-Prot.* 8/59, S. 4549 C, 8/117, S. 9147 B; *BR-Prot.* 468. Sitzung, 21.12. 1978, 469. Sitzung, 16.2.1979.

50 Vgl. z. B. den Hinweis bei Schweitzer, *Der Abgeordnete im parlamentarischen Regierungssystem der Bundesrepublik*, S. 159 (allerdings ohne Wertung der Erfolgsaussichten).

achtung von Gesetzesfolgen erst anregen und von der Bundesregierung Berichte darüber verlangen. Zwei Beispiele seien hier genannt: die Große Anfrage zur Umweltpolitik (BT-Drs. 8/3279, 8/3713), in der es unter anderem hieß: „Wie gedenkt die Bundesregierung die Ergebnisse der von ihr geförderten Umweltforschung umzusetzen, den Vollzug von Umweltgesetzen und Verordnungen sicherzustellen und die Aufklärung und Beteiligung der Bürger in Umweltfragen zu verbessern?" In der Kleinen Anfrage zur Energieersparnis (BT-Drs. 8/3780, 8/3889) wurde gefragt, welche Einsparwirkungen bestimmte angesprochene Gesetze, Verordnungen und sonstige staatliche Maßnahmen erzielt hätten und welche weiteren Wirkungen von der Bundesregierung erwartet würden. Ob allerdings diese Anträge und Anfragen der Abgeordneten in den Fraktionen und in den Bundesministerien unter dem Gesichtspunkt der Evaluierung ausgewertet werden, läßt sich nicht ohne weiteres beantworten.

Petitionen. Auch der Bundestag läuft Gefahr, ihm zugehende Informationen über die Folgen seiner Gesetze nicht hinreichend auszuwerten. Der Petitionsausschuß des Bundestages behandelt die Bitten und Beschwerden der Bürger zwar sorgsam als Einzelfälle, nutzt sie aber anscheinend seltener als Auskunftsmittel für den Gesetzgebungsbedarf. Gleichwohl fließen *Petitionen* in die laufende Gesetzgebung des Bundestages ein. Der Petitionsausschuß überweist mehrfach der Bundesregierung Petitionen als Material für ihre gesetzesvorbereitende Tätigkeit. Er hat beispielsweise durchgesetzt, daß die Voraussetzungen für den Anspruch auf Kindergeld nicht nur bei vollständigen Familien, sondern auch bei Ledigen, Geschiedenen und getrennt lebenden Elternteilen nur alle sechs Jahre überprüft werden[51]. Bei der Berechnung der Ausbildungsförderung hat der Petitionsausschuß die Änderung eines Runderlasses des Bundesministers für Bildung und Wissenschaft erreicht[52].

Berichterstattungspflicht. Zur Gesetzesfolgenbeobachtung kann der Bundestag aber auch die *Berichte* der Bundesregierung auswerten, die er teils durch Gesetz, teils durch Entschließung anfordert, sofern sie ihm nicht von der Bundesregierung in eigener Initiative zugeleitet werden. Diese Berichte behandeln oft die Auswirkungen bestimmter Gesetze oder bestimmter Gesetzesteile. Zu den gesetzlich angeforderten Berichten der Bundesregierung gehört z. B. der Bericht über die Auswirkungen der Körperschaftssteuerreform auf die Berlin-Darlehen nach den §§ 16 und 17 des Berlinförderungsgesetzes (BT-Drs. 8/3930), zu den in einer Entschließung verlangten u. a. der Bericht der „Kommission zur Auswertung der Erfahrungen mit dem reformierten § 218 des Strafgesetzbuches" (BT-Drs. 8/3630; siehe dazu auch BT-Drs. 8/3821, 8/3945), der Fluglärmbericht (BT-Drs. 8/2254) und der Bericht über die Erfahrungen beim Vollzug des Gesetzes zur Änderung der Strafprozeßordnung vom 14. April 1978 (BT-Drs. 8/3564). Diese Berichte dann auszuwerten, stellt für das

51 Vgl. *BT-Drs.* 8/3036, 8/4140; *BT-Prot.* 8/75, S. 5891 B; 8/223, S. 17981 C; vgl. auch: *Zur Sache* 3/77, S. 40–46; 3/75, S. 23.
52 Vgl. *Heute im Bundestag*, 23.4.1980, 13.30 Uhr, (91), Nr. 1, S. 4.

Parlament allerdings oft ein Problem dar. Einesteils muß die Flut der Informationen bewältigt werden. Anderenteils können die Fraktionen die Auswertung nur bedingt öffentlich durchführen, es sei denn, die Berichte über die Gesetzesfolgen sollen in der politischen Auseinandersetzung zwischen Regierungsmehrheit und Opposition als Argumentationshilfen eingesetzt werden.

Bundesrechnungshof. Gesetzesfolgen können auch in den Berichten sowie schriftlichen und mündlichen *Stellungnahmen des Bundesrechnungshofes* dargestellt sein. Sie werden insbesondere im Rechnungsprüfungsausschuß, einem ständigen Unterausschuß des Haushaltsausschusses, erörtert und für Einzelfälle ausgewertet. In der Presse bekannt geworden ist vor kurzem der vom Rechnungsprüfungsausschuß angeforderte gutachterliche Bericht des Bundesrechnungshofes über die Entwicklung des Verwaltungsaufwandes im Zusammenhang mit dem Bundesausbildungsförderungsgesetz vom März 1979 (Ausschußdrucksache 8/976). Voten des Rechnungsprüfungsausschusses an den zuständigen Fachausschuß mit Vorschlägen zur Novellierung des Berufsausbildungsförderungsgesetzes sind indes nicht bekannt geworden. Aufsehen hatte in der 7. Wahlperiode auch ein Bericht des Bundesrechnungshofes über die Haushaltsführung des Bundesministers für wirtschaftliche Zusammenarbeit erregt. Die Auseinandersetzungen darüber in Parlament und Öffentlichkeit scheinen den Bundesrechnungshof aber inzwischen zur Zurückhaltung bei der Erstellung von Gutachten über den Vollzug von Gesetzen veranlaßt zu haben. Im übrigen leidet die Auswertung der Prüfungsberichte des Bundesrechnungshofes darunter, daß sie – obwohl in den letzten Jahren beschleunigt vorgelegt – in der Regel für die aktuelle politische Diskussion zu spät kommen[53].

Untersuchungsausschüsse. Schließlich befassen sich Beweisthemen von *parlamentarischen Untersuchungsausschüssen* auch mit dem Vollzug oder den Wirkungen von Gesetzen. So hat beispielsweise der 1. Untersuchungsausschuß der 8. Wahlperiode in seinem Untersuchungsgbericht (BT-Drs. 8/3835) festgestellt, daß sich das G-10-Gesetz als ausreichend erwiesen habe, so daß „kein Bedürfnis für weitere Regelungen, die zum Eingriff in grundrechtlich geschützte Bereiche des Bürgers berechtigen könnten“, bestünde. In der Öffentlichkeit werden freilich Zweifel laut, ob Untersuchungsausschüsse ihre zentrale Aufgabe wirksam erfüllen könnten. Insofern ist Skepsis erst recht angebracht, wenn ein Beitrag der Untersuchungsausschüsse zur parlamentsei-

53 Vgl. z. B. S. Tiemann, Die Finanzkontrolle des Bundes oder: Was macht der Bundestag mit den Berichten des Bundesrechnungshofs?, in: *ZParl* 1977, S. 93–105; s. auch die Forumsdiskussion der Deutschen Vereinigung für Parlamentsfragen zur Finanzkontrolle des Bundes, in: *ZParl* 1977, S. 105–112 (die vollständige Diskussion findet sich in der stenographischen Niederschrift dieser Veranstaltung der Deutschen Vereinigung für Parlamentsfragen); zu den Kontrollrechten der Rechnungshöfe vgl. die Dokumentation: Kontroll- und Minderheitenrechte in den Parlamenten von Bund und Ländern – Materialien zur Diskussion um die Stärkung der Oppositionsrechte (Stand 1. Januar 1975), in: *ZParl* 1975, S. 9–26 (16–19); vgl. auch D. Keller, Prüfungsaufträge und Unabhängigkeit der Rechnungshöfe, in: *DÖV* 1979, S. 705–708. Wie die Neufassung von § 58 a Bundesbesoldungsgesetz zeigt, können die Rechnungshöfe auch mit der Drohung, dem Parlament über Gesetzesverstöße zu berichten, Gesetzesänderungen einleiten; vgl. *BT-Drs.* 8/2124, S. 13 f.

genen Evaluierung als verwirklichungsfähig angesehen wird. Erfahrungsgemäß bringen Untersuchungsausschüsse zwar nicht unmittelbar bei Abgabe des Berichts sichtbare Sanktionen. Ähnlich aber wie in der Frage der Ministerverantwortlichkeit werden – zeitlich verzögert – Folgerungen gezogen. Abgesehen davon haben in der Regel die Gerichte zur Sachverhaltsaufklärung auch nicht mehr beitragen können als die Untersuchungsausschüsse. Der 1. Untersuchungsausschuß der 7. Wahlperiode, der sogenannte Steiner-Wienand-Ausschuß, mag ein Beispiel dafür sein. Deshalb ist trotz aller Schwerfälligkeit der Untersuchungsverfahren denkbar, daß Untersuchungsausschüsse verwertbare Erkenntnisse über die Folgen von Gesetzen erbringen können, die der Bundestag für seine Gesetzgebungsarbeit aufgreifen kann[54].

III. Evaluierung und Parlamentsreform

Die in dieser überschlägigen Skizze geschilderten Ansätze parlamentseigener Evaluierung sollen nicht unter-, dürfen aber auch nicht überbewertet werden.

So überrascht die Vielfalt der parlamentarischen Instrumente, die für eine *parlamentseigene Evaluierung* eingesetzt werden können. Die Abgeordneten zeigen sich größtenteils an Informationen über die Wirksamkeit und Wirkungen staatlicher Handlungen, insbesondere über die Folgen der Gesetze, interessiert. Unter Abwägung ihrer politischen Interessen werten sie diese Erkenntnisse über die Folgen des Staatshandelns aus und bringen sie in den Entscheidungsprozeß ein.

Diese parlamentarische Praxis muß freilich intensiviert und verfeinert werden, sollen die folgenabschätzenden und folgenbeobachtenden Parlamentsaktivitäten die Einstufung als Evaluierung verdienen. Dafür bedarf es ausgeprägterer und *neuer Verfahren,* die weder die politische Entscheidungsfreiheit der Abgeordneten schmälern[55] noch die Parlamentsarbeit zusätzlich belasten dürfen. Parlamentseigene ebenso wie regierungsinterne Evaluierung kann dann dazu beitragen, daß offengelegt wird, welche politischen Interessen von allen Beteiligten – seien es Fraktionen, Ressorts, Verbände oder andere – in die parlamentarischen Vorlagen eingebracht werden und an welchen Stellen im Netzwerk dieser Vorlagen, insbesondere der Gesetzentwürfe, politische Entscheidungen zu fällen sind, gefällt werden können oder – weil aufgrund früherer Entscheidungen mit anderer Zielrichtung – revidiert werden müßten oder sollten. Dem Parlament würde damit die Kompromißfindung oder die Bestim-

54 So auch H. Klatt, Untersuchungsausschuß – Reformthema mit Tradition, in: *Das Parlament,* 10.5.1980, S. 7; demgegenüber vgl. als Beispiel für die skeptische Bewertung der Untersuchungsverfahren: I. von Münch, *Grundbegriffe des Staatsrechts/II (Staatsform, Staatsorganisation),* Stuttgart/Berlin/Köln/Mainz 1979, S. 132.

55 Gefahren für die Entscheidungsfreiheit der Abgeordneten können beispielsweise auftreten, wenn mit der Evaluierung eine Präzision vorgetäuscht wird, die Voraussagemodelle niemals erreichen können, aber auch schon, wenn die Ministerialbürokratie den „politischen Willen“ ihres Ministers oder der Parlamentsmehrheit zu antizipieren sucht und dann diese Vorstellung als Richtschnur verteidigt (dieser Gedanke findet sich ansatzweise bereits bei Wolfgang Zeh [Anm. 4]).

mung der Grenzen für Kompromisse ebenso erleichtert werden wie seine Integrationsaufgabe[56].

Gleichzeitig darf das Parlament nicht überfordert werden, indem ihm die Hauptlast der Evaluierung zugewiesen wird. In unserem gewaltenteilenden parlamentarischen Regierungssystem liegt die Entscheidungsvorbereitung schwerpunktmäßig bei der Regierung. Das Parlament muß aber in der Lage sein, die politischen Grundentscheidungen zu fällen und zu verantworten, ihre Durchführung zu überwachen sowie Korrekturen zu veranlassen oder selbst vorzunehmen.

Parlamentseigene Evaluierung stellt sich somit als *Problem der Parlamentsreform* dar. Ihre Schwierigkeit liegt darin, daß (scheinbar) gegenläufige Entwicklungslinien miteinander zu versöhnen sind. Einerseits soll das Ziel, die Legitimation und die Effektivität des parlamentarischen Regierungssystems zu stärken, durch Intensivierung des Parlamentsvorbehalts, wie er beispielsweise in der Wesentlichkeitstheorie des Bundesverfassungsgerichts zum Ausdruck kommt, erreicht werden, andererseits soll durch Entlastung des Parlaments von Detailarbeit Raum für die konzentriertere Wahrnehmung der Parlamentsfunktionen geschaffen werden. Für beide Lösungswege zur Parlamentsreform kann eine ausgebaute parlamentseigene Evaluierung gute Dienste leisten. Vorschläge liegen vor, deren Verwirklichung die parlamentarische Arbeit bei der Gesetzesfolgenabschätzung und -beobachtung fördern könnte, beispielsweise die Empfehlungen der Enquete-Kommission Verfassungsreform, die dem Bundestag Raum für seine zentralen politischen Leitentscheidungen schaffen wollen (BT-Drs. 7/5924), oder der Antrag zur Prüfung der Notwendigkeit von Gesetzgebungsvorhaben im federführenden Bundestagsausschuß (BT-Drs. 8/3804)[57]. Die Geschäftsordnungsreform von 1980 (BGBl. 1980 I 1237) hat zwar in diesem Sinne noch keine Fortschritte gebracht. Eine Parlamentsreform ist damit aber nicht auf längere Zeit vertagt. Sie wird sich auch kaum in einem großen Test, sondern in kleinen Schritten, der Erweiterung bestehender Ansätze, vollziehen. Verwirklicht werden vermutlich zunächst solche Vorschläge, für die ein vordringliches Bedürfnis besteht, sofern unter dieser Voraussetzung nicht zu erwarten ist, daß die Abgeordneten auch ohne Regeländerung ihr Verhalten ändern. Wie diese Bestandsaufnahme ahnen läßt, kann möglicherweise schon in naher Zukunft im Bundestag ein Bedürfnis für parlamentseigene Evaluierung anerkannt werden.

56 Die Forderung nach Transparenz stellt sich auch aus der Sicht einer Gesetzgebungslehre, vgl. z. B. E. Baden, Die Gesetzgebungstheoretische Konzeption Jürgen Rödigs. Versuch einer Analyse, in: *Gesetzgebungstheorie, juristische Logik, Zivil- und Prozeßrecht. Gedächtnisschrift für Jürgen Rödig,* hrsg. von U. Klug/Th. Ramm/F. Rittner/B. Schmiedel, Berlin/Heidelberg 1978, S. 110–125 (122). Ein Gesetzgebungsperfektionismus ist ohnehin Utopie; siehe dazu u. a. H. Honsell, *Vom heutigen Stil der Gesetzgebung. Antrittsvorlesung, gehalten am 16. Jänner 1979 an der Universität Salzburg,* Salzburg/München 1979, S. 20.

57 Eine Zusammenstellung von Vorschlägen zur Parlamentsreform wird der von Heinrich Oberreuter herausgegebene Berichtsband über die von der Universität Passau und der Deutschen Vereinigung für Parlamentsfragen e. V. vom 22.–24. Oktober 1980 in Passau veranstaltete Tagung zum Thema „Parlamentsreform in westlichen Demokratien" enthalten.

Bibliographie

E. Baden, Die Gesetzgebungstheoretische Konzeption Jürgen Rödigs. Versuch einer Analyse, in: *Gesetzgebungstheorie, juristische Logik, Zivil- und Prozeßrecht. Gedächtnisschrift für Jürgen Rödig,* hrsg. von U. Klug/Th. Ramm/F. Rittner/B. Schmiedel, Berlin/Heidelberg 1978, S. 110–125.

W.P. Becker, Möglichkeiten einer Beteiligung der Parlamente an der staatlichen Planung, in: *ZParl* 1974, S. 167–183.

E. Benda, *Grundrechtswidrige Gesetze. Ein Beitrag zu den Ursachen verfassungsrechtlicher Beanstandung,* Baden-Baden 1979.

C. Böhret/W. Hugger, Bessere Gesetze durch Test der Entwürfe, in: *ZParl* 1979, S. 245–259.

H. Dau, 30 Jahre Konferenz der Präsidenten der deutschen Länderparlamente, in: *Parlamentarismus und Föderalismus. Festschrift für Rudolf Hanauer aus Anlaß seines 70. Geburtstages,* hrsg. von H. Rosenbauer und V. Gabert, München 1978.

H.-U. Derlien, Das Berichtswesen der Bundesregierung – Ein Mittel der Kontrolle und Planung, in: *ZParl* 1975, S. 42–47.

B. Dobiey, *Die politische Planung als verfassungsrechtliches Problem zwischen Bundesregierung und Bundestag,* Berlin 1975.

30 Jahre Deutscher Bundestag. Dokumentation – Statistik – Daten, bearb. von P. Schindler, Bonn 1979.

P. Eichhorn, *Verwaltungshandeln und Verwaltungskosten. Möglichkeiten zur Verbesserung der Wirtschaftlichkeit in der Verwaltung,* Baden-Baden 1979.

A. Emmerlich, Gesetze zur Terrorismusbekämpfung, in: *Informationen der Sozialdemokratischen Bundestagsfraktion,* Ausgabe 12 v. 31. März 1980, S. 14.

E. Fricke, Regierung und Parlament beim Haushaltsvollzug, in: *DÖV* 1980, S. 317–322.

P. Fricke/W. Hugger, *Test von Gesetzentwürfen,* Teil 1: *Voraussetzungen einer testorientierten Rechtsetzungsmethodik* (*Speyerer Forschungsberichte,* Bd. 11), S. 75–78.

G. Hartkopf, Überlegungen zur Technologiefolgenabschätzung, in: *Bulletin des Presse- und Informationsamtes der Bundesregierung,* Nr. 49 v. 7. Mai 1980, S. 421–423.

G.-M. Hellstern/H. Wollmann, Evaluierung in der öffentlichen Verwaltung – Zwecke und Anwendungsfelder, in: *Verwaltung und Fortbildung,* 1980, H. 2, S. 61–79.

M. Herttrich/P. Lichtenberg, Der Bundestag und die Gestaltung des technologischen Wandels, in: *Wirtschaft und Wissenschaft,* H. 3, 1978, S. 8–14.

Heute im Bundestag, 23. April 1980, 13.30 Uhr, (91), Nr. 1, S. 2.

Heute im Bundestag, 23. April 1980, 13.30 Uhr, (91), Nr. 1, S. 1.

Heute im Bundestag, 22. Februar 1980, 13.30 Uhr, (40), Nr. 1, S. 1.

Heute im Bundestag, 23. April 1980, 13.30 Uhr, (81), Nr. 1, S. 4.

H. Honsell, *Vom heutigen Stil der Gesetzgebung, Antrittsvorlesung, gehalten am 16. Jänner 1979 an der Universität Salzburg,* Salzburg/München 1979.

W. Hugger, Legislative Effektivitätssteigerung. Von den Grenzen der Gesetzesevaluierbarkeit zum Gesetz auf Zeit, in: *PVS* 1979, S. 202–220.

H.P. Ipsen, Zum Schlußbericht der Enquete-Kommission Verfassungsreform, in: *DÖV* 1977, S. 537–544.

D. Keller, Prüfungsaufträge und Unabhängigkeit der Rechnungshöfe, in: *DÖV* 1979, S. 705–708.

H. Kindermann, *Ministerielle Richtlinien der Gesetzestechnik. Vergleichende Untersuchung der Regelungen in der Bundesrepublik Deutschland, in Österreich und der Schweiz,* Berlin/Heidelberg/New York 1979.

H. Klatt, Untersuchungsausschuß – Reformthema mit Tradition, in: *Das Parlament,* 10.5.1980, Nr. 19, S. 7.

G. Lehmbruch, Verfassungspolitische Alternativen der Politikverflechtung. Bemerkungen zur Strategie der Verfassungsreform, in: *ZParl* 1977, S. 461–474.

C.O. Lenz, „Gesetzesflut" und ihre Eindämmung, in: J. Jekewitz/M. Melzer/W. Zeh (Hrsg.), *Politik als gelebte Verfassung. Aktuelle Probleme des modernen Verfassungsstaates. Festschrift für Friedrich Schäfer,* Opladen 1980, S. 66–75.

C.O. Lenz/G. Kretschmer, Ein exemplarischer Versuch, Verordnungen von der Zustimmung des Bundestages abhängig zu machen: Die Initiative im Bereich des Straßenverkehrsrechts, in: *ZParl* 1977, S. 20–27.

J. Linck, Anspruch und Wirklichkeit parlamentarischer Planungskontrolle, in: *ZParl* 1975, S. 154–164.

J. Linck, Berichte der Regierung an das Parlament, in: *DÖV* 1979, S. 116–124.

U. Lohmar, *Das Hohe Haus. Der Bundestag und die Verfassungswirklichkeit,* Stuttgart 1975.

H. Maassen, Die Freiheit des Bürgers in einer Zeit ausufernder Gesetzgebung, in: *NJW* 1979, S. 1473–1478.

I. von Münch, *Grundbegriffe des Staatsrechts/II (Staatsform, Staatsorganisation),* Stuttgart/Berlin/Köln/Mainz 1979.

E. Noelle-Neumann, Das neue Ehescheidungsrecht befremdet die Bevölkerung, in: *FAZ,* 26.2. 1980, Nr. 48, S. 11.

H. Oberreuter, Krise des Gesetzgebers?, in: *Politische Studien,* H. 213, 1974, S. 5–18.

H. Oberreuter, *Kann der Parlamentarismus überleben? Bund – Länder – Europa,* Zürich 1977.

F. Ossenbühl, Die Kontrolle von Tatsachenfeststellungen und Prognoseentscheidungen durch das Bundesverfassungsgericht, in: *Bundesverfassungsgericht und Grundgesetz,* 1. Bd., Tübingen 1976.

G. Püttner/G. Kretschmer, *Die Staatsorganisation. Fälle und Erläuterungen zum Staatsrecht für Studienanfänger,* Bd. 1, München 1978.

H. Quaritsch, *Verfassungsgerichtsbarkeit, Gesetzgebung und politische Führung* (*Cappenberger Gespräche,* Bd. 15), Köln 1980.

F. Schäfer, Reformpläne für das Hohe Haus, in: *Vorwärts,* 5. Juli 1979, Nr. 28, S. 15–17.

F. Schäfer, *Der Bundestag,* 3. Aufl., Opladen 1977.

U. Scheuner, Die Aufgabe der Gesetzgebung in unserer Zeit, in: *DÖV* 1960, S. 601–611.

P. Schindler, Parlamentsstatistik für die 1. bis 7. Wahlperiode, in: *ZParl* 1977, S. 143–158.

P. Scholz, Zur Praxis der Parlamentsreform, in: *ZfP* 1970, S. 148–152.

W. Schreckenberger, Die Gesetzgebung im demokratischen Rechtsstaat, in: J. Jekewitz/M. Melzer/W. Zeh (Hrsg.), *Politik als gelebte Verfassung. Aktuelle Probleme des modernen Verfasstungsstaates. Festschrift für Friedrich Schäfer,* Opladen 1980, S. 76–86.

W. Schreckenberger, *Aspekte einer Gesetzgebungstheorie* (Vortrag vom 6.2.1980 in der Hochschule für Verwaltungswissenschaften Speyer beim Sonderseminar „Weiterentwicklung der Gesetzgebungslehre").

W. Schreckenberger, Sozialer Wandel als Problem der Gesetzgebung, in: *Verwaltungsarchiv* 1977, S. 28–41.

C.Ch. Schweitzer, *Der Abgeordnete im parlamentarischen Regierungssystem der Bundesrepublik,* Opladen 1979.

C.L. Sträter, Arbeitsgruppen des Innenausschusses des Deutschen Bundestages – ein Beitrag zur parlamentarischen Praxis, in: *ZParl* 1977, S. 27–36.

U. Thaysen, *Parlamentarisches Regierungssystem in der Bundesrepublik Deutschland. Daten – Fakten – Urteile im Grundriß,* 2. Aufl., Opladen 1976.

S. Tiemann, Die Finanzkontrolle des Bundes oder: Was macht der Bundestag mit den Berichten des Bundesrechnungshofs?, in: *ZParl* 1977, S. 93–105.

Ch. Tomuschat, Die parlamentarische Haushalts- und Finanzkontrolle in der Bundesrepublik Deutschland, in: *Der Staat,* 1980, S. 7–28.

W. Graf Vitzthum, *Parlament und Planung. Zur verfassungsgerechten Zuordnung der Funktionen von Bundesregierung und Bundestag bei der politischen Planung,* Baden-Baden 1978.

Th. Würtenberger, *Staatsrechtliche Probleme politischer Planung,* Berlin 1979.

W. Zeh, Vom Willen der Gesetze und wie er verwirklicht wird. „Vollzugsdefizit" im modernen Staat: Die Vorschriften werden lückenloser – und wirkungsloser, in: *FAZ* v. 7.11.1979, Nr. 260, S. 10.

Werner Thieme
Seminar für Verwaltungslehre, Universität Hamburg

Evaluierung politischer Programme durch Parlamente – Fehlanzeige?

I. Leerstelle Parlament

Die Herausgeber dieses Sammelbandes haben den Verfasser erst relativ spät zur Mitarbeit aufgefordert. Diese Bemerkung soll keineswegs die Vorläufigkeit mancher Aussagen dieses Beitrages rechtfertigen, sondern lediglich darauf hinweisen, daß sich offenbar mit einer gewissen Zwangsläufigkeit eine *Lücke* ergab, nämlich die nur geringe Berücksichtigung der Frage, inwieweit auch die Parlamente an der Evaluierung politischer Programme beteiligt sind. Der größte Teil der hier vorgelegten Beiträge beschäftigt sich – abgesehen von grundsätzlichen und allgemeinen Abhandlungen – mit der Problematik der Evaluierung durch die Verwaltungen, insbesondere die Ministerien. Sehr schnell freilich stellte sich heraus, daß die verbliebene Lücke alles andere als zufällig war. Schon eine kurze Durchmusterung der vorhandenen Literatur zum Thema brachte einen negativen Befund. Zwar schließt die allgemeine Literatur zur Evaluation das Parlament als Institution nicht aus, in der Regel aber werden ihm nur einige Bemerkungen gewidmet. Die staatsrechtliche Literatur hat in einem knappen Absatz seiner umfangreichen Abhandlung Thomas Würtenberger zusammengetragen[1]. Es erscheint daher wenig sinnvoll, hier einen Literaturbericht zu erstatten und die Frage nachzuzeichnen, was denn als Stand der Forschungen zu unserem Thema vermerkt werden darf.

Interessanter dürfte vielmehr die Frage sein, *warum* das Verhältnis von Parlament und Evaluation in der Literatur bisher so wenig thematisiert worden ist. Der Grund dürfte im wesentlichen in den Schwierigkeiten liegen, die die Evaluation gegenüber Politikern mit sich bringt. *Evaluation heißt Kontrolle.* Das Parlament aber versteht sich als Herr des politischen Geschehens in der Demokratie. Seine Aufgabe ist die Kontrolle selbst – es kontrolliert, aber es läßt sich nicht kontrollieren. Immerhin wäre auch in dieser Situation die Frage naheliegend, über welche Instrumente das Parlament selbst verfügt, um eine Kontrolle durchzuführen, eine Kontrolle der Programme, die von ihm ausgehen und deren Ausführung es sicherstellen muß.

Die vom Parlament vorgelegten Programme kosten Geld. Sie schlagen sich in Haushaltsansätzen nieder, die dann vom Parlament beschlossen werden. Bei der nicht gesetzesakzessorischen Verwaltung sind die Haushaltsansätze das einzige, was das Parlament über das Programm beschließt. Die Durchführung der Programme erfolgt

1 Vgl. Th. Würtenberger, *Staatsrechtliche Probleme politischer Planung*, Berlin 1979, S. 97 ff.

dann nach den Verwaltungsvorschriften der Regierung. Sofern erforderlich, enthält der Haushaltsplan noch Erläuterungen zu den Haushaltsansätzen, die das Programm näher definieren. Derartige Programme, die die Planung weitgehend auf die Ebene der Regierung verlagern, schalten das Parlament von einer Kontrollform aus, die als Evaluation bezeichnet werden kann. Auf der anderen Seite verringert sich die Anzahl der politisch wichtigen Programme rapide, bei denen nicht auch das Parlament als Gesetzgeber eingreift. Das Netz der Gesetze verdichtet sich immer mehr. In einer Situation der totalen Vergesetzlichung staatlichen Handelns, der wir entgegengehen, finden sich kaum noch Programme, die nicht auch eine gesetzgeberische Tätigkeit hervorrufen. Die Neigung, die Leistungsseite staatlicher Tätigkeit in Gesetze zu fassen, wird immer größer. Das entspricht allerdings auch einer Notwendigkeit, die bedingt ist durch die Rechtsprechung des Bundesverfassungsgerichts zum Gesetzesvorbehalt[2]. Mit der Zulässigkeit der Maßnahmegesetze ist der Normierung von Planungen kaum noch eine Schranke gesetzt[3].

Prüft man diese *moderne Planungsgesetzgebung* jedoch, so findet man in den Normierungen weitgehend nur eine *Zielvorgabe,* selten dagegen auch *Bewertungsmaßstäbe,* die es gestatten, die Zielerreichung zu kontrollieren; und ebenso selten trifft man auf konkrete Angaben, auf welche Art und Weise denn die Gesetze durchzuführen seien. Hier werden bereits Aussagen über die Institutionen gemacht, die das Planungswerk handhaben sollen, wobei die Institutionen von vornherein so gestaltet sind, daß sie den im Parlament herrschenden politischen Kräften genügend Spielraum und Einfluß in die Hand geben – sei es durch Beiräte, durch Berichtsverpflichtungen oder durch die Schaffung von Posten, die sich der politischen Protektion eröffnen.

Gleichwohl bedeutet die Tatsache, daß das Parlament seine gesetzgeberische Aktivität im Bereiche der Planungen erheblich vermehrt hat, keineswegs, daß damit eine sicherere Kontrolle – insbesondere eine Kontrolle, die die Bezeichnung Evaluation verdient – ermöglicht würde.

II. Instrumente der Evaluierung

Mögen somit die Normierungen, die eine Evaluation der durch die Parlamente gesetzten Kontrollen ermöglichen, nur schwach ausgebildet sein, so gibt es dennoch Kontrollinstrumente, die sich unter Umständen für die Evaluation anbieten. Es handelt sich vornehmlich um zwei Verfahren, die schon von jeher zum Instrumentarium des parlamentarischen Systems gehören:

1. die parlamentarische Verantwortlichkeit;
2. die Haushaltskontrolle.

Zu1): Die *parlamentarische Verantwortlichkeit* ist das klassische Mittel der Kontrolle aus der Zeit des Konstitutionalismus. Das Parlament gewinnt seine Informationen

2 BVerfGE 40, 249 f.
3 BVerfGE 25, 396.

über Regierung und Verwaltung durch Große und Kleine Anfragen[4]; falls erforderlich, werden Untersuchungsausschüsse eingesetzt. Diese Instrumente freilich sind – so wie sie bisher gehandhabt werden – weitgehend ungeeignet für eine Evaluation. Das gilt in besonderem Maße für die Anfragen, aber auch für die Untersuchungsausschüsse. Alle wissenschaftlichen Untersuchungen über die parlamentarischen Untersuchungsausschüsse kommen im wesentlichen zu demselben Ergebnis, daß nämlich die Ausschüsse eine ausreichende parlamentarische Kontrolle nicht mehr wahrzunehmen in der Lage sind[5]. Hier soll nicht noch einmal der Frage nachgegangen werden, woran das im einzelnen liegen mag. Tatsache ist, daß die klassischen Instrumente, mit denen die parlamentarische Verantwortlichkeit geltend gemacht wurde, nicht geeignet sind, als Evaluationsinstrumente eingesetzt zu werden. Das trifft auch da zu, wo dieses Instrument erweitert worden ist, etwa für die Bundestagsausschüsse für Verteidigung und auswärtige Angelegenheiten gemäß Art. 45 a GG. Allerdings ist das moderne Parlamentsrecht nicht bei den Instrumenten des Konstitutionalismus stehengeblieben. Die Möglichkeit, sogenannte Enquête-Kommissionen einzusetzen (§ 74 a der Geschäftsordnung des Deutschen Bundestages), die Möglichkeit, Auskunftsersuchen einzubringen sowie das Berichtswesen, das sich in jüngerer Zeit entwickelt hat, enthalten zusätzliche Aspekte, deren Bedeutung nicht unterschätzt werden darf.

Zu 2): Auch die *Haushaltskontrollen* bieten nur beschränkte Ansätze für eine Evaluation durch das Parlament. Die ordnungsgemäße Durchführung dieser Kontrollaufgabe ist sichergestellt – wenn man von den verfassungsrechtlichen Vorschriften ausgeht – durch Art. 114 GG und die entsprechenden Vorschriften der Landesverfassungen, die sich mit der Entlastung der Regierung beschäftigen. Diese erfolgt aufgrund der Berichte, die von den Rechnungshöfen erstattet werden[6]. Was diese Berichte zu leisten vermögen, hängt entscheidend davon ab, welche Prüfungsmaßstäbe den Rechnungshöfen vorgegeben sind. Neben der notwendigen formalen Kontrolle prüfen sie, „ob wirtschaftlich und sparsam verfahren" ist (§ 90 Nr. 3 BHO). Mit dem Begriff *Wirtschaftlichkeit*, der hier eingeführt worden ist, ist ein wesentlicher Gesichtspunkt genannt. Die Wirtschaftlichkeit ist nach den Vorschriften der BHO für geeignete Maßnahmen von erheblicher finanzieller Bedeutung durch Nutzen-Kosten-Untersuchungen zu prüfen (§ 7 Abs. 2). Angesichts der Schwierigkeit, im voraus Nutzen-Kosten-Untersuchungen anzustellen, hat sich immer mehr der Gedanke durchgesetzt, daß dieses Instrument auch für eine nachträgliche Prüfung in Betracht käme[7]. Nutzen-Kosten-Untersuchungen sind daher – das ist nichts Neues – auch Evaluationsinstrumente. Allerdings ist dieser Gedanke im Haushaltsrecht

4 GeschO BTag, §§ 405 ff.; s. dazu Th. Ellwein/A. Görlitz, *Parlament und Verwaltung*, 1. Teil: *Gesetzgebung und politische Kontrolle*, Stuttgart 1967, S. 222 ff.; U. Lohmar, *Das Hohe Haus*, Stuttgart 1975, S. 114 ff.; F. Schäfer, *Der Bundestag*, 2., neubearb. u. erw. Aufl., Köln u. Opladen 1975, S. 226 ff.

5 Vgl. H. Rechenberg, in: *Bonner Kommentar*, Art. 44 Rdnr. 33 ff. Dort ist die Kritik sowie die sie nachweisende Literatur zusammengetragen; vgl. ferner Schäfer, *Bundestag*, S. 277 ff.

6 § 114 BHO; Schäfer, *Bundestag*, S. 254 ff.

7 Vgl. H. Karehnke, Ein Vorschlag für Nutzen-Kosten-Untersuchungen in der Verwaltung, in: *DÖV* 1974, S. 737 ff.

selbst kaum verwirklicht, denn er betrifft die Planung, nicht dagegen die Kontrolle. Und es erscheint sehr zweifelhaft, ob der Rechnungshof tatsächlich in der Lage ist, für größere Planungen nachträglich Nutzen-Kosten-Untersuchungen anzustellen, um die Wirtschaftlichkeit des Plans zu messen. Das ergibt sich auch aus dem Prinzip der Jährlichkeit der Prüfungen, die anläßlich des Entlastungsverfahrens durchgeführt werden. Im Gegensatz zu den Planungen, die in ihrer Wirksamkeit meist nur über längere Zeiträume gemessen werden können, erfolgt die Entlastung jeweils für die einzelnen Haushaltsjahre. Schon aus diesem Grunde besteht für die Rechnungshöfe kaum eine Veranlassung, Nutzen-Kosten-Untersuchungen anzustellen.

Die Parlamente haben sich in jüngerer Zeit umfangreiche Hilfsorganisationen zugelegt, die als *Gesetzgebungshilfsdienste* oder *Ausschußdienste* eine erhebliche Leistungsfähigkeit erreicht haben[8]. Es wäre daher nicht verwunderlich, stellte man fest, daß diese Dienste auch bei der Kontrolle des Parlaments über die Verwaltung, d. h. bei der Evaluation der Tätigkeit der Exekutive, eingesetzt würden. Die Praxis erbringt allerdings auch hier einen negativen Befund. Das dürfte wohl in erster Linie daran liegen, daß die den Parlamenten zur Verfügung stehenden Dienste durch die laufende Gesetzgebungsarbeit vollauf ausgelastet sind. Aber auch ihrer Konstruktion nach kommen sie für Evaluierungsaufgaben kaum in Betracht. Wenn das Parlament sich einen eigenen „Evaluierungs-Hilfsdienst“ schaffen wollte, so müßte es dafür eine besondere, zahlenmäßig wahrscheinlich umfangreiche Institution einrichten. Ob eine solche Einrichtung zweckmäßig ist, erscheint mehr als zweifelhaft. Denn die jeweils auftretende Problematik ist von Programm zu Programm so unterschiedlich, daß in großem Umfange Spezialisten einzusetzen wären. Wollte das Parlament selbst Evaluierungsaufträge erteilen, so müßte es die dazu erforderlichen Kräfte ausserhalb des Parlamentes und seiner Hilfsdienste suchen.

III. Ausblick

Dieser im wesentlichen negative Befund legt die Frage nahe, was denn eigentlich an evaluierender Tätigkeit auf der Ebene der Parlamente möglich ist. Praktisch kommt lediglich eine Beauftragung unabhängiger Einheiten in Betracht, die für das Parlament tätig sind, die erforderlichen Daten erheben, Untersuchungen anstellen sowie Bewertungen vornehmen und Berichte formulieren. Um diese Aufgabe wahrnehmen zu können, müßten sie Zugang zu den bei der Exekutive liegenden Daten erhalten, das hieße, daß die Exekutive selbst erheblich darüber mitbestimmte, was schließlich ermittelt und evaluiert werden soll.

Die Hauptschwierigkeiten liegen jedoch auf einem anderen Gebiet: Inwieweit haben die Parlamente selbst ein Interesse an einer Evaluierung? Die Fragestellung dieses Beitrages geht davon aus, daß es „das Parlament“ gibt. Aber gerade das ist in der

8 Vgl. hierzu R. Kabel, Gutachterzentrale oder Gegenbürokratie?, in: *Der Bundestag von innen gesehen*, hrsg. v. E. Hübner, H. Oberreuter, H. Rausch, München 1969, S. 127 ff.; Lohmar, *Das Hohe Haus*, S. 63 ff.; H. Quaritsch, Die Wissenschaftlichen Dienste des Bundestages, in: *Festschrift für Ernst Forsthoff*, hrsg. v. R. Schnur, München 1972, S. 304 ff.; Schäfer, *Bundestag*, S. 172 ff.

modernen Demokratie fraglich. Das Parlament zerfällt in *Regierungspartei(en)* und *Opposition*[9]. Im Hinblick auf die Evaluierung aber verfolgen beide sehr *unterschiedliche Interessen:* Es ist das natürliche Bestreben der Regierung, darzustellen, daß die von ihr initiierten, vom Parlament genehmigten und von ihr wiederum durchgeführten politischen Programme erfolgreich waren. Ziel der Opposition dagegen ist es, nachzuweisen, daß die Regierungsprogramme erfolglos und die bei der Beschlußfassung über die Programme gezeigten Widerstände berechtigt waren. Sicherlich gibt es Ausnahmen von dieser Konstellation. Aber für die Mehrzahl der Programme dürfte es sich doch hiermit um den Grundsachverhalt handeln, von dem weitere Überlegungen auszugehen haben. Da aber die Ergebnisse einer jeden Evaluation ganz erheblich von den Vorgaben abhängen, die der Evaluationsinstanz gemacht werden, wird es nur selten möglich sein, eine gemeinsame Basis zu finden. Ferner ist zu bedenken, daß, wenn man nicht von vornherein die Evaluation durch Vorgaben so steuert, daß das gewünschte Ergebnis herauskommt, jede Evaluation ein erhebliches Risiko in sich trägt. Dieses Risiko ist für die Regierungsparteien besonders groß. Es gibt also nur die Alternative, daß die Regierung und die sie tragenden Parteien durch die Evaluation erhebliche Risiken eingehen – die möglichst klein gehalten werden – oder mit Hilfe der Mehrheit, die sie im Parlament besitzen, einen Evaluationsansatz durchsetzen, der das gewünschte Ergebnis sichert. In diesem Fall ist es für die Regierung einfacher, daß sie die Evaluation selbst in die Hand nimmt und sich auf eine parlamentarische Auseinandersetzung über die Planung der Evaluation gar nicht erst einläßt.

Ein weiterer Grund macht die Evaluation auf der Ebene des Parlaments praktisch unmöglich. Es ist oben schon darauf hingewiesen worden, daß die politischen Programme, die das Parlament beschließt, in der Regel nur eine beschränkte Aussage über die Ziele und Mittel machen, sie gewöhnlich zu wenig konkret sind, als daß sie Maßstäbe für eine Evaluation sein könnten. Das liegt nicht nur an der Tatsache, daß die Aufgaben des Parlaments auf Grundsatzentscheidungen beschränkt bleiben sollen, um der Verwaltung einen hinreichenden Spielraum für die Durchführung zu lassen. Es gibt genügend Beispiele dafür, daß das Parlament in einer schwer verständlichen und daher auch oft kritisierten Weise allzu unwichtige Gesetzesdetails geregelt hat. Die Praxis sieht eben so aus, daß das Parlament dort, wo es sich um politisch wenig brisante Fragen handelt, ohne Zögern wagen kann, Einzelheiten zu regeln, während es in Fragen, die politisch kontrovers sind, zweckmäßigerweise manches offenläßt. Dieses Vorgehen liegt im System der parlamentarischen Demokratie begründet, das die Parteien dazu zwingt, sich auf Aussagen zu beschränken, die von einem *möglichst großen Teil der Wählerschaft* akzeptiert werden können. Je allgemeiner die Aussagen sind, um so größer ist die Zahl derer, die dieser Aussage zustimmen werden. Das Ergebnis ist aber wiederum, daß die Planungsaussagen kaum die Grundlage für eine sachgerechte Evaluation hergeben.

Unter diesen Umständen ist kaum zu hoffen, daß das Parlament in dem heutigen demokratisch-parlamentarischen System jemals ein Faktor werden wird, der die Evaluation politischer Programme machtvoll vorantreibt. Wenn Evaluation zu einem

9 Vgl. Ellwein/Görlitz, *Parlament und Verwaltung*, S. 48.

Instrument wird, dessen Nützlichkeit allgemein Anerkennung findet, so ist wahrscheinlich auch das Parlament bereit, dem zuzustimmen. Von den Parlamentstribünen und auch in Parteitagsreden wird man, wie bei allen Reformen, freundliche Worte hören oder sogar – sofern das politisch opportun erscheint – die Forderung erfahren, die Evaluation politischer Programme stärker zu fördern. Es wird aber – und diese Prognose erscheint erlaubt – hier genauso gehen wie mit den Reformen der siebziger Jahre, daß das Parlament immer dann, wenn die Reform der politisch herrschenden Kraft einen Nutzen nicht versprach, die Reformprogramme so verwässert, abblockt oder sie schlicht vergißt, um die eigene an den Tageszielen gemessene Handlungsfähigkeit nicht zu beschränken. Das Thema Evaluierung politischer Programme durch die Parlamente darf daher, wie die Entwürfe der *Planungskontrollgesetze* zeigen[10], getrost bald wieder vergessen werden. Wer politische Programme evaluieren möchte, sollte seine Hoffnung allein auf die Exekutive setzen.

Bibliographie

Abelein, M., Kontrolle ohne Kontrolleure? Zur Bedeutung des Bundestags als Kontrollorgan, in: E. Hübner u. a. (Hrsg.), *Der Bundestag von innen gesehen*, München 1969, S. 150 ff.

Becker, E. (Hrsg.), *Regierungsprogramme und Regierungspläne (Schriftenreihe der Hochschule Speyer*, Bd. 51), 1973, S. 13 ff.

Bohne, E./H. König, Probleme der politischen Erfolgskontrolle, in: *Die Verwaltung*, 1976, S. 19 ff.

Brümmerhoff, D./H. Wolff, Aufgabe und Möglichkeit einer Erfolgskontrolle der staatlichen Aktivität, in: *Zeitschrift für die gesamten Staatswissenschaften*, 1974, S. 477 ff.

Derlien, H.-U., *Die Erfolgskontrolle staatlicher Planung. Eine empirische Untersuchung über Organisation, Methode und Politik der Programmevaluation*, Baden-Baden 1976.

Ellwein, Th./A. Görlitz, *Parlament und Verwaltung*, 1. Teil: *Gesetzgebung und politische Kontrolle*, Stuttgart 1967.

Frenkel, M., *Institutionen der Verwaltungskontrolle*, Zürich 1969.

Hübener, A./R. Halberstadt, *Erfolgskontrolle politischer Planung*, Göttingen 1976.

Lohmar, U., *Das Hohe Haus. Der Bundestag und die Verfassungswirklichkeit*, Stuttgart 1975.

Rürup, B., *Die Programmfunktion des Bundeshaushaltsplanes*, Berlin 1971.

Schäfer, F., *Der Bundestag*, 2., neubearb. u. erw. Aufl., Köln u. Opladen 1975.

Schimanke, D., Evaluierung, in: *Verwaltungsarchiv*, 1977, S. 361 ff.

Steinberg, R., Evaluation als neue Form der Kontrolle finalprogrammierten Verwaltungshandelns, in: *Der Staat*, 1976, S. 185–210.

Thieme, H., *Verwaltungslehre*, 3., völlig neu bearb. Aufl., Köln 1977, S. 427 ff.

Würtenberger, Th., *Staatsrechtliche Probleme politischer Planung*, Berlin 1979.

10 Die Entwürfe zu Planungskontrollgesetzen sind nachgewiesen bei E. Bohne/H. König, Probleme der politischen Erfolgskontrolle, in: *Die Verwaltung*, 1976, S. 19, Anm. 1.

Richard Stücklen im Gespräch

Evaluierung – neuer Schlauch für alten Wein?

Richard Stücklen, Jahrgang 1916, ist seit 1949 Mitglied des Bundestages. 1953–1957 und seit 1967 stellvertretender Vorsitzender der CDU/CSU-Fraktion; von 1957 bis 1966 war er Bundesminister für das Post- und Fernmeldewesen; von 1976 bis 1979 und ab 1983 Vizepräsident, von 1979 bis 1983 Präsident des Deutschen Bundestages; Vorsitzender des Ausschusses für Sonderfragen des Mittelstandes, Mitglied des Ältestenrates und des Wirtschaftsausschusses; seit 1967 Vorsitzender der CSU-Landesgruppe. Als Politiker und Parlamentarier sind ihm sowohl die Kontrollprobleme in der Regierung als auch aus dem Parlament bekannt. Zahlreiche *Veröffentlichungen* zu Fragen des Parlaments.

Frage: *In der verfassungspolitischen Diskussion stand sehr lange die Kontrolle der Planungen der Regierung im Mittelpunkt der Diskussion. Nachdem die Planungseuphorie verflogen ist, ist auch die Diskussion um die Kontrolle der Planung durch die Parlamente ruhiger geworden. Was ist von der Planungsdiskussion geblieben? Welche Konsequenzen ergeben sich für das Parlament daraus?*

Stücklen: Sie fragen nach den Resultaten der Planungsdiskussion der späten sechziger Jahre. Ich meine, Planung hat es auch schon davor gegeben: Der Haushaltsplan ist, wie der Name sagt, ein Plan, wenn auch nur für ein Jahr. Der damit eng verbundene Begriff „Nachtragshaushalt" drückt aus, wie wenig die Zukunft eines Gemeinwesens planbar ist. (Mir gibt auch zu denken, daß wir die Idee des zweijährigen Haushaltsplanes nach kurzer Zeit als nicht praktikabel verabschiedet haben.) Dennoch hat die Große Koalition ab 1966 versucht, durch die „mittelfristige Finanzplanung" einen 5-Jahres-Zeitraum zu gestalten. Ich persönlich glaube, daß ein Politiker möglichst weit in die Zukunft denken, daß er aber nicht glauben sollte, daß mit der Verabschiedung eines Planes seine Aufgabe erledigt ist. Im Gegenteil, der Politiker wird gerade deshalb gebraucht, weil – egal auf Grundlage welcher Planung wir arbeiten – übermorgen Fragen zu entscheiden sind, an die heute keiner (auch kein Planer) denken konnte.

Ich sehe also nicht den Gegensatz zwischen Regierung (die plant) und Parlament (das Planungen nur zu ratifizieren hat), wie es vielfach dargestellt wird. Aus meinen Erfahrungen als Abgeordneter (einer Regierungsfraktion und später der Opposition), als Bundesminister und als Bundestagspräsident weiß ich, daß Politik sich nicht als Gegensatz von Bürokratie und Parlamentariern vollzieht. Vielmehr sind die Spitzen der Exekutive (Minister und Parlamentarische Staatssekretäre) selbst Abgeordnete, die sehr wohl wissen, daß ihre politische Zukunft vom Urteil ihrer Fraktion und „ihres" Parlamentsausschusses abhängt. Sie werden also gut daran tun, alle bedeutenden Vorhaben ihres Ressorts möglichst früh im Einvernehmen mit den genannten parlamentarischen Gremien zu planen und auszuarbeiten.

Ich meine also, daß die Exekutive mit ihrem zahlreichen Personal verpflichtet ist, die Möglichkeiten der Zukunft als erste zu untersuchen, daß aber die Abgeordneten mit ihren Quellen im Wahlkreis und ihrer Partei dies kräftig in Frage stellen und beeinflussen müssen.

Mit anderen Worten: Ich halte es für falsch, daß beide das gleiche von gleichen Ansätzen her tun sollen.

Frage: *Könnte für eine solche Aufgabe die Evaluierung den Parlamentariern wichtige Hilfsfunktionen leisten? Bisher fehlt eine systematische Evaluierung zur Unterstützung des Parlaments, die traditionellen Instrumente der Kontrolle reichen häufig nicht aus, die Auswirkungen von Maßnahmen und Gesetzen zu kontrollieren. Große Teile des Haushalts bleiben unkontrollierbar, immer neue Gesetze versuchen die Lücken alter Maßnahmengesetze zu stopfen. Bei aller Kritik gegenüber wissenschaftlicher Forschung und Empirie, sollte das Parlament Evaluierung nicht als die Lernchance ergreifen, um effektiver Regierung und Verwaltung und die Verwirklichung seiner eigenen Beschlüsse kontrollieren zu können?*

Stücklen: Genau wie die Planung ist auch Evaluierung für den Bundestag nichts Neues (bis auf das Wort „Evaluierung"): Seit 1949 haben wir die Rechnungsprüfung, die Haushaltskontrolle. Der Bundesrechnungshof und der Rechnungsprüfungsausschuß kontrollieren und prüfen das Finanzgebaren der öffentlichen Hand (auf Bundesebene). Daran wird viel Kritik geübt, besonders am langwierigen Verfahren und an der Beschränkung auf fiskalische und Wirtschaftlichkeitsgesichtspunkte. Die Berechtigung dieser Kritik will ich gar nicht leugnen – nur meine ich, bevor neue Evaluierungssysteme aufgestellt werden, sollte gründlich untersucht werden, warum das Rechnungsprüfungsverfahren nicht befriedigend gestaltet werden kann. Dabei könnte sich z.B. herausstellen, daß Abgeordnete sich für „das Wegräumen der Budget-Leiche" (wie es einmal genannt wurde) nicht so recht begeistern können, weil nämlich Politiker – angesichts ihrer Wähler, aber auch wegen ihrer Neigung, Politik zu machen – sich lieber (oder notgedrungen) mit der Bewältigung der gegenwärtigen Probleme befassen.

Darauf kommt natürlich der Einwand: Einige dieser Probleme hättet Ihr sicher nicht, wenn Ihr rechtzeitig evaluiert hättet! Das ist sogar richtig, aber wir können sicherlich nicht alle parlamentarischen Beschlüsse durch Abgeordnete evaluieren lassen, wir brauchten neue, große Stäbe. Und selbst dann hätten wir noch immer das Problem: Welche Gesetze sollen wir evaluieren? 1953 z.B. (damals übersprang der BHE die 5-%-Hürde) wäre es sicherlich vorrangig erschienen, den Lastenausgleich und alle anderen Maßnahmen zur Integration der Vertriebenen zu evaluieren. Es ist nicht – jedenfalls nicht in Ihrem Sinne – geschehen, aber die Vertriebenen sind integriert. Oder denken Sie an das wechselvolle Schicksal der Kohle. Der Kohlebergbau war einmal eine große Belastung, 1965 wurden große Entlastungsprogramme gefahren. Angenommen, wir hätten sie evaluiert. Was würde uns das heute sagen? (Mitten in die Evaluierung wäre das Öl gekommen und auch wieder weggegangen.) Ich meine: Der Beruf des Politikers ist notwendig, weil kein Gelehrter heute sagen kann, welche Probleme 1982 zu lösen sind. Damit will ich nicht behaupten, daß Evaluierung sinnlos ist. Sie könnte – wenn Gott es fügt, daß die richtige Maßnahme evaluiert würde – hilfreich sein. Aber dazu gehörte auch, daß die „Evaluatoren" völlig objektiv sind, daß sie überdies in der Beurteilung (die ja politisch sein muß) einer Meinung sind (was Sie vom Parlament nicht verlangen können). Stellen Sie sich vor, Sie und ich hätten vor drei Jahren die Wohnungspolitik des Berliner Senats evaluiert oder die Rüstung der Bundeswehr. Auch wenn wir einer Meinung gewesen wären, glauben Sie, wir hätten damit irgendetwas beeinflußt? Ich glaube das nicht!

Carl Otto Lenz im Gespräch

Wird das Parlament durch Evaluierung leistungs- und kontrollfähiger?

Carl Otto Lenz, Dr. jur.; Mitglied des Deutschen Bundestages seit 1965; als Vorsitzender des Rechtsausschusses von 1969 bis 1980 war er an allen wichtigen Reformgesetzen wie der Familien- und Eherechtsreform, dem Gerichtskostengesetz, dem GmbH-Gesetz u.a. beteiligt. Als Vorsitzender der Vereinigung für Parlamentsfragen seit 1973 sowie als Mitglied und stellvertretender Vorsitzender der Enquête-Kommission Verfassungsreform, zunächst in der Unterkommission „Parlament und Regierung", später in der Unterkommission „Bund und Länder", hat er an der Erarbeitung von Verfassungsreformvorschlägen mitgewirkt. *Veröffentlichungen*: zu Fragen der Kontrolle und Gewaltenteilung im parlamentarischen Staat, so u.a. in: J. Jekewitz, M. Melzer, W. Zeh (Hrsg.), *Politik als gelebte Verfassung*, Opladen 1980.

Frage: Herr Lenz, mit unseren Fragen zur Evaluierung und Evaluierungsforschung möchten wir Sie in Ihren vielfältigen Wirksamkeiten ansprechen, in denen Sie seit vielen Jahren als politischer Akteur und zugleich als publizierender Beobachter tätig sind. Um nur einige Ihrer Stationen und Rollen zu nennen: Sie waren von 1969 bis 1980 Vorsitzender des einflußreichen Rechtsausschusses des Deutschen Bundestages, von 1973 bis 1976 stellvertretender (und sehr aktiver!) Vorsitzender der Enquête-Kommission Verfassungsreform und gleichzeitig Vorsitzender von deren Unterkommission „Bund und Länder", hierbei maßgeblich an der Ausarbeitung der (freilich weitgehend unverwirklicht gebliebenen) Reformvorschläge beteiligt. Sie sind ferner Vorsitzender der Vereinigung für Parlamentsfragen. In zahlreichen Veröffentlichungen haben Sie zu Fragen der Kontrolle und der Gewaltenteilung im parlamentarischen Staat Stellung genommen.

Lassen Sie uns mit einer Frage an Sie als Mitglied des Bundestages und als führenden Parlamentarier der parlamentarischen Opposition im Bundestag beginnen. In der gegenwärtigen „Bürokratisierungsdiskussion" ist viel von „Normenflut" und „Überregelung", „Übernormierung" die Rede. Dazu kommt – was für Sie in Ihrer neuerlichen Schwerpunktsetzung als Europapolitiker besondere Relevanz und Dringlichkeit haben dürfte – als zunehmend detaillierte Regelungsschicht die Vielzahl der Verordnungen und Richtlinien der EG. Sehen Sie in dieser Regelungsdichte nationalen und internationalen Ursprungs ein wesentliches Problem Ihrer parlamentarischen Tätigkeit, und würden Sie in Evaluierung und Wirkungskontrolle eine willkommene und nützliche Hilfestellung sehen?

Lenz: Ja, das sehe ich auch so. Wir haben gerade im Bereich der EG eine große Normendichte, deren Notwendigkeit einer genauen Überprüfung unterzogen werden müßte. Es herrscht in der Europäischen Gemeinschaft eine große Neigung zur administrativen Regelung. Anstatt die Frage der Nutzung oder Nichtnutzung von Gegenständen dem Markt zu überlassen, wird unter Zugrundelegung bestimmter Begriffe, wie z.B. Sicherheit und Verträglichkeit, ein Netz von Regeln geschaffen, die bis in das kleinste Detail regulierend eingreifen. Meines Erachtens sind nicht alle diese Normen erforderlich. Außerdem wird hierdurch die Anfälligkeit des Ganzen für Störungen erhöht, da die Marktkräfte viel schneller und flexibler reagieren können. Ich muß zugestehen, daß ich erst am Anfang meiner Arbeit stehe, aber dies wird ein Punkt sein, dem ich im Rahmen meiner europapolitischen Tätigkeit eine große Aufmerksamkeit schenken werde. Ganz allgemein ist zu sagen, daß das System der Kontrolle und Evaluierung neu durchdacht werden muß. Der Deutsche Bundestag hat sich mit diesen Problemen in der Vergangenheit schon befaßt und wird dies auch in der Zukunft tun. Ich bin der Überzeugung, daß unsere Gesetzgebung zwar teilweise kritikbedürftig ist, aber daß wir im großen und ganzen das Gesetzgeben beherrschen. *Das Kontrollieren beherrschen wir jedoch nicht.* Was geschieht mit den Vorschriften, die wir erlassen haben? Kontrollieren wir eigentlich die Einhaltung oder lassen wir alles laufen und warten, bis irgend etwas passiert und fragen erst dann: „Sind eigentlich die Vorschriften eingehalten worden?"

Eine *institutionalisierte Kontrolle* gibt es zur Zeit nur auf den Gebieten, auf denen der Rechnungshof tätig ist. Was das Parlament damit macht, ist sehr dürftig. Jedenfalls ist mir nicht bekannt, daß wir diese Berichte systematisch durcharbeiten und uns sagen, hier müßte man einhaken und da müßte man einhaken. Untersucht der Bundestag z.B., wo es Straßenbauruinen gibt (begonnene, aber nicht vollendete Projekte) oder verfolgt er die Rechtsprechung zum Scheidungsrecht, um zu sehen, ob er einige Bestimmungen neu fassen muß? Ich meine, hier ließe sich noch viel tun, und von dem Gesichtspunkt der Prioritäten, wenn ich das einmal vom Parlament aus sehe, glaube ich, wäre es dringend notwendig, daß wir diesen Bereich der *Vollzugskontrolle*, der institutionalisierten Beobachtung, ihrer systematischen Ausgestaltung und politischen Auswertung mehr Aufmerksamkeit schenken als bisher, und daß wir die Frage der *Regelungsbedürftigkeit* von Sachverhalten etwas anders behandeln, als dies in der Vergangenheit geschehen ist. Es geht um die Frage der Notwendigkeit von Gesetzesvorhaben.

Lassen Sie mich dies am Gesetzgebungsverfahren verdeutlichen: Ich bin der Auffassung, daß die erste Lesung von der Opposition grundsätzlich unter dem Gesichtspunkt geführt werden müßte: Ist diese Regelung überhaupt notwendig? Also nicht nach dem „WIE", sondern nach dem „OB" wäre zu fragen. Anstatt zu sagen: Paragraph X sollte besser anders lauten, müßte die Frage heißen: Brauchen wir dieses Gesetz überhaupt? Und wenn es nicht zwingend notwendig ist, dann müßte sich die Opposition auf den Standpunkt stellen: Nein, das brauchen wir nicht, das lehnen wir ab. Damit würden wir die Arbeitsweise des Parlaments im Ergebnis ändern. Die Opposition könnte sich die Arbeit leichter machen, indem sie sagt, wir sind grundsätzlich der Auffassung, dieses Gesetz brauchen wir nicht. Damit würde sie die politische Kontrollfunktion wiederherstellen, die derzeit nur im beschränkten Umfang ausgeübt wird. Statt dessen haben wir häufig mit der Regierung in Detailregelungen rivalisiert, haben uns also auf deren Vorgaben eingelassen.

In diesem Klima gedeiht die Frage nach dem „OB" natürlich nicht. Nehmen Sie beispielsweise nur die Stellungnahmen zur Reform des *Ehe- und Familienrechts*. Damals hat niemand die „OB"-Frage gestellt. Heute würde sie gestellt, und wenn wir es heute machen würden, dann würden wir den Vorschlag der FDP aufgreifen, und nur z.B. den § 48 Abs. 2 des Ehegesetzes ändern.

Nach dieser Norm durfte eine Ehe auf Begehren des Ehegatten, der die Zerrüttung verschuldet hatte, nicht gegen den Widerspruch des anderen Ehegatten geschieden werden. Das hatte dazu geführt, daß Eheleute, die seit vielen Jahren getrennt lebten, nicht geschieden werden konnten. Anstatt aber hier korrigierend einzugreifen, setzte man eine Kommission ein, die das gesamte Eherecht ändern sollte. Eine als notwendig erachtete Änderung des geltenden Rechts, die man mit minimalen Mitteln hätte durchführen können, nahm man damals zum Anlaß, ein neues Reformgesetz, ein „Jahrhundertwerk", zu machen. Das Ergebnis war eine Lawine von Schwierigkeiten, gerade auf dem Gebiet der Scheidungsfolgesachen. Heute würde man das wahrscheinlich anders machen. Man würde versuchen, mit einer möglichst geringen Änderung auszukommen und die in diesem Bereich angesiedelten Probleme mit kleinen Änderungen am Wortlaut beheben.

Um ein praktisches Beispiel zu nehmen. Wir haben eine Anhörung für ein *Transplantationsgesetz* gemacht und sind zu dem Ergebnis gekommen, daß es zwar in der Bundesrepublik weniger Transplantationen gibt als in anderen Ländern, daß aber die Ursachen dafür im medizinischen und nicht im rechtlichen Bereich liegen. Deswegen haben wir gesagt, wir sind gegen eine gesetzliche Lösung. Dergleichen Dinge müßte man immer wieder machen.

Des weiteren bin ich der Auffassung, daß man im Bundesrat die Strategie ändern sollte. Ich meine, es wäre gut, wenn die Opposition im Bundestag und die Bundesratsmehrheit sich grundsätzlich nicht als Zweige ein und derselben Institution begreifen würden, denn der Bundesrat ist derjenige, der uns bisher meistens daran gehindert hat, die „OB"-Frage zu stellen, weil dort auf Beamtenebene bereits Vorentscheidungen gefällt wurden, bevor auch nur der Minister seine Unterschrift unter die Kabinettsvorlage gesetzt hatte.

Frage: *Übersichten zeigen nun, daß die Zahl der Gesetze rückläufig ist. Auch neue Programme finden sich nur noch wenige. Wäre es daher nicht wichtiger, statt über Gesetzesvorbereitung über Gesetzesdurchführung, statt über das Gesetzesdickicht über den Wildwuchs der „nachrangigen" Vorschriften und Regelungen zu sprechen und dieses zu kontrollieren?*

Lenz: Beides kann man natürlich nicht voneinander trennen. In einem Gesetz, das wir erlassen, können wir die näheren Einzelheiten in einem gewissen Umfang nach Art. 80 des Grundgesetzes auf die Regierung mit oder ohne Bundesrat delegieren. In der Regel wird dann eine Verordnung erlassen, und es ergehen Durchführungsbestimmungen an die Verwaltung. Ein typisches Beispiel hierfür ist das *Straßenverkehrsrecht*. Im Straßenverkehrsgesetz haben wir der Bundesregierung und dem Bundesrat die Ermächtigung erteilt, den Straßenverkehr durch Verordnungen und Durchführungsbestimmungen zu regeln. Dies hat zur Folge, daß der Bundestag auf die Ausgestaltung der Straßenverkehrsordnung und der damit zusammenhängenden Probleme, wie z.B. Flensburger Verkehrssünderkartei, Geschwindigkeitsbeschränkungen auf Autobahnen, die Frage der Einführung von Bußgeld für das Nichtanlegen von Sicherheitsgurten, keine Einflußmöglichkeit hat. Durch diese Ermächtigungsnorm im Straßenverkehrsgesetz wird der Bundesregierung und dem Bundesrat die Möglichkeit gegeben, in den Straßenverkehr bis in die kleinsten Verästelungen hinein reglementierend einzugreifen. Ohne eine vom Parlament beschlossene Rechtsnorm ist das alles jedoch nicht ausreichend demokratisch legitimiert. Deswegen glaube ich, ist die *Anzahl der Gesetze*, ihr Umfang und Inhalt, *ein Hebel*, um auch das Übrige zum Laufen zu bringen. Die meisten Gesetze, vor allem die, die das Verhältnis zwischen Staat und Bürger regeln, erfordern eine Behörde zu ihrer Durchführung. Die Behörde besteht aus Beamten, die Beamten kosten Geld, das wiederum durch Abgaben von den Bürgern eingezogen werden muß. So gibt es einen Teufelskreis: mehr Vorschriften, mehr Behörden, mehr Aufgaben, mehr Abgaben, weniger Freiheit, weniger Leistung. Natürlich gibt es andere Ursachen, die außerhalb der Gesetzgebung liegen, sei es die Rechtsprechung, die fordert, daß Dinge durchgesetzt und geregelt werden, sei es, daß neue Sachverhalte auftauchen, deren Regelung zweckmäßig erscheint. Ich glaube, auch parteipolitische Unterschiede spielen hier eine Rolle. Mein Parteifreund von Weizsäcker hat vor den Berliner Wahlen im Bundestag im Zusammenhang mit der Berliner Situation etwas sehr Richtiges gesagt, indem er ausführte: Die SPD ist eine Partei, die über ein neuauftauchendes Problem sagt: Das ist eine Aufgabe des Staates, das erfordert eine Regelung, eine Behörde, die sie durchführt, und eine Steuer, um das Ganze zu bezahlen. Demgegenüber sagt die CDU, wenn ein Problem auftaucht: Leute, kümmert euch darum. Im Bürgerlichen Gesetzbuch steht die Vertragsfreiheit, es gibt einen Art. 2 des Grundgesetzes, der die freie Entfaltung der Persönlichkeit garantiert, jetzt macht euch dran und schaut, wie ihr damit fertig werdet, und wenn ihr nicht damit fertig werdet, schließt euch zusammen und vereinigt euch. Und wenn dies nicht möglich ist: Prüft, ob es auf der Ebene der Gemeinde oder des Kreises oder des Landes geregelt werden kann. Und erst wenn alles nicht geht, dann sollte sich der Bund einschalten. Und wenn es Problemgruppen gibt, die sich nicht artikulieren und die das nicht können, dann müssen wir ihnen helfen, sich zu artikulieren, und dann machen wir es über die Caritas oder den Verein zur Hilfe für die Türken in Kreuzberg und richten nicht beim Senat eine Stelle für sie ein. Ich glaube, diese unterschiedliche Betrachtungsweise ist auch in der Tat der Kernunterschied.

Frage: *Welche Möglichkeiten sehen Sie, parlamentarische Kontrolle auszuüben? Wie schätzen Sie die Möglichkeiten der Opposition ein, eine parlamentarische Kontrolle durchzuführen, wie würden Sie sich sachkundig machen, gewissermaßen Sensoren für Probleme und unerwünschte Entwicklungen (in der Evaluierungssprache: „Neben- und Seiteneffekte") entwickeln?*

Lenz: Zunächst ist zu kritisieren, daß die *Organisation* des Parlaments von der Regierung festgelegt wird. Zur Zeit bestimmen die 16 Ministerien und das Bundeskanzleramt, was in den 20 Bundestagsausschüssen gemacht wird, ein für mich absurder Vorgang, der nirgends so steht. Aber die Opposition hat dies widerspruchslos geschluckt. Was können wir dann noch tun, was soll die Opposition bei dieser Konstellation noch machen, um zu kontrollieren. Wenn ich die Kontrollarbeiten z.B. für die Post zu organisieren hätte, würde ich folgendermaßen vorgehen: Es gibt erstens ca. 250.000 Postbedienstete, für die mehrere Gewerkschaften, andere Organisationen und die Personalräte tätig sind. Hier sollte eine Liste der Organisationen angefertigt und mit diesen Organisationen geprüft werden, welche Mängel vorhanden sind. Zweitens gibt es die Postkunden, die durch einen Verband vertreten werden und es gibt die Großkunden, sozusagen institutionelle Versender, z.B. der ganze Kataloghandel, mit denen man sich zusammensetzen könnte, um Leistungsdefizite der Post zu erfahren. Und drittens gibt es die Postlieferanten, das sind Zubehör- und Ausrüstungslieferanten, die in der Regel großes Wissen besitzen. Und viertens müßte man sich mit dem Postmonopol befassen, soweit dies mit Rundfunk und Fernsehen zu tun hat. Für jeden dieser Bereiche sollte ein Kollege sich Mitarbeiter beschaffen, um die notwendigen Informationen an Land zu ziehen und somit eine umfassende Kontrolle zu gewährleisten.

Frage: *Ihre bisherigen Vorschläge zielen vor allem auf die Organisationen von Kontrolle in der Fraktion oder im Ausschuß bzw. die Sammlung von Kontrollinformationen für eine parlamentarische Evaluierungsarbeit. Wäre es jedoch nicht erforderlich, den Normenbereich bereits ex ante gesetzestechnisch kontrollierbarer zu gestalten, indem z.B. Zeitgesetze, zeitlich begrenzte Regelungen geschaffen werden, die einem fortlaufenden Test und regelmäßiger Kontrolle unterworfen sind, so daß entweder, wie beispielsweise in amerikanischen Sun-set-Überlegungen, alle paar Jahre rollierend ganze Gesetzesprogramme durchforstet, geprüft und gestrichen oder korrigiert werden können. Sehen Sie eine solche Möglichkeit? Welche Schranken sehen Sie für experimentelle bzw. Zeitgesetze?*

Lenz: Im einzelnen hängt dies von der Regelungsmaterie ab. Wenn das Kaufrecht geändert werden sollte, würde ich nicht mit dem Zeitgesetz arbeiten. Entweder es besteht das Bedürfnis, etwas zu ändern, dann besteht es voraussichtlich auf unabsehbare Zeit, und da macht man kein Zeitgesetz. Das Bürgerliche Gesetzbuch konnte in seinen wesentlichen Bestimmungen nur deshalb vier unterschiedliche Gesellschaftsordnungen und zwei Weltkriege überdauern, weil es von seinen Verfassern auf Dauer ausgestaltet wurde. Wenn aber eine konkrete Notlage behoben werden soll, wenn man zu Maßnahmengesetzen greift, dann würde ich schon sehr dafür plädieren, diese auf Zeit zu befristen. Im Bereich des Bürgerlichen Rechts allerdings halte ich das für problematisch.

Die Rechtsordnung ist auf Dauer angelegt, und die Rechtsfremdheit unserer Bürger hängt ja weitgehend damit zusammen, daß sich die Rechtsregeln dauernd ändern. Nur eine auf Dauer angelegte Rechtsordnung führt zur Rechtssicherheit, die auch ein wesentlicher Bestandteil materieller Gerechtigkeit ist. Recht muß vorhersehbar sein. Die Rechtsgenossen müssen übersehen können, welche Rechtsfolgen sich aus bestimmten Handlungsweisen ergeben. Nehmen Sie beispielsweise das Prozeßgesetz. Die Prozeßordnungen sind das Handwerkszeug, mit dem der Richter, ein Anwalt oder sonst ein mit der Bearbeitung von Rechtsangelegenheiten Befaßter arbeiten muß, und wenn Sie ihm alle vier Jahre ein neues Handwerkszeug in die Hand drücken, ist er frustriert. Eine laufende Korrektur irritiert und führt dazu, daß sich die am Rechtsleben Beteiligten mehr mit dem Studium von Gesetzesänderungen befassen müssen, als mit der Entscheidung von Rechtsstreitigkeiten.

Das soll nun aber nicht heißen, daß nicht innerhalb des geltenden Rechts Experimente, Tests möglich sind. Ich würde allerdings sicherlich nicht umfassend experimentieren und evaluieren, sondern ich würde sektoral vorgehen, auf Sektoren, wie z.B. dem Steuerrecht. Denkbar wäre vor allem, daß wir bei Subventionen, bei Ausnahmeregelungen und Vergünstigungen grundsätzlich Zeitgesetze einführen, damit nach vier Jahren oder nach acht Jahren überprüft werden kann, inwieweit sie noch notwendig sind. Ich würde also nach Schwerpunkten vorgehen und nicht flächendeckende Programme, sondern Schwerpunktprogramme verabschieden: Das Steuerrecht, Bau- und Wohnungsrecht und Verkehrsrecht sollten getestet und evaluiert werden, und dann hätte man schon eine ganze Menge getan. Immerhin hat die bisherige Diskussion die Anzahl der Forderungen nach Rechtsänderungen schon bemerkenswert reduziert.

Frage: *Könnte nicht der Rechnungshof künftig eine Institution darstellen, die derartige Evaluierungsprogramme durchführt? Gegenwärtig überwiegen in Rechnungsprüfungen häufig noch Sparsamkeitsfragen. Wäre es nicht gerade auch die Aufgabe einer Opposition, die Prüfberichte des Rechnungshofes konstruktiv zu nutzen, sie besser auszuwerten und diejenigen politischen Fragen zu stellen, die aufzuwerfen dem Rechnungshof verwehrt ist?*

Lenz: Das ist richtig. Der Präsident des Rechnungshofes ist ja zugleich Bundesbeauftragter für die Wirtschaftlichkeit der Verwaltung. Ich habe jetzt den letzten Prüfbericht nicht greifbar, aber aus dem, was ich in der Presse davon gelesen habe, hat der Bundesrechnungshof auf diesem Gebiet eine ganze Reihe von Vorgängen mit Recht moniert: zum Beispiel die Frage der Überlassung von Rüstungsgütern an die Wirtschaft zur Nutzung ohne Entgelt oder die Nachlässigkeit des Bundesamts für Verwaltung, das BAFÖG-Darlehen nicht zurückgefordert hat. Ich meine, daß hier Vorschriften auf dem Verwaltungswege geändert werden. Das kann die Legislative nicht durchgehen lassen. Warum diese Berichte bisher nicht stärker genutzt wurden, ist m.E. damit zu erklären, daß das Parlament oder besser gesagt, die Fraktionen, sich noch nicht mit den erforderlichen Instrumenten ausgestattet haben, um sie zu nutzen. Ich denke jetzt nicht an eine Riesenbürokratie. Vielmehr müßte in der Fraktion ein Mitarbeiter angesiedelt sein, der den Auftrag hat, diese Rechnungshofberichte systematisch durchzuarbeiten und zu prüfen, was zu veranlassen ist, und dann einen bestimmten Parlamentarier zu informieren, der den Auftrag hat, die Angelegenheit parlamentarisch weiter zu verfolgen. Im Bereich Bahn und Post oder der Verteidigung bin ich sicher, daß eine entsprechende Evaluierungstätigkeit zu Einsparungen in Milliardenhöhe führen könnte und so durchaus nutzbringend wäre.

Frage: *Ist diese Aussage nicht aber auch eine Absage an eine Stärkung der parlamentarischen Ausschüsse? Man könnte ja diese Funktion auch über eine Stärkung der Sekretariate der Ausschüsse durchführen lassen. Rechts- und Haushaltsausschuß beispielsweise haben ja eine solche Querschnittsfunktion. Aber auch der Wissenschaftliche Dienst könnte eine solche Aufgabe übernehmen.*

Lenz: Der Haushaltsausschuß ist derartig mit der Aufstellung und dem Vollzug des laufenden Haushalts ausgelastet, daß er diese Aufgabe nicht wahrnehmen kann. Über das Mitberatungsrecht wird er zwar zu vielen Vorhaben gehört, es kann hierbei jedoch zu keiner Evaluierung kommen. Aber auch die wissenschaftlichen Dienste sind keine geeigneten Ansatzpunkte, weil die Evaluierungsergebnisse in der politischen Auseinandersetzung parteipolitisch umgesetzt werden, und das kann nicht Aufgabe dieser Institution sein. Allerdings gibt es durchaus Kritik der Opposition, die von der Gegenseite als berechtigt anerkannt wird, und häufig gibt es sogar Fälle, zu denen es aus den Regierungsfraktionen heißt: In diesen Punkten habt Ihr recht, nur wir können dies als Regierungsfraktion schlecht aufgreifen, aber wenn Ihr es anpackt, werden wir uns nicht dagegen sträuben. Allerdings halte ich auch eine Alimentierung der Opposition zur Einrichtung solcher Stellen nicht für richtig, sondern ich würde den umgekehrten Weg gehen. Die Fraktion sollte die Stelle einrichten und zeigen, daß sie nützlich ist, und wenn sich das dann tatsächlich als nützlich herausstellt und es ihr nicht zuzumuten ist, das aus dem vorhandenen Etat zu betreiben, dann könnte man darüber bestimmt eine parlamentarische Einigung finden. Erst sollte die Fraktion die Aufgabe sehen und erfüllen.

Frage: *Die Ministerialbürokratie hat es in den letzten Jahren durch eine teilweise stürmisch expandierende Ressortforschung verstanden, ihre Analyse- und Argumentationskraft zu stärken. Da sie über den Vollzug in der Regel auch über die besseren Fachkenntnisse verfügt, fällt es Parlamentariern schwer, sich so sachkundig zu machen, daß sie diesem geballten Wissen gewachsen sind, zumal einzelne Ministerien Forscher u. U. auch blockieren, die unmittelbaren Kontakt zum Parlament suchen. Gleichzeitig zeigt die Erfahrung auch mit Rechnungshofberichten, daß Parlamentarier einer auch methodisch und empirisch gediegenen Forschung eher kritisch gegenüberstehen. Wie sind Ihre Erfahrungen mit Wissenschaftlern, die Sie im Rechtsausschuß sammeln konnten? Wurden die wissenschaftlichen Informationen überhaupt aufgenommen, und flossen Ergebnisse auch in die Beratung ein?*

Lenz: Dieser enge Kontakt zur Wissenschaft besteht. Zum Beispiel hatten wir im gesamten Bereich Zivilprozeß/Strafrecht als ständige Gesprächspartner den Deutschen Richterbund, der uns natürlich einiges über die Rechtsanwendung im Lande berichten konnte, den Deutschen Anwaltsverein und die Landesjustizverwaltungen; außerdem standen wir in ständigem Kontakt zu entsprechenden Kreisen der Wissenschaft. Ich muß in diesem Zusammenhang natürlich auch die Arbeitsgespräche in unserem Bundesarbeitskreis der Juristen erwähnen, aber auch den entsprechenden der SPD, die Arbeitsgemeinschaft Sozialdemokratischer Juristen. Im Ehe- und Familienrecht hatten wir natürlich eine Arbeitsgruppe aus den entsprechenden Gruppen einschließlich der Wissenschaft. Wir bekamen immer die gewünschten empirischen Fakten. Entscheidend für den Erfolg von Evaluierung war und ist es, die *klimatische Situation* zu beobachten. Allerdings bin ich der Auffassung, daß die Effektivitätskontrolle auch eine Aufgabe der Koalition ist, die sich mit den entsprechenden Instrumenten versehen muß, um eine solche durchführen zu können. Ich glaube nicht, daß der Bundestag als Institution dies durchführen kann, er ist zwar der Ort dafür, aber *die Exekutive muß mitmachen*. Leider fehlt ihr der politische Wille.

Frage: *In zahlreichen Gesprächen schimmert immer wieder der Begriff fehlender politischer Wille durch. Könnte es sein, daß unser bestehendes System der checks and balances nicht mehr funktioniert, daß Institutionen sich gegenseitig blockieren, ein politischer Wille daher nicht mehr entsteht bzw. nicht durchsetzbar wäre? Dafür wird nicht zuletzt die Verschränkung und Blockierung durch institutionelle Kontrollen verantwortlich gemacht. Das derzeit häufig zu beobachtende Unterlaufen von Kontrollmechanismen ist dann oft der letzte Versuch, den politischen Handlungspielraum wieder zu retten. Manche sprechen davon, daß unser System so fragmentiert ist, daß Maßnahmen nicht mehr durchsetzbar sind, andere sprechen bereits von der fehlenden Regierbarkeit. Benötigen wir ein neues System von checks and balances, neue Kontrollmechanismen, die eine Blockierung verhindern?*

Lenz: Um diese Frage zu beantworten, muß man unterscheiden, ob es einen politischen Willen nicht mehr gibt oder ob er nicht mehr durchsetzbar ist. Ich glaube, das sind zwei verschiedene Dinge. Wenn der politische Wille bei den Regierenden fehlt, müssen sie abgelöst werden, denn sie wurden gewählt, um einen zu besitzen. Wenn er zwar vorhanden, aber nicht durchsetzbar ist, muß man über das Instrumentarium nachdenken. Natürlich gebe ich zu, daß unser Instrumentarium nicht leicht zu handhaben ist. Wir haben ein *System der checks and balances*. Das ist vom Grundgesetz gewollt und mindestens genauso ist es vom Volk gewollt. Ich halte es nicht für einen Zufall, daß wir seit 1969 unterschiedliche Mehrheiten in beiden Häusern haben. Offenbar ist es der Volkswille, daß die Macht nicht konzentriert ist, weil die Bürger instinktiv das Gefühl haben, daß es für die Freiheit gut ist, wenn die Macht verteilt und damit kontrolliert wird. Die Kontrolle der Macht ist eine Grundvoraussetzung der Freiheit.

Wir haben in unserer Ordnung die Dreiteilung der Gewalten, wobei die Legislative noch einmal zweigeteilt ist. Daß dies in der Praxis nicht wie im Bilderbuch funktioniert, dafür gibt es Beispiele. So wurde es im Rechtsausschuß immer spürbarer, daß sich Aufgaben, die früher Sache des Ausschusses waren, immer mehr in die Koalitionsgespräche verlagert haben. Bei der Exekutive gibt es neben dem Bund die getrennte Vollzugsebene der Länder. Natürlich wirken Referenten der Landes- und Bundesebene zusammen, was sicherlich nicht nur negativ zu sehen ist. Einen Großteil des Vollzugs übernehmen dann die Gemeinden, die eigene Körperschaften des öffentlichen Rechts mit eigenem politischem Gewicht sind, und schließlich kommen noch die Gerichte dazu. Das ist alles ziemlich fraktioniert. Ich glaube allerdings, daß dies kein zwingender Hinderungsgrund ist, politischen Willen zu zeigen.

Was hier fehlt, ist der *soziale Konsensus* oder zumindest der Konsensus in der Regierung über die Notwendigkeit, etwas durchzusetzen. Und wenn er nicht vorhanden ist, gibt es kein administratives oder rechtliches Mittel, ihn herbeizuführen. Das ist keine Rechtsfrage, das ist eine politische Frage. Dies gilt auch für die Frage einer effektiveren Kontrolle. Der fehlende Willen kann auch durch die besten Kontrollmechanismen nicht ersetzt werden. Wenn der politische Wille zur Evaluierung fehlt, gibt es auch keine Evaluierung.

Lothar Gaa im Gespräch

Evaluierung – ein Schritt Parlamentsreform

Lothar Gaa, Landtagsabgeordneter seit 1968; 1972–1976 Vorsitzender des Ständigen Ausschusses; seit 1976 Zweiter Stellvertreter des Landtagspräsidenten und seit dem 8. Landtag bis 1982 Landtagspräsident; zeichnet sich sowohl in seiner beruflichen Tätigkeit als Rechtsanwalt als auch in seiner politischen Tätigkeit im Parlament durch ein erfolgreiches Verwaltungsmanagement aus. Als Lehrbeauftragter an der Universität Konstanz pflegt er einen engen Kontakt zur Wissenschaft.

Frage: *Sie können auf eine langjährige parlamentarische Erfahrung unmittelbar in der Spitze des Landtags als Mitglied des Präsidiums zurückblicken. Sie haben sich nun, seit Sie das Amt des Landtagspräsidenten übernommen haben, engagiert Fragen einer verbesserten parlamentarischen Kontrolle der Regierung angenommen. Als eine der ersten Aktivitäten des neuen Landtags wurde ein Beschluß über die Verfahrensweise bei Erfolgskontrollen gefaßt, ein Beschluß, der u. U. auch in anderen Landtagen Schule machen könnte. Erlaubt es dieses Verfahren tatsächlich, Regierungsarbeit besser zu kontrollieren, erlaubt es dieses Verfahren dem Parlament, die Regierung stärker verantwortlich zu machen? Kann eine parlamentarische Erfolgskontrolle in einem parlamentarischen Parteiensystem, wie es die Bundesrepublik auszeichnet, Erfolg haben? Wird ein solches System nicht immer nur ex post kontrollieren können, oder ist, wie Wissenschaftler es vorgeschlagen haben, auch ein Verfahren einer ex-ante-Evaluierung möglich?*

Gaa: Ob das Parlament seinem demokratischen Auftrag voll gerecht wird, kann nicht allein nach den Parlamentsbeschlüssen beurteilt werden. Die Wirksamkeit des Parlaments bemißt sich vielmehr auch danach, inwieweit die Volksvertretung ihre Beschlüsse auch tatsächlich durchsetzt, daß die vom Parlament gesetzten Direktiven von den Exekutivbehörden in die Wirklichkeit umgesetzt werden. *Die Kontrolle darüber muß das Parlament selbst in die Hand nehmen.*

Nach den herkömmlichen Parlamentsgeschäftsordnungen hing diese Kontrolle mehr oder weniger vom Zufall ab. Es ist für das Parlament und die Fraktionen in der Tat schwer, den Gesamtbereich der früheren Parlamentsbeschlüsse ständig zu überblicken und weiterzuverfolgen.

Wir haben vor kurzem im Landtag von Baden-Württemberg versucht, diese Erfolgskontrolle – sie ist von Ihnen unter dem Begriff Evaluierung angesprochen – zu verbessern, sie systematischer zu gestalten und für diese Kontrolle zugleich geeignetere Verfahren zur Verfügung zu stellen.

Im einzelnen ist hierzu folgendes Verfahren mit den Fraktionen abgesprochen worden: Zu jedem Landtagsbeschluß erstattet die Regierung dem Landtag zu einem bestimmten Termin einen Bericht über das, was sie auf den Beschluß hin veranlaßt hat. Diese Verpflichtung bestand schon bisher. Daß diese Berichtspflichten auch eingehalten werden, wird jetzt vom Landtag überwacht – dies ist primär eine Aufgabe der Parlamentsverwaltung. Erforderlichenfalls mahnt der Präsident die Regierung. Wenn die Regierung ihren Bericht vorgelegt hat, stellt die Landtagsverwaltung ihn den Fraktionen in aufbereiteter Form zur Verfügung, zusammen mit den Materialien des zugrundeliegenden früheren Parlamentsbeschlusses. Es ist nun Sache der Fraktionen zu prüfen und politisch zu entscheiden, ob die Regierung dem Parlamentsbeschluß voll entsprochen hat. Kommt eine Fraktion zur Auffassung, daß der Beschluß des Landtags noch nicht in vollem Umfang erledigt ist, beispielsweise weil die Regierung noch nicht alles getan hat, was von ihr verlangt worden war, so kann diese Fraktion verlangen, daß sich der zuständige Fachausschuß des Landtags nochmals mit der Angelegenheit befaßt. Der Anstoß hierfür kann von jeder Fraktion ausgehen, wir haben hier also ein neues Minderheitsrecht geschaffen, d.h. die Mehrheit kann diese Erfolgskontrolle nicht abblocken. Kommt nun auch der Fachausschuß zu der Auffassung, daß der frühere Landtagsbeschluß noch nicht zufriedenstellend erledigt ist, so kann er eine Empfehlung in dieser Sache unmittelbar dem Plenum vorlegen[1]. Das Parlament hat auf diese Weise die Möglichkeit, in einem unkomplizierten Verfahren nachzustoßen und auf die Verwirklichung früher gefaßter Beschlüsse zu dringen. In ähnlicher Weise werden die zahlreichen Berichtspflichten überwacht, die der Regierung aufgrund gesetzlicher Bestimmungen oder aufgrund von Absprachen zwischen Parlament und Regierung obliegen. Diese turnusmäßigen Berichtspflichten sind auf allen Gebieten der Landespolitik anzutreffen und sie gewährleisten, daß das Parlament über wichtige Vorgänge und Entwicklungen auf dem laufenden gehalten wird. Wir haben diese turnusmäßigen Berichtspflichten vor kurzem aufgelistet und sind auf eine Zahl von etwa 40 Berichtsfällen gekommen[2].

Dieses Verfahren der Erfolgskontrolle wird seit Beginn des Jahres 1981 praktiziert, es wurde durch einen Landtagsbeschluß am 28. Januar 1981 bestätigt. Die Zukunft wird zeigen, ob sich damit eine effektive Kontrolle

1 Vgl. dazu das unter den Fraktionen und mit der Regierung abgesprochene Verfahren in Anlage 1.

2 Vgl. die Übersicht in Anlage 2.

bewältigen läßt. Aber schon jetzt läßt sich sagen, daß die Grundlagen gegenüber der bisherigen Handhabung wesentlich verbessert worden sind. Auch mit der Regierung sind die notwendigen Absprachen für eine reibungslose Abwicklung dieses Verfahrens der Kontrolle getroffen worden. Die Position der Volksvertretung in dieser Frage zu stärken, ist übrigens vom Ministerpräsidenten ausdrücklich begrüßt worden. Ganz ähnlich werden Berichtszusagen behandelt, die ein Regierungsvertreter im Rahmen einer parlamentarischen Beratung im Plenum oder in einem Ausschuß gibt.

Zur Frage einer parlamentarischen *ex-post-Kontrolle* ist weiter darauf hinzuweisen, daß der Landtag bisher schon im Rahmen von Einzelinitiativen in bestimmten Bereichen eine durchaus intensive Erfolgskontrolle durchgeführt hat. Diese Kontrolle erfolgt von Fall zu Fall durch das Parlament, aber auch durch den Rechnungshof, wobei ich allerdings gern einräume, daß hier noch vieles zu tun ist, weil auch der Rechnungshof nur stichprobenweise vorgehen kann. Eine systematische Erfolgskontrolle hat der Landtag u.a. vorgenommen bei der *Sanierungs- und Modernisierungsförderung* sowie bei staatlichen *Wirtschaftsförderungsmaßnahmen*. Es wird hier geprüft, inwieweit die Mittel zweckentsprechend verwendet worden sind und ob die angestrebten Ziele erreicht wurden, in welchem Umfang beispielsweise Arbeitsplätze durch staatliche Förderung gesichert oder neu geschaffen wurden. Anschauliche Beispiele dafür bieten die Berichte über die „Erfolgskontrolle in der Wirtschaftsförderung", die sich der Landtag regelmäßig von der Regierung vorlegen läßt und in denen detailliert sowohl die einzelbetrieblichen Förderungsmaßnahmen als auch die Infrastrukturförderung auf ihren Erfolg hin untersucht werden (vgl. die Landtagsdrucksachen 7/2217 und 7/6955). Weiter sei hier der *Landesentwicklungsbericht* genannt, der dem Landtag gemäß dem gesetzlichen Auftrag (§ 25 Landesplanungsgesetz) eine Erfolgskontrolle über die durchgeführten landesplanerischen Maßnahmen ermöglichen soll. In einem Falle ist der Terminus „Erfolgskontrolle" sogar expressis verbis gesetzlich verankert, nämlich in § 24 des Mittelstandsförderungsgesetzes von 1975, wonach der dem Landtag regelmäßig zu erstattende Mittelstandsbericht auch die Auswirkungen der Förderungsmaßnahmen darstellen soll.

Sie haben weiter die Frage der *ex-ante-Kontrolle* angesprochen sowie den Test von Gesetzentwürfen und Modellprogrammen. Es mag Bereiche geben, in denen es sinnvoll ist, zunächst im Test eine Regelung zu erproben, bevor sie als Gesetz beschlossen wird. In Einzelfällen hat es solche Tests sogar am „lebenden Objekt" gegeben in Form eines Probelaufs, wobei dann erst später aufgrund der gesammelten Erfahrungen eine endgültige Regelung beschlossen wird. Auch hier könnte ich eine ganze Reihe von Beispielen anführen, als ein besonders bedeutsames sei die Erprobungsphase der *einstufigen Juristenausbildung* genannt. Die Auswertung der Erfahrungen mit der bisherigen Erprobung – der Landtag hat mit Verabschiedung des Erprobungsgesetzes eine regelmäßige Berichterstattung verlangt – ist hier Grundlage für weitere Entscheidungen des Gesetzgebers (vgl. den letzten

Erfahrungsbericht der Landesregierung in Landtagsdrucksache 8/639 und dem Entwurf eines Gesetzes zur Verlängerung der Probephase, Drucksache 8/1091). Einige Bundesländer haben zeitlich beschränkte Gesetze zur *Erprobung der neuen Medien* erlassen. Es sei hier ferner der *Modellversuch der Berufsakademie in Baden-Württemberg* angeführt, der nach Abschluß der Erprobung jetzt in eine gesetzliche Form überführt werden soll. Solche zeitlich und dem Umfang nach beschränkten praktischen Testläufe von Gesetzen haben also in der Praxis schon erhebliches Gewicht, sie haben bisher jedenfalls mehr Bedeutung erlangt als Probeläufe auf dem Reißbrett.

Es ist erfreulich, wenn sich Wissenschaftler auch mit der Gesetzesvorbereitung befassen, es können sich daraus wichtige Hilfen für den Gesetzgeber ergeben. Es muß aber auch gesehen werden, daß bei der Entscheidung über eine gesetzgeberische Maßnahme nicht nur nachprüfbare Momente im Spiel sind und daß solche Entscheidungen — dies ist meine Erfahrung als langjähriger Abgeordneter — auch oder maßgeblich von *politischen Erwägungen* bestimmt werden, die mit wissenschaftlichen Kriterien nicht ohne weiteres erfaßbar sind.

Frage: *Aber vielleicht auch deswegen, weil Formen einer systematischen Wirkungskontrolle fehlen oder auch nicht genutzt werden. So werden die Folgen von Gesetzen bei der Gesetzesvorbereitung nur selten systematisch untersucht, Erfolgskontrollen nach Verabschiedung eines Gesetzes, die Folgelasten und -wirkungen empirisch aufzeigen, unterbleiben. Am besten funktioniert noch das „naturwüchsige" Anfragesystem der Abgeordneten, die nach den Auswirkungen einer Maßnahme oder eines Programms auf ihren Wahlkreis fragen. Dies mag dann selbst wieder zu einer verzerrten Kontrolle im Interesse der Aktivisten führen, während systematische Kontrollen der Auswirkungen eines Programms oder einer Maßnahme selbst nicht geprüft und in Frage gestellt werden.*

Gaa: Ja, solche wahlkreisbezogenen Anfragen kommen vor. Es wird beispielsweise nach der Verwirklichung der Verkehrsplanung bei dieser oder jener örtlichen Straßenbaumaßnahme gefragt oder nach der Bezuschussung einer Schulsporthalle in der Gemeinde X. Ich möchte dazu folgendes sagen: Wir Abgeordnete haben neben den Aufgaben im Parlament auch einen Wahlkreis zu betreuen. Das führt oft dazu, daß Wahlkreisangelegenheiten in das Parlament hineingetragen werden, wo für solche örtlichen Dinge nicht immer der richtige Platz ist. Überhaupt scheint mancher Politiker dem Irrtum zu unterliegen, die Wirksamkeit eines Abgeordneten sei an der Anzahl der parlamentarischen Anfragen zu messen. Was der eine Abgeordnete für den Wahlkreis durch Gespräche oder im Briefverkehr mit den zuständigen Stellen erledigt, bringt der andere über eine Anfrage in den Landtag. Es gibt Abgeordnete, die in ihrem Rechenschaftsbericht mitteilen: „Ich habe 100 Anfragen vorzuweisen." Wesentlich ist, wie der Abgeordnete seinen Auftrag versteht, und das ist in erster Linie eine Sache seiner Persönlichkeit.

Andererseits habe ich Ihnen eine ganze Reihe von Beispielen genannt, aus denen Sie ersehen, daß in unserem Landtag in wichtigen Bereichen durchaus schon eine systematische Erfolgskontrolle stattfindet. Wieweit die gegebenen Möglichkeiten tatsächlich genutzt werden, hängt vor allem von der Initiative der Abgeordneten und der Fraktionen ab. Auch unser neues Erfolgskontrollsystem bietet dafür nur einen geeigneten verfahrensmäßigen Rahmen. Die Landtagsverwaltung gibt dabei nur Hilfestellung. Die Initiative bleibt dem einzelnen Abgeordneten bzw. den Fraktionen überlassen; sie können die Möglichkeiten nutzen nachzuhaken, wenn sie andere Vorstellungen über die jeweilige Angelegenheit haben bzw. sie noch für erörterungsbedürftig halten. Für diese Nachprüfung steht den Fraktionen beim Landtag von Baden-Württemberg der Parlamentarische Beratungsdienst zur Verfügung. Für ihn sind 23 Planstellen des Landtags im Staatshaushaltsplan vorgesehen, die den Fraktionen unter Berücksichtigung der Fraktionsstärke zugeteilt sind.

Betrachtet man die bisherige Praxis des Landtags bei der parlamentarischen Behandlung der für Zwecke der Erfolgskontrolle vorgelegten Berichte, so muß man feststellen, daß er sich diesen Vorlagen in unterschiedlichem Umfang gewidmet hat. In einigen Fällen sind die Berichte eingehend in den zuständigen Ausschüssen beraten worden und haben sich dann in weiteren Beschlüssen des Landtags niedergeschlagen, in anderen Fällen ist es zu einer solchen Resonanz in der parlamentarischen Arbeit nicht gekommen; das schließt freilich nicht aus, daß ein solcher Bericht auf anderer Ebene – etwa für Initiativen der Fraktionen – ausgewertet worden ist.

Frage: In der Vergangenheit wurden zahlreiche parlamentarische Reformversuche unternommen. Ich denke hier and die Arbeit der Verfassungsreform-Enquete, aber auch an den interparlamentarischen Ausschuß. Wenn Sie sich an das Schicksal der vorgeschlagenen Planungskontrollgesetze in Nordrhein-Westfalen, Bayern und Berlin erinnern, glauben Sie nicht, daß sich die negativen Erfahrungen mit den jetzt projektierten Erfolgskontrollsystemen wiederholen werden?

Gaa: Bei den Entwürfen eines allgemeinen Planungskontrollgesetzes war der Ansatz einfach falsch. Wir haben diese Frage auch im Landtag diskutiert. Wir haben uns die Frage gestellt, ob es richtig ist, ein solches umfassendes Mustergesetz zu schaffen, obwohl der Begriff Planung wissenschaftlich noch keineswegs hinreichend geklärt ist. Wir sind der Meinung gewesen – und dies hat sich eigentlich auch in der Praxis als richtig erwiesen –, daß Planungskontrolle sozusagen ad hoc, in konkreten Bereichen, geregelt werden sollte. Ein Beispiel: Als die Hochschulgesetze im Jahre 1977 neu beraten wurden, hat der Landtag von sich aus die Entwurfsvorschriften über den Hochschulgesamtplan dahingehend ergänzt, daß der Landtag an dieser Planung beteiligt sein muß (§ 36 UnivG). Ähnlich haben wir im Landesplanungsgesetz ein Verfahren für eine Beteiligung des Landtags in Bezug auf die Aufstellung und Fortschreibung des Landesentwicklungsplans und der fachlichen Entwicklungspläne gesetzlich geregelt. Weitere gesetzliche Einzelregelungen über eine Planungskontrolle des Landtags gibt es für den Bereich Gemeinschaftsaufgaben (§ 10 Abs. 3 LHO) und für sonstige haushaltsrelevante planerische Maßnahmen (§ 10 Abs. 2 und Abs. 4 LHO). Es ist also für wichtige Planungen von Fall zu Fall in die entsprechenden Gesetze aufgenommen worden, daß die Regierung gehalten ist, ab einem gewissen Planungsstadium das Parlament einzuschalten, wobei die Regelung je nach den Gegebenheiten des konkreten Sachbereichs ausgestaltet werden konnte. In anderen Bereichen hat man den Landtag, ohne daß dies geregelt war, pragmatisch an wichtigen Planungen beteiligt. Mit solchen Einzelregelungen wird man dem Problem der Planungsbeteiligung des Parlaments sehr viel besser gerecht als mit einem umfassenden Planungskontrollgesetz, wo vieles zu sehr im Nebulosen bleibt. Deswegen mußten die von Ihnen erwähnten Gesetzesvorhaben scheitern, weil das Terrain einfach zu groß angesetzt war.

Unser Rezept, die Dinge *von unten* anhand von konkreten Einzelregelungen anzugehen, hat sich meines Erachtens als erfolgreich erwiesen. In kaum einem anderen Parlament der Bundesrepublik gibt es eine derartige Vielzahl von Regelungen – sei es in Form von Gesetzen, sei es in Form sonstiger Landtagsbeschlüsse oder von Absprachen –, die dem Parlament die Beteiligung an einzelnen Planungen einräumen. Insgesamt ist durch diese differenzierten Regelungen sichergestellt, daß heute keine wichtige Planung in Baden-Württemberg in Kraft gesetzt wird, ohne daß dem Landtag zuvor nicht die Gelegenheit gegeben wird, sich dazu zu äußern.

Ebenso verhält es sich mit der Erfolgskontrolle. Es gibt bisher keine umfassende systematische Erfolgskontrolle über den Vollzug der Gesetze schlechthin, aber *punktuell* ist für eine ganze Reihe von Sachbereichen gesetzlich oder in anderer Form eine Berichtspflicht gegenüber dem Landtag festgelegt. Es gibt, wie ich oben angedeutet habe, ein ganzes Netz dieser kontinuierlichen Berichtspflichten, die durchaus vor diesem Hintergrund zu sehen sind. Es ist auch fraglich, ob eine flächendeckende Erfolgskontrolle Aufgabe des Parlaments sein kann.

Frage: *Die CDU hat hier im Lande eine sichere Mehrheit. War dies die Voraussetzung dafür, daß überhaupt eine Erfolgskontrolle zustande kam? Oder bewirken parlamentarische Mehrheiten eher, daß sie die Regierung schützen müssen? Wie sehen Sie angesichts dessen die Zukunft einer parlamentarischen Erfolgskontrolle im Parlament?*

Gaa: Folgt man der gängigen These, Kontrolle sei vor allem eine Angelegenheit der Opposition, so dürfte die Regierungsmehrheit eigentlich gar kein Interesse an einer solchen Regelung haben. Wenn wir seit Jahren eine Alleinregierung einer Partei mit einer deutlichen Mehrheit dieser Partei im Landtag haben, dann müßte diese Mehrheit doch eigentlich bestrebt sein, ihre Regierung möglichst ungeschoren zu lassen, müßte sie eher bestrebt sein, alles zuzudecken. Das Gegenteil ist der Fall. Die Erfolgskontrolle ist ein Anliegen des *gesamten* Parlaments, und so ist auch die Tatsache zu verstehen, daß die jetzt bei uns gefundene Regelung von allen Fraktionen einmütig getragen wird.

Hierzu sei ein besonders plastisches Beispiel genannt: Im Jahre 1975/76 hat ein Untersuchungsausschuß des Landtags, der sich mit dem Finanzgebaren an den Universitäten befaßte, als Ergebnis seiner Untersuchungen eine größere Anzahl von Empfehlungen an die Regierung gerichtet (vgl. Drucksache 6/8500). Der Untersuchungsausschuß selbst hat sich von der Regierung über die Verwirklichung dieser Empfehlungen berichten lassen (Drucksache 6/8840), er hat in einem Nachtragsbericht geprüft, wieweit die Regierung diesen Ersuchen nachgekommen ist, wobei der Regierung erneute Berichtsfristen gesetzt wurden (Drucksache 6/8880). Im Anschluß daran erstattete die Regierung in den Jahren von 1977 bis 1979 noch in fünf weiteren Einzelvorlagen an den Landtag über die Verwirklichung der Empfehlungen des Untersuchungsausschusses Bericht[3]. Alle diese Berichte wurden vom Rechnungsprüfungsausschuß des Landtags dann daraufhin geprüft, inwieweit die Regierung den Beschlüssen des Parlaments auch tatsächlich entsprochen hat[4]. Der Ausschuß hat hierzu eine besondere Kommission eingesetzt, die weitere Berichte bei der Regierung anforderte. Das ist ein Beispiel einer sehr intensiven Erfolgskontrolle, mit der das Gesamtparlament den Feststellungen eines parlamentarischen Untersuchungsausschusses Nachdruck verliehen hat.

Eine Erfolgskontrolle als Aufgabe eines Ausschusses ist in der Landtagsgeschäftsordnung seit einigen Jahren für die Landtagsbeschlüsse auf *Petitionen* institutionalisiert (§ 68 Abs. 3). Wird der Regierung eine Petition zur Berücksichtigung oder auch nur zur Erwägung überwiesen, so muß sie dem Landtag innerhalb einer Frist berichten, was sie daraufhin veranlaßt hat. Diesen Bericht überweist der Präsident unmittelbar an den Petitionsausschuß, der prüfen muß, ob die Regierung getan hat, was von ihr verlangt worden war. Der Petitionsausschuß kann sich direkt an das Plenum wenden, wenn er weitere Maßnahmen für erforderlich hält. Ähnlich wird im Bereich *Rechnungsprüfung* verfahren. Hier kontrolliert der zuständige Ausschuß ex officio, ob die Regierung den Beanstandungen des Landtags abgeholfen hat, ob sie die vom Landtag geforderten Maßnahmen getroffen hat. Ich verweise hierzu auf § 37 Abs. 4 unserer Geschäftsordnung. Dies sind alles Beispiele dafür, daß die Erfolgskontrolle über die Landtagsbeschlüsse nicht allein als Angelegenheit der Opposition, sondern in besonderem Maße als Aufgabe des Parlaments als ganzem angesehen und praktiziert wird.

3 Drucksachen 7/71, 400, 1375, 1900, 6755.
4 Beschlußempfehlung im Bericht des Rechnungsprüfungsausschusses, Drucksache 7/6823, Plenarprotokoll vom 30. Januar 1980, S. 6508.

In Zukunft wird die Kontrollfunktion der Parlamente noch stärker in den Vordergrund rücken und insbesondere in den Landtagen gegenüber der Gesetzgebungsaufgabe an Gewicht gewinnen. Das gesamte Parlament einschließlich der Regierungsfraktion ist aufgerufen, in dieser wichtigen Parlamentsfunktion mitzuwirken.

Anhang

Kurzprofil: ERFOLGSKONTROLLE IM LANDTAG BADEN-WÜRTTEMBERG
Verfahren der Erfolgskontrolle bei Landtagsbeschlüssen und der Überwachung bei Berichtszusagen der Regierung (Beschl.Dez. 1980)

I. Erfolgskontrolle bei Landtagsbeschlüssen, die ein Ersuchen an die Regierung enthalten

1. *Fristüberwachung*
   a) Nach § 37 Abs. 1 GeschO hat die Regierung über die Ausführung eines Landtagsbeschlusses innerhalb von sechs Monaten oder der vom Landtag im Einzelfall gesetzten Frist zu berichten.
   Die Einhaltung der Frist wird künftig von der Landtagsverwaltung überwacht.
   b) Bei Nichteinhaltung der Frist mahnt der Präsident den Bericht von Amts wegen bei der Regierung an. Die Fraktionen werden hiervon unterrichtet.
   c) In entsprechender Weise werden die auf sonstiger Grundlage (Gesetz, Geschäftsordnung, Vereinbarung) beruhenden Berichtspflichten überwacht.

2. *Behandlung der Berichte nach § 37 Abs. 1 GeschO*
   a) Zu jedem Bericht stellt die Landtagsverwaltung den zugrunde liegenden Landtagsbeschluß (einschließlich Materialien wie Ausschußempfehlung, Ausschußbericht, Antrag) den Fraktionen zur Verfügung. Die Fraktionen können sich anhand dieses Materials ein Urteil bilden, ob die Angelegenheit als erledigt angesehen werden kann.
   b) Hat die Regierung einem Landtagsbeschluß nicht oder nicht voll entsprochen, so kann nach § 37 Abs. 2 und 3 GeschO zunächst eine Beanstandung über den Präsidenten an die Regierung gerichtet werden und nach Eingang der Antwort auf diese Beanstandung von einer Fraktion oder zehn Abgeordneten die Behandlung im Plenum verlangt werden. Um die Erfolgskontrolle wirksamer zu gestalten, wird künftig folgendes vereinfachte Verfahren angewendet:
   Der Bericht zu einem Landtagsbeschluß wird auf Verlangen einer Fraktion vom Präsidenten dem zuständigen Ausschuß überwiesen, der dem Landtag erneut eine Beschlußempfehlung vorlegen kann, wenn er den früheren Landtagsbeschluß nicht für erledigt hält. In gleicher Weise kann die erneute Befassung des Ausschusses verlangt werden und vom Ausschuß eine neue Empfehlung dem Plenum vorgelegt werden, wenn die Regierung nicht fristgemäß berichtet hat. Ähnliche Regelungen gelten bereits für Berichte zu Landtagsbeschlüssen zur Denkschrift und zu Petitionen (§§ 37 Abs. 4, 68 Abs. 3 GeschO).

II. Überwachung bei Berichtszusagen der Regierung

1. *Berichtszusagen im Plenum* (in Betracht kommen z. B. Zusagen einer ergänzenden schriftlichen Auskunft in der Fragestunde, sonstige Zusagen der Unterrichtung des Landtags, der Fraktionen oder eines Ausschusses).

Solche Zusagen sind im Plenarprotokoll festgehalten. Die Landtagsverwaltung wertet das Protokoll aus und führt eine Überwachungsliste.
Der zugesagte Bericht wird von der Regierung der Landtagsverwaltung zur Weiterleitung übergeben. Gibt die Regierung ihre Äußerung unmittelbar an den interessierten Abgeordneten, so verständigt sie die Landtagsverwaltung.
Wenn die zugesagte Äußerung nicht in angemessener Frist eingeht, wird sie vom Präsidenten angemahnt, gegebenenfalls nach Fühlungnahme mit dem interessierten Abgeordneten.

2. *Berichtszusagen in Ausschüssen* (z.B. Zusagen gegenüber dem Ausschuß oder einem Antragsteller).
Die Zusagen werden stets in das Ausschußprotokoll aufgenommen (gegebenenfalls in das Ergebnisprotokoll) und dort in geeigneter Weise hervorgehoben. Die Landtagsverwaltung führt eine Überwachungsliste.
Der zugesagte Bericht wird von der Regierung der Landtagsverwaltung zur Weiterleitung übergeben. Gibt die Regierung ihre Äußerung unmittelbar an den interessierten Abgeordneten, so verständigt sie die Landtagsverwaltung.
Wenn die zugesagte Äußerung nicht in angemessener Frist eingeht, wird sie vom Vorsitzenden des Ausschusses angemahnt, gegebenenfalls nach Fühlungnahme mit dem interessierten Abgeordneten.

Turnusmäßige Berichte der Landesregierung gegenüber dem Landtag

Inhalt des Berichts	Grundlage der Berichterstattung	Art der Berichterstattung, Berichtstermin
1. Geschäftsberichte der Ministerien	Grundsätze des Finanzministeriums zur Aufstellung des Haushaltsplanentwurfs/Absprache	Gegenüber dem Landtag jeweils mit Vorlage des Haushaltsentwurfs (gemäß Absprache von 1981 Beschränkung auf das Wesentliche)
2. Publikationen der Ministerien	Zusage des Ministerpräsidenten vom 25. November 1978	Halbjährlich gegenüber dem Landtag. Übersicht über die einzelnen Publikationen unter Angabe von Auflage, Kosten, Verwendungszweck und Verteiler
3. Anmeldungen für die gemeinsamen Rahmenpläne nach Artikel 91a GG	§ 10 Abs. 3 LHO	Jährlich gegenüber dem Landtag mit der Möglichkeit einer Sachberatung des Landtags, ferner unverzügliche Unterrichtung des Landtags über wesentliche Abweichungen von den Anmeldungen in den Planungsausschüssen
4. Unterrichtung über Staatsverträge und sonstige Abkommen von erheblicher politischer oder finanzieller Bedeutung	§ 10 Abs. 4 LHO (für Staatsverträge und sonstige Vereinbarungen mit erheblichen haushaltsmäßigen Auswirkungen) und Zusage der Regierung auf den Beschluß des Landtags vom 25. Oktober 1979	Von Fall zu Fall gegenüber dem Landtag, rechtzeitig vor dem Abschluß; ergänzende Zusage, so frühzeitig vorzulegen, daß dem Landtag eine ausreichende Beratungszeit zur Verfügung steht

Inhalte des Berichts	Grundlage der Berichterstattung	Art der Berichterstattung, Berichtstermin
5. Unterrichtung über Ergebnisse einschließlich der Zwischenergebnisse der Fachministerkonferenzen und grenzüberschreitenden Gremien in Fällen von erheblicher politischer oder finanzieller Bedeutung	Absprache von 1980	Unverzügliche Unterrichtung des Landtags (Fraktionen)
6. Unterrichtung über beabsichtigte Grundgesetzänderungen, die die Zuständigkeiten des Landes berühren	Absprache (gemäß Beschluß des Ältestenrats vom 26.11.1974, Drucksache 6/6565)	Bericht von Fall zu Fall gegenüber dem Ständigen Ausschuß
7. Unterrichtung über das Abstimmungsverhalten des Landes im Bundesrat	Zusage des Ministerpräsidenten	Nach jeder Bundesratssitzung gegenüber dem Landtag (Fraktionen)
8. Unterrichtung über die Ergebnisse (Tabellenbände) der von der Regierung in Auftrag gegebenen Repräsentativerhebungen	Zusage des Ministerpräsidenten vom 9. Juni 1980	Persönliche und vertrauliche Unterrichtung der Vorsitzenden der Fraktionen und Gruppen sowie des Landtagspräsidenten. Ausgenommen Grundlagen für Planungsvorhaben und Gesetzesvorhaben, soweit sie bei Beginn der Erhebung noch nicht Gegenstand parlamentarischer Diskussion waren; Wertung von Einzelpersonen. Vertrauliche Unterrichtung der Vorsitzenden auch über Umfragen und Umfragepunkte, deren Ergebnisse nicht weitergegeben werden.
9. Landesentwicklungsbericht	§ 25 a Abs. 2 Landesplanungsgesetz	Gegenüber dem Landtag einmal in jeder Wahlperiode (gemäß Absprache von 1981 bereits etwa in der Mitte der Wahlperiode)
10. Bericht über die Tätigkeit des Verfassungsschutzes	§ 7 Verfassungsschutzgesetz	Gegenüber dem Ständigen Ausschuß halbjährlich, auf Verlangen des Ausschusses und aus besonderem Anlaß
11. Bericht über die Ablehnung von Bewerbern und die Entlassung von Bediensteten wegen fehlender Verfassungstreue	Beschluß des Landtags vom 28. Juni 1973	Mündlicher Bericht gegenüber dem Ständigen Ausschuß halbjährlich

Inhalt des Berichts	Grundlage der Berichterstattung	Art der Berichterstattung, Berichtstermin
12. Durchführung des Gesetzes zu Artikel 10 GG	§ 2 Abs. 1 Ausführungsgesetz zum G 10	Gegenüber dem Gremium nach Artikel 10 GG, mindestens halbjährlich
13. Bericht über die Planungen für den Notstandsfall	§ 19b Abs. 6 Landtags-Geschäftsordnung	Gegenüber dem Notparlament mindestens einmal jährlich
14. Bericht über die Verwirklichung der im Sicherheitsplan I vorgesehenen personellen und baulichen Maßnahmen	Beschluß des Landtags vom 12. Dezember 1975	Gegenüber dem Landtag jeweils bei der Einbringung des Haushaltsentwurfs
15. Entwicklung der Verurteilungen in Rauschgiftverfahren	Beschluß des Landtags vom 21. Mai 1971	Jährlich gegenüber dem Landtag
16. Bericht über die Haushaltsentwicklung und ihre Auswirkungen auf die Finanzplanung des Landes	§ 10 Abs. 2 LHO	Gegenüber dem Landtag im Einzelfall, auch Bericht im Ausschuß für Finanzen und Rechnungsprüfung
17. Unterrichtung über die Entwicklung der Einnahmen und Ausgaben des Landes	Landtagsbeschluß vom 15. März 1973	Vierteljährlich gegenüber dem Landtag
18. Bericht über die Ergebnisse der Steuerschätzungen des Bund/Länder-Arbeitskreises „Steuerschätzungen"	Absprache	Gegenüber dem Landtag, in der Regel vierteljährlich
19. Vorlage der Geschäftsberichte der wesentlichen Landesbeteiligungen	Übung, bestätigt durch Absprache von 1981	Jährlich anläßlich der Haushaltsberatungen
20. Übersicht über geleistete über- und außerplanmäßige Ausgaben	§ 37 Abs. 4 LHO in Verbindung mit § 7 Abs. 3 StHG	Halbjährlich gegenüber dem Landtag bei Ausgaben über 50000 DM; unverzügliche Mitteilung in Fällen von grundsätzlicher oder erheblicher finanzieller Bedeutung. (FinAusschuß ist zur abschließenden Erledigung ermächtigt – Beschluß vom 25.1.1973.) Alle über- und außerplanmäßigen Ausgaben sind dem Landtag nach Abschluß des Haushaltsjahres zur Genehmigung (Art. 81 LV) mitzuteilen.
21. Berichte über Finanzhilfen des Landes	§ 5 Abs. 2 Satz 3 und 4 StHG	Nach Abschluß des Haushaltsjahres oder halbjährlich gegenüber dem Ausschuß für Finanzen und Rechnungsprüfung

Inhalt des Berichts	Grundlage der Berichterstattung	Art der Berichterstattung, Berichtstermin
32. Bericht über die Senkung der Klassenfrequenzen	Beschluß des Landtags vom 13. Juni 1979	Gegenüber dem Landtag in jedem Schuljahr nach Vorlage der Schulstatistik
33. Bericht über die Förderung des Schulhausbaus	Nach § 4 des Dritten Gesetzes über die Förderung des Schulhausbaus vom 29. November 1961	Bericht gegenüber dem Landtag (gemäß Absprache von 1981 wird der Bericht in den Geschäftsbericht des Ministeriums für Kultus und Sport einbezogen)
34. Erfahrungen und Erkenntnisse mit der Erprobung der einstufigen Juristenausbildung an der Universität Konstanz, Vorschläge für weitere Verbesserungen dieses Ausbildungsmodells	Beschluß des Landtags vom 10. Oktober 1974	Gegenüber dem Landtag jährlich
35. Bericht über die den Universitäten zugeflossenen Drittmittel	Beschluß des Landtags vom 13. Juli 1973	Seit 1974 jährlich zusammen mit der Vorlage des Haushaltsplans (gemäß Absprache von 1981 Einbeziehung in den Geschäftsbericht des Ministeriums für Wissenschaft und Kunst)
36. Landessportplan	Beschlüsse des Landtags vom 23. März 1972 und 26. Juni 1975	Gegenüber dem Landtag jeweils mit Vorlage des Haushaltsentwurfs. Nach Absprache von 1981 wird der Bericht durch kurzes Vorwort im Landessportplan erstattet
37. Landesjugendplan und Bericht über die vordringlichen Aufgaben der Jugendhilfe	§ 9a Abs. 2 Landesjugendwohlfahrtsgesetz	Gegenüber dem Landtag mit der Vorlage des Haushaltsentwurfs (gemäß Absprache von 1981 wird der Bericht über die vordringlichen Aufgaben der Jugendhilfe durch ein kurzes Vorwort im Landesjugendplan erstattet, vgl. Ziffer 37)
38. Stellungnahme der Landesregierung zum Jugendhilfebericht der Bundesregierung	§ 9a Abs. 1 Landesjugendwohlfahrtsgesetz	Gegenüber dem Landtag, nach Vorlage des Berichts der Bundesregierung (einmal je Wahlperiode des Bundestags) Nach Absprache von 1981 wird der Bericht in die Berichte nach § 9a Abs. 2 Landesjugendwohlfahrtsgesetz einbezogen (vgl. Ziffer 37)

Inhalt des Berichts	Grundlage der Berichterstattung	Art der Berichterstattung, Berichtstermin
22. Mittelstandsbericht	§ 24 Mittelstandsförderungsgesetz	Gemäß Absprache von 1981 sind die drei Berichte Ziff. 22 bis 24 zu einem jährlichen Bericht zusammengefaßt
23. Bericht über die Durchführung der Strukturentwicklungsprogramme	Zusage der Regierung	siehe Ziffer 22
24. Bericht über die Erfolgskontrolle in der Wirtschaftsförderung	Beschluß des Landtags vom 15. Juni 1977	siehe Ziffer 22
25. Ergänzungsnachweisung der Bürgschaften, Garantien und sonstigen Gewährleistungen des Landes	Gemäß Absprache von 1981 wird die Unterrichtung mit dem Bericht über Finanzhilfen nach § 5 Abs. 2 StHG verbunden	Gegenüber dem Finanzausschuß halbjährlich
26. Landeshaushaltsrechnung	Artikel 83 Abs. 1 LV, § 114 Abs. 1 LHO	Jährlich gegenüber dem Landtag (nach § 114 Abs. 1 LHO im Laufe des nächsten Haushaltsjahres. Gemäß Beschluß des Landtags vom 1. April 1981 soll der Abschluß beschleunigt werden, damit die Vorlage ab 1983 jeweils bis Ende Oktober erfolgen kann).
27. Bericht über die übertragenen Ausgabenreste	§ 7 Abs. 4 StHG	Jährlich gegenüber dem Ausschuß für Finanzen und Rechnungsprüfung
28. Entwurf der Verordnung zur Durchführung des Gesetzes über den kommunalen Finanzausgleich	Beschluß des Landtags vom 9. November 1961	Jährlich gegenüber dem Innenausschuß
29. Bericht über den Verkauf landeseigener Grundstücke zur Förderung des sozialen Wohnungsbaus	Zusage der Regierung aufgrund § 8 Abs. 1 Nr. 1 StHG	Jährlich gegenüber dem Finanzausschuß
30. Bericht über durchgeführte öffentliche Wettbewerbe für Kunst am Bau	Beschluß des Landtags vom 12. Dezember 1973	Bisher gesonderter jährlicher Bericht, nach Absprache von 1981 Einbeziehung in den Geschäftsbericht des Finanzministeriums unter Beschränkung auf wesentliche Vorgänge
31. Bericht über die Reform des Schulwesens	Beschluß des Landtags vom 16. Juni 1970	Jährlich gegenüber dem Landtag (gegebenenfalls kann der Bericht in den Geschäftsbericht des Ministeriums für Kultus und Sport einbezogen werden, gemäß Absprache von 1981)

39. Bericht über die Sicherung der gesellschaftspolitischen Aufgaben der Landwirtschaft und der Forstwirtschaft	§ 33 Landwirtschafts- und Landeskulturgesetz	Gegenüber dem Landtag mindestens alle drei Jahre (der Bericht wird gemäß Absprache von 1981 in den Geschäftsbericht des Ernährungsministeriums aufgenommen)
40. Bericht über die Verbesserung der Abwasserbeseitigung	Beschluß des Landtags vom 5. April 1974	Jährlich gegenüber dem Landtag (gegebenenfalls kann der Bericht in den Geschäftsbericht des Ernährungsministeriums einbezogen werden, gemäß Absprache von 1981)

(Stand 1980)

II.3 Evaluierung – Prüfverfahren des Bundesrechnungshofs?

Heinz Dorn
Bundesrechnungshof, Frankfurt a. M.

Erfolgskontrolle durch den Bundesrechnungshof

I. Stellung und Aufgaben des Bundesrechnungshofes

Der Bundesminister der Finanzen hat nach Art. 114 Abs. 1 des Grundgesetzes dem Bundestag und dem Bundesrat über alle Einnahmen und Ausgaben des Bundes sowie über das Vermögen und die Schulden jeweils im Lauf des nächsten Rechnungsjahres zur Entlastung der Bundesregierung Rechnung zu legen.

Diese Rechnung sowie die Wirtschaftlichkeit und Ordnungsmäßigkeit der Haushalts- und Wirtschaftsführung prüft der Bundesrechnungshof (Art. 114 Abs. 2 GG). Seine Mitglieder besitzen richterliche Unabhängigkeit. Er ist durch Gesetz als eine der Bundesregierung gegenüber selbständige, nur dem Gesetz unterworfene oberste Bundesbehörde eingerichtet worden. Der Bundesrechnungshof ist also nicht Teil der Bundesregierung, sondern steht sozusagen *neben* ihr. Er ist aber auch nicht *Hilfsorgan* des Parlaments wie etwa der Rechnungshof der USA (General Accounting Office, GAO), sondern entscheidet kollegial in eigener Verantwortung im Rahmen seiner gesetzlichen Verpflichtungen über die von ihm vorzunehmenden Prüfungen und über die Behandlung der Prüfungsergebnisse einschließlich ihrer Mitteilung an den Deutschen Bundestag[1].

Die Aufgaben des Bundesrechnungshofes sind im einzelnen in der Bundeshaushaltsordnung beschrieben; die Prüfung erstreckt sich auf die Einhaltung der für die Haushalts- und Wirtschaftsführung geltenden Vorschriften und Grundsätze. So ist insbesondere zu prüfen, ob das Haushaltsgesetz und der Haushaltsplan eingehalten worden sind und ob wirtschaftlich und sparsam verfahren worden ist. Wirtschaftlichkeit bedeutet hier, daß ein bestimmtes Ziel mit dem geringsten Aufwand oder mit einem bestimmten Aufwand der größtmögliche Erfolg erzielt wird.

Von ihm festgestellte Mängel teilt der Bundesrechnungshof zunächst der geprüften Behörde mit. Soweit das Ergebnis seiner Prüfungen für die Entlastung der Bundesregierung von Bedeutung sein kann, hält der Bundesrechnungshof es in den jährlichen „Bemerkungen" fest, die dem Bundestag, dem Bundesrat und der Bundesre-

1 Vgl. H. Schäfer, *Bulletin des Presse- und Informationsamtes der Bundesregierung*, Nr. 103 vom 6.9.1973, S. 1034 ff.; K. Wittrock, *Bulletin*, Nr. 123 vom 16.10.1979, S. 1149 ff.; zur historischen Entwicklung s. F. von Pfuhlstein, Über die Institution des Bundesbeauftragten für Wirtschaftlichkeit in der Verwaltung, in: *Festschrift für Hans Schäfer: „Verfassung, Verwaltung, Finanzkontrolle"*, hrsg. von E. Schiffer und H. Kahrenke, Köln 1975, S. 375 ff.

gierung zugehen. Sie werden im Bundestag vom Rechnungsprüfungsausschuß, einem Unterausschuß des Haushaltsausschusses, im einzelnen beraten. Das Ergebnis dieser Beratung legt der Haushaltsausschuß seinem Vorschlag an das Plenum für die Entlastung der Bundesregierung zugrunde.

Neben seiner Mitwirkung bei der Entlastung der Bundesregierung kann der Bundesrechnungshof aufgrund von Prüfungserfahrungen den Bundestag, den Bundesrat, die Bundesregierung und einzelne Bundesminister beraten. Bestandteil dieser Beratungsfunktion ist die Teilnahme an den alljährlichen Gesprächen über den Haushaltsvoranschlag im Finanzministerium und im Haushaltsausschuß des Deutschen Bundestages. Dort nehmen Vertreter des Bundesrechnungshofs von sich aus oder auf Anfrage Stellung. Weiter ist Teil dieser Beratung die Erstattung von Gutachten, z. B. über die Organisation von Behörden. Der Bundesrechnungshof kann derartige Themen aber auch, wenn er es für erforderlich hält, im Rahmen der Rechnungsprüfung untersuchen, um Vorschläge für die Verbesserung der Wirtschaftlichkeit machen zu können.

Die Durchführung von Prüfungen kann der Bundesrechnungshof nach *seinem Ermessen* beschränken. Dies ist schon deshalb erforderlich, weil er seiner personellen Ausstattung nach zu einer Prüfung aller Ausgaben gar nicht imstande ist. So verfügte er 1967 bei einem zu prüfenden Ausgabevolumen von 80,6 Mrd. DM (Bundeshaushalt) über insgesamt 290 Prüfer in 49 Prüfungsgebieten; für die Prüfung des Haushalts 1980 mit insgesamt 214,5 Mrd. DM stehen in 48 Prüfungsgebieten 287 Prüfer bereit (s. Tab.).

Ausgaben des Bundes	*Personal des Bundesrechnungshofs*
1967	1980
80,6 Mrd. DM (Ist)	214,5 Mrd. DM
538 Beschäftigte	517 Beschäftigte
7 Abteilungen	8 Abteilungen
49 Prüfungsgebiete 290 Prüfer	48 Prüfungsgebiete 287 Prüfer

Der Bundesrechnungshof muß sich daher auf stichprobenweise Prüfungen beschränken. Er bemüht sich dabei zunehmend darum, Fragen von allgemeiner Bedeutung zu untersuchen und Vorschläge zur Verbesserung des Systems der verschiedenen Verwaltungstätigkeiten zu machen.

Der Bundesrechnungshof orientiert sich als unabhängige Behörde bei seinen Prüfungen nur an den ihm gesetzlich vorgegebenen Kriterien, insbesondere an dem der *Wirtschaftlichkeit* und *Sparsamkeit*. Politische Entscheidungen von Parlament und Regierung sind ihm vorgegeben. Soweit allerdings objektiv erfaßbare und nach seinen Kriterien bewertbare Sachverhalte Elemente politischer Entscheidungen geworden sind, kann und muß der Bundesrechnungshof Regierung und Parlament unterrichten, wenn er bei seinen Prüfungen feststellt, daß diese Sachverhalte sich anders darstellen oder sich verändert haben und anzunehmen ist, daß diese Feststellungen zu einer Änderung der politischen Entscheidung führen könnten[2].

In Grenzfällen wird der Bundesrechnungshof allerdings Zurückhaltung üben, um nicht den Eindruck entstehen zu lassen, er kritisiere politische Entscheidungen.

II. Erfolgskontrolle durch Regierung, Parlament und Bundesrechnungshof

Soweit für die Regierung der direkte Erfolg einer einzelnen Maßnahme wichtig ist oder soweit für die Tätigkeit der Regierung Programme aus eigener Initiative oder auf Wunsch des Parlaments aufgestellt werden, ist die Erfolgskontrolle der Maßnahme oder des Programms systemimmanenter Teil der Regierungstätigkeit. Ihr muß daran gelegen sein zu erfahren, ob die in der Regel mit dem Einsatz finanzieller Mittel angestrebten Ziele erreicht worden sind, um daran ihr weiteres Vorgehen zu orientieren. Die Kontrolle der Ergebnisse kann sich auf die Frage der Wirtschaftlichkeit beschränken, sie kann sich auch auf die Erreichung der angestrebten politischen Ziele erstrecken und sich auf die Feststellung der nicht angestrebten Wirkungen ausdehnen. Die Kontrolle kann mit eigenem Personal oder mit vertraglich beauftragten Personen außerhalb der Verwaltung durchgeführt werden. Beispiele für den ersten Fall sind etwa die Kontrolle des Erfolgs von Zuwendungen für die Förderung von Forschung und Entwicklung oder für Entwicklungshilfe, für den zweiten Fall die Kontrolle der Ergebnisse ganzer Förderprogramme auf den verschiedensten Gebieten.

Die Aufgaben für den Bundesrechnungshof auf diesem Gebiet ergeben sich aus der allgemeinen Aufgabenbeschreibung. So wie er sich auf anderen Gebieten auf stichprobenweise Prüfungen beschränken muß und sich bemüht, aufgrund seiner Prüfungsergebnisse Vorschläge zur Verbesserung der Verwaltungssysteme der Regierung zu machen, kann er auch hier nicht – wie gelegentlich vorgeschlagen worden ist – für das Parlament die Erfolgskontrolle aller Maßnahmen der Regierung übernehmen. Er muß sich vielmehr darauf beschränken, bei seinen Prüfungen darauf zu achten, daß die Regierung selbst unter dem Gesichtspunkt der Wirtschaftlichkeit den Erfolg von Einzelmaßnahmen und Programmen kontrolliert und er muß diese Kontrolle bei seinen stichprobenweisen Prüfungen nachvollziehen.

So wie die Regierung die Aufgabe der Erfolgskontrolle erst in neuerer Zeit als Folge einer mehr programmorientierten Tätigkeit erkannt hat, stellt sie sich auch für den Bundesrechnungshof neu[3]. Seine Berichte an den Deutschen Bundestag las-

2 Vgl. Bemerkungen des Bundesrechnungshofes zur Bundeshaushaltsrechnung 1977, *BTDrs.* 8/3238, S. 3.

3 Vgl. hierzu auch die Kontroverse zwischen Tiemann und Battis; U. Battis, Rechnungshof und Politik, in: *DÖV*, 1976, S. 721; S. Tiemann, Nochmals Rechnungshof und Politik, in: *DÖV*, 7/1977, S. 240 ff.; s. a. die Kommentierung von Vogel, in: *Bonner Kommentar*, 1973, Art. 114 GG, Rdnr. 91, 125 ff., 159 sowie grundsätzlich S. Tiemann, Zur funktionalen Zuordnung und komplementären Beziehung der Kontrollakte des Rechnungshofs und parlamentarischer Finanzkontrolle, in: *DVBl.*, 1976, S. 327 ff.

sen erkennen, daß er diese Aufgabe sieht und auf einigen Gebieten bereits einschlägige Vorschläge gemacht hat, denen die Regierung gefolgt ist. Als Beispiel sei die Erfolgskontrolle bei der *Förderung von Forschung und Entwicklung* genannt, für die die Bundesregierung, einer auch dem Parlament gegenüber ausgesprochenen Empfehlung des Bundesrechnungshofes folgend, Richtlinien erlassen hat[4]. In dem Maße, wie sich die Regierungstätigkeit zunehmend in der Durchführung von Programmen abspielt, wird auch der Bundesrechnungshof darauf zu achten haben, ob die Wirtschaftlichkeit bei der Durchführung dieser Programme beachtet und kontrolliert wird.

III. Prüfung der Wirtschaftlichkeit

Prüfung der Wirtschaftlichkeit bedeutet – wie bereits angeführt – Prüfung des Verhältnisses von Aufwand und Ertrag bzw. Erfolg. Die größte Wirtschaftlichkeit ist dann gegeben, wenn ein bestimmter Erfolg mit dem geringsten Aufwand oder wenn mit einem bestimmten Aufwand der größte Erfolg erreicht worden ist.

Was aber bedeutet Wirtschaftlichkeit z. B. im Bereich der Finanzierung von Forschung und Entwicklung? Die Problematik liegt in der Messung des *Ertrages*. Ertrag von Forschung könnte kurzfristig meßbar sein in der Anzahl und dem Wert von Patenten für Industrieprodukte. Grundlagenforschung, die ohne solche direkte Zielsetzung allgemeine Erkenntnisse zu gewinnen sucht, wäre danach weniger wirtschaftlich. Aber gerade sie kann zu Erkenntnissen führen, die auf lange Sicht zu wesentlich höheren Erträgen führen können als die Patente aus der angewandten Forschung. Auch sind Erträge nur in bestimmten Bereichen der Naturwissenschaft meßbar. In Geld kaum meßbar sind sie etwa in der Medizin, noch weniger oder gar nicht in den Geisteswissenschaften.

Die Prüfung der Wirtschaftlichkeit des Forschungsvorhabens wird sich in der Praxis aus den genannten Gründen in der Regel darauf beschränken müssen, festzustellen, ob Ziel und Lösungsweg der kritischen Beurteilung durch fachlich qualifizierte Kollegen des Antragstellers/Geldverwenders standhalten. Einer derartigen Kritik sollte sich auch die „freie" Forschung stellen, wenn sie öffentliche Mittel in Anspruch nimmt.

Die Beschaffung von Geräten und der Bau von Anlagen lassen sich aber auch in der Grundlagenforschung nach allgemeinen Wirtschaftlichkeitsmaßstäben beurteilen. Dies gilt insbesondere für Großanlagen, wie z. B. Reaktoren und Beschleuniger, deren Bedarf angesichts der Kosten nicht nur im nationalen Rahmen, sondern auch im Rahmen internationaler Zusammenarbeit gesehen werden muß.

Neben der Wirtschaftlichkeit wird in Fachkreisen und der Öffentlichkeit vielfach die Frage der *Erfolgskontrolle in der Forschung* erörtert. Hier genügt – um Wiederholungen zu vermeiden – ein Hinweis auf die Empfehlungen des Wissenschaftsrats

4 In anderem Zusammenhang sind Teile der folgenden Darstellung erschienen bei Heinz Dorn, Finanzkontrolle der staatlichen FE-Förderung durch Rechnungshöfe, in: *Wirtschaft und Wissenschaft*, H. 3/1979, S. 10 ff.

vom April 1975 zur *Organisation, Planung und Förderung der Forschung.* Dort ist ein besonderer Abschnitt der Bewertung gewidmet, wobei die abschließende Bewertung nur als Teil eines Verfahrens genannt wird, das der Arbeit vorausgeht, sie begleiten kann und an ihrem Ende steht. Der vom Wissenschaftsrat als einer von mehreren möglichen Wegen der Ergebnisbewertung genannte Vortrag des Wissenschaftlers vor qualifizierten Kollegen und einer Diskussion mit ihnen dürfte überzeugend und weithin anwendbar sein. Nach diesem Modell verfährt z. B. die Deutsche Forschungsgemeinschaft mit von allen Beteiligten anerkanntem Ergebnis.

Je weiter die Forschung sich von der Grundlagenforschung entfernt und sich der Entwicklung nähert, um so eher lassen sich die allgemein üblichen Maßstäbe für Wirtschaftlichkeit anwenden.

IV. Wie kann ein Rechnungshof prüfen, ob die genannten Kriterien bei der Verwendung öffentlicher Mittel berücksichtigt worden sind?

Zunächst ist dazu zu sagen, daß eine jede derartige Beurteilung Sachverstand voraussetzt, der bei der umfassenden Spezialisierung von Wissenschaft und Technik auf viele Personen verteilt ist. Was das in der Praxis bedeutet, zeigt sich daran, daß allein der Bundesminister für Forschung und Technologie neben seinen rd. 360 naturwissenschaftlich oder technisch vorgebildeten Mitarbeitern im Ministerium und bei den sogenannten Projektträgern (private oder öffentliche Stellen, die das Ministerium unterstützen) für die fachliche Beurteilung der von ihm geförderten Vorhaben weitere 1100 ehrenamtliche Gutachter einsetzt. Die Deutsche Forschungsgemeinschaft wird bei ihrer entsprechenden Tätigkeit von 400 Gutachtern unterstützt.

Es versteht sich von selbst, daß der Bundesrechnungshof – entsprechendes gilt für die Landesrechnungshöfe – diesem Vorbild nicht folgen kann. Selbst wenn er vertraglich Gutachter verpflichten wollte, was an sich möglich wäre, wäre es schwer, neben den bereits von der Bundesregierung bemühten Gutachtern weitere anerkannte Fachleute zu finden, die neue Aspekte zur Diskussion stellen könnten. Berücksichtigt man ferner, daß Rechnungshöfe nur zu prüfen haben, ob Regierung und Verwaltung die wirtschaftliche Verwendung öffentlicher Mittel sichergestellt haben, so wird verständlich, warum der Bundesrechnungshof 1976 in seinem Bericht an den Deutschen Bundestag seine Prüfungstätigkeit im Bereich des Bundesministers für Forschung und Technologie wie folgt beschrieben hat[5]:

„Der Bundesrechnungshof prüft, ob der Bundesminister für die Auswahl der zu fördernden Forschungs- und Entwicklungsvorhaben und der Zuwendungsempfänger, für die Koordinierung innerhalb der Bundesregierung, für die fachliche Begleitung der Vorhaben und für die Erfolgskontrolle Verfahren vorgesehen hat, die den wirtschaftlichen Einsatz der zur Verfügung stehenden Mittel sichern, und ob diese Verfahren im Einzelfall angewendet werden."

5 Vgl. Bemerkungen des Bundesrechnungshofes zur Bundeshaushaltsrechnung 1974, *BTDrs.* 7/5849, S. 55.

Die Prüfung der durchgeführten Erfolgskontrolle setzt Zieldefinitionen voraus, an denen Aufgaben und Programme gemessen werden können. Für einen Prüfer könnte sich daraus etwa folgender *Fragenkatalog* ableiten lassen:

- Bestehen Richtlinien über die Aufstellung eines Forschungsprogramms?
- War bei den (stichprobenweise zu prüfenden) Vorhaben des Programms das Untersuchungsthema so weit bestimmt oder bestimmbar, daß ein größerer Kreis von Antragstellern dafür hätte interessiert werden können (Ideenwettbewerb)? Ist bejahendenfalls so verfahren worden?
- Ist das Untersuchungsthema so genau fixiert worden, daß Zwischen- und Endergebnisse an dieser Vorgabe gemessen werden konnten?
- Wie ist das Vorhaben fachlich von der Behörde beurteilt worden?
- Ist bei großen Vorhaben eine Kosten-Nutzen-Untersuchung angestellt worden?
- War die Berichtspflicht ausreichend, aber auch nicht überspannt geregelt?
- Sind Zwischenberichte ausgewertet und aus ihnen ggf. Folgerungen gezogen worden?
- Ist das Ergebnis des Vorhabens kontrolliert worden?
- Ist der Erfolg des gesamten Programms kontrolliert worden?

Bei der Prüfung von Ausgaben für wissenschaftliche Untersuchungen als Vorbereitung von Entscheidungen ist oft die Frage angebracht, ob diese Studien so angelegt waren, daß ihre Ergebnisse rechtzeitig vor dem Entscheidungszeitpunkt vorliegen konnten. Auch ist zu verfolgen, ob die Ergebnisse solcher Studien bei den Entscheidungen berücksichtigt worden sind.

Die *Ergebnisse solcher Prüfungen von Erfolgskontrolle* durch den Bundesrechnungshof spiegeln sich in den Jahresberichten des Hofes wider. So hat er als Ergebnis seiner Prüfung von Forschungsprogrammen, die überwiegend noch nicht abgeschlossen sind, deren allgemeine Beurteilung also kaum möglich ist, darauf hingewiesen, daß bei der Förderung neuer technologischer Schwerpunkte (wie z. B. der nicht-nuklearen Energie im Jahre 1974) Rücksicht auf die Anlaufschwierigkeiten eines Programms auch auf der Seite der Empfänger (Forschungs- und Entwicklungskapazität) genommen werden müsse. Es sollten deshalb nur soviel Haushaltsmittel bereitgestellt werden, wie unter diesen Umständen sinnvoll ausgegeben werden können.

In einem Fall – 3. Programm zur Förderung der Datenverarbeitung – hat der Bundesrechnungshof auch kritisch zur Planung und Abwicklung des Programms Stellung genommen und Vorschläge für die künftige Verbesserung des Projektmanagements gemacht[6].

Beim Bundesminister für Forschung und Technologie ließ die abschließende Bewertung eines Vorhabens *(Erfolgskontrolle)* anfangs zu wünschen übrig. Die Beamten hatten in erster Linie darauf zu achten, daß die für die Vorhaben bereitgestellten Gelder ausgegeben wurden[7]. Mitveranlaßt durch entsprechende Empfehlungen

6 Vgl. Bemerkungen des Bundesrechnungshofes zur Bundeshaushaltsrechnung 1975, *BTDrs.* 8/373, S. 42 ff.

7 Vgl. Bemerkungen des Bundesrechnungshofes zur Bundeshaushaltsrechnung 1974, *BTDrs.* 7/5849, S. 55 f.

des Bundesrechnungshofs hat die Bundesregierung jetzt allgemeine Richtlinien für die Bewertung der Ergebnisse von mit Bundesmitteln bezuschußten Forschungsvorhaben aufgestellt.

Bibliographie

Battis, U., Rechnungshof und Politik, in: *DÖV*, 1976, S. 721.

Bemerkungen des Bundesrechnungshofes zur Bundeshaushaltsrechnung 1974, *BTDrs.* 7/5849, S. 55.

Bemerkungen des Bundesrechnungshofes zur Bundeshaushaltsrechnung 1975, *BTDrs.* 8/373, S. 42 ff.

Bemerkungen des Bundesrechnungshofes zur Bundeshaushaltsrechnung 1977, *BTDrs.* 8/3238, S. 3.

Dorn, H., Finanzkontrolle der staatlichen FE-Förderung durch Rechnungshöfe, in: *Wirtschaft und Wissenschaft*, H. 3/1979, S. 10 ff.

Pfuhlstein, F. von, Über die Institution des Bundesbeauftragten für Wirtschaftlichkeit in der Verwaltung, in: *Festschrift für Hans Schäfer: „Verfassung, Verwaltung, Finanzkontrolle"*, hrsg. von E. Schiffer und H. Kahrenke, Köln 1975, S. 375 ff.

Schäfer, H., *Bulletin des Presse- und Informationsamtes der Bundesregierung*, Nr. 103 vom 6.9.1973, S. 1034 ff.

Tiemann, S., Nochmals Rechnungshof und Politik, in: *DÖV*, 7/1977, S. 240 ff.

Tiemann, S., Zur funktionalen Zuordnung und komplementären Beziehung der Kontrollakte des Rechnungshofs und parlamentarischer Finanzkontrolle, in: *DVBl.*, 1976, S. 327 ff.

Wittrock, K., *Bulletin des Presse- und Informationsamtes der Bundesregierung*, Nr. 123 vom 16.10.1979, S. 1149 f.

Keith E. Marvin, Wallace M. Cohen
U.S. General Accounting Office, Washington, D.C.

Rechenschaftsprüfung und Evaluierung im General Accounting Office (GAO)*

Die Forderung nach einer Rechtfertigung und Rechenschaftspflicht von Regierungs- und Verwaltungshandeln ist eine Entwicklung neuzeitlicher Gesellschaften. Die Magna Charta, in der erstmals von einer Regierung – dem Monarchen – Rechenschaft gegenüber den Regierten gefordert wurde, mag als Vorläufer dieser Entwicklung in der westlichen Welt betrachtet werden. Vor dieser Zeit war Rechenschaftspflicht ein göttliches Recht, nur gegenüber Gott bestand eine Verantwortungspflicht des Herrschers. Die Wurzeln von Verfahren der Rechenschaftslegung und Bilanzierung lassen sich aber in der Entwicklung der westlichen Zivilisation weit zurückverfolgen, sei es literarisch oder über die Geschichtsschreibung. Die Forderung nach Verantwortung für sein Handeln findet sich bereits in vorgeschichtlicher Zeit, symbolisiert durch die Frage der Verantwortung des Menschen zu seinem Schöpfer und dessen Verantwortung für ihn. Bereits in der Bibel fragte der Herr Kain: „Wo ist dein Bruder Abel?" Hoffen wir, daß es der modernen Verwaltung leichter fällt, diese Frage nach einer Rechtfertigung ihres Handelns zu beantworten als Kain, der eine Antwort schuldig blieb. Die Einführung einer Rechenschaftspflicht führte in einigen Ländern zu einer größeren Verantwortlichkeit und Problemsensibilität der Regierung. Für die moderne öffentliche Verwaltung wird eine Verbesserung der Rechenschaftspflicht und das Erzeugen einer verantwortungsvollen Haltung des öffentlichen Sektors gegenüber der Öffentlichkeit zu einer vorrangigen Aufgabe. Das öffentliche Interesse an einer Bilanzierung und Rechtfertigung von Regierungs- und Verwaltungshandeln im öffentlichen Sektor hat mehrere Ursachen. Das sind vor allem:

– die gegenwärtige internationale Wirtschaftsentwicklung (z. T. mit zweistelligen Inflationsraten versehen) und der Stand der internationalen Wirtschaftsbeziehungen (Nord-Süd-Konflikt, Ölpreisentwicklung);

* Die Stellung und Bedeutung der Programmevaluierung als eine Haupttätigkeit des amerikanischen Rechnungshofs hat mit der Gründung eines eigenen Instituts für Programmevaluierung und der Entwicklung eines Berufsbildes „Evaluator" anstelle des traditionellen Prüfers unmittelbar nach Abschluß des Beitrags eine zusätzliche Akzentuierung erfahren. Beide Autoren sind leitende Mitglieder in diesem Institut.

- die Notwendigkeit für Regierung und Verwaltung, in immer mehr Alltagsprobleme und -angelegenheiten seiner Bürger regulierend und intervenierend einzugreifen;
- die wachsende Komplexität von Regierungsprogrammen, die Probleme, die Verfahren zur Bestimmung von Forderungsprioritäten mit sich bringen und die Bedeutung, die Verteilungsgesichtspunkten hierbei zukommt;
- die steigende Verknappung von (Schlüssel-)Ressourcen und ihr Beitrag zur Steigerung der Inflation;
- die Zunahme von Vorwürfen und Anklagen gegenüber dem öffentlichen Sektor wegen Mißwirtschaft, Filz, Begünstigung und Betrug.

Durch eine sichtbare Bilanzierung, Erfolgskontrolle und Rechenschaftslegung wird das öffentliche Vertrauen in die Regierungsverantwortung gestärkt, bleibt der Glaube an einen effektiven Gebrauch öffentlicher Ressourcen erhalten.

I. Die Rolle des Rechnungshofes im Rahmen der staatlichen Rechnungsführung

Die Einrichtung des Rechnungshofes *(General Accounting Office – GAO)* durch den amerikanischen Kongreß vor nahezu 60 Jahren sollte als ein Hilfsmittel des Kongresses dienen, die Leistungen der Bundesverwaltung zu kontrollieren und ständig zu überwachen („control and monitor function"). Das Haushalts- und Rechenprüfungsgesetz von 1921 *(Budget and Accounting Act)* gaben dem GAO innerhalb der Legislative eine unabhängige und überparteiliche Stellung. In seiner Bezeichnung „Rechnungshof" drückt sich seine Stellung nur unzureichend aus. Viel eher als auf „accounting" liegt seine eigentliche Aufgabe in der Kontrolle der *Verantwortlichkeit*, der „accountability", der Regierung. Auch in den folgenden Novellierungen des Haushaltsgesetzes von 1921 wurde immer wieder die Bedeutung des Rechnungshofes als eine *unparteiische Instanz* betont mit der Aufgabe, objektive und unabhängige Bewertungen und Stellungnahmen abzugeben, unbeeinflußt von parlamentarischen oder staatlichen Einflüssen. Durch eine 15jährige Amtszeit des Präsidenten (Comptroller General) des GAO sollte sichergestellt werden, daß dieser von politischem Druck unabhängig handeln kann. Er wird zwar vom Präsidenten ernannt, benötigt jedoch die Bestätigung durch den Senat. Der Präsident kann den Rechnungshofpräsidenten nicht entlassen noch kann dies der Kongreß, außer aus triftigem Anlaß. Wie die Geschichte zeigte, war es dem Rechnungshofpräsidenten nur durch eine konsequente und unnachgiebige überparteiliche und objektive Einstellung möglich, Vertrauen und Glaubwürdigkeit in die Arbeit des Rechnungshofes zu sichern.

Durch Gesetzesauftrag hat der GAO die folgenden grundlegenden Aufgaben zu erfüllen:

- *Unterstützung des Kongresses*, seiner Ausschüsse und seiner Mitglieder, um deren Gesetzgebung, Haushalts-(budget control), Prüfungs- und Kontrollaufgaben („oversight" and „review") zu ermöglichen;

- Durchführung von *finanziellen Kontrollen* und weiteren Funktionen, die staatliche Programme und Maßnahmen betreffen; dies umfaßt u. a. gesetzliche (Rechtmäßigkeitsprüfungen) Rechnungslegung und -prüfung sowie Beilegung von finanziellen Forderungen;
- *Erfolgskontrolle* und Prüfung von Programmen und Maßnahmen der Regierung und der Verwaltung sowie die Erstellung von Empfehlungen für Verbesserungen, die eine effizientere und wirksamere Leistungserstellung sicherstellen.

Die wichtigste Aufgabe des GAO bestand bis in die späten vierziger Jahre im Durchforsten von Regierungs- und amtlichen Verwaltungsvorgängen. Dies betraf vor allem Aufgaben wie beispielsweise

- die Prüfung von Ausgabebescheinigungen und Quittungen;
- den Ausgleich und Abschluß von Regierungskonten;
- die Prüfung von postalischen Zahlungsaufträgen;
- den Abschluß von Bilanzen.

Demgegenüber wurden Fragen der Wirtschaftlichkeit, Effizienz und Effektivität kaum behandelt. Erst in den fünfziger Jahren wandte sich der GAO immer stärker auch Fragen der Wirtschaftlichkeit und Effizienz bei der Ausgabe von Fördermitteln zu. Ihre Grundlage fand diese Kontrolle in der Prüfung der Struktur und der Rechtmäßigkeit von individuellen Zahlungen. Der GAO prüfte nun verstärkt die Einhaltung von professionellen Standards und Techniken der Buchführung und Rechenschaftslegung. Durch diplomierte Prüfer wurde das Niveau des Personals im GAO verbessert. Sie wurden auch ermutigt, neue Methoden und Techniken der Programmkontrolle zu entwickeln.

Mit dem Beginn der sechziger Jahre engagierte sich der amerikanische Rechnungshof immer stärker im Bereich der Leistungskontrolle und -prüfung von Programmen einzelner Behörden und Abteilungen. Die neuen Sozialprogramme der Johnson-Ära erforderten den Aufbau von Kontrollkapazitäten im Kongreß und stimulierten die Herausbildung unterschiedlicher neuer Formen der Rechenschaftsprüfung und Erfolgskontrolle in den Behörden. Diese neuen Programme ermutigten die Bundesverwaltung, einen Rechenschaftslegungs- und Prüfansatz zu entwickeln, der über die reguläre Finanzprüfung hinausging und der sich auf verschiedene Elemente empirischer sozialwissenschaftlicher Forschung bei der Erstellung eines Rechenschaftsberichts stützte. Die erste größere Evaluierung in diesem Bereich der neuen Programme begann für den Rechnungshof mit dem Auftrag, alle Programme des Büros für wirtschaftlichen Ausgleich *(Office of Economic Opportunity)* zu evaluieren. Derartige Evaluierungen – einschließlich der Evaluierungen der Effektivität und Wirksamkeit von Programmen, bestimmte, durch die Gesetzgebung vorgegebene Ziele zu erreichen – sind bekannt geworden unter dem Namen „Programmergebnisrechnungen“ (*Program results audits*).

In dieser Periode innovativer Programme und Maßnahmen gewann die Bezeichnung „auditing“ („Rechenschaftslegung“) eine neue Bedeutung, die über die traditionelle finanzielle Prüfung hinausging. Durch die Rechenschaftsprüfung wurde nunmehr vor allem die Effizienz und Wirksamkeit von Programmen bei der Erreichung gesetzlich vorgegebener Ziele geprüft. Diese neue Form der Rechnungsprüfung, oder besser von *Programmevaluierung*, wurde ein wichtiger Teil der Aufgaben innerhalb des GAO, insbesondere nach Verabschiedung eines neuen Gesetzgebungsverfahrens (Legislative Reorganization Act) im Jahre 1970 sowie später des Haushaltsgesetzes (Congressional Budget Act) im Jahre 1974. Die Betonung dieser neuen Entwicklung lag hierbei auf der Durchführung von Evaluierungen und der Unterstützung für den Kongreß durch dic Entwicklung von Methoden der Evaluierung.

Titel VII des Haushaltsgesetzes von 1974 übertrug dem GAO neue Aufgaben:

1. Prüfung und Evaluierung der Ergebnisse von Regierungsprogrammen und Maßnahmen, die auf der Grundlage gegenwärtiger Gesetze durchgeführt werden; Evaluierungen sollten erfolgen entweder auf Antrag durch den Kongreß oder auf Aufforderung durch den Präsidenten des Rechnungshofes auf eigene Initiative, oder auf Anfrage durch einen Ausschuß, der Programmkompetenzen besitzt, sei es des Abgeordnetenhauses oder des Senats oder eines gemeinsamen Ausschusses beider Häuser.
2. Unterstützung von Ausschüssen oder gemeinsamen Ausschüssen beider Häuser, Stellungnahmen der gesetzlichen Absichten und Ziele zu erarbeiten sowie Verfahren der Analyse und Berichterstattung zu entwickeln, die es erlauben, tatsächliche Programmleistung an diesen Zielen zu messen.
3. Unterstützung der Arbeit von Ausschüssen und gemeinsamen Ausschüssen des Kongresses bei der Analyse und Beurteilung von Programmprüfungen und Evaluierungen.
4. Entwicklung von Empfehlungen an den Kongreß für Vorgehensweisen und Methoden, um die Regierungsprogramme und -tätigkeiten zu überprüfen und zu evaluieren.

Zur Erfüllung der letzten Forderung entwickelte der GAO eine Reihe von Merkblättern und Hilfsinstrumente zur Planung, Durchführung und Nutzung von Programmevaluierungen. Beispiele dieser Arbeiten sind u. a. Berichte wie: „Finding out how programs are working: Suggestions for Congressional Oversight".

II. Zur personellen Entwicklung des Rechnungshofes

Bis in die sechziger Jahre bestand die Mehrzahl aller Fachkräfte am GAO aus Buchhaltern und Rechtsanwälten. Die neuen Prüfungsanforderungen, die eine Wirksamkeitskontrolle vorsahen, machten es notwendig, zahlreiche weitere Disziplinen für die Durchführung dieser Aufgabe heranzuziehen, u. a. Versicherungsstatistiker, Mathematiker, Allgemeine Statistiker, Informatiker und EDV-Spezialisten, Ökonomen, aber auch Sozialwissenschaftler, Ingenieure, Systemanalytiker und Operation-Research-Spezialisten. Falls notwendig, kann der GAO seine personelle Kapazität je nach Bedarf durch Berater und Experten erweitern. Diese Experten entstammen meist sehr unterschiedlichen Disziplinen und besitzen in der Regel Spezialkenntnisse und Praxiserfahrung, über die das Stammpersonal nicht verfügt. Diese Fachkräfte des Rechnungshofes verteilen sich auf rund 15 regionale Büros und 21 Unterabteilungen über die ganzen Vereinigten Staaten sowie auf vier Überseebüros. In Washington sind sie neben dem Hauptsitz in über 70 Behörden tätig.

Bis 1972 arbeitete der GAO vor allem parallel entlang der institutionellen Organisation der Bundesbehörden, z. B. gab es eine Abteilung für Prüfungen im Bereich des Verteidigungsministeriums, eine Abteilung verantwortlich für die Evaluierung des öffentlichen Dienstes, eine Internationale Abteilung verantwortlich für die Prüfung der internationalen Aktivitäten. 1972 wurde der GAO reorganisiert und führt seine Tätigkeit nunmehr entlang funktionaler Haushaltskategorien durch, z. B. gibt es nunmehr eine „Human Resources Division“ und eine „Community and Economic Development Division“. Damit begann der GAO, sich nicht mehr nur auf die Prüfung von Bundesbehörden zu beschränken, sondern richtete vielmehr seine Anstrengungen auf übergreifende nationale Problemfelder.

III. Die Planung der GAO-Arbeit entlang von Problemfeldern und Aufgabenbereichen

Wie auch der GAO sehr schnell erkannte, konnte er alle seine Aufgaben aufgrund der Komplexität der Regierungsstrukturen, seiner begrenzten Ressourcen und beschränkter verfügbarer Personalkapazität kaum bewältigen. Denn es war auch weiterhin wichtig, innerhalb des GAO eine institutionelle Kompetenzverteilung beizubehalten, gleichzeitig aber auch wichtige Querschnittsprobleme aufzugreifen. Beginnend im Februar 1975, hat daher der GAO eine neue Strategie gewählt, die neben institutionelle Zuordnungen auch eine *Politikbereichverantwortung* im Rahmen der Aufgaben- und Ressourcenplanung vorsah. Teil dieser Strategie des GAO war es, spezifische Einheiten für wichtige (key-)Problemfelder mit Planungsverantwortung zu schaffen und eine Abteilung als für diesen Aufgabenbereich federführende zu benennen. Diese wurde nicht nur mit der Federführung und Koordinierung beauftragt, sondern auch innerhalb des GAO mit allen Fragen der Planung, Programmierung und Berichterstattung der Arbeiten, die in dem zugeordneten Politikbereich anfielen (vgl. *Abb. 1*).

Die Ziele dieser Strategie waren

- die Kommunikation zwischen den einzelnen organisatorischen Abteilungen innerhalb des GAO zu verbessern;
- das Expertenwissen, das in den einzelnen Abteilungen und Büros des GAO vorhanden ist, stärker für Querschnittsanalysen zu nutzen;
- in den ausführenden – institutionell organisierten – Abteilungen die Planungsverantwortung für die Berücksichtigung von Querschnittsaspekten bei Prüfungen abzusichern.

Als Problembereiche *(issue area)* wurden vor allem Aufgaben von aktueller nationaler Bedeutung benannt oder Politikbereiche ausgewählt, in denen der Regierung besondere Aufgaben und Verantwortung zukommt und von denen angenommen wird, daß Prüfungen des GAO hier besonders wirksam und erfolgreich sein würden.

Der Programmplanungsausschuß des Rechnungshofpräsidenten hat bisher 39 derartige Problemfelder identifiziert. Sie umfassen ein breites Spektrum von Maßnahmen, schließen zahlreiche sehr „simple“ und „alltägliche“ Aufgabenfelder, aber auch einige spektakuläre Maßnahmenbereiche mit ein:

Abb. 1: Aufgabenbereiche und federführende Abteilungen im GAO

GAO Issue Areas and Responsible Lead Divisions

Issue Areas	Lead Division
Food Domestic Housing and Community Development Environmental Protection Programs Land Use Planning, Management, and Control Transportation Systems and Policies Water and Water Related Programs	Community and Economic Development Division
Consumer and Worker Protection Administration of Non-Discrimination and Equal Opportunity Programs Federally Sponsored or Assisted Education Programs Federally Sponsored or Assisted Health Programs Federally Sponsored or Assisted Income Security Programs Federally Sponsored or Assisted Employment and Training Programs	Human Resources Division
Automatic Data Processing Internal Auditing Systems for Federal and Federally Assisted Programs Accounting and Financial Reporting National Productivity	Financial and General Management and Studies Division
Facilities Acquisition and Management Logistics Management Military Readiness, Mobilization Planning and Civil Preparedness Federal Information – Creation, Protection, Access, Disclosure, and Management Communications	Logistics and Communications Division
Intergovernmental Policies and Fiscal Relations Law Enforcement and Crime Prevention Tax Administration Data Collected from Non-Federal Sources – Statistical and Paperwork Implications Federal Oversight of Financial Institutions	General Government Division
General Procurement Procurement of Major Systems	Procurement and Systems Acquisition Division
Evaluation Guidelines and Methodology Program and Budget Information for Congressional Use Economic Analysis of Alternative Program Approaches Science Policy	Program Analysis Division
Federal Personnel Management and Compensation	Federal Personnel and Compensation Division
International Affairs	International Division
Energy Materials	Energy and Minerals Division

- Einige Problemfelder befassen sich mit weltweiten Problemen – Fragen der Energie-, Ernährungs-, Gesundheitsversorgung bzw. der Umwelt. Dies sind Problemfelder, die nicht nur von hohem gesellschaftlichem Gewicht sondern auch von eminenter Bedeutung für die Regierung sind;
- andere Problemfelder betreffen innenpolitische Probleme, z. B. Fragen der Rechtsbefolgung, des Wohnungswesens und der Gemeindeentwicklung, der Flächennutzungsplanung und des Verkehrs;
- wieder andere Aufgabenbereiche befassen sich stärker mit Problemen, die den einzelnen Bürger betreffen, wie z. B. Fragen der „Nichtdiskriminierung" oder der Chancengleichheit, das Sozialversicherungswesen oder den Verbraucherschutz;
- schließlich beziehen sich einige Problemfelder und Aufgabengebiete auf mehr traditionelle Aufgaben der Regierung, die sich zwar als sehr kostenträchtig erwiesen haben, aber für die Aufrechterhaltung der Regierungsmaschinerie unersetzlich sind. Diese Aufgaben umfassen beispielsweise die inneradministrative Buchführung, das Finanzwesen, die EDV-Abwicklung, die Durchführung von Produktivitätsanalysen, das interne Prüfungswesen und die Programmevaluierung von Bundesbehörden.

Gewöhnlicher wurde diejenige Abteilung mit der Federführung eines Aufgabenbereichs betraut, die schon verantwortlich für Prüfung und Evaluierungen jener Behörden und Programme war, die am unmittelbarsten mit dem Problemfeld in Beziehung stehen. Bei der Erfüllung der wichtigen Aufgabe, Zielvorstellungen zu entwickeln und GAO-interne Richtlinien für die Durchführung von Prüfungen und Evaluierungen in diesem Aufgabenfeld zu entwickeln, schlägt die jeweils federführende Abteilung dem Planungsausschuß (Program Planning Committee) sogenannte *vorrangig zu erfüllende Aufgabenprogramme* („priority lines of effort") vor. Diese beinhalten die Schwerpunkte und Aufgaben eines jeweiligen Programmbereichs, die sich aus unterschiedlichen, miteinander verknüpften Prüfungen und Evaluierungen zu einem System zusammensetzen und die der GAO in den nächsten ein bis zwei Jahren durchführen sollte. *Aufgabenbereichspläne* („Issue area program plan") sind sowohl als beschreibende als auch als analytische Dokumente zu verstehen. Sie spiegeln zum einen den Kenntnisstand des GAO wider, sind jedoch auch gleichzeitig Ergebnis externer Konsultation durch Berater und Experten innerhalb und außerhalb der Regierung, die Spezialkenntnisse in diesen Aufgabenfeldern besitzen. Die Aufgabenbereichspläne sind gleichzeitig auch ein Abbild der Zielsetzungen und Prioritäten des Kongresses und seiner Ausschüsse und versuchen, deren parlamentarische Informationsbedürfnisse zu befriedigen. Der Aufgabenbereichsplan vermittelt die Richtlinien für die Arbeiten der unterschiedlichen Abteilungen im GAO, die im Rahmen der jeweiligen Schwerpunktsetzung Priorität gewonnen haben („priority lines of effort"). Die jeweils federführende Abteilung hat die Funktion, diese Aufgaben zu steuern und zu überwachen.

IV. Der Aufgabenbereich der Evaluierung

Entsprechend seinen Planungen richtete der GAO den Aufgabenbereich „Evaluierungsrichtlinien und Methoden" („Evaluation Guidelines and Methodology") ein, in dem die Aufgaben entsprechend Title VII des Congressional Budget Law von 1974 durchgeführt werden. Die Federführung für diesen Aufgabenbereich liegt bei der *Programmanalyse-Abteilung* (program analysis division, „PAD"), die einen Arbeitsplan für eine jeweils 18monatige Laufzeit aufzustellen hat. Als Grundlage für diesen Plan führte PAD Literaturanalysen durch und nahm zahlreiche Kontakte mit Wissenschaftlern aus der Evaluierungsforschung auf. Ein wichtiges Ergebnis dieser Arbeitsschritte war die Publikation eines Dokuments mit dem Titel: Stand und Aufgaben in der Programmevaluierung des Bundes („Status and issues in Federal Program Evaluation"). Dieses Dokument diente gleichermaßen als Ausgangsgrundlage für die Aufgabenplanung und Schwerpunktsetzung des Aufgabenbereichs Evaluierung. Es dokumentierte die Rolle, die Zielvorstellungen, die Kapazitäten, Organisation und die Managementpolitik im Bereich der Evaluierung innerhalb der Bundesbehörden. In dieser zusammenfassenden Bestandsaufnahme wurde auch versucht, einen Überblick zu geben über den Stand der Methodenentwicklung zur Evaluierung einzelner Programme, über die Gefahren einer möglichen falschen Anwendung oder eines Mißbrauchs von Evaluierungsmethoden und über den Bedarf an Evaluierungsrichtlinien und -standards. Dieser Forschungsbericht zeigte, daß in zahlreichen Aufgabengebieten und Problembereichen weniger Konsens als vielmehr zahlreiche, zum Teil sehr unterschiedliche Auffassungen über Aufgaben und Probleme in diesem Bereich vorhanden sind. PAD verfolgt dabei insbesondere die neueren methodischen Forschungen und Entwicklungen aufmerksam. Die Definition dessen, „was Evaluierung ausmacht", sorgte lange Zeit für beträchtliche Verwirrung. Auf der Grundlage eigener Forschungen und eigener Erfahrungen im Dienste des Kongresses, entwickelte PAD eine sehr weite Definition dessen, was Evaluierung ist. Danach ist Programmevaluierung der Prozeß der Einschätzung der Art und Weise sowie des Ausmaßes, in dem

- Programme ihre vorgegebenen Ziele erreichen;
- Programme die in sie gesetzten Leistungsanforderungen und Erwartungen nach Meinung der verantwortlichen Regierungsbeamten und anderer beteiligter Gruppen erfüllen;
- Programme andere signifikante Wirkungen – seien es erwünschte oder unerwünschte Nebenwirkungen – hervorrufen, und
- in dem geprüft wird, inwieweit Alternativen für Programme vorhanden sind, einschließlich der Prüfung von Forschungsresultaten, die unter Umständen Möglichkeiten eröffnen, um in Zukunft die Programmziele und -erwartungen besser zu treffen.

Die PAD-Definition der Aufgaben der Evaluation ist eher umsetzungs- und nutzenorientiert als methodologisch ausgerichtet. Auch hat der GAO seit Jahren immer wieder darauf gedrängt, daß Evaluierung Teil einer wirksamen Programmverwaltung werden muß. Von daher haher haben Evaluierungsverfahren und -methoden vor allem den Nöten und den Bedürfnissen des Programm-Managements zu entsprechen, gleichzeitig müssen diese Informationen für die politische Entscheidungsebene und Kontrollen, sei es der Exekutive oder des Kongresses, zur Verfügung stehen.

Kurz zusammengefaßt: PAD versucht im Bereich der Evaluierung zwar zum einen, die neuesten methodologischen Entwicklungen zu verfolgen, gleichzeitig jedoch vor allem Hinweise zu erarbeiten, *wie* und *auf welche Weise* diese Methoden am wirksamsten genutzt werden können. Die Planung für die Zukunft sieht hierbei – falls notwendig – auch die Durchführung von Demonstrations-(Modell-) Evaluierungen vor, um den Transfer effektiver Methoden in die Evaluierungspraxis und in die Evaluierungsgemeinde innerhalb des GAO hinein sicherzustellen. Schließlich berücksichtigt die Planung auch Arbeitsschritte, die innerhalb der Evaluierungsverfahren in den Bundesbehörden und bei Kontroll- und Prüfungsverfahren des Kongresses die notwendigen Kommunikations- und Prozeßverbindungen aufbauen, die erst eine entsprechende Nutzung geeigneter Evaluierungsinformationen sicherstellen.

Das Arbeitsprogramm selbst erfolgt entlang *drei Arbeitsschwerpunkten*, die alle dazu beitragen sollen, das Ziel dieses Aufgabenbereichs zu erreichen. *Abb. 2* zeigt die Beziehungen zwischen diesen Schwerpunkten und den Aufgabenzuweisungen für den GAO, wie sie sich aus Title VII des Haushaltsgesetzes ergeben.

Im folgenden wird eine etwas detailliertere Beschreibung jedes Aufgabenschwerpunktes gegeben, und es werden beispielhaft bisher erfolgte oder begonnene Arbeiten umrissen:

Aufgabenschwerpunkt 1: Welche Methoden können identifiziert oder entwickelt werden, um die Durchführung von Evaluierungsstudien auf Bundesebene zu verbessern?

Die anfänglichen Erfordernisse, um dieses Ziel zu erreichen, waren:

- diejenigen Nutzer einer Evaluierung und den Methodenbedarf derjenigen Evaluierungspraktiker zu identifizieren, denen erhöhte Aufmerksamkeit zukommen sollte. Dies erfolgte durch eine Befragung von GAO-Prüfern und durch eingeholte Stellungnahmen ausgewählter externer Experten.
- die Evaluierungsmethoden selbst einer strengen Prüfung im Hinblick darauf zu unterziehen, inwieweit die gegenwärtigen Methoden noch weiterzuentwickeln sind. Dies, so hat sich gezeigt, kann kaum umfassend erfolgen, sondern hat sich vielmehr auf bestimmte Problemstellungen zu konzentrieren.
- Schließlich wurde damit begonnen, Methoden zu entwickeln, um unzufriedene Nutzer von Evaluierungen und den Bedarf der Evaluatoren an geeigneten Methoden zu befriedigen. Dies erfolgte durch Brennpunktanalysen wie z. B. einer Analyse des Beitrags der Entscheidungstheorie einschließlich multi-attributiver Nutzenverfahren zur Zielanalyse eines Programms sowie für andere Evaluierungsfragestellungen.
- Ein weiterer wichtiger Schritt innerhalb dieses Aufgabenschwerpunktes, der ebenfalls dem Aufgabenbündel des Haushaltsgesetzes von 1974 entstammt, besteht in der Entwicklung von Evaluierungsrichtlinien, um Methoden und Verfahren zu

Abb. 2: Aufgaben und Prioritätenschwerpunkte des GAO am Beispiel der Evaluierung des Title VII

Title VII Gesetzliche Forderungen	Schwerpunkt 1	Schwerpunkt 2	Schwerpunkt 3
	Entwicklung und Verbesserung von Methoden.	Demonstration und Nutzung von Methoden.	Verbesserung von Evaluierungsorganisation und -management.
Durchführung von Programmprüfungen und -evaluierungen: Section 204(a)	*Indirekt:* verbessere die Evaluierungsmöglichkeiten des GAO durch Entwicklung geeigneter Methoden und Strategien.	*Direkt:* führe Evaluierungen durch, die den Nutzen verbesserter Methoden demonstrieren.	*Direkt:* führe Prüfungen von Evaluierungen der Bundesbehörden durch.
Unterstütze die Arbeit der Parlamentsausschüsse bei der Formulierung von Evaluierungsanforderungen. Section 204(b) (1)	*Indirekt:* verstärke die Fähigkeit des GAO, adäquate Evaluierungsanforderungen und Methodenhinweise zu formulieren.	*Indirekt:* schlage Verbesserungsvorschläge vor in der Zielformulierung, den Richtlinien für die einzelnen Behörden.	*Direkt:* berate Ausschüsse zu Evaluierungsfragen, einschließlich in der Formulierung von Evaluierungsanforderungen. *Indirekt:* entwickle Strategien auch innerhalb des GAO, die einzelnen Abteilungen zu entsprechendem Beratungsverhalten zu veranlassen.
Unterstütze die Parlamentsausschüsse bei der Prüfung. Section 204 (b) (2)	*Indirekt:* verbessere die Fähigkeit des GAO, Evaluierungen einzuschätzen durch Analysen der Stärke und Schwächen von Methoden.	*Direkt:* zeige, was eine Synthese und Sekundäranalyse der Evaluierungen für den Ausschuß leisten kann.	*Direkt:* analysiere und schätze die Evaluierungen ein. *Indirekt:* entwickle Methoden und übertrage sie auf den GAO, damit er die Durchführungen von Bundesevaluierungen nutzen kann.
Entwickle und empfehle Methoden für den Kongreß. Section 204(c)	*Direkt:* identifiziere und entwickle verbesserte Methoden, um diese in Kontroll- und Prüfverfahren des Kongresses bzw. in der Gesetzesvorbereitung und bei Vorsorgemaßnahmen des Kongresses einzusetzen.	*Direkt:* übertrage bewährte Methoden aus dem GAO in den Kongreß.	*Direkt:* führe Empfehlungen durch an den Kongreß hinsichtlich methodischer Anforderungen, um Evaluierungspolitik und Management in den Behörden zu verbessern.

empfehlen, die bei der Prüfung und Evaluierung aller Bundesprogramme anzuwenden sind. Eine Reihe von Richtlinien wurde bereits herausgegeben, einige weitere sind gegenwärtig in Arbeit bzw. in Planung. *Abb. 3* (S. 11) gibt einen Überblick über die wichtigsten bisher veröffentlichten Richtlinien und Dokumente.

Abb. 3: Allgemeine Richtlinien zur Evaluierung

Herausgegeben:	*Titel*
September 1976	Evaluation And Analysis To Support Decisionmaking, PAD-76-9
September 1976	Evaluating Federal Programs: An Overview For The Congressional User, PAD-76-30
Oktober 1978	Status And Issues: Federal Program Evaluation, PAD-78-83
November 1977	Finding Out How Programs Are Working: Suggestions For Congressional Oversight, PAD-78-3
Januar 1979	Guidelines For Model Evaluation, PAD-79-17
	Richtlinien und Hinweise zur Evaluierung in Aufgabenfeldern und für umfassendere Programme
Juni 1977	Government Regulatory Activity: Justifications, Processes, Impacts, And Alternatives, PAD-77-34
Mai 1978	Federal Credit Assistance, PAD-78-31
Juni 1978	Better Analysis Of Uncertainty Needed For Water Resource Projects, PAD-78-67
August 1978	U.S. Foreign Relations And Multinational Corporations: What's The Connection?, PAD-78-58
Oktober 1978	Audits And Social Experiments: A Report Prepared For The U.S. General Accounting Office By The Committee On Evaluation Research, Social Science Research Council, PAD-79-1
Oktober 1978	Assessing Social Program Impact Evaluations: A Checklist Approach, PAD-79-2
	Beispiele für Programm-Prüfungsberichte mit Hinweisen für Programmevaluierung und Analyse
Januar 1978	Section 236 Rental Housing – An Evaluation With Lessons For The Future, PAD-78-13. (A related framework limited to costs was contained in a prior report "Comparative Analysis Of Subsidized Housing Costs", PAD-76-44, Juli 1976)
Februar 1979	Better Understanding Of Wetland Benefits Will Help Water Bank And Other Federal Programs Achieve Wetland Preservation Objectives, PAD-79-10

Aufgabenschwerpunkt 2: Wie kann ein Transfer von Evaluierungsmethoden innerhalb des GAO und auf der Bundesebene an die bestehende Evaluierungsgemeinde gesichert werden?

Der Hauptzweck dieses Aufgabenschwerpunkts ist die *Demonstration* und der *Transfer* von Methoden, um die Programme selbst sowie die Evaluierung von Programmen zu verbessern. Die wichtigste Aufgabe wird hierbei in der Demonstration – der Anwendung von Forschungsmethoden auf reale Probleme – gesehen. Dies erfolgt besonders in solchen Aufgabenbereichen, in denen Methoden sich möglicherweise als besonders nützlich erweisen könnten und sie häufig benötigt werden. Der Transfer dieser Methoden an die Evaluierungsbeauftragten in den Behörden ist der abschließende Schritt in diesem Aufgabenfeld. Sekundäranalysen und die Analyse von Evaluierungsstudien der Bundes-, Staats- und der kommunalen Ebene von Studien akademischer Forscher, privater Forschungsunternehmen und von Beratern bildeten bisher den Schwerpunkt der Arbeit in diesem Aufgabenbereich. Es zeigte sich, daß sich die Ergebnisse von Evaluationsanalysen häufig wissenschaftlich kaum halten ließen und daß ihre Ergebnisse häufig von nur geringem praktischen Nutzen waren. Gleichzeitig zeigte sich aber auch, daß die Ergebnisse häufig durch einen reflektierteren Untersuchungsdesign, durch eine adäquatere Verwendung vorhandener und zugänglicher Instrumente und Methoden und durch eine bessere Aufbereitung und Darstellung des methodischen Apparates hätten verbessert werden können.

Ein Beispiel der Bemühungen des GAO in diesem Aufgabenschwerpunkt sind die Kostenanalysen von Lebenszyklen verschiedener Alternativen, die der GAO im Wohnungsbau durchführte und deren Ergebnisse inzwischen auch vom Wohnungsbauministerium, dem HUD (Department of Housing and Urban Development), aufgegriffen wurden. Zu nennen sind auch Evaluierungen der Kosten im Wohnungswesen sowie Evaluierungen, die die Ausfallraten im Hypothekenversicherungsprogramm analysieren[1].

Andere abgeschlossene Projekte, die unter diesen Aufgabenschwerpunkt fallen, umfassen: das bundesweite Schulspeisungsprogramm, eine Evaluierung der Kontrolle des Tragens von Schußwaffen, Analysen zu den Wirkungen unterschiedlicher Altersgrenzen bei der Pensionierung, Analysen zur Sicherung von Feuchtzonen, Evaluierung zu Gesundheitsprogrammen, aber auch Analysen im Bereich der Verteidigung[2].

1 „Who Lives in Subsidized Housing", *PAD*-77-36, März 1977; „Section 236 Rental Housing – An Evaluation with Lessons for the Future", *PAD*-78-13, Januar 1978.

2 „The National School Lunch Program: Is It Working?", *PAD*-77-6 & 7, Juli 1977; „Handgun Control: Effectiveness and Costs", *PAD*-78-4, Februar 1978; „Inconsistencies in Retirement Age: Issues and Implications", *PAD*-78-24, April 1978; „Better Understanding of Wetland Benefits will Help Water Bank and other Federal Programs Achieve Wetland Preservation Objectives", *PAD*-79-10, 8. Februar 1979; „Entering a Nursing Home – Costly Implications for Medicaid and the Elderly", *PAD*-80-12, 26. November 1979; „Models, Data, and War: A Critique of the Foundation for Defense Analyses", *PAD*-80-21, Februar 1980.

Diese Berichte sind Beispiele für Studien, denen auch eine eminent politische Bedeutung zukam. Im Hinblick auf die Absicht, methodische Ansätze an Evaluierungspraktiker zu vermitteln, wurden unterschiedliche Strategien angewandt. Zum Beispiel werden in einer GAO-eigenen Zeitschrift die Methoden von Evaluierungsstudien beschrieben; oder sie werden in einer professionalen Zeitschrift zur Diskussion gestellt; oder die Erfahrungen aus derartigen Demonstrationsevaluierungen werden in eine Richtlinie eingebracht[3].

Aufgabenschwerpunkt 3: Wie können das Evaluierungsmanagement und die Evaluierungspolitik auf der Bundesebene verbessert werden?

Dieser Aufgabenschwerpunkt zielt auf eine Verbesserung des Managements und der Politik der Bundesprogrammevaluierung. Er befaßt sich mit Zielsetzung, Rolle und Aufgabe sowie den verwaltungsinternen Kapazitäten für Evaluierung, aber auch mit der Wirksamkeit von Verfahren, durch die der Kongreß und die Behörden organisieren, entwerfen, planen und Programmevaluierungen durchführen. Das Ziel dieses Aufgabenschwerpunktes erstreckt sich auch darauf, die Erfahrungen der Evaluatoren auf den verschiedenen Ebenen des Bundes, der Bundesstaaten und der Kommunen miteinander in Verbindung zu bringen, insbesondere auch wegen des umfangreichen Volumens der Bundeshilfe, das in die Staaten und Gemeinden fließt und von ihnen verwaltet wird. Anfangs bestand die Haupttätigkeit in diesem Aufgabenschwerpunkt darin, Analysen bestehender Evaluierungssysteme in den Bundesbehörden zu erarbeiten. Bisher wurden zwei Berichte erstellt: zur Evaluierung im Wohnungsbau-[4] und zum Evaluierungsverfahren im Verkehrsministerium[5]. Die Erfahrungen, die bei der Erstellung dieser Berichte gesammelt wurden, führten zu der Einsicht, daß erst die analytischen Voraussetzungen für die Durchführung und Organisation derartiger Beurteilungen von Evaluierungssystemen gegeben sein müssen, einschließlich der Notwendigkeit, Kriterien für derartige Aufgaben zu entwickeln. In der Folge entfielen daher beträchtliche Anstrengungen darauf, ein konzeptionelles Modell der Programmevaluierung für den Gebrauch in den Ministerien zu entwickeln sowie (insgesamt sechs) zusammenhängende Kriterien zu finden, um den Erfolg der Evaluierungen eines Programmes jeweils zu messen. *Abb. 4* beschreibt das konzeptionelle Modell; die sechs Kriterien sind:

1. Die Beschreibung der Programmerwartungen, der Maßnahmen und der Ergebnisse durch das Programm-Management sollten sowohl mit den Intentionen des Kongresses als auch der Exekutive übereinstimmen.
2. Das Programm sollte über eine ausreichende Anzahl von Maßnahmen verfügen, so daß die Programmerwartungen auch vom Programm-Management erreicht werden können.

3 „A Framework and Checklist for Evaluating Soil and Water Conservation Programs", *PAD*-80-15, März 1980.
4 „HUD's Evaluation System – An Assessment", *PAD*-78-44, Juli 1978.
5 „Evaluation of Programs in the Department of Transportation – An Assessment", *PAD*-79-13, 3. April 1979.

Abb. 4: Modell für die Durchführung von Programmevaluierungen

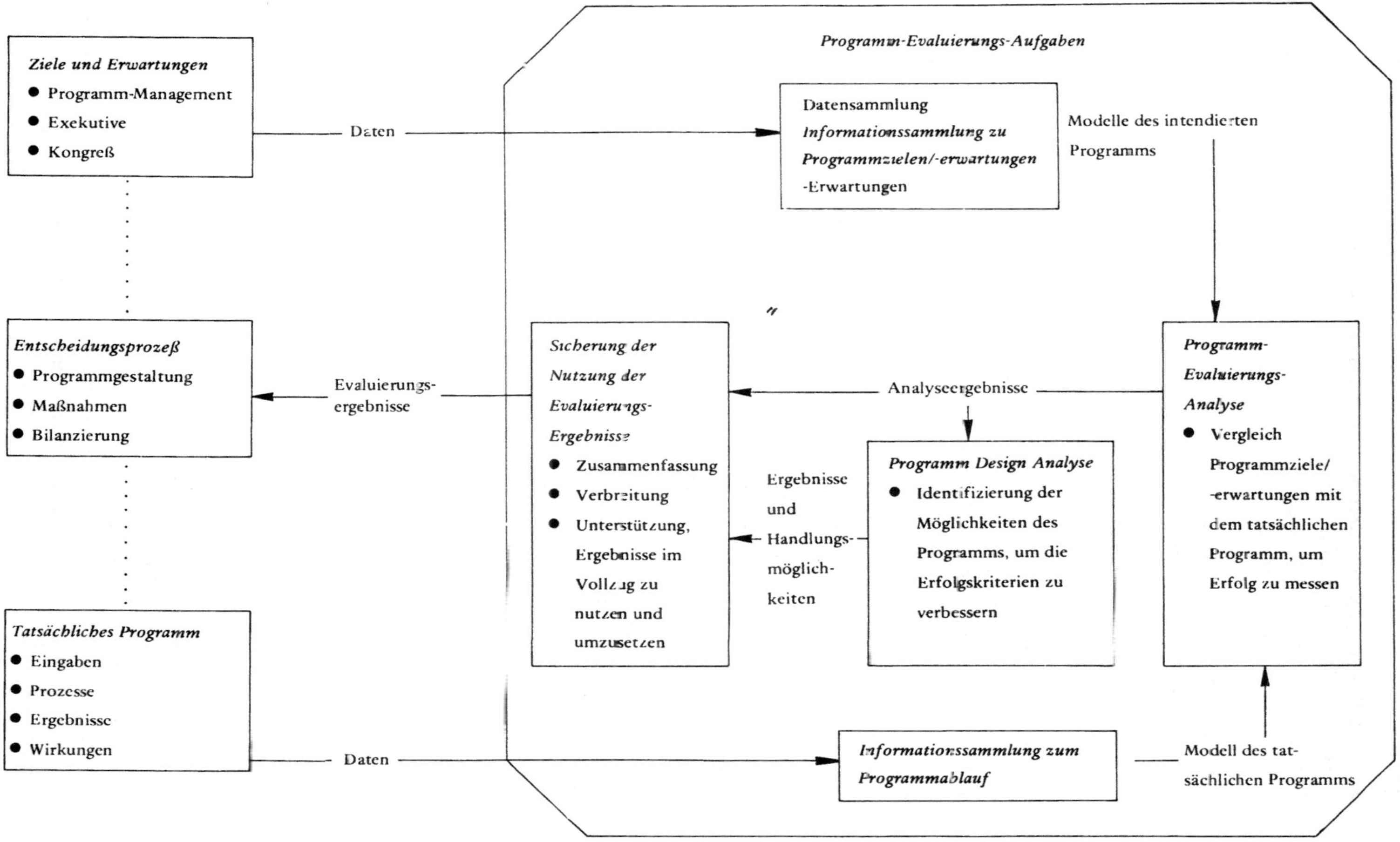

3. Kongreß und Regierungsbeamte sowie das Programm-Management sollten zuverlässige und wichtige Informationen über die Leistungen des Programms erhalten.
4. Das angestrebte Leistungsniveau des Programms sollte sowohl für den Kongreß als auch für die Exekutive und das Programm-Management-Personal akzeptabel sein.
5. Jegliche Abweichung oder Ausnahme von den Kriterien 1–4, die in früheren Einschätzungen gefunden wurde, sollte verringert oder beseitigt werden.
6. Die Anforderungen sollten sukzessiv erhöht werden und die Definition der tatsächlichen Programmleistungen sollte sich im Zeitablauf verbessern.

Die Kriterien sind in einer vorläufigen Richtlinie enthalten, die als Entwurf veröffentlicht wurde, so daß Abänderungsvorschläge durch Evaluierungsbeauftragte und andere Evaluatoren möglich sind, sobald diese erste Erfahrungen mit der Anwendung dieser Kriterien gesammelt haben. Die Kriterien werden gegenwärtig getestet, und es wird eine Reihe von Fallstudien durchgeführt, die die praktische Anwendungsseite dieser Richtlinien in verschiedenen Situationen auf der Bundes- und Staatsebene demonstrieren.

Andere Maßnahmen und Aktivitäten: Weitere Maßnahmen, die sich auf die Ziele dieses Aufgabenbereichs beziehen, zielen auf eine kontinuierliche Kontaktpflege und Erfahrungsaustausch mit der Evaluierungsgemeinde. Dies umfaßt nicht nur eine enge aktive Beteiligung in den jeweiligen berufsständischen Gesellschaften und Organisationen wie etwa der Evaluation Research Society, sondern schließt auch die Führung, Organisation und Einrichtung einer zwischenbehördlichen (interministeriellen) Evaluierungsgruppe mit ein. Diese Arbeitsgruppe setzt sich aus den Evaluierungsdirektoren der Bundesbehörden, Vertretern des GAO, des OMB (Office of Management and Budget) und gelegentlich auch Mitgliedern des Kongresses und ihres Stabes zusammen. In der Arbeitsgruppe werden gemeinsame Probleme und Aufgaben identifiziert, Erfahrungen über durchgeführte Evaluierungen ausgetauscht und Vorschläge erarbeitet, um die Evaluierungsverfahren in den Behörden zu verbessern. Des weiteren findet eine intensive Zusammenarbeit mit dem Evaluation Standard Committee der Evaluation Research Society statt. Inzwischen hat dieses Komitee ihr ursprüngliches Ziel, das sich die Gesellschaft bei ihrer formellen Gründung vor vier Jahren gesetzt hatte, nämlich Richtlinien und Standards für die Durchführung von Evaluierungen zu entwickeln, auch erreicht. Ein Modellentwurf – „Standards for Program Evaluation" – wird gegenwärtig an alle Mitglieder dieser Gesellschaft und die offiziellen Vertreter aller anderen berufsständischen Gesellschaften versandt.

V. Was bringt die Zukunft auf dem Gebiet der Evaluierung und Rechnungsprüfung?

Ebenso wie anzunehmen ist, daß wirtschaftliche Verflechtungen und gegenseitige Abhängigkeiten auch weiterhin zunehmen werden, ist zu erwarten, daß kompliziertere und verfeinerte Management-Kontroll-Mechanismen nötig werden, um Regierung und Verwaltung im Entscheidungsprozeß zu unterstützen. Gleichzeitig wird auch der Druck und die Nachfrage nach Evaluierungsleistungen, nach Monitor- und Kontrollsystemen durch den Kongreß zunehmen, um Programme und ihre Kosten zu kontrollieren und Programmkosten mit Programmleistungen in ein abgewogenes Verhältnis zu setzen. Dies gilt vor allem dann, wenn die Prognosen weiterer inflationärer Entwicklung zutreffen und der Druck der Steuerzahler und Wähler nach Steuererleichterungen und der Ruf nach einer Einschränkung der Staatsausgaben auch weiterhin zunehmen.

Gegenwärtig bestehen ernsthafte Befürchtungen, inwieweit die Steuerungsleistung angesichts der Größe, des Umfangs und der Komplexität des Regierungsapparates sowie der Dimensionen eines nicht mehr zu kontrollierenden Bundeshaushalts, in dem nur noch ein geringer Spielraum für neue Maßnahmen bestehen bleibt, für Maßnahmen, die notwendig sind, das öffentliche Vertrauen auch weiterhin zu erhalten, noch ausreicht. Der Kongreß und der Präsident müssen – mit Unterstützung der Öffentlichkeit – hierfür eine Anzahl von Faktoren intensiver kontrollieren:

- die Anzahl der Bundesprogramme;
- den dramatischen Anstieg der Bundesausgaben, insbesondere für sogenannte unkontrollierbare Programme;
- die Komplexität der sozialen, ökonomischen, ökologischen, technologischen und internationalen Bedingungen, deren Auswirkungen die Regierung gegenwärtig zu beeinflussen versucht;
- die Komplexität der Regierungsmaßnahmen und -programme selbst.

Beträchtlich mehr Informationen und kreative Maßnahmen sind notwendig, um die Kontrolle über diese Faktoren wieder zu erlangen. Der Kongreß wird in naher Zukunft vor einigen der schwierigsten Programm- und Haushaltsentscheidungen stehen, um die sich ständig verändernden nationalen Prioritäten noch erfüllen zu können. Diese Entscheidungen werden sicherlich bessere Evaluierungen erforderlich machen, die aufzeigen, wie Programme arbeiten und die Vorschläge erbringen, wie Programme wirksamer gestaltet werden können. Diese Faktoren erfordern zusätzliche Evaluierungen. Eine Reform der Kontrollmechanismen ist geboten und zeichnet sich ab, hierzu zählen u. a. die Sunset Gesetzgebung, die Steuerreform sowie Reformen in zahlreichen sozialen Programmen.

Als die wichtigsten Ergebnisse seien zusammengefaßt:

Als Ergebnis einer ganzen Reihe von Faktoren, die durch Vorgänge wie Watergate und die Energiekrise noch beschleunigt wurden, befinden sich gegenwärtig größere Korrekturmaßnahmen im Status nascendi. Um sie durchzuführen, werden vor allem bessere Evaluierungs-, Kontroll- und Prüfungsmechanismen staatlicher Programme und Ausgaben notwendig sein. Maßnahmen und Reformen, die danach streben, staatliches Ausgabenverhalten zu kontrollieren und Ressourcen besser zu nutzen, werden nicht ohne beträchtliche Diskussion und Unruhe durchzuführen sein; allerdings sind diese (politischen) Kosten bei weitem geringer als das Kostenchaos, das sich ohne die Einführung dieser Kontrollmechanismen abzeichnet. Mit großer Aufmerksamkeit werden in den USA alle Vorschläge und Erfahrungen verfolgt, die andere Nationen auf dem Gebiet staatlicher Programmevaluierung und Haushaltskontrolle entwickeln und entwickelt haben.

Karl Wittrock im Gespräch

Stärkt Evaluierung die Kontrollfunktion des Rechnungshofs?

Karl Wittrock, Dr. jur.; Präsident des Bundesrechnungshofes seit 1978; 1953–1964 Mitglied des Deutschen Bundestages; 1963–1967 Regierungspräsident in Wiesbaden und 1967–1974 Staatssekretär im Bundesverkehrsministerium. In seiner Funktion als Präsident des Bundesrechnungshofes ist er gleichzeitig Bundesbeauftragter für die Wirtschaftlichkeit in der Verwaltung. Neben seiner Tätigkeit als Vorsitzender des Aufsichtsrats der Treuarbeit AG ist er auch Mitglied des Vorstandes der Fachgruppe Verwaltungswissenschaft der Deutschen Sektion des Internationalen Instituts für Verwaltungswissenschaften. In zahlreichen *Veröffentlichungen* hat er vor allem zu Fragen der Kontrolle der Verwaltung Stellung genommen, u.a. zum Verhältnis von Parlament und Bundesrechnungshof, in: *Der Bundestag im Verfassungsgefüge der Bundesrepublik Deutschland*, hrsg. von H. Klatt, Bonn 1980, S. 133 ff.; zur Leistungsmessung und Kontrolle bei öffentlichen Unternehmen, in: *Verwaltungswissenschaftliche Informationen*, 1979, Heft 2, S. 82 ff.

Frage: *Herr Wittrock, Sie sind seit 1978 Präsident des Bundesrechnungshofes, der in der Tradition der im Jahre 1714 gegründeten preußischen Generalrechenkammer steht.*

Nach Wandlung des Staates von einem Ordnungsstaat zu einem modernen Leistungsstaat wird die Frage nach mehr Wirtschaftlichkeit und Effektivität der öffentlichen Verwaltung immer drängender gestellt. Bevor Sie, Herr Wittrock, die Leitung des Bundesrechnungshofes übernahmen, haben Sie – nach jahrelanger Anwaltstätigkeit und ehrenamtlicher Mitarbeit in der kommunalen Selbstverwaltung – die Verwaltung aus anderer Perspektive kennengelernt. Sie waren mehrere Jahre Regierungspräsident in Wiesbaden und sieben Jahre Staatssekretär in Bonn. Vorher gehörten Sie zehn Jahre lang als Abgeordneter dem Deutschen Bundestag an. Sie haben also aus recht unterschiedlicher Position beobachten können, wie öffentliche Aufgaben erfüllt werden. Deshalb frage ich Sie: Welche Erfahrungen haben Sie mit politischer Planung?

Wittrock: Die Erfahrungen mit politischer Planung sind *positiv*, wenn der Erwartungshorizont relativ bescheiden bleibt. Unter politischer Planung kann man zielorientierte Festlegung von Entscheidungsabläufen verstehen, und zwar unter gleichzeitiger Festlegung, wer organisatorisch Träger der jeweiligen Maßnahmen ist und wie sie zu finanzieren sind. Diese Definition paßt sowohl auf sehr breit angelegte politische Bereiche als auch auf konkrete Fachplanung. Auf das Letztere bezieht sich mein positives Urteil.

Es gehört weiterhin zu unseren Erfahrungen, daß die Realisierung politischer Planungen auf die ständige Veränderung von Ausgangsdaten und des Umfeldes abgestimmt werden muß. Dies bedeutet, daß die politische Planung periodisch an die jeweils gegebene aktuelle Situation angepaßt werden muß. Wer politische Planung will, muß sie *fortlaufend überprüfen* und aktualisieren.

So wird beispielsweise die *mehrjährige Finanzplanung*, die einen Zeitraum von vier Jahren umfaßt, jährlich aktualisiert.

Gleiches gilt für die *Fachplanung* verschiedener Ressorts. Ich nenne in diesem Zusammenhang den *Ausbauplan für die Bundesfernstraßen*. Er zeigt über einen längeren Zeitraum die Planungsziele, aber auch den zeitlichen Vollzug der Realisierung dieser Ziele. Veränderung finanzieller Daten, aber auch die Änderung der Vorstellungen über ökonomische und ökologische Prioritäten haben hier eine Revision der gesetzten Planungsziele und des Ablaufes der Verwirklichung der Planung notwendig gemacht.

Weitere Beispiele der politischen Planung sind der *Rahmenplan für den Ausbau unserer Hochschulen*, der auf der Grundlage der Daten des Wissenschaftsrates erarbeitet und in bestimmten Zeitabständen fortgeschrieben worden ist. Auch das Aktionsprogramm *Humanisierung des Arbeitslebens* ist Beispiel politischer Planung.

Ergebnis dieser Überlegungen ist, daß in den verschiedensten Fachbereichen die politische Planung eine hohe Bedeutung erlangt hat.

Der Vorteil einer ausgewogenen und realitätsbezogenen politischen Planung besteht darin daß sie der Verwaltung *Kontinuität* vermittelt. Deshalb muß die politische Planung für die Exekutive überschaubar sein. Modellversuche als Instrument politischer Planung helfen niemandem, wenn ihre Anzahl und ihr Umfang so bemessen werden, daß die Kapazität der auswertenden und verarbeitenden Verwaltung überfordert ist.

Eine investitionsorientierte politische Planung hat auch für die Wirtschaft hohe Bedeutung. Die Unternehmen können sich auf den Realisierungsablauf und auf die Ziele der politischen Planung einstellen. Sie können selbst investieren, um den gestellten Aufgaben entsprechen zu können.

Frage: *Die Realisierung politischer Planungen ist vor allem dort gescheitert, wo aktuelle und flexible Mechanismen der Rückkoppelung von Erfahrungen fehlten. Eine aktuelle, rechtzeitige und flexible Ergebniskontrolle könnte und kann zu verbesserten Neuplanungen und Kurskorrekturen führen. Auch der Rechnungshof hat hier eine wichtige Aufgabe im Rahmen eines „Evaluierungssystems". Wo sehen Sie in einem solchen System die Schwerpunkte und Einsatzmöglichkeiten für Evaluierungen?*

Wittrock: Schwerpunkt einer Erfolgs- und Wirkungskontrolle ist die Anwendung *wirtschaftlicher Maßstäbe*. Es ist festzustellen, ob das gesetzte Ziel und die eingesetzten Mittel zu dem gewünschten Erfolg geführt haben. In diesem Zusammenhang ist zu ermitteln, ob der finanzielle Aufwand zur Realisierung der Planung als vertretbar anzusehen ist. Die allgemeine und stets gegebene Knappheit an finanziellen Mitteln zwingt dazu, auf dieses Beurteilungskriterium besonderes Gewicht zu legen.

Die systematische Evaluierung sollte in erster Linie *Sache der Verwaltung* selbst sein. Jedes Ressort muß sich ein Urteil bilden über den Erfolg der Maßnahmen, die zur Verwirklichung der politischen Planung ergriffen worden sind. Innerhalb der Ressorts sollte das jeweils zuständige Fachreferat berufen und verpflichtet sein, selbstkritisch den Erfolg der eingeleiteten und durchgeführten Maßnahme zu prüfen.

Es gibt für viele Fachbereiche eine gesetzlich oder durch Entschließung des Parlaments geregelte *Berichtspflicht* an den Bundestag. Die erstellten Berichte geben dem Parlament die Möglichkeit, die von der Exekutive zu verantwortenden Maßnahmen zu kontrollieren und, wenn nötig, Korrekturen anzuregen oder im legislativen Wege zu beschließen.

Schließlich ist die Erfolgs- und Wirksamkeitskontrolle Aufgabe des Rechnungshofes. Die Haushaltsrechtsreform von 1969 hat dem Rechnungshof das notwendige Instrumentarium gegeben. Die *Prüfungsbemerkungen* der vergangenen Jahre enthalten eine Reihe von Vorgängen, die zeigen, in welcher Weise der Bundesrechnungshof diese Aufgabe versteht. Ich denke beispielsweise an Prüfungsbemerkungen über den Ausbau und Neubau von Hochschulen oder an die Prüfungsbemerkungen über Förderung der Forschung und Entwicklung auf dem Gebiet der Datenverarbeitung.

Gewiß ist die Aktivität des Bundesrechnungshofes auf dem Gebiet der Evaluierung entwicklungsbedürftig. Es muß berücksichtigt werden, daß der Bundesrechnungshof sich hier auf Neuland betätigt. Im übrigen ist die Arbeitskapazität der obersten Finanzkontrollbehörde der Bundesrepublik personell und sachlich limitiert.

In diesem Zusammenhang muß darauf hingewiesen werden, daß der Bundesrechnungshof nicht in jedem Falle in eigener Zuständigkeit und aufgrund eigener Sachkenntnis Evaluierung vornehmen kann. In diesen Fällen hält er das zuständige Ressort, also den verantwortlichen Minister, dazu an, selbst Verfahren zu entwickeln, die eine Evaluierung in deren Zuständigkeit ermöglichen. Beispiel auf diesem Gebiet ist das weite Feld der Forschungsförderung. Generell darf man sagen, daß der Rechnungshof seinem Verfassungsauftrag voll entspricht, wenn er dazu beiträgt, ein Kontrollinstrumentarium zu schaffen und wenn er die Anwendung dieses Instrumentariums kontrolliert. Hier beschränkt sich der Bundesrechnungshof darauf, die Erfolgskontrolleure der Verwaltung zu kontrollieren.

Frage: *Könnte nicht in einem intensiveren Kontakt zwischen einer Wissenschaft, die Erfahrungen aufarbeitet, Implementationsstudien und Wirkungsanalysen durchführt und einer Rechnungshofsbehörde, die sie nutzt (vergleichbar dem amerikanischen Institut für Programmevaluierung beim amerikanischen Rechnungshof), eine Möglichkeit liegen, das Prüfungswesen und die Finanzkontrolle zu verbessern? Ist diese Kommunikation zwischen Wissenschaft und Prüfpraxis nicht gerade auch im Hinblick auf eine effektivere Kontrolle bisher unterentwickelt?*

Wittrock: Ich beschränke mich auf die Frage der Kommunikation zwischen Finanzkontrollbehörden und Wissenschaft. Hierzu kann ich nur feststellen, daß diese Kommunikation verbesserungsfähig und verbesserungswürdig ist. Meine Begegnungen mit Wissenschaftlern haben gezeigt, daß viele Wissenschaftler zu wenig von den Problemen, den Grenzen und den Möglichkeiten der Finanzkontrollbehörden wissen. Dieses zu verbessern, sollte Anliegen sowohl der Vertreter der Finanzkontrollbehörden als auch der einschlägig interessierten Wissenschaftler sein.

Frage: *Es besteht eine ganze Reihe von bisher eher informell genutzten Rückkoppelungsschleifen und Kontrollmechanismen. Die Frage, die sich stellt, ist: Reichen diese aus, wie sind die vorhandenen mit Leben zu füllen? Hat der Rechnungshof diese bisher auch in vollem Umfang genutzt? Wie ist künftig der Einsatz des Evaluierungsinstrumentariums zu verbessern?*

Wittrock: Zunächst ist darauf hinzuweisen, daß die vorhandenen Möglichkeiten der Evaluierung besser und systematischer genutzt werden sollten. Der Anwendungsbereich des § 7 BHO, der *Kosten-Nutzen-Analysen* vor Durchführung von Maßnahmen vorschreibt, und auch der Rahmen der Möglichkeiten der GGO II (§ 23 GGO) sind nicht erschöpft. Insoweit gilt es, auf bereits gewonnenen Erfahrungen aufzubauen und die bisherige Anwendung selbstkritisch zu prüfen.

Damit soll nicht ausgeschlossen werden, daß die gesetzliche Basis der Evaluierung verbessert werden könnte. So ist daran zu denken, Kosten-Nutzen-Analysen nach § 7 BHO nicht nur für sogenannte Maßnahmen vorzusehen, sondern auch für geplante Gesetze, also Evaluierung ex ante. Es ist jedoch darauf hinzuweisen, daß für den Bundesrechnungshof § 88 Abs. 2 BHO die Möglichkeit der Beratung auf der Grundlage gegebener Prüfungserfahrungen eröffnet.

Häufigster Fall der Anwendung dieser Vorschrift ist die Beratung des Parlaments bei der *Vorbereitung von Haushaltsentscheidungen*. Es gibt aber auch Fälle, in denen die zuständigen Mitglieder des Bundesrechnungshofes die Abgeordneten beraten haben, wenn es darum ging, andere legislative Entscheidungen zu treffen, die sich organisatorisch und haushaltsmäßig auswirken können. Die Anzahl der konkreten Fälle, in denen der Bundesrechnungshof in dieser Weise aktiv geworden ist, ist jedoch begrenzt. Hier stehen wir nämlich an den Grenzen unserer Arbeits- und Personalkapazität. Das bedeutet praktisch: Wer mehr als bisher auf dem Gebiet der Evaluierung vom Bundesrechnungshof – und entsprechendes gilt für die Rechnungshöfe der Länder – erwartet, der muß den Bundesrechnungshof qualitativ und quantitativ verstärken.

Anhang

Kurzprofil: TÄTIGKEITS- UND AUFGABENFELDER DES BUNDESRECHNUNGSHOFES

Aufgaben und Zielsetzung
Der Bundesrechnungshof, dessen Mitglieder nach Art. 114 Abs. 2 GG unabhängig sind, hat die Aufgabe, das Finanzgebaren des Bundes zu prüfen und über das Ergebnis den gesetzgebenden Körperschaften zu berichten, bevor diese über die Entlastung der Bundesregierung entscheiden. Auf Länderebene erfüllen Landesrechnungshöfe die gleichen Aufgaben. Gegenstand der Prüfungen sind die Haushalts- und Vermögensrechnung des Bundesfinanzministers sowie die Wirtschaftlichkeit und Ordnungsmäßigkeit der Haushalts- und Wirtschaftsführung des Bundes einschließlich seiner Sondervermögen und Betriebe. Dabei geht es nicht nur darum, abgeschlossene Vorgänge zu beanstanden. Wichtig ist vor allem, Maßnahmen vorzuschlagen, die Verbesserungen bewirken, um künftige Beanstandungen zu vermeiden. Außerdem kann der Bundesrechnungshof aufgrund von Prüfungserfahrungen den Bundestag, den Bundesrat, die Bundesregierung und einzelne Bundesminister beraten. Der Präsident des Bundesrechnungshofes übt gleichzeitig das Amt des Beauftragten für Wirtschaftlichkeit in der (Bundes-)Verwaltung aus. In dieser Eigenschaft hat er durch Vorschläge und Gutachten auf eine zweckmäßige, einfache und wirtschaftliche Gestaltung der Bundesverwaltung und der Haushaltsführung hinzuwirken.

Organisation und Verfahren
Der Bundesrechnungshof gliedert sich in acht Rechnungsprüfungsabteilungen mit 47 Prüfungsgebieten und einem Referat sowie eine Präsidialabteilung mit sechs Referaten. Unabhängige Mitglieder des Bundesrechnungshofes sind der Präsident, der Vizepräsident, die Abteilungsleiter und die Prüfungsgebietsleiter. Ihnen unterstehen ca. 300 Prüfungsbeamte des höheren und gehobenen Dienstes. Sie sind überwiegend mit den örtlichen Erhebungen beauftragt. Der Bundesrechnungshof bestimmt nach eigenem Ermessen die Auswahl und den Umfang des Prüfungsstoffes. Prüfungsmaßstäbe sind Wirtschaftlichkeit und Ordnungsmäßigkeit. Die Prüfungen knüpfen nicht nur an Rechnungen an, sondern können sich zeitlich bereits auf Maßnahmen der Verwaltung erstrecken, die finanzielle Bedeutung haben. Der Bundesrechnungshof entscheidet stets kollegial unter Beteiligung von mindestens zwei Mitgliedern. Oberstes Beschlußgremium ist der Große Senat.

Ergebnisse und Veröffentlichungen
Die Prüfungsergebnisse leitet der Bundesrechnungshof zunächst den geprüften Dienststellen zur Stellungnahme zu. Soweit sie für die Entlastung der Bundesregierung von Bedeutung sein können, faßt er die Ergebnisse jährlich in Bemerkungen zusammen. In den Bemerkungen teilt der Bundesrechnungshof nicht nur Beanstandungen mit, sondern gibt auch Empfehlungen für die Zukunft. Die Bemerkungen des Bundesrechnungshofes werden veröffentlicht (zuletzt zur Bundeshaushaltsrechnung 1978 in Bundestags-Drucksache 9/39). Über die Veröffentlichung der Gutachten des Beauftragten für die Wirtschaftlichkeit der Verwaltung entscheidet der jeweilige Auftraggeber.

II.4 Evaluierung und Evaluierungsforschung in Kommunalpolitik und -verwaltung

Gerd-Michael Hellstern, Hellmut Wollmann
Zentralinstitut für sozialwissenschaftliche Forschung der Freien Universität Berlin

Evaluierung auf der kommunalen Ebene*

Veränderte Rahmenbedingungen für kommunale Evaluierung

Der Stellenwert von Evaluierungsverfahren zur Wirksamkeit und Wirtschaftlichkeit kommunalen Handelns ist von den neuerlichen Veränderungen der ökonomischen, ökologischen, finanziellen und politischen Rahmenbedingungen der Kommunen vor allem in zwei Hinsichten gekennzeichnet:

– Zum einen läßt die sich erneut dramatisch öffnende Schere zwischen kommunalen Ausgaben einerseits und verfügbaren Haushaltsmitteln andererseits Evaluierungsverfahren als Instrument, informierte Aussagen über Wirksamkeit und Wirtschaftlichkeit kommunalen Handelns und hierdurch Entscheidungshilfen für die immer schwierigeren und konfliktträchtigen Haushaltsberatungen zu gewinnen, nur noch dringlicher erscheinen. Dabei zeichnen sich erhebliche Umschichtungen in den Vorrängen kommunaler Ausgaben ab. Zwar besteht innerhalb der investiven Ausgaben, also im kommunalen Vermögenshaushalt, nach wie vor erheblicher Mittelbedarf etwa im Bereich der Stadterneuerung, der Wohnumfeldsicherung, des kommunalen Umweltschutzes und neuerdings auch einer eigenen kommunalen Wohnungspolitik (z. B. gemeindeeigene Förderung von Mietwohnungsbau). Jedoch ist der große Schub investiver Ausgaben, wie er die 60er und 70er Jahre kennzeichnete (öffentlicher Nahverkehr, etwa U-Bahn-Bau, soziale und Freizeitinfrastruktur, etwa Schulen, Schwimmbäder, Mehrzweckhallen, aber auch Krankenhäuser, kommunale Verwaltungsgebäude, weitgehend abgewickelt (vgl. etwa *R. R. Klein* 1981). Demgegenüber macht sich das wachsende Gewicht der laufenden Ausgaben, also des kommunalen Verwaltungshaushalts, geltend. Dies ist zum einen auf die (vor allem im Personal- und Energiebereich explodierenden) Folgekosten von bestehenden kommunalen Einrichtungen (z. B. Freizeitanlagen, wie Hallenbäder, Turnhallen usw.) zurückzuführen, die in der Vergangenheit großzügig geplant und gebaut wurden und für die sich inzwischen – als Folge des laufenden Bevölkerungsverlusts der Großstädte und

* Die nachstehende Darstellung verdankt wichtige Anregungen und Informationen den Teilnehmern der Arbeitsgruppe, die die Verfasser (mit Förderung der *Werner-Reimers-Stiftung*, Bad Homburg) zum Thema „Erfolgskontrolle auf der kommunalen Ebene" initiierten und an deren drei Sitzungen (1980/81) eine Reihe von Fachleuten aus der Kommunalverwaltung und einige Wissenschaftler mitwirkten. Die Beiträge und Ergebnisse der Arbeitsgruppe sind in: *G.M. Hellstern, H. Wollmann* Hrsg. 1984 veröffentlicht.

auch veränderter Verhaltensmuster und Bedürfnisse – Unterauslastungen abzeichnen. Zum anderen kommt weiterer Handlungs- und damit Finanzierungsbedarf auf die Kommunen in alten-, jugend- und ausländerpolitischen Problemfeldern insbesondere durch die sozialen, psychischen usw. Folgeprobleme der sich festsetzenden Dauerarbeitslosigkeit (insbesondere Jugendlicher und junger Ausländer) zu. Diese Mehrausgaben werden als Personalkosten und andere laufende Aufwendungen den Verwaltungshaushalt belasten, in dem bereits die in der Vergangenheit – zum Teil anspruchs-„inflationiert" – eingegangenen Leistungs- und Förderungsangebote, nicht zuletzt auch an privatrechtliche Träger von Jugend-, Alten- usw. hilfe, kräftig zu Buche schlagen (vgl. *B. Kasperek* 1981, S. 973). Je stärker die Gemeinden angesichts stagnierender, wenn nicht real rücklaufender kommunaler Einnahmen darauf angewiesen sind, sich den Spielraum für neue Aufgaben durch Abstriche und Umschichtungen bei bestehenden Ausgaben zu verschaffen, desto mehr sind Analyseverfahren gefragt, die über Wirksamkeit und Wirtschaftlichkeit in den einzelnen kommunalen Handlungsfeldern informieren, auch und gerade in solchen, die über laufende Personalausgaben und sonstige Aufwendungen im Verwaltungshaushalt kostenwirksam werden.

– Die sich verschärfende Konkurrenz um die knapper werdenden kommunalen Haushaltsmittel führt vor allem dann zu einer zunehmenden „Politisierung" von Evaluierung, wenn es bei den anstehenden Haushaltsentscheidungen darum geht, substantielle Abstriche oder Umschichtungen in kommunalen Tätigkeitsfeldern vorzunehmen, die von den jeweiligen nutzenziehenden Gruppen inzwischen als „soziale Besitzstände" aufgefaßt werden. Zudem zielt der Abbau kommunaler Leistungen nicht zuletzt auf Einsparungen im Personalbereich und läuft damit in die Konfliktzone mit Gewerkschaften und Personalvertretungen, ganz abgesehen von dem Zielkonflikt, in den die Gemeinden als öffentlicher Arbeitgeber selber zwischen Kosteneinsparungen und beschäftigungspolitischer Verantwortlichkeit geraten (vgl. etwa Hamburger Bürgerschaft, Drs. 9/2518 v. 2.9.1980, S. 6). In dem Maße, wie die kommunalen Sparentscheidungen materielle Bereiche sozialstaatlicher Leistungen und Dienste beschneiden, sind gerade die Gemeindevertretungen als die kommunalen „Parlamente" gefordert, die anstehenden Entscheidungen inhaltlich zu tragen und hierbei für eine Transparenz der anzuwendenden Kriterien zu sorgen, wozu Evaluierungen zur Effektivität und Effizienz der einzelnen kommunalen Tätigkeitsfelder und die öffentliche Diskussion der Ergebnisse einen maßgeblichen Beitrag liefern können (vgl. hierzu auch *B. Kasperek* 1981).

Was ist Gegenstand von Evaluierung auf der kommunalen Ebene?

Der gegenständliche Bereich von Evaluierungen kann vor allem nach drei Dimensionen gefaßt werden:

1) nach dem Typus kommunalen Handelns,
2) nach der Phase im Handlungszyklus,
3) nach der Reichweite der interessierenden Wirkungskette.

ad 1) Typen kommunalen Handelns

Im Spektrum kommunaler Betätigung können als gegenständliche Anknüpfungspunkte für Evaluierungsverfahren insbesondere hervorgehoben werden:

- Durchführung komplexer Handlungsprogramme (wie Stadtsanierung, Verkehrsberuhigung, Wirtschaftsförderung)
- Schaffung und Unterhaltung kommunaler Einrichtungen (z. B. von Einrichtungen der sozialen und Freizeitinfrastruktur, etwa Schulen, Krankenhäuser, Schwimmbäder, Altenheime, Jugendhäuser usw.)
- Erbringung von Dienstleistungen durch kommunale Stellen (z. B. Drogen-, Familien-, Modernisierungsberatung)
- Förderung der Erbringung von Dienstleistungen durch Dritte (z. B. kommunale Förderungen von – freien – Trägern der Alten-, Jugend-, Drogenhilfe usw.)
- Zahlung von „Anreizmitteln" (z. B. kommunale Förderung von Mietwohnungsbau)
- Zahlung von „Transfermitteln" (z. B. Sozialhilfe, Wohngeld)

Die den Handlungstypen beispielhaft beigefügten Politikfelder veranschaulichen die thematische Vielfalt und Breite, in der die Gemeinden immer ausgreifender sozialstaatliche Leistungen („Daseinsvorsorge") erbringen, sei es durch eigenes Personal, sei es mittelbar durch die Förderung von Trägerorganisationen, in der zudem die zeitliche und räumliche „Hautnähe" sichtbar wird, mit der sich die kommunale Ebene mit den im lokalen Handlungsfeld aufbrechenden gesamtgesellschaftlichen Entwicklungen, Problemen und Konflikten auseinanderzusetzen hat. Während in der konzeptionellen Diskussion um Evaluierungsverfahren gegenständlich noch immer komplexe Handlungsprogramme im Mittelpunkt stehen (was wesentlich damit zu tun hat, daß sich diese Diskussion, auch international, maßgeblich an bundes- bzw. zentralstaatlichen Interventionen, also in der Regel an Politikprogrammen, festmacht), erweisen sich in der Praxis der kommunalen Ebene neben (investiven) Handlungsprogrammen zunehmend die unterschiedlichen Varianten kommunaler Leistungserbringung als wesentliche Anknüpfungspunkte für Evaluierungen. Die erwähnten Verschiebungen der Gewichte in den kommunalen Haushalten unterstreichen die zunehmende Bedeutung von kommunalen Tätigkeiten, die als laufende Ausgaben im Verwaltungshaushalt kostenwirksam werden.

ad 2) Handlungsphase

Geht man von einem komplexen sowohl die Planung als auch die Durchführung umfassenden Planungs-, Handlungs- und Management-Modell aus, so können unter Evaluierung in einem weiten Verständnis auch solche Planungs- und Entscheidungstechniken begriffen werden, die auf eine Vorabschätzung von Folgen, auf eine Abwägung von Alternativen und auf die Einspeisung dieser prognostischen Informationen und Einschätzungen in den Planungs- und Entscheidungsprozeß gerichtet sind. Zu diesen Entscheidungstechniken rechnen insbesondere Nutzen-Kosten-Untersuchungen, Folgekostenabschätzungen, Bewertungsverfahren. Im engeren („klassischen") Verständnis von Evaluierung ist diese auf die empirische Beobachtung, Untersuchung und „Bilanzierung" von laufendem oder abgeschlossenem öffentlichen Handeln gerichtet, also von einer „*ex-post*"-Betrachtung gekennzeichnet.

Freilich gehen im konkreten Handeln vor allem dort, wo es um einen Handlungsprozeß von längerer Dauer geht, ex-post-Wirkungserkenntnisse ineinander über (vgl. etwa *H. Meyer zur Drewer, E. Guth* 1976, *K. Mackscheidt* 1978, S. 290): Der weitere Wirkungsverlauf in einer laufenden Maßnahme ist um so verläßlicher (ex ante) abschätzbar, je mehr man empirisch (ex post) über die Wirkungsweise und die -zusammenhänge im bisherigen Gang der Maßnahme weiß.

Sieht man von den hier nicht weiter zu vertiefenden (ex ante-) Entscheidungstechniken ab, lassen sich drei gegenständliche Bereiche für Evaluierung unterscheiden:

- Untersuchungen zu *laufenden* Handlungsfällen (Planungen, Programmen, Maßnahmen, Instrumenteneinsatz, Leistungserbringung usw.) mit dem Ziel, den jeweiligen Handlungsstand zu erfassen und in die weiteren Handlungsphasen, gegebenenfalls korrigierend, einzuspeisen. Dabei kann es um „*Verfahrensziele*" (z. B. Wird die Mittelfristige Finanzplanung bei der Haushaltsplanung eingehalten? Werden die für die Programmverwirklichung geplanten Zeitpunkte eingehalten? usw.) ebenso wie um erste „*Ergebnisziele*" (z. B. Wieviele Wohnungen sind im ersten Programmjahr eines mehrjährigen Modernisierungsprogramms gebaut worden?) oder auch um das Auftreten unerwarteter Wirkungen (z. B. Mieterverdrängungen als Folge einer Verkehrsberuhigungsmaßnahme) gehen.
- Untersuchungen zu *abgeschlossenen* Handlungsfällen mit dem Ziel, „abschließende" Aussagen über die jeweilige Wirksamkeit (*Zielerreichung*, „*Effektivität*", unerwartete bzw. unerwünschte Nebenwirkungen usw.) zu gewinnen und diese unter Umständen in die Konzipierung und Planung weiteren Vorgehens einzubringen.
- Untersuchung von Handlungsfällen unter Einbeziehung von Kosten und Wirkungen mit dem Ziel, „bilanzierende" Aussagen über das Verhältnis von Aufwendungen und Ergebnissen („*Effizienz*") zu erhalten.

ad 3) Reichweite der Wirkungskette

Die Beantwortung der Frage, welche Wirkungen innerhalb der vielfältigen Wirkungszusammenhänge und -ketten, in die öffentliches Handeln eingebettet ist, jeweils interessieren und herauszuarbeiten sind, hängt

- strategisch von der jeweiligen Evaluierungsfragestellung und
- arbeitsökonomisch von der Verfügbarkeit bzw. Beschaffbarkeit der geeigneten Daten ab.

Dabei zeigt sich als „Analysedilemma", daß, greift man den „modellhaft" konzipierten Wirkungszusammenhang auf, die Wirkungsschritte mit fortschreitender Entfernung von den unmittelbaren administrativen Wirkgrößen („outputs", etwa Betrag der verausgabten investiven Mittel) zwar aussagekräftiger und relevanter werden, indem die Auswirkungen auf die Adressaten und Nutzer („outcomes") und die weiteren (sozialen) Ausstrahlungseffekte angeleuchtet werden, aber auch in der Erfassung schwieriger und (vielfach nur über gesonderte Primärerhebungen) aufwendiger.

Die damit aufgeworfenen Probleme, die insbesondere im Zusammenhang mit den Bemühungen um eine ex-post-Regionalisierung investiver öffentlicher Mittel ausführlich diskutiert worden sind[1], seien am Beispiel der Errichtung eines Jugendhauses veranschaulicht:

- Wieviele investive Mittel sind ausgegeben worden? (finanzieller output)
- Wieviele und welche Räume, Einrichtungen usw. sind in dem Jugendhaus geschaffen worden? (unmittelbarer administrativer output)
- Von wievielen und welchen Jugendlichen wird das Jugendhaus genutzt?
- Wie wirkt sich das Jugendhaus auf die es nutzenden Jugendlichen aus? (outcomes)
- Wie wird das Jugendhaus von seinen Benutzern eingeschätzt?
- Wie wirkt sich das Jugendhaus auf den sozialen Kontext im Quartier aus (Drogenhäufigkeit, Jugendkriminalität, Vandalismus usw.)?
- Wie ist das Verhältnis von Mittelaufwand und Ergebnis („Effizienz") einzuschätzen?

Auf welche Wirkgröße die Evaluierungsuntersuchung zu beziehen sei, kann zunächst der Zielsetzung des betreffenden öffentlichen Handelns entnommen werden, dessen Zielerreichung ermittelt werden soll. Indessen erweist sich die unmittelbare politisch-administrative Zielsetzung, auch wo sie unzweideutig bestimmbar oder rekonstruierbar ist, vielfach als zu eng und zu vordergründig, indem etwa die stadtstrukturellen Ausstrahlungseffekte in die unmittelbare Zielsetzung nicht einbezogen sind und in einer Untersuchung, die sich auf die unmittelbaren Ziele beschränkt, ausgeblendet bleiben.[2]

Wer soll evaluieren?

Für die Institutionalisierung der Evaluierungsfunktion stellt sich das Dilemma, daß einerseits ein „natürliches" Interesse der jeweiligen Fachverwaltung an der Initiierung und Durchführung von Evaluierungen als Auskunftsmittel über Erfolg oder Mißerfolg ihrer Tätigkeit nicht angenommen werden kann, im Gegenteil davon ausgegangen werden muß, daß sie in dieser ein externes Kontrollinstrument, sei es der Gemeindevertretung, ihrer Ausschüsse und Fraktionen, sei es der politischen oder administrativen Spitze der Kommunalverwaltung, argwöhnt und daß andererseits eine Evaluierung ohne die Sachkunde, die Aktenkenntnis usw. und damit ohne die aktive Mitwirkung der Facheinheit kaum durchgeführt werden kann (vgl. hierzu auch *R. Dieckmann* 1980, S. 741 ff.). Für die Institutionalisierung der Evaluierungsfunktion erscheint es hierbei zweckmäßig, eine *Initiativ-(„Wachhund") von der Durchführungsfunktion* zu unterscheiden. Während die letztere in der Regel bei der Facheinheit bleiben sollte (sei es, daß sie die Evaluierung selbst erarbeitet, sei es,

1 Vgl. hierzu Schwerpunktheft „Ex-post-Regionalisierung" der Informationen zur Raumentwicklung, Heft 6, 1977; vgl. hierzu vor allem die laufenden Arbeiten am Institut für Landes- und Stadtentwicklungsforschung, ILS, Dortmund, hierzu s. ILS-Projektskizze zu: „Raumwirksame öffentliche Mittel" v. 15.11.1978; ferner *W. Knapp* 1978; als ersten Ergebnisbericht aus dem ILS-Projekt s. *P. Röder* 1981.

2 Zu den Grenzen einer formalen Zielanalyse und zu unterschiedlichen Strategien, das Wirkungsfeld zu konzipieren, vgl. auch *G.-M. Hellstern, H. Wollmann* 1977, S. 425 ff.

daß sie hierfür externe Forschung einschaltet), sollte die erstere in das politische Handlungsfeld und Machtgeflecht der Kommune und in eine mögliche „Koalition" interessierter politischer und administrativer Akteure eingebunden werden.

Gemeindevertretung

Politische „Muskeln" kann die Evaluierungsfunktion vor allem dadurch erhalten, daß die Gemeindevertretung, ihre Ausschüsse und Fraktionen in der Initiierung von Wirkungs- und Wirtschaftlichkeitsuntersuchungen zu einzelnen kommunalen Tätigkeitsbereichen eine Chance sehen und wahrnehmen, ihren Einfluß gegenüber einem durch staatliche Vorgaben und „Überregelung" eingeengten Handlungsspielraum wieder zu erweitern, ihre Kontrollmöglichkeiten gegenüber der zunehmend undurchschaubaren Verwaltungswelt zu stärken und insbesondere an den Haushaltsberatungen und -entscheidungen informierter mitzuwirken. Dabei könnte die sich abzeichnende stärkere parteipolitische Profilierung in den Gemeindevertretungen mit einer klareren Ausprägung der Rolle einer „kommunalpolitischen Opposition" (statt der bislang verbreiteten Allparteien-Koalition) diese Aufwertung von Evaluierung als kommunal-„parlamentarisches" Kontrollinstrument vorantreiben. Ähnlich wie in den Parlamenten auf Bundes- und Landesebene läßt sich in den Gemeindevertretungen jedenfalls beobachten, daß die Zahl der Anfragen und Anforderungen an die Gemeindeverwaltungen zunimmt, über Stand und Wirkungen in einzelnen kommunalen Handlungsfeldern „Berichte" vorzulegen, deren Abfassung dann entsprechende Arbeiten und Untersuchungen der Fachverwaltung erfordern. Angesichts dessen, daß die Mitglieder der Gemeindevertretungen in ihrer Ratsarbeit von einer rasch steigenden Papierflut vielfach „zugeschüttet" werden und als „Feierabendpolitiker" in der politisch wirksamen Auswertung dieser Informationen zunehmend überfordert sind,[3] wird die Nutzung von Evaluierungsuntersuchungen und -informationen zur Stärkung der kommunal-„parlamentarischen" Kontrollfunktion wesentlich davon abhängen, inwieweit Evaluierungsergebnisse aufbereitet und „leserlich" vorgelegt werden.

Politische und Verwaltungsführung

Von der politischen und administrativen Spitze, also – je nach Gemeindeverfassung – von (Ober-) Bürgermeister oder (Ober-) Stadtdirektor, können Anstöße zur Stärkung der Evaluierung vor allem in der Erwartung ausgehen, damit die Durchsetzungschance der politischen und administrativen Führung in der Kommunalpolitik und -verwaltung zu verbessern. Dies gilt vor allem für Großstadtverwaltungen, wo

3 Vgl. hierzu das jüngst von der Theodor-Heuss-Akademie und der Zeitschrift „das rathaus" veranstaltete Seminar „Rationalisierung der Ratsarbeit" und die Dokumentation hierüber in: *das rathaus,* 1981, S. 769 ff., insbesondere hierin *R. Wickel* 1981.

die mächtigen Fachverwaltungen – verstärkt durch die „Maßstabsvergrößerung" der kommunalen Gebietsreform und noch gefördert durch die vielfach gegebene räumliche Verzettelung der Dezernate und Ämter in auseinanderliegende Gebäude – dazu tendieren, ein „Eigenleben" zu führen und sich dem Leitungs- und Koordinationsanspruch einer zentralen politischen und administrativen Führung zu entziehen. Allerdings gibt es bislang kaum Hinweise dafür, daß die Verwaltungsspitzen Evaluierung als einen leistungsfähigen Hebel zur Stärkung ihrer Stellung erkennen und einsetzen.

Vereinzelt ist vorgeschlagen worden, für eine umfassende Prüftätigkeit („controlling"), die insbesondere auch die Zielerreichung von Fachverwaltungen einschlösse, eine gesonderte „Zentralstelle" in der Gemeindeverwaltung einzurichten, die der Verwaltungsführung direkt zu unterstellen sei und die Untersuchungen zur Wirksamkeit und Wirtschaftlichkeit innerhalb ihrer „controlling"-Tätigkeit überwiegend selber durchführen solle (so Mummert & Partner 1978 in einer in der Stadtverwaltung von *Osnabrück* durchgeführten Organisationsuntersuchung). Wie bereits angedeutet, scheint es jedoch unzweckmäßig, die eigentliche Evaluierungsarbeit von einer anderen als der Facheinheit selber durchführen zu lassen, ganz abgesehen davon, daß eine personell wohl nur sehr knapp besetzte Sondereinheit in der Kommunalverwaltung zeitlich und qualifikatorisch überfordert wäre, kompetente Untersuchungen sozusagen „flächendeckend" in der Kommunalverwaltung durchzuführen (ähnlich skeptisch *KGSt*-Bericht 16/1978, S. 26).

Vielmehr sollte bei der Suche nach Ansatzpunkten und „Koalitionspartnern" für Evaluierungsinitiativen und -impulse nach Möglichkeit an bestehende Funktionen und Verwaltungseinheiten in der Kommunalverwaltung angeknüpft werden, vorzüglich an solche, die infolge ihrer „Querschnitt"-Orientierung ohnedies darauf angelegt sind, die sektoralen Zielsetzungen der einzelnen Facheinheiten in eine umfassendere Betrachtung und Wertung einzubinden. Hierfür kommen insbesondere die Stadtentwicklungs-, Finanz-, Personal- und Organisationsplanung in Betracht.

Stadtentwicklungsplanung

Nachdrückliche konzeptionelle Impulse für Evaluierungsverfahren gingen und gehen hierbei von einem Planungs-, Handlungs- und Management-Konzept aus, das im Verlauf der 60er Jahre – zeitlich parallel zu der „Planungsdiskussion" auf der Bundes- und Landesebene, wie diese deutlich inspiriert durch die Bemühungen um Planning-Programming-Budgeting-Systeme (PPBS) in den USA – auch für die kommunale Ebene erörtert und gefordert wurde (vgl. *J.J. Hesse* 1976, S. 86 ff.). Dies begreift Stadtentwicklungsplanung wesentlich als ein Steuerungssystem, dessen Handlungsfähigkeit wesentlich davon abhängt, ob es über verläßliche „Rückmeldeschleifen" verfügt, die in den verschiedenen Phasen des Handlungszyklus über Verlauf, mögliche Zielabweichungen, unerwartete Hindernisse, unvorhergesehene Nebeneffekte usw. informieren. Pointiert wurde dieser umfassende Anspruch der Stadtentwicklung kürzlich dahin formuliert, „Stadtentwicklungsplanung [ziele] auf kontinuierliche und umfassende Unterstützung des Planungs-, Entscheidungs- und Vollzugsprozesses. Ihr Aufgabenfeld ist ressortmäßig, zeitlich . . ., methodisch-organisatorisch im Unterschied zu den Aufgabengruppen Hauptamt, Rechnungsprüfung und Kämmerei nicht beschränkt. Stadtentwicklung schließt die Fachentwicklungsplanung für alle Ressorts, Zielbereiche und Zielgruppen ein wie die Fragen der Aufgabenwahrnehmung, der Verknüpfung zu Investitionsprogrammen und Finanzplanung und zur kritischen Prüfung des Vollzugsprozesses" (*E. Rothgang* 1984). So gesehen, erhalten Evaluierungen als ständige „Rückmeldeschleifen", sei es über den Prozeßverlauf, sei es über Handlungsergebnisse, einen zentralen Stellenwert in dem vielfältig „vermaschten" Handlungs- und Steuerungssystem der Kommune (vgl. hierzu etwa *J. Eekhoff* u. a. 1977, S. 17 ff.) und kann in diesem umfassenden Steuerungsanspruch als wesentliches Element der (zentralen) Verfaltungsführung überhaupt angesehen werden.[4]

Zur Wahrnehmung und Einlösung dieses Steuerungs-, Koordinierungs- und Kontrollanspruchs werden aus der Sicht der Stadtentwicklungsplanung geeignete Meßgrößen, nach denen die stadtentwicklungsplanerische Angemessenheit und Zielerreichung der einzelnen Fachplanungen und -verwaltungen zu beurteilen und zu beeinflussen sind, von den entsprechenden Planwerken geliefert, seien es gesamtstädtische Entwicklungspläne, Rahmenpläne usw.[5] oder auch stadtteilbezogene Planungen.[6]

Allerdings werden diese stadtentwicklungsplanerischen „Meßlatten" in dem Maße ungriffig, wie die umfassenden Planwerke, wie sie bis in die mittleren 70er Jahre in den Kommunen aufgestellt wurden, infolge der sich rasch verändernden Entwicklungsbedingungen ins Leere laufen und von ihnen neuerdings Abstand genommen wird. Immerhin liefern „räumlich-funktionale Ordnungskonzepte" in ihrer fortgeschriebenen Aktualisierung brauchbare Orientierungshilfen für Evaluierungsansätze.

Teilweise noch immer als „Exoten" in der traditionellen Kommunalverwaltung angesehen und in ihrem Anspruch auf institutionelle Eigenständigkeit und Verankerung etwa in Form eines eigenen Amtes in Frage gestellt[7], erwiesen und erweisen

4 So pointiert neuerdings *KGSt*-Gutachten 1979, freilich mit der Konsequenz, für die Funktion der Stadtentwicklung eine gesonderte Institutionalisierung, etwa in Form eines eigenen Amtes, nicht mehr zu empfehlen.

5 Für Beispiele aus der jüngeren Phase vgl. etwa *Stadt Dortmund*, Entwicklungsprogramm Dortmund 1990, 1976; hierzu OStD H.D. Imhoff: „Das nun vorliegende Entwicklungsprogramm ist ein Rahmenprogramm. Es beschreibt nicht Maßnahmen bis ins kleinste vor, sondern arbeitet die Informationen und Kriterien zur Beurteilung von Maßnahmen auf. Es analysiert die aktuelle Situation in den einzelnen Fachbereichen, stellt Prognosen und vergleicht die gegenwärtige Situation mit Zielvorstellungen"; ferner vgl. *Stadt Köln* 1978, Stadtentwicklungsplanung, B 1, S. 1: „Ein Stadtentwicklungsprogramm, auch das hier vorgelegte Gesamtkonzept, muß entsprechend den ständigen Veränderungen der gesellschaftlichen Entwicklungsbedingungen fortgeschrieben werden. Auch bedarf es eines Instrumentariums, das die Vielzahl der fachlichen Planungen und Maßnahmen im Sinne einer optimalen Erfüllung der Entwicklungsziele abstimmt. Das vorgelegte Gesamtkonzept soll als zusammenfassende Darstellung der Entwicklungsziele und Entwicklungsbedingungen für die Gesamtstadt verstanden werden".

6 Vgl. etwa *S. Schildmacher, G. Will* 1977; *J. Sülzer* 1980, S. 12 f.

7 Vgl. das in der Fußnote 4 erwähnte Gutachten der KGSt; vgl. hierzu die kritische Gegenäußerung der *Konferenz der Dienststellen der Stadtentwicklungsplanung des StNW* 1980.

sich die Stadtentwicklungsplaner gleichwohl innerhalb der kommunalen Verwaltungen als „Brückenköpfe" und inneradministrative „pressure groups" für innovative Planungs- und Handlungskonzepte. Aufgrund ihrer Hochschulausbildung und eines (etwa in Facharbeitsgruppen, insbesondere der regelmäßig tagenden Fachkonferenzen auf Bundes- und teilweise auf Länderebene sich organisierenden) professionellen „esprit de corps" wirken sie zugleich als Scharniere zwischen kommunaler Praxis und wissenschaftlicher Diskussion. Auch wenn die von den Stadtentwicklungsplanern hierbei verfolgten Konzepte, insbesondere das im Zuge der allgemeinen „Planungseuphorie" der frühen siebziger Jahre formulierte, an Vorstellungen eines PPBS angelehnte umfassende Management- und Steuerungsmodell den durch vielfältige Restriktionen, Interessen- und Machtverfestigungen bedingten Immobilismus der traditionellen Verwaltungswelt hochfliegend verfehlten und in Mißkredit kamen (vgl. hierzu auch *R.R. Klein* 1981), bleiben ihre steuerungstheoretische „Botschaft" in ihrem Grundzug aktuell und relevant und die Stadtentwicklungsplaner ihre funktionellen und personellen Träger. Gegenüber der neuerdings sich verschärft abzeichnenden Notwendigkeit der Gemeinden, innerhalb der bestehenden Auf- und Ausgaben Kosteneinsparungen zu erzielen und für diese Streich- und Sparaktionen begründete Vor- und Nachränge zu formulieren, erweisen sich die Stadtentwicklungsplaner zudem als diejenige Berufsgruppe innerhalb der Kommunalverwaltung, die aufgrund ihrer Ausbildung, beruflichen Qualifikation und professionellen „Denkrichtung" am ehesten in der Lage zu sein scheint, die anstehenden Auswahlentscheidungen konzeptionell vorzubereiten und zu unterstützen.

Ohne daß die unterschiedlichen organisatorischen und prozeduralen Regelungen, die die Funktion der Stadtentwicklungsplanung in den Städten inzwischen gefunden hat, hier ausführlich dargestellt werden sollen und können[8], seien sie lediglich in einigen Ausprägungen angesprochen, die als geeignete Voraussetzungen für die wirksame Geltendmachung eines Evaluierungsanspruchs angesehen werden können.

Dies gilt zum einen für die *institutionelle Zuordnung zur Verwaltungsspitze*, wo ein institutionelles Arrangement, in dem die Stadtentwicklungsplanung der Verwaltungsspitze in einer „Stabsfunktion" unmittelbar zugeordnet ist, ohne über die „Linie" anderer Dezernate vermittelt zu sein, das Zusammenspiel zwischen der Stadtentwicklungsplanung als „Fach"- und der Verwaltungsspitze als „Machtpromotor" (zu diesem Konzept vgl. *E. Witte* 1973, S. 17 ff.) institutionell eröffnen und sichern dürfte.

8 Für eine Übersicht der Organisationsformen vgl. *KGSt*Bericht 11/1975, „Organisation der kommunalen Entwicklungsplanung, Auswertung einer Umfrage". Diese Umfrage wurde im September 1974 durchgeführt und ergab auf die Frage: Wie ist Ihre kommunale Entwicklungsplanung institutionell organisiert?

Eigenes Amt		Beauftragt mit Linienfunktion		Beauftragt mit Stabsfunktion		Arbeitsgruppe	
abs.	%	abs.	%	abs.	%	abs.	%
33	29	13	11	15	13	55	47

Dies trifft zum andern für die *Verzahnung von Stadtentwicklungsplanung einerseits und Investitions- und Finanzplanung* andererseits zu, wie sie – parallel zu der auf Bundes- und Landesebene erhobenen Forderung einer Verbindung von Aufgaben- und Finanzplanung – auch für die kommunale Ebene gefordert wurde. „Die an der Schnittstelle zwischen Planung und Planrealisierung stehende mittelfristige Investitionsplanung ist über ihre finanzwirtschaftliche Funktion hinaus in besonderem Maße auch zur Sicherung des gemeindlichen Handelns geeignet .... Über die Investitionsplanung vollzieht sich die Umsetzung vom Plan zur Tat" (*Arbeitsgruppe der Konferenz der Dienststellen der Stadtentwicklungsplanung* 1979, S. 1; hierzu bereits nachdrücklich *J. Klementa* 1973). Die Einschaltung in die Investitions- und Finanzplanung setzt die Stadtentwicklungsplanung organisatorisch und prozedural in den Stand, die Beachtung stadtentwicklungsplanerischer Zielvorstellungen und Prioritätensetzungen im Ablauf der Investitionsplanung und ihrer Verwirklichung zu verfolgen.

Unterschiedliche institutionelle Arrangements, eine organisatorische und/oder prozedurale An- und Einbindung der Stadtentwicklungsplanung zu sichern, sollen beispielhaft illustriert werden.

In *Bochum* wird die Stadtentwicklungsplanung in einer Arbeitsgruppe „Stadtentwicklungsplanung und Umweltschutz" institutionalisiert, die dem Oberstadtdirektor als Verwaltungsspitze in einer „Stabsfunktion" unmittelbar zugeordnet ist. Sie besteht aus den „Planungsbeauftragten" der einzelnen Dezernate und Ämter, die zur Person berufen werden. Die Arbeitsgruppe verfügt über eigenes hauptamtliches Personal (zwei Stellen des Höheren Dienstes, darunter ein „Geschäftsführer" der Arbeitsgruppe). Die ihr zugewiesenen Aufgaben markieren ein Aufgabenprofil, in dem – neben den traditionellen planerischen Funktionen – auch Zuständigkeiten bei der „Koordinierung der Aufstellung von Fachplänen", „Überprüfung von bedeutsamen Fachplanungen und Einzelmaßnahmen (Bauvorhaben, Industrieanlagen, Verkehrsplanungen usw.) auf ihre Umweltverträglichkeit" und – noch umfassender – „Mitwirkung bei der Steuerung der Programmdurchführung (z. B. Investitionsplanung, Bauleitplanung)" ausdrücklich genannt sind.

Als „kooperatives Gremium innerhalb der Stadtverwaltung" ist die im Jahre 1970 gebildete „*Arbeitsgruppe Nürnberg-Plan*" (AGN) organisiert. Sie umfaßt maßgebliche Akteure der Kommunalverwaltung (Oberbürgermeister, Vertreter der Dezernate) und verfügt – noch ausgeprägter als die Bochumer Regelung – über einen Stab eigener hauptamtlicher Mitarbeiter. „Sie soll durch die Behandlung aller wesentlichen, die Stadtentwicklung berührenden Zielsetzungen, Planungen, Programme und Maßnahmen auf eine integrierende Stadtentwicklungsplanung hinwirken. Zu diesem Zweck soll die AGN insbesondere Verfahren entwickeln, durch die die Planungsprozesse durchsichtiger und rationaler und Planungsentscheidungen soweit wie möglich quantifizierbar werden. Die AGN hat die einzelnen Fachplanungen zu koordinieren und mit der Investitions- und Finanzplanung abzustimmen" (Geschäftsanweisung für die Arbeitsgruppe Nürnberg-Plan, AGN[9]).

Insbesondere in bezug auf die Mittelfristige Investitionsplanung (MIP) ist hervorzuheben, daß die AGN nicht nur verfahrensmäßig beteiligt, sondern insoweit ihre Trägerin ist, als „der Entwurf eines auf den Finanzrahmen abgestimmten Investitionsplans ... nicht der Kämmerei, sondern den kooperativen Gremien der Arbeitsgruppe Nürnberg-Plan" obliegt (*K. Trutzel* 1974, S. 19 f.). Entsprechend dem zeitlichen Entstehungszusammenhang offenkundig von PPBS-Konzepten inspiriert und damit zunächst auf die Planungsphase zentriert, hat die AGN im Ver-

9 Aus den zahlreichen Veröffentlichungen zur AGN vgl. etwa *K. Trutzel* 1974, S. 185 ff. und *D.v. Lölhöffel* 1984.

lauf ihres Bestehens Steuerungsansprüche geltend gemacht, die im Rahmen der Mittelfristigen Investitionsplanung (MIP) als „Vollzugskontrolle" in mehrfacher Hinsicht ausgeübt werden:

- „Kontrolle des als Zielvorgabe beschlossenen Mengengerüsts (Programm) für jedes Projekt in der Phase der Durchführung,
- Kontrolle des Planungsstands der einzelnen Projekte, um ihre zeitlich vorgesehene Realisierung zu gewährleisten,
- Kontrolle des Mittelabflusses, da die MIP in Nürnberg nach dem Kassenwirksamkeitsprinzip aufgebaut ist" (*D. v. Lölhöffel* 1984, S. 150).

In *Osnabrück* wurde 1972 ein eigenes Amt für Stadtentwicklung und Statistik geschaffen und in einer Art „Stabsfunktion" dem Oberstadtdirektor unmittelbar unterstellt. Zugleich wurde eine Arbeitsgruppe „Stadtentwicklung" gebildet, der neben dem Oberstadtdirektor, dem Leiter des Amts „Stadtentwicklung und Statistik" (der die Federführung der Arbeitsgruppe hat), den zur Person berufenen Planungsbeauftragten einzelner Referate und Ämter auch Mitglieder des Verwaltungsausschusses der Gemeindevertretung angehören. Als Auftrag der Stadtentwicklungsplanung wird bezeichnet u. a. „die Erstellung allgemeiner Ziele als Rahmen und Grundlage der Stadtentwicklungsplanung, mittelfristiger Stadtentwicklungsprogramme mit alternativen Zielen, Angaben zur Erreichung dieser Ziele sowie Angaben über die Kosten und Finanzierung dieser Ziele" (Verfügung des Oberstadtdirektors vom 21.2.1980). Dabei erweist sich das Amt für Stadtentwicklung und Statistik als ein treibendes Element, die Forderung nach Evaluierung innerhalb der Kommunalverwaltung verbal geltend zu machen und in ersten Ansätzen in der zuletzt jährlichen Fortschreibung des Mittelfristigen Stadtentwicklungsprogramms der Stadt Osnabrück zu verwirklichen (vgl. hierzu jüngst *Stadt Osnabrück* 1981, S. 172 ff.).

Der in *Frankfurt* unternommene Versuch, „Erfolgskontrolle" ausdrücklich in einer Verwaltungseinheit zu institutionalisieren, scheiterte vermutlich nicht zuletzt an der „Auslagerung" in ein „Amt für Gesamtentwicklung" und der unzureichenden Anbindung an die Verwaltungsspitze als ihr „Machtpromotor". 1974 wurde in Frankfurt ein „Amt für kommunale Gesamtentwicklung" eingerichtet, als dessen Aufgaben festgelegt wurden:

- „Vorbereitung der Aufstellung eines städtischen Gesamtzielsystems,
- Aufstellung eines städtischen Gesamtentwicklungsprogramms . . . .
- Erfolgskontrolle über die im Gesamtentwicklungsprogramm enthaltenen Aufgaben durch Ablaufplanung und Rückkoppelung"

(Sondergeschäftsanweisung für das Amt für kommunale Gesamtentwicklung, Frankfurt/Main, Magistratsbeschluß vom 29.4.1974).

In der organisatorischen Aufgliederung der Teilaufgaben wurde innerhalb dieses Amtes auch ein gesondertes Referat „Ablaufplanung und Steuerung, Erfolgskontrolle" geschaffen. Allerdings kam das Amt über Anlaufschwierigkeiten (zum Teil war zwischen den Referaten des neuen Amtes selbst streitig, was unter „Erfolgskontrolle" zu verstehen sei) und über erste Schritte nicht hinaus. Konnte das Amt erst im Oktober 1975 seine Arbeit aufnehmen, so zeichnete sich bereits im Laufe von 1977 das Ende ab. Im April 1977 wurde es im Zuge der Reorganisation der Stadtverwaltung – im Zusammenhang mit dem Oberbürgermeisterwechsel – formal aufgelöst.

Ferner wird die Funktionstüchtigkeit der Stadtentwicklung als Promotor von Evaluierungskonzepten und -initiativen offenkundig dadurch gestärkt, daß sie sich (teilweise auch institutionell unter dem Dach eines gemeinsamen Amtes) *mit der kommunalen Statistik* verbindet und verbündet. Die Stoßkraft dieser verwaltungsinternen „Interessenkoalition" liegt vor allem darin, daß damit der Zugang zu den Informationsmitteln der kommunalen Statistik eröffnet und zum Teil in der „Achse" Stadtentwicklungsplanung/Statistik gewissermaßen „monopolisiert" wird. Die Städtestatistiker selbst sind einer der tradtitionsreichsten Berufszweige innerhalb der kommunalen Verwaltung (der Verband Deutscher Städtestatistiker wurde 1879 (!), also vor über 100 Jahren gegründet und erweist sich in seiner Verbandsarbeit, sei es in verschiedenen Arbeitsgruppen, sei es in seiner jährlichen Jahresversammlung, als bemerkenswert rührig) und sind maßgeblich am Auf- und Ausbau kommunaler Informationssysteme beteiligt, wie sie insbesondere in den inzwischen in den meisten größeren Städten vorhandenen oder in Entstehung begriffenen sog. Planungsinformationssystemen, PLIS, zum Ausdruck kommen (zum Stand vgl. *AG PLIS* 1977, konzeptionell vgl. auch *H.J. Wienen* 1984).

In ihrer konzeptionellen Anstoßwirkung wird diese „Koalition" zwischen Stadtentwicklungsplanern und Städtestatistikern beispielsweise darin sichtbar, daß die Diskussionen innerhalb des Verbandes Deutscher Städtestatistiker, insbesondere in seinem vornehmlich von Stadtentwicklungsplanern und Städtestatistikern getragenen Ausschuß „Stadtforschung", in den letzten Jahren das Thema „Erfolgskontrolle auf der kommunalen Ebene" aufgegriffen haben und sich hierbei vor allem mit der Bildung und Nutzung von „Indikatoren" auseinandersetzten (vgl. zuletzt *Verband Deutscher Städtestatistiker*, hrsg., 1981, S. 189 ff., mit einer Reihe einschlägiger Referate aus dem Ausschuß „Stadtforschung").

Programmatisch kommt der Anspruch dieser professionellen „Koalition" von Stadtentwicklungsplanung und Kommunalstatistik etwa in der Äußerung zum Ausdruck,

„die Aufgabenstellung der Kommunalstatistik in Verbindung mit der kommunalen Planung [stelle] sich ... so dar, daß

- Strukturen, Zusammenhänge und Entwicklungen zu systematisieren, transparent zu machen und (im Rahmen der Möglichkeiten) zu prognostizieren und dazu
- das darauf gerichtete Verwaltungshandeln systematisch zu beobachten und zu planen sind (auch i.S. von Machbarkeitsuntersuchungen),
- über eine Erfolgskontrolle ggfls. zur Korrektur von Zielvorstellungen und/oder Planungen bzw. Verwaltungshandeln zu kommen" ist (*E. Rothgang* 1981, S. 193).

Institutionell macht sich diese Stoßrichtung darin geltend, daß in den 70 Großstädten der Bundesrepublik inzwischen knapp 25 % eine „enge organisatorische Verbindung zwischen Stadtentwicklungsplanung und Statistik [aufweisen], in der Regel in der Form eines einheitlichen Amtes" (*E. Rothgang* 1981, S. 191).

Investitions- und Finanzplanung

Eine weitere wesentliche Entwicklungslinie in der Betonung und Aktivierung der Evaluierungsfunktion ist auf die Bemühungen um eine instrumentelle Verbesserung der Finanzplanung zurückzuführen, die in den späten 60er Jahren als Teil einer umfassenderen Planungsdiskussion einsetzten und darauf zielten, den Führungs- und Koordinierungsanspruch der Regierungs- bzw. Verwaltungsspitze im Zusammenspiel mit dem Finanzressort gegenüber den einzelnen Fachressorts zu stärken. Damit standen zunächst die Planungsphase, also Entscheidungsvorbereitung, und die dieser dienenden (ex ante) Entscheidungstechniken im Vordergrund. Auf Bundesebene wurde in § 7, II Bundeshaushaltsordnung (von 1969) und in dem gleichzeitig erlassenen (für die Länderhaushalte verbindlichen) § 9, II Bundeshaushaltsgrundsätzegesetz vorgeschrieben, daß „für geeignete Maßnahmen von erheblicher finanzieller Bedeutung .... Nutzen-Kosten-Untersuchungen anzustellen" seien. In den Vorläufigen Verwaltungsvorschriften zu § 7, II BHO von 1973 (vgl. Ministerialblatt des BMF und des BMWi vom 11.7.1973, S. 190 ff., 293 ff.) wurde dann für die Bundesebene erläutert, daß sich diese Bestimmung nicht nur auf (ex ante) Kosten-Nutzen-Untersuchungen, sondern auch auf (ex post) „Erfolgskontrolle (Ergebnisprüfung)" sowohl „während der Durchführung von mehrjährigen Maßnahmen" als auch „nach der Durchführung von Maßnahmen" beziehe.

Auf Bundesebene waren damit der Grundsatz, daß die Investitions- und Finanzplanung durch empirische Wirksamkeits- und Wirtschaftlichkeitsuntersuchungen zu laufenden wie zu abgeschlossenen Maßnahmen „von erheblicher finanzieller Bedeutung" anzuleiten sei, und ein entsprechendes Evaluierungsgebot erstmals ausdrücklich anerkannt und als mögliches Regelverfahren in das politische Handlungssystem eingeführt.

Was die Nutzung von *ex-ante*-Entscheidungshilfen und -techniken in der Investitions- und Haushaltsplanung anlangt, so finden sich auf der kommunalen Ebene unterschiedliche Regelungen und Verfahren, die darauf gerichtet sind, die Kosten und Folgekosten von investiven Maßnahmen alternativ abschätzbar zu machen. Neben regelrechten *Nutzen-Kosten-Untersuchungen* sind hierbei vor allem *Wirtschaftlichkeitsberechnungen, Bewertungsverfahren und Folgekostenschätzungen* vorgesehen.[10] Allerdings ist die praktische Anwendung solcher Verfahren, zumal in einem technisch anspruchsvollen Sinne, bislang spärlich geblieben. Das gilt insbesondere für (ex ante) Nutzen-Kosten-Untersuchungen, die in einem ernsthafteren Verständnis von den Großstädten bislang offenbar nur in *München* durchgeführt worden sind.[11]

Aber auch bei den Wirtschaftlichkeitsberechnungen und Bewertungsverfahren dürfte es sich in der Regel überwiegend um eher „handgestrickte" denn methodisch

10 Vgl. etwa die „Verfügung des Oberbürgermeisters – der *Stadt München* – über die Anwendung und das Verfahren bei Wirtschaftlichkeitsberechnungen und Nutzen-Kosten-Untersuchungen" vom 16.8.1976 und die Erläuterungen hierzu vom 23.5.1977; vgl. ferner z. B. *Stadtverwaltung Wuppertal*, Dienstanweisung für das Verfahren bei der Durchführung städtischer Baumaßnahmen vom 15.12.1978, wo für „alle baulichen Investitionen, deren Gesamtsumme über 250.000 DM liegt oder deren Folgekosten mehr als 100.000 DM jährlich betragen" ein Verfahren vorgeschrieben wird, an dem Fachamt, Baudezernat und Dezernat für Stadtentwicklung beteiligt sind und das als „Voruntersuchung" darauf gerichtet ist, eine „Bewertung" von Bauvorhaben und nach Möglichkeit einer Auswahl unter Alternativen zu erreichen. Bei diesem Verfahren „sind die Grundsätze der Wirtschaftlichkeit und Sparsamkeit voranzustellen. Die günstigste Relation zwischen dem verfolgten Zweck und den einzusetzenden Mitteln ist anzustreben."

11 Dies ergab eine Umfrage, die die *Stadt München* kürzlich bei den Großstädten veranstaltete, vgl. Beschluß des Finanzausschusses des Stadtrats (der Landeshauptstadt München) vom 25.3.1981, S. 3 mit einer Aufzählung der in München bislang durchgeführten Nutzen-Kosten-Untersuchungen.
Diese Nichtanwendung von (ex ante) Nutzen-Kosten-Untersuchungen gilt offenbar auch für den *Stadtstaat Hamburg*: „Soweit ich es aus dem Hamburger Bereich sehe, gibt es zur Anwendung der Kosten-Nutzen-Analyse einen klugen Leitfaden und auch erläuternde Verwaltungsvorschriften schon seit längerer Zeit, die durchgeführten Untersuchungen sind äußerst gering", *R. Dieckmann* 1980, S. 738. Dieckmann spielt hierbei auf den Leitfaden von E. Gührs u. a. 1977 an.

ausgefeilte und aufwendige Anwendungsfälle handeln, zum einen aus Scheu vor dem zeitlichen und personellen Aufwand, zum anderen wohl auch aus Skepsis gegenüber der Verläßlichkeit solcher Schätzverfahren.[12] Praktische Verbreitung haben offenbar vor allem Schätzverfahren zu den Folgekosten von investiven Maßnahmen, die wegen der laufenden Kosten (Personalkosten, Energiekosten usw.) besonders nachhaltig im Verwaltungshaushalt zu Buche schlagen.[13]

Erweist sich mithin die Anwendung regelrechter (ex-ante-) Kosten-Nutzen-Untersuchungen im Rahmen kommunaler Investitions- und Haushaltsplanungen als eine rare Ausnahme, so erlangten auch ex-post-Untersuchungen als Teil der Investitions- und Haushaltsplanung bislang offenkundig so gut wie keine Bedeutung. So unterblieb fast vollständig eine „Übersetzung" der Vorschrift von § 9, II BHGrG in kommunale Vorschriften, zumindest insoweit es um die mögliche Ausdehnung auf ex-post-Untersuchungen geht. Unter den Großstädten steht *München* offenbar mit der Verfügung des Oberbürgermeisters vom 16.8.1976 allein, wo (in weitgehender Übereinstimmung mit den Vorläufigen Verwaltungsvorschriften des Bundes zu § 7, II BHO) u. a. geregelt ist:

„Im Wege der Erfolgskontrolle (Ergebnisprüfung) soll insbesondere vom zuständigen Sachreferat untersucht werden,

a) während der Durchführung von mehrjährigen Maßnahmen mindestens jährlich, ob die Zwischenergebnisse im Rahmen der Planung liegen, die Planung anzupassen ist und die Maßnahmen weiterzuführen oder einzustellen sind,
b) nach der Durchführung von Maßnahmen, ob das erreichte Ziel der ursprünglichen oder angepaßten Planung entspricht, die Maßnahmen zu revidieren sind und Erfahrungswerte gesichert werden können."

Dabei wird der Stadtkämmerei ausdrücklich die Befugnis eingeräumt, eine Ergebnisprüfung im konkreten Fall anzufordern: „Die Stadtkämmerei kann im Einzelfall vom zuständigen Sachreferat die Durchführung der Ergebnisprüfung . . . sowie die Vorlage der Prüfungsergebnisse verlangen."

Von dieser ihr eingeräumten Befugnis hat die Münchener Stadtkämmerei bislang freilich noch keinen Gebrauch gemacht (so *R. Mahnkopf* in einer Mitteilung an die Verfasser).

Auf eine stärkere Einschaltung der Kämmerei als „Herrin" der kommunalen Finanz- und Haushaltsplanung zielte auch der Vorschlag der *KGSt* in der ursprünglich (1974) formulierten Fassung, das Verfahren der „Aufgabenkritik", also die aufgabenkritische Untersuchung sowohl bestehender Aufgaben als auch neuer Aufgaben, in die laufende Finanz- und Haushaltsplanung einzubinden und damit die Stadtkämmerei auch zum Träger der Aufgabenkritik zu machen (vgl. KGSt-Bericht 21/1974, S. 8 f.). Im weiteren Verlauf, insbesondere als Ergebnis einer Umfrage der KGSt, in der die Gemeinden diese Verfahrensregelung als unpraktikabel und als Überlastung des Budgetierungsprozesses bezeichnet hatten (vgl. KGSt-Bericht 16/

12 Vgl. hierzu *Stadt Osnabrück* 1981, S. 167: „Nach wie vor werden komplizierte Bewertungsverfahren für überflüssig, ja schädlich gehalten, da sie zum gegenwärtigen Stand des Planungsaufbaus lediglich Scheingenauigkeiten vortäuschen können."

13 Vgl. hierzu etwa *Stadt Osnabrück* 1981, S. 169 ff., mit Folgekostentabellen.

1975), revidierte die KGSt ihre Verfahrenskonzeption und schlug statt dessen ein „selbständiges, von der Haushaltsplanaufstellung losgelöstes Verfahren" vor, dessen Träger eine Arbeitsgruppe sein sollte, der neben den maßgeblichen kommunalen Ämtern, insbesondere der Kämmerei, auch gleichzeitig Mitglieder der Gemeindevertretung (vor allem solcher, „die wegen ihrer besonderen Urteilsfähigkeit und Überzeugungskraft als Meinungsführer gelten") angehören sollten (vgl. KGSt-Bericht 25/1976, S. 11), um auf diesem Wege bereits im machtpolitischen Vorfeld die Chance der Durchsetzbarkeit aufgabenkritischer Vorschläge zu verbessern.

Insgesamt bietet die Kämmerei als Trägerin der kommunalen Investitions- und Finanzplanung leistungs- und entwicklungsfähige, bislang freilich kaum genutzte Ansatzpunkte dafür, gegenüber den Haushaltsforderungen und -anmeldungen der Fachverwaltungen die Fragestellung nach Wirksamkeit und Wirtschaftlichkeit der jeweiligen Aktivitäten geltend zu machen. Dies dürfte vor allem dann der Fall sein, wenn sie von der Verwaltungsspitze gestützt wird und sich ein wirksames Zusammenspiel mit anderen Querschnittsfunktionen und -ämtern, insbesondere mit der Stadtentwicklungsplanung in deren „Advokatenrolle" für stadtentwicklungsplanerische Zielsetzungen und deren konzeptionellen Kompetenzvorsprung gegenüber den Fachverwaltungen ergibt.

Personal- und Organisationsämter

In dem Maße, wie in der Diskussion um Wirksamkeit und Wirtschaftlichkeit kommunalen Handelns insbesondere auch die personalintensiven Leistungsbereiche mit ihren laufenden Personal- und Organisationskosten auf den Prüfstand geraten, kommt auf die „Querschnittsämter", wie Haupt-, Personal- und Organisationsamt, zunehmend die Aufgabe zu, entsprechende wirkungsanalytische und „aufgabenkritische" Initiativen zu entwickeln und – mit der Rückendeckung durch die Verwaltungsspitze – gegenuber den Fachverwaltungen durchzusetzen, sei es, daß auf die Durchführung geeigneter Untersuchungen (Wirkungs-, Organisationsuntersuchungen usw.) durch die Verwaltung selbst oder deren Vergabe an externe Forschungen gedrängt wird.

Kommunale Rechnungsprüfung

Als mögliche Initiatorin und Trägerin von Evaluierungen ist schließlich an die kommunale Rechnungsprüfung zu denken (vgl. *E. Splitt* 1984). Zwar sind die kommunalen Rechnungsprüfungsämter traditionell von einem Aufgabenprofil und -verständnis bestimmt und beherrscht, das als „Betriebsprüfung der Verwaltung" (so *Neitz* zit. nach *H. Siedentopf, K. D. Grunwald* 1977, S. 36) bezeichnet werden kann und bei dem es wesentlich um die Gesetzmäßigkeit und Ordnungsmäßigkeit des kommunalen Kassenwesens geht. Jedoch ist auch im kommunalen Bereich eine Entwicklung denkbar und auslösbar, wie sie sich gegenwärtig bei den Rechnungshöfen auf der Bundes- und Landesebene abzeichnet, wo durch eine extensivere Auslegung und Anwendung des Prüfkriteriums der „Wirtschaftlichkeit" der analytische Zugang und Zugriff auf Bereiche eröffnet wird, in denen es zum einen um den Grad der Zielerreichung von (haushaltswirksamen) Handlungsprogrammen und Maßnahmen, zum anderen auch um die Zweckmäßigkeit der Instrumentierung, der Organisation des Vollzugs usw. gehen kann (vgl. hierzu *G.–M. Hellstern, H. Wollmann* 1980, S. 562 ff.). Auch wenn eine Gleichsetzung der Rechnungshöfe auf Bundes- und Landesebene mit den kommunalen Rechnungsprüfungsämtern aus verfassungsrechtlichen, -politischen und auch funktionalen Gründen zweifellos verfehlt wäre, werden durchaus eine Reihe von Parallelen sichtbar, die diese Entwicklungslinie als tragfähig erscheinen lassen.

Unbeschadet der im Detail teilweise unterschiedlichen Regelungen von Land zu Land läßt sich in Grundzügen die Stellung der kommunalen Rechnungsprüfungsämter darin kenntlich machen, daß sie zwar nicht eine den Rechnungshöfen auf Bundes- und Landesebene vergleichbare institutionelle Unabhängigkeit haben (die Mitglieder der Rechnungshöfe genießen zum Teil richterliche Unabhängigkeit), daß ihnen als gemeindliche Dienststellen jedoch durch eine Reihe von Regelungen ein gewisser Grad von Unabhängigkeit gesichert ist. Von diesen Regelungen sind insbesondere zu nennen (für Einzelheiten vgl. *H. Siedentopf, K.D. Grunwald* 1977, insbes. S. 27 ff.):

- Teilweise sind die kommunalen Prüfungsämter unmittelbar den Gemeindevertretungen unterstellt (vgl. z. B. § 101, I GO NRW: „Das Rechnungsprüfungsamt ist dem Rat unmittelbar verantwortlich und in seiner sachlichen Tätigkeit ihm unmittelbar unterstellt"), womit eine institutionelle Abhängigkeit zwar nicht gegenüber der Gemeindevertretung, wohl aber gegenüber der Gemeindeverwaltung gesichert ist.
- Durchweg ist die Weisungsunabhängigkeit des Rechnungsprüfungsamtes im Hinblick auf seine Prüfungstätigkeit entweder ausdrücklich geregelt (z. B. § 103, I GO Hessen: „Das Rechnungsprüfungsamt ist bei der Durchführung von Prüfungen unabhängig. Der Gemeindevorstand kann keine Weisungen erteilen . . . .") oder ist von ihr auszugehen.

Sind somit einerseits Anknüpfungspunkte für die Wahrnehmung einer unabhängigen Evaluierungsfunktion gegeben, erweist sich andererseits der inhaltliche Umfang der Prüfungstätigkeit der kommunalen Rechnungsämter bislang als eng. Als gesetzliche „Muß"-Aufgaben stehen nach wie vor die „Betriebsprüfung der Verwaltung", also die Prüfung von Gesetzmäßigkeit und Ordnungsmäßigkeit des Kassenwesens im Vordergrund und Mittelpunkt. Allerdings kann diese Prüfungszuständigkeit nach den Gemeindeordnungen einiger Länder durch ausdrückliche Regelung der Gemeindevertretung erweitert werden („Kann-Aufgaben", so z. B. § 102, II Ziffer 4 GO NRW: „Der Rat kann dem Rechnungsprüfungsamt weitere Aufgaben übertragen, insbesondere . . . die Prüfung der Verwaltung auf Sauberkeit, Zweckmäßigkeit und Wirtschaftlichkeit"). Zudem steht es den Gemeindevertretungen unter diesen Voraussetzungen frei, der kommunalen Rechnungsprüfung Sonderaufträge zu erteilen, in denen die „Wirtschaftlichkeit" und „Zweckmäßigkeit" einzelner Vorhaben und Tätigkeitsfelder untersucht werden können. Ähnlich wie bei den Rechnungshöfen auf Bundes- und Landesebene, könnte die Handhabung dieser Kriterien von „Wirtschaftlichkeit“ und „Zweckmäßigkeit“ entwicklungsfähige Ansatzpunkte für wirkungsanalytische und aufgabenkritische Fragestellungen eröffnen (so auch *E. Mäding* 1978, S. 209).

Auch wenn in der Regelung von „Kann-Aufgaben“ und der Erteilung von Sonderaufträgen durchaus Einstiege in eine stärkere Evaluierungstätigkeit der kommunalen Rechnungsprüfung gesehen werden können, dürfte einer verbreiteten Wahrnehmung eines solchen neuen Tätigkeitsfeldes neben dem (insbesondere auch zeitlichen) Ballast der bisherigen (eher „pfennigfuchsenden“) Prüfungstätigkeit auch die Ausbildung und Ausrichtung des in der Rechnungsprüfung bisher tätigen Personals im Wege stehen. Eine deutliche Umorientierung bedürfte nicht nur einer „Richtungsentscheidung“ durch Gemeindevertretung und Verwaltungsspitze, durch die die bisherigen Prüfungsarbeiten zugunsten neuer abzubauen wären, sondern auch einer schrittweisen qualifikatorischen „Umschulung“ und Aufwertung der kommunalen Rechnungsprüfung (vgl. hierzu auch *E. Splitt* 1984).

Wie kann evaluiert werden?

Die zentralen Fragen für die Evaluierungen lauten:

1) Welche Veränderungen sind zu beobachten? Bis zu welchem Grad sind die formulierten Ziele erreicht worden („Erfolgskontrolle“ im Sinne eines einfachen Soll-Ist-Vergleichs, „Effektivität“ im Sinne von Zielerreichungsgrad)? Haben sich unerwartete Veränderungen, Auswirkungen, Nebenwirkungen ergeben?

Methodisch stehen für die Beantwortung dieser Evaluierungsfragen die konzeptionelle Bildung und empirische Darstellung geeigneter *Indikatoren* zur Bezeichnung von Umfang und Richtung der Veränderungen im Handlungsfeld und des Zielerreichungsgrades im Vordergrund.

2) Sind die beobachtbaren Veränderungen auf das interessierende öffentliche Handeln (Programm, Maßnahme, Leistungserbringung usw.) kausal zurückzuführen? Wie sind Zielabweichungen, wie unerwartete Nebenwirkungen usw. zu erklären?

Methodisch stehen hierbei Probleme der Gewinnung verläßlicher *Kausalitätsaussagen* im Mittelpunkt.

3) Wie „effizient“ ist das öffentliche Handeln (Programm usw.) im Sinne des Verhältnisses von aufgewandten Ressourcen und erreichten Wirkungen?

Methodisch geht es hierbei vor allem um brauchbare Abgrenzung und Bestimmung der Ressourcen (nicht allein finanzielle Mittel, sondern gegebenenfalls auch aufgewandte Personal-, Sachmittel usw.) einerseits und des Zielerreichungsgrades, der Wirkungen, andererseits.

Im konkreten Untersuchungsfalle fließen diese drei analytisch unterscheidbaren Teilfragen vielfach ineinander, wie sich etwa am Beispiel der Evaluierung einer kommunalen Modernisierungsberatungsstelle veranschaulichen läßt, bei der es sich um Veränderungen im Modernisierungsverhalten Privater, den „kausalen Beitrag“ der Beratungstätigkeit und das Verhältnis von administrativem Aufwand und erreichtem Ergebnis zugleich handeln kann.

1) Evaluierung als (laufende) Beobachtung von Veränderungen (Monitoring)

Für praktische Zwecke reicht es zur Evaluierung vielfach aus, (nach Möglichkeit) laufende Informationen über Umfang und Richtung von Veränderungen im interessierenden Politik- und Handlungsfeld zu gewinnen. In Verbindung mit dem jeweiligen Zielsystem oder -wert für das betreffende öffentliche Handeln lassen sich (erste grobe) Aussagen zum Zielerreichungsgrad („Erfolgskontrolle", „Effektivität") gewinnen.

Je nach thematischer Aufgabenstellung derartiger (laufender) Beobachtungen lassen sich für die kommunale Ebene unterscheiden:

- *Gesamtstadtbeobachtung* („Systembeobachtung", *E. Rothgang* 1981, S. 194),
- *Politikfeldbeobachtung* (z. B. Wohnen, Umwelt),
- *Maßnahmen- bzw. Projektbeobachtung* (z. B. Sanierungsmaßnahme, Nutzung eines Jugendhauses),
- *Instrumentenbeobachtung* (z. B. Inanspruchnahme von kommunalen Prämien für die Freimachung von Sozialwohnungen),
- *Beobachtung kommunaler Leistungserbringung* (z. B. Kommunale Modernisierungsberatung).

(Laufende) „Stadtbeobachtung"

In das Konzept einer umfassenden „*Stadtbeobachtung*" wird teilweise die Erwartung eines weitgehenden Prognose- und Steuerungsgewinns für die Stadtpolitik gesetzt. Programmatisch wurde hierzu erst unlängst formuliert, „der Grad der Zielerreichung in den einzelnen Bereichen [sei] stetig und systematisch zu beobachten, d. h. die Unterschiede zwischen Soll bzw. Bedarf und Ist bzw. Deckung sind herauszuarbeiten. Dort, wo keine expliziten Ziele formuliert sind, geht es zunächst lediglich um die Systembeobachtung, also die Beobachtung von Veränderungen .... Die Aufgabe des Beobachtungssystems besteht in der Aufdeckung räumlicher Disparitäten, z. B. in der Ausstattung mit Infrastruktureinrichtungen, der Wohnungsversorgung usw. Dies kann sich nicht auf den Strukturvergleich aus der letzten Großzählung beschränken, sondern muß aktuelle Entwicklungen umfassen. Die Analyse räumlicher Disparitäten ist dabei nicht nur für die Fachverwaltung von Interesse, sondern auch für die querschnittsorientierte Stadtentwicklungsplanung und die politischen Gremien. An diesem Beispiel wird gleichzeitig auch die die verschiedensten Aufgabenbereiche umfassende und gleichzeitig integrierende Funktion des Beobachtungssystems deutlich" (*E. Rothgang* 1981, S. 194).

Während es auf der Bundes- und Landesebene um die Vorhaben der „laufenden Raumbeobachtung" etwas still geworden ist[14], werden diese Ansätze auf der kom-

14 Zu den auf der Bundesebene von der Bundesforschungsanstalt für Landeskunde und Raumordnung, BfLR, verfolgten Bemühungen um ein „System laufender Raumbeobachtung" vgl. etwa Schwerpunkthefte 7/8 1978 der „Informationen zur Raumentwicklung"; für eine erste Anwendung der BfLR-Indikatoren auf 36 BROP-Gebietseinheiten und 56 BfLR-Raumeinheiten vgl. *Materialien zum Raumordnungsbericht* 1978, S. 78 ff.

munalen Ebene, vor allem von den Städtestatistikern, insbesondere unter dem Blickwinkel der Entwicklung und Darstellung brauchbarer Indikatoren in der letzten Zeit wieder auffällig lebhaft diskutiert. So hat vor allem der Ausschuß „Stadtforschung" innerhalb des Verbandes Deutscher Städtestatistiker, wie erwähnt, die „Indikatorendiskussion" in den Mittelpunkt seiner gegenwärtigen Arbeitsphase gerückt (vgl. zuletzt *Verband Deutscher Städtestatistiker*, hrsg. 1981, insbes. S. 189 ff. zum Thema „Indikatoren als Instrumente der Stadtforschung" mit den Referaten u. a. von *E. Rothgang* 1981; *D. Talkenberg* 1981 und *G. Weßel* 1981). Diese Fortsetzung der „Indikatorenbewegung" hat in den Städtestatistikern offensichtlich eine „Klientel" gefunden, die, in der Kommunalverwaltung traditionsreich verwurzelt, in der Entwicklung und Nutzung indikatorengestützter Beobachtungssysteme einen tragfähigen Bereich professioneller Selbstbehauptung und Einflußnahme erblickt.

Im Anschluß an die Indikatorendiskussion, die auf Bundesebene bereits in den frühen siebziger Jahren einen ersten Höhepunkt erreichte (vgl. *W. Zapf* 1973 mit einer programmatischen Formulierung dieses Anspruchs), werden an Indikatoren, die für ein kommunales Beobachtungssystem brauchbar seien, insbesondere die folgenden Anforderungen gestellt:

„1. Es sollen nur Indikatoren aufgenommen werden, die zumindest mittelbar durch Maßnahmen der Stadt beeinflußt werden können.
2. Das Indikatorensystem soll nach Möglichkeit nur besonders wichtige und aussagekräftige Indikatoren enthalten, damit es überschaubar bleibt. Obwohl die Übersichtlichkeit des Systems ein wichtiges Anliegen ist, sollen aggregierte Indikatoren nur mit Vorsicht verwendet werden (zugunsten von Einzelindikatoren), um kompensatorische Effekte und Gewichtungsprobleme, die die Aussagekraft einschränken, zu vermeiden.
3. Als Datenbasis sollen überwiegend die amtliche Statistik und andere regelmäßig nutzbare Datenquellen herangezogen werden.
4. Die Indikatoren sollen möglichst outputorientiert sein, damit sie auch für die Leistungskontrollen geeignet sind. Damit muß auch geklärt sein, welche Zusammenhänge sie messen.
5. Es sollen vorerst nur „objektive" Indikatoren verwendet werden. Indikatoren, die auf Meinungsäußerungen beruhen, sollen hier ausgespart werden.
6. Der interpersonelle und intertemporale Vergleich der Indikatoren soll gesichert sein."

(So *D. Talkenberg* 1981 in Anlehnung an J. Eekhoff u. a. 1977).

Da solche Bemühungen um eine indikatorengestütze „laufende Stadtbeobachtung", schon aus arbeitsökonomischen Gründen, weitgehend auf die Amtliche Statistik als Datenquelle angewiesen sind, stehen und fallen ihre Entwicklungs- und Leistungsfähigkeit mit der Ergiebigkeit der verfügbaren statistischen Daten. Wie die „Planungsinformationssysteme" (PLIS), die inzwischen in den meisten Großstädten auf- und ausgebaut worden sind (vgl. *AG PLIS* Umfrage 1977), eindrücklich vor Augen führen, macht sich hier eine sich immer auffälligere Diskrepanz zwischen an sich anwendbaren Analyseverfahren („sophistizierte" Auswertungsprogramme, teilräumliche Bezugssysteme, Plotterprogramme usw.) einerseits und tatsächlich verwendbaren Daten andererseits geltend. Diese Planungsinformationssysteme ähneln mittlerweile nachgerade hochmodernen Verkehrssystemen („Verfahrensbasis"), auf denen immer veraltetere und hinfälligere Fahrzeuge („Datenbasis") verkehren.

Dies hängt maßgeblich damit zusammen, daß die Amtliche Statistik, also die aufgrund von Bundesgesetzen bundeseinheitlich erhobenen Daten (vgl. *Statistisches Bundesamt* 1981), zum Teil heillos veraltet ist (die letzten Großzählungen liegen über 10 Jahre zurück, so insbesondere die Gebäude- und Wohnungszählung 1968 und die Volkszählung 1970; weitere Großzählungen wurden mehrfach – 1975, 1980, 1981 – verschoben und sind nunmehr für 1983 vorgesehen[15]) und zum Teil klaffende Lücken aufweist (so insbesondere in den Bereichen Infrastruktur und Umwelt). Zudem beschränkt sich die Amtliche Statistik weitgehend auf die Erhebung „objektiver" Daten, sieht man etwa von Stichproben, wie den 1%-Wohnungsstichproben von 1972 und 1978 ab, in denen zwar eine Reihe „subjektiver" Informationen (Einschätzung zur Wohnumwelt usw.) abgefragt werden, die jedoch kaum regionalisierbar, jedenfalls nicht auf Gemeindegröße disaggregierbar sind. Dieses Defizit an „subjektiven Indikatoren" wiegt aus der kommunalen Handlungsperspektive um so mehr, als es für diese wesentlich darauf ankommt, „komplexere Sachverhalte, wie z. B. Gesundheitszustand, Lebenserwartung, Zufriedenheit mit den Lebensverhältnissen und dem Wohnquartier, Beteiligung am öffentlichen Leben usw. zu beschreiben" (*E. Rothgang, C. Flore* 1980, S. 2; vgl. auch die kritische Einschätzung der Regionalstatistik in: Materialien zum Raumordnungsbericht 1978, S. 76).

In dem Maße, wie dieser Ansatz „laufender Stadtbeobachtung" auf die Erfassung einzelner kommunaler Politikfelder gerichtet ist, kommt der Nutzung von *„Verwaltungsvollzugsdaten"* (z. B. Modernisierungsbewilligungen, Benutzerzahlen von Kindergärten, Schwimmbädern usw.) erhebliche Bedeutung zu. Zusätzliche Informationen können über kommunale „Umfragen" gewonnen werden, die in einer Reihe von Städten (u. a. *Bochum, Nürnberg*) zu einem regelmäßigen Instrument kommunaler Eigenerhebungen ausgebaut worden sind (vgl. etwa *V. Hannemann* 1979, S. 122; sowie *G. Glaser* 1979, S. 57 ff.).

Stadtentwicklungsberichte als Instrumente „laufender Stadtbeobachtung"

In einer Reihe von Städten werden Stadtentwicklungsberichte (oder ähnliche Berichtsvorlagen) dazu verwendet, zum einen über die allgemeinen Rahmenbedingungen der Stadtentwicklung und zum anderen über die Entwicklung innerhalb der einzelnen Felder der Kommunalpolitik zu informieren. Indem ihnen, soweit vorhanden, das Gliederungsschema und die Zielsetzungen des Stadtentwicklungsplanes zugrunde gelegt werden, bieten sie zugleich die Möglichkeit, über die Zielerreichung, Zielabweichungen usw. Aussagen zu machen. Vor allem dann, wenn der Stadtentwicklungsbericht periodisch vorgelegt wird, übt er auf die einzelnen Fachverwaltungen über ihre Antizipation der periodisch fälligen Berichtspflicht zudem einen ge-

15 Vereinzelt versuchten Großstädte, die zunehmende Veralterung der Großzählungsdaten durch eigene Erhebungen wettzumachen. So beschloß die *Stadt Nürnberg*, „auf eigene Kosten – natürlich gezwungenermaßen auf freiwilliger Beteiligung – eine Totalerhebung der Gebäude und bebauten Grundstücke durchzuführen und im Anschluß daran eine 10-%-Stichprobe der Wohnungen und Haushalte mit einem Kostenaufwand von 300.000 DM", *H. Erhardt* 1984, S. 271.

wissen Koordinierungsdruck aus. Somit kann sich „die Festlegung periodischer Berichtspflichten ... [als] ein allgemein praktikables Mittel administrativer Kontrolle und Steuerung sowie der Fortschreibung von Plänen [erweisen]; sie dient hier der unmittelbaren Bereitstellung von Entscheidungsgrundlagen über die Bedarfslage für einzelne Aufgaben, die Auswirkung von Maßnahmen und die Möglichkeit ihrer Änderung oder Einschränkung" (*E. Mäding* 1978, S. 225; ähnlich in bezug auf die Landesentwicklungsberichte *H. Gräf* 1980).

Ein instruktives Beispiel bietet der in *Osnabrück* unternommene Versuch, die Fortschreibung des Stadtentwicklungsprogramms als breit angelegte, thematisch strukturierte Berichterstattung über die Stadtentwicklung mit der Absicht zu handhaben, daß „in konsequenter Verfolgung der bisherigen Ansätze sich die Entwicklungsplanung künftig vor allem Fragen der Erfolgsmessung und der Einbeziehung des Verwaltungshaushalts zu widmen haben werde" (OStD R. Wimmer 1980). Die Fortschreibung des Stadtentwicklungsprogramms erfolgte in zuletzt jährlichem Abstand (1974, 1975, 1977, 1980, 1981). Gegliedert nach maßgeblichen kommunalen Handlungsfeldern (Bevölkerung; Wirtschaft; Wohnen; Soziales; Sport und Gesundheit usw.) werden – unter Nutzung von Amtlicher Statistik, Verwaltungsvollzugsdaten, zum Teil kommunalen Eigenerhebungen – über die Entwicklung in den einzelnen Politikfeldern berichtet, Aussagen zur Zielerreichung getroffen und „Maßnahmevorschläge" formuliert (vgl. *Stadt Osnabrück* 1980, insbesondere die „rosa Seiten", Entwicklungsaspekte und Maßnahmevorschläge, S. 44).[16]

Allerdings scheinen die Osnabrücker Bemühungen um eine „Evaluierung über Indikatoren" (G. Weßel 1980, S. 3) inzwischen auf der Stelle zu treten. Zwar wird in der jüngsten Fortschreibung des Stadtentwicklungsprogramms (1981) an dem Anspruch festgehalten, „die Entwicklung der Stadt zunächst in Indikator-Zeitreihen aufzuzeigen, da dies z. Zt. als einzig gangbarer Weg zu einer, wenn auch bescheidenen Art von Erfolgskontrolle zu gelangen, angesehen werden muß", jedoch die Vorlage entsprechender Tabellen mit Zeitreihen-Daten erneut auf die nächste Fortschreibung verschoben (vgl. *Stadt Osnabrück* 1981, Allgemeine Hinweise).

Ein Beispiel für periodische Berichterstattung bietet der jährliche Bericht „zur Fortschreibung" des Stadtentwicklungsplans (von 1975) in München. Unter den seit 1976 erscheinenden Berichten ragt insbesondere der Bericht 1978 durch eine detaillierte Ausarbeitung hervor, in der, gegliedert nach den 10 Kapiteln des Stadtentwicklungsplans und in weiteren Untergliederungen, Entwicklungen und Veränderungen in den einzelnen Politikfeldern materialreich dargestellt und auch Aussagen zu dem Grad der Zielerreichung oder -abweichung formuliert werden (vgl. *Landeshauptstadt München* 1978). Seit 1979 ist der Bericht „zur Fortschreibung" freilich auf einen „Bericht zur Bevölkerungsentwicklung und zur wirtschaftlichen Situation der Landeshauptstadt" verkürzt und hat seinen ursprünglichen Aussagereichtum weitgehend eingebüßt (vgl. *Landeshauptstadt München* 1979).

16 Für künftige Fortschreibungen wurden darüber hinaus von der „Arbeitsgruppe Stadtentwicklung" im November 1979 als „Grundsätze" vorgeschlagen:

„1. In alle künftig noch zu erstellenden Handlungspläne im Rahmen der Stadtentwicklungsplanung (ergänzende und fortgeschriebene Pläne) sollte auf maximal 1 bis 2 Seiten ein Instrumentarium zur Erfolgskontrolle in quantitativer und qualitativer Hinsicht eingearbeitet werden.

2. Erfolgskontrolle ist permanente Aufgabe der Fachdienststellen. Diese berichten in regelmäßigen Abständen bzw. aus besonderem Anlaß über Vollzug/Nichtvollzug und Wirkungen von Maßnahmen, so weit sie Inhalt der vom Rat beschlossenen Handlungspläne im Rahmen der Stadtentwicklungsplanung sind, an Verwaltungsspitze und Rat bzw. dessen Ausschüsse.

3. Das Instrumentarium soll auf wenige, aber aussagekräftige Indikatoren beschränkt bleiben. Es sollen Vergleiche: Ist-alt/Ist-neu und evtl. Ist/Soll – jeweils möglichst als Zeitreihen – dargestellt werden. Auffällige Entwicklungen und deren Konsequenzen sollen in kurzer Form verbal aufgezeigt werden" (nach *G. Weßel* 1981, S. 234–235).

Insgesamt scheint die Stadtentwicklungsberichterstattung eher im Rückgang begriffen. Beispielhaft hierfür scheint *Wuppertal* zu sein, wo 1975 ein erster Stadtentwicklungsbericht vorgelegt wurde (vgl. *Stadt Wuppertal* 1976) und in der Folgezeit durch die Stadtentwicklungsplaner dieser Stadt die Fortschreibung des Berichts mit Nachdruck und offenkundigem Steuerungsanspruch verfochten und gefordert wurde (vgl. *E. Rothgang, C. Flore* 1980). Zwar wurde ein Stadtentwicklungsbericht 1980 mehrfach angekündigt, inzwischen ist er jedoch offenbar auf unbestimmtes Datum vertagt worden. Dieser Niedergang oder zumindest Rückgang der Stadtentwicklungsberichterstattung dürfte zum einen wesentlich damit zu tun haben, daß die Entwicklungsplanung als umfassender stadtentwicklungspolitischer Gestaltungsanspruch vielfach in Frage gezogen und damit auch die Stellung der Stadtentwicklungsplanung als Institution gegenüber den Fachämtern geschwächt ist, also ihr Berichtsanspruch gegenüber den Fachämtern immer schwerer durchsetzbar wird. Zum anderen dürfte dies darauf zurückzuführen sein, daß die Unlust der politischen Führung der Kommune steigt, für den unsicheren Führungsgewinn, den die Berichterstattung als mögliches Koordinierungsinstrument immerhin haben kann, den deutlichen Nachteil in Kauf zu nehmen, der Gemeindevertretung und kritischen Öffentlichkeit eine „Abhakliste" zur Kritik zu liefern.

Politikfeld-, maßnahmen-, instrumentenbezogene Beobachtungssysteme („sektorales Monitoring")

Für die laufende Beobachtung einzelner Politikfelder, Maßnahmen, Instrumenteneinsätze, Leistungserbringungen usw. („sektorales Monitoring")[17] spielen *Verwaltungsvollzugsdaten* („prozeßgenerierte Daten") eine zentrale Rolle, die als Daten- und Informationsquelle für ein verwaltungsinternes „Monitoring" vielfach noch nicht hinreichend eingeschätzt und genutzt werden.[18] Für eine verstärkte Nutzung von Verwaltungsvollzugsdaten auch für Zwecke verwaltungsinterner Evaluierung sprechen vor allem zwei Gründe. Zum einen setzt sich vor allem in Bereichen der „Massenverwaltung" (etwa der Bescheidung von Anträgen) die Elektronische Datenverarbeitung (ADV) durch, so daß zumindest ein Teil dieser Informationen zunehmend ADV-gestützt verfügbar ist. Zum anderen bedarf es vielfach lediglich geringer, mit nur kleinem Zeitmehraufwand verbundenen Vorkehrungen, um die im Verwaltungsprozeß anfallenden Daten zu sichern und verfügbar zu halten, (beispielsweise durch eine manuelle Auflistung und Auswertung von Antragsakten in periodischen Abständen oder auch die Führung von Strichlisten über bestimmte Vorgänge Sprechstunden, Telefonate usw.). Um die „Beobachtung" für eine einzelne neue

17 *H. Reinermann* 1977 spricht insoweit, terminologisch ein wenig mißverständlich, von „Rechnungswesen", worunter er „alle systematischen, kontinuierlichen zahlenmäßigen Aufschreibungen, sei es nun in Geld- oder anderen Dimensionen ausgedrückt [versteht]. Dieser weite Begriff ist für unser Thema zweckmäßig, weil ein auf Geldgrößen basierendes ‚kaufmännisches Rechnungswesen' für die öffentliche Verwaltung nicht generell von Belang ist." (ebd., S. 401.)

18 Vgl. hierzu zuletzt etwa *G.-M. Hellstern* 1984.

kommunale Maßnahme, Einrichtung oder Dienstleistung möglichst von Anfang an zu erreichen und relevante Informationen insbesondere aus Zeitreihen zu gewinnen, kommt es wesentlich darauf an, die hierfür geeigneten „Indikatoren" frühzeitig festzulegen und ihre „Belegführung" aus dem Verwaltungsvollzug zu sichern.

Freilich kann nicht übersehen werden, daß der Intensivierung derartiger Schritte „administrativer Buchführung" erhebliche Hürden gegenüberstehen, sei es, daß sie aus der Sicht der Beschäftigten leicht als zusätzliche Kontroll- und Rationalisierungsinstrumente beargwöhnt werden, sei es, daß sie im Verhältnis Behörde-Bürger datenschutzrechtliche Probleme aufwerfen.

Als weiteres wichtiges Informationsmittel für „sektorales Monitoring" sind auf der kommunalen Ebene überdies die von den Kommunen selber durchgeführten „Umfragen" zu nennen, die vor allem geeignet sind, die von der Amtlichen Statistik verfehlten Bereiche subjektiver Einschätzungen, Erwartungen, Bedürfnisse von Bevölkerungsgruppen in der Gemeinde gegenüber bestimmten Einrichtungen, Leistungsangeboten usw. zu ermitteln.

Beispielsweise unternimmt die *Stadt Nürnberg* „alle 2 bis 3 Jahre . . . auf eigene Kosten Repräsentativerhebungen zu stadtentwicklungsrelevanten Fragekomplexen. Von der Einschätzung der öffentlichen Nahverkehrsmittel bis zum Theater- und Opernangebot reichen die Fragen. Ausgeprägt ist der wohnungspolitische Frageteil. Fragen zur Wohnungsgröße, Belastung, Haushaltsgröße, Modernisierungsbedürftigkeit, Mietzahlungsbereitschaft nach Modernisierung und anderes sind darin enthalten. . . . Bisher wurden solche Umfragen 1971, 1972, 1974, 1977 und zuletzt 1980 durchgeführt" (*H. Erhardt* 1984, S. 274).

Beispiele für die Nutzung von Verwaltungsvollzugsdaten bietet die *Bautätigkeit*, die über die Bautätigkeitsstatistik laufend erfaßt wird und dort, wo Gemeinden über funktionierende teilräumliche Bezugssysteme verfügen, eine laufende Beobachtung bis in den kleinräumlichen Zusammenhang eröffnet.

So erlaubt beispielsweise die *Bochumer Planungsdatenbank* teilräumliche Auswertungen von Sachdateien nicht allein nach den 30 Statistischen Bezirken und 13 Siedlungsbereichen der Stadt, sondern können „über diese beiden Gliederungssysteme hinaus . . . . Ergebnisse auch für jede fachspezifische Einteilung des Stadtgebiets geliefert werden" (*Stadt Bochum* 1980, Einleitung). So wurde eine Untersuchung über die „Treffsicherheit" der Wohnungsbauförderung unter Zugrundelegung des Ordnungskonzeptes von 13 Standortbereichen (Siedlungsbereichen) (vgl. hierzu auch *Stadt Bochum* 1975) durchgeführt, die besonders gefördert werden sollen: „Die Standortbereiche bedecken 45 % der Grundfläche Bochums. Darauf befinden sich 77 % des Wohnungsbestandes der Stadt. Der gleiche Prozentsatz an Bevölkerung war hier konzentriert. Ein Instrument zur Durchführung der Zielvorstellungen ist . . . . die öffentliche Förderung des Wohnungsbaus. Aus diesem Grunde wurde die regionale Verteilung der Neubautätigkeit untersucht. . . . Danach gingen im ehemaligen Bochum 79,4 % aller Neubauwohnungen in die Standortbereiche. Von allen Neubauwohnungen entstanden . . . . 49,0 % mit der Unterstützung der Öffentlichen Hand. Davon wiederum kamen 87,0 % in die Standortbereiche. Diese Werte deuten darauf hin, daß das Ordnungskonzept auch tatsächlich verwirklicht wird" (*H.J. Wienen* 1980, S. 12 f.). Ein anderes Beispiel liefert etwa *München*, wo „die Baufertigungsstatistik, die im Rahmen des Kommunalen Planungsinformations- und Analysesystems KOMPAS des Stadtentwicklungsreferats geführt wird, . . . eine ständige Beobachtung der teilräumlichen und nutzungsspezifischen Entwicklung des Baugeschehens in München" ermöglicht (*Landeshauptstadt München* 1978, S. 43).

Beispielfälle für eine (zum Teil periodische) Berichterstattung über einzelne kommunale Handlungsfelder und die hierbei gezogene Nutzung von Verwaltungsvollzugsdaten unterschiedlicher Provenienz (Datei der Sozialwohnungen, Förderungsstatistik, Wohngeld usw.) geben die *„kommunalen Wohnungsberichte"*, die insbesondere in *Dortmund* (vgl. hierzu zuletzt *Dortmund 1981*) und in *Nürnberg* (vgl. hierzu zuletzt *Nürnberg 1981*) seit längerer Zeit periodisch, in einer zunehmenden Zahl von Städten neuerdings in unregelmäßigem Abstand vorgelegt werden. Wie zu den seit 1962 jährlich erscheinenden „Nürnberger Wohnungsberichten" unlängst bemerkt wurde, „dienten diese (ursprünglich) dazu, Rechenschaft über die Wiederaufbauleistung des jeweiligen Berichtszeitraums abzulegen. Diese Funktion einer Erfolgskontrolle aus dem Bereich des gesamten Wohnungswesens hat der Bericht noch heute" (*H. Erhardt* 1984, S. 271).

Insgesamt läßt sich für „Monitoring"-Ansätze freilich als Leistungsschwäche und Dilemma feststellen, daß sie zum einen für qualitative Schnellanalysen (wo es z. B. um die Einschätzung kommunaler Einrichtungen oder Dienstleistungen durch die Adressaten und Nutzer oder auch um „verstecktere" Auswirkungen, etwa im Drogen- und Jugendhilfebereich geht) zu wenig („subjektiv") sensibel und zudem für eine intensive Erfassung und „Aufklärung" (etwa die Auswirkungen eines Jugendhauses) zu starr und oberflächlich bleiben. Was qualitative Einschätzungen angeht, kann vielfach – flankierend oder auch als Ersatz – auf jene „natürlichen" Informations- und „Rückmelde"-Wege zurückgegriffen werden, die sich aus den tagtäglichen Kontakten zwischen Verwaltung und Bürger, Nutzer usw. ergeben und über Betroffenenversammlungen, „Anhörungen" usw. noch verstärkt werden können.

Eine intensivere Untersuchung von „Akzeptanz" und Auswirkungen bestimmter kommunaler Einrichtungen, Leistungsangebote usw. wird meist die personellen und zeitlichen Ressourcen der Kommunalverwaltung sprengen und nur über die Beauftragung externer Forschung möglich sein, innerhalb der dann auch die erforderlichen Primärerhebungen (z. B. Befragung von Nutzern, Rekonstruktion von Wirkungsketten über Intensivinterviews usw.) durchzuführen sind (für eine instruktive – externe – Untersuchung dieser Art vgl. *R. Behnken, A. Brunnbauer* 1983 am Beispiel der Jugendzentren in *Augsburg*).

2) Wirkungsanalytische Untersuchungen (Ursache-Wirkung Untersuchungen)

„Monitoring"-Ansätze beschränken sich im wesentlichen darauf, Umfang und Richtung von Veränderungen zu erfassen. Eine kausale Zuordnung der beobachteten Veränderung zum jeweils interessierenden öffentlichen Handeln (Programm, Maßnahme, Leistungserbringung usw.) wird entweder (plausibel) unterstellt oder bleibt ausgeblendet.

Einen kausalen Zusammenhang anzunehmen, kann vielfach gerade auf der kommunalen Handlungsebene mit ihren „naheliegenden Kausalzusammenhängen"[19]

19 Zu der „close causation" im Unterschied zu „entfernteren und vermittelteren" Kausalbezügen vgl. *F. S. Levy* u. a. 1974, S. 4.

unmittelbar einleuchtend oder geradezu handgreiflich sein (etwa beim Abriß von Häusern im Zuge und als Folge einer Sanierungsmaßnahme). Indessen hören Kausalhypothesen auf, unmittelbar plausibel zu sein, sobald die im Spiel befindlichen Wirkungsketten länger und komplizierter sind und rivalisierende Hypothesen von ebenbürtiger Plausibilität formuliert werden können, wenn beispielsweise zu klären ist, ob die Veränderung der Sozial- und Branchenstruktur in einem Quartier auf eine Sanierungsmaßnahme oder auf eine Verkehrsberuhigungsmaßnahme zurückzuführen ist, ob sich die Einsetzung eines Sanierungsträgers auf die Abwicklung einer Sanierungsmaßnahme auswirkt usw. Die mit der Frage nach validen Kausalitätsaussagen aufgeworfenen methodologischen Probleme, die zu den zentralen Methodenproblemen der Sozialforschung gehören, sollen und können an dieser Stelle freilich nur gestreift werden (ausführlicher hierzu vgl. etwa *G.-M. Hellstern, H. Wollmann* 1977).

Wegen des verhältnismäßig geringen methodischen Aufwands sind hierbei aus der Sicht kommunaler Evaluierung *Zeitreihen-Untersuchungen* von besonderem Interesse. Soll beispielsweise die Frage beantwortet werden, ob eine Verkehrsberuhigung die Umwandlung von Miet- in Eigentumswohnungen ausgelöst bzw. beschleunigt hat, würde ein Untersuchungsvorgehen mit einer einfachen Zeitreihe zunächst die Umwandlungsrate in der Zeitreihe erfassen. Ergibt sich ein „Ausschlag" in der Zeitreihe (Erhöhung der Umwandlungsrate) im zeitlichen Zusammenhang mit der Verkehrsberuhigung, liegt zunächst eine entsprechende kausale Deutung nahe. Ergeben sich freilich Hinweise, daß sich im gesamten Stadtgebiet die Umwandlungsrate erhöht hat, wird die erste kausale Deutung erschüttert und sind erklärungsfähigere Hypothesen (z. B. Erleichterung der Umwandlung durch steuerliche Regelungen) zu suchen und zu prüfen.
Eine Variante der Zeitreihen-Anordnung ist in Vorher-Nachher-Untersuchungen zu sehen, wie sie beispielsweise im Bereich der Verkehrspolitik oder in der Stadterneuerungspolitik durchgeführt worden sind.

So wurden in *München* zwei umfangreiche Untersuchungen unternommen, deren eine den „Einfluß der Verkehrsinfrastruktur auf das Verkehrsverhalten der Bevölkerung am Beispiel der Münchner S-Bahn" (vgl. *Landeshauptstadt München* 1976) und deren andere die Auswirkungen einer U-Bahn-Verlängerung auf deren Einzugsbereich zum Gegenstand hatten (vgl. *R. Mahnkopf* 1984). Beide waren als Paneluntersuchungen angelegt, in denen eine bestimmte Gruppe von Personen (in der S-Bahn-Studie 1.350 Haushalte) vor und nach der Inbetriebnahme des Verkehrsmittels befragt wurden. In ähnliche methodische Richtung gehen Sanierungsuntersuchungen, in denen die „umgesetzten" Mieter (mündlich) befragt werden und über das Interview die „Vorher-Situation" rekonstruiert (Zustand der „alten" Wohnung, soziales Umfeld in der „alten" Wohnung usw.) und die „Nachher-Situation" ermittelt wird (vgl. *W. Tessin u. a.* 1983 zum Sanierungsverfahren in Berlin).

Ähnlich der Untersuchungslogik von Zeitreihen-Analysen, wonach aus Veränderungen („Ausschlägen"), also aus Vergleichen „in der Zeitreihe" auf externe Ereignisse (mit Hilfe plausibler Annahmen) „kausal geschlossen" werden kann, zielen *„Vergleiche im Querschnitt"* darauf, Unterschiede in den Veränderungen in einer Untersuchungseinheit und einer (nach Möglichkeit weitgehend ähnlichen, „ceteris paribus") Kontroll- bzw. Vergleichseinheit im Hinblick auf das interessierende Ereignis kausal zu interpretieren. Zwar liegen die Schwierigkeiten auf der Hand, eine methodisch befriedigende Übereinstimmung zwischen Untersuchungs- und Vergleichseinheit als zentrale methodische Voraussetzung dieser Untersuchungsanordnung je zu erreichen (vgl. *G.-M. Hellstern, H. Wollmann* 1977, S. 440). Jedoch bleibt diese als ein innerhalb dieser Grenzen aussagefähiges Untersuchungsverfahren durchaus anwendungswert.

Einen bemerkenswerten Versuch, ein eigenes Evaluierungsvorhaben mit einem methodisch durchaus anspruchsvollen Vergleichsansatz durchzuführen, liefert die *Stadt Wuppertal*: „Im Block 11 der Elberfelder Nordstadt läuft eine Modellerneuerung ohne das Instrumentarium des Städtebauförderungsgesetzes .... In einer Wirkungsanalyse sollen die beabsichtigten und nicht-beabsichtigten Wirkungen des öffentlichen Maßnahmepakets untersucht werden. Methodisch wird nach dem Verfahren Modellraum versus Vergleichsraum vorgegangen. Ziel ist es, harte Daten (z. B. Bevölkerungsbewegungen, Modernisierungen) und weiche Daten (z. B. Identifikation im Gebiet) einzubeziehen" (*E. Rothgang, C. Flore* 1980).

Ein vergleichendes Vorgehen strebte auch eine Untersuchung an, die in Berlin (West) die stadtstrukturellen Wirkungen von Sanierungsmaßnahmen zu ermitteln suchte. Hierbei wurde ein „strukturell vergleichbares Weddinger Altbauquartier .... für Kontrollzwecke ausgewählt. Neben ex-post-Analysen der amtlichen Statistik wurde eine umfangreiche Bestandserhebung (1978) in diesem Gebiet durchgeführt. Die gegenüber Sanierungsgebieten prinzipiell schlechtere Datenlage in normalen Stadtquartieren setzt jedoch einer vergangenheitsbezogenen Analyse struktureller Veränderungen enge Grenzen. Darüber hinaus ist die Ausgangssituation des Sanierungsgebiets mit dieser Methode auch niemals exakt zu simulieren, da wichtige Lagefaktoren und andere Merkmale trotz sorgfältiger Auswahl nicht identisch sein können .... Immerhin kann das Vergleichsgebiet für einzelne Bereiche Interpretationshilfen liefern und in einzelnen Fragen der kausalen Zuordnung Unsicherheitsbereiche eingrenzen" (*H. Becker, J. Schulz zur Wiesch* 1982, S. 15).

Je komplexer die Untersuchungsfrage und das von ihr angezielte Wirkungsfeld, umso größer die methodischen Anforderungen an das Analyseverfahren. Beispielsweise kann zu klären sein, ob und in welchem Umfang bestimmte Organisationsformen, Instrumente, Verfahrensweisen usw. zur Erreichung bestimmter Handlungsziele geeignet sind, was die methodische Aufgabe stellt, komplexe Handlungsabläufe mit einer Vielzahl von Einfluß-, aber auch Wirkungsgrößen („Variablen") analytisch zu „entflechten" und zu „entschlüsseln". Hierfür ist das methodische Arsenal der Sozialwissenschaften in einer Weise zu nutzen, wie dem jeweiligen Gegenstand angemessen und wie es die Zeit- und Arbeitsökonomie erlauben. Innerhalb dieses je unterschiedlich zu dosierenden „*Methodenmix*" spielen *Fallstudien* als methodischer Ansatz und Expertengespräche, Intensivinterviews, aber auch Aktenanalyse als Untersuchungstechniken eine hervorragende Rolle, weil sie erlauben, die Wirkungsprozesse detailliert herauszuarbeiten und hierbei das Handlungswissen und die Erfahrungen der Akteure selbst intensiv zu nutzen.[20] Zwar hat dieses eher qualitative Vorgehen den Preis unzureichender Repräsentativität und methodisch verhältnismäßig ungesicherter Verallgemeinerungsfähigkeit, jedoch dürfte er gerade aus der Sicht der kommunalen Praxis um so eher zu zahlen sein, als das fallstudien- und prozeßori-

20 Für ein Beispiel einer methodisch verhältnismäßig komplexen und empirisch aufwendigen Untersuchung, die die Auswirkungen der Einsetzung von Sanierungsträgern auf den Ablauf und auf Ergebnis kommunaler Sanierungsmaßnahmen zum Gegenstand hatte, vgl. *E.v. Einem* u.a. 1979; zur Methodik dieser Studie vgl. ausführlicher *G.-M. Hellstern, H. Wollmann* 1978.

entierte Vorgehen wie kein anderes geeignet scheint, *Einsichten und „Aufklärung"* über die Handlungshindernisse und -chancen, über unerwartete Veränderungen und Nebenwirkungen usw. *im konkreten lokalen Handlungsfeld* zu liefern. Zudem eröffnen „interaktive" Untersuchungstechniken, von Intensivinterviews bis zu Formen der „Aktionsforschung", einen „Forschungsdialog" zwischen Forscher und „beforschter" Praxis, in der just diese Subjekt-Objekt-Beziehung zwischen Forschung und ihrem Gegenstand aufgehoben und sich Forschung als ein permanenter wechselseitiger „Lern- und Transferprozeß" erweisen kann (vgl. etwa *G.-M. Hellstern, H. Wollmann* 1979, S. 149 ff.).

Während „Monitoring"-Ansätze als Verfahren laufender Stadt-, Programm-, Maßnahmenbeobachtung usw. – vor allem wegen der sie wesentlich tragenden Nutzung von Verwaltungsvollzugsdaten – nach Möglichkeit von der Verwaltung selbst bearbeitet werden sollten und vor allem dort auch können, wo sich eine leistungsfähige Kooperation zwischen der Kommunalstatistik und den einzelnen Fachverwaltungen herausstellt, während „Monitoring"-Ansätze also in erster Linie als verwaltungseigene Evaluierungsverfahren *(„in-house-evaluation", „interne Evaluierung")* zu beteiben sind, erfordern wirkungsanalytische Fragestellungen, vor allem bei Aufhellung komplizierter Ursache-Wirkungs-Zusammenhänge, zumeist methodische Erfahrungen und empirische Primärerhebungen in einem Umfang, der von der Kommunalverwaltung in aller Regel aus eigenen Personal- und Zeitressourcen nicht geleistet und deshalb nur über die Einschaltung externer Forschung, sei es universitärer, sei es kommerzieller, bewältigt werden kann *(„externe Evaluierung")*.

Effizienzuntersuchungen

„Monitoring"- und wirkungsanalytische Ansätze sind wesentlich auf Fragen der Zielerreichung, der Wirkungen und der Wirksamkeit („Effektivität") gerichtet, lassen hingegen die Frage nach den aufgewendeten Ressourcen und nach dem (wirtschaftlichen) Verhältnis von Aufwand und Ertrag („Effizienz") zunächst unberücksichtigt. Diese letztere „bilanzierende" Fragestellung steht im Mittelpunkt eines Untersuchungsansatzes, in den Kosten-Nutzen-analytische Überlegungen eingehen und der unter dem Sammelbegriff *„Aufgabenkritik"* mit der Stoßrichtung verfolgt wird, sowohl (ex ante) mögliche neue öffentliche Aufgaben als auch (ex post) bereits wahrgenommene öffentliche Aufgaben einer Prüfung zu unterwerfen, in der das Verhältnis von aufgewendeten Ressourcen und ausgelösten Wirkungen ein entscheidendes Kriterium darstellt.

Das Konzept der „Aufgabenkritik" wurde von der Kommunalen Gemeinschaftsstelle für Verwaltungsvereinfachung (KGSt) 1974 vor dem Hintergrund der damaligen akuten Haushaltskrise der Gemeinden entwickelt (vgl. *KGSt-Bericht* 21/1974). In der Zielsetzung der KGSt ging es hierbei weniger um kurzfristige Sparmaßnahmen als vielmehr um den prozeduralen Einstieg in längerfristige Prioritäts- und Umschichtungsentscheidungen im Sinne einer „Aufgabenplanung": „Aufgabenkritik und -planung sollten mit Erfolgskontrollen verbunden werden. Mit dem Beschluß über die Erfüllung einer Aufgabe sind zweckmäßigerweise bereits Zeitpunkt und Inhalt der Erfolgskontrolle festzulegen. Aufgabenkritik kann als Bestandteil der Aufgabenplanung verstanden werden. Sie ist ein notwendiges Korrelat der Aufgabenplanung, da sie Raum schafft für politische Entscheidungen über zukünftige Aufgaben und für die nähere Bestimmung der zukünftigen Leistungen der Verwaltung" (*KGSt-Bericht* 21/1974, S. 6; vgl. auch *E. Mäding* 1976, S. 184).

Einer der wenigen bisherigen Versuche, dieses Verfahrensmittel entschieden einzusetzen, wurde 1975 in *Hamburg* unternommen, freilich mit bescheidenem Erfolg: „Nachdem die ursprüngliche Absicht des Senats, durch eine ‚Sparkommission' die einzelnen Ausgabepositionen des Haushaltsplans zu durchforsten, gescheitert war, wurde den Behörden auferlegt,

– die für 1975 veranschlagten Dienstbezüge um durchschnittlich 4 % zu senken und
– Bedarf für neue oder wachsende Aufgaben aus dem verringerten Personalbestand zu decken

.... Als generelle Vorgabe des Senats galt für die Jahre ab 1978, daß Bedarf für neue oder erweiterte Aufgaben aus dem vorhandenen Stellenbestand durch ‚Umschichtung' gedeckt werden mußten, um einen angenäherten ‚Null-Stellenplan' fahren zu können" (*R. Dieckmann* 1984, S. 185). Damit ist die „Aufgabenkritik" den einzelnen Ressorts in dem Sinne aufgetragen, daß diese neue oder erweiterte Aufgaben über neue Stellen nur dann in Angriff nehmen können, wenn sie diese Stellen aus eigenem Bestande aufbringen. „Die Verknüpfung von Geben und Nehmen scheint die für eine große Verwaltung einzige Strategie zur wirksamen ‚Selbstreinigung' zu sein. Solange ‚Rationalisierungsgewinne' den Dienststellen, die sie erzielt haben, ‚weggenommen' und im allgemeinen Haushalt ‚verbraten' werden, solange besteht auch nur geringe Motivation, Aufgabenkritik zu betreiben, ‚die ins Fleisch geht'" (ebd., S. 196).

Darin, daß – wie das *Hamburger* Beispiel zeigt – Umschichtungsentscheidungen bestenfalls innerhalb der einzelnen Ressorts, nicht jedoch zugunsten eines und zu Lasten eines anderen Ressorts durchgesetzt werden können, kommen die Bleigewichte zum Ausdruck, die den Budgetierungsprozeß aufgrund der verfestigten administrativen Positionen und der sie abstützenden gesellschaftlichen und politischen Klientelinteressen kennzeichnen. Zwar können Verfahren der Aufgabenkritik mit bescheidenen Landgewinnen vor allem dann rechnen, wenn „Aufgabenkritik" als „permanenter Prozeß ... in den verschiedensten Verfahren wie Haushaltsplanung, Finanzplanung, Stellenwirtschaft, Personalplanung, Organisationsuntersuchungen, Automationsvorhaben" (Hamburger Bürgerschaft, Drs. 9/2518, S. 6) aufgefaßt und praktiziert wird. Jedoch scheinen weiterreichende Streich- und Umschichtungsentscheidungen, wie sie in der gegenwärtigen kommunalen Haushaltskrise unausweichlich werden, nur zu treffen und durchzusetzen sein, wenn im politischen Vor- und Hauptfeld Prioritäten formuliert werden, die es erleichtern, aus „schlechten Noten", die sich aus aufgabenkritischen Untersuchungen zu bestimmten Handlungsbereichen ergeben, dann auch die Konsequenzen ungeachtet des Ressorts und der tangierten Interessen zu ziehen. Dies gilt vor allem für Entscheidungen, von denen Arbeitsplätze betroffen sind und damit die Gewerkschaften und Personalvertretungen auf den Plan rufen. In diesem Geflecht mächtiger gesellschaftlicher, politischer und administrativer Interessen sind materiell einschneidende Entscheidungen nur zu fällen und zu verwirklichen, wenn der Entscheidungsprozeß von vornherein „politisiert" ist, vor allem dadurch, daß in ihn von vornherein die Gemeindevertretung, die Fraktionen, die politische bzw. Verwaltungsspitze der Gemeindeverwaltung, aber auch relevante gesellschaftliche Gruppen einbezogen sind (vgl. Hamburger Bürgerschaft, Drs. 9/2518, S. 6; vgl. auch *B. Kasperek* 1981).

Abschließende Bemerkungen

1. Je enger der finanzielle Handlungsspielraum auch und gerade für die kommunale Ebene und je schärfer damit die Konkurrenz um die knappen Haushaltsmittel werden, um so dringlicher werden Evaluierungsverfahren, die über Wirksamkeit und Wirtschaftlichkeit der einzelnen Auf- und Ausgabenfelder der Kommunen informieren. Wegen der Folgekosten, die aus in der Vergangenheit durchgeführten investiven Maßnahmen (kommunale Einrichtungen usw.) und eingeführten Dienstleistungen als laufende Ausgaben im Verwaltungshaushalt zu Buche schlagen und expandieren (Personal-, Energiekosten!), richtet sich die kritische Überprüfung immer mehr auf Posten des Verwaltungshaushalts. Indem es zunehmend darum geht, substantielle Einschnitte und Umschichtungen innerhalb bestehender Auf- und Ausgaben vorzunehmen und hierbei in gesellschaftliche, politische und administrative „Besitzstände" einzugreifen, wird der *politische* Stellenwert von Evaluierungsverfahren sichtbar und hängt ihre Initiierung, Durchführung und Nutzung wesentlich davon ab, ob sie innerhalb des kommunalen Handlungssystems von (politischen) Machtpromotoren (Gemeindevertretung, Fraktionen, politische- bzw. administrative Spitze der Kommunalverwaltung) abgestützt werden.

2. Damit die Verwaltung Evaluierung als einen Dauerauftrag und eine „Philosophie" ziel- und ergebnisorientierten Handelns akzeptiert und handhabt, ist – neben den politischen Vorgaben und Anstößen – vor allem auch ständige Überzeugungs- und Ausbildungsarbeit erforderlich, wie die ersten Erfahrungen mit der Einführung neuer Verwaltungsstile und -techniken und mit Ansätzen der „Organisationsentwicklung" zeigen (vgl. *G. Banner* 1975 und 1978; vgl. auch *R. Dieckmann* 1980, S. 743 f.). Kooperative Gruppen, die neben den administrativen „Häuptlingen" auch Mit glieder der Gemeindevertretung umfassen – wie sie vor allem im Zusammenhang mit Bemühungen um „Aufgabenkritik" gebildet worden sind –, weisen in die Richtung, ämterübergreifende Lernprozesse und Erfahrungstransfers zu organisieren.

3. Die Vielfalt möglicher Evaluierungsfragestellungen, wie sie sich aus der breiten Palette kommunaler Aufgaben und Tätigkeiten ergibt, verbietet es, ein umfassendes Evaluierungsverfahren oder gar -system zu entwickeln. Zudem kann es nicht darum gehen, in einer Art von Neuauflage der normativ überzogenen Planungsdiskussion nunmehr auf Evaluierung als Vehikel hochfliegender Steuerungsansprüche zu setzen und Evaluierungsverfahren sozusagen „von oben" auf die kommunale Verwaltungswelt zu stülpen. Vielmehr ist bei den vielfältigen Informations- und Rückmeldeschleifen anzuknüpfen, die die politische und administrative Praxis der Kommunen längst kennzeichnen und sind diese systematisch zu erweitern und zu nutzen. Dies gilt insbesondere für den Auf- und Ausbau von Ansätzen „laufender Beobachtung" („Monitoring"), deren Entwicklungsfähigkeit und Aussagekraft wesentlich von der (nach Möglichkeit ADV-gestützten) Nutzung von Verwaltungsvollzugsdaten abhängen.

Freilich relativiert die „Hautnähe" des lokalen Handlungsfelds und seiner Kommunikationsnetze, über die Bedürfnisse, Betroffenheiten, Beschwerden, Einschätzungen usw. unmittelbar artikuliert werden, gerade für die kommunale Ebene die Eignung und Leistungsfähigkeit formalisierter und aufwendiger Evaluierungsverfahren.

Bibliographie

AG PLIS 1977: Auswertung der im Auftrag der Arbeitsgruppe Planungsinformationssysteme des KoopA-ADV Bund/Länder/Kommunaler Bereich durchgeführten Umfrage 1977 zum Stand der wichtigsten ADV-gestützten Planungsinformationssysteme bei Bund, Ländern und im kommunalen Bereich, vv. Ms. o. J. (Auswertung des kommunalen Bereichs: H.J. Wienen, Bochum)

Arbeitsgruppe der Konferenz der Dienststellen der Stadtentwicklungsplanung des Städtetages NW 1979: Mittelfristige Finanz- und Investitionsplanung/Stadtentwicklungsplanung, Arbeitsbericht (Stand Dezember 1979), vv. Ms.

G. Banner 1975: Ziel- und ergebnisorientierte Führung in der Kommunalverwaltung, Erfahrungen mit dem „Management by Objectives" in Duisburg, in: Archiv für Kommunalwissenschaften, S. 22 ff.

G. Banner 1978: Planung und Implementierung komplexer Änderungen in der Kommunalverwaltung, in: P. Kevenhörster, H. Wollmann (Hrsg.), Kommunalpolitische Praxis und lokale Politikforschung, Berlin, S. 197 ff.

H. Becker, J. Schulz zur Wiesch 1982, Sanierungsfolgen, eine Wirkungsanalyse von Sanierungsmaßnahmen in Berlin, Köln usw.

U. Becker, R. Dieckmann 1976: Aufgabenkritik – am Beispiel der Freien und Hansestadt Hamburg, in: P. Joosten/H. H. v. Kaldenkerken (Hrsg.), Organisation und Effizienz der öffentlichen Verwaltung II, Köln/Eindhoven 1976, S. 146 ff.

R. Behnken, A. Brunnbauer 1983: Benutzerorientierte Evaluierung kleinräumiger Versorgung mit sozialer Infrastruktur: Das Beispiel der Jugendzentren in Augsburg, in: D. v. Lölhöffel, D. Schimanke (Hrsg.), Kommunalplanung vor neuen Herausforderungen, Basel

H.-U. Derlien 1978: Organisatorische Aspekte der Programmevaluation, in: Verwaltung und Fortbildung, S. 51 ff.

R. Dieckmann 1980: Schwierigkeiten mit der Erfolgskontrolle in der öffentlichen Verwaltung, in: DÖV, Heft 10, S. 727 ff.

R. Dieckmann 1984, Bilanz der Aufgabenkritik und Sparmaßnahmen in der Hamburger Verwaltung, in: G.-M. Hellstern, H. Wollmann (Hrsg.), Evaluierung und Erfolgskontrolle in Kommunalpolitik und -verwaltung, Basel, S. 179 ff.

Difu 1976, Arbeitshilfe 3, Kommunale Entwicklungsplanung: Mittelfristige Investitions- und Finanzplanung

F. Döpping 1976: Mittelfristige Finanz- und Investitionsplanung als Instrument der kommunalen Entwicklungsplanung, in: Difu (Hrsg.), Arbeitshilfe Mittelfristige Investitions- und Finanzplanung, Berlin

DSt-Beiträge 1976: Kleinräumige Gliederung des Gemeindegebiets, Reihe H, Heft 6, Köln

R. Duss 1981: Die Anwendung von Indikatoren in der kommunalen Entwicklungsplanung, in: Verband Deutscher Städtestatistiker (Hrsg.), Bericht über die Tagung in Hamburg 1980, Hamburg

J. Eekhoff, R. Muthmann, O. Sievert, G. Werth, J. Zahl 1977: Methoden und Möglichkeiten der Erfolgskontrolle städtischer Entwicklungsmaßnahmen, Schriftenreihe des BMBau, Heft 03.060, Bonn

E. v. Einem, T. Birlem, E. Scharmer, H. Wollmann 1979: Sanierung und Sanierungsträger, Schriftenreihe des BMBau, Band 02.27, Bonn

H. Erhardt 1984, Wirkungsbeobachtung durch kommunale Berichtssysteme. Beispiel Wohnungsberichterstattung in Nürnberg, in: G.-M. Hellstern, H. Wollmann (Hrsg.), Evaluierung und Erfolgskontrolle in Kommunalpolitik und -verwaltung, Basel, S. 264 ff.

H. Glaser 1979: Möglichkeiten primärer und sekundärer Erhebungen zur Datenbeschaffung für den kommunalen Bereich, in: Verband Deutscher Städtestatistiker (Hrsg.), Städtestatistik und Stadtforschung, Hamburg, S. 57 ff.

H. Gräf 1980: Landesentwicklungspolitik, in: Innere Kolonisation, Heft 2, S. 16 ff.

E. Gührs, K. Lindner, J. Pagels, W. Reißmann 1977: Leitfaden für Nutzen-Kosten-Untersuchungen, Hinweise zur Anwendung von § 7 der Haushaltsordnung der Freien und Hansestadt Hamburg, Hamburg o. J., (1977)

B. Hamm 1979: Indikatoren der Stadtentwicklung, Trierer Beiträge zur Stadt- und Regionalplanung, Bd. 3

v. Hannemann 1979: Kommunale Umfrageforschung als Beitrag zur Stadtentwicklungsplanung – dargestellt am Beispiel Bochum, in: Verband Deutscher Städtestatistiker (Hrsg.), Städtestatistik und Stadtforschung, Hamburg, S. 122 ff.

G.-M. Hellstern, H. Wollmann 1977: Sozialwissenschaftliche Untersuchungsregeln und Wirkungsforschung in: P. Haungs (Hrsg.), Res Publica, Dolf Sternberger zum 70. Geburtstag, München, S. 415 ff.

G.-M. Hellstern, H. Wollmann 1978: Zur Leistungsfähigkeit von Fallstudien – am Beispiel einer Sanierungsuntersuchung, in: P. Kevenhörster, H. Wollmann (Hrsg.), Kommunalpolitische Praxis und lokale Politikforschung, Berlin, S. 349 ff.

G.-M. Hellstern, H. Wollmann 1979: Analyse kommunaler Entscheidungsprozesse, in: Robert Bosch Stiftung (Hrsg.), Vorstudien zu einem Forschungsprogramm, Beiträge zur Stadtforschung, Bd. 1, Stuttgart, S. 131 ff.

G.-M. Hellstern, H. Wollmann (Hrsg.) 1984, Evaluierung und Erfolgskontrolle in Kommunalpolitik und -verwaltung, Basel

G.-M. Hellstern 1984: Verwaltungsvollzugsdaten und Aktenanalyse – ein tragfähiger analytischer Zugang zur Verwaltungswelt?, in: W. Siebel (Hrsg.), Ansätze und Methoden der Stadtforschung, Stuttgart

G.-M. Hellstern 1983: Verwaltungsvollzugsdaten und Aktenanalyse – ein tragfähiger analytischer Zugang zur Verwaltungswelt?, in: W. Siebel (Hrsg.), Ansätze und Methoden der Stadtforschung, Stuttgart (im Erscheinen)

J. J. Hesse 1972: Stadtentwicklungsplanung: Zielfindungsprozesse und Zielvorstellungen, Stuttgart usw.

E. Hruschka 1979: Die Zusammenarbeit der deutschen Städtestatistiker 1879–1979, in: Verband Deutscher Städtestatistiker (Hrsg.), Städtestatistik und Stadtforschung, Hamburg, S. 11 ff.

H. Kämper 1984, Evaluierung kommunaler Freizeiteinrichtungen. Beispiel Bäderplanung in Essen, in: G.-M. Hellstern, H. Wollmann (Hrsg.), Evaluierung und Erfolgskontrolle in Kommunalpolitik und -verwaltung, Basel, S. 432 ff.

B. Kasperek 1981: Auch in den Räten wird vieles neu und anders gewertet werden müssen, in: Demokratische Gemeinde, S. 973 ff.

T. Kempf 1977: Elemente ziel- und ergebnisorientierten Verwaltungshandelns auf der kommunalen Ebene, in: Verwaltung und Fortbildung, S. 169 ff.

KGSt-Bericht 11/1975: Organisation der kommunalen Entwicklungsplanung, Auswertung einer Umfrage

KGSt-Bericht 16/1975 v. 8.12.1975: Stand der Aufgabenkritik, Sparmaßnahmen, Auswertung einer Umfrage

KGSt-Bericht 25/1976 v. 3.12.1976: Verfahren der Aufgabenkritik

KGSt-Bericht 16/1978: Studie zur Verbesserung der Organisationsstrukturen und -techniken bei kommunalen Selbstverwaltungen am Beispiel der Stadt Osnabrück. Bericht über die Untersuchung

KGSt-Gutachten 1979: Verwaltungsorganisation der Gemeinden, Köln

R.R. Klein 1981: Städtische Finanzplanung unter geänderten Rahmenbedingungen, Thesen, in: D. Fürst, R. R. Klein (Hrsg.), Kommunale Finanzpolitik (im Erscheinen)

J. Klementa 1973: Verbesserung der budgetären Entscheidungsfindung, KGSt-Mitteilungen, April 1973

W. Knapp 1978: Raumwirksame öffentliche Mittel, in: Tätigkeitsbericht des ILS 1978, Dortmund 1980, S. 30 ff.

Konferenz der Dienststellen der Stadtentwicklungsplanung des StNW 1980: KGSt-Gutachten: Verwaltungsorganisation der Gemeinden 1979, vv. Ms.

Konferenz der Dienststellen der Stadtentwicklungsplanung des Städtetages NW 1980: Vorbericht zur 14. Konferenz, unv. Ms. März 1980

Landeshauptstadt München 1976: Einfluß der Verkehrsinfrastruktur auf das Verkehrsverhalten der Bevölkerung, S-Bahn-Studie, Arbeitsberichte zur Stadtentwicklungsplanung Nr. 6, München

Landeshauptstadt München1978: Stadtentwicklungsplan, Bericht zur Fortschreibung 1978, München

Landeshauptstadt München 1979: Stadtentwicklungsplan, Bericht zur Fortschreibung 1979, München

F. S. Levy, A. J. Meltsner, A. Wildavsky 1974: Urban Outcomes, Schools, Streets, and Libraries, Berkeley, Cal.

D. v. Lölhöffel 1984, Mittelfristige Investitionsplanung und Projektplanung als Ansätze für Erfolgskontrolle und Aufgabenkritik. Beispiel Nürnberg, in: G.-M. Hellstern, H. Wollmann (Hrsg.), Evaluierung und Erfolgskontrolle in Kommunalpolitik und -verwaltung, Basel, S. 147 ff.

D. V. Lölhöffel, D. Schimanke (Hrsg.) 1983: Kommunalplanung vor neuen Herausforderungen, Basel

K. Mackscheidt 1978: Erfolgskontrolle kommunaler Programme, in: Institut für Kommunalwissenschaften, Konrad-Adenauer-Stiftung (Hrsg.), Reform kommunaler Aufgaben, Studien zur Kommunalpolitik, Bd. 19, S. 286 ff.

E. Mäding 1976: Zwecke und Verfahren der Aufgabenkritik – Sachstandsbericht, in: P. Joosten/ K. H. v. Kalkenkerken (Hrsg.), Organisation und Effizienz der öffentlichen Verwaltung II, Köln/Eindhoven, S. 184

E. Mäding 1978: Aufgabenkritik, in: Institut für Kommunalwissenschaften, Konrad-Adenauer-Stiftung (Hrsg.), Reform kommunaler Aufgaben, Bonn, S. 209 ff.

R. Mahnkopf 1984, Evaluierung von Maßnahmen im öffentlichen Personennahverkehr. Beispiel Münchner U-Bahn-Studie, in: G.-M. Hellstern, H. Wollmann (Hrsg.), Evaluierung und Erfolgskontrolle in Kommunalpolitik und -verwaltung, Basel, S. 422 ff.)

H. Meyer zu Drewer, E. Guth 1976: Erfahrungen mit Nutzen-Kosten-Untersuchungen in der Verwaltungspraxis, in: Die Öffentliche Verwaltung, S. 404 ff.

Mummert & Partner 1978: Studie zur Verbesserung der Organisationsstrukturen und -techniken bei kommunalen Selbstverwaltungen – am Beispiel der Stadt Osnabrück, unv. Gutachten, o.O. (Bonn)

H. Reinermann 1977: Erfolgskontrolle im öffentlichen Sektor, in: Die Betriebswirtschaft, S. 399 ff.

P. Röder 1981: Ex-post-Regionalisierung öffentlicher Ausgaben in Nordrhein-Westfalen, vervielf. Ms. (ILS Dortmund)

E. Rothgang, C. Flore 1980: Thesen zum Thema: Erfolgskontrolle auf der kommunalen Ebene, unv. Ms., Papier zum 1. Treffen der Arbeitsgruppe „Erfolgskontrolle auf der kommunalen Ebene"

E. Rothgang, 1984, Evaluierung als Handlungsmittel des kommunalen Politik- und Verwaltungssystems – am Beispiel einer Großstadt (Wuppertal), in: G.-M. Hellstern, H. Wollmann (Hrsg.), Evaluierung und Erfolgskontrolle in Kommunalpolitik und -verwaltung, Basel, S. 68 ff.

E. Rothgang 1981: Zur Funktion von Beobachtungssystemen bei der Informationsbereitstellung für die kommunale Planung, in: Verband Deutscher Städtestatistiker (Hrsg.), Bericht über die Tagung in Hamburg 1980, Hamburg, S. 189 ff.

S. Schildmacher, G. Will 1977: Stadtteil-Entwicklungsprogramme – ein neues Planungsinstrument, in: Der Städtetag, S. 144 ff.

H. Siedentopf, K.D. Grunwald 1977: Die kommunale Rechnungsprüfung, Schriftenreihe des Karl-Breuer-Instituts

E. Splitt 1984, Evaluierung durch kommunale Rechnungsprüfung?, in: G.-M. Hellstern, H. Wollmann (Hrsg.), Evaluierung und Erfolgskontrolle in Kommunalpolitik und -verwaltung, Basel, S. 215 ff.

Stadt Bochum 1973: STAF – ein Teil der Planungsdatenbank, praktische Anwendungsmöglichkeiten, Beitrag zur Stadtentwicklungsplanung, Heft 8, Bochum

Stadt Bochum 1975: Das Räumliche Ordnungskonzept Bochums, Erfolgskontrolle der Entwicklungsziele, Beitrag zur Stadtentwicklungsplanung, Heft 16

Stadt Bochum 1980: Bevölkerungsprognose 1979 bis 1985, Beitrag zur Stadtentwicklungsplanung, Heft 23

Stadt Dortmund 1976: Entwicklungsprogramm Dortmund 1990, in: Beiträge zur Stadtentwicklung Nr. 1/1976, Dortmund

Stadt Dortmund 1981: Wohnungsbau und Wohnungsbauförderung 1980

Stadt Köln 1978: Stadtentwicklungsplanung, Gesamtkonzept, Köln 1978

Stadt Nürnberg 1981: Nürnberger Wohnungsbericht 1980

Stadt Osnabrück 1980: Stadtentwicklungsplanung Osnabrück, Viertes Mittelfristiges Stadtentwicklungsprogramm 1979–1984, Osnabrück

Stadt Osnabrück 1981: Fünftes Mittelfristiges Stadtentwicklungsprogramm 1980–1985, Osnabrück

Statistisches Bundesamt 1981: Das Arbeitsgebiet der Bundesstatistik 1981, Stuttgart usw.

J. Sülzer 1980: Grenzen und Möglichkeiten der Koordination von räumlicher und finanzieller Planung auf kommunaler Ebene, in: Der Städtetag, S. 11 ff.

D. Talkenberg 1981: Zielvorstellungen und Indikatoren – dargestellt am Beispiel der Altenplanung in Saarbrücken, in: Verband Deutscher Städtestatistiker (Hrsg.), Bericht über die Tagung in Hamburg 1980, Hamburg, S. 211 ff.

W. Tessin, T. Birlem, P. Luther u. a. 1983: Umsetzung und Umsetzungsfolgen in der Stadtsanierung, Basel

K. Trutzel 1974: Der „Nürnberg-Plan", in: E. Mäding, F. Knöpfle (Hrsg.), Organisation und Effizienz der öffentlichen Verwaltung, Köln, S. 185 ff.

Verband Deutscher Städtestatistiker (Hrsg.) 1979: Städtestatistik und Stadtforschung, 100 Jahre Verband Deutscher Städtestatistiker 1879–1979, Hamburg

Verband Deutscher Städtestatistiker (Hrsg.) 1981: Jahresbericht 1980, Hamburg

J. Volz 1980: Erfolgskontrolle kommunaler Planung – Eine Untersuchung über Möglichkeiten und Grenzen einer Erfolgskontrolle kommunaler Planungen, Baden-Baden

G. Weßel 1977: Koordination von Gemeinde-Entwicklungs- und Gemeinde-Finanzplanung, in: Städte- und Gemeindebund, S. 45 ff.

G. Weßel 1980 a: Indikatoren für den Bereich Bildungswesen, unv. Ms., Papier für die 1. Sitzung der Arbeitsgruppe „Erfolgskontrolle auf der kommunalen Ebene"

G. Weßel 1980 b: Globalansatz zur Bewertung stadtentwicklungspolitischer Erfolge anhand der Entwicklung der städtischen Einnahmen, unv. Ms.

H.-J. Wienen 1984, Statistische Informationssysteme der Kommunen als Mittel der Wirkungsbeobachtung und Erfolgskontrolle. Beispiel Bochum, in: G.-M. Hellstern, H. Wollmann (Hrsg.), Evaluierung und Erfolgskontrolle in Kommunalpolitik und -verwaltung, Basel, S. 244 ff.

Rolf Krumsiek im Gespräch

Bessere Planung und wirksamerer Programmvollzug durch Evaluierung?

Rolf Krumsiek, Dr. jur., Staatssekretär; Chef der Staatskanzlei des Landes Nordrhein-Westfalen (seit 1980); 1966–1969 Stadtrat Göttingen; 1969–1971 Ständiger Stellvertretender Hauptgeschäftsführer Deutscher Städtetag, Köln; 1971–1980 Oberstadtdirektor in Wuppertal; 1974–1980 Vorsitzender der Vereinigung Kommunaler Arbeitgeber (VKA). Vor allem aufgrund seiner kommunalen Erfahrungen eng mit Problemen der Implementation vertraut. *Veröffentlichungen* u.a. zur Stadtplanung und Kommunalpolitik.

Frage: *Herr Dr. Krumsiek, Sie waren von 1971 bis 1980 Oberstadtdirektor in Wuppertal, seit 1980 sind Sie Chef der Staatskanzlei des Landes Nordrhein-Westfalen. Lassen Sie uns an diesen „Rollenwechsel" eine Frage nach dem möglichen Stellenwert von Evaluierung, von Erfolgskontrolle als Instrument von politischer Führung, von Verwaltungsführung anknüpfen. Dabei möchten wir die These formulieren, daß Evaluierung als mögliches Führungsinstrument für Sie als Chef der Staatskanzlei eigentlich interessanter und relevanter ist als sie es für Sie als Oberstadtdirektor war. Denn als Oberstadtdirektor waren Sie Chef der gesamten Verwaltung mit unmittelbaren Weisungsrechten, gegebenenfalls auch gegenüber den Dezernenten. Jetzt sind Sie in einer Stabsfunktion tätig, dem Ministerpräsidenten zugeordnet, der es seinerseits als verfassungsrechtlicher primus inter pares mit auf ihrer Selbständigkeit pochenden Ministerkollegen und Ressorts zu tun hat. So gesehen, könnte in Ihrer jetzigen Funktion Evaluierung als ein informelles Informations- und Koordinierungsinstrument und -verfahren zum Ausgleich und „Ersatz" für fehlende formale Einflußmittel erscheinen.*

Krumsiek: Die Vorstellung von Führung durch Erfolgskontrolle geht von bloßen Aufgabenplanungen der Ressorts aus. In Wahrheit sind gleichzeitige Zeit- und Kostenfaktoren eingebaut. Dabei muß man zur Berücksichtigung der Kosten feststellen, daß die mittelfristige Finanzplanung, die es ja erst seit Ende der sechziger Jahre gibt, die Dinge heute auch hier im Land wohl noch befriedigend im Griff hat. Wir leben dennoch praktisch sehr kurzatmig und können kaum etwas für vier bis fünf Jahre im voraus planen. Planungen können schnell zu Makulatur werden. Wenn Sie sich die Finanzplanung einmal über die letzten zehn Jahre ansehen, dann werden Sie feststellen, daß in der Planung der Investitionsbedarf vom dritten Jahr an abfällt. Wenn Sie das im Nachhinein verfolgen, stellt sich heraus, daß der Bedarf tatsächlich kontinuierlich gestiegen ist. Das liegt nicht etwa daran, daß die Inflationsrate dies ausgehöhlt hätte, sondern einfach daran, daß die Finanzplaner dies vom dritten Jahr an nicht mehr exakt übersehen können. Bei den fünf Jahren hat man sich ja schon, um nicht zu weit in die Zukunft zu kommen, mit einem Trick geholfen, indem man sagt: Das erste Jahre ist das auslaufende Jahr, das zweite ist das Basisjahr – und dann sind das praktisch nur noch drei Jahre. Zum anderen gehen Kosten und Zeiten ineinander über. Sie können heute einfach nicht vorhersagen, wie sich die wirtschaftliche Entwicklung in drei oder vier Jahren gestaltet. Alle Prognosen, die vor zwei oder drei Jahren gemacht worden sind, sind heute über den Haufen geworfen worden. Das gilt auch für das Land Nordrhein-Westfalen. Das zu begreifen müssen wir lernen.

Das Land hat im vorigen Jahr die *Ruhr-Konferenz* gehabt und das *Aktionsprogramm Ruhr* aufgelegt mit einem Finanzvolumen von einigen Milliarden D-Mark. Wir versuchen jetzt – und für ein so komplexes Programm mit solcher Größenordnung ist das erstmalig in der Bundesrepublik – eine kontinuierliche Umsetzungs- und Wirkungskontrolle durchzuführen. Weil das für die Verwaltung ein neues Gebiet ist, brauchen wir hierfür auch Unterstützung aus der Wissenschaft.

Ich glaube, die Praxis geht sehr pragmatisch vor und versucht immer, am Einzelfall orientiert das eine oder andere zu lösen. Die Wissenschaft muß vom Grundsatz her herangehen und herausfinden, ob es da allgemeingültige Denkmodelle gibt. Wir müssen gemeinsam sehen, wie wir da zusammenkommen.

Frage: *In dem Maße, in dem Erfolgskontrollen mit unterschiedlichen administrativen und politischen Widerständen zu rechnen haben, dürfte ihre Durchführung wesentlich davon abhängen, ob und inwieweit es gelingt, sie verfahrensmäßig abzusichern, sie also im Verfahren von Fachplanungen, Maßnahmedurchführungen usw. gewissermaßen zu verankern. Lassen Sie uns noch einmal auf Ihre Wuppertaler Erfahrungen zurückkommen. Erwies sich die Stadtentwicklungsplanung als ein wirksamer Ansatzpunkt für Evaluierungsverfahren?*

Krumsiek: Wir haben damals in Wuppertal das räumlich-funktionale Entwicklungskonzept für die Gesamtstadt als Leitlinie für die Stadtentwicklung zugrunde gelegt. Diesem räumlich-funktionalen Entwicklungskonzept mußten sich einerseits die Fachplanungen – z.B. Altenheimplanung, Sportstättenplanung –, andererseits aber auch die bezirklichen Planungen unterordnen. Das war ein wenig schwierig, aber es ließ sich machen. Die Schwierigkeit in der Organisation bei solchen Planungen liegt daran, daß sie mit der herkömmlichen Administration meistens nicht bewältigt werden können. Man braucht über die vorhandene Hierarchie hinaus veränderte Strukturen, z.B. Arbeitskreise, die sich auf dieses neue Planungskonzept und auf das daraus resultierende Führungskonzept einstellen. Auch muß die Finanzplanung mit einbezogen werden. Das war ungeheuer schwierig. Ich erinnere an das *Nordrhein-Westfalen-Programm '75*, das Ende der sechziger Jahre aufgestellt wurde – ein vorzügliches Programm. Nur wenige Wochen vor der Veröffentlichung war der Finanzteil noch nicht geschrieben. Ähnliches habe ich eigentlich auch im kommunalen Bereich bei allen Fachplanungen oder räumlichen Planungen festgestellt. Freilich hat bei langfristigen Planungen der Kämmerer, der ja nach der Gemeindeordnung eine starke Position hat, dann seinen Vorbehalt geltend gemacht. Wir haben uns dann immer dadurch geholfen, daß wir keine präzise Finanzaussage getroffen, aber immer erklärt haben, das alles lasse sich nur vorbehaltlich der Zurverfügungstellung der erforderlichen Haushaltsmittel realisieren.

Ich komme noch einmal auf die Organisationsstruktur zurück: Natürlich hängt hier alles sehr stark von den Personen ab, die daran mitwirken.

Frage: *Gegenwärtig scheint die Haushaltspolitik der öffentlichen Hände von einem – nicht nur finanzpolitisch gefährlichen – Paradoxon gekennzeichnet zu sein. Auf der einen Seite machen es der erreichte Stand der „Staatsverschuldung" und die nachhaltige Ausgabenexpansion, die sich vor allem aus der ökonomischen Krise ergeben, immer dringlicher, innerhalb des sich verengenden Finanzierungsspielraums informiert und begründet Prioritäten mit durchaus langem Atem zu setzen. Auf der anderen Seite scheint in der Hektik des Krisenmanagements die Fähigkeit oder Bereitschaft für überlegte Prioritätensetzungen abzunehmen, scheint öffentliches Handeln noch kurzfristiger zu werden. Könnte sich Evaluierung als Ausweg, als Hilfsmittel erweisen?*

Krumsiek: Die Finanzenge zwingt uns dazu, über Kurzatmigkeit hinwegzukommen. Ich will Ihnen das am Beispiel Nordrhein-Westfalen erläutern. Wir haben einen Haushalt von ca. 53 Milliarden und eine Netto-Neuverschuldung von 8 Milliarden. Wenn diese Netto-Neuverschuldung in den nächsten Jahren so weitergehen würde, hätte das Land kaum noch politischen Handlungsspielraum. Wir mußten also zwei Ziele verfolgen: Erstens war der Haushalt 1981 unter Dach und Fach zu bringen. Das haben wir in der Administration und in der Regierung bewältigt. Der Landtag hat dem inzwischen zugestimmt. Zweitens aber müssen wir Finanzperspektiven bis 1985 und länger entwickeln. Dabei wird man auch „zurückfahren" und umverteilen müssen. Das Problem ist dabei: Wenn wir mit solchen Überlegungen zu früh an die Öffentlichkeit treten, beschleunigen wir möglicherweise nur noch die Arbeitslosigkeit durch die öffentliche Diskussion, weil wir nach außen hin schwärzer malen, als wir es selbst sehen. – Wir sind intern dabei, Überlegungen anzustellen – der Finanzminister, aber unter finanzwirtschaftlichen Gesichtspunkten auch die Staatskanzlei –, wie man die Ressortkoordination unter dem Gesichtspunkt der Regierungsplanung verbessern kann. Denn eines darf nicht eintreten: daß die Finanzenge zur Handlungsunfähigkeit und zum Verlust an Glaubwürdigkeit führt. Das wäre der Fall, wenn man die Regierungserklärung, die der Ministerpräsident Mitte des Jahres 1980 abgegeben hat, nicht mehr einhalten könnte. Dann muß man sagen: Die Finanzen sehen soundso aus, in der Regierungserklärung hat das und das gestanden. Davon halten wir dieses durch, jenes nicht. Wenn man das offen sagt, bleibt man gegenüber der Öffentlichkeit glaubwürdig.

Frage: *In der gegenwärtigen Diskussion ist vielfach von „Vollzugsdefiziten" der Politik die Rede. Diese werden zum erheblichen Teil auf Verfahrenshemmnisse und diese wiederum darauf zurückgeführt, daß einzelne Verfahrensgänge (man denke etwa an das viel zitierte Beispiel des Baugenehmigungsverfahrens) in einer solchen Dichte und teilweisen Widersprüchlichkeit geregelt sind, daß sich dies als Ballast für zügiges und zielsicheres öffentliches Handeln erweist.*

Könnten empirische Politik und Verwaltungsanalysen, die den Ursachen derartiger Vollzugsdefizite auf die Spur zu kommen suchen, eine brauchbare Hilfestellung sein?

Krumsiek: Ich habe den Eindruck, daß empirische Untersuchungen zu solchen Verfahrenshemmnissen viel zu wenig vorhanden oder auch nur zu wenig bekannt sind. Wenn es uns nicht gelingt, diese Handlungshindernisse abzubauen (ich denke z. B. an die Problematik der Zweckzuwendungen, Zuwendungsrichtlinien usw.), dann müssen wir uns auch als öffentliche Verwaltung – zu Recht – die ganz massive Kritik des Bürgers gefallen lassen, daß wir eine unübersichtliche Töpfchenwirtschaft betreiben. Ich habe als Oberstadtdirektor erlebt, daß für eine Straße von einem km Länge sieben Planungen erstellt wurden. Sie wurden im Rat diskutiert, mit den Bürgern erörtert – und letztlich doch nicht verwirklicht, weil irgendwo ein Techniker feststellte, daß das den Richtlinien für die Ausrüstung von Straßen nicht entspräche.

In der Ministerialbürokratie ist häufig nicht bekannt, welch ungeheure Arbeit in den Kommunalverwaltungen aufgrund von Erlassen der Ministerialebene geleistet wird, deren Auswirkungen man dort eben nicht übersieht.

Frage: *Sehen Sie in der Evaluierung auch eine mögliche Hilfestellung und Stärkung des Parlaments in seiner Kontrollfunktion?*

Krumsiek: Die Kontrollfunktion des Parlaments mit dem Instrument Evaluierung würde voraussetzen, daß das Parlament in seiner Gesamtheit oder doch in großen Teilbereichen über ein gleichwertiges Fachwissen wie die

Administration verfügt. Bei den Kommunalparlamenten ist das sehr schwierig, weil die Tätigkeit eines Stadtverordneten eine „Nebenbeschäftigung" ist. Ich habe den Politikern immer gesagt, sie müßten sich spezialisieren bzw. in den Fraktionen mehrere einsetzen, die sich spezialisieren könnten. Auf diese müßte sich die Fraktion hinterher verlassen können. Im Landesparlament hingegen kann man den Politikern eine verstärkte Spezialisierung zumuten. Hier steht den Politikern auch ein größerer Apparat zur Verfügung. Allerdings besteht auch hier die Gefahr, daß die Demokratie in die Abhängigkeit von Assistenten gerät.

Zusammenfassend glaube ich sagen zu können, daß die Parlamente auch im kommunalen Bereich ihre parlamentarische Kontrolle erfüllen. Ich gebe aber gern zu, daß das in Einzelbereichen schwierig sein kann.

Was das *Aktionsprogramm Ruhr* anbetrifft, so wird der Landtag laufend unterrichtet. Das Parlament hat auch die Möglichkeit, sich über den jeweiligen Stand durch Anfragen zu informieren. Alle zwei Jahre legen wir zudem den Landesentwicklungsbericht vor, der in der Staatskanzlei formuliert wird. Unabhängig davon überlegen wir, ob wir ein längerfristiges Programm erarbeiten.

Frage: *Vergegenwärtigt man sich, daß im Laufe der sechziger und siebziger Jahre die Zahl der Sozialwissenschaftler – sei es gemessen an der Zahl der einschlägigen Hochschullehrer oder an der Zahl sozialwissenschaftlich qualifizierter Hochschulabsolventen – dramatisch angestiegen ist, könnte man von einem enormen Anstieg „sozialwissenschaftlicher Kompetenz und Intelligenz" in unserem politischen System sprechen. Wird dies indessen in einer „rationaleren" Politik sichtbar? Oder bleiben sozialwissenschaftliche Kenntnisse unverdaulich, und wenn ja, warum?*

Krumsiek: Ich glaube, daß eine gewisse Nicht-Verdaulichkeit aus dem Überangebot solcher Erkenntnisse herrührt. Wir werden geradezu von Aufsätzen, Fachzeitschriften und Veröffentlichungen überflutet. Das alles ist kaum noch zu bewältigen.

Wenn Sie mich noch einmal fragen nach dem Verhältnis der Wissenschaftsadministration, so möchte ich folgendes sagen: Forschung und Wissenschaft gehen in einer gewissen Breite vor; sie versuchen, allgemeingültige Regeln aufzustellen. Die Administration hingegen arbeitet *fallbezogen*. Ich glaube nicht, daß es dabei einen Widerspruch gibt, aber es gibt eine gewisse Dissonanz, ein Auseinanderklaffen – keine Bündigkeit von Wissenschaft und Praxis.

Frage: *Um ein gerade in diesem Lande Nordrhein-Westfalen gängiges Schlagwort aufzugreifen: Könnte man in einer größeren „Dialogfähigkeit" von Forschung einen Weg sehen, diese Kluft zu überbrücken?*

Krumsiek: Wir sehen im Dialog einen großen Vorteil. Ich nenne das Stichwort „Bürgerdialog". Der Ministerpräsident hat in seiner Regierungserklärung gesagt, er wolle über die politische Diskussion hinaus den Dialog mit den Bürgern führen. Wir sind zur Zeit dabei, solche Gespräche vorzubereiten. Wir fangen an mit dem Thema Energiesparen, wir werden die Medienpolitik behandeln, den Landschaftsschutz, den Arbeitnehmer in diesem Staat, die Wohnungsbaupolitik und ähnliche Themen. Das ist eigentlich ein unorthodoxer Schritt, den die Opposition auch nicht anerkennen will. Wir glauben aber, daß ein solcher Dialog sehr wohl geeignet ist, die beiden Seiten einander anzunähern.

Lassen Sie mich noch einmal auf das *Aktionsprogramm Ruhr* zurückkommen. Hier stand die *politische Aktion* im Vordergrund, die dann parlamentarisch abgesichert worden ist und jetzt wissenschaftlich begleitet wird, um festzustellen, ob wir den richtigen Weg gegangen sind oder nicht. Hier versuchen wir also, Wissenschaft und Praxis einander anzunähern. Ich glaube, daß gerade die Begleitforschung im Falle Ruhrgebietsprogramm ein gutes Beispiel ist, das deutlich macht, wie man versuchen kann, die beiden Seiten in Übereinstimmung zu bringen.

Gerhard Banner im Gespräch

Evaluierung in ständigem Lernprozeß und Konflikt

Gerhard Banner, Jahrgang 1932; Erlernung des Schreinerhandwerks, Abitur, Diplom-Dolmetscher (Universität Heidelberg); beide juristische Staatsprüfungen. 1962–1976 in der Kommunalverwaltung tätig, zuletzt als Beigeordneter für die Allgemeine Verwaltung in Duisburg. Seit 1976 im Vorstand der Kommunalen Gemeinschaftsstelle für Verwaltungsvereinfachung (KGSt). Wahrnehmung von Lehraufträgen an Universitäten, z. Zt. an der Hochschule für Verwaltungswissenschaften Speyer; Herausgebertätigkeit. Starkes Engagement für ein verbessertes Management in der Verwaltung. Hierzu auch zahlreiche *Veröffentlichungen* in den Bereichen Steuerung, Organisation und Personalwesen der öffentlichen Verwaltung.

Frage: *Herr Banner, Sie können auf eine lange praktische und wissenschaftliche Erfahrung zurückblicken. Sie waren Beigeordneter der Stadt Duisburg, Sie waren tatkräftig und initiativ am Aufbau eines erfolgreichen verwaltungswissenschaftlichen Studienganges – in Konstanz – beteiligt. Nunmehr leiten Sie eine Institution, die sich vor allem dem Erfahrungsaustausch zwischen den Praktikern widmet. Die KGSt als eine praxiszugewandte Institution des interkommunalen Erfahrungsaustauschs bedient sich in der Organisierung und Durchführung des kommunalen Erfahrungsaustausches der wissenschaftlichen Analyse und wissenschaftlich-technischer Hilfsmittel. Im Unterschied zur Wissenschaft wird die Stimme der KGSt jedoch im Verwaltungsalltag gehört, wird ihren Gutachten und Arbeitshilfen in den Hauptämtern und Verwaltungen der deutschen Städte ein aufmerksames Ohr geschenkt. Jedoch, werden sie in den Mammutbürokratien der Großstadtverwaltungen noch immer auch tatsächlich befolgt? Ist nicht auch hier eine Welle der Ernüchterung bezüglich planerischer Rationalisierungen eingetreten? Werden nicht auch in den Städten die planerischen Absichten und Maßnahmen aufgegeben?*

Banner: Über Planung wird heute zwar weniger geredet als vor zehn Jahren, aber es wäre ein Fehler, daraus zu schließen, es würde weniger geplant. Eine neuere Umfrage der *Kommunalen Gemeinschaftsstelle für Verwaltungsvereinfachung (KGSt)* zum Stand der kommunalen Entwicklungsplanung in der Bundesrepublik zeigt, daß vieles heute selbstverständlicher Teil der täglichen Praxis ist. Zurückgegangen ist lediglich der Aufmerksamkeitswert der Planung, in der Wissenschaft übrigens stärker als in der Verwaltung.

Was hat die Verwaltung gelernt? Vor 15 Jahren galt die These „Man braucht nur ordentlich zu planen und schon verwandelt sich der Kampf um Macht und Mittel in rationale Prioritätensetzung, bürokratische Schwerfälligkeit in Kostenwirksamkeit, der ‚grüne Tisch' in Bürgernähe". Wir haben gelernt, daß das nicht stimmt. Gleichzeitig haben wir viel über den *politischen Prozeß* erfahren. Er ist nicht nur ein Kampf um Ideen, der sozusagen im luftleeren Raum ausgetragen wird, sondern ein Kampf um Einfluß, Anhänger, Klienten, Geld. Dieser Kampf wird nicht nur in der Politik oder zwischen Politik und Verwaltung, sondern auch innerhalb der Verwaltungen ausgetragen. Der politische Prozeß ist stark am Einzelfall orientiert, äußerst vital und ziemlich widerstandsfähig gegen systemhaft-rationalistisch-technokratisches Planungsdenken und langfristige Festlegungsversuche. Indem der Planung ihre politische Bedingtheit bewußt wurde, ist sie auf dem Wege, „politischer" und wirksamer zu werden. Das Pathos ist ab, aber die Sache ist m.E. nicht mehr totzukriegen.

Frage: *Können Sie für diese neue Form reflektierter Planung auch Beispiele nennen?*

Banner: Beispiele dafür lassen sich nahezu allen Bereichen entnehmen. Von der Stadterneuerung, den sozialen Hilfen, der Kultur bis hin zur Technisierung, organisatorischen Änderungen, Sparkampagnen. Die Erkenntnis, daß wirksame Verwaltungsleistungen sich nicht von selbst einstellen, sondern sorgfältig durchdacht und vorbereitet (*geplant*) werden müssen und daß zur vollen Wirksamkeit einer Leistung auch gehört, daß sie in einer für die Abnehmer in und außerhalb der Verwaltung akzeptablen Form erbracht wird, hat sich in der Verwaltung weithin durchgesetzt. Zugleich hat die Fähigkeit zugenommen, nach dieser Erkenntnis zu handeln. Wo früher die in Vorschriften geregelten „Aufgaben" der Verwaltung sakralisiert waren und – sozusagen koste es (wirtschaftlich und psychologisch) was es wolle – unreflektiert und traditionell vollzogen wurden, gibt es heute in der Verwaltung eine umfangreiche Diskussion über Ziele („*Was wollen wir eigentlich erreichen?*") und über Fragen wie *Wirtschaftlichkeit* und *Bürgernähe*. Das wirkt sich auf das Handeln der Verwaltung schon fühlbar aus. In der Kommunalverwaltung haben Beamte in unzähligen Fällen bewiesen, daß sie nicht nur Vorschriften ausführen, sondern auch überaus intelligent planen können. Änderungen per Anordnung bleiben wegen der gestiegenen Autonomie- und Freiheitsbedürfnisse weithin wirkungslos. Auch werden die offiziellen Begründungen für Veränderungen nicht mehr kritiklos hingenommen, sondern zum Teil heftig diskutiert. Das setzt die Reformer unter Begründungszwänge, die sich auf ihre kommunikativen und strategischen Fähigkeiten – und somit auf die Qualität ihrer Planungen – mit der Zeit positiv auswirken müßten. Man kann darin – bei der gebotenen Zurückhaltung gegenüber einem solchen Ausdruck – eine Art Rationalisierung der Politik sehen.

Frage: *Aber bleiben nicht auch diese verbesserten Planungsmodelle in der Umsetzung stecken? Sind die bisherigen Planungen nicht gerade am Prozeß ihrer Durchführung gescheitert?*

Banner: „Umsetzung" ist ein Vexierbegriff. Er suggeriert einen Zwei-Phasen-Prozeß: In der ersten Phase planen Eierköpfe einen Soll-Zustand. Dieses Design braucht dann in der zweiten Phase vom Apparat „nur noch umgesetzt zu werden". Daran ist nur richtig, daß jede Veränderung vorausgedacht werden muß. Im übrigen stimmt das Zwei-Phasen-Modell nicht. Zunächst einmal ist Planung kein Selbstzweck, ihr Sinn liegt ausschließlich in der Umsetzung. Planung und Umsetzung sind keine chemisch reinen, trennbaren Aktivitäten, sondern ein- und dieselbe Sache, sozusagen die zwei Seiten derselben Medaille. Umsetzung ist ausnahmslos sehr schwierig. Die Tatsache, daß sie geplant werden muß, macht wiederum die Planung zu einem sehr schwierigen Unterfangen. Wird Planung als einmaliges, definitives Design eines gewünschten Zustandes begriffen, wird sie dieser Schwierigkeit nicht gerecht und scheitert. Erfolgreiche Planung muß Schritt für Schritt in einem *ständigen Rückkoppelungsprozeß* mit den gleichzeitigen Umsetzungsaktivitäten weiterentwickelt, modifiziert, operationalisiert werden. Daß reine Designplanung scheitert, liegt daran, daß es unmöglich ist, andere dazu zu bringen, nach Zielen zu arbeiten, die der Planer für sich im stillen Kämmerlein entwickelt hat. Die anderen haben ihre eigenen Ziele und sehen nicht ein, weshalb sie nach fremden Zielen arbeiten sollen. Sie verfügen auch über ein unerschöpfliches Arsenal an Möglichkeiten, sich einer solchen „Zumutung" zu entziehen. Die größten Erfolgsaussichten haben Veränderungen, die von der Führung (den Planern) und den Anwendern gemeinsam geplant und umgesetzt werden, wo also Erzeuger und Umsetzer dieselben Personen sind. Wo dies nicht oder nur am Rande möglich ist, muß viel mehr Energie in die Ziel-, d.h. in die Sinnvermittlung gesteckt werden. Politische und administrative Führungen, die das nach wie vor für entbehrlich halten, sollten sich über den Mißerfolg ihrer Planungen nicht wundern. Eine Schulreform im Erlaßwege, deren Sinn Lehrern, Schülern und Eltern nicht einleuchtet und sie unvorbereitet trifft, erzeugt als einzige Veränderungen Unlust und Bürokratismus. Unsere sozialen Systeme finden sich immer schwerer damit ab, daß man sie in Planer und Beplante aufteilt. Die technokratisch-autoritäre Vorbelastung des Ausdrucks Planung hat übrigens dazu geführt, daß er zunehmend gemieden wird. Der Sache der Planung, dem, das Fayol „prévior" nannte, also eine Mischung aus Vorausschauen, Vorhersehen, Vorsorgen, kommt das zugute.

Frage: *Unter Planern, aber auch unter Politikern, wird die Erfolgskontrolle oder auch Evaluierung als eine Zauberwaffe im Kampf gegen Vollzugsdefizite gepriesen. Welche Form der Evaluierung, ex-post-Kontrolle, ex-ante-Evaluierung oder Monitoring, erscheint Ihnen für die kommunale Verwaltung als besonders wichtig? Kann das Verwaltungssystem durch Kontrollen überhaupt effektiver gestaltet werden? Welche Aufgabe kommt einer Evaluierung innerhalb einer aktiven Verwaltungspolitik zu?*

Banner: Planung ist vorwiegend input-orientiert, Evaluierung im üblichen Sinn hat die outputs im Blick. Dazwischen liegt die *throughput-Struktur* der verwaltungsinternen Prozesse. Diese sind es, die über den Erfolg von Planung und Evaluierung letztlich entscheiden. Planung und Evaluierung können nur erfolgreich sein, wenn sie Teil der throughput-Aktivitäten, d.h. Teil der täglichen Verwaltungsarbeit werden. Sie scheitern, wenn man sie nur äußerlich an die Verwaltung „anklebt". Diese Einschätzung relativiert die Trennung von Planung und Evaluierung in ähnlicher Weise, wie dies oben im Verhältnis zwischen Planung und Umsetzung geschehen ist. Alle diese analytischen Begriffe haben – bezogen auf das tatsächliche Funktionieren der Verwaltung – etwas Künstliches. Wenn wir mehr als bisher in die Leistungsfähigkeit unserer Verwaltungsorganisationen zu investieren bereit sind, werden wir feststellen, daß in den Verwaltungen das notwendige „monitoring", das Planung, Umsetzung und Evaluierung einschließlich der Rückkoppelungen zur Politik umfaßt, einen höheren Wirkungsgrad gewinnt.

Frage: Die Diskussion unterschiedlicher Formen der Institutionalisierung von Evaluierung nimmt in der aktuellen Literatur einen breiten Raum ein. Vorschläge reichen von externen Evaluierungsgutachten z.B. durch Forscher oder Rechnungshöfe über parlamentarische Evaluierungen bis hin zu verwaltungsinternen Selbstevaluierungen. Von wem und wo könnten und sollten nach Ihrer Ansicht systematische Evaluierungen durchgeführt werden, damit sie nicht ein ähnliches Schicksal wie die Versuche einer Institutionalisierung der Politischen Planung erleiden?

Banner: Ich möchte vorweg einmal die Frage stellen, wer überhaupt an Evaluierungen interessiert ist. Wer evaluiert beispielsweise Subventionen? Der, der sie abbauen will, nicht der Nutznießer. Evaluierung oder, was für mich dasselbe ist, Erfolgskontrolle wird in Politik und Verwaltung überwiegend als Waffe zur Veränderung von Machtverhältnissen verwendet. Wer evaluiert, will die Geldmittel und damit die Macht anderer verringern und selbst einen Machtzuwachs erzielen. Aus Erfolgskontrollen werden Folgerungen nur gezogen, wenn die Nutznießer eines Zustands vergleichsweise wenig Macht haben. Die mächtigen Interessenten entziehen sich wenn nicht der Erfolgskontrolle selbst, so jedenfalls deren Konsequenzen. Diese Grunderfahrung ist in Politik und Verwaltung gleichermaßen verinnerlicht. Solange nach allgemeiner Einschätzung derjenige als erfolgreich gilt, der auf ein Mehr – und nicht auf ein Weniger – an Geld, Personal usw. verweisen kann, werden auf Mittelreduzierung gerichtete Erfolgskontrollen auf sehr hartnäckige strukturelle Widerstände stoßen. Wir setzen eben die

Anreize an der falschen Stelle. Ich halte es prinzipiell für möglich, dies durch „Umstecken von Kontakten auf der Schalttafel" zu ändern, doch ist dies ein kultureller, d.h. langfristiger Prozeß. Ein Terraingewinn „qualitativer Politik" würde diesen Prozeß unterstützen. Wenn im Zuge von Sparkampagnen kommunale Amtsleiter von ihrem Ratsausschuß auch für politisch sensible Einsparungsvorschläge hin und wieder Beifall erhalten, ist das die Schwalbe, die noch keinen Sommer macht. Solche Mechanismen pflegen sich recht schnell umzukehren, sobald die Gelder wieder fließen.

Eine funktionierende Erfolgskontrolle läßt sich nach meiner Überzeugung nicht durch Dekret erzwingen. Eine zwangsweise allgemeine Durchsetzung von Erfolgskontrollen erforderte eine Instanz, die wesentlich mächtiger wäre als die Verwaltung. Eine solche Instanz gibt es nicht. Die Kontrolle durch die Rechnungshöfe ist kein Gegenbeispiel. Sie ist nicht allgemein, sondern partiell und von marginaler Wirkung. Ihre Macht ist die einer Stechmücke gegenüber einem Elefanten. Auch von den Parlamenten ist kein konsequentes Interesse an Erfolgskontrollen zu erwarten. Parlamente wollen gegenüber der Verwaltung im Grunde gar keine kritische Kontrolle ausüben. Dazu sind die „Fachbruderschaften" in Politik und Verwaltung zu sehr auf gegenseitige Unterstützung angewiesen. Die Stärke der Parlamente liegt nicht in der Kontrolle der Verwaltung, sondern in der öffentlichen Auseinandersetzung über alternative Politiken. Die einzige Chance liegt demnach in der stärkeren Mobilisierung des Eigeninteresses der Verwaltung, sich zu kontrollieren. Dazu ist eine *Veränderung der Anreizstruktur* notwendig, die nur langfristig denkbar ist. Die Wissenschaft könnte dazu wertvolle Hilfen geben. Sie müßte sich allerdings mehr den macht- und anreizpsychologischen Fragen der Erfolgskontrolle zuwenden, statt sich wie bisher auf institutionell-instrumentelle Aspekte zu konzentrieren. Wir brauchen sowohl Planung als auch Evaluierung. Planung ist bei uns in befriedigendem Umfang vorhanden, Evaluierung z.Zt. – und auch mittelfristig – nicht. Die Diskussion über Erfolgskontrolle wird schon deshalb nicht das Schicksal der Planungsdiskussion erleiden, weil die Erfolgskontrolle nicht mit euphorischen Erwartungen belastet ist. Ein Strohfeuer, das nicht angezündet wird, kann auch nicht verlöschen.

Frage: *Aber werden nicht die Arbeitsvoraussetzungen für eine stringente wissenschaftliche Evaluierung immer schwieriger? Zahlreiche Forscher betrachten als Voraussetzung für eine sinnvolle Evaluierung eine stringente Maßnahmenplanung in der Form eines kontrollierten Experiments. Mit der Einschränkung von Reformmaßnahmen und Modellversuchen werden jedoch die Möglichkeiten eines wissenschaftlichen Lernens durch Experimente geringer. Kann man auf soziale Experimente künftig verzichten oder müßten Modellversuche wieder belebt werden, um auch in Zukunft wissenschaftlich gesicherte Erfahrungen sammeln zu können?*

Banner: Die Frage, ob Experimente im sozialen Bereich auch in Zukunft durchgeführt werden, stellt sich für die Verwaltung nicht. Soziale Systeme wandeln sich ständig, und jede Veränderung ist ein Experiment. Eine andere Frage ist, ob solche Experimente ministeriell gefördert werden sollten. Die unter der Flagge „Humanisierung der Arbeitswelt" geförderten Projekte waren wenig erfolgreich. Das lag z.T. an naiven Prämissen, aber auch daran, daß nicht selten das einzige, was die Projektbeteiligten verband, ihre gemeinsame Gier nach den Förderungsmitteln war. Auf Projekte zu verzichten, die unter derart deformierenden Umständen durchgeführt werden, wäre wahrscheinlich kein gesellschaftlicher Verlust. Das gezahlte Lehrgeld müßte sich in bessere Erfolgschancen für die zukünftige Förderung von Experimenten im sozialen Bereich ummünzen lassen.

Frage: Im Politikalltag haben derzeit Haushaltseinsparungen eine hohe Priorität gewonnen. Viele versprechen sich von der Evaluierung eine rationale Begründung für Streichkonzepte, eine Erleichterung bei der Durchführung von Haushaltsverschiebungen, -verlagerungen und -umschichtungen. Welche Aufgabe kommt der Evaluierung innerhalb einer Mangelverwaltung zu? Kann Evaluierung diese Anforderungen tatsächlich positiv nutzen?

Banner: „Politik machen" heißt bis zum heutigen Tage in erster Linie „Geld ausgeben". Inzwischen streiten Politiker und Beamte mit anderen Politikern und Beamten um Geld, das nicht mehr vorhanden ist. Unter solchen veränderten Umständen führt das nach wie vor in den Köpfen steckende Axiom „Politik ist das, was Geld kostet" zunächst in der Tat zu einer Mangelverwaltungs- und Bezugsschein-Mentalität, d.h. zu falschen Prioritäten und letztlich zum Verzicht auf Politik. Von G.K. Chesterton stammt das Wort ‚Sparsamkeit ist schöpferisch". Viele wichtige Dinge im Leben kosten wenig oder gar kein Geld. Um sie zu verwirklichen, muß man nur das Problem erkennen und Ideen entwickeln. Wir müssen davon Kenntnis nehmen, daß es neben der herrschenden quantitativen auch eine durchaus chancenreiche qualitative Politik gibt, die wenig kostet, aber dennoch wirtschaftlich interessant ist, weil sie die Produktivität der Verwaltung verbessert. Zwei Beispiele: In den letzten Jahrzehnten haben wir zu wenig in die Qualität der Verwaltungen investiert. Der Akzent lag auf quantitativen Maßnahmen, meist in Form von mehr Personal, mehr Geld, mehr Beförderungen für die Staatsdiener. Das Ergebnis: weiter steigende Ansprüche, Schwächung des Dienstgedankens, Bürokratisierung des Führungsprozesses, mangelhafte Kommunikation nach innen und außen, personalwirtschaftliche Inflexibilität, Filz und Patronage. Wir brauchen dringend eine primär an der Leistungsfähigkeit der Verwaltung orientierte *qualitative Verwaltungspolitik*, die den Dialog mit den im öffentlichen Dienst Beschäftigten sucht und auf tagespolitische Effekte verzichtet. In der Verwaltung ist viel guter Wille zur Mitarbeit vorhanden, aber dieser muß von oben eindeutig ermutigt werden. Ein zweites Beispiel sind die vielen in den letzten

Jahren in den Kommunen geschaffenen Einrichtungen. Die Aufgabe lautet heute, diese Einrichtungen mit weniger Geld als bisher sinnvoll weiterzubetreiben. Es geht dabei um Fragen neuer oder veränderter Inhalte (Jugend- oder Kulturzentren), um betriebswirtschaftliche Probleme (Management, Kostenrechnung, Öffnungszeiten), sogar um Marketing-Strategien (wie holt man Besucher in die Bäder?). Der Übergang vom expansiven Zeitalter der Neubauten in eine Periode, in der Pflege, Sinngebung und Kostenbeobachtung wichtiger werden, müßte unter dem Zwang der Umstände gelingen. Es wird zu einer Renaissance des „Verwaltens" im positiven Sinn kommen. Diese Umorientierung eröffnet auch neue, bisher kaum wahrgenommene politische Chancen für die Evaluierung.

Frage: *Man mag die These wagen, daß gegenwärtig zahlreiche Ansatzpunkte für die Durchführung von Evaluierung bestehen, die bestehenden Möglichkeiten jedoch schlicht nicht genutzt werden. Im Gesetzgebungsverfahren wird explizit nach einer Beurteilung von Folgewirkung und Folgekosten gefragt. So verlangt der § 23 GGO bei neuen Gesetzesinitiativen der Regierung die Prüfung der Auswirkungen auf Umwelt, Finanzen und Gebietskörperschaften, aber auch die Berücksichtigung familiärer und sozialer Belange. An diesen Vorab-Wirkungsanalysen sind die Gemeinden durch ihre Spitzenverbände auch institutionell beteiligt. Nur wenige Beispiele sorgfältiger Wirkungsanalysen und Kostenrechnungen existieren (z. B. zum Verkehrslärmschutzgesetz). Bei wichtigen Projekten sollten nach § 7 BHO Nutzen-Kosten-Analysen durchgeführt werden. Nur wenige Beispiele der Anwendung dieser Regel lassen sich finden. Auch werden ex-ante-Planspiele und Gesetzestests bei wichtigen Gesetzesvorhaben (so z. B. zum BBauG) nur selten durchgeführt. Zahlreiche bestehende Berichtspflichten werden kaum effektiv als ein Kontrollinstrument genutzt werden. Woran mangelt es? Werden die bestehenden Ansatzpunkte nicht systematisch genutzt? Fehlt es an technischem Wissen, fehlt es an Promotoren und Umsetzern, fehlt es am politischen Willen? Ist das System nicht lernfähig?*

Banner: Es fehlt zwar in der Verwaltung an Wissen über die Instrumente der Erfolgskontrolle, doch ist das nicht der wesentliche Punkt. Entscheidend ist vielmehr, daß auf Erfolgskontrolle fast immer Strafen und fast nie Belohnungen stehen. Führungskräfte in der Verwaltung wollen ebenso wie die ihnen fachlich verbundenen Politiker bestimmte Maßnahmen oder Programme über die politisch-administrativen Hürden bringen. Haben sie dabei Erfolg, wird dies nach den herrschenden Spielregeln belohnt. In dieser Situation birgt Erfolgskontrolle die Gefahr, nur den zahlreichen Rivalen im Kampf um knappe Ressourcen Munition zu liefern und die eigene Zielerreichung zu gefährden. Verwaltungsapparate tun das, wonach die Führung fragt. Da oben keine Nachfrage nach Erfolgskontrolle besteht, findet Erfolgskontrolle nicht statt. Daran ändern auch Regelungen über Nutzen-Kosten-Analysen, Berichtspflichten usw. nichts. Nach dem Motto „Schlafende Hunde soll man nicht wecken" werden sie im allseitigen Einvernehmen ignoriert, oder sie degenerieren zur Formalie. De facto sind diese Regelungen weithin „symbolische Politik". Das bedeutet nicht, daß sie bei ihrem Erlaß symbolisch gemeint waren, tatsächlich dachte man ja bis vor einiger Zeit, wenn man solche Instrumente vorschriebe, funktionierten sie auch. Der Glaube, Probleme löse man, indem man sie regelt, hat inzwischen gottseidank an Boden verloren.

Zur Lernfähigkeit des Systems: Spätestens wenn die ersten tausend Beamten befördert sind, weil sie die Produktivität in ihrem Bereich durch Vereinfachungen und Einsparungen verbessert haben, werden alle öffentlichen Bediensteten zu Promotoren und Umsetzern von Erfolgskontrollen werden. Erfolgskontrollen werden dann im täglichen Verwaltungsgeschäft genauso selbstverständlich werden, wie es heute die routinemäßigen Forderungen nach *mehr* Geld und *mehr* Personal sind. Es ist allerdings ungeheuer schwierig, die Bedingungen dafür zu schaffen, daß Produktivitätsverbesserungen zu einem gewichtigen Maßstab für die Karriere öffentlicher Bediensteter werden. Daher wird es noch eine Weile dauern, aber unmöglich ist es nicht.

Eine abschließende Frage: Politische Planung, Politikanalyse und Evaluierung sind in Zeiten einer Entbürokratisierung, der Schuldenreduzierung, beim Versuch, dem Markt- und Konjunkturdruck zu begegnen, wichtige Instrumente. Werden diese Instrumente der Evaluierungsforschung in Zukunft auch politisch besser genutzt werden als die bestehenden Planwerke und Gutachten? Was ist zu tun, damit sie künftig besser genutzt werden?

Banner: Fragt man Politiker oder Beamte, weshalb sie Forschungsergebnisse im Evaluierungsbereich kaum nutzen, lautet die Antwort in der Tat häufig, „weil sie unverständlich sind und nichts Relevantes enthalten". Der Anschein von Richtigkeit, den solche Antworten haben, erlaubt es den Befragten, auf elegante Art dem wirklichen Problem auszuweichen. Wenn Forschungsergebnisse im Bereich der Erfolgskontrolle nicht genutzt werden, liegt dies höchstens am Rande an ihrem Inhalt. Es wäre zwar nützlich, wenn die wissenschaftliche Forschung Evaluierung nicht als einmalig-definitiven Akt, sondern mehr als eine Art von Pflege oder Wartung der täglichen Verwaltungsoperationen auffassen und den instrumentellen Aspekt zugunsten des organisationspsychologischen herunterspielen würde. Die wirkliche Ursache für die Nichtbeachtung von Forschungsberichten zur Evaluierung liegt jedoch nicht in ihrem Inhalt, sondern, wie gesagt, in den herrschenden politisch-administrativen Spielregeln, die praktisch keine Anreize für Erfolgskontrollen vorsehen.

Die sich verschärfende Mangelsituation könnte allerdings dazu führen, daß die Ergebnisse wissenschaftlicher Forschung von der Politik vermehrt genutzt werden. Da Politiker andere Interessen haben als Wissenschaftler, werden sie mit diesen Ergebnissen auch in Zukunft politisch, nicht wissenschaftlich, umgehen. Das muß der Wissenschaftler einkalkulieren, ändern kann er es nicht. Die Frage lautet auch nicht: Hier sind neue Instrumente – was machen wir jetzt damit?, sondern: Wie können wir im politisch-administrativen System die Voraussetzungen dafür schaffen, daß diese (unbezweifelbar nützlichen) Instrumente genutzt werden? Denn die Nutzung der Instrumente ist weniger eine Frage des Wollens als des Könnens, der Zumutbarkeit. Es geht darum, in Politik und Verwaltung nach Punkten zu suchen, an denen Hebel angesetzt, Spielregeln verändert, Anreize geschaffen werden können. Ich glaube, daß es gesellschaftliche Tendenzen und wirtschaftliche Zwänge gibt, die uns auf diesen Weg drängen. Dennoch ist der Ausgang offen. Wir haben eine Chance, wenn wir erkennen, daß der Schlüssel zum notwendigen Wandel in der Verwaltung nicht im technisch-instrumentellen, sondern im sozialen und menschlichen Bereich gesucht werden muß.

Anhang

Kurzprofil: KOMMUNALE GEMEINSCHAFTSSTELLE FÜR VERWALTUNGSVEREINFACHUNG (KGSt)

Aufgabe und Funktion
Die KGSt ist ein 1949 gegründeter Verband von Städten, Gemeinden und Kreisen mit freiwilliger Mitgliedschaft. Ziel und Aufgabe der KGSt ist es, die Leistungsfähigkeit der Kommunalverwaltung in Zusammenarbeit mit ihren Mitgliedern zu stärken. Um ihre Aufgabe zu erfüllen, hat sie spezielle Instrumente des interkommunalen Erfahrungsaustauschs, des Erfahrungstransfers und des interkommunalen Vergleichs entwickelt. Von den Kommunen mit mehr als 10.000 Einw. gehören ihr ca. 800 an, darunter alle, die mehr als 30.000 Einwohner haben. Aus Beiträgen ihrer Mitgliedskommunen verfügt sie über ein Finanzvolumen von ca. 3 Mio. DM.

Vorgehensweise und Organisation
Die Quelle des Erfolgs der KGSt ist die effiziente Organisation des interkommunalen Erfahrungsaustauschs. Mehr als 500 lokale Praktiker arbeiten in den rund 40 Gutachterausschüssen und Arbeitsgruppen mit, die die KGSt-Empfehlungen erstellen. Diese besondere Arbeitsweise ermöglichte es bisher, sich auf einen kleinen wissenschaftlich ausgebildeten Stab von 15 Mitarbeitern zu beschränken.

Erfolg und Praxistransfer
Obwohl die praxisnahe Art der Erarbeitung der KGSt-Empfehlungen deren Umsetzung erleichtert, gibt es hier und da Akzeptanzprobleme. Die KGSt analysiert diese und bemüht sich, die Umsetzungschance ihrer Arbeiten durch neue Produkte und flankierende Maßnahmen – z.B. Fortbildungsseminare – zu verbessern.

Veröffentlichungen
Die KGSt hat bisher ca. 50 Gutachten und mehrere hundert Berichte zum gesamten Aufgabenspektrum der Gemeinden veröffentlicht.

Teil III:

Nutzungsprobleme von Evaluierung und Evaluierungsforschung in Politik und Verwaltung

Carol H. Weiss
Harvard University, Cambridge, Mass.

Forschung zum Nutzen der Politik. Die Aufklärungsfunktion sozialwissenschaftlicher Forschung*)

Vorbemerkung

Der häufigste Fall, in dem sozialwissenschaftliche Forschungsergebnisse Verwendung finden, ist nicht – wie drei neuere Forschungsstudien aufzeigen – der, in dem gezielt Dateninformationen für spezifische Entscheidungssituationen produziert werden, sondern vielmehr jener, in dem die politisch-administrativen Entscheidungsträger sozialwissenschaftliche Forschungen eher indirekt als eine Quelle zur Produktion von Ideen, zur Informationsgewinnung und als Orientierungsmaßstäbe in einer komplexen Welt nutzen. Obgleich dieser Prozeß einer *indirekten Nutzung* nicht leicht zu erkennen ist, vermag er im Laufe der Zeit einschneidende Wirkungen auf die Politik auszuüben. Selbst eine Forschung, die die geltenden Wertnormen und das politisch Machbare in Frage stellt, wird von den Entscheidungsträgern als nützlich eingeschätzt.

„Viele Köche rühren im großen Topf der Politik und auch die Analytiker lieben das berauschende Gefühl der Macht, das sich einstellt, wenn man mitmischen kann."[1]

Auch universitäre Politikforscher genießen – wenn auch aus einer größeren Distanz zu den Zirkeln der Macht – das Gefühl, Politik beeinflussen zu können. Sie möchten sich nicht nur als reine Technokraten verstehen, die innerhalb eines von Regierungsbeamten abgesteckten analytischen Rahmens untertänig den jeweils Herrschenden dienen. Viel eher möchten sie ihre Probleme selbst auswählen, ihre Annahmen selbst bestimmen und ihren eigenen methodologischen Ansätzen folgen. Von ihren Arbeitsergebnissen erhoffen sie sich die Schlag- und intellektuelle Überzeugungskraft, so daß sie die Ergebnisse der Politik einfach beeinflussen müssen. Diese Hoffnung macht einen Großteil des Reizes eines politiknahen Forschungsunterfangens aus; gleichzeitig ist diese Erwartung aber auch Quelle zahlreicher Enttäuschungen.

*) Dieser Beitrag ist die überarbeitete Fassung einer Rede, die auf dem Symposium der Case Western Reserve University im April 1976 zum Thema: Applied Sociology: Patterns and Problems, gehalten wurde. Er erschien zuerst in *Policy Analysis,* 3/1977, S. 531, sowie in H.E. Freeman (Hrsg.), *Policy Studies Review Annual,* Bd. 2, Beverly Hills/London 1978, S. 4 ff.

1 A. J. Meltsner, Bureaucratic Policy Analysts, in: *Policy Analysis,* 1/1975, S. 116.

In Form von Zuwendungen und durch Aufträge fördert die amerikanische Bundesregierung die sozialwissenschaftliche Forschung an den sozialwissenschaftlichen Fakultäten und in Forschungsinstituten in beträchtlichem Umfang. Die Schätzung der National Science Foundation für 1976 weist Ausgaben des Bundes für *angewandte* Forschung in den Sozialwissenschaften und Psychologie in Höhe von 335 Millionen Dollar aus.[2] Nach herrschender Meinung jedoch ignorieren die Regierung und ihre Beamten die Ergebnisse der Forschung, die sie mit ihrem Geld kaufen, mehr als daß sie sie in ihre Arbeit einbezögen. So besteht weitgehende Übereinstimmung darüber, daß die meisten Forschungsstudien am politischen Prozeß abprallen, ohne großen Einfluß auf den Lauf der Ereignisse zu nehmen – eine Annahme, der viele Seiten (Sozialwissenschaftler, Regierungsbeamte und Kongreßmitglieder) zustimmen.[3]

Gründe für die geringe Beachtung sozialwissenschaftlicher Forschung sind denn auch nicht schwer zu finden: Mängel in der Forschung selbst, widersprüchliche Forderungen an die Politik und die Divergenzen zwischen dem Wissensbedarf der politischen Entscheidungsträger und den tatsächlichen Forschungsergebnissen der Sozialwissenschaftler.[4] Für die Forschung gilt, daß vieles, was als sozialwissenschaftliche Erkenntnis bezeichnet wird, fragwürdig, wenig überzeugend, mehrdeutig ist und häufig den Ergebnissen anderer Studien widerspricht. Überdies sind die Aussagen vieler Forschungsergebnisse in ihrer Reichweite begrenzt oder die Daten veraltet. Solche Daten zu ignorieren, dürfte einen verantwortungsbewußten Entscheidungsträger eher auszeichnen. In der Politik konkurrieren zahlreiche unterschiedliche Ansprüche um Aufmerksamkeit. Der politische Entscheidungsprozeß ist ein politischer Prozeß mit dem vordringlichen Ziel, unterschiedliche Interessen auszugleichen und einen Konsens auszuhandeln, und nicht, um Logik und Wahrheit in der Praxis zum

2 National Science Foundation, *Federal Funds for Research, Development, and Other Specific Activities, Fiscal Years 1974, 1975 and 1976,* Bd. 24, Washington, D. C.: U.S. Government Printing Office, 1975, S. 60. Die Schätzungen der Gesamtausgaben für sozialwissenschaftliche und psychologische Forschung betrugen 1976 493 Millionen Dollar. Innerhalb des Forschungsprojekts „Social Research and Development" führte die National Academy of Sciences eine eigene Erhebung durch und gelangte zu einer wesentlich höheren Schätzung der Forschungsausgaben.

3 Siehe z. B. U.S. Congress, House, Committee on Government Operations, *Research and Technical Programs Subcommittee, The Use of Social Research in Federal Domestic Programs,* 4 Bde., 90. Cong., 1. Sess., 1967; National Science Foundation, *Knowledge into Action: Improving the Nation's Use of the Social Sciences,* Washington, D. C.: U.S. Government Printing Office, 1968; L. Goodwin, *Can Social Science Help Resolve National Problems?,* New York 1975; S. Deitchman, *The Best-Laid Schemes: A Tale of Social Research and Bureaucracy,* Cambridge/Mass. 1976; I. L. Horowitz (Hrsg.), *The Use and Abuse of Social Science,* New Brunswick 1971; M. Komarovsky (Hrsg.), *Sociology and Public Policy: The Case of Presidential Commissions,* New York 1975; N. J. Demerath III/O. Larsen/K. F. Schuessler (Hrsg.), *Social Policy and Sociology,* New York 1975; H. Orlans, *Contracting for Knowledge,* San Francisco 1973; eine klassische Studie stammt von Bayla F. White, The Atlanta Project: How One Large School System Responded to Performance Information, in: *Policy Analysis,* 1/1975, S. 659–692.

4 Für eine ausführliche Diskussion dieser Frage s. C. H. Weiss, Improving the Linkage between Social Research and Public Policy, in: L. E. Lynn Jr. (Hrsg.), *Knowledge and Policy: The Uncertain Connection,* Washington 1978, finanziert von der National Academy of Sciences.

Durchbruch zu verhelfen. Wertkonflikte im politischen Prozeß können durch einen Rückgriff auf Forschungsergebnisse nicht beigelegt werden.

Was schließlich die Diskrepanz zwischen dem, was die Entscheidungsträger wissen wollen, und den Erkenntnissen, die die Forscher anbieten, betrifft, so ist dies eine bereits chronisch zu nennende Klage. Die problematischen Faktoren sind Konkretheit, Spezifikation, Repräsentativität, Rechtzeitigkeit und Prognosequalität hinsichtlich der zukünftigen Bedingungen.

Neben diesen wohlbekannten und kategorisierten Problemen aber scheint ein weiterer Faktor die Anwendung der Sozialforschung zu beeinflussen. Vielleicht ist einer der Gründe, daß bisher so wenig über die Nutzung von Forschungsergebnissen bekannt wurde, der, daß man meist an der falschen Stelle danach suchte.

1. Was heißt „Forschung nutzen"?

Der Begriff und die Bedeutung dessen, was die Anwendung von Forschung beinhaltet, ist komplex und verschwommen. Definitionsversuche umfassen eine große Anzahl möglicher Nutzungen, die von der unmittelbaren und sofortigen Implementation der aus einer Studie hervorgehenden Empfehlungen reichen bis hin zur Herstellung einer eher generellen Sensibilität für Konzepte, die durch die sozialwissenschaftliche Forschung besonders herausgestellt werden.

Das vorherrschende Konzept des Nutzungsprozesses betont die Anwendung konkret spezifischer Forschungsergebnisse auf konkret spezifische Entscheidungssituationen:

1. Es besteht ein Problem;
2. zur Lösung des Problems oder um zwischen unterschiedlichen alternativen Lösungen auszuwählen, werden Informationen oder Wissen benötigt;
3. Forschung besorgt das fehlende Wissen;
4. die Entscheidungsträger führen dann eine Lösung herbei.

Dieses Modell wurde schon oft als Diagramm dargestellt:

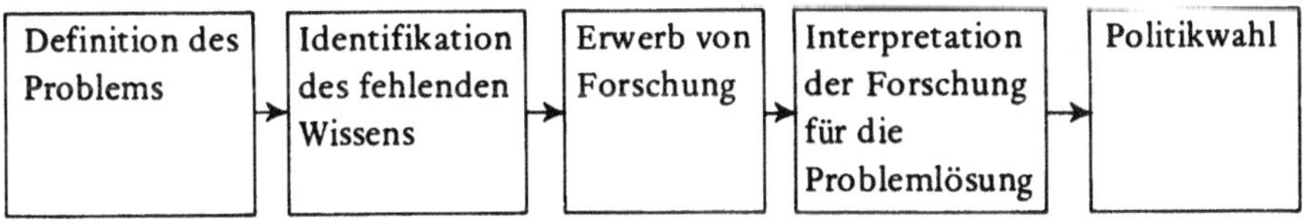

Diese typische Abfolge von der Definition des Problems bis hin zur Wahl einer politischen Strategie zeigt die „Nutzung" von Forschung auf: Forschung hilft *Probleme zu lösen.*

Möglicherweise könnte jedoch die wichtigere Form der Nutzung sozialwissenschaftlicher Forschung in der Politik überhaupt nicht in der Lösung von Problemen liegen. Wie Forschung verwandt wird, dürfte ein viel diffuserer und komplexerer Prozeß sein. Forschungsergebnisse weisen darauf hin, daß Regierungsbeamte die

Forschung weniger instrumentell zur Lösung von Problemen nutzen, sondern eher als Orientierungshilfe bei Problemen. Sie setzen die Forschung als Reflexionshilfe bei Entscheidungen und bei der Definition von Problemfeldern einer Situation ein, um dadurch neue Ideen und Perspektiven zu gewinnen. Sie verwenden Forschung als Hilfe bei der Problemformulierung und um den Rahmen für zukünftige Politikmaßnahmen zu setzen. Diese Nutzung sozialwissenschaftlicher Forschung erfolgt allerdings nicht geplant, unmittelbar der Forschung folgend oder zielbewußt, sondern ist eher das Ergebnis eines langsamen Einbindungsprozesses sozialwissenschaftlicher Konzepte, von Theorien und Erkenntnissen, in die Kultur und Umwelt der informierten Meinungsmacher.

Da dieser Prozeß so indirekt verläuft, ist er nicht leicht zu erkennen. Außenstehende können häufig die Wirkung eines besonderen Forschungsergebnisses oder einer spezifischen Studie auf eine öffentliche Entscheidung nicht verfolgen. Selbst für die Sozialwissenschaftler, die Politikforschung betreiben, ist es häufig kaum möglich, die Auswirkungen ihrer Studien auf die Politik zu erkennen. Im Gegenteil: Falls sie mit der Erwartung in das Geschäft einsteigen, daß die Forschung einen sichtbaren und direkten Einfluß haben wird und feststellen müssen, daß nichts geschieht – zumindest nichts mit bloßem Auge Erkennbares –, tendieren sie dann manchmal vorschnell dazu, die ganze Arbeit aufzugeben. Einige von ihnen sind sogar dazu übergegangen, in wissenschaftlichen Zeitungen verletzende Polemiken zu schreiben, in denen sie die Bürokraten und Politiker kritisieren, sie vernachlässigten wichtige Forschungsergebnisse.[5] Um die analytischen Probleme bei der Feststellung der Forschungsnutzung auf die Spitze zu treiben: Auch der politische Macher selbst kennt oft die Quelle seiner Ideen nicht. Er „hält sich mit Literatur auf dem Laufenden", er empfängt von seinen Mitarbeitern Kurzmemos, oder er liest Überblicke über den Stand der Wissenschaft in Magazinen oder Berichte aus der Sozialwissenschaft in der *New York Times*, *Washington Post* oder dem *Wall Street Journal*. Informationsbruchstückchen bleiben in seinem Gedächtnis haften, ungeordnet und ohne Quellenvermerk. Es würde ihm sehr schwer fallen, die Quelle für irgendein beliebiges Stückchen Wissen anzugeben. Wenn man ihn fragt, welchen Einfluß die sozialwissenschaftliche Forschung auf seine Entscheidung hat, wird er in der Regel nicht in der Lage sein, präzise Rechenschaft darüber abzulegen, ja sich sogar nicht einmal bewußt sein, daß er seine Ideen aus der Sozialwissenschaft bezieht.

Durch diese Form des diffusen und nicht gelenkten Einsickerns sozialwissenschaftlicher Forschungsergebnisse in die politische Sphäre kann sich ganz allmählich der Schwerpunkt einer Debatte über ein politisches Problemfeld verändern. Es ist schwierig, diesen Prozeß nachzuvollziehen und zu belegen, aber es erscheint als sehr

5 Eine überzeugende Kritik auf der Basis persönlicher Erfahrungen unternimmt Th. F. Pettigrew, Sociological Consulting in Race Relations, in: *American Sociologist*, 6/Juni 1971, S. 44–47. Siehe auch O. N. Larsen, The Commission on Obscenity and Pornography: Form, Funktion and Failure, in: M. Komarovsky (Hrsg.), *Sociology and Public Policy*, New York 1975, S. 9–41; J. R. Gusfield, The (F)Utility of Knowledge?: The Relation of Social Science to Public Policy towards Drugs, in: *The Annals of the Academy of Political and Social Science*, 417/1975, S. 1–15; M. E. Boekmann, Policy Impacts of the New Jersey Income Maintenance Experiment, in: *Policy Sciences*, 7/1976, S. 53–76.

wahrscheinlich, daß die sozialwissenschaftliche Forschung mitgeholfen hat, die Aufmerksamkeit auf aktuelle Probleme zu lenken und die Problemformulierung in einer stattlichen Anzahl von Politikfeldern zu verändern: im Bereich der kompensatorischen Erziehung, der Bestrafung von Alkohol- und Drogenvergehen, der Großprojekte im öffentlichen Wohnungsbau, der Institutionalisierung von psychisch Geschädigten, bezüglich der Reform des Wohlfahrtswesens, der Form der Krankenversorgung, der Bewertung von Kindesmißhandlung, der Ausbildung am Arbeitsplatz, der Justizreform oder auch der Wahlkreiseinteilung für Abgeordnetenwahlen.

Sicherlich sind grundlegende Veränderungen im Meinungsklima nicht die Folge von sozialwissenschaftlicher Forschung allein. Tatsächlich ist es so, daß ein beginnender Wechsel in der öffentlichen Meinung in der Regel die Forschungsförderung erst auslöst. Dennoch kann im Zusammenhang mit anderen Veränderungen eine sozialwissenschaftliche Forschung eine wichtige Rolle durch Klärung, durch Beschleunigung von Veränderungsprozessen und durch Legitimieren von Veränderungen der öffentlichen Meinung spielen. In der Tat könnte dieser Prozeß – nämlich neue Perspektiven zur Kenntnis zu bringen und Probleme für Entschließungen zu formulieren – der wichtigste Beitrag sozialwissenschaftlicher Forschung zur Regierungspolitik sein.

2. Die Neukonzeptualisierung des Nutzungsprozesses

Die Auswirkungen und Nutzung von Forschung zu studieren und hierbei nicht nur an ihren Beitrag zur Lösung von Problemen zu denken, fällt schwer. Sozialwissenschaftlern fehlen systematische Techniken oder Meßverfahren, um solche rudimentären Prozesse aufzuspüren. Drei neuere quantitative Studien über die Verwendung von sozialwissenschaftlicher Forschung im Regierungsapparat, die die Frage in herkömmlichen Begriffen angingen und versuchten, die spezifischen Nutzungen ausgewählter Studien aufzuzeichnen, deuten dennoch darauf hin, daß es noch ein anderes Wirkungsmodell des Nutzungsprozesses geben muß. Alle drei Studien folgern, daß Forschung in einem beträchtlichen, jedoch unbekannten Umfang die Politik in Wirklichkeit nicht so sehr durch Mdirekte Problemlösungen oder Sozialtechniken beeinflußt, sondern durch das, was Morris Janowitz „Aufklärung" genannt hat[6]. Die Studien von Nathan Caplan in Michigan und Karin Knorr in Wien zeigen, ebenso wie unsere eigene Forschung in Columbia, daß die Hauptwirkung der Forschung auf die Politik die allmähliche Ablagerung von Einsichten, Theorien, Konzepten, Perspektiven und Weltanschauungen sein kann.

6 Vgl. M. Janowitz, Sociological Models and Social Policy, in: *Political Conflict: Essays in Political Sociology*, Chicago 1970, S. 243–259.

2.1. *Das Projekt der University of Michigan*

Caplan und eine Forschungsgruppe an der University of Michigan führten eine Befragung von 204 Entscheidungsträgern in der Verwaltungsspitze der Bundesregierung durch. Das Interview versuchte, die Nutzung spezifischer Forschungsstudien durch den Befragten bei seiner Arbeit zu erheben. Bemerkenswert war hierbei die Hartnäckigkeit, mit der die Interviewer vom Institute of Social Research in Michigan herauszufinden versuchten, welche Forschung wie und unter welchen Umständen genutzt wurde. So erschien Caplans erster Bericht über das Projekt im *ISR Newsletter* im Frühjahr 1974 unter dem Titel: „Wissenschaft wird von den US-Beamten selten sinnvoll genutzt". Zwar war der Bericht nicht ganz so negativ wie seine Überschrift, aber Caplan wird mit den Worten zitiert: „Beamten fehlen oft die Fähigkeiten und das richtige Verständnis, um wissenschaftliches Wissen sinnvoll zu nutzen." Zitiert wird auch Caplans Einteilung der Beamten in unterschiedliche Typen entsprechend ihrer Nutzung von Forschung sowie seine Schlußfolgerung, daß fünf von zehn Bundesbeamten zu der Kategorie „geringe Forschungsnutzer" zählen.[7] 1975 begannen jedoch Caplan und seine Mitarbeiter, nachdem sie sich die Bandaufzeichnungen angehört hatten, den Nutzungsbegriff zu rekonzeptualisieren. Bei dieser Rekonzeptualisierung und dem anschließenden Rekodieren umfaßte die Kategorie „sozialwissenschaftliches Wissen" nicht nur spezifische Daten oder konkrete Forschungsergebnisse, sondern auch Konzepte, Perspektiven und Verallgemeinerungen, da sie entdeckten, daß es oft gerade diese Formen waren, unter denen die Sozialwissenschaften in das politische System eindrangen. Wurde dieses weitere Verständnis von Forschungsnutzung unterstellt, so zeigte sich, daß nur noch 9 % der Befragten keine einzige Verwendung von sozialwissenschaftlichem Wissen bei ihrer Arbeit angeben konnten; die übrigen nannten 575 Fälle einer Nutzung, d. h. im Durchschnitt ungefähr drei je Person.[8] Dabei war es die Kategorie des „weichen" konzeptionellen Wissens, die am häufigsten als diejenige benannt wurde, die Politik beeinflußte. Befragt nach Beispielen für die Wirkung der Sozialwissenschaften auf größere Programme oder politische Projekte, enthielten die Darstellungen der interviewten Verwaltungsbeamten eher Hinweise auf sozialwissenschaftliche Konzepte und Erörterungen als auf ein „hartes", quantitatives, spezifisches Forschungswissen.[9]

Überraschend war auch die nachhaltige und breite Zustimmung für sozialwissenschaftliche Forschung. 85 % stimmten darin überein, daß „die Sozialwissenschaften eine ganze Menge zur Gestaltung einer vernünftigen Politik beitragen können", 87 % meinten, daß „die Regierung die Sozialwissenschaften im weitest möglichen Um-

7 N. Caplan, Science Is Seldom Put to Good Use by U. S. Officials, in: *ISR Newsletter*, 2/ Frühjahr 1974, S. 2.

8 Vgl. N. Caplan/A. Morrison/R. J. Stambaugh, *The Use of Social Science Knowledge in Policy Decisions at the National Level*, Ann Arbor/Mich. (Institute for Social Research) 1975.

9 Vgl. N. Caplan, A Minimal Set of Conditions Necessary for the Utilization of Social Science Knowledge in Policy Formulation at the National Level, in: C. H. Weiss (Hrsg.), *Using Social Research in Public Policy-Making*, Lexington/Mass. 1977, S. 183–197.

fang nutzen sollte". Diese Antworten erscheinen extrem, erscheinen als eine vielleicht nur wenig glaubwürdige Selbstbestätigung, aber sehr ähnliche Einstellungen fanden auch wir in unserer eigenen Studie bei 155 leitenden Beamten auf Bundes-, Staats- oder lokaler Ebene aus dem Gesundheitssektor. Von den durch uns Befragten stimmten 83 % darin überein, daß „gute Forschung verwendet werden *sollte* unabhängig davon, ob ihre Ergebnisse für hohe Politiker politisch akzeptabel sind oder nicht", und 85 % waren der Ansicht, daß „eine Behörde die Ergebnisse *guter, relevanter Forschung implementieren sollte*, selbst wenn sich ihr Budget oder Einfluß dadurch vermindern sollte". Selbst wenn ein positiver Bias bei den Befragten vorhanden gewesen sein mag, zumindest zeigen die Ergebnisse, daß die Befragten sich durchaus über das mögliche sozialwissenschaftliche Leistungspotential bewußt sind. Ganz sicher besagen die Antworten auch *nicht*, daß im allgemeinen Entscheidungsträger der Regierung sozialwissenschaftliche Forschung verwenden – so stimmten 75 % unserer Befragten darin überein, daß „viele Entscheidungsträger dazu tendieren, sozialwissenschaftliche Forschungsergebnisse zu ignorieren, wenn diese nicht mit ihren eigenen Anschauungen konsistent sind", und 67 % waren der Meinung, daß „Regierungsbehörden dazu neigen, Forschungsergebnisse zu ignorieren, die nicht zu den Annahmen und Philosophien der Behörde passen"[10] – aber sie erkennen deren Leistungskraft an.

2.2. Die Wiener Studie

In dieser Studie befragte Karin Knorr siebzig Beamte auf Bundes- und Landesebene und in der Stadtverwaltung von Wien. Darüber hinaus sandte sie Fragebögen an über 600 österreichische Sozialforscher. Während Caplan ursprünglich in seiner Forschung nach einer direkten und instrumentellen Nutzung von Forschungsergebnissen bei der Entscheidungsfindung suchte, erwartete Karin Knorr, daß Forschung nur symbolisch genutzt würde. Sie vertrat die Auffassung, Regierungsbeamte nützten die Forschung lediglich, um bereits entschiedene bürokratische Maßnahmen zur Aufrechterhaltung des post-industriellen Wohlfahrtsstaates zu legitimieren und um die Zustimmung der Bürger herbeizuführen.

Jedoch auch Knorrs Ergebnisse zeigten schließlich, daß es durchaus passieren kann, daß Forschungsergebnisse auf subtile Weise in den politischen Entscheidungsprozeß eindringen und Veränderungen im bürokratischen Denken herbeiführen können. So steht in einem (auch auf Englisch verfügbaren) Bericht, daß von 58 Beamten, die sozialwissenschaftliche Forschung gefördert hatten, 65 % die Ansicht vertraten, daß ihre Meinungen in einem gewissen Umfang durch die Forschung verändert worden wären; 43 % sprachen von einem merkbaren oder starken Wandel ihrer Ansichten.

10 L. J. Bauman/C. H. Weiss, *The Acceptance of Social Research by Decision-Makers: A Comparison of Decision-Makers' and Researchers' Views*, Arbeitspapier, vorgelegt auf der 31. Jahresversammlung der American Association for Public Opinion Research in Asheville, N. C., 14. Mai 1976.

Durch diese Befragten wurde die Forschung nicht für das Fällen, sondern für die „Vorbereitung" von Entscheidungen genutzt. Knorr schließt daraus, daß der Nutzungsprozeß sozialwissenschaftlicher Forschung *nicht* dem technokratischen Muster der Implementation und Verwendung von Ergebnissen in den Natur- oder technischen Wissenschaften folgt, sondern seine wichtigste Verwendungsweise die *indirekte* (weiteren Entscheidungsprozessen unterworfene), *diffuse* (in verschiedenem Umfang und bei unterschiedlichen Stellen beachtete), *schwierig zu lokalisierende* Nutzungsverantwortlichkeit (die über verschiedene Stufen der Entscheidungshierarchie verteilt ist) ist, wobei die Ergebnisse möglicherweise in einem *verzögerten, sprunghaften Verarbeiten* im Stadium der Programmentwicklung und Entscheidungsvorbereitung genutzt würden. Die geringe Sichtbarkeit dieser Art der Forschungsnutzung und die viel zu weit gespannten Erwartungen tragen zur Popularität der These bei, daß sozialwissenschaftliche Forschungsergebnisse nur in geringem Umfang angewendet werden.[11]

Obgleich beide – Caplan und Knorr – nach anderen Typen des Forschungstransfers suchten, gelangten beide zu vergleichbaren Folgerungen bezüglich der Aufklärungsfunktion sozialwissenschaftlicher Forschung. Dieser Gedanke hat auch unsere Forschung beeindruckt.

2.3. Die Studie der Columbia University

Unsere Studie hatte ursprünglich einen anderen Forschungsschwerpunkt. Wir wollten wissen, welche Eigenschaften eine Forschungsstudie besitzen muß, um mit dem Prädikat „nützlich" assoziiert zu werden. Unser Vorgehen zielte darauf ab, Entscheidungsträger nur über Forschungen zu befragen, die sie auch konkret gelesen hatten. Daher schrieben wir Abstracts von fünfzig kürzlich vollendeten Studien, die vom National Institute of Mental Health (NIMH), dem National Institute of Drug Abuse (NIDA) und dem National Institute of Alcoholism and Alcohol Abuse (NIAAA) gefördert worden waren. Im Verlauf eines Interviews baten wir den Entscheidungsträger jeweils, zwei Abstracts zu lesen und eine Anzahl von Fragen über den potentiellen Nutzen jeder Studie für seine eigene Arbeit zu beantworten. Wir stellten ferner die Frage, wer der am meisten geeignete Nutzer jeder Studie sei und wie der Nutzen der Studien für Personen in einer solchen Position eingeschätzt werde. Schließlich baten wir den Entscheidungsträger, jede Studie mit Hilfe von 26 Dimensionen zu charakterisieren.

Die Auswahl der Befragten umfaßte 255 Personen, von denen sich annähernd 50 auf jede der folgenden fünf Kategorien verteilten:

51 leitende Beamte aus ADAMHA (Alcohol, Drug Abuse and Mental Health Administration), NIMH, NIDA und NIAAA; 52 Spitzenbeamte aus zehn Staatsministerien, verantwortlich für die psychiatrische Versorgung; 52 Direktoren und Amtslei-

11 K. Knorr, Policy-Makers' Use of Social Science Knowledge: Symbolic or Instrumental?, in: C. H. Weiss (Hrsg.), *Using Social Research*, S. 180.

ter aus Einrichtungen der psychiatrischen Gesundheitsfürsorge; 50 Sozialwissenschaftler, die ADAMHA-geförderte Forschungsvorhaben leiteten; 50 Mitglieder des ADAMHA-Beratungskomitees zur Forschungskontrolle. Die Befragten der ersten drei Kategorien umfaßten die Entscheidungsträger; in dieser Darstellung werden nur ihre Antworten berücksichtigt.

Um den Nutzen der Studien zu messen, verwandten wir eine Anzahl von Indikatoren. Aus den folgenden Fragen, die nicht die aktuelle Nutzung, sondern das Nutzungspotential in der Einschätzung der Befragten anzeigen sollten, wurden zwei Maßstäbe entwickelt:

„Angenommen, Ihr Büro hätte sich mit den in der Studie behandelten Aufgaben zu befassen, wie groß wäre die Wahrscheinlichkeit, daß Sie die Ergebnisse der Studie nutzen würden?", und: „Konzentrieren Sie sich für einen Moment nur auf die Ergebnisse der Studie und lassen Sie externe Restriktionen beiseite, in welchem Umfang enthält dann die Studie *Ideen oder Informationen*, die die Arbeit ihrer Behörde fördern könnten?"

Die Antworten auf die erste Frage gaben uns einen Maßstab für *Nutzungswahrscheinlichkeit*, die Antworten auf die zweite Frage für die *„konzeptionelle" Nützlichkeit* der Forschung.

Wir baten auch jeden Befragten zu schätzen, in welchem Umfang eine ausgewählte Forschungsarbeit die von uns vorgelegten 26 Nutzungseigenschaften aufwies. Einige der Eigenschaften betrafen die Forschung; beurteilt wurden hierbei technische Qualität, die Verwendung statistischer Techniken und die Auswahl wichtig erachteter Ergebnisvariablen. Andere Eigenschaften betrafen das Verhältnis der Forschung zur Politik, wie Umfang der Kritik an Institutionen und Ansichten sowie die Möglichkeit direkter Einwirkungen auf eine Maßnahme und ihrer politischen Akzeptanz.

Die Einschätzung der Forschungscharakteristika und die Beurteilung des Forschungsnutzens dienten uns als Datengrundlage für die Analyse. Dieses Vorgehen erlaubt, ohne die Interviewpartner nach ihren *Meinungen* über Vor- und Nachteile von Forschungsprojekten zu befragen, durch statistische Analyse Beschreibungen der Eigenschaften von Forschungsstudien zu erhalten, die für mehr oder weniger nützlich gehalten werden.

Unser erster Schritt war eine Faktorenanalyse der Forschungscharakteristika. Gleichgültig, ob wir die Angaben der Entscheidungsträger, der Forscher oder der Mitglieder von Beratungsgremien zugrunde legen oder von der Grundgesamtheit ausgehen, ergibt sich ein sehr ähnliches Muster. Wir erhielten vier Faktoren, mit denen die Befragten die Forschungsstudie beschrieben: Forschungsqualität, Übereinstimmung mit den Erwartungen des Benutzers, Handlungsorientierung und Herausforderung des Status quo. Aus sonstigen Angaben während des Interviews wissen wir, daß diese Faktoren auch dann genannt wurden, wenn eher grundsätzlich die wünschenswerte sozialwissenschaftliche Forschung diskutiert wurde, so daß sie nicht nur für die spezifischen Studien gelten, die die Grundlage der Bewertungen bildeten. Sie stellen eine interessante Zusammenfassung der Dimensionen dar, mit denen potentielle Benutzer Forschung beschreiben und evaluieren.

Forschungsqualität (research quality) – Dieser Faktor wird durch zehn Eigenschaften beschrieben. Es handelt sich dabei um Merkmale wie „hohe technische Qualität der Forschung", „objektiv, unverzerrt" und „Erkenntnisse sind intern konsistent und unzweideutig"[12].

Übereinstimmung mit den Erwartungen des Benutzers (conformity) – Die Eigenschaften, die dieser Faktor umfaßt, beschreiben Merkmale wie „unterstützt eine Position, die der Benutzer bereits einnimmt", „konsistent mit dem Bestand des bisherigen Wissens", „mit den Ideen und Werten des potentiellen Nutzers verträglich" und „stimmt mit der Einschätzung des Befragten über die Situation überein". Dieser Faktor vermittelt sehr stark das Gefühl eines: „Genau dies sollte als Ergebnis der Forschung herauskommen." Zwar sind einige politische Zwischentöne nicht zu überhören, dennoch ist dieser Faktor weniger offenkundig politisch gefärbt als wir es erwarten. So lädt z. B. die Kategorie: „Die Konsequenzen der (Forschungs-) Ergebnisse sind politisch akzeptabel" nicht den „Konformitätsfaktor". Dieser Faktor hebt daher eher auf eine Bestätigung der *Ideen des Nutzers* ab und nicht notwendigerweise auf die des politischen Systems. Auch unterscheiden die Befragten sehr wohl zwischen den Erwartungen des Nutzers und der politischen Aufnahmefähigkeit des Systems.

Jeder dieser Faktoren, Forschungsqualität und Übereinstimmung mit den Erwartungen des Benutzers, verbessert die Grundlage für die Glaubwürdigkeit und stärkt damit das Vertrauen in die Forschung. Im ersten Fall beruht das Vertrauen auf dem *Prozeß* der Anknüpfung an den Kanon und die Regeln der Wissenschaft. Im zweiten Fall gilt das Vertrauen den *Ergebnissen* der Forschung und ihrer Übereinstimmung mit der Erfahrung, dem Urteil und dem bisherigen Wissen des Nutzers.

Handlungsorientierung (action orientation) – Die Eigenschaften dieses Faktors beziehen sich auf eine direkte Verbindung zwischen Forschung und einer Entscheidung oder Maßnahme. Sie betreffen Merkmale wie „enthält explizite Empfehlungen", „analysieren die Wirkungen von Faktoren, die von den Entscheidungsträgern beeinflußt werden können", „hat direkte Auswirkungen auf den Handlungsverlauf" und „Ergebnisse können innerhalb bestehender Behördenorganisationen und in laufenden Programmen verwandt werden". Forschung, die in diesem Faktor hoch bewertet wird, besitzt praktische Konsequenzen und ist implementierbar.

Herausforderung des Status quo (challenge) – Die einschlägigen Merkmale hier umfassen Kategorien wie „stellt bisherige Annahmen und institutionelle Einrichtungen in Frage", „eine Umsetzung erfordert größere Veränderungen in der Philosophie, der Organisation und dem Aufgabenbereich" und „bringt neue Probleme auf

12 Die meisten items des Faktors Forschungsqualität kann der Forscher kontrollieren (z. B. Verwendung sensibler statistischer Analysetechniken, Objektivität der Ergebnisse), aber einige sind eher Glückstreffer, besonders die innere Konsistenz der Ergebnisse. Wie elegant der Forschungsplan auch entwickelt wurde, wie sorgfältig die Analyse auch immer durchgeführt wurde, einige Studien erbringen einfach mehrdeutige Ergebnisse: „einerseits ... andererseits".

die Tagesordnung oder bietet neue Perspektiven an". Dieser Faktor deutet auf Veränderungen. Wie der Faktor „Handlungsorientierung" verlangt er angesichts des „bestehenden Problemdrucks" von draußen etwas zu unternehmen, aber im Unterschied zu diesem kennzeichnet er die Einsicht in den Bedarf nach einem umfassenderen und grundlegenderen Wandel. Das Merkmal „politische Akzeptanz der Ergebnisse" lädt diesen Faktor negativ. Forschung, die hier hoch bewertet wurde, würde, implementiert, politische und institutionelle Einrichtungen verunsichern.

Eine kritische Perspektive *(challenge)* und Konformität sollten nicht als entgegengesetzte Enden eines Kontinuums betrachtet werden. Die Daten zeigen, daß beide Faktoren im wesentlichen nicht miteinander korrelieren. Das weist darauf hin, daß eine kritische Forschung mit hoher Wahrscheinlichkeit den Erfahrungen und den Erwartungen der Befragten entspricht, zumindest genauso häufig, wie sie diese verletzt. Zwar mögen die Ergebnisse der Forschung eine Herausforderung für die Annahmen und die Praxis einer gegenwärtigen Politik und Verwaltung sein, aber sie widersprechen damit nicht zwangsläufig den Ansichten der Befragten. Vielmehr haben sie diese wirksam von denen des politischen und administrativen Systems getrennt. Ihre Antworten lassen vermuten, daß ihre Ansichten in einem gewissen Grade außerhalb des Systems diesem voraus sind.

In welchem Verhältnis stehen nun die Faktoren zu den Einschätzungen über den Nutzen einer Forschungsstudie? Um diese Frage zu beantworten, bezogen wir in einer multiplen Regressionsanalyse die Urteile über den Nutzen der Forschungsergebnisse auf die oben genannten Faktoren. Betrachtet man zuerst allein die Antworten der Entscheidungsträger, so zeigt sich zunächst einmal, daß die Forschungseigenschaften selbst wichtige Determinanten der Nützlichkeit sind. Je nach dem zur Messung der Nützlichkeit verwandten Indikator, erklärten diese Faktoren bereits 23 % bis 42 % der gesamten Varianz in der Forschungsnutzung. Die Eigenschaften einer Forschungsstudie haben demnach für eine Beurteilung ihrer Nützlichkeit einen entscheidenden Einfluß. Im Falle der Entscheidungsträger erklären die Faktoren 38 % der Varianz bezuglich der konzeptionellen Nutzlichkeit einer Studie und 42 % der Varianz in bezug auf die Wahrscheinlichkeit, mit der ein Ergebnis auch genutzt werden wird.

Zweitens üben alle Faktoren einen *positiven* Einfluß auf die Nützlichkeit aus. Wie schon erwähnt, bestärken Forschungsqualität und Konformität mit den Erwartungen des Nutzers das Vertrauen *(trust)* in die Forschung; die beiden anderen Faktoren geben Orientierungshilfe *(direction)*. Forschungen, die hohe Werte im Faktor „Handlungsorientierung" oder „Kritik des Status quo" erzielen, geben dem Nutzer einen Hinweis darauf, was zu tun ist. Die Eigenschaften des Faktors Handlungsorientierung zeigen den Weg zu direkten und machbaren Maßnahmen, die die Entscheidungsträger ergreifen können. „Handlungsorientierung" ist in gewissem Sinne der problemlösende Faktor. Der Faktor „Kritik (Herausforderung) des Status quo" bietet innovative Wege, über strittige Probleme nachzudenken und Aufgaben und mögliche Antworten zu identifizieren. Neben diesen vier Faktoren beeinflußt auch die *Relevanz* einer Studie für die Arbeit des Entscheidungsträgers ihre Nützlichkeit.

Diese einleuchtende Anforderung an eine Studie wird auch durch unsere Daten bestätigt. Forschung, die Fragen, mit denen der Entscheidungsträger sich zu befassen hat, direkt behandelt, ist für ihn von größerer Nützlichkeit.

Das erstaunlichste Ergebnis ist das, daß der Faktor „Kritik (Herausforderung) des Status quo" bei allen Nützlichkeitsmessungen positiv reagiert. Wenn Entscheidungsträger die *Wahrscheinlichkeit* diskutieren, mit der sie selbst oder andere Entscheidungsträger Forschung bei der Behandlung eines strittigen Problems beachten, so wird der Faktor „Herausforderung" als ein positiver Input von Forschung betrachtet. Zwar sind einige andere Faktoren wichtiger, was die Wahrscheinlichkeit einer Nutzung angeht, aber der Faktor „Herausforderung" spielt eindeutig eine wichtige Rolle bei der Nutzung standardisierter Regressionskoeffizienten für eine wahrscheinliche Nutzung der Studie im eigenen Büro, ß = 0.19; für wahrscheinliche Nutzung durch den geeigneten Nutzer, ß = 0.18. Noch nützlicher wird dieser Faktor, wenn wir die Nützlichkeit von Ideen und Informationen, die *konzeptionelle Nützlichkeit* der Forschung, mit in die Analyse einbeziehen. Tatsächlich zeigt die Analyse der Berichte der Entscheidungsträger, daß der Herausforderungsfaktor im großen und ganzen der wichtigste einzelne Faktor ist, der Entscheidungsträger zu einer Einstufung von Forschung als nützlich veranlaßt[13].

Eine unserer Fragen lautete, welche möglichen *Arten von Nutzung* es für die vorgelegten Studien gäbe. Die Antworten deuteten darauf hin, daß Forschung, die einen hohen Wert beim Faktor „Herausforderung des Status quo" besitzt, besonders für solche Zwecke als nützlich erachtet wird, die darauf zielt, Denkschemata in wichtigen Problemfeldern zu verändern oder die Aufmerksamkeit von staatlichen Entscheidungsträgern auf vernachlässigte Politikprobleme zu lenken oder die Anstöße zu einer Neuformulierung von Politik und Programmen zu liefern. Für den Zweck einer derartigen Nutzung ist eine kritische – Bestehendes in Frage stellende – Funktion der Forschung sehr viel wichtiger als irgendeine andere Forschungseigenschaft. (Standardisierte Regressionskoeffizienten reichen in diesem Fall von 0.34 bis 0.40.)

Obgleich unsere Untersuchung an einem sehr speziellen Gegenstand die Wirkung gezielt ausgewählter Forschungsprojekte untersuchte, stellt sie doch einen wichtigen Beitrag in der Erforschung des Wissenstransfers dar, vor allem durch die Analyse nichtgelenkter informeller Prozesse des Einfilterns von Forschung in den politischen Prozeß. Die Beurteilungen unserer Interviewpartner unterstreichen die Bedeutung einer kritischen Forschung, die bestehende Vorstellungen und Ordnungen in Frage stellt, die weitreichende Veränderungen in Philosophie, Organisation oder Aufgaben fordert und die neue Problemfelder und Perspektiven aufzeigt. Diese positive Einschätzung kritischer Forschung gilt selbst dann, wenn diese Erkenntnisse Maßnahmen erforderlich machen, die innerhalb des bestehenden politischen Systems gegen-

13 Sprechen die Befragten über Nutzung von Ideen und Informationen aus Forschungen für sich selbst, so erachten sie den Faktor Forschungsqualität für den wichtigsten Faktor (ß = .24), „Herausforderung" nimmt den zweiten Platz ein (ß = .22). Sprechen sie über die Nutzung durch Personen, die sie als die geeignetsten Nutzer für die vorgelegte Forschung einstufen, so steht der Faktor Herausforderung an erster Stelle (ß = .32).

wärtig nicht annehmbar sind. Diese Forschung beeinflußt natürlich nicht die aktuellen täglichen Entscheidungen, und doch behaupten die Entscheidungsträger von ihr, daß sie nützlich ist – und sie wahrscheinlich auch genutzt wird. Diese unerwarteten Ergebnisse lassen ziemlich schlüssig vermuten, daß Entscheidungsträger Aufklärung häufig als eine Form der Nutzung von Forschung betrachten. Sie unterscheiden zwischen Informationen und Empfehlungen, die helfen können, Probleme zu lösen, und Forschung, die neue Wege des Wahrnehmens, Denkens und Entwurfs im Entscheidungsfeld aufzeigt.

Die Entscheidungsträger werten jedoch problemlösende Studien nicht ab. Die Beurteilungen unserer Interviewpartner weisen auf die Aufnahmebereitschaft für problemorientierte Forschungen hin, deren Charakteristika im Faktor Handlungsorientierung zusammengefaßt wurden: Forschungen, die sich mit manipulierbaren, von den Entscheidungsträgern beeinflußbaren Variablen beschäftigen; Forschungen, die unmittelbare Konsequenzen für Handlungen implizieren, die Ergebnisse, die von den bestehenden Behörden und für laufende Programme genutzt werden können, aufweisen; Forschungen, die explizite Empfehlungen enthalten. Die Bedeutung dieser Charakteristika zeigt sich deutlich in unseren Daten. (Standardisierte Regressionskoeffizienten reichen von 0.16 bis 0.34 bei verschiedenen Maßstäben für die Nützlichkeit. Das Beta von 0.34 entstand in der Regressionsgeraden für die Nützlichkeit der Forschung zur Verbesserung bestehender Programme.)

Größeres Gewicht aber legen die politischen Entscheidungsträger auf Forschung mit innovativen Implikationen. Entscheidungsträger auf Bundes-, Staats- und lokaler Ebene im psychiatrischen Bereich bekunden ihre Bereitschaft, Forschungsergebnisse zu berücksichtigen, die in Richtung eines größeren Wandels abzielen. Sie unterscheiden zwischen Forschungen, die innerhalb des politischen Entscheidungssystems akzeptiert werden, und Forschungen, die sie selbst zur Kenntnis nehmen und unterstützen. Ihre Antworten zeigen, daß eine kritische herausfordernde Forschung – eine Forschung, die die Dinge aufrüttelt – willkommen ist, selbst wenn sie derzeit noch nicht politisch durchsetzbar ist[14].

3. Zusammenfassung: Das Aufklärungsmodell der Forschung

Einer der Gründe, der für die Vernachlässigung sozialwissenschaftlicher Forschung durch die Entscheidungsträger verantwortlich gemacht wird, ist der, daß zwischen Sozialwissenschaftlern, die Forschung betreiben, und Politikern, von denen erwartet wird, daß sie die Forschung nutzen, häufig grundlegende Meinungsverschiedenheiten über Werte bestehen. Ein Werte-Dissens, so heißt es, schließt Nutzung aus. Im Problemlösungs- oder sozialtechnokratischen Modell *(engineering model)* der Forschungsnutzung wird vom sozialwissenschaftlichen Forscher erwartet, daß er mit dem Wertesystem der Politiker arbeitet. Für praktische Zwecke bedeutet dies, daß

14 Hinsichtlich weiterer Details s. C. H. Weiss/M. J. Bucuvalas, The Challenge of Social Research to Decision-Making, in: Weiss (Hrsg.), *Using Social Research*, S. 213–233.

die Forscher verpflichtet sind, von den Bestimmungen und Definitionen der Politiker auszugehen – dem Problem, den Zielen und den alternativen Mitteln, die zur Verfügung stehen, um das Ziel zu erreichen. Wenn der Sozialwissenschaftler die Definition des Problems zu ändern oder den Umfang der Optionen zu erweitern wünscht, so hat er die Einwilligung des Politikers für die neue Formulierung zu erlangen, bevor seine Forschung beginnt. In dem Maße, in dem er von den Zielen und Annahmen der Politiker abweicht, wird seine Forschung irrelevant für die „reale Welt" und unbeachtet bleiben.

Die konventionelle Weisheit besagt: Der Sozialforscher, der wünscht, daß seine Arbeit in die politische Arena gelangt, sollte mit einem wichtigen Teil der politischen Akteure Konsens über die grundlegende Wertorientierung seiner Arbeit herstellen. Um die maximale Nützlichkeit seiner Forschungen zu erreichen, sollte der Forscher die grundsätzlichen Ziele, Prioritäten und politischen Beschränkungen der Schlüsselgruppe der Entscheidungsträger akzeptieren. Er sollte für Machbarkeitsprobleme sensibel sein und bei Politikalternativen den engen Rahmen niedriger Kosten und möglichst geringer Veränderungen beachten.

Das Aufklärungsmodell der Forschungsnutzung macht keine derartigen Annahmen. Es betrachtet Wertkonsens nicht als Vorbedingung einer nützlichen Forschung. Es sieht in der sozialen Kritik eine Rolle der Forschung. Es ermöglicht der Forschung, mit unterschiedlichen theoretischen Prämissen zu arbeiten. Es impliziert, daß Forschung nicht notwendigerweise in einem engen Zusammenhang mit den derzeit bestehenden Machbarkeitsvorstellungen stehen muß, sondern daß Forschung die *intellektuelle* Grundlage für Konzeption, Orientierungen und empirisch begründete Generalisierungen bildet, die die Politik informiert. In dem Umfang, wie neue Konzepte und Daten entstehen, kann es sein, daß ihre allmähliche kumulative Wirkung die Konventionen der Politiker verändert und die Ziele und Prioritäten der praktischen politischen Welt neu zuordnet.

Unsere Studie stützt etwas das Aufklärungsmodell der Forschungsnutzung. Sie zeigt, daß Entscheidungsträger Forschungen begrüßen, die kontrovers sind, die eine kritische Herausforderung darstellen und die sie veranlassen könnten, bequeme Annahmen zu überdenken.

Für politikorientierte Forscher ist es wichtig, dies zu wissen. Für Politikanalytiker außerhalb der Regierung bedeuten diese Ergebnisse eine Bestätigung des Spruchs „Denke großzügig" („think big"), ein Plädoyer für ein breiteres Spektrum bei der Wahl politischer Optionen. Für Analytiker innerhalb der Regierung ist dieses Ergebnis bescheidener. Ein „Aufklärer" zu sein, ist wahrscheinlich nur in höheren Etagen der Bürokratie möglich[15]. In der Mehrzahl der analytisch orientierten Referate und Ämter wird unter einem derartig starken Zeitdruck gearbeitet, bestehen derartig hartnäckige Anforderungen durch Klienten und besteht ein nur begrenzter Zugang zu Informationen, so daß die Gelegenheiten für weitausgreifende Analysen

15 Siehe hierzu J. L. Falkson, Minor Skirmish in a Monumental Struggle: HEW's Analysis of Mental Health Services, in: *Policy Analysis*, 2/1976, S. 93–119.

beschränkt sind[16]. Dennoch ist es hilfreich zu wissen, daß „kritische", „herausfordernde" Analysen erwünscht sind und gebührend geschätzt werden. Wenn sich Beamte aus dem Gesundheitsbereich nicht völlig von anderen unterscheiden, so kann man aus der Studie schlußfolgern, daß es auf jeder Verwaltungsebene Beamte gibt, die einer erweiterten Problemsicht und alternativen Sichtweisen aufgeschlossen gegenüberstehen.

Bibliographie

Baumann, L. J./C. H. Weiss, *The Acceptance of Social Research by Decision-Makers: A Comparison of Decision-Makers' and Researchers' Views,* Arbeitspapier, vorgelegt auf der 31. Jahresversammlung der American Association for Public Opinion Research in Asheville, N. C., am 14. Mai 1976.

Boekmann, M. E., Policy Impacts of the New Jersey Income Maintenance Experiment, in: *Policy Sciences,* 7/1976, S. 53–76.

Caplan, N., Science Is Seldom Put to Good Use by U.S. Officials, in: *IRS Newsletter,* 2/Frühjahr 1974, S. 2.

Caplan, N., A Minimal Set of Conditions Necessary for the Utilization of Social Science Knowledge in Policy Formulations at the National Level, in: C. H. Weiss (Hrsg.), *Using Social Research in Public Policy-Making,* Lexington/Mass. 1977, S. 183–197.

Caplan, N./A. Morrison/R. J. Stambaugh, *The Use of Social Science Knowledge in Policy Decisions at the National Level,* Ann Arbor/Mich. (Institute for Social Research), 1975.

Deitchman, S., *The Best-Laid Schemes: A Tale of Social Research and Bureaucracy,* Cambridge/Mass. 1976.

Demerath, N. J. III/O. Larsen/K. F. Schuessler (Hrsg.), *Social Policy and Sociology,* New York 1975.

Falkson, J. L., Minor Skirmish in a Monumental Struggle: HEW's Analysis of Mental Health Services, in: *Policy Analysis,* 2/1976, S. 93–119.

Goodwin, L., *Can Social Science Help Resolve National Problems?,* New York 1975.

Gusfield, J. R., The (F)Utility of Knowledge?: The Relation of Social Science to Public Policy towards Drugs, in: *The Annuals of the Academy of Political and Social Science,* 417/1975, S. 1–15.

Horowitz, I. L. (Hrsg.), *The Use and Abuse of Social Science,* New Brunswick 1971.

Janowitz, M., Sociological Models and Social Policy, in: *Political Conflict: Essays in Political Sociology,* Chicago 1970, S. 243–259.

Knorr, K., Policy-Makers' Use of Social Science Knowledge: Symbolic or Instrumental?, in: C. H. Weiss (Hrsg.), *Using Social Research in Public Policy-Making,* Lexington/Mass. 1977, S. 183–197.

Komarovsky, M. (Hrsg.), *Sociology and Public Policy: The Case of Presidential Commissions,* New York 1975.

Larsen, O. N., The Commission on Obscenity and Pornography: Form, Function and Failure, in: M. Komarovsky (Hrsg.), *Sociology and Public Policy: The Case of Presidential Commissions,* New York 1975, S. 9–41.

Lynn, L. E. jr. (Hrsg.), *Knowledge and Policy: The Uncertain Connection,* Washington D. C. 1978.

Meltsner, A. J., Bureaucratic Policy Analysts, in: *Policy Analysis,* 1/1975, S. 116.

National Science Foundation, *Knowledge into Action: Improving the Nation's Use of the Social Sciences,* Washington D. C. 1968.

National Science Foundation, *Federal Funds for Research, Development and Other Specific Activities. Fiscal Years 1974, 1975 and 1976,* Bd. 24, Washington D. C. 1975.

Orlans, H., *Contracting for Knowledge,* San Francisco 1973.

16 Vgl. Meltsner, Bureaucratic Policy Analysts (Anm. 1), S. 130 f.

Pettigrew, Th. F., Sociological Consulting in Race Relations, in: *American Sociologist*, 6/Juni 1971, S. 44–47.

U.S. Congress, House, Committee on Government Operations, *Research and Technical Programs Subcommittee, The Use of Social Research in Federal Domestic Programs*, 4 Bde., 90th Cong., 1st Sess., 1967.

Weiss, C. H. (Hrsg.), *Using Social Research in Public Policy-Making*, Lexington/Mass. 1977.

Weiss, C. H./M. J. Bucuvalas, The Challenge of Social Research to Decision-Making, in: C. H. Weiss (Hrsg.), *Using Social Research in Public Policy-Making*, Lexington/Mass. 1977, S. 213–233.

Weiss, C. H., Improving the Linkage between Social Research and Public Policy, in: L. E. Lynn jr. (Hrsg.), *Knowledge and Policy: The Uncertain Connection*, Washington D. C. 1978.

White, B. F., The Atlanta Project: How One Large School System Responded to Performance Information, in: *Policy Analysis*, 1/1975, S. 659–692.

Robert F. Rich
Carnegie Mellon University, Pittsburgh, Pa.

Zur Umsetzung von Forschung in politisches Handeln. Wie kann Evaluierung der Politik nützen?

I. Einleitung

Expertenwissen wurde in der ganzen neueren Geschichte des Westens als die Grundlage von *Macht* und *Legitimität* bürokratischer Organisationen betrachtet. Die fachliche „Expertise" entstammt den technischen Fähigkeiten, die Individuen durch formale Ausbildung und Erziehung erwerben, aber auch aus den Informationen/Daten, die der einzelne (öffentliche Bedienstete) in Verbindung mit seinen dienstlichen Pflichten erhält bzw. produziert. Bürokraten können als Experten betrachtet werden, die mit einer seltenen Ware handeln: Wissen[1]. Max Weber setzte bürokratische Fachkenntnisse gleich „Wissen", soweit sie die „Interessensphäre", das Handlungsfeld einer Organisation betreffen. Der Besitz dieser Fachkenntnis diente als die Basis bürokratischer Macht; es wurde angenommen, daß Bürokraten größere *materielle* und *technische* Fachkenntnis haben als andere Regierungsvertreter. Von daher wurde die Bürokratie als eine anderen Einheiten überlegene Organisationseinheit betrachtet. Die bürokratische Organisation ist im Besitz eines „komparativen Vorteils": Sie verfügt über Wissen.

Entsprechend organisationstheoretischen Vorstellungen soll dieses fachliche Wissen vor allem der offiziellen politischen Regierung und ihren Entscheidungen dienen. Die Politiker sollen von dem ihnen durch die Bürokratie zur Verfügung stehenden Wissen profitieren. Die hohe Einschätzung von Wissen für die Vorbereitung von Politikentscheidungen geht in den Vereinigten Staaten auf das Werk von James Madison zurück. Madison erklärt, daß der Idealzustand dann erreicht sei, wenn „Wissen auf immer über Unwissenheit regieren wird; und ein Volk, das sich selbst regieren will, muß sich mit der Macht bewaffnen, die durch Wissen verliehen wird". Madison's Aussage geht implizit davon aus, daß die Bürokraten bei der Verarbeitung von Information hauptsächlich damit beschäftigt seien, zwischen relevanter und irrelevanter Information zu unterscheiden und somit helfen, die allgemeine Qualität der Entscheidungsfindung zu verbessern[2].

1 Vgl. u.a. G. Beneviste, *Bureaucracy*, San Francisco 1977.
2 Siehe hierzu auch E. Morss/R.F. Rich, *Government Information Management*, Boulder 1979.

Diese (theoretische) Beschreibung der Verwendung bürokratischer Fachkenntnisse entspricht der traditionellen Sicht von öffentlicher Verwaltung, wie sie zuerst von Max Weber entwickelt wurde: Politik und Verwaltung seien voneinander getrennt. Die Rolle des Verwaltungsbeamten/Experten bestehe darin, sich von den Zielsetzungen der politischen Führer lenken zu lassen. Der Verwaltungsbeamte und deshalb auch die staatlichen (Regierungs-)Organisationen sollten eigentlich keine eigenen „Ziele" oder „Interessen" haben.

Diese theoretische Konstruktion spiegelt jedoch nicht, wie die Geschichte gezeigt hat, die Realität in modernen Industriestaaten wider. Behörden entwickeln ihre eigenen „organisationellen Interessen", unabhängig von denen der politischen Führer bzw. leitenden Beamten. In den meisten Ländern entwickeln die Bürokratien eine Ideologie, die die eigene Autonomie betont[3]. Die überwiegende Beschäftigung einer Bürokratie mit der Erhaltung und Erweiterung der „Organisationsinteressen" muß nicht notwendigerweise mit der Anwendung von Wissen/Fachkenntnis entsprechend dem Konzept von Madison übereinstimmen.

Die bürokratischen Strukturen in den Vereinigten Staaten haben sich in Wirklichkeit von diesem Ideal entfernt.

> ... aber die Vorgänge arbeiteten gegen das Ideal. In dem Maße, wie die Gesellschaft komplexer wurde, gewann die Regierung mehr Macht. Der Instinkt der Bürokratie, wie Max Weber aufgezeigt hat, ist es, „die Überlegenheit der professionell Informierten zu verstärken, indem sie ihr Wissen und ihre Absichten geheim halten". Das Konzept des „offiziellen Geheimnisses" war „die spezifische Erfindung der Bürokratie", und die Beamten verteidigten nichts so nachdrücklich wie ihre Geheimnisse. Die Berührung mit außenpolitischen Fragen verstärkte diese Sucht[4].

Auf diese Weise wurde das Ideal vom Wissen, das über das Unwissen herrscht (Aufklärung), ersetzt durch Wissen als ein Instrument, mit dem bürokratische Macht gewonnen und erhalten werden kann.

Die Machtstellung der Bürokratie hängt vom Vertrauen von anderen (Individuen in Organisationen), von ihren „Fachkenntnissen", ihrem „Wissen" ab. Daraus ergibt sich, daß in dem *Monopol* über die Kontrolle und den Besitz von Information der Schlüssel für die Sicherheit der bürokratischen Behörde liegt. Von diesem Blickwinkel aus betrachtet, wird Information/Wissen zu einer politischen Ressource. Das haben Warren Ilchman und Norman Uphoff[5] betont:

> „... die Wichtigkeit von Geheimnissen in Politik und Regierung wird offensichtlich, wenn wir lernen, Information als eine Ressource zu verstehen. Der Wert einer bestimmten Information wird wesentlich davon bestimmt, ob der Besitzer dieser Information darüber ein Monopol hat oder nicht. Sobald gewisse Informationen weitergegeben werden, verringert sich für deren ursprünglichen Besitzer die Kontrolle über ihren Gebrauch mit hoher Geschwindigkeit. Deshalb werden Geheimnisse nur solchen Personen mitgeteilt, denen der ursprüngliche Besitzer effektive Sanktionen auferlegen kann. Die Angst vor solchen Sanktionen verringert die Wahrscheinlichkeit einer Weiterverbreitung. Je größer jedoch die Verbreitung von Information ist, desto leichter kann sie erworben werden. Der Monopoleigner einer bestimmten Information kann um einen

3 Vgl. S.N. Eisenstadt, *The Political System of Empire*, New York 1969.
4 Vgl. A. Schlesinger, *The Imperial Presidency*, Boston 1973.
5 Vgl. W. Ilchman/Th. Uphoff, *The Political Economy of Change*, Berkeley 1971.

Preis feilschen, der annähernd dem vollen Wert dieser Information für den Käufer entspricht; doch wenn viele Leute die gleiche Information haben, wird jeder begierig nehmen, was er bekommen kann, bevor jemand anders das gleiche tut. Der gezahlte Preis muß jedoch über das hinaus gehen, was der Verkäufer der Information von seiten des ursprünglichen Besitzers an Sanktionen zu erwarten hat."

Die Tendenz, Monopole zu schaffen, ist ein natürlicher Ausfluß der Bemühungen, Dinge geheim zu halten, aber auch der Furcht, daß andere Informationen anwenden könnten, wenn sie daran teilhaben dürften.

I.1. Traditionelles Informationsmanagement: Abschirmung und Zurückweisung verwaltungsexterner Informationsquellen

Die Tendenz zu einer monopolistischen Kontrolle über den Erwerb und die Anwendung von Information entspricht dem Verhalten der Bürokraten, sich auf ihre eigene Sachkenntnis zu verlassen und counter-intuitive Informationen sowie Informationen, die von verwaltungsexternen Quellen kommen (extern im Sinne der betreffenden Organisation), zurückzuweisen.

Im allgemeinen werden Bürokraten und Entscheidungsträger je nach ihrer Fachkenntnis und ihrem Wissen in einem bestimmten Bereich eingestellt. Ihre Glaubwürdigkeit, ihr Prestige und ihre Legitimität hängen in starkem Maße von dem Vertrauen ab, das andere in ihr Wissen setzen. Viele Entscheidungsträger sind nur zögernd bereit, Informationen außerhalb ihrer eigenen Behörde – oder auch nur in einer anderen Abteilung innerhalb der eigenen Behörde – zu sammeln oder in Auftrag zu geben. Einzelne Entscheidungsträger bevorzugen traditionelle Informationskanäle, die ihnen vertraut sind und deren Wert sie einschätzen können. Behörden oder eine Person, mit denen sie wenig oder keine Erfahrung haben und bei denen dem Entscheidungsträger die Grundlage fehlt, die Zuverlässigkeit der so erworbenen Information zu beurteilen, werden nicht beauftragt. Die Mehrzahl aller Beamten ist auch überzeugt davon, daß die konventionellen politischen Kanäle ausreichen, um die erwünschten oder politisch für erforderlich gehaltenen Informationen hervorzubringen[6].

In manchen Fällen werden neue Informationsquellen einfach zurückgewiesen. Wie Anthony Downs[7] hervorhebt, befinden sich Entscheidungsträger unter dem Druck, die Anzahl der von ihnen benutzten Datenquellen zu verringern. Wenn bereits eine Investition für den Erwerb von Information gemacht und ein Informationskanal eröffnet worden ist, wird es als „billiger" betrachtet, diesen weiter zu benutzen, anstatt in neue Kanäle zu investieren[8].

Es ist also offensichtlich so, daß sich Beamte der Fachkenntnis anderer beugen und erwarten, daß sie in ihrem Spezialgebiet ebenfalls als Autorität anerkannt werden. „Wenn man die Fachkenntnis eines anderen Karrierebeamten anzweifelt, setzt

6 Vgl. I. Horowitz, *The Use and Abuse of Social Sciences*, New York 1971.
7 Vgl. A. Downs, *Economic Theory of Democracy*, New York 1957 (dt. bei Mohr).
8 Vgl. K.J. Arrow, *The Limits of Organization*, New York 1974.

man sich der Gefahr von Vergeltung aus". Daher zögert die Mehrzahl aller Bürokraten, die erklärten Ansichten anderer außerhalb ihres eigenen materiellen Zuständigkeitsbereiches anzugreifen.

Diese erste Diskussion der Verquickung organisationsbedingter Interessen und von Forschungsnutzung gibt ein ziemlich deutliches Bild von der Rolle, die Wissen/Fachkenntnis in der täglichen Durchführung des bürokratischen Ablaufs spielt:

1. Wissen ist eine wesentliche Grundlage für die Macht und das Prestige in einer bürokratischen Organisation;
2. Bürokraten versuchen, über Wissen Rang und Position einer Bürokratie zu stärken;
3. der Wunsch, die organisationellen Interessen zu schützen, drückt sich in der Tendenz aus, Informationen zu horten. Auch werden Informationen und Daten nicht zwischen den Behörden geteilt, in vielen Fällen nicht einmal zwischen den organisationellen Einheiten innerhalb derselben Behörde. Eine neuere empirische Untersuchung hat nachgewiesen, daß die Mitteilung von Informationen zwischen den Ämtern oder Abteilungen innerhalb derselben Behörde sogar Widerstände hervorruft[9];
4. gleichzeitig ist die Tendenz vorhanden, keine neuen Informationen zu sammeln, sondern sich weiter auf Informationen und Informationskanäle zu stützen, die innerhalb der Organisation bereits benutzt wurden. Die Beiziehung externer Informationsquellen wird meist eher argwöhnisch betrachtet;
5. während es natürlich richtig ist, daß Experten das Recht haben, die für das zu untersuchende Problem relevanten Informationen zu sammeln, bedeutet dieses „Recht" nicht, daß Verwaltungsangehörige *freiwillig* Informationen mitteilen[10], zumal Informationen oft sogar unter und zwischen Regierungsbeamten nicht geteilt werden.

I.2. Ein alternatives Modell: der moderne Politikanalytiker

Das beschriebene Modell der Beziehung zwischen Wissen, fachlichen Kenntnissen und bürokratischer Macht ist zeitgebunden; es entstammt einer Zeit, in der die Ausbildung und das offizielle Laufbahnsystem für den Regierungsdienst Individuen hervorbringen konnten, die ein gründliches Wissen in bestimmten materiellen Bereichen besaßen. Zusätzlich verfügten sie über die technischen Fähigkeiten, um an der „Spitze ihres Feldes" zu bleiben. Das Schwergewicht in der Ausbildung für den öffentlichen Dienst lag also auf der Vermittlung materiellen Fachwissens.

Heute nimmt die materielle Fachausbildung eine sehr viel geringere Stelle ein. Es ist nicht mehr realistisch, von den Ausgebildeten ein gründliches Wissen in einem materiellen Bereich zu erwarten – die Ausbildung für den öffentlichen Dienst spie-

9 Vgl. R.F. Rich, *The Use of Social Science Information and Public Policy Making*, San Francisco 1979.

10 Vgl. Beneviste, *Bureaucracy* (Anm. 1).

gelt diese Realität wider: *Methoden* und *Instrumente* der Analyse werden ebenso betont wie eine gründliche Ausbildung in den Techniken zur Erlangung von Wissen, um mit der jährlich wachsenden Menge von materieller Information und Daten Schritt halten zu können. Die Fachschulen für die öffentliche Verwaltung und Politik hoffen nun, *Analytiker* hervorzubringen, die den Wert einer Politikanalyse einschätzen, gleichzeitig die Notwendigkeiten für eine Nutzung externer und aktueller Informationsquellen beurteilen können sowie mit den Analysetechniken und -instrumenten, wie sie von den meisten Politikforschern angewandt werden, vertraut sind, die die realen Formen wissenschaftlicher Kommunikation kennen: Forscher und Wissenschaftler halten sich über die neuen Entwicklungen auf dem laufenden, indem sie Teil einer „unsichtbaren Schule" von Kollegen sind. Wenn sie einem Problem gegenüberstehen, nehmen sie Kontakt zu dem Kollegen auf, der ihnen die aktuellste Information geben oder zumindest diejenige Person nennen kann, die diese besitzt. Durch eine Folge von Telefonanrufen also, den Austausch von Briefen und/oder die Teilnahme an professionellen Veranstaltungen ist der Einzelne innerhalb eines bestimmten Netzwerkes über die „neuesten Entwicklungen" informiert.

Man scheint daraus folgern zu können, daß diese Personen in der Tradition von Madison's Ideal sozialisiert worden sind: „... Menschen, die sich selbst regieren wollen, müssen sich mit der Macht des Wissens bewaffnen ...". Wissen wird zum Instrument, das den jungen Karrierebeamten bei der Analyse von Entscheidungsmöglichkeiten und Politikproblemen Orientierungshilfe und Unterstützung gibt.

I.3. Das Dilemma des Politikanalytikers

Wenn diese Politikanalytiker ihre erste Stelle antreten, so stehen sie meist mehreren Schwierigkeiten und Alternativen gegenüber:

1. Sollen sie sich loyal verhalten gegenüber den organisationellen Interessen, die am stärksten von denen vertreten werden, die einer anderen Generation angehören, nach einem anderen Programm ausgebildet wurden? Oder sollen sie sich gegenüber den Werten der „wirklichen Analytiker" loyal verhalten?
2. Sollen sie externen Informationsquellen mißtrauen, nur weil das als traditionelles Verhalten im „besten Interesse" der Organisation gilt?
3. Sollen sie ebensowenig bereit sein, Information über organisationelle Grenzen hinaus zu geben wie ihre Vorgesetzten und älteren Kollegen? Oder sollen die Analyseinstrumente ihr professionelles Verhalten bestimmen?

Die hier vorgelegten empirischen Daten weisen darauf hin, daß die modernen Politikanalytiker dieses Dilemma auf eine kreative Art lösen: Ihr formales Verhalten spiegelt traditionelle bürokratische Werte wider, in denen Organisationsinteressen einen Vorrang besitzen. *Informell* jedoch orientiert sich der Politikanalytiker in der Verwaltung an Werten, die er als Teil seiner professionellen Ausbildung erworben hat; er wendet externe Forschungsergebnisse an und teilt Information auch über organisatorische Grenzen hinweg mit.

Bei dieser Analyse der Rolle, die Wissen und Fachkenntnis innerhalb eines bestimmten Politikbereiches spielen, wird offensichtlich, daß sowohl die traditionellen als auch die modernen Werte nebeneinander zu maximaler Entfaltung gebracht werden. Ein *informelles Netzwerk* von höherrangigen, gutausgebildeten jungen Analytikern tauscht untereinander und mit den besten Forschern des Landes Informationen aus, während sie auf der formalen Ebene den Anschein erwecken, nach den traditionellen Praktiken zu verfahren. So ist beispielsweise dem Text eines Memorandums nicht zu entnehmen, daß es auf externen Informationen beruht, eine Tatsache, die durch Interviews mit höherrangigen Beamten bestätigt wurde.

II. Evaluierungsforschung im Verwaltungskontext

In der Evaluierungsforschung ist die Programmevaluierung besonders interessant, weil sich dort gleichfalls – auf eine leicht veränderte Art – das klassische Dilemma des Politikanalytikers stellte: Jeder hat ein implizites Bewertungsmodell, das im Laufe der Zeit erworben wurde. Wir sind alle ständig (von Tag zu Tag) damit beschäftigt, Ideen und/oder Strategien zur Veränderung, die uns vorgeschlagen werden, entweder anzunehmen oder zurückzuweisen. Diese (Bewertungs-)„Modelle" sind oft nur *implizit* vorhanden, sie sind aber der kritische Punkt in einem Entscheidungsprozeß, da sie als Grundlage der Entscheidungsfindung dienen. Die Evaluierungsforschung nun wurde als ein *formales Verfahren* erfahrenen politischen Entscheidungsträgern vorgestellt, mit der Intention, deren „sorgfältig erworbene Einschätzungs- oder Evaluierungsmodelle" durch eine neue (analytische) Untersuchungsform zu ersetzen. Dieses formale Untersuchungsmodell – tief in der akademischen Wissenschaftstradition verwurzelt und von bekannten und respektierten Praktikern legitimiert – wurde zu einem neuen Instrument für den Politikanalytiker. Zahlreiche politische Entscheidungsträger fühlten sich mit diesem neuen Forschungsinstrument nicht sonderlich wohl – es war schwieriger zu handhaben, weniger flexibel (oder vielleicht nicht einmal so valide) wie Intuition oder Erfahrung.

Trotz dieser Vorbehalte ist die Programmevaluierung oder Evaluierungsforschung zu einer *Disziplin* mit einer spezifischen Ausbildung, Zeitschriften, Berufsverbänden und Fortbildungsprogrammen herangereift. Die Bundesregierung der Vereinigten Staaten erkannte Evaluierung als eine eigenständige Disziplin an; innerhalb der Legislative und der Exekutive findet sie weite Verbreitung. Sie wurde legitimiert und implementiert durch gesetzliche Vorschriften und speziell geschaffene Ämter und Abteilungen in den Ministerien (z.B. durch die Einrichtung von Staatssekretären für Politik, Planung und Evaluierung), aber auch im Amt für Management und Haushaltsfragen *(Office of Management and Budget, OMB)* sowie im Rechnungshof *(General Accounting Office, GAO).*

Evaluierung wird sowohl von Akademikern als auch von Praktikern als formaler Teil eines Problemlösungs- bzw. politischen Entscheidungsprozesses betrachtet. In akademischen Kreisen versucht man dafür Sorge zu tragen, daß professionelle Evaluatoren ausgebildet oder doch zumindest den Fachleuten die Grundlagen von

Evaluierung vermittelt werden, damit sie Qualität und Durchführbarkeit der Untersuchungsergebnisse einschätzen können. Diese Fachleute werden von Regierungsbehörden, den großen Forschungsinstituten und einer wachsenden Anzahl profitorientierter Beratungsfirmen eingestellt.

Evaluierung ist schneller gewachsen und schneller anerkannt worden als die meisten traditionellen Fächer. Streng ökonomisch ausgedrückt, übersteigt die Nachfrage nach Evaluierung immer noch das Angebot an verfügbaren, gut ausgebildeten Fachleuten, die die Bedürfnisse der Manager in und außerhalb der Regierung erfüllen können.

Evaluierungsforschung produziert eine bestimmte Art *sozialwissenschaftlicher Informationen*, von denen die politischen Entscheidungsträger erwarten, daß sie sie bei der Problemlösung unterstützen. Eine vom GAO vorgenommene Prüfung der tatsächlichen Nutzung von Sozialforschung durch nationale politische Entscheidungsträger für das Jahr 1977 hat ergeben, daß hohe Erwartungen an die Brauchbarkeit der aus formaler Evaluierungsforschung entstandenen Information gestellt sind. Mehr als 70% der hohen Beamten im Management der Bundesbehörden glaubten, daß Sozialwissenschaft eine wesentliche oder zumindest doch große Wirkung auf die Formulierung nationaler Politik hat[11]. Allerdings erbrachte die GAO-Studie auch, daß 45% der Politiker mit der Übersetzung von Forschungsergebnissen in anwendbare Produkte oder Techniken zur Problemlösung *nicht* zufrieden waren.

Daraufhin wurden Anstrengungen unternommen, um diese Lücke zwischen dem ausdrücklichen *Bedarf* an Evaluierung und dem *Verhalten* der Beamten zu erklären, die diese Information nicht (oder zu wenig – „under-utilise") anwenden. Am ehesten scheint jene Erklärung zuzutreffen, die die Ursache in der Spannung sieht, die zwischen den beiden Problemlösungsansätzen besteht, die zur Zeit in Regierung und Verwaltung angewandt werden – d.h. der Spannung zwischen dem traditionellen Experten-/Beratermodell und dem neuen Modell des Politikanalytikers. In dem Maße, in dem Evaluierungsforschung wächst und reift, werden, um Evaluierungen intensiver für die praktische Politik zu nutzen, mehrere Fragen zu lösen sein:

1. Sind angemessene methodologische Instrumente vorhanden und werden sie auch angewandt?
2. Werden die Ergebnisse von Evaluierungsforschung effektiv in Politikmaßnahmen übersetzt?
3. Was kann getan werden, um Mißbrauch und falsche Anwendung von Evaluierungsdaten zu verringern?
4. Welche ethischen Maßstäbe sollten für Evaluatoren entwickelt werden, und wer soll auf ihre Einhaltung achten?

Diese Problemliste ist keinesfalls erschöpfend. Sie weist jedoch auf die Kernprobleme hin, die zunehmend Aufmerksamkeit verlangen. Im weiteren sollen die angesprochenen Probleme daraufhin untersucht werden, was in der Evaluierung für Politiker, Forscher und Verwaltung auf dem Spiel steht, und in welcher Richtung sich das Feld entwickelt.

11 Vgl. a. E.B. Staats, *Why isn't Policy Research Utilized More by Decision Makers?*, Paper at the Annual Meeting of the Council of Applied Social Research, Annapolis/Maryland 1979.

III. Kernprobleme einer nutzbringenden Evaluierung

III.1. Zum Einsatz der methodologischen Instrumente

Es überrascht nicht, daß einer der Wege, auf denen Evaluierungsforschung sich in akademischen Kreisen relativ schnell Anerkennung erwarb, der war, traditionelle und erfolgreiche wissenschaftliche Methoden im Evaluierungsprozeß zu benutzen. Studenten der Evaluierung lernen als Teil ihrer beruflichen Ausbildung, eine Reihe von komplexen, hochentwickelten Techniken anzuwenden (z.B. Regressionsanalysen, unterbrochene Zeitreihenanalyse, log-lineare Modelle, Pfadanalysen).

In dem Maße, in dem Evaluatoren diese Instrumente unreflektiert anwenden, verkehrt sich der wissenschaftliche Forschungsprozeß. Instrumente werden genutzt, indem (geeignete) Probleme gesucht werden, und es wird weniger gefragt, wie die Probleme zu definieren sind und welche Instrumente am ehesten dem Zweck von Forschung und Analyse gerecht werden. Die Anwendung von Modellen und Techniken, die für andere Probleme (und von anderen Fächern) entwickelt worden sind, kann unter Umständen langanhaltende Schwierigkeiten nach sich ziehen.

Wie Marcia Guttentag in ihrem Statement vor dem Senatsausschuß für „Human Resources" hervorgehoben hat[12], werden dadurch, daß experimentelle Ansätze und Vorgehensweisen der klassischen Statistik auf soziale Programme übertragen werden, einem Programm oft eine Reihe von Annahmen oktroyiert oder es müssen Veränderungen an ihm vorgenommen werden, die den Erfordernissen des Forschungsmodells entsprechen. Die Literatur zur Wissenschaftssoziologie lehrt, daß diese Entwicklung während des Reifungsprozesses eines relativ neuen Feldes nicht atypisch ist.

Evaluierungsforschung, die nicht in erster Linie aus wissenschaftlichen Gründen betrieben wird (z.B. sekundäre statistische Datenanalyse) ist selten imstande, aussagekräftige statistische Modelle zu entwickeln und anzuwenden. Es gibt Benutzer, die wissen wollen, ob ihre Projekte oder Programme „erfolgreich" sind. Sie wollen *verstehen,* was gut funktioniert und was getan werden könnte, um erfolglose oder problematische Teile des Programms zu verbessern. Deshalb erscheint es logisch, daß sich Evaluatoren vor allem mit dem *Verstehen* des zu evaluierenden Programmes wie auch mit dessen *Struktur* und *Umgebung* beschäftigen sollten. Diese Form von „Programmverstehen" kann durch eine mechanische Anwendung klassischer statistischer Techniken auf die Alltagsroutinen und -abläufe eines Programms kaum erreicht werden.

Das klassische statistische Modell beinhaltet ein ziemlich enges Verständnis von *Erfolg,* nämlich als auf eine systematische Weise definiert durch Maßzahlen gemessene Leistung. Befaßt man sich beispielsweise mit der Leistung von Studenten in ausgesuchten Oberschulen in den USA, die einer Minderheitengruppe angehören, würde das klassische Evaluierungsmodell vorschreiben, daß Daten gesammelt wer-

12 Vgl. M. Guttentag, Testimony before the Senate Committee on Human Resources, in: *Evaluation and Change,* Sonderheft 1978, S. 18f.

den über den gesamten Zensurendurchschnitt, die Ränge in der Klasse, das „Placet" nach Beendigung der Schullaufbahn, den Rang in der Oberschule, den Zensurendurchschnitt in der Oberschule und die Ergebnisse in einem (nationalen) Eignungstest. Diese Daten würden dann den Kern der zu untersuchenden Variablen darstellen. Inputs (z.B. Ergebnisse des Eignungstest, Zensurendurchschnitt in der Oberschule) würden dann mit den Outputs korreliert (kumulierter Zensurendurchschnitt im College) und die Outputs daraufhin mit Hilfe einer Regressionsanalyse untersucht werden.

Sehr ähnlich würde eine Analyse der Auswirkungen aussehen, die beispielsweise die Folgen einer Senkung der gesetzlichen Altersgrenze für den Genuß von Alkohol untersucht. Zunächst müßte der passende Output/Leistungswert definiert werden (z.B. Todesfälle in der Altersgruppe 18 bis 21 aufgrund von alkoholbedingten Verkehrsunfällen). Die Daten für diese Zielvariable würden dann im Laufe der Zeit zusammen mit einer Reihe anderer Variablen gesammelt, die mit dem Meßwert für das Ergebnis korreliert werden könnte.

Diese Art von Analyseverfahren ist zweifellos im Laufe der Zeit ziemlich hoch entwickelt worden und sowohl als Wissenschaftler als auch als Praktiker kann man vieles von dieser Art der Analyse lernen. Zum Beispiel gelang es Thomas Cook in seiner Sekundäranalyse von Evaluierungen des Head Start Programmes[13], eine wichtige Erkenntnis über die Wirksamkeit des Fernsehprogramms „Sesamstraße" herauszuarbeiten. Er fand heraus, daß sich durch das Programm der Unterschied im Lernerfolg der Ober- und Unterschichtkinder vergrößere; dies beruhe auf der Tatsache, daß die Oberschichtkinder in ihrer häuslichen Umgebung für das aus dem Fernsehprogramm Erlernte „Verstärkung" erhielten. Dieses Ergebnis widersprach in gewissem Sinne den ursprünglichen Evaluierungsergebnissen über den Erfolg von „Sesamstraße", wonach vor allem der Lernerfolg der Unterschichtkinder signifikant gestiegen sei. Die Ergebnisse von Cook trugen dazu bei, die Programmverantwortlichen dahingehend zu beeinflussen, das Programm auch aus einer ganz anderen Perspektive zu betrachten.

Es ist jedoch ebenso richtig, daß diese Art von Evaluierung *nichts zum Verständnis des Prozesses* beiträgt, der die gemessenen Ergebnisse überhaupt erst erbringt. Allerdings könnte man sich fragen, ob und inwieweit es notwendig ist, die Verfahren und die mit dem Programmablauf verbundenen Prozesse zu verstehen. Die Antwort auf diese Frage lautet zweifellos: ja. Wenn Evaluatoren in der Lage sein sollen, Maßnahmen zur Verbesserung von Programmen vorzuschlagen oder vorzuschreiben, dann müssen sie verstehen, welches die eigentlichen Zielsetzungen eines Programms sind und welche Wege und Mittel benutzt werden, diese Ziele zu erreichen.

In seinem berühmten Artikel „*Reformen als Experimente*" macht D.T. Campbell[14] geltend:

13 Th. Cook, *The Abuse, Misuse, and Premature Utilization of Information*, Vorlage auf einer Konferenz über „Research Utilization", Univ. Pittsburgh, School of Graduate Business, 20.–22. September 1978.

14 D.T. Campbell, Reforms as Experiments, in: *American Psychologist*, 24 Jg., Nr. 4 (April 1969), S. 409–428.

„... Die politische Einstellung sollte sein: das ist ein ernstes Problem. Wir schlagen daher vor, Politik A auf einer experimentellen Basis einzuführen. Wenn nach fünf Jahren keine eindeutige Verbesserung eingetreten ist, werden wir zu Politik B übergehen. Indem deutlich gemacht wird, daß eine bestimmte Maßnahme nur eine von mehreren ist, die der Verwaltungsbeamte ... guten Gewissens vertreten kann ... kann er sich auch eine offene Evaluierung der Ergebnisse leisten. Negative Resultate ... bringen nicht seinen Job in Gefahr, weil es seine Aufgabe ist, sich mit dem Problem so lange zu beschäftigen, bis eine Lösung gefunden ist, die funktioniert."

Nun will man natürlich nicht auf eine mechanische Weise von Politik A zu Politik B überwechseln – d.h. „A hat nicht funktioniert, versuchen wir es mit B". Die Anwendung von Politik B sollte mit der Erkenntnis einhergehen, warum A versagt hat. Man sollte mehr tun als nur feststellen, daß „die Leistungswerte gezeigt haben, daß A keinen Erfolg hatte".

Indem Evaluierungsforschung versucht, *Strukturen, Umgebungen* und *Kontextzusammenhänge* zu verstehen, muß sie noch stärker interdisziplinär arbeiten als bisher. Beispielsweise kann man sehr viel von der Vorgehensweise der Anthropologen und ihren Vorstellungen von einer „Organisations-Ethnologie" lernen. Operation Research-Spezialisten, Systemanalytiker und Management-Informationssystemgestalter haben für ihre Zwecke Techniken entwickelt, die sowohl eine detaillierte und systematische Beschreibung der formalen Struktur einer Organisation als auch des zur Problemlösung angewandten Prozesses (Akteure, Entscheidungskriterien) liefern können.

Die *„entscheidungstheoretische" Evaluierungsmethode*, von Marcia Guttentag entwickelt, ist ein Beispiel für eine neue Methode, die „die *Dynamik* und die *verschiedenen Ebenen* der Entscheidungsfindung in sozialen Dienstleistungsprogrammen erkennt"[15]. Sie stellt eine vereinfachte Form von multi-attribute utility scaling und der Bays'schen Statistik dar. Das Ziel dieser Evaluierungsmethode liegt darin, auf die erklärten Ziele und alternativen Optionen der Entscheidungsträger sensibel zu reagieren.

Die *Evaluierungsgruppe am Urban Institute* vertritt die Ansicht, daß diese Form des detaillierten Verstehens sogar eine notwendige Voraussetzung für eine Programmevaluierung ist: Es „könnte dabei helfen, das Maß von Übereinstimmung festzustellen, zwischen dem, was die Manager und Mitarbeiter des Kongresses innerhalb einer Behörde als Funktionen eines Programms ansehen, und dem, was der Tätigkeit des Programms in der konkreten, normalen Wirklichkeit entspricht"[16].

Zweifellos werden diejenigen Evaluierungsteams am erfolgreichsten sein, die die ganze Breite der Techniken anwenden, die zur Zeit existieren oder gerade entwickelt werden. Traditionellere Techniken erlauben es dem Forscher zumindest in Bezug auf die Ebenen statistischer Signifikanz, den entstandenen Ergebnissen zu vertrauen. Kann der Evaluator jedoch auch die Tätigkeiten des zu evaluierenden Programmes verstehen? Reichen allein „signifikante Ergebnisse" aus?

15 M. Guttentag, Testimony, in: *Evaluation and Change*, Sonderheft 1978.
16 J. Nay et al., Testimony before the Senate Committee on Human Resources, in: *Evaluation and Change*, Sonderheft 1978, S. 12f.

Im folgenden wird untersucht, inwieweit bisherige Evaluierungen den „formativen" Problemlösungsbedürfnissen der Entscheidungsträger entsprechen und inwiefern die Evaluierungsforschung einer von E.S. Quade formulierten Herausforderung gegenübersteht: „Streben Sozialwissenschaftler an, annähernd Recht zu haben oder präzise und eindeutig falsch zu liegen?"

III.2. Wie wirksam werden Evaluierungen in politische Handlungen umgesetzt?

Es wurde bereits angedeutet, daß sich politische Entscheidungsträger gegenüber Ergebnissen von Programmevaluierung durchaus aufnahmebereit zeigen; auf der anderen Seite aber sind sie *nicht* der Auffassung, daß ihnen die bestmögliche Information zur Verfügung gestellt wird und sie glauben auch *nicht*, daß die Evaluatoren ihren Bedürfnissen gegenüber aufgeschlossen sind[17]. Diese empirischen Forschungsergebnisse lassen den vorsichtigen Schluß zu, daß ein Bedarf besteht, wirksame *Wissenstransfermechanismen* zu schaffen, um Evaluierungsinformationen in das politische Handlungsfeld umzusetzen.

Die Forschungsergebnisse helfen uns jedoch nicht zu klären, wer (und wer nicht) sich mit dieser „Umsetzung von Forschungsergebnissen" beschäftigen sollte, welche Formen und Mechanismen der Wissenstransfer annehmen sollte und wer für die „wirksamere Anwendung" von Transfermechanismen verantwortlich sein sollte. Die meisten Wissenstransferprogramme nehmen an, daß, wenn Information *rechtzeitig* erfolgt, *relevant* ist, in der *richtigen Form* vorgetragen wird und auf die Problemperspektive des Entscheidungsträgers hin orientiert ist, die Anwendung (d.h. Umsetzung und Handlung) automatisch folgen wird[18]. Diejenigen, die diese Auffassung vertreten, versuchen vor allem die *wissensspezifischen Charakteristika* von Forschungen zu verändern.

Diejenigen, die dieses Problem aus einer anderen Perspektive betrachten, gestehen zu, daß wissensspezifische Charakteristika (Rechtzeitigkeit, Relevanz, Form) wichtig sind; sie reichen jedoch nicht aus, um eine Nutzung *zwingend* nach sich zu ziehen. Statt dessen sollte man sich beim Wissenstransfer vor allem auch auf *Organisationsgestaltung, bürokratische Strukturen* und *Anreiz/Belohnungssysteme* konzentrieren[19]. Es gibt jedoch nur wenig Beispiele für Projekte oder Programme, die diesem Ansatz entsprechen. So versuchte u.a. Thomas Glennan Jr., Direktor des Evaluierungsbüros von OEO, ein Anreizsystem zu schaffen, das gleichermaßen auf die Bedürfnisse von Forschern und Entscheidungsträgern zugeschnitten war.

17 N. Caplan, *The Use of Program Evaluation by Federal Policy Makers at the National Level,* Vorlage beim NIMH-geförderten Meeting of the Network of Consultants on Knowledge Transfer, New Orleans 1976.

18 Vgl. Rich, *The Use of Social Science Information* (Anm. 9).

19 Vgl. ebd.; ders., Editor's Introduction, in: *American Behavioral Scientist,* Januar/Februar 1979.

III.3. Mißbrauch und falscher Gebrauch von Evaluierungsergebnissen

Wenn man sich mit der Entwicklung wirksamer Maßnahmen beschäftigt, um die Nutzung von Forschungsergebnissen zu intensivieren, ist gleichzeitig festzuhalten, daß die Anwendung von Evaluierungsergebnissen nicht *a priori* wertvoll ist. Möglicherweise werden wirksame Mechanismen zum Wissenstransfer auch deshalb nicht entwickelt, weil man glaubt, daß die Nutzung von Wissen als ein Wert für sich zu betrachten ist. Bekanntlich kann fast jede Forschungsstudie „irgendwie genutzt" werden, „wenn das notwendig werden sollte". Für einen professionellen Evaluator steht daher vor allem die *Qualität* dieser Anwendung im Vordergrund. Cook unterscheidet zwischen einem beabsichtigten und einem unbeabsichtigten Mißbrauch der Ergebnisse von Evaluierungsforschung[20]. Er hat auch das Konzept einer *„verfrühten Nutzung"* von Information entwickelt.

Ein gutes Beispiel für die verfrühte Nutzung von Evaluierungsergebnissen ist der Fall der General Electric-Westinghouse-Studie für das Office for Economic Opportunity (OEO). Wie Williams[21] darstellt, wurde der Entwurf eines Berichtes, der ausschließlich für die interne Beurteilung durch die OEO-Mitarbeiter bestimmt war, dem Weißen Haus übermittelt; diese vorläufigen Ergebnisse wurden dann in einer wichtigen politischen Ansprache von Präsident Nixon benutzt. Daraufhin wurden sie auch in der Öffentlichkeit diskutiert. Als man schließlich den Schlußbericht publizierte, rief er kaum noch Aufmerksamkeit hervor, obwohl er einige der Problembereiche erhellte, die in der Nixon-Rede und der folgenden Diskussion angesprochen worden waren.

Der *unbeabsichtigte falsche Gebrauch* von Ergebnissen kommt häufig vor. Evaluierungen können falsch verstanden oder selektiv zitiert werden. Ebenso können – beispielsweise durch eine Sekundäranalyse – neue Dimensionen entdeckt werden, auf die man zuvor nicht gestoßen war und die zu einem besseren allgemeinen Verständnis eines Programms führen. Es kann auch vorkommen, daß Politiker politische Schlußfolgerungen ziehen, die nicht unbedingt der zugrundeliegenden Datenbasis oder dem Signifikanzniveau dieser Daten entsprechen. Diese Formen der Nutzung (z.B. in einer „Überverallgemeinerung") unterliegen nicht mehr der Kontrolle des Evaluators oder des Mitarbeiters, die ursprünglich für die Übermittlung der Daten und Ergebnisse verantwortlich waren.

D.T. Campbell, Philip Hauser, Andrew Gordon und andere haben den *vorsätzlichen Mißbrauch* und die falsche Anwendung von Informationen untersucht[22]. Dieses Phänomen trat vor allem in solchen Fällen auf, in denen das Anreizsystem einer Organisation zu einer solchen Handlungsweise ermutigt. So glaubt Philip

20 Vgl. Cook, *Abuse* (Anm. 13).

21 Vgl. W. Williams, *Social Policy Research and Analysis*, New York 1975, S. 123–130.

22 Vgl. A. Gordon et al., Public Access to Information, in: *Northwestern Law Review*, 68, Nr. 2 (Mai/Juni 1975), S. 285 f.; A. Gordon/D.T. Campbell, *Recommended Accountability Guidelines for the Evaluation of Improvements in the Delivery of State Social Services*, Ms. 1970, 35 S.; P.M. Hauser, *Statistics and Politics*, vorbereitet für das Annual Meeting of the American Statistical Association, 15. August 1972.

Hauser, daß die Statistiken wegen ihrer zunehmenden Bedeutung für die Entscheidungsfindung immer stärker Gefahr laufen, von vor allem administrativen Interessen besetzt zu werden.

Jerome Skolnick hat den Druck beschrieben, den die Verwaltung auf Polizeibeamte ausübt, um ihre Aufklärungsquote zu erhöhen (gemessen als Anzahl von gelösten Verbrechen in Bezug auf die begangenen Straftaten), d.h. um die „gute Arbeit" der Polizei zu demonstrieren[23]. Als Reaktion auf diesen Druck *fälschen* Polizeibeamte Berichte, mit denen sie „nachweisen", daß sich die Verbrechensrate in den Bereichen, die ihren Vorgesetzten am meisten am Herzen liegen, verringert habe. Für dieses Phänomen sei ein Beispiel, die Polizei in New York betreffend, genannt:

„Eine Vassar-Studentin ... lief in die Polizeistation 100ste Straße West und berichtete atemlos, daß sie im Central Park mit dem Messer bedroht und ihr die Handtasche geraubt worden sei.

Zu ihrem Erstaunen, wie sie erklärt, sagte ihr der Polizeibeamte, der ihre Aussage aufnahm, daß er die Straftat nicht als räuberischen Angriff, sondern als Diebstahl – ein viel geringfügigeres Vergehen – aufnehmen werde.

Der Beamte erklärte ihr offen ... daß er den Bericht fälsche, so daß der 24. Polizeiabschnitt – weithin als der Modellabschnitt der Stadt gelobt – eine verringerte Rate von Gewaltverbrechen in seinem Bereich aufweisen könne."[24]

Donald T. Campbell nennt zwei andere Beispiele dafür, wie Statistiken für politische Ziele benutzt wurden:

„... Um zu einem früheren Beispiel zurückzugehen: Es war klug von Orlando Wilson, dem Reform-Polizeipräsidenten von Chicago, die Polizeiberichte so zu *verändern*, daß sie mit den früheren nicht mehr vergleichbar waren. Das könnte deshalb nötig geworden sein, weil widersetzliche Untergebene vielleicht die Aufzeichnungen, um ihm Schwierigkeiten zu bereiten, überhöhen würden. Dies ist vor allem dann sehr einfach, wenn vordem eine große Anzahl von Straftaten gar nicht berichtet wurde. In ähnlicher Weise sind heutzutage viele Schulsysteme weniger verletzlich, weil ihr Berichtsystem und ihre Zahlenangaben ‚farbenblind' sind; sie wissen in der Tat nicht, welche Schüler und Lehrer schwarz sind, noch, in welchen Schulen sich überhaupt Schwarze befinden. Berichte über allgemeine Erfolge und Trends für einen gewissen Zeitraum können von Politikern in der Verfolgung ihrer politischen Ziele selektiv zitiert werden ..."[25]

Ebenso kann es vorkommen, daß unter Druck stehende Behörden Informationen, die sich als gefährlich erweisen könnten, gar nicht erst aufnehmen. Andrew Gordon et al. untersucht dieses Phänomen und berichtet:

„Im Wahljahr 1972 schaffte das Büro für Arbeitsmarktstatistik die Umfrage zur Armut in den Städten ab, und die Bundesverwaltung, beschämt über die Anzahl als arm definierter Personen, wurde beschuldigt, daß sie versuche, den Index über die Armutszahlen *einzustellen*. Ein Kritiker schlug trocken vor, daß einige Behörden, um sich wirklich zu schützen, ihre Tätigkeit nur noch mündlich durchführen sollten ..."[26]

23 Vgl. J.H. Skolnick, *Justice Without Trial*, New York 1975, S. 164–181.

24 Vgl. J. Sibley, „Students Say a Policeman Tried to Falsify a Report of a Holdup", in: *New York Times* v. 23. November 1972, S. 5 und S. 40.

25 Vgl. D.T. Campbell, Administrative Experiments, Institutional Records, and Non-Reactive Measures, in: W. Evans (Hrsg.), *Organizational Experiments*, New York 1971.

26 A. Gordon et al., Public Access to Information, in: *Northwestern Law Review*, 68, Nr. 2 (Mai/Juni 1975), S. 285f.

Diese Studie deutet auch an, daß, selbst wenn die Information gesammelt wird, es den Interessen der Organisation dienen kann, sie in einer Form zu *verwahren,* die sie untauglich macht:

„. . . Die Daten können sogar in angemessener Form gesammelt, aber erst dann veröffentlicht werden, nachdem sie unbrauchbar gemacht wurden. Zum Beispiel kann die gesuchte Information kodiert oder auf eine Weise angeboten werden, die sie zum Zwecke der Nachforschung harmlos macht. Daten werden häufig in nicht reduzierbarer Aggregatform verwahrt und/oder angeboten, so daß bestimmte Fragen an sie nicht gestellt werden können; z.B. können Daten über den Polizeihaushalt je nach Polizeidistrikt vorhanden sein, aber nicht per Abschnitt oder Zensusbereich. Oder die Daten können sich lediglich auf Kategorien wie ‚Kontrolle von Gewalt' reduzieren lassen, aber nicht auf spezifische Angaben für die ‚Kontrolle von Jugendbanden'. Wenn Daten nicht in ihrer Rohform verwahrt werden, was ungewöhnlich ist, müssen einige Kodierungsentscheidungen getroffen werden. Die Interessenlage derjenigen, die über die Struktur der Datensammlung entscheiden und die deshalb einen grundlegenden Einfluß darauf haben, was wieder erreichbar ist (oder erreichbar zu annehmbaren Kosten), sind in den meisten Fällen die Interessen der Mitarbeiter der obersten Behörde."[27]

Offensichtlich beeinflußt das *System des Incentives* – das System von Belohnung und Bestrafung in der Bürokratie – einschneidend die Art, in der Information schließlich angewandt wird. Es sollte festgehalten werden, daß nicht jede Nutzung gut und nicht jede Nicht-Anwendung von Evaluierungsergebnissen schlecht ist. Es liegt eine wirkliche Gefahr darin, Nutzung immer und unkritisch als etwas Wünschenswertes zu akzeptieren oder ihren Wert zu hoch anzusetzen.

Am Beispiel der Frauenforschung lassen sich die Probleme der Forschungsnutzung für politische Entscheidungen illustrieren. Evaluierungen der *Beschäftigungssituation von Frauen* zeigen, daß lediglich das Geschlecht der Grund dafür ist, daß Frauen in den USA auf den gleichen Arbeitsplätzen wie Männer stark unterbezahlt werden. Die Qualität dieser Forschung ist hoch und die politischen Implikationen sind offensichtlich. Frauen würden zweifellos von der öffentlichen Bewußtmachung und der politischen Anwendung solcher Ergebnisse profitieren.

Im Bereich der *sexuellen Gewalt* (z.B. Vergewaltigung) ist der Wert der Forschung als Grundlage für die öffentlichen Politikentscheidungen eher gering zu veranschlagen. Trotz des alarmierenden Anstiegs der Vergewaltigung und Mißhandlung von Ehefrauen, der sich in den Statistiken ausdrückt, könnte es besser sein, wenn die Programme, die sich mit diesen Problemen befassen sollen, von einer anderen Grundlage als der vorhandenen Forschung ausgehen.

Wahrscheinlich ist kein Bereich der Sozialforschung von der Beschuldigung des Opfers so durchtränkt wie dieser. Von wenigen Ausnahmen abgesehen, haben – seit von Hentigs Arbeit (1941–1948) über Vergewaltigung als einem vom Opfer mitverursachten Verbrechen – Forscher bis heute gefolgert, daß die Frau an diesem Verbrechen eine wesentliche Mitschuld trage. Es ist bezeichnend, daß sie sich ausschließlich auf opfer-zentrierte Charakteristika konzentriert und die elementarsten Regeln der Schlußfolgerung mißachtet haben. Die Forscher bevorzugten zufällige Erklärungen in Bezug auf die Person, meistens psychologische Charakteristika der

27 Ebd.

Vergewaltigungsopfer, während sie die möglichen Einflüsse äußerer Gewalt weitgehend disaggregierten. Wie aber ein Problem definiert wird, bestimmt in einem starken Maße die Frage, was dagegen getan wird: Der eng begrenzte Bereich möglicher Maßnahmen, die aus der Fülle der Forschung über Vergewaltigung gewonnen werden können, kann kaum als eine geeignete Grundlage für die Entwicklung und Verkündung von Anti-Vergewaltigungs-Programmen betrachtet werden.

Manche Forschung ist einfach deshalb unbrauchbar, weil sie für das untersuchte Problem irrelevant ist. Besonders die Forschungen mit rigorosen wissenschaftlichen Standards haben sich zu weit von der Realität entfernt, um irgendeinen praktischen Wert – außer dem der Karriereförderung des einzelnen Forschers – zu besitzen.

Exkurs: Fälle tatsächlichen Forschungstransfers

Von diesen Problemen bei der Durchführung, Verbreitung und Anwendung von Evaluierungsforschung ausgehend, kann man die Frage stellen: Wie ist Evaluierungsforschung bisher genutzt worden? Welche wesentlichen Faktoren beeinflussen die Anwendung? Um diese Fragen zu beantworten, ist es nützlich, verschiedene *Typen von Evaluierungsforschung* zu untersuchen, die von den politischen Entscheidungsträgern in den USA auf nationaler Ebene angewandt werden.

A. Das Beispiel der Arbeitslosenunterstützung

Die erste empirische Untersuchung, über die hier berichtet wird, beschränkt sich in ihrer Reichweite auf die Untersuchung *eines* Politikbereichs, um ein tiefergehendes Verständnis für den Prozeß und die Qualität von Forschungsanwendung zu ermöglichen. Das Beispiel entstammt der Arbeitsmarktpolitik und behandelt die Auswirkungen von Forschungsergebnissen auf politische Entscheidungen über die „Dauer der Bezüge" im Zusammenhang mit der Arbeitslosenunterstützung. Die Arbeitslosenunterstützung ist inner- und außerhalb der amerikanischen Regierung ein umstrittenes Thema, dem fast ständig besondere Aufmerksamkeit zukam und zukommt und auf das sich zahlreiche Aktivitäten von Gewerkschaften, Menschenrechtsorganisationen und Wirtschaftswissenschaftlern in den Universitäten wie auch in verschiedenen Bundesbehörden und im Kongreß richten.

Das Problem der „Dauer der Unterstützung" ermöglicht die Untersuchung einiger wichtiger Probleme, denen sich die an einer Nutzung von Evaluierungsforschung Interessierten gegenübersehen:

1. Bürokratische Rivalitäten sind in „den politischen" Überlegungen zu dieser Frage mit zu berücksichtigen. So besitzt das Arbeitsministerium (DOL) die Kompetenz über eine Frage, von der das Wohlfahrtsministerium (HEW) die Auffassung vertritt, sich selbst damit befassen zu müssen, da deren Problematik (Dauer der Unterstützung) an die Sozialhilfepolitik angrenzt; deshalb müßten diese Fragen *ihren* Kompetenzen unterliegen.

2. Für die Dauer der Unterstützungs-Problematik wurden Problemlösungen angestrebt, die die Kooperation und Koordination verschiedener Bundesbehörden verlangen. Gleichfalls wird eine Koordination mit dem Kongreß erforderlich, d.h. es wird ein Verhalten gefordert, das *nicht* mit den traditionellen bürokratischen Praktiken übereinstimmt.
3. Die Problemlösungsansätze in diesem Forschungsfeld betreffen verschiedene Abteilungen des Arbeitsministeriums. Auf diese Weise war es möglich, die Nutzung von Forschungen und den *Informationsfluß* zwischen den und innerhalb der Behörden zu untersuchen.
4. Untersuchungen zu diesem Thema wurden im Haus und außerhalb durchgeführt. Das machte es möglich, *unterschiedliche Anwendungsmuster* zwischen internen Studien und einer extern erstellten Auftragsforschung zu vergleichen.

Datengrundlage und Gestaltung der Studie: Die Untersuchung sollte testen, inwieweit Prozesse der Wissensaneignung und Forschungsnutzung der Entwicklung von Wissen/Fachkenntnis in einer modernen Bürokratie auf Regierungsebene gemäß *traditionellen Organisationsmodellen* und/oder *moderne Politikanalysemodelle* organisatorischem Verhalten entsprechen.

Die explorative Untersuchung konzentrierte sich auf die Rolle von Bürokraten als Experten. Die Rolle des Experten kann anhand einer zentralen Komponente von „Expertenverhalten" untersucht werden: der Aneignung von Wissen (durch Ausbildung oder Versuche des mit der aktuellen Forschung auf dem laufenden bleiben), der Verarbeitung und der Anwendung von Wissen. Die Frage der „Dauer der Unterstützung" zu untersuchen erschien ideal, weil sie ein Problemfeld umfaßt, auf dem eine relativ kleine Anzahl von Bundesbeamten einen wesentlichen Beitrag zur Entscheidungsfindung in einem Politikbereich leistet. Als wesentlicher (oder signifikanter) „Beitrag" sollte direkte Verantwortlichkeit für die Entscheidungsfindung und/oder die Rollensituationen betrachtet werden, in der ca. 10% der Arbeitszeit auf die Problemlösung dieser Frage verwandt wird. 28 Bundesbeamte entsprachen diesen Kriterien.

Nachdem die zuständigen Beamten innerhalb des Kongresses (bzw. deren Mitarbeiter), des Arbeitsministeriums (DOL), des Ministeriums für Gesundheit, Erziehung und Sozialhilfe (HEW), des Amtes für Management und Haushaltsfragen (OMB) sowie des Rates der Wirtschaftsberater (CEA) identifiziert worden waren, wurde jeder der 28 Beamten interviewt. Dabei wurden auf allen Ebenen der Entscheidungshierarchie Interviews durchgeführt; beteiligt wurden vor allem höhere Beamte mit Erfahrungen auf dem zu untersuchenden Feld (die Besoldungshierarchie reichte von GS 12 bis GS 14).

Die persönlichen Tiefeninterviews wurden anhand eines formalen Interview-Instrumentes durchgeführt. Im Arbeitsministerium wurden die Leiter mehrerer Abteilungen der Beschäftigungs- und Ausbildungsverwaltung interviewt. In der Abteilung für Arbeitslosenunterstützung waren es Mitarbeiter aus dem Amt für Politikevaluierung und Forschung, die befragt wurden. Außerhalb des Arbeitsministeriums wurden Mitarbeiter der betreffenden Ausschüsse des Kongresses und die Mitglieder des Beirats für Wirtschaftsfragen (Council of Economic Advisor) interviewt. Im Wohlfahrtsministerium (HEW) sprachen wir mit zwei Vertretern, die sich mit den Problemen der Arbeitslosigkeit in Verbindung mit Sozialhilfepolitik befassen.

Mit Ausnahme des Ministeriums für Arbeit – hier erfolgte eine Analyse anhand der „Organisationsspinne" – wurden die betreffenden Personen mit Hilfe der „Schneeballtechnik" identifiziert; wurden bestimmte Namen mehrfach als wichtig für Entscheidungen in der Frage der „Dauer der Unterstützungszahlung" genannt, so wurde mit ihr/ihm auf einer informellen Basis Kontakt aufgenommen.

Die Interviews versuchten, die Informationsquellen zu identifizieren, die von den an dem Problem „Dauer der Unterstützung" arbeitenden Beamten benutzt werden. So sollten die Kanäle (z.B. Anweisungen, Telefongespräche, formale Forschungsberichte) festgestellt werden, durch die Information an die Beamten weitergeleitet werden; die Ebenen der Anwendung von Information; inwieweit Information von Beamten im gleichen Arbeitsbereich weitergegeben und/oder geheimgehalten werden; inwieweit Beamte innerhalb derselben Abteilung Information austauschen und/oder teilen; inwieweit Beamte aus verschiedenen Abteilungen in dieser Frage miteinander Verbindung halten.

Obgleich sich diese Fallstudie nur auf einen Problembereich beschränkt, ermöglicht sie doch einen umfassenden Einblick und „Verständnis" in eine Fragestellung, der derzeit besondere Aufmerksamkeit zukommt und die gleichzeitig ein „kritisches" Problemfeld innerhalb der allgemeinen Arbeitslosenunterstützungspolitik darstellt. Der Kongreß hat sich mit dieser Frage beschäftigt, und wahrscheinlich wird ihr auch in Zukunft die Aufmerksamkeit der Gesetzgeber gelten. Es handelt sich hier also um ein sehr politisches Problem, so daß sich das Informations- und Nutzungsverhalten möglicherweise von dem bei Routineaufgaben üblichen unterscheiden könnte.

Hypothese. Unterstellt man ein traditionelles Muster des Organisationsverhaltens – d.h. Maximierung des Organisationsinteresses –, so würde man als Tendenz erwarten:

- dem Erwerb und der Nutzung behördenexterner Informationsquellen wird Widerstand entgegengebracht;
- den Informationen der eigenen Mitarbeiter wird auch in kritischen Fragen vertraut;
- Informationen werden nicht an Mitarbeiter anderer Regierungsbehörden, nicht einmal an Abteilungen der eigenen Behörde weitergegeben;
- allen Personen und Informationsquellen außerhalb der „eigenen Behörde" wird grundsätzlich mißtraut.

Wollte man andererseits die Validität des modernen Politikanalysemodells beweisen, so würde man tendenziell erwarten:

- die Bereitschaft, Informationen mitzuteilen;
- Erwerb und Anwendung von Informationen ohne Rücksicht auf ihre Quelle;

– allgemeine Akzeptanz von allen Personen und Informationsquellen, die für das zu untersuchende Problem relevant sein könnten[28].

Ergebnisse

Wissen im Dienst der Macht vs. Wissen als Aufklärung: Wie bereits betont, ist in diesem Politikbereich ein breites Spektrum von Behörden, Forschern, Forschungsinstitutionen und Lobby-/Einflußgruppen aktiv und interessiert. Alle diese Akteure sind potentielle Produzenten von Information; sie alle sind potentielle „Verbindungsschienen" zwischen dem Feld der Wissensproduktion und des Politikhandelns.

1. Wie in Abb. 1 dargestellt, verlassen sich die Befragten insgesamt eher auf ihre hauseigenen Mitarbeiter als auf andere Informationsquellen.

Abb. 1: Umfang, in dem die Befragten von den folgenden Informationsquellen Gebrauch gemacht haben[a)] (Anzahl der Befragten = 28)

Nutzungsintensität / Informationsquelle	keine Nutzung[b)] 0	sehr geringe 1	geringe 2	mittlere 3	starke 4	umfassende Nutzung[b] 5	keine Antwort
hauseigene Mitarbeiter	0	3	1	4	3	16	1
externe Forschungsintentionen	2	1	4	5	10	6	0
von der Abteilung unterstützte Auftragsvergabe (RFP)[c)]	2	4	1	5	10	5	1
Behörden der Bundesstaaten	7	7	1	3	6	4	0
andere (exekutive) Bundesbehörden	7	14	2	1	3	0	1
Kongreß	16	9	0	0	2	1	0
Berater	13	13	1	1	0	0	0

a) Die Quellen wurden in absteigender Folge entsprechend dem Ausmaß ihrer Anwendung angeordnet.
b) Diese Antwortkategorie war in dem Fragebogen eigentlich nicht verlangt, da aber so viele der Befragten in dieser Form geantwortet haben, wurde sie hier aufgenommen.
c) RFP = request for proposals, Ausschreibung für Forschungsaufträge.

28 Diese beiden Beschreibungen sind „idealtypisch" dargestellt, um die typischen Eigenschaften hervorzuheben, die beide Modelle bürokratischen Verhaltens am besten verständlich machen. Sie umfassen eine spezifizierte, konkrete Form von Verhalten wie auch von Einstellungen.

Nur wenig Vertrauen – wenn überhaupt – wird Informationen anderer exekutiver Bundesbehörden entgegengebracht; auch den vom Kongreß oder von Beratern gelieferten Informationen wird nicht vertraut. Zwar wird von externen Forschungsinstitutionen und ministerieller Auftragsforschung Gebrauch gemacht, jedoch sehr viel weniger als von hausinternen Informationen. Information von Regierungsbehörden, die ein Interesse in diesem Politikbereich haben, wird von einigen Befragten häufig eingesetzt, von anderen „überhaupt nicht". Die Antworten geben einen ersten Hinweis darauf, daß nur ein sehr geringer formaler zwischenbehördlicher Informationsaustausch besteht; auch eine Koordination der Aktivitäten zur Gewinnung und Anwendung von Information scheint es kaum zu geben.

In diesem Zusammenhang muß auch bemerkt werden, daß die Mitarbeiter auf der unteren Ebene Information von Auftragnehmern des Ministeriums, Beratern und externen Forschungsinstitutionen mehr Aufmerksamkeit widmen, als Beamten auf der höheren Ebene.

2. Die Daten über die Informationsquellen beantworten die Frage, welche Information erworben wird. Ebenso wichtig ist die Darstellung der Form, in der Information, nachdem sie empfangen wurde, weiter mitgeteilt wird. Abb. 2 (s. unten) illustriert diese Kommunikationsmuster für den Bereich „Dauer der Unterstützung".

Auf der Grundlage dieser Ergebnisse sollte auf folgende Punkte besonders hingewiesen werden: Wie schon bei der Wahl von Informationsquellen, spielen Forscher auch im Kommunikationsprozeß der Informationsvermittlung, der für Politiküberlegungen bedeutsam wird, *keine* wesentliche Rolle. Noch wichtiger ist vielleicht, daß *formalen* Kanälen nicht die gleiche Aufmerksamkeit entgegengebracht wird wie den informellen Kanälen. „Informelle Unterhaltungen" und „Telefongespräche" erweisen sich als das bevorzugte Kommunikationsmittel auf allen Ebenen der Entscheidungshierarchie.

Soweit formale Kommunikationskanäle gebraucht werden, wird schriftlichen Berichten und kurzen Zusammenfassungen durch die Mitarbeiter Vorrang vor einer mündlichen Unterrichtung (d.h. „formaler mündlicher Unterrichtung") und vor wissenschaftlichen Kurzfassungen gegeben.

3. Die Gefragten wurden gebeten, zu spezifizieren, wie sie die in diesem Politikbereich empfangenen Informationen nutzen. Abb. 3 (s. unten) faßt die Antworten auf diese Frage zusammen. Zunächst wurden die Beamten aufgefordert, die erhaltenen Studien und Analysen zu diesem Thema anzugeben. Von unseren 28 Befragten wurden 62 Untersuchungen genannt. Diese können in vier Kategorien aufgeteilt werden:

(A) vom internen Mitarbeiterstab durchgeführte Studien – d.h. von den Mitarbeitern innerhalb einer bestimmten Abteilung (52%);

(B) Untersuchungen anderer Regierungsbehörden (18%);

(C) vom Ministerium vergebene Aufträge (27%);

(D) Forschungsergebnisse externer Forschungseinrichtungen, die nicht vom Ministerium unterstützt werden (3%).

Abb. 2: Formen empfangener Informationen[a)] (Anzahl der Befragten = 29)

Häufigkeit / Form der Informationsvermittlung	nie[b)]	selten[c)]	manchmal[d)]	oft[e)]	keine Antwort
informelle Unterhaltung	0	0	0	28	1
Telefongespräch	0	2	1	21	5
schriftlicher Bericht	2	7	4	16	0
Zusammenfassung (von Mitarbeitern erstellt)	3	6	4	10	6
mündliche Unterrichtung (Kurzberichte)	3	12	6	8	0
Kurzfassung (von Wissenschaftlern verfaßte Zusammenfassung)	3	16	5	4	0

a) Die Formen der Information wurden in absteigender Folge nach dem Ausmaß ihrer Anwendung angeordnet.
b) In der Kategorie „nie" sind Antworten enthalten, die kategorisch negativ waren, wie „nie" oder „nein".
c) In der Kategorie „selten" sind bestätigende Antworten enthalten, die durch Aussagen wie „selten", „hin und wieder", „neigt nicht dazu", „falls sie vorkommen", „nur im bestimmten Fall X", „normalerweise nicht", „nicht sehr oft" und „nicht viele" qualifiziert wurden.
d) In der „manchmal"-Kategorie befinden sich bestätigende Antworten, wie „manchmal", „nicht immer", „in manchen Fällen", „falls es vorkommt – immer" oder „ja X, aber ich wende Y an".
e) In der Kategorie „oft" sind diejenigen bestätigenden Antworten enthalten, die durch Aussagen wie „häufig", „normalerweise", „verlasse mich auf", „neige dazu, mich darauf zu verlassen", „immer" oder „ja" gekennzeichnet sind.

Abb. 3: Aufgeführte Untersuchungen, die bei der Behandlung der Frage „Dauer der Unterstützung" benutzt oder empfangen wurden[a)]

Herkunft benannter Forschungsstudien			
Studien von Mitarbeitern		Andere Forschungsstudien	
intern/Abteilung	32	Mathematica	11
andere Regierungsbehörde	11	Upjohn	3
		Zentrum für Marineforschung	3
		Brookings	2
Summe	43	Summe	19

a) Anzahl der Befragten = 28; jeder Befragte konnte mehr als eine Untersuchung angeben.

Mehr als die Hälfte der genannten Studien wurden *innerhalb* der Abteilung der befragten Beamten selbst durchgeführt, 97 % der aufgeführten Untersuchungen in irgendeiner Form von ministerieller und/oder Regierungskontrolle verfaßt. In der Tat lassen sich interne Untersuchungen bzw. Auftragsforschung sehr viel besser steuern, da ein Maximum an Kontrolle über den Forschungsprozeß ausgeübt werden kann. Die tatsächliche Nutzung von Forschung korreliert sehr stark mit dem Umfang der Kontrolle, der der Forschungsprozeß ausgeliefert ist.

Abb. 4 zeigt, daß ein reger Gebrauch von *intern* erstellten Studien gemacht wurde. Nur in sechs Fällen wurden diese Forschungsergebnisse nicht benutzt. Im Gegensatz dazu ist es interessant festzustellen, daß von den in Auftrag gegebenen Studien nur geringer Gebrauch gemacht wurde und ein sehr viel höherer Umfang von *Nicht-Anwendung* berichtet wurde.

Der moderne Politikanalytiker: rekapituliert. Die bisherige Diskussion des Erwerbs von Wissen und der Nutzung von Forschung in modernen Bürokratien verschiedener Regierungsbehörden in den USA scheinen das *traditionelle Modell des Organisationsverhaltens* zu bestätigen. Die Beamten sind mißtrauisch gegenüber Untersuchungen, die außerhalb ihrer Behörde erstellt werden. Sie nutzen nur diejenigen Informationen, die innerhalb des Hauses, von eigenen Mitarbeitern, erarbeitet wurden. Die Entscheidungsträger zögern sogar, Informationen außerhalb ihrer eigenen Behörde (oder auch nur bei einer anderen Abteilung in ihrer Behörde) zu sammeln oder nachzufragen. Die einzelnen Entscheidungsträger scheinen traditionellen, ihnen vertrauten Kanälen eher zu vertrauen als einer Behörde oder einer Person, mit der sie wenig oder keine Erfahrung haben. Den Wert der auf herkömmliche Weise er-

Abb. 4: Spezifische Anwendungen wissenschaftlicher Untersuchungen (nach Aussage von Regierungsbeamten)[a)]

Typ der Untersuchungen			
Untersuchungen von Mitarbeitern		externe Untersuchungen	
Entscheidung des Weißen Hauses über Erstellung des Programms	3	Problemdarstellung für den Präsidenten	1
Mitarbeiter-Konsultation/Meeting	7	allgemeine Hintergrundlektüre	5
Schätzungen/Vorausschau/ökon. Modell	5	(theoretisches/philosophisches Material)	5
Allgemeine Problemdarstellung	14	problembezogene Lektüre	3
Entwürfe für die Gesetzgebung	2		
Darstellung von Optionen	7		
Haushaltsvorbereitungen	2		
Hintergrundlektüre	8		
nichts angewandt	6	nichts angewandt	12

a) Anzahl der Befragten = 28; jeder Befragte konnte mehr als einen Typ der Anwendung nennen.

langten Information können sie einschätzen, während sie keine Grundlage haben, die Zuverlässigkeit der auf anderem Wege empfangenen Information zu beurteilen.

Diese Daten zeigen jedoch auch, daß Telefongespräche für die Kommunikation *innerhalb* und *zwischen* den Behörden besonders wichtig sind. Dies weist auf die Tatsache hin, daß die Beamten sich hier auf *informelle Kanäle* der Information verlassen. Wenn etwas niedergeschrieben wird, erhält es eine Aura offizieller *Formalität* und (abgestimmter) *Sicherheit,* die die Entscheidungsträger nicht immer als angenehm empfinden. Sollte das traditionelle Verhaltensmodell (mit seiner Betonung organisatorischer Eigeninteressen) tatsächlich in idealtypischer Form existieren, dann wären diese Aussagen für die formalen Kommunikationsformen kritisch. So erscheint es wichtig, dieses Ergebnis noch näher zu untersuchen.

Jeder Befragte wurde gebeten, die Informationsquellen zu identifizieren, auf die er bei der Lösung von Problemen zurückgreift. Als wichtigste Informationsquelle wurden in der Regel Einzelpersonen in der Regierung genannt, d.h. andere „Experten". Das können in diesem Fall Beamte des Arbeitsministeriums (DOL), des Wohlfahrtsministeriums (HEW), des Amtes für Management und Haushaltsfragen (OMB) und vom Stab des Wirtschaftsbeirats (CEA) sein.

Nachdem wir eine größere Anzahl von Personen interviewt hatten, stellte sich heraus, daß Formen informeller zwischenbehördlicher Kommunikation sich nicht nur auf eine kleine Gruppe von Einzelgängern beschränkte, denen das traditionelle Modell bürokratischen Verhaltens nicht mehr gefiel. Im Gegenteil, es zeigte sich in unseren Interviews, daß jeder unserer 28 Befragten an dieses informelle *Netzwerk* „angeschlossen" war, sei es durch die Kommunikation mit den Beamten der eigenen Abteilung oder der anderen Behörden, die sich auch mit dem Problem der Dauer der Arbeitslosenunterstützung befaßt.

Die Individuen in diesem „Netzwerk" wurden mit Hilfe der Schneeball-Methode identifiziert; einige Personen wurden als besonders wichtig genannt; in weiteren Interviews wurden dieselben Personen meist wieder erwähnt, einige weitere Namen wurden dieser Liste noch hinzugefügt. Keine Person, die nicht wenigstens dreimal genannt worden war, wurde als Teil des Netzwerks anerkannt (Abb. 5, s. unten).

Im Zentrum dieses Netzwerks befinden sich etwa zehn Personen. Sie sind durch regelmäßige Kommunikationskontakte miteinander verbunden, und mindestens eine der Personen im „Zentrum" hat Kontakt auch zu anderen Mitgliedern des Netzwerks. Durch diese Einzelkontakte bleibt das „Zentrum" über die Ideen und mögliche Problemlösungsansätze bei allen übrigen Mitgliedern des Netzwerks informiert. Durch die Verbindung mit Personen im Zentrum profitiert jedes Mitglied des Netzwerks vom Wissen und den Informationsressourcen des gesamten Netzwerks. Nur eine kleine Anzahl der Mitglieder des Netzwerks kommt mit *allen* anderen Mitgliedern in Kontakt. Jedoch hat jedes Mitglied durchschnittlich mit etwa fünf oder sechs anderen Mitgliedern Kontakt; im Rahmen dieser Kontakte werden Informationen ausgetauscht, auch Informationen, die sie wiederum von anderen Mitgliedern des Netzwerks informell erhalten haben.

Ganz offensichtlich gibt es ein „sehr lockeres Netzwerk" von Beamten, die in gewisser Hinsicht sehr koordiniert zusammenarbeiten. Diese Koordination ist nicht

Abb. 5: Informelles Netzwerk

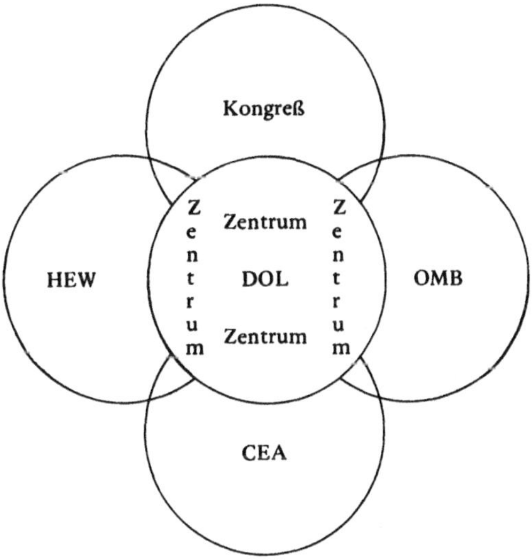

auf zwischenbehördliche Kommunikationsflüsse begrenzt. Die Ergebnisse dieser informellen Kommunikation werden in formalen Memoranden, Treffen oder Unterrichtungen nicht direkt deutlich. So erklärte ein Beamter: „Mein Chef hat mich angewiesen, mich *nicht* auf die Kommunikation mit anderen Ministerien zu beziehen. Die Memoranden sollen meine eigenen Folgerungen und Kenntnisse wiedergeben."

Auf diese Weise können mehrere Memoranden über dasselbe Thema geschrieben werden, die zwar auf einer vergleichbaren Informationsgrundlage basieren, gleichzeitig jedoch die unterschiedlichen Perspektiven verschiedener Behörden widerspiegeln.

Neue Informationsquellen: Die Daten unserer Untersuchung weisen darauf hin, daß die Mitglieder dieses informellen Netzwerks sich nicht ausschließlich auf hausinterne Untersuchungen und Forschungen verlassen. Anders gesagt: Es sind nicht immer die gleichen Informationsquellen, die ständig durch eine Reihe informeller Telefonkontakte in Umlauf gesetzt werden.

Die befragten Beamten stützen sich zwar vorwiegend auf im eigenen Haus erarbeitete Forschungsergebnisse; es wurden jedoch auch andere informelle oder formelle Formen der Informationsbeschaffung, die zur Problemlösung benutzt werden, genannt. Abb. 6 faßt die Antworten auf diese Frage zusammen (s. unten).

Ganz offensichtlich greifen die Beamten auf eine große Bandbreite von Informationsquellen zurück. Der Kreis der Informanten umfaßt dabei inputs von Interessengruppen, Universitätskollegen, Konferenzen, Zeitungen und Zeitschriften. Auch (hausinterne) Beratung mit Kollegen wird als sehr wichtig angesehen.

Abb. 6: Benutzte informelle und formelle Formen zur Beschaffung von sachdienlichen Informationen[a)]

Zeitungen	8
Konferenzen	3
Zeitschriften	2
Konsultation hauseigener Mitarbeiter	9
Kollegen von der Universität	5
Beraterstab der Bundesregierung	1
Kongreß	1
Behörden der Bundesstaaten	3
andere Regierungsbehörden	2
Interessengruppen	6
keine anderen Quellen	10

a) Anzahl der Befragten = 28; jeder der Befragten konnte mehr als eine Quelle nennen.

Es konnte also festgestellt werden, daß Regierungsbeamte auf einer informellen Ebene eine große Anzahl verschiedener Informationsquellen nutzen. Dennoch erscheint es notwendig und wichtig zu fragen: Auf welche Weise informieren sie sich über die ihren Bereich betreffende aktuelle wissenschaftliche Forschung? Denn, sollten die Beamten dem Modell des modernen Politikanalytikers entsprechen, dann müßten sie nicht nur untereinander Informationen austauschen, sondern auch Nutzen aus der aktuellen Forschung ziehen.

In einem Gespräch mit mehreren Arbeitsmarkt-Spezialisten im „Zentrum für Industrielle Beziehungen" an der Universität Princeton konnten wir die jüngsten wissenschaftlichen Untersuchungen auf dem untersuchten Gebiet ermitteln: Acht Studien wurden hier als wichtig genannt, und zwar sowohl aus der Politikperspektive als auch als Beitrag zur wissenschaftlichen Literatur.

Jeder unserer 28 Beamten wurde gefragt, ob er diese Studien kenne und ob er sie anwende oder nicht. Abb. 7 faßt die Antworten auf diese Frage zusammen.

Abb. 7: Kenntnis aktueller Untersuchungen[a)]

Studie \ Reaktion	nie gehört	gehört, nicht gelesen	gelesen, als Hintergrund benutzt	gelesen, wesentlich benutzt
Studie 1	12	3	13	
Studie 2		12	16	
Studie 3	3	6	13	6
Studie 4		6	7	15
Studie 5	6	9	10	3
Studie 6	12	3	7	6
Studie 7			22	6
Studie 8			28	

a) Anzahl der Befragten = 28.

Wie sich herausstellte, kannte die Mehrzahl aller Befragten diese Studien und hatte sie zum Zeitpunkt des Interviews bereits im Rahmen des Problemlösungsprozesses verwandt. Diese Daten weisen zweifellos auf ein funktionsfähiges und sehr gut informiertes Netzwerk hin. Die Mehrzahl der leitenden Beamten ist mit der aktuellen Forschung für den Politikbereich, für den sie verantwortlich zeichnen, sehr vertraut. Derartige Informationen werden über Behördengrenzen hinweg ausgetauscht; auch sind sich die Beamten der großen Bandbreite von Wissens- und Informationsressourcen durchaus bewußt und machen auch davon Gebrauch. Nicht zuletzt reflektiert sich in den Mustern für Kommunikation und Forschung auf einer informellen Ebene die Ausbildung, die diese Politikanalytiker erhalten haben.

Eine weitere Bestätigung für die Validität des Modells des modernen Politikanalytikers findet sich in der Antwort auf die Frage: „Welches sind die wichtigsten Faktoren zur Erklärung, ob Sie politikbezogene Information in Ihrer Arbeit anwenden oder nicht?“ Fünf Faktoren wurden als besonders wichtig benannt:

(1) Die Information ist *objektiv* und *unvoreingenommen;*
(2) die Information kommt *rechtzeitig;*
(3) die Information beschäftigt sich mit einem *wichtigen Problem;*
(4) die Information hat *praktische Konsequenzen;*
(5) die Information ist von hoher *technischer Qualität* und *zuverlässiger Methodologie.*

Die am wenigsten wichtigen Faktoren beziehen sich auf das, was in der Literatur als „Politisierung“ der Forschungsnutzung bezeichnet wird: „befaßt sich nicht mit strittigen Fragen“; „bekräftigt frühere Politik“; „greift nicht die bestehenden institutionellen Regelungen an“; „die Information trägt nicht zu zwischenbehördlichen Spannungen bei“. Auch Carol Weiss[29] hat in einer Untersuchung über die verfolgte Bundespolitik zur Psychiatrie herausgefunden, daß diese Faktoren für eine Intensivierung der Forschungsnutzung unwesentlich sind. Moderne Experten und Politikanalytiker scheinen Wissen vor allem einzusetzen, um die inhaltliche Entwicklung des Prozesses der Politikformierung zu lenken.

Diskussion: Die Ergebnisse dieser Untersuchung zur Forschungsnutzung weisen auf den entscheidenden und wichtigen Unterschied zwischen formellen und informellen Informationssystemen hin. Formal betrachtet, verlangen, verarbeiten und benutzen Organisationen Informationsressourcen. Wie Caplan und Rich hervorgehoben haben[30], können formelle Kommunikationssysteme am besten dadurch charakterisiert werden, daß sie ein geschlossenes System von Entscheidungsfindung reflektieren – im wesentlichen das Modell einer Maximierung des Organisationsinteresses. Formal gesehen, scheinen die Behörden bei der Nutzung von Forschung einer einge-

29 Vgl. C. Weiss, *The Use of Evaluation Research*, Vorlage auf der Konferenz über „Research Utilization“, Univ. Pittsburgh, School of Graduate Business, 20.–22. September 1978.

30 Vgl. N. Caplan/R. Rich, *Open and Closed Knowledge Inquiry Systems: The Process and Consequences of Bureaucratization of Information Policy at the National Level*, Vorlage auf der OECD Conference on Dissemination of Economic and Social Development Research Results, Bogota/Kolumbien, Juni 1976.

spielten Verfahrenspraxis zu folgen, die (A) die *Zurückweisung* extern hergestellter Informationsinputs garantiert und die (B) ein außergewöhnliches Schwergewicht auf die *Kontrolle* durch die Behörde legt, die Nützlichkeit politikbezogener Informationen zu beurteilen. In unserer Untersuchung konnten wir die Existenz eines geschlossenen Entscheidungssystems für den Problembereich „Dauer der Arbeitslosenunterstützung" auf der formalen Ebene verifizieren. Die große Mehrzahl der Befragten maß – direkt in offener Fragestellung über die angewandten Informationsressourcen befragt – internen (inhouse) Untersuchungen besondere („the critical") Bedeutung bei. Die interne Forschung versorgt die Beamten mit derjenigen Information, die sie regelmäßig benötigen. Sie repräsentieren gewissermaßen die „regular information channels".

Ein sehr viel offeneres Kommunikationssystem für die Entscheidungsfindung scheint es auf der Ebene von informeller Unterrichtung („Briefings") und Telefongesprächen zu geben. Ein Beamter erklärte: „Die Kanäle der Information fließen hier sehr informell; jeder spricht einfach mit jedem". Das Vorhandensein dieses Netzwerks wurde erst erkennbar, nachdem wir vorsichtig die These von der Bedeutung informeller Information getestet hatten.

Formelle Kommunikationskanäle reflektieren das bürokratische Bedürfnis nach Schutz von Kompetenzabgrenzungen, dagegen weisen die informellen Kommunikationsabläufe darauf hin, daß sehr häufig Informationen ausgetauscht werden; diese Abläufe entsprechen der bevorzugten (d.h. informellen) Kommunikationsform.

Die empirischen Ergebnisse dieser Untersuchung haben lediglich theoretische Signifikanz. Sie ermöglichen die Entwicklung von Konzepten, wie die Wissensproduktion für Politikentwicklung organisiert werden und wie man in diesem Bereich die Bedeutung der Forschungsnutzung und Verständnis dafür wecken kann.

Unsere Fallstudie ermöglicht es, Nutzungsprozesse in stark politisierten Politikbereichen zu verstehen, in denen gleichzeitig mehrere Bundesbehörden involviert sind. Je komplexer die Entscheidungsfindung wird, desto weniger Aufgabenfelder wird es geben, die nur noch von *einer* Behörde bearbeitet werden. Die obigen Aussagen können deshalb möglicherweise auch auf andere Politikbereiche mit gleichen oder ähnlichen Charakteristika übertragen werden.

Alternative Modelle: Theoretisch zeigt die Studie die Notwendigkeit, die „Rolle des Experten" und die Anwendung von Fachwissen in modernen bürokratischen Organisationen erneut zu untersuchen. In dem Maße, wie Fachkenntnis mit der Entwicklung von Wissen gleichgestellt wird – einschließlich der eigenen technischen Ausbildung und der Fähigkeit, aktuelle Information zu bewerten – wird offensichtlich, daß *beide* skizzierten Modelle von Wissensverarbeitung in Regierungsapparaten funktionieren. Dies mag Ergebnis des Belohnungs- und Anreizsystems innerhalb der amerikanischen Bundesregierung sein. Beamten im öffentlichen Dienst wurden schon immer dafür belohnt, daß sie sich ihrer Organisation gegenüber loyal verhalten und deren Interessen schützen. So lange, wie Kontrolle und Monopolisierung von Informationen mit dem zentralen Interesse einer Organisation gleichgesetzt werden, wird sich gegen offene Informationsformen Widerstand regen.

Bereits frühere Untersuchungen über die Verbreitung und Nutzung von Wissen auf Bundesebene[31] haben herausgefunden, daß Information über Behördengrenzen hinweg nur auf der höchsten Ebene der Entscheidungshierarchie ausgetauscht werden und daß diese Art „information-sharing" nur selten vorkommt. Diese Ergebnisse waren auf eine Untersuchung der *formalen* Mechanismen für Wissenstransfer und -nutzung begründet. Die Forschungsergebnisse beruhten auf der Auswertung von Akten, Memoranden und anderen schriftlichen Verwaltungsunterlagen und -dokumenten.

Von verschiedenen Gesichtspunkten aus betrachtet können diese Ergebnisse als durchaus logisch betrachtet werden. Bürokraten werden, wie diese Untersuchung zeigt, für ein „information-sharing" nicht belohnt; wird es praktiziert, so wird es schriftlich nicht weiter festgehalten. Die schriftliche (formale) Dokumentation, die die Möglichkeit einer Überprüfung und Bewertung enthält, spiegelt natürlich die Realität des angewandten Anreizsystems wider.

Andererseits entspricht das Verhalten in modernen Bürokratien der Einstellung, welche die Bürokraten in ihrer Ausbildung als notwendige Voraussetzung für Politikanalytiker gelernt haben. Sie suchen nach der jeweils besten Information – auch wenn diese nicht dem formalen Berichtsystem und Kommunikationsfluß zu entnehmen ist. Informelle Kommunikationskanäle und das Netzwerk, das sie bilden, liefern ein breites Band möglicher, sich ergänzender Informationsquellen. Überdies schaffen sie ein „Netzwerk" von Experten, die über die Aktivitäten und Maßnahmen in den verschiedenen Behörden, die an ähnlichen Politikproblemen arbeiten, unterrichtet sind.

In einem größeren Zusammenhang betrachtet, zwangen uns die Ergebnisse dieser Untersuchung dem offensichtlichen Widerspruch nachzugehen, der zwischen dem Bild vom Prozeß der Politikformulierung und -entscheidung besteht, wie es der Öffentlichkeit präsentiert wird, und dem informellen Verfahrensablauf, wie er tatsächlich von Bürokraten auf der mittleren Ebene praktiziert wird. Der Widerspruch erklärt sich aus der Funktion des *Belohnungssystems* innerhalb der Verwaltung.

Die Analyse erbrachte, daß Information und Wissen weit mehr verbreitet sind und (informell) weitergegeben werden als das bisher angenommen wurde und/oder gegenwärtig *offiziell* den Dokumenten zu entnehmen ist. In der Regel ist der Experte im formalen Entscheidungsprozeß in einer Situation, die Werte des formalen Verfahrens mit denen, die sein informelles Verhalten bestimmen, zur Deckung zu bringen. Um diesen Vorgang zu analysieren, ist es notwendig, besondere Aufmerksamkeit auf das Belohnungssystem zu richten.

31 Vgl. R.F. Rich, The Use of Social Science Information by Federal Bureaucrats: Knowledge for Action versus Knowledge for Understanding, in: Carol Weiss (Hrsg.), *The Uses of Social Research in Public Policy Making*, Lexington/Mass. 1977; ders., *The Use of Social Science Information and Public Policy Making*, San Francisco 1979.

B. Das Beispiel der Technologiefolgenabschätzung: eine ex-ante-Evaluierung

Eine besondere Form der Evaluierungsforschung repräsentieren ex-ante-Wirkungsanalysen von Technologieentwicklungen („technology assessment; TA = Technologiefolgenabschätzung). Die Bewertungen von Technologien stellen eine Art „Zukunftsforschung" dar. Viele Beamte – vor allem im amerikanischen Kongreß – betrachten TA als eine spezielle Form der Evaluierungsforschung. Unter Programmevaluierung versteht man in der Regel eine Bewertung der Wirkungen, die von einem gegenwärtigen oder einem gerade auslaufenden Programm ausgehen. Im Gegensatz dazu werden mit Hilfe von TA-Verfahren systematisch zukünftige Auswirkungen bewertet, wie sie sich wahrscheinlich durch die Einführung neuer Ideen (bzw. eines Programms) ergeben.

TA ist eine in den Vereinigten Staaten sehr beliebte Form von Evaluierung geworden. Es ist eine Art Systemanalyse, die versucht, „rationale, systematische" Forschungsstrategien auf Aufgabenbereiche der öffentlichen Hand anzuwenden. TA steht insbesondere für eine Klasse von Politikuntersuchungen, die sich systematisch mit den gesellschaftlichen Auswirkungen befaßt, die durch die Einführung, Erweiterung oder Modifizierung einer Technologie eintreten. Dabei liegt das besondere Schwergewicht auf Folgeerscheinungen, die unbeabsichtigt, indirekt oder verzögert auftreten.

Im amerikanischen Kongreß und von der Regierung wird TA als eine neue Form der Evaluierungsforschung angesehen, die es dem Beamten ermöglicht einzuschätzen (vorherzusagen), welches wahrscheinlich die Folgen ihrer potentiellen Maßnahmen sein werden; insofern ist für eine politische Umgebung, in der sich Entscheidungen über Verhandlungen herausbilden, die durch die Minimalisierung von Risiken gekennzeichnet sind, TA eine besonders attraktive Form von *Fachkenntnis*.

Im Hinblick auf seine Anwendungsmöglichkeiten sollte TA nicht lediglich als ein weiterer Forschungsoutput oder als ein „Tupfer" sozialwissenschaftlichen Wissens betrachtet werden, sondern als ein Analysesystem, das entworfen wurde, um gezielt Informationen in den Prozeß der Politikentscheidung einzugeben. Analysesysteme kann man sich sowohl „formell" als auch „informell" vorstellen. Der wesentliche Unterschied zwischen Analysesystemen und Routineverfahren oder einfachen Informationsbeschaffungstechniken liegt darin, daß ein Analysesystem mit einer Reihe von allgemeinen Regeln, Verfahren und Prozessen verbunden ist, die die Erarbeitung des Endergebnisses lenken. In der jüngeren Vergangenheit gibt es einige Beispiele dafür, z.B. das *PPBS* (Programm-, Planungs- und Budgetsystem), das *EISS* (Environmental Impact Statement System) sowie die Versuche einiger Bundesbehörden, routinemäßige Evaluierungsverfahren in ihren Prozeß der Politikentscheidung einzufügen.

Übernimmt eine Organisation ein bestimmtes Analysesystem, dann investiert sie damit in eine bestimmte Informationsressource. Da dies in der Regel eine wesentliche Entscheidung darstellt, sind auch einige der Implikationen, die mit einer derartigen Entscheidung verbunden sind, besonders hervorzuheben:

1. Eine derartige Investition kann im Rahmen von Haushaltsentscheidungen durch einzelne Entscheidungsträger getroffen werden. Da hier in größerem Umfang über die Investition von Ressourcen entschieden wird, ist die formale Zustimmung der Organisation erforderlich, d.h. ein derartiges Vorhaben muß die „regulären Amtskanäle" durchlaufen.
2. Ein ganzes Analysesystem einzurichten, ist kostspielig und stellt eine viel wesentlichere Investition dar, als es die Durchführung oder Vergabe einer einzelnen Untersuchung ist.
3. Die Entscheidung für die Einrichtung eines Analysesystems benötigt daher die formale Zustimmung innerhalb der Organisation. Der Ertrag des Analysesystems ist anderen potentiellen Investitionen der Organisation gegenüberzustellen. Sobald die Entscheidung gefallen ist, ist die Organisation auch finanziell an das Analysesystem gebunden und wird für einige Zeit nicht in der Lage sein, andere neue Investitionen durchzuführen[32].

Daraus folgt, daß Organisationen durch ein Analysesystem nicht nur lediglich neue Information erwerben, sondern daß sie damit die Fähigkeit entwickeln sollten, sich auf über längere Zeitperioden wiederkehrende Informationsbedürfnisse einzustellen. Diese Bedürfnisse müssen als *allgemeine* im Gegensatz zu *spezifischen* Informationsbedürfnissen betrachtet werden.

Gerade die TA mag als ein derartiges Analysesystem betrachtet werden. Sie beruht auf einem allgemeinen Verfahren, das einen systematischen und rationalen Input für gesellschaftlich orientierte Entscheidungen und zum Verwaltungsmanagement erbringt. Durch spezielle Politikbereichsanalysen versuchen TA, direkte und indirekte Folgen wie auch indirekte und verzögerte Wirkungen, die in Verbindung mit technologischem Wandel auftreten, zu erklären. Zu diesem Zweck verbinden TA multi-disziplinäre Ansätze, unterschiedliche Empfehlungen und Perspektiven einer neuen technologischen Entwicklung in einem gemeinsamen Bewertungsrahmen. Obwohl es *keine* einzelne Methodologie gibt, die allen TA gemeinsam ist, ist doch eine Anzahl gemeinsamer oder TA-spezifischer Elemente vorhanden, die sich in nahezu jeder größeren und vollständigen Technologiefolgenabschätzung finden. Wenn ein Entscheidungsträger eine TA liest, kann er erwarten, daß jedes dieser Elemente oder jede der unterschiedlichen Perspektiven in der TA-Analyse berücksichtigt und dokumentiert worden ist.

Formalisierte Analysesysteme, wie sie die TA oder EISS darstellen, sind von anderen, eher routinemäßigen Informationen des Verwaltungsalltags zu unterscheiden, gleichgültig, ob diese Informationen hausinternen Studien entstammen oder ob sie gewissermaßen unbestellt zugesandt wurden. Ist doch möglicherweise der die Durchführung einer TA begleitende *Prozeß*, der erst die Beachtung und die Dokumentation unterschiedlicher Perspektiven sicherstellt, bei dieser Form von Politikstudien für das Verständnis der eigentlichen Wirkung auf die Entscheidungsträger ebenso wichtig wie der Inhalt der Analyse selbst.

32 Vgl. Arrow, *Limits of Organization* (Anm. 8).

Wirkungen der TA-Bewegung: Zwar ist es noch zu früh, die Wirkungen von TA (als eines politikanalytischen Instruments) für gesellschaftliche Problemlösungen einzuschätzen. Viele Studien des Office for Technology Assessment (OTA) laufen noch und viele Untersuchungen, die von der National Science Foundation (NSF) unterstützt werden, befinden sich gerade in der Endphase. Aufgrund explorativer Interviews mit 15 OTA-Beamten und einem an die Untersuchungsleiter von 33 NSF-geförderten TA-Projekten versandten Fragebogen sind einige erste Hypothesen und vorläufige Schlußfolgerungen möglich, die durch zukünftige Forschungen weiter zu überprüfen sind:

1. Einzelne Ausschüsse begrüßen zwar die Ergebnisse von TA-Untersuchungen, aber die meisten verhalten sich reserviert bzw. haben sich noch kein Urteil gebildet.
2. Da OTA-Untersuchungen nur aufgrund gezielter Anfragen von Ausschüssen durchgeführt werden und meist einzelnes komplexes Datenmaterial enthalten, ist es unwahrscheinlich, daß TA-Studien eine große, aktiv unterstützende Anhängerschaft innerhalb des Kongresses gewinnen.
3. OTA-unterstützte Untersuchungen werden voraussichtlich eine größere Wirkung bzw. größeren Einfluß auf die Politikformulierung und Implementation entfalten als von der NSF finanzierte Studien. Ebenso werden TA-Untersuchungen, die (hausintern) innerhalb der Regierungsbehörden durchgeführt werden, wahrscheinlich eine größere Wirkung besitzen als die von der NSF unterstützten Forschungen. Das Problem der Kontrolle von Forschung und (politischer) Risikovermeidung („risk avoidance") mag u.U. diese Unterschiede erklären.
4. Die NSF-Untersuchungen richten sich – in der Mehrzahl der Fälle – auf eine sehr breite Zielgruppe (z.B. Wissenschaftler, Ingenieure, Kongreßmitglieder). Die Schlußberichte werden im allgemeinen an einen großen und sehr unterschiedlich zusammengesetzten Personenkreis verteilt. Im Hinblick auf die Nutzung der Untersuchungsergebnisse ist jedoch von dieser breiten und sehr unspezifischen Zielgruppe ein nur sehr enger und begrenzter Gebrauch zu erwarten. Bei den Personen, die in Beratungskomitees sitzen oder mit der Datenerfassung befaßt sind (d.h. als befragte Experten), dürften die Anwendungsmöglichkeiten beträchtlich höher sein.
5. Das Anwendungsmuster einer TA-Untersuchung ähnelt in gewisser Weise dem „Schneeball-Auswahlverfahren": Jemand weiß von einer Untersuchung; er erzählt davon jemandem, der daran interessiert sein könnte; die zweite Person wiederum informiert andere, bis schließlich ein großes informelles Netzwerk von Benutzern geschaffen ist. Daher gewinnt der Prozeß der Gestaltung einer TA-Studie von dem Punkt an, an dem die Kategorien zur Datenerfassung vereinbart werden über die Formung von Beratergruppen bis zum Abschluß, einen wesentlichen Einfluß auf die schließliche Wirkung der Technologiebewertung. Der Gestaltungsprozeß einer TA mag für die Erklärung von Wirkung wichtiger sein als die äußere Form oder der Inhalt der abgeschlossenen Untersuchung. Die besondere Bedeutung des Entstehungsprozesses unterscheidet die TA von anderen Formen der Politikanalyse.

6. TA-Studien erbringen unter Umständen in der Endphase der Untersuchung – d.h. während vorläufige Ergebnisse veröffentlicht werden – wesentlich mehr Nutzen als zu dem Zeitpunkt, an dem der Schlußbericht vorliegt.

III.4. Vernachlässigt: ethische Standards für Evaluierungen

Die Diskussion über Mißbrauch und falschen Gebrauch von Information sowie die Untersuchung über die Anwendung von Evaluierungsdaten lenkt den Blick auf *ethische Standards.* Welche ethischen Standards sollten entwickelt werden und wer (wenn überhaupt jemand) sollte sie durchsetzen? Es überrascht nicht, daß ein Feld, das sich in seiner Anerkennung und Legitimität so schnell entwickelt hat wie die Evaluierungsforschung, den Fragen nach ethischen Standards und Verhaltensweisen noch nicht sehr viel Aufmerksamkeit gewidmet hat.

Der Kongreß schreibt Evaluierungen zunehmend gesetzlich vor, die „sunset"-Gesetzgebung gewinnt an Bedeutung; der Haushalt Evaluierungsreferate wächst und damit rückt auch die Frage nach den ethischen Standards bei einer Evaluierung in das Blickfeld. Zum einen betrifft diese Frage die wachsende *Abhängigkeit der Behörden* von den Evaluatoren. Behörden sind abhängig, da der Gesetzgeber die Durchführung von Evaluierungen vorschreibt, zum zweiten aber auch, da in den Augen von leitenden Regierungsbeamten nur diejenigen Behörden anerkannt werden, die Evaluierungen unterstützen. Ein Teil dieser Abhängigkeit beruht zu einem gewissen Maße auch auf der „wissenschaftlichen Mystik", die die Evaluierungsforschung umgibt. Nicht immer wird klar, wie die Evaluatoren diese komplizierten „ausgefallenen" Zahlen produzieren, klar ist jedoch, daß die (wichtigen) Politiker Evaluationsergebnisse in ihre Überlegungen einbeziehen.

Angesichts derartiger Abhängigkeiten sollten professionelle Evaluatoren verschiedene Probleme mitberücksichtigen:

- An welchem Punkt des Evaluierungsprozesses ist der Evaluator verpflichtet, einem Klienten zu raten, seine Dienste einzustellen?
- Ist es „ethisch", einem Klienten zu raten, eine Evaluierungsstudie wegen der „gegenwärtigen politischen Stimmung" nicht durchzuführen?
- Sollte der Evaluator die vorgefundene Definition der Zielsetzungen akzeptieren, oder sollte er mit dem Klienten zusammen einen Konsens über die zu evaluierenden Ziele erst erarbeiten?
- Wer bestimmt die Evaluierungskriterien? Ist der Evaluator als dritte Partei allein dafür verantwortlich, oder sollte er versuchen, eine Übereinstimmung zwischen allen interessierten Parteien zu erreichen?
- Wenn sich Evaluatoren auf einen Konsensfindungsprozeß einlassen, inwieweit verlieren sie ihre Objektivität als „externe Evaluatoren"?
- Ist „Objektivität" abhängig von der „Distanz" vom Entscheidungsprozeß des jeweiligen Programms/Projekts, die ein Evaluator besitzt? Mit anderen Worten: Muß der Evaluator (wie häufig gefordert) ein externer sein, um eine „wirklich objektive Evaluierung" durchzuführen?

– Welche Grenzen bestehen für die Aufgaben und Pflichten eines Evaluators? Enden sie mit der Ablieferung des Berichts oder erst dann, nachdem eine Entscheidung über die Effektivität und/oder Fortsetzung des Programms gefallen ist? Wenn man die letztere Position vertritt – heißt dies, daß Evaluatoren den Mitarbeitern der Behörde bei der Abfassung von Zusammenfassungen für ihre Vorgesetzten helfen sollten? Oder sollten die Evaluatoren an den entscheidenden Sitzungen der Behörde selbst teilnehmen? Sollten sie konkrete Politikempfehlungen aussprechen? All dies sind Fragen, auf die es keine eindeutigen Antworten gibt und bei deren Beantwortung häufig die Anerkennung der Objektivität und die Legitimationsbasis der Programmevaluierung auf dem Spiel steht.
– Wie kann der Evaluator dazu beitragen, Mißbrauch und falschen Gebrauch von Forschungsergebnissen möglichst gering zu halten? Sollten beispielsweise – angesichts der oben erwähnten Erfahrungen des Amtes für wirtschaftliche Chancengleichheit (Office for Economic Opportunity, OEO) – vorläufige Ergebnisse zurückgehalten werden? Wenn ja, wie kann man das wertvolle Feedback der Behördenmitarbeiter trotzdem sichern? Verringert eine enge Zusammenarbeit mit dem Mitarbeiterstab einer Behörde beim Transfer der Evaluierungsergebnisse in Politikempfehlungen die tatsächlichen Möglichkeiten einer unbeabsichtigten falschen Anwendung?

Jede dieser ethischen Fragen sollte helfen, die Probleme, die in diesem Beitrag angesprochen wurden, in ihrem Zusammenhang zu betrachten. Auch die ethischen Fragen beziehen sich mittelbar auf die vorhandenen bürokratischen Strukturen und Belohnungssysteme im öffentlichen Bereich. Wenn Evaluierung auf den Politikprozeß einwirken soll, dann werden sich die professionellen Evaluatoren mit Fragen beschäftigen müssen, die mit den Grenzen der Objektivität zu tun haben, mit den Grenzen direkter Teilnahme am Prozeß der Politikentscheidung und der Fähigkeit der Evaluatoren, Mißbrauch und falschen Gebrauch von Forschungsergebnissen zu begrenzen.

IV. Epilog

Sollten wir uns D.T. Campbells Vorstellung von einer „experimentierenden Gesellschaft" nähern[33], dann wird der professionelle Evaluator eine besonders wichtige Rolle einnehmen, da Evaluierungen zu einem ernstzunehmenden Instrument für Planung und soziale Kontrolle werden.

Selbst wenn wir den „Traum" von einer experimentierenden Gesellschaft nie realisieren werden, so bleiben doch Evaluierungsaktivitäten ein wesentlicher Teil des politischen Prozesses auf allen staatlichen Ebenen und auch im privaten Sektor. Ohne sorgfältige Reflexion und Prüfung über gegenwärtigen Stand, Wege und Ziele, die auch unseren ethischen und professionellen Standards entsprechen, sollte eine Ausweitung von Evaluierungsaktivitäten nicht erfolgen. Mit anderen Worten: Vor

33 Vgl. D.T. Campbell, *Methods for the Experimenting Society*, Ms., vorgelegt der Eastern Psychological Association, 17. April 1971.

einer stärkeren Nutzung der Evaluierung müssen die Evaluatoren sich erst selbst evaluieren.

Bibliographie

Arrow, K.J., *The Limits of Organization,* New York 1974.

Beneviste, G., *Bureaucracy,* San Francisco 1977.

Campbell, D.T., Reforms as Experiments, in: *American Psychologist,* 24, April 1969, S. 409–428.

Campbell, D.T., *Methods for the Experimenting Society,* Ms., vorgelegt der Eastern Psychological Association, 17. April 1971.

Campbell, D.T., Administrative Experiments, Institutional Records, and Non-Reactive Measures, in: W. Evans (Hrsg.), *Organizational Experiments,* New York 1971.

Caplan, N., et. al., *The Use of Social Science Knowledge in Policy Decisions at the National Level,* Ann Arbor 1975.

Caplan, N., *The Use of Program Evaluation by Federal Policy Makers at the National Level,* Vorlage beim NIMH-geförderten Meeting of the Network of Consultants on Knowledge Transfer, New Orleans 1976.

Caplan, N./R. Rich, *Open and Closed Knowledge Inquiry Systems: The Process and Consequences of Bureaucratization of Information Policy at the National Level,* Vorlage auf der OECD Conference on Dissemination of Economic and Social Development Research Results, Bogota/Kolumbien, Juni 1976.

Cook, Th., *The Abuse, Misuse and Premature Utilization of Information,* Vorlage auf einer Konferenz über „Research Utilization", Univ. Pittsburgh, School of Graduate Business, 20.–22. September 1978.

Eisenstadt, S.N., *The Political Systems of Empire,* New York 1969.

Gordon, A. et al., Public Access to Information, in: *Northwestern Law Review,* 68, Nr. 2 (Mai/Juni 1975), S. 285 f.

Gordon, A./D.T. Campbell, *Recommended Accountability Guidelines for the Evaluation of Improvements in the Delivery of State Social Services,* Ms., 1970, 35 S.

Guttentag, M., Testimony before the Senate Committee on Human Resources, in: *Evaluation and Change,* Sonderheft 1978, 18 S.

Hauser, P.M., *Statistics and Politics,* vorbereitet für das Annual Meeting of the American Statistical Association, 15. August 1972.

v. Hentig, H., Remarks on Interaction of Perpetrator and Victim, in: *Journal of Criminal Law and Criminology,* Bd. 31, 1941.

v. Hentig, H., *The Criminal and His Victim,* New Haven 1948.

Horowitz, I., *The Use and Abuse of Social Science,* New York 1971, neu bearb. Aufl. 1975.

Ilchman, W./Th. Uphoff, *The Political Economy of Change,* Berkeley 1971.

Kituse, J./A.V. Cicourel, A Note on the Use of Official Statistics, in: *Social Problems,* Nr. 11, Herbst 1969, S. 131–139.

Levine, R.A., *Public Planning: Failure and Redirection,* New York 1972.

Morss, E./R.F. Rich, *Government Information Management,* Boulder 1979.

Nay, J. et al., Testimony before the Senate Committee on Human Resources, in: *Evaluation and Change,* Special Issue, 1978, S. 12f.

Rich, R.F., Editor's Introduction, in: *American Behavioral Scientist,* Januar/Februar 1979.

Rich, R.F., *The Use of Social Science Information and Public Policy Making,* San Francisco 1979.

Rich, R.F., The Use of Social Science Information by Federal Bureaucrats: Knowledge for Action versus Knowledge for Understanding, in: C. Weiss (Hrsg.), *The Uses of Social Research in Public Policy Making,* Lexington/Mass. 1977.

Sibley, J., „Students Say a Policeman Tried to Falsify a Report of a Holdup", in: *New York Times,* 23. November 1972, S. 5 und S. 40.

Skolnick, J.H., *Justice Without Trial,* New York 1975, S. 164–181.

Staats, E.B., *Why isn't Policy Research Utilized More by Decision Makers?,* Ms., Annual Meeting of the Council of Applied Social Research, Annapolis/Maryland 1979.

Weiss, C.H., *The Use of Evaluation Research,* Vorlage auf der Konferenz über „Research Utilization", Univ. Pittsburgh, School of Graduate Business, 20.–22. September 1978.

Williams, W., *Social Policy Research and Analysis,* New York 1975, S. 123–130.

Bernhard Badura
Universität Oldenburg

Zur Politik der Nutzung und Nichtnutzung sozialwissenschaftlicher Informationen in der Bundesrepublik

1. Konzepte angewandter sozialwissenschaftlicher Forschung

Der Diskussionsstand zum Thema: Nutzung sozialwissenschaftlicher Informationen, wie er sich in den Arbeiten von Caplan, Weiss u. a. darbietet, legt die Folgerung nahe, als sei die Beurteilung der Frage, ob beispielsweise die Bundesbürokratie sozialwissenschaftliche Informationen häufig oder weniger nutzt, primär eine Sache der Definition. Wird unter Nutzung die Anwendung eines lehrbuchartigen Wissens auf praktische Probleme zum Zwecke ihrer erfolgreichen Lösung verstanden, dann müsse auf der Basis vorliegender empirischer Evidenz die faktisch stattfindende Nutzung sozialwissenschaftlichen Wissens als sehr gering eingeschätzt werden. Als Gründe werden dafür u. a. angegeben: (a) die Tatsache, daß in den Sozialwissenschaften ein derartig unproblematisches Lehrbuchwissen gar nicht existiere, (b) der Gegenstand dieser Wissenschaften in der Regel so komplex und politisch umstritten ist, daß er sich einer auf Konsens beruhenden sozialtechnischen „Lösung" entziehe und schließlich (c) die Kommunikation zwischen Wissenschaftlern und Bürokraten durch deren Zugehörigkeit zu unterschiedlichen „Welten" ohnehin so gestört sei, daß gemeinsames Denken und Handeln nicht die Regel, sondern die Ausnahme bilde.

Ein ganz anderes Bild ergibt sich nach Auffassung namhafter Forscher dann, wenn man unter Nutzung nicht die Lösung von Problemen, sondern die Beeinflussung der Wahrnehmung und Definition gesellschaftlicher Probleme auf Seiten der Öffentlichkeit oder auf Seiten einzelner Politiker oder Beamten durch sozialwissenschaftliche Daten, Konzepte, Theorien oder Fragestellungen versteht: „This kind of diffuse, undirected seepage of social research into the policy sphere".[1] Diejenigen, die mit diesem zweiten Nutzungskonzept arbeiten, kommen zu wesentlich optimistischeren Ergebnissen, was die praktische Bedeutung und Häufigkeit der Nutzung sozialwissenschaftlicher Informationen betrifft.[2] Für die Richtigkeit dieser Annah-

1 C. Weiss, Research for Policy's Sake: The Enlightenment Function of Social Research, in: *Policy Analysis*, Herbst 1977, S. 534.
2 N. Caplan et al., *The Use of Social Science Knowledge in Policy Decisions at the National Level*, Ann Arbor, Institute for Social Research, Univ. of Michigan, 1975.

me spricht schon sehr viel sozialwissenschaftliche Alltagserfahrung. Wer wollte bestreiten, daß die Arbeiten von Marx, Freud oder Keynes einen erheblichen Einfluß auf das Welt- und Selbstverständnis moderner Gesellschaften ausgeübt haben und noch immer ausüben? Wir müssen uns aber fragen, ob die meines Wissens auf Morris Janowitz[3] zurückgehende Unterscheidung eines „engeneering"- und eines „enlightenment"-Modells tatsächlich eine hinreichende Konzeptualisierung der Nutzungsproblematik darstellt. Nach meiner Auffassung ist dies nicht der Fall – denn, und das ist *meine erste These,* die Janowitz-Modelle erklären (zumindest in der Bundesrepublik) weder beobachtbare deutliche Unterschiede in der Nutzung von Angeboten verschiedener sozialwissenschaftlicher Disziplinen noch erklären sie Unterschiede in der Rezeptivität auf Seiten verschiedener Organisationen oder einzelner Abteilungen derselben Organisation. Beide – Unterschiede in der Nutzung von Angeboten unterschiedlicher sozialwissenschaftlicher Disziplinen und Unterschiede in der Rezeptivität verschiedener Organisationen oder Abteilungen – sind m. E. für die gegenwärtige Situation in der Bundesrepublik charakteristisch.

Eine der am häufigsten diskutierten Erklärungen einer relativen Abstinenz der Bürokratie gegenüber sozialwissenschaftlichen Angeboten ist die meines Wissens auf James Coleman zurückgehende „Two-Culture-These"[4]. Sozialwissenschaftler und politische Praktiker – so Coleman – leben in zwei verschiedenen „Welten" mit unterschiedlichen Zeithorizonten und unterschiedlichen Sprach- und Denkgewohnheiten. Die „world of action" sei, anders als die „disciplinary world", von permanenten Interessenkonflikten gekennzeichnet und arbeite mit einem hohen Maß an Redundanz.

Auch dieses Modell liefert jedoch nur eine ungenügende Erklärung dafür, warum Innovationen beispielsweise der Kernenergieforschung, der Medizin oder der Wirtschaftswissenschaften mit einem erheblich höheren Maß an Aufmerksamkeit seitens der Ministerialbürokratie rechnen können als Erkenntnisse beispielsweise der Nutzungsforschung. Wenn wir etwa nach den Ursachen dafür fragen, warum die von Sozialwissenschaftlern immer wieder geforderte Evaluation medizinischer Dienste und Leistungen in der Bundesrepublik bisher noch keinerlei politische Unterstützung gefunden hat, dann gibt Colemans „Two-Culture-These" hierzu wenig oder nichts her. Förderung, Entwicklung und Nutzung einzelner Wissenschaften beruhen wesentlich auf politischen Entscheidungen und – so *meine zweite These* – bedürfen deshalb einer auch politischen Erklärung.

Als wir in Konstanz vor einigen Jahren begannen, uns mit der Analyse der Nutzung sozialwissenschaftlicher Informationen in Verwaltung und Wirtschaft zu beschäftigen, standen wir insbesondere unter dem Einfluß einiger wissenschaftssoziologischer Überlegungen von Albert D. Biderman. Für Biderman wie für uns liegt das der Nutzungsforschung zugrundeliegende Motiv in der relativ geringen Akzeptanz angewandter Sozialforschung auf Seiten der Verwaltung im Vergleich zu der nicht mehr infrage gestellten Akzeptanz etwa der angewandten Naturwissenschaft oder

3 M. Janowitz, Professionalization of Sociology, in: *American Journal of Sociology,* 78/1972, S. 105–135.

4 J. Coleman, *Policy Research in the Social Sciences,* Morristown, N. J. 1972.

der Wirtschaftswissenschaft. Als abhängige Variable dient hier die Nachfrageentwicklung durch finanzkräftige staatliche Stellen. Eine wichtige Determinante dieser Nachfrage ist, so Biderman, der Grad, der „incorporation of social science theories concepts and values into the administrative culture". Biderman unterscheidet dementsprechend eine „social science-oriented professional culture" moderner Bürokratien und eine Verwaltungskultur „attached to more traditional bases of status and expertise"[5]. Außerwissenschaftliche Faktoren wie Ausbildung, Rekrutierung und berufliche Sozialisation des Verwaltungspersonals werden hier zu zentralen Nachfrage und Nutzung sozialwissenschaftlicher Informationen steuernden Variablen. Dazu, wie der Faktor „Verwaltungskultur" zu operationalisieren und zu messen sei, findet sich jedoch bei Biderman keine Angabe. Wir griffen hierzu auf einen Vorschlag zurück, der sich im Bereich der soziologischen Diffusionsforschung bereits bewährt hat. Zu dieser Forschungstradition bestehen auch inhaltliche Verbindungen; auch hier geht es um die Ermittlung der Faktoren, die Akzeptanz eines Angebots (Innovation) erleichtern oder erschweren. Ein wichtiges Resultat der empirischen Diffusionsforschung war ja die Erkenntnis, daß in (informellen) interpersonellen Beziehungen verankerte Einstellungen, Werte und Verhaltensweisen für die Rezeptivität gegenüber einem materiellen oder immateriellen Produkt von großer Bedeutung sind. Da Verwaltungsbürokratien hochdifferenzierte und komplexe Gebilde darstellen, und Entscheidungen auf zahlreichen Ebenen häufig im Verlauf einer Vielzahl einzelner Sequenzen vorbereitet (und Informationen entsprechend selektiert, verzerrt und unterdrückt) werden, gilt es, die Rezeptivität einer Organisation gegenüber Informationen eines bestimmten Typs analytisch und auch faktisch klar von der praktischen Entscheidungsrelevanz dieser Informationen im konkreten Falle zu unterscheiden – dies auch deshalb, weil ja aus wissenschaftstheoretischen Gründen kein zwingender Zusammenhang zwischen Wissen und Handeln besteht. Lazarsfeld und Reitz sprechen deshalb von einem „Sprung" über die Kluft zwischen Wissen und Handeln[6].

2. Zur Rezeption von Forschung in der Ministerialbürokratie

Aus untersuchungstechnischen Gründen konzentrierten wir uns auf eine empirische Analyse der Rezeptivität ausgewählter Ministerien und Wirtschaftsunternehmungen gegenüber sozialwissenschaftlichen Informationen. Befragt wurden insgesamt 405 Personen; die Ergebnisse aus der Ministerialbürokratie seien im folgenden kurz zusammengefaßt wiedergegeben:

1. Das Rezeptionsniveau der Bonner Ministerialbürokratie muß im Vergleich zu den von Caplan u. a. über die Washingtoner Verhältnisse berichteten Ergebnisse als generell gering angesehen werden.

5 E. T. Crawford/A. D. Biderman (Hrsg.), *Social Scientists and International Affairs*, New York 1969; s. auch A. D. Biderman, Über den Zusammenhang von Einfluß, Förderung und Erklärungskraft in den Sozialwissenschaften, in: B. Badura, *Seminar: Angewandte Sozialforschung*, Frankfurt a. M. 1976.

6 F. Lazarsfeld/C. Reitz, *An Introduction to Applied Sociology*, New York 1975.

2. Im einzelnen zeigen sich zwischen Ministerien und Abteilungen erhebliche Unterschiede, mit anderen Worten: Innerhalb der von Biderman so bezeichneten traditionellen Verwaltungskultur gibt es vereinzelte „Brückenköpfe" einer neuen sozialwissenschaftlich orientierten Subkultur.
3. Neben der Zugehörigkeit zur traditionellen oder zur neuen Verwaltungskultur hat auch die Ausbildung einen erheblichen Einfluß auf die Rezeptivität des Verwaltungspersonals: je größer die Berührung mit den Sozialwissenschaften schon während des Studiums, um so höher die Wahrscheinlichkeit einer positiven Nutzungsbereitschaft. Zugehörigkeit zu der einen oder der anderen Verwaltungskultur und Ausbildung erklären über 50 % der Varianz innerhalb unserer abhängigen Variablen. Dieses Ergebnis verdeutlicht die bemerkenswerte Homogenität der Meinungen über Sinn und Unsinn angewandter Sozialforschung innerhalb der Bonner Ministerialbürokratien; es verdeutlicht zugleich auch die erheblichen Hindernisse, denen sich Sozialwissenschaftler und ihre Angebote hier immer noch gegenübersehen.
4. Die Naturwissenschaftler und Ingenieure zeigen eine nahezu einhellige negative Einschätzung sozialwissenschaftlicher Informationen, während zumindest bei den Juristen, die innerhalb der sozialwissenschaftlichen Subkultur der Verwaltung tätig sind, die positive Einschätzung ihrer Umwelt vorherrscht.

Das Handeln komplexer Regierungsbürokratien wird zu einem ganz erheblichen Anteil von Standardprozeduren bestimmt, deren Veränderungen sich in der Regel nur sehr allmählich vollziehen. Dies gilt auch für die Personalrekrutierung und für das Informationsverhalten. Eine rasche Erschließung und intensive Nutzung neuer Qualifikationen und Informationen darf deshalb auch nur von neuen Organisationen erwartet werden. Je später eine wissenschaftliche Disziplin mit ihrem Angebot an Wissen und Personal an etablierte Bürokratien herantritt, um so größer dürfte deshalb der Widerstand derer sein, die sich diesen „Markt" bislang geteilt haben. Die Sozialwissenschaften sind in der Bundesrepublik in der Situation eines Neulings, der sich bislang nur in einigen wenigen Marktnischen des Beratungssystems zu etablieren vermochte. Auch diese Positionen sind nicht ungefährdet, beruhen sie doch noch zu häufig auf den spezifischen Kompetenzen und Beziehungen einzelner Sozialwissenschaftler, nicht aber auf einer kontinuierlichen und generalisierbaren Nachfrage nach sozialwissenschaftlichen Informationen. Immerhin ergeben sich wenigstens in solchen vereinzelten Fällen bei einzelnen Teilen der Regierungsbürokratie die Chancen für positive Erfahrungen in der Kooperation mit Sozialwissenschaftlern. Solche vereinzelte und noch eher zufällige Möglichkeiten einer für beide Seiten lernintensiven Zusammenarbeit könnten den Beginn kontinuierlicher Interaktion und erhöhter generalisierbarer Akzeptanz sozialwissenschaftlicher Angebote insgesamt bilden.

Nutzung sozialwissenschaftlicher Methoden und Ergebnisse wird geradezu unmöglich dort, wo eine Tradition bürokratischer Nichtintervention und die Monopolisierung des Beratungsmarktes mit handgreiflichen berufspolitischen Interessen zusammenfallen und dadurch schon die Entstehung einer bescheidenen Nachfrage nach sozialwissenschaftlichen Informationen regelrecht verhindert wird. Diese Situation ist gegenwärtig, das wurde schon eingangs erwähnt, im Gesundheitssektor der Bundesrepublik gegeben. Obwohl wir hier mit unseren Aufwendungen im internationalen Vergleich eine Spitzenposition einnehmen und obwohl in England und den USA zahlreiche, bereits höchst aufschlußreiche Bemühungen um eine Evaluation medizinischer Dienste und Leistungen angestellt werden, glaubt man hierzulande immer noch, darauf verzichten zu können. Diese Situation der Nichtevaluation und der Nichtnutzung im Ausland bewährter Ansätze und Methoden verweist noch einmal nachdrücklich auf die Bedeutung politischer Variablen, deren hinreichende Berücksichtigung die Nutzungsforschung bislang m. E. zu ihrem Schaden vermieden hat.

3. Ausblick

In der gegenwärtigen Situation scheint aber auch ein erneutes Überdenken der Fragestellungen und Motive der Nutzungsforschung erforderlich zu sein.

Die bisherigen Ansätze der Nutzungsforschung beschäftigen sich, in Abwandlung der bekannten Lasswell-Formel, mit der Frage: Wer nutzt wie welche sozialwissenschaftlichen Informationen in welchem Kontext mit welcher Absicht und welcher Wirkung, und wie häufig geschieht dies? So interessant und wichtig die damit angesprochenen Probleme auch sind, erscheint dennoch, bezogen auf die gegenwärtige Situation in der Bundesrepublik, nicht nur eine wissenschaftspolitische, sondern auch eine wissenschaftssoziologische Ausweitung dieser Fragestellung erforderlich, und dies aus den folgenden Überlegungen:

1. Trotz aller Forderungen nach interdisziplinärer Forschung spielen Disziplinen nach wie vor eine entscheidende Rolle für die Karriere einzelner Wissenschaftler, die Entwicklung wissenschaftlichen Wissens und die Wahrnehmung, Wertung und Förderung wissenschaftlicher Aktivitäten und Produkte durch Öffentlichkeit, Verwaltung und Wirtschaft.
2. Zwar weist der Sektor Forschung und Entwicklung insgesamt auch in der Bundesrepublik in der Vergangenheit ein erhebliches Wachstum auf, die einzelnen wissenschaftlichen Disziplinen sind an diesem Wachstum jedoch sehr unterschiedlich beteiligt – dies gilt nicht nur, wenn man die Entwicklung zwischen den Naturwissenschaften und den Sozialwissenschaften vergleicht, sondern dies gilt auch für die Entwicklung innerhalb der einzelnen sozialwissenschaftlichen Disziplinen.
3. Während in einzelnen Bereichen wie der Kernphysik oder den Wirtschaftswissenschaften die Beziehungen zwischen Wissenschaft und Praxis zum Teil soweit vorangeschritten sind, daß die Grenzen zwischen ihnen beiden nahezu verschwinden, scheint sich in anderen Bereichen der Austausch von Wissen, Erfahrungen und Zielvorstellungen nur sehr schwerfällig und stockend zu vollziehen.
4. Die Soziologie gehört in der Bundesrepublik zu den Disziplinen, deren Ansehen, Förderung und Einfluß als vergleichsweise gering angesehen werden muß; differenziert man jedoch die Produkte dieser Wissenschaft in theoretische Beiträge auf der einen und methodisch-technische Beiträge auf der anderen Seite, so zeigen sich selbst innerhalb ein und derselben Disziplin erhebliche Unterschiede, was die allgemeine Akzeptanz ihrer Produkte betrifft. Während Methoden und Techniken der modernen Soziologie, wie sie paradigmatisch auf dem Gebiet der

Umfrageforschung entwickelt wurden, mittlerweile zum selbstverständlichen Instrumentarium etwa von Markt- oder von Wahlanalysen gehören, stoßen qualitative Methoden und theoretische Entwicklungen dieses Fachs zumeist auf völliges Desinteresse oder sogar erhebliche Skepsis.

5. Wenn es jedoch zutrifft, daß der gesellschaftliche Einfluß einer Disziplin weniger von der Verbreitung ihrer Methoden und Techniken, sondern davon abhängt, wieweit ihre Fragestellungen und theoretischen Annahmen Grundlage außerwissenschaftlicher Denkgewohnheiten und Handlungsmuster bilden, dann sind Änderungen in den Denkgewohnheiten und Handlungsmustern nicht – wie im „enlightenment"-Modell der Nutzungsforschung – nur Ergebnis, sondern ihrerseits wiederum Voraussetzung eines wachsenden Einflusses einer Wissenschaft.

Nutzungsforschung muß sich den ***strukturellen Determinanten*** zuwenden, die das ***Wachstum*** sozialwissenschaftlicher Disziplinen und die ***Rezeptivität*** komplexer Organisationen gegenüber den Produkten dieser Disziplinen zu erklären vermögen. Zur Identifikation dieser strukturellen Determinanten könnten Studien geeignet sein, die sich mit den Entwicklungs- und Anwendungsbedingungen bereits „erfolgreicher" Disziplinen (z. B. der Kernphysik, der Rechtwissenschaft, der biomedizinisch orientierten Medizin, den Wirtschaftswissenschaften) beschäftigen und diese Bedingungen dann mit denen weniger erfolgreicher Disziplinen (z. B. der Soziologie, der Verwaltungswissenschaft und der Sozialmedizin) vergleichen. Auch Fallstudien über die Entstehung und Entwicklung einzelner Teildisziplinen, wie z. B. der Medizinsoziologie oder der Industriesoziologie, könnten hierzu aufschlußreiche Erkenntnisse liefern. Ein gutes Beispiel dafür, daß Änderungen in den Denkgewohnheiten Ergebnis angewandter Forschung und zugleich Voraussetzung für das rasche Wachstum einer Teildisziplin sein können, liefern die bekannten Arbeiten von Elton Mayo und seinen Kollegen in den Hawthorne-Werken. Entstehung, Entwicklung und Nutzungsgeschichte des „human-relations"-Ansatzes wäre zugleich ein (seltener) Fall, an dem sich Bedingungen für den wachsenden Einfluß theoretisch-soziologischer Konzepte systematisch untersuchen ließen, insbesondere die für die Nutzungsforschung zentrale Frage, ob und wieweit die steigende gesellschaftliche Nachfrage nach sozialwissenschaftlichem Wissen von dessen Wissenschaftlichkeit oder von außerwissenschaftlichen Bedingungen abhängt.

Bibliographie

Biderman, A. D., Über den Zusammenhang von Einfluß, Förderung und Erklärungskraft in den Sozialwissenschaften, in: B. Badura, *Seminar: Angewandte Sozialforschung*, Frankfurt a. M. 1976.

Caplan, N. et al., *The Use of Social Science Knowledge in Policy Decisions at the National Level*, Ann Arbor, Institute for Social Research, Univ. of Michigan, 1975.

Coleman, J., *Policy Research in the Social Sciences*, Morristown, N. J. 1972.

Crawford, E. T./A. D. Biderman (Hrsg.), *Social Scientists and International Affairs*, New York 1969.

Janowitz, M., Professionalization of Sociology, in: *American Journal of Sociology*, 78/1972, S. 105–135.

Lazarsfeld, F./C. Reitz, *An Introduction to Applied Sociology*, New York 1975.

Weiss, C., Research for Policy's Sake: The Enlightenment Function of Social Research, in: *Policy Analysis*, Herbst 1977, S. 534.

Stephen J. Fitzsimmons[1]
Abt Associates Forschungsgesellschaft mbH, Bonn

Erfahrungen aus dem Transfer von Evaluierungsforschung

Einige Hypothesen über unterschiedliche Weltanschauungen in den USA und der Bundesrepublik Deutschland

I. Einleitung

Lassen sich die realisierbaren *Typen* staatlich gelenkter Politikforschung und -evaluierung und die Art, in der sie durchgeführt werden können, übertragen? Inwiefern unterscheidet sich der *Einfluß*, den Evaluierungsforschung auf die verantwortlichen Politiker hat, in den USA und der Bundesrepublik?

Die Erfahrungen aus dem Transfer eines bestimmten Konzepts der Politikforschung und die entsprechenden Anpassungen, die wir am „Amerikanischen Modell" vorgenommen haben – Anpassungen in der Organisation, der Planung, der Personalausstattung, dem Beschaffen und der Ausführung der Forschung, um eine Organisation staatlich orientierter Politikforschung aufzubauen –, geben einige vorläufige Antworten („Hypothesen") auf die gestellten Fragen.

II. Hintergrund

Die Abt Associates wurde vor 15 Jahren in den USA gegründet. Sie sollte die Ergebnisse aus Sozialwissenschaften, Unternehmensforschung und das Wissen über soziale Programme auf die Evaluierung von Programmen und Politiken der Regierung anwenden. Typische Forschungsfelder und Einsatzgebiete von Programmen umfassen Erziehung, Beschäftigung, ökonomische Entwicklung, Gesundheit, Wohnungswesen, Recht und Justiz sowie die meisten Gebiete innenpolitischer Programme, die von der Regierung durchgeführt werden. Gegenwärtig beschäftigt die Organisation 850 Wissenschaftler, Fachkräfte und Hilfspersonal. In den letzten 15 Jahren sind

1 Dank gebührt den Mitgliedern des wissenschaftlichen Beirates der Abt Associates ForschungsGmbH: Dr. Clark Abt, den Professoren Kenneth Arrow, Daniel Bell, Hans-Jürgen Krupp, Renate Mayntz, Erwin Scheuch, Carl Christian von Weizsäcker und Rudolf Wildenmann. – Der Autor ist Geschäftsführer der Abt Associates Forschung in Bonn und Vizepräsident der International Operations, Abt Associates Inc., Cambridge, Mass.

mehr als 1000 Forschungsprojekte verwirklicht worden. Überdies wurden Arbeiten in rund einem Dutzend anderer Länder durchgeführt.

Erstmals kam die Abt Associates vor ca. sechs Jahren in Kontakt mit einem deutschen Ministerium. Im Auftrage des Bundesministers für Forschung und Technologie (BMFT) sollte die Anwendungsmöglichkeit des Konzepts „Technologietransfer Teams" in der Bundesrepublik untersucht werden. Dieses Konzept war für die amerikanische Nationale Luft- und Raumfahrtbehörde (NASA) entwickelt worden. Es beabsichtigte, Wissenschaftler, Hersteller und potentielle Konsumenten zusammenzubringen, um technologische Innovationen des Raumfahrtprogramms auf die Lösung städtischer (technologieintensiver) Regierungsprobleme[2] zu übertragen. Unsere Organisation wurde ausgewählt, weil sie für die NASA in diesem Bereich bereits beträchtliche Forschungs- und Entwicklungsarbeit geleistet hatte und man hoffte, daß sie zusammen mit einem deutschen privaten Forschungsinstitut in der neuen Umgebung ähnliche Konzepte und Verfahren anwenden könnte.

Abt Associates wie auch andere private und quasi-private Forschungsorganisationen (Brookings Institute, Mathematica, National Opinion Research Centre, Rand, Standford Research Institute, Urban Institute u. a.) repräsentieren typische amerikanische *organisatorische Innovationsgebilde*, die in den letzten beiden Jahrzehnten entstanden sind, um Wissenschaftler und verwandte Spezialisten in Forschungsteams organisatorisch zusammenzufassen. In diesen führen hochspezialisierte Wissenschaftler anwendungsorientierte Forschungsaktivitäten aus, die darauf abzielen, die verantwortlichen Politiker (der Exekutive, Legislative und Judikative) im Entscheidungsprozeß zu unterstützen. Mit dem Auftreten der Abt Associates auf dem deutschen Forschungsmarkt sind daher gleich zwei Typen von „Transfer" miteinander verknüpft: Erstens wurden mit dem eigentlichen Vertrag neue Ansätze für die Anwendung harter Technologieideen auf Probleme des öffentlichen Sektors erforscht; zweitens wurde der organisatorische Ansatz der Politikforschung, den die Gesellschaft einbrachte, in einer anderen Nation getestet, d. h. eine Art von Transfer „sozialer Technologie". Von Anfang unseres Technologietransfer-Projekts an waren wir an der Möglichkeit interessiert, auch Erfahrungen aus wirtschafts- und sozialwissenschaftlichen Forschungsprojekten in Deutschland zu nutzen. Die Bundesrepublik bietet für den Typ von Politik- und Evaluierungsforschung, den wir in den USA betreiben, günstige Voraussetzungen, z. B. ökonomische Stärke, Größe seiner Bevölkerung, Engagement in effektiven sozialen Reformprogrammen und eine tiefverwurzelte Tradition der Grundlagenforschung.

Beim Aufbau einer deutschen Tochter lernte ich *Unterschiede* wie *Gemeinsamkeiten* zwischen deutschen und amerikanischen Regierungsbehörden und Forschungsarbeiten kennen. Zwei Hauptunterschiede sind festzuhalten:

2 Beispielsweise der Gebrauch von korrosionsresistenten Plasten in Projekten der öffentlichen Hand oder der Einsatz eines verbesserten Oxygen-Atemgeräts bei der Feuerwehr usw. Das BMFT wollte die Möglichkeiten der Übernahme organisatorischer Techniken prüfen, die den Technologietransfer in die Gemeinden erleichtern. Unterschiedliche nationale Eigenschaften und Fähigkeiten der beiden Länder, die Verschiedenheiten der Marktgrößen und das abweichende nationale Ausrüstungsniveau waren hierbei zu berücksichtigen.

1. Trotz der vorhandenen intellektuellen Ressourcen der Behörden und des starken Engagements der politischen Parteien bei wirksamen sozialen Programmen gab es in Deutschland weit weniger Pilotprojekte und soziale Experimente als ich erwartet hatte. Das war um so bemerkenswerter, als der Bund riesige Investitionen in soziale Programme fließen ließ und ständig Diskussionen darüber stattfanden, diese Programme zu erweitern und neue zu schaffen.
2. Es schien nur relativ wenige Forschungsinstitute zu geben, deren *Haupt*beschäftigung in dem breiten Spektrum der angewandten Politikforschung und Politikevaluierung lag. Das erschwerte es beträchtlich festzustellen, wieviel Gelder denn nun tatsächlich für diesen Forschungstyp aufgewandt wurden[3].

Daneben besteht noch eine Vielzahl von Unterschieden zwischen den beiden Ländern, Unterschiede, die es notwendig erscheinen lassen, daß sich das „Amerikanische Modell" der Organisation der Politikforschung und -evaluierung den deutschen Erfordernissen anpaßt.

In einer Konferenz über den zukünftigen Bedarf an Politik- und Evaluierungsforschung versuchten wir Unterschiede und Gemeinsamkeiten herauszuarbeiten. Vertreter von Regierungsbehörden, Universitäten und Forschungszentren aus Amerika und Deutschland legten Arbeiten über erwartete soziale Programme und Forschung in den achtziger Jahren vor. Das Zusammentreffen von Perspektiven von beiden Seiten des Atlantiks bewies deutlich das Potential für den Ideentransfer in beiden Richtungen. Sobald jedoch die Amerikaner über soziale Experimente, ausgefeilte Forschungspläne und massive Datenbasen berichteten, die staatsübergreifendes Messen erst erlauben, vernahm man die Bemerkung: „Das geht in Deutschland überhaupt nicht!"[4]

Aufgrund unserer heutigen mehrjährigen Erfahrung kann ich inzwischen sagen, daß sich Deutschland tatsächlich als ein anregendes Feld für Politikforschung erwiesen hat. Wir beschäftigen inzwischen rund 25 deutsche Angestellte und Berater, hauptsächlich Sozialwissenschaftler (Ökonomie, Soziologie und Politologie) mit Interesse an angewandter Politikforschung. Die meisten besitzen Kenntnisse in der Forschungsplanung und in quantitativen Methoden. Im Moment arbeiten wir an mehr als einem Dutzend Forschungsprojekten der Bundes- und Länderbehörden. Nachdem die Anfangsphase überstanden ist, haben wir festen Fuß gefaßt und treten nun in eine Wachstumsphase ein. In den Themen gleicht unsere Forschung der unse-

3 Das Ministerium für Forschung und Technologie gibt Informationen über den gesamten Aufwand des Bundes für Forschung und Entwicklung heraus. Es war jedoch oft unmöglich, die Forschungs- von der Entwicklungsfinanzierung zu trennen oder innerhalb des Forschungsaufwandes zu bestimmen, wieviel Gelder auf die traditionellen Formen der sozialen und ökonomischen Analyse und wieviel auf die angewandte Politikforschung entfielen. Außerdem waren die Ausgaben der Länder nicht in diesen Angaben enthalten. Es war offensichtlich, daß es zwischen verschiedenen kategorialen Programmgebieten große Unterschiede in der Höhe der Forschungsfinanzierung gab.

4 Zur weiteren Diskussion, in welche Richtung sich die Politikforschung in der Bundesrepublik wahrscheinlich bewegt, s. St.J. Fitzsimmons/R. Wildenmann/K. Arrow (Hrsg.), *Zukunftsorientierte Planung und Forschung für die 80er Jahre. Deutsche und amerikanische Erfahrungen im Bereich der Erziehungs-, Wohnungs-, Beschäftigungs-, Gesundheits-, Energie- und Umweltpolitik*, Königstein/Taunus 1978.

rer Muttergesellschaft (Wohnungswesen, Arbeitslosigkeit, Umweltschutz, Regionalentwicklung, Abschätzung der sozialen Folgewirkungen, Innovations- und Technologiepolitik usw.). Viele Techniken des Projektmanagements und der angewandten Forschungsmethoden sind von der Muttergesellschaft übernommen worden, besonders in unseren Studien zur Wohnsituation und zur Arbeitslosigkeit. Im Gegensatz zu den USA gibt es in der Bundesrepublik bisher wenige groß angelegte, systematische Evaluierungen (dies gilt für alle bisherigen Forschungen). Auch findet man – bis jetzt – nur selten Gelegenheit, echte „Pilotprogramme", „soziale Experimente" und Wirkungsanalysen durchzuführen; gerade derartige Forschung aber stellt die innovativste Forschung in den USA dar. Diese Unterschiede lassen sich auf unterschiedliche Ursachen zurückführen, wie gesellschaftliche Faktoren, institutionelle Bedingungen oder vorherrschende Forschungsorientierungen. Sie prägen die Durchführung von Forschung in der Bundesrepublik und beeinflussen den Transfer von Konzepten und Organisationsformen der Politikforschung und -evaluierung aus den USA nach Deutschland. Auf einige Unterschiede zwischen den USA und der Bundesrepublik und ihre Implikationen für die Politikforschung und -evaluierung wird im folgenden näher eingegangen werden.

Das erste, was man – interessiert man sich für die Probleme öffentlicher Politik – beim Vergleich dieser beiden Länder bemerkt, ist das unterschiedliche Bewußtsein der Bürger für Angelegenheiten von öffentlichem Interesse und ihre Partizipation an politischen Vorgängen. In Deutschland wird öfter und ernsthafter über politische und gesellschaftliche Probleme in Fernsehen und Rundfunk berichtet und diskutiert als das in Amerika der Fall ist; dasselbe trifft für die Presse zu. Die Differenz ist graduell, scheint aber doch recht groß zu sein.

Auch die berufstätige Bevölkerung in Deutschland scheint politisch relativ interessiert zu sein. Der amerikanische Wähler zeigt sich zwar spezifischen Problemen gegenüber sehr aufgeschlossen und wird hier auch aktiv (etwa bei der Errichtung von Atomkraftwerken, Arbeitslosigkeit, Kosten der Gesundheitsversorgung, Recht auf Leben usw.), das problemspezifische Interesse jedoch scheint beim *größeren Teil* der Bürger recht kurzlebig zu sein. Einer der vielleicht überzeugendsten Indikatoren hierfür ist die ziemlich regelmäßige Teilnahme von 80 % bis 90 % der deutschen Wähler an Bundestagswahlen im Gegensatz zu der schwachen Wahlbeteiligung amerikanischer Wähler bei der Wahl ihrer Abgeordneten. Es ist offensichtlich, daß sich die Deutschen gegenüber ihrer Regierung und den Parteien nicht uninteressiert zeigen, wenn ihnen ihre staatsbürgerlichen Pflichten nicht gleichgültig sind. Wer an Politikforschung interessiert ist, findet also für gewöhnlich in Deutschland aktivere und besser informierte Staatsbürger als in den USA. Vieles von dieser Aktivität wird über die verschiedenen Parteien vermittelt. Das führt zu dem zweiten Unterschied. Die Amerikaner scheinen viel aktiver als die Deutschen zu sein, wenn es um mobilisierte (außerparteiliche) öffentliche Partizipation geht. Beispiele aus der jüngsten Vergangenheit sind die Bürgerrechtsbewegungen der Schwarzen und Chicagos, die Anti-Vietnamkriegs-, die Umweltschutz- und die Frauenbewegung, die Steuerrebellion, aber auch die Alten- und die Homosexuellenbewegung. Das deutsche Gegenstück, die Bürgerinitiativen, hat zwar in den späten siebziger Jahren einen starken

Aufschwung erlebt, die Partizipationsweisen beider Bewegungsformen unterscheiden sich jedoch erheblich voneinander. Eine Ursache hierfür sind die unterschiedlichen *Anschauungsweisen* der Bürger in beiden Staaten. Amerikaner interessiert bei einer Evaluierung vor allem: „Does it work". Das ist die Orientierung des Pragmatismus. Natürlich werden bestimmte Werte hervorgehoben, wie individuelle Freiheit, Gerechtigkeit, Ehrlichkeit, Verantwortlichkeit usw. Aber ob es im Geschäft, bei der Regierung oder im Privatleben ist, die Amerikaner betonen immer eine „praktische" Herangehensweise bei der Lösung eines Problems. *Teamwork* ist ein wichtiger Bestandteil dieser Kultur. Deutschland, obgleich es viele Grundwerte teilt, scheint hier bemerkenswerte Verschiedenheiten aufzuweisen. Ein wesentlicher Unterschied ist die Existenz einer fortwährenden ideologischen Diskussion über richtiges Handeln. In SPD, CDU und FDP werden unterschiedliche Auffassungen über die Beziehungen zwischen Staat, dem privaten Sektor und den Individuen vertreten. Während Politik- und Evaluierungsforschung in den USA fragt, wie gut eine Politik oder ein Programm funktioniert (z. B. wirtschaftlich, erfolgreich, sachdienlich), arbeiten Forscher in der Bundesrepublik im Normalfall im Rahmen von parteibeherrschten Behörden, wobei durch den legislativen Prozeß bestimmt ist, daß eine besondere Politik angemessen ist. Hier konzentriert sich die Forschung darauf, ob ein Programm so durchgeführt wird, wie man es erwartet hat, ob Ziele verfolgt wurden, ob die Führung sich durchgesetzt hat, wie viele Leute Dienstleistungen erhalten usw. Eine weitere Ursache für unterschiedliche Formen der Forschung liegt auch in den ausgeprägten ethnischen Unterschieden der Bevölkerung beider Gesellschaften hinsichtlich der Zusammensetzung. In den USA setzt sich die Bevölkerung aus den Nachkommen der Einwanderer vieler Rassen, Länder und Kulturen zusammen. Der jüngste Zustrom spanisch sprechender Menschen (von denen viele ihre Muttersprache beibehalten) und ein Ansteigen kultureller Bewußtheit bei Schwarzen wird durch ein steigendes Bewußtsein unter den verschiedenen anderen ethnischen Nachfahren von früheren Siedlern ergänzt. Gruppen wie die der Frauen, der alten Menschen und Jugendlichen haben ihre Besonderheit und ihre Interessen herausgestellt, um auf sich aufmerksam zu machen und ihre Rechte zu vertreten. In Wirklichkeit besteht diese Kultur aus *vielen* Kulturen, sie ist *heterogen*. Im Vergleich dazu – und trotz des großen Zustroms von Gastarbeitern in den letzten Jahrzehnten (die kein Wahlrecht besitzen) – ist die deutsche Kultur weitaus homogener. Natürlich gibt es regionale Unterschiede, z. B. zwischen Nord und Süd oder zwischen dem ländlichen und dem städtischen Deutschland, unbestritten aber ist die Existenz einer starken gemeinsamen, blühenden, traditionellen Kultur. Die Politik- und Evaluierungsforschung in den USA steht vor der Notwendigkeit, intensiv die kulturellen Differenzen herauszuarbeiten, da diese die erforderlichen politischen Maßnahmen und Programme beeinflussen. Ob sie Erfolg haben oder nicht hängt davon ab, ob sie diese sehr verschiedenen Gruppen erreichen und von ihnen angenommen werden. Mit Ausnahme der Gastarbeiterstudien kann die deutsche Politikforschung diese Probleme vernachlässigen, ihre Probleme drehen sich allenfalls um die Unterschiede zwischen besonderen Untergruppen innerhalb dieser homogenen gesellschaftlichen Kultur.

Ein beträchtlicher Teil der Politik- und Evaluierungsforschung in den USA ist auf Programme gerichtet, die den schätzungsweise 30 Millionen Armen dienen und den zukünftigen Generationen die „Flucht aus der Armut" ermöglichen sollen (z. B. durch das „Head Start" und das „Follow Through Programme"). An einer solchen Forschung gibt es in Deutschland kaum Bedarf. Gewisse Gruppen (z. B. ältere Menschen) mit begrenztem Einkommen sind durch das „soziale Netz" (Arbeitslosengeld, Rentenprogramm, Krankenversicherung) weitgehend abgesichert.

Diese Unterschiede zwischen den beiden Gesellschaften haben Einfluß auf die *Art der Programme und die politischen Maßnahmen*, die von der Regierung durchgeführt werden. In den USA liegt die Betonung auf *innovativen* Programmen, dem Versuch, neue Wege zu entdecken, um verschiedenen Gruppen wirkungsvoll zu helfen. Man stellt die Frage, „what works with whom" (was mit wem arbeitet). Dies veranlaßte die US-Regierung u. a. dazu, Demonstrations- und Modellprogramme aufzustellen und in den letzten Jahren verstärkt sorgfältig durchgeführte „soziale Experimente" auszuprobieren (z. B. das Einkommenssicherungsprogramm, mehrere Kinderbetreuungsprogramme, Wohnhilfeprogramme), um kontrolliert und systematisch die Wirkungen von Programmvarianten zu untersuchen. Dies führte dazu, daß die angewandte Sozialforschung exakter als bisher betrieben wird. In der Bundesrepublik dagegen werden einmal verabschiedete Programme und Gesetze möglichst *einheitlich* durchgeführt[5].

Zwei Phänomene in sozialen Programmen in Deutschland erscheinen bemerkenswert: Erstens scheint eine Anzahl von *nationalen* Programmen konzeptionell sehr gut durchdacht zu sein (z. B. Berufsausbildung und Weiterbildung für Jugendliche und mehrere Aspekte des Programms der Sozialversicherung). Die USA könnten eine ganze Menge über das Konzeptionieren der Programme von Deutschland lernen. Zweitens sind hervorragende Beispiele von *Pilotprogrammen* in Deutschland zu nennen (z. B. die Einrichtung einer Gesundheitsfürsorge, die den Patienten wirklich als Menschen behandelt, oder die Institution von Gruppentherapien für einzelne Eltern, die von einer Gemeinde ausgeht, oder das Erforschen neuer Konzepte in der Kinderbetreuung). Diese Programme werden auf Gemeindeebene entwickelt und stellen einen Protest gegen etabliertere Praktiken dar. Viele dieser Unternehmungen scheinen besser begriffen, verstanden und ausgeführt zu werden als einige ähnliche Programme in Amerika. Von der sprichwörtlichen „deutschen Akribie" bei wichtigen Details und in der Durchführung können amerikanische Gemeindeprogramme nur lernen. Es gibt da aber zwei Probleme:

1. Viele Modellprogramme werden einige Jahre lang über einen bestimmten Zeitraum hinweg finanziert, dann aber fallengelassen, die Zahlungen durch die lokalen Behörden eingestellt.

5 In einer bemerkenswerten Hinsicht gibt es jedoch eine beträchtliche Verschiedenheit staatlicher Programme, nämlich dann, wenn die Länder selbst für die Programmdurchführung verantwortlich sind (besonders bei Gesundheit und Erziehung). Leider ist es sehr schwierig, *ähnliche Daten* über die Programme der Länder zu erhalten, so daß, obwohl das Potential für komparative Forschung über verschiedene Programme in der Bundesrepublik vorhanden ist, es für Vorhaben politischer Analyse meist ungenützt bleibt.

2. Es gibt so wenig tatsächliche Evaluierung zu diesen Programmen, daß Aufarbeitung und Analyse fehlen. Als Folge werden innovative und effektive Erfahrungen nicht weitergegeben, größere Fortschritte werden vertan. Das ist ein hoher Preis, den man für unterfinanzierte Pilotprogramme und für unterlassene Forschung über solche Unternehmungen zahlen muß.

Ein weiterer wesentlicher Unterschied besteht in der Durchführung von Gesetzesvorhaben und Programmen. Amerika hat eine *repräsentative* Regierungsform, in der alle Senatoren und Mitglieder des Kongresses und gewissermaßen auch der Präsident direkt von den Wählern bestimmt werden. Deutschland hat eine *parlamentarische* Regierungsform und wird in jüngster Zeit meist von einer Parteienkoalition regiert. In den USA entstehen Programme und Gesetze in einem Prozeß von Empfehlung und *Kompromiß* zwischen verschiedenen Gruppen – Republikaner und Demokraten, Liberale und Konservative, Arbeitnehmer und Arbeitgeber. Liberale Demokraten und Republikaner verbinden sich in bestimmten Fällen, um ihre jeweiligen konservativen Parteimitglieder zu überstimmen. In der Bundesrepublik dagegen brechen oft intensive Diskussionen zwischen den beiden Hauptkoalitionen aus: Nach langen Parteikämpfen fällt die Entscheidung, ein Programm zu finanzieren, meist durch die *Übermacht einer Partei.* Wenn eine bestimmte Politik verabschiedet wird, bedeutet das, daß sich eine Partei (oder Parteikoalition) durchgesetzt hat[6]. Diese Unterschiede ziehen eine Reihe von Konsequenzen für die Rolle der Politik- und Evaluierungsforschung nach sich. In Amerika erwartet man von der Forschung oft eine Rückkoppelung zur Exekutive und Legislative, die diese über Folgewirkungen der Implementation der Programme und politischen Maßnahmen informiert. In der Bundesrepublik besteht häufig eher ein Interesse, ein Programm zu legitimieren, nachzuweisen, daß das Programm „eine gute Sache" sei. Berichte über Forschungsprojekte, die negative Effekte aufzeigen, werden manchmal von den Behörden nicht veröffentlicht oder, falls Projekte negative Ergebnisse erwarten lassen, werden sie erst gar nicht finanziert. Sind mehrere Gruppen mit recht unterschiedlicher Zielsetzung beteiligt (z. B. beim Gesundheitswesen Ärzte, Krankenversicherungen und verschiedene Länder), scheint es besonders schwierig zu sein, Forschungsmittel zu erhalten. In dieser Hinsicht, d. h. die finanziellen Mittel für eine sorgfältige Analyse oder Evaluierung zu erhalten, hat der Politikforscher in Deutschland vermutlich mit größeren Schwierigkeiten zu kämpfen als sein Kollege in Amerika.

Ein wichtiger Unterschied zwischen den beiden Regierungen besteht ferner in der Gesetzgebung zur Programmevaluierung und der Politikforschung. Erstens verabschiedete der US-Kongreß in den sechziger Jahren ein Gesetz, das vorschrieb, daß Programme, die als Teil des Great-Society-Programms galten, evaluiert werden müßten und die Ergebnisse dem Kongreß vorzulegen seien. Zweitens ordnete der Kongreß mit dem nationalen Umweltschutzgesetz (National Environmental Protection Act – NEPA) an, daß Berichte über (ökonomische, soziale und ökologische) Aus-

6 Bei diesem Prozeß werden sich die Parteien gelegentlich über ein Problem einig sein (wie kürzlich im Fall der Umweltpolitik), und die Bürger, die andere Ansichten vertreten, müssen sich hauptsächlich über „Bürgerinitiativen" Gehör verschaffen.

wirkungen auf die Umwelt (Environmental Impact Statements) *vor* der Durchführung der meisten mit Bundeshilfe unterstützten Investitionen zu erstellen seien. (Dabei wird die Zukunft ohne das Projekt gegenüber Projektalternativen untersucht.) Hierfür wurden beträchtliche Gelder zur Verfügung gestellt; allein 1978 wurden mehr als 1 Milliarde Dollar der die Regierungsprogramme begleitenden Forschung zugewiesen (und auf ein breites Spektrum von Programmgebieten umgelegt). Obwohl es auch in Deutschland Gesetze über die Erstellung von Berichten zu Auswirkungen auf die Umwelt gibt (teilweise nach dem Vorbild der US-Gesetzgebung), hat das deutsche Parlament keine größeren Geldmittel zur Finanzierung von Evaluierung bereitgestellt. Man finanziert bevorzugt Grundlagen- und disziplinäre Forschung der verschiedenen sozialen und ökonomischen Gebiete. Vergleichbare Zahlenangaben für beide Nationen lassen sich kaum ermitteln, aber aufgrund unserer eigenen Budgetanalyse der für Forschung (im Unterschied zu Forschung *und* Entwicklung) zuständigen bundesdeutschen Behörden schätzen wir, daß in der Bundesrepublik 1979 für soziale und ökonomische Forschung ungefähr 1, Mrd. DM ausgegeben wurde, davon jedoch lediglich 75 bis 150 Mill. DM für Auftragsforschung, der Rest verteilt sich auf verschiedene staatliche bzw. halbstaatliche Forschungszentren. Diese Zahlen unterscheiden noch nicht zwischen disziplinärer und Grundlagenforschung auf der einen und ausgeprägt politikorientierter Forschung auf der anderen Seite. Als Folge dieser Gesetzgebung führen die USA absolut und relativ mehr Politik- und Auftragsforschung durch, verteilt auf eine wesentlich größere Anzahl von Forschungszentren, die in der Regel eher interdisziplinär orientiert sind. Dagegen gibt es in Deutschland eine relativ größere Anzahl spezialisierter Forschungszentren, die weniger auf politische Entscheidungen *per se* zielende Forschung betreiben.

Auch die *Rolle der exekutiven Behörden* unterscheidet sich in beiden Gesellschaften erheblich voneinander. In den Vereinigten Staaten ist die Zentralregierung der Initiator einer ganzen Reihe von sozialen *Programmen* (z. B. Erziehung, Wohnungswesen, Beschäftigung usw.). In vielen Fällen führen die Regierungsbehörden der Regionen, Einzelstaaten, Landkreise oder Orte die Programme durch. Sie nehmen in verschiedenen Abstufungen die Kontrolle über den Inhalt des jeweiligen Programms wahr, die Richtlinien, Maßstäbe und Anforderungen jedoch werden von der Zentralregierung bestimmt. In der Bundesrepublik spielen die Länder über die Programme des Bundes (z. B. Arbeitslosenunterstützung, Wohngeld) eine weit aktivere Rolle bei der Bestimmung des Inhalts, der Beteiligung und Politik vieler Programme (z. B. Schul-, Gesundheits- und Umweltpolitik). Diese Unterschiede haben wenig mit „geplanter Variation" zu tun, sondern spiegeln eher die Unterschiede in lokalen Bedingungen, Werten und dem Gewicht der politischen Parteien wider. Gleichfalls unterscheiden sich Umfang, Art und Gewicht der Politik- und Evaluierungsforschung der Länder. Demgegenüber besitzt der Politikforscher in den USA mehr Möglichkeiten systematischer komparativer Forschung (mit vergleichbarer Datenbasis). Dies trifft auf zahlreiche Programme in vielen Staaten (und mit oft vielen kulturellen Untergruppen) zu. In Deutschland wird die Forschung zu sozialen *Programmen* meist im Rahmen nur eines Bundeslandes ausgeführt (obgleich es auch

Beispiele für länderübergreifende Evaluierungen gibt). Die unsystematischen Abweichungen in den Zielen, Vorgehensweisen und Kontexten eines Programms und den verfügbaren Daten sowie die oft mageren Fonds für Programmevaluierung bringen zum Ausdruck, daß sorgfältige Evaluierungen kaum durchzuführen sind. Systematische Daten, die für die Analyse unterschiedlicher Programmauswirkungen bei veränderten Bedingungen und verschiedenen betroffenen Gruppen verfügbar sind, fehlen häufig.

Einige – subtile – Unterschiede scheint es auch in der *Rollen*auffassung von Politikern der beiden Länder zu geben. Das hängt möglicherweise mit den unterschiedlichen bürokratischen Funktionen zusammen. In den Vereinigten Staaten scheinen viele Beamte eine „missionsorientierte" Haltung zu ihrer Arbeit zu haben. Wenn sie mit der Durchführung eines Programms oder einer Politik beauftragt werden, übernehmen sie eine aktive Rolle, leiten Schritte ein, um sicher zu sein, daß „die Sache läuft", machen Vorortbesuche, erleichtern die Kommunikation zwischen den verschiedenen Behörden usw. (natürlich gibt es auch passive Beamte). Viele deutsche Beamte dagegen scheinen eher auf die Einhaltung ihres „Kompetenzbereichs" zu achten, sie nehmen eine mehr kontroll- oder „überwachungsorientierte" Haltung ein, d. h. sie konzentrieren sich auf das Dokumentieren von Programminputs und das Einhalten von Verfahren. Das trifft besonders dort zu, wo die Länder an der Durchführung eines Programms beteiligt sind. Aus dieser unterschiedlichen Orientierung heraus folgt denn auch eine unterschiedliche Einstellung zu programmbegleitender Forschung. Der Politikforscher in Amerika wird oft um analytische Forschung gebeten, der er quantitative Daten zugrunde legen soll, die nach ziemlich festen Kriterien erhoben werden. Besonderes Gewicht wird auf die Frage gelegt, *warum* die Programme bei Empfängergruppen Erfolg haben oder scheitern. In der Bundesrepublik legt man größeren Wert auf *beschreibende* Forschung, insbesondere auf die Zahl der Empfänger, die Höhe der ausgegebenen Finanzmittel und die bereitgestellten Dienstleistungen, d. h. man konzentriert sich darauf, *was* geschah.

Schließlich ergeben sich einige Unterschiede aus den Formen der Forschungsbeauftragung. In den Vereinigten Staaten sind die meisten nationalen Beamten selbst Sozialwissenschaftler (z. B. Politologen, Soziologen, Volkswirte) oder haben eine Ausbildung in verwandten Gebieten (z. B. öffentliche Verwaltung, öffentliches Gesundheitswesen, Erziehungswesen oder Sozialarbeit) durchlaufen. Diese Beamten sind häufig an der Planung der Forschungsanforderungen (die in den Aufforderungen zu Angeboten enthalten sind) direkt beteiligt. In Deutschland haben höhere Beamte meist ein juristisches oder betriebswirtschaftliches Studium abgeschlossen. Es liegt nahe, daß sie sich eher an Gesetzen und Vorschriften orientieren als an der Forschung *per se*, und einige von ihnen zeigen nur geringes Interesse an den üblichen empirischen Forschungsmethoden und -techniken, sind kaum damit vertraut. Der Politikforscher und Evaluierer in den USA, der eine Studie für eine Behörde durchführt, arbeitet meist in einer kollegialen Atmosphäre: Er spricht dieselbe Forschungssprache wie sein Auftraggeber. In Deutschland sind die Sozialwissenschaftler oft damit konfrontiert, daß der Auftraggeber viele Begriffe und Konzepte als fremdartig empfindet. In der Politikforschung findet somit die Kommunikation in beiden

Ländern auf verschiedenen Ebenen statt. (Das bezieht sich auf grundlegende Forschungsideen und nicht auf das Problem der Sozialwissenschaftler, in einer Sprache zu schreiben, die niemand versteht.)

Ebenfalls fehlt, wie in den USA seit vielen Jahren üblich, die Rotation und der zeitweise Austausch von Universitätspersonal in die Regierung und vice versa. Wenngleich auch viele Professoren in bestimmten Angelegenheiten von den deutschen Behörden als Berater hinzugezogen werden, so ändert das doch nichts an der Tatsache, daß das Phänomen des „Personalaustauschs" von nur geringer Bedeutung ist. Das typische Mitglied einer Fakultät an einer Universität wird nie von einer staatlichen Behörde eingestellt oder vice versa. Obwohl in beiden Ländern die Neigung besteht, sich die Professoren als im „Elfenbeinturm" (und verständen die reale Welt nicht) lebend vorzustellen, scheint doch die Beteiligung der amerikanischen Universitätsprofessoren an der Regierung zumindest den Erfolg zu haben, ihr Verständnis der internen politischen Probleme der Bundesbehörden zu vertiefen; ebenso wird der für Forschung zuständige Beamte ein besseres Verständnis für die Bedeutung der wissenschaftlichen Kriterien und Vorgehensweisen haben, der einige Jahre lang in der Lehre und Forschung tätig war. Kurz, es scheint in Deutschland eine größere Kluft zwischen Regierung und Akademikern zu geben als das in den USA der Fall ist.

Erschwerend tritt hinzu, daß die Bereitschaft, den Zugang zu Daten zu gewähren, in der Bundesrepublik gering ist. Viele amerikanische Behörden dagegen sind – von wenigen Ausnahmen abgesehen – (z. B. das Zensusamt, Landwirtschaft, Arbeit) durchaus bereit und sogar interessiert, wie die *Census Use Studies* zeigen, Daten zur Nutzung in Forschungsprojekten zur Verfügung zu stellen. In Deutschland sind die Behörden häufig nicht einmal dazu bereit, die eigenen Daten zu überlassen, ganz abgesehen davon, daß die Kooperation mit Datenspeicherstellen oft nicht zu erlangen ist. Die Verabschiedung des Gesetzes der Informationsfreiheit (Freedom of Information Act) und des Gesetzes der Persönlichkeitsrechte (Rights to Privacy Act) hat dagegen in den USA viele Verfahrensaspekte formalisiert und den Zugang zu Daten erweitert (besonders den Zugang zu anonymen Mikrodaten). Deutsche Regierungsbehörden sind an das Datenschutzgesetz gebunden sowie an zahlreiche interne Regelungen, die den Zugang zu Informationen bestimmen. Ein weiterer Unterschied ist der, daß es in Deutschland *keine* Bestimmung gibt, die es den Behörden auferlegt, die Untersuchung auch zu publizieren. (In den USA müssen 90 Tage nach ihrem Abschluß alle Studien der Öffentlichkeit zugänglich gemacht sein.) Daher gibt es hier zahlreiche abgeschlossene Studien, die niemals an die Öffentlichkeit gelangen. Der durchschnittliche amerikanische Evaluierungsforscher hat es in dieser Hinsicht sehr viel leichter.

Auf zwei Unterschiede, die für eine angewandte Evaluierungsforschung von Bedeutung sind und vor allem die Universitäten betreffen, sei hier noch eingegangen. Der erste ist, daß die amerikanischen Universitäten eher *empirisch* orientiert sind, die deutschen Universitäten hingegen *theoretischer* Ausbildung größere Beachtung beimessen. Deutsche Wissenschaftler haben ihre Modelle und Konzepte zwar häufig besser „durchdacht" als die Amerikaner, haben aber dann Schwierigkeiten, Daten zu erhalten, um ihre Modelle zu testen. Amerikaner sind erfolgreicher in der empirischen Überprüfung ihrer Modelle, haben dann aber Schwierigkeiten, ihre Ergebnisse zu erklären. Diese Unterschiede in der Gewichtung haben naturgemäß Konsequenzen für die verfügbaren Arbeitskräfte. Für empirische Forschungsaktivitäten steht in Deutschland proportional ein sehr viel kleineres Reservoir an Kandidaten zur Verfügung. Das erforderliche empirische Training fehlt meist.

III. Das Politikforschungszentrum – Unterschiede der Organisation und der Forschungsschwerpunkte

Als Ergebnis des Interesses des Gesetzgebers an einer häufig groß angelegten und interdisziplinär orientierten Evaluierungsforschung entstanden in den USA eine große Anzahl verschiedener Forschungszentren im privaten und quasi-privaten Sektor sowie politikorientierte Institute an verschiedenen Universitäten. In Deutschland wird demgegenüber eher disziplinäre und sektorspezifische Forschung finanziert, erfolgt der größte Teil der Forschung an Universitäten, im Bereich der politiknahen Forschung an staatlich unterstützten Forschungsinstitutionen und besonderen Forschungseinrichtungen der Länder. Während in den USA zahlreiche große Evaluierungen und soziale Experimente – viele davon in Millionendollarhöhe – in Auftrag gegeben werden, werden in der Bundesrepublik eher pauschale Subventionen an öffentliche bzw. halböffentliche Forschungseinrichtungen vergeben, die die laufende Forschung finanzieren. Die an Auftragsforschung vergebenen Gelder sind relativ niedrig und zeitlich begrenzt. Demgegenüber hat also in den letzten Jahren der Politikforscher in den Vereinigten Staaten mehr Gelegenheit zu groß angelegter, systematischer Evaluierungsforschung erhalten.

Ein ganz anderer Aspekt der Gesellschaft, der die Arbeit von Forschungszentren beeinflußt, ist die Existenz einer Arbeitsgesetzgebung in Deutschland[7]. Amerikanische Forschungsorganisationen sind, was Neueinstellungen und Entlassungen angeht, kaum Beschränkungen unterworfen. Die Mitarbeiter können leichter kommen und gehen als das in Deutschland der Fall ist. Die Zirkulation von Beschäftigten zwischen Forschungszentren, universitären Instituten und der Regierung wird hierdurch erleichtert. Im Gefolge der Arbeitsschutzgesetzgebung scheinen deutsche Forschungszentren daher weniger wachstumsorientiert zu sein, Stabilität wird mehr geschätzt als Wachstum.

Sicherlich hat die angewandte Sozialforschung im Kontext staatlicher Politik in den USA eine etwas längere Geschichte als in der Bundesrepublik, auch das Volumen, die Projektgröße und die Vielfalt der Projekte, die von den Forschungszentren durchgeführt wurden und werden, sind umfangreicher. Der Drang zur *Innovation* (z. B. bei der Anwendung quasi-experimenteller Pläne, dem Gebrauch von extrem

7 Das Gesetz der Chancengleichheit (Equal Opportunity Act) beeinflußt, *wer* eingestellt wird, aber meistens nicht die allgemeinen Richtlinien der Einstellung und der Beendigung des Arbeitsverhältnisses *per se*.

großen Erhebungen in Längsschnittstudien usw.) war stets größer. Obwohl es auch in Deutschland eine Anzahl größerer Projekte gab (wie die Forschung mit sozialen Indikatoren zur Einkommensverteilung usw.), war es dennoch noch möglich, diese im traditionellen institutionellen Rahmen abzuwickeln. Deutsche Gruppen wenden Verfahren der Unternehmensforschung für die Projektplanung bei der Projektdurchführung viel seltener an. Das läßt sich vielleicht am besten damit erklären, daß *die für Evaluierungsforschung typischen Characteristica amerikanischer Forschung bei vielen deutschen Forschungsorganisationen nicht als typische Kombination auftreten. Auch wenn sich Ansätze in verschiedenen Forschungseinrichtungen finden lassen,* ist der „entscheidende Durchbruch" doch bisher nicht gelungen. Großzügige und langfristige Finanzierung war bisher nicht gegeben, als daß sich das amerikanische Modell eines auf praktische Politik ausgerichteten Forschungsinstituts im heutigen Deutschland hätte entwickeln können. Somit scheint die Forschungsfinanzierung der Schlüssel unterschiedlicher Forschungsparadigmen zu sein.

IV. Forschungsfinanzierung

Ein großer Teil amerikanischer Auftragsforschung wird im „Commerce Business Daily" veröffentlicht; ergänzt wird diese staatliche Auftragsforschung durch Ausschreibungen (z. B. der National Science Foundation, der National Institutes of Health u. a.) in fachlichen Mitteilungsblättern. Informationen über die vorhandenen Finanzierungsquellen sind leicht erhältlich. Außerdem haben der Kongreß und Teile der Exekutive seit einigen Jahren der Dringlichkeit der *geographischen* Diversifizierung der Finanzmittel beträchtlichen Nachdruck verliehen, so daß Universitäten, private Institutionen und staatliche bzw. regionale Zentren im ganzen Land eine ziemlich gerechte Wettbewerbssituation vorfinden. Obwohl einige Behörden in der Bundesrepublik ihre Forschungsaufträge öffentlich ausschreiben (insbesondere der BMBau, das Ministerium für wirtschaftliche Zusammenarbeit und das Wissenschaftsministerium), scheint diese Praxis und die zentrale Verfügbarkeit der Informationen über Forschungszuschüsse noch immer eher die Ausnahme als die Regel zu sein. In Deutschland wird – im Gegensatz zu der ausgeprägten Wettbewerbssituation in den Vereinigten Staaten – die Forschung noch immer in einer Art „closed shop" vergeben[8].

Für einzelne Forschungszentren und Fachbereiche der Universitäten ist es nicht ungewöhnlich, über viele Jahre hinweg mit einer Reihe von Projekten finanziert zu werden. Das fördert zwar das Problemverständnis (und erleichtert auch die Arbeit und Kontrollaufsicht der Behörde, die die Finanzmittel bereitstellt), schränkt aber auch die Aufnahme neuer Ideen und das Interesse an innovativeren Forschungstrategien ein.

8 Es gibt auch unter diesen Bedingungen einen Wettbewerb um Finanzmittel, aber er scheint sich in einem viel engeren Teilnehmerkreis abzuspielen.

Ein zusätzliches Problem stellt der Vergabeprozeß dar, der in Deutschland recht zögernd verläuft. Amerikanische Forscher sind es gewohnt, innerhalb kurzer Frist nach Unterbreitung des Vorschlags eine schriftliche Zusage zu erhalten. In der Bundesrepublik kann die Zeitspanne zwischen Zusagebestätigung und Vertrag von zwei Wochen (außergewöhnlich) über drei bis sieben Monate (normal) bis zu einem ganzen Jahr (extrem) dauern. (Ich kenne einen Kollegen, der seinen abschließenden Bericht nach einem Jahr eingereicht hatte, ohne einen unterzeichneten Vertrag erhalten zu haben!) In beiden Ländern sind behördliche „Forschungsfilter" üblich, doch haben deutsche Wissenschaftler eine größere Freiheit zu entscheiden, wie die Projekte durchgeführt werden; ihre *Chancen, Großprojekte finanziert zu bekommen, sind jedoch geringer.*

Die *Ergebnisse* der amerikanischen Evaluierungs- und Politikforschung sind gewiß nicht auf Deutschland zu übertragen. Unterschiede in der Bevölkerung, der Kultur, der institutionellen Funktionen, des politischen Prozesses usw. bewirken, daß die zur Untersuchung eines Problems benutzten *Methoden* möglicherweise zwar angewandt werden können, die gewonnenen Erkenntnisse zu den einzelnen Problemen (z. B. wie die Arbeitslosigkeit gesenkt werden kann) jedoch nicht einfach zu übernehmen sind. Die aufgezeigten Unterschiede legen es nahe, daß auch *Organisation und Leitung der Forschung* beim Überqueren des Atlantiks modifiziert werden müssen. Die deutschen Politikforschungszentren selbst haben einen anderen Ansatz in der Personalpolitik, bei der Ausbildung, der Entwicklung der Organisation, der Beschaffung von Aufträgen und der Leitung der Forschung. Auch ihre langfristigen Ziele, was das Wachstum und die Ausrichtung der Politikforschung angeht, sind andere. Zweitens – scheinbar ein Widerspruch – glaube ich, daß es gerade der amerikanische Stil der Politik- und Evaluierungsforschung und ihres Managements ist, der heute die Forschungsszene der Bundesrepublik beleben könnte.

Es sind zwei wesentliche Faktoren, die meines Erachtens diesen scheinbaren Gegensatz lösen:

1. Sowohl in der amerikanischen als auch in der deutschen Politikforschung verändern sich die Rahmenbedingungen und die Organisationen ständig. Die Kapazität der amerikanischen Einrichtungen für angewandte Forschung ist in den letzten zehn Jahren merklich ausgebaut worden (besonders bei sozialen Experimenten und Einschätzungen der Umweltfolgen sowie hinsichtlich der Strategien des Forschungsmanagements). Es wurde auch deutlicher, inwieweit Forschung politische Entwicklungen beeinflussen kann und wo ihre Grenzen liegen. Amerika hat einen großen Erfahrungsschatz in der Entwicklung und dem Management einer Forschung anzubieten, deren Fehlen selbst in Deutschland heute zunehmend als Mangel erkannt wird.
2. Es ist notwendig, daß Amerikaner und Deutsche *in Deutschland* zusammenarbeiten müssen. In wenigen Monaten können diese Erfahrungen nicht erlernt werden. Eine ausgedehnte Trainings- und Anlernzeit sowie Forschungspraxis scheint die einzige greifbare Lösung für *schnelle* und *effektive* Umsetzung zu sein.

Unterschiede / Vergleichsdimension	National		Forschung	
	USA	Bundesrepublik	USA	Bundesrepublik
Gesellschaft	Pragmatische Traditionen	Ideologische Traditionen	Vorherrschendes Interesse: „Funktioniert es?"	Vorherrschendes Interesse: „Machen wir es richtig?"
	Heterogene Zusammensetzung	Homogene Zusammensetzung	„Was funktioniert mit wem?"	„Verteilungsprobleme"
			Verschiedene Programme	Standardisierte Programme
			Trend zu Pilot- und experimentellen Programmen und Evaluierung	Pilotprogramme in Gemeinden, begrenzte Evaluierung
	Hoher Bevölkerungsanteil an Armen	Geringer Bevölkerungsanteil an Armen	Betonung auf „Anti-poverty war"-Forschung	Wenig Bedarf an solcher Forschung
	Nur zielgruppenspezifische Maßnahmen	Ausgebautes „soziales Netzwerk"		
Gesetzgebung	Interessenausgleich	Parteivorherrschaft	Kongreß will Rückkopplung/ Grundsätzliches	Partei will Unterstützung
	Kongreß verlangt Evaluierung und Einschätzung zukünftiger Auswirkung	Neigung im Parlament, die Finanzmittel für Sozialforschung zu beschneiden	Große Nachfrage nach Politikforschung	Bescheidene bis geringe Nachfrage nach Evaluierung und Analysen der Auswirkungen staatlicher Programme und Maßnahmen
Exekutive	Viele Programme laufen über die Bundesbehörden	Viele Programme laufen über Länderbehörden	Mehr systematische komparative Forschung	Mehr Fallstudien
	Behörden sind „missionsorientiert"	Behörden sind „kontrollorientiert"	Mehr analytische Forschung	Eher beschreibende Forschung
	Hohe Personalzirkulation zwischen Regierung und Universitäten	Geringe Personalzirkulation zwischen Regierung und Universitäten	Regierung/ Universität tendieren zur Übereinstimmung	Regierung/ Universität tendieren zur Divergenz

Unterschiede / Vergleichsdimension	National: USA	National: Bundesrepublik	Forschung: USA	Forschung: Bundesrepublik
	Sozialwissenschaftler der Regierung beaufsichtigen die Forschung	Juristen der Regierung beaufsichtigen die Forschung	Konzentration auf Forschungsmethodologie und Analyse	Konzentration auf Ablauf und Beschreibung
	Regierungsbehörden betonen oft Informationshilfe	Regierungsbehörden betonen oft Informationshilfe	Einfacher Zugang zu Informationen	Schwieriger Zugang zu Informationen
Universität	Eher empirischer Schwerpunkt	Eher theoretischer Schwerpunkt	Mehr empirische Modelle mit rohen Daten	Mehr heuristische, theorieorientierte Modelle
	Ausbildung der Studenten in empirischer Forschung	Ausbildung der Studenten in Theorie und Logik	Großes Arbeitskräftepotential für Politikforschung	Kleines Arbeitskräftepotential für Politikforschung
Forschungszentren	Verstreut über öffentliche, private und quasi-private Sektoren	Hauptsächlich auf dem öffentlichen Sektor konzentriert (Bundesforschungsanstalten)	„Heterogene Forschungsmechanismen"; interdisziplinäre Mehrzweckzentren dominieren	„Homogene Forschungsmechanismen"; mehr Einzweckzentren, Grundlagen- oder disziplinäre Forschung dominieren
	Finanzierung von Überblicks- und Längsschnittstudien	Finanzierung von beschreibender Forschung und Fallstudien	Große analytische Kapazitäten	Mehr beschreibende Kapazität
	Forschung unterliegt den Gesetzen der Informationsfreiheit und der Persönlichkeitsrechte	Forschung unterliegt dem Datenschutzgesetz	Leichter Zugang zu Forschungsberichten und Daten	Schwerer Zugang zu Forschungsberichten und Daten
	Fehlen wirksamer Arbeitsgesetze	Wirksame Arbeitsgesetze vorhanden	Leichter Wechsel des Personals zwischen Forschungszentren und anderen Arbeitgebern	Geringe personelle Mobilität

Unterschiede / Vergleichsdimension	National		Forschung	
	USA	Bundesrepublik	USA	Bundesrepublik
	Lange Tradition angewandter Sozialforschung	Erst neuerdings Betonung von angewandter Sozialforschung	Managementtechniken für Evaluierungen und soziale Experimente gut entwickelt	Managementtechniken und Forschungsorganisation noch in der Entwicklung begriffen
			Wachstumsorientiert	Stabilitätsorientiert
			Forschungsgebiete divers	Kontinuierliche Arbeitsgebiete
	Innovationsorientiert	Mehr an Gelehrsamkeit orientiert	Größere Akzeptanz neuer Methodologien	Höhere Erwartung an die Konsistenz und Gründlichkeit des Ansatzes
	Unternehmerisch und wachstumsorientiert	Stabilitätsorientiert	Schnelles Wachstum und Diversifizierung	Langsames Wachstum und Forschung auf nur einem Gebiet
	Einsatz von Teams bei problemorientierter Forschung	Führungszentriert bei disziplinärer Forschung über nur ein Programm	Eher interdisziplinär	Eher disziplinär
Forschungsvergabe	Hoher Publizitätsgrad, koordinierter und offener Wettbewerb	Geringer Publizitätsgrad, unkoordinierte und restriktive Vergabepraxis	Umfassender Forschungswettbewerb	Wettbewerb im Rahmen eines „closed shop"
	Behördeninterne Forschungsaktivitäten werden sogleich miteinander koordiniert	Behördeninterne Forschungsaktivitäten werden erst nachträglich koordiniert	Schnelle Auftragsvergabe	Kompliziertes Auftragsverfahren
	Forschungsziele staatlich bestimmt	Forschungsziele staatlich bestimmt, aber durch Anbieter beeinflußbar	Zielgerichtete Forschung	Weniger zielgerichtete Forschung
			Evaluierer sollen und können während des Projektes innovative Ideen einbringen	Evaluierer tragen Ideen bereits vor dem Projekt vor

V. Nachfragewandel bei der Politikforschung in Gegenwart und Zukunft

In der Bundesrepublik hat in den letzten Jahren die Nachfrage nach Politikforschung und Evaluierung einen starken Zuwachs erfahren; Reaktion auf diese steigende Nachfrage wiederum war ein steigendes Angebot seitens der Forschungsinstitute und privater Forscher. Es ist zu erwarten, daß sich im kommenden Jahrzehnt diese gleichlaufenden Trends noch beschleunigen werden. Folgende Tendenzen lassen sich erkennen:

1. Der prozentuale Anteil der Mittel am gesamten Forschungshaushalt des Bundes und der Länder, die besonders auf die Evaluierung von Programmen und die Analyse verschiedener Politiken gerichtet sind, wird weiterhin wachsen. Der Trend ist zwar nicht gleichmäßig in der gesamten Bundesrepublik festzustellen – bestimmte Behörden und einige Länder haben einen weiten Vorsprung vor anderen –, er scheint sich aber durchzusetzen.
2. Themenstellungen für Politikanalysen und Evaluierungen werden präziser, die Fragestellungen in der Politikforschung gezielter.
3. Ein Großteil der Evaluierungstätigkeit wird sich auf schon arbeitende Programme beziehen. Daneben werden jedoch Evaluierungen wahrscheinlicher zukünftiger Auswirkungen von alternativen Programmen (oder politischen Strategien) zunehmen. Im Zusammenhang mit neuen Programminitiativen wird die Tendenz zunehmen, diese mit Evaluierungen einzuleiten.
4. Das Angebot an Akademikern, die bereit sind, angewandte empirische Sozialforschung zu betreiben, wird sich erhöhen, das Interesse an empirischer Ausbildung wird wachsen und ihre Qualität zunehmen.
5. Angesichts der begrenzten Anzahl freier Stellen an den Universitäten und der wachsenden Chancen für Akademiker, entweder in staatlichen oder in nichtuniversitären Instituten Anstellung zu finden, wird eine steigende Anzahl von Sozialwissenschaftlern diesen alternativen Bereichen zur Verfügung stehen.
6. Immer mehr Sozialwissenschaftler arbeiten in den *Forschungs*abteilungen der Bundes- und Länderbehörden (in festem Anstellungsverhältnis oder als Professor mit Beraterstatus). Hierdurch erhöhen sich die Qualitätsanforderungen, die an die Durchführung der Forschungsaufträge gestellt werden, Forschungsfragestellung und Planung werden präziser, die Datenerhebung und die voraussichtliche Interpretation stärker erleichtert als es bei der älteren Generation höherer Beamter, die eine juristische oder Verwaltungsausbildung besaß, üblich war.
7. Bei einigen Behörden ist bereits ein Wandel in der Forschungsvergabepraxis zu beobachten. Ausschreibung und Wettbewerb werden zunehmen. Die Forschungsvorhaben werden somit einer Vielzahl von Forschungszentren (die sich als Antwort auf diese Nachfrage entwickeln) zugänglich und auch an sie vergeben.

Schließlich wird sich in den achtziger Jahren eine Reihe wichtiger Rahmenbedingungen verändern, die die Politik- und Evaluierungsforschung beeinflussen werden:

a) Die deutsche Wachstumsrate scheint sich bei 3 % bis 4 % einzupendeln. Als Folge verschiedener gesetzlicher Ansprüche, die das Parlament in den sechziger und frühen siebziger Jahren, als die wirtschaftliche Wachstumsrate noch beträchtlich höher war, verabschiedet hatte, steigen jedoch die Belastungen des Fiskus kontinuierlich (im Zusammenhang mit den Rentenzahlungen, Arbeitslosengeldern, Wohlfahrtsfonds, Verteidigungsausgaben, Kosten des Gesundheitssystems und Investitionen für Energie). Das Parlament hat bereits zweimal Anhebungen der Mehrwertsteuer beschlossen, um diesen Belastungen zu begegnen. In Zukunft werden, um weitere unpopuläre Steuererhöhungen zu vermeiden, stringentere Prioritäten notwendig werden, um konkurrierende, oft unvereinbare Ansprüche mit knappen Steuereinnahmen zu vereinbaren.

b) Natürliche Veränderungen in der Zusammensetzung und in den Chrakteristika der Bevölkerung sowie Veränderungen der anerkannten Werte und Prioritäten werden in den achtziger Jahren Ansprüche auf neue politische Maßnahmen und Programme erzeugen, die, wenn sie erst Gesetz sind, die Konkurrenz der verschiedenen staatlichen Stellen um die knappen Finanzmittel weiter verschärfen wird.

c) Bürgerinitiativen werden an politischer Bedeutung in der deutschen politischen Landschaft gewinnen. Im Gegensatz zu den – einseitigen – Studentengruppen bestehen sie aus einer viel breiteren organisierten Öffentlichkeit, die sich zu vielfältigen Problemen äußert. Jüngste Beispiele sind die Proteste gegen Atomkraftwerke, die Bewegung der Umweltschützer und in geringerem Ausmaß die Frauenbewegung. Damit nehmen sie eine Rolle in der Öffentlichkeit ein, die zu ignorieren sich das Parlament kaum leisten kann. So wird eine Kombination von steigenden Kosten schon *verbundener Programme*, Bedarf an *neuen Initiativen* als Antwort auf entstehende, öffentliche Bedürfnisse und schließlich aktiver Beteiligung der Bürger einen wachsenden Druck erzeugen, die Effektivität vieler existierender Programme zu verbessern, andere zu kürzen oder ganz zu streichen und zu berechnen, wie neu zu beginnende Initiativen in vernünftigen Kostengrenzen bleiben können. In vielen Fällen wird es nicht so einfach sein zu entscheiden, welche Programme beibehalten werden und wie sie verbessert werden sollten, oder, im Falle neuer Initiativen, welches der Programmkonzepte wohl das effektivste ist. Diese Umstände lassen folgendes erwarten:

8. Der Einsatz von angewandter Sozialforschung während der achtziger Jahre als Teil eines staatlichen Informationssammlungs- und Entscheidungsprozesses wird sichtbar ansteigen. Ohne die entscheidende Kraft zu sein, wird diese Forschung sowohl bei der Unterstützung des staatlichen Entscheidungsprozesses als auch durch eine bessere Bedienung der Massenmedien für öffentliche Diskussionen eine stärkere Rolle spielen.

9. Es ist zu erwarten, daß bestimmte Gebiete aufgrund einer längeren und engagierteren Diskussion über soziale Probleme zu Hauptforschungsbereichen werden. Diese werden starkes Gewicht auf verschiedene Probleme der *Arbeitswelt* legen (z. B. Jugend, Frauen, die „zweite" Generation der Gastarbeiter, berufli-

che Umschulung, job enrichment, alternative Berufsplanung), der *Erziehung* (einschließlich integrierter Curricula in der Schule, Berufsausbildung, Erwachsenenbildung und Weiterbildung), der *Kommunikation und Technologie* (Kabelfernsehen und seine zahlreichen technologischen Anwendungen, Auswirkungen und Technologie auf die regulären Formen der Medien), der Dienstleistungen im *Gesundheitssystem* und ihrer Kostenfaktoren, der *Städteentwicklung*, Entwicklung des *Transportsystems*, Aspekte des Verbrechens und des *Strafrechtssystems*, *Familienprobleme* und der Erforschung der *Bevölkerungsbewegung*. Ein Großteil dieser Forschung wird sich auf Problemdefinitionen, die Bedürfnisse spezifischer Gruppen und auf geeignete Programme zur Förderung des sozialen Wandels bei vertretbaren Kosten konzentrieren.

10. Die Forschung wird „problemzentriert" sein, und es ist anzunehmen, daß ein immer größerer Wert auf die Sammlung empirischer Daten, auf sorgfältige Erhebungsverfahren, groß angelegte Überblickstudien und interdisziplinäre Forschung gelegt wird. Es ist gleichfalls zu erwarten, daß die Ergebnisse verstärkt auf eine dem Gesetzgeber und der Öffentlichkeit verständliche Weise mitgeteilt werden.
11. In den meisten fortschrittlichen Behörden und Ländern können wir die Entwicklung von alternativen Pilotprogrammen erwarten und in einer begrenzten Anzahl von Fällen die Entwicklung sozialer Experimente (d. h. Empfänger erhalten Dienste nach einer Zufallsauswahl, was als der gerechteste Ansatz gilt, wenn mehr Empfänger als Dienstleistungen vorhanden sind). Selbst wenn die Anzahl dieser Experimente zunächst klein gehalten wird, so stellen sie doch für die Politikforschung bedeutende Chancen dar. Sie geben Beispiele für die Übertragbarkeit verallgemeinerter Ergebnisse auf eine größere Population und zeigen den Wert von analytischen Plänen zu Fragen der praktischen Politik.
12. Wird mit knappen Mitteln gearbeitet, werden sich die Forschungsprojekte mit Punkten wie Partizipationsraten bei den Programmen und Stückkosten beschäftigen und auch mit verwandten Fragen wie Kostenwirksamkeit, Wirtschaftlichkeit, Programmverwaltung und der äußeren Reichweite der Praktiken.
13. Sobald die laufende Forschung der Transferkommission vorliegt, werden wir viel deutlichere Vorstellungen darüber haben, wie das deutsche soziale Netz geknüpft ist, wer Vorteile genießt, welche Ungerechtigkeiten auftreten und welche sonstigen Probleme zu berücksichtigten sind. Das wird weitere Forschungsprojekte in Gang setzen, die die Wirkungen einzelner Programme analysieren. Langfristig wird diese Forschung sicherlich zur Revision einiger Leistungszuteilungen beitragen.
14. Bestimmten Behörden werden in Zukunft die Budgets für angewandte Sozialforschung als Prozentsatz am gesamten Forschungsvolumen erhöht werden müssen, notwendigerweise auch auf Kosten eher traditioneller disziplinärer und von Grundlagenforschung. Als Reaktion ist nicht nur ein Anstieg der Anzahl und der Vielfalt interdisziplinärer Forschungszentren zu erwarten, sondern auch eine stärkere Hinwendung vieler universitärer Forschungszentren zur angewandten Forschung. Leistungsstarke Forscher werden besonders erfolgreich

sein, da die staatlichen Behörden (bei fortschreitend anspruchsvollerem Forschungsmanagement) kritischer sein und an die Forscher größere Anforderungen stellen werden. Um mit diesen Zwängen fertig zu werden, werden die Forschungszentren fortwährend ihr eigenes Management verbessern müssen (besonders hinsichtlich des Personals, der Ausbildung, der Projektübertragung, der allgemeinen Leitung und des Einhaltens des vertraglich vereinbarten Finanzvolumens).

Soziale und ökologische Wirkungen (d. h. über den ökonomischen Bereich hinausgehende Einflüsse) werden sowohl aufgrund parlamentarischer Interessen als auch aufgrund von Bürgerinitiativen verstärkt gefordert werden.

15. Zwar ist kein größerer Wandel in der ideologischen Auseinandersetzung der beiden großen Parteikoalitionen zu erwarten, die Parteien (und ihre Repräsentanten in den verschiedenen Ministerien) werden jedoch künftig der Evaluierungsforschung aufgeschlossener gegenüberstehen müssen. Politischer Druck aus der Öffentlichkeit, der Presse und besonderen Interessengruppen wird zur Evaluierung von alternativen Programmen, zur Analyse der Kostenwirksamkeit und zu Fragen der Wirtschaftlichkeit von Programmen usw. führen. Evaluierungsforschung wird allmählich als Informationsquelle für den politischen Entscheidungsprozeß immer wichtiger werden, obwohl natürlich politische Überlegungen weiterhin die dominierenden Faktoren des Entscheidungsprozesses bleiben (was gleichermaßen für die Vereinigten Staaten gilt). Eine aktive, freie Presse und öffentliche Forderungen werden es den Politikern zunehmend schwieriger machen, wichtige Forschungsergebnisse zu ignorieren.

Unter den Ländern Westeuropas ist in Deutschland die Wahrscheinlichkeit am höchsten, daß die Schwelle überschritten und die erforderliche „Masse" erreicht wird, die für die Entwicklung einer aktiven und lebensfähigen Evaluierungs- und Politikforschungsgemeinde benötigt wird. Hierbei werden institutionelle, kulturelle, intellektuelle und ideologische Kräfte eine wichtige Rolle spielen, wenn Stil, Inhalt, Themenbereiche und Prioritäten dieser Forschung bestimmt werden. Sie werden nicht einfach Reflex amerikanischer Aktivitäten sein, sondern „made in Germany".

Bibliographie

Fitzsimmons, St.J./R. Wildenmann/K. Arrow (Hrsg.), *Zukunftsorientierte Planung und Forschung für die 80er Jahre. Deutsche und amerikanische Erfahrungen im Bereich der Erziehungs-, Wohnungs-, Beschäftigungs-, Gesundheits-, Energie- und Umweltpolitik*, Königstein/Taunus 1978.

Ulrich Weihe

Auftragsforschung als vierte Gewalt?

1. Das Thema Wissenschaft und Politik hat Tradition und Zukunft. Es existiert eine Vielzahl von Publikationen, ohne daß freilich diese Problematik schon hinreichend erforscht ist, und es mehren sich die Veröffentlichungen, die dem Wissenschaftssystem einen funktionalen Primat bei der Entwicklung des Gesellschaftssystems zutrauen.

Betrachtet man sich die Untersuchungen genauer, stößt man auf heterogene Konzepte, unterschiedlichste Erkenntnisinteressen und einen erschreckenden Mangel an empirischem Gehalt, so daß sich kaum von einem gehobenen Wissensstand sprechen läßt.

Die Arbeit der Sozial- und Verwaltungswissenschaften wird auch durch ihren Untersuchungsgegenstand Politik und Verwaltung deswegen erheblich erschwert, weil hier jeder seine eigenen Erfahrungen, Meinungen und Interpretationen lebenspraktisch entwickelt hat, ständigen Berührungen mit „Politik" ausgesetzt ist und jeder gleichsam Experte in eigener Sache ist. Oder anders ausgedrückt: Es existiert keine ausreichende Trennschärfe zwischen Experten und Nicht-Experten. Daher glaubte auch die Verwaltung mit ihrem juristischen Praxiswissen, ihren bürokratischen Erfahrungen und ihrem common-sense gesteuerten Politikverständnis ohne systematische, wissenschaftliche Politikberatung den politisch-administrativen Entscheidungsprozeß steuern zu können.

Bisher deckte die Ministerialverwaltung ihren Informationsbedarf durch die Institutionalisierung von Beiräten und Kommissionen, durch die Anhörung von Verbandsvertretern, durch die Vollzugsverwaltung und durch verwaltungseigene Institute. Die Exekutive hatte schon viel früher und intensiver als Parteien und Parlamente Kontakte zu Wissenschaft und zu kommerziellen Beratungsunternehmen aufgenommen.

Dabei waren die Motive, sich durch Externe beraten zu lassen, recht vielfältig und reichten von echten Informationsbedürfnissen bis zu taktisch-politischen Kalkülen[1].

1 Vgl. H. Schatz, Funktionsbedingungen und Konfliktsituationen verwaltungswissenschaftlicher Forschung und Beratung, dargestellt am Beispiel der Projektgruppe Regierungs- und Verwaltungsreform, in: *Interaktion von Wissenschaft und Politik*, Frankfurt a. M. 1977, S. 203. Schatz stützt sich hier auf die empirische Arbeit von H. Friedrich, *Staatliche Verwaltung und Wissenschaft*, Frankfurt a. M. 1970, S. 139 ff.

Erst die Krisensituation von 1966 „zwang" die Ministerialverwaltung zu wissenschaftlich angeleiteten Strukturreformen zur Erhöhung ihrer Informationsverarbeitungskapazität und Steuerungsfähigkeit und ermöglichte die Etablierung der Projektgruppe Regierungs- und Verwaltungsreform im Jahre 1969. Der mühevolle Weg einer Verständigung zwischen Verwaltung und Wissenschaft ist in der Bürokratiediskussion ausreichend nachgezeichnet worden. Hier soll nur auf die Zurücknahme der Reformabsichten, auf die geringe Wirkung der wissenschaftlichen Politikberatung, auf das empirische Defizit in der Analyse des Politikformulierungs- und Entscheidungsprozesses hingewiesen werden sowie auch auf die wissenschaftliche Verdrängung des policy-Ansatzes einer aktiven Politik und eine daraus resultierende Übernahme der amerikanischen Erfahrung der Evaluationsforschung.

Die politische Planung wie deren kritische „sozialwissenschaftliche Begleitforschung" haben bekanntlich mit dem Anspruch gesellschaftlicher und organisatorischer Strukturveränderungen die politische Bühne betreten und stießen beide auf die Erkenntnis von (Kapitalismus-)spezifischen Systemrestriktionen, oder freundlicher formuliert: Sie mußten einsehen, daß eine sinnvolle politische Planung als Transformation tradierter gesellschaftlicher Strukturen gebrochen wird durch das Prinzip der betriebswirtschaftlichen Rentabilität und bürokratieinterner Machtprozesse.

Nachdem verstärkt die ökonomischen Restriktionen politischer Planung sichtbar wurden, Planung gleichsam „den reaktiven Charakter von Vermeidungsstrategien" annahm und die tragende Institution der Planungsversuche, die Projektgruppe für Regierungs- und Verwaltungsreform, zu Grabe getragen wurde, kam die eher systemunspezifische (binnenstrukturell argumentierende) Wirkungsforschung zu Ehren, um ihren Beitrag zu einer Rationalisierung der Politik zu leisten, der sich bis heute aus der Perspektive der Wissenschaft und der Bürokratie immer noch recht bescheiden ausnimmt.

So lesen wir bei Ellwein: „Von einem direkten Beitrag der Wissenschaft während der Evaluierung von ‚Reformen' oder intendierten Veränderungen wird man überhaupt nicht sprechen können."[2]

Aus der Sicht der Praxis hat der Bundesminister des Innern Baum, es so formuliert: „Die Bürokratiediskussion zeigt deutlich, wie sehr sich Wissenschaft und Politik noch im Prozeß des Tastens, Forschens und Suchens befinden."[3]

Baum erkennt die Grenzen der wissenschaftlichen Beratung und zieht daraus politische Konsequenzen. „Wir sind aufgefordert, auch ohne solides wissenschaftliches Fundament über Abhilfemaßnahmen nachzudenken", um „die vielfältigen Ansprüche der Bürger und die Forderungen gesellschaftlicher Gruppierungen im Rahmen begrenzter Ressourcen zu befriedigen".

2 Th. Ellwein, Evaluierung von Organisations- und Verwaltungsreformen, in: C. Böhret (Hrsg.), *Verwaltungsreformen und politische Wissenschaft*, Baden-Baden 1978, S. 40.

3 Ansprache des Bundesministers des Inneren G. R. Baum auf der Jahrestagung der Stiftung für Kommunikationsforschung im Stifterverband für die deutsche Wissenschaft am 9.3.1979 in Bonn.

Dies erfordert m. E. aber eine wissenschaftlich angeleitete Informationsgewinnung und -verarbeitung. Der policy-Ansatz einer aktiven Politik wie die aktuellen Evaluierungskonzepte verfügen weder über einen dazu notwendigen umfassenden Ansatz noch über ausreichende Erfahrungen im Einsatz empirischer Methoden und Verfahren.

2. Die Rationalisierung der Politik läßt sich unter zwei komplementären Forschungsstrategien thematisieren: unter dem Aspekt der Beratung und Unterstützung von Politik und unter dem der Kontrolle und Kritik durch Wissenschaft.

Der von uns eingeführte Begriff von Programmforschung umgreift beide Rationalisierungsstrategien; evaluation research möchte ich dagegen für die kritische Seite reservieren: sie dient der „Erfolgskontrolle staatlicher Planung" (Derlien).

Unter Programmforschung verstehen wir wirtschafts- und sozialwissenschaftliche, empirische Forschung. Sie dient der empirischen Absicherung von Problemanalysen und Handlungsalternativen bei der *Programmentwicklung;* sie analysiert die Bedingungen und Probleme des *Programmvollzugs* und sie ermittelt die *Programmwirkungen.* Die Programmforschung übernimmt so eine von der Realität vorgegebene Struktur und ist damit eine auf die konkrete Praxis konzentrierte Forschungsstrategie, ohne deswegen auf den Status quo fixiert zu sein.

Komplementär sind beide Forschungsstrategien, weil *Evaluation* ohne eine Erforschung der *Implementation* und der Rückkoppelung zu Problemen der *Programmentwicklung* eine zu reduktionistische Vorgehensweise ist, als daß sie den Anforderungen der Praxis gerecht würde: nämlich die Folgeprobleme hochkomplexer Verbundsysteme zwischen Bundes-, Länder- und Gemeindeverwaltungen (Politikverflechtung) einerseits sowie die zwischen Politik, Verwaltung und Wirtschaft andererseits analysieren zu können. Nur eine Analyse der drei Phasen gibt einer empirischen, handlungsorientierten Sozialwissenschaft eine Möglichkeit, anwendungsbezogene Forschung zu betreiben. Wir haben dafür den Begriff Programmforschung gebildet. Im amerikanischen umfaßt er die unter policy research bekannten Forschungsfelder.

3. Die Institutionalisierung der Evaluationsforschung (als Teil der Programmforschung) hat inzwischen auch in der Bundesrepublik Geschichte. Die BHO hat 1969 in § 7 Abs. 2 Nutzen-Kosten-Untersuchungen gesetzlich institutionalisiert. Diese ex-ante-Verfahren werden durch die vorläufigen Verwaltungsvorschriften zur BHO 1973 durch ex-post-Verfahren ergänzt. Weiterhin wurde die Erfolgskontrolle zahlreicher staatlicher Aufgaben gesetzlich verankert (z. B. im Bereich der Gemeinschaftsaufgaben, des Arbeitsförderungsgesetzes und des Bundessozialhilfegesetzes). Entsprechend finden sich heute in einer Reihe von Bundesministerien spezielle Einheiten mit Evaluationsaufgaben (z. B. BMZ, BMV, BML).

Von den programmatischen Absichten der staatlichen Planung des Regierungshandelns blieben hingegen „nur" die – relativ bescheidenen – organisatorischen Bedingungen zur Evaluation von Regierungsprogrammen und -maßnahmen. Der kurzfristigen Institutionalisierung der großen Schritte folgte eine Institutionalisierung der kleineren (Kontroll-/Evaluations-)Schritte. Pointiert ließe sich vielleicht formulieren: Die Wirkungsforschung konnte sich nur aufgrund ihrer (politischen) Wirkungslosigkeit institutionalisieren. Bei C. H. Weiss heißt es schon 1975: „.. the assumption is no longer tenable that evaluation research of one program at a time can draw useful implications of action." Freilich gilt dies zunächst nur für die amerikanische Szene; doch ließe sich diese Aussage auch für die Bundesrepublik Deutschland empirisch untermauern. Eine sicherlich provokante These, die aber einmal durch eine kritisch orientierte empirische Politik- und Wirkungsforschung überprüft werden sollte sowie durch eine Metawirkungsforschung ergänzt werden müßte: nämlich durch eine Erforschung der Wirkungen der Wirkungsforschung.

Freilich läßt sich auch eine andere Deutung versuchen: Ihre bisherige erfolgreiche Institutionalisierung für Teilbereiche führt *erstens* aus dem Anknüpfen an eine vorgegebene, durch constraints begrenzte Praxis, *zweitens* aus einem nicht durch „direkte" Handlungsanleitungen strapazierten Theoriebegriff.

4. Programmforschung als umfassende Beratung und Kontrolle des politisch-administrativen Prozesses kann demokratische Politik „als Möglichkeit kollektiven Handelns bei nicht vorauszusetzendem Konsens" (Scharpf) nicht ersetzen; allerdings könnte ihr als evaluation research eine zunehmende Kontrollfunktion zukommen, da die klassischen Kontrollinstanzen (Wahlen, Opposition, Parlament) diese Funktion immer weniger wahrzunehmen in der Lage sind.

Weil die Wissenschaft zunehmend – gerade die Form der Programmforschung ist dazu sehr geeignet – zur Selbstdarstellung der (Regierungs-) Politik benutzt wird (und so auch eine Legitimationsressource darstellt), bedarf es einer Betonung ihrer Kontroll- und Kritikfunktion – primär in der Form der evaluation research.

Eine zunehmende Institutionalisierung der Programmforschung als umfassende, empirische sozialwissenschaftliche Politikberatung würde freilich die bestehenden Transferprobleme verstärken und zu einer Kollision mit bürokratieinternen „vested interests" führen.

M. E. ließen sich die Folgeprobleme am besten durch folgende Maßnahmen abfedern: Auf die Einrichtung selbständiger Forschungsreferate sollte verzichtet werden; vielmehr bedarf es in der Linie arbeitender Umsetzer (= Übersetzer) zwischen Wissenschaft und Verwaltung. Hingegen sollte die eigentliche Programmforschung zur Unterstützung (und Kontrolle) in den Phasen der Programmentwicklung, Implementation und der Erfolgskontrolle von bundeseigenen Instituten, Universitäten und privaten Instituten durchgeführt werden.

Zur Begründung dieser These möchte ich einige Bemerkungen zum vielgescholtenen Theorie- und Praxisproblem machen und anschließend diese These kurz erläutern.

5. Theoriedominanz in systemkritischer Absicht (mit einem eher verwirrenden, an der Produktionssphäre orientierten Praxisbegriff) als Auseinandersetzung mit Tradition und Gegenwart und normativ-analytische Studien konnten sich solange behaupten, als die sozioökonomische Entwicklung relativ krisenfrei verlief und von der Wissenschaft keine direkten Antworten verlangt wurden.

Erst nachdem die Bundesrepublik Deutschland von ihrer ersten tiefgreifenden Rezession betroffen wurde, drang der Ruf nach Anwendungsorientiertheit auch zur (herrschenden) Sozialwissenschaft. Diese ausführlich und mit viel Polemik geführte Debatte will ich nicht weiterverfolgen, sondern nur darauf hinweisen, daß sich nach der mit erheblicher Redundanz geführten Auseinandersetzung über den Beitrag der emprisch-analytisch und der kritisch-praktisch verfahrenden Sozialwissenschaft Einigkeit über die Bedingungen zur Rationalisierung von politischen Entscheidungen in folgenden Punkten erkennen läßt:

– daß die an die Wissenschaft herangetragene Forderung nach einem stärkeren Praxisbezug nicht zugleich deren Anwendungsfähigkeit einschließt,
– daß die Beseitigung von Interaktionsproblemen ein *permanenter*, reziproker Lernprozeß ist, der durch drei Ressourcen eingeengt ist: Kompetenz, Sprache, Zeit,
– daß Rationalisierung im politisch-administrativen System von der im ökonomischen zu unterscheiden ist,
– daß eine Verwissenschaftlichung (Objektivierung) nicht durch den „Einbau" von Wissenschaftlern ins politische System gelingt,
– daß sich sowohl in Theorie und Praxis jeweils theoretische und praktische Probleme stellen, daher eine Trennung eher verwirrend als klärend ist, so
– daß die Differenz eher durch die Begriffe Anwendungs- und Wissenschaftssystem sichtbar wird und
– daß schließlich beide Bereiche grundverschiedenen Strukturen folgen; Beratung und Kritik bleiben immer Theorie.

Besonders auf den letzten Punkt kommt es mir an.

Theorie genießt nämlich gegenüber der Praxis das Privileg, keine gesellschaftlich bindenden Entscheidungen fällen zu müssen, ja, sie braucht nicht einmal anwendungsbezogen zu handeln. Die Theorie kann ihren Alternativreichtum beliebig variieren; sie unterliegt in ihrer Selektivität „nur" wissenschaftlichen Standards und erhält von dort ihre Struktur.

Auch die Praxis unterliegt Selektionshorizonten und Orientierungsstrukturen gegenüber einer komplexen Umwelt. Beide Systeme sind funktionsspezifisch ausdifferenziert. Die entscheidende Differenz liegt in einem auf Entscheidungen bezogenen Handlungsbegriff. Die Theorie kann ein hohes Maß an gesellschaftlicher Komplexität reduzieren und erhalten; eine Mitthematisierung von ausgeschiedenen Alternativen und Änderungsmöglichkeiten ist – eben weil Entscheidungen bindend gefällt werden müssen – nur im theoretischen Zusammenhang möglich: auf der Ebene der Reflexion und nicht auf der der praktischen Politik[4].

Nur in Distanz zur Praxis, d. h. zur unmittelbar politisch-praktischen Entscheidung, ergibt sich die Möglichkeit, über politische Praxis zu reflektieren: um einer besseren, alternativreicheren Politik(praxis) willen. M. E. kann sie dabei auf Programmforschung als Hilfsinstrument zu den klassischen Kontroll- und Beratungsinstanzen (Wahlen, Parteien, Verbände, Parlament, Beiräte, Kommissionen) immer weniger verzichten, zumindest solange nicht, als die Masse der Wahlbürger aus dem politischen und ökonomischen Entscheidungsprozeß weitgehend ausgeblendet ist.

4 Vgl. N. Luhmann, *Soziologische Aufklärung*, Bd. 1, Opladen 1972, S. 154 ff.

Je mehr aber unter heutigen gesellschaftsstrukturellen Bedingungen Programmforschung sich durchsetzt, um so mehr ist Habermas' These zu berücksichtigen: „Für die Verwissenschaftlichung der Politik ist das Verhältnis der *Wissenschaften zur öffentlichen Meinung* konstitutiv."

Diesen Punkt möchte ich nicht weiterverfolgen, sondern nur die Problematik andeuten, die bei einer ausschließlichen Durchführung von Programmforschung durch private Institute auftreten könnte.

7. Aus diesen Bemerkungen ergeben sich zur Institutionalisierung von Programmforschung fünf Konsequenzen:
- daß eine dauerhafte Einrichtung notwendig ist,
- daß eine Nähe zur administrativen Praxis unabdingbar ist,
- daß eine Institutionalisierung von Programmforschung ein dialektischer Prozeß ist, der sowohl Beratung und Unterstützung (Selbstdarstellung von Politik) als auch deren Kontrolle und Kritik einschließen muß,
- daß Institutionalisierung sowohl innerhalb der Verwaltung als auch innerhalb des gesamten Wissenschaftssystems stattfinden muß,
- daß das *jeweilige* Publikum stärker in die politisch-administrativen Entscheidungsprozesse einbezogen werden sollte.

Ich nenne dafür drei Gründe:
- die von der politischen Praxis formulierten Ziele (Leerformeln) sind meist zu unspezifisch, als daß ein Soll-Ist-Vergleich von Verwaltung oder Wissenschaft allein geleistet werden könnte;
- es ist davon auszugehen, daß die Administration kaum die von ihr initiierten, formulierten und durchgeführten Maßnahmen auch negativ bewerten würde (keine Regierung würde sich ein zuviel an Negativbilanz leisten), so daß entweder die Kontrolle sehr gering veranschlagt werden kann oder die Ergebnisse ignoriert werden. „Ciarlo (1974) reports that he had reached the conclusion that evaluation results were generally ignored"[5];
- die Interaktionsprobleme würden sich, wenn es sich um wissenschaftlich durchgeführte Untersuchungen handelte, nur in die Verwaltung verlagern, aber nicht gelöst werden.

8. Ich möchte daher zwei Vorschläge machen, einen eher praxis- und einen eher theorieorientierten: Die Programmforscher müssen in den Fachreferaten angesiedelt werden. Dies können sowohl Sozialwissenschaftler als sozialwissenschaftlich ausgebildete Juristen sein. Die Programmforscher verwenden für das administrative Tagesgeschäft nur die Hälfte ihrer Arbeitszeit, die übrige Zeit steht ihnen zur wissenschaftlichen Weiterbildung zur Verfügung. Um die Hierarchieprobleme bei beratenden Funktionen zu beseitigen, sollte diese Funktion entweder der Referatsleiter oder sein Stellvertreter ausüben. Diese *in der Linie* arbeitenden Programmforscher nehmen so eine Vermittler- und Übersetzerfunktion innerhalb der Verwaltung und zwischen Wissenschaft und Verwaltung wahr.

5 H. R. Davis/S. E. Salasin, The Utilization of Evaluation, in: M. Guttentag/E. L. Struening, *Handbook of Evaluation Research*, Bd. 1, Beverly Hills/London 1975, S. 625.

So könnten auch gleichsam „nebenbei" die von der Wissenschaft häufig beklagten Zugangsprobleme gelöst werden. Die eigentliche Forschungsarbeit in Form der Beratung/Unterstützung und Kontrolle/Kritik sollte dann nur von außerhalb des administrativen Prozesses angesiedelten externen Instituten durchgeführt werden.

Innerhalb des Wissenschaftssystems bedarf es dazu einer Verstärkung der empirisch-analytischen Politikforschung und einer Metawirkungsforschung: nämlich eine Erforschung der Wirkungen der Wirkungsforschung.

Bibliographie

Böhret, C. (Hrsg.), *Verwaltungsreformen und politische Wissenschaft*, Baden-Baden 1978.

Davis, H. R./S. E. Salasin, The Utilization of Evaluation, in: M. Guttentag/E. L. Struening, *Handbook of Evaluation Research*, Bd. 1, Beverly Hills/London 1975, S. 625 ff.

Ellwein, Th., Evaluierung von Organisations- und Verwaltungsreformen, in: C. Böhret (Hrsg.), *Verwaltungsreformen und politische Wissenschaft*, Baden-Baden 1978.

Friedrich, H., *Staatliche Verwaltung und Wissenschaft*, Frankfurt a. M. 1970.

Luhmann, N., *Soziologische Aufklärung*, Bd. 1, Opladen 1972.

Schatz, H., Funktionsbedingungen und Konfliktsituationen verwaltungswissenschaftlicher Forschung und Beratung, dargestellt am Beispiel der Projektgruppe Regierungs- und Verwaltungsreform, in: *Interaktion von Wissenschaft und Politik*, Frankfurt a. M. 1977, S. 203 ff.

Carole Ganz
National Science Foundation, Washington, D.C.

Plädoyer für eine Evaluierung des Evaluierungsforschungsprozesses*

I. Einleitung

In den letzten 15 Jahren hat sich die ***anwendungsorientierte sozial- und wirtschaftswissenschaftliche Forschung*** und Analyse zu einer ***Wachstumsindustrie*** entwickelt. Zum Teil geschah dies in Reaktion auf die Wohlfahrtsprogramme, die durch die „Great Society" initiiert worden waren, zum größten Teil jedoch reifte und gedieh die anwendungsorientierte Forschung durch die Aktivitäten nachfolgender Regierungen. Große Forschungsinstitutionen – einige öffentlich-rechtlich, andere privatrechtlich organisiert – entstanden; der Anteil universitärer „Policy"-orientierter Sozialforschung wuchs weiter und gleichzeitig stieg auch die Zahl sozialwissenschaftlicher Hochschulabsolventen. Inzwischen wurden zahlreiche Publikationen zu diesem Themenfeld veröffentlicht, mit Diskussionen vor allem über das benötigte methodische Instrumentarium für die Durchführung von Programmevaluierungen und Politikanalysen sowie zur adäquaten Nutzung von Evaluierungs- und Politikforschung durch die politischen Entscheidungsträger innerhalb der Regierungsbürokratien[1].

Absicht dieses Beitrags war ursprünglich, die Wachstumsbedingungen der Evaluierungsforschung in den USA und der Bundesrepublik Deutschland zu vergleichen und ihre unterschiedlichen methodologischen Ansätze, Nutzungsvorstellungen sowie ihre Probleme innerhalb der sozialwissenschaftlichen Forschungsgemeinde zu diskutieren mit dem Ziel, die Möglichkeiten einer wechselseitigen Kooperation zwischen beiden Ländern auf diesem Feld zu deren gegenseitigem Gewinn herauszufinden. Bei der Bearbeitung dieser Fragestellung schälte sich jedoch immer deutlicher heraus, daß die Diskussion der Förderung und Entwicklung von Evaluierungsforschung, ihrer Methodenwahl und ihrer Anwendung Annahmen und Schlußfolgerungen über diejenigen Faktoren voraussetzen, die den Evaluierungsprozeß vorantreiben, d. h.

* Die in diesem Beitrag vertretenen Ansichten stellen die persönliche Auffassung der Autorin dar und stimmen nicht notwendigerweise mit Auffassungen und Zielvorstellungen der National Science Foundation überein.

1 Zur historischen und auch methodischen Diskussion im Bereich der Evaluierung vgl. F.G. Caro (Hrsg.), *Readings in Evaluation Research*, New York 1977, insbesondere die Einleitung; s. auch E.C. Banfield, *Policy Science as Metaphysical Madness*, Washington, D.C. 1977.

über die *Natur des Evaluierungsprozesses* und die unterschiedlichen *Endprodukte* einer Evaluierungsforschung:

– Denn um zu verstehen, weshalb *Ressourcen* in einem Forschungsfeld eingesetzt werden, ist es notwendig, diejenigen Faktoren zu identifizieren, die diesen Prozeß beeinflussen;
– Schlußfolgerungen über die Auswahl der Methoden und der Nutzung sind solange von begrenztem Wert bzw. führen zu Fehlschlüssen, solange nicht auch der *Prozeß* und die *Aktivitäten*, die als Evaluierungsforschung bezeichnet werden, akkurat und vollständig beschrieben werden;
– schließlich hängen erfolgreiche Verarbeitungs- und Anwendungsstrategien sehr stark von der *Art des Endprodukts* ab sowie von den Bedingungen und Restriktionen, die der *Anwendung* der Ergebnisse unterliegen.

Um einen „Apfel-Birnen"-Vergleich oder unzutreffende Schlußfolgerungen zu vermeiden, ist es notwendig, einen Analyserahmen oder eine Basis zu entwickeln, die es ermöglichen, die Einflußfaktoren, die die Durchführung von Evaluierungen veranlassen und kontrollieren sowie ihre Richtung bestimmen, ebenso zu verstehen wie den Evaluierungsprozeß selbst und die unterschiedlichen Arten von „Evaluierungsendprodukten". Allerdings zeigt bereits ein flüchtiger Blick auf die Evaluierungsliteratur, daß ein derartiges analytisches Schema oder Prozeßmodell bisher fehlt.

Das *Policy Analysis Source Book for Social Programs* der National Planning Association (NAPA) ermöglicht einen guten Überblick über die Verteilung der Forschungsinteressen derjenigen Forscher, die in den späten sechziger und frühen siebziger Jahren Politikanalysen und Evaluierungsforschung durchführten[2]. Die Forschungskurzberichte lassen sich in drei Kategorien einteilen. Auf die erste Kategorie, *methodologische Fragen* der Programmanalyse und Evaluierung, entfallen etwa 6 % von 3.754 Kurzberichten, auf die zweite Kategorie, die *allgemeine Probleme* der Politikanalyse und Evaluierung umfaßt, entfallen lediglich 4 % aller Berichte. Auf die verbleibende dritte Kategorie, die vor allem *materielle Politikfelder* wie Erziehungs- und Bildungspolitik, Gesundheitswesen, Wohnungswesen, Einkommenssicherungspolitik, Rechtspolitik beinhaltet, entfallen die restlichen 90 %. Demnach besaßen entweder die Regierungsbehörden ein nur geringes Interesse an einer Reflexion des Evaluierungsprozesses oder die Forscher waren bisher nicht bereit, wertvolle Zeit und Anstrengungen in die Eigenanalyse und Reflexion der Vorgehensweise zu investieren.

Trotz dieser Schwierigkeiten blieb das Kernziel dieses Beitrags erhalten, nämlich mögliche Forschungsgebiete aufzuzeigen, in denen eine *international vergleichende Evaluierungsforschung* und ein Vergleich *unterschiedlicher Evaluierungsansätze* fruchtbar zu sein scheint. Der Schwerpunkt verlagerte sich allerdings grundsätzlich von der reinen Beschreibung weg zu einer eher analytischen Betrachtungsweise.

Der Beitrag analysiert kritisch eine Reihe von Ansprüchen und Vorstellungen, die bezüglich des Evaluierungsprozesses bestehen. So sind bisher *Ergebnisse* von Evaluierungsforschungen in der Literatur kaum näher beschrieben worden. Empfehlungen

2 Vgl. A. Kotz/J. G. Lear, *The Policy Analysis Source Book for Social Programs*, Washington, D.C. 20009, November 1975.

für Strategien zur Intensivierung der Forschungsnutzung hängen jedoch entscheidend davon ab, inwieweit rein deskriptive Ergebnisse produziert werden bzw. ob sie auch Wertungen oder explizite Politikempfehlungen beinhalten sollen. Auch die vorhandenen und empfohlenen Formen und Bedingungen der Zusammenarbeit zwischen Evaluierungsforschern und politischen Entscheidungsträgern unterscheiden sich je nach der Art des „Evaluierungsprodukts". Der unmittelbare Einsatz wissenschaftlicher Forschungen im politischen Entscheidungsprozeß bringt andere Rechte und Pflichten an die Forschung und die Praxis mit sich als die nur indirekte Nutzung wissenschaftlicher Forschungsergebnisse.

Zweitens behauptet die neuere Literatur häufig, daß in erfolgreichen Evaluierungen der Einfluß und die Auflagen der beteiligten regierungsamtlichen Entscheidungsträger sowie die organisatorischen und bürokratischen Faktoren, die von Programmentscheidungen berührt werden, sich durchsetzen. Demgegenüber scheinen der Einfluß und die Rolle politischer Entscheidungsträger im Evaluierungsprozeß eher überschätzt oder gar fehlinterpretiert worden zu sein. Im folgenden sollen daher die Folgerungen, die sich aus der Betrachtung des Evaluierungsforschungsprozesses ergeben, gezogen und die Rolle sozialwissenschaftlichen Wissens in diesem Prozeß aufgezeigt werden. Evaluierungsaktivitäten sind ja weder vollkommen (final) *entscheidungsbestimmt* noch sind sie nur Ergebnis *sozialwissenschaftlicher Forschungsregeln*. Der Zugriff auf und die Qualität sozialwissenschaftlicher Kenntnisse spielen eine ebenso wichtige Rolle wie die Bedürfnisse der politischen Entscheidungsträger; wird einer dieser Faktoren vernachlässigt, so führt dies zu Fehlkalkulationen von Ressourcen für die Evaluierung.

Drittens ist, um die aufgezeigten Probleme adäquat zu behandeln, ein geeignetes *Modell des Evaluierungsforschungsprozesses* notwendig. Statt einfach die Schwierigkeiten des Evaluierungsprozesses zu beschreiben oder Maßnahmen zu empfehlen, um diesen Schwierigkeiten zu begegnen, sollte eine sinnvolle Theorie des Evaluierungsprozesses das komplexe System von Maßnahmen und Aktivitäten, welche Evaluierungsforschung ausmachen, zu erklären versuchen.

In einem abschließenden Kapitel werden Folgerungen aus dieser Kritik für Vergleiche und international angelegte Forschungsmöglichkeiten diskutiert.

II. Probleme des Evaluierungsforschungsprozesses

II.1 Modelle zur Initiierung von Evaluierungsforschung

Gilbert und Conklin schreiben in einer Veröffentlichung des Federal Executive Institute: „Kurz gesagt, Evaluierungsmanagement ist der Prozeß, durch den Informations- und Wissenssysteme an den Entscheidungsprozeß angebunden werden."[3] Die-

3 G. R. Gilbert/P. J. Conklin, Evaluation Management: A Conceptual Overview, in: Gilbert/Conklin (Hrsg.), *Evaluation Management: A Selection of Readings*, U.S. Federal Executive Institute, Charlottesville, Virginia, FEI B-12, Januar 1979.

se Aussage impliziert, daß man, um den Prozeß der Evaluierungsforschung zu verstehen, zuvor den *Zusammenhang zwischen sozialwissenschaftlicher Forschung und den Bedürfnissen der Entscheidungsträger* zu klären hat. In der Literatur sind unterschiedliche Modelle vorhanden, um diesen Prozeß zu erklären[4].

Das erste kann als *Forschungs-, Entwicklungs- und Nutzungsmodell* („research, development, and utilization model") bezeichnet werden. Dieses Modell geht von der folgenden Ereignisabfolge aus: „Grundlagenforschung – anwendungsorientierte Forschung – Entwicklung – Anwendung". Ihm liegt die Vorstellung zugrunde, daß die *Grundlagenforschung* Erkenntnisse produziert, die eine potentielle Relevanz für politische Entscheidungsträger haben, daß *anwendungsorientierte Forschung* durchgeführt wird, um die Ergebnisse der Grundlagenforschung für die praktische Anwendung zu testen, und daß, wenn diese erfolgreich verlaufen, geeignete *Technologien* entwickelt werden, um diese Ergebnisse zu implementieren und für den nachfolgenden Entscheidungsprozeß zu nutzen.

Unter anderen hat Carol Weiss demgegenüber die Auffassung vertreten, daß sicherlich eine Reihe sozialer Programme und Politiken einem derartigen sozialwissenschaftlichen Wissensmodell entspricht, es jedoch sehr unwahrscheinlich ist, daß dieses Modell in dieser Ereignisabfolge auch immer zutrifft, vor allem dann, wenn sich (plötzlich) wissenschaftliche und technologische Möglichkeiten eröffnen, auf Regierungsentscheidungen Einfluß zu nehmen[5]. Denn sozialwissenschaftliches Wissen erfordert nicht *zwingend* die Implementation; sozialwissenschaftliches Wissen ist nicht unmittelbar in Technologien zu verwerten, seien es materielle oder soziale. In der Regel besteht bei politischen Entscheidungsträgern meist nur dann eine Aufnahmebereitschaft für eine Nutzung der Ergebnisse sozialwissenschaftlicher Forschung, wenn eine Situation als Notlage definiert und wenn eine Einigung über die Parameter der möglichen Maßnahmen erzielt wurde.

Die Alternative zu diesem Modell der Forschungsnutzung hat ihren analytischen Ausgangspunkt im *Bedarf* der Entscheidungsträger. Gilbert und Conklin meinen hierzu: „Falls eine Bewertung nicht auf eine Entscheidung hinzielt, d. h. wenn das Management nicht beabsichtigt, sie für Entscheidungen zu nutzen, dann ist es keine Evaluierung."[6]

Hinter dieser Auffassung verbirgt sich die Erwartung, daß Evaluierungsforschung empirische Nachweise liefert und Schlußfolgerungen enthält, die Politikprobleme lösen helfen. Das zugrundeliegende Modell ist wiederum ein lineares, aber die Schritte unterscheiden sich von denen des wissenschaftsorientierten „knowledge driven"-Modells. Hier bestimmt die Entscheidungsebene die Anwendung der Forschung, und im Regelfall geht dieses Modell von einer zielgerichteten Beauftragung sozialwissenschaftlicher Analyse und Forschung aus, um eine klar definierte „Wissens-

4 Für eine Diskussion dieser Modelle vgl. E. Glaser, *Putting Knowledge to Use: A Distillation of the Literature Regarding Knowledge Transfer and Change*, Human Interaction Research Institute, Los Angeles 1976.

5 Vgl. C.H. Weiss, *Models of Research Utilization*, Arbeitspapier, vorgelegt auf dem Seminar on Research Utilization, National Institute of Education, 1978.

6 Gilbert/Conklin, *Evaluation Management*, S. 3.

lücke" zu füllen. Dem liegt die Annahme zugrunde, daß die Entscheidungsträger eine klare Vorstellung von ihren persönlichen und organisatorischen Bedürfnissen und Zielen besitzen, daß sie diese identifiziert haben und sich nunmehr spezielle Informationen als Richtschnur für ihre Maßnahmen und Entscheidungen wünschen. Diese Aufgabe übernehmen die Sozialwissenschaftler. Sie erheben die benötigten Daten, führen Analysen und Generalisierungen durch und geben die möglichen Interpretationen der allgemeinen Ergebnisse, indem sie Empfehlungen aussprechen.

Der Prozeß folgt dabei der folgenden Sequenz: Problemdefinition oder Entscheidung über die Nutzung von (wissenschaftlichen) Ressourcen – Ressourcenzuweisung – Identifizierung des Informationsbedarfs – Einholung sozialwissenschaftlicher Forschung – Interpretation der Forschung im Kontext des Entscheidungsfeldes – Politikwahl. Weiss schätzt die Wahrscheinlichkeit gering ein, daß alle diese Bedingungen bei irgendeinem Problem auch tatsächlich in dieser Reihenfolge gegeben sind, so daß auch dieses „Problemlösungsmodell" *(problem-solving-model)* wahrscheinlich nur auf sehr wenige Fälle zutrifft[7]. Dennoch wurde es zum dominierenden Modell bei Durchführung und Nutzung sozialwissenschaftlicher Forschung. Seine Dominanz ist nach Meinung von Carol Weiss mitverantwortlich für die derzeitige Desillusionierung über die Relevanz sozialwissenschaftlicher Forschung für Politik und Praxis, da in der Regel von der Forschung erwartet wird, unmittelbar zur Entscheidungsfindung beizutragen und auch, sich entsprechend dem obigen Verlauf zu entwickeln. Was immer auch der Wert einer Infragestellung des „knowledge-driven"-Modells gewesen ist, die derzeit dominierende Vorstellung, daß die politischen Entscheidungsträger den Evaluierungsprozeß entscheidend bestimmen, ist durch die bisher durchgeführten empirischen Studien zu diesem Prozeß nicht belegbar. Hinzu kommt, daß die wenigen zu diesen Fragen bisher durchgeführten Studien ihren Schwerpunkt nicht auf die *anfänglichen* Stufen des Evaluierungsforschungsprozesses richten, sondern die Mehrzahl sich auf die Diskussion der Forschungs-, Entwicklungs-, Verbreitungs- und Anwendungsphase beschränkt. Der Prozeß der *Ideenentwicklung*, die Generierung erster Entwürfe sowie Probleme der Finanzierung werden meist nicht behandelt[8].

Auch ist das Konzept, das in diesen Studien zur Nutzung von Evaluierungsforschung bei der Definition der politischen Bedürfnisse und Programmziele angewandt wird, meist sehr unscharf; häufig ist es sehr weit angelegt, um möglichst alle denkbaren Determinanten zu erfassen und andere mögliche weitere Einflußnahmen auszuschließen[9]. Auf der anderen Seite ist festzuhalten, daß eine präzise Erfassung

7 Vgl. Weiss, *Models of Research Utilization* (Anm. 5).

8 Vgl. als Beispiel für relativ systematische Studien des Evaluierungsprozesses E. M. Glazer/S. Taylor, *Factors Affecting the Success of Applied Research*, Washington D.C., National Institute of Mental Health, Dep. of Health, Education and Welfare, Schlußbericht zum Kontrakt Nr. 43-67-1365, Jan. 1969; C. H. Weiss, Between the Cup and the Lip, in: *Evaluation*, Bd. 1, Nr. 2, 1973, S. 49 ff., wieder abgedr. in: Caro (Hrsg.), *Readings in Evaluation Research*, S. 115; vgl. auch F. Badura (Hrsg.), *Angewandte Sozialforschung*, Frankfurt a.M. 1976.

9 Einen allgemeinen Überblick, insbesondere über bedürfnisorientierte („need-oriented models") Modelle geben D. Mowery/N. Rosenberg, The Influence of Market Demand Upon Innovation: A Critical Review of Some Recent Empirical Studies, in: *Research Policy*, Bd. 8, Nr. 2, April 1979.

des Nutzens von wissenschaftlichen Evaluierungen kaum möglich ist, da Wissen und Wissensproduktion eher unsystematische („fuzzy") Eigenschaften besitzt. E. Banfield beschreibt dies so: „Jetzt, nachdem Tausende von Ph. D. Dissertationen geschrieben worden sind, gibt es immer noch erst wenige sozialwissenschaftliche Theorien oder Ergebnisse, welche tatsächlich den politischen Entscheidungsträgern etwas helfen."[10] Allerdings liegt dieser Auffassung eine sehr restriktive Definition von Wissen zugrunde. Banfield selbst führt in demselben Zusammenhang später aus, daß Policy/Evaluierungsforschung die Anwendung sozialwissenschaftlicher Methoden im Gegensatz zum Aufbau materieller Theorien beinhaltet. Dem liegt das Bild einer Sozialwissenschaft zugrunde, die sozialwissenschaftliche Erkenntnisse im Evaluierungsprozeß anwendet, ohne daß deren Entstehung und Voraussetzungen mitbedacht werden. Und dies, obgleich spezifische Methoden wie Systemanalyse, soziale Experimente und andere in der Evaluierung gebräuchliche Methoden doch nicht unabhängig von den Bedürfnissen der politischen Entscheidungsträger gefunden und weiterentwickelt wurden[11]. Sowohl die politische Bedeutung als auch die technische Machbarkeit sind wichtige Voraussetzungen für eine erfolgreiche Evaluierungsforschung. Die Beschreibung der Evaluierungsforschung als eine weitgehend blinde Anwendung sozialwissenschaftlichen Wissens – implizit in der Zurückweisung des „knowledge driven"-Modells vorhanden –, entspricht zudem nicht der breiten Anwendung eines vielfältigen Sets sozialwissenschaftlicher Forschungstechniken, die entwickelt und im Kontext einer Evaluierungsforschung benutzt wurden.

Für den Einsatz sozialwissenschaftlicher Forschungstechniken für politische Entscheidungsträger wird ein stärker *Nutzungs-(„predictive") orientiertes Modell* benötigt, ein Modell, das die Initiierung von Programmevaluierungen nicht nur in der individuellen Motivation von Programm-Managern sieht. Eine derartige Theorie sollte sich mit dem *Mechanismus* befassen, durch den individuelle Motivation, Evaluierungen zu beginnen, in bestimmte Arten von Evaluierungsforschungsprojekten transformiert wird, und sie sollte Einflußfaktoren – beispielsweise das Angebot an anwendbaren sozialwissenschaftlichen Forschungen und Techniken – aufzeigen. Schließlich wissen wir ja, daß die Anwendung von Forschungstechniken bei der Evaluierung in einen politisch sensiblen Kontext durch Variablen auf unterschiedlichen Ebenen beeinflußt wird; zu diesen Faktoren zählen: professionale Zugehörigkeit von Individuen innerhalb bürokratischer Organisationen; ihre besonderen Aufgaben; organisatorische Variablen, die den Informationsfluß in Organisationen beeinflussen; Umweltfaktoren, etwa der Grad politischer Turbulenz oder die Veränderungsgeschwindigkeit der Organisationsumwelt[12].

10 Vgl. E. Banfield, *Policy Science as Metaphysical Madness*, American Enterprise Institution for Public Policy Research, Washington D.C. 1977.

11 Vgl. für eine historische Beschreibung der Zusammenhänge zwischen dem Informationsbedarf von Politikern und der Entwicklung sozialer Experimente vor allem A.M. Shinn Jr., The Utility of Social Experimentation, in: Elton/Lucas/Conrads (Hrsg.), *Policy Research in Evaluating New Telecommunications Services*, New York 1977.

12 Vgl. hierzu beispielsweise H. C. Shulberg/F. Baker, Program Evaluation Models and the Implementation of Research Findings, in: F. G. Caro (Hrsg.), *Readings in Evaluation Research*, New York 1977, S. 54 ff.

Ferner muß bei der Entwicklung eines adäquaten Modells berücksichtigt werden, daß es sehr unwahrscheinlich ist, daß das Modell *linear* – von der Entscheidung zur Forschung oder von der Forschung zur Entscheidung – verläuft; es ist eher wahrscheinlich, daß diese Verbindungslinien sehr viel ungeordneter verlaufen, sehr häufig keinen klar definierten Ausgangspunkt besitzen. Es ist weiterhin zu bedenken, daß diejenigen, die sich mit der Formulierung und Implementierung von Politiken befassen, Informationen nicht nur dem Bereich der Sozialwissenschaften, sondern einer Vielzahl sehr unterschiedlicher Quellen entnehmen. In einem solchen Modell ist es daher notwendig, um überhaupt Aussagen über das Engagement und die Nutzung der Sozialwissenschaften treffen zu können, einen Blick auf den komplizierten Prozeß und die gegenseitigen *Trade offs* zwischen sozialwissenschaftlicher Information und den Erfahrungen der Entscheidungsträger und deren politischen Ansichten, Bewertungen usw. zu werfen. Besondere Aufmerksamkeit kommt dabei dem Umfang der einer Organisation intern zur Verfügung stehenden Informationen zu, im Gegensatz zu den Informationen, die durch externe Beratung und Forschung eingeholt werden müssen. Schließlich sollte damit begonnen werden, sozialwissenschaftliche Kenntnisse und Techniken unter einem neuen Blickwinkel zu betrachten. Der Wert oder Nutzen sehr vieler wissenschaftlicher Erkenntnisse kann vor seiner tatsächlichen Anwendung kaum eingeschätzt werden.

Wie kann nun das Risiko der Wissensproduktion verringert werden? Gibt es bestimmtes Wissen, welches weniger Gefahr läuft, nicht genutzt zu werden? Und welches sind die Gründe dafür, daß einige Techniken häufiger angewandt werden als andere? Welche Rolle kommt der Forschergemeinde bzw. der Gruppe der Politikanalytiker in den Ministerien bei der Auswahl dieser Techniken zu? Welche Anreize sind in diesen Gruppen vorhanden, um einen höheren Anteil an erfolgreichen Evaluierungsforschungsprojekten bereitzustellen?

Eine grundsätzliche Schlußfolgerung ergibt sich bereits aus unseren Überlegungen, daß nämlich die gegenwärtige Sammlung sozialwissenschaftlicher Forschungsformen nicht unveränderlich feststeht, und daß die Voraussetzungen und Bedingungen, unter denen sozialwissenschaftliche Kenntnisse in den politischen Prozeß einfließen, sicherlich nicht perfekt sind. Die Analyse der Anreize und der Disincentives, die die politischen Entscheidungsträger ermutigen, Forschungsergebnisse zu nutzen, sind sicherlich wichtig; das komplexe *Anreizsystem*, das die Quantität und die Erreichbarkeit sozialwissenschaftlichen Wissens berührt, sollte jedoch auch bedacht werden.

II.2 Der prozessuale Charakter der Evaluierungsforschung

Gilbert und Conklin definieren Evaluierung als die „systematische Analyse einiger Aspekte eines Programms oder seiner Umgebung“[13]. Suchman beschreibt Evaluierung als „die Nutzung sozialwissenschaftlicher Methoden, um Daten über den Um-

13 Vgl. Gilbert/Conklin, *Evaluation Management*, S. 3.

fang dessen zu erheben, bis zu welchem Grad einige genau spezifizierte Aktivitäten einige erwünschte Wirkungen herbeiführen"[14]. Einige Autoren betonen die Unterschiede zwischen Evaluierung und Forschung, während andere Evaluierung als *eine Form der Forschung* klassifizieren. Es ist wichtig, die impliziten Einschränkungen in diesen Aussagen zu sehen; alle Definitionen zielen nicht direkt auf den gesamten Bereich derjenigen Aktivitäten, die bei einer Evaluierung anfallen, sondern behandeln lediglich die *besondere* Natur der Forschungskomponente.

Andere sehen die *Bestimmung von Programmwirkungen* innerhalb einer Organisation als *die* Aufgabe der Evaluierungsforschung. Während in der Beschreibung zahlreicher Probleme, die bei der Durchführung von Evaluierungsforschung und ihrer Nutzung auftreten, implizit anerkannt wird, daß es sich um einen vielphasigen Prozeß handelt, der sehr unterschiedliche Aufgaben behandelt, fehlt bisher eine explizite Analyse dieser Phasen und eine Identifizierung all derjenigen Aufgaben, die eine Evaluierung umfaßt.

Ein *prozessualer Ansatz* bedeutet, Evaluierungsaktivitäten so in Phasen zu zerlegen, daß jede Phase durch eine unterschiedliche Form der Entscheidung charakterisiert werden kann und daß in den einzelnen Phasen dieses Prozesses die unterschiedlichen Probleme der Koordination und Kommunikationsmuster hervortreten. Ein *prozeßorientierter Ansatz* für die Evaluierung betont eher, daß Forschung nur einen Teil der Aufgaben einer Evaluierung darstellt und daß die Nutzbarmachung nicht nach einer Evaluierung beginnt, sondern bereits als integraler Teil einer Reihe von Aktivitäten während des Forschungsprozesses stattfindet, die als Teile einer Evaluierung zu begreifen sind. Nicht klar zwischen der Nutzung von Evaluierungsergebnissen bereits abgeschlossener Forschungen und dem Nutzwert von Begleitforschungen zu unterscheiden, d. h. denjenigen Nutzungsformen, in denen die Forschungsergebnisse selbst eine Phase in einem Managementprozeß darstellen, stellt eine überzogene Vereinfachung dar, die im folgenden Abschnitt noch weiter diskutiert werden soll.

Wenn Evaluierung als ein *vielphasiger* Prozeß mit unterschiedlichen Aufgaben und Problemen betrachtet werden kann, wie würde dieser Set von Evaluierungsaufgaben aussehen? Einigen Aufschluß hierüber kann man der umfangreichen Literatur zu Prozessen bei technologischen Innovationen entnehmen sowie Untersuchungen über die Entwicklung und Verbreitung von Management-Innovationen[15].

Abstrakt betrachtet, besteht eine technologische Innovation in einer Synthese zwischen einem Bedarf und einer bestimmten Art technischer Möglichkeiten, um diesem Bedarf nachzukommen. Übernimmt man diese Definition, ergeben sich eini-

14 Vgl. E. A. Suchman, Evaluating Educational Programs, in: *The Urban Review*, Bd. 3/4, Febr. 1969, S. 15, wieder abgedruckt in: Caro (Hrsg.), *Readings in Evaluation Research*, S. 40 ff.

15 Zu einer kritischen Analyse der Innovationsprozesse bei technologischen Forschungen s. auch C. Ganz/A. Bean, Scientific and Technical Information Policies for Industrial Innovation: A Review of the Research Literature, in: *Research Policy* (in review); einen zusammenfassenden Überblick über die Literatur zu Innovationen im Managementbereich gibt J. R. Kimberley, *Managerial Innovation*, Yale School of Organization and Management, Arbeitspapier, Serie A, Nr. 3.

ge interessante Vergleiche zur Anwendung sozialwissenschaftlicher Forschung bei politischen Entscheidungen. In Analysen des Prozesses einer technologischen Innovation wird meist eine mehrstufige Abfolge von Taxonomien dieses Prozesses angewandt. Der Prozeß selbst umfaßt gewöhnlich drei Schritte: *Ideenproduktion* (Entwicklung eines Designs oder Antrages, d. h. Suche nach einer Synthese von Benutzerwünschen und technischen Möglichkeiten, *Problemlösung* (Forschung, Entwicklung und Steuerung, um eine technische Lösung für diese Vorschläge zu entwickeln); *Implementation* (Forschung und Entwicklung, Instrumententwicklung, Koordination und Verwaltung, um das neue Produkt oder das neue Verfahren an den zukünftigen Anwender zu bringen). Unterschiedliche Problemlösungsweisen, unterschiedliche Verfügbarkeit und Nutzung von Informationsarten und -quellen sowie unterschiedliche Typen von Koordinationsabsprachen spielen eine Rolle in diesem Prozeß[16]. Während der ersten Phase, der *Ideengenerierung*, werden häufig Informationsquellen außerhalb der Organisation benutzt. In der zweiten Phase, der *Problemlösung*, wird ein stärkerer Austausch materieller Informationen sowohl innerhalb von Forschungseinheiten als auch zwischen Forschungslaboratorium, dem Produzenten und Marketingverantwortlichen erforderlich. Die dritte Phase, die *Implementation*, verlangt vor allem eine wirksame Koordination und Problemlösung für die und zwischen den unterschiedlichen funktionalen Aufgabenbereichen. Dies macht eine Segmentierung der Durchführungsprobleme auf einzelne Phasen notwendig. Forschungen zeigen schließlich auch, daß Fehlschläge hier eher durch Probleme der Koordination und des Informationsflusses als durch technisch-methodische Schwierigkeiten entstehen.

Als wertvolle Hilfe aus diesen Forschungen könnte sich auch der Versuch erweisen, die entsprechenden Aufgaben entlang aufsteigender Komplexität (von „einfachen" Routineaufgaben zu komplexen „Nicht-Routineaufgaben") zu ordnen[17]. So wird bei der Analyse vorgeschlagen, die Aufgaben zu unterscheiden: erstens nach der *Länge der Zeit*, die für einen Feedback benötigt wird, zweitens nach der *Dimensionierung des Problems* (spezifische gegenüber generellen Problemen), und drittens nach der *Produktion des Wissens* im Gegensatz zur Nutzung von bereits vorhandenem Wissen. Diese Kategorisierung von Aufgaben ermöglicht die Wirksamkeit von Forschung zu verbessern, indem Empfehlungen entsprechend den jeweiligen Erfordernissen zugeschnitten werden. Damit sollte auch deutlich geworden sein, daß die Auffassung von Evaluierungsforschung als einer eindeutig bestimmten Aufgabe mit einem relativ fest definierbaren Grad an Unsicherheit und Komplexität eine Übersimplifizierung darstellt.

Diese Überlegungen und Ergebnisse zeigen überdies, daß durch eine Aufarbeitung und eine Auswertung bisheriger Forschungen über Prozesse technologischer Innovationen möglicherweise Hinweise für eine Überwindung der Probleme im Evaluierungsforschungsprozeß gewonnen werden könnten. Gleichzeitig scheint es möglich

16 Vgl. hierzu M. L. Tushman, Special Boundary Roles in the Innovation Process, in: *Administrative Science Quarterly*, Dez. 1977, Bd. 22.

17 Vgl. ebd.

zu sein, daß eine Reflexion der Bedingungen, unter denen Forschungen für wissenschaftliche und technologische Unterfangen anwendbar sind, auf den sozialwissenschaftlichen Bereich übertragen werden kann. Dabei sind jedoch drei Bedingungen zu berücksichtigen:

- der *Markt*, auf dem sozialwissenschaftliches Wissen gehandelt und auch angewandt wird, ist in der Regel der öffentliche und *nicht* der industrielle Sektor;
- das *Netzwerk* der Verbindungen und Beziehungen zwischen denjenigen Einheiten, die an der Anwendung und Nutzung sozialwissenschaftlicher Forschungsergebnisse beteiligt sind, unterscheidet sich in vielen Fällen stark von dem in naturwissenschaftlich-technischen und technologischen Bereichen;
- obgleich sozialwissenschaftliche Forschung und die Ergebnisse der naturwissenschaftlichen und technologischen Forschung in vielen Bereichen Gemeinsamkeiten aufweisen, unterscheiden sie sich gerade in denjenigen Eigenschaften voneinander, die wirksamen Wissenstransfer und -nutzung erschweren, speziell durch unterschiedliche *Transmissionssysteme* und *Austauschmechanismen*.

III. Zur Nutzung von Evaluierungsforschungsresultaten

Wie Caro ausführt, generiert eine Evaluierung in der Regel Einschätzungen über die Wirksamkeit von Maßnahmen, obgleich in der Evaluierungspraxis meist vermieden wird, Urteile über bestimmte Verwaltungseinheiten, Praktiker oder Empfänger von Dienstleistungen abzugeben[18]. Andere Autoren vermeiden eher die Diskussion über Nutzen und konkrete Verwendung von Evaluierungsergebnissen. Robert Rich betrachtet die Ergebnisse von Evaluierungsforschungen als materielles Wissen, das im Gegensatz zu einem „Orientierungswissen" steht, das für zukünftige Entscheidungen benötigt wird; dementsprechend fordert er auch ergänzende Aktivitäten in der Evaluierungsforschung, die sicherstellen, daß eine Anwendung und Nutzung erfolgt[19]. Während die Nutzung von Wissen, *nachdem* es produziert worden ist, ein wichtiges Forschungsfeld darstellt, umfaßt die Evaluierungsforschung als ein komplexer Prozeß auch das Management und die Planung für die Nutzung während des Forschungsprozesses und nicht nur die Kommunikation der Forschungsergebnisse an die Nutzer. Das Verstehen der Nutzung von Evaluierungsforschung in seinem Evaluierungsforschungskontext erfordert eine klare Unterscheidung zwischen den Aktivitäten, die in der Herstellung von Produkten der Evaluierung liegen und der Diffusion dieser Produkte. Die Unterscheidung zwischen der *Anwendung* und der *Verbreitung* von Forschung wird in der Diskussion der Nutzung der Ergebnisse häufig vergessen.

Die Diskussion über die Nutzung von Evaluierungsforschungsergebnissen wird durch eine Trennung dieser unterschiedlichen Nutzungsperspektiven sicherlich gewinnen. Das grundsätzliche Problem aus der „Evaluierungsgenerierungs"-perspektive

18 Vgl. Caro (Hrsg.), *Readings in Evaluation Research*.
19 Vgl. hierzu im vorliegenden Band den Beitrag von R. Rich.

ist es, zu verstehen, was eine Organisation oder eine Bürokratie dazu veranlaßt, die Orientierungshilfe, die sie durch eine Evaluierung ihrer Programme oder Aktivitäten gewinnt, auch tatsächlich zu nutzen. Der Kern der Umsetzungsperspektive betrifft die Frage, wie und auf welche Weise sich Evaluierungsforschungsergebnisse und -techniken innerhalb eines Netzwerks unterschiedlicher Organisationen verbreiten. Die kritische Unterscheidung zwischen intra-organisatorischen und inter-organisatorischen Kommunikationsmustern und Anreizen zur Nutzung der Ergebnisse sollte ein Schwerpunkt künftiger Diskussion werden.

Auf der anderen Seite sollte die Diskussion über die Nutzung der Ergebnisse der Evaluierungsforschung als zur Verfügung gestelltes Wissen ersetzt werden durch die Diskussion der Ergebnisse und des Nutzens der Forschungs- und Entwicklungsphase eines Evaluierungsforschungs*prozesses*. Hier wird vor allem die folgende Frage wichtig werden: Welches sind die (wichtigen) Merkmale dieser Art von (Prozeß)Information, die sie von anderen, den Entscheidungsträgern zur Verfügung stehenden Informationsquellen unterscheidet? Die traditionelle Evaluierungsnutzungsliteratur mißt der Identifikation derjenigen Faktoren besondere Bedeutung bei, die den Austausch und den Transfer von Informationen stimulieren oder behindern. Fast die gesamte Literatur unterstellt stillschweigend, daß lediglich die Art der Informationsaufbereitung und -vermittlung verändert werden müsse, um eine adäquate Anwendung und Umsetzung der Evaluierung zu erreichen. In diesen Ansichten ist enthalten, daß Wissen an und für sich schon einen Wert darstellt. Neuerdings argumentieren jedoch einige Forscher, daß die Beseitigung dieser Schwierigkeiten allein nicht ausreicht, um Nutzung und Anwendung der sozialwissenschaftlichen Forschungsergebnisse sicherzustellen. Nutzung und Nicht-Nutzung scheinen sehr eng mit organisatorischen Eigenschaften und -politiken verknüpft zu sein, die nicht informationsspezifisch sind. Der Wert dieser Informationen mag unterschiedlich sein – je nach den Anforderungen, die die einzelnen Nutzer oder die Organisation selbst an die Ergebnisse stellen. Eine Unterscheidung zwischen dem Wert, den sozialwissenschaftliches Wissen für einzelne Organisationen besitzt und demjenigen, der aus diesem Wissen für gesellschaftliche Belange entspringt, wird bisher bei allen Nutzungsüberlegungen in der Literatur kaum getroffen. So schreibt auch Banfield verallgemeinernd: „Es ist ein gefährlicher Irrtum zu glauben, daß ein Politikwissenschaftler den Politiker oder Staatsmann erfolgreich ersetzen kann. Soziale Probleme sind zutiefst politisch, sie entstehen aus Meinungsunterschieden und -interessen, und außer in trivialen Fällen müssen Möglichkeiten gefunden werden, wie man mit diesen Schwierigkeiten lebt, und sehr viel weniger geht es darum, Rätsel zu entziffern, für die es eine Lösung gibt."[20]

Banfields Urteil liegt die Annahme zugrunde, daß aus der Tatsache, ob Politiker Entscheidungen auf Wissenschaft basieren oder nicht, sich im Endeffekt kaum Unterschiede für einzelne Politiker, ihre Organisationen oder die Gesellschaft insgesamt ergeben. Man hat dennoch sehr sorgfältig zu unterscheiden zwischen dem Gewinn, den Regierungen und ihre Behörden aus der Investition und der Nutzung sozialwis-

20 Vgl. Banfield, *Policy Science as Metaphysical Madness* (Anm. 1).

senschaftlicher Forschung ziehen und dem gesellschaftlichen Gewinn, den Veränderungen und den Verbesserungen in den Programmen, die aus diesen Forschungen resultieren. Den Wert sozialwissenschaftlicher Forschung auf die organisatorischen Interessen von Regierungsbürokratien reduzieren zu wollen, sollte vermieden werden. Es sind gerade diese Unterschiede zwischen den Ergebnissen, die Forschung für eine Organisation erbringt, und den gesellschaftlichen Wirkungen, die nicht erfaßt oder nicht erfaßbar sind, die für eine Beurteilung des Wertes sozialwissenschaftlicher Forschung eine zentrale Rolle spielen.

Allgemein gesprochen, enthalten oder implizieren Evaluierungsforschungsergebnisse meist in der Größenordnung sicherlich unterschiedliche Abweichungen von vorhandenen Programmen und Tätigkeiten der Regierungsbehörden. Ihre Empfehlungen unterscheiden sich von anderen Informationsquellen dadurch, daß sie auf „wissenschaftlich begründetem“ oder „technologischem“ Wissen über die Wirkungen oder die möglichen Wirkungen dieser Programme beruhen und zwar stärker als auf Informationen, die auf andere Weise erhoben werden. Die diesem Vorgang zugrundeliegende (und implizite) Annahme ist die, daß, wenn sozialwissenschaftliches Wissen einen Wert besitzt, Informationen, die auf Forschung beruhen, wahrscheinlicher als *rein politisch* generierte Informationen zu Programmen führen, die einen höheren *gesellschaftlichen Gewinn* versprechen. Die entscheidende Diskrepanz besteht zwischen den sozialen Gewinnen, die wissenschaftlich erarbeitete Programme möglicherweise erbringen, und der tatsächlichen Nutzung ihrer Ergebnisse, die dadurch beschränkt werden, daß sie keine ausreichenden oder für eine Umsetzung hinreichenden Gewinne für einzelne oder die für die Implementation Verantwortlichen abwerfen. Programmentscheidungen im öffentlichen Sektor sind nämlich in gleichem Maße von Einflußstrukturen, speziellen Politikinteressen und bürokratischen Bedingungen bestimmt wie von sozialen Gewinnen. Es ist daher *einseitig*, die Nicht-Nutzung sozialwissenschaftlicher Forschung im politischen Prozeß zu diskutieren, ohne gleichzeitig die Fähigkeit und Bereitwilligkeit der Regierungsbehörden zu analysieren, eine Maximierung der sozialen Wohlfahrt auch tatsächlich anzustreben.

In vielen Fällen fehlt das Wissen, um die Auswirkungen von Regierungsprogrammen beurteilen zu können, eine Voraussetzung, die erst Veränderungen gegenwärtiger Politiken und Verfahren erlaubte. Dies spricht jedoch nur mehr dafür, noch größere Investitionen in sozialwissenschaftliche Forschung und Forschungstechniken und/oder für Veränderungen in der Anreizstruktur vorzunehmen, die die Sozialwissenschaftler und deren institutionellen Kontext regiert. In anderen Fällen jedoch, in denen auf eine zuverlässige Wissensgrundlage zurückgegriffen werden kann, können nur Veränderungen in der Anreizstruktur der Regierungsbürokratien die nötigen Bedingungen für eine Nutzung der Forschungsergebnisse schaffen. Die entscheidende Frage, bis zu welchem Umfang sich das wissenschaftliche Management von Regierungsprogrammen, d. h. die Nutzung sozialwissenschaftlicher Information und Forschung im politischen Prozeß, als gesellschaftlich gewinnbringend erweist, ist noch offen und sollte eine wichtige Aufgabe in der Erforschung von Wissensnutzung werden.

IV. Schlußfolgerungen und Empfehlungen

Bis vor kurzem haben Evaluierungsforscher einer Selbstreflexion nur wenig Aufmerksamkeit geschenkt. In der Literatur finden sich vor allem Vorschriften für Techniken, die von Praktikern bei der Durchführung eigener Studien entwickelt wurden. Nur wenige systematische Analysen von Evaluierungsaktivitäten, kaum eine Konzeptionalisierung dieses vielphasigen Prozesses sind vorhanden. Es mangelt an Untersuchungen, die querschnittförmig unterschiedliche Sektoren wie das Gesundheitswesen, das Erziehungswesen, die Naturwissenschaften usw. durchleuchten, ferner an Analysen, die Erfahrungen aus unterschiedlichen organisatorischen und bürokratischen Strukturen im Querschnitt untersuchen und Länder mit unterschiedlichen Formen der Zentralisierung staatlicher Aktivitäten, unterschiedlichen Aufgaben zwischen staatlichen und nicht-staatlichen Funktionen und anderen Faktoren untersuchen.

Gemeinsame Anstrengungen, um den Evaluierungsprozeß systematisch zu analysieren sowie Quervergleiche zwischen Organisationen und Nationen sollten Teil einer zukünftigen Forschungsstrategie in diesem Bereich sein. Von besonderer Dringlichkeit und hohem Wert wären Studien, die die Unterschiede zwischen gesellschaftlichen Gewinnen in staatlichen Programmen, die sich aus der Nutzung von wissenschaftlichen Managementtechniken (von denen die Evaluierung eine darstellt) ergeben, und dem Gewinn für Einzelpersonen und Organisationen im öffentlichen Sektor herausarbeiteten: eine Frage, die an die Fundamente anwendungsorientierter Forschung greift und – wie mir scheint – eine angemessene Herausforderung für die internationale Forschergemeinde in diesem Feld.

Bibliographie

Badura, F. (Hrsg.), *Angewandte Sozialforschung*, Frankfurt a. M. 1976.

Banfield, E. C., *Policy Science as Metaphysical Madness*, American Enterprise Institution for Public Policy Research, Washington D.C. 1977.

Caro, F. G. (Hrsg.), *Readings in Evaluation Research*, Russell Sage Foundation, New York [2]1977.

Ganz, C./A. Bean, Scientific and Technical Information Policies for Industrial Innovation: A Review of the Research Literature, in: *Research Policy* (in review).

Gilbert, G./P. J. Conklin, Evaluation Management: A Conceptual Overview, in: Gilbert/Conklin (Hrsg.), *Evaluation Management: A Selection of Readings*, U. S. Federal Executive Institute, Charlottesville/Virginia, FEI B-12, Januar 1979.

Glaser, E., *Putting Knowledge to Use: A Distillation of the Literature Regarding Knowledge Transfer and Change*, Human Interaction Research Institute, Los Angeles 1976.

Glazer, E. M./S. Taylor, *Factors Affecting the Success of Applied Research*, Washington D.C., National Institute of Mental Health, Department of Health, Education and Welfare, Schlußbericht zum Kontrakt Nr. 43-67-1365, Januar 1969.

Kimberly, J. R., *Managerial Innovation*, Yale School of Organization and Management, Arbeitspapier, Serie A, Nr. 3.

Kotz, A./J. Graham Lear, *The Policy Analysis Source Book for Social Programs*, The National Planning Association, Washington D.C. 20009, November 1976.

Mowery, D./N. Rosenberg, The Influence of Market Demand Upon Innovation: A Critical Review of Some Recent Empirical Studies, in: *Research Policy*, Bd. 8, Nr. 2, April 1979.

Rich, R., *Translating Research into Policy: Can Evaluation be Used for So Policy Action?*, Beitrag, vorgelegt auf dem Deutsch-Amerikanischen Workshop für Evaluierungsforschung, Freie Universität Berlin, 28.–30. Juni 1979.

Shinn, A. M. Jr., The Utility of Social Experimentation, in: Elton/Lucas/Conrath (Hrsg.), *Policy Research in Evaluating New Telecommunications Services*, New York 1977.

Shulberg, H. C./F. Baker, Program Evaluation Models and the Implementation of Research Findings, in: F. G. Caro (Hrsg.), *Readings in Evaluation Research*, New York 1977, S. 54 ff.

Suchman, E. A., Evaluating Educational Programs, in: F. G. Caro (Hrsg.), *Readings in Evaluation Research*, New York 1977, S. 40 ff.

Tushman, M. L., Special Boundary Roles in the Innovation Process, in: *Administrative Science Quarterly*, Dezember 1977, Bd. 22.

Weiss, C. H., Between the Cup and the Lip, in: F. G. Caro (Hrsg.), *Readings in Evaluation Research*, New York 1977, S. 115.

Weiss, C. H., *Models of Research Utilization*, Arbeitspapier, vorgelegt auf dem Seminar on Research Utilization, National Institute of Education, 1978.

Teil IV:

Professionalisierung der Evaluierung

Winfried Nacken
Bundeswehrhochschule Hamburg

Evaluierung als sozialer Interaktionsprozeß

Methodologische Streitfragen und Probleme einer Evaluatorenausbildung

I. Die Evaluierung sozialer Interventionsprogramme: der Gegenstandsbereich einer Evaluatorenausbildung

Obwohl es keine allgemein anerkannte Definition für Evaluierung gibt, seien hier zunächst zwei Kriterien vorgeschlagen, um diese Art angewandter Sozialforschung zu umschreiben und um den Gegenstand der Diskussion über eine Evaluatoren-Ausbildung näher zu bestimmen.

1. Als Evaluierung im weiteren Sinne kann jede Art Forschung bezeichnet werden über
- die sozial-institutionellen Bedingungen;
- die Erprobung;
- die Implementation;
- die regelmäßigen und unerwarteten Prozesse und Folgen sozialer Interventionsprogramme.

2. Übergeordneter Zweck von Evaluierungen sollte ein Beitrag zur wissenschaftlichen Beratung und Lösung von Problemen oder Konflikten in der Praxis sozialer Interventionsprogramme sein.

Beide Kriterien, vornehmlich Punkt 2, basieren auf zwei Voraussetzungen für praxisberatende Sozialforschung:

These 1: Evaluierung ist niemals interessenfrei oder Selbstzweck. Die Zwecke einer Evaluierung sollten daher nicht allein mit Bezug auf die Interessen der Forscher oder einer einzigen Interessengruppe definiert werden. Ebenso sollte die Beschreibung des Untersuchungsgegenstandes, soweit möglich, in gemeinsamer Beratung mit den am Programm Beteiligten – Planern, Organisatoren, Entscheidungsträgern und Förderern – stattfinden.

These 2: Evaluierung ist – oder wird – stets Teil eines Entscheidungsprozesses im Kontext sozialer Institutionen. Der Prozeß einer Evaluierung, insbesondere die Interaktionen der Evaluatoren mit den am Programm Beteiligten, Entscheidungsträgern usw., ist Teil desjenigen sozialen Systems, das Gegenstand einer Evaluierung ist[1].

Verstehen wir unter „sozialem" System ein System von Interaktionen und Interaktionsregeln, das auch intentionales Verhalten („Handeln") und wechselseitige Handlungsinterpretationen umfaßt, so ist es möglich, daß die Gültigkeit der Ergebnisse einer Evaluation auch abhängig ist von einem Konsens hinsichtlich der gegenseitigen Interessendeutungen und der intentionalen Bedeutungen der Interaktionen zwischen Forschern, Entscheidungsträgern, den am Programm Beteiligten usw. Dieser Punkt ist besonders für jene Evaluierungen bedeutsam, deren Gegenstand auch normative Orientierungen und intentionales Verhalten umfaßt, also nicht nur Verhalten nach Art von Reiz-Reaktions-Prozessen oder nach Art von Ursache-Wirkungs-Beziehungen im Sinne der Methodologie von Hempel/Oppenheim[2].

Somit wird deutlich, daß die Probleme der Evaluationsforschung – und mithin die Probleme der angewandten Sozialforschung und einer Evaluatoren-Ausbildung – keineswegs nur auf die üblichen forschungsorganisatorischen und Design-Probleme reduziert werden können (z. B. auf Fragen der Anwendung experimenteller, quasi-experimenteller oder nicht-experimenteller Forschung).

Die Frage: Was ist eine „gute" Evaluierung?, verlangt daher zunächst die Beantwortung der kontroversen Fragen:

1. Nach welchen Kriterien beurteilen wir die Qualität angewandter Sozialwissenschaft? Verbinden wir mit quantitativer Forschung (z. B. mit multivariaten statistischen Untersuchungen) *generell* einen höheren Wert als mit qualitativen Forschungen?[3] Oder: Können auch qualitative Methoden und sogenannte „rationale" Handlungsdeutungen und „Verstehens"-Methoden die Kriterien einer präzisen Terminologie und einer intersubjektiven Nachprüfbarkeit sozialwissenschaftlicher Aussagen erfüllen?[4]

1 Vgl. G. Sjoberg (Politics, Ethics and Evaluation Research, in: E. L. Struening/M. Guttentag (Hrsg.), *Handbook of Evaluation Research*, Bd. 2, Beverly Hills/London 1975): „(. . .) the Scientist is a variable in the research design" (ebd., S. 30); s. a. Struening, in: ebd., S. 519 ff.

2 Vgl. hierzu O. Schwemmer, *Theorie der rationalen Erklärung*, München 1976.

3 S. hierzu die äußerst einseitige Einschätzung der traditionellen, vor allem der experimentellen Forschungsansätze durch I.N. Bernstein, Social Control in Applied Social Science: A Study of Evaluative Researcher's Conformity to Technical Norms, in: *Social Science Research*, 7/1978, S. 24–47; ähnlich J.C. Nunnally/W.H. Wilson, Method and Theory for Developing Measures in Evaluation Research, in: E.L. Struening/M. Guttentag (Hrsg.), *Handbook of Evaluation Research*, Bd. 1, Beverly Hills/London 1975, S. 227–288.

4 Vgl. hierzu einige Beiträge zur Entwicklung einer handlungstheoretischen Methodologie und zur Kritik traditioneller Sozialforschung: B. Badura, Prolegomena zu einer Soziologie der angewandten Sozialforschung, in: ders. (Hrsg.), *Seminar: Angewandte Sozialforschung*, Frankfurt a.M. 1976, S. 7–25; R. Hilke, *Zu den „anthropologischen" Voraussetzungen der klassischen Testtheorie* (Vortrag am Institut für Psychologie der Technischen Universität Berlin, 11. Juli 1979), Erlangen 1979; H.J. Kaiser et al., *Überlegungen zum Aufbau einer handlungstheoretisch fundierten Strategie zur Lösung interpersonaler Konflikte (Forschungsbericht 95 des Sonderforschungsbereiches 22, Sozialwissenschaftliches Forschungszentrum der Universität Erlangen-Nürnberg)*, Nürnberg 1977; H.J. Kaiser, *Konfliktberatung nach handlungstheoretischen Prinzipien*, Bad Honnef 1979; P. Lorenzen/O. Schwemmer, *Konstruktive Logik, Ethik und Wissenschaftstheorie*, 2. Aufl., Mannheim/Wien/Zürich 1975; W. Maschewsky/U. Schneider, Zusammenfassende Darstellung und Einschätzung des gegenwärtigen Standes der anwendungsorientierten psychologischen Methodendiskussion, in: C.W. Müller (Hrsg.), *Begleitforschung in der Sozialpädagogik. Analysen und Berichte zur*

2. *Wie* berücksichtigen wir in der Methodologie sozialwissenschaftlicher Forschung die politisch praktische und die theoretische Bedeutung der Interaktionsprozesse zwischen Forschern und Praktikern während eines Forschungsprozesses? Wird die Partizipation der Praktiker am Aufbau und an der Durchführung einer Evaluierung (aus methodologischer Sicht) nur als Störvariable bewertet, oder kann sie – sofern realisierbar – zum integralen Bestandteil der Methodologie angewandter Sozialforschung werden?

Beide Thesen und Fragen betreffen einen sozial-kommunikativen (A) und einen methodologischen Aspekt (B) evaluativer Untersuchungen. (Siehe hierzu das *Schema 1*, in dem Stichwörter für einige der wichtigsten Problemkomplexe und Aufgaben von Evaluierungen verzeichnet sind.) Die Problemstellungen sind aus der Sicht einer beratungsorientierten handlungswissenschaftlichen Sozialforschung im Unterschied zur traditionellen, vor allem behavioristisch orientierten, angewandten Sozialwissenschaft formuliert.

Die Aspekte (A) und (B) im Schema 1 können allerdings nicht unabhängig voneinander behandelt werden, zwischen den vier Feldern bestehen wechselseitige analytische und empirische Beziehungen. Beispielsweise verlangt die Lösung von Interessenkonflikten zwischen Praktikern und Evaluatoren (s. Feld 1) oftmals eine Klärung oder Änderung von Interaktionsregeln für die gemeinsame Arbeit von Praktikern und Evaluatoren (Feld 2). Ferner können die Methoden von Zielanalysen ihrerseits Grund für das Entstehen von Interessenkonflikten sein (s. Feld 3 und 1).

Obwohl Schema 1 nur einen Ausschnitt der bekannten Probleme von Evaluationen zeigt, benennt es doch einige der typischen Schwierigkeiten evaluativer Untersuchungen, insbesondere der Begleit- und Prozeßforschungen. Aus handlungstheoretischer Sicht geht es um die allgemeine Frage, ob auch die Inhalte der Felder (1) und (2) als relevant erachtet werden für die Konstruktion von Methoden, für die theoretische Interpretation und Gültigkeit von Evaluierungs-Ergebnissen. Mit anderen Worten: Gehört die Beeinflussung der sozial-kommunikativen Prozesse zwischen Programm-Beteiligten, -Organisatoren und Evaluatoren im Verlauf einer Evaluierung zu den genuin wissenschaftlichen Aufgaben der Evaluierung oder sind derartige Beeinflussungen (s. Feld 2) lediglich notwendig für die Vorbereitung von Evaluierun-

Fortsetzung Fußnote 4

Evaluationsforschung in der Bundesrepublik, Weinheim/Basel 1978, S. 38–62; W. Nacken, Wiedereingliederung von Gastarbeitern. Prozeßberatung und Prozeßevaluation eines Bildungsprogramms, in: C.W. Müller (Hrsg.), *Begleitforschung in der Sozialpädagogik. Analysen und Berichte zur Evaluationsforschung in der Bundesrepublik*, Weinheim/Basel 1978, S. 169–198; W. Nacken, Zur Unterscheidung von „verhaltens"- und „handlungs"-theoretischen Strategien der Erforschung sozialen Handelns, in: ders., *Terrorismus. Fragen nach den Ursachen und Grenzen einer sozialwissenschaftlichen Erklärung. Forschungsbericht*, Hochschule der Bundeswehr Hamburg, Hamburg 1979, S. 39–80; O. Schwemmer, *Theorie der rationalen Erklärung*, München 1976; H. Werbik, *Handlungstheorien*, Stuttgart/Berlin/Köln/Mainz 1978; H. Wollmann/G.M. Hellstern, *Stadtentwicklung, Sanierungsmaßnahmen. Städtebauliche und stadtstrukturelle Wirkungen (Methodische Vorstudie) (Schriftenreihe des Bundesministers für Raumordnung, Bauwesen und Städtebau*, H. 02.012), Bonn-Bad Godesberg 1978.

Schema 1: Generelle Probleme von Evaluierungen als sozialen Interaktionsprozessen

Aspekte sozialwissenschaftlicher Forschung	Charakteristische Merkmale von Evaluierungen:	
	Eval.: nicht interessenfrei; kein Selbstzweck (s. These 1)	Eval.: Teil eines sozialen Interaktionsprozesses (s. These 2)
(A) Sozial-kommunikative Aspekte	*Problembereich 1* Interessenkonflikte, -unklarheiten zwischen Programm-Beteiligten, -Organisatoren, Evaluatoren	*Problembereich 2* (Vereinbarung von) sozialen Interaktionsregeln zwischen Programm-Beteiligten, -Organisatoren, Evaluatoren bezüglich der Beratung und Mitwirkung von Praktikern am Forschungsprozeß
(B) Methodologische Aspekte	*Problembereich 3* Begründete Wahl der wissenschaftlichen Terminologie und Methoden hinsichtlicht der Lösung praktischer Probleme von sozialen Interventionsprogrammen, besonders der Methoden von Interessen- und Zielanalysen	*Problembereich 4* Konstruktion von Designs, die eine Kontrolle für die Form und die Wirkungen einer Zusammenarbeit von Praktikern und Evaluatoren ermöglichen; Prinzipien der rationalen Beratung und Konfliktlösung, auch im Hinblick auf die gemeinsame Akzeptierung methodologischer Standards (vgl. auch Schema 3)

gen und für den Transfer der Forschungsergebnisse, nicht aber Teil eines wissenschaftlichen Paradigmas für Evaluationsforschungen? Welche Antwort ein Evaluator auch immer geben mag: Sie beeinflußt in jedem Fall die Form der Kommunikation zwischen Evaluatoren und Praktikern und insofern auch den Untersuchungsgegenstand. Ferner gibt sie die wissenschaftstheoretische Position eines Evaluators zu erkennen.

In Westdeutschland werden mindestens vier methodologische Richtungen diskutiert (auch mit Bezug auf die Evaluierungsforschung):

1. die traditionelle, nomologisch-deduktive Methodologie[5];
2. verschiedene Aktionsforschungsansätze[6];

5 Vgl. J. Friedrichs, *Methoden empirischer Sozialforschung*, Reinbek 1973; K. Hofemann, *Ziel- und Erfolgsanalyse sozialer Reformprogramme am Beispiel des Bundesausbildungsförderungsgesetzes*, Meisenheim am Glan 1977; St. Musto, *Evaluierung sozialer Entwicklungsprojekte*, Berlin 1972.

6 Vgl. R. Bartölke et al., *Aktionsforschung in einem Betrieb der holzbearbeitenden Industrie (Arbeitspapiere des Fachbereichs Wirtschaftswissenschaft der Gesamthochschule Wuppertal*, Nr. 33), Wuppertal 1979; C. Cremer et al., Entwicklungslinien von Action-Research, in: U. Hameyer/H. Haft (Hrsg.), *Handlungsorientierte Schulforschungsprojekte*, Weinheim/Basel

3. die interpretative Sozialforschung; interaktionistische Handlungstheorien, Ethnomethodologie und Phänomenologie[7];
4. Handlungstheorien und Forschungsprojekte auf der Grundlage der Konstruktiven Logik, Ethik und Wissenschaftstheorie[8].

II. Besondere Schwierigkeiten der Evaluierung und einer Evaluatoren-Ausbildung

Wie bereits oben erwähnt (s. These 1 und 2), sollte Evaluation nicht einfach als irgendeine Art angewandter traditioneller Sozialforschung definiert werden, da der Ausdruck „angewandte Sozialforschung" nicht die spezifischen Aufgaben von Evaluierungsforschung impliziert, z. B. die Beachtung der analytischen und empirischen Relationen zwischen den politisch-normativen und methodischen Bestandteilen der Evaluierung sozialer Interventionsprogramme. Folglich sind auch die Aufgaben und Schwierigkeiten einer Evaluatoren-Ausbildung vielfältiger als diejenigen der üblichen Ausbildungsgänge von Sozialwissenschaftlern an Universitäten (in der Bundesrepublik).

Einige der Hauptaufgaben des Evaluierens sozialer Programme ähneln denen interdisziplinärer sozialwissenschaftlicher Forschungen. Zu den wichtigsten Aufgaben einer interdisziplinären sozialwissenschaftlichen Forschung zählt die theoretisch sinnvolle und für alle Beteiligten verständliche Beschreibung des Gegenstandes einer

Fortsetzung Fußnote 6

1977, S. 171–198; H. Krüger et al., Aktionsforschung in der Diskussion, in: *Soziale Welt*, 26/1975, S. 1–30; H. Moser, Anspruch und Selbstverständnis der Aktionsforschung, in: *Zeitschrift für Padägogik*, 22/1976, S. 369–376.

7 Vgl. A. Gaertner, Interpretative Sozialforschung: Bemerkungen zur theoretischen und methodologischen Begründung eines Supervisionsforschungsprojekts, in: C.W. Müller, *Begleitforschung in der Sozialpädagogik*, Weinheim/Basel 1978, S. 254–285; J. Matthes/F. Schütze, Zur Einführung: Alltagswissen, Interaktion und gesellschaftliche Wirklichkeit, in: Arbeitsgruppe Bielefelder Soziologen, *Alltagswissen, Interaktion und gesellschaftliche Wirklichkeit*, Bd. 1, 3. Aufl., Reinbek 1976, S. 11–53; F. Schütze et al., Grundlagentheoretische Voraussetzungen methodisch kontrollierten Fremdverstehens, in: Arbeitsgruppe Bielefelder Soziologen, *Alltagswissen*, Bd. 2, 2. Aufl., Reinbek 1976, S. 433–495.

8 Vgl. W. Braun/F. Wimmer, Überlegungen zur Kritik und Reform des Interessenkonflikts zwischen Kapital, Arbeit und Konsum, in: B. Biervert/W.F. Fischer-Winkelmann/R. Rock (Hrsg.), *Verbraucherpolitik in der Marktwirtschaft*, Reinbek 1978, S. 279–299; H.J. Kaiser et al., *Überlegungen zum Aufbau einer handlungstheoretisch fundierten Strategie zur Lösung interpersonaler Konflikte*, Nürnberg 1977; W. Nacken, *Evaluation als Mittel der Politikberatung. Analyse eines Modellprogramms zur Rückgliederung türkischer Gastarbeiter*, Nürnberg 1976; ders., Wiedereingliederung von Gastarbeitern; W. Nacken/W. Wüstendörfer, Verbraucherschutz und Evaluierung. Probleme praxisberatender Untersuchungen zum Verbraucherschutz, in: B. Biervert/W.F. Fischer-Winkelmann/R. Rock (Hrsg.), *Verbraucherpolitik*, S. 251–278; E. Gerum, Überlegungen zur Rechtfertigung einzelwirtschaftlicher Institutionen, in: H. Steinmann (Hrsg.), *Betriebswirtschaftslehre als normative Handlungswissenschaft*, Wiesbaden 1978, S. 103–142; R. Tippelt, *Projektstudium. Exemplarisches und handlungsorientiertes Lernen an der Hochschule*, München 1979; Werbik, *Handlungstheorien* (Anm. 4).

gemeinsamen Forschung. Die Art und Weise, in der verschiedene Forscher ihren Forschungsgegenstand beschreiben, ist aber nicht nur abhängig vom theoretischen Bezugssystem, sondern auch von den politisch-praktischen Interessen einer Forschung, von der disziplinären Fachsprache und – nicht zuletzt – von der Methodologie, die der einzelne Forscher vertritt. Beispielsweise impliziert die Unterscheidung zwischen nomologisch-deduktiven und statistisch-induktiven Erklärungen einerseits und handlungstheoretischen Deutungsverfahren andererseits auch wichtige Unterschiede im Aufbau der jeweiligen Terminologie, der Hypothesenbildung und -tests[9].

Um diese Probleme zu verdeutlichen, sei hier die Geschichte der fünf Blinden zitiert: Die fünf Blinden treffen einen Elefanten, können sich aber nicht darüber einigen, was sie gefunden haben. „One, touching the elephant's ear, thought it was a sort of cabbage, another, patting the elephant's sides, thought it was a wall, yet another said it must be a tree, because he touched the animal's leg. Each of these men had only 'observed' a specific part of the animal, each had his own hypothesis as to what he had met."[10]

Wenn man nun statt vom Elefanten von einem sozialen Interventionsprogramm redet, kann man sich leicht vorstellen, *wie* die Forschungsergebnisse von fünf Evaluatoren ausfallen könnten, wenn sie verschiedene Methodologien vertreten.

Ein entscheidender Unterschied zwischen vielen sozialwissenschaftlichen Grundlagenforschungen und der Evaluierung sozialer Programme wird jedoch deutlich, wenn man beachtet, womit ein Evaluator in der Regel konfrontiert wird: Der Elefant kann nichts über sich selbst aussagen, er ändert nicht sein Verhalten aufgrund einer Meinung über das Tun des Forschers. Aber die Beteiligten, die Organisatoren usw. eines sozialen Programms können es; sie können sagen, *was* mit einem bestimmten Programm intendiert ist, und in diesem Sinne können sie sich selbst definieren. Sie können sich auch mit einem Evaluator darüber beraten und verständigen, *worin* die genaue Bedeutung der Ziele eines Programms und der Zwecke einer Evaluation bestehen soll. Auch durch diese Handlungsweisen definieren die Praktiker ein Programm.

Außer dem Problem einer von Wissenschaftlern wie Praktikern gemeinsam akzeptierbaren Beschreibung des Forschungsgegenstandes stellen sich aus handlungstheoretischer Sicht vier weitere Aufgaben für die Entwicklung der Evaluierungs- und beratungsorientierten Sozialforschung:

1. Regelungen für die Kooperation zwischen Evaluatoren und Praktikern (Programmorganisatoren, Entscheidungsträgern usw.) im Verlauf der Phasen eines Forschungsprozesses[11].

9 Vgl. hierzu u. a. Abels, Alltagswirklichkeit; v. Wright, *Handlung, Norm und Intention*, Berlin/New York 1977; Schwemmer, *Theorie;* Kaiser et al., Überlegungen; Nacken, Unterscheidung.

10 Vgl. D. Blaschke, *Management Problems of Interdisciplinary Basic Research in the Social Sciences*, Arbeitspapier, vorgelegt dem Academy of Management Annual Meeting, San Francisco, USA, 9.–13. August 1978; ders., *Organisatorische Bedingungen interdisziplinärer Forschung in den Sozialwissenschaften* (noch unveröff. Habil.-Schrift), Nürnberg.

11 Vgl. Nacken, Wiedereingliederung von Gastarbeitern; ders., *Die Evaluierung von Curricula zur politischen Weiterbildung im außerschulischen Bereich. Wissensch. Gutachten für die Bundeszentrale für Politische Bildung*, Bonn 1978.

2. Verfahren zur kollektiven Zielformulierung und -analyse, um allen Beteiligten die gemeinsame Akzeptierbarkeit und rationale Kontrolle von Aussagen über Erfolg oder Mißerfolg eines Programms zu ermöglichen[12].
3. Die Klärung der logischen Strukturen handlungstheoretisch-empirischer Allgemeinaussagen. Diese Aufgabe ist vor allem deswegen zu bearbeiten, weil die unterschiedlichen handlungstheoretischen Forschungsstrategien (in der Bundesrepublik) noch sehr uneinheitlich sind und mißverständlich diskutiert werden[13].
4. Schließlich bedarf es einer Änderung der klassischen Designtechniken speziell für jene Forschungsstrategien, die als Interaktions- und Beratungsmethoden konstruiert sind, die also eine Beteiligung der Betroffenen am Forschungsprozeß vorsehen[14].

Aus diesen Überlegungen lassen sich nun einige allgemeine Folgerungen für die erforderlichen kognitiven Orientierungen von Evaluatoren und für Problemstellungen der Evaluatoren-Ausbildung ziehen:

(A) Evaluatoren sollten an Beispielen evaluativer Untersuchungen gelernt haben, empirische Methoden, Theorien und auch Forschungsparadigmata unter dem Gesichtspunkt der Eignung zur Lösung praktischer Probleme zu erörtern und auszuwählen; die Probleme sollten die Methoden bestimmen und nicht umgekehrt (!)[15].

(B) Evaluatoren sollten gelernt haben, in einer rationalen Weise über die Angemessenheit von Theoriebildungen und Methoden hinsichtlich der Bedürfnisse und tatsächlichen Probleme oder Konflikte in einem sozialen Handlungsprogramm zu beraten.

(C) Evaluatoren sollten fähig sein, die relativ unstrukturierten praktischen Probleme in wissenschaftliche Problemformulierungen zu transformieren und systematische Gründe für die Wahl einer bestimmten Methodologie und für die Auswirkungen dieser Wahl auf die Behandlung des Untersuchungsgegenstandes anzugeben (s. auch Schema 2 und 3).

Diese Forderungen haben nicht nur einen Bezug zu den politisch-normativen Entscheidungen eines Evaluators; sie verweisen auch auf wichtige wissenschaftstheoretische Fragen wie z. B.: Wie kann man über die sogenannten Effekte sozialer Handlungsprogramme reden (sofern die Effekte etwas mit intentionalem Verhalten, mit Interessen und normativen Orientierungen der Betroffenen zu tun haben), wenn man der Annahme zustimmt, daß die Betroffenen ihre Handlungszwecke (Absich-

12 Vgl. C. Weiss, *Evaluierungsforschung*, Opladen 1974; Nacken, *Evaluation als Mittel der Politikberatung* (Anm. 8).

13 Vgl. u. a. A. Beckermann (Hrsg.), *Analytische Handlungstheorie*, Bd. 2: *Handlungserklärungen*, Frankfurt a.M. 1977; Kaiser et al., Überlegungen; Maschewsky/Schneider, Zusammenfassende Darstellung und Einschätzung; Cremer et al., Entwicklungslinien; v. Wright, *Handlung, Norm und Intention. Untersuchungen zur deontischen Logik*, Berlin/New York 1977.

14 Vgl. hierzu z. B. die „sequentiell variierte und kontrollierte Fallstudie", Kaiser, *Konfliktberatung* (Anm. 4).

15 Vgl. M. Parlett/D. Hamilton, Evaluation as Illumination: A New Approach to the Study of Innovation Programs, in: *Evaluation Studies. Review Annual*, Bd. 1, Beverly Hills/London 1976, S. 147.

ten, Interessen) ändern können in Abhängigkeit von ihren Interpretationen dessen, was in einer Evaluierung passiert, insbesondere in Abhängigkeit von ihren Deutungen der Interessen der Evaluatoren? Diese Frage richtet sich nicht nur auf Probleme des Untersuchungs-Designs (etwa der Bedingungskontrolle), sondern auch auf die Eignung bestimmter wissenschaftlicher Ausdrucksweisen und Erklärungs-Schemata für die Analyse sozialer Interaktionsprozesse. Ferner bezieht sich diese Frage auf die sinnvolle Anwendung oder Ablehnung inferenzstatistischer Methoden, da derartige Methoden auf der Annahme basieren, daß man es mit Zufallsereignissen zu tun hat. Intentionen (Interessen, Absichten, Zielsetzungen, Handlungsstrategien u. ä.) sind aber nicht als Zufallsereignisse interpretierbar, wenn sie aus generellen normativen Orientierungen der Handelnden und aus deren sozialen und materiellen Lebensbedingungen als begründete Handlungsweisen zu rekonstruieren oder zu planen sind[16].

Weitere Schwierigkeiten und Aufgaben für eine Evaluatoren-Ausbildung resultieren aus den traditionellen universitären Ausbildungsprogrammen für Sozialwissenschaftler (in der Bundesrepublik). Nach den Ergebnissen einer deutschen Studie[17] über die Situation der Ausbildung von Psychologen, Soziologen und Pädagogen in der Bundesrepublik und in West-Berlin sind u. a. zwei Mangelerscheinungen im System dieser Ausbildungsprogramme zu erkennen:

(D) Das ist einmal die Tendenz, Theorie und Empirie (Datengewinnung) voneinander zu trennen, und zweitens eine noch häufig anzutreffende rigide Trennung von Statistik- und Methodenlehre.

So gibt es z. B. Soziologen und Psychologen mit gründlichen Methoden- und Statistikkenntnissen und auch viele Theoretiker. Etwas schwieriger aber dürfte es sein, Sozialwissenschaftler zu finden, die sowohl über methodisch-statistische Kenntnisse verfügen als auch über Kenntnisse der Theorien und verschiedenen Wissenschaftstheorien der Sozialwissenschaften[18].

(E) Eine zusätzliche Schwierigkeit scheint in der Tatsache zu liegen, daß zahlreiche Sozialwissenschaftler während ihrer Universitätsausbildung nur wenige Kontakte zu Mitgliedern der Verwaltung (staatlicher wie privater Institutionen) oder zu von sozialen Programmen Betroffenen haben. Ihnen fehlt somit oft die Sensibilität für politisch-praktische Entscheidungsprozesse und Konfliktsituationen.

(F) Ferner mangelt es (in der Bundesrepublik) an speziellen Förderungsprogrammen für die Entwicklung von Verfahren der Evaluierung und der beratungsorientierten angewandten Sozialforschung. Auch die sogenannten Sonderforschungsbereiche (gegründet von der Deutschen Forschungsgemeinschaft vor ca. elf Jahren, um die Grundlagenforschungen zu fördern) haben die Evaluierungsforschung nur als „an-

16 Vgl. hierzu Schwemmer, *Theorie*; Hilke, *Voraussetzungen*; Nacken, Zur Unterscheidung (Anm. 4).

17 Vgl. Arbeitsgruppe Methodenlehre, *Didaktik sozialwissenschaftlicher Methodenlehre*, Weinheim/Basel 1977.

18 Zu weiteren Ausbildungsproblemen s. a. J. Hamers, *Die Universitätsausbildung von Sozialwissenschaftlern*, Frankfurt a.M./New York 1978.

gewandte" Sozialwissenschaft betrachtet und demzufolge kaum oder gar nicht gefördert[19].

Neuerdings gibt es Versuche, Organisationen aufzubauen mit dem Ziel, die Methodologie beratungsorientierter Forschungen zu fördern, z. B. die Erlanger Gesellschaft für die Erforschung von Beratungsprozessen, die 1978 von Sozialwissenschaftlern an Universitäten, insbesondere von Psychologen und Soziologen der Universität Erlangen-Nürnberg, gegründet wurde.

Zusammengefaßt sind *mindestens vier* Problembereiche für eine zukünftige Evaluatoren-Ausbildung zu nennen:

1. Das Problem einer begründeten Wahl sozialwissenschaftlicher Methodologien, Methoden und Forschungsstrategien im Hinblick auf die Lösung von Problemen in der Praxis;
2. Probleme der allgemeinen Ausbildungsgänge von Sozialwissenschaftlern an Universitäten (in der Bundesrepublik);
3. Probleme der Kommunikation und Kooperation zwischen Praktikern und Wissenschaftlern bei der Planung und Durchführung von Evaluationsstudien;
4. Probleme der institutionellen Förderung von Evaluierungs- und beratungsorientierten Sozialforschungen und zwar innerhalb wie außerhalb des universitären Bereichs.

III. Folgerungen für die Ausbildung von Evaluatoren

Da Evaluierung keine sozialwissenschaftliche Disziplin wie z. B. die Psychologie, Soziologie oder Politikwissenschaft ist – und vielleicht sollte Evaluationsforschung gar keine Disziplin werden –, läßt sich auch eine Evaluatoren-Ausbildung nicht nur als Soziologen- oder ihr ähnliche Ausbildung betreiben, solange die disziplinären Ausbildungsgänge die methodischen und politisch-praktischen Probleme einer angewandten beratungsorientierten Sozialforschung noch zu wenig beachten.

Daher gibt es meines Erachtens mindestens zwei Formen der Förderung der Evaluationsforschung und einer Evaluatoren-Ausbildung:

– eine Änderung der Ausbildungsinhalte für Sozialwissenschaftler an Universitäten und
– die verstärkte institutionelle Förderung der angewandten Sozial- und der Evaluationsforschungen.

Im folgenden seien einige Punkte dieser beiden Arten von Förderungen kurz kommentiert.

1. Mit Bezug auf die allgemein üblichen Ausbildungsgänge von Sozialwissenschaftlern an Universitäten sollten Ausbildungskurse eingerichtet werden, die sich den komplexen Beziehungen zuwenden zwischen den Problemen in der Praxis und den

19 Zum Förderungs-Instrument „Sonderforschungsbereiche" vgl. Blaschke, *Management Problems* (Anm. 10).

methodologischen Normen und Methoden der Sozialwissenschaften, die geeignet sind, praktische Probleme zu lösen.

2. Es sollten Ausbildungskurse gefördert werden, die eine systematische Ausbildung bezüglich der spezifischen Aufgaben und Strukturmerkmale von Evaluationen und der beratungsorientierten Sozialforschung mit einschließen.

Zu diesen Strukturmerkmalen zählen:

a. die Transformation von praktischen in wissenschaftliche Problemstellungen *(„Aufgabe der Transformation")*;
b. die begründete Wertung der Angemessenheit methodologischer Standards für die Transformation praktischer in wissenschaftlich lösbare Problemstellungen („*Methodologische Standards*");
c. die begründete Wahl von Design und Methoden und das Feedback der Untersuchungsergebnisse zu den Praktikern (Programm-Organisatoren, -Beteiligten, Entscheidungsträgern, Förderern) ("*Wissenschaftliche Problemlösung und Feedback*");
d. die Möglichkeiten für Programm-Organisatoren, Entscheidungsträger und weitere Betroffene, am Aufbau und (gegebenenfalls) an der Durchführung einer Evaluierung teilzuhaben *(„Partizipation der Praktiker am Forschungsprozeß")*.

Schema 2 und 3 zeigen Struktur und Prozeß der sozialen Organisation von Evaluationsforschungen aus einer traditionellen Sicht (mit Bezug auf die sogenannte empirisch-analytische Methodologie) – s. Schema 2 – und aus der Sicht handlungstheoretischer Forschungskonzeptionen (insbesondere auf der Grundlage der Konstruktiven Wissenschaftstheorie und Beratungsforschung) – s. Schema 3[20].

Im Vergleich dieser beiden Schemata sind zwei Problembereiche von besonderer Bedeutung:

– das Problem *isolierter* Handlungsbereiche für Programm-Organisatoren, Entscheidungsträger, Betroffene einerseits und für Evaluatoren andererseits (vgl. jeweils Schema 2 und 3: E, O);
– das Problem der *Isolierung* methodologischer Normen im Rahmen der Begründungen für Struktur und Prozeß evaluativer Studien (vgl. jeweils Schema 2 und 3: b).

Gemäß *Schema 2* werden alle wichtigen Entscheidungsschritte im Verlauf eines Forschungsprozesses letztlich allein vom Forscher bestimmt und verantwortet. Die Transformation praktischer in wissenschaftliche Problemstellungen beeinflußt dabei (scheinbar) nicht die Wahl methodologischer Standards, die als gegeben hingenommen, jedenfalls keiner Kritik aus praktisch-normativen Interessen heraus unterzogen werden.

Im *Schema 3* hingegen ist implizit die Annahme enthalten, daß es in den Sozialwissenschaften mehrere methodologische Systeme gibt (s. oben), die im Hinblick auf verschiedene praktische Problemstellungen mehr oder weniger geeignet sind, als

20 Vgl. zu den verschiedenen Forschungskonzepten u. a. Friedrichs, *Methoden empirischer Sozialforschung;* Arbeitsgruppe Methodenlehre, *Didaktik sozialwissenschaftlicher Methodenlehre;* Nacken/Wüstendörfer, Verbraucherschutz und Evaluierung; Kaiser, *Konfliktberatung.*

Schema 2: Struktur und Prozeß evaluativer Forschungen: eine traditionelle Sichtweise

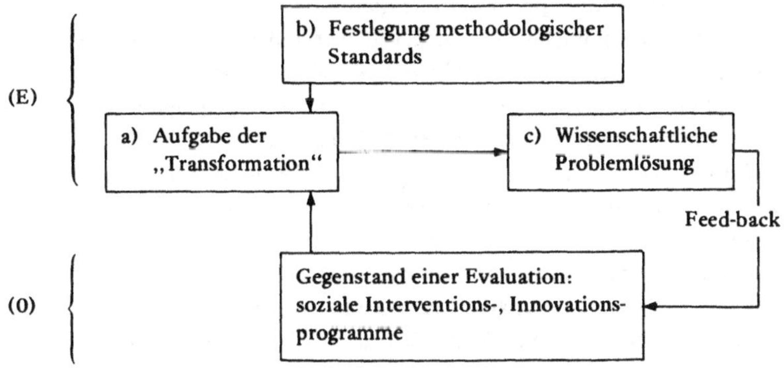

Schema 3: Struktur und Prozeß evaluativer Forschungen: eine alternative, handlungswissenschaftliche Sichtweise

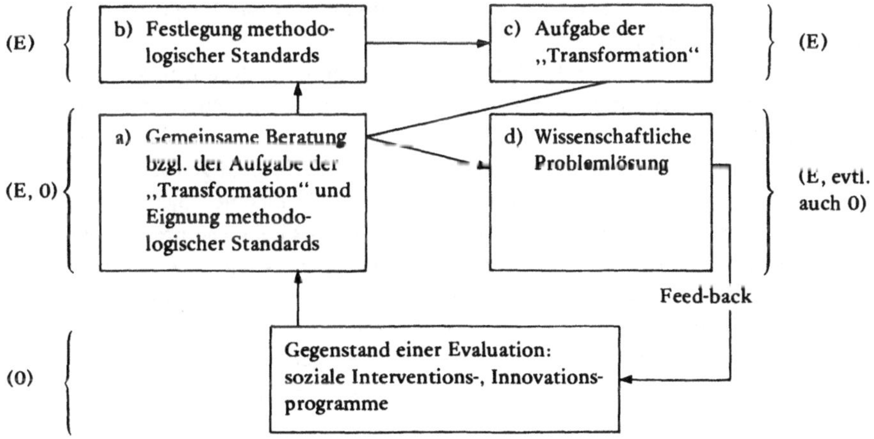

E: Handlungsbereich der Evaluatoren.
0: Handlungsbereich der Programm-Organisatoren, Entscheidungsträger usw.
E, 0: Bereich gemeinsamer Beratungen und Entscheidungen.

methodische Prinzipien einer Forschung zu fungieren. Deshalb wird die Wahl methodologischer Standards abhängig gemacht von den Ergebnissen einer gemeinsamen Beratung zwischen Praktikern und Evaluatoren über den Inhalt und die Zwecke einer Untersuchung. Ebenso sollte die Transformation praktischer in wissenschaftliche Problemstellungen zum Gegenstand einer weiteren Beratung werden, bevor die übrigen Untersuchungsschritte vorgenommen werden.

Um nun auch diese Aufgaben zum Thema einer Evaluatoren-Ausbildung zu machen, bedarf es Ausbildungsprogrammen, die gründliche methodologische Kenntnisse vermitteln, ohne die an Evaluierungen interessierten Sozialwissenschaftler allein im Sinne einer einzigen Methodologie zu indoktrinieren.

3. Nun gibt es auch Widerstände gegen eine Evaluatoren-Ausbildung (bzw. gegen besondere Ausbildungsprogramme für Evaluatoren), Widerstände, die sich aus traditionellen, disziplinorientierten akademischen Vorurteilen gegenüber der wissenschaftlichen Reputation von Evaluierungsforschungen herleiten[21]. Daher stehen Evaluatoren (in der Bundesrepublik) häufig in einem Niemandsland hinsichtlich der traditionellen akademischen Disziplinen. Evaluator sein heißt, nicht zu den Repräsentanten einer „genuin" akademischen Disziplin zu gehören, höchstens zu den Vertretern irgendeiner Art angewandter Sozialwissenschaft.

Dieser unklare und unsichere akademische Status von Evaluatoren und der Evaluierungsforschung könnte auf die Dauer das Interesse von Sozialwissenschaftlern an der Evaluierungsforschung mindern, insbesondere dann, wenn es nur wenige oder keine beruflichen Positionen an Universitäten für Evaluationsforscher gibt. Ihre Aufgabe wäre es aber, wissenschaftliche Ausbildungskurse für zukünftige Evaluatoren in Ergänzung zur allgemeinen Methodologieausbildung anzubieten.

4. Um die wissenschaftliche Reputation der Evaluierungsforschung und auf diesem Weg auch die Chancen für eine besondere Evaluatoren-Ausbildung (in der Bundesrepublik) zu verbessern,

- sollten mehr Workshops für Vertreter von Behörden, Verwaltungen und für interessierte Sozialwissenschaftler an Universitäten abgehalten werden, um Erfahrungen auszutauschen und neue Forschungsansätze zu diskutieren;
- sollte die institutionelle Förderung der Evaluationsforschungen verstärkt werden;
- sollten auch in der Bundesrepublik Zeitschriften für Evaluierungsforschungs-Strategien und für beratungsorientierte Forschungen ins Leben gerufen werden;
- sollten Studien über die Struktur und Methodologie sowie über Innovationen im Rahmen der angewandten Sozialforschung und Evaluierung sozialer Interventionsprogramme auch in den schon existierenden Fachzeitschriften (für Soziologie, Sozialpsychologie, Politikwissenschaft) häufiger veröffentlicht werden;
- schließlich sollte man regelmäßige Kommunikationen zwischen interessierten Mitgliedern der öffentlichen Verwaltung, Programm-Organisatoren und -Förderern sowie Wissenschaftlern an Universitäten institutionalisieren.

IV. Zusammenfassung

Der Beitrag behandelt einige generelle Probleme des Zusammenhanges von sozialen Interaktionsprozessen und methodologischen Normen in Evaluierungsforschungen.

Zunächst wurden zwei Kriterien für eine Umschreibung von Evaluierungsforschung und zwei Thesen über die Unterschiede zwischen Evaluierung (als beratungs-

21 Vgl. Weiss, *Evaluierungsforschung* (Anm. 12).

orientierter angewandter Sozialforschung) und traditioneller angewandter Sozialwissenschaft formuliert.

These 1 besagt: Evaluierung ist niemals Selbstzweck oder interessenfrei.

These 2: Evaluierung ist oder wird stets Teil eines Entscheidungsprozesses im Kontext sozialer Institutionen.

Mit Bezug auf diese Thesen werden allgemeine Gründe für besondere Schwierigkeiten einer Evaluatoren-Ausbildung erörtert – insbesondere hinsichtlich der Situation der Evaluierungsforschung in der Bundesrepublik Deutschland. Vier Problembereiche werden hervorgehoben: Probleme der Wahl und Begründung methodologischer Normen; Probleme der allgemeinen Ausbildungsgänge für Sozialwissenschaftler an Universitäten; Probleme der Institutionalisierung der Kooperation zwischen Vertretern der Verwaltung in öffentlich-staatlichen und privaten Organisationen und Evaluatoren; Probleme einer institutionellen Förderung von Evaluierungsforschungen.

Schließlich werden Folgerungen gezogen für eine zukünftige Evaluatoren-Ausbildung, insbesondere im Hinblick auf das Bedürfnis, politisch-praktische, theoretische und methodische Probleme einer Evaluierungsforschung nicht unabhängig voneinander zu lösen.

Bibliographie

Abels, H., Alltagswirklichkeit und Situation, in: *Soziale Welt*, 26/1975, S. 227–249.

Arbeitsgruppe Methodenlehre, *Didaktik sozialwissenschaftlicher Methodenlehre*, Weinheim/Basel 1977.

Badura, B., Prolegomena zu einer Soziologie der angewandten Sozialforschung, in: ders. (Hrsg.), *Seminar: Angewandte Sozialforschung*, Frankfurt a. M. 1976, S. 7–25.

Bartölke, R./J. Rettenmeier/R. F. Wilfer, *Aktionsforschung in einem Betrieb der holzbearbeitenden Industrie* (*Arbeitspapiere des Fachbereichs Wirtschaftswissenschaft der Gesamthochschule Wuppertal*, Nr. 33), Wuppertal 1979.

Beckermann, A. (Hrsg.), *Analytische Handlungstheorie*, Bd. 2: *Handlungserklärungen*, Frankfurt a. M. 1977.

Bernstein, I. N., Social Control in Applied Social Science A Study of Evaluative Researcher's Conformity to Technical Norms, in: *Social Science Research*, 7/1978, S. 24–47.

Blaschke, D., *Organisatorische Bedingungen interdisziplinärer Forschung in den Sozialwissenschaften* (noch unveröff. Habil.-Schrift), Nürnberg.
9.–13. August 1978.

Blaschke, D., Organisatorische Bedingungen interdisziplinärer Forschung in den Sozialwissenschaften (noch unveröff. Habil.-Schrift), Nürnberg.

Braun, W./F. Wimmer, Überlegungen zur Kritik und Reform des Interessenkonflikts zwischen Kapital, Arbeit und Konsum, in: B. Biervert/W. F. Fischer-Winkelmann/R. Rock (Hrsg.), *Verbraucherpolitik in der Marktwirtschaft*, Reinbek 1978, S. 279 299.

Cremer, C./H. Haft/W. Klehm, Entwicklungslinien von Action-Research, in: U. Hameyer/H. Haft (Hrsg.), *Handlungsorientierte Schulforschungsprojekte*, Weinheim/Basel 1977, S. 171–198.

Friedrichs, J., *Methoden empirischer Sozialforschung*, Reinbek 1973.

Gaertner, A., Interpretative Sozialforschung: Bemerkungen zur theoretischen und methodologischen Begründung eines Supervisionsforschungsprojektes, in: C. W. Müller (Hrsg.), *Begleitforschung in der Sozialpädagogik. Analysen und Berichte zur Evaluationsforschung in der Bundesrepublik*, Weinheim/Basel 1978, S. 254–285.

Gerum, E., Überlegungen zur Rechtfertigung einzelwirtschaftlicher Institutionen, in: H. Steinmann (Hrsg.), *Betriebswirtschaftslehre als normative Handlungswissenschaft*, Wiesbaden 1978, S. 103–142.

Hamers, J , *Die Universitätsausbildung von Sozialwissenschaftlern*, Frankfurt a. M./New York 1978.

Hameyer, U./H. Haft (Hrsg.), *Handlungsorientierte Schulforschungsprojekte*, Weinheim/Basel 1977.

Heinze, Th./E. Müller/B. Stickelmann/J. Zinnecker, Handlungsorientierte Evaluation – Erfahrungen aus einem schulischen Curriculumprojekt, in: K. Frey (Hrsg.), *Curriculum-Handbuch*, Bd. II, München/Zürich 1975, S. 614–627.

Hilke, R., *Zu den „anthropologischen" Voraussetzungen der klassischen Testtheorie* (Vortrag, gehalten am Institut für Psychologie der Technischen Universität Berlin, 11. Juli 1979), Erlangen 1979.

Hofemann, K., *Ziel- und Erfolgsanalyse sozialer Reformprogramme am Beispiel des Bundesausbildungsförderungsgesetzes*, Meisenheim am Glan 1977.

Kaiser, H. J., *Konfliktberatung nach handlungstheoretischen Prinzipien*, Bad Honnef 1979.

Kaiser, H. J./G. Korthals-Beyerlein/H. J. Seel, *Überlegungen zum Aufbau einer handlungstheoretisch fundierten Strategie zur Lösung interpersonaler Konflikte (Forschungsbericht 95 des Sonderforschungsbereiches 22, Sozialwissenschaftliches Forschungszentrum der Universität Erlangen-Nürnberg)*, Nürnberg 1977.

Krüger, H./J. Klüver/ F. Haag, Aktionsforschung in der Diskussion, in: *Soziale Welt*, 26/1975, S. 1–30.

Lachemann, G., Evaluierungsforschung – Historische Hintergründe, sozial-politische Zusammenhänge und wissenschaftliche Einordnung, in: D. Kantowsky (Hrsg.), *Evaluierungsforschung und -praxis in der Entwicklungshilfe*, Zürich 1977, S. 25–87.

Lorenzen, P./O. Schwemmer, *Konstruktive Logik, Ethik und Wissenschaftstheorie*, 2. Aufl., Mannheim/Wien/Zürich 1975.

Maschewsky, W., *Allgemeine methodologische Probleme am Beispiel eines Herzinfarkt-Projektes*, Teil 1: *Zur Bedingungskontrolle (Veröffentlichungsreihe des Internationalen Instituts für vergleichende Gesellschaftsforschung, Wissenschaftszentrum Berlin*, PV/78–8), Berlin 1978.

Maschewsky, W./U. Schneider, Zusammenfassende Darstellung und Einschätzung des gegenwärtigen Standes der anwendungsorientierten psychologischen Methodendiskussion, in: C. W. Müller (Hrsg.), *Begleitforschung in der Sozialpädagogik. Analysen und Berichte zur Evaluationsforschung in der Bundesrepublik*, Weinheim/Basel 1978, S. 38–62.

Matthes, J./F. Schütze, Zur Einführung: Alltagswissen, Interaktion und gesellschaftliche Wirklichkeit, in: Arbeitsgruppe Bielefelder Soziologen, *Alltagswissen, Interaktion und gesellschaftliche Wirklichkeit*, Bd. 1, 3. Aufl., Reinbek 1976, S. 11–53.

Moser, H., Anspruch und Selbstverständnis der Aktionsforschung, in: *Zeitschrift für Pädagogik*, 22/1976, S. 369–376.

Müller, C. W. (Hrsg.), *Begleitforschung in der Sozialpädagogik. Analysen und Berichte zur Evaluationsforschung in der Bundesrepublik*, Weinheim/Basel 1978.

Musto, St., *Evaluierung sozialer Entwicklungsprojekte*, Berlin 1972.

Nacken, W., *Evaluation als Mittel der Politikberatung. Analyse eines Modellprogramms zur Rückgliederung türkischer Gastarbeiter*, Nürnberg 1976.

Nacken, W., Wiedereingliederung von Gastarbeitern. Prozeßberatung und Prozeßevaluation eines Bildungsprogramms, in: C. W. Müller (Hrsg.), *Begleitforschung in der Sozialpädagogik. Analysen und Berichte zur Evaluationsforschung in der Bundesrepublik*, Weinheim/Basel 1978, S. 169–198.

Nacken, W., *Die Evaluierung von Curricula zur politischen Weiterbildung im außerschulischen Bereich. Wissenschaftliches Gutachten für die Bundeszentrale für Politische Bildung*, Bonn 1978,

Nacken, W., Zur Unterscheidung von „verhaltens"- und „handlungs"-theoretischen Strategien der Erforschung sozialen Handelns, in: ders., *Terrorismus. Fragen nach den Ursachen und Grenzen einer sozialwissenschaftlichen Erklärung. Forschungsbericht*, Hochschule der Bundeswehr Hamburg, Hamburg 1979, S. 39–80.

Nacken, W./W. Wüstendörfer, Verbraucherschutz und Evaluierung. Probleme praxisberatender Untersuchungen zum Verbraucherschutz, in: B. Biervert/W. F. Fischer-Winkelmann/R. Rock (Hrsg.), *Verbraucherpolitik in der Marktwirtschaft*, Reinbek 1978, S. 251–278.

Nunnally, J.C./W.H. Wilson, Method and Theory for Developing Measures in Evaluation Research, in: E.L. Struening/M. Guttentag (Hrsg.), *Handbook of Evaluation Research*, Bd. 1, Beverly Hills/London 1975, S. 227–288.

Parlett, M./D. Hamilton, Evaluation as Illumination: A New Approach to the Study of Innovation Programs, in: *Evaluation Studies. Review Annual*, Bd. 1, Beverly Hills/London 1976, S. 140–157.

Schütze, F./W. Meinefeld/W. Springer/A. Weymann, Grundlagentheoretische Voraussetzungen methodisch kontrollierten Fremdverstehens, in: Arbeitsgruppe Bielefelder Soziologen, *Alltagswissen, Interaktion und gesellschaftliche Wirklichkeit*, Bd. 2, 2. Aufl., Reinbek 1976, S. 433–495.

Schwemmer, O., *Theorie der rationalen Erklärung*, München 1976.

Scriven, M., Evaluation Bias and its Control, in: *Evaluation Studies. Review Annual*, Bd. 1, Beverly Hills/London 1976, S. 119–139.

Sjoberg, G., Politics, Ethics and Evaluation Research, in: E. L. Struening/M. Guttentag (Hrsg.), *Handbook of Evaluation Research*, Bd. 2, Beverly Hills/London 1975, S. 29–51.

Struening, E.L., Social Area Analysis as a Method of Evaluation, in: E.L. Struening/M. Guttentag (Hrsg.), *Handbook of Evaluation Research*, Bd. 1, Beverly Hills/London 1975, S. 519–549.

Tippelt, R., *Projektstudium. Exemplarisches und handlungsorientiertes Lernen an der Hochschule*, München 1979.

Wellenreuther, M., Handlungsforschung als naiver Empirismus?, in: *Zeitschrift für Pädagogik*, 22/1976, S. 343–356.

Werbik, H., *Handlungstheorien*, Stuttgart/Berlin/Köln/Mainz 1978.

Wollmann, H./G.-M. Hellstern, *Stadtentwicklung. Sanierungsmaßnahmen. Städtebauliche und stadtstrukturelle Wirkungen (Methodische Vorstudie) (Schriftenreihe des Bundesministers für Raumordnung, Bauwesen und Städtebau*, H. 02.012), Bonn-Bad Godesberg 1978.

Wright, G.H. von, *Erklären und Verstehen*, Frankfurt a.M. 1974 (Original: *Explanation and Understanding*, New York 1971).

Wright, G.H. von, *Handlung, Norm und Intention. Untersuchungen zur deontischen Logik*, Berlin/New York 1977.

Peter H. Rossi
University of Massachusetts, Amherst, Mass.

Professionalisierung der Evaluierungsforschung?

Beobachtungen zu Entwicklungstrends in den USA

I. Vorbemerkung

Absicht dieses Beitrags ist es, einen Überblick über den gegenwärtigen Stand der Evaluierungsforschung in den USA als eines sich dynamisch entwickelnden Forschungszweiges und eines neuen Berufs- und Aufgabenfeldes für anwendungsorientierte Forscher zu vermitteln. Meine hier zugrundeliegende Perspektive ist geprägt von eigenen Erfahrungen als Forscher. Ich begann meine Berufstätigkeit zu einem Zeitpunkt in den frühen fünfziger Jahren, da eine anwendungsorientierte empirische Sozialforschung gerade ihre ersten Schritte unternahm. Im weiteren Verlauf meiner beruflichen Entwicklung wechselten sich akademisch-wissenschaftliche und anwendungsbezogene Forschungsaktivitäten ständig miteinander ab. Etwa ein Viertel meines bisherigen Berufslebens wirkte ich als Direktor eines gemeinnützigen Forschungsinstituts, des *National Opinion Research Centers (NORC)* in Chicago, die restlichen Jahre widmete ich der Forschung und Lehre zu verschiedenen sozialwissenschaftlichen Problemstellungen. Meine Forschung und Lehre erfolgte stets mit Blick auf die Praxis und auf der Suche nach einem potentiellen Anwendungsbezug. So ist meine Perspektive geprägt sowohl von der akademischen Lehre und Forschung als auch von der eigenen anwendungsbezogenen Forschungstätigkeit. Ich betone diese Aspekte einerseits, um die Glaubwürdigkeit meiner Aussagen als Evaluierungsforscher zu erhöhen, andererseits aber auch, um meine Erfahrungsbasis zu verdeutlichen und damit einen möglicherweise bestehehden Bias zu kennzeichnen.

Nach meiner Kenntnis ist die Geschichte der Evaluierungsforschung in den USA bisher noch nicht schriftlich dokumentiert worden. In der Tat wäre ein solcher Versuch anmaßend, vergleichbar etwa dem Versuch eines achtjährigen Knaben, seine Memoiren für die Nachwelt zu schreiben; ein solcher Versuch wäre sicherlich noch nicht einmal sehr ergötzlich. Die Entstehung und Entwicklung der Evaluierungsforschung als einer der wichtigsten sozialwissenschaftlichen Forschungszweige während des letzten Jahrzehnts ist zweifellos eine noch zu junge Entwicklung, um die Aufmerksamkeit der wissenschaftsgeschichtlichen Forschung zu erregen, gleichzeitig auch noch zu frisch, als daß die für eine Analyse notwendige kritische Distanz möglich wäre. Daraus ergibt sich auch für Beiträge wie dem vorliegenden, daß jede Bestandsaufnahme eher den Charakter von ersten Erinnerungen besitzt, ihr nicht etwa die Qualität einer sorgfältigen Geschichtsforschung zukommt. Dabei besteht auch immer die Gefahr, daß Erinnerungen, die nicht durch wissenschaftliche Disziplin gebändigt werden, mystifizierende Histörchen und heroisierende Bilder entstehen lassen. Trotz dieser Gefahren, die sich einer solchen ersten Bestandsaufnahme stellen, möchte ich dennoch mit einer kurzen historischen Skizze der Entwicklung der Evaluierungsforschung in den USA beginnen, um auf dieser Grundlage die Entstehung und Entwicklung der Evaluierungsforschung als eines neuen Berufsfeldes einschätzen zu können.

Ein Großteil des Beitrags wird sich der Analyse strukturell bedingter Restriktionen widmen, die die Evaluierungsforschung als eine wissenschaftliche Forschungstätigkeit beeinträchtigen. Neben Restriktionen und Problemen, die sich aus intellektuellen und sozialstrukturell bedingten Konfliktsituationen zwischen einer akademischen und einer anwendungsorientierten Wissenschaft entwickelt haben, sind dies vor allem Probleme, die der Evaluierungsforschung aus ihrer Nähe zum politischen Prozeß erwachsen. Des weiteren ist es notwendig, auch auf diejenigen Faktoren einzugehen, die es bewirkten, daß Evaluierungsforschung sich zu einem neuen Industriezweig entwickelte, in dem nicht nur kleine Forschungsbüros auf individueller Basis arbeiten, sondern in dem sich auch zunehmend Großfirmen betätigen. Ein Abschnitt schließlich befaßt sich mit der Analyse der zukünftigen Entwicklung der Evaluierungsforschung. Während im ersten Teil des Beitrags deutlich wird, daß die Evaluierungsforschung dabei ist, sich als ein neuer Berufszweig zu etablieren, soll hier, in die Zukunft blickend, gefragt werden, ob die Evaluierungsforschung dabei Erfolg haben wird oder nicht und in welcher Form dies geschehen wird.

II. Eine persönliche Geschichte der Evaluierungsforschung in den USA

Definiert man Evaluierungsforschung als die Anwendung sozialwissenschaftlicher Erkenntnisse und sozialwissenschaftlicher Forschungsmethoden, um soziale Programme zu bewerten, dann ist offensichtlich, daß Elemente von Evaluierungsforschungsaktivitäten bereits seit Beginn einer empirischen Sozialforschung aufzufinden sind. Schon im frühen 19. Jahrhundert beurteilten Epidemiologen die Effizienz des öffentlichen Gesundheitswesens, indem sie Morbidität und Mortalität beobachteten. Pioniere im Strafvollzug und in psychiatrischen Anstalten benutzten bereits im 19. Jahrhundert die Rückfallquoten der entlassenen Gefangenen und Kranken dazu, um ihre Behauptungen über aufsehenerregende neue Behandlungsmethoden zu stützen. Humboldt beispielsweise, der auch soziale Reformexperimente unternahm, erfuhr, was den Erfolg seiner Experimente mit alternativen Belohnungssystemen betraf, die er unter den Arbeitern seiner verschiedenen Textilfabriken in Deutschland anwandte, eine umfassende Würdigung und Evaluierung in den Schriften der *American Academy of Arts and Sciences.* Selbstverständlich waren die ersten anwendungsorientierten Sozialforscher keine Sozialwissenschaftler. Es gab in der Tat in dieser Periode nur wenige, die sich als Sozialwissenschaftler bezeichneten. Diejenigen, die sich sozialwissenschaftlich betätigten, waren meist Amateure, die sich in sozialwissenschaftliche Gefilde eher als Folge ihrer sonstigen Tätigkeiten verirrt hatten.

Die Evaluierungsforschung als eine sozialwissenschaftliche Aufgabe entwickelte sich zu Beginn des 20. Jahrhunderts mit der Ausbildung der Sozialwissenschaften als einer akademischen Disziplin und mit der Entwicklung spezieller Forschungstechniken. Ersichtlich wird dies beispielsweise an der Evaluierung des sogenannten Gary-Plans, einer besonderen Unterrichtsmethode, die in New Yorks City Highschools eingeführt wurde; ihre Evaluierung beruhte auf den von Thorndike und Giddings um 1918 entwickelten Fähigkeits- und Leistungsteststechniken. Die Evaluierung von Werbekampagnen und Verkaufsstrategien, die Anfang der sechziger Jahre einsetzte, basierte auf den psychologischen Tests, die entwickelt wurden, um Konsumwünsche und Kaufintentionen zu messen. Diese ersten „Proto-Evaluierungen" beruhten vor allem auf psychologischen Forschungen, besonders auf denen derjenigen Psychologen, die sich mit Einstellungstests befaßten.

In der Entwicklung der Sozialen Programme in der ersten Hälfte des 20. Jahrhunderts fehlten vor allem drei Dinge:

1. In den ersten dreißig Jahren unseres Jahrhunderts gab es nur sehr wenige *soziale Programme* in den USA; so wurde erst 1936 ein umfassendes Sozialversicherungsprogramm eingeführt, das Arbeitslosen und Rentnern Zahlungen gewährte. Mit Roosevelts *New Deal* begann das umfassende soziale Engagement des Bundesstaates, wurden erstmals Transfer- und soziale Dienstleistungen für zahlreiche und sehr unterschiedliche, benachteiligte Gruppen erbracht.
2. Diese Programme, die im *liberalen Klima* des New Deal aufgestellt worden waren, wurden im Gegensatz zu späteren Programmen nicht als problematisch betrachtet.
3. Die sozialwissenschaftliche *Forschungstechnologie* mußte sich erst noch entwickeln, um sich außerhalb (geschlossener) organisierter Umwelten wie Schulen, Gefängnissen und öffentlichen Wohnungsprojekten behaupten zu können.

Angesichts dieser Vorbedingungen für eine Evaluierung überrascht es nicht, daß die Sozialprogramme des New Deal nicht systematisch evaluiert wurden, obgleich auch sie durchaus kontrovers waren. Die Probleme waren jedoch eher ideologischer als technischer Art. Zur Debatte stand weniger, ob staatliche Beschäftigungs- und Dienstleistungsprogramme effektiv waren, sondern eher die Frage, ob solche Programme moralisch gerechtfertigt sind. Auch hatte die Weiterentwicklung der Testtheorien ihre Übertragung auf eine Vielzahl unterschiedlicher menschlicher Tätigkeiten und die Entwicklung von Verfahren zur Einstellungsmessung gerade erst begonnen. Und, was vielleicht noch entscheidender war, Auswahlverfahren für „nicht-institutionalisierte Populationen" und Techniken, die es erlaubten, große Datenmengen quantitativ zu analysieren, standen erst am Beginn ihrer Entwicklung.

Zum Zeitpunkt der zweiten großen Welle sozialer Programme in den sechziger Jahren dieses Jahrhunderts waren die Vorbedingungen für die Entwicklung einer Evaluierungsforschung als einer anwendungsorientierten sozialwissenschaftlichen

Aktivität gegeben. Nunmehr standen geeignete Auswahlverfahren und Meßtechniken zur Verfügung, um große Datenmengen analysieren zu können. Der Computer wurde zu einem alltäglichen Instrument und auch die Software stand zur Verfügung, um multivariante Verfahren aus dem Lehrbuch für umfassende Analyseberechnungen auf der Grundlage großer Datenmengen zu nutzen. Darüber hinaus – und dies scheint der wichtigste Punkt zu sein – bestand ein politisches Klima, das eine technische Orientierung auch im Hinblick auf soziale Programme begünstigte. Es stand nicht länger zur Debatte, *ob* die Bundesregierung Fördermittel zur Verbesserung der Chancengleichheit im Erziehungssystem zur Verfügung stellen sollte oder nicht, sondern *inwiefern* die gewährten Instrumente auch effektiv und effizient waren. Rückblickend kann man wahrscheinlich kaum voll verstehen, weshalb in die Sozialgesetzgebung zu Beginn der sechziger Jahre Evaluierungsklauseln eingesetzt worden sind. Zwei Faktoren scheinen vor allem dafür verantwortlich gewesen zu sein:

1. Sowohl den Gesetzgebern als auch den höheren Beamten, die während der Kennedy- und Johnson-Ära an die Schalthebel der Macht kamen, wurden im Rahmen ihrer Ausbildung zumindest sozialwissenschaftliche Grundkenntnisse vermittelt, da inzwischen die Sozialwissenschaften in die wichtigsten Eliteuniversitäten eingedrungen waren und sich sozialwissenschaftliche Problemstellungen auf allen Lehrplänen der großen Staatsuniversitäten und Jurafakultäten fanden, deren Absolventen vor allem die politischen Positionen in den USA besetzten.
2. Zu dieser Zeit wurden auch Fehlentwicklungen im öffentlichen Erziehungssystem sichtbar, die vor allem die Ausbildung jugendlicher städtischer Zuwanderer, der Schwarzen und der Hispanier betrafen. Auch bestand trotz anhaltenden Wachstums Arbeitslosigkeit, was darauf hinzudeuten schien, daß die Scharnierinstitutionen zwischen Arbeitsmarkt und Berufsqualifizierung zumindest für einen Teil der Arbeitskräfte nicht funktionierten. Es schien uns, daß auf irgendeine Weise die Dinge in der amerikanischen Gesellschaft nicht im Lot waren: Wachstum, Weltvorherrschaft und hoher Lebensstandard hatten die sozialen Probleme wie Kriminalität, Altersnot, ungleiche Einkommensverteilung und Versorgungsungleichgewichte mit Gütern und Dienstleistungen nicht gelöst. Der bestehende Skeptizismus wurde noch bestätigt, als sich die USA in einem nicht zu rechtfertigenden Vietnamkrieg engagierten, den sie offensichtlich nicht einmal auf dem Schlachtfeld geschweige denn in der öffentlichen Weltmeinung entscheidend gewinnen konnten. Als schließlich aufgedeckt wurde, daß der Präsident und seine wichtigsten Berater korrupt waren, sich offenkundig illegal verhielten und über das übliche Maß hinaus logen, sank das Vertrauen in die amerikanische Regierung noch weiter.

Die Sozialwissenschaft war ihrerseits bereit, sich stärker in der Welt der Politik zu engagieren. Die amerikanischen Universitäten waren durch die Anti-Kriegsbewegung und die radikale Infragestellung disziplinärer Forschungen und Orientierungen durch die Studenten politisiert worden. Viele von uns suchten nach Möglichkeiten, die vor allem der jüngeren Generation beweisen sollten, daß sie sich um Verbesserungen in unserer Gesellschaft bemühten. Eine besonders wichtige Rolle in der Geschichte der anwendungsorientierten Sozialwissenschaft nehmen dabei zweifellos diejenigen engagierten Sozialwissenschaftler ein, die im *Office of Economic Opportunity* arbeiteten. Diese „Armutsbekämpfer" trugen in den wenigen Jahren ihrer Tätigkeit sehr viel dazu bei, daß allgemein anerkannt wurde, daß sozialwissenschaftliche Forschungsmethoden sehr viel zum Verständnis dessen beitragen können, wie soziale Programme durch Evaluierungen effektiver gestaltet werden könnten. Was auch immer ein gelehrter Historiker in endgültiger Analyse über die Entwicklung der Nachkriegs-Sozialwissenschaften herausfinden wird – fest steht, daß die Sozialwissenschaften in den letzten zwanzig Jahren ein wichtiges Betätigungsfeld wurden. Verschiedene Formen der Evaluierungsforschung bilden dabei den Kern der meisten anwendungsorientierten Forschungen. Auch wenn die Schätzungen über den gegenwärtigen Umfang der sozialwissenschaftlichen Forschung auseinandergehen – sie liegen zwischen 500.000.000 Dollar und 1,5 Mrd. Dollar pro Jahr, abhängig davon, was alles als Evaluierungsforschung bezeichnet wird –, so läßt doch allein schon der kleinere Betrag eine Größenordnung erkennen, die im Umfang dem einer mittleren Industrie, zumindest nach amerikanischen Verhältnissen, entspricht. Addiert man zu diesem Volumen noch die Ausgaben der Staats-(Länder-) und Kommunalverwaltungen für anwendungsorientierte Forschungen, so ergeben sich doch insgesamt wahrhaft beträchtliche Dimensionen.

Hinzu kommt, daß die Unterstützung für Evaluierungsaufgaben gegenwärtig nicht geringer wird: In immer mehr sozialen Gesetzen sind *Evaluierungsklauseln* enthalten, auch nimmt die skeptische Einstellung gegenüber sozialen Programmen nicht ab. Gleichzeitig verbessert sich die technische Qualität zumindest der größeren Evaluierungsstudien: ein Hinweis, daß in den Bundesbehörden Evaluierungsvergaben und -verfahren sachkundiger gehandhabt werden. Das Interesse an Evaluierungsforschung wächst auch in den akademischen Institutionen. Spezielle Berufsorganisationen und spezialisierte Evaluierungszeitschriften sind entstanden; Evaluierungsspezialisten sind gegenwärtig sehr gefragt. Offensichtlich hat sich also die Evaluierungsforschung als ein geschätztes Instrument durchgesetzt; zumindest sind Bund, Länder und Gemeinden bereit, für Evaluierungsforschungen Geld auszugeben. Alle empirisch orientierten sozialwissenschaftlichen Disziplinen – die Erziehungswissenschaften, die Wirtschaftswissenschaften, die Psychologie, die Soziologie und die politische Wissenschaft – bezeugen ihr Interesse an der Evaluierungsforschung. An den Universitäten wurde mit speziellen Trainingsprogrammen begonnen, sowohl innerhalb von Ausbildungsgängen als auch für Graduierte. Etwa 10 bis 15 Trainingsprogramme werden gegenwärtig entweder bereits durchgeführt oder sind geplant. Dabei ist festzuhalten, daß das Interesse der akademischen Disziplinen an der Evaluierungsforschung nicht nur der wachsenden Nachfrage nach ausgebildetem Personal für Evaluierungstätigkeiten entstammt, sondern auch durch den Rückgang im Angebot an akademischen Positionen seine Erklärung findet. Da schließlich auch der Umfang der Förderung von Grundlagenforschung entweder zurückgegangen ist oder stagniert, erscheint zahlreichen Universitäten – auf der Suche nach Finanzierungsmöglichkeiten, um Forschungen weiterzuführen – die Nachfrage nach Evaluierungsforschung als ein möglicher Weg, der es erlaubt, zumindest die gegenwärtige Qualität sozialwissenschaftlicher akademischer Fachbereiche aufrechtzuerhalten.

Die Nachfrage nach Evaluierern übersteigt gegenwärtig das Angebot. Dies hat zur Folge, daß die Mehrzahl derjenigen, die Evaluierungsforschung betreiben, *keine* Ausbildung in Evaluierungsforschung besitzt; noch etwas wagemutiger formuliert: Die Mehrzahl besitzt nicht einmal eine Ausbildung in sozialwissenschaftlichen Forschungsmethoden. So war ich beispielsweise vor einigen Jahren eingeladen, ein Seminar an einem Bundesinstitut für Verwaltungsfortbildung über Evaluierung abzuhalten. Ziel des Instituts war es, denjenigen Bundesbeamten eine erste Orientierung zu geben, deren Aufgabe es war, entweder intern die Durchführung von Evaluierungen zu überwachen oder außer Haus Evaluierungen selbst durchzuführen. Nachdem ich festgestellt hatte, daß nur einige der Teilnehmer nur wenig mehr als ein sehr bescheidenes Verständnis für sozialwissenschaftliche Konzepte oder Forschungsmethoden besaßen, führte ich eine informelle Befragung unter den Teilnehmern durch, um festzustellen, in welchen Aufgabenfeldern sie entweder ein Training oder Erfahrung besaßen. Dabei zeigte sich, daß, obschon die meisten Teilnehmer Sozialwissenschaftler waren, sie in der Mehrzahl lediglich eine Ausbildung auf Gebieten besaßes, die keine technisch komplizierten Voraussetzungen erforderten; z.B. hatte die Mehrzahl der Politologen eine Ausbildung in Verwaltungskunde, nicht aber in politischer Verhaltenslehre. Die übrigen Teilnehmer besaßen ebenfalls meist eine Ausbildung, in der sozialwissenschaftliche Grundlagenkenntnisse nicht vermittelt wurden. Natürlich besaßen nur wenige Erfahrungen mit Evaluierung als einer wissenschaftlichen Forschungstätigkeit, das war ja der Anlaß für ihre jeweilige Behörde, sie zu diesem Seminar zu entsenden. Sie waren auch sehr überrascht zu hören, daß Evaluierung etwas mit wissenschaftlicher Forschung zu tun habe; unter Evaluierung verstanden sie Bewertungsverfahren, Forschung war für sie die Zusammenstellung bereits vorhandener Daten, vor allem, um Pflicht- und Festvorträge vorzubereiten.

Die vielleicht aufsehenerregendste Entwicklung der letzten Jahre in den USA war das Wachstum eines neuen Industriezweiges, der Auftragsforschung für Bund, Länder und Gemeinden durchführt. Diese neue Industrie bestand zwar bereits seit 15 Jahren. Einige dieser Organisationen, die sich in dieser Forschungsindustrie betätigen, zählen bereits zu etablierten Unternehmen, die nunmehr ihren Dienstleistungsbereich um einen neuen Aufgabenbereich, nämlich die Evaluierungsforschung, erweitert haben – beispielsweise das *American Institute of Research* und das *Educational Testing Service Institute;* beide waren bereits, bevor sie sich auf die Evaluierungsforschung konzentrierten, in der Marktforschung und in der Testentwicklung fest verankert. Große Unternehmen, die sich bisher kaum mit sozialwissenschaftlicher Forschung befaßt hatten – zum Beispiel *Westinghouse* und *General Electric,* beides Unternehmen der Elektroindustrie –, begannen sich auf diesem Feld zu engagieren und richteten Forschungsabteilungen ein, die sich erfolgreich um Auftragsforschung bewarben.

Neue Unternehmen wurden gegründet: Clark Abt, ein Politologe, Absolvent des Massachussetts Institute for Technology (MIT), gründete ein außerordentlich erfolgreiches Forschungsunternehmen in Cambridge, die *Abt Associates.* Eine kleine Gruppe von Ökonomen in Princetown gründete die *Mathematica, Inc.*; *Westat* verdankt ihre Entstehung dem Auszug einiger technisch kompetenter Forscher aus dem Zensusbüro. Zu nennen sind auch andere große Firmen wie die *Systems Development Corporation* – ein (gewinnorientierter) Abkömmling der gemeinnützigen *RAND Corporation,* die selbst auch Evaluierungsforschung betreibt, und schließlich die *SRI,* Inc. (ehemals *Stanford Research Institute*). Diese wenigen Firmen machen die Mehrzahl der wirklich großen Forschungsunternehmen aus, die sich um die großen Aufträge bemühen. Um eine Vorstellung von ihrer Größenordnung zu geben: Die *Abt Associates* hat einen jährlichen Umsatz von 50 Millionen Dollar, sie beschäftigt etwa 150 promovierte Sozialwissenschaftler, ihre Forschungen erstrecken sich auf sehr unterschiedliche Forschungsfelder, beispielsweise das Wohnungswesen, das Gesundheitswesen, das Erziehungswesen, die Kriminologie und die Sozialpolitik. Sie besitzt Niederlassungen in mehreren Ländern, u.a. in Westdeutschland. Vergleicht man die Anzahl der bei *Abt* beschäftigten Sozialwissenschaftler mit der Anzahl der Fakultätsmitglieder an den Universitäten in den USA, so übertrifft sie alle, ausgenommen die größten Staatsuniversitäten. Mit Sicherheit übertrifft jedoch ihr Haushalt den Forschungsaufwand *jeder* Universität in den USA.

Neben diesen sehr großen Forschungsunternehmen und Sozialforschungsabteilungen in diversifizierenden Unternehmen besteht eine große Anzahl sehr kleiner Unternehmer. Ihre genaue Zahl ist nicht bekannt. Angesichts der hohen Sterblichkeits- und Fruchtbarkeitsrate derartiger Unternehmen wäre jeder Zensus solcher Firmen auch sehr rasch veraltet. Vor etwa fünf Jahren schätzte Albert Bidermann, daß jährlich etwa 400 Firmen auf ausgeschriebene Evaluierungsaufträge, allein auf Bundesebene, reagierten. Diese Angaben sind sicher überholt, die gegenwärtigen Schätzungen liegen um ein Vielfaches höher. Hinzu kommt, daß zahlreiche Firmen sich nicht jedes Jahr um Aufträge bewerben und viele Unternehmen sich nur um Länder- und kommunale Evaluierungen bewerben. Der Wirklichkeit am nächsten kommen vielleicht Schätzungen, die von etwa 2.000 Unternehmen sprechen, die sich gegenwärtig um Auftragsforschung im Rahmen von Evaluierungsforschung bewerben. Die Mehrzahl dieser Unternehmen ist relativ klein. Ihre Kapazität besteht häufig lediglich aus ein bis zwei Personen als Forschungspersonal, ihr jährlicher Umsatz liegt etwa in der Größenordnung von ca. 100.000 Dollar.

Jedoch sollten die Aktivitäten der Universitäten in diesem Forschungsbereich nicht vernachlässigt werden. Die etablierten sozialwissenschaftlichen Forschungszentren – das *National Opinion Research Center* and der Universität Chicago, das *Institute for Social Research* an der Universität von Michigan – waren schnell dabei, sich gleichfalls um Evaluierungsforschungsaufträge zu bemühen. Kleinere universitätsnahe Forschungsinstitute beteiligten sich ebenfalls, meist gemeinsam mit einzelnen Sozialwissenschaftlern und frisch graduierten Studenten. Aber obwohl der Anteil der Evaluierungsforschung an Universitäten inzwischen einen beträchtlichen Umfang besitzt, steht fest, daß universitäre Sozialwissenschaftler nur einen geringen Anteil an der gesamten Evaluierungsförderung in den Vereinigten Staaten erhalten. Universitäre Sozialwissenschaftler haben allerdings sehr viel zur Evaluierungsliteratur beigetragen; die führenden intellektuellen Sprecher, die die gegenwärtigen Standards für die Evaluierungsforschung setzen, entstammen den

Universitäten: Howard Freeman, Donald Campbell, Robert Boruch, Frederick Mosteller, Carol Weiss und Thomas Cook, um nur einige prominente Namen zu nennen.

Innerhalb der akademischen Welt stehen die Reflexion und das Schreiben über Evaluierungsforschung in einem erfolgreichen Wettbewerb mit der tatsächlichen Durchführung von Evaluierungsforschung, eine Aufgabe, die ansonsten, trotz der beträchtlichen finanziellen Unterstützung und der inzwischen großen Zahl ausgebildeter Evaluierungsforscher, vernachlässigt wird. Nur ein sehr kleiner Teil wurde veröffentlicht, schätzungsweise 1% aller Evaluierungen, die erstellt wurden. Die meisten Evaluierungsergebnisse – einschließlich der größten und teuersten Evaluierungen – wurden bisher überhaupt nicht veröffentlicht; sie sind somit weder auf dem offiziellen Buchmarkt für Wissenschaftler erhältlich noch sind sie über wissenschaftliche bzw. sonstige Fachzeitschriften zugänglich. Die Ergebnisse finden sich meist nur in Form einer begrenzten Anzahl von Berichten oder Manuskripten, die dem Auftraggeber abgeliefert werden bzw. fristen als privat gedruckte Offset-Monographien eine ungewisse Bücherexistenz. Meine eigenen Bestände sind voll solcher Berichte, die schwierig sinnvoll zu archivieren und noch schwieriger wieder aufzufinden sind.

Zwar kann man nun die Ansicht vertreten, daß die Mehrzahl aller Evaluierungsforschungen nicht veröffentlicht werden sollte, da sie für ein Publikum außerhalb der betroffenen Behörde nur von begrenztem Interesse und meist auch von geringer Qualität sind. Selbst wenn man diese Argumente für einen großen Teil der Evaluierungsstudien akzeptiert, erscheint es dennoch angesichts des Gesamtumfangs der Evaluierungsforschung in den USA und der Tatsache, daß ca. zehn Prozent sowohl von weitreichenderem Interesse als auch einer technischen Qualität sind, die es wert wäre, veröffentlicht zu werden, erschreckend, daß Evaluierungsforschungsergebnisse in einem derart geringeren Umfang als herkömmliche Forschungsergebnisse publiziert werden.

In den letzten Jahren sind auch mehrere Berufsorganisationen geschaffen worden, die sich ausschließlich mit Evaluierungsforschung beschäftigen. Die größte dieser Organisationen, die *Evaluation Research Society (ERS)*, wurde auf Initiative der verstorbenen Marcia Guttentag gegründet. Sie umfaßt gegenwärtig etwa 2.000 Mitglieder, in der Mehrzahl mit einer psychologischen Ausbildung. Der *Council of Applied Research*, der von C. Abt, dem Vorsitzenden der *Abt Associates*, gegründet wurde, hat sich zu einer Eliteorganisation mit einer relativ kleinen Mitgliederzahl entwickelt. Seine rund 300 Mitglieder rekrutieren sich weitgehend aus großen Forschungsunternehmen und akademischen Forschungszentren. Innerhalb dieser Organisation bestehen offensichtlich keine disziplinären Schwerpunkte, sie sucht gegenwärtig eine Kooperation mit der ERS. Das *Evaluation Network* – gegründet von M. Scriven –, eine stärker informelle Organisation, rekrutiert sich vor allem aus erziehungswissenschaftlichen Forschern. Wichtige Arbeitsgruppen und Sektionen, die sich mit Evaluierungsforschung befassen, bestehen vor allem innerhalb der *American Educational Research Association (AER)*, aber auch fast jede andere sozialwissenschaftliche Disziplin veranstaltet auf ihren jeweiligen jährlichen Kongressen Arbeitskreise und Sitzungen, die sich mit Evaluierungsproblemen befassen.

Innerhalb der letzten Jahre erschienen auch wissenschaftliche Zeitschriften, die sich mit Evaluierungsforschung befassen. *Evaluation Magazine*, finanziell unterstützt durch das *National Institute of Mental Health*, hat mehr als 15.000 Leser. *Evaluation Quarterly* (jetzt *Evaluation Review*), von Richard Berk und Howard Freeman herausgegeben, hat nunmehr mehr als 3.000 Abonnenten und dient als wichtigste Veröffentlichungsbasis für mehr technische Artikel. Schließlich ergriffen auch die Verlage die Chance, mit der Produktion von Büchern zur Evaluierungsforschung zu beginnen. Gegenwärtig sind mehr als zehn Textbücher unterschiedlicher Qualität, geschrieben für ein unterschiedliches Publikum, in wissenschaftlichen Verlagen erschienen.

Die weitere Entwicklung von Evaluierung als einer wissenschaftlichen Tätigkeit wird grundlegend beeinflußt von ihrem bisherigen historischen Verlauf, sie ist geprägt durch die Faktoren, die zu ihrer Entstehung in den Vereinigten Staaten führten und durch die sich hieraus ergebende soziale Organisation der Evaluierungsforschung. Ihre wichtigsten historischen Merkmale wurden bereits behandelt:

1. Ihr immenses Wachstum in den vergangenen zwei Jahrzehnten, verantwortlich allerdings auch für beträchtliche Qualitätsunterschiede in den bisherigen Forschungen. Während sich die besten Evaluierungsforschungen sicherlich an der Grenze unseres derzeitigen technischen Könnens und wissenschaftlichen Wissens bewegen, beruhen die schlechtesten Evaluierungsforschungen oft sogar auf einer schlichten Vortäuschung falscher Tatsachen; eine Häufigkeitsverteilung bisheriger Forschungen wäre sicherlich eher in Richtung geringerer Qualitätsmerkmale verschoben.
2. Die neuen unternehmerischen Möglichkeiten für die Sozialwissenschaftler durch die Evaluierungsforschung führten zur Entwicklung eines neuen Industriezweigs, in dem sich für Sozialwissenschaftler in einem bisher nicht bekannten Ausmaß neue Handlungschancen bieten.
3. Die Voraussetzungen, die an einen Evaluierungsforscher gestellt werden, divergieren und sind sehr heterogener Natur. Die Evaluierungsforscher entstammen sehr unterschiedlichen Disziplinen. Jeder Besitzer einer Schreibmaschine und mit ausreichender Finanzausstattung, sich einen Briefkopf drucken zu lassen, kann sich (und tut es oft auch) zu einem Evaluierungsforschungsunternehmen aufschwingen. Inzwischen sprechen deutliche Anzeichen dafür, daß Evaluierungsforschung zunehmend als ein ernsthaftes intellektuelles Unterfangen anerkannt wird, dem auch sozial und gesellschaftlich eine große Bedeutung zukommt.

Dies ist in etwa der Hintergrund, vor dem im weiteren die Aussichten der Evaluierungsforschung als eines neu entstehenden Berufsfeldes zu behandeln sind.

III. Evaluierung als ein neuer Beruf

Aus dem bisher Gesagten sollte deutlich geworden sein, daß sich in den Vereinigten Staaten die unter dem Stichwort Evaluierung ablaufenden Aktivitäten auf ein weites Feld erstrecken, das derzeit in einem beträchtlichen Umfang gefördert wird.

Dennoch kann man kaum von einem Berufsstand der Evaluierungsforscher sprechen, denn sowohl im Standard und der Leistung von Evaluierern als auch in ihren Fähigkeiten und ihren Ausbildungen finden sich beträchtliche Unterschiede. Wenn dennoch so etwas wie ein Evaluierungsberuf existiert, dann sicherlich in erster Linie aufgrund der beruflichen Möglichkeiten, die die gegenwärtigen Evaluierungsaktivitäten einem Forscher bieten. Im folgenden sollen diese Möglichkeiten – positive wie negative – weiter abgehandelt werden.

Eine Profession zeichnet sich dadurch aus, daß sie die gesetzliche oder auch nur gewohnheitsmäßige Anerkennung eines berufsspezifischen theoretischen Wissensbestandes und einer dazugehörigen Praxis, die weitergegeben werden kann, durchsetzt. Gleichzeitig verfügt sie über institutionell abgesicherte Mechanismen, die Zulassung und Anerkennung als qualifizierter Praktiker bescheinigen, sei es aufgrund der Ausbildung oder der Erfahrung. Die traditionellen Berufsstände wie die Mediziner, die Juristen, die Ingenieure, die Lehrer usw. besitzen spezielle Ausbildungseinrichtungen, abgestufte Abschlüsse, Zulassungsverfahren und verfügen über professionelle Organisationen, die auch politisch darüber wachen, daß die Integrität ihres Berufsstandes nicht gefährdet wird. Daß sich im Zuge dieser Tätigkeit manche Berufsorganisationen, um den Stellenwert ihres Berufsstandes zu verbessern, monopolitischer Strategien bedienen und hierdurch z.B. auch erwünschte Veränderungen in der beruflichen Tätigkeit verhindern, ist ein wichtiger Aspekt der zunehmenden Professionalisierung in unserer Gesellschaft, spielt jedoch hier, im Rahmen dieser Betrachtungen, keine Rolle.

Die wichtigsten Antriebskräfte, die eine Professionalisierung einer Tätigkeit bewirken, sind jene, die im Verlaufe der Ausübung dieser Aktivität gleichsam naturwüchsig entstehen und die gleichzeitig vom Konsumenten der Dienstleistung oder Tätigkeit mitvorangetrieben werden. Für den Praktiker ist die Professionalisierung ein Schutz im Wettbewerb mit unqualifizierten (und daher billigen) Möchtegern-Praktikern. Professionalisierung kann eine Segmentierung des Arbeitsmarktes und eines Dienstleistungsmarktes bedeuten, so daß nur sichere Lieferanten und Produzenten als berechtigt anerkannt werden, bestimmte Dienstleistungen zu erbringen. Für den Verbraucher bedeutet eine Professionalisierung die Garantie für eine Mindestqualität im Dienstleistungsbereich (unter Umständen auf Kosten eines monopolistischen Preises).

Für die Evaluierungsforschung bedeutet das, daß Druck in Richtung einer Professionalisierung erwartet werden kann, einerseits von den Top-Evaluatoren, d.h. den großen und erfolgreichen Unternehmern sowie denjenigen Intellektuellen, die versuchen, Evaluierungsaktivitäten zu kodifizieren und zu rationalisieren, andererseits aber auch von den Behörden und gesetzgebenden Körperschaften, die die wichtigsten Abnehmer von Evaluierungsaktivitäten sind. Für eine Entwicklung in Richtung auf eine Professionalisierung bestehen jedoch zahlreiche Hindernisse, von denen ich die wichtigsten im folgenden behandeln werde.

III.1. Die Heterogenität der Disziplinen

Evaluierung ist eine sozialwissenschaftliche Aktivität, die an der gemeinsamen Basis in der Produktion von *Wissen* und *Forschungstechnologie* verschiedener Disziplinen ansetzt. Zur Entwicklung der Evaluierungsforschung haben unterschiedliche Disziplinen beigetragen, und ein kompetenter Evaluator zu werden bedeutet auch, bis zu einem gewissen Grad *multidisziplinär* zu arbeiten, Wissens- und Forschungstechniken aus verschiedenen Forschungsfeldern, den Erziehungswissenschaften, der Psychologie, der Soziologie, den Wirtschaftswissenschaften und den Politischen Wissenschaften zu ziehen. Aus den Erziehungswissenschaften sind die Instrumente der *Testmessung* wohl der wichtigste technische Beitrag. Die Psychologie hat als ihren Beitrag zur Evaluierungsforschung das *kontrollierte Experiment* beigesteuert. Die in der Evaluierungsforschung genutzten *Auswahlverfahren* und *Umfragen* entstammen unterschiedlichen Forschungsfeldern und Disziplinen, einschließlich der Soziologie, der Psychologie und der Statistik. Man könnte in dieser Aufzählung fortfahren. Sicherlich schwieriger zu bestimmen ist der Beitrag der verschiedenen sozialwissenschaftlichen Disziplinen zum gemeinsamen *inhaltlichen Wissensgrundstock*, der in einer Evaluierung sozialer Programme genutzt wird. Um die angenommenen Wirkungen eines Programms zu erfassen, insbesondere um die *Netto-Effekte* des Programms abschätzen zu können, ist es meist notwendig, sich bereits zuvor ausreichende Kenntnisse über das soziale Problem zu verschaffen. Zwar erleichtern Verfahren wie kontrollierte Experimente die Notwendigkeit, präzise Kenntnisse im voraus zu besitzen, aber es zeigt sich bisher, daß die Mehrzahl aller Evaluierungen nicht auf Zufallsexperimenten basiert und daher sehr wohl auf eine *Modellierung* und damit auf inhaltliche Vorkenntnisse angewiesen ist. Daher ist ein Evaluator, der die Wirksamkeit eines bestimmten Behandlungsprogramms testet – beispielsweise in der Absicht, die Rückfallquote bei Kriminellen zu senken – darauf angewiesen, ausreichende Kenntnisse zu besitzen, um die Rückfälligkeit in einem Modell abbilden zu können.

Eine der Folgen der disziplinären Heterogenität in der Evaluierungsforschung ist die sich fast von selbst entwickelnde *Arbeitsteilung* zwischen Evaluierungsforschern. Ökonomen betätigten sich vor allem im Bereich der Evaluierung von Sozialversicherungs- *(Income Maintenance Programs)*, Krankenversicherungs- und Wohngeldprogrammen; Psychologen engagierten sich vor allem in der Evaluierung von psychiatrischen Behandlungsprogrammen; Soziologen befaßten sich vor allem mit kriminologischen und Rechtshilfeprogrammen, nahmen aber auch an Experimenten zur Einkommenssicherung sowie an der Evaluierung von Arbeitsmarkt- und Berufsausbildungsprogrammen teil. Politologen befaßten sich vor allem mit den Wirkungen von Reorganisationen in Regierungsbürokratien. Auf diese Weise korrespondiert diese informelle Arbeitsteilung zumindest teilweise mit den inhaltlichen Schwerpunkten einzelner Disziplinen, teilweise ist diese Arbeitsteilung jedoch auch das Ergebnis besonderer historischer Entwicklungen in den beteiligten Regierungsbehörden.

Auch wenn die unterschiedlichen sozialwissenschaftlichen Disziplinen einen gemeinsamen Satz an konzeptionellem Wissen und Forschungstechniken besitzen, bleiben dennoch genügend Unterschiede bestehen, die es einem unparteiischen Beobachter ermöglichen, anhand der Vorgehensweisen, die jede Disziplin wählt, um Evaluierungen durchzuführen, bestimmte disziplinäre Stile wiederzuerkennen. Dies gilt trotz des über die disziplinären Grenzen hinweg stattfindenden Ausleihprozesses von Konzeptionen und Techniken, der in den verschiedenen Evaluierungsfeldern gewisse Angleichungstendenzen verstärkt. So wäre es beispielsweise schwierig, zwischen einer Evaluierung zu unterscheiden, die Richard Berk und ich im Rahmen eines Income-Maintenance-Programms für entlassene Strafgefangene entwickelten, und einer Evaluierung, die Ökonomen für dasselbe Problem entwerfen würden.

Trotz des langfristigen Trends zu einer Konvergenz unterschiedlicher sozialwissenschaftlicher Disziplinen bestehen dennoch gegenwärtig und zumindest auch für die nächsten Jahre beträchtliche disziplinär geprägte Unterschiede in den Evaluierungsstilen fort, die einen wirklich ernsthaften Konsens darüber, welche Verfahrens- und Vorgehensweise bei einer Evaluierung die beste ist, verhindern. Eine der Folgen dieser *interdisziplinären Varianz* ist die, daß die professionellen Organisationen, die sich bisher um die Evaluierungsaktivitäten herum entwickelten, von der einen oder anderen Disziplin bestimmt werden und dies trotz aller heroischen Bemühungen, eine wissenschaftliche Ökumene zu schaffen.

Allerdings ist anzufügen, daß bisher – und dies gilt für jede sozialwissenschaftliche Disziplin – anwendungsbezogene wissenschaftliche Arbeiten und Forschungen nicht gerade als prestigeträchtige Unternehmen betrachtet werden. Obgleich in den Sozialwissenschaften zwischen den besten Grundlagenforschungen und den besten anwendungsorientierten Forschungen sicherlich keine sehr großen Qualitätsunterschiede bestehen, wurden die Arbeiten zur Grundlagenforschung stets höher eingeschätzt und beurteilt. Immer noch weisen die bedeutendsten sozialwissenschaftlichen Zeitschriften anwendungsorientierte Beiträge in der Regel zurück; Verlage ziehen allgemeine theoretische Manuskripte anwendungsorientierten Abhandlungen vor. Die besten Doktoranden werden gewöhnlich ermutigt, sich um akademische Positionen zu bemühen mit der Argumentation, daß sie zu gut für anwendungsorientierte Forschungsarbeit, vor allem im privaten Sektor, seien. Der Geruch des Kommerz fällt auf diejenigen in sicheren akademischen Positionen von uns, die sich um anwendungsorientierte Forschungsaufträge bewerben. Teilweise verstärkt sich das geringe Prestige, das anwendungsorientierte Forschung besitzt, noch aus sich selbst heraus: Die bescheidene Reputation, die in der Auftragsforschung zu gewinnen ist, zieht auch weniger qualifizierte Forscher an, und die Vorherrschaft dieser weniger Talentierten in einem Feld führt dazu, das geringe Prestige zu bestätigen.

Aufgrund des geringen Prestiges erweist es sich als sehr schwierig, geeignete Ausbildungs- und Trainingsprogramme zu entwickeln, die sich unmittelbar am Qualifikationsbedarf der Evaluierungsforschung orientieren. Ausbildungsprogramme in der Evaluierungsforschung tendieren meist dazu, sich auf eine grundlagenorientierte sozialwissenschaftliche Forschung hin zu entwickeln – weg vom Praxiskontakt also –, vor allem um nachzuweisen, daß eine Evaluierungsausbildung sich nicht von einer

Ausbildung für die Grundlagenforschung unterscheidet. Vielleicht führt die weitere Entwicklung auch dazu, daß separate Institutionen für die Evaluierungsforschung entstehen, so wie die Betriebswirtschaft gewöhnlich von Ökonomie und Soziologie getrennt unterrichtet wird, so wie erziehungswissenschaftliche Institute „Bindestrichwissenschaften" einführten, indem sie Abteilungen für Erziehungspsychologie und Erziehungssoziologie einrichteten, eine Spaltung, die sich weder für die Erziehungswissenschaften noch für die Betriebswissenschaften noch für die Grundlagenwissenschaften als sehr sinnvoll und ertragreich erwiesen hat.

III.2. Die Heterogenität der Evaluierungsforschung: Die vier Gesichter der Evaluierungsforschung

Evaluierung präsentiert sich gegenwärtig als eine sehr heterogene Aktivität. Das Konzept einer Evaluierungsforschung als einer vor allem quantitativen Einschätzung der Netto-Effekte sozialer Programme ist bisher kaum zu allen denjenigen durchgedrungen, die von Evaluierung sprechen oder sich sogar selbst Evaluatoren nennen. Es erscheint sinnvoll, vier Formen von Evaluierungsaktivitäten zu unterscheiden. Jeder Typ von Evaluierungsforschung besitzt eine eigene Verfahrenslogik und eine eigene Fragestellung gegenüber dem zu evaluierenden sozialen Programm. Die erste Form der Evaluierung ist eine Art *social engineering*, d.h. sie befaßt sich mit der Entwicklung eines Designs für soziale Programme. Diese Tätigkeit, die unter verschiedenen Bezeichnungen wie beispielsweise Sozialpolitik-Analyse, Sozialprogrammforschung und -entwicklung firmiert, beschäftigt sich vor allem mit der Anwendung sozialwissenschaftlichen Wissens zur Einschätzung gegenwärtiger sozialer Programme und dem Entwurf neuer Programme. Die Einschätzung erfolgt auf der Grundlage von Prüfungen (ex-ante-Wirkungsanalysen), inwieweit das fragliche Programm den bestehenden sozialwissenschaftlichen Erkenntnissen entspricht, die über die entsprechenden sozialen Problemsituationen und die getroffenen Maßnahmen bereits vorhanden sind. Beispielsweise enthält ein Programm zur Bekämpfung der Jugendkriminalität implizit ein Modell des Phänomens Jugendkriminalität und ein implizites Modell, wie die Programm-Maßnahmen wirken, wie sich Kriminalität verhindern bzw. im Umfang verringern läßt. Diesen Politikanalysen können relativ komplizierte Computer-Simulationen zugrunde liegen, sie können aber auch auf mikroökonomischen Prozeßanalysen oder auf weniger komplexen demographischen Daten und relativ einfachen Modellen beruhen. Wichtig ist es festzuhalten, daß eine „social-engineering"-Evaluierung immer eine Vorher-Einschätzung darstellt, deren Qualität vor allem von der Validität der sozialwissenschaftlichen Theorien und ihrer Anwendbarkeit auf die betreffenden sozialen Probleme bestimmt wird.

Eine zweite Form sozialwissenschaftlicher Aktivitäten, die häufig als Evaluierung bezeichnet wird, besteht darin, Verwaltungsvollzugsinformationen für die Durchführung sozialer Programme bereitzustellen. Diese Form wird häufig auch *Prozeßevaluierung* oder *Monitoring* genannt; ihre Absicht ist es, den Programm-Verantwortlichen oder den Finanzierern eines Programms Informationen über den tatsächlichen

Vollzug im Alltag zu verschaffen. Die Daten, die hierbei produziert werden, um die Zielerreichung/Treffsicherheit von Zielgruppen, die Qualität und Verteilung von Dienstleistungen, die Kosten-Wirksamkeit von Maßnahmen und ähnliches zu messen, sind Bausteine für ein umfassendes Verwaltungsmonitoring.

Eine dritte Form von Evaluierungsaktivitäten mißt die *Wirksamkeit der sozialen Programme.* Im Vordergrund steht hier die Frage, inwieweit zuverlässige Schätzungen der Netto-Effekte von Programmen im Hinblick auf die erwünschten Programmziele möglich sind. Dieser Typ der Wirkungs- und Wirksamkeits-Analysen, der für die Erfassung von nichtverzerrten Schätzungen der Netto-Effekte einen explizierten Forschungsdesign erfordert, stellt das Kernstück aller Evaluierungen dar.

Die vierte Form von Evaluierung schließlich umfaßt den Bereich, der als *gesellschaftliche Bilanzierung (social accounting)* bezeichnet werden kann, d.h. die Erfassung der Kosten-Nutzen-Anteile für soziale Programme, die auf Schätzungen der Gesamtmenge der Kosten und Nutzen beruhen, die für die Gesellschaft, für die verantwortliche Behörde, für die beteiligten Individuen und sonstige Parteien anfallen. Obgleich Kosten-Nutzen-Analysen meist als Teil eines *social engineering* als ex-ante-Schätzungen der Kosten und der Nutzen durchgeführt werden, erfolgt der adäquate Nutzen dieses Ansatzes eher ex post, zu einem Zeitpunkt also, zu dem empirisch fundierte Schätzungen der tatsächlichen Kosten und Nutzen möglich sind. Es ist gleichfalls offensichtlich, daß es wenig Sinn hat, Kosten-Nutzen-Studien für unwirksame Programme oder für Programme, die nicht in geeigneter Weise umgesetzt und implementiert wurden, durchzuführen.

Alle diese Aktivitäten werden Evaluierungen genannt. Sie erfordern unterschiedliches sozialwissenschaftliches Wissen und/oder sozialwissenschaftliche Forschungstechnologien. Jede dieser Formen ist mit unterschiedlichen disziplinären Fähigkeiten verbunden, und jede von ihnen wurde entwickelt, um unterschiedliche Fragen zu beantworten, meist zugehörig zu unterschiedlichen Stufen im Planungsprozeß, dem Design, der Implementation und der Einschätzung von sozialen Programmen.

Diese unterschiedlichen Evaluierungsaktivitäten, die Unterschiede in den Qualifikationsanforderungen und die Unterschiede der mit Evaluierung assoziierten Grundlagendisziplinen würden sicherlich kein entscheidendes Hindernis für eine Professionalisierung sein, würden nicht die Evaluatoren selbst jeweils bestimmte Facetten dieser verschiedenen Evaluierungsformen besonders betonen. Diese internen Auseinandersetzungen innerhalb der Evaluierungsforschung selbst machen es schwierig, einen Konsens hinsichtlich der notwendigen Qualifikationen und der Leistungsstandards zu entwickeln oder auch nur ein adäquates Trainingsprogramm für Evaluierungsaktivitäten zu erarbeiten.

III.3. Das Spezifikum der Evaluierung: Worin unterscheidet sich die Evaluierungsforschung von anderer Forschung?

Bevor ein bestimmtes Aufgabenfeld eindeutig von nah verwandten Aktivitäten unterschieden werden kann, ist es notwendig, eine – zumindest dem Anschein nach –

von diesen abgrenzbare Existenz zu erlangen. Dies ist für die Evaluierungsforschung offenbar besonders schwierig, da Evaluierung qua definitione eine (Anwendung und) Nutzung sozialwissenschaftlicher Aktivitäten darstellt. Eine Möglichkeit wäre es, eine spezielle Technologie für sich zu beanspruchen. Jedoch gibt es keine besonderen Forschungsmethoden, die die Evaluierungsforschung von herkömmlicher sozialwissenschaftlicher Forschung unterscheidet. Wenn sich die Evaluierungsforschung in ihren Forschungstechniken von anderen unterscheidet, dann allenfalls durch die Tatsache, daß Evaluierungsforschung stärker *ökumenisch* arbeitet als die grundlagenorientierte Sozialforschung, d.h. sie stützt sich häufiger auf Forschungstechniken, die sie sich von den unterschiedlichen sozialwissenschaftlichen Disziplinen ausborgt.

Ein weiteres Abgrenzungsmerkmal mag darin bestehen, sich auf ein spezielles inhaltliches Wissen zu berufen. Aber sogar hier fällt es schwer, glaubhaft zu behaupten, daß es ein bestimmtes Wissen gibt, welches die Evaluatoren allein besitzen oder auch nur im Begriff sind, eigenständig zu entwickeln. Die sozialwissenschaftlichen Grundlagendisziplinen teilen sich in dieselbe Wissensbasis. Selbstverständlich muß ein Evaluierungsforscher, der sich mit einem bestimmten sozialen Problem und dem dazugehörigen sozialen Programm befaßt, mehr Kenntnisse über dieses Gebiet (und zurückliegende Evaluierungen) haben als ein Generalist aus derselben sozialwissenschaftlichen Disziplin. Aber diese zusätzlichen Spezialkenntnisse sind nicht anders, als sie jede innerdisziplinäre Spezialisierung voraussichtlich hervorbringen würde.

Wenn etwas die Wissensbasis der Evaluierungsforscher charakterisiert, so ist es ihr *interdisziplinärer Charakter.* Ebenso wie in anderen anwendungsorientierten Bereichen der Grundlagenforschung, kann sich der Evaluierungsforscher nicht einfach auf Techniken und inhaltliches Wissen einer speziellen Disziplin zurückziehen. So konnte in den vergangenen Jahren beobachtet werden, daß Soziologen, die sich der Evaluierungsforschung zuwandten, einiges aus der Trickkiste der Ökonometriker übernommen haben, während die Ökonomen ihrerseits von der Testtheorie der Erziehungspsychologen gelernt haben, die Psychologen von den Statistikern Auswahltechniken übernahmen, von den Soziologen Umfragetechniken erwarben usw. Disziplinübergreifend erfolgten auch Anleihen und Übernahmen von theoretischen Modellen. Die Soziologen begannen beispielsweise, sich für die Humankapitalansätze zu interessieren, die von den Neoklassikern entwickelt worden waren, und die Ökonomen beschäftigten sich mit Deterrence-Theorien, wie sie von den klassischen Kriminologen entwickelt wurden.

Somit ist es dieser interdisziplinäre Charakter der Evaluierungsforschung, der eine gewisse Grundlage für spezialisierte Ausbildungs- und Trainingsprogramme schafft. Ob dieser Zwang zur Interdisziplinarität als Basis einer eigenen Entwicklung ausreicht, ist weitgehend eine Urteilsfrage; allerdings mehren sich bereits erste Anzeichen einer Institutionalisierung, die die Berechtigung einer derartigen Annahme stützen.

III.4. Evaluierungsforschung als eine politisierte sozialwissenschaftliche Forschung

Das vielleicht wichtigste Merkmal der Evaluierungsforschung ist ihre enge Verbindung zum politischen Prozeß. Evaluierungen werden meist von einer Regierungsbehörde veranlaßt, sie werden mit dem Ziel entworfen, im politischen Entscheidungsprozeß genutzt zu werden, und die politischen Akteure, die an einem sozialen Programm beteiligt sind, betrachten Evaluierungen selbst oft als eine politische Maßnahme. Diese *Koalition mit dem politischen Prozeß* ist sowohl Ursache für einige der eher stimulierenden und aufregenden Aspekte in der Evaluierungsforschung als auch Quelle für einige der die Forschung erschwerenden und eher negativen Facetten. Einerseits *stimuliert* oft die Aussicht, etwas zu unternehmen, das für die Formierung und die Veränderung sozialer Politiken wichtig ist. Es ist auch eine technische Herausforderung vor allem dann, wenn man erkennt, daß gewichtige Gründe es erfordern, besonders sorgfältig in Entwurf und Durchführung einer sozialwissenschaftlichen Analyse zu sein. Denn wenn Folgen so eng mit Forschungsergebnissen verknüpft sind, muß sichergestellt sein, daß die Ergebnisse wissenschaftlich bestmöglich abgesichert sind, d.h. die Schlußfolgerungen sind durch empirische Fakten abzustützen.

Andererseits können die *negativen Begleiterscheinungen* eine Quelle beträchtlichen Ärgernisses sein. Wer eine Evaluierung in Auftrag gibt, hat verständlicherweise ein starkes Interesse an ihren Ergebnissen und Auswirkungen, dennoch erscheinen zahlreiche, die Arbeit des Evaluators begleitende Kontrollen und Auflagen eher als unnötige Restriktionen, die den Forschungsprozeß hemmen. Selbstverständlich mag aus der Sicht der Behörde manches, was einem Forscher als unnötiger Kontrollaufwand und unziemlicher Druck auf Ergebnisse erscheinen mag, als eine notwendige und kluge Vorsichtsmaßnahme erscheinen, nicht zuletzt auch deshalb, um ein erwünschtes Programm gegenüber den „verantwortungslosen" Sozialwissenschaftlern zu schützen. Jedenfalls ist offensichtlich, daß die Evaluierungsforschung aufgrund ihrer engen Verbindung zum politischen Prozeß einen besonderen Charakter und auch Einfluß besitzt. Diese Politisierung sozialwissenschaftlicher Forschungen bietet den Evaluierungsforschern einen zusätzlichen Anreiz, sich zu professionalisieren und zusammenzuschließen. Ein eigener Berufsstand mag auch als eine Vorrichtung betrachtet werden, die mehr Schutz gegenüber als unziemlich empfundenen Zwängen vermittelt, als ihn ein Auftragnehmer ohne diesen Status gewöhnlich besitzt. Vorrecht einer Berufsorganisation ist es ja, daß er das Recht hat, seine Mitglieder zu beurteilen und daß er hierfür in der Regel spezielle technische und professionelle Standards benutzt, die nur Mitglieder seiner eigenen Profession wirklich kennen.

Die enge Bindung der Evaluierungsforschung an die Politik bedeutet auch, daß bei der Durchführung von Evaluierungsforschung politische Fähigkeiten benötigt werden, die für eine disziplinär orientierte Forschung nicht unbedingt wichtig sind. Dies mag einer der Gründe dafür sein, daß die Evaluierungsforschung in einem derartig starken Umfang außerhalb universitärer Forschungszentren stattfindet. Private Forschungsfirmen werden häufig genug von Personen geleitet, deren politische Fähigkeiten ihre technischen Fähigkeiten übertreffen.

III.5. Marktdynamik: Die Regelung von Angebot und Nachfrage im Auftragsverfahren

Dienstleistungen im Bereich der Evaluierungsforschung sind keineswegs uniforme Güter. Evaluierungsdienstleistungen werden von unterschiedlichen Quellen angeboten, die Spannweite reicht von relativ großen Forschungsunternehmen und größeren Universitäten bis hin zu unerprobten Einzelforschern und faktisch unbekannten Kleinfirmen. Die Qualität ist ebenfalls unterschiedlich. Eine Konsequenz dieser Qualitätsschwankungen ist die, daß das Spektrum der Angebote auf öffentliche Ausschreibungen bemerkenswerte Unterschiede aufweist. Dies gilt auch für die Evaluatoren selbst: Einige, die sich als Evaluierungsforscher bezeichnen, sind kaum besser dafür qualifiziert als ein durchschnittlicher geisteswissenschaftlicher College-Absolvent, während die besten Evaluierungsforscher häufig besser qualifiziert sind und mehr wissenschaftliche Fähigkeiten aufweisen als die Elite in den jeweiligen sozialwissenschaftlichen Disziplinen.

Die in der Evaluierungsforschung benutzten Forschungsstile unterscheiden sich ebenfalls, teilweise entsprechen sie der unterschiedlichen wissenschaftlichen Herkunft und Ausbildung der Evaluierungsforscher, teilweise sind sie Resultat der unterschiedlichen Funktionen von Evaluierungsforschungen als einer wissenschaftlichen Aktivität, wie sie an anderer Stelle beschrieben wurden. Schließlich begreifen einige Evaluierung als eine reine Politikanalyse, andere definieren nahezu jedes Problem so, als würde dafür die Notwendigkeit eines wenigstens annähernd experimentellen Verfahrens bestehen.

Die sich aufgrund der Marktsituation ergebende Heterogenität der Angebote an Evaluierungsdienstleistungen muß denjenigen, die die Aufgabe haben, Evaluierungsforschung zu vergeben, als ein blühender Irrgarten erscheinen. Der Preis reflektiert nicht notwendigerweise die Qualität, auch bedeutet Firmengröße nicht sehr viel. Der Bedarf an einer Evaluierung von Evaluierungsdienstleistungen ist daher sehr hoch, besonders dann, wenn man sich nicht einfach damit zufrieden gibt, ein festes Forschungsklientel aufzubauen, wie es einige Bundesbehörden praktizieren. Die Folgen dieser Heterogenität treffen jedoch auch die Anbieter. Ein Forschungsunternehmen, das ein Produkt von hoher Qualität anbietet, muß sich wahrscheinlich mit einem Angebot sehr viel minderer Qualität vergleichen lassen, wobei der Preis, den letztere fordern, häufig wesentlich niedriger liegt. Ein nicht sensibilisierter Auftraggeber, der sich den sehr unterschiedlichen Preisangeboten gegenübersieht, mag versucht sein, aus dem Angebot an Dienstleistungen diejenigen mit niedrigen Kostensätzen zu wählen und im Ergebnis feststellen, daß seine Behörde Dienstleistungen erworben hat, die nur einen geringen oder überhaupt keinen Wert besitzen.

Sowohl aus der Nutzerperspektive als auch auf der Angebotsseite des Evaluierungsmarktes besteht der Wunsch bzw. die Notwendigkeit, Wege und Mittel zu finden, um Anbieter nach Zuverlässigkeit, Qualität und anderen erwünschten Charakteristika unterscheiden zu können. Die zunehmende Professionalisierung der Evaluierungsforschung ist eine Antwort auf diesen Bedarf.

Die die Professionalisierung begleitenden Mechanismen und Verfahren setzen Standards und vermitteln Glaubwürdigkeit. Einer der wichtigsten Gründe sowohl für Käufer als auch für Verkäufer von Evaluierungsdienstleistungen, sich einer oder mehreren Evaluierungsberufsorganisationen anzuschließen, mag darin zu suchen sein, daß beide einerseits auf der Suche nach mehr Information sind (dies trifft vor allem auf die Käufer zu) und andererseits beide gern mehr Legitimität gewinnen möchten (dies gilt vor allem für die Verkäufer).

III.6. Die Professionalisierung im Spannungsgleichgewicht

Der bisherige Überblick über die Kräfte, die eine Professionalisierung begünstigen bzw. ihr entgegenstehen, muß notwendigerweise zu einem Bild mit einer beträchtlichen Anzahl unterschiedlicher Strömungen führen. Trotz heftiger Bewegung kann dabei jedoch nicht sehr viel über ihre Richtung ausgesagt werden. Das Bild scheint die gegenwärtige Situation der Evaluierungsforschung gut zu kennzeichnen. Angesichts der neuerlichen Zunahme an Evaluierungsforschungsaktivitäten, ihren unterschiedlichen Ursprüngen in den sozialwissenschaftlichen Disziplinen, der beträchtlichen Heterogenität im Hinblick auf Personalausstattung, Evaluierungsstil und dem gleichzeitigen Fehlen einer klaren Bestimmung dessen, was *gute* Evaluierung ausmacht, ganz zu schweigen davon, daß kaum jemand weiß, wie wohl die beste Praxis in diesem Feld auszusehen hat, erscheint es sehr unwahrscheinlich, daß sich Institutionen herausbilden, die gewährleisten, daß Evaluierungsforschung sich zu einer voll anerkannten professionellen Disziplin entwickelt. Auch weiterhin wird der Zugang zu diesem Aufgabenfeld verschiedenen Disziplinen offenstehen. Die Vertreter der unterschiedlichen Evaluierungsstile werden auch weiterhin miteinander konkurrieren und fortfahren, eigene und jeweils verschiedenartige Versuche des Aufbaus von Berufsorganisationen zu unternehmen. Die sozialwissenschaftlichen Grundlagen-Disziplinen werden weiterhin für Evaluierungsaktivitäten einen Schutzschirm abgeben, sich jedoch auch in Zukunft Bestrebungen widersetzen, die eine Aufwertung der Evaluierungsforschung betreiben. Kurz zusammengefaßt: Die Kräfte, die eine Professionalisierung begünstigen, sind sehr stark; die Zersplitterung der Aktivitäten wird jedoch alle diejenigen Versuche und Ansätze hemmen, die darauf abzielen, das Aufgabenfeld voll zu professionalisieren. Dies gilt zumindest für die unmittelbare Zukunft.

IV. Die Zukunft der Evaluierungsaktivitäten in den USA

Während es also recht unwahrscheinlich ist, daß sich die Evaluierungsforschung in absehbarer Zukunft zu einem selbständigen Berufszweig entwickelt, gibt es auf der anderen Seite aber auch keine Anzeichen dafür, daß der Umfang der Evaluierungsaktivitäten als einer neuen Aufgabe abnehmen wird. Im Gegenteil, das Feld der Evaluierungsforschung ist gegenwärtig der stärkste Wachstumssektor innerhalb der amerikanischen Sozialwissenschaften. Der Skeptizismus der politischen Elite gegenüber Wirksamkeit und Wirkungen der sozialen Programme ist eher gewachsen. Und wenn überhaupt eine Überzeugung an Anhängern gewinnt, so die, daß die amerikanische Regierungsbürokratie sich zunehmend als unfähig erweist, rechtzeitig die richtigen Dinge zu tun. Dieser Skeptizismus nährt die wachsende Unterstützung für Evaluierungen, sie begünstigt Forderungen an Bundes-, Staats- und Kommunalbehörden nachzuweisen, daß die Sozialprogramme, die sie durchführen, Dienstleistungen erbringen, die ihre vorgegebenen Ziele auch erfüllen.

Gleichzeitig gewinnen für die sozialwissenschaftlichen Disziplinen anwendungsorientierte Forschungsaufgaben an Attraktivität als mögliche Arbeitsmärkte, die den Studentenüberschuß, der von Universitäten und Fachschulen nicht weiter absorbiert werden kann, aufnehmen. Selbst wenn die Evaluierungsforschung weiterhin als ein Platz für Wissenschaftler zweiter Klasse betrachtet werden wird, so wird doch gleichzeitig die Bereitschaft wachsen, Evaluierungsforschung als eine legitime sozialwissenschaftliche Forschungstätigkeit anzuerkennen.

Schließlich erscheint es auch sehr wahrscheinlich, daß die gegenwärtige *Heterogenität* in der Evaluierungsforschung zur Entwicklung von Spezialisierungen führen wird, möglicherweise entstehen Teil- bzw. Spezialfelder. Die größten Unterschiede ergeben sich dabei zwischen denjenigen Aufgaben, die auf eine Unterstützung bei der Entwicklung und dem Test zukünftiger Sozialpolitiken zielen und denjenigen Evaluierungsaufgaben, die bestehende soziale Programme begleiten, d.h. eine Monitoring-Funktion ausüben. Zu den sozialwissenschaftlichen Forschungs-, Test- und Entwicklungsprogrammen zählen vor allem die *Sozialexperimente* und alle diejenigen Aktivitäten, die sozialwissenschaftliche Grundlagentheorien und Erkenntnisse für die Entwicklung und den Test von Handlungs- und Lösungsstrategien in sozialen Problemfeldern anwenden. Diese Aufgaben werden vor allem im Mittelpunkt des Interesses der Universitäten und der größeren Forschungsunternehmen stehen und dementsprechend auch die größeren Talente und die technisch Kompetenten anziehen.

Verwaltungsmonitoring, das aus der sorgfältigen Kontrolle der Implementation bestehender Sozialprogramme, der Messung eines bestehenden Bedarfs sozialer Dienstleistungen sowie der Feinabstimmung von Verwaltungsverfahren besteht, wird sich wahrscheinlich als eine davon getrennte Aktivität entwickeln. Verwaltungsmonitoring ist eine Evaluierungstätigkeit, die auf allen Regierungsebenen durchgeführt werden kann und muß und die beträchtlich weniger weit entwickelte theoretische und technische Fähigkeiten verlangt als beispielsweise die Forschungs- und Entwicklungsaktivitäten, wie sie oben diskutiert wurden. Das heißt nicht, daß die Probleme der Verwaltungs- und Verfahrenssteuerung weniger intellektuelle Anforderungen stellen, sondern daß sie an weniger spezielle sozialwissenschaftliche Voraussetzungen und Fähigkeiten gebunden sind.

Wenn sich aus der Evaluierungsforschung jemals ein selbstständiger Berufszweig entwickeln wird, so scheint es sehr wahrscheinlich zu sein, daß er auf dem Verwaltungsmonitoring aufbauen wird. Der Forschungs- und Entwicklungsbereich wird den bestehenden Disziplinen immer sehr nahe bleiben und wird, wie die Grundlagendisziplinen, einer Professionalisierung im vollen Sinne des Wortes Widerstand leisten.

Bibliographie

Abt, C.C. (Hrsg.), *Problems in American Policy Research*, Cambridge/Mass. 1981.
Cronbach, L. et al., *Toward Reform of Program Evaluation*, San Francisco 1980.
Raizen, S./P.H. Rossi (Hrsg.), *Program Evaluation in Education: When? How? To what Ends?*, Report of the Committee on Federal Evaluation in Education, National Academy of Sciences/National Research Council, Washington D.C. 1981.
Rossi, P.H./H. Freeman/S. Wright, *Evaluation: A Systematic Approach*, Beverly Hills 1979.

Jürgen Voelkner
Bundesakademie für öffentliche Verwaltung, Bonn-Bad Godesberg

Anforderungen an ein Training für professionelle Evaluatoren

Vorbemerkung

Der Entwurf eines *Trainingsprogramms* für einen Evaluator wirft die Frage auf, ob eine detaillierte, treffende Arbeitsplatzbeschreibung erarbeitet werden kann. Für eine solche müssen die Funktionen, die ein Evaluator erfüllen muß, seine Handlungskompetenzen, aber auch die Aufgabenbereiche und Leistungen derjenigen, die evaluiert werden sollen, sowie die erforderlichen Meßstandards festgestellt werden. Dann erst können die einzelnen Aufgaben eines Evaluators analysiert werden, um daran anschließend den notwendigen Wissensstand, die technischen und sozialen Fertigkeiten zu bestimmen, die Voraussetzung für eine Tätigkeit als Evaluator sind. Nur so können die Qualifikationsanforderungen, die Kriterien für die Auswahl von und das notwendige zusätzliche Trainingsprogramm für einen Evaluator bestimmt werden, die benötigt werden, um das notwendige Niveau für wirkungsvolle Evaluierungen zu gewährleisten. Der Ausbilder von Evaluatoren muß zuerst einmal der *Arbeitsplatzanalytiker* sein. Er steht dabei vor dem Problem, daß es keine prototypische Beschreibung der Funktion eines „typischen" Evaluators in der öffentlichen Verwaltung gibt. Daher muß die Spezifizierung eines beruflichen Trainingscurriculums damit beginnen, sowohl Aufgaben als auch Handlungsrahmen zu analysieren, d. h. zu bestimmen, sowohl das, was ein Evaluierender tun muß – als auch das, was ihm zu tun erlaubt ist.

1. Evaluation und Planungsprozeß

Die Hoffnung, „fertig ausgebildete" Evaluierer von den Universitäten zu erhalten, ist gering. In der Regel besitzt der Beamte, der Evaluierungsfunktionen wahrnimmt, einen Universitätsabschluß und wenigstens 3–5 Jahre *Arbeitserfahrung* in der öffentlichen Verwaltung, bevor er an die Evaluierungsfront entsandt wird. Neben diesen beiden Voraussetzungen, Universitätsausbildung und eingehende Erfahrung in der Managementpraxis der öffentlichen Verwaltung, ist jedoch ein zusätzliches Evaluierungstraining erforderlich. Nimmt man das zukünftige Arbeitsfeld des Evaluators zur Grundlage für die Ausarbeitung einer notwendigen Schulung, so ist es hilfreich – entsprechend der Trennung nach Macht und Verantwortung –, drei Hauptphasen eines öffentlichen Programms zu unterscheiden:

Stadien der Programmentwicklung

Phase	Stadium
1	Frühe Planung und Implementationsaktivitäten
2	Implementation der Interventionen, während das Programm abläuft
3	Durchführung der Evaluierung der Leistungen des Programms

Die Aktivitäten der Phase 1 umfassen die verschiedenen Stadien der frühen Planung, der Ziel- und Maßnahmenbestimmung etc., für die die Politiker und Programmleiter verantwortlich zeichnen. Phase 2 umfaßt die Implementation der Interventionen selbst, die das Programm zur Wirkung bringen sollen. Diese Aufgaben fallen in den Kompetenz- und Verantwortungsbereich des zuständigen Verwaltungsbeamten. Nur in Phase 3 der Evaluierung der Programmleistungen ist der professionelle Evaluator vor allem gefragt. Was wird in dieser Phase von ihm verlangt?

2. Aufgaben eines Evaluators

Es gibt nicht *einen* besten Ansatz für die Ausführung eines Evaluierungsprogramms. Die Evaluierungserfordernisse variieren entsprechend den verschiedenen Aufgabenstrukturen der Ministerien, Behörden und Abteilungen. Der Evaluierer muß zumindest mit drei unverrückbaren Bestandteilen der Programmevaluierung vertraut sein: dem *Effizienztest* eines Programms (i. e. Messung des Outputs in Einheiten des Inputs), der Evaluierung seiner *Wirksamkeit* (i. e. das Ausmaß, in dem das Programm seine vorgesetzten Ziele erreicht) und mit der Klärung seiner *Angemessenheit* (i. e. inwieweit die zu erreichenden Ziele überhaupt wünschenswert sind). Der Evaluierer muß angemessene Instrumente und Methoden für die Durchführung dieser Aufgaben auswählen können. Der Evaluierer muß auch in der Lage sein, geeignete Methoden zu finden, um gültige, valide Informationen von den Empfängern von Dienstleistungen des Programms zu erhalten. Weiter muß er die Ergebnisse der Evaluierung den Programmleitern und deren Vorgesetzten mitteilen.

Die erforderliche Ausbildung muß also die Verbesserung der Kenntnisse über Kosten-Nutzen-Analysen, Input-Output-Analysen, das Verständnis und die Handhabung von statistischen und wahrscheinlichkeitsstatistischen Modellen beinhalten, z. B. von Korrelations- und Regressionsanalysen, Kenntnisse von Signifikanzniveaus etc. Sie sollte die Verbesserung sozialer Fertigkeiten umfassen, das Training von Telefon- oder persönlichen Interviews, die Erhebung von Zufallsstichproben, um Erfahrungen bei den Zielgruppen von Programmleistungen durchführen zu können. Sie sollte ein Kommunikationstraining beinhalten, eine Aufgabe von besonderer Wichtigkeit angesichts der in der Mehrzahl gegenüber Evaluatoren mißtrauisch gestimmten Programmleiter, wobei Motivations- und Marketingtraining besonders betont werden sollten. Methodologisches und psychologisches Training können sich auch für den Entwurf von geeigneten Fragebögen zur Datenerhebung als hilfreich erweisen. Selbstverständlich ist diese Liste der vorgeschlagenen Ausbildungsinhalte unvollständig. Das hängt mit dem immer noch fragmentarischen Wissen um ein allgemeingültiges Qualifikationsmuster für Evaluatoren zusammen – daher muß ein Ausbildungsprogramm für alle möglichen Ergänzungen noch weit offen stehen.

Die Mitglieder eines Evaluierungsstabs sollten auch in der Lage sein, sowohl in Phase 1 und 2 für das Funktionieren des Programms Beratungsleistungen anzubieten. Viele Programme erfordern eine solche Beratung, um die von den politischen Entscheidungsträgern häufig nur grob umrissenen Programmziele in meßbare Ziele zu verwandeln und plausible Verbindungen zwischen Programmaktivitäten und -zielen zu entwickeln.

Die Beratung durch den Evaluierungsstab in der Planungsphase könnte auch helfen, Widersprüche zwischen den Annahmen und Zielen zu vermeiden, daß klare Prioritäten unter einer Vielzahl erkannt und meßbare Ziele und Maßstäbe für den Fortgang des Programms definiert werden. Für ein Ausbildungsprogramm für Evaluatoren folgt hierzu, daß Kenntnisse in angewandter Entscheidungs- und Planungstheorie vermittelt werden. Die Evaluatoren sollten auch in der Phase 2 die Programmleiter mit Information während der Abwicklung des Programms unterstützen, z. B. indem sie die tatsächliche Leistung des Programms mit festen oder relativen Standards vergleichen. Die notwendigen Bestandteile der Ausbildung sind dieselben, die auch für die Evaluierungsaktivitäten in Phase 1 benötigt werden.

Anhang

Kurzprofil: Fortbildungseinrichtungen des Bundes

Die Bundesakademie für öffentliche Verwaltung ist Trägerin der zentralen Fortbildungsmaßnahmen der Bundesregierung, soweit die dienstliche Fortbildung nicht besonderen Fortbildungseinrichtungen einzelner oberster Dienstbehörden obliegt. Sie hat auf Grund des Errichtungserlasses des BMI v. 18.8.1969 (GMBl., 370) die Aufgabe, Angehörige der öffentlichen Verwaltung in enger Zusammenarbeit mit der Verwaltung und unter Anwendung moderner didaktischer Methoden praxisnah fortzubilden, insbesondere um:

1. Fachwissen zu aktualisieren
2. die Fähigkeit zu interdisziplinärer Arbeit zu fördern
3. neue Planungs- und Entscheidungstechniken sowie moderne Führungsmethoden (einschl. Personalführung) zu vermitteln
4. die politische Bildung auf dem Hintergrund des fachlichen Allgemeinwissens zu fördern.

Ebenfalls obliegt der Akademie die fachliche, zusammenfassende und konzeptionelle Planung und Entwicklung und Koordinierung der Fortbildungsmethodik sowie

1. die allgemeine berufsbegleitende Fortbildung
2. die Fortbildung der Nachwuchskräfte des höheren Dienstes
3. die Heranbildung von Führungskräften
4. die Fortbildung im internationalen Bereich
5. die Information oberer Führungskräfte.

Für ihre Aufgabe verfügt sie über einen eigenen wissenschaftlichen Dienst sowie einen wissenschaftlichen Beirat zur Beratung. Übergreifende Aufgaben und Probleme werden alle zwei bzw. drei Jahre auf einer internationalen Arbeitstagung mit vergleichbaren Einrichtungen anderer Länder diskutiert. Ergänzend ist vor allem auch hinzuweisen auf

– die Tätigkeiten der Akademie für Führungskräfte der Deutschen Bundespost,
– der Bundesakademie für Wehrverwaltung und Wehrtechnik,

– der Bundesfinanzakademie,
– der Führungsakademie der Bundeswehr

sowie auf die nach dem Einrichtungserlaß vom 3.10.1978 (GMBl., S. 582) entstandene

– Fachhochschule des Bundes für öffentliche Verwaltung,

an deren 11 Fachbereichen mit einem Zentralbereich in Köln derzeit über 4.000 Studierende ausgebildet werden.

Ihre Arbeit erstreckt sich auf auf die Planung und Entwicklung und Ausbildung für Evaluierungstätigkeiten in der Verwaltung. Besondere Aufmerksamkeit wird auch der Entwicklung von Evaluierungsregeln für ihre eigenen Aufgaben gewidmet. Zweck dieser Eigenevaluierung ist die Sicherung des Wissens, des Erlernens von Fähigkeiten und den Verhaltenstransfer in die Verwaltungspraxis zu evaluieren. Dabei verlagert sich die Evaluierung von den eher traditionellen Verfahren der Evaluierung des Seminar- und Lernerfolgs immer stärker auf eine Evaluierung der Transferleistungen der Fortbildungsmaßnahmen, wie er am Arbeitsplatz selbst zu beobachten ist. Meist umfaßt eine Evaluierung mehrere Schritte, die je nach Problemstellung unterschiedlich betont werden, die wichtigsten sind:

1. Evaluierung der Auswahl der Teilnehmer
2. Evaluierung des Lernbedarfs
3. Evaluierung der Ermittlung des Eingangswissens
4. Evaluierung der Bestimmung der Lernziele
5. Evaluierung der Bestimmung der Lerninhalte
6. Evaluierung der Auswahl der Dozenten
7. Evaluierung des Lernerfolgs (traditionelle Evaluierung)
8. Evaluierung der Umsetzung (follow-up-Kurse)
9. Evaluierung der Evaluierung.

Bibliographie

C. Böhret, P. Wordelmann, *Das Planspiel als Methode der Fortbildung* (Sonderheft 2), Bonn 1975.

Bundesakademie für öffentliche Verwaltung, *Fortbildungseinrichtungen des Bundes* (Sonderheft 3), Bonn 1975.

Bundesakademie für öffentliche Verwaltung, *Ziel- und ergebnisorientiertes Verwaltungshandeln* (Sonderheft 4), Bonn 1980.

Bundesakademie für öffentliche Verwaltung, *Sixth International Conference on the Training of Senior Civil Servants*, Bonn 1980.

Bundesakademie für öffentliche Verwaltung, *Jahresarbeitsprogramm 1981.*

R. Th. Stiefel, *Fortbildungsphilosophie und Programmplanung* (Sonderheft 1), Bonn 1974.

GPSR Compliance

The European Union's (EU) General Product Safety Regulation (GPSR) is a set of rules that requires consumer products to be safe and our obligations to ensure this.

If you have any concerns about our products, you can contact us on ProductSafety@springernature.com

In case Publisher is established outside the EU, the EU authorized representative is:

Springer Nature Customer Service Center GmbH
Europaplatz 3
69115 Heidelberg, Germany

Batch number: 10809470

Printed by Printforce, the Netherlands